U0170894

国家科学技术学术著作出版基金资助出版

中国科学院中国动物志编辑委员会主编

中国动物志

昆虫纲 第七十五卷

鞘 翅 目

阎甲总科

扁圆甲科 长阎甲科 阎甲科

周红章 罗天宏 张叶军 著

国家自然科学基金重大项目
中国科学院知识创新工程重大项目
(国家自然科学基金委员会 中国科学院 科技部 资助)

科学出版社

北 京

内 容 简 介

阎甲总科隶属于鞘翅目多食亚目中的隐翅虫大类（多食亚目三大支系之一），包括扁圆甲科、长阎甲科和阎甲科 3 个科，以捕食性物种为主，大多适应于腐木、腐草、腐菌或动物腐尸等腐生性微环境，少数类群为嗜蚁性甲虫。

本志是对中国阎甲总科分类学研究的系统总结，是著者团队长期研究的成果，通过全面的分类学修订，在检视绝大多数模式和定名标本的基础上，完成了中国阎甲总科的完整物种记述。总论部分总结并介绍了阎甲总科的国内外研究概况，成虫、幼虫、蛹和卵的形态特征，阎甲总科及各科的系统地位和分类发展历史，中国阎甲总科的属、种地理分布格局，生物学和生态学特性，阎甲总科的经济意义等。各论部分记述了中国阎甲总科扁圆甲科和长阎甲科，以及物种丰富的阎甲科的 10 亚科，共 67 属 303 种及亚种；包括从科到种各级阶元的检索表、绝大多数种的完整描述，以及所有物种及种上单元的名称订正、详细引证、观察标本信息和现有分布范围，为了方便鉴定，为 228 个种及亚种制作了形态特征图版，共计近 2000 幅黑白点线图。

本志可以为昆虫学、生态学、动物进化与系统学、生物地理学、法医昆虫学等研究提供基础资料，可供昆虫学研究与教学、农林害虫防治、生物多样性保护与环境监测等相关工作人员、高等院校相关专业的师生作为参考，也可供昆虫爱好者、科学普及与公众教育工作者，以及对昆虫有兴趣的相关人士使用。

图书在版编目(CIP)数据

中国动物志. 昆虫纲. 第七十五卷，鞘翅目. 阎甲总科、扁圆甲科、长阎甲科、阎甲科/周红章，罗天宏，张叶军著.—北京：科学出版社，2022.3
ISBN 978-7-03-071739-9

I. ①中… II. ①周… ②罗… ③张… III. ①动物志-中国 ②昆虫纲-动物志-中国 ③鞘翅目-动物志-中国 IV.①Q958.52

中国版本图书馆 CIP 数据核字 (2022) 第 036383 号

责任编辑：韩学哲 刘新新/责任校对：刘 芳

责任印制：吴兆东/封面设计：刘新新

科学出版社 出版

北京东黄城根北街 16 号
邮政编码：100717
http://www.sciencep.com

北京中科印刷有限公司 印刷

科学出版社发行 各地新华书店经销

*

2022 年 3 月第 一 版 开本：787×1092 1/16
2022 年 3 月第一次印刷 印张：46 3/4 插页：2
字数：1 108 000

定价：698.00 元

(如有印装质量问题，我社负责调换)

Supported by the National Fund for Academic Publication in Science and Technology

Editorial Committee of Fauna Sinica, Chinese Academy of Sciences

FAUNA SINICA

INSECTA Vol. 75
Coleoptera
Histeroidea
Sphaeritidae, Synteliidae and Histeridae

By

Zhou Hongzhang, Luo Tianhong and Zhang Yejun

A Major Project of the National Natural Science Foundation of China

A Major Project of the Knowledge Innovation Program

of the Chinese Academy of Sciences

(Supported by the National Natural Science Foundation of China,
the Chinese Academy of Sciences, and the Ministry of Science and Technology of China)

Science Press
Beijing, China

前　言

阎甲总科隶属于鞘翅目，是多食亚目中的隐翅虫大类（多食亚目三大支系之一）中的 3 个总科之一，包括极为珍稀的扁圆甲科和长阎甲科，以及物种丰富的阎甲科，全世界已知种类达 4400 余种。阎甲总科以捕食性种类为主，大多适应于腐木、腐草、腐菌或动物腐尸等腐生性微环境，少数类群为嗜蚁性甲虫。阎甲是探索生物进化模式和系统发育关系、开展相关理论研究的适合类群，也是开展有害生物的生物防治、发掘实际应用研究的重要物种资源。另外我们在开展森林倒木生态研究过程中，发现有相当数量的阎甲物种生活在倒木树皮之下，它们也是非常重要的生态指示类群。

本志是对中国阎甲总科分类学研究的系统总结，是著者及其所带领研究团队以需求为导向，锐意进取，不断努力，经过长期的研究积累而形成的系统学成果，通过全面的分类学修订，在检视绝大多数模式和定名标本的基础上，完成了中国阎甲总科的完整物种记述。本志记述了中国阎甲总科的扁圆甲科和长阎甲科，以及物种丰富的阎甲科的 10 亚科，共 67 属 303 种及亚种；包括从科到种各级阶元的检索表、绝大多数物种的完整描述，以及所有物种及种上单元的名称订正、详细引证、观察标本信息和现有分布范围；同时，为了方便鉴定，为 228 个种及亚种制作了形态特征图版，共计近 2000 幅黑白点线图。本志也在总论部分总结并介绍了以下内容：阎甲总科的国内外研究概况；成虫、幼虫、蛹和卵的形态特征；阎甲总科及各科的系统地位和分类发展历史；中国阎甲总科的属、种地理分布格局；生物学和生态学特性；阎甲总科的经济意义等。著者在开展阎甲总科的系统学研究、完成本志的过程中，先后发表了一系列分类订正性学术论文，重点总结了长阎甲、脊阎甲、丽尾阎甲、柱阎甲等类群的研究工作，同时也描述发表了相当数量的新种和中国新记录种，我们发现并发表的长阎甲物种，已经被列为国家二级重点保护野生动物。回顾我们开展阎甲研究的过程，从一开始就充满了挑战与曲折，也颇为感慨。

阎甲是甲虫中比较特殊的类群，我们在 20 世纪 90 年代后期决定开展阎甲的分类研究工作，是因为当时要与北京市公安局法医中心合作，决定开拓我国的法医昆虫学研究，阎甲科是我们开展法医昆虫研究中遇到的重要类群之一，需要准确的物种鉴定。然而，纵观当时阎甲分类研究概况，在国内几乎是空白，既没有前辈分类学家开展任何前期工作，也没有任何中国分类专家曾开拓这个类群的分类研究，更没有相应的标本积累；仅有的分类记述和物种记录完全由国外的专家完成，仅有的中国分类学者的工作是胡经甫（Chenfu F Wu）于 1937 年撰写的 *Catalogus Insectorum Sinensium* 中记录了中国分布的阎甲 8 属 37 种。当时工作的起点是从阅读翻译大量国外文献入手，其中包括相当数量的德文、拉丁文、法文及俄文文献。值得庆幸的是，笔者多年留学德国、学习德文的经历，得以在这里受用，也算是一种慰藉。本书针对各分类单元的引证和标本记录信息，力求完整准确，并尽力保留原文记录或原始标签记录，以避免引入新的谬误，增加后来研究者的考证难度；那些经过我们的研究、考证或核实的内容（特别是分布记录与地名），均反映在分布及其他正文中，代表了著者的观点。

要开展分类研究并完成好鉴定工作，标本积累是十分重要的。然而，阎甲作为一个特殊的类群，用昆虫扫网是很难被采集到的。中国科学院动物研究所当初的阎甲标本收藏很少，只有云南中苏考察队采集到一些标本，后来的标本积累大部分依靠本研究组近二十余年的采集积累。特别需要说明的是，我们的阎甲标本积累得益于国家自然科学基金"九五"重大项目、科技部 973 项目、中国科学院知识创新工程重要方向项目等一系列生物多样性研究项目的支持，也得益于北京市自然科学基金重点项目对我们开展法医昆虫学研究的支持，这些均使得阎甲标本能不断采集，收藏持续增加，为后来阎甲分类工作的开展与深入、阎甲志的编研奠定了基础。

在阎甲标本的大批量采集、持续增加收藏、提高标本收藏质量的过程中，我的许多学生以及后来加入研究组的团队成员都做出了重要贡献。罗天宏博士和张叶军博士，她们专注于阎甲科的分类学研究，在前人的基础上做出了优异的成绩，她们都是本志的作者。关于标本的采集，要感谢北京市公安局法医中心的杨玉璞主任医师、刘力主任医师等多位同志，他们为前期采集阎甲（及其他嗜尸性昆虫）标本做出了极大的努力。更大量阎甲标本的收藏，要感谢本团队成员的长期工作：于晓东博士在承担生物多样性研究的野外取样与采集中，发现了大量的阎甲标本，有些还是十分珍贵的标本；吴捷博士、赵彩云博士、李晓燕博士、陈永杰博士、杨卓博士、赵宗一博士、石凯博士，以及先后在本研究组学习过的周海生、叶婵娟、何君舰等多位同学，从事了大量的野外调查与采集工作。同时，在阎甲研究中，曾获得河北大学任国栋教授及其团队、上海师范大学李利珍教授及其团队、中国科学院动物研究所梁红斌博士等许多国内外同行好友惠借或赠予阎甲标本；中国林业科学研究院杨忠岐教授及其团队，在钻木害虫天敌鉴定中提供了一些阎甲标本；中国检验检疫科学研究院张生芳研究员惠赠部分标本。当然还有许多但限于篇幅没能一一列出的同行同事。对上述这些在我们的阎甲标本积累中有贡献的人，在此表示衷心的感谢！本志所用标本材料现主要保存在中国科学院动物研究所，其他标本保藏机构相关信息详见文中记载。

著者及其团队在开展阎甲分类研究工作的过程中，特别不能忘记一些国外专家的帮助与支持：波兰的 Mazur 教授、日本的 Ôhara 博士、比利时的 Kanaar 博士、意大利的 Penati 博士和 Vienna 博士、法国的 Gomy 博士和美国的 Caterino 博士，还有许多没能提及的国际同行等，他们在我们开展阎甲研究的过程中，先后给予了大量的帮助，提供了重要的文献，交换了大量的定名标本；特别是波兰的 Mazur 教授及夫人，曾到访我们组进行研究交流一个月时间，对提高我们的阎甲研究水平有很大的促进作用。英国自然历史博物馆、美国芝加哥菲尔德自然历史博物馆、德国柏林自然历史博物馆等国际机构，也提供了许多标本。对于上述国际同行及友好机构给予的帮助，在此表示诚挚的谢意！

在本志的成稿与完成过程中，得到中国科学院中国动物志编辑委员会办公室陶冶同志的帮助，并获得了国家科学技术学术著作出版基金的资助，特此感谢！

本志研究了截至 2017 年发表的中国阎甲总科的种类。在编写过程中，虽然力求完整反映中国阎甲区系，追求鉴定准确、分类订正可靠、分类引证严谨可信，但由于标本收藏、时间投入、分类积累等诸多限制，未能更加全面地检阅所有模式标本，也鉴于著者水平有限，在编写过程中，难免有错误与不足之处，敬请指正！

周红章

2017 年 7 月 31 日于北京

目　录

总　论

一、国内外研究概况

阎甲总科 Histeroidea 包括扁圆甲科 Sphaeritidae、长阎甲科 Synteliidae 和阎甲科 Histeridae，全世界现已记录扁圆甲科 1 属 7 种，长阎甲科 1 属 7 种，阎甲科 11 亚科 391 属 4400 余种（Mazur, 2011a; Zhou and Yu, 2003）。毫无疑问，在这一总科中扁圆甲科和长阎甲科是稀有的类群，阎甲科才是主要种类组成和多样性分化研究的重点和关键。

阎甲科的绝大多数类群，体形宽扁，为短圆形，腐生性为主，主要包括捕食性的肉食性物种、嗜尸性的物种，以及比较特殊的嗜蚁性物种或腐木皮下生活的倒木昆虫（周红章等, 1997; Wu *et al.*, 2008）。阎甲总科的研究在国外起步很早，最早记述阎甲种类的分类学家是 Linnaeus（1758），记录了阎甲总科的 6 个种。

19 世纪以来，是阎甲科分类学研究快速发展时期，该科的种类记载迅速增加，世界性及地区性的专著相继出现，其中重要的世界性专著有：Paykull（1811）的 *Monographia Histeroidum*；Erichson（1834）的 *Übersicht der Histeroides der Sammlung*；Lacordaire（1854）的 *Histoire Naturelle Des Insectes*；尤其是 Marseul 在 1853—1862 年的系列专著，是早期阎甲科研究的里程碑，把已知种类数量提高了近 1 倍，超过了 600 种，给出了近于统一格式的种类描述和图示；Bickhardt（1916b, 1917）的 2 卷书是阎甲科的另一总结性巨著，书中总结了当时所有属及属以上单元的分类学定义，并提供了大量精美的彩图；Reichardt（1941）首次运用雄性外生殖器作为鉴别特征，为阎甲分类在以后大量使用两性外生殖器进行更加深入的工作提供了基础依据，使种类鉴定更加精确可靠。地区性的阎甲分类学研究主要集中在欧洲（Jacquelin-Duval, 1858; Seidlitz, 1875; Ganglbauer, 1899; Reitter, 1909; Kuhnt, 1913）。Schmidt（1885c）的 *Bestimmungstabellen der Europäischen Histeriden*（《欧洲阎甲科鉴定检索表》）堪称杰作；1850—1880 年，J. E. LeConte 对北美区系的阎甲进行了一系列研究，另外 Horn 在 1862—1894 年、Hinton 在 1934—1945 年也对该区的阎甲进行了研究（Mazur, 1997, 2011a）。其他做出杰出贡献的分类学家及其研究地区或类群还包括 Auzat（1915—1931 年，法国）、Blackburn（1891—1903 年，澳大利亚）、Lea（1910—1925 年，澳大利亚）、Cooman（1929—1956 年，越南东京湾）、Desbordes（1913—1930 年，非洲、东南亚、美国等地）、Lewis（1879—1915 年，记述大量种）、Thérond（1931—1987 年，亚洲、欧洲、非洲）、Bruch（1914—1940 年，蚁冢阎甲）、Reichensperger（1923—1958 年，蚁冢阎甲）等（Mazur, 1997, 2011a）。

20 世纪中叶以来，阎甲科的研究进入一个新的阶段，分类学家逐步对进化和系统发育关系展开探讨和研究。Wenzel（1944）提出了第一个比较清晰的进化分类系统，是现代分类系统的基础；随后各国阎甲分类学家纷纷展开地区性研究，完成大量修订性工作，并不断增加新的种类，有 Kryzhanovskij 和 Reichardt（1976 年，苏联）、Vienna（1980 年，意大利）、Ôhara（1994 年，日本）、Yélamos（2002 年，西班牙伊比利亚半岛）等。Mazur（1984b，1997，2011a）的阎甲科世界名录，系统完整地收录了阎甲科已发现的物种，并提供了一个普遍认可、采用较广的分类系统；Mazur（2004）的名录是对古北区阎甲总科种类的总结。Ôhara（1994）首次运用支序分析法分析了阎甲科的系统发育关系；Ślipinski 和 Mazur（1999）也采用相同的方法进行了更加广泛的分析。同时，做出重要贡献的其他分类学家及其研究类群或地区还包括：Dahlgren（1962—1985 年，腐阎甲亚科 Saprininae）、Dégallier（1979 年至今，法属圭亚那等地）、Gomy（1969 年至今，非洲区和东洋区的小型阎甲）、Olexa（1958—1992 年，美国、欧洲、亚洲）、Penati（1993 年至今，腐阎甲亚科以及区系研究）等（cf. Mazur，1997，2011a）。

　　20 世纪末期至今，是阎甲总科系统学研究的高潮阶段，这一阶段的研究主要集中在以下几个方面：阎甲总科的系统发育和分类地位（Lawrence and Newton，1982，1995；Hansen，1991，1997；Beutel，1994；Ôhara，1994；Archangelsky，1998；Caterino and Vogler，2002；Beutel and Komarek，2004；Caterino et al.，2005）；新分类特征特别是幼虫特征的发现（Kovarik and Passoa，1993；Beutel，1999；Caterino and Vogler，2002；Caterino and Tishechkin，2006；Gomy and Orousset，2007）；DNA 序列数据的采用与评价（Caterino and Vogler，2002；Caterino et al.，2005；Caterino and Tishechkin，2006）；形态与分子性状综合分析及其对系统发育分析结果的正确性评价（Caterino and Vogler，2002；Caterino et al.，2005）；阎甲科内分类单元的分类修订，主要包括 Helava 等（1985）和 Dégallier（1998a，b）对伴阎甲亚科 Hetaeriinae 的修订，Kanaar（1997）对缘尾阎甲属 Paratropus 的修订，Mazur 和 Ôhara（2000a，b）及 Ôhara 和 Mazur（2000，2002）对方阎甲族 Platysomatini 的修订，Caterino（2000，2003）、Dégallier 和 Caterino（2005a，b）及 Caterino 和 Dégallier（2007）对嗜蚁阎甲亚科 Chlamydopsinae 的修订，Kanaar（2003）对柱阎甲属 Trypeticus 的修订等。

　　中国阎甲总科种类的研究，在 21 世纪之前均为外国学者完成。Quensel（1806）最早记述了中国阎甲总科的物种 Hister chinensis（＝Nasaltus chinensis 中国完折阎甲）。之后很多学者对中国阎甲区系的发现做出了贡献，其中 Erichson（1834）记述 2 种，Marseul（1855，1857，1861，1862，1864a，1870）记述 11 种，Lewis（1879b，1885c，1892d，1894a，1898，1900，1905b，1905c，1906b，1907a，1909，1911，1915）记述 15 种，Bickhardt（1912a，1913a，1920b，1920d）记述 18 种，Reichardt（1932a，1941）记述 3 种，Wenzel（1944）记述 3 种，Cooman（1947，1948）记述 3 种，Hisamatsu（1965）记述 3 种，Dahlgren（1971b）记述 2 种，Kryzhanovskij（1972b）记述 2 种，Mazur（1994，2003，2007a，2007b）记述 5 种，Kapler（1996，1997，1999b，2000）记述 5 种，Ôhara（1999b）记述 3 种，Gomy（1999）记述 3 种；其他学者也零零散散描记了一些种类，包括 Schmidt（1890a）、Reitter（1896）、Silvestri（1926）、Miwa（1934）、Kryzhanovskij 和 Reichardt（1976）等。近十几年来，本书的作者 Zhou 和 Luo（2001）总结了中国脊阎甲属 Onthophilus 并增加描记 1 种，这也是中国阎甲研究历史上中国学者的首次描记；Zhou 和 Yu（2003）描记了长阎甲科的 2 种，迄今为止仍然是稀有的记录；随后本书作者 Zhang 和 Zhou（2007a，b，c）先后总

结并修订柱阎甲属 *Trypeticus*、丽尾阎甲族 Paromalini 等类群的中国种类并描记 10 种。

　　Lewis（1915）根据 Shiraki 收藏的标本最早对台湾的阎甲类群进行了统计，这些标本现大部分保存在中国科学院动物研究所标本馆。近十几年来，其他外国学者也对我国台湾的阎甲类群进行了一系列研究，包括 Ôhara（1999b）对阎甲族 Histerini 的修订、Ôhara（2003）对腐阎甲属 *Saprinus* 的修订和 Mazur（2007b）对阎甲科 Histeridae 的修订，在最后这篇文章中，Mazur 还对分布在台湾的阎甲类群进行了初步的动物地理区系研究。

　　有关中国阎甲种类的记录有几本主要的世界名录可资查询。Bickhardt（1910c）的 *Coleopterorum Catalogus Pars 24: Histeridae* 中记录了中国的 9 属 36 种；胡经甫（Chenfu F Wu, 1937）的 *Catalogus Insectorum Sinensium* 中记录了中国的 8 属 37 种，这是中国学者关于阎甲种类的首次记载；Mazur（1984b）的 *A World Catalogue of the Histeridae (Coleoptera: Histeroidea)* 记录了中国的 9 亚科 45 属 166 种（包括亚种）；Mazur（1997）的 *A World Catalogue of Histeridae (Coleoptera)* 中记录了中国的 9 亚科 46 属 187 种（包括亚种）；Mazur（2004）在 *Catalogue of Palaearctic Coleoptera* 中记录了古北区阎甲总科的种类，在 Mazur（1997）的基础上新补充了中国的 2 科 6 属 31 种（包括亚种）。随后一些外国学者，以及本书的作者又陆续发表了中国的一些种类（见上述），并增加了大量的中国记录种（Mazur and Zhou, 2001; Mazur, 2007a; Zhang and Zhou, 2007a, b, c; cf. Mazur, 2011a）。到本卷动物志完稿时，中国阎甲总科共包括扁圆甲科和长阎甲科，以及物种丰富的阎甲科的 10 亚科，共计 67 属 303 种及亚种。

二、形　态　特　征

（一）成　　虫

　　阎甲总科的物种体形变化丰富，体长从 0.7 mm（小齿阎甲属 *Bacanius*，异跗阎甲属 *Acritus*）到 35 mm（长阎甲属 *Syntelia*），但绝大多数物种个体比较小，体形短，紧缩，大多为卵圆形，隆凸，也有一些种类背腹扁平，如扁阎甲族 Hololeptini、丽尾阎甲族 Paromalini 的大多数种类及方阎甲族 Platysomatini 的一些种类等；一些种类圆柱形，如长阎甲科 Synteliidae、柱阎甲亚科 Trypeticinae、细阎甲亚科 Niponiinae、条阎甲族 Teretriini，以及方阎甲族的一些种类；少数种类圆形或球形，如小齿阎甲族 Bacaniini、球阎甲族 Abraeini、异跗阎甲族 Acritini 等；还有一些生活在蚁巢中的种类，外形似蜘蛛，主要包括伴阎甲亚科 Hetaeriinae 和嗜蚁阎甲亚科 Chlamydopsinae。阎甲的体色通常黑色，有时棕色，触角、口器和足通常棕色，有些种类具蓝色或绿色金属光泽，有些种类背面具橘黄色或红色斑块。大多数种类体表光洁无毛，具细小或粗糙的刻点，有时具皮革纹；少数种类体表具毛，如刺球阎甲属 *Chaetabraeus*。

　　关于阎甲科的成虫形态，为了便于交流和保持科学上的一致性，我们在本书中采用相对普遍使用的形态术语（Wenzel and Dybas, 1941; Naomi, 1987-1990）。涉及阎甲科本身比较特殊的用语，尽量兼顾统一规范与灵活适用（Ôhara, 1994），所使用的大部分术语如图 1 所示。在种类描记时若无特别说明，则体长指前胸背板前角至鞘翅端缘的长度，体宽指鞘翅肩部的宽度。

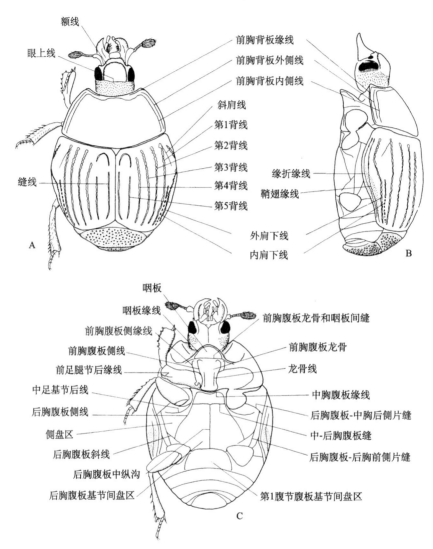

图 1　阎甲整体及结构示意图，歧阎甲属 *Margarinotus*（仿 Ôhara, 1994）

A. 背面观；B. 侧面观；C. 腹面观

Fig. 1　Histerid body of *Margarinotus*. Shown structures and terms used in the book (after Ôhara, 1994)

A. Dorsal view; B. Lateral view; C. Ventral view

1. 头部（head）

头部背面观宽、短、隆凸，通常较前胸背板狭窄，少数种类头部几乎和前胸背板一样宽（图 2），如长阎甲属和细阎甲属 *Niponius*。大多数种类头部的前端半部较基半部狭窄；柱阎甲属 *Trypeticus* 的头部背面观呈三角形，侧缘向前均匀收窄。头部通常下口式，可收缩；少数种类前口式且不可收缩，包括扁圆甲科 Sphaeritidae、长阎甲科、细阎甲亚科、筒阎甲亚科 Trypanaeinae 和扁阎甲族的种类。

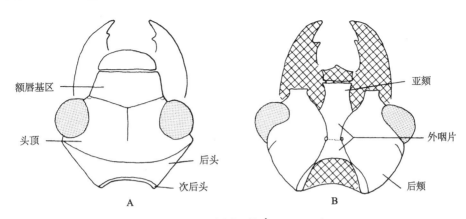

图 2　头部示意图（仿 Ôhara, 1994）

A. 背面观；B. 腹面观

Fig. 2　Head stucture (after Ôhara, 1994)

A. Dorsal view; B. Ventral view

头部的缝： 包括额唇基缝（frontoclypeal suture）、口后缝（hypostomal suture）、后头缝（occipital suture）和次后头缝（postoccipital suture）。阎甲科和长阎甲科的种类无额唇基缝，此缝只在扁圆甲科中发现（图 3）。口后缝和次后头缝在阎甲总科中很难区分，大部分种类有清晰的口后缝，次后头缝在次后头和后颊之间多变。次后头缝在外咽片和后颊之间的部分通常被称为外咽片缝（gular suture），此缝多变，有时分离，相互平行，有时部分甚至全部融合形成 1 条直线（图 4）。大多数种类无后头缝，只在悦阎甲属 Epierus 中沿复眼后缘有很短的痕迹。

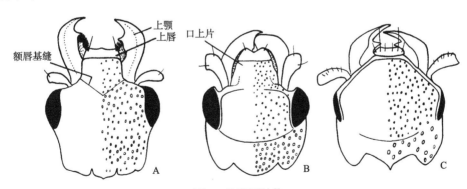

图 3　头背面结构

Fig. 3　Head, dorsal view

A. 双色扁圆甲 Sphaerites dimidiatus Jureceǩ；B. 日本腐阎甲 Saprinus (Saprinus) niponicus Dahlagren；C. 日本平阎甲 Platylomalus niponensis (Lewis)

颅（cranium）： 通常由额唇基区（frontoclypeal region）、额区（frons）、后颊（postgena）、腔壁腹板（ventral plate of the parietal）、后头（occiput）、次后头（postocciput）和咽（gula）

组成（图 2）。

　　阎甲总科的唇基与额融合形成额唇基区，也叫口上片（epistoma）（图 2，图 3）。大部分种类口上片近于正方形，其侧缘通常略向前汇聚或平行（图 3A, B），而在阎甲亚科 Histerinae 和丽尾阎甲族中，口上片短，呈梯形（图 3C）；该区通常由额线与额分开，有时额线延伸到口上片。表面通常微隆或平坦，有时凹陷。

　　额横宽，腐阎甲亚科 Saprininae、柱阎甲亚科、卵阎甲亚科 Dendrophilinae 和阎甲亚科具形状多变的额线，此线有时仅围绕额部，有时延伸到额唇基区；腐阎甲亚科有眼上线。额表面通常具刻点，有时光滑无刻点，有时具多变的刻纹（如皱额阎甲属 Hypocaccus），有时具隆脊（如脊阎甲亚科 Onthophilinae 的一些种类）或瘤突（如小阎甲亚科 Tribalinae 的一些种类），有时具向前伸出的角状结构（如细阎甲亚科）。

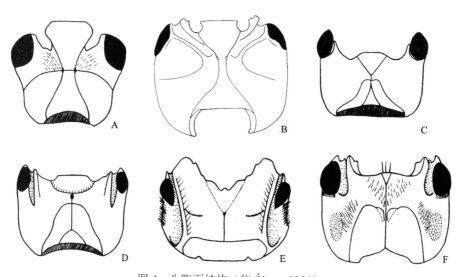

图 4　头腹面结构（仿 Ôhara, 1994）
Fig. 4　Head, ventral view (after Ôhara, 1994)
A. 双色扁圆甲 Sphaerites dimidiatus Jureček；B. 日本长阎甲 Syntelia histeroides Lewis；C. 日本腐阎甲 Saprinus niponicus Dahlgren；D. 日本平阎甲 Platylomalus niponensis (Lewis)；E. 亮扁阎甲 Hololepta (Hololepta) laevigata Guérin-Ménéville；F. 周歧阎甲 Margarinotus (Paralister) periphaerus Mazur

　　头腹面由后颊和腔壁腹板组成（图 2B，图 4）。由于后头缝的缺失，后颊和腔壁腹板在一侧通常融合为 1 块腹板。此腹板微隆或平坦，通常有细小或粗大的刻点。在一些种类中有发达的触角沟，如长阎甲属、细阎甲属和扁阎甲属 Hololepta。

　　后头在鞘翅目中也称颈（neck）。阎甲总科中后头退化缺失，只在柱阎甲属中此部分被 1 明显的脊分开。

　　次后头是颅内的 1 个环形结构，通常红棕色或黄棕色，位于后头之后，通过次后头缝与后者分开。

　　咽骨化，仅在扁阎甲属中长大于宽。外咽片（gular plate）在阎甲总科的系统学研究中具有重要的意义，Ôhara（1994）依其形状将其分为 4 个类型：① 梯形，有 1 对清晰的外咽片缝，此缝不相互融合，向前汇聚，这是最原始的形式，见于扁圆甲科（图 4A）、长阎甲科（图 4B）和厚阎甲属 *Pachylomalus*；② 小三角形，外咽片缝于前端融合，见于腐阎甲亚科（图 4C）和卵阎甲亚科（图 4D）；③ 缩小，被 1 微小的三角形或横截四边形取代，外咽片缝几乎（完全）融合且形成 1 条直线，见于柱阎甲亚科、脊阎甲亚科和球阎甲亚科 Abraeinae；④ 缺失，外咽片缝完全融合，形成 1 条直线，这是最为衍生的形式，见于小阎甲亚科和阎甲亚科（图 4E, F）。②和③哪种形式更原始很难确定。

　　复眼（eye）：通常 1 对，位于两侧；通常发达，肾形或卵形；一些穴居种类根据其生境的不同，复眼不同程度地退化（如 *Aeletes*），有时完全缺失（如 *Iberacritus*）。无单眼。

　　触角（antenna）：锤状且膝状弯曲（图 5），通常着生在额侧缘复眼和上颚之间，共 11 节（柱阎甲亚科 10 节），分成柄节（scape）、梗节（pedicel）和鞭节（flagellum）。柄节粗而长，膝状弯曲，有时短而膨大，如伴阎甲亚科 Hetaeriinae、嗜蚁阎甲亚科和筒阎甲亚科，以及脊阎甲亚科的一些种类，伴阎甲亚科和嗜蚁阎甲亚科的种类还具明显的角。梗节通常短小，较柄节窄，有时较宽且呈卵形，如腐阎甲亚科和柱阎甲亚科的一些种类。鞭节由第 3-11 节组成（柱阎甲亚科为第 3-10 节），各小节大小和形状多变，通常近于圆柱形，有时球形（如腐阎甲属 *Saprinus*）或杯形（如阎甲属 *Hister* 和突唇阎甲属 *Pachylister*）；鞭节的第 9-11 节形成端锤（club），剩余的称为索节（funicle）。

　　端锤通常呈卵形或球形，紧缩且具毛，有时圆柱形（伴阎甲亚科）。端锤的分节从完全分离到完全融合多变，分为以下几种形式：① 完全分离（具完整的缝），如扁圆甲属 *Sphaerites*（图 5A）、长阎甲属（图 5B）、脊阎甲属 *Onthophilus*（图 5D）、阎甲属、歧阎甲属 *Margarinotus*（图 5F）、卵阎甲属 *Dendrophilus* 等；② 部分分离（小节间的缝间断且间断程度多变），如扁圆甲属（图 5E）、方阎甲属 *Platysoma* 等；③ 完全融合（无可见的缝），如伴阎甲属 *Hetaerius*、断胸阎甲属 *Plegaderus*、刺球阎甲属、腐阎甲属（图 5C）、柱阎甲属（图 5G）等。缝的形状也多变，有的端正（如扁圆甲属和长阎甲属），有的倾斜（如阎甲属和歧阎甲属），有的呈 "V" 形（如卵阎甲属、扁阎甲属和方阎甲属）。端锤常具有多种感觉器：在腐阎甲亚科中，端锤的腹面具 "Reichardt 器"（图 5C）（De Marzo and Vienna, 1982a）；在扁阎甲族和方阎甲族中，端锤有 8 个伸长的凹窝，背面 4 个，腹面 4 个，每个凹窝都包含具有嗅觉功能的感觉器（Yélamos, 2002）。

　　口器（mouthpart）：由上唇（labrum）、上颚（mandible）、下颚（maxilla）、下唇（labium）和附肢（appendage）组成。

　　上唇（图 6）1 个，片状，横宽；前缘形状多变，通常平截，略向外弓弯或微弱凹缺，偶尔具深凹缺或长的突出（如突唇阎甲属），副悦阎甲属 *Parepierus* 的大部分种类上唇呈三角形；上唇表面通常具 1 对或若干刚毛，而阎甲亚科的上唇无刚毛。突唇阎甲属的上唇具有性二型特征，雄虫的上唇前缘中央较雌虫更强烈突出。

　　上颚（图 6）1 对，通常很发达，其内侧通常具 1 个或多个齿，有时无齿（如扁阎甲属）；上颚背面通常拱隆，有时扁平或微凹，外缘具隆起的边（如阎甲族 Histerini 的一些种类），有时具降脊或凹沟（如沟颚阎甲属 *Silinus*）。上颚腹面通常具深凹沟以容纳部分触须。突唇阎甲属的上颚具有性二型特征，雄虫左侧上颚大于雌虫且靠近顶端有 1 个小瘤突。

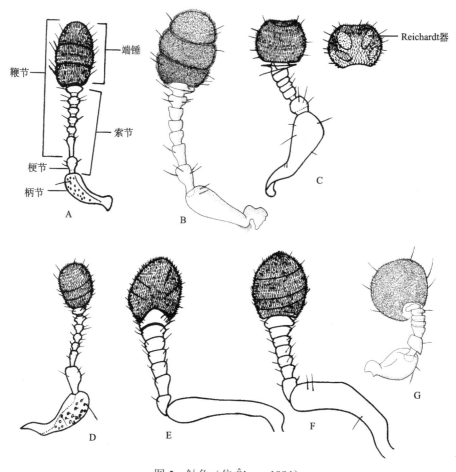

图 5　触角（仿 Ôhara, 1994）

Fig. 5　Antenna (after Ôhara, 1994)

A. 双色扁圆甲 *Sphaerites dimidiatus* Jureček；B. 日本长阎甲 *Syntelia histeroides* Lewis；C. 日本腐阎甲 *Saprinus niponicus* Dahlgren；D. 细脊阎甲 *Onthophilus foveipennis* Lewis；E. 亮扁阎甲 *Hololepta* (*Hololepta*) *laevigata* Guérin-Ménéville；F. 周歧阎甲 *Margarinotus* (*Paralister*) *periphaerus* Mazur；G. 范氏柱阎甲 *Trypeticus fagi* (Lewis)

　　下颚（图 7A, C, E）1 对，分别由轴节（cardo）、茎节（stipes）、负颚须节（palpifer）、内颚叶（lacinia）、亚外颚叶（subgalea）、外颚叶（galea）和下颚须（palpus）组成。茎节分为基茎节（basistipe）、中茎节（mediostipe）和端茎节（dististipe）。负颚须节质地多变且具可变的刚毛。内颚叶通常与中茎节宽阔接触，偶尔部分分离（小阎甲亚科的一些种类），其边缘具密集的长刚毛。外颚叶通常短，紧缩，偶尔伸长（扁阎甲族），其边缘也具密集的长刚毛；在食真菌的种类中，外颚叶端部通常膨大且具竹片状刚毛或密集的由短到中等长度的刚毛。下颚须 4 节，第 1 节很小，第 4 节通常最长，在阎甲科中第 4 节侧面和端部有一些感觉器。

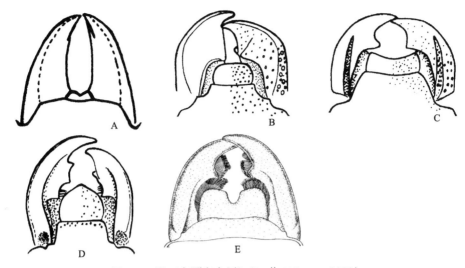

图6　口器（上颚和上唇）（E 仿 Yélamos, 2002）

Fig. 6　Mouthparts (mandible and labrum) (E after Yélamos, 2002)

A. 亮扁阎甲 *Hololepta* (*Hololepta*) *laevigata* Guréin-Ménéville；B. 西伯利亚阎甲 *Hister sibiricus* Marseul；C. 黑长卵阎甲 *Platylister* (*Platylister*) *atratus* (Erichson)；D. 中国完折阎甲 *Nasaltus chinensis* (Quensel)；E. *Pactolinus major* (Linnaeus)

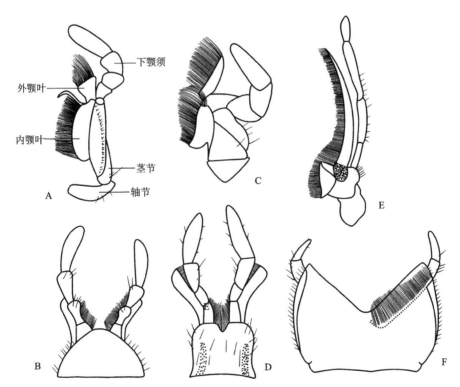

图7　口器（A, C, E：下颚；　B, D, F：下唇）

Fig. 7　Mouthparts (A, C, E: maxilla; B, D, F: labium)

A, B. 双色扁圆甲 *Sphaerites dimidiatus* Jurecěk；C, D. 周歧阎甲 *Margarinotus* (*Paralister*) *periphaerus* Mazur；E, F. 亮扁阎甲 *Hololepta* (*Hololepta*) *laevigata* Guréin-Ménéville

下唇（图 7B, D, F）1 个，由亚颏（submentum）、颏（mentum）、前颏（prementum）、唇舌（ligula）和 1 对下唇须（labial palpi）组成。亚颏与头壳融合，前面与颏宽阔相接。颏扁平，形状多变，顶端突出、平截或凹缺，遮盖唇舌基部及除顶端外的所有负颚须节；在扁圆甲科中，颏具有性二型特征，雌性梯形，平坦且强烈硬化，雄性横卵形，略凹且透明。下唇须 3 节，在阎甲科中最后 1 节偶尔膨大且背腹扁平（小阎甲亚科的一些种类），在扁圆甲科和长阎甲科中最后 1 节较前两节粗而长。

2. 胸部（thorax）

前胸（prothorax）：包括前胸背板（pronotum）和前胸腹板（prosternum）。前胸背板完全融合且强烈骨化，其侧缘向腹面弯曲形成前背折缘（hypomeron）；前胸腹板中央隆起形成前胸腹板龙骨（prosternal keel）（图 8）；阎甲总科中大约一半的种类具前腹片（presternum），也叫前胸腹板叶（prosternal lobe）或咽板（图 8）；小腹片（furcasternum）是 1 对隐蔽在前足基节窝内的半球形板（图 8）。

前胸背板通常不同程度隆凸，近于梯形，横宽，通常基部最宽，两侧弓形向端部狭缩，前缘凹缺，后缘中央弓弯或成角；有的种类前胸背板两侧由端部向基部狭缩（长阎甲属），有的种类前胸背板近于正方形（细阎甲亚科、柱阎甲亚科、断胸阎甲族 Plegaderini 等）。前角通常降低，有时隆起（伴阎甲亚科）；后角降低，仅在很少数种类中突出（扁圆甲属、*Sternocoelis acutangulus*）。前胸背板两侧和前缘通常具缘线，长阎甲属的前胸背板缘线位于侧缘和后缘；阎甲亚科的种类还有外侧线和内侧线；小齿阎甲属、*Australomalus*、异跗阎甲属等的种类沿前胸背板后缘有 1 条横线；断胸阎甲属的种类在前胸背板近中央有 1 横线；厚阎甲属的种类在前胸背板中后部有 1 对括弧形的纵线；脊阎甲属的种类具若干条脊。前胸背板通常光亮且光洁无毛，刻点多变，通常于中部稀疏细小，于侧面密集粗大；刺球阎甲属的前胸背板具毛。腐阎甲亚科的一些属中具眼后窝，阎甲族的一些属中大约相同的位置具另外的凹窝，扁圆甲属前胸背板侧面具不规则的凹陷，歧阎甲属的一些种类具瘤突。扁阎甲族的前胸背板具明显的性二型特征，雄虫前角或前缘近前角的位置有 1 椭圆形的深凹窝。

前背折缘向腹面强烈弯折，偶尔具刚毛。内缘的后 1/3 通常向中央强烈突出形成长而尖的基节后突（postcoxal process），不与小腹片相连，但在长阎甲属中（图 8B），基节后突与小腹片的后顶点相连，完全或至少外形上关闭了前足基节窝。前背折缘与前胸腹板之间的缝称为背侧缝（tergopleural suture）（Naomi, 1988c），此缝通常清晰，但在柱阎甲属中不清晰或完全缺失。

咽板在长阎甲科、小阎甲亚科、脊阎甲亚科、阎甲亚科、伴阎甲亚科和卵阎甲亚科中存在，半圆形或钝三角形（阎甲亚科、卵阎甲亚科和小阎甲亚科），有的近于方形（脊阎甲亚科），长阎甲属的咽板三角形且非常尖锐（图 8B）。咽板位于前胸腹板之前，由 1 条清晰的缝与后者分开。咽板缘线通常存在，与此线平行的有时还有 1 条侧线。脊阎甲亚科、小阎甲亚科和阎甲亚科的一些种类中咽板很宽，向侧面延伸形成前胸腹板翼（prosternal alae），成为前角处触角窝的边界（图 8C）。

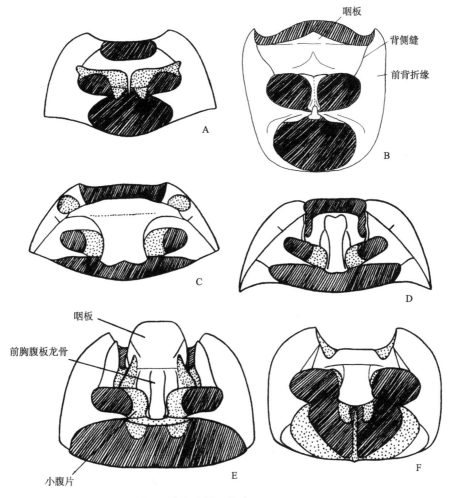

图 8　前胸腹板（仿 Ôhara, 1994）

Fig. 8　Prosternum (after Ôhara, 1994)

A. 双色扁圆甲 *Sphaerites dimidiatus* Jureček；B. 日本长阎甲 *Syntelia histeroides* Lewis；C. 细脊阎甲 *Onthophilus foveipennis* Lewis；D. 日本腐阎甲 *Saprinus niponicus* Dahlgren；E. 日本平阎甲 *Platylomalus niponensis* (Lewis)；F. 亮扁阎甲 *Hololepta (Hololepta) laevigata* Guérin-Ménéville

　　前胸腹板通常很宽，中部隆起形成前胸腹板龙骨，前胸腹板龙骨窄而隆凸或宽而扁平，龙骨两侧通常有 1 对内侧线（龙骨线 carinal striae）和 1 对外侧线（前胸腹板侧线 lateral prosternal striae）。断胸阎甲属的前胸腹板龙骨被中部的 1 深凹中断形成 2 部分，该凹窝与 2 条长而宽的低凹槽汇合，深凹区内具密集的长毛；扁圆甲科的种类前胸腹板短，有小的指状的基节间突，但基节前端不分离；长阎甲科的种类前胸腹板后部具大的基节间突，基节前端狭窄分离。Ôhara（1994）根据形状的不同将阎甲总科的前胸复合腹板（composite ventral plate）分成 7 个类型，其中扁圆甲科的类型最原始，长阎甲科的类型其次，阎甲科种类包含的类型较衍生。

　　触角沟或窝的位置是很重要的系统学特征。在卵阎甲亚科、球阎甲亚科、腐阎甲亚科、柱阎甲亚科和筒阎甲亚科中，触角沟纵向，靠近前胸腹板龙骨且后开放。在嗜蚁阎甲亚科、伴阎甲亚科、脊阎甲亚科、小阎甲亚科和阎甲亚科中，触角窝横向，位于前角且后闭合；阎甲族的触角窝很退化，而扁阎甲属中没有这样的触角窝。

前足基节窝（fore coxal cavity）横宽，由小腹片、前胸腹板及前背折缘部分围绕形成。阎甲科的所有种类中，前足基节窝相互远离，由基节间突起（或前胸腹板龙骨）宽阔分离，而在扁圆甲科和长阎甲科的种类中，前足基节窝相互靠近（图 8A, B）。

中胸（mesothorax）：由中胸背板（mesonotum）、上前侧片（anepisternum）、后侧片（epimeron）、基外片（trochantin）、胸腹侧片（prepectus）和中胸腹板（mesosternum）组成。阎甲总科中无前腹片。

中胸背板退化，位于鞘翅下方，由前悬骨（anterior phragma）、前盾片（prescutum）、盾片+小盾片（scutum+scutellum）和后背板（postnotum）组成。小盾片背面观可见部分（习惯简称为小盾片）通常很小，三角形，在大多数种类中可见，但在小型阎甲中经常不可见；在扁圆甲科的种类中，小盾片较大，近于三角形或半圆形；在长阎甲科的种类中，小盾片较大且近于三角形或很小且指状。

上前侧片和后侧片在扁圆甲科和长阎甲科中明显分离，且腹面观可区分，而在阎甲科中合并，腹面观不可区分，且侧板缝（pleural suture）经常缺失（如腐阎甲亚科、扁阎甲族、方阎甲族的一些种类）。

中胸基外片为 1 不明显的骨片。

胸腹侧片在扁圆甲科和长阎甲科中缺失，在阎甲科中为嵌入上前侧片前缘的弓形颈片。

中胸腹板为 1 复合腹板（图 9）。在阎甲科的所有种类中，腹板中部强烈隆起且前缘宽阔，称为"中胸腹板基节间盘区（intercoxal disk of mesosternum）"，该盘区通常横宽，其前缘中部通常凹缺，有时突出嵌入前胸腹板后缘（如条阎甲属 Teretrius 和突胸阎甲族 Exosternini），有时平截或略向外弓弯（如方阎甲族、球阎甲亚科、小阎甲亚科、小齿阎甲族 Bacaniini 的一些种类，以及柱阎甲亚科的大部分种类）；其后缘通常称为"中-后胸腹板缝（meso-metasternal suture）"，此缝直或成角，断胸阎甲属中、后胸腹板融为一体，无中-后胸腹板缝；中胸腹板基节间盘区具缘线（marginal mesosternal stria），在阎甲族中，前角处另有 1 缘线的残余，腐阎甲亚科、小阎甲亚科、球阎甲亚科和突胸阎甲族的一些种类伴随中-后胸腹板缝经常另有 1 横线，此线通常强烈钝齿状且有时大部分与前者融合，在丽尾阎甲族中，中胸腹板基节间盘区中央经常有 1 横向的弧形或近矩形的线。在扁圆甲科的种类中，中胸腹板短，具很小且平坦的基节间突，基节间突近于方形；而在长阎甲科的种类中，中胸腹板大，宽阔且较平坦，两侧向前汇聚，具钝的基节间突。

中足基节窝在阎甲科的所有种类中被中胸腹板基节间盘区宽阔分开，且前端开放（图 9C, D）；而在扁圆甲科和长阎甲科的种类中相互靠近，被狭窄的基节间突分开，且前端被腹板后缘闭合（图 9A, B）。

后胸（metathorax）：由后胸背板（metanotum）、上前侧片（anepisternum）、下前侧片（katepisternum）、后侧片（epimeron）和后胸腹板（metasternum）组成。

后胸背板由端背片（acrotergite）、前悬骨（anterior phragma）、前盾片（prescutum）、

盾片（scutum）、小盾片（scutellum）、后背板（postnotum）和后悬骨（posterior phragma）组成。

　　上前侧片和后侧片长方形，在阎甲科中，上前侧片位于后侧片之前，上前侧片通常完全暴露，后侧片通常被鞘翅缘折覆盖。而在扁圆甲科和长阎甲科中，这2个骨片相互平行且露出部分长，上前侧片-后侧片缝完整。

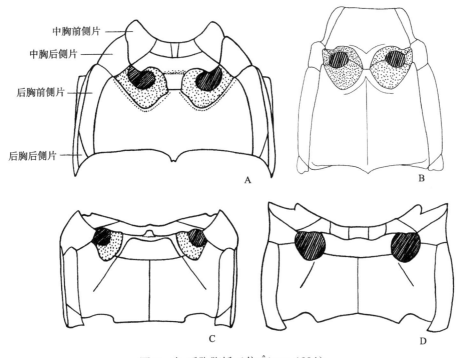

中胸前侧片
中胸后侧片
后胸前侧片
后胸后侧片

A B C D

图9　中-后胸腹板（仿 Ôhara, 1994）
Fig. 9　Meso- and metasterna (after Ôhara, 1994)
A. 双色扁圆甲 *Sphaerites dimidiatus* Jureček；B. 日本长阎甲 *Syntelia histeroides* Lewis；C. 日本腐阎甲 *Saprinus niponicus* Dahlgren；D. 细脊阎甲 *Onthophilus foveipennis* Lewis

　　后胸腹板是1个复合腹板，通常横宽（图9）。在阎甲科中，中足基节间突的前缘比中足基节窝宽，中央部分称为"后胸腹板基节间盘区（intercoxal disk of metasternum）"，侧面部分称为"后胸腹板侧盘区（lateral disk of metasternum）"。后胸腹板基节间盘区梯形，长宽约相等，通常由中-后胸腹板缝与中胸腹板分开；中纵沟（metasternal longitudinal suture）通常明显，但有时不清晰；后胸腹板侧线（lateral metasternal stria）位于侧面，斜向延伸或弓形向中胸后侧片延伸，方阎甲族的一些种类有2条后胸腹板侧线，基节间盘区偶尔还有另外的纵线（胸线阎甲属 *Diplostix*）或横线（圆臀阎甲属 *Notodoma*）；阎甲族的大部分种类还有自后胸腹板-后胸后侧片缝中央向内延伸的后胸腹板斜线（oblique stria），此线与后胸腹板侧线相连或不相连；基节间盘区偶尔具凹窝（毛脊阎甲属 *Epiechinus*）或瘤突（小齿阎甲属和异跗阎甲属的一些种类）；有时具明显的性二型特征，如腐阎甲亚科雄虫的后胸腹板基节间盘区明显凹陷，在一些种类中靠近第1腹节腹板还有一些瘤突，脊阎甲属一些种类的雄虫具长毛等。后胸腹板侧盘区有时具刚毛；中足基节后线（post-mesocoxal stria）通常沿中足基节窝后缘延伸，末端向后弯曲或不弯曲，偶尔向后侧方延伸（如小阎甲亚科和方阎甲族的一些种类），有时缺失（如柱阎甲亚科和细阎甲亚科）。在扁圆甲科和长阎甲科中，中足基节间突的前缘比中足基节窝窄。

后足基节窝在阎甲科的所有种类中宽阔分离（图 9C, D），而在扁圆甲科和长阎甲科的种类中相互靠近（图 9A, B）。

后胸腹内骨（metendosternite）由 1 基柄（basal stalk）、1 前臂（anterior arm）和 1 对叉臂（furcal arm）组成。在阎甲科中为"U"形，具短而宽的基柄和宽阔分离的叉臂；而在扁圆甲科和长阎甲科中为"Y"形，具长的基柄和叉臂，以及短的前臂。

鞘翅（elytron）：强烈骨化；表面通常较平坦；通常黑色，有时具红色或橘黄色斑块。侧缘通常弧圆，向端部狭缩，有时肩部略突出，也有一部分种类两侧缘几乎平行（如长阎甲科、细阎甲亚科、柱阎甲亚科等）；1 对鞘翅的前缘与前胸背板后缘约等宽；后缘横截或圆形，前臀板和臀板可见，但在扁圆甲科、长阎甲科和小齿阎甲族中前臀板几乎完全被鞘翅覆盖，仅臀板可见；缝缘沿中线汇合。

阎甲科背面具 8 条纵长刻点线和 1 条短而细的斜肩线，有时具脊或瘤，腹面（鞘翅缘折）具 2 条线，所有线的位置固定，这 11 条线由外至内依次是：缘折缘线（marginal epipleural stria）、鞘翅缘线（marginal elytral stria）、外肩下线和内肩下线（external and internal subhumeral stria）、斜肩线（oblique humeral stria）、第 1-5 背线（1st-5th dorsal striae）和缝线（sutural stria）。所有的线多变，其长度和位置在分类鉴定中具有重要的作用。

Ôhara（1994）将阎甲科鞘翅背面刻点线的排列分成以下几种形式：①a. 所有刻点线近于直线，第 4、5 背线和缝线末端不相互连接。这种类型可能是最原始的形式，见于卵阎甲亚科和小阎甲亚科，以及突胸阎甲族的一些种类。b. 第 5 背线缺失，第 4 背线和缝线通常以 1 弧线于鞘翅基部连接，第 4 背线和缝线之间区域非常宽。这种类型见于腐阎甲亚科及突胸阎甲族的一些种类。c. 第 5 背线和缝线之间区域不很宽，第 5 背线和缝线基部有时相连。这种类型见于阎甲亚科。② 鞘翅表面无刻点线或脊，仅有多变的刻点。这种类型经常见于小型阎甲，如小齿阎甲属、异跗阎甲属和丽尾阎甲族的一些种类。③ 鞘翅表面有发达的脊。这种类型见于脊阎甲亚科。④ 鞘翅表面有一些瘤突。这种类型仅见于歧阎甲属中有限的几个种。

扁圆甲科鞘翅背部的线由 9、10 条几乎完整的刻点行取代，刻点行不凹陷，在前后端多少变得不规则或消失。长阎甲科鞘翅背部的线由 3-10 条多变的不规则的沟或刻点行取代，刻点行深刻，钝齿状且经常间断。

鞘翅缘折（epipleuron）通常具 1 缘折缘线（marginal epipleural stria）和 1 鞘翅缘线（marginal elytral stria），但在一些种类中缘折中部另有 1 条线（腐阎甲亚科）；在一些种类中鞘翅缘线到达端部并沿鞘翅后缘不同程度延伸。

后翅（hind wing）：通常发达，很少退化，横宽而透明，大型阎甲的后翅细长椭圆形，小型阎甲的后翅卵形（小齿阎甲属除外，它的后翅细长）；翅脉深棕色至黄色，经常短缩且多变。

阎甲总科的后翅先后有许多学者进行了研究（Forbes, 1922; Kryzhanovskij and

Reichardt, 1976; Ôhara and Nakane, 1989; Ôhara, 1991a, 1994; Yélamos, 2002; Kovarik and Caterino, 2000, 2005），其中 Ôhara（1994）的研究结果比较详细。

　　后翅翅脉比较发达，包括 Sc，R，M，Cu，Pcu，A，J 等（Kovarik and Caterino, 2005），若干条翅脉退化，由具相对深颜色的膜取代。翅脉长度的退化很普遍，大多数小型阎甲的翅脉十分退化（卵阎甲亚科、球阎甲亚科、筒阎甲亚科、柱阎甲亚科等），仅有约 1 mm 长。大多数种类后翅的臀区（anal region）都很发达，在一些大型种类中甚至二裂（如阎甲族）（图 10C）。扁圆甲科和长阎甲科的种类翅中部有 1 明显的中-肘脉环（M-Cu loop）（图 10A, B）。

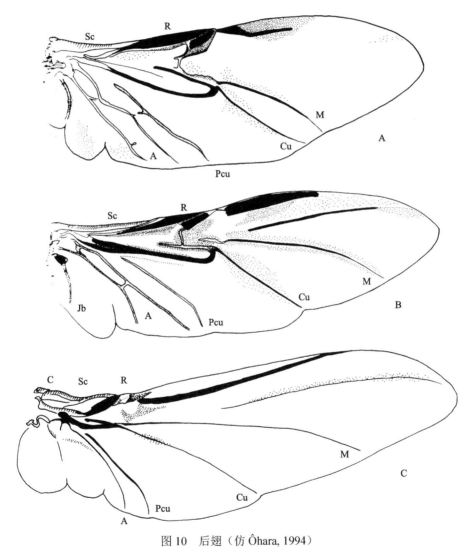

图 10　后翅（仿 Ôhara, 1994）

Fig. 10　Hind wing (after Ôhara, 1994)

A. *Sphaerites politus* Mannerheim；B. 日本长阎甲 *Syntelia histeroides* Lewis；C. 日本歧阎甲 *Margarinotus* (*Grammostethus*) *niponicus* (Lewis)

足（leg）：通常短，由基节（coxa）、转节（trochanter）、腿节（femur）、胫节（tibia）、跗节（tarsus）和前跗节（pretarsus）（包括爪）组成（图11，图12）。

基节宽阔。前足基节（fore coxa）近圆柱形且伸长，有时为圆形；中足基节（mid coxa）球状，腹面观卵形；后足基节（hind coxa）在阎甲科中较小而厚，腹面观三角形，而在扁圆甲科和长阎甲科中为横三角形且较平坦，这种类型较原始（图11C, F）。

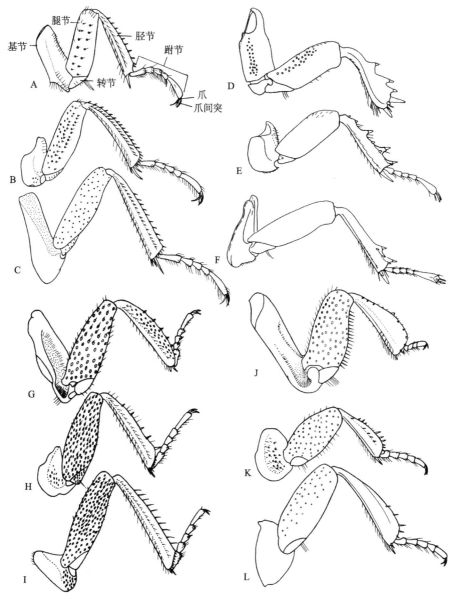

图 11　足（A, D, G, J：前足；B, E, H, K：中足；C, F, I, L：后足）（D, E, F 仿 Ôhara, 1994）

Fig. 11　Leg (A, D, G, J: fore leg; B, E, H, K: mid leg; C, F, I, L: hind leg) (D, E, F after Ôhara, 1994)

A, B, C. 双色扁圆甲 Sphaerites dimidiatus Jureček；D, E, F. 日本长阎甲 Syntelia histeroides Lewis；G, H, I. 细脊阎甲 Onthophilus foveipennis Lewis；J, K, L. 日本腐阎甲 Saprinus niponicus Dahlgren

　　转节很小，近圆锥形，腹面观近三角形，其后缘通常具刚毛（后足转节不常有）。

　　腿节宽阔且厚，杆状，内侧有 1 凹槽容纳胫节。前缘（前足腿节）或后缘（中、后足腿节）经常有刚毛。腐阎甲属的前足腿节有粗短的刚毛；阎甲族的前足腿节腹面沿后缘有 1 纵线（前足腿节线 femoral stria）；方阎甲族的前足腿节腹面有皱纹。

　　胫节很发达，通常扁平，端部有 2 个不相等且弯曲的刺，外缘具间隔或大小多变的齿或刺。胫节的膨大程度多变，Ôhara（1994）将其分为 3 种形式：① 胫节杆状，较腿节细长，胫节外缘的齿很小。这种形式最原始，见于扁圆甲科（图 11A-C）及脊阎甲亚科（图 11G-I）、细阎甲亚科、柱阎甲亚科和突胸阎甲族的一些属。② 胫节端部多少加宽，较相应的腿节宽，胫节外缘的齿大。这种形式在阎甲科中很常见。③ 胫节强烈加宽，因而外缘多少圆形，胫节外缘的齿小。这种形式可见于伴阎甲亚科的一些种类和卵阎甲属。前足胫节通常宽阔扁平，外缘具刺或齿，中、后足胫节相对于前足胫节没那么宽阔，具少量齿但具大量毛和刺。长阎甲科和阎甲科的跗节沟位于胫节背面，形状多变，直或呈 "S" 形 [如扁阎甲族（图 12A-C）和方阎甲族]，有些种类的跗节沟位于胫节前缘[如卵阎甲族 Dendrophilini（图 12D-F）和 Anapleini]。一些种类胫节的腹面具毛或皱纹（如皱额阎甲属 *Hypocaccus* 等）。

　　跗节退化，跗式 5-5-5，只在异跗阎甲族中为 5-5-4。跗小节的相对长度较统一，第1-4 节短而第 5 节长。腐阎甲亚科的中足跗节具性二型特征，雄虫具有长刚毛。爪简单，退化程度多变，阎甲科种类的爪偶尔不相等或融合，扁圆甲科和长阎甲科的种类爪之间有 1 具双刚毛的爪间突（empodium）（图 11A-F）。

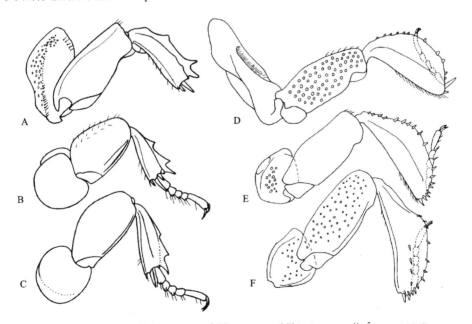

图 12　足（A, D: 前足；B, E: 中足；C, F: 后足）（D, E, F 仿 Ôhara, 1994）

Fig. 12　Leg (A, D: fore leg; B, E: mid leg; C, F: hind leg) (D, E, F after Ôhara, 1994)

A-C. 亮扁阎甲 *Hololepta (Hololepta) laevigata* Guérin-Ménéville; D-F. 宽卵阎甲 *Dendrophilus xavieri* Marseul

3. 腹部（abdomen）

腹部由 10 节组成，其中第 8-10 节为生殖节，完全缩入第 7 腹节。背面观仅第 6 和第 7 腹节背板（前臀板和臀板）可见且强烈硬化，扁圆甲科、长阎甲科和小齿阎甲族仅臀板可见。腹面观（图 13），第 1、2 腹节腹板完全缺失，第 3-7 腹节腹板可见且强烈硬化，横宽，第 3 腹节腹板较长，其余各节横梯形且很短，第 7 腹节腹板后缘弓形凹缺对应第 7 腹节背板（臀板）的后缘。第 3 腹节腹板即第 1 可见腹节腹板，在形态学描述时，通常被称为第 1 腹节腹板（1st visible abdominal sternum），相应的线也称为第 1 腹节腹板侧线（lateral abdominal stria）。

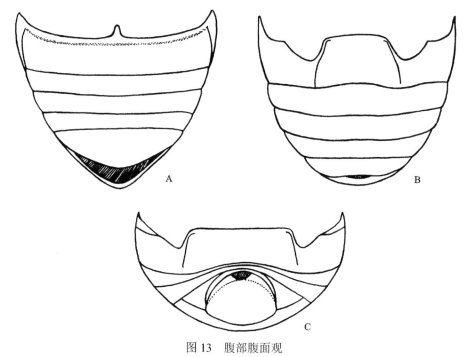

图 13　腹部腹面观
Fig. 13　Abdomen, ventral view

A. 双色扁圆甲 *Sphaerites dimidiatus* Jureček；B. 西伯利亚阎甲 *Hister sibiricus* Marseul；C. 蕈圆臀阎甲 *Notodoma fungorum* Lewis

前臀板（propygidium）：通常横宽且较短，六边形，有时很长（扁阎甲族、突胸阎甲族的一些种类）；常具刻点，有时具横线（厚阎甲属）、凹陷（细阎甲属）或隆脊（脊阎甲亚科）。

臀板（pygidium）：半圆形或三角形，通常隆凸，向腹面弯曲，有时较扁平（如方阎甲族的一些种类），有时具隆起的缘边（如长卵阎甲属 *Platylister* 和阔咽阎甲属 *Apobletes* 的一些种类），有时具缘线（如扁圆甲属、长阎甲属和缘尾阎甲属 *Paratropus*）。背面观通常可见，有时强烈向腹面弯曲甚至完全位于腹面（如突胸阎甲族的一些种类、脊额阎甲属 *Lewisister*、脊阎甲亚科、小齿阎甲族和球阎甲亚科）；表面通常具刻点，有时具凹陷（如细阎甲、沟尾阎甲属 *Liopygus* 和短卵阎甲属 *Eblisia*）或隆脊（如脊阎甲亚科）；

在丽尾阎甲族的大部分种类中，臀板具有明显的性二型特征，雌虫经常具形状各异的刻纹。

第 3 腹节腹板（第 1 可见腹节腹板）：较其他各腹节腹板长，在扁圆甲科和长阎甲科中，前缘中央有纵向隆凸且两侧浅凹以容纳后足基节；在阎甲科中前缘无隆凸，两侧具圆形深凹陷以容纳后足基节，两凹陷宽阔分开。基节间盘区通常具 2 条腹侧线；通常具刻点，有时具凹陷（如毛脊阎甲属）。

生殖节（genital segment）：第 8-10 腹节称为生殖节，这几节轻度硬化且颜色浅。

雄性生殖系统（male genital system）（图 14）：具 1 对睾丸（testis），每个睾丸管（sperm tube）由输精管（spermaduct）与附腺（accessory gland）相连，附腺向射精管（ejaculatory duct）开放，射精管终止于阳茎（Yélamos, 2002）。雄性第 8-10 腹节通常隐藏在腹部且变化成为交配结构，第 8 腹节包围第 9 和第 10 腹节，也包围阳茎。

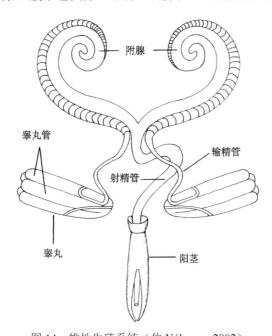

图 14 雄性生殖系统（仿 Yélamos, 2002）

Fig. 14 Male genital system (after Yélamos, 2002)

巴西皱额阎甲 *Hypocaccus (Hypocaccus) brasiliensis* (Paykull)

第 8 腹节背板背面观通常矩形或近于矩形，并经常有 1 纵向中线将其分为两半，前缘中部微凹或强烈凹缺，使得前侧角处经常有 1 对或长或短的突出，后缘凹缺或向外弓弯，偶尔 4 裂（丽尾阎甲族的一些种类）。第 8 腹节腹板外形多变，具有重要的系统学意义。例如扁圆甲属、匀点阎甲属 *Carcinops*、方阎甲族和阎甲族的一些种类的第 8 腹节腹板由 1 纵向中线分为两半或完全二裂且每半后缘均为圆形；腐阎甲亚科，尤其是腐阎甲属，第 8 腹节腹板具强烈骨化区并具密集或稀疏的、或长或短的毛。扁阎甲族的种类第 8 腹节腹板具密集的长毛；丽尾阎甲族的第 8 腹节腹板椭圆形或三角形，尾板有 1 个或多个圆形或椭圆形的盘区。

第 9 腹节背板长,前端前侧角突出,后端通常膨大。经常纵向分开成为两半(如阎甲亚科的大部分种类、秃额阎甲属 Gnathoncus、匀点阎甲属、异胫阎甲属 Anapleus、毛脊阎甲属等),有时分开的两半成为 2 个细长的硬骨片(如小阎甲亚科的一些种类),有时后端不分开,前侧角突出很细很长(如柱阎甲属、细阎甲属、丽尾阎甲族等)或后端与前端前侧角的突出约等长(如腐阎甲亚科的大部分种类)。后缘与第 10 腹节背板相连,经常微凹或强烈凹缺,有时近于直线。第 9 腹节腹板由单一的骨片组成,称为"骨针(spicule)",在结构上多变但通常细长,一端或两端膨大。原始类群中为 1 较宽的骨片,可能为长椭圆形(如扁圆甲科、长阎甲科、细阎甲亚科、断胸阎甲属等);副悦阎甲属和细阎甲属的第 9 腹节腹板较短,后端强烈硬化并膨大形成 1 "V"形结构;卵阎甲亚科的大部分种类第 9 腹节腹板后端膨大,形成 1 菱形或三角形的结构;阎甲族和方阎甲族的第 9 腹节腹板的后侧角向斜后方延长,呈"Y"形;腐阎甲亚科和扁阎甲族的第 9 腹节腹板呈"T"形,且前端也经常膨大。

第 10 腹节背板和第 9 腹节背板相连,通常很短,柱阎甲属无第 10 腹节背板。阎甲总科无第 10 腹节腹板。

阳茎(aedeagus)强烈骨化,通常管状,由基片(basal piece)、侧叶(paramere)和中叶(median lobe)组成。基片通常为 1 环绕在中叶基部的管状结构,后缘与侧叶前缘相连。基片的形状和长度多变,通常较侧叶短,但在丽尾阎甲族和方阎甲族的一些种类,以及细阎甲属、副悦阎甲属和柱阎甲属中,基片与侧叶等长或更长;通常在较原始的类群中基片为不完整的管,在背面或侧面不闭合(如扁圆甲属、长阎甲属和异胫阎甲属 Anapleus);有时与侧叶完全融合(如球阎甲亚科、小齿阎甲属和部分伴阎甲亚科)。侧叶主要由 1 对细长且对称的叶状结构组成,且前端常愈合,后端适度分开。侧叶外形和长度多变,背面通常部分融合,有时完全融合(如球阎甲亚科);通常细长,顶端二裂且狭缩,有时很粗壮且背面中部有 1 条很长的裂缝(如阎甲族),有时很短且其长度的大部分分离(如丽尾阎甲族);顶端通常不弯曲,有时向腹面弯曲(如脊阎甲亚科、腐阎甲亚科和卵阎甲亚科的一些种类);少数种类侧叶的侧缘凹缺(如阔咽阎甲属)。中叶通常细长且被基片和侧叶包围,其后端通常从侧叶的背面伸出,少数种类从腹面伸出(如扁圆甲属、长阎甲属及突胸阎甲族的一些种类)。其形状和骨化程度多变,Ôhara(1994)将中叶分为以下几类:① 微弱骨化,扁平叶状,这是最原始的类型,见于扁圆甲属、长阎甲属、细阎甲属、柱阎甲属、副悦阎甲属及腐阎甲亚科的大部分种类;② 中度骨化且扁平,基角处有 1 细长的突起,见于脊阎甲属、毛脊阎甲属和卵阎甲亚科的大部分种类,以及突胸阎甲族、方阎甲族和阎甲族的一部分种类;③ 强烈骨化形成体刺,见于阎甲族的大部分种类。

雌性生殖系统(female genital system)(图 15):具 1 对卵巢(ovary),每个卵巢通常具 4 条卵巢管(ovariole),卵巢管与侧面的输卵管(oviduct)相连,输卵管通向中间膨大的交配囊(bursa copulatrix),交配囊连接阴道(vagina)和受精囊(spermatheca),阴道连接产卵器(ovipositor),产卵器由第 8-10 腹节变化而来,第 10 节十分退化,几乎缺失(Yélamos, 2002)。

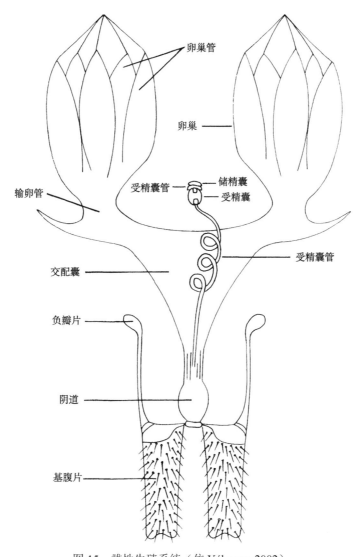

图 15　雌性生殖系统（仿 Yélamos, 2002）

Fig. 15　Female genital system (after Yélamos, 2002)

巴西皱额阎甲 *Hypocaccus* (*Hypocaccus*) *brasiliensis* (Paykull)

　　第 8 腹节大，管状。第 8 腹节背板有 1 个微弱骨化区，外形多变，而第 8 腹节腹板
有 2 个伸长的结构，强烈骨化且分开。第 9 腹节（图 16）管状，背面有 2 个负瓣片（valvifer），
也叫侧内板（apodema），为几乎不骨化的伸长的片，这 2 个负瓣片由腹面的基腹片（coxite）
相连。基腹片具毛，强烈骨化，宽片状且外形多变。每个基腹片的末端有 1 个短的附属
物，叫作尾须（style）。在负瓣片之间，靠近基腹片连接处，有 1 骨化的小板（platelet），
Reichardt（1941）认为此结构来自第 10 背板。

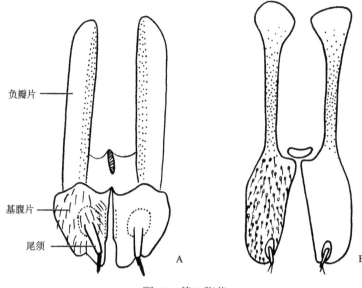

负瓣片

基腹片

尾须

A

B

图 16 第 9 腹节

Fig. 16 The ninth abdominal segment

A. 双色扁圆甲 *Sphaerites dimidiatus* Jureček；B. 日本腐阎甲 *Saprinus niponicus* Dahlgren

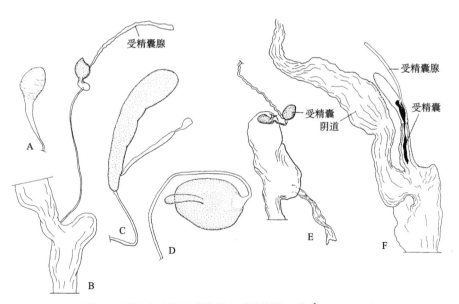

受精囊腺

受精囊腺

受精囊

受精囊

阴道

A

B

C

D

E

F

图 17 雌性生殖器的受精囊和受精囊腺（仿 Ôhara, 1994）

Fig. 17 Female genitalia, spermatheca and spermathecal glands (after Ôhara, 1994)

A. *Sphaerites politus* Mannerheim；B. 日本长阎甲 *Syntelia histeroides* Lewis；C. 邦刺球阎甲 *Chaetabraeus* (*Chaetabraeus*) *bonzicus* (Marseul)；D. 凹细阎甲 *Niponius impressicollis* Lewis；E. 方阎甲一种 *Platysoma* sp.；F. 覃圆臀阎甲 *Notodoma fungorum* Lewis

De Marzo 和 Vienna（1982c）首次对阎甲科的受精囊（图 17）进行了详细的形态学研究，建立了 2 个基本模式：① 受精囊仅有 1 个容器、1 个略微延长的管和 1 个明显的腺体，这种类型广泛见于除阎甲族的其他类群中；② 受精囊包括 4-9 个无柄容器，没有明显的受精囊腺，这种类型见于阎甲族。Ôhara（1994）进一步将这两种模式细分为 6 种类型：① 受精囊球形，强烈骨化。a. 无突起或凹陷，这种类型可能是最原始的，在不同类群中发生；b. 有发达的凹陷，这种类型见于腐阎甲亚科和断胸阎甲属中；c. 有发达的外突，这种类型见于细阎甲属和平阎甲属 *Platylomalus* 中；d. 有发达的内突，这种类型见于卵阎甲亚科；② 受精囊由几个基部具细管的小囊组成。e. 小囊与阴道壁相接，管不卷曲；f. 小囊与交配囊壁相接，通常小且球状，基部的管经常卷曲。这两种类型仅发生于阎甲族中，前者见于阎甲属、清亮阎甲属 *Atholus*、分阎甲属 *Merohister*、糙阎甲属 *Zabromorphus*、*Pactolinus* 等，后者仅见于歧阎甲属。

（二）幼　　虫

阎甲总科幼虫的研究迄今为止仅有很少的研究发表，其中 Newton（1991）、Beutel（1999）、Kovarik 和 Passoa（1993）、Yélamos（2002）等对阎甲科 Histeridae 的幼虫进行了相对较详细的记述与比较；扁圆甲科 Sphaeritidae 幼虫的研究目前仅有 Nikitsky（1976）对黑扁圆甲 *Sphaerites glabratus* 一龄幼虫的记述，Newton（1991）和 Hansen（1997）对此进行了部分的重新描述；长阎甲科 Synteliidae 幼虫的研究与扁圆甲科的类似，仅有 Mamayev（1974）、Hayashi（1986）和 Newton（1991）对日本长阎甲 *Syntelia histeroides* 幼虫的描述。Kovarik 和 Caterino（2000, 2005）对阎甲总科 3 个科幼虫的特征分别进行了总结。根据上述研究，阎甲幼虫的体长 3.5-40 mm，体窄而伸长，两侧平行或略向后狭缩（图 18），每节通常圆形但偶尔背腹扁平（如方阎甲属和扁阎甲属），扁圆甲科和长阎甲科的幼虫略扁平，且具刚毛和微刺，刚毛和微刺的外形和分布多变。头部和胸部的一些区域骨化程度多变；胸部和腹部的骨片大小、颜色，以及数目多变。

1. 头部

头前口式，延长且通常两侧平行，近于方形，偶尔背腹扁平，表皮硬化程度较强且由浅棕色到深棕色。

头盖缝（epicranial suture）在第二龄幼虫中缺失，第一龄幼虫中基茎（basal stem）长度多变，前臂（frontal arm）"V" 形或竖琴状；黑扁圆甲的一龄幼虫其头盖缝分离，无基茎；日本长阎甲的一龄幼虫其头盖缝具短的基茎和 "V" 形前臂。额前缘中部具不规则或不对称的齿且每两侧各具 11 根刚毛和 6 个孔；腔壁区（parietal area）通常每侧具 19 根刚毛和 13 个孔。额和唇基融合。后幕骨窝（posterior tentorial fossa）通常无，若存在则位于头盖（epicranium）腹面的中央。侧单眼（stemma）通常无，若有则很小且每侧 1 个。黑扁圆甲和日本长阎甲无侧单眼。

触角由 3 节组成（条阎甲族 Teretriini 为 4 节），第 1 节具 4 个孔，第 2 节具 1 个孔和 1 或 2 个圆锥形或须状的感觉圈（sensoria）和 3 个或短或长的感觉器（sensillae），第

3 节具 6 个或短或长的端部感觉器。

口器发育成片状，大部分骨化。上唇完全与头壳融合形成 1 个通常不对称且具多变的齿的鼻突（nasale）；黑扁圆甲一龄幼虫的鼻突只具 1 个中齿，日本长阎甲幼虫的鼻突具 1 个圆形中齿。上颚对称，镰刀状，基部具长毛形成的毛刷（penicillus），内缘通常有 1 或 2 个齿（条阎甲属 Teretrius 无），外缘具 2 个孔。下颚轴节存在或缺失，黑扁圆甲一龄幼虫的轴节清晰且横宽，被颏分开，日本长阎甲幼虫的轴节缺失；茎节伸长，具 4 个机械感受器（mechanoreceptor）和 3 个孔，茎节基部向内侧膨大，具 1 突出的齿，茎节内缘具可变刚毛，外缘有时也具刚毛；负颚须节位于内缘；外颚叶很小，端部具细毛；内颚叶缺失；下颚须具 3-5 节且端部具细毛，第 1 节具 1 毛孔和 1 刚毛，最后一节具大量的端部须状感觉器和 1 侧面指状感觉器。下唇无唇舌，由 1 亚颏、1 颏和 1 前颏组成，分离或融合形成不同的形状，黑扁圆甲的一龄幼虫其亚颏与头壳腹壁融合，日本长阎甲的幼虫其颏和亚颏完全与头壳腹壁融合；下唇须具 2 节或 3 节（丽尾阎甲属 Paromalus、断胸阎甲族 Plegaderini 和条阎甲族），第 1 节偶尔具孔，最后一节具大量端部须状感觉器和 1 侧面指状感觉器；颏退化且略隐蔽，末端膜状，基端硬化；前颏具侧叶或不具侧叶，端背（dorsoapical）表面具 3 根刚毛、2 个孔和 2 个钉状感觉器，背面具刺或光洁无毛。

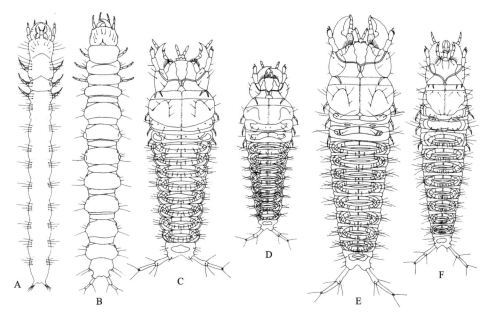

图 18 幼虫（仿 Yélamos, 2002）

Fig. 18 Larva (after Yélamos, 2002)

A. *Platysoma (Cylister) filiforme* Erichson；B. 平扁阎甲 *Hololepta (Hololepta) plana* (Sulzer)；C. 单色阎甲 *Hister unicolor* Linnaeus；D. *Margarinotus (Paralister) carbonarius* (Hoffmann)；E. *Margarinotus (Ptomister) brunneus* (Fabricius)；F. 半线腐阎甲 *Saprinus (Saprinus) semistriatus* (Scriba)

2. 胸部

阎甲科幼虫前胸背板梯形，横宽；纵沟多变，局限于中部；每侧通常有 21 或 22 根刚毛和孔。前胸前侧片（proepisternum）无刚毛，前胸后侧片（pro-epimeron）有 2 根刚毛。前腹片（anterior sternite）相对较大，每侧具 9 根刚毛。前胸腹板每侧具 3 根刚毛。侧腹片（lateral sternite）1 对，小，通常沿前胸腹板存在。前基腹片（precoxite）不明显，各具 3 根微小的刚毛。

中胸具大量毛、缝和直线；中胸背板大，每侧具 8 根刚毛和 5 个孔。肩背片（humeral tergite）长而窄，各具 5 根微小刚毛和 3 个孔。节间背片（intersegmental tergite）或间背片（intertergite）存在或不存在。侧背片（lateral tergite）1 对且各具 7 根刚毛和 1 个孔。前侧片（anterior pleurite）较小，具 2 根刚毛，后侧片（posterior pleurite）较大，也具 2 根刚毛。前腹片小，具 1 根刚毛，前基腹片具 2 根刚毛。中胸后侧片（mesepimeron）有 2 根微小刚毛，中胸前侧片（mesepisternum）只有 1 根微小刚毛。中胸腹板两侧各具 4 或 5 根刚毛。侧腹片存在或不存在。

后胸与中胸相似，不同的是，背片进一步细分形成 1 个小而无臂的肩背背片（dorsohumeral tergite）和 1 个相对大的侧背背片（dorsolateral tergite），这两个背片各具 3 根刚毛，偶尔具 4 根刚毛。后胸背板具 4 根刚毛和 2 个孔。前侧片偶尔具另外 1 根刚毛。

足短，由基节、转节、腿节、胫节和跗节组成，通常具将近 50 个机械感受器和几个孔。跗节长度多变，弯曲，末端丝状。

黑扁圆甲一龄幼虫的胸部背板和腹板各为 4 块或更多的硬化的板；足短，包括跗爪（tarsungulus），共 5 节。日本长阎甲幼虫的胸部背板无微刺，前胸背板为大的骨化的板，中、后胸背板不强烈骨化；足短，包括具双刚毛的跗爪，共 5 节。

3. 腹部

阎甲科幼虫腹部由 10 节组成。第 1-8 腹节相似，向顶端变小；背板每侧各有 19 根刚毛、5 个孔和 14 个背片且通常具大量较大的微刺，一龄幼虫的第 1 腹节背板有 1 对破卵器（egg burster）；侧板有 6 根刚毛和 5 个侧片；腹板每侧各有 17 根刚毛和 13 个腹片，偶尔具腹足（proleg），有些具趾钩（crochet）；第 1-8 腹节通常有 3 个间背片和 2 个间腹片（intersternite）。第 9 腹节通常伸长，顶端横截或圆，具 2 个尾突（urogomphus）；背板每侧通常各具 9 根刚毛、2 个孔和 10 个背片；侧板有 5 根刚毛和 3 个侧片；腹板每侧各有 5 根刚毛和 5 个腹片；尾突分别由 2 或 3 个近于圆柱形的骨化程度多变的具长毛的小节组成，尾突最多各具 13 根刚毛和 5 个孔；偶尔也具 1 对侧面须状侧突（paragomphi）。第 10 腹节或尾肢（pygopod）很小，短且可收缩，每侧各具 7 根刚毛、1 个孔和 5 个骨片（sclerite）。

黑扁圆甲一龄幼虫的腹部 10 节，大多数膜质。第 1-8 腹节背面和腹面各有 1 横行微刺，以及分别有 22 个和 9 个小的骨片；第 9 腹节较前面的腹节长得多，端部有 1 对长的尾突，尾突由 4 节组成。

日本长阎甲幼虫的腹部 10 节，大量为膜质，较胸部的 2 倍长。多数腹节具 2 横行微刺。一龄幼虫的第 1 腹节背板有 1 对破卵器；第 9 腹节背板端部有 1 对长的尾突，尾突由 4 节组成；第 10 腹节明显但从背面观很少或完全不可见；臀区（anal region）向腹部弯曲，臀钩（anal hook）缺失。

（三）蛹

扁圆甲科的蛹未知；长阎甲科的蛹为离蛹，腹部第 1 或第 2 节到第 6 节有明显的具功能的孔（Mamayev，1974）。以下为阎甲科蛹的特征，根据 Kovarik（1994）、Newton（1991）、Kovarik 和 Caterino（2000, 2005），以及 Yélamos（2002）整理而成。蛹的外形见图 19。

头部：通常具 3 组刚毛，包括额刚毛、单眼刚毛和头顶刚毛；唇基刚毛通常无；上唇刚毛有或无，有 1 对背面乳头状突起（papiliform process）。复眼最初不明显，但随着不断发育而变红。外颚叶偶尔突出且半圆形。触角柄节有时具末端乳突（distal papilla）。

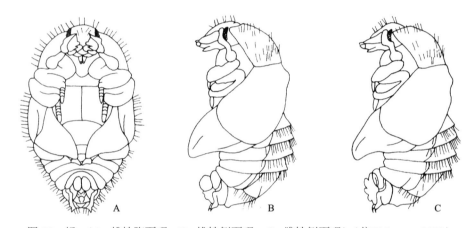

图 19　蛹　（A. 雄性腹面观；B. 雄性侧面观；C. 雌性侧面观）（仿 Yélamos, 2002）
Fig. 19　Pupa (A. male, ventral view; B. male, lateral view; C. female, lateral view) (after Yélamos, 2002)
Margarinotus (Ptomister) brunneus (Fabricius)

胸部：前胸背板具 4 组刚毛，包括前前胸背板刚毛、侧前胸背板刚毛、后前胸背板刚毛和内前胸背板刚毛。

中胸背板的盾片和小盾片刚毛有或无。

后胸背板通常无刚毛。鞘翅有时具脊；每半鞘翅各具大量分布在 3 个分散带中的短刚毛或各具少于 10 根且排列可变的刚毛。后翅偶尔末端具瘤，有时具刚毛。

足通常无刚毛，偶尔于腿节端背面具 1 刚毛；后胸的足大部分被后翅覆盖。

腹部：仅第 1-4 腹节具功能性的孔。背板通常具背板刚毛和侧背板刚毛；腹板具侧腹板刚毛，偶尔具腹板刚毛。臀板偶尔具中纵脊（medial longitudinal costa）。尾突通常存在，顶端硬化且变暗。

（四）卵

卵的特征根据 Struble（1930）、Kovarik（1995）、Kovarik 和 Caterino（2000, 2005）整理而成。

阎甲科 Histeridae 的卵长卵形（有时圆形或橡子形），且通常象牙白色；蛋壳（chorion）通常透明，极薄，光滑且光亮，但偶尔暗棕色，粗糙且革质。扁圆甲科 Sphaeritidae 的卵大，白色（Nikitsky, 1976）。长阎甲科 Synteliidae 的卵未知。

三、分类发展历史和系统发育关系

（一）阎甲总科的系统地位

阎甲总科 Histeroidea 属于鞘翅目 Coleoptera 多食亚目 Polyphaga 中的隐翅虫大类 Staphyliniformia。根据 Crowson（1955, 1981），多食亚目分为三大支系：隐翅虫大类 Staphyliniformia，扁股藻甲-金龟甲-叩甲大类 Eucinetiformia-Scarabaeiformia-Elateriformia 和长蠹-扁甲大类 Bostrichiformia-Cucujiformia。该亚目整体起源至少可追溯到三叠纪早期。

在当代分类系统中，通常将鞘翅目分为 4 个亚目：原鞘亚目 Archostemata、藻食亚目 Myxophaga、肉食亚目 Adephaga 和多食亚目 Polyphaga。多食亚目占鞘翅目种类的 90%，比其他 3 个亚目有更高的形态多样性和生物学多样性。该亚目的一般性鉴别特征是：前胸可以活动，无背侧缝；后翅无小纵室；后足基节可动，不固定在后胸腹板上；腹部第 1 腹板不被后足基节窝完全分开，其后缘横贯整个腹部。除此之外，多食亚目祖先成虫的特征可能是：触角丝状或略膨大成棒状；具 2 个单眼；前胸腹板短，向后不突出；前足基节适度增大，基腹连片露出，基节窝后边开放；后胸腹板有纵向和横向骨缝隙；后足基节多少凹下；后胸内腹片为隐翅虫型或花甲型；后翅翅脉和折叠方式为花甲型；跗节是简单的 5-5-5 式；第 2 腹节腹板至少两侧有残余部分；第 8 腹节露出；第 9 背板在雄虫中不分开；第 10 背板（载肛突 proctiger）发育完整；雄器三叶型；马氏管 6 根，游离。相对应的幼虫性状可能包括：触角 3 节；头盖缝短；侧单眼 1 个；上颚具臼齿、臼叶和上颚腹面的一些附生物；外颚叶与内颚叶分离，但无关节（或不分节）；气门环状双孔，可闭合；腹部最后一节是第 10 节，发育正常。

隐翅虫大类与多食亚目中其余类群的区别在于幼虫尾须分节（只有少数明确特化的类群例外），后翅折叠方式独特，无内弹器，由腹部活动协助完成翅折叠。成虫存活时间较幼虫长，幼虫一般多在若干周内完成发育。成虫、幼虫通常生活在相同的生境中，利用同样的资源，但水龟甲科 Hydrophiliidae 是例外，它的成虫是腐生性的而幼虫是捕食性的，取食维管植物的种类也很少。

在隐翅虫大类中，通常又可分成 3 个总科：水生的水龟甲总科 Hydrophiloidea（包括水龟甲科 Hydrophiliidae）、陆生的阎甲总科 Histeroidea（包括扁圆甲科 Sphaeritidae、长阁甲科 Synteliidae 和阁甲科 Histeridae）和隐翅虫总科 Staphylinoidea（包括平唇水龟甲科 Hydraenidae、缨甲科 Ptiliidae、球蕈甲科 Leiodidae、埋葬甲科 Silphidae、隐翅虫科 Staphylinidae 和一些小的近缘科）。关于这个大类作为一个支系的形态变化生态适应性，有 2 个假设支持：① 水生生活的单系起源，以及一些特殊的形态适应（成虫独特的触角呼吸、雌虫丝腺用于卵茧的构建），发现于平唇水龟甲科和水龟甲科中；② 相同的幼虫习性和捕食式口器，是水龟甲总科和阁甲总科的趋同适应。

通过幼虫的研究发现，阁甲总科和水龟甲总科有一系列共同的特化适应，Lawrence 和 Newton（1982, 1995）主张把所有的阁甲总科归入水龟甲总科。它们幼虫的共有特征是：前口式；具发达的镰刀形的上颚（无臼叶）；上唇和唇基融合形成锯齿状的"鼻突"；下颚须基节完整，具分节的附肢；幕骨具后臂，直接与头部相连，在头部中央之上有短桥相连；气门双孔，有 1 个蜕皮突；腹部大部分被有膜状分散的小骨片；有分节的尾突；末龄虫头部没有蜕皮线。此外，所有的幼虫均为肉食性。阁甲总科的成虫形态变化较大，但一般来说触角都有增长的柄节和由 3 节组成的紧缩在一起的端锤。根据他们的观点，不主张将阁甲种类分成单独的总科。关于平唇水龟甲科，研究发现平唇水龟甲科和缨甲科之间有更多的共同衍征，而平唇水龟甲科与水龟甲总科的共同衍征反而较少，Caterino 等（2005）的研究结果也支持了这一结论。这些发现都支持 Böving 和 Craighead（1931）的观点，他们提出只建立 2 个总科：水龟甲总科 Hydrophiloidea（包括水龟甲科 Hydrophilidae 和通常的阁甲总科 Histeroidea）和隐翅虫总科 Staphylinoidea（包括通常意义的隐翅虫总科 Staphylinoidea 和平唇水龟甲科 Hydracnidae 等）。

然而，近年来的系统学研究工作（如 Hansen, 1991, 1997; Ôhara, 1994; Archangelsky, 1998）多倾向于把水龟甲与阁甲分成 2 个总科，这 2 个类群的生活习性、生态与生物学也有足够大的差异支持这样的分类处理。Caterino 等（2005）通过形态和分子数据相结合的方法开展研究，结果也支持这种观点，通过对隐翅虫大类 18S rDNA 数据的分子系统学分析，提供了阁甲总科单系性的直接证据。

（二）阁甲总科的分类

Sharp 和 Muir（1912）首次揭示了阁甲总科的存在，他们明确指出阁甲科 Histeridae、长阁甲科 Synteliidae、扁圆甲科 Sphaeritidae 和细阁甲科 Niponiidae 4 科阳茎很相似，所以它们关系很近，可能组成一个总科。这个观点被大多数阁甲分类学家采纳（Reichardt, 1941; Wenzel, 1944; Crowson, 1955, 1974; Kryzhanovskij and Reichardt, 1976; Mazur, 1984b; Hisamatsu, 1985b）。关于所谓的细阁甲科 Niponiidae，一些作者将其作为一个科（Sharp and Muir, 1912; Fowler, 1912; Bickhardt, 1916b, 1917; Gardner, 1926; Nakane, 1963; Hisamatsu, 1985b），但自 Reichardt（1941）以来，细阁甲亚科 Niponiinae 作为阁甲科 Histeridae 的一个亚科被广泛接受。目前大多数阁甲分类学家采用的是 3 科系统，即阁甲总科 Histeroidea 包括扁圆甲科 Sphaeritidae、长阁甲科 Synteliidae 和阁甲科 Histeridae，

其中扁圆甲科和长阎甲科是阎甲总科中比较原始的类群（Crowson, 1955），这样的系统学观点，也得到了许多研究结果的支持（Ôhara, 1994; Hansen, 1997; Ślipiński and Mazur, 1999; Caterino and Vogler, 2002）。阎甲总科 3 科系统的单系性可由下列形态特征支持：幼虫唇舌缺失，侧单眼数减少（0 或 1），尾突 4 节，破卵器存在于一龄幼虫的第 1 腹节背板；成虫触角膝状，触角端锤紧缩，上颚发达而尖锐，鞘翅后缘平截，覆盖 5 或 6 个腹节，第 7 背板形成臀板，第 8 腹节完全收进第 7 腹节中，第 1 可见腹板具圆形的（而不是尖锐的）基节间突，雌虫生殖突基节宽，铲状，中部具生殖刺突（Lawrence and Newton, 1982; Newton, 1991; Ôhara, 1994; Hansen, 1997）。

（三）扁圆甲科的系统地位

扁圆甲科 Sphaeritidae 由 Shuckard（1839）建立，只包含 1 个扁圆甲属 Sphaerites，Thomson（1862）及后来的很多分类学家都沿用了这一观点。但 19 世纪也有许多其他的分类学家将此属放入广义的埋葬甲科 Silphidae，或者如 Horn（1880）、Ganglbauer（1899）等将此科放在有棒状触角的甲虫中，如谷盗科 Trogossitidae 和露尾甲科 Nitidulidae。但 Lewis（1882）、Sharp 和 Muir（1912），以及 Forbes（1922）分别根据一般形态特征、雄性生殖器及后翅的脉络和折叠方式，认为扁圆甲属 Sphaerites、长阎甲属 Syntelia 和阎甲科 Histeridae 之间有密切的关系，甚至主张将扁圆甲属和长阎甲属共同放在长阎甲科 Synteliidae 里。幼虫的发现（Nikitsky, 1976）证实了该科与长阎甲科和阎甲科的密切关系。近年来普遍支持的分类学观点，是将这 3 个科共同归入阎甲总科，而且扁圆甲科 Sphaeritidae 的姐妹群是长阎甲科 Synteliidae+阎甲科 Histeridae。更多的系统发育分析，基于成虫、幼虫和分子数据完成，都支持扁圆甲科是 3 个科中最基础最原始的类群（Ôhara, 1994; Hansen, 1997; Beutel, 1999; Ślipiński and Mazur, 1999; Caterino and Vogler, 2002）。因为其基础的地位，此科的共衍生性状很难界定，额具性二型特征和不对称的阳茎基片可能是 2 个共衍生性状。扁圆甲属 Sphaerites 各个种之间的系统发育关系也还不清楚，有待进一步的研究（Kovarik and Caterino, 2005）。

（四）长阎甲科的系统地位

Westwood（1864）最初建立了长阎甲属 Syntelia 并将其放入谷盗科 Trogossitidae 中；Lewis（1882）建立了长阎甲科 Synteliidae，将长阎甲属 Syntelia 和扁圆甲属 Sphaerites 都包括在这一科内，并指出该科与阎甲科 Histeridae 之间的密切关系。后来扁圆甲属被独立出去，大多数分类学者认为扁圆甲是一个单独的科。这样，长阎甲科就成为单属科，其姐妹群是阎甲科（Zhou and Yu, 2003），它们的共同衍征应该包括口上沟缺失、上唇与额融合、前足基节窝外表上闭合。

Zhou 和 Yu（2003）对长阎甲科的分类历史进行了比较详细的总结与分析。在分类历史上，由于对长阎甲科 Synteliidae 的进化有不同假说，它曾被归入不同的总科中（Kolbe,

1901；Ganglbauer, 1903；Crowson, 1955, 1981；Lawrence and Britton, 1991；Ôhara, 1994）。通常的观点认为长阎甲科 Synteliidae 是阎甲总科中的原始类群，与扁圆甲科 Sphaeritidae 和阎甲科 Histeridae 亲缘关系最近（Sharp and Muir, 1912；Jeannel and Paulian, 1944；Crowson, 1955, 1981；Ôhara, 1994），这一观点是当前阎甲分类学研究的主流（Ôhara, 1994；Zhou and Yu, 2003）。Lawrence 和 Newton（1982）主张把长阎甲科（与扁圆甲科和阎甲科一道）归入水龟甲总科 Hydrophiloidea。Kolbe（1903, 1908）将包括锹甲科 Lucanidae、长阎甲科 Synteliidae 和金龟子科 Scarabaeidae 的类群命名为 Actinorrhabda，并提出了更高的单元名为 Haplogastra，包括隐翅虫总科 Staphylinoidea 和 Actinorrhabda。从这种分类处理看，至少可以认为长阎甲科与金龟子科有较近的关系，而且应该是连接隐翅虫总科与金龟子科的纽带，这一观点最初由 Lewis（1882）提出。Ganglbauer（1903）认为，长阎甲科与扁甲科 Cucujidae 有较近的关系，应归入 Diversicornia（多食亚目 Polyphaga 中的一个高级阶元）。此外，也有其他的作者把长阎甲科归入锤角组 Clavicornia（Handlirsch, 1925）或扁甲总科 Cucujoidea（Cai, 1973）。上述的后几种观点，基本都已被弃之不用了（Crowson, 1981；Kryzhanovskij, 1989；Lawrence and Britton, 1991；Ôhara, 1994），特别是长阎甲幼虫的发现，更证明了这几种观点的不合理性（Mamayev, 1974；Nikitsky, 1976）。

长阎甲属 Syntelia 已知 9 个种，可分为 3 个种组（Kovarik and Caterino, 2005）。

1）S. mexicana 种组（S. mexicana 和 2 个墨西哥和危地马拉的未定名种）：体背面刻点间隙光滑，光亮；上颚内缘通常具至少 4 个明显的齿；鞘翅具 10 条完整的刻点线；前胸腹板于基节之前具突出的中央瘤或二裂的瘤突，基节之前不具隆凸或隆凸不清晰。

2）S. indica 种组（所有的 5 个亚洲种）：体背面刻点间隙光滑，光亮；上颚内缘通常具 3 个明显的齿；鞘翅具至多 5 条完整的刻点线，它们中的一些深凹；前胸腹板沿中线较明显隆凸，基节之前无分散的瘤突。

3）S. westwoodi 种组（仅 S. westwoodi）：体背面刻点间隙具细刻纹，暗淡；上颚内缘通常具 3 个明显的齿；鞘翅仅有 3 条完整的细线；前胸腹板基节之前具不明显的中央瘤，沿中线具明显的隆凸。

这些种组间的系统发育关系有待进一步研究。S. mexicana 种组鞘翅线更加完整，相对于其他种组简化的背线来说，这可能是祖征；S. westwoodi 极端退化的鞘翅线和不寻常的生境的关系说明这是长阎甲属中独特的演化方式。

（五）阎甲科的分类发展历史和系统发育关系

在阎甲科 Histeridae 的分类发展历史中，最早记述阎甲种类的是 Linnaeus（1758），他建立了阎甲科的第一个属 Hister，并描述了 6 个种。Paykull（1811）建立了阎甲科的第二个属 Hololepta，把阎甲科分成 2 个属，即 Hister 和 Hololepta，并撰写了阎甲科的首本分类专著，采用的是完全人为的分类系统。Leach（1817）增加了 4 个属：Platysoma、Dendrophilus、Abraeus 和 Onthophilus。

Erichson（1834）建立的分类系统把阎甲科分为 3 大类。

1）头向前伸，前胸腹板无咽板，包括下列属：*Hololepta*、*Phylloma* 和 *Oxysternus*。

2）头缩入前胸背板，前胸腹板有咽板，进一步划分为：① 触角窝紧靠前胸腹板前缘。a. 前足胫节跗节沟界线明确，包括 *Paesius*、*Placodes*、*Platysoma*、*Omalodes* 和 *Cypturus*；b. 前足胫节跗节沟至少有一侧的界线不清楚，包括 *Hister*、*Hetaerius*、*Epierus* 和 *Tribalus*；② 触角沟位于前胸腹板中部，包括 *Dendrophilus* 和 *Paromalus*。

3）头缩入前胸背板，前胸腹面无咽板：① 触角着生在额缘之下，包括 *Saprinus*、*Pachylopus* 和 *Tryponaeus*；② 触角着生在额面上，包括 *Teretrius*、*Plegaderus* 和 *Onthophilus*。

Lacordaire（1854）把 Erichson（1834）的第一大类确定为 Hololeptides（头部不收缩），把第二和第三大类合起来，建立 Histerides（头部收缩），下分 Histerides（有咽板）和 Saprinides（无咽板）。其后，Jacquelin-Duval（1857-1859）、Horn（1873）、J. E. LeConte（1845）、Seidlitz（1891）、Ganglbauer（1899）和 Kuhnt（1913）等都采用了 Erichson 和 Lacordaire 的分类系统。

对全世界阎甲的系统研究，首属 Marseul（1853-1862）的专著，这是早期阎甲科研究的里程碑，把已知种类数量提高近 1 倍，超过了 600 种，给出了近于统一格式的种类描述和图示。他把阎甲分为 6 个族，主要是在 Erichson 所创建属的基础上建立族级单元，把 Trypaneens 和 Heteriens 作为 2 个特殊的族，并把 Erichson 建立但被 J. E. LeConte 否定的一些属重新启用。Marseul 的分类系统如下。

1）头不收缩，腹面观可见，口器在前胸腹板之前突出，两者之间由额相连。① 上颚长，上唇基不呈喙状，体形多平扁，为 Hololeptiens：*Hololepta*、*Phylloma*、*Leionota*（*Lioderma*）；② 上颚短，被喙状延长的上唇基遮盖，体形纵长，柱状，为 Trypaneens：*Trypanaeus*。

2）头可收缩，缩进时腹面观不可见，口器被前胸腹板遮盖。① 有咽板。a. 触角端锤圆或卵圆形，具毛，由 4 节紧缩而成，但节间缝清晰，为 Histeriens：阎甲的大多数属；b. 触角端锤柱状，光亮，无节间缝，末端平截，为 Heteriens：*Eretmotes*、*Hetaerius*；② 无咽板。a. 触角沟位于前胸腹板中部，触角着生在额侧缘之下，为 Sapriniens：*Saprinus*、*Pachylopus*；b. 触角窝位于前胸腹板前缘，触角着生在额面，为 Abreens：*Xiphonotus*、*Teretrius*、*Plegaderus*、*Abraeus*、*Acritus*。

Schmidt（1885c）完成了堪称杰作的 *Bestimmungstabellen der Europäischen Histeriden*（《欧洲阎甲科鉴定检索表》），基本上采用了 Marseul 的分类系统。Ganglbauer（1899）认为，仅根据触角端锤的变化区分 Histerini 和 Hetaeriini 并不合理，因此他将 2 个族合并。但后来的研究证明，两者还是独立的，应该划分为 2 个族。Lewis（1905d）完成了 *A Systematical Catalogue of Histeridae*（《阎甲科分类系统名录》），分类系统在 Marseul 的基础上无大变动。

Reitter（1909）将阎甲科分成 7 个族，分别是：Hololeptini, Histerini, Paromalini, Dendrophilini, Hetaerinini, Saprini 和 Abraeini。

Bickhardt（1916b, 1917）认为 Marseul 的工作对分类系统无大的促进，只是把 Erichson

划分的类群用自己选定的特征加以定义，同时指出了 Marsuel 分类工作的一些问题。Bickhardt（1916b, 1917）的系统是对全世界阎甲种类的总结，其分类是在 Reitter 的基础上加以扩展。Ⅰ. Hololeptinae；Ⅱ. Trypanaeinae；Ⅲ. Trypeticinae；Ⅳ. Teretriinae；Ⅴ. Abraeinae；Ⅵ. Saprininae；Ⅶ. Dendrophilinae；Ⅷ. Histerinae：Tribalini, Platysomini, Histerini, Exosternini；Ⅸ. Hetaeriinae：Hetaeriomorphini, Hetaeriini, Chlamydopsini（图 20）。Saprininae 和 Hetaeriinae 各代表 1 个特化分支，前者的发展方向是咽板退化，后者是咽板增大及触角沟分化。

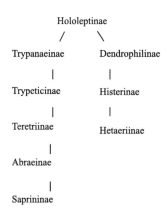

图 20　Bickhardt (1916b) 提出的亚科间的系统关系
Fig. 20　Phylogenetic relationship of subfamilies by Bickhardt (1916b)

　　Reichardt（1941）研究了阳茎和其他一些以前没使用过的特征，在 Bickhardt 系统的基础上增加了 Niponiinae，并建立了这 10 个亚科的检索表，但这个检索表人为性很强，没有反映他的分类系统。在他的分类系统中给出了如下注释：① *Niponius* 属是 Histeridae 的成员，因为雄性生殖器侧叶是分离的，与 Trypeticinae 和 Trypaeinae（=Trypanaeinae）相似，代表了一种原始的情况[但 Ôhara（1994）观察到的这个类群的侧叶不是分离的]；② 收缩的头部独立起源于一些类群，如 *Spelaeacritus*、*Hololepta* 和 Trypanaeinae，*Spelaeacritus* 与 *Acritus*-group 关系较近，*Hololepta* 与 Histerinae 关系较近（因此 Histerinae 亚科后来被放到 Hololeptinae 中；实际上它们的雄性生殖器和后翅翅脉很相似），Trypanaeinae 和 Trypeticinae 很接近（实际上头部收缩或不收缩的情况传统上被认为是阎甲科重要的原始特征状态）；③ Saprininae 是 1 个很特化的类群，很多特征与 Abraeinae 和 Dendriphilinae 相似（但没给出具体的解释）。

　　Wenzel（1944）提出了第一个比较清晰的进化分类系统，是现代分类系统的基础。他把阎甲科分成 2 大类：Saprinomorphae 和 Histeromorphae，并对一些分类单元做了如下变动：① Hololeptinae(sensu Reichardt, 1941)降为 Histerinae 的 1 个族；② Chlamydopsini 提升为亚科；③ Teretriinae（sensu Reichardt, 1941）成为 Abraeinae 中的 1 个族；④ 包括在 Histerinae(Bickhardt, 1916b)中的 Tribalini 族提升为 Tribalinae 亚科。在 Ôhara（1994）分类著作问世之前，很多阎甲分类学者都普遍采用了这一分类系统。① Saprinomorphae：Ⅰ. Chlamydopsinae；Ⅱ. Abraeinae：Abraeini, Plegaderini, Acritomorphini, Acritini, Teretriini；

Ⅲ. Niponiinae；Ⅳ. Trypanaeinae；Ⅴ. Trypeticinae；Ⅵ. Saprinae；② Histeromorphae：
Ⅶ. Dendrophilinae；Ⅷ. Tribalinae；Ⅸ. Histerinae：Histerini，Omalodini，Platysomini，
Hololeptini，Exosternini；Ⅹ. Hetaeriinae：Hetaeriomorphini，Hetaeriini。

　　Crowson（1955）和 Kryzhanovskij（1989）认为 Abraeinae、Niponiinae、Trypanaeinae
和 Trypeticinae 可能是更加近祖的，通常适合生活在树皮下、钻木昆虫的通道或腐烂的
树木中，由这一生活形式向其他生活形式进化，主要是捕食腐肉、粪便、各种腐烂植物、
巢穴和洞穴中的昆虫的幼虫，包括 Dendrophilinae、Histerinae、Tribalinae 和 Saprininae；
特别需要注意的是 Hetaeriinae 独特的形态使得这一类群适合生活在白蚁和蚂蚁巢里。

　　Kryzhanovskij 和 Reichardt（1976）的专著中建立了 Bacaniini 族。

　　Vienna（1980）将 Onthophilina 提升为亚科，并指出阎甲科一些古老的进化特征是：
成虫上颚臼齿略微具刻纹，上唇与额分离并具刚毛，触角端锤分节，前足基节窝开放，
后翅具 M-Cu 环；幼虫侧单眼 1 对，上颚内缘具 1 齿，爪具刚毛，尾突 2 节。

　　先前认为阎甲中最原始的类群是生活在倒木中的柱状体形物种。Crowson（1981）
提出与此完全相反的观点，主张 Onthophilinae 是最原始的类群，并列举了大量的近祖性
状；Saprininae 可能是很进化的一个类群，主要因为具有很隆凸的体形、龙骨简化、咽
板退化，以及幼虫爪具刚毛。

　　Olexa（1982a）建立了 Anapleini 族。De Marzo 和 Vienna（1982a, b, c）提出触角
及受精囊的结构在系统发育分析中有重要的作用。Mazur（1984b）的分类系统（图 21）
基本遵循了 Wenzel 的系统。主要的变动包括：① 在 Histeromorphae 大类中增加了
Onthophilinae；② 将 Dendrophilinae 亚科分为 4 个族：Dendrophilini、Anapleini、Bacaniini
和 Paromalini。Helava 等（1985）对美国的 Hetaeriinae 进行了完整的系统发育研究，否
定了 Hetaeriomorphini 族的有效性，在这一研究中，Hetaeriinae 的外群是 Histerinae，
Exosternini 可能是其姐妹群。

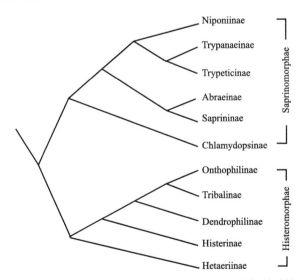

图 21　Wenzel (1944) 和 Mazur (1984b) 提出的亚科间的系统关系

Fig. 21　Phylogenetic relationship of subfamilies by Wenzel (1944) and Mazur (1984b)

Ôhara（1994）首次运用支序分析法分析了阎甲科的系统发育关系，他的结果说明，在 Wenzel 的系统中把所有阎甲分成 Saprinomorphae 和 Histeromorphae 2 大类是一种人为的划分，Niponiinae 表现出多数的近祖性状。然而，他的分析仅基于有限的特征组合（16个特征，其中只有 9 个具有系统发育意义）和特征极性分析（图 22A）。Mazur（1997）的分类系统基本遵循了 Ôhara 的结果，取消了将所有阎甲分成 Saprinomorphae 和 Histeromorphae 两大类的划分。这一分类系统被目前的大多数阎甲分类学者所遵循。

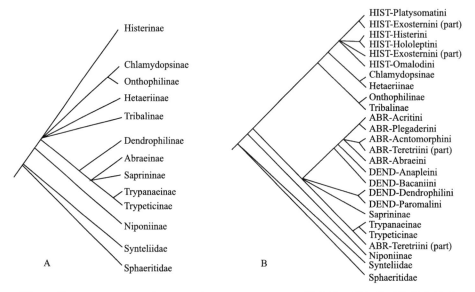

图 22　Ôhara (1994) (A)、Ślipiński 和 Mazur (1999) (B) 提出的亚科与族系统发育关系
Fig. 22　Phylogenetic relationships of subfamilies and tribes by Ôhara (1994) (A) , Ślipiński and Mazur (1999) (B)

Ślipiński 和 Mazur（1999）的研究是一个更为广泛深入的系统发育分析，包括了所有阎甲科的亚科和族的代表，选取了 29 个特征，他们的结果与 Ôhara（1994）的结果多有相似，也证明把阎甲科分成 Saprinomorphae 和 Histeromorphae 不是一个自然系统，同时也证明体形柱状、生活在树皮下的捕食性的 *Niponius* 是最为原始的（图 22B）。

Caterino 和 Vogler（2002）选用 15 个幼虫形态特征和分子（18S rDNA）数据，结合 37 个成虫形态特征，探讨阎甲科主要亚科和族之间的系统发育关系（图 23）。这一研究对先前的分类系统及进化关系的假说提出了很多质疑：① 否定了 *Niponius* 的原始地位，认为具有卵形体形的类群才是原始的，而 *Onthophilus* 或 *Anapleus* 可能是最原始的类群；② Abraeinae 和 Dendrophilinae（以及包括在这个单元之内的 Paromalini、Anapleini 和 Dendrophilini）的单系性是可疑的，Anapleini 和 Bacaniini 应该移出，Bacaniini 和 Abraeinae 关系很近，可能是后者的姐妹群；③ *Niponius* 和 Paromalini 显示出很近的亲缘关系，前者应包括在后者中，但由于 *Niponius* 缺乏分子数据，还不能得出结论；④ 圆柱形且生活在树皮下的 Trypanaeinae（包括 Trypeticinae）可能是从 Abraeinae 演化来的，并且可能与 Teretriini 是姐妹群；⑤ Onthophilinae 可能是 Tribalinae 的 1 个亚群；

⑥ Tribalinae+Histerinae（包括 Hetaeriinae）的单系性得到比较好的支持，Histerini 和 Hetaeriinae 之间的关系可能很近；⑦ 嗜蚁性的 Chlamydopsinae 和 Hetaeriinae 不是姐妹群，前者的位置还不确定，但可能与 *Stictostix*（Tribalinae）或 *Peploglyptus*（Onthophilinae）关系较近。

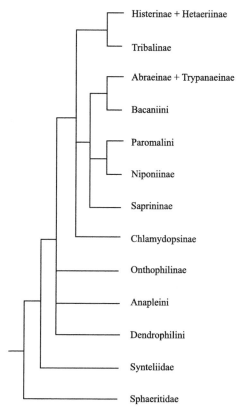

图 23　Caterino 和 Vogler（2002）提出的亚科和族的系统关系
Fig. 23　Phylogenetic relationships of subfamilies and tribes by Caterino and Vogler (2002)

　　随着研究的不断深入（Caterino, 2003; Caterino *et al.,* 2005; Caterino and Tishechkin, 2006; Caterino and Dégallier, 2007），一个阎甲系统发育的全图正逐渐形成，阎甲科及主要的亚科和族之间的系统地位和关系也日趋清晰。然而，这些结论对于多数族和亚科的单系性仍然存在疑问或不确定的主要原因还不清楚，因此以下的叙述仅是对高级阶元的简略处理。本书遵循了最近的关于阎甲科的相对保守的分类名录（Mazur, 1997），而对于近来的研究（Ślipiński and Mazur, 1999; Caterino and Vogler, 2002; etc.）只作为不成熟和不充分的论证。

　　阎甲科 Histeridae 本身已被证明是一个很明确的、毋庸置疑的单系类群。成虫的共同衍征可能包括：独特的前胸腹板结构，以及前足基节完全由 1 隆起的前胸腹板龙骨分开；后足基节宽阔分开；气门从第 6 腹节背板缺失；头部下口式，可完全缩入前胸（*Niponius* 还不明确）。幼虫的共同衍征可能包括尾突 2 节。阎甲总科的 18S rDNA 的分析也强烈支持了阎甲科的单系性。

Niponiinae 这一孤立的单属亚科无疑是单系的。头部前口式、上颚突出且向下弯曲、前胸腹板无触角窝（或沟），这些特征在阎甲科中是独特的，与长阎甲科中的 Syntelia 很相似，使得这一亚科被先前大多数阎甲分类学家认为是最原始的类群，但 Caterino 和 Vogler（2002）对其原始地位提出质疑（如上所述）。

Chlamydopsinae 这一分布在澳大利亚的蚁冢客虫，因为其独特的触角柄节成为明确的单系类群。这一类群近来得到大量修订（Caterino, 2000, 2003; Dégallier and Caterino, 2005a, b; Caterino and Dégallier, 2007），然而，这一亚科在阎甲科中的系统发育位置还不确定。

Onthophilinae 亚科普遍被认为是 Tribalinae 的一个亚群。最近的研究认为它们的相似性源于它们的共同祖征，但目前只对 Onthophilus 属进行了详细研究（Zhou and Luo, 2001），还不能完全证明此结论。

Dendrophilinae 亚科包括 4 个族：Dendrophilini、Paromalini、Anapleini 和 Bacaniini。Ślipiński 和 Mazur（1999），以及 Caterino 和 Vogler（2002）支持将 Anapleini 和 Bacaniini 移出，但后来的研究很少支持这一观点。Caterino 和 Vogler（2002）发现一些形态学（雄性生殖器的形状）的支持，认为 Niponius 应包括在 Paromalini 中。Anapleini 是单属的，因此可能是单系群，但后来的研究指出几个包括在 Abraeinae 中的属应属于该类群。其他族的单系性没有得到证实。

Abraeinae 亚科包括 5 个族：Plegaderini、Abraeini、Acritini、Acritomorphini 和 Teretriini。这一类群均为微型阎甲，因为其独特的阳茎基片（缺失或融合）和幼虫下颚须与下唇须（多出 1 节）的结构，使得大多数所包含的单元关系似乎很近，但这些类群的单系性未被完全证实。近来的研究探讨了该亚科在阎甲科中的系统位置，认为 Abraeinae 和 Trypanaeinae 关系很近，Trypanaeinae 可能会降级为 Abraeinae 的 1 个亚群。这些研究也暗示了 Dendrophilinae 中的 Bacaniini 接近 Abraeinae，可能是后者的姐妹群。

Trypanaeinae 亚科包括 Trypanaeini 和 Trypeticini。分布于旧大陆的 Trypeticinae 最近被降级，成为 Trypanaeinae 的 1 个族。这一重新定义的亚科连同其中包含的 2 个族，似乎应该是单系的，它们的成虫都具非常简化的上唇，上颚具 2 齿，前足和中足腿节相对特化以适应树皮层下的移动，这些特征将这一类群排除在 Abraeinae 之外。新热带区的 Trypolister 属可以将这一类群与 Abraeinae 中的 Teretriini 联系起来。

Saprininae 亚科具有丰富的多样性，但其单系性是确定无疑的。其主要的共同衍征是前胸腹板龙骨基部（而不是前胸腹板前角）有 1 个窝用来容纳触角端锤。

Thibalinae 亚科与 Onthophilinae 和 Chlamydopsinae 分开的形态界限很模糊，也没有普遍的共同衍征。

Histerinae 亚科包括 4 个族：Exosternini、Platysomatini、Omalodini 和 Histerini。Caterino 和 Vogler（2002）指出，这个大的亚科可能与 Hetaeriinae 构成并系。形态学的共衍性状很难鉴定，上唇无刚毛和上颚无臼齿是可能的共衍性状。

Hetaeriinae 亚科是蚁冢客虫，已经在属级水平得到很大的修订（Helava et al., 1985; Dégallier, 1998a, b）。然而其单系性还未被完全证实，且对于少数包括其中的属仍然存有疑问。如前所述，该亚科几乎可以确定是从 Histerinae 中分化出来的。

四、地 理 分 布

阎甲科的各个类群，整体上看属于世界性分布。Mazur（1997，2011a）完成了全世界阎甲科所有种类的名录，包括地理分布；Mazur（2004）完成了古北区阎甲总科各种类名录及分布；Kovarik 和 Caterino（2005）对阎甲总科各属的分布进行了统计。根据以上研究成果，结合我们自己所掌握的资料，整理出中国阎甲总科名录及属种的分布资料，对中国阎甲总科中的属级和种级单元分布类型及特点进行分析，总结这一类群的地理分布规律。

在地理上，由于同一属内物种分布区的重叠而产生的种数密度差异比同种内种群密度差异更加明显，因此在确定属的分布类型时更加容易。阎甲总科的一些类群与树木有一定的关系，在总结分析属的分布时参考了植物地理区系分析的某些概念（阎传海，2001），采用了地理分布和动物地理特点相结合的分析方法。分析种的分布时，参考张荣祖（1999）对我国陆栖脊椎动物分布型的归纳，以及周红章（1999）对福建肖叶甲科属和种分布型的归纳，将其应用到阎甲总科种类的分布分析中。

（一）属的分布类型及其特点

1. 属的分布类型

中国阎甲总科共有 67 属，其分布类型可归纳如下。

1）世界广布。几乎遍布世界各大洲而没有分布中心，或虽有 1 个或数个分布中心却包含世界分布种的属。包括 10 属：扁阎甲属 *Hololepta*、方阎甲属 *Platysoma*、阎甲属 *Hister*，清亮阎甲属 *Atholus*、小齿阎甲属 *Bacanius*、匀点阎甲属 *Carcinops*、异跗阎甲属 *Acritus*、条阎甲属 *Teretrius*、皱额阎甲属 *Hypocaccus* 和腐阎甲属 *Saprinus*。

2）旧大陆分布。广泛分布于亚洲、欧洲和非洲，主要是古北区、东洋区和非洲区共有成分。包括 3 属：连窝阎甲属 *Chalcionellus*、连线阎甲属 *Hypocacculus* 和多纹阎甲属 *Pholioxenus*。有的属主要分布在古北区和非洲区，东洋区没有分布记录，如多纹阎甲属。

3）旧大陆热带分布。广泛分布于亚洲、非洲和大洋洲热带地区，有时延伸到温带，主要为东洋区、非洲区、澳洲区共有成分，部分种类北伸进入古北区，包括 5 属：毛脊阎甲属 *Epiechinus*、小阎甲属 *Tribalus*、阔咽阎甲属 *Apobletes*、长卵阎甲属 *Platylister* 和平阎甲属 *Platylomalus*。有些属的个别种分布在北美洲，如毛脊阎甲属、长卵阎甲属和平阎甲属。

4）热带亚洲至热带大洋洲分布。旧大陆热带成分的东翼，其西端有时可达马达加斯加但一般不到非洲大陆，主要为东洋区和澳洲区共有成分。包括 8 属：副悦阎甲属 *Parepierus*、沟颚阎甲属 *Silinus*、短卵阎甲属 *Eblisia*、真卵阎甲属 *Eurylister*、完额阎甲属 *Aulacosternus*、简额阎甲属 *Eulomalus*、柱阎甲属 *Trypeticus* 和细阎甲属 *Niponius*。有些属的种最北可分布到日本，如柱阎甲属，有些属的种最北可分布到俄罗斯远东，如细阎甲属，有些属的极个别种分布范围较大，向北进入古北区，甚至分布于美国，如短卵阎甲属。

5）热带亚洲至热带非洲分布。旧大陆热带成分的西翼，即从热带非洲至印度-马来西亚，特别是其西部，有的属也分布到斐济等南太平洋岛屿，但不见于澳大利亚大陆，主要为东洋区和非洲区共有成分。包括 6 属：短臀阎甲属 *Anaglymma*、凹背阎甲属 *Epitoxus*、缘尾阎甲属 *Paratropus*、突唇阎甲属 *Pachylister*、胸线阎甲属 *Diplostix* 和刺球阎甲属 *Chaetabraeus*。有些属的个别种向北延伸进入古北区，如突唇阎甲属。

6）热带亚洲（印度-马来西亚）分布。旧大陆热带的中心部分，包括印度、斯里兰卡、中南半岛、印度尼西亚、加里曼丹岛、菲律宾和新几内亚岛等，东面可到斐济等南太平洋岛屿，但不到澳大利亚大陆，属东洋区成分。包括15属：圆臀阎甲属 *Notodoma*、长臀阎甲属 *Cypturus*、巨颚阎甲属 *Megagnathos*、卡那阎甲属 *Kanaarister*、沟尾阎甲属 *Liopygus*、直沟阎甲属 *Mendelius*、大阎甲属 *Plaesius*、脊额阎甲属 *Lewisister*、完折阎甲属 *Nasaltus*、新植阎甲属 *Neosantalus*、毛腹阎甲属 *Asiaster*、簇点阎甲属 *Coomanister*、厚阎甲属 *Pachylomalus*、隐阎甲属 *Cryptomalus* 和阿拜阎甲属 *Abaeletes*。有的属进入古北区，如圆臀阎甲属和隐阎甲属。

7）北温带分布。广泛分布于欧洲、亚洲和北美洲温带地区，有些属可向南延伸到热带地区，甚至到南半球温带，属全北区成分，广泛伸入东洋区。包括 9 属：脊阎甲属 *Onthophilus*、穆勒阎甲属 *Mullerister*、歧阎甲属 *Margarinotus*、分阎甲属 *Merohister*、伴阎甲属 *Hetaerius*、卵阎甲属 *Dendrophilus*、半腐阎甲属 *Hemisaprinus*、断胸阎甲属 *Plegaderus* 和秃额阎甲属 *Gnathoncus*。有的属个别种伸入新热带区，如断胸阎甲属，有的进入澳洲区，如秃额阎甲属。

8）旧大陆温带分布。广泛分布于欧洲、亚洲温带地区，个别种延伸到北非，属古北区成分。包括 2 属：三线阎甲属 *Eudiplister* 和似真卵阎甲属 *Eurosomides*。

9）中亚分布。主要分布于中亚，为古北区成分。只包括 1 属：稀阎甲属 *Reichardtiolus*。

10）东亚分布。从喜马拉雅一直分布到日本，向东北可延伸到俄罗斯远东，向西南不超过越南北部和喜马拉雅东部，向南最远达菲律宾、印度尼西亚苏门答腊和爪哇，为古北区和东洋区共有成分。包括 3 属：奇异阎甲属 *Eucurtiopsis*、新厚阎甲属 *Eopachylopus* 和近方阎甲属 *Niposoma*。

11）美洲分布。广泛分布于南北美洲而极少分布于其他洲，为新北区和新热带区的共有成分。包括 2 属：悦阎甲属 *Epierus* 和丽尾阎甲属 *Paromalus*。个别种分布于亚洲和欧洲。

12）亚洲北美间断分布。间断分布于亚洲和北美洲温带及热带地区，为古北区、东洋区、新北区的共有成分。包括 3 属：扁圆甲属 *Sphaerites*、长阎甲属 *Syntelia* 和显臀阎甲属 *Abraeomorphus*。

2. 属的分布特点

根据属的分布，可总结出下列特点。

1）分布于中国的阎甲总科共有 67 属，其中热带成分占有绝对优势，包括 34 属，其次为温带成分（包括 11 属）和世界广布成分（包括 10 属）。

2）在各类热带成分中，热带亚洲分布占有明显的优势，包括 15 属。其他热带成分中，旧大陆热带分布有 5 属。旧大陆热带分布又分出东西两翼：西翼为热带亚洲至热带非洲分布，包括 6 属；东翼为热带亚洲至热带大洋洲分布，包括 8 属。

3）在各类热带分布的属中，向北方渗透扩展的现象特别明显。

（二）种的分布类型及其特点

1. 种的分布类型

通过对种的分布记录和种的分布图样的观察分析，参考周红章（1999）对福建肖叶甲科属和种的分布型的总结分析，以及张荣祖（1999）对我国陆栖脊椎动物分布型的总结性工作，将中国分布的阎甲总科种类分为 5 个主要类型。

1）北方型（N）

广义的北方型指分布在亚洲北部、欧洲和非洲北部的类型，有时在北美洲也有分布。这一类型在中国的南限一般在秦岭淮河一线以北，个别种向南扩展。本分布型的种类主要适应于北方的干寒或冷湿的气候条件，生活在森林、草原或荒漠等生态环境中。呈此分布型的共有 59 种，占总种数的 19.5%。

北方型又可细分为北方亚型和中亚-西亚分布亚型。

（1）北方亚型（N'）：指真正意义上的北方型，特别是要排除那些仅分布在中亚和西亚地区、青藏高原的种类，这一类型主要包括分布在亚洲北部、以俄罗斯西伯利亚为中心分布的种类，但它们的东西两翼也可以有距离不等的扩展。呈此分布型的有 39 种，占总种数的 12.9%。

（2）中亚-西亚分布亚型（Ncw）：属于北方型的一部分种类，呈典型的中亚-西亚-地中海沿岸分布模式，可将这种分布模式定义为中亚-西亚分布亚型。这一类型以亚洲中、西部为分布中心，常延伸到地中海沿岸，在我国主要见于新疆及内蒙古西部的高原地区，不出现在东北平原地区。呈此分布亚型的有 20 种，占总种数的 6.6%。

2）亚洲季风区分布型（E）

主要分布在中国东部沿海季风区，北部进入俄罗斯东西伯利亚和远东，南部包括中南半岛，东部包括日本、朝鲜和我国台湾。个别种类沿高山等高线扩散到青藏高原南部边缘。呈此分布型的共有 126 种，占总种数的 41.6%。

本地区的气候特点是东部趋于潮湿；北部趋于寒冷，旱季显著；南部趋于温暖，无明显的旱季。本地区地势相对平缓，无大的环境阻碍，温度条件随纬度逐渐变化。在漫长的地史演变过程中，阎甲总科昆虫适应这种气候条件，它们的分布区与季风区有较明显的、程度不等的重叠；相对于南北气候的分异，形成不同的分布类型的变化。除广布型（E）外，又分出若干亚型。各亚型之间又有明显的过渡性。

（1）季风区广布型（E'）：分布于整个东部季风区，或位于秦岭淮河一线两侧，向南向北各做不同程度的延伸，个别种向南可延伸到澳大利亚。呈此分布型的有 23 种，占总种数的 7.6%。

（2）季风区北部亚型（En）：包括秦岭淮河以北地区，即我国东北、华北及其邻近地区，向北可至俄罗斯远东和东西伯利亚，向东包括朝鲜半岛和日本。呈此分布亚型的有 18 种，占总种数的 5.9%。

（3）中国南部分布亚型（Es）：包括秦岭淮河以南地区，东起台湾，西至云南，南达海南。呈此分布亚型的有 13 种，占总种数的 4.3%。

（4）中国东南部分布亚型（Ese）：限于中国南部分布亚型（Es）的东部地区，主要是沿海地区。呈此分布亚型的有 13 种，占总种数的 4.3%。

（5）岛屿亚型（Et）：是中国东南部分布亚型（Ese）的特例，特指仅分布在中国台湾岛的种类。台湾岛有着其独特的生物区系。呈此分布亚型的有 20 种，占总种数的 6.6%。

（6）中国南部-日本分布亚型（Esj）：在中国南部分布亚型的区域范围内向东北部扩展到朝鲜半岛和日本。呈此分布亚型的有 3 种。

（7）中国沿海-日本分布亚型（Eej）：包括中国沿海与台湾，以及朝鲜半岛和日本。呈此分布亚型的有 2 种。

（8）中国台湾-日本分布亚型（Etj）：是中国沿海-日本分布亚型（Eej）的特例，多数仅分布在台湾和日本，个别种扩展到朝鲜半岛或库页岛（萨哈林岛）。呈此分布亚型的有 10 种，占总种数的 3.3%。

（9）中国南部-中南半岛分布亚型（Esv）：本分布类型的分布地区除包括了中国南部分布亚型的全部区域外，向南扩展，包括了中南半岛。呈此分布亚型的有 24 种，占总种数的 7.9%。

3）横断山区分布型（H）

横断山区包括西藏东部、四川西部和云南西北部，是来自印度洋的西南季风、太平洋的东南季风和青藏高原高空西风环流南支等三股气流的交汇地区（王书永和谭娟杰，1992）。横断山区有着独特而复杂的自然条件，处于特殊的地理位置，孕育着独特的生物区系。呈此分布型的有 14 种，占总种数的 4.6%。

4）热带亚洲分布型（O）

包括中国南部、南亚、东南亚等广阔区域，个别种向东北可延伸到朝鲜半岛和日本，向西北可延伸到中亚，向南可延伸到澳大利亚或非洲的毛里求斯。呈此分布型的有 81 种，占总种数的 26.7%。

5）广布型（W）

广泛分布在中国的北方寒冷区、南方温暖区、东部湿润区和西部干旱区。这一类型也包括了热带广布的 2 个种：隐匀点阎甲 *Carcinops (Carcinops) troglodytes* 和灿腐阎甲 *Saprinus (Saprinus) splendens*。呈此分布型的有 17 种，占总种数的 5.6%。

另外有一部分种未归入上述分布类型：双色扁圆甲 *Sphaerites dimidiatus* 分布在四川、陕西、甘肃；暗扁圆甲 *S. opacus* 仅发现于陕西；完额阎甲 *Aulacosternus zelandicus* 分布在中国台湾和新西兰；半缘秃额阎甲 *Gnathoncus semimarginatus* 记录为中国分布，无具体的分布地点；喜马拉雅腐阎甲 *Saprinus (Saprinus) himalajicus* 分布在西藏喜马拉雅山脉；淡黑腐阎甲 *S. (S.) subcoerulus* 分布在西藏和尼泊尔。

2. 种的分布特点

根据种的分布类型及所占比例（表 1）总结出以下分布特点。

1）在 5 个大的分布类型中，分布在我国东部季风区的种占有很大的比例，为总种数的 41.6%；其次是热带亚洲分布型，占总种数的 26.7%；北方型的种类占 19.5%；横断山区分布型的种类占 4.6%；广布型的种类占 5.6%。

2）分布在我国的阎甲总科种类南方种占有较大比例（包括季风区分布型的大部分种类，以及热带亚洲分布型和横断山区分布型的所有种类），说明中国南部为分布中心；分布在北方的种类（包括北方型和季风区北部亚型的种类）也占有一定比例，说明阎甲总科是适应性较强的一个类群，既可以生存于温暖湿润的南方地区，也广泛分布于寒冷干旱的北方地区，从南北方分布比例可以发现其具有明显趋向于温暖气候条件的特点。

表 1　中国阎甲总科各种类分布型列表

Table 1　Geographical distribution patterns of histerid species from China

分布型 / 种类	N		E									H	O	W	X	T	C
	N'	Ncw	E'	En	Es	Ese	Et	Esj	Eej	Etj	Esv						
Sphaerites dimidiatus															+		+
S. glabratus	+																
S. involatilis												+					+
S. nitidus												+					+
S. opacus															+		+
S. perforatus												+					+
Syntelia davidis												+					+
S. mazuri												+					+
S. sinica												+					+
Niponius canalicollis													+			+	
N. impressicollis			+													+	
N. osorioceps			+													+	
N. yamasakii							+									+	+
Eucurtiopsis mirabilis							+									+	+
Onthophilus flavicornis								+								+	
O. foveipennis				+													
O. lijiangensis												+					+
O. ordinarius				+													
O. ostreatus			+													+	
O. silvae				+													
O. smetanai							+									+	+

续表

分布型 种类	N		E									H	O	W	X	T	C
	N′	Ncw	E′	En	Es	Ese	Et	Esj	Eej	Etj	Esv						
O. tuberculatus											+						
Epiechinus hispidus													+				
E. marseuli													+			+	
E. taprobanae													+			+	
E. arboreus										+						+	
Epierus sauteri						+										+	+
Parepierus chinensis			+														+
P. inaequispinus					+												+
P. lewisi						+										+	+
P. pectinispinus			+														+
Tribalus (*Tribalus*) *punctillatus*													+			+	
Tribalus (*Eutribalus*) *colombius*													+			+	
T. (*E.*) *koenigius*													+				
T. (*E.*) *ogieri*													+				
Anaglymma circularis													+			+	
Notodoma fungorum			+													+	
Epitoxus asiaticus										+						+	
E. bullatus										+						+	
Cypturus aenescens													+			+	
Paratropus khandalensis													+				
Hololepta (*Hololepta*) *amurensis*			+													+	
H. (*H.*) *baulnyi*													+			+	
H. (*H.*) *depressa*									+							+	
H. (*H.*) *elongata*													+			+	
H. (*H.*) *feae*											+						
H. (*H.*) *higoniae*										+						+	
H. (*H.*) *indica*													+			+	
H. (*H.*) *laevigata*													+				
H. (*H.*) *nepalensis*													+				
H. (*H.*) *obtusipes*													+				
H. (*H.*) *plana*	+																

续表

分布型 种类	N		E									H	O	W	X	T	C
	N′	Ncw	E′	En	Es	Ese	Et	Esj	Eej	Etj	Esv						
Megagnathos lagardei											+						
Silinus procerus													+				
Platylister (*Platylister*) *atratus*													+			+	
Pl. (*Pl.*) *birmanus*													+				
Pl. (*Pl.*) *cambodjensis*													+			+	
Pl. (*Pl.*) *horni*										+						+	
Pl. (*Pl.*) *pini*													+			+	
Pl. (*Pl.*) *suturalis*													+				
Pl. (*Pl.*) *cathayi*					+												+
Pl. (*Popinus*) *confucii*													+			+	
Pl. (*P.*) *dahdah*													+			+	
Pl. (*P.*) *lucillus*											+					+	
Pl. (*P.*) *unicus*													+			+	
Apobletes marginicollis													+				
A. schaumei													+			+	
Platysoma (*Platysoma*) *beybienkoi*					+											+	+
P. (*P.*) *brevistriatum*											+						
P. (*P.*) *chinense*					+											+	+
P. (*P.*) *deplanatum*	+																
P. (*P.*) *dufali*													+				
P. (*P.*) *gemellun*													+				
P. (*P.*) *koreanum*			+													+	
P. (*P.*) *rasile*										+						+	
P. (*P.*) *rimarium*													+				
P. (*P.*) *sichuanum*					+												+
P. (*P.*) *takehikoi*										+						+	
Platysoma (*Cylister*) *angustatum*	+																
P. (*C.*) *elongatum*	+																
P. (*C.*) *lineare*	+																
P. (*C.*) *lineicolle*			+													+	
P. (*C.*) *yunnanum*					+												+
Niposoma lewisi											+					+	

续表

分布型 / 种类	N		E									H	O	W	X	T	C
	N′	Ncw	E′	En	Es	Ese	Et	Esj	Eej	Etj	Esv						
N. schenklingi						+										+	+
N. stackelbergi	+																
N. taiwanum							+									+	+
Kanaarister assamensis													+			+	
K. celatum													+			+	
K. coomani													+				
Eurosomides minor	+																
Liopygus andrewesi													+				
Eblisia (Eblisia) pagana										+						+	
E. (E.) pygmaea							+									+	+
E. (E.) sauteri													+			+	
E. (E.) sumatrana													+			+	
Eblisia (Chronus) calceata										+							
Eurylister satzumae									+							+	
E. silvestre													+			+	
Mendelius tenuipes			+														+
Aulacosternus zelandicus															+	+	
Plaesius (Plaesius) javanus													+			+	
P. (P.) mohouti										+							
Plaesius (Hyposolenus) bengalensis													+				
Lewisister excellens													+			+	
Margarinotus (Ptomister) agnatus													+				
M. (P.) arrosor						+											+
M. (P.) babai							+									+	+
M. (P.) boleti									+							+	
M. (P.) cadavericola		+															
M. (P.) hailar				+													
M. (P.) incognitus													+			+	
M. (P.) koltzei				+													
M. (P.) multidens													+			+	
M. (P.) osawai							+									+	+
M. (P.) reichardti			+													+	

续表

分布型 / 种类	N		E									H	O	W	X	T	C
	N′	Ncw	E′	En	Es	Ese	Et	Esj	Eej	Etj	Esv						
M. (P.) striola striola	+																
M. (P.) sutus				+													
M. (P.) tristriatus				+													
M. (P.) wenzelisnus				+													
M. (P.) weymarni				+													
Margarinotus (Eucalohister) bipustulatus		+															
M. (E.) gratiosus	+																
Margarinotus (Stenister) obscurus	+																
Margarinotus (Paralister) koenigi				+													
M. (P.) laevifossa		+															
M. (P.) oblongulus		+															
M. (P.) periphaerus				+													+
M. (P.) purpurascens	+																
Margarinotus (Grammostethus) birmanus											+					+	
M. (G.) formosanus							+									+	+
M. (G.) fragosus											+						
M. (G.) impiger					+												+
M. (G.) niponicus			+													+	
M. (G.) occidentalis						+											+
M. (G.) schneideri				+													+
M. (G.) stercoriger													+				
M. (G.) taiwanus							+									+	+
Margarinotus (Asterister) curvicollis							+									+	+
Pachylister (Pachylister) ceylanus pygidialis			+														
P. (P.) lutarius													+			+	
Pachylister (Sulcignathos) scaevola													+				
Nasaltus chinensis													+			+	
N. orientalis													+			+	

续表

分布型\种类	N		E									H	O	W	X	T	C
	N'	Ncw	E'	En	Es	Ese	Et	Esj	Eej	Etj	Esv						
Hister bissexstriatus	+																
H. concolor	+																
H. congener			+													+	
H. distans				+													
H. inexspectatus													+			+	
H. japonicus			+														
H. javanicus													+			+	
H. mazuri												+					+
H. megalonyx		+															
H. pransus													+				
H. punctifemur												+					+
H. salebrosus subsolanus													+			+	
H. sedakovii	+															+	
H. shanghaicus											+						
H. sibiricus				+													
H. simplicisternus			+														
H. spurius					+												+
H. thibetanus													+			+	
H. unicolor leonhardi				+													
Merohister jekeli			+													+	
Neosantalus latitibius											+						
Eudiplister muelleri		+															+
E. planulus		+															
Atholus bifrons													+			+	
A. bimaculatus														+			
A. coelestis													+			+	
A. confinis														+		+	
A. depistor			+													+	
A. duodecimstriatus quatuordecimstriatus													+			+	
A. levis											+					+	
A. philippinensis													+			+	
A. pirithous														+		+	
A. striatipennis													+				

续表

分布型 / 种类	N		E									H	O	W	X	T	C
	N′	Ncw	E′	En	Es	Ese	Et	Esj	Eej	Etj	Esv						
A. torquatus													+				
Asiaster calcator							+									+	+
A. cooteri						+											+
A. hlavaci						+											+
Hetaerius optatus									+							+	
Dendrophilus (Dendrophilus) xavieri														+		+	
Dendrophilus (Dendrophilopsis) proditor	+																
Mullerister niponicus											+					+	
M. tonkinensis													+			+	
Bacanius (Bacanius) collettei												+					+
B. (B.) kapleri						+											+
B. (B.) mikado								+								+	
Abraeomorphus formosanus							+									+	+
Coomanister scolyti							+									+	+
Carcinops (Carcinops) penatii												+					+
C. (C.) pumilio													+		+		
C. (C.) sinensis						+											+
C. (C.) troglodytes													+		+		
Diplostix (Diplostix) karenensis											+					+	
D. (D.) vicaria													+			+	
Pachylomalus (Canidius) deficiens													+				
P. (C.) musculus											+					+	
Cryptomalus mingh												+					+
Platylomalus ceylanicus													+				
P. inflexus						+											+
P. mendicus			+													+	
P. niponensis								+								+	
P. oceanitis													+			+	
P. sauteri											+					+	
P. submetallicus													+			+	
P. tonkinensis													+			+	

续表

分布型 / 种类	N'	Ncw	E'	En	Es	Ese	Et	Esj	Eej	Etj	Esv	H	O	W	X	T	C
P. viaticus			+													+	
Eulomalus amplipes													+				
E. lombokanus													+			+	
E. pupulus													+			+	
E. rugosus						+											+
E. seitzi											+						
E. tardipes													+			+	
E. vermicipygus											+						
Paromalus (*Paromalus*) *acutangulus*					+												+
P. (*P.*) *parallelepipedus*	+																
P. (*P.*) *picturatus*													+				+
P. (*P.*) *tibetanus*													+				+
P. (*P.*) *vernalis*			+													+	
Chaetabraeus (*Chaetabraeus*) *bonzicus*			+													+	
Ch. (*Ch.*) *cohaeres*							+									+	
Ch. (*Ch.*) *granosus*													+				
Ch. (*Ch.*) *orientalis*													+			+	
Chaetabraeus (*Mazureus*) *paria*													+			+	
Plegaderus (*Plegaderus*) *vulneratus*	+																
Abaeletes perroti													+			+	
Acritus (*Pycnacritus*) *shirozui*						+										+	+
Acritus (*Acritus*) *cooteri*					+												+
A. (*A.*) *komai*														+			
A. (*A.*) *pascuarum*													+				
A. (*A.*) *pectinatus*													+				
A. (*A.*) *tuberisternus*													+			+	
Teretrius (*Neoteretrius*) *formosus*						+										+	+
T. (*N.*) *shibatai*						+										+	+
T. (*T.*) *taichii*						+										+	+
Gnathoncus brevisternus					+												+

续表

分布型 / 种类	N		E									H	O	W	X	T	C
	N′	Ncw	E′	En	Es	Ese	Et	Esj	Eej	Etj	Esv						
G. disjunctus suturifer		+															
G. kiritshenkoi		+															
G. nannetensis	+																
G. nidorum	+																
G. potanini	+																
G. rotundatus													+			+	
G. semimarginatus															+		+
Saprinus (*Phaonius*) *pharao*		+															
Saprinus (*Saprinus*) *addendus*		+															
S. (*S.*) *aeneolus*	+															+	
S. (*S.*) *biguttatus*	+																
S. (*S.*) *bimaculatus*		+															
S. (*S.*) *caerulescens caerulescens*		+															
S. (*S.*) *caerulescens punctisternus*	+																
S. (*S.*) *centralis*	+																
S. (*S.*) *chalcites*													+				
S. (*S.*) *concinnus*	+																
S. (*S.*) *dussaulti*													+				
S. (*S.*) *flexuosofasciatus*		+															
S. (*S.*) *frontistrius*													+				
S. (*S.*) *graculus*	+																
S. (*S.*) *havajirii*			+														+
S. (*S.*) *himalajicus*															+		+
S. (*S.*) *immundus*		+															
S. (*S.*) *intractabilis*	+																
S. (*S.*) *niponicus*	+																
S. (*S.*) *optabilis*													+			+	
S. (*S.*) *ornatus*		+															
S. (*S.*) *pecuinus*									+								
S. (*S.*) *planiusculus*	+																
S. (*S.*) *quadriguttatus*													+			+	
S. (*S.*) *sedakovii*	+																

续表

分布型 / 种类	N		E									H	O	W	X	T	C
	N′	Ncw	E′	En	Es	Ese	Et	Esj	Eej	Etj	Esv						
S. (S.) semistriatus	+																
S. (S.) spernax			+														
S. (S.) splendens														+		+	
S. (S.) sternifossa		+															
S. (S.) subcoerulus															+		
S. (S.) tenuistrius sparsutus														+			
Hemisaprinus subvirescens														+			
Chalcionellus amoenus	+																
C. blanchii blanchii														+			
C. blanchii tauricus	+																
C. sibiricus	+																
C. turcicus		+															
Pholioxenus orion	+																
Hypocacculus (Hypocacculus) spretulus														+			
Hypocaccus (Hypocaccus) brasiliensis														+			
H. (H.) dauricus				+													
H. (H.) rugifrons	+																
H. (H.) sinae														+		+	
Hypocaccus (Baeckmanniolus) varians varians			+													+	
H. (B.) varians continentalis			+													+	
Hypocaccus (Nessus) asticus									+							+	
H. (N.) balux	+																
H. (N.) eremobius		+															
H. (N.) mongolicus	+															+	
H. (N.) tigris tigris		+															
Reichardtiolus duriculus		+															
Eopachylopus ripae			+														
Trypeticus canalifrons							+									+	+
T. fissirostrum				+													+
T. nemorivagus											+					+	

续表

分布型 种类	N		E									H	O	W	X	T	C
	N′	Ncw	E′	En	Es	Ese	Et	Esj	Eej	Etj	Esv						
T. sauteri						+										+	+
T. venator										+						+	
T. yunnanensis					+												+
总计（303）	39	20	23	18	13	13	20	3	2	10	24	14	81	17	6	132	68
所占百分比（%）	12.9	6.6	7.6	5.9	4.3	4.3	6.6	1.0	0.7	3.3	7.9	4.6	26.7	5.6	2.0	43.6	22.4
	19.5(59 种)		41.6 (126 种)														

N：北方型；N′：北方亚型；Ncw：中亚-西亚分布亚型；E：亚洲季风区分布型；E′：季风区广布型；En：季风区北部亚型；Es：中国南部分布亚型；Ese：中国东南部分布亚型；Et：岛屿亚型；Esj：中国南部-日本分布亚型；Eej：中国沿海-日本分布亚型；Etj：中国台湾-日本分布亚型；Esv：中国南部-中南半岛分布亚型；H：横断山区分布型；O：热带亚洲分布型；W：广布型；X：其他；T：中国台湾分布种；C：中国特有种

3）中国特有种共 68 种，几乎都分布在南方地区，其中包括横断山区分布的 14 种和台湾特有种 20 种。

4）南方种类无论是种数还是特有种的数量都较北方种类占优势，说明温暖湿润的气候条件更加有利于物种的分化；另外我国南方较北方地形复杂，也很好地支持了生态条件的多样性孕育生物资源的多样性和丰富性的观点（王书永等，1993）。

5）分布于台湾岛的种（包括亚种）有 132 种，占总种数的 43.6%。与大陆和附近岛屿的共有种很多（中国台湾-日本岛屿分布的 10 种），另一方面，其特有种也很丰富（20 种）。究其原因，台湾岛在历史上曾与大陆有过数次相连接，在 3000 万年前的早第三纪，台湾岛还在汪洋大海之下，第三纪中晚期的造山运动使得台湾岛脱海而出，此后由于地壳上升和气候变冷，沿海地区发生海退，海岸线向海洋推进，台湾岛和福建沿海岛屿连为一体，构成广阔的大陆架平原（陈汝勤和林斐然，1990）。也许就在这个时候，许多阎甲种类迁移扩散到了台湾岛，此后地球气候时暖时冷，冰期往复发生，台湾和大陆多次连接和分离，促进了这些地区阎甲区系的隔离分化和扩散分离，物种间的交流也愈加频繁，致使台湾和大陆的共有种很多。大约距今 16 000 年，在末次冰期结束后，海平面上升，台湾与大陆最终被台湾海峡相隔至今，成为陆缘岛。台湾的阎甲在独特的自然地理条件下开始了自己独特的发展历程，演化出不少特有种。所以，台湾岛现在的阎甲区系，即是数万年前与大陆交流的结果，也是后来不断隔离分化和与大陆断断续续交流的结果。这与前人的研究是相吻合的（张荣祖，1999）。

6）横断山区有着独特而复杂的自然条件，处于特殊的地理位置。区内山川陡窄，高山峡谷相间，山脉河流南北纵列，高差很大，且地质历史悠久，构造复杂，加上未受第四纪冰川的破坏，是中国植物区系最为丰富的地区（王书永和谭娟杰，1992）。由于阎甲主要生活在森林的各种小环境中，因此这一地区分布有数量较多而且独特的阎甲种类。

7）在东部季风区内，南方种和北方种之间有广泛的交流。季风区广布型就是南北方种类充分渗透交流的结果。

五、生物学和生态学特性

(一) 食性和栖息环境

阎甲总科由 3 个科组成：扁圆甲科 Sphaeritidae 成虫腐食性，幼虫捕食性（Nikitsky，1976; Löbl, 1996; Newton, 2000）；长阎甲科 Synteliidae 成虫和幼虫可能均为捕食性（Mamayev, 1974; Newton, 1991）；阎甲科 Histeridae 成虫和幼虫均为捕食性。大多数阎甲捕食软体昆虫的幼虫和卵，主要是双翅目 Diptera 昆虫如苍蝇的幼虫和卵；少数阎甲捕食苍蝇的成虫，如 *Euspilotus bisignatus* 吞食苍蝇成虫的头部（Carlton *et al.*, 1996），少数腐阎甲属 *Saprinus* 的种类也捕食苍蝇的成虫（Reichardt, 1941）；脊阎甲属 *Onthophilus* 的成虫吞食苍蝇的卵（而不是幼虫）且滤食新鲜粪便表面的液体（Kovarik and Caterino, 2000）。微型阎甲如球阎甲属 *Abraeus*、刺球阎甲属 *Chaetabraeus*、*Aeletes* 和异跗阎甲属 *Acritus* 的种类可能捕食螨虫（Kovarik and Caterino, 2005）。少数种类捕食其他甲虫的幼虫，如 *Pactolinus gigas* 捕食嗡蜣螂属 *Onthophagus* 的幼虫（Reichardt, 1941），*Hister quadrimaculatus* 捕食金龟子科 Scarabaeidae 蜉金龟属 *Aphodius* 的幼虫（Bickhardt, 1916a）。生活在蚁巢中的少数阎甲也捕食蚂蚁的成虫或幼虫，如 *Chlamydopsis stratipennis* 捕食 *Lridomyrmex* 属蚂蚁的幼虫（Oke, 1923），*Psiloscelis* 属的成虫捕食蚂蚁的成虫（Carlton *et al.*, 1996）。副悦阎甲属 *Parepierus*、悦阎甲属 *Epierus*、小阎甲属 *Tribalus*、小齿阎甲属 *Bacanius*、*Cyclobacanius*、毛脊阎甲属 *Epiechinus* 等的成虫主要以真菌的孢子为食（Kovarik and Caterino, 2005）。

阎甲总科的种类大多生活在各种腐败有机体中，如腐肉、腐烂植物体、粪便、分解物、复合堆肥等。有些种类也生活在地鼠、鸟类、狐狸及其他脊椎动物的巢穴里。有时也可在树的汁液中发现。一些热带种类可生活在蚁巢或白蚁巢里。Kryzhanovskij（1989）根据栖息环境的不同，将阎甲总科的种类分为 4 种生态类型。① 树木型（dendrobiotes）；② 土壤型（geobiotes）；③ 微型阎甲（microhisterids）；④ 寄居型（inquilines）：喜白蚁的（termitophiles）和喜蚂蚁的（mymecophiles）。后来的很多分类学家都遵循了这一系统（Yélamos, 2002），并在此基础上略做修改。

树木型阎甲：包括生活在死树树皮下或钻木昆虫通道中的种类，主要分布在热带和亚热带森林区域。这一类型的种类外形上有 2 种适应特征，身体扁平或呈圆柱形。

身体扁平的类群包括阎甲亚科 Histerinae（扁阎甲族 Hololeptini、方阎甲族 Platysomatini 和大量的突胸阎甲族 Exosternini）和卵阎甲亚科 Dendrophilinae 的大部分种类。它们生活在树皮下，取食阔叶树腐烂皮层中双翅目昆虫大的幼虫和卵。

身体呈圆柱形的类群主要包括筒阎甲亚科 Trypanaeinae、柱阎甲亚科 Trypeticinae、细阎甲亚科 Niponiinae 和长阎甲科 Synteliidae 的种类，也包括一些长方阎甲亚属 *Cylister*、丽尾阎甲属 *Paromalus*、断胸阎甲属 *Plegaderus*、*Eubrachium* 和条阎甲属 *Teretrius* 的种类。它们生活在钻木昆虫的通道中，取食昆虫小的幼虫、卵和脱落的皮，有时也取食螨虫和真菌。

　　土壤型阎甲：包括生活在与土壤相关的生境中的种类，约占所有种类的 40%。通常卵形或椭圆形，足强壮并具宽阔的前足胫节。主要捕食双翅目昆虫的幼虫，有时捕食毛虫和鞘翅目昆虫的幼虫。这一类型主要包括大多数腐阎甲亚科 Saprininae 和阎甲亚科 Histerinae 的种类，也包括扁圆甲科 Sphaeritidae 的种类。这一类型分为 3 个小的类型：① 腐生阎甲（saprobites）；② 砂生阎甲（psammobites）；③ 穴居阎甲（pholeobites）。

　　腐生阎甲包括生活在动物的粪便、尸体，以及腐烂植物中的种类，也包括那些四处捕食的种类。阎甲属 *Hister*、歧阎甲属 *Margarinotus*、清亮阎甲属 *Atholus*、腐阎甲亚科 Saprininae 等的大部分种类生活在大型哺乳动物的尸体和粪便中，其中歧阎甲属和腐阎甲亚科的很多种类表现出对腐肉的明显喜好，而阎甲属的很多种类表现出对粪便的特殊偏好；阎甲属和歧阎甲属等的部分种类生活在腐烂植物中，圆臀阎甲属 *Notodoma* 的种类生活在真菌中，秃额阎甲属 *Gnathoncus* 和卵阎甲属 *Dendrophilus* 等的种类生活在活树的树洞里；还有一些皱额阎甲属 *Hypocaccus* 和连窝阎甲属 *Chalcionellus* 等的种类生活在腐烂植物的根部。这一类群主要捕食双翅目昆虫的幼虫和卵，也有少数种类捕食鞘翅目、蚤目、鳞翅目等昆虫的幼虫和卵。

　　不同的阎甲种类经常对特定的粪便和腐肉有特殊偏好，土壤类型和干燥阶段也有重要影响。

　　砂生阎甲生活在海滩和沙漠的沙子中，主要包括腐阎甲亚科的种类。它们经常深居沙中，靠近各种沙漠植物的根部或刚被流沙埋没的植物。它们食源丰富，包括双翅目、脉翅目和膜翅目的幼虫，以及大量鞘翅目的幼虫和成虫。这一类群最显著的适应特征是：身体很隆凸，腹面具大量毛，前足胫节宽，具齿，跗节简化。

　　穴居阎甲生活在动物的洞穴或巢穴中，它们中的许多种类专一性地生活在特定动物的巢穴中，如秃额阎甲属、多纹阎甲属 *Pholioxenus*、*Euspilotus* 等的某些种类，但很多种类，如脊阎甲属、歧阎甲属、清亮阎甲属、卵阎甲属、匀点阎甲属 *Carcinops*、秃额阎甲属、多纹阎甲属、异胫阎甲属 *Anapleus* 等的一些种类虽然也以这种方式生活，但似乎与洞穴的联系不那么紧密。这一类群主要取食双翅目昆虫的幼虫和卵，也有少数种类取食螨类和真菌孢子或微小的节肢动物。某些形态学特征，如伸长的足和触角，是穴居类群普遍的适应性特征。

　　微型阎甲：包括小型阎甲（长 0.5-2.5 mm），体圆形，足细，胫节略微膨大。生活在植物碎屑、垃圾等中，取食散落在底层的小型无脊椎动物（螨类、微型昆虫、线虫）和真菌孢子。这一类型主要包括球阎甲族 Abraeini、异跗阎甲族 Acritini 和小齿阎甲族 Bacaniini 的种类。

　　寄居型阎甲：由生活在社会性昆虫（主要是蚂蚁和白蚁）的巢穴中的阎甲组成，主要包括嗜蚁阎甲亚科 Chlamydopsinae 和伴阎甲亚科 Hetaeriinae 的种类。阎甲与蚂蚁的关系基本分为 2 种情况：① 敌对关系，阎甲生活在蚁巢的周围或蚁巢内，但受到蚂蚁的敌视，阎甲依靠敏捷的身体或有效的防御对策得以在蚁巢内生存，如释放具有排斥作用的分泌物或将身体收回到坚硬的外壳下，附肢简化、极其光滑和扁平等；② 奴态关系（蚁客），阎甲在一定程度上被蚂蚁认可，身体具香毛簇和分泌腺，足很长，在这种情况下阎甲的幼虫取食蚂蚁的卵和幼虫，而成虫则被蚂蚁取食。

这一类型的阎甲具粗短的体形以适应其栖息环境，但这一类群较那些生活在社会性昆虫群体中的其他种类没有表现出更加明显的专性的形态特征。阎甲下列的形态学特征可能有助于它们更好地生活在蚁群中：触角柄节强烈增大，当触角端锤置入触角窝时可保护之；触角端锤至少部分强烈硬化；体表具显著的毛簇、瘤突、深凹陷或者发达的纵向凹线或隆线；一些属的体形背腹扁平或圆柱形；足通常长，或者具宽阔的胫节，有时腿节也加宽；胫节可能具很深的跗节沟以便跗节在收回时得到保护，或具显著的毛梳，或二者都有（Helava et al., 1985）。

还有一些种类，如小阎甲属、悦阎甲属、*Pseudepierus*、卵阎甲属、*Kissister*、球阎甲属 *Abraeus* 等被观察到在蚁群里或蚁巢周围活动，但与蚂蚁之间的关系还不确定。

我们可以根据阎甲的食性和栖息环境，针对不同的类群设计不同的采集方法（罗天宏等，2002, 2006）。

1) 巴氏罐诱法（陷阱法）：该方法是捕获地表活动甲虫的有效方法，是研究地表甲虫丰富度、季节活动规律和种群动态等的主要方法。一般采用塑料杯（高 9 cm，口径 7.5 cm）作为诱罐，杯壁上方 1/4 处打 1 小孔，以免由于雨水过多使标本流失，引诱剂为醋、糖、医用酒精和水的混合物，质量比为 2∶1∶1∶20，每个诱杯内放引诱剂 40-60 mL，放置诱杯时间为 3 天（罗天宏等，2002）。Yélamos（2002）提到一种类似的陷阱法：在地上挖一个坑，放置一个较宽的容器，最高 10 cm，用铁架子或金属网搭在口上，在铁架子或金属网上放置腐肉或粪便，在容器内可以放一些防腐剂，以便落入容器的昆虫不会很快腐烂。这一方法的一个重要弊端是会聚集大量其他的昆虫标本，使得后续的保存和挑选工作更加烦琐。

2) 肉诱法：是通过在地面放置腐肉来引诱阎甲，主要捕获以腐肉中的蛆虫为食的阎甲种类。一般 3 天后就有阎甲被吸引来，5-6 天之后就会发现腐肉当中有大量的阎甲，腐肉下面的土壤中（最深可达 5 cm）也可发现很多阎甲，在临近的石头下面（最远达 3 m）也可发现。

3) 堆草诱法：是通过堆积后腐烂的草、枯枝落叶或小灌木等来引诱阎甲，这一方法对喜好腐烂植物的阎甲很有效。

4) 网筛法：对于生活在沙砾地上腐烂植物根部或动物尸体和粪便下的阎甲种类，可以使用不同网孔大小的网筛进行采集。

5) 倒木法：对于生活在腐烂树木树皮下的种类可采用直接剥取树皮采集的方法。

6) 敲击法：为了采到在钻木昆虫通道中生活的种类，可敲击树干使阎甲落在一块白布上。

巴氏罐诱法是捕获地表活动甲虫的有效方法，在长期监测和多地点对比中，具有适用可行、易于统一标准等优点，适于研究地表甲虫的丰富度、季节活动规律和种群动态等（罗天宏等，2006），而网筛是对巴氏罐诱法的补充（Martin, 1977; Barrs, 1979）。肉诱法是通过在地面放置腐烂的肉来引诱阎甲，主要捕捉以腐肉或腐肉中的蛆虫为食的阎甲种类，我们研究中固定样地内主要采用羊肉作诱饵，临时样地内用猪肉作诱饵。堆草诱法是通过割草或小灌木堆积，因草或枝叶的腐烂而引诱阎甲，是对肉诱法很好的补充。

根据阎甲科丰富多样的生活习性与生物学特点，我们以这个科为指示类群，在北京西部门头沟区的东灵山区周围，以中国科学院的森林研究站为基地，开展了长期的生物多样性监测与变化趋势研究（罗天宏等，2002）。研究采用 4 种采集方法，共发现 6 属 17 种 2224 头阎甲标本，其中肉诱法捕获的种类和数量最多，共 12 种，数量占总个体数的 70.19%；杯诱法和堆草诱法都捕到 8 种，数量分别占总个体数的 23.61% 和 4.81%；网筛数量法采到标本仅有 2 种，数量占总个体数的 1.39%。在优势物种 *Onthophilus foveipennis* 的季节性变化比较中，发现该种集中分布在小龙门林区的阔叶混交林内，个体数量在 5 月和 9 月呈现 2 个季节峰值，其中 9 月达到全年最高峰。对小龙门林区内肉诱捕获的阎甲类群的物种多样性分析表明，阔叶林的多样性指数和均匀度指数较高，混交林的丰富度和个体数量较高，针叶林的多样性指数和个体数量较低，混交林的均匀度指数较低；而相似性分析表明，空间距离是决定小龙门林区内森林生境类型间腐生性阎甲群落相似性程度的因素，生境类型自身对相似性没有显著影响；而距林区不远的梨园岭退耕区，阎甲的物种多样性指数和均匀度指数高于小龙门林区，但物种个体平均数量低于小龙门林区。这项研究是一个有益的尝试，对于我们理解东灵山地区生境保护程度、干扰程度，以及森林恢复等因素对于生物多样性变化的影响是非常有益的。

（二）世代和发育历期

阎甲一般是一化性昆虫，一年发生一代。它们的繁殖通常在春季和夏季完成，在热带生境或更加温暖的地区（海边沙丘，地中海地区）也可能在冬末完成繁殖。在温暖的生境中一年可出现 2 代（Yélamos，2002）。

阎甲产单卵或相对少的卵，因为其雌性只含有 4-5 条卵巢管（Reichardt，1941；Torgerson and Akre，1970；Morgan *et al.*，1983；Yélamos，1989）。小匀点阎甲 *Carcinops pumilio* 产卵很奇怪，雌虫通常产卵 1-3 天后，随后相当长的时期不再产卵（Morgan *et al.*，1983），在一些情况下，该种的雌虫 1 天之内可形成 5-6 个卵。中国完折阎甲 *Nasaltus chinensis* 平均每周形成 2 个卵（Bornemissza，1968）。一些与粪便有关的阎甲，包括阎甲属 *Hister* 和歧阎甲属 *Margarinotus* 的种类，需要从粪便沥滤液体来产卵（Lindner，1967）；而同样与粪便有关的腐阎甲亚科 Saprininae 的种类则不需要这样的产卵刺激物（Kovarik and Caterino，2005）。

阎甲在成虫之前的发育阶段包括卵（egg），幼虫 2 个龄期（larval instar），蛹前期（prepupal stage）和蛹（pupa）（Kovarik，1995）。卵的发育多变但迅速，通常 25℃（或以上）平均孵化期 2-11 天不等（Kovarik，1995）。

不同于鞘翅目的其他种类，阎甲的幼虫期通常只有 2 个龄期。卵孵化之前，透过卵壳可清楚地看到发育中的幼虫上颚、末端须节，以及刚毛变黑。一龄幼虫打破卵壳出来，随着发育，最初透明的头壳和新附上的骨片很快变硬变黑，且在这一时刻，幼虫具有了杀死和取食柔软昆虫的能力（Kovarik，1995）。阎甲幼虫取食液体且施口外消化，它们具咽泵，在取食时，前肠连续快速地膨大和收缩。所有幼虫的口器和触角都用来操控捕食以抽取液体（Kovarik，1995）。二龄幼虫习惯于形成 1 个小生境，该小生境的中部就像 1 个暗室（Gomy, 1965），通常幼虫转动身体，以这种方式磨光暗室内壁，并且间歇性地舔或咬腹部末端，从那里流出液体，附在暗室粗糙的壁上，直到暗室内壁光滑、呈半圆形为止（Yélamos, 2002）。

阎甲幼虫发育持续的时间不等，通常 25℃（或以上）一龄幼虫发育需要 3-10 天，二龄幼虫发育需要 4-6 天（Kovarik, 1995; Summerlin and Fincher, 1988; Morgan *et al.*, 1983）。通常在粪便和腐肉中生活的种类，如腐阎甲亚科 Saprininae 和阎甲亚科 Histerinae 的种类趋向于缩短幼虫发育期；而生活在树皮下的种类，如卵阎甲亚科 Dendrophilinae 和小阎甲亚科 Tribalinae 的种类有相对长的幼虫发育期。

阎甲蛹前期的开始以变色为标志，从半透明的黄色到不透明的白色（Lindner, 1967）。前蛹不取食且开始忙于建造蛹室或茧（图 24），最后呈现"C"形并静止（Kovarik and Caterino, 2005）。蛹前期持续的时间不等，但通常在 25℃ 用一周或不到一周的时间完成。阎甲蛹期持续的时间不等，但在 25-30℃ 下通常持续一周或更长时间（Kovarik, 1995; Bornemissza, 1968）。阎甲成虫阶段持续的时间较长。人工饲养的阎甲成虫通常可以存活超过一年的时间（Bornemissza, 1968）。阎甲一般以成虫越冬（Struble, 1930; Reichardt, 1941; Hinton, 1945）。

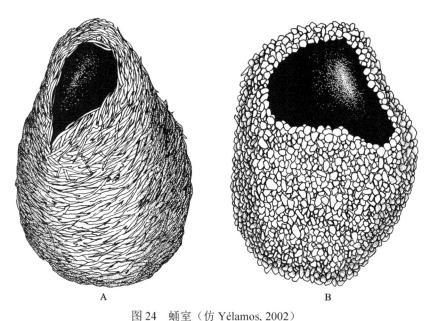

图 24　蛹室（仿 Yélamos, 2002）

Fig. 24　Cocoon (after Yélamos, 2002)

A. 单色阎甲 *Hister unicolor* Linnaeus；B. 细纹腐阎甲 *Saprinus (Saprinus) tenuistrius* Marseul

（三）成虫的生活习性和行为学

几乎所有阎甲的成虫均有飞行能力，但由于它们的体重相对较大，因此飞得低，并

且不太敏捷和精确，通常翼的折叠和展开缓慢；但一些小型种类，如匀点阎甲属
Carcinops、腐阎甲属 *Saprinus*、连线阎甲属 *Hypocacculus*、皱额阎甲属 *Hypocaccus* 等在
夏季正午飞行敏捷（Yélamos, 2002; Kovarik and Caterino, 2005）。

大多数阎甲的种类具显著的耐热性，它们只有在有太阳辐射或温热的情况下活动，
通常活动高峰发生在中午或下午；在微光下或夜晚活动的阎甲很少，如条阎甲属
Teretrius、*Exaesiopus* 等的一些种类在黄昏时出没（Reichardt, 1941），缘尾阎甲属
Paratropus、悦阎甲属 *Epierus*、断胸阎甲属 *Plegaderus*、*Aeletes* 等的一些种类在夜间有
趋光性（Kanaar, 1997）。大多数种类高度喜温热，在温带，它们的活动性变化与一年中
的温暖月份相一致，通常在早春时物种丰富度开始增加，而冬季大幅下降，并且不同类
群在一年中的活动高峰发生的时间不同（Summerlin *et al.*, 1982, 1993; Levesque and
Levesque, 1995; Borghesio *et al.*, 2002; Traugott, 2002）；而在热带，活动一般起始于雨季，
终止于雨季停止后不久（Löyttyniemi *et al.*, 1989）。

阎甲的足通常短，因此爬行缓慢，但一些长足的种类，如伴阎甲亚科 Hetaeriinae 具
快速爬行的能力（Reichardt, 1941）。大多数阎甲都有假死的本能，当受到触碰或惊吓时
它们会迅速将头和足缩回（Reichardt, 1941），由于具有坚硬的外壳和可收回的附肢，因
此这是最好的防御机制。一些阎甲属 *Hister* 和歧阎甲属 *Margarinotus* 的种类被惊动时从
腹面胸部和腹部的小孔中喷出一股发臭的液体（Lindner, 1967）。一些长足的种类，如
Scaphidister velox，受到惊动时会迅速飞走（Cooman, 1933）。

某些阎甲在翻转时能通过打开和快速收拢鞘翅来矫正自己的姿态，鞘翅的快速收拢
能产生一股力量使阎甲向上弹跳高达 0.5-2.5 cm（Frantsevich, 1981）。Frantsevich（1981）
对这一姿态矫正机制做了详细介绍，但这种机制在阎甲中并不普遍，如 *Neopachylopus
aeneipunctatus* 通过一种完全不同的方法矫正自己的姿态，当翻转时，该种完全伸展并降
低后足直到接触地面，通过足上肌肉慢慢地向前转动身体直到翻转过来（Kovarik and
Caterino, 2005）。

求偶行为的研究主要集中在阎甲亚科 Histerinae，通常雄虫用上颚轻轻抱握雌虫的后
足胫节，悬挂其上随雌虫的移动而移动（Lindner, 1967），雌虫或者停下来接受雄虫并
与其交配，或者继续移动直到摆脱雄虫。而大多数腐阎甲亚科 Saprininae 的种类没有求
偶行为，*Xerosaprinus* 属是显著的例外：雄虫第 8 腹节顶端具精致的刚毛刷，这一节平
常缩在身体里，当求偶时外翻且以一种方式移动使刚毛摆动，触碰雌虫的头部和臀板，
这种摆动通常持续 15 秒，几次触碰后，雄虫试图与雌虫交配（Kovarik and Caterino, 2005）。
一种相当奇特的求爱方式发生在小阎甲亚科 Tribalinae 的悦阎甲属，交配以前，雄虫和
雌虫通过雌虫臀板和雄虫口器之间的 1 条弹丝相连，由于雌虫臀板或前臀板没有明显的
腺体或腺体输送管，弹丝可能是雄虫的产物；在求偶过程中，雄虫的头部通常与雌虫臀
板保持紧密接触，雄虫徘徊在雌虫后面，当它们之间有间隙时，雄虫通过聚集口器上的
弹丝来缩短间隙（Kovarik and Caterino, 2005）。一些 *Plagiogramma* 和悦阎甲属的种类
有具刚毛的瘤突或斑点，可能在求偶过程中起作用。伴阎甲亚科一些种类下颚的外颚叶
有吸盘，腐阎甲亚科和伴阎甲亚科的第 8 腹节基腹片有 1 对膨胀的膜（Kovarik and
Caterino, 2005）。

（四）天　　敌

阎甲的捕食者、寄生者和病原体已知很少。

现有已知的捕食者都是通过分析其胃部内容物或粪便得知。已知多种鸟类捕食阎甲，在它们的胃里曾发现歧阎甲属 *Margarinotus*、清亮阎甲属 *Atholus*、连窝阎甲属 *Chalcionellus* 和皱额阎甲属 *Hypocaccus* 的种类（Reichardt, 1941; Olson, 1950）。一些蜥蜴也捕食阎甲，在蜥蜴的粪便中曾发现 *Philothis* 和腐阎甲属 *Saprinus* 的种类（Kryzhanovskij and Reichardt, 1976; Kovarik and Caterino, 2005）。三线阎甲属 *Eudiplister* 的一个标本曾在蟾蜍的胃里被发现（Kovarik and Caterino, 2005）。

目前几乎还没有关于阎甲各个生活史阶段寄生虫感染的记载。已知脊阎甲属 *Onthophilus* 的幼虫易于感染一种病毒性病原体（Kovarik and Caterino, 2005）。很多种类的螨虫附在阎甲的体表（Johnston, 1959; Kovarik and Caterino, 2005）。

六、经 济 意 义

阎甲总科的种类分布广，适应性强，可生活在多种多样的环境中，如腐肉、粪便、腐烂的植物、钻木昆虫的通道，以及其他动物的巢穴中等，成虫和幼虫均为捕食性，主要捕食双翅目昆虫的幼虫和卵，也捕食其他小型节肢动物的幼虫和卵。阎甲多样化的生活方式和独特的捕食习性使得它们的经济意义受到越来越多的关注，主要包括以下 3 个方面。

1）森林害虫的生物防治

利用害虫的天敌来防治害虫统称为生物防治。害虫天敌类群很多，捕食者是其中的一大类。阎甲科 Histeridae 的成虫和幼虫以捕食性为主，很多种类包括断胸阎甲属 *Plegaderus*、*Eubrachium*、条阎甲属 *Teretrius*、*Teretriosoma*、筒阎甲属 *Trypanaeus*、*Xylonaeus*、*Coptotrophis*、柱阎甲属 *Trypeticus*、*Pygocoelis*、细阎甲属 *Niponius*、*Pachycraerus*、悦阎甲属 *Epierus*、丽尾阎甲属 *Paromalus*、方阎甲属 *Platysoma* 等的体形呈典型的圆柱形，生活在钻木昆虫（如树皮甲科 Pythidae、天牛科 Cerambycidae、吉丁虫科 Buprestidae、长蠹科 Bostrychidae 和小蠹科 Scolytidae）的通道中，专门捕食这些昆虫的幼虫和卵，是重要的天敌昆虫。研究这一类群，在森林害虫生物防治上有重要价值。美国中部的种类 *Teretriosoma nigrescens* (Lewis) 已被引进非洲的多个国家用以长蠹科的生物防治（Subramanyam and Hagstrum, 1996）。

2）控制苍蝇等害虫的数量

腐阎甲亚科 Saprininae 和阎甲亚科 Histerinae 的很多种类喜好粪便，它们生活在粪便中，捕食以粪便为食的双翅目昆虫的幼虫和卵，因此可减少以粪便为食的苍蝇的数量。这些阎甲已被建议用来作为控制这些害虫的天敌（Davis, 1994）。

3）对法医昆虫学研究的重要意义

在现代法医昆虫中，甲虫已被证明提供了重要的昆虫学证据。与腐肉相关的阎甲是死亡时间推断的重要指示类群，成为法医昆虫学研究的重要对象。PMI（死亡后时间）评估在任何有关死亡的法医调查中都很关键，估计受害者已死亡多长时间是调查的第一步。现代法医昆虫利用昆虫动物区系在腐烂尸体上的连续性和可预测性来评估PMI。为达到这一目的，现被公认的与腐肉相关的4个昆虫类群是：食腐尸的昆虫（necrophagous insects）、食肉昆虫和寄生虫（predators and parasites）、杂食昆虫（omnivores）和偶然性种类（incidental species）（Wolff *et al.*, 2001）。阎甲属于食肉昆虫和寄生虫的类群，是取食被腐烂尸体吸引来的食腐尸昆虫和杂食昆虫的几个甲虫科之一。

阎甲显著的形态学特征是分节紧凑、骨骼融合、表皮坚硬，使得它们非常擅长在腐烂尸体苛刻的和竞争激烈的环境下生存。大卵、早熟幼虫及快速的发育速度使得它们适合居住在腐肉中。作为对法医有重要意义的类群，它们通过捕食双翅目昆虫的幼虫来改变尸体腐烂速度。它们在侵占尸体中的角色及相应的昆虫区系连续性的知识是法医昆虫实践应用的关键（Stephens, 2003）。和其他很多与腐肉相关的甲虫一样，阎甲是一个在很大程度上被忽略且已知甚少的类群。更好地了解它们的生活史很有必要，且将对法医昆虫领域有重要意义。

各　论

阎甲总科 Histeroidea Gyllenhal, 1808

Histeroides Gyllenhal, 1808: 74.

Histerida Meixner, 1935: 1274.

Histeroidea: Crowson, 1955: 13, 23; Wenzel in Arnett, 1962: 20, 369; Witzgall, 1971: 156; Kryzhanovskij *et* Reichardt, 1976: 17; Ôhara, 1994: 58 (key).

科 检 索 表

1. 后足基节相互靠近；中胸腹板基节间盘区前缘窄于中足基节窝之宽；腹末端仅露 1 节背板 ········2

   后足基节相互远离；中胸腹板基节间盘区前缘宽于中足基节窝之宽，中足基节由中胸腹板基节间盘区宽阔分隔；腹末端可见 2 节背板 ····················· 阎甲科 Histeridae

2. 体长卵形；前胸腹板突短；鞘翅背部的线具细小刻点，不深凹 ············· 扁圆甲科 Sphaeritidae

   体纵长；前胸腹板龙骨几乎缺失，前足基节之间后端有 1 瘤突；鞘翅背部的线深凹 ················ ···················· 长阎甲科 Synteliidae

一、扁圆甲科 Sphaeritidae Shuckard, 1839

Sphaeritidae Shuckard, 1839; Thomson, 1862: 23; Ganglbauer, 1899: 412; 1903: 305; Jakobson, 1911-1915: 658, 869; Schenkling, 1931: 1 (catalogue); Reichardt, 1941: 1; Crowson, 1955: 13, 24; Wenzel in Arnett, 1962: 385; Witzgall, 1971: 189; Kryzhanovskij *et* Reichardt, 1976: 18; Nikitsky, 1976: 531; Ôhara, 1994: 58; Newton in Arnett *et* Thomas, 2000: 209 (authorship as Shuckard, 1839, no citation); Mazur in Löbl *et* Smetana, 2004: 68 (catalogue); Kovarik *et* Caterino, 2005: 183; Löbl I. in Löbl *et* Löbl, 2015: 76 (catalogue).

Type genus: *Sphaerites* Duftschmid, 1805.

体长 4-6 mm，长卵形，背面和腹面稍隆凸，体表光滑，黑色具金属光泽。头小，较前胸背板窄很多，极度下弯；上颚粗壮，内侧具齿；唇基与额之间具额唇基缝；触角 11 节，第 1 节相对较短，非膝状，端锤 3 节且紧缩。前胸背板横宽，前窄后宽，前缘和侧缘具缘线。小盾片较大，半圆形。鞘翅端部平截，露出 1 节腹节背板；鞘翅表面刻点行不规则，具 9 或 10 行。臀板发达，与体轴垂直。前胸腹板在前足基节之前很短，前足基节窝很大，基节间的隆起部分极狭窄。中胸腹板基节间盘区极狭窄，中足基节窝相互靠近。后胸腹板短，基节间盘区狭窄，后足基节窝相互靠近，侧边与鞘翅相遇。跗节有 1 具双毛的爪间突。阳茎基片小，侧叶部分融合。

成虫取食桦树渗出的汁液；幼虫发生在浸渍了桦木汁液的土表层，也可能捕食蛆。

该科只包含 1 属扁圆甲属 *Sphaerites*，分布在北半球温带森林或高山地带。全球已知 7 种：黑扁圆甲 *S. glabratus* (Fabricius, 1792) 广泛分布于古北区；北美扁圆甲 *S. politus* Mannerheim, 1846 从美国西北部一直向东可能到达俄国东部及日本 (Kryzhanovskij, 1989; Löbl, 1996; Newton, 2000)；双色扁圆甲 *S. dimidiatus* Jureček, 1934、翔扁圆甲 *S. involatilis* Gusakov, 2004、亮扁圆甲 *S. nitidus* Löbl, 1996、暗扁圆甲 *S. opacus* Löbl *et* Háva, 2002 和孔扁圆甲 *S. perforatus* Gusakov, 2017，分布于我国横断山区。

1. 扁圆甲属 *Sphaerites* Duftschmid, 1805

Sphaerites Duftschmid, 1805: 205; Lacordaire, 1854: 212; Thomson, 1862: 23; Reitter, 1885: 88; 1909: 246; Ganglbauer, 1899: 415; Jakobson, 1915: 869; Schenkling, 1931: 1 (catalogue); Reichardt, 1941: 4; Wenzel in Arnett, 1962: 289; Witzgall, 1971: 189; Kryzhanovskij *et* Reichardt, 1976: 21; Nikitsky, 1976: 531; Hisamatsu, 1985b: 219; Ôhara, 1994: 58; Löbl, 1996: 195; Löbl *et* Háva, 2002: 179 (key to species); Mazur in Löbl *et* Smetana, 2004: 68 (catalogue); Löbl I. in Löbl *et* Löbl, 2015: 76 (catalogue). **Type species:** *Hister glabratus* Fabricius, 1792.

种 检 索 表

1. 体单一色，鞘翅无明显的微刻点 ··2
   体双色，鞘翅有或无明显的微刻点 ··3
2. 体全黑色，无金属光泽 ································· 黑扁圆甲 *S. glabratus*
   体表有明显的蓝色或绿色金属光泽 ················· 亮扁圆甲 *S. nitidus*
3. 整个前胸背板侧缘均匀弓弯，前角不突出，侧线接近前缘逐渐变弱；鞘翅基半部浅黄褐色，端半部黑色，无明显的微刻点 ····················· 双色扁圆甲 *S. dimidiatus*
   整个前胸背板侧缘略微波曲，前角突出，侧线前后延伸分别接近前缘和后缘；鞘翅基部棕红色部分较前种窄很多，也比较暗，向后逐渐变为黑色，有明显的微刻点 ············· 暗扁圆甲 *S. opacus*
   注：翔扁圆甲 *S. involatilis* Gusakov 和孔扁圆甲 *S. perforatus* Gusakov 未包括在内。

(1) 双色扁圆甲 *Sphaerites dimidiatus* Jureček, 1934（图 25）

Sphaerites dimidiatus Jureček, 1934: 45 (China: Sichuan); Kryzhanovskij *et* Reichardt, 1976: 23; Löbl, 1996: 199; Löbl *et* Háva, 2002: 180 (key; China: South Gansu, Shaanxi); Mazur in Löbl *et* Smetana, 2004: 68 (catalogue); Háva, 2014: 157; Löbl I. in Löbl *et* Löbl, 2015: 76 (catalogue).

体长 5.51-7.50 mm，体宽 3.80-4.51 mm。长卵形，隆凸，黑色，鞘翅基半部黄色或棕色，与端半部黑色翅面界限分明，触角除端锤之外的其余各节及足的跗节红褐色，胫节暗，黑色略带红色光泽。

头部表面刻点密集粗大，头顶中央和口上片刻点略小略稀，口上片近于方形。

前胸背板前缘均匀凹缺；两侧端半部向前弧形狭缩，基半部较直；后缘中部宽阔向后弓弯；前角钝圆；后角近于直角，突出。缘线于两侧和前缘均完整且明显，于两侧较远离边缘。表面中部光亮，散布细微刻点，两侧近缘线刻点较密集粗大，与头部刻点相似；侧面具不规则的凹陷。

小盾片半圆形，具微刻点。

鞘翅长约为宽的 2 倍，最宽处在鞘翅中间，向基部略微狭缩，向端部较明显狭缩，两侧略弯曲，侧缘与后缘之间具明显的角；肩部隆凸不太明显，端部隆凸明显。鞘翅背面具 9 条几乎完整的刻点行，刻点略粗大，圆形，所有刻点行在翅端变得不规则，不再明显成行，外侧 4 条前末端仅达肩部隆凸；刻点间散布微刻点。鞘翅缘折窄，平坦光亮；缘折缘线完整隆起；鞘翅缘线强烈隆起且完整。

臀板缘线沿侧后缘延伸，向前不达基角（前角），在前角之后内弯且略向内延伸。表面基部密布略粗大的刻点，与鞘翅刻点行的刻点相似，并混有微细刻点，大刻点向后变稀。

前胸腹板前缘均匀凹缺，具水平着生的黄色长毛；前缘与侧缘隆起；表面粗糙，具不明显的刻点和皱纹。

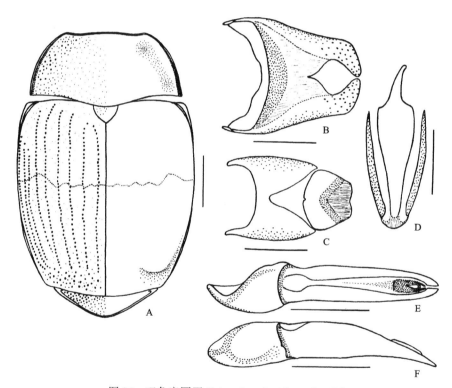

图 25　双色扁圆甲 Sphaerites dimidiatus Jureček

A. 前胸背板、鞘翅和臀板（pronotum, elytra and pygidium）；B. 雄性第 8 腹节背板和腹板，腹面观（male 8th tergite and sternum, ventral view）；C. 雄性第 9、10 腹节背板，背面观（male 9th and 10th tergites, dorsal view）；D. 雄性第 9 腹节腹板，腹面观（male 9th sternum, ventral view）；E. 阳茎，背面观（aedeagus, dorsal view）；F. 同上，侧面观（ditto, lateral view）。比例尺（scales）：A = 1.0 mm, B-F = 0.5 mm

中胸腹板小，四边形，表面粗糙，密布粗大刻点；中-后胸腹板缝清晰。

后胸腹板前缘于中足基节之后强烈隆起；中纵沟前后端较明显，中部微弱，且于近前缘处有 1 小的圆形深凹窝；沿后缘有 1 横线，横线于中部 1/3 宽阔间断且中部末端密布细小刻点。基节间盘区具稀疏小刻点；侧盘区密布粗大刻点，较中胸腹板刻点小，刻点向后略稀，中足基节窝之后具刚毛；后胸前侧片密布圆形大刻点，较后胸腹板侧盘区刻点大。

前足胫节细长，不膨大，外缘具 10 个左右齿。

雄性外生殖器如图 25B-F 所示。

观察标本：13 号，四川九龙县北，3735 m，冷杉林，杯诱，2001.VII.8-14，于晓东、周红章采；13 号，四川九龙县北，3455 m，冷杉林，杯诱，2001.VII.8-14，于晓东、周红章采；3 号，四川九龙县北，3935 m，冷杉林，杯诱，2001.VII.8-14，于晓东、周红章采；1 号，四川九龙县西南，3740 m，落叶松林，杯诱，2001.VII.10-13，于晓东、周红章采；1♂，1♀，9 号，四川雅江县西，4270 m，冷杉林，杯诱，2001.VII.15-18，于晓东、周红章采；4 号，四川雅江县西，3505 m，针阔混交林，杯诱，2001.VII.15-18，于晓东、周红章采；1 号，四川雅江县西，4010 m，溪边灌丛，杯诱，2001.VII.15-18，于晓东、周红章采；11 号，四川理塘县南，4085 m，冷杉林，杯诱，2001.VII.16-17，于晓东、周红章采；2 号，四川黑水县西北三打谷，3125 m，桦树林，杯诱，2001.VII.24-26，于晓东、周红章采；2 号，四川黑水县西北三打谷，3205 m，阔叶混交林，杯诱，2001.VII.24-26，于晓东、周红章采；1 号，四川黑水县西北三打谷，3220 m，针阔混交林，杯诱，2001.VII.24-26，于晓东、周红章采；2 号，四川黑水县东北卡龙沟，3000 m，针阔混交林，杯诱，2001.VII.25-27，于晓东采；1 号，四川黑水县西沙石多乡，3420 m，针阔混交林，杯诱，2001.VII.23-26，于晓东、周红章采；2 号，四川九寨沟，1990.VII.29。

分布：四川、陕西、甘肃。

讨论：该种与暗扁圆甲 *S. opacus* Löbl *et* Háva 相近，但鞘翅浅色区较大且与深色区界限分明。

(2) 黑扁圆甲 *Sphaerites glabratus* (Fabricius, 1792)

Hister glabratus Fabricius, 1792: 73; 1801: 85.

Sphaerites glabratus: Duftschmid, 1805: 206; Lacordaire, 1854: 213; Thomson, 1862: 24; Reitter, 1885: 90; Ganglbauer, 1899: 414; Schenkling, 1931: 1 (catalogue); Halstead, 1963: 6; Witzgall, 1971: 189; Kryzhanovskij *et* Reichardt, 1976: 22; Löbl, 1996: 199; Löbl *et* Háva, 2002: 180 (key); Mazur in Löbl *et* Smetana, 2004: 68 (catalogue; China: Jilin); Háva, 2014: 157; Löbl I. in Löbl *et* Löbl, 2015: 76 (catalogue).

Sphaerites politus: Kryzhanovskij *et* Reichardt, 1976: 22 (misidentification); Adachi *et* Ôhno, 1962: 149; Nakane, 1963: 67; Matsumoto, 1981: 6 (Mt. Hidaka); Yasuda, 1982: 76 (Mt. Daisetsu); 1988: 25; Hisamatsu, 1985b: 219; Ôhara, 1994, 58; Löbl, 1996: 195 (indicated all Japan records to be misidentifications).

体长 5.10 mm，体宽 3.20 mm。体长卵形，外表光亮，铜色，触角和跗节红褐色。

头部表面刻点粗大密集，额中央和口上片刻点变小变稀，口上片近于方形。触角沟位于头部下方端部区域，从复眼顶端至头中部斜向延伸。

前胸背板前缘均匀凹缺；两侧端半部微弱弓弯，基半部几乎直；后缘中部宽阔向后弓弯；前角较钝，后角近于直角，略突出。缘线于侧面完整，于前缘中部 1/3 间断，缘线多少远离边缘。表面两侧刻点稀疏粗大，混有细小刻点，细小刻点向中部更小；中央具微细刻纹。

小盾片半圆形，具微小刻点。

鞘翅长约为宽的 2 倍，最宽处在鞘翅中间，向基部略微狭缩，向端部较明显狭缩，两侧略弯曲，侧缘与后缘之间具明显的角；肩部隆凸和端部隆凸均较明显。鞘翅背面具 10 条几乎完整的刻点行，刻点粗大，圆形，近端部 1/6 处变得稀疏且不规则，除最外侧一条之外的外侧 4 条前末端仅达肩部隆凸；刻点行之间具稀疏的微小刻点。鞘翅缘折窄，光亮，具稀疏的微小刻点；缘折缘线完整隆起；鞘翅缘线强烈隆起且完整。

臀板缘线沿侧后缘延伸，向前不达基角（前角），在前角之后内弯且略向内延伸。表面基部密布粗大刻点，较鞘翅刻点行的刻点略大，并混有微细刻点，大刻点向后变稀。

前胸腹板前缘均匀凹缺并具长毛；盘区中央密布粗大的具刚毛刻点，刚毛略长。

中胸腹板小，四边形，盘区密布粗大刻点；中-后胸腹板缝清晰。

后胸腹板前缘于中足基节之后强烈隆起；沿后缘有 1 横线，横线于中部 1/3 宽阔间断且中部末端密布粗大刻点。基节间盘区具稀疏细小的刻点，刻点向两侧变粗大；侧盘区具稀疏的、大而浅的圆形刻点；后胸前侧片密布刻点，与后胸腹板侧盘区刻点等大。

前足胫节细长，不膨大，外缘通常具 7 个齿。

观察标本：1 ex., C. Russia (俄罗斯中部), Istra env., 1987.VII.6, Moscow leg.。

分布：吉林；广泛分布于古北区。

(3) 翔扁圆甲 *Sphaerites involatilis* Gusakov, 2004

Sphaerites involatilis Gusakov, 2004: 182 (China: Sichuan, Min-Shan Mts., Baima pass. 3500 m); Háva, 2014: 157; Löbl I. in Löbl *et* Löbl, 2015: 76 (catalogue).

观察标本：未检视标本。

分布：四川（岷山山脉：白马）。

(4) 亮扁圆甲 *Sphaerites nitidus* Löbl, 1996（图 26）

Sphaerites nitidus Löbl, 1996: 196 (China: Sichuan); Löbl *et* Háva, 2002: 180 (key); Mazur in Löbl *et* Smetana, 2004: 68 (catalogue; China: Gansu); Háva, 2014: 158; Löbl I. in Löbl *et* Löbl, 2015: 76 (catalogue).

体长 6.30-7.21 mm，体宽 4.00-4.50 mm。体长卵形，隆凸，头黑色，具或不具金属光泽，臀板、小盾片、附肢及体腹面黑色，无金属光泽，体腹面有时局部稍呈暗红色，前胸背板具蓝色金属光泽，鞘翅具紫色金属光泽；有时头、前胸背板、鞘翅都具绿色光泽。

头部表面刻点较密集粗大，头顶和口上片刻点细小稀疏。口上片近于方形。

前胸背板前缘均匀凹缺；两侧端半部向前略呈弧形狭缩，基半部较直；后缘中部宽阔向后弓弯；前角钝圆；后角近于直角，略突出。缘线于两侧和前缘均完整且明显，于两侧较远离边缘，后末端有时于后角处向内弯折并略延伸。表面中部光亮，散布微小刻点，两侧近缘线刻点稀疏，略粗大，但小于头部刻点；侧面具不规则的凹陷。

小盾片半圆形，具微刻点。

鞘翅长约为宽的 2 倍，最宽处在鞘翅中间，向基部略微狭缩，向端部较明显狭缩，两侧略弯曲，侧缘与后缘之间具明显的角；肩部和端部均有明显的隆凸。鞘翅背面具 9 条几乎完整的刻点行，刻点略粗大，圆形，所有刻点行在翅端变得不规则，不明显成行，外侧 4 条前末端仅达肩部隆凸；刻点间散布微刻点。鞘翅缘折窄，平坦光亮；缘折缘线完整隆起；鞘翅缘线强烈隆起且完整。

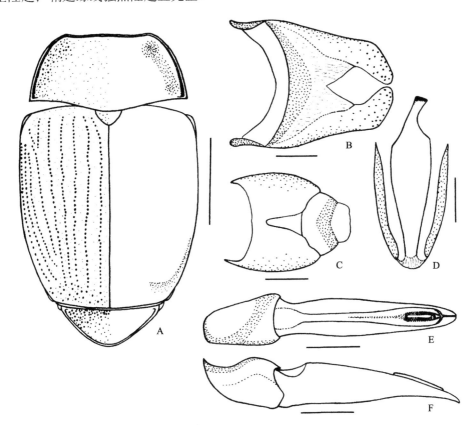

图 26　亮扁圆甲 *Sphaerites nitidus* Löbl

A. 前胸背板、鞘翅和臀板（pronotum, elytra and pygidium）；B. 雄性第 8 腹节背板和腹板，腹面观（male 8th tergite and sternum, ventral view）；C. 雄性第 9、10 腹节背板，背面观（male 9th and 10th tergites, dorsal view）；D. 雄性第 9 腹节腹板，腹面观（male 9th sternum, ventral view）；E. 阳茎，背面观（aedeagus, dorsal view）；F. 同上，侧面观（ditto, lateral view）。比例尺（scales）：A = 2.0 mm, B-F = 0.25 mm

臀板缘线沿侧后缘延伸，向前不达基角（前角），在前角之后内弯。表面基部密布略粗大的刻点，与鞘翅刻点行的刻点相似，并混有微细刻点，大刻点向后变稀。

前胸腹板前缘均匀凹缺，具水平着生的黄色长毛；前缘与侧缘隆起；表面粗糙，具不明显的刻点和皱纹。

中胸腹板小，四边形，表面粗糙，密布粗大刻点；中-后胸腹板缝清晰。

后胸腹板前缘于中足基节之后强烈隆起；中纵沟前后端较明显，中部微弱；沿后缘有 1 横线，横线于中部 1/3 宽阔间断。基节间盘区具稀疏小刻点；侧盘区具稀疏的较粗大的刻点；后胸前侧片密布圆形大刻点，较后胸腹板侧盘区刻点大。

前足胫节细长，不膨大，外缘具 10 个左右齿。

雄性外生殖器如图 26B-F 所示。

观察标本：1♂，1♀，3 号，四川宝兴锅巴岩，2680 m，杯诱，2001.VII.1-4，于晓东、周红章采；1 号，四川宝兴锅巴岩，3340 m，杯诱，2001.VII.1-4，于晓东、周红章采；2 号，四川宝兴锅巴岩，3080 m，杯诱，2001.VII.1-4，于晓东、周红章采；2 号，四川卧龙邓生保护站，2735 m，水边蘑菇，手捕，2003.VIII.24，周红章采；1 号，四川卧龙五一棚，1990.VII.20；♀，1 号，四川卧龙五一棚二道坪，3055 m，杯诱，2004.VII.30-VIII.15，于晓东采；1♀，1 号，四川卧龙五一棚二道坪，3055 m，杯诱，2004.VII.15-30，于晓东采；1 号，四川卧龙五一棚二道坪，3045 m，杯诱，2004.VIII.15-30，于晓东采；1 号，四川卧龙五里墩，2650 m，杯诱，2004.VIII.5-8，于晓东采。

分布：四川、甘肃。

讨论：本种生活在阔叶混交林、杜鹃林、冷杉林、桦木林或杂木林中，也生活在蘑菇上。与双色扁圆甲 S. dimidiatus Jureček 相近，但后者鞘翅基半部橘黄色。

(5) 暗扁圆甲 Sphaerites opacus Löbl et Háva, 2002

Sphaerites opacus Löbl et Háva, 2002: 179 (China: Taibaishan of Shaanxi); Háva, 2014: 158; Löbl I. in Löbl et Löbl, 2015: 76 (catalogue).

描述根据 Löbl 和 Háva（2002）整理：

体长 6.50 mm。体大部分黑色，触角除端锤外的其余各节及足的跗节红褐色，胫节暗，黑色略带红色光泽，前胸背板两侧暗红褐色，鞘翅基部（约 1/7）红褐色，与其后的黑色翅面无明显的界限。

头部额前端刻点稀疏细小，向后渐密集粗大，近后头处刻点更粗大密集，头顶后部刻点纵长形；头表面的毛极短。

前胸背板前缘均匀凹缺；两侧端半部均匀弓弯，基半部较直；后缘中部宽阔向后弓弯，且有 1 列细密刻点；前角阔圆，后角近于直角，突出。缘线于两侧深而宽，较远离边缘，中部更明显。表面中央光亮，侧面近缘线刻点粗糙密集，大小混杂，大刻点与头顶的大刻点相似；两侧前端不规则凹陷。

小盾片三角形，平滑光亮，具极细微的刻点。

鞘翅长约为宽的 2 倍，最宽处在鞘翅中部之前，向基部略微狭缩，向端部较明显狭缩，两侧轮廓略显弯曲；肩部和端部无隆凸。鞘翅具 9 条刻点行，第 1、2 和 7-9 刻点行（由内向外数）前末端短缩，第 3-6 刻点行前端接近鞘翅基缘；所有刻点行在鞘翅后端变弱，不再明显成行。刻点行之间区域散布微小刻点和清晰的网状微刻纹，使表面暗淡。背面观侧边脊（鞘翅缘线）与侧边沟（鞘翅缘线内侧的凹线）于基部清晰，在端部 2/3 处隐没，侧边沟不规则皱纹状。鞘翅缘折除沿边缘之外的区域外均无刻点，但有网状微刻纹。

前胸腹板前缘具水平着生的黄色长毛，侧缘弯曲，前缘与侧缘隆起。表面具皱纹，中后部有卧毛。

中胸腹板两侧被毛。

后胸腹板前缘隆起成脊，后缘皱纹状；表面具微刻纹，两侧刻点粗大密集。

所有腹节腹板具明显且不规则的细微刻点。

后足转节与腿节完全邻接，无直立刚毛。

观察标本：未检视标本。

分布：陕西。

讨论：该种与双色扁圆甲 *S. dimidiatus* Jureček 相似，都有双色鞘翅，但本种翅基浅色区窄很多，翅两侧轮廓线弓弯程度较弱。

模式标本保存在布拉格国家博物馆（NMP）。

(6) 孔扁圆甲 *Sphaerites perforatus* Gusakov, 2017

Sphaerites perforatus Gusakov, 2017: 6 (China: Yunnan, NE Weixi City).

观察标本：未检视标本。

分布：云南（维西傈僳族自治县）。

二、长阎甲科 Synteliidae Lewis, 1882

Synteliidae Lewis, 1882: 137 (excl. genus *Sphaerites* Duftschmid); Sharp, 1891: 438; 1899: 229; Ganglbauer, 1899: 415; 1903: 282, 305; Kolbe, 1901: 134; 1908: 121; Arrow, 1909: 484; Handlirsch in Schröder, 1925: 527, 596; Hetschko, 1926: 13; Nikitsky, 1976: 531; Kryzhanovskij *et* Reichardt, 1976: 414; Ôhara, 1994: 61; Mazur in Löbl *et* Smetana, 2004: 68 (catalogue); Kovarik *et* Caterino, 2005: 187; Löbl I. in Löbl *et* Löbl, 2015: 76 (catalogue).

Type genus: *Syntelia* Westwood, 1864.

体长 12-25 mm。体纵长，从稍隆凸到轻度平扁，有多种变化；体表光滑无毛，黑色或金属蓝色。头很大且宽阔，较前胸背板略窄，前口式；上唇与唇基融合；咽缝分离；上颚发达，强烈向前突出；触角 11 节，第 1 节延长，膝状，端锤由 3 节组成，紧缩在一起。前胸背板长宽约相等，两侧向后狭缩，侧缘和后缘具缘线。小盾片极小。鞘翅两侧略平行，后端横截，露出 1 腹节；鞘翅表面有时具刻点线。臀板发达。前胸腹板在前足基节之前比较长，在基节之间有 1 狭窄下弯的隆凸；前足基节窝大而突起，后方关闭。中胸腹板发达，基节间盘区不很狭窄。后足基节相互靠近，侧缘不与鞘翅相遇。跗节有

1 具双毛的爪间突。阳茎基片小，侧叶部分融合。

成虫与幼虫都是捕食者，活动在腐烂的树皮下，但在腐烂的仙人掌中采到了魏氏长阎甲 *S. westwoodi* Sallé, 1873。

长阎甲科仅包括长阎甲属 *Syntelia*，该属的模式种是印度长阎甲 *S. indica* Westwood, 1864，原始记载是 "A. David, coll. du Muséum"，目前保存在 "Muséum national d'Histoire naturelle, Laboratoire d'Entomologie, Paris"（巴黎自然历史博物馆）。全世界仅记录 7 种：大卫长阎甲 *S. davidis* Fairmaire、中华长阎甲 *S. sinica* Zhou 和马氏长阎甲 *S. mazuri* Zhou 发现于中国，印度长阎甲 *S. indica* Westwood 发现于印度，日本长阎甲 *S. histeroides* Lewis 发现于日本，墨西哥长阎甲 *S. mexicana* Westwood 和魏氏长阎甲 *S. westwoodi* Sallé 记录于墨西哥。

本科的地理分布是岛状的，而不是连续的，大多局限在墨西哥、日本、中国等的几个小地域内。这种孤岛状分布、美洲亚洲间断的分布模式，也发现于扁圆甲科 Sphaeritidae、两栖甲科 Amphizoidae（Roughley *et al.*, 1998）等比较稀有的甲虫类群中，是探讨中国与北美区系联系、地史演化与物种分化的良好材料。

2. 长阎甲属 *Syntelia* Westwood, 1864

Syntelia Westwood, 1864: 11; Reitter, 1875: 18, 23; Sharp, 1891: 439; Kolbe, 1901: 108; Jakobson, 1911-1915: 869; Hetschko, 1926: 13; Yuasa, 1930: 253; Mamayev, 1974: 866 (immature stages); Kryzhanovskij *et* Reichardt, 1976: 414; Ôhara, 1994: 61; Zhou *et* Yu, 2003: 265; Mazur in Löbl *et* Smetana, 2004: 68 (catalogue); Löbl I. in Löbl *et* Löbl, 2015: 76 (catalogue). **Type species**: *Syntelia indica* Westwood, 1864.

种 检 索 表

1. 鞘翅有 2 条长而深的纵线，第 3 条细而短，不长于鞘翅的 1/3 ·················· 中华长阎甲 *S. sinica*
   鞘翅有 3 条长而深的纵线，第 3 条长于鞘翅的 1/2 ··· 2
2. 鞘翅 3 条纵线相对均匀，沿纵线无粗大刻点；前胸背板向后明显变窄 ········ 马氏长阎甲 *S. mazuri*
   鞘翅 3 条纵线有粗大刻点；前胸背板向后不明显收缩，近于方形 ············· 大卫长阎甲 *S. davidis*

(7) 大卫长阎甲 *Syntelia davidis* Fairmaire, 1889

Syntelia davidis Fairmaire, 1889: 11 (China: Sichuan, Baoxing); Zhou *et* Yu, 2003: 271; Mazur in Löbl *et* Smetana, 2004: 68 (catalogue).

模式标本保存在巴黎自然历史博物馆，该博物馆的 Hèléne Perrin 寄给了我们模式标本的照片，但未能看到标本，描述根据 Fairmaire（1889）整理：

体长（头顶至臀板顶端）13 mm。体长形，两侧近于平行，比较隆起，黑色，光亮，具蓝色金属光泽。头隆凸，光滑无毛；上颚发达，向前延长。前胸背板宽略大于长，两侧向后狭缩，前角非常突出，后角弧圆；两侧及后缘具明显的缘线，缘线无刻点。小盾片小，三角形。鞘翅两侧平行，近于长方形，末端横截，露出臀板；鞘翅表面光滑，有3 条纵长的背线，沿背线具粗大刻点；第 1 背线近于完整，但在基部 1/5 短缩，其末端向内弯曲；第 2 背线长于其他背线，前端与缘线相连，形成肩胛区的内边界；第 3 背线长，近于完整，但基端 1/6 短缩；第 4 条背线短，端部仅余 1/5，基部仅留痕迹；第 5 背线消失；缝线深，完整，前后端与缘线相连。臀板密布刻点。前足胫节宽，外缘具 4 齿，末端有 2 不等长的长齿；背面具跗节沟，其内侧有 1 列棕色刺；腹面有纵长脊和具刚毛的刻点；中足胫节具 3 齿，后足胫节具 2 齿。

观察标本：未检视标本。

分布：四川。

讨论：自 David 神父之后，再无人采到过这个种。原始文献记载该种的模式标本保存在 "A. David, coll. du Muséum"，现保存在巴黎自然历史博物馆（MNHN）。该种与马氏长阎甲 *S. mazuri* Zhou 的区别是，鞘翅 3 条纵长背线具不均匀的粗大刻点。

(8) 马氏长阎甲 *Syntelia mazuri* Zhou, 2003（图 27；图版 I：1）

Syntelia mazuri Zhou in Zhou *et* Yu, 2003: 269 (China: Sichuan); Löbl I. in Löbl *et* Löbl, 2015: 76 (catalogue).

体长（头顶至臀板顶端）17.00 mm，体宽（鞘翅中部）5.10 mm。体较大，近柱形，背腹稍扁平，体表黑色，背面有微弱的金属光泽，口器附须、足的腹面和跗节红褐色。

头顶均匀隆凸，表面光滑，刻点稀少，散布于两侧，微小刻点不规则分布。额前缘较直，前缘线角形向后弯，其后有 1 中纵凹，向后减弱，但超出触角基部。上颚发达，内侧有 3 钝齿。复眼短于颊，向两侧不突出。头腹面刻点更密，不比背面光滑。触角膝状，第 1 节粗壮，长于其他各节，第 8 节端半部、第 9-11 节紧缩形成椭圆形端锤，其长宽比为 1.22，第 1-8 节光亮，第 9-11 节暗淡，被金色短绒毛和数根长侧毛。

前胸背板两侧向后狭缩，侧缘边在中间狭窄，前半部宽厚；前缘双波状，中间略向外弓弯，具等长的金色短毛；前角大、突出，后角钝圆但不明显。缘线沿后缘和侧缘连续，在前角后向内弯，形成 1 个三角形的凹洼。前胸背板表面光亮，除沿缘线有刻点外，其余区域光滑。

小盾片长宽比为 0.29，盘区光滑，前面有粗糙的具刚毛刻点。

鞘翅近长方形，两侧近于平行，肩部略突出。外肩下线完整，基部 2/3 刻点大而深，前端在肩部之下与缘线相连，后端稍弯，不与后缘线相连；内肩下线近于缺失，仅在翅端残余若干不规则分布的刻点；第 1 背线近于完整，但在基部 1/5 短缩，其末端向内弯曲；第 2 背线长于其他背线，前端与缘线相连，形成肩胛区的内边界；第 3 背线长，近于完整，但基端 1/6 短缩；第 4 背线短，端部仅余 1/5，基部仅留痕迹；第 5 背线缺失；缝线完整，前后端与缘线相连。鞘翅端部刻点更密，所有背线都不达后缘。鞘翅缘折延伸至翅端，基部 1/5 宽，有 2 行具刚毛的刻点，外侧 1 行长于内侧，刚毛粗壮，金黄色。

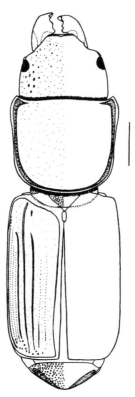

图 27 马氏长阎甲 *Syntelia mazuri* Zhou
体部分背面观（body in part, dorsal view）。比例尺（scale）：2.0 mm

臀板两侧凹陷向前变宽，不伸达前角，其外有脊，左右脊在后端相连；刻点密集，盘区略稀。

咽板由两侧向中央逐渐升高，前缘具金色长毛，中间突出呈角形；表面无刻点。前胸腹板刻点粗大，在前足基节之前刻点融合呈皱纹，向两侧变稀少，前角处更少；中间龙骨宽阔，无刻点，前 1/3 处有 1 对长毛。

中胸腹板刻点密集，表面具粗糙皱纹。

后胸腹板表面大部分区域无刻点，但在前角与侧边处密布刻点；前缘之后有深洼，向后呈三角形扩展；中纵沟明显，后边有 1 沟分出缘边。

所有腹节腹板刻点粗大密集，但第 2、3 节中部和第 1 节中间后半部例外。

前足胫节宽，外缘具 4 齿，末端有 2 不等长的长齿；背面具跗节沟，其内侧有 1 列棕色刺；腹面有纵长脊和具刚毛的刻点。中足胫节具 3 齿，后足胫节具 2 齿。

观察标本：正模，♂，四川峨眉山，27°01′N, 103°19′E，1800-1900 m，1957.VII.25，卢佑才采。

分布：四川。

讨论：该种相对较粗大，鞘翅具 3 条较长的背线，因而很容易与中华长阎甲 *S. sinica* Zhou 和大卫长阎甲 *S. davidis* Fairmaire 区分；与日本长阎甲 *S. histeroides* Lewis 的区别是鞘翅表面的凹纹和第 3 背线的长度：本种第 3 背线较长，仅在基部 1/6 短缩。

(9) 中华长阎甲 *Syntelia sinica* Zhou, 2003（图 28；图版 I：2）

Syntelia sinica Zhou in Zhou *et* Yu, 2003: 267 (China: Sichuan); Löbl I. in Löbl *et* Löbl, 2015: 76
　　(catalogue).

体长（头顶至臀板顶端）12.10 mm，体宽（鞘翅中部）4.00 mm。体粗壮，近柱形，背腹稍扁平，体表黑色，背面有微弱的金属光泽，口器附须、足的腹面和跗节红褐色。

头顶均匀隆凸，表面光滑，不同大小的刻点不规则集中于复眼周围，在前额和两侧更密，额前缘直，前缘线角形向后弯，中部纵凹短，向后不超过触角基部。上颚发达，内侧具小齿。复眼短于颊，向两侧不突出。头腹面刻点更密，不比背面光滑。触角膝状，第 1 节粗壮，长于其他各节，第 8 节端半部、第 9-11 节紧缩，形成椭圆形端锤，其长宽比为 1.38，第 1-8 节光亮，第 9-11 节暗淡，被金色短绒毛和数根长侧毛。

前胸背板两侧向后狭缩，侧缘边于中间狭窄，前半部宽厚；前缘双波状，中部略向外弓弯，具等长的金色短毛；前角大且突出，后角钝圆。缘线沿后缘和侧缘连续，在前角后向内弯，形成 1 个三角形的凹洼。前胸背板表面光亮，除沿缘线具刻点外，其余区域光滑。

小盾片长宽比为 0.3，前面有粗糙的具刚毛刻点。

鞘翅近长方形，两侧近于平行。外肩下线完整，除前后端外刻点大而深，前端在肩部之下与缘线相连，后端略短；内肩下线近于缺失，仅在翅端残余若干不规则分布的刻点；第 1 背线近于完整，但在基部 1/5 短缩；第 2 背线长于其他背线，前端与缘线相连，形成肩胛区的内边界；第 3 背线短，不长于鞘翅长度的 1/3，前端至多达鞘翅中部；无第 4、5 背线，仅在基部和端部残余刻点行；缝线完整，前后端与缘线相连。鞘翅缘折延伸至翅端，基部 1/5 宽，有 1 行具刚毛的刻点，有时不规则，刚毛粗壮，金黄色。

臀板两侧下凹，其外有脊，左右脊在后端相连。刻点密集，刻点间有细刻纹。

咽板由两侧向中央逐渐升高，前缘具金色长毛，中部突出呈角形；表面无刻点。前胸腹板刻点粗大，中间龙骨宽阔，无刻点；前 1/3 处有 1 对长毛。

中胸腹板刻点密集，表面具粗糙皱纹。

后胸腹板表面大部分区域无刻点，但在前角与侧边处密布刻点；前缘之后有深洼，向后呈三角形扩展；中纵沟明显，后边有 1 沟分出缘边。

所有腹节腹板刻点粗大密集，向中部略稀略小。

前足胫节宽，外缘有 4 齿，末端有 2 不等长的长齿；背面具跗节沟，其内侧有 1 列棕色刺；腹面有纵长脊和具刚毛的刻点。中足胫节具 3 齿，后足胫节具 2 齿。

雌虫与雄虫等大或略小，背面比较暗。

观察标本：正模，♂，四川黑水，32°06′N, 102°49′E，2775 m，2001.VII.23-26，于晓东、周红章采；副模，2♀，同正模。

分布：四川。

讨论：该种与大卫长阎甲 *S. davidis* Fairmaire 相似，区别是体不如后者粗壮，前胸背板近前角处无轻度下凹，鞘翅背线仅 2 条较长。

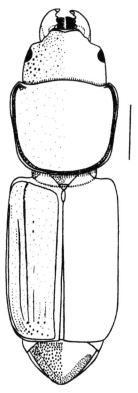

图 28　中华长阎甲 *Syntelia sinica* Zhou
体部分背面观（body in part, dorsal view）。比例尺（scale）：2.0 mm

三、阎甲科 Histeridae Gyllenhal, 1808

Histeroides Gyllenhal, 1808: 74.

Histeridea: Leach, 1817: 76.

Histeridae: Kirby, 1818: 394; Fauvel in Gozis, 1886: 154 (key); Gomy, 1983: 280 (key); Yélamos *et* Ferrer, 1988: 162; Ôhara, 1994: 65 (key); Mazur, 1997: 3; 2001: 18 (Mexico); 2011: 5 (catalogue); Yélamos, 2002: 67 (Iberica), 363.

Hysteroida: Latreille, 1829: 57.

Globicornia: Motschulsky, 1845: 111.

Histeroidum: J. E. LeConte, 1845: 34.

Histri: Redtenbacher, 1849: 4.

Histrini: J. L. LeConte, 1851: 162.

Histerini: Boheman, 1858: 36.

Histeroidae: Thomson, 1859: 74.

Histeroidini: Péringuey, 1888: 15.

Type genus: *Hister* Linnaeus, 1758.

　　大多体小，体长从 0.7 mm（小齿阎甲属 *Bacanius*，异跗阎甲属 *Acritus*）到 30 mm（*Oxysternus*）多变。体形多样，球形、卵形、长卵形或圆柱形，背面和腹面隆凸或扁平，体表光滑或粗糙，通常黑色，有时棕色。头通常小，较前胸背板窄（细阎甲亚科 Niponiinae 除外）；上颚粗壮，内侧具齿或不具齿；触角锤状且膝状弯曲，共 11 节（柱阎甲亚科 Trypeticinae 10 节），端锤 3 节且紧缩，有时分节不明显。前胸背板通常横宽且前窄后宽，圆柱形体形的种类呈方形，具缘线，有的具侧线。小盾片小，三角形，有时不可见。鞘翅端部通常平截，露出 2 节腹节背板；鞘翅背面具 8 条纵长刻点线和 1 条短而细的斜肩线，有时具脊或瘤，腹面（鞘翅缘折）具 2 条线。前胸腹板咽板有或无，前胸腹板中部隆起形成前胸腹板龙骨，将前足基节窝宽阔分开。中胸腹板基节间盘区横宽，中足基节窝相互远离。后胸腹板基节间盘区宽阔，后足基节窝相互远离。跗节无爪间突。阳茎形状多样。

　　大多生活在各种腐败有机体中，如腐肉、腐烂植物体、粪便、分解物、复合堆肥等，有些种类也生活在地鼠、鸟类、狐狸及其他脊椎动物的巢穴里，有时也可在树的汁液中发现，一些热带种类可生活在蚁巢或白蚁巢里。成虫和幼虫均为捕食性，大多数种类主要捕食软体昆虫的幼虫和卵，主要是双翅目昆虫的幼虫和卵。

　　分布：世界动物地理各大区。

　　阎甲科全世界共有 11 亚科 410 余属 4505 余种，中国记录 10 亚科 65 属 294 种及亚种。

亚科检索表

1.　前胸腹板无触角窝或槽，而头腹面有容纳触角的凹沟，上颚下伸 ············ **细阎甲亚科 Niponiinae**
　　前胸腹板有触角窝或槽，而头腹面无（扁阎甲族 Hololeptini 和阎甲族 Histerini 例外，它们有浅而窄的纵沟），上颚前伸 ··· 2

2.　前胸腹板有横向触角窝或槽，靠前缘，后闭合 ·· 3
　　前胸腹板有纵向触角窝或槽，一般为波曲状，靠近前胸腹板龙骨，后开放 ····················· 7

3.　上唇有若干具刚毛刻点 ··· 4
　　上唇无刚毛 ·· 6

4.　鞘翅两侧隆脊高突，被横向凹切，无咽板 ···························· **嗜蚁阎甲亚科 Chlamydopsinae**
　　鞘翅两侧无隆脊，有咽板 ·· 5

5.　鞘翅有纵长脊 ··· **脊阎甲亚科 Onthophilinae**
　　鞘翅无纵长脊，通常有正常的线或刻点 ·· **小阎甲亚科 Tribalinae**

6.　触角柄节膨大，明显角状 ·· **伴阎甲亚科 Hetaeriinae**
　　触角柄节不膨大，也不呈角状 ··· **阎甲亚科 Histerinae**

7.　有咽板 ··· **卵阎甲亚科 Dendrophilinae**
　　无咽板 ··· 8

8.　体圆形或长椭圆形 ··· 9
　　体柱形 ··· **柱阎甲亚科 Trypeticinae**

9.　鞘翅表面无线，有时仅余痕迹 ·· **球阎甲亚科 Abraeinae**
　　鞘翅表面具线 ··· **腐阎甲亚科 Saprininae**

（一）细阎甲亚科 Niponiinae Fowler, 1912

Niponiidae Fowler, 1912: 93; Bickhardt, 1916b: 11; Schenkling, 1931: 1 (catalogue).

Niponiinae Handlirsch, 1925: 581; Gardner, 1935: 1; Reichardt, 1941: 65, 66; Wenzel, 1944: 52; Kryzhanovskij *et* Reichardt, 1976: 76 (Russia; key); Mazur, 1984b: 8; 1997: 3 (catalogue); 2011a: 5 (catalogue); Ôhara, 1994: 66 (Japan); Mazur in Löbl *et* Smetana, 2004: 89 (catalogue).

Trypanaeina Jakobson, 1911: 638, 642 (part).

Histeridae (part) Lewis, 1885b: 333; Jakobson, 1911: 638, 642; Reichardt, 1929: 273.

Type genus: *Niponius* Lewis, 1885.

体长圆筒形；头部前口式，上颚突出且向下弯曲；前胸腹板无触角窝（或沟），而头腹面有容纳触角的凹沟。

分布：东洋区、古北区和澳洲区。

该亚科仅包括 1 属，世界记录 20 余种，中国记录 4 种。

3. 细阎甲属 *Niponius* Lewis, 1885

Niponius Lewis, 1885b: 333; Jakobson, 1911: 638, 642; Bickhardt, 1916b: 11; Gardner, 1926: 194; 1930: 15 (larva); 1935: 2 (redescription); Reichardt, 1926a: 274; 1929: 274; 1941: 66; Schenkling, 1931: 1 (catalogue); Kryzhanovskij *et* Reichardt, 1976: 76 (Russia; key); Mazur, 1984b: 8; 1997: 3 (catalogue); 2011a: 5 (catalogue); Ôhara, 1994: 66 (Japan); Mazur in Löbl *et* Smetana, 2004: 89 (catalogue); Lee *et al.*, 2012: 314 (Korea); Lackner *et al.* in Löbl *et* Löbl, 2015: 109 (catalogue). **Type species**: *Niponius impressicollis* Lewis, 1885. Designated by Bickhardt, 1918b: 2.

Arunus Sengupta *et* Pal, 1995: 142; Mazur, 2011a: 5 (synonymized). **Type species**: *Arunus magnus* Sengupta *et* Pal, 1995.

体长圆筒形，光亮。头部大，不收缩；口上片具 2 向前突出的角；上颚下伸，粗壮，强烈弯曲，内侧具 2 齿；触角长，着生于复眼之前，端锤卵形，由 4 节组成，最后 1 节不明显；触角沟位于头部腹面。前胸背板长宽约相等，两侧平行，缘线存在于两侧。小盾片背面观极小。鞘翅具背线但不明显，通常由刻点行形成，本属背线通常不作为鉴别特征。臀板通常具凹陷，前臀板有时也具凹陷。前胸腹板无触角沟，咽板横宽，短，前缘横截，通常具密集的短毛；前胸腹板龙骨窄，表面平坦，具完整的龙骨线。中、后胸腹板纵向中央具凹沟。通常无中足基节后线。前足胫节细长，外缘具少量齿。

这是一个种类比较稀少的属，但有比较重要的生防利用价值。例如凹细阎甲 *N. impressicollis* Lewis 通常发现于土生甲虫的坑道中，捕食一些海小蠹属 *Hylesinus* 种类的卵（Kryzhanovskij and Reichardt, 1976）；姬细阎甲 *N. osorioceps* Lewis 为一种蛀杆小蠹 *Pholeosinus perlatus* Chapuis 的捕食者。Gardner（1935）对该属进行了比较详细的描述；Gardner（1930）和 Hayashi（1986）描述了该属的幼虫。

分布：东洋区、古北区，少数分布在澳洲区。

该属世界记录 24 种，中国记录 4 种。

种 检 索 表

(10) 沟细阎甲 *Niponius canalicollis* Lewis, 1901（图 29）

Niponius canalicollis Lewis, 1901: 370 (NW Himalayas); 1904: 151 (figure); 1915: 55 (China: Kotosho of Taiwan); Fowler, 1912: 13 (figure); Sharp *et* Muir, 1912: 512 (genitalia); Gardner, 1926: 3; 1935: 5; Schenkling, 1931: 1; Mazur, 1997: 3 (catalogue); 2011a: 5 (catalogue); Mazur in Löbl *et* Smetana, 2004: 89 (catalogue); Lackner *et al.* in Löbl *et* Löbl, 2015: 109 (catalogue).

体长（口上片突起至臀板顶端）4.16 mm，前胸背板+鞘翅长 2.92 mm，体宽 1.25 mm。体长圆筒形，强壮；暗红褐色，光亮，触角和足的颜色较淡。

口上片突出的角较短但基部宽，端部有 1 强烈隆起的横线；头背面端部 1/3 密布横向皱纹，基部 2/3 具稀疏的大小适中的刻点，混有细小刻点，沿中线刻点密集粗大；端部 1/3 沿中线具凹线。

前胸背板缘线于两侧完整，较宽较深，使得缘边强烈隆起；沿中线具深沟但不达前后缘；表面刻点密集，中央具深的、不规则的圆形大刻点，夹杂有小刻点，侧面刻点小。

鞘翅第 1、2 背线缺失，第 3-5 背线微弱，位于鞘翅基半部或略长，为稀疏的刻点行；缝线深刻，端部略短缩，具稀疏刻点行。鞘翅表面于肩部轻微隆凸，于近基缘处横向深凹线；刻点行之间于基半部刻点稀疏微小，端半部刻点渐粗糙，而侧面、后缘及沿鞘翅缝的区域刻点较小。鞘翅缘折具近于完整的鞘翅缘线，缘线末端到达端部 1/5；缘折边缘和鞘翅缘线之间的区域具稀疏细微的刻点。

前臀板具 2 个横向排列的、大的圆形浅凹注，凹注向后更浅；表面刻点与鞘翅端部近后缘的刻点相似，但略密。臀板于两侧基角之后各有 1 较深的圆形凹注，较前臀板的小；臀板刻点与前臀板相似，但向后渐小渐密集。

头部腹面触角沟深；端半部沿中线具凹线；表面光亮，具稀疏细小的刻点。

咽板横宽，短。前胸腹板龙骨具 2 条完整的龙骨线，其基部由 1 短弧相连；龙骨表面具与头部腹面相似的刻点。

中胸腹板窄，纵向中央具宽而浅的凹沟；无缘线；表面刻点较前胸腹板龙骨的略大略稀；中-后胸腹板缝清晰完整。

后胸腹板纵长，中纵沟清晰，较浅；后胸腹板侧线位于基半部，强烈隆起且具刻点行，向后侧方延伸且弯曲；基节间盘区基半部刻点与中胸腹板刻点相似，端半部刻点略密且侧面刻点变大；侧盘区刻点密集粗大，刻点间隙具细微的皮革纹。

第 1 腹节腹板基节间盘区刻点与中胸腹板的相似，但向后变小；腹侧线存在于两侧基部 2/3。

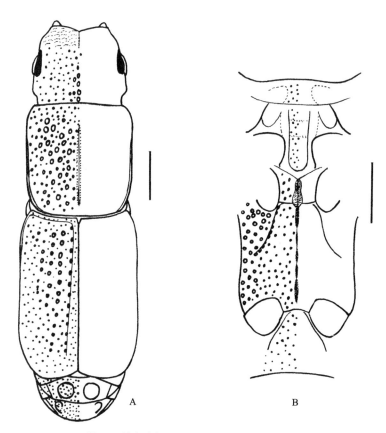

图 29 沟细阎甲 *Niponius canalicollis* Lewis

A. 体部分背面观（body in part, dorsal view）；B. 前胸腹板、中-后胸腹板和第 1 腹节腹板（prosternum, meso- and metasterna and the 1st visible abdominal sternum）。比例尺（scales）：0.5 mm

前足胫节细长，外缘有 2 齿。

观察标本： 1♀，台湾台东县，Kotosho, T. Shiraki det.。

分布： 台湾；印度。

(11) 凹细阎甲 *Niponius impressicollis* Lewis, 1885

Niponius impressicollis Lewis, 1885b: 333 [Japan: Yuyama, in Higo to Junsai in Yezo (= Kyûshû to Hokkaidô); figures]; 1915: 55 (China: Horisha of Taiwan); Gardner, 1926: 2; 1935: 5; Reichardt, 1929: 273, 274; 1941: 69; Schenkling, 1931: 2; Nakane, 1963: 67; Kryzhanovskij *et* Reichardt, 1976: 77 (key, redescription); Hisamatsu, 1985b: 219; Ôhara, 1994: 68 (redescription, photos, figures); 1999a: 79; Mazur, 1997: 3 (catalogue); 2011a: 5 (catalogue); Mazur in Löbl *et* Smetana, 2004: 89 (Northeast China; catalogue); Lackner *et al.* in Löbl *et* Löbl, 2015: 109 (catalogue).

描述根据 Ôhara (1994) 整理：

体长圆筒形，中度强壮；黑色光亮，跗节、触角和口上片的突起黑色具淡红色光泽。

口上片突出的角长，较粗壮，端部有 2-3 条强烈隆起的横线；头背面端部 1/3 密布横向皱纹，中部 1/3 具稀疏的大小适中的刻点，混有细微刻点，基部 1/3 具细小而稀疏的刻点；端半部沿中线具深凹线。

前胸背板缘线于两侧完整，较宽较深，使得缘边强烈隆起；表面于中部两侧各有 1 圆形凹洼；刻点稀疏，不规则分布，大、圆且深，混有稀疏细微的刻点。

鞘翅第 1 背线位于基部 1/4 且强烈隆起，其基端深凹陷，第 2-5 背线微弱，为粗糙刻点行；缝线深刻且于基部 2/3 具 1 行粗糙的纵向刻点。鞘翅表面于肩部多少隆凸，于近基缘处横向深凹陷；粗糙刻点行之间于基半部具稀疏细微的刻点，而端半部密集，端部 1/3 刻点渐粗糙，且侧面刻点较密集。鞘翅缘折具近于完整的鞘翅缘线，末端到达端部 1/5；缘折边缘和鞘翅缘线之间的区域无刻点且末端具微弱的凹线。

前臀板具 4 个横向排列的、大的圆形浅凹洼，凹洼向后更浅；表面刻点稀疏粗糙，与鞘翅的粗糙刻点相似，大刻点间密布细微刻点。臀板于两侧基角之后各有 1 较深的圆形凹洼，较前臀板的大；臀板中央具粗糙的刻点，向前渐小，混有细微刻点，细微刻点向端部和两侧渐密。

头部腹面触角沟深；端部沿中线具深凹线，后端超过横线；表面光亮，端半部刻点稀疏细小，基半部刻点略大，均匀。

咽板横宽，短。前胸腹板龙骨具 2 条完整的龙骨线，其基部由 1 短弧相连；龙骨表面具与头部腹面基半部相似的刻点。

中胸腹板窄，纵向中央具宽而浅的凹沟；侧缘线有时存在于前角处；表面刻点与头部腹面基半部的相似，刻点间具细纹；中-后胸腹板缝清晰完整。

后胸腹板纵长，中纵沟清晰，较浅；后胸腹板侧线强烈隆起并深凹，向后侧方延伸；基节间盘区具稀疏粗糙的刻点，较中胸腹板刻点大，大刻点间分散有细微刻点；侧盘区具稀疏的大刻点，刻点向端部渐小。

第 1 腹节腹板基节间盘区刻点与后胸腹板基节间盘区相似，但更密集；腹侧线存在于两侧基部 3/4。

前足胫节细长，外缘有 2 个齿。

观察标本：未检视标本。

分布：东北、台湾；日本，俄罗斯（东西伯利亚、远东）。

讨论：该种是中国细阎甲属中体形最大的一种。可依其大小和前胸背板上的凹洼区分。

(12) 姬细阎甲 *Niponius osorioceps* Lewis, 1885（图 30）

Niponius osorioceps Lewis, 1885b: 333 (Japan: Higo, Yuyama *et* Konose; figure); Gardner, 1926: 3; 1935: 5; Nakane, 1963: 67 (note, photo); Hisamatsu, 1985b: 219, 220; Ôhara, 1994: 74 (redescription, photos, figures); 1999a: 77 (China: Taiwan); Mazur, 1997: 3 (catalogue); Mazur in Löbl *et* Smetana, 2004: 89 (catalogue); Lee *et al.*, 2012: 314 (Korea); Lackner *et al.* in Löbl *et* Löbl, 2015: 109

(catalogue).

Niponius osoriiceps [sic!]: Jakobson, 1911: 642; Reichardt, 1929: 274; 1941: 69, 71; Schenkling, 1931: 2; Kryzhanovskij *et* Reichardt, 1976: 78.

Niponius itoi Chûjô, 1955: 57; Hisamatsu, 1985b: 220 (suspect as synonym); Ôhara, 1994: 71; 1999a: 77 (synonymized); Mazur, 1997: 3.

体长（口上片突起至臀板顶端）4.44 mm，前胸背板+鞘翅长 3.00 mm，体宽 1.29 mm。体长圆筒形，中等强壮；黑色光亮，足、触角和口上片的突起黑色具淡红色光泽。

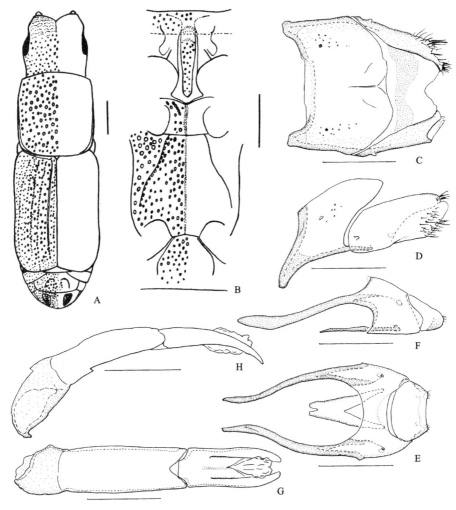

图 30　姬细阎甲 *Niponius osorioceps* Lewis（C-H 仿 Ôhara, 1994）

A. 体部分背面观（body in part, dorsal view）；B. 前胸腹板、中-后胸腹板和第 1 腹节腹板（prosternum, meso- and metasterna and the 1st visible abdominal sternum）；C. 雄性第 8 腹节背板和腹板，背面观（male 8th tergite and sternum, dorsal view）；D. 同上，侧面观（ditto, lateral view）；E. 雄性第 9、10 腹节背板和第 9 腹节腹板，背面观（male 9th and 10th tergites and 9th sternum, dorsal view）；F. 同上，侧面观（ditto, lateral view）；G. 阳茎，背面观（aedeagus, dorsal view）；H. 同上，侧面观（ditto, lateral view）。比例尺（scales）：A, B =0.5 mm, C-H = 0.25 mm

　　口上片突出的角长，较粗壮，端部具 2 条强烈隆起的横线；头背面端部 1/3 密布横向皱纹，中部 1/3 具均匀而粗糙的刻点，基部 1/3 密布更粗糙的刻点；端部 1/3 沿中线具深凹线。

　　前胸背板缘线于两侧完整，较宽较深，使得缘边强烈隆起；表面刻点与头背面基部 1/3 的相似，但中部具更加粗大的圆形刻点。

　　所有背线均为密集小刻点行，刻点行不很清晰，端部略短缩；缝线清晰，钝齿状。鞘翅表面于肩部轻微隆凸，于近基缘处有 1 横向深凹线；刻点行之间具稀疏的大小适中的刻点，刻点向两侧及端部渐密集。鞘翅缘折具近于完整的鞘翅缘线，缘线末端到达近端部 1/6；缘折边缘和鞘翅缘线之间的区域无刻点且末端具微弱的凹线。

　　前臀板具 2 个横向排列的、较大的、近于圆形的浅凹洼，凹洼向后更浅；表面刻点小而密集。臀板于两侧基角之后各有 1 纵向深凹洼，大小与前臀板的相似；臀板刻点与前臀板的相似，但更密集，向端部刻点更小更密。

　　头部腹面触角沟深；端部沿中线具凹线，后端到达横线；表面具稀疏细小的刻点，向基部和两侧渐密。

　　咽板横宽，短。前胸腹板龙骨具 2 条完整的龙骨线，向基部汇聚且相连；表面刻点小，略密集。

　　中胸腹板窄，纵向中央具宽而浅的凹沟；侧缘线有时存在于前角处；表面刻点稀疏，较前胸腹板龙骨的略大；中-后胸腹板缝清晰完整。

　　后胸腹板纵长，中纵沟宽而浅；后胸腹板侧线强烈隆起并深凹，存在于基部 3/4，向后侧方延伸且弯曲；基节间盘区刻点与中胸腹板的相似，沿中纵沟刻点密集；侧盘区小刻点间不规则的分散有深的圆形大刻点，大刻点向后变少变小。

　　第 1 腹节腹板基节间盘区刻点与后胸腹板基节间盘区的相似，基部中央刻点略密略大，端部刻点变小变稀；腹侧线存在于两侧基部 3/4。

　　前足胫节细长，外缘有 3 齿。

　　雄性外生殖器如图 30C-H 所示。

　　观察标本：1♀，辽宁高岭子，1939.VII.2。

　　分布：辽宁、台湾；韩国，日本，俄罗斯（东西伯利亚、远东）。

　　讨论：本种可依其口上片细长的突起及前臀板和臀板上的凹洼区分。

(13) 山崎细阎甲 *Niponius yamasakii* Miwa, 1934（图 31）

Niponius yamasakii Miwa, 1934: 258 (China: Taiwan); Mazur, 1997: 3 (catalogue); 2011a: 5 (catalogue); Mazur in Löbl *et* Smetana, 2004: 89 (catalogue); Lackner *et al.* in Löbl *et* Löbl, 2015: 109 (catalogue).

　　体长（口上片突起至臀板顶端）4.50-4.90 mm，前胸背板+鞘翅长 3.12-3.32 mm，体宽 1.36-1.42 mm。体长圆筒形，强壮；黑色光亮，头部额盘区中央和鞘翅基半部各有 1 大的暗红色斑，触角和足暗红色。

　　口上片突出的角长，粗壮，端部具 2-3 条强烈隆起的横线；头背面端部 1/3 具横向皱纹，基部 2/3 具稀疏的大小适中的刻点，混有少量细微刻点；端部 1/3 及基部 1/3 沿中线具深凹线。

前胸背板缘线于两侧完整，较宽较深，使得缘边强烈隆起；表面刻点粗糙，稀疏小刻点间不规则地分散有稀疏的大而圆的刻点。

鞘翅背线为密集小刻点行，第 1 背线位于基部 1/3，第 2-5 背线及缝线近于完整但不达后缘，缝线刻点较大。鞘翅表面于肩部轻微隆凸，于近基缘处有 1 横向深凹线；背线之间于基半部具稀疏的刻点，而端半部密集，两侧、后缘及沿鞘翅缝的区域刻点较小。鞘翅缘折具近于完整的鞘翅缘线，缘线末端到达鞘翅端部 1/5；缘折边缘和鞘翅缘线之间的区域无刻点且末端具微弱的凹线。

前臀板具 4 个横向排列的、较小的纵长浅凹洼，凹洼向后更浅；表面刻点稀疏细小。臀板于两侧基角之后各有 1 大而深的略呈纵长的凹洼；臀板刻点与前臀板的相似。

头部腹面触角沟深；表面光亮，具稀疏细小的刻点。

咽板横宽，短。前胸腹板龙骨具 2 条完整的龙骨线，向端部汇聚，后末端靠近但不相连；龙骨表面刻点密集粗大。

中胸腹板窄，纵向中央具宽而浅的凹沟；侧缘线存在于两侧中足基节窝的内侧，后末端与后胸腹板侧线相连；刻点与前胸腹板龙骨的相似；中-后胸腹板缝清晰完整。

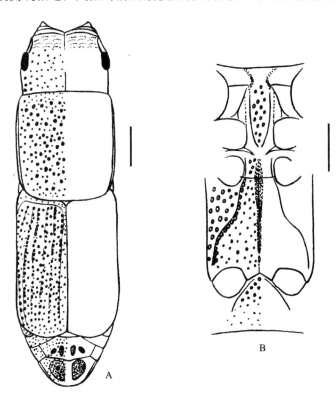

图 31 山崎细阎甲 *Niponius yamasakii* Miwa

A. 体部分背面观（body in part, dorsal view）；B. 前胸腹板、中-后胸腹板和第 1 腹节腹板（prosternum, meso- and metasterna and the 1st visible abdominal sternum）。比例尺（scales）：0.5 mm

后胸腹板纵长，中纵沟宽而浅；后胸腹板侧线很长，弯曲，后末端到达近侧后角；基节间盘区具稀疏较大的刻点；侧盘区具稀疏粗大的刻点。

第 1 腹节腹板基节间盘区刻点与后胸腹板基节间盘区的相似，基半部刻点略密略大，端半部刻点稀疏细小；腹侧线存在于两侧基部 2/3。

前足胫节细长，外缘有 2 齿。

观察标本：4 exs., Type, Kahodai Hassenzan Formosa[①]台湾山崎，1933.V.17, Y. Miwa leg.。

分布：台湾。

（二）嗜蚁阎甲亚科 Chlamydopsinae Bickhardt, 1914

Chlamydopsini Bickhardt, 1914a: 308; 1916b: 22; 1917: 257.

Chlamydopsinae: Wenzel, 1944: 52; Dégallier, 1984: 55; Nishikawa, 1995: 257; Mazur, 1997: 4; Caterino, 2000: 267; 2003: 159; 2006: 27 (New Caledonia); 2011a: 6 (catalogue); Dégallier *et* Caterino, 2005a: 299 (note); 2005b: 463; Caterino *et* Dégallier, 2007: 1 (biology and systematics); Lackner *et al.* in Löbl *et* Löbl, 2015: 81 (catalogue).

Type genus: *Chlamydopsis* Westwood, 1869.

体短小，足长，似蜘蛛；触角窝位于前胸腹板近前缘，横向，后闭合；触角柄节强烈膨大；触角端锤很长；复眼静止时可回缩；上唇具若干刚毛；前胸背板或鞘翅通常具强烈凸起的隆脊；无咽板。

发现于蚁巢中，主要采用飞行网截法采集。

分布：东洋区和澳洲区。

该亚科世界记录 13 属 177 种 (Mazur, 2011a)，中国记录 1 属 1 种。

4. 奇异阎甲属 *Eucurtiopsis* Silvestri, 1926

Eucurtiopsis Silvestri, 1926: 265; Nishikawa, 1995: 258; 1996: 7; Mazur, 1984b: 112 (catalogue); 1997: 5 (catalogue); 2011a: 10 (catalogue); Mazur in Löbl *et* Smetana, 2004: 72 (catalogue); Dégallier *et* Caterino, 2005a: 304 (note, 11 species described); Caterino *et* Dégallier, 2007: 20 (4 new combinations); Lackner *et al.* in Löbl *et* Löbl, 2015: 81 (catalogue). **Type species:** *Eucurtiopsis mirabilis* Silvestri, 1926. Original designation.

Eucuritopsis [sic] Ôhara, 1994: 78.

Boreochlamydus Sawada, 1994: 357; Ôhara, 1994: 78 (synonymized). **Type species**: *Boreochlamydus ohtanii* Sawada, 1994.

---

① 因 Formosa 含有殖民主义色彩，现已废弃，正确用法为 Taiwan。但为了读者便于检索考证资料来源，本书观察标本和参考文献部分保留了 Formosa 一词，但该词的使用不代表本书作者和出版社立场。特此说明。

体短小，长比宽多 1/3，前后均渐细。头收缩，几乎完全被前胸背板覆盖；额两侧有与复眼几乎等长的宽缘，面部较复眼略隆凸，并具凹窝和刚毛；复眼大而突出；触角着生于额的前侧方，很深插入，9 节，柄节长、扁平，端部膨大，最末节长、卵形，较其余各节长且粗壮；上唇横半圆形，具刚毛；上颚短、粗壮、末端直，向内渐尖；下颚第 1 对叶自内向外完全分开，均短缩并具细长的毛笔状的刚毛束，外额叶同样具毛笔状刚毛束，下颚须 3 节，稍粗，末节较其他节长；下唇基部联合，唇须 2 节，第 2 节比第 1 节长；亚颏短。前胸背板长略短于宽，两侧向前略收狭；前缘较头宽的 2 倍略窄，中央略波曲，两侧波曲更明显；前侧角区域相当凹陷以容纳触角柄节；表面具凹窝和短刚毛。小盾片短、宽，表面有略高出中央的脊，后缘较直。鞘翅较前胸背板宽；前侧面相当隆凸，隆凸部分自中部横向间断，间断的凹窝其前后均具短刚毛。中胸腹板短，中、后部具小凹。后胸腹板大，长且宽，中央具沟，表面具凹窝和短刚毛；前侧片长，近于三角形。足较长，前足基节延长，中、后足基节短；转节极小；腿节长，两侧近于平行；前足胫节外缘中部相当膨大，中、后足胫节内侧较直，外缘中部更膨大，弓形；跗节 5 节，前足跗节具略呈弓形的双爪。雌虫交配器端部切齿和后端切割附器非常短，小棒状，部分具刚毛（Silvestri, 1926）。

本属与 *Eucurtia* 相近，但可根据鞘翅近基部的形状、很多刚毛和小体形相区分。

发现于蚁巢或白蚁巢中。

分布：东洋区，少数分布于古北区。

该属全世界共记录有 26 种，中国仅记录 1 种。

(14) 奇异阎甲 *Eucurtiopsis mirabilis* Silvestri, 1926

Eucurtiopsis mirabilis Silvestri, 1926: 268 (China: Funkiko of Taiwan); Mazur, 1984b: 112 (catalogue); 1997: 6 (catalogue); 2011a: 10 (catalogue); Mazur in Löbl *et* Smetana, 2004: 72 (catalogue); Lackner *et al.* in Löbl *et* Löbl, 2015: 82 (catalogue).

描述根据 Silvestri（1926）整理：

体长 2.8 mm，头宽（包括复眼）0.3 mm，前胸后缘宽 0.94 mm，中胸（包括鞘翅）宽 1.5 mm，触角长 0.95 mm，后足长 1.7 mm。

体红褐色，触角第 2 节长于第 3 节，第 3 节长于第 4 节的 2 倍，第 4-8 节长度近于相等，且逐渐加粗，最末节长卵形，较第 2-8 节长度之和略短但很粗。

足胫节外侧具一些刚毛，其中部分二叉。

观察标本：未检视标本。

分布：台湾。

（三）脊阎甲亚科 Onthophilinae MacLeay, 1819

Onthophilidae MacLeay, 1819: 25.

Onthophilina Thomson, 1862: 247 (part).

Scolytini Jakobson, 1911: 652 (part).

Onthophilini Portevin, 1929: 601; Kryzhanovskij *et* Reichardt, 1976: 284 (Russia); Yélamos *et* Ferrer, 1988: 182.

Onthophilinae: Vienna, 1974: 280; Mazur, 1984b: 143 (catalogue); 1997: 7 (catalogue); 2011a: 12 (catalogue); Ôhara, 1994: 83 (Japan); Yélamos, 2002: 68, 363; Mazur in Löbl *et* Smetana, 2004: 89 (catalogue); Lackner *et al.* in Löbl *et* Löbl, 2015: 109 (catalogue).

Type genus: *Onthophilus* Leach, 1817.

　　体球形或卵形，隆凸；触角窝位于前胸腹板靠前缘，横向，后闭合；上唇具刚毛；背面有强烈隆起的纵长脊；前胸腹板具咽板；阳茎基片短。

　　该亚科世界记录 7 属 70 余种，中国记录 2 属 12 种。

属 检 索 表

背面具粗短毛⋯⋯⋯⋯⋯⋯⋯⋯⋯⋯⋯⋯⋯⋯⋯⋯⋯⋯⋯⋯⋯⋯⋯⋯⋯⋯**毛脊阎甲属 *Epiechinus***

背面不具毛⋯⋯⋯⋯⋯⋯⋯⋯⋯⋯⋯⋯⋯⋯⋯⋯⋯⋯⋯⋯⋯⋯⋯⋯⋯⋯⋯⋯**脊阎甲属 *Onthophilus***

5. 脊阎甲属 *Onthophilus* Leach, 1817

Onthophilus Leach, 1817: 76; Erichson, 1834: 204; Lacordaire, 1854: 279; Marseul, 1856: 549; Schmidt, 1885c: 284; Lewis, 1892f: 124; Ganglbauer, 1899: 400; Reitter, 1909: 294, 295; Bickhardt, 1916b: 62, 65 (in Abraeinae); Reichardt, 1933b: 137; 1941: 83, 85; Wenzel in Arnett, 1962: 376, 381; Witzgall, 1971: 161; Kryzhanovskij *et* Reichardt, 1976: 284; Helava, 1978: 7; Mazur, 1984b: 143 (catalogue); 1997: 7 (catalogue); 2001: 43; 2011a: 12 (catalogue); Ôhara *et* Nakane, 1986: 3; Yélamos *et* Ferrer, 1988: 182; Ôhara, 1994: 83; Helava *et* Howden, 1997: 82 (Australia); Ôhara *et* Paik, 1998: 3; Zhou *et* Luo, 2001: 507 (China; key); Yélamos, 2002: 68; Mazur in Löbl *et* Smetana, 2004: 90 (catalogue); Lackner *et al.* in Löbl *et* Löbl, 2015: 110 (catalogue). **Type species**: *Hister sulcatus* Moll, 1784 (= *Scolytus punctatus* O. F. Müller, 1776). Designated by Westwood, 1840: 22.

Scolytus O. F. Müller, 1776: 22 (nec Geoffroy, 1762: 309); Jakobson, 1911: 641, 652 (synonymized).

Orthophilus Westwood, 1840: 22 (error!), 157 (corrected). **Type species**: *Hister striatus* Forster, 1771.

Hypsenor A. Villa *et* G. B. Villa, 1833: 1; Alonso-Zarazaga *et* Yélamos, 1994 (1995): 178. **Type species**: *Scolytus punctatus* O. F. Müller, 1776.

　　体卵圆形，通常黑色，触角、口器和足暗褐色或黄褐色，背面和腹面的线通常不明显。头部有 1-3 条隆脊，具粗糙刻点；上唇横宽，至少有 2 个具刚毛的刻点；触角柄节具角。前胸背板前角钝圆，表面有 2-8 条脊。小盾片很小，三角形，有时近于心形。鞘翅有 8 条线和大量的脊，一些脊通常很强壮。前臀板和臀板隆脊有或无。前胸腹板具咽板；前胸腹板龙骨不具龙骨线，后缘中央微凹与中胸腹板前缘相对应；触角窝位于前胸前侧角，底部至少部分被前胸腹板的翼闭合。中胸腹板和后胸腹板有大刻点。前足胫节细长且具大量齿。跗节 5-5-5 式。阳茎较细长，基片很短，侧叶端部通常向下弯曲。

　　该属种类在树皮下、菌类、鹿的粪便、囊地鼠的袋及草原的狗洞中发现，通常捕食苍蝇的幼虫或生活在枯枝落叶、粪便、腐肉、巢穴，以及一些啮齿动物和其他小型哺乳动物的排泄物孔隙中的其他小型节肢动物（Mazur, 2001）。

分布：各区。

该属世界记录近 40 种，中国记录 8 种。根据 Zhou 和 Luo（2001）：李景科在 1993 年依据 1 只采自黑龙江的雌虫发表了黑龙江脊阎甲 *Onthophilus heilongjiangensis* Li，但众所周知，他的记述多是不可靠的，且从他的描述推断该种可能为细脊阎甲 *O. foveipennis* Lewis 的同物异名，因此未包括在本书中。

关于表面的隆突和脊，我们遵从 Wenzel 和 Dybas（1941）及 Ôhara 和 Nakane（1986）的定义。头部有 2 个隆突：额中突（vertico-frontal carina）位于额的中央，从后沿中线向前伸直至复眼之间，其长度可能多变；额侧突（latero-frontal carina）始于触角窝，斜向穿过额部，达到唇基或止于唇基之上。前胸背板有 1-3 对脊（席氏脊阎甲 *O. silvae* Lewis 有 4 对脊，但前胸背板第 1 脊与第 2 脊之间的脊很短，本文中未将其命名），由外向内依次命名为前胸背板第 1-3 脊（pronotal costa 1-3）。在脊阎甲属中，鞘翅上有许多纵脊，比刻点线明显，主要的纵脊如下：缝脊（sutural costa）位于鞘翅缝和第 5 刻点线之间；第 5 鞘翅脊（elytral costa 5）位于第 4、5 刻点线之间；第 4 鞘翅脊（elytral costa 4）位于第 3、4 刻点线之间；第 3 鞘翅脊（elytral costa 3）位于第 2、3 刻点线之间；第 2 鞘翅脊（elytral costa 2）位于第 1、2 刻点线之间；第 1 鞘翅脊（elytral costa 1）位于第 1 刻点线与内肩下线之间；内肩下脊（internal subhumeral costa）位于内肩下线与外肩下线之间；外肩下脊（external subhumeral costa）位于外肩下线之外，此脊直，不沿外肩下线弯曲，所以于端部被 1 半圆形区域与外肩下线分开。前臀板有 3 个隆突：中间的为臀中突（carina running along the midline），两侧的为臀侧突（carina running along the lateral margin）。臀板有 2 个隆突：分别为基部的横突（transverse carina）和中央的纵突（longitudinal carina）。

种 检 索 表

1. 前胸背板的脊不清晰，几乎缺失 ·· 斯氏脊阎甲 *O. smetanai*
   前胸背板有清晰的脊 ··· 2
2. 前胸背板有 8 条脊 ·· 席氏脊阎甲 *O. silvae*
   前胸背板有 6 条脊 ··· 3
3. 鞘翅纵脊间断，形成长形的瘤突 ··· 丽江脊阎甲 *O. lijiangensis*
   鞘翅纵脊不间断，不形成长形的瘤突 ··· 4
4. 鞘翅第 2 和第 4 鞘翅脊之间无凹洼 ··· 黄角脊阎甲 *O. flavicornis*
   鞘翅第 2 和第 4 鞘翅脊之间有凹洼 ··· 5
5. 鞘翅第 2 和第 4 鞘翅脊之间的凹洼缩小，鞘翅纵脊狭窄 ············· 原脊阎甲 *O. ordinarius*
   鞘翅第 2 和第 4 鞘翅脊之间的凹洼深，适度扩展 ························· 6
6. 鞘翅凹洼横截，很深；第 2 和第 4 鞘翅脊基部隆起显著；前胸背板上的纵脊粗壮且高············
   ··· 粗脊阎甲 *O. ostreatus*
   鞘翅纵脊狭窄，不很显著；前胸背板上的纵脊低 ························· 细脊阎甲 *O. foveipennis*
   注：瘤脊阎甲 *O. tuberculatus* Lewis 未列入检索表。

(15) 黄角脊阎甲 *Onthophilus flavicornis* Lewis, 1884（图 32；图版 III：1）

Onthophilus flavicornis Lewis, 1884: 139 (Japan); Bickhardt, 1910c: 80 (catalogue); 1916b: 65; Jakobson, 1911: 652 (*Scolytus*); Adachi, 1930: 249; Reichardt, 1933b: 139, 142; Kryzhanovskij *et* Reichardt, 1976: 285 (key); Mazur, 1984b: 144 (China: Taiwan; catalogue); 1994: 48; 1997: 8 (catalogue); 2008: 90 (China: Taiwan); 2011a: 12 (catalogue); Ôhara *et* Nakane, 1986: 9 (figure); Ôhara, 1994: 84; 1999a: 85; ESK *et* KSAE, 1994: 136 (Korea); Ôhara *et* Paik, 1998: 3 (China: Taiwan); Mazur in Löbl *et* Smetana, 2004: 90 (catalogue); Lackner *et al.* in Löbl *et* Löbl, 2015: 110 (catalogue).

Onthophilus striatus: Harold, 1878: 69 (nec Forster, 1771); Ôhara *et* Nakane, 1986: 9 (listed as synonymy).

体长 1.92-2.36 mm，体宽 1.61-1.94 mm。体卵圆形，隆凸；黑色光亮，足暗褐色。

头部有额中突和额侧突，各隆突均较低，且端部缩短，触角着生处周围轻微隆起，唇基之后亦轻微隆起。表面密布圆形小刻点。上唇具密集的细小刻点，两侧 1/4 处各有 1 具明显刚毛的刻点。上颚粗壮，刻点与上唇的相似，但端部 1/3 光滑无刻点。触角柄节密布细小的圆形刻点，刻点较头部的小。

前胸背板两侧向前收缩，侧缘略隆起。表面具 6 条脊，前胸背板第 1 脊前后缩短，仅余前胸背板基部的 1/3，且由基部至端部逐渐消失；前胸背板第 2 脊始于前胸背板前缘之后，略向内弯，末端逐渐消失，不达前胸背板后缘；前胸背板第 3 脊与前胸背板第 2 脊相似，但略短于前胸背板第 2 脊。前胸背板表面密布长圆形刻点，略呈褶皱状，前胸背板第 2 脊之间的刻点最深，逐渐向侧缘变浅，脊上密布细小的圆形浅刻点。

鞘翅各脊均完整；缝脊轻微隆起、平缓，其上密布长圆形的小刻点；第 5 鞘翅脊、第 3 鞘翅脊、第 1 鞘翅脊较低于其他脊，第 4 鞘翅脊、第 2 鞘翅脊、内肩下脊较尖锐，光亮；外肩下脊基部 1/3 较高，向端部逐渐降低。每 2 条脊之间均有 1 清晰而光亮的刻点线，线上刻点圆形，大而深。鞘翅其余区域密布小而浅的圆形及长圆形刻点。

前臀板长，前缘弧弯，后缘平直；臀中突较高，前后均缩短，臀侧突较低平，仅存在于基部 2/3；表面较粗糙，密布大而浅的圆形刻点，隆突上刻点较小。臀板近于圆形；横突略向下弯，纵突直，各隆突均不达臀板边缘；表面粗糙，密布大而浅的圆形刻点，隆突上刻点较小。

咽板横宽，前缘中央微凹；表面具较稀疏的圆形小刻点。前胸腹板龙骨宽，平坦，后缘中央微弱内凹；表面密布大小适中的圆形刻点，前角处刻点较小。

中胸腹板横宽，前缘双波状，中央向前突出；表面密布较大的圆形刻点，部分融合；中-后胸腹板缝清晰。

后胸腹板刻点大、圆形，近后缘刻点较小，部分刻点融合；中纵沟明显。

第 1 腹节腹板基节间盘区密布圆形刻点，前缘及两侧刻点较大，其他区域刻点较小。

前足胫节细长，外缘具小刺，内侧具刚毛。

雄性外生殖器如图 32 所示。

观察标本： 1 ex., Nezuyama, Ikebukuro, Tôkyô（日本东京），1933.III.25, M. Taguchi leg.；1♂，云南丽江牦牛坪，3115m，2000.VIII.1，周红章采；1♀，四川宝兴蜂桶寨大水沟，1880 m，阔叶混交林，杯诱，2001.VI.30-VII.2，于晓东采；1♀，四川夹金山蚂蝗沟，2495 m，人工云杉林，杯诱，2001.VII.2-5，于晓东采。

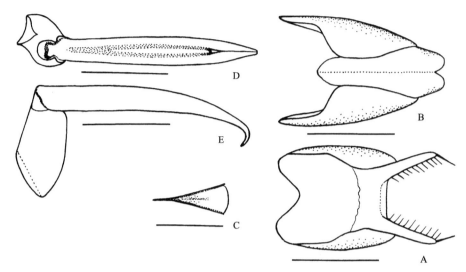

图 32　黄角脊阎甲 Onthophilus flavicornis Lewis

A. 雄性第 8 腹节背板和腹板，腹面观（male 8th tergite and sternum, ventral view）；B. 雄性第 9、10 腹节背板，背面观（male 9th and 10th tergites, dorsal view）；C. 雄性第 9 腹节腹板，腹面观（male 9th sternum, ventral view）；D. 阳茎，背面观（aedeagus, dorsal view）；E. 同上，侧面观（ditto, lateral view）。比例尺（scales）：0.25 mm

分布：四川、云南、台湾；韩国，日本。

讨论：本种极易与本属其他分布于中国的种类分开：体形最小，鞘翅上的脊均隆起，后一特征与分布于台湾的斯氏脊阎甲 O. smetanai Mazur 相似，但后者前胸背板上的脊不明显。

(16) 细脊阎甲 Onthophilus foveipennis Lewis, 1885（图 33；图版 III：2）

Onthophilus foveipennis Lewis, 1885a: 472 (Amurskiy Kray); Reitter, 1889: 566 (China: Gansu);
　　Jakobson, 1911: 652 (*Scolytus*); Reichardt, 1933b: 141; 1941: 88, 93; Kryzhanovskij *et* Reichardt,
　　1976: 289; Mazur, 1984b: 144 (North China; catalogue); 1997: 8 (catalogue); 2011a: 12 (catalogue);
　　Zhou *et* Luo, 2001: 510 (China: Beijing); Mazur in Löbl *et* Smetana, 2004: 90 (China: Heilongjiang;
　　catalogue); Lackner *et al.* in Löbl *et* Löbl, 2015: 110 (catalogue).

体长 2.67-3.50 mm，体宽 2.12-2.84 mm。体卵圆形，隆凸；黑色光亮，触角、下颚、足暗褐色。

头部无明显的隆突，额中央略微凹陷，触角着生处边缘隆起。表面具浅的圆形大刻点，凹陷处刻点最大。上唇两侧 1/4 处各有 1 个具明显刚毛的刻点，另外有一些具细小刚毛的刻点。上颚粗壮，具大刻点，端部 1/3 暗褐色，光滑无刻点，近端部内侧有 1 大齿。触角各节均有细小刚毛，柄节刻点较头部的小。

前胸背板两侧向前收缩，侧缘略隆起，且由基部向端部逐渐变窄。表面具 6 条微弱的、明显缩短的脊，前胸背板第 1 脊短，仅余基部 1/3，向后不达后缘；前胸背板第 2 脊于前胸背板的基半部清晰，后端不达后缘；前胸背板第 3 脊略短于第 2 脊，更为低平。前胸背板前缘及两侧刻点浅，圆形，盘区（脊除外）刻点较深，长圆形，后缘刻点较小而浅，圆形，隆脊顶部的刻点较小。

鞘翅内肩下脊、第 2 鞘翅脊和第 4 鞘翅脊较高，其余各脊均低平；缝脊低平，中部稍隆起，具圆形（基部 1/5）及线状刻点；第 5 鞘翅脊低，具不规则的圆形及长圆形浅刻点；第 4 鞘翅脊隆起，光亮，末端 1/5 降低并有椭圆形浅刻点；第 3 鞘翅脊基半部较隆起，具椭圆形刻点；第 2 鞘翅脊与第 4 鞘翅脊基部之间有 1 横宽的大凹窝，将第 3 鞘翅脊基端与翅基缘隔开；第 2 鞘翅脊隆起，光亮，末端 1/5 降低并具椭圆形浅刻点，鞘翅中部之前有宽阔的凹陷，第 2 鞘翅脊于凹陷处中断；第 1 鞘翅脊低，具圆形及椭圆形浅刻点；内肩下脊基部 1/4 轻微隆起，光亮，余下部分具圆形浅刻点；外肩下脊低，具椭圆形刻点。每 2 条脊之间均有 1 条清晰的刻点线，刻点线两侧各有 1 条有光泽的低隆线，刻点线上隔一定距离即有 1 圆而深的刻点，两侧伴随较小的圆刻点，隔断隆线。鞘翅其余区域刻点浅，圆形。

前臀板长；臀中突较高，光亮，臀侧突较低；表面密布大而浅的圆形刻点，隆突上刻点较小。臀板近于圆形；前角之后轻微凹陷，表面具 2 个圆钝的低隆突，有时连在一起；刻点与前臀板的相似，隆突上刻点小于其他区域。

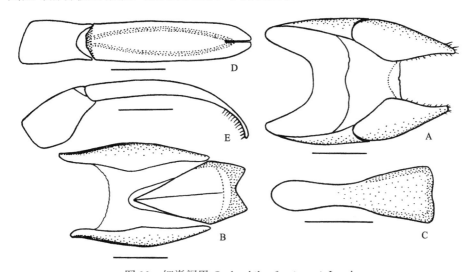

图 33　细脊阎甲 Onthophilus foveipennis Lewis

A. 雄性第 8 腹节背板和腹板，腹面观（male 8th tergite and sternum, ventral view）；B. 雄性第 9、10 腹节背板，背面观（male 9th and 10th tergites, dorsal view）；C. 雄性第 9 腹节腹板，腹面观（male 9th sternum, ventral view）；D. 阳茎，背面观（aedeagus, dorsal view）；E. 同上，侧面观（ditto, lateral view）。比例尺（scales）：0.25 mm

咽板横宽，前缘中央微凹；表面密布圆形小刻点。前胸腹板龙骨宽，平坦，后缘中央微凹；表面前 1/3 的刻点较后 2/3 的刻点小而密集。

中胸腹板横宽，前缘双波状，中央向前突出；表面具圆形大刻点，两侧刻点融合；

中-后胸腹板缝清晰。

后胸腹板具圆形大刻点，沿边缘及中纵沟刻点较小，部分刻点融合；中纵沟明显，雌虫减弱。

第 1 腹节腹板基节间盘区前缘及两侧具圆形大刻点，刻点向后逐渐缩小且较稀疏。

前足胫节细长，外缘具 7 个刺，刺的基部轻微隆起。

雄性生殖器如图 33 所示。

观察标本：54♂，50♀，62 号，1998.IX.22-25，北京小龙门林场，于晓东采；1 号，1998.X.27-30，北京小龙门林场，于晓东采；3♂，3♀，1999.IV.28-V.1，北京小龙门林场，于晓东采；4♂，6♀，25 号，1999.V.22-23，北京小龙门林场，于晓东采；1 号，1999.VI.25-28，北京小龙门林场，于晓东采；17 号，1999.VIII.27-38，北京小龙门林场，于晓东采；24♂，30♀，54 号，1999.IX.21-24，北京小龙门林场，于晓东采。

分布：北京、黑龙江、甘肃；俄罗斯（远东）。

讨论：本种栖息在阔叶混交林中，可发现于每年的 4-10 月，9 月为盛发期。与分布于台湾等地的粗脊阎甲 *O. ostreatus* Lewis 最为相似，但后者的体形较大，前胸背板第 3 脊分为端半部和基半部，前胸背板的刻点较粗大。

(17) 丽江脊阎甲 *Onthophilus lijiangensis* Zhou *et* Luo, 2001（图 34；图版 III：3）

Onthophilus lijiangensis Zhou *et* Luo, 2001: 510 (China: Yunnan); Mazur, 2011a: 13 (catalogue); Lackner *et al.* in Löbl *et* Löbl, 2015: 110 (catalogue).

体长 3.00-3.70 mm，体宽 2.80-3.40 mm。体卵圆形，隆凸；黑色，下颚、唇须及跗节暗褐色。

头部隆突缩短，形成瘤状突起。刻点大而深，密集，形状及排列均不规则，尤其是颜面部分的凹陷及头顶处的刻点，约为隆突顶部刻点的 2-4 倍，口上片刻点较弱，前缘刻点更小。上唇具刻点，两侧 1/5 各有 1 具刚毛的刻点。上颚粗壮，强烈扩展，除端部 1/3 外具大刻点。触角柄节长且加厚，外侧具刻点。

前胸背板两侧向前收缩，侧缘（近中点处除外）略隆起，前缘中央微凹且侧面 1/5 强烈弯折。表面具 6 条脊，前胸背板第 1 脊短，似 1 拉长的瘤状突起，约存在于基部不足 1/3；前胸背板第 2 脊略弯，前后均短缩，较前胸背板第 1 脊略长且与之同一水平排列；前胸背板第 3 脊于端部 1/5-2/5 处间断，因此，2 条前胸背板第 3 脊成为两对沿中线平行的隆突，前端的 1 对靠近前缘，间距相对较宽，后端的 1 对自端部 2/5 至基部 1/5，且间距较近。表面密布深的圆形刻点，中央的刻点伸长，隆突顶端具很小的圆形刻点。

鞘翅内肩下脊、第 2 鞘翅脊和第 4 鞘翅脊间断，形成非常显著的纵向瘤突；外肩下脊、第 1 鞘翅脊、第 3 鞘翅脊、第 5 鞘翅脊和缝脊极低且短缩，仅存微弱的、不规则的隆突；所有的纵脊于基部和端部均短缩；第 4 鞘翅脊间断，形成 3 个纵向瘤突，2 个在基半部，1 个位于鞘翅端半部中央；第 2 鞘翅脊为 2 个十分显著的瘤突，近基部的瘤突较鞘翅上所有其他的瘤突更大、更长，接近前缘；鞘翅基部于第 2 鞘翅脊和第 4 鞘翅脊之间有 1 大而深的横向凹窝，第 3 鞘翅脊止于此凹窝的后缘。刻点线边缘清晰，光亮，具圆而深的刻点。鞘翅表面无光泽（刻点线除外），沿边缘具刻点，具刻点的区域端部宽于基部。

前臀板长；臀中突强壮，始于前缘之后，止于端部 1/5，臀侧突短，仅余近侧缘中央的圆形隆突；表面密布深刻点，圆形或长圆形，凹陷区域刻点大，隆突上刻点很小，刻点间有细微的刻纹。臀板近于圆形；横突位于基部 3/10 处，与侧缘相连，中央向前弯曲，纵突不清晰，不完整，代之以 3 个瘤状突结构，中部 2 个伸长，近后缘中央的 1 个小；刻点与前臀板的相似，但略小略疏。

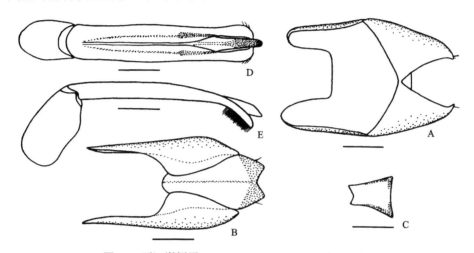

图 34　丽江脊阎甲 *Onthophilus lijiangensis* Zhou *et* Luo

A. 雄性第 8 腹节背板和腹板，腹面观（male 8th tergite and sternum, ventral view）；B. 雄性第 9、10 腹节背板，背面观（male 9th and 10th tergites, dorsal view）；C. 雄性第 9 腹节腹板，腹面观（male 9th sternum, ventral view）；D. 阳茎，背面观（aedeagus, dorsal view）；E. 同上，侧面观（ditto, lateral view）。比例尺（scales）：0.25 mm

咽板横宽，前缘中央平直；表面密布中等大小的规则的刻点。前胸腹板龙骨长宽近于相等，后缘中部略凹；表面密布深的大小不等的圆形刻点，大刻点大于咽板的刻点但小于中胸腹板的刻点。

中胸腹板横宽，前缘双波状，中央向前突出；表面刻点密集，大小不一，近后缘刻点较大；中-后胸腹板缝清晰。

后胸腹板密布深的不规则的大刻点，部分刻点融合，大刻点间混有细小刻点；中纵沟明显。

第 1 腹节腹板基节间盘区刻点不规则，前缘及两侧刻点大而深，后中部刻点小。

前足胫节细长，具 2 行小刺，外侧的小刺较内侧的粗而规则。

雄性外生殖器如图 34 所示。

观察标本：正模，♀，云南丽江牦牛坪，3115 m，2000.VIII.3，于晓东采；副模，1♂，3♀，云南丽江牦牛坪，2000.VIII.1-3，周红章、于晓东采。

分布：云南。

(18) 原脊阎甲 *Onthophilus ordinarius* Lewis, 1879（图 35；图版 III：4）

Onthophilus ordinaries Lewis, 1879b: 78 (Irkutsk, South Siberia); Jakobson, 1911: 652 (*Scolytus*);
Reichardt, 1933b: 139, 142; 1941: 86, 88; Kryzhanovskij *et* Reichardt, 1976: 287; Mazur, 1984b: 145
(catalogue); 1997: 8 (catalogue); 2011a: 13 (catalogue); Ôhara *et* Nakane, 1986: 9 (figures; Japan);
Ôhara, 1994: 84; 1999a: 85; Zhou *et* Luo, 2001: 509 (Northeast China); Mazur in Löbl *et* Smetana,
2004: 90 (catalogue); Lackner *et al.* in Löbl *et* Löbl, 2015: 110 (catalogue).

体长 2.68-3.03 mm，体宽 2.34-2.64 mm。体宽卵形，隆凸；黑色，触角、下颚及足暗褐色。

头部无额中突，额侧突微弱隆起，触角着生处之后亦隆起。刻点圆形，大而粗糙，口上片刻点较小。上唇具浅而不规则的刻点，两侧 1/4 处各有 1 具刚毛的刻点。上颚宽阔，正面平坦，刻点稀疏，近端部 1/5 暗褐色，光滑无刻点。触角柄节刻点较头部刻点大而稀疏。

前胸背板侧缘弯曲呈钝角，基半部两侧平行，端半部向前收缩。表面具 6 条缩短的脊，前胸背板第 1 脊直，前端短缩；前胸背板第 2 脊略弯，前后均短缩，仅余中间部分；前胸背板第 3 脊直，后端短缩，前端相互靠近，达到前胸背板前缘。前胸背板表面密布长圆形刻点，排列规则，前胸背板第 2 脊之间的刻点深，前胸背板第 1 脊和侧缘之间的刻点浅，较不规则，脊上光亮，无刻点。

鞘翅缝脊、第 5 鞘翅脊、第 3 鞘翅脊和第 1 鞘翅脊低于其他脊；缝脊完整，微隆，具圆形刻点；第 5 鞘翅脊低，无刻点；第 4 鞘翅脊隆起，略光亮；第 3 鞘翅脊低，端部 1/5 平坦，具 1 行细小散乱的刻点；第 2 鞘翅脊与第 4 鞘翅脊基部之间微凹；第 2 鞘翅脊隆起，略光亮，端部 2/5 降低并具细小刻点；第 1 鞘翅脊低，中间略隆起，具 1 行细小刻点；内肩下脊隆起，光亮，末端完整；外肩下脊隆起，具细小刻点；内肩下脊和第 4 鞘翅脊之间于鞘翅基部 1/3 或 1/2 有 1 横向浅凹洼，第 1 鞘翅脊、第 2 鞘翅脊、第 3 鞘翅脊随此凹洼下降。各脊两侧均有 1 行细小的长形浅刻点；每 2 条脊之间均有 1 条清晰的刻点线，线上刻点长圆形，大而深。鞘翅其余区域刻点不规则，小而浅。

前臀板长；具臀中突，末端 1/4 消失，其上刻点小、圆形；前臀板表面具浅的圆形大刻点，并混有稀疏的、小而深的圆形刻点。臀板近于圆形；具纵突，基半部较高，向后逐渐降低，前后均不达边缘；前角处有 1 圆形凹陷；表面密布圆形小刻点，隆突上刻点更小。

咽板横宽，前缘平直；表面密布小刻点。前胸腹板龙骨宽，平坦，后缘中央微凹；表面密布圆形刻点，近后端 1/4 刻点较浅并具刚毛。

中胸腹板横宽，前缘双波状，中央向前突出；表面具圆形大刻点，较前胸腹板刻点稀疏；中-后胸腹板缝清晰。

后胸腹板密布圆形大刻点；中纵沟明显。

第 1 腹节腹板基节间盘区刻点较小而稀疏。

前足胫节细长，外缘具 7 个刺。

雄性外生殖器如图 35 所示。

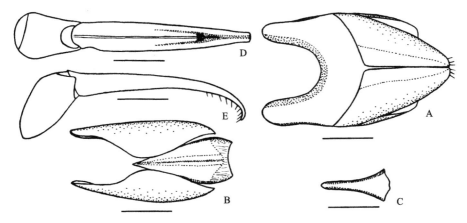

图 35　原脊阎甲 *Onthophilus ordinarius* Lewis

A. 雄性第 8 腹节背板和腹板，腹面观（male 8th tergite and sternum, ventral view）；B. 雄性第 9、10 腹节背板，背面观（male 9th and 10th tergites, dorsal view）；C. 雄性第 9 腹节腹板，腹面观（male 9th sternum, ventral view）；D. 阳茎，背面观（aedeagus, dorsal view）；E. 同上，侧面观（ditto, lateral view）。比例尺（scales）：0.25 mm

观察标本：1♂, Japan, Hokkaido, Nopporo（日本北海道野幌）, 1987.VI.5, M. Ôhara leg., M. Ôhara, det.; 4 exs., Northeast China (Manchuria 中国东北), Ta Yngtse. Linsisien, E. Bourgauit leg.。

分布：黑龙江；日本，俄罗斯（远东、西伯利亚）。

讨论：本种与粗脊阎甲 *O. ostreatus* Lewis 和细脊阎甲 *O. foveipennis* Lewis 相似，但区别如下：本种的前胸背板更加横宽，且有更多的长圆形刻点，PE3 前伸且后部短缩。

(19) 粗脊阎甲 *Onthophilus ostreatus* Lewis, 1879（图 36；图版 III：5）

Onthophilus ostreatus Lewis, 1879b: 78 (China: Hong Kong); 1884: 139 (Japan); 1915: 56 (China: Horisha of Taiwan); Schmidt, 1884c: 156; Jakobson, 1911: 652 (*Scolytus*); Bickhardt, 1916b: t. II, fig. 13; t. III, fig. 17; Miwa, 1931 (China: Taiwan); Reichardt, 1933b: 143; 1941: 88, 93; Nakane, 1963: 68; Reichardt *et* Kryzhanovskij, 1964: 171 (China: Fujian, Kuatun); Kryzhanovskij *et* Reichardt, 1976: 289; Mazur, 1984b: 145 (catalogue); 1994: 48; 1997: 8 (catalogue); 2011a: 13 (catalogue); Ôhara *et* Nakane, 1986: 5 (figures); Ôhara, 1994: 84; 1999a: 83; ESK *et* KSAE, 1994: 136 (Korea); Ôhara *et* Paik, 1998: 3; Zhou *et* Luo, 2001: 509; Mazur in Löbl *et* Smetana, 2004: 90 (catalogue); Lackner *et al.* in Löbl *et* Löbl, 2015: 110 (catalogue).

体长 3.41-3.56 mm，体宽 2.86-2.98 mm。体卵圆形，隆凸；黑色光亮，触角和足暗褐色，有些个体全身暗褐色、纵脊红褐色。

头部无明显隆突，额中央近后缘有 1 小突起，唇基隆起，触角着生处后缘亦隆起。表面具圆形小刻点。上唇具浅的小刻点，两侧 1/6 处各有 1 具长刚毛的刻点。上颚粗壮，刻点细小，端部 1/4 光亮无刻点。触角柄节刻点较头部的小。

前胸背板两侧向前收缩，侧缘具隆起的缘边，前角处有 1 圆形凹窝。表面具 6 条粗壮的脊，前胸背板第 1 脊短，略向内弯，于前胸背板基半部清晰但不达后缘；前胸背板第 2 脊直，于基部 2/3 清晰，也不达后缘；前胸背板第 3 脊分为端半部和基半部，两端的隆起独立均向后略背离。前胸背板表面密布较深的圆形刻点，前胸背板第 1 脊与前胸背板第 2 脊之间的刻点较前胸背板其他区域刻点大而浅，脊光亮，其上散布圆形小刻点。

鞘翅内肩下脊、第 2 鞘翅脊和第 4 鞘翅脊强烈隆起；缝脊轻微隆起，基部 1/5 低平，中部较高，向端部逐渐降低，具稀疏细小的圆形刻点；第 5 鞘翅脊低，密集起伏，具稀疏细小的圆形刻点；第 4 鞘翅脊强烈隆起、光亮，末端 1/5 降低，具稀疏细小的圆形刻点；第 3 鞘翅脊较高，具稀疏细小的长圆形刻点，第 2 鞘翅脊与第 4 鞘翅脊基部之间有 1 横宽的大凹窝，第 3 鞘翅脊始于此凹窝的后缘；第 2 鞘翅脊隆起、光亮，末端 1/5 降低，具稀疏细小的圆形刻点；第 1 鞘翅脊与第 4 鞘翅脊之间于鞘翅基部 1/3 至中部之间有 1 宽阔的凹陷，第 2 鞘翅脊和第 3 鞘翅脊于此凹陷处降低；第 1 鞘翅脊低，基部 1/4 较高，末端 1/5 降低，具稀疏细小的长圆形刻点；内肩下脊隆起、光亮，末端完整，具稀疏细小的长圆形刻点；外肩下脊低，密布圆形刻点。刻点线清晰，其上刻点圆形，大而深，各刻点线两侧均有 1 条细隆线。鞘翅其余区域刻点圆形，大而浅，其间混有小而粗糙的刻点。

前臀板长，前缘弧形；臀中突从基部直到端部 1/4，末端膨大，其上密布细小刻点；臀侧突低，其上刻点小而密集；表面密布大而浅的圆形刻点，前角处刻点融合。臀板近于圆形，于前角之后轻微凹陷；表面有 2 个圆钝的低隆突，有时连在一起；刻点密集、圆形，前角凹陷处刻点大，与前臀板刻点相似，其他区域刻点较小，隆突上刻点最小。

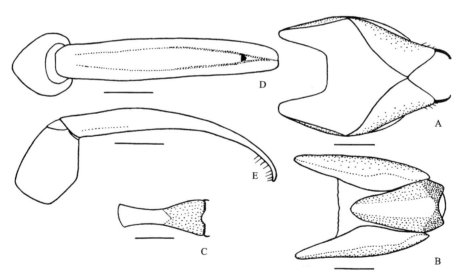

图 36　粗脊阎甲 *Onthophilus ostreatus* Lewis

A. 雄性第 8 腹节背板和腹板，腹面观（male 8th tergite and sternum, ventral view）；B. 雄性第 9、10 腹节背板，背面观（male 9th and 10th tergites, dorsal view）；C. 雄性第 9 腹节腹板，腹面观（Male 9th sternum, ventral view）；D. 阳茎，背面观（aedeagus, dorsal view）；E. 同上，侧面观（ditto, lateral view）。比例尺（scales）：0.25 mm

咽板横宽；表面密布圆形小刻点。前胸腹板龙骨宽，平坦，后缘中央微凹；刻点圆形，中等大小，其间混有大小不等的刻点。

中胸腹板横宽，前缘双波状，中央向前突出；表面刻点细小而杂乱。

后胸腹板密布圆形小刻点，其间混有大而浅的圆形刻点；中纵沟明显。

第 1 腹节腹板基节间盘区刻点圆形，但前缘及两侧刻点大，有时融合，后中部刻点较小而稀疏。

前足胫节细长，外缘具 10 个刺。

雄性外生殖器如图 36 所示。

观察标本：1 ex., Y. Miwa det.; 1 ex., T. Shiraki det.; 1♂, Meinoo-bokujou Kanoya Kyushu (日本九州), 1984.XII.7, M. Ôhara leg., M. Ôhara det.。

分布：福建、广东、云南、台湾、香港；俄罗斯，韩国，日本，中南半岛。

讨论：本种与丽江脊阎甲 *O. lijiangensis* Zhou *et* Luo 相似，但前者第 2 鞘翅脊、第 4 鞘翅脊完整、无起伏。

(20) 席氏脊阎甲 *Onthophilus silvae* Lewis, 1884（图版 III：6）

Onthophilus silvae Lewis, 1884: 139 (Japan); Jakobson, 1911: 652 (*Scolytus*); Reichardt, 1933b: 143; Mazur, 1984b: 146 (catalogue); 1997: 8 (catalogue); 2011a: 13 (catalogue); Ôhara *et* Nakane, 1986: 5 (figures); Ôhara, 1994: 83; Zhou *et* Luo, 2001: 509 (China: Beijing); Mazur in Löbl *et* Smetana, 2004: 90 (catalogue); Lackner *et al.* in Löbl *et* Löbl, 2015: 111 (catalogue).

体长 2.50-2.55 mm，体宽 1.98-2.00 mm。体卵圆形，强烈隆凸；黑色，触角、足暗褐色。

头部有额中突和额侧突，额中突短小，位于额的中央，额侧突完整；此外还有 2 个始于后部中央，分别指向 2 个触角着生处的细长隆突；触角着生处后缘强烈隆起。头部表面粗糙，刻点杂乱。上唇具一些细小刻点，两侧 1/4 处各有 1 具刚毛的刻点。上颚粗壮，光亮，端部 1/4 无刻点。触角柄节密布细小刻点。

前胸背板两侧基部 2/3 近于平行，端部 1/3 向前收缩，侧缘向外扩展、弯折。表面具 8 条脊，前胸背板第 1 脊始于前胸背板后缘，不达前缘；前胸背板第 2 脊和第 3 脊始于前胸背板前缘，均不达后缘，前胸背板第 2 脊略向内弯，前胸背板第 3 脊直，相互远离；前胸背板第 1 脊与第 2 脊之间另有 1 短脊，仅存在于前胸背板基部 1/3，此脊始于后缘，斜着指向前胸背板第 1 脊。前胸背板表面粗糙，密布浅而不规则的细小刻点，但在前胸背板第 2 脊外侧及前胸背板第 2 脊之间混有大而浅的圆形刻点。

鞘翅缝脊轻微隆起、圆钝；内肩下脊、第 1-5 鞘翅脊隆起一致，均完整、尖锐；外肩下脊较尖锐。刻点线不明显，每 2 条脊之间均有横向的等距离线状刻点。鞘翅表面粗糙，密布浅而不规则的细小刻点。

前臀板长；臀中突较高，基部 1/4 较低，臀侧突不尖锐，略向内弯；表面粗糙，密布浅而不规则的细小刻点，其间混有大而浅的不规则刻点。臀板近于圆形，具"介"字形隆突，横突弧弯达到侧缘，纵突直，不达前后缘；表面粗糙，密布浅而不规则的细小刻点。

咽板横宽，前缘中央微凹；表面密布细小的圆形刻点。前胸腹板龙骨宽，于前足基节窝周围略微隆起，后缘中央微凹；表面粗糙，具较深的大小不一的圆形刻点。

中胸腹板横宽，前缘双波状，中央向前突出；表面粗糙，具稀疏的圆形刻点。中-后胸腹板缝清晰。

后胸腹板表面粗糙，刻点圆形、较稀疏。中纵沟明显。

第 1 腹节腹板基节间盘区刻点与后胸腹板的相似，但较密集。

前足胫节细长，基部窄，至中部逐渐变宽，从中部至端部粗细一致，外缘无刺，内缘具 1 列刚毛。

观察标本：1♀，北京小龙门林场南沟，1225 m，肉诱，1999.VII.19-21，罗天宏采。

分布：北京；日本。

讨论：本种很容易与本属其他分布于中国的种类分开：前胸背板基部前胸背板第 1 脊与第 2 脊之间有 1 指向第 1 脊的短脊；鞘翅纵脊之间具规则的横向刻点。这些特征在本属中均不常见。

(21) 斯氏脊阎甲 *Onthophilus smetanai* Mazur, 1994

Onthophilus smetanai Mazur, 1994: 43 (China: Taiwan); 1997: 8 (catalogue); 2011a: 13 (catalogue); Zhou *et* Luo, 2001: 510; Mazur in Löbl *et* Smetana, 2004: 90 (catalogue); Lackner *et al.* in Löbl *et* Löbl, 2015: 111 (catalogue).

体长 4.00 mm，体宽 3.20 mm。体卵圆形，隆凸；黑色，有黑褐色光亮，触角、口器和足暗褐色。

头部无隆突，触角着生处周围隆起。头部中央密布圆形刻点，两侧不显著，口上片较平，其上刻点较额部的弱。上唇两侧 1/4 各有 1 具明显刚毛的刻点。上颚粗壮、弯曲，具刻点，沿龙骨背面具毛瘤，但端部 1/3 光亮无刻点。触角柄节有一些较小的刻点，端锤橘红色，被细毛。

前胸背板两侧向前收缩，侧缘隆起不明显。表面的脊非常微弱，几乎缺失。刻点圆形，较密集且粗糙，中部刻点较弱。

鞘翅所有的脊明显，隆起一致，脊上有较密集的圆形小刻点。每 2 脊之间有 1 清晰的刻点线，略光亮，线上刻点大而深，长圆形。鞘翅其他区域刻点圆形，粗糙且深。

前臀板长；臀中突微弱，其上刻点细小；表面两侧密布粗糙的圆形刻点。臀板近于圆形；横突与纵突均微弱，其上刻点小于其他部分；表面刻点圆形，较前臀板的大部分刻点小。

咽板横宽，前端中央微凹；表面刻点小而密集，且相互分开。前胸腹板龙骨宽，平坦，后缘深凹；表面刻点粗糙而密集。

中胸腹板横宽，非常短，前缘双波状，中央向前突出；表面密布刻点；中-后胸腹板缝清晰。

后胸腹板刻点大小分化，有时于两侧及后足基节窝之前会合，沿中纵沟的刻点细小。中纵沟清晰，略凹陷。

第 1 腹节腹板基节间盘区基部密布粗糙刻点，向后逐渐变小、变弱。

前足胫节细长，外缘有 7 个小刺。

观察标本：1♀, Taiwan (台湾): Huallen, Hsien, Taroko N. P. Duodyatunshan, 2650 m, 1990.V.8-13, A. Smetana leg.。

分布：台湾。

讨论：本种极易与本属分布于中国的其他种类区分：体形较大，鞘翅上的脊完整且隆起程度相当。

(22) 瘤脊阎甲 *Onthophilus tuberculatus* Lewis, 1892

Onthophilus tuberculatus Lewis, 1892e: 353 (Burma); Bickhardt, 1910c: 80 (catalogue); Mazur, 1997: 9 (catalogue); 2011a: 13 (catalogue); Lackner *et al.* in Löbl *et* Löbl, 2015: 111 (China: Yunnan; catalogue).

观察标本：未检视标本。

分布：云南；缅甸。

6. 毛脊阎甲属 *Epiechinus* Lewis, 1891

Epiechinus Lewis, 1891c: 319; 1892c: 232; Bickhardt, 1910c: 81 (catalogue); 1916b: 66 (in Abraeinae); 1921: 80; Desbordes, 1919: 408; Reichardt, 1941: 94; Kryzhanovskij *et* Reichardt, 1976: 290 (Russia); Mazur, 1984b: 146 (catalogue); 1997: 9 (catalogue); 2011a: 13 (catalogue); Ôhara, 1994: 85 (Japan); Mazur in Löbl *et* Smetana, 2004: 89 (catalogue); Lackner *et al.* in Löbl *et* Löbl, 2015: 109 (catalogue). **Type species:** *Onthophilus costipennis* Fåhraeus in Boheman, 1851. Original designation.

体小，卵形，隆凸，通常黑色，触角、口器和足暗褐色或黄褐色；背面，尤其是棱脊上和小盾片，长有粗短刚毛。头部具隆脊；上唇有至少 2 个具刚毛的刻点；触角柄节具角。前胸背板通常有 6 条脊。小盾片很小，三角形。鞘翅通常有 6 条脊。前臀板和臀板隆脊有或无。前胸腹板具咽板；前胸腹板龙骨两侧具隆起的龙骨线；后缘中央微凹与中胸腹板前缘相对应；触角窝位于前胸腹板前角，为 1 凹洼。中胸腹板和后胸腹板具形状不一的深槽；后胸腹板中间常常有 1 长凹槽。腿节和胫节相对较短。阳茎通常较粗短，基片短，侧叶形状有时多变。

分布：非洲区、东洋区、澳洲区，有些分布在古北区的亚洲部分。

该属世界记录 30 余种，中国记录 4 种。

种 检 索 表

1. 前臀板中央有 1 纵向隆脊 ·· 南洋毛脊阎甲 *E. taprobanae*
   前臀板中央无隆脊 ·· 2
2. 中胸腹板中央有 1 圆形凹陷，后胸腹板中央无凹陷 ····················· 马氏毛脊阎甲 *E. marseuli*
   中胸腹板中央无凹陷，后胸腹板中央有 1 圆形凹陷 ····················· 多刺毛脊阎甲 *E. hispidus*
   注：树毛脊阎甲 *E. arboreus* Lewis 未包含在检索表中。

(23) 多刺毛脊阎甲 *Epiechinus hispidus* (Paykull, 1811)

Hister hispidus Paykull, 1811: 98 (East India).

Onthophilus hispidus: Marseul, 1856: 565.

Epiechinus hispidus: Lewis, 1891c: 320; Bickhardt, 1910c: 81; Desbordes, 1919: 408 (key); Mazur, 1984b: 147 (catalogue); 1997: 10 (catalogue); 2011a: 14 (catalogue); Mazur in Löbl *et* Smetana, 2004: 89 (catalogue); Lackner *et al.* in Löbl *et* Löbl, 2015: 110 (catalogue).

Epiechinus birmanus Lewis, 1892b: 356 (Burma: Bhamo); Desbordes, 1919: 408 (key); Mazur, 1984b: 147 (synonymized).

体长 1.86 mm，体宽 1.62 mm。体卵圆形，隆凸；黑色，触角红褐色；体背具粗短的刚毛，且通常被覆泥状鳞片。除去鳞片可见如下特征。

头部额盘区边缘隆起，触角着生处周围亦隆起；表面有 3 个纵向的隆脊，中央脊最长，位于头表面基半部，两侧脊短，仅余基部 1/4，隆脊两侧及隆起的盘区边缘均有密集的刚毛；自触角着生处之下至唇基之上还有 1 条斜向的低隆脊；额表面粗糙，口上片有一些细小刻点及稀疏的刚毛。

前胸背板侧缘基部 2/3 轻微向前收缩，端部 1/3 明显，缘边强烈隆起并密布刚毛，前缘凹缺部分中央近于平直；表面具 6 条脊，中央的 4 条脊短，仅存在于前胸背板端部 1/3 且轻微隆起，两侧的脊强烈隆起，但于端部 1/5 降低，所有的脊两侧均有刚毛；侧面第 2 条脊及其延长线之间的梯形区域分布有稀疏的圆形刻点，并具刚毛，其他区域（脊除外）较光亮，无刻点。

鞘翅侧缘有 1 条中央弯曲并具刚毛的脊，此外表面有 5 条明显的脊，由外向内，第 1-4 条强烈隆起、完整，两侧具刚毛，缝脊（第 5 条）较低且仅于外侧具刚毛；自第 2 条脊向内，每 2 条脊之间均有 1 条微弱的脊，脊上亦有刚毛；鞘翅表面粗糙，略有光亮，所有脊之间均有 1 行大而深的圆形刻点，较密集，刻点向端部渐小。

前臀板横宽；表面粗糙，前缘有大而浅的刻点，形状不规则，并具稀疏刚毛。臀板近于圆形；刻点圆形，大小不一，近前缘刻点较大且深，并具稀疏刚毛。

咽板横宽，前缘中央微向外弓弯；表面粗糙，具稀疏的圆形刻点。前胸腹板龙骨宽，平坦，表面粗糙；龙骨线隆起并向前汇聚；后缘向前弓弯；前胸腹板侧线强烈隆起并向前背离。

中胸腹板前缘双波状，中央向前突出，后缘中央轻微向后突出；后缘两侧各有 1 大的肾形凹陷；表面粗糙，具稀疏刻点。

后胸腹板侧线隆起并向后侧方延伸；两侧前角均有 1 个大的、非常深的近圆形凹陷，与中胸腹板后缘的凹陷相连；中纵沟前端 1/4 处有小的圆形凹陷；基节间盘区表面粗糙，后缘至基部 1/3 的三角形区域具稀疏刻点。

第 1 腹节腹板基节间盘区横宽，平坦，表面粗糙，具稀疏刻点；两侧前角及后角处各有 1 个较大的椭圆形凹陷。

前足胫节细长，中央弯曲，外缘具小刺和刚毛。

观察标本：1 号，云南车里（景洪），500 m，1955.IV.8，Kryzhanovskij 采。

分布：云南；印度东部，尼泊尔，缅甸，斯里兰卡，中南半岛。

讨论：该种与中国分布的本属的其他种类相比，体背的刚毛较细小、密集，后胸腹板中央有 1 圆形凹陷。

(24) 马氏毛脊阎甲 *Epiechinus marseuli* Lewis, 1900（图 37）

Epiechinus marseuli Lewis, 1900: 290 (Moluccas); Bickhardt, 1910c: 81; 1913a: 175 (Taihorin); Mazur, 1984b: 147 (China: Taiwan; catalogue); 1997: 10 (catalogue); 2011a: 14 (catalogue); Mazur in Löbl *et* Smetana, 2004: 89 (catalogue); Lackner *et al.* in Löbl *et* Löbl, 2015: 110 (catalogue).

Onthophilus hispidus: Marseul, 1864a: 340; Lewis, 1900: 290 (synonymized).

体长 1.48-1.67 mm，体宽 1.39-1.52 mm。体卵形，暗褐色，触角黄褐色；体背具刚毛，通常被覆泥状鳞片。除去鳞片可见如下特征。

头部额盘区边缘隆起，触角着生处周围亦隆起，触角着生处外侧凹陷；表面有 3 个纵向隆脊，中央脊最长，位于头表面基部 1/3，两侧脊短；额表面具稀疏刚毛，口上片具横向椭圆形大刻点。

前胸背板侧缘基部 1/3 近于平行，端部 2/3 向前收缩，缘边隆起并具刚毛，前缘凹缺部分弓形；表面具 6 条脊，中央的 4 条脊仅存于端部 1/3，且轻微隆起，两侧的脊完整且强烈隆起，所有的脊两侧均有刚毛；表面具稀疏的圆形刻点，且于基部 2/3（缩短的脊之后）的梯形区域具稀疏刚毛，其他区域（脊除外）较光亮，无刻点。

鞘翅侧缘有 1 条脊，此脊中央波曲且于基部 1/3 强烈隆起并具刚毛，两侧各有 1 行刻点，刻点近方形、浅，外侧的 1 行完整，内侧的仅余中部至端部，2 行刻点均向端部渐大；此外盘区有 5 条长脊，由外向内，第 1-4 条较高、完整，两侧均有刚毛，缝脊（第 5 条）轻微隆起，且仅于外侧有刚毛；鞘翅侧缘的脊与外侧的 2 条脊之间均有 1 行大而深的长圆形刻点，较密集，第 2 条脊向内，每 2 条脊之间均有 2 行大而深的长圆形刻点，较密集；另外在第 2 和第 3 条脊之间的基半部，以及第 3 和第 4 条脊之间的基部 1/3 还各有 1 条较低平的短脊，两侧亦有刚毛；鞘翅表面其他部分粗糙，略光亮。

前臀板横宽；表面粗糙，具大而浅的圆形刻点和稀疏刚毛。臀板近于圆形；表面粗糙，基半部密布大而浅的圆形刻点，近前缘的刻点融合，并具稀疏刚毛。

咽板横宽，前缘中央微凹；表面具稀疏的圆形刻点。前胸腹板龙骨宽，平坦，表面粗糙，具圆形小刻点；龙骨线隆起并向前汇聚；后缘向前弓弯；前胸腹板侧线强烈隆起并向前背离。

中胸腹板前缘双波状，中央向前突出，后缘中央向后突出成锐角；后缘两侧 1/3 处各有 1 向后侧方延伸的深凹陷，中央有 1 浅的圆形凹陷；表面具稀疏的圆形小刻点。

后胸腹板侧线隆起，向后侧方延伸并与基部 1/5 向外成角；中纵沟不明显；基节间盘区表面具大而浅的圆形刻点，混有小刻点。

第 1 腹节腹板基节间盘区横宽，表面具大而浅的圆形刻点；前缘两侧 1/5 处各有 1 浅的圆形凹陷。

前足胫节细长，中央弯曲，外缘具小刺和刚毛。

雄性外生殖器如图 37 所示。

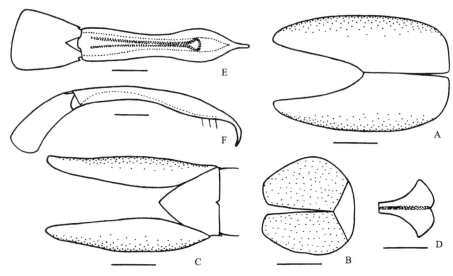

图 37 马氏毛脊阎甲 *Epiechinus marseuli* Lewis

A. 雄性第 8 腹节背板，背面观（male 8th tergite, dorsal view）；B. 雄性第 8 腹节腹板，腹面观（male 8th sternum, ventral view）；C. 雄性第 9、10 腹节背板，背面观（male 9th and 10th tergites, dorsal view）；D. 雄性第 9 腹节腹板，腹面观（male 9th sternum, ventral view）；E. 阳茎，背面观（aedeagus, dorsal view）；F. 同上，侧面观（ditto, lateral view）。比例尺（scales）：0.125 mm

观察标本：1♂，1♀，W. Malaysia: Pahang Batu Caves N Kuala Lumpur (马来西亚吉隆坡北)，1993.III.31, Löbl and Calame leg., S. Mazur det.。

分布：台湾；马来西亚，印度尼西亚。

讨论：与在中国分布的其他本属种类相比，本种体形较小，且中胸腹板中央有 1 圆形凹陷。

(25) 南洋毛脊阎甲 *Epiechinus taprobanae* Lewis, 1892

Epiechinus taprobanae Lewis, 1892b: 356 (Ceylon); Bickhardt, 1910c: 81 (catalogue); Mazur, 1984b: 147 (catalogue): 1997: 11 (catalogue); 2011a: 14 (catalogue); Mazur in Löbl *et* Smetana, 2004: 89 (catalogue); Lackner *et al.* in Löbl *et* Löbl, 2015: 110 (catalogue).

体长 1.84-1.92 mm，体宽 1.52-1.60 mm。体卵圆形，隆凸；深棕色；体背具粗短刚毛，且通常被覆泥状鳞片。除去鳞片可见如下特征。

头部额盘区边缘隆起，触角着生处周围亦隆起；表面有 3 个纵向隆脊，中央脊最长，位于头表面基半部，两侧脊位于基部 1/3；额表面粗糙并有稀疏刚毛，口上片具大而浅的方形刻点。

前胸背板侧缘弧形向前收缩，缘边强烈隆起并密布刚毛，前缘凹缺部分中央近于平直；表面具 6 条脊，中央的 4 条脊短，仅存在于端部 1/3 且轻微隆起，两侧的脊完整、强烈隆起，所有的脊两侧均有刚毛；靠近前胸背板前角有 1 大而深的横向凹洼，最外侧的脊于此处略有降低；表面基部 2/3（短脊之后）侧面第 2 条脊延长线内侧的梯形区域具稀疏的圆形刻点，混有刚毛，其他区域（脊除外）光亮，无刻点。

鞘翅侧缘无明显的脊，缘折内侧有 1 条端部 1/3 弯曲的刻点线，线上具密集的圆形刻点（与前胸背板刻点相似）及稀疏刚毛；鞘翅盘区有 5 条脊，由外向内，第 1-4 条强烈隆起、完整，两侧均有刚毛，缝脊（第 5 条）轻微隆起，且仅于外侧具刚毛；第 1 和第 2 条脊之间有 1 行大而深的圆形刻点，其他各脊之间均有 2 行大而深的圆形刻点，2 行刻点间还有 1 行稀疏的刚毛，所有的刻点均向端部渐小；此外，鞘翅缘折刻点线与第 1 条脊之间于鞘翅基部 1/3 有 2 个大而深的长圆形刻点；鞘翅表面其他部分粗糙，略光亮。

前臀板横宽；中央有 1 纵向隆脊；表面粗糙，具大而浅的圆形刻点及稀疏的刚毛（脊除外）。臀板近于圆形；表面粗糙，具大而浅的圆形刻点，混有小刻点，并具较密集的刚毛。

咽板横宽，前缘中央向外弓弯；表面密布圆形刻点。前胸腹板龙骨宽，平坦，表面粗糙无刻点；龙骨线强烈隆起并向前汇聚；后缘向前弓弯；前胸腹板侧线强烈隆起并向前背离。

中胸腹板前缘双波状，中央向前突出；前缘及侧缘均有亚缘线，线上具细小刻点；后缘两侧各有 1 横向的、大而深的凹陷；表面无刻点，略光亮。

后胸腹板侧线隆起，向后侧方延伸并于基部 1/3 向外成角；两侧前角均有 1 大的、非常深的近圆形的凹陷，与中胸腹板后缘的凹陷相连，2 凹陷之间的中-后胸腹板缝上有 4 个圆形刻点；基节间盘区表面较光亮，无刻点。

第 1 腹节腹板基节间盘区横宽，平坦，表面粗糙，无刻点；后足基节窝之后有 1 大而浅的不规则凹陷。

前足胫节细长，于端部 1/3 处弯曲，外缘具小刺和刚毛。

观察标本：2 exs., Formosa [台湾屏东县] Koshun, VIII (年代不详), T. Shiraki leg.。

分布：台湾；尼泊尔，印度南部，泰国，越南，斯里兰卡。

讨论：与其他分布于中国的本属种类相比，本种鞘翅上的刻点较大，前臀板中央有 1 纵向隆脊，中-后胸腹板缝上有 4 个刻点。

(26) 树毛脊阁甲 *Epiechinus arboreus* (Lewis, 1884)

Onthophilus arboreus Lewis, 1884: 139 (Japan).

Epiechinus arboreus: Lewis, 1891c: 320; Jakobson, 1911: 652; Bickhardt, 1910c: 81; Ôhara, 1994: 85 (Japan; redescription); Mazur, 1984b: 147 (catalogue); 1997: 10 (catalogue); 2011a: 13 (catalogue); Mazur in Löbl *et* Smetana, 2004: 89 (catalogue); Lackner *et al.* in Löbl *et* Löbl, 2015: 109 (China: Taiwan; catalogue).

观察标本：未检视标本。

分布：台湾；日本。

（四）小阎甲亚科 Tribalinae Bickhardt, 1914

Tribalini Bickhardt, 1914a: 307; 1916b: 20; 1917: 121; Yélamos *et* Ferrer, 1988: 182.

Tribalinae Wenzel, 1944: 53; Wenzel in Arnett, 1962: 376, 378; Kryzhanovskij *et* Reichardt, 1976: 279 (where Onthophilini included); Mazur, 1984b: 150 (catalogue); 1997: 12 (catalogue); 2011a: 16 (catalogue); Ôhara, 1994: 80; 1999a: 79 (additional key to Japan); Yélamos, 2002: 74 (character, key), 364; Lackner *et al.* in Löbl *et* Löbl, 2015: 128 (catalogue).

Type genus: *Tribalus* Erichson, 1834.

体卵形，略隆凸；触角窝位于前胸腹板近前缘，横向，后闭合；口上片两侧平行；上唇具刚毛；鞘翅具数量和长度多变的线；咽板横宽。阳茎基片长度多变。

分布：各区，热带地区丰富。

该亚科世界记录 11 属 200 余种（Yélamos, 2002），中国记录 3 属 9 种，包括本书著者发表的 3 个种（Zhang and Zhou, 2007a）。

属 检 索 表

1. 鞘翅背面有线 ··· 2
   鞘翅背面无线，或者最多在基部有不明显的、退化的线，有时仅靠缝缘有 1 条线 ············
   ··· 小阎甲属 *Tribalus*
2. 鞘翅背面的线都达翅的端部；中胸腹板无横线 ···················· 悦阎甲属 *Epierus*
   鞘翅背面的线向后变成刻点行并消失，因此比较短；中胸腹板具向前强烈弓弯的横线 ············
   ·· 副悦阎甲属 *Parepierus*

7. 悦阎甲属 *Epierus* Erichson, 1834

Epierus Erichson, 1834: 158; Marseul, 1854: 671; Ganglbauer, 1899: 370; Reitter, 1909: 280; Jakobson, 1911: 640, 646; Bickhardt, 1910c: 56 (catalogue); 1917: 122; Wenzel in Arnett, 1962: 376, 381; Witzgall, 1971: 180; Kryzhanovskij *et* Reichardt, 1976: 280 (Russia; key); Vienna, 1980: 230; Mazur, 1984b: 150 (catalogue); 1997: 12 (catalogue); 2001: 44; 2011a: 16 (catalogue); Yélamos *et* Ferrer, 1988: 182; Ôhara, 1994: 80 (Japan); Yélamos, 2002: 74 (character), 364; Mazur in Löbl *et* Smetana, 2004: 101 (catalogue). **Type species:** *Hister fulvicornis* Fabricius, 1801. Designated by Bickhardt, 1917: 123.

体卵形，略隆凸。头部额线简化，只剩头后部靠近复眼的短小的线，有时完全缺失；上唇横宽，有时不对称，具刚毛；上颚粗短，弯曲。前胸背板缘线通常完整；前角锐。小盾片小，三角形。鞘翅背部的线通常到达端部，且 1-5 背线和缝线通常完整，无肩下线，有时有细弱的肩下线；鞘翅缘线通常完整。咽板相对较窄较长，触角窝深，位于前胸背板前角和咽板之间低凹的部分；前胸腹板龙骨窄，具完整的龙骨线。中胸腹板缘线通常完整，无横线。第 1 腹节腹板较长。胫节细，前足胫节加宽，外缘多小刺。阳茎具长的基片，侧叶与基片几乎等长。

发现于树皮下、腐烂树木、枯枝落叶，以及各种腐烂的植物体中；食真菌（Mazur, 2001）。

分布：东洋区、古北区、新北区，大部分生活在新热带区。

该属世界记录约 50 种，中国记录 1 种。

(27) 索氏悦阎甲 *Epierus sauteri* Bickhardt, 1913

Epierus sauteri Bickhardt, 1913a: 173 (China: Taihorin of Taiwan); Gaedike, 1984: 461 (information about Holotypus); Mazur, 1984b: 154 (catalogue); 1997: 14 (catalogue); 2011a: 17 (catalogue); Mazur in Löbl *et* Smetana, 2004: 101 (catalogue); Lackner *et al.* in Löbl *et* Löbl, 2015: 128 (catalogue).

描述根据 Bickhardt（1913a）整理：

体长 2.8 mm。体卵圆形，隆凸，黑色光亮，触角索节红褐色。额略隆凸。前胸背板缘线完整，刻点细小密集。鞘翅 1-5 背线及缝线完整，缝线基部与第 5 背线相连，线之间区域很光滑，肩下线完整。前臀板和臀板刻点细小稀疏。前胸腹板狭窄，前胸腹板龙骨线向两端相互远离。中胸腹板前缘横截，缘线完整，于前缘细弱。前足胫节短，多刺。

与 *Epierus beccarii* Marseul, 1871 相近，但有如下不同：额线缺失或者仅有微弱的痕迹，勉强可见；鞘翅第 5 背线和缝线更发达且于基部相连；前胸腹板龙骨线前者较后者向前后更加远离；中胸腹板在后者中几乎整个前缘宽阔凹缺，而在前者中前缘平截，因此中胸腹板缘线在后者中于前角处成角状而在前者中为圆弧形。

观察标本：未检视标本。

分布：台湾。

8. 副悦阎甲属 *Parepierus* Bickhardt, 1913

Parepierus Bickhardt, 1913b: 124; 1917: 126; Cooman, 1935c: 98 (note); Mazur, 1984b: 156 (catalogue); 1997: 17 (catalogue); 2011a: 19 (catalogue); Mazur in Löbl *et* Smetana, 2004: 101 (catalogue); Lackner *et al.* in Löbl *et* Löbl, 2015: 128 (catalogue). **Type species:** *Epierus amandus* Schmidt, 1892. Originally designation.

体小，卵形，隆凸。头部额线简化，只剩下靠近复眼的短小的线；口上片前面通常隆凸，有时扁平或凹陷；上唇通常三角形（*P. rufescens* 上唇前缘直），有 2 个具刚毛的刻点。前胸背板前缘通常无缘线或宽阔间断，有时完整（*P. silvaticus*），前角锐。小盾片小，三角形。鞘翅背线通常不达端部，其后端缩短，逐渐弱化为刻点行；通常无肩下线，偶尔有（*P. subhumeralis*、*P. silvaticus*）；鞘翅缘线通常不完整，只存在于端部或基部短缩。前臀板横宽，臀板近于三角形，后缘比较圆钝，两者均向腹面下弯。咽板很宽，触角窝不及 *Epierus* 深；前胸腹板龙骨很宽。中胸腹板前缘中部直或向前突出；中胸腹板缘线于前缘通常不完整即间断，偶尔无缘线（*P. corticicola*）；中胸腹板横线弓形，通常密集锯齿状，有时龙骨状（*P. arcuatus*）；中-后胸腹板缝不明显。前足胫节宽，外缘密排短刺，刺细小，跗节沟不明显。阳茎基片与侧叶的相对长度在不同种类中多变，有时约等长，有时基片较侧叶短，有时基片较侧叶长，且侧叶总是长于中叶顶端。

多发现于倒木树皮下。

分布：东洋区和澳洲区。

该属世界记录 31 种，中国记录 4 种。

种 检 索 表

1. 鞘翅具缝线 ··2

   鞘翅不具缝线 ··3

2. 小盾片前没有大刻点，仅有 1 不清晰的小凹窝；鞘翅第 5 背线和缝线为钝齿状线 ··················
   ··· **异刺副悦阎甲 *P. inaequispinus***

   小盾片前有许多刻点排列成半圆形；鞘翅第 5 背线和缝线为较稀疏的刻点行 ······················
   ··· **中国副悦阎甲 *P. chinensis***

3. 额前端扁平；前胸腹板龙骨线向前后同等程度背离；鞘翅第 5 背线缺失 ··························
   ··· **梳刺副悦阎甲 *P. pectinispinus***

   额前端凹陷；前胸腹板龙骨线前端背离；鞘翅第 5 背线存在但不明显，前后端均短缩 ··············
   ··· **刘氏副悦阎甲 *P. lewisi***

(28) 中国副悦阎甲 *Parepierus chinensis* Zhang *et* Zhou, 2007（图 38）

Parepierus chinensis Zhang *et* Zhou, 2007c: 254 (China: Yunnan); Mazur, 2011a: 19 (catalogue); Lackner *et al.* in Löbl *et* Löbl, 2015: 128 (catalogue).

体长 1.53-1.58 mm，体宽 1.23-1.29 mm。体卵形，隆凸；深棕色或棕色，光亮，足、触角和口器栗色。

头部表面基部扁平，触角着生处微隆，端部纵向中央隆起；表面具密集均匀的小刻点，向前刻点更密更小，端部两侧刻点略粗大；额线短，只存在于复眼内侧的边缘；上颚着生处之间有 1 条黑色暗线，中间向后约成 120° 的角，从某一角度观察可见 1 细缝；上唇略呈三角形，表面不光滑，具不清晰的略密集的小刻点，小刻点具短毛，靠近前缘具 2 根长刚毛；上颚很短很粗，剧烈向内弯曲，内侧不具齿，表面具略密集的小刻点，刻点具短毛。

前胸背板两侧均匀弧弯，剧烈向前收缩，前缘凹缺部分均匀弧弯，后缘中间向后成 1 钝角，两侧较直，边缘处向下弧弯；缘线于两侧完整且呈双波状，于前缘缺失；表面具密集均匀的细小刻点，夹杂有稀疏的略粗大的刻点，有时后中部刻点更密更大，沿前缘的窄带光滑无刻点，沿后缘有 1 行稀疏且不规则的纵长刻点；小盾片前区宽阔平坦，具排列成半圆形的粗大刻点。

鞘翅两侧均匀弧弯。斜肩线细，位于基部 1/3；第 1-4 背线近于完整，端部略短缩，不达后缘，稀疏钝齿状且深刻，第 1 背线端部 1/4 通常细且不清晰，第 4 背线端部 1/3

通常为稀疏刻点行，第 5 背线存在于端部 2/3，为稀疏刻点行；缝线前末端较第 5 背线略长，其基部钝齿状，向端部成稀疏刻点行，在第 5 背线和缝线之间且靠近缝线有 1 与缝线平行的另 1 稀疏刻点行，较第 5 背线略短或等长。鞘翅表面具略稀疏的微小刻点，背线后末端之后区域刻点稍大，沿后缘的窄带光滑无刻点。鞘翅缘折刻点稀疏细小，夹杂有稀疏的较粗大的刻点；缘折缘线完整且稀疏钝齿状，较远离边缘；鞘翅缘线存在于端部 2/3，密集钝齿状。

　　前臀板刻点密集均匀，大小与鞘翅近后缘刻点相似，边缘刻点细小。臀板前角处略凹，表面刻点与前臀板的相似，刻点于顶端略小。

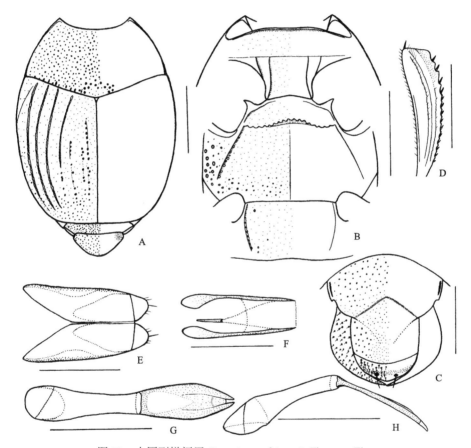

图 38　中国副悦阎甲 *Parepierus chinensis* Zhang *et* Zhou

A. 前胸背板、鞘翅、前臀板和臀板（pronotum, elytra, propygidium and pygidium）；B. 前胸腹板、中-后胸腹板和第 1 腹节腹板（prosternum, meso- and metasterna and the 1st visible abdominal sternum）；C. 头（head）；D. 前足胫节，背面观（protibia, dorsal view）；E. 雄性第 8 腹节背板和腹板，背面观（male 8th tergite and sternum, dorsal view）；F. 雄性第 9、10 腹节背板和第 9 腹节腹板，背面观（male 9th and 10th tergites and 9th sternum, dorsal view）；G. 阳茎，背面观（aedeagus, dorsal view）；H. 同上，侧面观（ditto, lateral view）。比例尺（scales）：A, B = 0.5 mm, C-H = 0.25 mm

　　咽板前缘中央较直，微弱向内弯曲，缘线深刻；端部 1/3 横向隆起；表面具稀疏细小的刻点。前胸腹板龙骨沿前后缘均微隆，中央平坦，后缘适度向内弓弯，中间通常成

1 明显或不明显的钝角；龙骨线深刻，中间最窄，向前向后约同等程度相互远离；表面刻点较咽板的略密略小，具密集的纵向细刻纹。前胸腹板侧线深刻。

中胸腹板前缘中部宽阔向前弓弯，缘线于侧面近于完整（不达中-后胸腹板缝），于前缘中部 1/3 宽阔间断；表面刻点均匀细小，与龙骨表面刻点相似，但略密集；中胸腹板横线强烈且密集钝齿状，双波状，中部剧烈向前弓弯；中-后胸腹板缝靠近中胸腹板横线，中间部分可见，两侧部分与横线融合。

后胸腹板基节间盘区刻点与中胸腹板的相似，近后缘夹杂有稀疏的略粗大的刻点，后足基节窝前缘处刻点更大；盘区中部隆凸，中纵沟清晰，深刻；后胸腹板侧线向后侧方延伸，接近侧后角，深刻且伴随粗大刻点；侧盘区刻点稀疏细小，夹杂有稀疏粗大的刻点，外侧区域刻点更大；中足基节后线沿中足基节窝后缘延伸，末端不弯曲。

第 1 腹节腹板基节间盘区刻点与后胸腹板基节间盘区刻点相似；腹侧线存在于基部 3/4，深刻且伴随粗大刻点。

前足胫节细长，向端部渐宽，外缘多刺（具 15 个小刺）。

雄性外生殖器如图 38E-H 所示。

观察标本：正模，♂，云南西双版纳勐仑，810 m，倒木手捕，2004.II.10，吴捷、殷建涛采；副模，2♂，1♀，同正模；3♀，云南西双版纳勐腊西片，730 m，倒木，2004.II.13，吴捷采。

分布：云南。

讨论：本种与 *P. chaostrius* Cooman 相似，但可通过以下特征相区分，本种前胸腹板龙骨表面具针尖状小刻点，而后者无刻点；本种鞘翅缘线位于端部约 2/3，到达肩部，而后者仅位于端半部。

(29) 异刺副悦阎甲 *Parepierus inaequispinus* Zhang et Zhou, 2007（图 39）

Parepierus inaequispinus Zhang et Zhou, 2007c: 256 (China: Hainan); Mazur, 2011a: 19 (catalogue); Lackner *et al.* in Löbl *et* Löbl, 2015: 129 (catalogue).

体长 1.78-1.86 mm，体宽 1.49-1.52 mm。体卵形，略隆凸；黑色光亮，足红棕色，触角和口器栗色。

头部表面基部平坦，触角着生处微隆，之间区域适度凹陷，端部纵向中央微隆；表面具密集均匀的小刻点，向前刻点更细小，端部两侧刻点略粗大；额线短，只存在于复眼内侧的边缘；上颚着生处之间有 1 条黑色暗线，中间向后约成 120°的角，从某 1 角度观察可见 1 细缝；上唇呈三角形，表面不光滑，具不清晰的略密集的浅的小刻点及 2 个具长刚毛的大刻点；上颚很短很粗，剧烈向内弯曲，内侧不具齿，表面具略密集的小刻点，刻点具短毛。

前胸背板两侧均匀弧弯，剧烈向前收缩，前缘凹缺部分均匀弧弯，后缘中间向后成 1 钝角，两侧较直，边缘处向下弧弯；缘线于两侧完整且呈双波状，于前缘缺失；侧面刻点小而清晰，密集均匀，向后中部刻点变小变浅，沿侧缘及后缘刻点细小，沿前缘刻点更小；小盾片前区有 1 不明显的小凹窝。

鞘翅两侧均匀弧弯。斜肩线细，位于基部 1/3；第 1-4 背线近于完整且几乎等长，端部略短缩，不达后缘，密集钝齿状且较宽，第 1 背线末端有时较其他背线略短，第 4 背线较细，基部 1/3 较光滑，向后为钝齿状，基部更加向内弯曲，第 5 背线存在于中部略长于 1/3，具微弱刻痕，为略稀疏的小刻点行，或存在于端半部的前 1/2，细且钝齿状，具小刻点行，此线有时较直有时略呈波状弯曲；缝线细，基部较光滑，向后为钝齿状，存在于中部 1/2，较第 5 背线长且与之平行，二者都与鞘翅缝平行。鞘翅表面具略稀疏的细微刻点，第 5 背线和缝线之间靠近缝线后部刻点略大，背线后末端之后区域刻点更大，沿后缘的窄带光滑无刻点。鞘翅缘折刻点较密集，大小混杂；缘折缘线完整且稀疏钝齿状，较远离边缘；鞘翅缘线存在于端部 2/3，较浅较宽，稀疏钝齿状。

前臀板刻点密集均匀，大小与前胸背板侧面刻点相似，边缘刻点细小。臀板刻点密集，较前臀板刻点略小，向后刻点更小更密。

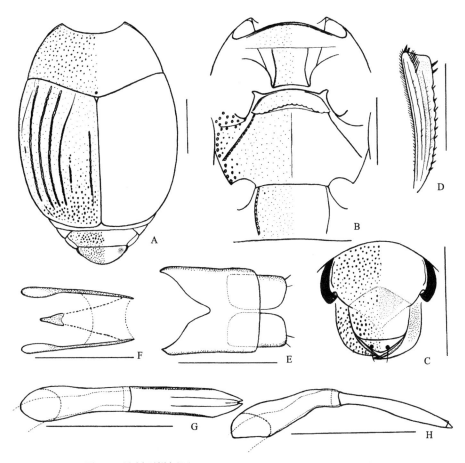

图 39　异刺副悦阎甲 *Parepierus inaequispinus* Zhang *et* Zhou

A. 前胸背板、鞘翅、前臀板和臀板（pronotum, elytra, propygidium and pygidium）；B. 前胸腹板、中-后胸腹板和第 1 腹节腹板（prosternum, meso- and metasterna and the 1st visible abdominal sternum）；C. 头（head）；D. 前足胫节，背面观（protibia, dorsal view）；E. 雄性第 8 腹节背板和腹板，背面观（male 8th tergite and sternum, dorsal view）；F. 雄性第 9、10 腹节背板和第 9 腹节腹板，背面观（male 9th and 10th tergites and 9th sternum, dorsal view）；G. 阳茎，背面观（aedeagus, dorsal view）；H. 同上，侧面观（ditto, lateral view）。比例尺（scales）：A, B = 0.5 mm, C-H = 0.25 mm

咽板前缘中央圆形，缘线深刻；表面平坦，具略稀疏的微小刻点。前胸腹板龙骨表面平坦，后缘适度向内弓弯；龙骨线深刻，中间最窄，向前向后约同等程度相互远离；表面刻点与咽板的相似。前胸腹板侧线深刻。

中胸腹板前缘中部宽阔向前弓弯，缘线于侧面近于完整（不达中-后胸腹板缝），于前缘中部 1/3 宽阔间断；表面刻点与龙骨表面的相似；中胸腹板横线密集钝齿状、双波状，中部剧烈向前弓弯；中-后胸腹板缝靠近中胸腹板横线，中间部分可见，两侧部分与横线融合。

后胸腹板基节间盘区刻点与中胸腹板的相似，侧后角处刻点粗大；盘区中部微隆，中纵沟浅，不清晰，基部较清晰；后胸腹板侧线向后侧方延伸，接近侧后角，深刻且伴随密集大刻点；侧盘区刻点稀疏细小，外侧边缘具 1 行大刻点；中足基节后线较远离中足基节窝后缘延伸，末端不弯曲。

第 1 腹节腹板基节间盘区刻点与后胸腹板基节间盘区的相似；腹侧线近于完整，端部略短缩，深刻且伴随粗大刻点。

前足胫节细长，向端部略加宽，外缘多刺，端部 2 个刺较大，其余刺小。

雄性外生殖器如图 39E-H 所示。

观察标本：正模，♂，海南尖峰岭，810 m，倒木，2004.VII.21，吴捷，陈永杰采；副模，1♂，1♀，同正模。

分布：海南。

讨论：本种无双缝线，以及前足胫节外缘端部的刺与其余刺不同，可与其他种相区分。

(30) 刘氏副悦阎甲 *Parepierus lewisi* Bickhardt, 1913

Parepierus lewisi Bickhardt, 1913a: 173 (China: Taihorin of Taiwan); Gaedike, 1984: 460 (information about Holotypus); Mazur, 1984b: 157 (catalogue); 1997: 17 (catalogue); 2007a: 75 (China: Lienhuachih, Kaoshiung of Taiwan); 2011a: 19 (catalogue); Mazur in Löbl *et* Smetana, 2004: 101(catalogue); Lackner *et al.* in Löbl *et* Löbl, 2015: 129 (catalogue).

描述根据 Bickhardt（1913a）整理：

体长 1.5 mm。体椭圆形，隆凸，黑色光亮，刻点很密集，触角索节暗褐色。额前端凹陷，额线缺失。前胸背板于小盾片前凹陷，刻点较粗大；缘线于复眼之后缺失，两侧向前锯齿形；前角锐。鞘翅无肩下线，第 1-4 背线清晰，末端短缩，第 5 背线不明显，前后均短缩，无缝线。前胸腹板宽，龙骨线前端相互远离。中胸腹板前缘弧圆，缘线于前端宽阔间断；横线弯曲，强烈钝齿状。胫节前端具小刺。

与 *P. corticicola* Bickhardt 最相近，外形和大小相同。区别是：本种额前端下凹；鞘翅刻点明显粗大，无缝线；前胸腹板龙骨线前端更加背离。

观察标本：未检视标本。

分布：台湾。

(31) 梳刺副悦阎甲 *Parepierus pectinispinus* Zhang *et* Zhou, 2007（图 40）

Parepierus pectinispinus Zhang *et* Zhou, 2007c: 258 (China: Yunnan); Mazur, 2011a: 19 (catalogue); Lackner *et al.* in Löbl *et* Löbl, 2015: 129 (catalogue).

　　体长 2.02 mm，体宽 1.67 mm。体卵形，隆凸；深棕色，光亮，足、触角和口器红棕色，触角的端锤黄褐色。

　　头部表面前后均较扁平，触角着生处强烈隆起，使得隆起部分之间的区域强烈低凹；表面端部刻点小，十分密集，向后刻点略大略疏；额线短，只存在于复眼内侧的边缘；上颚着生处之间有 1 条黑色暗线，中间向后约成 120°的角，从某一角度观察可见 1 细缝；上唇呈三角形，表面不光滑，具不清晰的、浅的、密集的小刻点，以及 2 个具长刚毛的大刻点；上颚很短很粗，剧烈向内弯曲，内侧不具齿，表面具很密集的小刻点，向基部变大变浅，刻点具短毛。

　　前胸背板两侧均匀弧弯，剧烈向前收缩，前缘凹缺部分中部较直，后缘中间向后成 1 钝角，两侧较直，边缘处向下弧弯；缘线于两侧完整且呈双波状，于前缘中部宽阔间断；表面具略密集的小刻点，刻点向基部及两侧变大；小盾片前区有 1 纵向浅凹，约占前胸背板基部 1/3。

　　鞘翅两侧均匀弧弯。斜肩线几乎缺失；第 1-4 背线存在，较浅较细，第 1 背线存在于基部约 1/2，且基末端略短缩，密集微弱钝齿状，向后变成刻点行，此背线内侧伴随 1 极细且较长的浅刻痕，第 2 背线存在于基部约 3/4，基末端略短缩，密集微弱钝齿状，后末端刻点状，第 3 背线与第 2 背线等长，伴随较密集刻点行，基末端略短缩且为刻点状，第 4 背线存在于基部约 2/3，基末端到达前缘，前半部为细刻痕，后半部为略密集刻点行，第 5 背线无；缝线缺失，只在基部有 1 短的浅凹痕。鞘翅背线之间区域刻点小，略密集，第 4 背线内侧及鞘翅端部刻点稍大，基部 1/4 小盾片周围的宽阔区域刻点细小，沿鞘翅缝有 1 行密集细小的刻点，沿前缘刻点细小，沿后缘的窄带光滑无刻点。鞘翅缘折刻点略密集，与鞘翅端部刻点相似；缘折缘线完整且稀疏钝齿状，较远离边缘；鞘翅缘线存在于端部 2/3，稀疏钝齿状，基部 1/3 具 1 对向基部背离的短刻痕。

　　前臀板刻点密集，大小与鞘翅端部刻点相似，边缘刻点细小。臀板刻点较前臀板的略小略稀，侧后缘及顶端刻点密集。

　　咽板前缘中央圆形，缘线深刻；表面平坦，刻点密集且大小适中，刻点向两侧变大。前胸腹板龙骨表面平坦，后缘略向内弓弯；龙骨线深刻，中间最窄，向前向后约同等程度相互远离；表面前 1/2 刻点与咽板的相似，后 1/2 刻点小。前胸腹板侧线较长。

　　中胸腹板前缘中部宽阔，略向前弓弯，缘线于侧面近于完整（不达中-后胸腹板缝），于前缘中部 1/3 宽阔间断；表面刻点与龙骨表面后部刻点相似，但略稀疏；中胸腹板横线密集钝齿状、双波状，中部剧烈向前弓弯；中-后胸腹板缝靠近中胸腹板横线，中间部分可见，两侧部分与横线融合。

　　后胸腹板基节间盘区纵向中央刻点与中胸腹板的相似，向侧面刻点略大，最外侧后部刻点粗大；中纵沟清晰，深刻，前端略短缩；后胸腹板侧线向后侧方延伸，波状弯曲，接近侧后角，深刻且伴随密集的粗大刻点；侧盘区具密集的圆形大刻点；中足基节后线短，沿中足基节窝后缘延伸，末端远离中足基节窝且微弱向下弯曲。

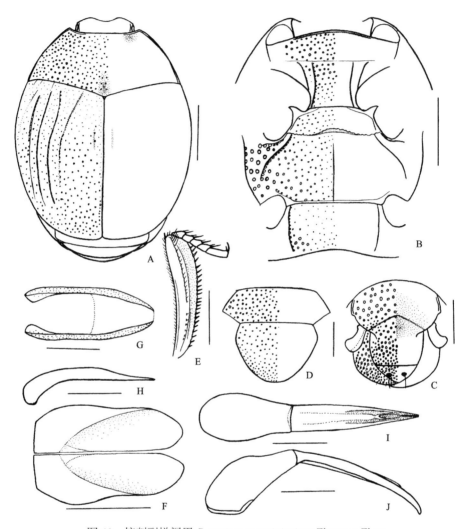

图 40　梳刺副悦阎甲 *Parepierus pectinispinus* Zhang *et* Zhou

A. 前胸背板和鞘翅（pronotum and elytra）；B. 前胸腹板、中-后胸腹板和第 1 腹节腹板（prosternum, meso- and metasterna and the 1st visible abdominal sternum）；C. 头（head）；D. 前臀板和臀板（propygidium and pygidium）；E. 前足胫节，背面观（protibia, dorsal view）；F. 雄性第 8 腹节腹板，腹面观（male 8th sternum, ventral view）；G. 雄性第 9、10 腹节背板，背面观（male 9th and 10th tergites, dorsal view）；H. 同上，侧面观（ditto, lateral view）；I. 阳茎，背面观（aedeagus, dorsal view）；J. 同上，侧面观（ditto, lateral view）。比例尺（scales）：A, B = 0.5 mm, C-J = 0.25 mm

第 1 腹节腹板基节间盘区刻点稀疏细小，沿后缘刻点略密集，侧后方刻点粗大；腹侧线近于完整，后末端略短缩，深刻且伴随粗大刻点。

前足胫节细长，向端部略加宽，外缘具十分密集的刺，刺较长，呈梳状。

雄性外生殖器如图 40F-J 所示。

观察标本：正模，♂，云南西双版纳勐腊西片，730m，倒木，2004.II.13，吴捷采。

分布：云南。

讨论：本种与刘氏副悦阁甲 *P. lewisi* Bickhardt 相似，但可通过额端部扁平，前胸腹板龙骨线向前后同等程度背离，以及鞘翅第 5 背线缺失等特征与后者区别。与 *P. monticola* （Schmidt）相似，但可通过以下特征区分：前者小盾片前区有 1 凹陷，而后者有 2 个凹陷；前者第 4 背线只位于基半部，而后者完整。

9. 小阁甲属 *Tribalus* Erichson, 1834

Tribalus Erichson, 1834: 164; Lacordaire, 1854: 269; Marseul, 1855: 151; Ganglbauer, 1899: 371; Bickhardt, 1910c: 65 (catalogue); 1917; 122, 127; 1921: 162, 163; Jakobson, 1911: 640, 646; Witzgall, 1971: 181; Kryzhanovskij *et* Reichardt, 1976: 282; Mazur, 1984b: 158 (catalogue); 1997: 18 (catalogue); 2011a: 20 (catalogue); Yélamos *et* Ferrer, 1988: 183; Yélamos, 2002: 78 (character), 364; Mazur in Löbl *et* Smetana, 2004: 102 (catalogue); Lackner *et al.* in Löbl *et* Löbl, 2015: 129 (catalogue). **Type species:** *Hister capensis* Paykull, 1811. Designated by Bickhardt, 1917: 128.

Triballus Gemminger *et* Harold, 1868: 781 (emend.); Schmidt, 1885c: 282, 287.

体卵圆形，腹面隆凸程度超过背面。头中等大小，额区凹下，背面观遮盖复眼；口上片与额部无分界线；上唇横宽，有 2 个具长刚毛的大刻点；上颚大，粗壮，弯曲，内侧有 1 齿；复眼稍外突；触角着生在额边缘之下、复眼之前，触角第 1 节长，端锤 4 节紧缩，近乎圆形，表面附生绒毛。前胸背板缘线完整或不完整。小盾片小，三角形。鞘翅背部的线不明显或缺失。前臀板横宽且较长，臀板半圆形或扇形，两者均下弯。咽板短，前边弧圆。前胸腹板龙骨长大于宽，具龙骨线。中胸腹板短宽，前缘中部近于平直；中-后胸腹板缝隆起，密集钝齿状。前足胫节扁平，末端加宽，外侧具密集的小刺，跗节沟无很明确的外界。阳茎基片很短，侧叶扁平。

分布：东洋区、热带非洲区、古北区和澳洲区。

该属世界记录 2 亚属 80 余种，中国记录 2 亚属 4 种。

亚属和种检索表

1. 鞘翅无缝线（小阁甲亚属 *Tribalus*）……………………………………………… 点小阁甲 *T. (T.) punctillatus*
　鞘翅具 1 条不完整的简单锯齿状缝线（真小阁甲亚属 *Eutribalus*）……………………………… 2
2. 前胸腹板龙骨线中间窄，向前向后同等程度背离；后胸腹板基节间盘区中部靠近中纵沟具粗大刻点…………………………………………………………………………… 柯氏小阁甲 *T. (E.) koenigius*
　前胸腹板龙骨线前末端向外弯曲，之后向后微弱背离；后胸腹板基节间盘区中部无粗大刻点……
……………………………………………………………………………………… 鸽小阁甲 *T. (E.) colombius*

注：欧氏小阁甲 *T. (E.) ogieri* Marseul 未包括在内。

1) 小阎甲亚属 *Tribalus* Erichson, 1834

(32) 点小阎甲 *Tribalus* (*Tribalus*) *punctillatus* Bickhardt, 1913（图 41）

Tribalus punctillatus Bickhardt, 1913a: 174 (China: Kosempo of Taiwan); Reichardt, 1932b: 118; Mazur, 1975: 440; 1984b: 160 (catalogue); 1997: 20 (catalogue); 2007a: 75 (China: Taipei, Fushan, Nantou, Pingtung of Taiwan); 2011a: 21 (catalogue); Gaedike, 1984: 461 (information about Syntypes); Mazur in Löbl *et* Smetana, 2004: 102 (catalogue); Lackner *et al.* in Löbl *et* Löbl, 2015: 129 (catalogue).

Tribalus puncticollis Lewis, 1915: 56 (error).

体长 1.98 mm，体宽 1.54 mm。体卵形，隆凸；黑色光亮，胫节、跗节、触角和口器红棕色。

头部表面于中央低平，于触角着生处之上隆起，形成 1 指向前侧方的斜脊；表面具密集细小的刻点；无额线；触角端锤顶端平截。

前胸背板两侧向前收缩，前缘凹缺部分中央较直，后缘中央成钝角，两侧直；缘线完整；表面刻点较大且密集，沿侧缘刻点较小；小盾片前区有一些纵向相连的刻点。

鞘翅两侧均匀弧弯。外肩下线完整，所有背线均短缩或极其微弱。表面具稀疏的较小的刻点，沿鞘翅缝和两侧刻点更小，沿鞘翅后缘的窄带无刻点。鞘翅缘折平坦，具稀疏细小的刻点；缘折缘线细且完整，较远离边缘；鞘翅缘线细且完整。

前臀板刻点与鞘翅的相似但更密集，边缘刻点较小。臀板基部 1/4 刻点较前臀板的略小，端部 3/4 刻点细小。

咽板前缘中央近于直线，缘线清晰深刻；表面密布粗糙刻点。前胸腹板龙骨平坦；龙骨线清晰，向前后两端均背离；龙骨表面刻点与咽板的相似。前胸腹板侧线长。

中胸腹板前缘中央轻微外凸，缘线完整；表面刻点稀疏细小，较前胸腹板刻点细小；中-后胸腹板缝强烈钝齿状、隆起且较平直。

后胸腹板基节间盘区刻点与中胸腹板的相似，两侧刻点渐粗糙且稀疏；中纵沟浅，端部较清晰；后胸腹板侧线前 1/2 向后侧方延伸，到达纵向中部强烈弧弯，折向斜上方，其末端靠近后中足基节线的末端；侧盘区具粗糙的较大的刻点；中足基节后线沿中足基节窝后缘延伸，末端不弯曲。

第 1 腹节腹板基节间盘区刻点与后胸腹板基节间盘区的相似但较粗糙；腹侧线强烈向外弧弯，存在于基部略超出 1/2，末端到达第 1 腹节腹板-后胸后侧片缝中央。

各足胫节扁平，均由基部向端部加宽。前足胫节外缘有 1 列极小的齿。

观察标本：1♀，[台湾] Kosempo, 1923.VII., T. Shiraki leg., T. Shiraki and Y. Miwa det.。

分布：台湾；缅甸，印度，菲律宾。

讨论：Bickhardt（1913a）描述该种的中胸腹板缘线于前缘宽阔间断，与上述标本不符，标本是否该种需要核对模式标本。

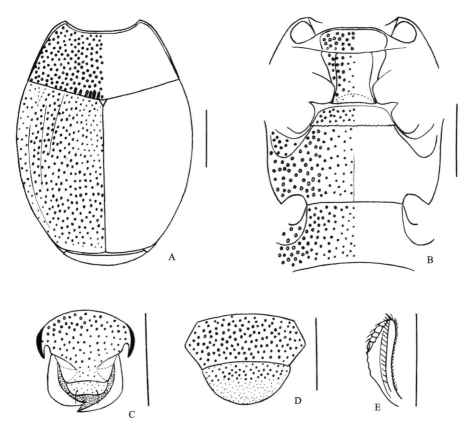

图 41　点小阎甲 *Tribalus* (*Tribalus*) *punctillatus* Bickhardt

A. 前胸背板和鞘翅（pronotum and elytra）；B. 前胸腹板、中-后胸腹板和第 1 腹节腹板（prosternum, meso- and metasterna and the 1st visible abdominal sternum）；C. 头（head）；D. 前臀板和臀板（propygidium and pygidium）；E. 前足胫节，背面观（protibia, dorsal view）。比例尺（scales）：0.5 mm

2) 真小阎甲亚属 *Eutribalus* Bickhardt, 1921

Eutribalus Bickhardt, 1921: 164; Mazur, 1997: 20 (catalogue); 2011a: 22 (catalogue); Mazur in Löbl *et* Smetana, 2004: 102 (catalogue); Lackner *et al.* in Löbl *et* Löbl, 2015: 129 (catalogue). **Type species:** *Tribalus agrestis* Marseul, 1855. Original designation.

(33) 鸽小阎甲 *Tribalus* (*Eutribalus*) *colombius* Marseul, 1864（图 42）

Tribalus colombius Marseul, 1864a: 335 (Sri Lanka); Bickhardt, 1910c: 66 (catalogue); 1913a: 174 (Taihorin, Fuhosho); Mazur, 1984b: 161 (catalogue); 1997: 21 (catalogue); 2011a: 22 (catalogue); Mazur in Löbl *et* Smetana, 2004: 102 (catalogue); Lackner *et al.* in Löbl *et* Löbl, 2015: 129 (catalogue).

体长 2.22-2.63 mm，体宽 1.92-2.25 mm。体卵形，隆凸；黑色或深棕色，光亮，有时带不明显的彩色金属光泽，足和触角栗色。

　　头部表面以触角着生处横向连线为界向前弓弯，前面较平坦，后面略隆凸；上颚着生处之上有 1 对向前汇聚的较直的线，前末端接近前缘；表面刻点密集细小，沿后缘刻点略大；无额线；触角端锤顶端平截。

　　前胸背板两侧强烈向前收缩，前缘凹缺部分中央直，后缘于中央成钝角，两侧近末端向后弯曲；缘线深，轻微钝齿状，于侧面完整，前缘中央于头后宽阔间断；表面密布细小刻点，细小刻点间混有稀疏粗大的刻点，沿后缘有 1 密集的小而浅的刻点行。

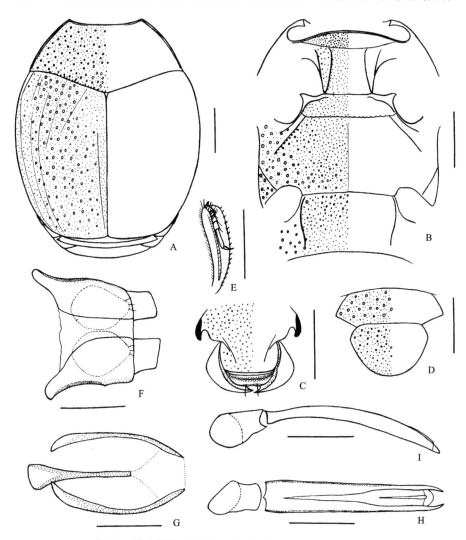

图 42　鸽小阎甲 *Tribalus* (*Eutribalus*) *colombius* Marseul

A. 前胸背板和鞘翅（pronotum and elytra）；B. 前胸腹板、中-后胸腹板和第 1 腹节腹板（prosternum, meso- and metasterna and the 1st visible abdominal sternum）；C. 头（head）；D. 前臀板和臀板（propygidium and pygidium）；E. 前足胫节，背面观（protibia, dorsal view）；F. 雄性第 8 腹节背板和腹板，背面观（male 8th tergite and sternum, dorsal view）；G. 雄性第 9、10 腹节背板和第 9 腹节腹板，背面观（male 9th and 10th tergites and 9th sternum, dorsal view）；H. 阳茎，背面观（aedeagus, dorsal view）；

I. 同上，侧面观（ditto, lateral view）。比例尺（scales）：A-E = 0.5 mm, F-I = 0.25 mm

鞘翅两侧弧圆。肩下线细且完整；斜肩线具微弱的刻痕或缺失；背线微弱，第1、2背线有时为细刻痕，较长，基部短缩，有时十分微弱，甚至缺失，第3背线存在于基部不足1/2，为细刻痕，第4背线存在于基部1/4，向后侧方伸展，较清晰，第5背线无；缝线清晰，粗糙钝齿状，基部1/4或1/5短缩，端部1/7短缩，有时后末端靠近后缘，缝线由基部向端部逐渐向鞘翅缝靠近。鞘翅表面密布细小刻点，细小刻点间混有稀疏粗大的刻点，较前胸背板大刻点大。鞘翅缘折平坦，刻点稀疏细小；缘折缘线细且完整；鞘翅缘线完整，隆起，稀疏钝齿状；鞘翅缘线和缘折缘线之间另有1略隆起的线。

前臀板具较密集的细小刻点，其间均匀地分散有一些粗大刻点，与前胸背板刻点相似。臀板具较密集的细小刻点，基部均匀地分布有较粗大的刻点，较前臀板大刻点小。

咽板前缘宽阔平截，具隆起的缘边，缘线清晰完整；表面密布细小刻点。前胸腹板龙骨平坦；龙骨线隆起，前末端向外弯曲，之后向后微弱背离；龙骨表面刻点较咽板的略小略稀。前胸腹板侧线隆起。

中胸腹板前缘中央轻微向外突出，缘线隆起，侧面完整，前缘于龙骨后缘之后宽阔间断；表面密布细小刻点；中-后胸腹板缝密集钝齿状，微呈双波状或平直。

后胸腹板基节间盘区中部刻点密集细小，两侧刻点稀疏细小，沿后缘及侧面混有一些粗大刻点，端部中央及侧面基部大刻点较小；中纵沟略浅；后胸腹板侧线向后侧方延伸，较直，存在于基部2/3或略短；侧盘区具稀疏的圆形大刻点，夹杂有稀疏的细小刻点，刻点间隙具密集的细纹；中足基节后线向后侧方延伸，波曲，向后较远离后胸腹板侧线，长度不到后者的2/3，有时更短。

第1腹节腹板基节间盘区具略稀疏的细小刻点，基半部中央及后角处混有一些较大的刻点，前角处各有1较深的圆形大刻点；腹侧线括弧形，后末端略短缩。

各足胫节较扁平，均向端部加宽。前足胫节外缘多小刺。

雄性外生殖器如图42F-I所示。

观察标本： 1 ex., [台湾] Kosempo, 1923.VIII., T. Shiraki leg., T. Shiraki and Y. Miwa det.; 1 号，云南车里，500 m，1955.IV.8，Kryzhanovskij 采，Kryzhanovskij 鉴定；1 号，云南金平猛喇，370 m，1956.IV.14，黄克仁等采，Kryzhanovskij 鉴定；1 号，云南金平猛喇，500 m，1956.V.2，黄克仁等采，Kryzhanovskij 鉴定；1♂，5♀，11 号，云南金平猛喇，370 m，1956.V.4，黄克仁等采，Kryzhanovskij 鉴定。

分布： 云南、台湾；印度，斯里兰卡，缅甸，越南。

(34) 柯氏小阎甲 *Tribalus* (*Eutribalus*) *koenigius* Marseul, 1864（图 43）

Tribalus koenigius Marseul, 1864a: 334 (New Guinea, Aru Is.); Bickhardt, 1910c: 66 (catalogue); Mazur, 1984b: 161 (catalogue); 1997: 21 (catalogue; China: Hainan); 2011a: 22 (catalogue); Mazur in Löbl *et* Smetana, 2004: 102 (catalogue); Lackner *et al.* in Löbl *et* Löbl, 2015: 129 (catalogue).

体长 2.43 mm，体宽 1.98 mm。体卵形，隆凸；黑色光亮，带不明显的彩色金属光泽，足和触角栗色。

头部表面以触角着生处横向连线为界向前弓弯，前面较平坦，后面略隆凸；上颚着生处之上有对斜向前汇聚的较直的线，前末端离前缘较远；表面刻点密集细小，沿后缘刻点略大；无额线。

前胸背板两侧强烈向前收缩，前缘凹缺部分中央直，后缘于中央成钝角，两侧近端部略向后弯曲；缘线深，侧面完整，前缘中央于头后宽阔间断；表面密布细小刻点，细小刻点间混有稀疏粗大的刻点，两侧及后缘刻点较大，中部刻点明显较小，沿后缘有 1 密集的小而浅的刻点行，纵向中央基部有 1 窄的无刻点带。

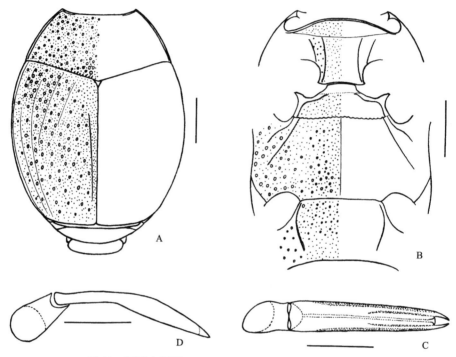

图 43　柯氏小阎甲 *Tribalus* (*Eutribalus*) *koenigius* Marseul

A. 前胸背板和鞘翅（pronotum and elytra）；B. 前胸腹板、中-后胸腹板和第 1 腹节腹板（prosternum, meso- and metasterna and the 1st visible abdominal sternum）；C. 阳茎，背面观（aedeagus, dorsal view）；D. 同上，侧面观（ditto, lateral view）。比例尺（scales）：A, B = 0.5 mm, C, D = 0.25 mm

鞘翅两侧弧圆。肩下线细且完整；斜肩线有短刻痕；背线相对较明显，第 1、2 背线较长，为细刻痕，端部较明显，基部短缩，第 3 背线存在于基部不足 1/2，为细刻痕，第 4 背线清晰，存在于基部不足 1/3，向后侧方延伸且较直，第 5 背线无；缝线清晰，粗糙钝齿状，基部 1/4 和端部 1/5 短缩，有时后末端靠近后缘，缝线由基部向端部逐渐靠近鞘翅缝。鞘翅表面密布细小刻点，细小刻点间混有稀疏粗大的刻点，较前胸背板大刻点大。鞘翅缘折平坦，刻点稀疏细小；缘折缘线细且完整；鞘翅缘线完整，微弱钝齿状；鞘翅缘线和缘折缘线之间另有 1 较细的线。

前臀板具较密集的细小刻点，其间分散有一些粗大刻点，与前胸背板侧面大刻点相似。臀板具较密集的细小刻点，基部分散有一些较粗大的刻点，较前臀板大刻点小。

咽板前缘宽阔平截，具隆起的缘边，缘线清晰完整；表面密布细小刻点。前胸腹板龙骨平坦；龙骨线隆起，中间距离最窄，向前向后同等程度略背离；龙骨表面刻点较咽板的略小略稀。前胸腹板侧线隆起。

中胸腹板前缘中央微弱向外突出，缘线隆起，侧面完整，前缘于龙骨基缘之后宽阔间断；表面密布细小刻点；中-后胸腹板缝密集钝齿状。

后胸腹板基节间盘区中部刻点密集细小，两侧刻点稀疏细小，沿后缘及侧线端部混有一些粗大刻点，中部靠近中纵沟的区域有一些粗大刻点；中纵沟略浅；后胸腹板侧线向后侧方延伸，较直，存在于基部不足 2/3；侧盘区具稀疏的圆形大刻点，夹杂有细小刻点；中足基节后线向后侧方延伸，波曲，长度约为后胸腹板侧线的 2/3。

第 1 腹节腹板基节间盘区刻点稀疏细小，基半部中央混有一些较大刻点，前角处各有 1 较深的圆形大刻点；腹侧线括弧形，后末端略短缩。

各足胫节较扁平，均向端部加宽。前足胫节外缘多小刺。

阳茎如图 43C, D 所示。

观察标本：1♂, 1♀, Cairns，无其他信息。

分布：海南；印度，缅甸，越南，印度尼西亚（阿鲁群岛），新几内亚岛，澳大利亚。

(35) 欧氏小阎甲 *Tribalus* (*Eutribalus*) *ogieri* Marseul, 1864

Tribalus ogieri Marseul, 1864a: 335 (China); 1870: 133; Bickhardt, 1910c: 66 (catalogue); Desbordes, 1919: 406; Mazur, 1984b: 161 (catalogue); 1997: 21 (catalogue); 2011a: 22 (catalogue); Mazur in Löbl *et* Smetana, 2004: 102 (southeastern China; catalogue); Lackner *et al.* in Löbl *et* Löbl, 2015: 129 (catalogue).

观察标本：未检视标本。

分布：中国东南部（省份不详）；尼泊尔，越南，泰国。

（五）阎甲亚科 Histerinae Gyllenhal, 1808

Histeroides Gyllenhal, 1808: 74.

Histeridesvrais Lacordaire, 1854: 252 (part.).

Histeries: Marseul, 1857: 150 (part.).

Histeriens: Marseul, 1857: 148.

Histerina: Thomson, 1862: 220; Jakobson, 1911: 638, 642 (part.).

Histrini: Horn, 1873: 277 (part.).

Histerini: Schmidt, 1885c: 281 (part.); Fauvel in Gozis, 1886: 155 (part., key); Ganglbauer, 1899: 354 (part.); Reitter, 1909: 279, 280; Yélamos *et* Ferrer, 1988: 183.

Histeri: Fauvel, 1891: 164.

Histerinae: Fowler, 1912: 93; Bickhardt, 1916b: 11, 19, 20; 1917: 120; Reichardt, 1941: 35, 66; Wenzel, 1944: 53, 120; 1962: 376, 381; Witzgall, 1971: 159, 178; Kryzhanovskij *et* Reichardt, 1976: 291; Ôhara, 1994: 89 (Japan; key); Mazur, 1984b: 163 (catalogue); 1997: 22 (catalogue); 2011a: 24 (catalogue); Ôhara *et* Paik, 1998: 3 (Korea; key); Yélamos, 2002: 83 (character, key), 364; Mazur in

Löbl *et* Smetana, 2004: 77 (catalogue); Lackner *et al.* in Löbl *et* Löbl, 2015: 90 (catalogue).

Type genus: *Hister* Linnaeus, 1758.

触角窝很大，闭合，位于前胸背板腹面前角或稍后近侧边处，有时无这样的沟或沟不太清楚（如扁阎甲属 *Hololepta*）；触角柄节不加宽也不具角；上唇无刚毛；前胸背板通常具缘线和侧线；鞘翅具背线，也具肩下线、鞘翅缘线和缘折缘线；前胸腹板有 1 明显的、常常由 1 缝分隔开的咽板，咽板无凹槽以容纳触角鞭节(*Triballodes* Schmidt 例外)；胫节加宽，尤其是前足胫节，跗节沟深；阳茎结构多变，具骨化强烈的中叶，在一些属中具有系统学意义。

分布：各区。

该亚科世界记录 5 族 100 余属约 2000 种；中国记录 5 族 30 属 146 种及亚种。

族 检 索 表

1. 触角端锤每侧各有 2 条倾斜的缝，"V"形 ···3
   触角端锤具完整的直缝，或者近顶端仅有 1 列刚毛，而没有可见的缝 ·······················2
2. 触角端锤没有可见的缝，仅在近顶端有 1 列刚毛；中胸腹板前缘双曲并有 1 明显的中央突，嵌入前胸腹板后缘；阳茎简单，管状··**突胸阎甲族 Exosternini**
   触角端锤有 2 条完整的缝；中胸腹板前缘直或中央凹缺；阳茎骨化程度强········**阎甲族 Histerini**
3. 头前伸，不可收缩，静止时水平；前臀板很长；咽板短，不覆盖头的外咽部分·······················
   ··· **扁阎甲族 Hololeptini**
   头可收缩，静止时垂直；前臀板正常长度；咽板较长，覆盖头的外咽部分 ·······················4
4. 体隆凸，通常宽卵形，两侧很少近于平行；触角端锤的 2 条缝于腹面完整；前臀板强烈倾斜或近于垂直，臀板向下弯；咽板较短，宽至少是长的 2 倍 ·····················**斜臀阎甲族 Omalodini**
   体多少扁平，有时很扁平，两侧通常近于平行或平行；触角端锤至少有 1 条缝于腹面间断；前臀板水平或微倾斜；咽板较长，略短于宽·····························**方阎甲族 Platysomatini**

一）突胸阎甲族 Exosternini Bickhardt, 1914

Exosternini Bickhardt, 1914a: 308; 1916b: 21; 1917: 196; Reichardt, 1941: 34; Wenzel in Arnett, 1962: 282; Kryzhanovskij *et* Reichardt, 1976: 295; Ôhara *et* Nakane, 1989: 284; Ôhara, 1994: 90; Mazur, 1984b: 269 (catalogue); 1997: 23 (catalogue); 2011a: 24 (catalogue); Ôhara *et* Paik, 1998: 3; Yélamos, 2002: 84 (character), 365; Mazur in Löbl *et* Smetana, 2004: 77 (catalogue); Lackner *et al.* in Löbl *et* Löbl, 2015: 90 (catalogue).

Type genus: *Exosternus* Lewis, 1902.

触角端锤无可见的缝，仅在近顶端有 2 列刚毛作为端锤完全融合的痕迹；多数有咽板，前胸腹板龙骨后缘多少凹缺；中胸腹板前缘中部通常突出，嵌入前胸腹板龙骨后缘；前足胫节略宽，外缘具密集的小齿，跗节沟直。

生活在各种各样的环境中，发现于各种腐烂的蔬菜、排泄物、动物尸体、树皮下，以及蚁巢或白蚁巢中（Yélamos，2002）。

分布：绝大多数种类发生于新热带区和非洲区，有一些种类延伸到新北、古北区和东洋区。

该族全世界共记录 63 属（Caterino and Tishechkin，2014；Mazur，2011a）700 余种，中国记录 5 属 6 种。

属　检　索　表

1. 前胸腹板龙骨较窄；中胸腹板前缘中央尖锐向外突出 ··· 2
   前胸腹板龙骨较宽；中胸腹板前缘中央向外突出但不尖锐 ··· 3
2. 臀板具缘线；前胸腹板龙骨线前端通常背离、不相连 ················ 缘尾阁甲属 *Paratropus*
   臀板不具缘线；前胸腹板龙骨线前端相连 ································· 长臀阁甲属 *Cypturus*
3. 前胸背板于小盾片之前有 1 明显的弓形或双弓形凹陷 ··············· 凹背阁甲属 *Epitoxus*
   前胸背板于小盾片之前无上述凹陷 ··· 4
4. 前臀板长，隆凸；臀板多在腹面 ··· 圆臀阁甲属 *Notodoma*
   前臀板短（长不达宽的一半）；臀板背面观可见 ·············· 短臀阁甲属 *Anaglymma*

10. 短臀阁甲属 *Anaglymma* Lewis, 1894

Anaglymma Lewis, 1894b: 212 (Barway); Bickhardt, 1910c: 69 (catalogue); 1917: 198, 221; Mazur,
　　1984b: 288 (catalogue); 1997: 31 (catalogue); 2011a: 30 (catalogue); Mazur in Löbl *et* Smetana,
　　2004: 77 (catalogue); Lackner *et al.* in Löbl *et* Löbl, 2015: 90 (catalogue). **Type species:** *Anaglymma*
　　cardoni Lewis, 1894. Designated by Bickhardt, 1917: 221.

体小，扁平，短卵形。头部可伸缩；上颚具齿，左右等大；额线清晰，仅位于复眼之上。前胸背板具缘线。小盾片三角形。鞘翅有 2 条相互平行且接近的缝线，鞘翅背线之间具大刻点，内肩下线多完整，与第 1 背线近于平行。前臀板较短（长不达宽的一半）；臀板背面观可见。前胸腹板咽板长；触角窝位于前角；前胸腹板龙骨宽，具龙骨线。中胸腹板前缘双曲，中部宽阔前突嵌入龙骨后缘，具弓形缘线。前足胫节跗节沟近于直线，浅且仅在外缘具明显的边界。阳茎细，弯曲，基片短，侧叶于背面完全融合。

生活在树皮下。

分布：非洲区和东洋区。

该属世界记录 10 种；中国记录 1 种。

(36) 环短臀阁甲 *Anaglymma circularis* (Marseul, 1864)（图 44）

Macrosternus circularis Marseul, 1864a: 286 (Singapore).

Anaglymma circularis: Lewis, 1894b: 213 (Borneo; redescription); 1915: 56 (China: Kotosho of
　　Taiwan); Bickhardt, 1910c: 69 (catalogue); Mazur, 1984b: 289 (China: Taiwan; catalogue); 1997: 31

(catalogue); 2007a: 75 (China: Fenchichu of Taiwan); 2011a: 30 (catalogue); Mazur in Löbl *et Smetana*, 2004: 77 (catalogue); Lackner *et al.* in Löbl *et* Löbl, 2015: 90 (catalogue).

体长 1.79 mm，体宽 1.47 mm。体卵形，较扁平；红褐色，光亮。

头部中央微凹；额表面密布粗大刻点；额线深刻，位于复眼之上且相互平行，前端宽阔间断。

前胸背板两侧均匀弓弯，向前收缩，前角锐角，前缘凹缺部分微呈双波状，后缘弓弯；缘线深且完整；表面具粗糙刻点，后缘刻点大，向前略小，后缘和前角处刻点密集，粗大刻点间混有较密集的细小刻点，基部中央无大刻点。

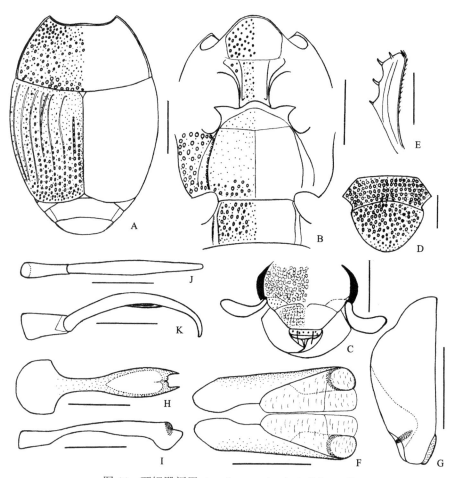

图 44　环短臀阎甲 *Anaglymma circularis* (Marseul)

A. 前胸背板和鞘翅（pronotum and elytra）；B. 前胸腹板、中-后胸腹板和第 1 腹节腹板（prosternum, meso- and metasterna and the 1st visible abdominal sternum）；C. 头（head）；D. 前臀板和臀板（propygidium and pygidium）；E. 前足胫节，背面观（protibia, dorsal view）；F. 雄性第 8 腹节腹板，腹面观（male 8th sternum, ventral view）；G. 同上，侧面观（ditto, lateral view）；H. 雄性第 9 腹节腹板，腹面观（male 9th sternum, ventral view）；I. 同上，侧面观（ditto, lateral view）；J. 阳茎，背面观（aedeagus, dorsal view）；K. 同上，侧面观（ditto, lateral view）。比例尺（scales）：A, B = 0.5 mm, C-K = 0.25 mm

鞘翅两侧弧弯。外肩下线位于鞘翅端半部，末端沿鞘翅后缘向内延伸到达第 1 背线端部下方；内肩下线深刻，近于完整，末端略短缩；斜肩线细微，位于鞘翅基部 1/4；第 1-5 背线近于完整：第 1、2 背线深刻，不具刻点，第 3-5 背线基半部深刻，端半部刻点状；缝线具双线，基部 1/5 短缩，外侧缝线基半部深刻，具刻点，端半部刻点状，内侧缝线较外侧缝线略短，为刻点状。鞘翅表面具略密集的细小刻点，近鞘翅后缘、第 1-3 背线之间及第 3 背线到缝线之间的端半部混有粗大刻点。鞘翅缘折平坦，有 2 条完整的缘折缘线，清晰且略呈钝齿状；鞘翅缘线完整但较微弱。

前臀板横宽，密布粗大刻点，混有细微刻点。臀板轻微隆凸，刻点与前臀板的相似，但端部刻点略稀疏，顶端无大刻点。

咽板前缘圆；缘线完整；表面密布粗大刻点。前胸腹板龙骨宽，表面平坦，刻点稀疏粗大，夹杂有细小刻点；两侧有清晰的龙骨线，龙骨线后端向内弯折；龙骨后缘凹缺。前胸腹板侧线完整，向前背离，前末端向内弯折。

中胸腹板前缘二曲并具明显的中央突；缘线完整，弓形且较远离边缘；表面刻点稀疏细小，缘线和前侧角之间刻点较粗大；中-后胸腹板缝细且完整，中间向后成角。

后胸腹板基节间盘区刻点与中胸腹板的相似，沿后缘混有粗大刻点；中纵沟细；后胸腹板两侧各有 2 条几乎等长的侧线，侧线前端略向后背离，后端略向内弓弯，几乎完整；后胸腹板侧盘区具略密集的圆形大刻点，其间混有细小刻点；无中足基节后线。

第 1 腹节腹板基节间盘区密布粗大刻点，大刻点间混有较多细小刻点，纵向中央及后缘的窄带无大刻点；两侧各有 2 条腹侧线，内侧线完整，外侧线存在于端部 2/3。

前足胫节较细，外缘具 4 个较长的刺。

雄性外生殖器如图 44F-K 所示。

观察标本：1♂，[台湾] Kotosho, T. Shiraki leg., T. Shiraki and Y. Miwa, det.。

分布：台湾；越南，新加坡，印度尼西亚。

11. 圆臀阎甲属 *Notodoma* Lacordaire, 1854

Notodoma Lacordaire, 1854: 266; Marseul, 1855: 133, 136; Bickhardt, 1910c: 70; 1917: 197, 202; Jakobson, 1911: 636, 639; Kryzhanovskij *et* Reichardt, 1976: 297; Ôhara *et* Nakane, 1989: 286; Ôhara, 1994: 90; Mazur, 1984b: 271 (catalogue); 1997: 39 (catalogue); 2011a: 36 (catalogue); Yélamos *et* Tishechkin, 1996: 69; Mazur in Löbl *et* Smetana, 2004: 78 (catalogue); Lackner *et al.* in Löbl *et* Löbl, 2015: 90 (catalogue). **Type species:** *Notodoma globatum* Marseul, 1855. By monotypy.

体球形，背面和腹面均强烈隆凸；红棕色，少数黑色，通常于鞘翅基部有 2 个黄斑。头小；额线深刻，有时于前端宽阔间断；口上片长，凹下，与额之间无明显的分界线；上颚长，基部直，于近端部急剧内弯，端部成 1 锐角，内侧无齿；触角端锤分节不明显。前胸背板具缘线。小盾片三角形。鞘翅背线通常如下：第 1、2、4 背线完整，第 3 背线无或仅余基部原基，第 5 背线无；缝线完整且有时在基部与第 4 背线相连；外肩下线通常长且沿鞘翅后缘向内延伸；鞘翅缘折有 2 条清晰完整的缘折缘线和 1 条由刻点组成的完整的鞘翅缘线。前臀板隆凸，很长。臀板很小，三角形，多在腹面。咽板短并具缘线；前胸腹板龙骨略宽，两侧各有 1 条龙骨线，二者相互平行，龙骨后缘微凹。中胸腹板前缘有 1 明显的中央突。后胸腹板基节间盘区端半部有 1 半圆形刻点线。足细长，前足胫节外缘具 7-12 个较长的刺，跗节沟深且直；中、后足胫节外缘有 2 行刺。阳茎基片短，侧叶于背面完全融合。

本属种类与真菌关系密切。

分布：东洋区，少数种类分布在古北区。

该属世界记录 6 种（Mazur，2011a），中国记录 1 种。

(37) 蕈圆臀阎甲 *Notodoma fungorum* Lewis, 1884（图 45）

Notodoma fungorum Lewis, 1884: 136 (Japan); 1892b: 349 (note); 1915: 56 (China: Taipin of Taiwan); Bickhardt, 1910c: 70 (catalogue); 1917: 203 (catalogue); Kamiya *et* Yakagi, 1938: 32 (list); Ôsawa *et* Nakane, 1951: 8 (note); Nakane, 1963: 70 (note, figures); Mazur, 1984b: 272 (catalogue); 1997: 39 (catalogue); 2011a: 36 (catalogue); Hisamatsu, 1985b, 226 (note, figures); Ôhara *et* Nakane, 1989: 286 (redescription, figures); Ôhara, 1994: 90; 1998: 1 (mend; China: Fujian); 1999a: 85; Ôhara *et* Paik, 1998: 3 (Korea); Mazur in Löbl *et* Smetana, 2004: 78 (catalogue); Lackner *et al.* in Löbl *et* Löbl, 2015: 90 (catalogue).

Notodoma saturum Lewis, 1902b: 267; Desbordes, 1919: 407; Yélamos *et* Tishechkin, 1996: 78 (synonymized).

Notodoma orientale Lewis, 1903: 425; Yélamos *et* Tishechkin, 1996: 78 (synonymized).

Notodoma formosanum Bickhardt, 1912a: 126 (China: Fuhosho, Taihorinsho of Taiwan); 1913a: 175; Gaedike, 1984: 460 (information about Syntypes); Mazur, 1984b: 272 (catalogue); 1997: 39 (catalogue); Yélamos *et* Tishechkin, 1996: 78 (synonymized).

体长 2.32-4.44 mm，体宽 2.15-4.18 mm。体卵圆形，相当隆凸；红棕色，光亮，鞘翅第 2、4 背线之间基部和肩下线基部及前臀板和臀板为黄褐色，有时颜色更浅。

头部额表面平坦，具略密集的粗大刻点，口上片刻点小，略密集；额线深刻，两侧部分相互平行，前端部分有时宽阔间断，有时有 2 个对称的弧形刻痕；上唇半圆形；触角索节由基部向端部渐粗，端锤扁平，长椭圆形，分节不明显。

前胸背板两侧向前收缩，端部 1/3 更明显，前角锐角，前缘双波状，后缘直，中央向后成钝角；缘线完整，轻微钝齿状；两侧近边缘各有 1 微弱凹痕；表面具不均匀的刻点，端部中央刻点粗大，较密集，有时向侧面变稀，有时变大，侧面微凹部分刻点最大，较密集，小盾片前或基部中央区域刻点小而稀疏，偶尔有大刻点。

鞘翅两侧弧圆。外肩下线位于鞘翅端部 2/3 或 1/3，末端沿鞘翅后缘向内延伸与缝线端部相连；内肩下线无；斜肩线微弱，位于鞘翅基部 1/5；第 1、2、4 背线完整，第 1、2 背线之间靠近第 1 背线基部通常另有 1 行刻点，从鞘翅基部 1/3 到 2/3 多变；第 3 背线于基部有原基，有时几乎完全缺失，基中部有时具细的刻痕；第 5 背线无；缝线完整，前端接近但不与第 4 背线相连，偶尔相连，后端与外肩下线末端相连。鞘翅表面刻点稀疏细小，小盾片周围微弱低凹，有时于端部刻点略粗大。鞘翅缘折平坦，通常有 2 条完整的缘折缘线，强烈钝齿状；鞘翅缘线为 1 粗糙刻点行或粗糙刻点行形成的钝齿状线，前后端均没有与其相邻的缘折缘线长。

前臀板长，隆凸，刻点中等大小且略稀疏，有时略大略密。臀板小，长宽近于相等，隆凸，刻点与前臀板的相似或略大，较密集，顶端刻点细小，更密集。

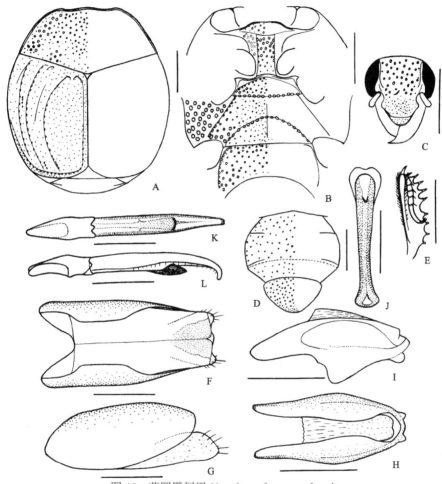

图 45　蕈圆臀阎甲 *Notodoma fungorum* Lewis

A. 前胸背板和鞘翅（pronotum and elytra）；B. 前胸腹板、中-后胸腹板和第 1 腹节腹板（prosternum, meso- and metasterna and the 1st visible abdominal sternum）；C. 头（head）；D. 前臀板和臀板（propygidium and pygidium）；E. 前足胫节，背面观（protibia, dorsal view）；F. 雄性第 8 腹节背板和腹板，腹面观（male 8th tergite and sternum, ventral view）；G. 同上，侧面观（ditto, lateral view）；H. 雄性第 9、10 腹节背板，背面观（male 9th and 10th tergites, dorsal view）；I. 同上，侧面观（ditto, lateral view）；J. 雄性第 9 腹节腹板，腹面观（male 9th sternum, ventral view）；K. 阳茎，背面观（aedeagus, dorsal view）；L. 同上，侧面观（ditto, lateral view）。比例尺（scales）：A-E = 1.0 mm，F-L = 0.5 mm

咽板前缘中央略直；缘线完整或于中部间断；表面具略密集的粗大刻点。前胸腹板龙骨较宽，表面平坦，刻点与咽板的相似，向基部变小，两侧有清晰的龙骨线。龙骨线直，相互平行；龙骨后缘微凹。前胸腹板侧线向前强烈背离。

中胸腹板前缘二曲并具明显的中央突；缘线完整，近于弓形且较远离边缘，前角处另有 1 较细长的线；表面具稀疏的小刻点，与前胸腹板龙骨表面基部小刻点相似；中-后胸腹板缝是由粗大刻点形成的钝齿状线。

后胸腹板基节间盘区刻点稀疏细小，后足基节窝前缘具粗大刻点，有时于前角处也有粗大刻点；端半部后足基节窝之间有 1 条弧线，此线是由粗大刻点形成的钝齿状线；中纵沟浅，前后末端均不清晰；侧线向后侧方延伸，较直，接近后足基节窝前缘，钝齿状并具粗大刻点；后胸腹板侧盘区密布粗大刻点。

第 1 腹节腹板基节间盘区刻点稀疏，较后胸腹板基节间盘区小刻点大，向两侧刻点变大，向端部刻点变细小；腹侧线粗糙钝齿状，不达后缘。

前足胫节较细，外缘有 8-12 个较长的刺。

雄性外生殖器如图 45F-L 所示。

观察标本：1 ex., Japan (日本), Y. Miwa det.; 1♀, [台湾] Taipin, T. Shiraki leg. and det., Y. Miwa det.; 1 ex., Y. Miwa det.; 1 ex., [台湾] Hoozan, 1918.V, T. Shiraki leg.,Y. Miwa det.; 1♀, 1 号，广西龙州大青山，360 m，1963.IV.19，史永善采；1♀，1 号，广西龙州大青山，360 m，1963.IV.19，王春光采；2♀，3 号，广西龙州大青山，360 m，1963.IV.19，王书永采；1♀，1 号，广西龙州大青山，600-700 m，1963.IV.24，王书永采；1♂，江西龙南九连山，1975.VI.14，章有为采；1♀，1 号，云南思茅附近，950 m，1957.V.11，邦菲洛夫采，罗天宏鉴定。

分布：福建、江西、广西、云南、台湾；朝鲜半岛，日本，越南，缅甸。

讨论：本种体红棕色，鞘翅第 2 与第 4 背线之间，以及亚肩线基部具黄斑，可和其他种区分。

12. 凹背阎甲属 *Epitoxus* Lewis, 1900

Epitoxus Lewis, 1900: 278; Bickhardt, 1917: 197, 203; Mazur, 1984b: 272 (catalogue); 1997: 39 (catalogue); 2011a: 36 (catalogue); Yélamos *et* Tishechkin, 1996: 78; 1998: 158 (Oriental region); Mazur in Löbl *et* Smetana, 2004: 77 (catalogue); Lackner *et al.* in Löbl *et* Löbl, 2015: 90 (catalogue).

Type species: *Phelister circulifrons* Marseul, 1853. Original designation.

体卵形或近于球形，强烈隆凸。头可收缩，额线完整。前胸背板于小盾片前有 1 多少呈明显弓形或双弓形的凹陷。鞘翅背部具 6 条线，第 4 背线和缝线基部有时相连。前臀板横宽，臀板半圆形且强烈下弯。前胸腹板具龙骨线，后缘凹缺。中胸腹板前缘中央突出，嵌入前胸腹板龙骨后缘的凹缺。前足胫节外缘多细刺，跗节沟直（Lewis, 1900; Bickhardt, 1917）。

分布：非洲区，少数种类分布在东洋区。

该属世界记录 33 种（Mazur, 2011a），中国记录 2 种。

种 检 索 表

中胸腹板缘线于前缘间断 ·· 亚洲凹背阎甲 *E. asiaticus*

中胸腹板缘线于前缘完整，不间断 ·· 布拉凹背阎甲 *E. bullatus*

(38) 亚洲凹背阎甲 *Epitoxus asiaticus* Vienna, 1986

Epitoxus asiaticus Vienna, 1986: 93 (Thailand); Mazur, 1997: 39 (catalogue); 2007a: 75 (China: Nantou, Pingtung of Taiwan); 2011a: 36 (catalogue); Lackner *et al.* in Löbl *et* Löbl, 2015: 90 (catalogue).

描述根据 Vienna（1986）整理：

体长（头和臀板除外）2.4-2.5 mm。体近圆形，强烈隆凸，鞘翅末端向臀板伸长；黑色光亮，足和触角红色。

头部近于平坦，额表面略隆凸，具浅刻点；额线清晰，前端适度弓弯，侧面于复眼区很直；口上片宽略大于长，略隆凸，光滑；上唇强烈横宽，前缘略光滑；上颚很尖锐；触角柄节适度弯曲，剩余的节颜色较深，刻点明显但不规则且稀少，端锤大，适度平坦。

前胸背板横宽，后缘两边直，中间形成 1 明显的钝角；表面散布不规则的刻点，后半部有 1 横宽的不规则的区域具明显的小刻点；缘线完整，不间断。小盾片前有 1 横向心形凹陷，凹陷具不规则的明显的刻点，前面界限不清晰。

鞘翅光滑。外肩下线位于端半部；斜肩线细而直，末端几乎到达中部；第 1-4 背线完整，第 5 背线于中部间断或不间断；缝线完整，于端部倾斜，然后与缝缘平行，最后于基部与第 4 背线弓形相连；所有的线较明显。两侧边向下弯曲。

前臀板表面大部分具规则的刻点，基部具盘状凹陷且具小刻点，侧面和端部不具这样的刻点。臀板背面观不可见，刻点与前臀板的相似，但凹陷略浅，边缘和顶端光滑。

咽板短，具小刻点，缘线深刻。前胸腹板龙骨具相似的刻点，表面略微凹陷；龙骨线细，小圆齿状，两线间距离远，由基部向端部略汇聚，到达咽板的基部，这 2 条线看似分离，但从特定的某个倾斜的角度看，由 1 横向细纹相连。

中胸腹板很宽，刻点与前胸腹板的相似；缘线于侧面完整，于前缘间断，较明显且与中足基节后线的末端相连；中-后胸腹板缝钝齿状，与后胸腹板侧线相连。

后胸腹板基节间盘区刻点较中胸腹板的略稀少，后足基节窝之前具一些明显的大刻点；后胸腹板侧线直，到达后足基节窝之前。

第 1 腹节腹板刻点较后胸腹板的略多，刻点向端部消失。

足较发达。前足胫节外缘具 10 个小刺，跗节沟直，基部略倾斜，内侧界限清晰；中足胫节外缘具 8-10 个小刺，较前足胫节的细长；后足胫节外缘具 6-7 个更细的刺。所有的爪细且略短。

阳茎细长，基部小，大约占总长度的 1/6，侧面观适度弯曲。两侧平行直到端部，最末端（总长度的最后 1/6）膨大，顶端楔形。

观察标本：未检视标本。

分布：台湾；泰国。

讨论：本种的正模标本保存在底特律昆虫博物馆（EMD）。

(39) 布拉凹背阎甲 *Epitoxus bullatus* (Marseul, 1870)

Notodoma bullatum Marseul, 1870: 108 (Thailand); Bickhardt, 1910c: 70 (catalogue); 1913a: 174

(China: Kaukau [Koshun] of Taiwan); Mazur, 1984b: 272 (China: Taiwan; catalogue); 1997: 39 (catalogue); 2011a: 37 (catalogue).

Epitoxus bullatus: Yélamos *et* Tishechkin, 1996: 78; 1998: 161 (redescription); Mazur in Löbl *et* Smetana, 2004: 77 (*Epitoxus*; catalogue); Lackner *et al.* in Löbl *et* Löbl, 2015: 90 (catalogue).

描述根据 Marseul（1870）整理：

体长 3.5 mm，体宽 2.8 mm。体卵形，隆凸，棕色，光亮；触角、足、鞘翅周围和臀板铁色。头部伸长，嵌入前胸背板前缘凹缺；复眼近三角形；额平坦，额线发达，前缘有少量刻点；口上片窄，倾斜。前胸背板宽大于长，基部小盾片前有 1 刻点状凹陷，两侧弯曲，前缘凹缺双波状，前角钝；缘线发达，不间断；侧面较宽区域具稀疏大刻点。小盾片尖锐三角形。鞘翅基部与前胸背板基部等宽，长为前胸背板的 1.5 倍，两侧强烈圆形膨大，端部收缩，几乎平直；鞘翅缘折有 1 条发达且完整的线，波状，伴随另 1 条很细的线；内肩下线短，位于端部，第 1-4 背线完整且弯曲，第 4 背线与缝线基部弓形相连，第 5 背线短，位于端部。前臀板六边形，光滑，前面具刻点。臀板隆凸，光滑，向下弯曲，前角处有一些刻点。咽板短，弯折，具缘线；前胸腹板龙骨宽，平坦，龙骨线深刻，于前端相连。中胸腹板宽而短，前缘线发达，不间断。前足胫节略宽，外缘具 10 个左右短齿。

观察标本：未检视标本。

分布：台湾；泰国。

13. 长臀阎甲属 *Cypturus* Erichson, 1834

Cypturus Erichson, 1834: 125; Marseul, 1853: 290 (*Crypturus* [sic! error]); Bickhardt, 1910c: 32; 1917: 198, 223; Mazur, 1984b: 292 (catalogue); 1997: 44 (catalogue); 2011a: 40 (catalogue); Mazur in Löbl *et* Smetana, 2004: 77 (catalogue). **Type species:** *Cypturus aenescens* Erichson, 1834. By monotypy.

体长椭圆形，隆凸，具密集刻点。头部圆，相当大，额表面平坦，具额线；口上片横宽，由 1 条细的龙骨与额部分开；上唇短，前缘向外突出；上颚等长；触角柄节弯曲，顶端粗，鞭节 7 节，较其余各节略长，端锤圆形，由 4 节组成，具软毛。前胸背板具细的缘线。小盾片小，三角形。鞘翅顶端各自呈圆形。前臀板极长（几乎与宽相等），六边形；臀板隆凸，背面观不可见。前胸腹板咽板短，由 1 条缝与龙骨分开，缘线细；触角窝位于前角；前胸腹板龙骨窄，基部凹缺，龙骨线于前端相连。中胸腹板大，前缘波曲，中间向前尖锐突出，嵌入龙骨后缘，具前缘线和缘线，缘线有时缺失。足很长，腿节微弱加宽，胫节向端部渐宽，有 2 个很长的端刺，前足胫节外缘具小齿，跗节沟直，深而宽，边界分明，后足胫节有 2 列小刺。阳茎基片短，侧叶和中叶复杂。

分布：东洋区。

该属世界记录 5 种，中国记录 1 种。

(40) 埃长臀阎甲 *Cypturus aenescens* Erichson, 1834（图 46）

Cypturus aenescens Erichson, 1834: 126 (East India); Marseul, 1853: 293 (*Crypturus* [sic!]); Lacordaire, 1854: 5, 17; Bickhardt, 1910c: 70 (catalogue); Lewis, 1894b: 212 (Barway); 1915: 56 (China: Kagi of Taiwan); Mazur, 1984b: 292 (catalogue); 1997: 44 (catalogue); 2011a: 40 (catalogue); Mazur in Löbl *et* Smetana, 2004: 77 (catalogue).

体长 4.28 mm，体宽 3.38 mm。体长椭圆形，隆凸；黑色光亮，触角和跗节暗褐色。

头部额表面密布粗糙刻点。额线较弱且前端宽阔间断，仅位于两侧复眼之上。

前胸背板两侧略向前收缩，端部 1/6 更明显，前角锐角，前缘凹缺部分呈双波状，后缘弓弯。缘线完整，微弱钝齿状；表面密布细小刻点，两侧混有密集且较粗大的圆形刻点，沿后缘有 1 行密集的圆形大刻点，小盾片前区有 2 行大刻点。

鞘翅两侧弧弯。外肩下线无；内肩下线很短，位于侧面中部；斜肩线微弱，位于鞘翅基部 1/4；第 1-3 背线完整或近于完整，第 1、2 背线较粗，具刻点行，第 1 背线端部略短缩，第 3 背线较细；第 4 背线位于端部 1/5，基部具短的微弱的原基；第 5 背线仅于端部具很短且微弱的刻痕；缝线位于鞘翅端部 2/3，后末端靠近鞘翅缝。鞘翅表面密布粗糙刻点，与前胸背板刻点相似，小刻点间偶有较粗大刻点。鞘翅缘折平坦，有 2 条完整的缘折缘线，微弱钝齿状；鞘翅缘线完整但较微弱，前后两端均略短缩。

前臀板长且宽，较隆凸，密布粗糙刻点，与前胸背板刻点相似，侧面混有粗大刻点。臀板隆凸，刻点与前臀板的相似。

咽板前缘宽阔平截；缘线完整；表面密布粗大刻点，混有少量细小刻点。前胸腹板龙骨较窄，表面平坦，刻点较咽板的略小，混有细小刻点；龙骨线完整，前端弧形相连；龙骨后缘中央 1/3 凹缺。前胸腹板侧线完整，向前汇聚，而后剧烈向前背离。

中胸腹板前缘二曲并具尖锐而窄的中央突；前缘线完整、清晰且中间向前突出；表面具略密集的小刻点；中-后胸腹板缝细且完整，中间向后成角。

后胸腹板基节间盘区刻点稀疏细小，端部两侧具较粗大的刻点；后胸腹板侧线向后侧方延伸，在接近后足基节窝前缘处向上弯曲，到达后胸腹板-后胸前侧片缝中央；侧盘区密布圆形大刻点，混有少量小刻点；中足基节后线向后侧方延伸，末端远离中足基节窝后缘。

第 1 腹节腹板基节间盘区刻点稀疏细小，侧面混有较粗大刻点；腹侧线完整，接近但不达后缘。

前足胫节较宽，外缘有 8 个小齿。

雄性外生殖器如图 46E-N 所示。

观察标本：1♂, [台湾] Kagi, T. Shiraki leg., T. Shiraki and Y. Miwa det.。

分布：台湾；印度东部，斯里兰卡。

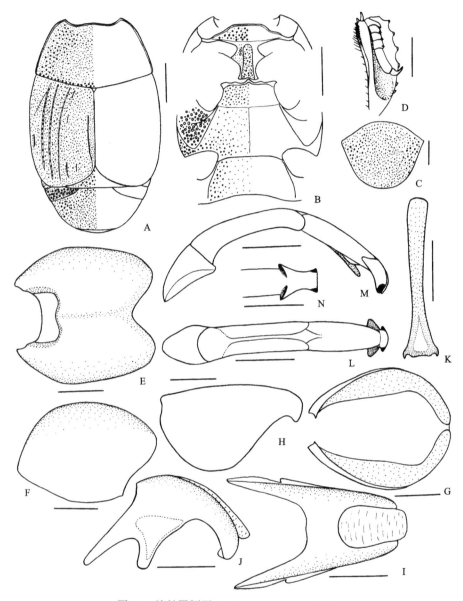

图 46　埃长臀阎甲 *Cypturus aenescens* Erichson

A. 前胸背板、鞘翅和前臀板（pronotum, elytra and propygidium）；B. 前胸腹板、中-后胸腹板和第 1 腹节腹板（prosternum, meso- and metasterna and the 1st visible abdominal sternum）；C. 臀板（pygidium）；D. 前足胫节, 背面观（protibia, dorsal view）；E. 雄性第 8 腹节背板, 背面观（male 8th tergite, dorsal view）；F. 同上, 侧面观（ditto, lateral view）；G. 雄性第 8 腹节腹板, 腹面观（male 8th sternum, ventral view）；H. 同上, 侧面观（ditto, lateral view）；I. 雄性第 9、10 腹节背板, 背面观（male 9th and 10th tergites, dorsal view）；J. 同上, 侧面观（ditto, lateral view）；K. 雄性第 9 腹节腹板, 腹面观（male 9th sternum, ventral view）；L. 阳茎, 背面观（aedeagus, dorsal view）；M. 同上, 侧面观（ditto, lateral view）；N. 阳茎顶端（apex of aedeagus）。

比例尺（scales）：A, B = 1.0 mm, C-N = 0.5 mm

14. 缘尾阎甲属 *Paratropus* Gerstaecker, 1867

Paratropus Gerstaecker, 1867: 32 (replacement name for *Phylloscelis* Marseul, 1862); Bickhardt, 1917: 229, 233 (in Hetaeriinae); Mazur, 1984b: 300 (in Hetaeriinae; catalogue); 1997: 49 (catalogue); Kanaar, 1997: 3 (revision); 2004: 181 (supplement of revision); Mazur, 2011a: 44 (catalogue); Mazur in Löbl *et* Smetana, 2004: 77 (catalogue). **Type species:** *Phylloscelis ovides* Marseul, 1862. By monotypy; Lackner *et al.* in Löbl *et* Löbl, 2015: 90 (catalogue).

Phylloscelis Marseul, 1862: 32 (nec Germar, 1839: 191); Gerstaecker, 1867: 32 (replaced by *Paratropus* Gerstaecker, 1867).

Parepitoxus Desbordes, 1924a: 246; Burgeon, 1939: 116 (synonymized). **Type species:** *Parepitoxus lacustris* Desbordes, 1924.

Spathochinus Desbordes, 1925: 162; Kanaar, 1997: 9 (synonymized). **Type species:** *Spathochinus termitophilus* Desbordes, 1925.

Spatochinus Desbordes, 1925: 162 (lapsus calami).

Lactholister Cooman, 1932b: 238. **Type species:** *Lactholister tricinctus* Cooman, 1932 (= *Spathochinus termitophilus* Desbordes, 1925).

Orphistes Reichardt, 1936: 32; Kanaar, 1992: 85 (synonymized). **Type species:** *Orphistes femoralis* Reichardt, 1936.

　　体宽卵形到长卵形，中度隆凸到强烈隆凸。头部具额线；上颚弯曲，表面多少隆凸，有些种类右侧上颚有 1 侧瘤；上唇前缘凹缺，无刚毛；触角柄节不加宽，略弯曲，鞭节向端部逐渐加宽，端锤无明显的缝，具软毛。前胸背板具缘线。小盾片三角形。鞘翅外肩下线通常完整且隆起，内肩下线若存在则很短，位于基部，5 条背线通常完整，有时短缩，缝线有时短缩，第 4 背线和缝线若不短缩，则于基部弓形相连。前臀板横宽。臀板圆屋顶状，通常向下弯曲，具缘线，缘线有时于顶端间断。咽板短，具缘线；前胸腹板龙骨具龙骨线。中胸腹板前缘中央向前突出成角，嵌入龙骨后缘凹缺；沿前缘具前缘线，有时间断，沿前缘和侧面另有 1 条完整的缘线。前足多少加宽，前足胫节端缘多少圆形，具刺，跗节沟直；其他足通常也多少加宽，胫节两侧多少平行。阳茎基片短，侧叶完全融合，顶端多少向腹面弯曲，生殖孔位于腹面（Kanaar, 1997）。

　　分布：东洋区。

　　该属世界记录 84 种（Kanaar, 1997, 2004; Mazur, 2011a），中国记录 1 种。

(41) 坎达拉缘尾阎甲 *Paratropus khandalensis* Kanaar, 1997（图 47）

Paratropus khandalensis Kanaar, 1997: 51 (India); 2004: 188 (China: Hong-Kong); Mazur, 2011a: 45 (catalogue).

Paratropus orbicularis Reichensperger, 1925: 354 (nec *Phylloscelis orbicularis* Olliff, 1883: 174); Kanaar, 1997: 51 (synonymized); Lackner *et al.* in Löbl *et* Löbl, 2015: 90 (catalogue).

描述根据 Kanaar（1997）整理：
体长 2.4 mm，体宽 2.2 mm。体卵形，适度隆凸，铁锈色，光亮。

头部额表面微凹，额线完整；唇基横向凹陷。

前胸背板缘线完整；表面刻点不很密集，大刻点向小盾片更大，小刻点向侧面渐小或消失；小盾片前无凹陷。

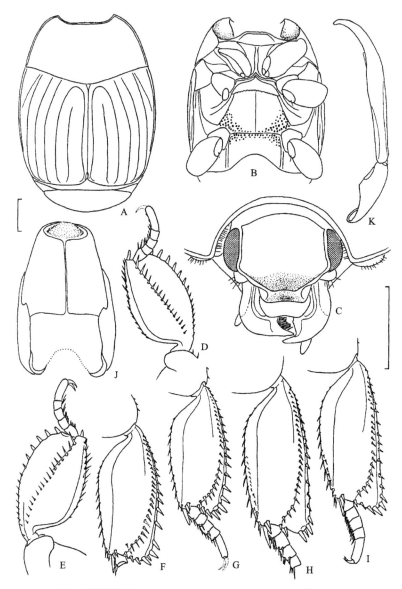

图 47 坎达拉缘尾阎甲 *Paratropus khandalensis* Kanaar（仿 Kanaar, 1997）

A. 前胸背板、鞘翅和前臀板（pronotum, elytra and propygidium）；B. 体部分腹面观（body in part, ventral view）；C. 头（head）；D. 雄性前足胫节，背面观（male protibia, dorsal view）；E. 雌性前足胫节，背面观（female protibia, dorsal view）；F. 雄性中足胫节，背面观（male mesotibia, dorsal view）；G. 雌性中足胫节，背面观（female mesotibia, dorsal view）；H. 雄性后足胫节，背面观（male metatibia, dorsal view）；I. 雌性后足胫节，背面观（female metatibia, dorsal view）；J. 雄性第 8 腹节背板和腹板，腹面观（male 8th tergite and sternum, ventral view）；K. 阳茎，侧面观（aedeagus, lateral view）。

比例尺（scales）：0.5 mm

外肩下线完整，隆起；内肩下线很短，位于基部；斜肩线位于基部 1/3；第 1-4 背线完整且后端分别向鞘翅内侧弯曲，第 5 背线基部略短缩；缝线完整且后端向鞘翅外侧弯曲，前端与第 4 背线前端弓形相连。鞘翅表面具小刻点。缘折缘线细，鞘翅缘线与外肩下线和第 1-3 背线回弯的端部合并，形成不完整的端线，缘折缘线和鞘翅缘线之间另有 1 条发达的线。

前臀板刻点不很密集，大刻点不规则分散且较前胸背板刻点大，小刻点向端部渐小，甚至消失，刻点间具明显的微细刻纹。臀板向下弯曲，大刻点较前臀板的小得多，小刻点向后渐小甚至消失，刻点间具清晰的微细刻纹；臀板缘线细，于顶端不间断。

前胸腹板具小刻点，刻点间具微细刻纹。咽板很短，前缘平截；缘线深刻，基部短缩。前胸腹板龙骨略隆凸；龙骨线细，波曲，前末端相互背离。前胸腹板侧线缺失；前胸腹板侧缘线由基部向前背离。

中胸腹板前缘线和缘线均完整；表面具小刻点，刻点间具微细刻纹；中-后胸腹板缝稀疏锯齿状，略呈双波状，中部宽阔向前弓弯。

后胸腹板基节间盘区具小刻点，刻点间具微细刻纹，后侧角处和侧面部分具大刻点；雄性中央凹大、圆、深；后胸腹板侧线向后侧方延伸，末端接近后足基节窝前缘。

第 1 腹节腹板基节间盘区刻点与后胸腹板的相似，沿前缘具大小适中的刻点，后缘无刻点行；腹侧线完整。

足适度加宽。

雄性外生殖器如图 47J, K 所示。

观察标本：未检视标本。

分布：香港；印度。

讨论：本种的正模标本保存在菲尔德自然历史博物馆（FMNH）。

二）扁阎甲族 Hololeptini Hope, 1840

Hololeptidae Hope, 1840: 106.

Hololeptides Lacordaire, 1854: 248.

Hololeptites Jacquelin-Duval, 1858: 98.

Hololeptiens Marseul, 1857: 148.

Hololeptini: Schmidt, 1885c: 281; Fauvel in Gozis, 1886: 155 (key); Ganglbauer, 1899: 353; Reitter, 1909: 278; Wenzel, 1944: 83, 120; Wenzel in Arnett, 1962: 376, 382; Kryzhanovskij *et* Reichardt, 1976: 402; Mazur, 1984b: 256 (catalogue); 1997: 52 (catalogue); 2011a: 48 (catalogue); Yélamos, 2002: 86 (character), 365; Mazur in Löbl *et* Smetana, 2004: 86 (catalogue); Lackner *et al.* in Löbl *et* Löbl, 2015: 104 (catalogue).

Hololeptina: Jakobson, 1911: 638, 642; Yélamos *et* Ferrer, 1988: 195.

Hololeptinae: Fowler, 1912: 92; Bickhardt, 1916b: 22; Carnochan, 1917: 367; Reichardt, 1941: 33, 65.

Type genus: *Hololepta* Paykull, 1811.

体黑色，长椭圆形，扁平；头部水平前伸，不可收缩；触角端锤每侧各有 2 个倾斜的裂缝；上颚长且伸出，近于相等但不相交；上唇短，中央凹缺；前臀板长，水平或轻微降低；咽板短；前足胫节跗节沟深，"S"形。

生活在倒木树皮下，捕食钻木昆虫的幼虫和卵（Yélamos, 2002）。

分布：各区，大多数生活在热带区。

该族全世界已知 6 属 130 种，中国现记录 1 属 11 种。

15. 扁阎甲属 *Hololepta* Paykull, 1811

Hololepta Paykull, 1811: 101; Erichson, 1834: 87; Marseul, 1853: 135; 1857: 135, 155; Lacordaire, 1854: 249; Jacquelin-Duval, 1858: 98; Schmidt, 1885c: 281, 284; 1889a: 72; Seidlitz, 1891: 45; Ganglbauer, 1899: 353; Reitter, 1909: 280; Jakobson, 1911: 638, 642; Kuhnt, 1913: 365; Bickhardt, 1910c: 4; 1916b: 25; 1921: 45; Carnochan, 1917: 378; Desbordes, 1917a: 297; 1917b: 165; Cooman, 1939a: 61; Witzgall, 1971: 178; Kryzhanovskij *et* Reichardt, 1976: 403; Vienna, 1980: 340; Mazur, 1973a: 50; 1981: 171; 1984b: 259 (catalogue); 1997: 54 (catalogue); 2001: 37; 2011a: 49 (catalogue); Hisamatsu, 1985b: 221; Yélamos *et* Ferrer, 1988: 195; Ôhara, 1991a: 102; 1994: 91; Ôhara *et* Paik, 1998: 4 (Korea; Key); Yélamos, 2002: 86 (character), 365; Mazur in Löbl *et* Smetana, 2004: 86 (catalogue); Lackner *et al.* in Löbl *et* Löbl, 2015: 104 (catalogue; **Type species:** *Hololepta planus* Sulzer, 1776). **Type species:** *Hololepta humilis* Paykull, 1811. Designated by Leach, 1817: 79.

体中型或大型，长椭圆形，扁平，通常黑色光亮，很少具金属光泽。头部不内缩，向前平伸，静止时水平；额线不发达或无；复眼之后的区域略微低凹；触角很长，柄节细长，近基部膝状弯曲，梗节小，端锤扁平，卵圆形，分节略清晰，节间缝倾斜呈"V"形；上颚向前伸出，镰刀形，较长，近于相等，近端部稍弯，腹面有 1 深沟以容纳下颚须。前胸背板横宽，前缘深凹，两侧弧圆，前角通常锐角，有时圆钝，雄性于前角处有 1 深凹窝，后缘直或波曲；缘线通常于侧面完整，于前缘缺失或于头后宽阔间断。小盾片小，三角形。鞘翅短，侧缘近于平行，后缘由鞘翅缝向侧后方伸展；背线多只有短的痕迹；鞘翅侧缘有 1 纵向深凹；缘折狭窄，通常于中部隆起。前臀板大，六边形，扁平，与鞘翅在同一水平面；通常在两侧有刻点或细刻线。臀板短，与前臀板垂直，具明显刻点或无刻点。咽板短，前缘形状多变，通常弓形；前胸腹板龙骨在扁阎甲亚属 *Hololepta* 中宽而平，在 *Leionota* 亚属中窄而隆起；无龙骨线。中胸腹板前缘中央宽凹，缘线存在于前缘两侧，于中部凹缺之后宽阔间断，两侧末端向后弯曲。后胸腹板基节间盘区宽而平，中纵沟细而清晰。第 1 腹节腹板基节间盘区具完整的腹侧线。第 2 腹节腹板两侧通常各有 1 条短线。前足胫节宽，通常于外缘有 3-4 个大而强壮的齿，背面有"S"形的跗节沟，内缘近基部有 1 粗壮的齿；中、后足胫节有 1 或 2 列大刺；前足腿节基缘有缘线；跗节 5-5-5 式。阳茎扁平且强烈硬化，基片短；侧叶几乎完全融合，仅在端部极短分离；生殖孔于下方开放；雄虫第 8 腹节腹板末端密布长毛；雌虫的受精囊包括 1 个球形的囊，通常还有 1 条受精囊线。后翅基部有 M-Cu 翅僵环；臀套不开裂（Ôhara, 1991a; Yélamos, 2002）。

生活在倒木树皮下（Yélamos, 2002），一些种类是捕食性的，其他种类以树表腐烂的软泥状树液为食（Mazur, 2001）。

分布：各区，大多数分布在热带区。

该属世界记录 2 亚属 100 余种（Yélamos, 2002），中国记录 1 亚属 11 种。

3) 扁阎甲亚属 *Hololepta* Paykull, 1811

种 检 索 表

注：尼泊尔扁阎甲 *H. (H.) nepalensis* Lewis 未包括在内。

(42) 乌苏里扁阎甲 *Hololepta (Hololepta) amurensis* Reitter, 1879（图 48）

Hololepta amurensis Reitter, 1879: 213 (East Siberia: Amuland); Lewis, 1884: 133 (Japan); Bickhardt, 1910c: 5 (subg. *Holelepta*; catalogue); 1916b: 26 (catalogue); Adachi, 1930: 251 (key, note); Nakane, 1963: 69 (note, figure); Mazur, 1970: 60 (Korea); 1984b: 259 (China; catalogue); 1997: 54 (catalogue); 2011a: 49 (catalogue); Kryzhanovskij *et* Reichardt, 1976: 406 (key, figure, note); Hisamatsu, 1985b: 230 (note, figure); Ôhara, 1991a: 103 (key, figures, photos, redescription; new to Taiwan, China); 1994: 91; 1999a: 87; ESK *et* KSAE, 1994: 137 (Korea); Ôhara *et* Paik, 1998: 5;

Mazur in Löbl *et* Smetana, 2004: 86 (China: Heilongjiang, Jilin, Taiwan; catalogue); Lackner *et al.* in Löbl *et* Löbl, 2015: 104 (catalogue).

体长（前胸背板前角至前臀板后缘）6.48-7.94 mm，体宽 4.03-5.38 mm。体长椭圆形，扁平，黑色光亮，跗节、下颚须及触角红褐色。

头部及上颚表面具稀疏的细微刻点，复眼之后轻微凹陷。

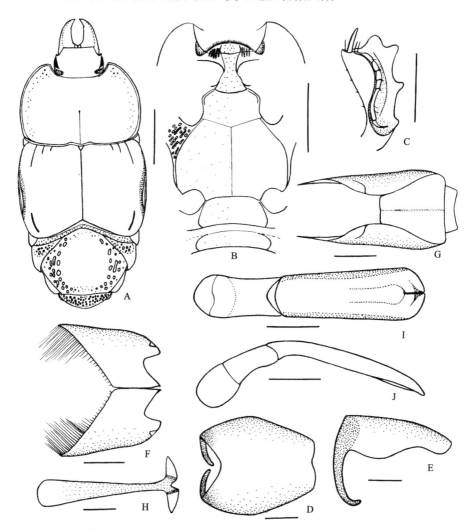

图 48　乌苏里扁阎甲 *Hololepta (Hololepta) amurensis* Reitter

A. 体部分背面观（body in part, dorsal view）；B. 前胸腹板、中-后胸腹板和第 1 腹节腹板（prosternum, meso- and metasterna and the 1st visible abdominal sternum）；C. 前足胫节，背面观（protibia, dorsal view）；D. 雄性第 8 腹节背板，背面观（male 8th tergite, dorsal view）；E. 同上，侧面观（ditto, lateral view）；F. 雄性第 8 腹节腹板，腹面观（male 8th sternum, ventral view）；G. 雄性第 9、10 腹节背板，背面观（male 9th and 10th tergites, dorsal view）；H. 雄性第 9 腹节腹板，腹面观（male 9th sternum, ventral view）；I. 阳茎，背面观（aedeagus, dorsal view）；J. 同上，侧面观（ditto, lateral view）。比例尺（scales）：

A, B = 2.0 mm, C = 1.0 mm, D-J = 0.25 mm

前胸背板两侧弓弯，侧缘基部 1/3 处略突出，弧圆，前角圆，前缘凹缺部分中央较直，后缘中央双曲；缘线于两侧完整，于头后宽阔间断，相对深且宽，离边缘较远；表面刻点与头部的相似，但靠近侧缘具略大的刻点。

鞘翅两侧中部 2/3 各有 1 大而深的纵向凹洼，于中部最宽，向两端逐渐变窄；第 1 背线仅余基部及端部各 1/4，中间宽阔间断，第 2、3 背线仅在基部具很短的刻痕；鞘翅表面具稀疏的细微刻点。鞘翅缘折狭窄，中部宽，缘折缘线完整。

前臀板两侧具略密集的浅的纵长形和圆形大刻点，中间刻点大，向两端略小。臀板密布略粗大的圆形刻点。

咽板前缘圆并具短毛，无缘线；表面中央刻点稀疏细小，两侧有密集的纵向凹线。前胸腹板龙骨平坦，中部最窄，向前后变宽；龙骨后缘向后弧形突出；表面刻点稀疏细小。

中胸腹板前缘中部凹缺；缘线存在于前缘，于龙骨之后宽阔间断，两侧末端弧形向后弯曲；表面刻点极稀疏微小；中-后胸腹板缝完整，中间向后成钝角。

后胸腹板基节间盘区刻点与中胸腹板的相似；侧线宽，前端 1/2 向后侧方延伸，后端 1/2 向后延伸，末端到达近侧后角。

第 1 腹节腹板基节间盘区横宽，刻点与中胸腹板的相似；腹侧线完整。第 2 腹节腹板的侧线不达前缘。

前足胫节外缘具 4 个齿；中、后足胫节外缘具 3 个齿。

雄性外生殖器如图 48D-J 所示。

观察标本：1♂, Sapporo (日本札幌), Y. Miwa leg., H. Desbordes det. 1931; 1♂, 台湾 Hori，1942.X；1♀，台湾 Taihoku，1935.V.27；1♀，辽宁高岭子，1940.VII.10；2♀，湖北神农架酒壶坪，1998.VIII.8，周红章采；1♀，湖北神农架酒壶坪，1998.VIII.8，罗天宏采；5 号，四川宝兴若碧沟，1600 m，枫树，倒木手捕，2003.VIII.13，吴捷采；1 号，四川宝兴青山沟，1900 m，核桃楸，倒木手捕，2003.VIII.6，吴捷采；2 号，四川宝兴青山沟，1950 m，漆树，倒木手捕，2003.VIII.3，吴捷采；1 号，云南西双版纳勐仑保护区，550 m，倒木，2004.II.8，吴捷采。

分布：辽宁、吉林、黑龙江、湖北、四川、云南、台湾；朝鲜半岛，日本，俄罗斯（远东、东西伯利亚）。

讨论：本种与印度扁阎甲 *H. (H.) indica* Erichson 十分相似，但体表刻点较稀疏，鞘翅上有 3 条背线，中胸腹板缘线较长；也与扁阎甲 *H. (H.) depressa* Lewis 相似，但体较大，前臀板刻点较粗糙，咽板前缘向外弓弯。

(43) 鲍氏扁阎甲 *Hololepta (Hololepta) baulnyi* Marseul, 1857（图 49）

Hololepta baulnyi Marseul, 1857: 399 (India); Bickhardt, 1910c: 5 (catalogue); 1916b: 26; Lewis, 1912: 254; Desbordes, 1917a: 300 (key); Mazur, 1984b: 260 (catalogue); 1997: 55 (catalogue); 2011a: 49 (catalogue); Lackner *et al.* in Löbl *et* Löbl, 2015: 104 (catalogue).

体长（前胸背板前角至前臀板后缘）8.46-9.47 mm，体宽 5.50-6.48 mm。体长椭圆形，扁平，轻微隆凸，黑色光亮，跗节、下颚须及触角淡红褐色。

头部及上颚表面具稀疏的细微刻点，复眼之后有 1 横卵形凹陷。

前胸背板两侧弓弯，侧缘基部 1/3 处突出，前角圆，前缘凹缺部分中央较直，后缘中央双曲；缘线于两侧完整，随前角弯曲而后终止；表面刻点与头部的相似，但靠近侧缘具略粗大的刻点。

鞘翅两侧有 1 大而深的纵向凹洼，向前约达鞘翅基部 1/4，有时更长，向后靠近但不达后缘；第 1 背线仅余基部及端部各 1/3，有时略长，有时略短，中间间断，第 2 背线仅在基部有很短的刻痕；鞘翅表面具稀疏的细微刻点。鞘翅缘折狭窄，中部宽；缘折缘线完整。

前臀板两侧具较密集的不规则的大刻点，中间刻点大，有时纵长形，向两端略小，圆形。臀板密布略粗大的圆形刻点。

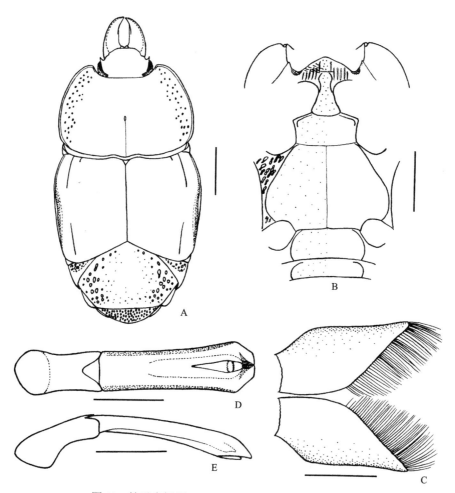

图 49　鲍氏扁阎甲 Hololepta (Hololepta) baulnyi Marseul

A. 体部分背面观（body in part, dorsal view）；B. 前胸腹板、中-后胸腹板和第 1 腹节腹板（prosternum, meso- and metasterna and the 1st visible abdominal sternum）；C. 雄性第 8 腹节腹板，腹面观（male 8th sternum, ventral view）；D. 阳茎，背面观（aedeagus, dorsal view）；E. 同上，侧面观（ditto, lateral view）。比例尺（scales）：A, B = 2.0 mm, C-E = 0.5 mm

　　咽板前缘中央剧烈向前突出，前缘具短毛，无缘线；表面中央窄，刻点稀疏微小，两侧有密集的纵向凹线。前胸腹板龙骨平，前端窄，向后变宽；龙骨后缘向后弧形突出；表面刻点与咽板的相似但更稀疏。

　　中胸腹板前缘中部凹缺；缘线存在于前缘，于龙骨之后宽阔间断，两侧末端弧形向后弯曲；表面刻点极稀疏微小；中-后胸腹板缝完整，轻微向后弓弯。

　　后胸腹板基节间盘区刻点与中胸腹板的相似；侧线前端 1/2 向后侧方延伸，后端 1/2 弧弯，末端向内弯曲并达后足基节窝前缘。

　　第 1 腹节腹板基节间盘区横宽，刻点与中胸腹板的相似；腹侧线并弧弯。第 2 腹节腹板的侧线近于完整，靠近但不达前缘。

　　前足胫节外缘具 4 个齿；中、后足胫节外缘具 3 个齿。

　　雄性外生殖器如图 49C-E 所示。

　　观察标本：2♀, 1934, Hoa-Bin Tonkin (越南东京湾和平), de Cooman leg., de Cooman det.；2♂, 1935, Hoa-Bin Tonkin, de Cooman leg., de Cooman det.；1♂, 1♀, 1936, Hoa-Bin Tonkin, de Cooman leg., de Cooman det.；3♂, 2♀, 云南车里石灰窑，750 m，1957.IV.27，邦菲洛夫采，Kryzhanovskij 鉴定；1♂, 云南西双版纳橄榄喀，580 m，1957.IV.22，蒲富基采，Kryzhanovskij 鉴定；1♀, 云南小勐养，850 m，1957.IV.2，王书永采，Kryzhanovskij 鉴定；1♀, 云南大勐龙，700 m，1957.IV.10，洪广基采，Kryzhanovskij 鉴定；1♂, 云南西双版纳小勐养，850 m，1957.VII.12，王书永采；1♂, 西藏墨脱背崩，850 m，1983.VI.26，韩寅恒采；1♂, 台湾 Musha，1942.X.25。

　　分布：云南、西藏、台湾；印度东部，越南，印度尼西亚。

　　讨论：本种与乌苏里扁阎甲 H. (H.) amurensis Reitter 相近，但体形较大，且鞘翅上只有 2 条背线。

(44) 扁阎甲 *Hololepta (Hololepta) depressa* Lewis, 1884（图 50）

Hololepta depressa Lewis, 1884: 132 (Japan); 1915: 55 (Shinten); Bickhardt, 1910c: 5 (subg. *Holelepta*; catalogue); 1916b: 26 (catalogue); Adachi, 1930: 252 (key, note); Nakane, 1963: 69 (note, figure); Kryzhanovskij *et* Reichardt, 1976: 405 (key, note); Mazur, 1984b: 261 (catalogue); 1997: 55 (catalogue); 2011a: 49 (catalogue); Hisamatsu, 1985b: 230 (note, figure); Ôhara, 1991b: 235 (redescription, figures); 1994: 91; 1999a: 88; ESK *et* KSAE, 1994: 137 (Korea); Ôhara *et* Paik, 1998: 5; Mazur in Löbl *et* Smetana, 2004: 86 (catalogue); Lackner *et al.* in Löbl *et* Löbl, 2015: 104 (catalogue).

　　体长（前胸背板前角至前臀板后缘）5.56-5.93 mm，体宽 3.24-3.48 mm。体长椭圆形，扁平，黑色光亮，跗节、下颚须及触角红褐色。

　　头部及上颚具稀疏的细微刻点，复眼之后横向凹陷。

　　前胸背板两侧弓弯，侧缘中部略突出，前角锐角，前缘凹缺部分均匀弓弯，后缘中部微弱双曲；缘线于两侧完整，于头后宽阔间断；表面刻点与头部的相似。

　　鞘翅两侧基部 4/5 各有 1 大而深的纵向凹洼；第 1 背线仅余基部不足 1/3，第 2 背线仅在基部具极短的刻痕；鞘翅表面刻点稀疏微小。鞘翅缘折狭窄，中部宽，缘折缘线完整。

前臀板中部刻点稀疏微小，两侧具稀疏粗大的圆形浅刻点，基部沿侧缘的刻点常纵向相连。臀板密布略粗大的圆形刻点。

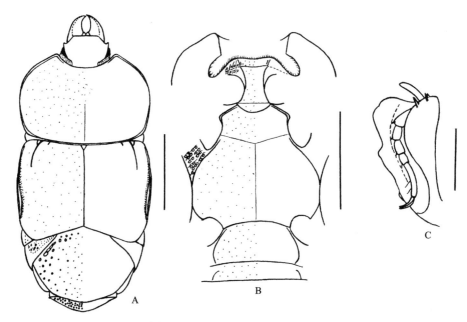

图 50 扁阎甲 *Hololepta* (*Hololepta*) *depressa* Lewis

A. 体部分背面观（body in part, dorsal view）；B. 前胸腹板、中-后胸腹板和第 1 腹节腹板（prosternum, meso- and metasterna and the 1st visible abdominal sternum）；C. 前足胫节，背面观（protibia, dorsal view）。比例尺（scales）：A, B = 2.0 mm, C = 0.5 mm

咽板极短，前缘中央微凹并具短毛；表面中央宽，刻点稀疏微小，两侧具密集的纵向皱纹。前胸腹板龙骨平坦，中部窄，向前后均变宽；龙骨后缘向外弧形突出；表面刻点稀疏微小。

中胸腹板前缘中部凹缺；缘线存在于前缘，于龙骨之后宽阔间断，两侧末端弧形向后弯曲；表面刻点与龙骨的相似；中-后胸腹板缝完整，中间向后成钝角。

后胸腹板基节间盘区刻点与中胸腹板的相似，但更稀疏。侧线短，仅存在于后胸腹板基半部，前末端不达中-后胸腹板缝，后末端到达后胸腹板-后胸前侧片缝。

第 1 腹节腹板基节间盘区横宽，刻点与中胸腹板的相似；腹侧线完整。第 2 腹节腹板两侧各有 1 条短的腹侧线。

前足胫节外缘具 4 齿，端部的 2 个齿靠近；中、后足胫节外缘均具 3 个齿。

观察标本：2♀，T. Shiraki and Y. Miwa det. (推测为台湾分布)。

分布：台湾；韩国，日本。

讨论：本种与平扁阎甲 *H.* (*H.*) *plana* (Sulzur) 极相似，但可依据其臀板上密集较大的刻点与后者区分。

(45) 长扁阎甲 *Hololepta* (*Hololepta*) *elongata* Erichson, 1834（图 51）

Hololepta elongata Erichson, 1834: 92 (Java); Marseul, 1853: 190 (figure); Bickhardt, 1910c: 5 (catalogue); 1916b: 27; Lewis, 1915: 55 (China: Kotosho of Taiwan); Desbordes, 1917a: 299 (key); Mazur, 1984b: 261 (catalogue); 1997: 55 (catalogue); 2011a: 49 (catalogue); Mazur in Löbl *et* Smetana, 2004: 86 (catalogue); Lackner *et al.* in Löbl *et* Löbl, 2015: 104 (catalogue).

体长（前胸背板前角至前臀板后缘）5.39-7.21 mm，体宽 2.66-3.48 mm。体极扁平且很长，长椭圆形，黑色光亮，跗节、下颚须及触角淡红褐色。

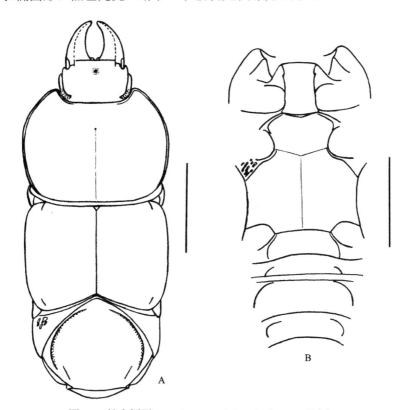

图 51　长扁阎甲 *Hololepta* (*Hololepta*) *elongata* Erichson

A. 体部分背面观（body in part, dorsal view）；B. 前胸腹板、中-后胸腹板和第 1 腹节腹板（prosternum, meso- and metasterna and the 1st visible abdominal sternum）。比例尺（scales）：2.0 mm

头部表面具稀疏的细微刻点；额近前缘中央有 1 圆形瘤突；复眼之后轻微凹陷。

前胸背板两侧弓弯，侧缘中部突出，前角尖锐，前缘凹缺部分中央较直，后缘中央较直；缘线于两侧完整，于头后宽阔间断；表面刻点与头部的相似。

鞘翅边缘中部有 1 纵向凹洼，位于鞘翅基部 1/4 至端部 1/3 之间；第 1 背线仅余基部和端部很短的刻痕，中间宽阔间断，有时第 2 背线于基部有极短的刻痕；鞘翅表面刻点与前胸背板的相似。鞘翅缘折狭窄，中部宽，缘折缘线完整。

前臀板较长，五边形，表面刻点与鞘翅的相似；两侧各有 1 弧形长凹线，其后末端内侧另有 1 短弧线。臀板表面具细微刻点。

前胸腹板前缘平直；咽板与龙骨之间无明显的分界线；整个前胸腹板腹面平，由前向后几乎等宽，具稀疏微小的刻点；后缘中央向外突出呈钝角。

中胸腹板前缘中部凹缺，中间略呈钝角；缘线存在于前缘，于龙骨之后宽阔间断，两侧末端弧形向后且略向内弯曲；表面刻点与前胸腹板的相似；中-后胸腹板缝完整，中间向后成钝角。

后胸腹板基节间盘区刻点与中胸腹板的相似；侧线很短，向后侧方延伸，仅存在于基部 1/3，后末端到达后胸腹板-后胸前侧片缝。

第 1 腹节腹板基节间盘区横宽，刻点与中胸腹板的相似；腹侧线完整。第 2 腹节腹板两侧端部各有 1 短的腹侧线。

前、中足胫节外缘均有 4 个齿，端部 2 齿大；后足胫节外缘近端部有 2 个齿。

观察标本：3♀，Hoa-Binh Tonkin (越南东京湾和平)，1933，de Cooman leg.；3♀，Hoa-Binh Tonkin, 1935, de Cooman leg.；1♀，Hoa-Binh Tonkin, 1936, de Cooman leg.；1♀，Hoa-Binh Tonkin, 1941, de Cooman leg.；3♀，[台湾] Kotosho, T. Shiraki and Y. Miwa det.；3♀，云南西双版纳橄楠坝，650 m，1957.III.16，王书永采，Kryzhanovskij 鉴定；1♀，云南西双版纳橄楠坝，540 m，1957.III.16，刘大华采，Kryzhanovskij 鉴定；1♀，云南西双版纳橄楠坝，650 m，1957.III.19，臧令超采，Kryzhanovskij 鉴定。

分布：云南、台湾；印度，缅甸，越南，印度尼西亚，马来西亚。

讨论：本种与希氏扁阎甲 *H. (H.) higoniae* Lewis 很相似，但鞘翅第 1 背线有基部及端部 2 部分，前臀板上另有 2 条短线，中足胫节外缘有 4 个齿可与后者区分。

(46) 费氏扁阎甲 *Hololepta (Hololepta) feae* Lewis, 1892（图 52）

Hololepta feae Lewis, 1892d: 17 (Burma); Bickhardt, 1910c: 5 [*Hololepta (Hololepta) feae*; catalogue];
  1916b: 27; Mazur, 1984b: 261 (catalogue); 1997: 55 (catalogue); 2011a: 50 (catalogue); Lackner *et al.*
  in Löbl *et* Löbl, 2015: 104 (catalogue).

体长（前胸背板前角至前臀板后缘）7.15-9.86 mm，体宽 4.83-7.03 mm。体长椭圆形，扁平，黑色光亮。

头部表面具略密集的细微刻点，复眼内侧混有几个略大的刻点；复眼之后轻微凹陷。

前胸背板两侧弓弯，侧缘基部 1/3 处略突出，前角钝圆，前缘凹缺部分中央较直，后缘中央双曲；缘线于两侧完整，随侧缘弯曲止于前角处；表面刻点与头部的相似，但靠近侧缘具密集的大刻点。

鞘翅两侧中部 4/5 各有 1 大而深的纵向凹洼，凹洼内有粗糙大刻点；第 1 背线位于鞘翅基部 1/3 和端半部，中间狭窄间断，第 2 背线仅余基部 1/6 和端部 1/6，中间宽阔间断；鞘翅表面具稀疏微小的刻点。鞘翅缘折狭窄，中部宽，缘折缘线完整。

前臀板具粗糙的大刻点，两侧中部刻点最大，且轻微融合。臀板表面密布粗糙的圆形粗大刻点。

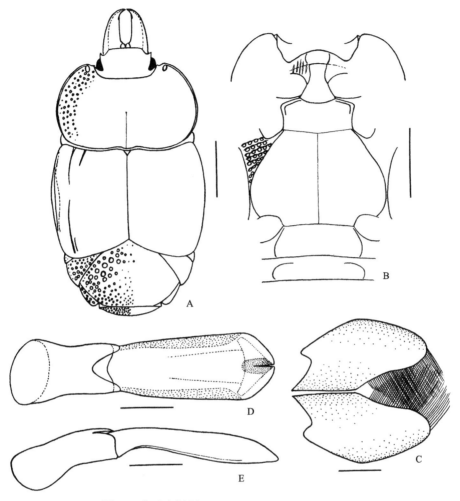

图 52　费氏扁阎甲 *Hololepta* (*Hololepta*) *feae* Lewis

A. 体部分背面观（body in part, dorsal view）；B. 前胸腹板、中-后胸腹板和第 1 腹节腹板（prosternum, meso- and metasterna and the 1st visible abdominal sternum）；C. 雄性第 8 腹节腹板，腹面观（male 8th sternum, ventral view）；D. 阳茎，背面观（aedeagus, dorsal view）；E. 同上，侧面观（ditto, lateral view）。比例尺（scales）：A, B = 2.0 mm, C-E = 0.25 mm

咽板前缘圆，无缘线；表面中央刻点稀疏微小，两侧有密集的纵向刻纹。前胸腹板龙骨平坦，前端较窄，向后变宽；龙骨后缘弧形突出；表面刻点与咽板的相似。

中胸腹板前缘中部凹缺；缘线存在于前缘，于龙骨之后宽阔间断，两侧末端向后弯折；表面刻点与前胸腹板的相似；中-后胸腹板缝完整，中央略向后成角。

后胸腹板基节间盘区刻点与中胸腹板的相似；侧线前端 1/2 向后侧方延伸，后端 1/2 弧弯，末端向内弯曲且到达后足基节窝前缘。

第 1 腹节腹板基节间盘区刻点与中胸腹板的相似；腹侧线完整。第 2 腹节腹板的侧线不达前缘。

前足胫节外缘有 4 个齿；中、后足胫节外缘均有 3 个齿。

雄性外生殖器如图 52C-E 所示。

观察标本：1♂, 3♀, Hoa-Binh Tonkin (越南东京湾和平), 1933, de Cooman leg., de Cooman det.; 2♂, 2♀, Hoa-Binh Tonkin, 1934, de Cooman leg., de Cooman det.; 1♂, 云南西双版纳大勐龙，650 m，1958.IV.14，洪淳培采。

分布：云南；缅甸，越南。

讨论：本种与钝扁阎甲 *H*. (*H*.) *obtusipes* Marseul 极为相近，但鞘翅具 2 条背线，前足胫节外缘有 4 齿可与后者区分。

(47) 希氏扁阎甲 *Hololepta* (*Hololepta*) *higoniae* Lewis, 1894（图 53）

Hololepta higoniae Lewis, 1894a: 174 (Japan; nom. subst. for *H. parallela* Lewis, 1884); 1915: 55 (China: Horisha of Taiwan); Bickhardt, 1910c: 5 (subg. *Hololepta*; catalogue); 1916b: 27; Desbordes, 1919: 342; Miwa, 1938: 84; Cooman, 1939a: 65 (Tonkin); Kurosawa, 1992: 7; Nakane, 1963: 69 (note, figure); Kryzhanovskij *et* Reichardt, 1976: 404 (key, figure); Mazur, 1984b: 261 (China: Yunnan; catalogue); 1997: 55 (catalogue); 2011a: 50 (catalogue); Hisamatsu, 1985b: 230 (note, figure); Ôhara, 1991b: 238 (redescription, figure); 1994: 91; Mazur in Löbl *et* Smetana, 2004: 86 (catalogue); Lackner *et al.* in Löbl *et* Löbl, 2015: 104 (catalogue).

Hololepta parallela Lewis, 1884: 132 (nec G. Koch, 1868; Japan).

体长（前胸背板前角至前臀板后缘）4.83-6.42 mm，体宽 2.66-3.36 mm。体扁平且较长，长椭圆形，黑色光亮，跗节、下颚须和触角淡红褐色。

头部表面具稀疏的细微刻点；复眼之后横向凹陷。

前胸背板两侧弓弯，侧缘基部 1/3 处略突出，前角较尖锐，前缘凹缺部分中央较直，后缘中央双曲；缘线于两侧完整，于前缘完全缺失；表面刻点较头部的更为稀疏微小。

鞘翅两侧各有 1 纵向凹洼，始于鞘翅基部 1/5，止于端部 1/4 处；第 1 背线仅余基部 1/4，第 2 背线于基部有很短的刻痕；鞘翅表面刻点与前胸背板的相似，侧后角处有几个略大的刻点。鞘翅缘折狭窄，中部宽，缘折缘线完整。

前臀板五边形，刻点与前胸背板的相似；两侧各有 1 条弧形长凹线。臀板具稀疏细微的刻点。

前胸腹板前缘平直；咽板与龙骨之间无明显的分界线；整个前胸腹板腹面平坦，由前向后几乎等宽，刻点稀疏微小；龙骨后缘向外突出，中间呈钝角。

中胸腹板前缘中部凹缺，中间成角；缘线存在于前缘，于龙骨之后宽阔间断，两侧末端弧形向内弯曲；表面刻点与前胸腹板的相似，但更稀疏微小；中-后胸腹板缝完整，中间向后成钝角。

后胸腹板基节间盘区刻点与中胸腹板的相似；侧线短，存在于基半部，后末端到达后胸腹板-后胸前侧片缝。

第 1 腹节腹板基节间盘区无刻点；腹侧线完整。第 2 腹节腹板的腹侧线不达前缘。

前足胫节外缘具 4 齿；中足胫节外缘具 3 齿；后足胫节外缘具 2 齿。

观察标本：6♀, Hoa-Binh Tonkin (越南东京湾和平), 1935, de Cooman leg., de Cooman det.; 2♀, Hoa-Binh Tonkin, 1936, de Cooman leg., de Cooman det.; 1♂, 3♀, [台湾] Horisha,

T. Shiraki leg., T. Shiraki and Y. Miwa det.; 3♀，云南西双版纳橄楠坝，650 m，1957.III.16，王书永采，Kryzhanovskij 鉴定；1♀，云南西双版纳橄楠坝，650m，1957.III.19，臧令超采，Kryzhanovskij 鉴定。

分布：云南、台湾；日本，老挝，越南。

讨论：本种与长扁阎甲 *H. (H.) elongata* Erichson 最为相似，但鞘翅具 2 条背线且都存在于基部，前臀板上仅有 2 条长的弧线可与后者区分。

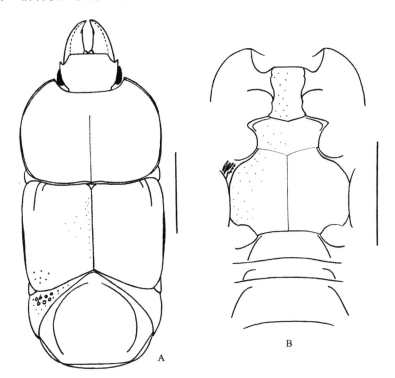

图 53　希氏扁阎甲 *Hololepta (Hololepta) higoniae* Lewis

A. 体部分背面观（body in part, dorsal view）；B. 前胸腹板、中-后胸腹板和第 1 腹节腹板（prosternum, meso- and metasterna and the 1st visible abdominal sternum）。比例尺（scales）：2.0 mm

(48) 印度扁阎甲 *Hololepta (Hololepta) indica* Erichson, 1834（图 54）

Hololepta indica Erichson, 1834: 90 (Java); Bickhardt, 1910c: 6 (catalogue); 1916b: 27; Desbordes, 1917a: 301 (China: Taiwan); Mazur, 1984b: 262 (catalogue); 1997: 56 (catalogue); 2011a: 50 (catalogue); Mazur in Löbl *et* Smetana, 2004: 86 (China: Hainan; catalogue); Lackner *et al.* in Löbl *et* Löbl, 2015: 104 (catalogue).

Hololepta orientalis Sturm, 1826: 153 (nom. nud.); Dejean, 1837: 144 (synonymized).

Hololepta manillensis Marseul, 1853: 145; Desbordes, 1917a: 298 (synonymized).

Hololepta batchiana Marseul, 1860: 588 (Ile Batchian, Nouvelle-Guinée); Lewis, 1888a: 631 (synonymized).

Hololepta menadia Marseul, 1864a: 279; Desbordes, 1917a: 299 (synonymized).

Hololepta aequa Lewis, 1885c: 204 (Assam); Lewis, 1905d: 3 (synonymized).

　　体长（前胸背板前角至前臀板后缘）5.44-8.22 mm，体宽 3.48-5.93 mm。体长椭圆形，扁平，黑色光亮，跗节、下颚须及触角暗褐色。

　　头部表面具稀疏的细微刻点；复眼之后有 1 不规则凹陷。

　　前胸背板两侧弓弯，侧缘基部 1/3 处剧烈突出成角，前角锐角，前缘凹缺部分中央较直，后缘中央双曲；缘线于两侧完整，于前缘完全缺失；表面刻点与头部的相似。

　　鞘翅两侧有 1 大而深的纵向凹注，始于基部 1/8，止于端部 1/4；第 1 背线仅余基部 1/3 和端部 1/4（向后不达后缘），中间宽阔间断，第 2 背线仅在基部具很短的刻痕，第 3 背线刻痕更短；鞘翅表面刻点与前胸背板的相似。鞘翅缘折狭窄，中部宽，缘折缘线完整。

　　前臀板两侧具稀疏的大小不一的粗糙刻点。臀板密布深且略粗大的圆形刻点。

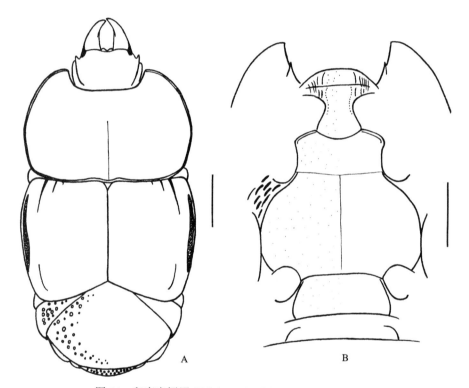

图 54　印度扁阎甲 *Hololepta* (*Hololepta*) *indica* Erichson

A. 体部分背面观（body in part, dorsal view）；B. 前胸腹板、中-后胸腹板和第 1 腹节腹板（prosternum, meso- and metasterna and the 1st visible abdominal sternum）。比例尺（scales）：1.0 mm

　　咽板前缘弧圆，无缘线；表面中央具稀疏的细微刻点，两侧具密集的纵向刻纹。前胸腹板龙骨平，前端较窄，向后变宽；龙骨后缘弓形突出；表面具稀疏的细微刻点。

　　中胸腹板前缘中部凹缺；缘线存在于前缘，于龙骨之后宽阔间断，两侧末端略向后弯；表面刻点与前胸腹板的相似；中-后胸腹板缝完整，中间略向后成角。

　　后胸腹板基节间盘区刻点与前胸腹板的相似；侧线弧弯，存在于基半部或更长，后末端到达后胸腹板-后胸前侧片缝。

第 1 腹节腹板基节间盘区刻点与前胸腹板的相似；腹侧线完整。第 2 腹节腹板的腹侧线不达前缘。

前足及中足胫节外缘具 4 齿；后足胫节外缘具 3 齿。

观察标本：1♀, Hoa-Binh Tonkin (越南东京湾和平), 1933, de Cooman leg., de Cooman det.; 4♀, Hoa-Binh Tonkin, 1934, de Cooman leg., de Cooman det.; 4♀, Hoa-Binh Tonkin, 1936, de Cooman leg., de Cooman det.; 1♀, Hoa-Binh Tonkin, 1941, de Cooman leg., de Cooman det.; 1♀, [台湾] Hoozan, 1923.X, T. Shiraki leg., T. Shiraki and Y. Miwa det.; 5♀, 云南金平猛喇, 400 m, 1956.IV.28, 黄克仁等采, Kryzhanovskij 鉴定; 3♀, 云南西双版纳橄榄坝, 650 m, 1957.III.15, 王书永采, Kryzhanovskij 鉴定; 1♀, 云南西双版纳橄榄坝, 540 m, 1957.III.16, 刘大华采, Kryzhanovskij 鉴定; 1♀, 云南西双版纳橄榄坝, 650 m, 1957.III.19, 臧令超采, Kryzhanovskij 鉴定; 2♀, 云南西双版纳橄榄坝, 540 m, 1957.IV.17, 蒲富基采, Kryzhanovskij 鉴定; 1♀, 云南西双版纳橄榄坝, 540 m, 1957.IV.17, 洪广基采, Kryzhanovskij 鉴定; 1♀, 云南小勐养, 850 m, 1957.IV.2, 王书永采, Kryzhanovskij 鉴定; 1♀, 云南小勐养, 810 m, 1957.IV.4, 洪广基采, Kryzhanovskij 鉴定; 1♀, 云南小勐养, 850 m, 1957.V.3, 王书永采, Kryzhanovskij 鉴定; 1♀, 云南西双版纳橄曼喀, 580 m, 1957.IV.22, 蒲富基采, Kryzhanovskij 鉴定; 1♀, 云南西双版纳大勐龙, 700 m, 1957.IV.10, 蒲富基等采, Kryzhanovskij 鉴定; 1♀, 云南西双版纳大勐龙, 700 m, 1957.IV.10, 洪广基采, Kryzhanovskij 鉴定。3♀, 云南西双版纳大勐龙, 650 m, 1958.IV.7, 王书永采; 2♀, 云南西双版纳大勐龙, 650 m, 1958.IV.12, 王书永采; 1♀, 云南西双版纳大勐龙, 650 m, 1958.IV.16, 陈之梓采; 1♀, 云南西双版纳大勐龙, 650 m, 1958.IV.17, 王书永采; 2♀, 云南西双版纳大勐龙, 650 m, 1958.V.4, 王书永采; 1♀, 云南西双版纳大勐龙, 650 m, 1958.V.6, 蒲富基采; 1♀, 云南西双版纳勐腊, 620-650 m, 1959.VII.10, 张毅然采。

分布：海南、云南、台湾；印度，越南，印度尼西亚，马来半岛。

讨论：本种与乌苏里扁阎甲 *H.* (*H.*) *amurensis* Reitter 相似，但前胸背板缘线较细较浅，距离边缘近，且侧缘基部 1/3 处通常剧烈突出成角，中胸腹板缘线较短可与后者区分。

(49) 亮扁阎甲 *Hololepta* (*Hololepta*) *laevigata* Guérin-Ménéville, 1833（图 55）

Hololepta laevigata Guérin-Ménéville, 1833: 482 (East India); Lewis, 1899: 5 (Java, Sumatra, Coromandel Belanger); Bickhardt, 1910c: 6 (catalogue); 1916b: 27; Desbordes, 1917a: 299 (key); Mazur, 1984b: 262 (catalogue); 1997: 56 (catalogue); 2011a: 50 (catalogue); Mazur et Zhou, 2001: 73 (new to Yunnan, China); Lackner *et al.* in Löbl et Löbl, 2015: 104 (catalogue).

Hololepta procera Erichson, 1834: 91; Marseul, 1853: 189; Lewis, 1899: 5 (synonymized).

Hololepta subarmata Dejean, 1837: 144 (nom. nud.); Marseul, 1857: 469 (synonymized).

体长（前胸背板前角至前臀板后缘）9.28-13.57 mm，体宽 5.19-7.85 mm。体大型，长椭圆形，扁平，黑色光亮，下颚须及触角红褐色。

头部表面具稀疏的细微刻点；额中央有 1 瘤突；复眼之后深凹。

　　前胸背板两侧弓弯，前角锐角，前缘凹缺部分中央较直，后缘中央双曲或较直；缘线于两侧完整，于头后缺失；表面刻点与头部的相似，但靠近侧缘具略大的刻点。

　　鞘翅两侧有 1 大而深的纵向凹洼，始于鞘翅基部，向后接近后缘，凹洼内有一些大而粗糙的刻点；第 1 背线仅存在于鞘翅基部 1/3；第 2 背线在基部具很短的刻痕；鞘翅表面具稀疏的细微刻点。鞘翅缘折狭窄，中部宽，缘折缘线完整。

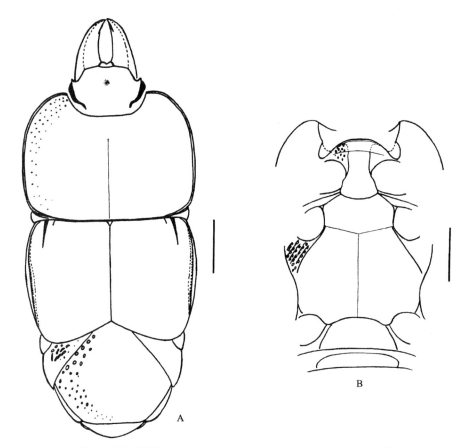

图 55　亮扁阎甲 *Hololepta* (*Hololepta*) *laevigata* Guérin-Ménéville

A. 体部分背面观（body in part, dorsal view）；B. 前胸腹板、中-后胸腹板和第 1 腹节腹板（prosternum, meso- and metasterna and the 1st visible abdominal sternum）。比例尺（scales）：2.0 mm

　　前臀板两侧刻点粗大，两侧角之前有部分刻点融合。臀板密布粗大的圆形刻点。

　　咽板前缘略呈弧形或较直，具不明显的缘线；表面中央刻点稀疏微小，两侧具密集的纵向刻纹。前胸腹板龙骨平，前端略窄，向后变宽；龙骨后缘向外弧形突出；表面刻点与咽板的相似。

　　中胸腹板前缘中部凹缺；缘线存在于前缘，于龙骨之后宽阔间断，两侧末端弧形向后弯曲；表面刻点与前胸腹板的相似；中-后胸腹板缝完整，中间向后成钝角。

　　后胸腹板基节间盘区刻点与前胸腹板的相似；侧线向后侧方延伸，存在于基半部，末端不达后胸腹板-后胸前侧片缝。

第 1 腹节腹板基节间盘区刻点与前胸腹板的相似；腹侧线完整。第 2 腹节腹板有 1 条完整的弧线。

各足胫节外缘均有 3 齿。

观察标本：6♀, Hoa-Binh Tonkin, 1933, de Cooman leg., de Cooman det.; 5♀, Hoa-Binh Tonkin, 1934, de Cooman leg., de Cooman det.; 15♀, 云南西双版纳橄楠坝，650 m，1957.III.15, 王书永采, Kryzhanovskij 鉴定；8♀, 云南西双版纳橄楠坝，650 m, 1957.III.15, 梁秋珍采, Kryzhanovskij 鉴定；6♀, 云南西双版纳橄楠坝，650 m，1957.III.16，梁秋珍采, Kryzhanovskij 鉴定；1♀, 云南西双版纳橄楠坝，650 m，1957.III.16，臧令超采, Kryzhanovskij 鉴定；2♀, 云南西双版纳橄楠坝，650 m，1957.III.19，臧令超采, Kryzhanovskij 鉴定；1♀, 云南西双版纳橄楠坝，650 m，1957.III.22，臧令超采, Kryzhanovskij 鉴定；8♀, 云南西双版纳橄楠坝，540 m，1957.III.15，蒲富基采, Kryzhanovskij 鉴定；4♀, 云南西双版纳橄楠坝，540 m，1957.III.15，刘大华采, Kryzhanovskij 鉴定；1♀, 云南西双版纳橄楠坝，540 m，1957.III.16，刘大华采, Kryzhanovskij 鉴定；1♀, 云南小勐养，810 m, 1957.IV.4, 洪广基采, Kryzhanovskij 鉴定；2♀, 云南小勐养，850 m, 1957.V.3, 王书永采, Kryzhanovskij 鉴定；5♀, 云南车里，620 m, 1957.IV.25, 臧令超采, Kryzhanovskij 鉴定。

分布：云南；印度东部，印度尼西亚。

讨论：本种体形大，且额中央有 1 瘤状突起，极易与分布于中国的扁阎甲属的其他种类区分。

(50) 尼泊尔扁阎甲 *Hololepta* (*Hololepta*) *nepalensis* Lewis, 1910

Hololepta nepalensis Lewis, 1910: 43 (Nepal); Mazur in Löbl *et* Smetana, 2004: 86 (catalogue); Mazur, 2010a: 142 (China: Fujian); 2011a: 50 (catalogue); Lackner *et al.* in Löbl *et* Löbl, 2015: 104 (catalogue).

观察标本：未检视标本。

分布：福建；尼泊尔，越南，印度尼西亚。

(51) 钝扁阎甲 *Hololepta* (*Hololepta*) *obtusipes* Marseul, 1864（图 56）

Hololepta obtusipes Marseul, 1864a: 280 (Sumatra); Lewis, 1905b: 342 (Java, Sumatra, Malay Peninsula); Bickhardt, 1910c: 6 (catalogue); 1916b: 28; Mazur, 1984b: 263 (catalogue); 1997: 56 (catalogue); 2011a: 50 (catalogue).

Hololepta parcepunctata Desbordes, 1913: 71 (Sumatra); 1917a: 297 (synonymized).

体长（前胸背板前角至前臀板后缘）7.86-8.38 mm，体宽 5.32-5.44 mm。体长椭圆形，扁平，黑色光亮，跗节及触角暗褐色。

头部表面刻点不明显；复眼之后略凹。

前胸背板两侧弓弯，侧缘基部 1/3 处剧烈向外突出，前角钝圆，前缘凹缺部分中央较直，后缘中央双曲；缘线于两侧完整，但中部较窄，于前缘缺失；表面刻点不明显。

鞘翅两侧有 1 大而深的纵向凹洼，始于基部 1/8，止于端部 1/4；第 1 背线仅余基部 1/4 及端部很短的刻痕，第 2、3 背线仅在基部具极短的刻痕；鞘翅表面刻点不明显。鞘翅缘折狭窄，中部宽，缘折缘线完整。

前臀板于基半部的两侧有较粗大的浅刻点，端部边缘有一些小的圆形浅刻点。臀板较长，表面密布较粗大的圆形刻点。

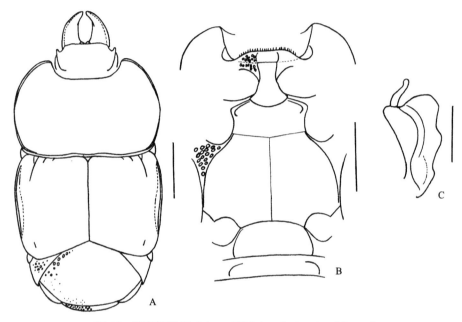

图 56 钝扁阎甲 *Hololepta* (*Hololepta*) *obtusipes* Marseul

A. 体部分背面观（body in part, dorsal view）；B. 前胸腹板、中-后胸腹板和第 1 腹节腹板（prosternum, meso- and metasterna and the 1st visible abdominal sternum）；C. 前足胫节，背面观（protibia, dorsal view）。比例尺（scales）：A, B = 2.0 mm, C = 1.0 mm

咽板前缘较直且具短毛，无缘线；表面中央无刻点，两侧具密集的纵向刻纹。前胸腹板龙骨平，前端较窄，向后变宽；龙骨后缘弧形向后突出；表面刻点稀疏微小。

中胸腹板前缘中部凹缺；缘线存在于前缘，于龙骨之后宽阔间断，两侧末端弧形向内弯曲；表面无刻点；中-后胸腹板缝浅，不明显。

后胸腹板基节间盘区无刻点；侧线弧形弓弯，后端向后延伸，止于端部 1/6 处。

第 1 腹节腹板基节间盘区无刻点；腹侧线完整。第 2 腹节腹板的腹侧线不达前缘。

前足胫节外缘具 3 齿，端部 1 齿大；中、后足胫节的外缘均有 3 齿。

观察标本：1♀，云南金平猛喇，400 m，1956.IV.28，黄克仁等采，Kryzhanovskij 鉴定；1♀，云南小勐养，850 m，1957.V.3，王书永采，Kryzhanovskij 鉴定。

分布：云南；印度尼西亚，马来半岛。

讨论：本种与印度扁阎甲 *H.* (*H.*) *indica* Erichson 相似，但鞘翅第 1 背线端部仅有很短的刻痕，臀板只于基半部侧面有大刻点，前足胫节 3 齿，最端部的齿大，可与后者相区分。

(52) 平扁阎甲 *Hololepta* (*Hololepta*) *plana* (Sulzer, 1776)（图 57）

Hister planus Sulzer, 1776: 23 (Switzerland); Fuesslin, 1775: 5 (nom. nud.); Olivier, 1789: 15; Fabricius, 1792: 73; Illiger, 1798: 65.

Hololepta plana: Paykull, 1811: 107; Marseul, 1853: 143; Jacquelin-Duval, 1858: t. 29, f. 141; Schmidt, 1885c: 284; Fauvel in Gozis, 1886: 158 (key), 185; Ganglbauer, 1899: 354; Reitter, 1909: 280; Bickhardt, 1910c: 6 (catalogue); 1916b: 28; Jakobson, 1911: 642; Auzat, 1919a: 159; Reichardt, 1925a: 109 (Altai); Horion, 1949: 317; Mazur, 1970: 60 (Korea); 1984b: 263 (catalogue); 1997: 57 (catalogue); 2011a: 51 (catalogue); Witzgall, 1971: 178; Kryzhanovskij *et* Reichardt, 1976: 404; Yélamos *et* Ferrer, 1988: 195; ESK *et* KSAE, 1994: 137 (Korea); Ôhara *et* Paik, 1998: 5 (subg. *Hololepta*); Yélamos, 2002: 87 (redescription, figure), 365; Mazur in Löbl *et* Smetana, 2004: 86 (catalogue); Lackner *et al.* in Löbl *et* Löbl, 2015: 104 (catalogue).

Hister berbicaeus minor Voet, 1793: 49; Mazur, 1984b: 263 (synonymized).

Hololepta plana var. *appendiculata* Auzat, 1918: 14.

Hololepta plana var. *desbordesi* Auzat, 1919b: 199.

Hololepta plana var. *rouquesi* Auzat, 1919b: 199.

Hololepta plana var. *deficiens* Roubal, 1925: 89.

Hololepta plana var. *orientalis* Roubal, 1925: 89.

体长（前胸背板前角至前臀板后缘）5.87-6.91 mm，体宽 3.67-4.12 mm。体长椭圆形，扁平，黑色光亮，跗节、下颚须及触角红褐色。

头部表面刻点稀疏微小；复眼之后凹陷。

前胸背板两侧弓弯，侧缘基部 1/3 处略突出，弧圆，前角锐角，前缘凹缺部分中央较直，后缘中央双曲；缘线于两侧完整，靠近边缘，于前缘缺失；表面刻点与头部的相似。

鞘翅两侧有 1 大而深的纵向凹洼，基部接近鞘翅前缘，端部止于鞘翅端部 1/6 处，凹洼内具粗糙刻点；第 1 背线仅余基部 1/4，第 2 背线仅在基部有极短的刻痕，有时还可看到第 3 背线更短的刻痕；鞘翅表面刻点与前胸背板的相似。鞘翅缘折狭窄，中部宽，缘折缘线完整。

前臀板轻微隆起，两侧具稀疏粗大的浅刻点，基半部刻点有时融合。臀板具细小的浅刻点。

咽板前缘中央宽凹，前缘具短毛，无缘线；表面中央刻点稀疏微小，两侧有密集的纵向刻纹。前胸腹板龙骨平，前端较窄，向后变宽；龙骨后缘弧形突出；表面刻点与咽板的相似。

中胸腹板前缘中部凹缺；缘线存在于前缘，于龙骨之后宽阔间断，两侧末端弧形略向内弯曲；表面刻点与前胸腹板的相似；中-后胸腹板缝完整，中间向后成钝角。

后胸腹板基节间盘区刻点与中胸腹板的相似；侧线前端 1/2 向后侧方延伸，而后几乎与后胸腹板-后胸前侧片缝融合，末端向内弯曲到达后足基节窝前缘。

第 1 腹节腹板基节间盘区刻点与中胸腹板的相似；腹侧线完整。第 2 腹节腹板的腹侧线短，存在于端半部。

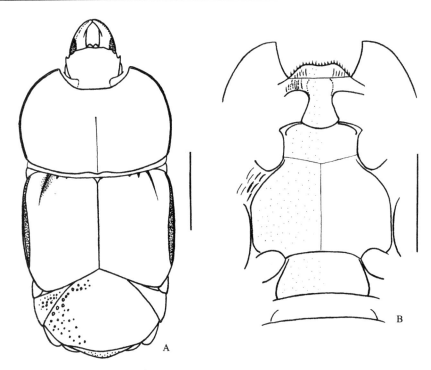

图 57 平扁阎甲 *Hololepta* (*Hololepta*) *plana* (Sulzer)

A. 体部分背面观（body in part, dorsal view）；B. 前胸腹板、中-后胸腹板和第 1 腹节腹板（prosternum, meso- and metasterna and the 1ˢᵗ visible abdominal sternum）。比例尺（scales）：2.0 mm

各足胫节外缘均有 3 个齿。

观察标本：2♀，（小签内容无法辨别）；2♀，France (法国)，J. Clermont?；5♀，辽宁高岭子，1940.VII.10；3♀，黑龙江哈尔滨，1947.VII.16；1♀，黑龙江郎乡东折林场，450 m，树皮手捕，2004.V.27，吴捷采。

分布：辽宁、黑龙江；几乎整个古北区。

讨论：本种与扁阎甲 *H.* (*H.*) *depressa* Lewis 相近，但臀板上刻点小，不及后者明显。

三）方阎甲族 Platysomatini Bickhardt, 1914

Platysomini Bickhardt, 1914a: 307.

Althanini Cooman, 1939b: 138. **Type genus**: *Althanus* Lewis, 1903. Synonymized by Mazur, 1984b: 227.

Platysominae: Chûjô *et* Satô, 1970: 8.

Platysomatini: Bickhardt, 1916b: 21; 1917: 131; 1921: 121; Wenzel, 1944: 53; Wenzel in Arnett, 1962: 376, 382; Kryzhanovskij *et* Reichardt, 1976: 391; Mazur, 1973a: 51; 1984b: 227; 1997: 61; 2011a: 54 (catalogue); Ôhara *et* Paik, 1998: 5 (key to Korea); Mazur *et* Ôhara, 2000a: 43; 2000b: 327; Ôhara *et* Mazur, 2000: 1; Ôhara *et* Mazur, 2002: 1; Yélamos, 2002: 88 (character, key), 365; Lackner *et al.* in Löbl *et* Löbl, 2015: 105 (catalogue).

Platysomatina: Yélamos *et* Ferrer, 1988: 193.

Type genus: *Platysoma* Leach, 1817.

多数背面扁平，少数近于圆柱形，背面隆凸；额和口上片通常扁平；触角端锤每侧各有 2 个倾斜的裂缝，呈 "V" 形；前胸背板缘线和侧线很接近；前胸腹板龙骨后缘向外突出，与中胸腹板前缘中部凹缺吻合；后胸腹板侧线多数延伸到达或接近后足基节窝前缘；前足胫节跗节沟深，边界明显，"S" 形（直沟阎甲属 *Mendelius*，短卵阎甲属 *Eblisia* 的少数种类除外）。

生活在倒木的树皮下或木质内部及腐烂的植物体中，捕食其他昆虫的幼虫（Mazur and Ôhara, 2000a; Yélamos, 2002)，有些种类（如长方阎甲亚属 *Cylister*）对小蠹的生物防治有重要意义（Mazur and Ôhara, 2000a)。

分布：各区，主要分布在非洲区和亚洲南部。

该族最初由 Bickhardt（1914a）提出，包括 *Macrosternus*、*Placodes*、*Operclipygus* 和 *Omalodes*；1917 年他给出了族的定义，基于前足胫节有 "S" 形的跗节沟，提出此族可能从阎甲族 Histerini 中分离出来，这个观点被后来的鞘翅学家沿用。Wenzel（1962）注意到触角端锤的结构对方阎甲属 *Platysoma* 和斜臀阎甲属 *Omalodes* 都是显著的特征。另一个进步是 Kryzhanovskij（1972b）将斜臀阎甲属 *Omalodes*，以及和它临近的属从方阎甲族 Platysomatini 分出来作为新族——斜臀阎甲族 Omalodini 的成员。后胸腹板侧线不弯曲，延伸到达（或不达）后足基节窝，是区分这 2 个族最基本的特征。关于触角端锤的结构，De Marzo 和 Vienna（1982b）发现方阎甲族 Platysomatini 和扁阎甲族 Hololeptini 相似而与斜臀阎甲族 Omalodini 不同。Mazur（1990）为阎甲亚科 Histerinae 的族创立了一个新的概念，指出雄性生殖器的阳茎也应该作为阎甲族 Histerini 区分其他族的特征。Ôhara 和 Nakane（1989）及 Ôhara（1994）也指出几个特征状态（后翅，受精囊，雄性生殖器），并展示了这些特征状态在系统学分析中的矩阵。Mazur（1997）去除了原来放在该族中的 *Cylindrolister*、*Apobletodes* 和 *Cylistosoma*。Ślipiński 和 Mazur（1999）用分支系统学的方法修订了阎甲科 Histeridae 的系统学，认为方阎甲族 Platysomatini 和相关的族不能被定义为一个单系。Mazur（1999）定义了该族的几个新属，提出对该族需要进行进一步的研究。Mazur 和 Ôhara（2000a, b）进一步证实了该族的多源性，提出 *Macrosternus* 与突胸阎甲族 Exosternini 的短臀阎甲属 *Anaglymma* 更近缘，应该将其归入突胸阎甲族 Exosternini，另外对 *Sternoglyphus* 的归属进行了讨论，认为其系统学地位有待进一步研究。

该族包含 30 余属，全世界记录将近 400 种；中国记录 14 属 52 种。

属 检 索 表

3. 额与口上区凸起，它们没有 1 条相互分隔的缝；外肩下线完整 ………… **完额阎甲属 *Aulacosternus***
  额与口上区通常凹下，额线几乎总存在；外肩下线缩短或消失 ……………………………………… 4
4. 前胸腹板很宽大，体极度平扁…………………………………………… **阔咽阎甲属 *Apobletes***
  前胸腹板狭窄，体形平扁程度弱，更为隆凸 …………………………………………………………… 5
5. 上唇前缘中央向外突出 ………………………………………………………………………………… 6
  上唇前缘中央微凹或较平 ……………………………………………………………………………… 7
6. 上颚无凹槽；臀板近前角具 2 条沟槽 ……………………………………… **沟尾阎甲属 *Liopygus***
  上颚基部有凹槽；臀板无沟槽 ………………………………………………… **沟颚阎甲属 *Silinus***
7. 前胸背板两侧无粗糙刻点 ……………………………………………………………………………… 8
  前胸背板两侧混有粗糙刻点 …………………………………………………………………………… 10
8. 体形较大，长卵形；前胸背板缘线通常于两侧远离边缘…………………… **长卵阎甲属 *Platylister***
  体形较小，卵形；前胸背板缘线通常靠近边缘 ……………………………………………………… 9
9. 前胸背板侧线远离边缘；后胸腹板侧线通常直，终止于后足基节窝内缘和后胸前侧片缝连线的中
  点；前足胫节通常加宽，具不规则的齿………………………………………… **短卵阎甲属 *Eblisia***
  前胸背板侧线靠近边缘；后胸腹板侧线通常向内弓弯，末端更靠近后胸前侧片缝而不是后足基节
  窝；前足胫节正常 …………………………………………………………… **真卵阎甲属 *Eurylister***
10. 后胸腹板有 2 条长的、几乎平行的侧线 ……………………………………… **方阎甲属 *Platysoma***
  后胸腹板仅有 1 条侧线 ……………………………………………………………………………… 11
11. 前胸腹板具龙骨线 ……………………………………………………………… **近方阎甲属 *Niposoma***
  前胸腹板无龙骨线 ………………………………………………………… **卡那阎甲属 *Kanaarister***
  注：似真卵阎甲属 *Eurosomides* Newton 和巨颚阎甲属 *Megagnathos* Penati *et* Zhang 未包括在内。

16. 巨颚阎甲属 *Megagnathos* Penati *et* Zhang, 2009

Megagnathos Penati *et* Zhang, 2009: 671; Mazur, 2011a: 67 (catalogue). **Type species:** *Megagnathos terrificus* Penati *et* Zhang, 2009. Original designation.

体纵长，长圆筒形，背腹扁平，体表黑色光亮。

上颚很长，具双裂上颚尖，内缘无微齿；雄性上颚向内侧稍向上弯。前胸有深的侧缘线，但在头后的中部中断，在前侧近前角处突起，显得粗壮。前胸每条侧线的前内侧，在盘区稍后有深凹沟。

本属与沟颚阎甲属 *Silinus* Lewis 相似，有相近的体形与体色，触角端棒有 "V" 形纹，前足胫节全 "S" 形的容纳跗节的凹沟，中胸腹板缘线不向外弯。但有一些性状可以把两者区分开。

分布：东南亚。

该属世界记录 3 种，中国记录 1 种。

(53) 巨颚阎甲 *Megagnathos lagardei* Vienna *et* Ratto, 2015

Megagnathos lagardei Vienna *et* Ratto, 2015: 16 (China: Guangxi; Laos, Myanmar).

观察标本：未检视标本。

分布：广西；老挝，缅甸。

17. 沟颚阎甲属 *Silinus* Lewis, 1907

Silinus Lewis, 1907c: 343; Bickhardt, 1917: 133, 146; Mazur, 1984b: 252 (catalogue); 1997: 62 (catalogue); 2011a: 67 (catalogue); Mazur in Löbl *et* Smetana, 2004: 89 (catalogue); Lackner *et al.* in Löbl *et* Löbl, 2015: 109 (catalogue). **Type species:** *Platysoma pinnigerum* Lewis, 1898. Original designation.

体纵长，多少圆筒形，但略扁平。头部具额线；上唇前缘中部突出；上颚于基部多少具沟槽。前胸背板两侧无大刻点；缘线于侧缘完整且沿后缘部分或完全连续，侧线于侧面和前缘完整，靠近缘线；前角锐角。小盾片三角形。鞘翅第 1-3 背线完整，第 4、5 背线短，缝线缺失或非常微弱。前臀板具刻点；臀板于端部或边缘光滑。前胸腹板有时具龙骨线。中胸腹板前缘中央凹缺，缘线通常完整。后胸腹板两侧通常各有 1 条侧线。第 1 腹节腹板两侧通常各有 2 条腹侧线。所有胫节均加宽。阳茎基片较短，侧叶端部分离。

分布：东洋区和澳洲区。

该属世界记录 4 种，中国记录 1 种。

(54) 沟颚阎甲 *Silinus procerus* (Lewis, 1911)（图 58）

Platylister procerus Lewis, 1911: 79 (Kouy-Tcheou, Yunnan); 1914a: 239 (Kumaon, Sikkim; Yunnan); Bickhardt, 1917: 144 (trans. to *Platysoma*); Desbordes, 1917a: 310 (key); Mazur, 1984b: 231 (subg. *Platylister* of *Platysoma*).

Silinus procerus: Mazur, 1997: 62 (catalogue); 2011a: 67 (catalogue); Mazur in Löbl *et* Smetana, 2004: 89 (Sichuan; catalogue); Lackner *et al.* in Löbl *et* Löbl, 2015: 109 (catalogue).

Silinus reichardti Kryzhanovskij, 1972b: 24 (China); Mazur, 1984b: 252 (catalogue); 1997: 62 (catalogue); Mazur in Löbl *et* Smetana, 2004: 89 (listed as synonym).

Silinus taedulus Kryzhanovskij, 1972b: 24 (nom. nud.).

体长 7.86-9.36 mm，体宽 5.20-6.24 mm。体长卵形，略隆凸，黑色光亮，胫节深棕色，跗节和触角暗褐色。

头部表面均匀地分布有细小刻点，略密集，口上片中央和额前端中央深凹；额线完整，但于上颚之上的两侧间断；上唇较小，适度隆凸，前缘中央较大幅度向外凸出，表面刻点密集，大于额表面刻点；上颚粗壮，背面中央有 1 大而深的纵向凹陷，内侧有 1 宽钝齿，钝齿微弱二裂。

前胸背板两侧于后端 1/3 平行，于前端 2/3 向前收缩，端部 1/6 更明显，前角锐角，前缘凹缺部分中央近于平直，后缘两侧直，中间（小盾片前缘）略向后弓弯；缘线于两侧及后缘完整但较弱；侧线于两侧及前缘均深刻且完整；表面具均匀的细小刻点，较密集，小盾片前区有 1 纵向大刻点。

鞘翅两侧基部近于平行，端部略弧弯。无肩下线；斜肩线位于基部 1/3；第 1-3 背线完整且清晰，第 3 背线基半部轻微内弯，第 4、5 背线短，位于端部 1/4 或更长；无缝线。鞘翅表面刻点与前胸背板的相似。鞘翅缘折平坦，具稀疏的细小刻点；缘折缘线和鞘翅缘线均清晰且完整，鞘翅缘线端部沿鞘翅后缘延伸至侧面 1/3，之后不甚明显。

前臀板表面平坦，两侧微凹，不规则地分布有稀疏大刻点，中部较窄的区域及前后缘具稀疏细小的刻点。臀板具密集的大刻点，混有稀疏的细小刻点，边缘微隆，光滑，沿后缘光滑带较宽。

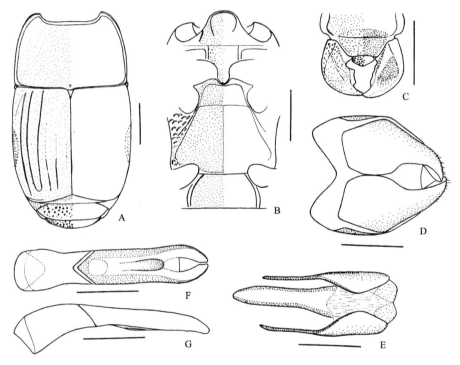

图 58　沟颚阎甲 *Silinus procerus* (Lewis)

A. 前胸背板、鞘翅、前臀板和臀板（pronotum, elytra, propygidium and pygidium）；B. 前胸腹板、中-后胸腹板和第 1 腹节腹板（prosternum, meso- and metasterna and the 1st visible abdominal sternum）；C. 头（head）；D. 雄性第 8 腹节背板和腹板，腹面观（male 8th tergite and sternum, ventral view）；E. 雄性第 9、10 腹节背板和第 9 腹节腹板，背面观（male 9th and 10th tergites and 9th sternum, dorsal view）；F. 阳茎，背面观（aedeagus, dorsal view）；G. 同上，侧面观（ditto, lateral view）。比例尺（scales）：A-C = 2.0 mm, D-G = 0.5 mm

咽板前缘圆；缘线位于端部 2/3，末端向后汇聚；表面平坦，密布细小刻点，两侧基部刻点较大。前胸腹板龙骨窄，后缘圆；表面刻点与咽板端部的相似；无龙骨线。前胸腹板侧线和侧缘线深。

中胸腹板前缘中央较深凹；缘线清晰，于前端中部通常间断，有时完整；表面刻点密集细小；中-后胸腹板缝细而浅。

后胸腹板基节间盘区刻点与中胸腹板的相似但略小；中纵沟细，较清晰；后胸腹板侧线向后侧方延伸，末端接近后侧角，后侧角处有几个不规则的大刻点；侧盘区具较稀疏的大而浅的横向刻点，有时于内侧具密集的斜脊。

第1腹节腹板基节间盘区刻点与后胸腹板基节间盘区刻点相似；两侧各有2条腹侧线，内侧线完整，外侧线与内侧线端部2/3平行。

前足胫节宽，外缘有4-5个齿；中足胫节略宽，外缘有4个齿，中间的2个齿大；后足胫节略宽，外缘有4个齿，基部1齿非常小。

雄性外生殖器如图58D-G所示。

观察标本：1♀, Mokan Shan (浙江莫干山)，1936.V.28, O. Piel leg., de Cooman det；1号，四川峨眉山，1955.VI.3，黄克仁、金根桃采，Kryzhanovskij 鉴定；1号，四川峨眉山清音阁，800-1000 m，1957.V.11，王宗元采；1号，四川峨眉山清音阁，800-1000 m，1957.V.30，卢佑才采；2♂，1号，四川峨眉山清音阁，800-1000 m，1957.VII.11，黄克仁采；1号，四川峨眉山报国寺，550-750 m，1957.V.10，黄克仁采。

分布：浙江、四川、贵州、云南；印度。

18. 长卵阎甲属 *Platylister* Lewis, 1892

Platylister Lewis, 1892e: 103; Schmidt, 1897: 287; Desbordes, 1919: 355; Bickhardt, 1917: 133, 142; 1921: 173, 198; Kryzhanovskij *et* Reichardt, 1976: 402 (genus); Mazur, 1984b: 228 (catalogue; subg. of *Platysoma*); 1997: 63 (catalogue); 1999: 11 (genus); 2011a: 68 (catalogue); Ôhara, 1994: 95; Yélamos, 2002: 90, 365; Mazur in Löbl *et* Smetana, 2004: 88 (catalogue); Lackner *et al.* in Löbl *et* Löbl, 2015: 107 (catalogue). **Type species:** *Platysoma ovatum* Erichson, 1834. Original designation.

体长卵形或略呈长椭圆形，扁平。头部前端平坦或低凹；有额线；上唇前缘中央凹缺。前胸背板无粗大刻点；缘线于两侧完整，侧线完整或于前缘中央间断，不被端线替代，或者缘线完整或于前缘中央间断，侧线于两侧完整；前角锐角。小盾片三角形。鞘翅肩下线缺失，斜肩线细弱，第1-5背线存在，通常第1-3背线完整，第4、5背线仅存在于端部，有时略长或完整，缝线存在或缺失。前臀板和臀板具粗大刻点，臀板边缘隆起或不隆起。前胸腹板宽度多变，咽板具缘线，龙骨不具龙骨线。中胸腹板前缘中央凹缺，缘线通常完整。后胸腹板两侧通常各有1条侧线，有时另有1条短缩的线。第1腹节腹板两侧各有2条腹侧线。前足胫节扁平，加宽，外缘具齿。阳茎粗短或细长，基片通常略短于侧叶，侧叶端部分离。

分布：主要分布在东洋区，少数分布在澳洲区和马达加斯加。

该属世界记录3亚属110余种，中国记录2亚属11种。

亚属和种检索表

臀板平或隆凸，无隆起的边缘（平尾阎甲亚属 *Popinus*，但 *cathayi* 例外）················ 7

2. 鞘翅第 1-4 背线完整 ································· 平氏长卵阎甲 *Pl. (Pl.) pini*

鞘翅第 1-3 背线完整 ·· 3

3. 鞘翅有清晰的缝线 ··· 4

鞘翅无缝线或缝线极微弱 ··· 5

4. 咽板缘线于前缘宽阔间断；后胸腹板两侧各有 2 条平行的近于等长的侧线····················
··· 缅甸长卵阎甲 *Pl. (Pl.) birmanus*

咽板缘线于前缘完整；后胸腹板两侧各有 1 条侧线················ 缝长卵阎甲 *Pl. (Pl.) suturalis*

5. 鞘翅第 4 背线短于第 5 背线；鞘翅缘线后端沿鞘翅后缘延伸到达近第 5 背线下方·················
··· 黑长卵阎甲 *Pl. (Pl.) atratus*

鞘翅第 4 背线长于第 5 背线；鞘翅缘线后端不沿鞘翅后缘延伸或略微延伸·················· 6

6. 头部表面前端强烈凹陷···································· 柬埔寨长卵阎甲 *Pl. (Pl.) cambodjensis*

头部表面前端平或轻微凹陷···································· 霍氏长卵阎甲 *Pl. (Pl.) horni*

7. 鞘翅第 1-4 背线完整 ································· 光亮长卵阎甲 *Pl. (Popinus) lucillus*

鞘翅第 1-3 背线完整 ·· 8

8. 鞘翅缝线短，位于端部，基部不达鞘翅中央·················· 凯氏长卵阎甲 *Pl. (Pl.) cathayi*

鞘翅缝线缺失 ··· 9

9. 前胸背板缘线于两侧和前缘均完整···························· 独长卵阎甲 *Pl. (Popinus) unicus*

前胸背板缘线于两侧完整，于前缘中央间断······························· 10

10. 中胸腹板缘线于两侧完整，前端中央宽阔间断；后胸腹板侧盘区具长而密集的斜向皱纹···········
··· 孔氏长卵阎甲 *Pl. (P.) confucii*

中胸腹板缘线细弱但完整；后胸腹板侧盘区无上述皱纹················ 筛臀长卵阎甲 *Pl. (P.) dahdah*

4）长卵阎甲亚属 *Platylister* Lewis, 1892

(55) 黑长卵阎甲 *Platylister (Platylister) atratus* (Erichson, 1834)（图 59）

Platysoma atratum Erichson, 1834: 110 (India); Marseul, 1853: 259.

Platylister atratus: Lewis, 1905d: 13; 1915: 55 (China: Taiwan); Bickhardt, 1910c: 19 (catalogue); 1912a: 123 (China: Fuhosho of Taiwan); 1913a: 169 (China: Sokutsu, Taihorin of Taiwan, Ost-China); 1917: 143; Desbordes, 1917a: 310 (key); Mazur, 1984b: 228 (East China; subg. *Platylister* of *Platysoma*); 1997: 62 (trans. to *Silinus*; catalogue); 1999: 12, 24 (figures; *Platylister*); 2011a: 68 (catalogue); Ôhara, 1994: 96 (redescription, figures); 1998: 2 (*Silinus*); 1999a: 91 (subg. *Platylister* of *Platysoma*); Lackner *et al.* in Löbl *et* Löbl, 2015: 107 (catalogue).

Hister parallelipipedus: Dejean, 1821: 48; Marseul, 1857: 472 (synonymized).

Platysoma parallelepipedum [sic!]: Dejean, 1837: 143.

Platysoma buteanum Desbordes, 1922: 7; Cooman, 1948: 132 (synonymized).

体长 4.28-5.55 mm，体宽 2.80-3.85 mm。体长卵形，略隆凸，黑色光亮，胫节深棕色，跗节和触角红褐色。

头部表面于端半部微凹，刻点细小，较密集；额线通常完整；上唇横宽，前缘中央宽阔深凹；上颚粗短，背面基半部或 1/3 有 1 纵向凹陷，内侧有 1 齿。

前胸背板两侧于基部 1/3 近于平行，其后弓形向前收缩，端部 1/6 更明显，前角锐角，前缘凹缺部分中央双波状，且于中间清晰成钝角，后缘两侧直，中央向后突出；缘线于两侧完整但较微弱，前端沿前角弯曲且向内延伸一小段；侧线深刻且完整，前缘中央较细弱，有时狭窄间断，不与前缘平行；表面密布细小刻点，较头部刻点密集，小盾片前区有 1 纵向凹陷。

鞘翅两侧基部近于平行，端部略弧弯。斜肩线位于基部 1/3；第 1-3 背线完整且清晰，第 3 背线基半部轻微内弯，第 4 背线短，位于端部 1/4，第 5 背线位于端部 1/3 或略长，后端经常短缩；缝线无。鞘翅表面具均匀而密集的细小刻点，与前胸背板的相似。鞘翅缘折平坦，具稀疏的细小刻点；缘折缘线和鞘翅缘线均微弱但完整，鞘翅缘线端部沿鞘翅后缘延伸至接近第 5 背线下方。

前臀板表面平坦，不规则地分布有较密集的大刻点，大刻点间具稀疏的细小刻点，沿前后缘无大刻点，具密集的细小刻点；两侧端部微凹。臀板具密集的圆形大刻点，与前臀板刻点相似，大刻点之间具稀疏的细小刻点；边缘微弱隆起，无大刻点。

咽板前缘圆或平截；缘线位于端部 2/3 或几乎完整，后端向内弯曲；表面平坦，密布小刻点。前胸腹板龙骨窄，后缘圆；表面刻点较咽板的稀疏细小；无龙骨线。前胸腹板侧线和侧缘线清晰。

中胸腹板前缘中央深凹；缘线完整，前端中部很少间断；表面密布细小刻点；中-后胸腹板缝浅。

后胸腹板基节间盘区密布细小刻点；中纵沟浅；后胸腹板侧线向后侧方延伸，末端接近后侧角；侧盘区密布大而浅的刻点，于内侧通常融合，大刻点间具稀疏的细小刻点。

第 1 腹节腹板基节间盘区密布细小刻点；两侧各有 2 条腹侧线，内侧线完整，外侧线位于端半部或略长。

前足胫节较宽，外缘有 4 个齿；中足胫节外缘有 4 个齿，中部的 2 个齿大；后足胫节外缘有 4 个齿，基部 1 齿非常小。

雄性外生殖器如图 59F-K 所示。

观察标本： 1♂, 1 ex., Hoa-Binh Tonkin (越南东京湾和平), 1939, de Cooman leg.; 1 ex., 台湾 Musha, 1919.V.18-VI.15, T. Okuni leg., N. Desbordes det., 1931; 1 ex., 台湾 Kotosho, 1922.III.11, N. Desbordes det., 1931; 3 exs., 台湾 Kagi, 1928.X.9, S. Toyota leg., N. Desbordes det., 1931; 1 ex., [台湾] Kosampo, 1923.VIII, T. Shiraki leg., T. Shiraki det.; 1 ex., 台湾 Kuraru, 1932.VII.14, Akira Umeno leg.; 2 exs, 台湾 Kuraru, 1933.V.4, Y. Miwa leg.; 4 exs., 台湾 Taihoku, 1935.III, Y. Miwa leg.; 2♂, 1 ex., 台湾 Taihoku, 1936.III, Y. Miwa leg.; 1 ex., 台湾 Kuraru, 1937.IV.1, Y. Miwa leg.; 4 exs. 台湾 Hori, 1942.X; 1 ex., 典池 (?), 1941.V.20, Nitobe leg.; 1 号，广东海南琼中，400 m，1960.VII.13，张学忠采；1 号，广东海南通什，340 m，1960.VIII.3，李贞富采；1 号，广西那坡弄化，960 m，1998.IV.13，周海生采；1 号，云南富宁剥隘，260 m，1998.IV.17，周海生采；1 号，黑砂利，1935.VII.7。

　　分布：广西、海南、云南、台湾；印度，尼泊尔，缅甸，越南，老挝，日本。

　　讨论：本种经常发生于腐烂的菠萝和香蕉中，有时采自腐烂树木的树皮下，Sawada（1988）从腐烂的芋头中也采到过。

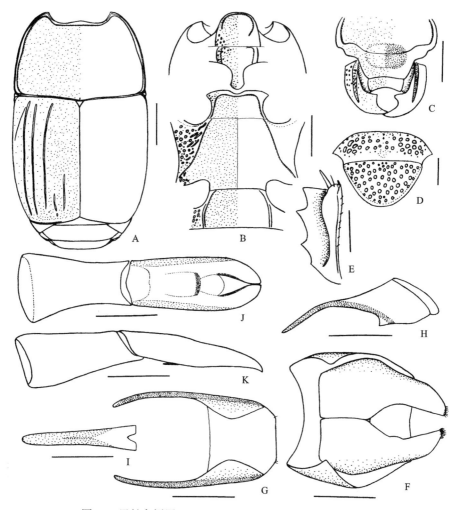

图 59　黑长卵阎甲 *Platylister* (*Platylister*) *atratus* (Erichson)

A. 前胸背板和鞘翅（pronotum and elytra）；B. 前胸腹板、中-后胸腹板和第 1 腹节腹板（prosternum, meso- and metasterna and the 1st visible abdominal sternum）；C. 头（head）；D. 前臀板和臀板（propygidium and pygidium）；E. 前足胫节，背面观（protibia, dorsal view）；F. 雄性第 8 腹节背板和腹板，腹面观（male 8th tergite and sternum, ventral view）；G. 雄性第 9、10 腹节背板，背面观（male 9th and 10th tergites, dorsal view）；H. 同上，侧面观（ditto, lateral view）；I. 雄性第 9 腹节腹板，腹面观（male 9th sternum, ventral view）；J. 阳茎，背面观（aedeagus, dorsal view）；K. 同上，侧面观（ditto, lateral view）。比例尺（scales）：A, B = 1.0 mm, C-E = 0.5 mm, F-K = 0.25 mm

(56) 缅甸长卵阎甲 *Platylister* (*Platylister*) *birmanus* (Marseul, 1861)（图 60）

Platysoma birmanum Marseul, 1861: 151 (Burma); Bickhardt, 1910c: 21 (catalogue); 1917: 143; Mazur, 1984b: 228 (subg. *Platylister* of *Platysoma*; catalogue); 1997: 63 (China: Hainan; catalogue).

Platylister (*Platylister*) *birmanus*: Mazur, 1999: 12; 2011a: 68 (catalogue); Mazur in Löbl *et* Smetana, 2004: 88 (catalogue); Lackner *et al.* in Löbl *et* Löbl, 2015: 107 (catalogue).

Platysoma subquadratum Motschulsky, 1863: 450; Lewis, 1905d: 15 (synonymized).

Platysoma semistriatum Motschulsky, 1863: 452; Marseul, 1870: 70 (synonymized).

体长 3.25-3.88 mm，体宽 2.16-2.56 mm。体长卵形，略隆凸，黑色光亮，胫节、跗节和触角红褐色。

头部表面端半部深凹陷，刻点细小，较密集；额线完整；上唇前缘近于平直；上颚粗壮，内侧有 1 齿。

前胸背板两侧基部 5/6 近于直线，轻微向前收缩，其后强烈弓弯，前角锐角，前缘凹缺部分中央略呈双波状，后缘两侧直，中央略向后突出；缘线于两侧完整，前端沿前角弓弯；侧线完整，两侧远离边缘，前端稀疏细钝齿状；表面密布细小刻点，小盾片前区有 1 纵凹。

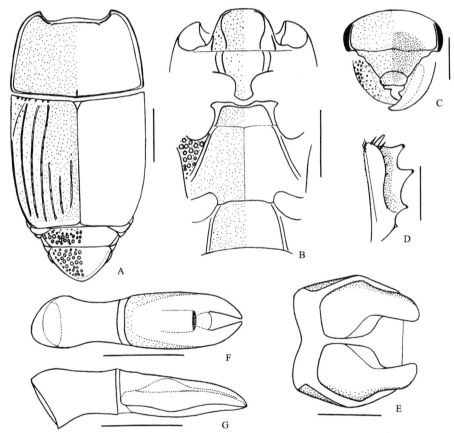

图 60　缅甸长卵阎甲 *Platylister* (*Platylister*) *birmanus* (Marseul)

A. 前胸背板、鞘翅、前臀板和臀板（pronotum, elytra, propygidium and pygidium）；B. 前胸腹板、中-后胸腹板和第 1 腹节腹板（prosternum, meso- and metasterna and the 1st visible abdominal sternum）；C. 头（head）；D. 前足胫节，背面观（protibia, dorsal view）；E. 雄性第 8 腹节背板和腹板，腹面观（male 8th tergite and sternum, ventral view）；F. 阳茎，背面观（aedeagus, dorsal view）；G. 同上，侧面观（ditto, lateral view）。比例尺（scales）：A, B = 1.0 mm, C, D = 0.5 mm, E-G = 0.25 mm

鞘翅两侧基部近于平行，端部略弧弯。斜肩线细弱，位于基部 1/3；第 1-3 背线深刻且完整，第 4 背线位于端半部或略长，第 5 背线位于端部 1/3 或略长；缝线位于端半部或略长，前端通常略长于第 4 背线，后端略短缩。鞘翅表面刻点细小，较前胸背板的稀疏。鞘翅缘折具稀疏的细小刻点；缘折缘线微弱但完整；鞘翅缘线完整深刻；缘折缘线和鞘翅缘线之间于基中部 1/3 另有 1 清晰的短线。

前臀板不规则的密布浅的圆形大刻点，大刻点间具稀疏的细小刻点。臀板密布深的圆形大刻点，较前臀板刻点大，大刻点间具稀疏的细微刻点；边缘强烈隆起。

咽板前缘宽阔平截；缘线于前端中央宽阔间断，两侧完整，向后汇聚；表面具较密集的细小刻点。前胸腹板龙骨平坦，后缘圆；表面刻点较咽板的稀疏细小；无龙骨线；前胸腹板侧线和侧缘线清晰。

中胸腹板前缘中央深凹；缘线完整；表面刻点细小，较密集；中-后胸腹板缝浅。

后胸腹板基节间盘区刻点与中胸腹板的相似；中纵沟浅；后胸腹板两侧各有 2 条几乎平行的侧线，内侧线向后侧方延伸，较远离后侧角，外侧线后端短于内侧线；侧盘区密布大而深的圆形刻点，其间混有稀疏的细微刻点。

第 1 腹节腹板基节间盘区密布细小刻点；两侧各有 2 条腹侧线，内侧线完整，外侧线位于端部 2/3。

前足胫节较宽，外缘有 4 个齿，第 2、3 齿之间的距离较宽；中足胫节外缘有 4 个齿；后足胫节外缘有 4 个齿，基部 1 齿很小。

雄性外生殖器如图 60E-G 所示。

观察标本：1♀, 2 exs., Hoa-Binh Tonkin (越南东京湾和平), 1936, de Cooman leg.; 4 exs., Tonkin Yinh-Quang, Y. Comillo leg.; 1 号，广东海南琼中，400 m，1960.II.13，张学忠采；1 号，广东海南琼中，400 m，1960.II.17，李常庆采；1♂, 1♀, 5 号，广东海南保亭，80 m，1960.VII.26，李贞富采。

分布：海南；印度，尼泊尔，越南，印度尼西亚，斯里兰卡。

(57) 柬埔寨长卵阎甲 *Platylister* (*Platylister*) *cambodjensis* (Marseul, 1864)（图 61）

Platysoma cambodjense Marseul, 1864a: 300 (Cambodia).

Platylister cambodjensis: Lewis, 1905d: 13; Bickhardt, 1910c: 19 (catalogue); 1912a: 123 (China: Fuhosho, Kosempo of Taiwan); 1913a: 169 (China: Sokutsu, Kosempo, Hoozan of Taiwan); 1917: 143; Desbordes, 1917a: 310 (China: Taiwan; key); Reichardt, 1932b: 115.

Platylister (*Platylister*) *cambodjensis*: Mazur, 1984b: 228; 1997: 63 (catalogue); 1999: 12, 24 (figure; subg. *Platylister* of *Platylister*); 2011a: 68 (catalogue); Ôhara, 1994: 99 (redescription, figures); 1999a: 91; Mazur in Löbl et Smetana, 2004: 88 (China: Hainan; catalogue); Lackner et al. in Löbl et Löbl, 2015: 107 (catalogue).

Platylister niponensis Lewis, 1906b: 398 (Japan); 1915: 55 (China: Taiwan); Bickhardt, 1920c: 61 (synonymized); Nakane, 1963: 69; Hisamatsu, 1965: 133.

体长 4.20-6.19 mm，体宽 2.80-3.94 mm。体长卵形，略隆凸，黑色光亮，胫节、跗节、触角和口器深棕色。

　　头宽，刻点密集细小，前端 2/3 宽阔深凹；额线完整；上唇前缘中央微凹；上颚粗壮，内侧有 1 齿。

　　前胸背板两侧于基部 2/3 轻微弓弯，向前收缩，其后强烈弓弯，前角锐角，前缘凹缺部分双波状，后缘两侧直，中部向后突出；缘线于两侧完整，前端沿前角内弯；侧线完整，两侧深，前端浅，钝齿状；表面密布细小刻点，小盾片前区有 1 纵凹。

　　鞘翅两侧基部近于平行，端部略弧弯。斜肩线微弱，位于基部 1/3；第 1-3 背线完整深刻，第 4 背线位于端部 1/3 或略短，第 5 背线位于端部 1/4 或略短，二者常向基部有不明显的痕迹；缝线微弱，退化为位于中端部 1/5 的几个刻点，或完全缺失。鞘翅表面密布细小刻点。鞘翅缘折具较稀疏的细小刻点；缘折缘线清晰完整，有时于中央间断；鞘翅缘线清晰完整；缘折缘线和鞘翅缘线之间中部有 1 短线，并有一些微弱的斜向刻痕。

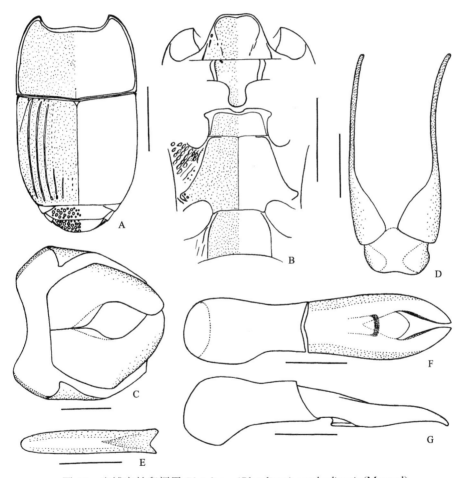

图 61　柬埔寨长卵阎甲 *Platylister* (*Platylister*) *cambodjensis* (Marseul)

A. 前胸背板、鞘翅、前臀板和臀板（pronotum, elytra, propygidium and pygidium）；B. 前胸腹板、中-后胸腹板和第 1 腹节腹板（prosternum, meso- and metasterna the 1st visible abdominal sternum）；C. 雄性第 8 腹节背板和腹板，腹面观（male 8th tergite and sternum, ventral view）；D. 雄性第 9、10 腹节背板，背面观（male 9th and 10th tergites, dorsal view）；E. 雄性第 9 腹节腹板，腹面观（male 9th sternum, ventral view）；F. 阳茎，背面观（aedeagus, dorsal view）；G. 同上，侧面观（ditto, lateral view）。比例尺（scales）：A, B = 2.0 mm, C-G = 0.25 mm

前臀板密布大而浅的圆形刻点，沿边缘无刻点。臀板密布大而浅的圆形刻点，较前臀板刻点大；边缘强烈隆起。

咽板前缘宽阔平截；缘线位于端半部，后端强烈内弯，有时近于完整；表面密布细小刻点。前胸腹板龙骨平坦，后缘圆；表面密布细小刻点，但刻点较咽板的小；无龙骨线。前胸腹板侧线和侧缘线清晰。

中胸腹板前缘中央深凹；缘线完整，有时于前端中央宽阔间断；表面刻点与龙骨的相似；中-后胸腹板缝浅。

后胸腹板基节间盘区刻点与中胸腹板的相似；中纵沟较深；后胸腹板侧线向后侧方延伸，末端弯钩状，达到近后侧角；侧盘区密布大而浅的半圆形刻点，通常融合形成斜纹。

第1腹节腹板基节间盘区刻点与中胸腹板刻点相似；两侧各有2条腹侧线，内侧线完整，外侧线位于端半部；侧盘区密布纵向刻痕。

前足胫节较宽，外缘有4个大齿，中部2个齿间距宽；中足胫节外缘有4个齿；后足胫节外缘有4个齿，基部1齿非常小。

雄性外生殖器如图61C-G所示。

观察标本：3♂，1♀，6 exs., Hoa-Binh Tonkin (越南东京湾和平), 1934, de Cooman leg., de Cooman det.; 3 exs., Hoa-Binh Tonkin, 1935, de Cooman leg., de Cooman det.; 2 exs., Hoa-Binh Tonkin, 1936, de Cooman leg., de Cooman det.; 1♂, Hoa-Binh Tonkin, 1939, de Cooman leg., de Cooman det.; 1 ex., Suisha?, 1927.I.25, J. Sonan leg.; 1 ex., Takeyama, 1930.III.6, J. Sonan leg.; 1 ex., Churei–F, 1935.VI; 1 ex., 台湾 Koshun, 1918.IV.25-V.25, J. Sonan leg.; 7 exs., 台湾 Horisha, 1918.V-VIII, H. Kawamura leg.; 3 exs., 台湾 Musha, 1919.V.18-VI.15, T. Okuni leg.; 3 exs., 台湾 Kotosho, 1922.III.11; 2 exs., [台湾] Kosampo, 1923.VII., T. Shiraki leg., T. Shiraki det.; 2 exs., 台湾 Simpro?, 1936.VI.27, R. Tahahashiis leg.; 1 ex., 台湾 Wrai, 1937.VII.28, K. Sawada leg.; 1 ex.,台湾 Rimogan, 1941.VIII.16; 2 exs., 台湾 Hori, 1942.X; 1号，云南西双版纳小勐养，850 m，1957.X.4，王书永采；2号，云南西双版纳大勐龙，650 m，1958.IV.10，洪淳培采；1号，云南西双版纳大勐龙，650 m，1958.IV.12，王书永采；1号，云南西双版纳大勐龙，650 m，1958.IV.16，王书永采；4号，云南西双版纳勐腊，620-650 m，1959.VII.10，李贞富采；1号，云南西双版纳大勐龙，650 m，1958.V.6，蒲富基采；2号，云南西双版纳勐阿，1050-1080 m，1958.V.13，王书永采；2号，云南西双版纳勐遮，840 m，1958.VII.11，王书永采；2号，云南西双版纳勐阿，1050-1080 m，1958.VIII.20，王书永采；1号，云南西双版纳勐捧，550 m，1959.VI.30，张毅然采；2号，云南西双版纳勐腊，620-650 m，1959.VII.10，张毅然采；2号，广西龙胜白岩，1150 m，1963.VI.21，王书永采；1号，广西那坡北斗，550 m，1998.IV.10，李文柱采；1号，广西田林老山林场，1200-1600 m，2002.V.27，王敏采；1♂，2号，广西田林浪平大洞山背，1400 m，2002.VI.1，蒋国芳采；1号，西双版纳勐仑西片，620 m，倒木，2004.II.21，吴捷、张教林采；4号，西双版纳勐仑西片，560 m，倒木，2004.II.9，吴捷采；3号，西双版纳勐仑保护区，810 m，倒木，2004.II.10，吴捷采；1号，西双版纳勐仑，810 m，倒木手捕，2004.II.10，吴捷、殷建涛；1号，西双版纳

勐腊保护区，690 m，倒木，2004.II.14，吴捷采；7 号，西双版纳勐腊西片，730 m，倒木，2004.II.13，吴捷采；12 号，海南吊罗山，950 m，倒木，2004.VII.26，吴捷、陈永杰采。

分布：广西、海南、云南、台湾；日本，中南半岛，印度北部，尼泊尔，不丹，印度尼西亚。

(58) 霍氏长卵阎甲 *Platylister* (*Platylister*) *horni* (Bickhardt, 1913)（图 62）

Platysoma horni Bickhardt, 1913a: 169 (China: Sokutsu, Banshoryo-Distrikt, Taihorin, Kankau [Koshun] of Taiwan); 1917: 143.

Platylister horni: Lewis, 1915: 55; Desbordes, 1917a: 310 (key); Gaedike, 1984: 460 (information about Syntypes).

Platylister (*Platylister*) *horni*: Mazur, 1984b: 230 (catalogue); 1997: 64 (catalogue); 1999: 13, 25 (figure; subg. *Platylister* of *Platylister*); 2011a: 69 (catalogue); Ôhara, 1994: 101 (redescription, figures); 1999a: 91; Mazur in Löbl et Smetana, 2004: 88 (catalogue); Lackner et al. in Löbl et Löbl, 2015: 107 (catalogue).

体长 4.10 mm，体宽 2.50 mm。体长卵形，略隆凸，黑色光亮，跗节和触角红褐色。

头部表面平坦，密布细小刻点；额线完整；上唇前缘轻微凹缺；上颚粗壮，内侧具 1 齿。

前胸背板两侧基部 3/4 微弱弓弯，向前收缩，其后强烈弓弯，前角锐角，前缘凹缺部分中央微向外弓弯，后缘两侧直，中间略向外突出；缘线于两侧完整；侧线完整，于两侧波曲且中部远离边缘；盘区密布细小刻点。

鞘翅两侧基部近于平行，端部略弧弯。斜肩线细弱，位于基部 1/3；第 1-3 背线深刻完整，第 4 背线位于端半部，第 5 背线位于端部 1/3；缝线缺失。鞘翅表面密布细小刻点，与前胸背板的相似。鞘翅缘折具稀疏的细小刻点；缘折缘线微弱但完整；鞘翅缘线完整深刻。

前臀板密布大而浅的圆形刻点，大刻点之间混有稀疏的细小刻点。臀板密布较深且不规则的大刻点，较前臀板刻点大，期间混有细小刻点，边缘强烈隆起。

咽板前缘圆；缘线位于端半部；表面密布细小刻点。前胸腹板龙骨平坦，后缘圆；表面刻点较咽板的稀疏细小；无龙骨线。前胸腹板侧线和侧缘线清晰。

中胸腹板前缘中央凹缺；缘线完整；表面密布细小刻点；中-后胸腹板缝浅。

后胸腹板基节间盘区刻点与中胸腹板的相似；中纵沟浅，只前后端较清晰；后胸腹板侧线向后侧方延伸，末端强烈向内弓弯，接近后足基节窝前缘；侧盘区具较密集的大而浅的半圆形刻点，内侧刻点常融合形成斜纹，刻点向端部渐小，大刻点间混有小刻点。

第 1 腹节腹板基节间盘区刻点与中胸腹板的相似；两侧各有 2 条腹侧线，内侧线完整，外侧线位于端半部；侧盘区具密集的纵纹。

前足胫节较宽，外缘有 4 个齿，第 2、3 齿间距较宽；中足胫节外缘有 4 个齿；后足胫节外缘有 3 个齿。

观察标本：1♀，[台湾] Naihunpo, 1924.IX.7, T. Shiraki and J. Sonan leg., Y. Miwa det.。

分布：台湾；日本。

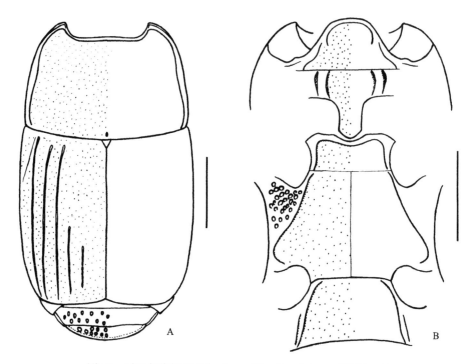

图 62　霍氏长卵阎甲 *Platylister* (*Platylister*) *horni* (Bickhardt)

A. 前胸背板、鞘翅、前臀板和臀板（pronotum, elytra, propygidium and pygidium）；B. 前胸腹板、中-后胸腹板和第 1 腹节腹板（prosternum, meso- and metasterna and the 1st visible abdominal sternum）。比例尺（scales）：1.0 mm

(59) 平氏长卵阎甲 *Platylister* (*Platylister*) *pini* (Lewis, 1884)（图 63）

Platysoma pini Lewis, 1884: 133 (Japan); 1915: 55 (China: Kiirun of Taiwan); Bickhardt, 1917: 144; Ôsawa, 1952: 5; Mazur, 1984b: 231 (catalogue; subg. *Platylister* of *Platysoma,*); 1997: 65 (catalogue).

Platylister (*Platylister*) *pini*: Mazur, 1999: 14, 28 (figures); 2011a: 69 (catalogue); Hisamatsu, 1985b: 229 (genus *Platylister*); Ôhara, 1994: 103 (redescription, figures); 1999a: 91; Mazur in Löbl *et* Smetana, 2004: 88 (catalogue); Lackner *et al.* in Löbl *et* Löbl, 2015: 107 (catalogue).

体长 4.24 mm，体宽 2.76 mm。体长卵形，略隆凸，黑色光亮，胫节、跗节、口器和触角红褐色。

头部表面密布细小刻点，于端半部强烈凹陷；额线完整；上唇前缘轻微凹缺；上颚粗壮，内侧具 1 齿。

前胸背板两侧于基部 5/6 微弱弓弯，轻微向前收缩，其后强烈弓弯，前角锐角，前缘凹缺部分中央略呈双波状，后缘两侧较直，中间向后突出；缘线于两侧完整；侧线完整，于两侧远离边缘，于前端密集钝齿状；表面具稀疏的细小刻点。

鞘翅两侧微弱弓弯，端部较明显。斜肩线微弱，位于基部 1/4；第 1-4 背线完整深刻，第 5 背线基部略短缩；缝线无。鞘翅表面具稀疏的细小刻点，较前胸背板刻点更稀疏。鞘翅缘折具稀疏粗大的刻点；缘折缘线清晰完整；鞘翅缘线清晰完整，末端沿鞘翅后缘轻微向内延伸；缘折缘线和鞘翅缘线之间于基半部另有 1 清晰的线。

前臀板密布不规则的大而浅的椭圆形刻点，混有稀疏的细小刻点；两侧微凹。臀板密布大而浅的圆形刻点，较前臀板刻点大，混有稀疏细小的刻点；边缘强烈隆起。

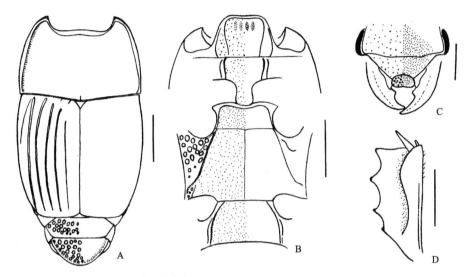

图 63　平氏长卵阎甲 *Platylister* (*Platylister*) *pini* (Lewis)

A. 前胸背板、鞘翅、前臀板和臀板（pronotum, elytra, propygidium and pygidium）；B. 前胸腹板、中-后胸腹板和第 1 腹节腹板（prosternum, meso- and metasterna and the 1st visible abdominal sternum）；C. 头（head）；D. 前足胫节，背面观（protibia, dorsal view）。比例尺（scales）：A, B = 1.0 mm, C, D = 0.5 mm

咽板前缘横截；缘线完整，向后汇聚；表面具较稀疏的细小刻点。前胸腹板龙骨平坦，后缘圆；刻点与咽板的相似；无龙骨线。前胸腹板侧线和侧缘线清晰。

中胸腹板前缘中央微凹；缘线完整，前端中部非常微弱；表面刻点与前胸腹板龙骨的相似，但较密集；中-后胸腹板缝浅。

后胸腹板基节间盘区刻点与前胸腹板龙骨的相似；中纵沟浅；后胸腹板侧线向后侧方延伸，末端到达近后侧角；侧盘区密布大而浅的圆形刻点，内侧刻点常相互融合。

第 1 腹节腹板基节间盘区刻点与龙骨的相似；两侧各有 2 条腹侧线，内侧线完整，外侧线位于端半部。

前足胫节较宽，外缘有 5 个齿，基部 3 个较小且相互靠近；中足胫节外缘有 4 个齿，端部的 2 个齿相互靠近，位于前角处；后足胫节外缘有 3 个齿，端部的 2 个齿相互靠近，位于前角处。

观察标本：1♀, [台湾] Küwi?, IV, T. Shiraki leg., T. Shiraki and Y. Miwa det.。

分布：台湾；日本，巴基斯坦。

讨论：本种经常发生于松树的树皮下。

(60) 缝长卵阎甲 *Platylister* (*Platylister*) *suturalis* (Lewis, 1888)（图 64）

Platysoma suturale Lewis, 1888a: 636 (Burma).

Platylister suturalis: Lewis, 1905d: 14; Bickhardt, 1910c: 20 (catalogue); 1917: 144; Mazur, 1984b: 232
　　(catalogue; subg. *Platylister* of *Platysoma*); 1997: 66 (catalogue).

Platylister (*Platylister*) *suturalis*: Mazur, 1999: 15; 2011a: 70 (catalogue); Mazur in Löbl *et* Smetana,
　　2004: 88 (catalogue); Lackner *et al.* in Löbl *et* Löbl, 2015: 107 (catalogue).

体长 3.62-5.10 mm，体宽 2.62-3.40 mm。体长卵形，略隆凸，黑色光亮，胫节、跗节及触角深棕色。

头部表面密布细小刻点，端半部微弱凹陷；额线完整；上唇前缘轻微凹缺；上颚粗壮，内侧有 1 齿。

前胸背板两侧微弱弧弯，向前收缩，端部 1/6 强烈弓弯，前角锐角，前缘凹缺部分中央较直，后缘两侧较直，中央略向后突出；缘线于两侧完整；侧线完整，于两侧和前端中央均较远离边缘；表面密布细小刻点，小盾片前区有 1 纵凹。

鞘翅两侧微弱弧弯，端部较明显。斜肩线位于基部 1/3；第 1-3 背线深刻完整，第 4 背线位于端部 1/4 或更短，第 5 背线位于端部，前后均短于第 4 背线；缝线位于中端部 1/3。鞘翅表面密布细小刻点，与前胸背板的相似。鞘翅缘折具稀疏的细小刻点；缘折缘线完整；鞘翅缘线完整深刻。

前臀板密布不规则的大而深的圆形大刻点，混有稀疏细小的刻点，沿前后缘和纵向中央带无大刻点。臀板密布大而深的圆形刻点，较前臀板刻点略小，更密集，混有稀疏细小的刻点；边缘强烈隆起。

咽板前缘宽圆；缘线位于端半部；表面刻点小，较稀疏。前胸腹板龙骨平坦，后缘圆；表面刻点细小，较稀疏；无龙骨线。前胸腹板侧线和侧缘线清晰。

中胸腹板前缘中央微弱凹缺；缘线完整；表面密布细小刻点；中-后胸腹板缝浅。

后胸腹板基节间盘区刻点与中胸腹板的相似；中纵沟较深；后胸腹板侧线向后侧方延伸，末端向内弯曲，接近后侧角；侧盘区密布大而深的椭圆形刻点，常融合形成斜纹。

第 1 腹节腹板基节间盘区刻点与中胸腹板的相似；两侧各有 2 条腹侧线，内侧线完整，外侧线位于端部 2/3。

前足胫节较宽，外缘有 4 个齿，第 2、3 齿之间距离较宽；中足胫节外缘有 4 个齿；后足胫节外缘有 3 个齿。

雄性外生殖器如图 64E-I 所示。

观察标本：1 号，云南西双版纳小勐养，850 m，1957.VIII.5，臧令超采；2♂，1 号，云南西双版纳小勐养，850 m，1957.X.4，王书永采；4 号，云南西双版纳小勐养，850 m，1957.X.14，臧令超采；1 号，云南西双版纳大勐龙，650 m，1958.V.7，洪淳培采；1 号，云南易武版纳，650 m，1959.VII.22，张毅然采。

分布：云南；尼泊尔，中南半岛。

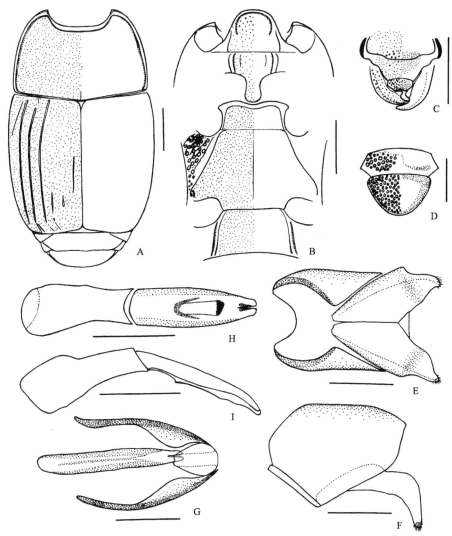

图 64　缝长卵阎甲 *Platylister* (*Platylister*) *suturalis* (Lewis)

A. 前胸背板和鞘翅（pronotum and elytra）；B. 前胸腹板、中-后胸腹板和第 1 腹节腹板（prosternum, meso- and metasterna and the 1st visible abdominal sternum）；C. 头（head）；D. 前臀板和臀板（propygidium and pygidium）；E. 雄性第 8 腹节背板和腹板，腹面观（male 8th tergite and sternum, ventral view）；F. 同上，侧面观（ditto, lateral view）；G. 雄性第 9、10 腹节背板和第 9 腹节腹板，背面观（male 9th and 10th tergites and 9th sternum, dorsal view）；H. 阳茎，背面观（aedeagus, dorsal view）；I. 同上，侧面观（ditto, lateral view）。比例尺（scales）：A–D = 1.0 mm, E–I = 0.5 mm

(61) 凯氏长卵阎甲 *Platylister* (*Platylister*) *cathayi* Lewis, 1900

Platylister cathayi Lewis, 1900: 271 (China: Kuatun); Bickhardt, 1910c: 19 (*Platysoma*; catalogue); 1917: 143; Desbordes, 1917a: 307 (key); Mazur, 1984b: 229 (subg. *Platylister* of *Platysoma*; catalogue); 1997: 63 (catalogue).

Platylister (*Platylister*) *cathayi*: Mazur, 2011a: 68 (catalogue); Mazur in Löbl *et* Smetana, 2004: 88 (China: Sichuan; subg. *Platylister* of *Platylister*; catalogue); Lackner *et al.* in Löbl *et* Löbl, 2015: 107 (subg. *Platylister* of *Platylister*; catalogue).

描述根据 Lewis（1900）整理：

体长 5.0-5.5 mm。体长卵形，较扁平，黑色光亮。头部具额线，额线于前端轻微波曲；上唇较狭窄。前胸背板侧线完整。鞘翅第 1-3 背线完整，第 4 背线位于端部，短且有时间断，第 5 背线位于端半部，缝线短，端部短缩，基部不达鞘翅中央。前臀板具刻点，刻点大小多变且不密集。臀板刻点较大，十分密集而均匀，边缘光滑但几乎不隆凸。咽板缘线弓形且仅位于前缘。中胸腹板前缘宽阔浅凹；缘线完整。前足胫节外缘有 4 个较大的齿。

观察标本：未检视标本。

分布：广东、福建、四川、香港。

5) 平尾阎甲亚属 *Popinus* Mazur, 1999

Popinus Mazur, 1999: 16; 2011a: 70 (catalogue); Yélamos, 2002: 90, 365; Lackner *et al.* in Löbl *et* Löbl, 2015: 107 (catalogue). **Type species:** *Platysoma luzonicum* Erichson, 1834. Original designation.

该亚属世界记录 49 种，分布在新北区和新热带区，个别分布在古北区（Yélamos, 2002）或东洋区（Mazur, 2011a）。

(62) 孔氏长卵阎甲 *Platylister* (*Popinus*) *confucii* (Marseul, 1857)（图 65）

Platysoma confucii Marseul, 1857: 404 (China), 1862: 705; Bickhardt, 1910c: 21 (catalogue); 1917: 140; Lewis, 1915: 55 (China: Koshun of Taiwan); Desbordes, 1919: 365 (China; key); Mazur, 1984b: 239 (catalogue; subg. *Platysoma* of *Platysoma*); 1997: 70 (catalogue).

Platylister (*Popinus*) *confucii*: Mazur, 1999: 16; 2011a: 71 (catalogue); Ôhara *et al.*, 2001: 62; Mazur in Löbl *et* Smetana, 2004: 88 (catalogue); Lackner *et al.* in Löbl *et* Löbl, 2015: 107 (catalogue).

Platysoma quinquestriatum Motschulsky, 1863: 454; Lewis, 1888a: 635 (synonymized).

Platysoma hageni Marseul, 1884: 161 (Sumatra); Schmidt, 1890c: 13 (synonymized); Bickhardt, 1910c: 22 (catalogue).

体长 3.19-3.82 mm，体宽 2.09-2.42 mm。体长卵形，较扁平，黑色光亮，触角、口器和足红褐色。

头部表面密布细小刻点，口上片轻微凹陷；额线完整；上唇深凹陷，前缘凹缺；上颚粗壮，内侧有 1 齿。

前胸背板两侧于基部 5/6 轻微弧弯，向前收缩，其后强烈弓弯，前角锐角，前缘凹缺部分中央较直，后缘两侧较直，中间微弱向后弓弯；缘线于两侧完整，端部沿前角内弯与侧线相连，并于中部较狭窄间断；侧线于两侧完整，较远离边缘；表面密布细小刻点，小盾片前有 1 纵凹。

鞘翅两侧近于平行，端部略弧弯。斜肩线微弱，位于基部 1/3；第 1-3 背线完整，第 4、5 背线位于端半部，第 5 背线前端略短于第 4 背线；缝线缺失。鞘翅表面密布细小刻点，与前胸背板的相似。鞘翅缘折中央略隆凸；缘折缘线和鞘翅缘线均清晰完整。

前臀板密布细小刻点，基部 2/3 不规则的混有一些大而浅的圆形刻点，沿前缘两侧各有 1 长的弯曲的横线。臀板密布细小刻点，于基部 1/3 不规则的混有大而浅的圆形刻点，较前臀板的略小。

咽板前缘宽圆；缘线完整；表面密布细小刻点。前胸腹板龙骨平坦，后缘圆；表面密布细小刻点；无龙骨线。前胸腹板侧线和侧缘线清晰。

中胸腹板前缘中央宽阔深凹；缘线于两侧完整，于前端中央宽阔间断；表面密布细小刻点；中-后胸腹板缝浅。

后胸腹板基节间盘区密布细小刻点；中纵沟较浅；后胸腹板侧线向后侧方延伸，末端向内弯曲，接近后足基节窝前缘；侧盘区密布较长的斜向刻痕，其间有一些分散的粗糙刻点。

第 1 腹节腹板基节间盘区密布细小刻点；两侧各有 2 条腹侧线，内侧线完整，外侧线位于端半部。

前足胫节较宽，外缘有 4 个齿，基部 1 齿小；中足胫节外缘具 4 个刺，端部略加宽，2 个刺相互靠近。

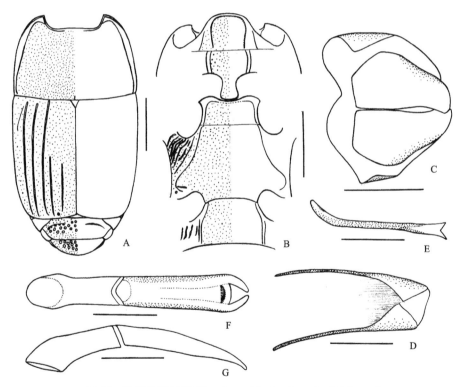

图 65　孔氏长卵阎甲 *Platylister* (*Popinus*) *confucii* (Marseul)

A. 前胸背板、鞘翅、前臀板和臀板（pronotum, elytra, propygidium and pygidium）；B. 前胸腹板、中-后胸腹板和第 1 腹节腹板（prosternum, meso- and metasterna and the 1st visible abdominal sternum）；C. 雄性第 8 腹节背板和腹板，腹面观（male 8th tergite and sternum, ventral view）；D. 雄性第 9、10 腹节背板，背面观（male 9th and 10th tergites, dorsal view）；E. 雄性第 9 腹节腹板，腹面观（male 9th sternum, ventral view）；F. 阳茎，背面观（aedeagus, dorsal view）；G. 同上，侧面观（ditto, lateral view）。比例尺（scales）：A, B = 1.0 mm, C-G = 0.25 mm

雄性外生殖器如图 65C-G 所示。

观察标本：1 ex., Hoa-Binh Tonkin (越南东京湾和平), 1932, de Cooman leg.；1 号，云南金平猛喇，400 m，1956.IV.29，黄克仁等采，Kryzhanovskij 鉴定；1♂，云南瑞丽弄圣乡，1450 m，1956.VI.8，周本寿采，Kryzhanovskij 鉴定；1 号，云南车里，580 m，1957.III.10，刘大华采，Kryzhanovskij 鉴定；1 号，云南小勐养，850 m，1957.IV.2，王书永采，Kryzhanovskij 鉴定；1 号，云南西双版纳橄楠坝，650 m，1957.III.16，王书永采，Kryzhanovskij 鉴定；1♀，云南西双版纳橄楠坝，540 m，1957.IV.17，蒲富基采，Kryzhanovskij 鉴定；1 号，广东海南保亭，80 m，1960.V.18，张学忠采；2 号，云南西双版纳勐仑保护区，860 m，倒木，2004.II.11，吴捷、白代远采。

分布：广东、海南、云南、台湾；印度，尼泊尔，斯里兰卡，缅甸，越南，泰国，菲律宾，马来半岛。

(63) 筛臀长卵阎甲 *Platylister* (*Popinus*) *dahdah* (Marseul, 1861)（图 66）

Platysoma dahdah Marseul, 1861: 148; Mazur, 1997: 70 (catalogue).

Platylister (*Popinus*) *dahdah*: Mazur, 2011a: 71 (catalogue).

Platysoma cribropygus Marseul, 1864a: 302 (Neu-Guinea; orig. comb.: *Platysoma cribropygum*); Mazur, 2011a: 71 (catalogue; synonymized).

Platysoma mirandus Marseul, 1864a: 305; Mazur, 1997: 70 (catalogue; synonymized); 2011a: 71.

体长 3.80-3.92 mm，体宽 2.32-2.48 mm。体长卵形，较扁平，黑色光亮，触角和足红褐色。

头部表面密布细微刻点，口上片轻微凹陷；额线完整；上唇前缘凹缺；上颚粗壮，内侧有 1 齿。

前胸背板两侧于基半部近于平行，其后轻微弓弯并向前收缩，端部 1/6 强烈弓弯，前角锐角，前缘凹缺部分中央较直，后缘两侧较直，中间微弱向后弓弯；缘线于两侧完整，端部沿前角内弯与侧线相连，并于中部狭窄间断；侧线于两侧完整；表面密布细微刻点。

鞘翅两侧近于平行，端部略弧弯。斜肩线微弱，位于基部 1/3；第 1-3 背线完整，第 3 背线中部较细或间断，第 4、5 背线位于端半部，第 5 背线后端略短于第 4 背线，前端略长于第 4 背线；缝线缺失。鞘翅表面具稀疏的细微刻点。缘折缘线和鞘翅缘线清晰完整。

前臀板遍布稀疏的细微刻点，混有较密集的圆形大刻点，两侧刻点较稀疏。臀板刻点与前臀板的相似，大刻点较前臀板上的略小而密集，且向端部渐小。

咽板前缘宽圆；缘线位于端部 2/3；表面具稀疏的细小刻点。前胸腹板龙骨平坦，后缘圆；表面刻点稀疏细微；无龙骨线。前胸腹板侧线和侧缘线清晰。

中胸腹板前缘中央宽阔深凹；缘线细弱但完整；表面刻点与前胸腹板龙骨的相似；中-后胸腹板缝浅。

后胸腹板基节间盘区具稀疏的细微刻点，较中胸腹板刻点略大；中纵沟较浅；后胸腹板侧线向后侧方延伸，末端略内弯，接近后侧角；侧盘区密布大而浅的圆形刻点，基部内侧刻点融合形成斜纹。

　　第 1 腹节腹板基节间盘区具稀疏的细微刻点；两侧各有 2 条腹侧线，内侧线完整，外侧线位于端半部。

　　前足胫节较宽，外缘有 4 个齿，基部 1 齿小；中足胫节外缘具 4 个齿，端部 2 个相互靠近。

　　雄性外生殖器如图 66C-H 所示。

　　观察标本：1♂, 1 ex., [台湾] Kotosho, V., T. Shiraki leg., T. Shiraki and Y. Miwa det.。

　　分布：台湾；印度尼西亚，菲律宾，新几内亚岛。

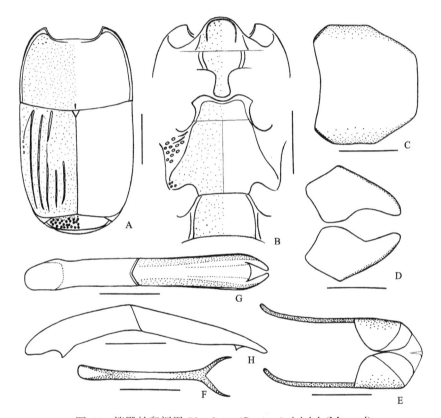

图 66　筛臀长卵阎甲 *Platylister* (*Popinus*) *dahdah* (Marseul)

A. 前胸背板、鞘翅和前臀板（pronotum, elytra and propygidium）；B. 前胸腹板、中-后胸腹板和第 1 腹节腹板（prosternum, meso- and metasterna and the 1st visible abdominal sternum）；C. 雄性第 8 腹节背板，背面观（male 8th tergite, dorsal view）；D. 雄性第 8 腹节腹板，腹面观（male 8th sternum, ventral view）；E. 雄性第 9、10 腹节背板，背面观（male 9th and 10th tergites, dorsal view）；F. 雄性第 9 腹节腹板，腹面观（male 9th sternum, ventral view）；G. 阳茎，背面观（aedeagus, dorsal view）；H. 同上，侧面观（ditto, lateral view）. 比例尺（scales）：A, B = 1.0 mm, C-H = 0.25 mm

(64) 光亮长卵阎甲 *Platylister* (*Popinus*) *lucillus* (Lewis, 1891)（图 67）

Platysoma lucillum Lewis, 1891b: 186 (Burma); Bickhardt, 1910c: 23 (catalogue); 1917: 141;
　　Desbordes, 1919: 372 (key); Mazur, 1984b: 241 (catalogue); 1997: 72 (catalogue).

Platylister lucillus: Mazur, 2011a: 71 (catalogue).

体长 3.41 mm，体宽 2.16 mm。体长卵形，较扁平，黑色光亮，触角和足红褐色。

头部表面密布细小刻点，口上片较深凹；额线完整；上唇前缘凹缺；上颚粗壮，内侧有 1 齿。

前胸背板两侧于基半部平直，轻微向前收缩，其后弓弯，前角锐角，前缘凹缺部分中央微向前弓弯，后缘两侧较直，中间略向后突出；缘线于两侧和前缘均完整，于前角处与侧线相连；侧线于两侧完整，且较远离边缘；表面密布细小刻点，沿后缘两侧 1/3 有两行不规则的密集粗大的刻点。

鞘翅两侧近于平行，端部弧弯。斜肩线微弱，位于基部 1/4；第 1-4 背线完整，第 5 背线位于鞘翅端部 3/5；缝线短，位于端部 1/3 且后端略短缩，有时不清晰存在于端半部。鞘翅表面密布细微刻点。鞘翅缘折中央略隆凸；缘折缘线和鞘翅缘线清晰完整。

前臀板密布细小刻点，其间混有密集的大而浅的圆形刻点，沿前缘两侧各有 1 长且弯曲的横线。臀板密布细小刻点，基半部不规则的分布有密集的大而浅的圆形刻点，与前臀板的相似，两侧前角处凹陷，凹陷处刻点多相互融合。

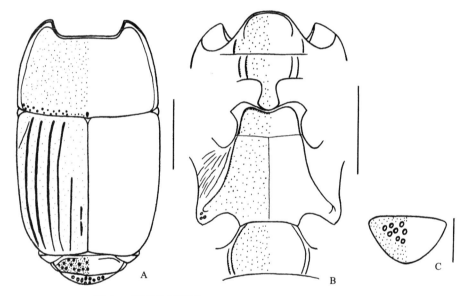

图 67 光亮长卵阎甲 Platylister (Popinus) lucillus (Lewis)

A. 前胸背板、鞘翅、前臀板和臀板（pronotum, elytra, propygidium and pygidium）；B. 前胸腹板、中-后胸腹板和第 1 腹节腹板（prosternum, meso- and metasterna and the 1st visible abdominal sternum）；C. 臀板（pygidium）。比例尺（scales）：A, B = 1.0 mm, C = 0.5 mm

咽板前缘宽圆；缘线完整或位于端半部；表面具较密集的细小刻点。前胸腹板龙骨平坦，后缘圆；刻点与咽板的相似；无龙骨线。前胸腹板侧线和侧缘线清晰。

中胸腹板前缘中央宽阔深凹；缘线完整；表面刻点与前胸腹板龙骨的相似；中-后胸腹板缝浅。

后胸腹板基节间盘区刻点与中胸腹板的相似；中纵沟较浅；后胸腹板侧线向后侧方延伸，末端向内弯曲，接近后侧角；侧盘区密布较长的斜向刻痕，其间混有稀疏的细微刻点。

第 1 腹节腹板基节间盘区刻点与中胸腹板的相似；两侧各有 2 条腹侧线，内侧线完整，外侧线位于端半部。

前足胫节较宽，外缘有 4 个齿，中部 2 齿间距较宽；中足胫节外缘具 4 个齿，端部 2 个相互靠近。

观察标本：1♀, 1 ex., 台湾 Shinchiku, 1918.VII.1-30, J. Sonan leg.。

分布：台湾；缅甸。

(65) 独长卵阎甲 *Platylister* (*Popinus*) *unicus* (**Bickhardt, 1912**)（图 68）

Platysoma unicum Bickhardt, 1912a: 124 (China: Chip-chip of Taiwan); 1913a: 170 (subg. *Platysoma*; China: Kosempo of Taiwan); 1917: 142; Desbordes, 1919: 369 (key); Gaedike, 1984: 462 (information about Holotypus); Mazur, 1984b: 243 (subg. *Platysoma* of *Platysoma*; catalogue); 1997: 73 (catalogue); 1999: 3 (trans. to *Eblisia*).

Platylister (*Popinus*) *unicus*: Mazur, 2007a: 73 (China: Nantou of Taiwan); 2008: 90 (China: Taiwan; Nepal); 2011a: 72 (catalogue); Ôhara, 1986: 96 (figure); 1994: 94; 1999a: 88; Mazur in Löbl *et* Smetana, 2004: 87 (catalogue); Lackner *et al.* in Löbl *et* Löbl, 2015: 107 (catalogue).

体长 3.12-3.44 mm，体宽 2.00-2.28 mm。体长卵形，较扁平，黑色光亮，触角和足红褐色。

头部表面具较稀疏的细小刻点，前端微凹；额线完整；上唇前缘较平直；上颚较粗壮，内侧有 1 齿。

前胸背板两侧微呈弧形向前收缩，端部 1/6 明显，前角锐角，前缘凹缺部分中央微呈双波状，后缘略弓弯；缘线于两侧和前缘均完整；侧线于两侧完整且靠近边缘，于前角处与缘线相连。表面密布细小刻点，侧线内侧刻点略粗大，两侧中部 1/3 各有 1 不明显的纵线。

鞘翅两侧微弱弧弯。肩下线缺失；斜肩线微弱，位于基部 1/4；第 1-3 背线完整，第 4 背线位于端部 1/4，第 5 背线位于端部 2/3；缝线缺失。鞘翅表面具稀疏的细微刻点，第 5 背线内侧和后缘刻点较密集，沿后缘刻点略粗大。缘折缘线和鞘翅缘线清晰完整，鞘翅缘线后端沿鞘翅后缘延伸，到达鞘翅缝缘并向基部弯曲。

前臀板密布大而浅的圆形刻点，大刻点间及边缘具稀疏的细微刻点。臀板密布大而深的圆形刻点，较前臀板大刻点略小，其间混有稀疏的细微刻点，沿后缘无大刻点。

咽板前缘宽圆；缘线完整；表面密布细小刻点。前胸腹板龙骨平坦，后缘圆；表面刻点与咽板的相似但较小；无龙骨线。前胸腹板侧线和侧缘线清晰。

中胸腹板前缘中央宽阔深凹；缘线完整，前角处另有 1 短弧线；表面具较稀疏的细微刻点；中-后胸腹板缝细弱。

后胸腹板基节间盘区刻点与中胸腹板的相似；中纵沟浅，不清晰；后胸腹板侧线向后侧方延伸，末端内弯呈锐角，接近后足基节窝前缘；侧盘区密布大而深的圆形刻点，向端部渐小而浅，大刻点之间混有细小刻点。

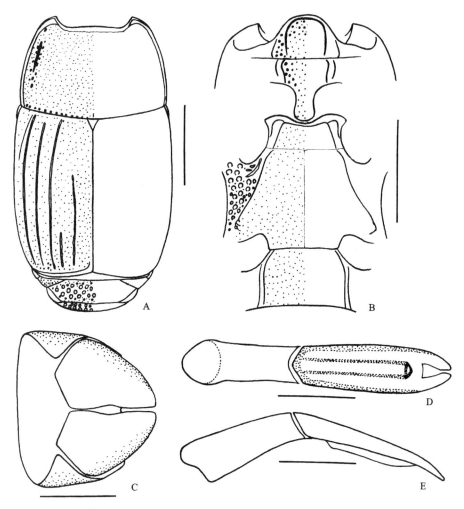

图 68　独长卵阎甲 *Platylister* (*Popinus*) *unicus* (Bickhardt)

A. 前胸背板、鞘翅、前臀板和臀板（pronotum, elytra, propygidium and pygidium）；B. 前胸腹板、中-后胸腹板和第 1 腹节腹板（prosternum, meso- and metasterna and the 1st visible abdominal sternum）；C. 雄性第 8 腹节背板和腹板，腹面观（male 8th tergite and sternum, ventral view）；D. 阳茎，背面观（aedeagus, dorsal view）；E. 同上，侧面观（ditto, lateral view）。比例尺（scales）：A, B = 1.0 mm, C-E = 0.25 mm

第 1 腹节腹板基节间盘区刻点与中胸腹板的相似；两侧各有 2 条腹侧线，内侧线完整，外侧线位于端部 2/3 或更长。

前足胫节较宽，外缘有 4 个齿，基部 1 齿小；中足胫节外缘具 4 个齿，端部 2 个相互靠近。

雄性外生殖器如图 68C-E 所示。

观察标本：1♂，Formosa（台湾）Kuraru，1932.IV.6，L. Gressitt leg.；1♀，云南西双版纳小勐养，850 m，1957.IX.10，王书永采，罗天宏鉴定，2003。

分布：云南、台湾；尼泊尔，日本；琉球群岛。

讨论：Mazur（2007a）将此种移入长卵阎甲属 *Platylister*（平尾阎甲亚属 *Popinus*）

是基于咽板缘线的形状和位置，以及中足基节后线的存在。

19. 阔咽阎甲属 *Apobletes* Marseul, 1860

Apobletes Marseul, 1860: 852; Bickhardt, 1910c: 16; 1917: 132, 136; Mazur, 1984b: 232 (subg. of
Platysoma; catalogue); 1997: 67 (catalogue); 1999: 3 (as genus; character); 2011a: 60 (catalogue);
Ôhara, 1994: 109; Mazur in Löbl *et* Smetana, 2004: 87 (catalogue); Lackner *et al.* in Löbl *et* Löbl,
2015: 105 (catalogue). **Type species:** *Apobletes tener* Marseul, 1860 (= *schaumei* Marseul, 1860).
Designated by Bickhardt, 1917: 136.

体长卵形，强烈扁平。头部具粗大刻点；具额线；上唇前缘内凹。前胸背板两侧具
粗大刻点；缘线于两侧完整，侧线于两侧和前缘完整（有时于两侧完整，于前端间断，
被 1 端线取代），靠近缘线；前角锐角。小盾片小，三角形。鞘翅第 1-3 背线通常完整，
外肩下线深刻，位于鞘翅基半部。臀板略弯曲，多数具隆起的边。前胸腹板咽板宽阔扁
平，具缘线；龙骨宽阔扁平，无龙骨线，后缘中央微凹。中胸腹板横宽，前缘双曲；缘
线存于前缘，中间有时间断。后胸腹板两侧各有 1 条侧线。第 1 腹节腹板两侧各有 2
条腹侧线。前足胫节向端部加宽，外缘具齿。阳茎侧叶宽，通常短于基片，有时略长于
基片，两侧基部凹缺。

生活在树皮下。

分布：主要分布在东洋区，一些种类分布在非洲区和澳洲区，个别种类延伸到古
北区。

该属世界记录 20 余种，中国记录 2 种。

种 检 索 表

鞘翅有边缘不清晰的红褐色区域；第 1-3 背线完整 ······················**缘阔咽阎甲 *A. marginicollis***
鞘翅黑色；第 1、2 背线完整，第 3 背线中部宽阔间断，有时微弱相连 ······························
···**绍氏阔咽阎甲 *A. schaumei***

(66) 缘阔咽阎甲 *Apobletes marginicollis* Lewis, 1888（图 69）

Apobletes marginicollis Lewis, 1888a: 633 (Burma); Bickhardt, 1910c: 17 (catalogue); 1917: 137;
Desbordes, 1919: 347 (key); Mazur, 1984b: 234 [stat. *Platysoma* (*Apobletes*) *marginicolle*]; 1997: 68
(China: Hainan; catalogue); 1999: 4 (*Apobletes*); 2011a: 60 (catalogue); Mazur in Löbl *et* Smetana,
2004: 87 (catalogue); Lackner *et al.* in Löbl *et* Löbl, 2015: 105 (catalogue).

体长 2.26-2.80 mm，体宽 1.61-1.85 mm。体长卵形，极扁平，黑色光亮，前胸背板
两侧和鞘翅（基部 1/3、内侧 1/3 和沿后缘除外）红褐色，足和触角红褐色。

头部表面密布较粗大的刻点，端半部微凹；额线细但完整；上唇横宽，前缘中央深
凹；上颚短，粗壮，内侧有 1 大齿。

　　前胸背板两侧于基部 1/3 近于平行，端部 2/3 弓弯，向前收缩，端部 1/6 强烈弓弯，前角锐角，前缘凹缺部分中央较直，后缘较直；缘线于两侧完整、细弱；侧线于两侧及前缘均完整，靠近边缘；表面中央具较稀疏的细小刻点，两侧 1/6 刻点粗大密集。

　　鞘翅两侧基部近于平行，端部略弧弯。外肩下线位于鞘翅基半部，深刻；斜肩线微弱，位于基部 1/3；第 1-3 背线完整，第 3 背线中部有时较微弱，第 4 背线很短，位于端部；无第 5 背线和缝线。鞘翅表面具稀疏的细小刻点，两侧和端部近后缘刻点粗大，近后缘刻点较密集。缘折缘线和鞘翅缘线完整。

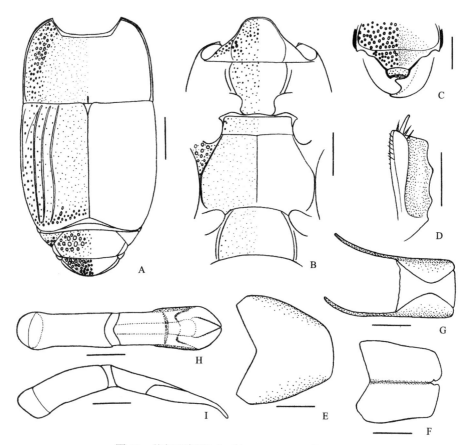

图 69　缘阔咽阎甲 *Apobletes marginicollis* Lewis

A. 前胸背板、鞘翅、前臀板和臀板（pronotum, elytra, propygidium and pygidium）；B. 前胸腹板、中-后胸腹板和第 1 腹节腹板（prosternum, meso- and metasterna and the 1st visible abdominal sternum）；C. 头（head）；D. 前足胫节，背面观（protibia, dorsal view）；E. 雄性第 8 腹节背板，背面观（male 8th tergite, dorsal view）；F. 雄性第 8 腹节腹板，腹面观（male 8th sternum, ventral view）；G. 雄性第 9、10 腹节背板，背面观（male 9th and 10th tergites, dorsal view）；H. 阳茎，背面观（aedeagus, dorsal view）；I. 同上，侧面观（ditto, lateral view）。比例尺（scales）：A, B = 0.5 mm, C, D = 0.25 mm, E-I = 0.1 mm

　　前臀板表面于两侧 1/4 轻微隆凸，两侧密布圆形大刻点，混有稀疏细小的刻点。臀板于前角处微凹，表面密布圆形大刻点，大小约为前臀板大刻点的一半，混有细小刻点。

　　咽板宽阔平坦，前缘宽圆；缘线完整，后端 1/3 轻微内弯；表面具不规则的小刻点，两侧刻点较大，端部刻点较密集。前胸腹板龙骨宽阔平坦，后缘中央微凹；表面刻点与咽板基部中央刻点相似，后端刻点较小；无龙骨线。前胸腹板侧线和侧缘线清晰。

中胸腹板横宽，前缘双曲，中间略向外突出；缘线于前缘平直，于两侧只存在于前端1/2，有时略长近于完整；表面刻点与前胸腹板龙骨的相似；中-后胸腹板缝清晰。

后胸腹板基节间盘区宽、平坦，具稀疏的细小刻点，较龙骨刻点小而稀疏；中纵沟较深；后胸腹板侧线基半部向后侧方延伸，端半部向下延伸，末端内弯接近后足基节窝前缘；侧盘区具较密集的大而浅的圆形刻点，混有细小刻点；无中足基节后线。

第1腹节腹板基节间盘区刻点与后胸腹板基节间盘区的相似；两侧各有2条腹侧线，内侧线完整，外侧线靠近内侧线，与内侧线端部2/3平行。

前足胫节宽，外缘有4个齿，基部1个齿小，第2、3齿之间距离较宽；中足胫节外缘具4个刺，端部2个刺相互靠近。

雄性外生殖器如图69E-I所示。

观察标本：1♂，云南西双版纳小勐养，810 m，1957.III.28，刘大华采，Kryzhanovskij鉴定；9号，云南西双版纳小勐养，810 m，1957.IV.4，洪广基采，Kryzhanovskij鉴定；1♂，1号，云南普文附近，900 m，1957.IV.2，邦菲洛夫采，Kryzhanovskij鉴定；1号，云南车里西南20 km，650 m，1957.IV.9，邦菲洛夫采，Kryzhanovskij鉴定；1号，云南大勐龙，700 m，1957.IV.11，洪广基采，Kryzhanovskij鉴定。

分布：海南、云南；印度，缅甸，泰国，菲律宾，印度尼西亚，马来西亚。

(67) 绍氏阔咽阀甲 *Apobletes schaumei* Marseul, 1860（图70）

Apobletes schaumei Marseul, 1860: 857 (Burma); Lewis, 1915: 55 (China: Koshun of Taiwan); Bickhardt, 1917: 137; Desbordes, 1919: 349 (key); Mazur, 1984b: 235 (catalogue; stat. *Platysoma* (*Apobletes*) *schaumei*); 1997: 68 (catalogue); 1999: 4 (*Apobletes*), 19 (figures); 2011a: 60 (catalogue); Ôhara, 1994: 109 (redescription, figures); Mazur in Löbl *et* Smetana, 2004: 87 (China: Hainan; catalogue); Lackner *et al.* in Löbl *et* Löbl, 2015: 105 (catalogue).

Apobletes tener Marseul, 1860: 859; Bickhardt, 1913a: 168 (China: Kosempo, Taihorin of Taiwan); 1917: 137; Desbordes, 1919: 349 (key); Cooman, 1932a: 99 (*Apobletes schaumi* var. *tener*); Reichardt, 1932b: 114 (synonymized); Hisamatsu, 1985a: 6; 1985b: 229 (Japan).

Apobletes schaumi [sic!]: Marseul, 1864a: 290; Bickhardt, 1910c: 17 (catalogue); Reichardt, 1932b: 114 (description, figure).

Platysoma (*Apobletes*) *shaumei* [sic!]: Ôhara, 1996: 5 (figures).

体长2.65-3.78 mm，体宽1.78-2.58 mm。体长卵形，极扁平，黑色光亮，足和触角红褐色。

头部表面具较密集的细小刻点，端半部微凹；额线通常完整，有时于上颚之上两侧狭窄间断；上唇横宽，前缘中央微凹；上颚短而粗壮，内侧有1大齿。

前胸背板两侧于基部1/3近于平行，端部2/3弓弯，向前收缩，端部1/6强烈弓弯，前角锐角，前缘凹缺部分中央较直，后缘较直；缘线于两侧完整；侧线于两侧及前缘均完整；表面中央刻点稀疏细小，两侧1/6刻点粗大密集（两侧基部1/4刻点略小略稀疏），小盾片前区有 1 纵向大刻点。

　　鞘翅两侧基部近于平行，端部略弧弯。外肩下线位于鞘翅基半部，深刻；斜肩线微弱，位于基部 1/3；鞘翅第 1-2 背线完整且微弱钝齿状，第 3 背线于中部宽阔间断，有时微弱完整，第 4 背线很短，位于端部；第 5 背线和缝线无。鞘翅表面刻点与前胸背板中部刻点相似，沿后缘的窄带刻点较粗大密集。鞘翅缘折中央略隆凸；缘折缘线和鞘翅缘线完整。

　　前臀板中央和两侧 1/4 微隆，两侧具较密集的圆形大刻点，向中部大刻点变小，大刻点间混有稀疏的细小刻点。臀板前角处微凹，表面密布深的圆形大刻点，侧面刻点最大，刻点向后渐小而密集。

　　咽板宽阔平坦，前缘圆；缘线完整，后端 1/3 向内折弯；表面密布细小刻点，混有少量略大刻点。前胸腹板龙骨宽阔平坦，后缘中央微凹，略成角；表面刻点较咽板的略稀疏；无龙骨线。前胸腹板侧线和侧缘线清晰。

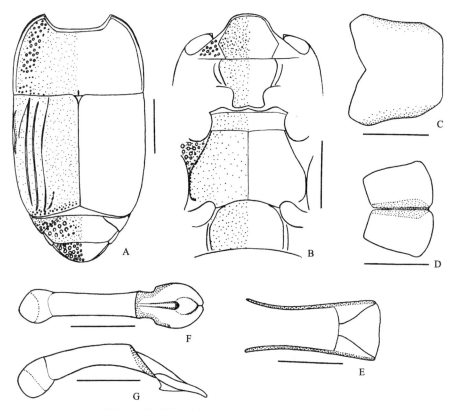

图 70　绍氏阔咽阎甲 *Apobletes schaumei* Marseul

A. 前胸背板、鞘翅、前臀板和臀板（pronotum, elytra, propygidium and pygidium）；B. 前胸腹板、中-后胸腹板和第 1 腹节腹板（prosternum, meso- and metasterna and the 1st visible abdominal sternum）；C. 雄性第 8 腹节背板，背面观（male 8th tergite, dorsal view）；D. 雄性第 8 腹节腹板，腹面观（male 8th sternum, ventral view）；E. 雄性第 9、10 腹节背板，背面观（male 9th and 10th tergites, dorsal view）；F. 阳茎，背面观（aedeagus, dorsal view）；G. 同上，侧面观（ditto, lateral view）。比例尺（scales）：A, B = 1.0 mm, C-G = 0.25 mm

中胸腹板横宽，前缘双曲，中央向前突出成角；缘线于前缘平直，中间通常狭窄间断，于两侧只存在于前端 1/2；表面刻点与前胸腹板龙骨的相似；中-后胸腹板缝细。

后胸腹板基节间盘区宽、平坦，具细微刻点，较前胸腹板龙骨刻点小而稀疏；中纵沟较深；后胸腹板侧线基半部向后侧方延伸，端半部向下延伸，末端向内弯曲接近后足基节窝前缘，有时于端部 1/3 处间断；侧盘区密布大而浅的半圆形刻点，混有细小刻点；无中足基节后线。

第 1 腹节腹板基节间盘区刻点与中胸腹板的相似；两侧各有 2 条腹板线，内侧线完整，外侧线与内侧线后端 1/2 平行。

前足胫节宽，外缘有 4 个齿，第 2、3 齿之间距离宽；中足胫节外缘具 4 个刺，端部 2 个相互靠近。

雄性外生殖器如图 70C-G 所示。

观察标本：1 ex., 台湾 Horisha, 1918.V-VIII, H. Kawamura leg., H. Desbordes det., 1931; 1 ex., 台湾 Taito, 1919.II.25-III.27, S. Inamura leg., H. Desbordes det., 1931; 3 exs., [台湾] Kosampo, 1923.VIII., T. Shiraki leg., Y. Miwa det.; 4 exs., 台湾 Kuraru, 1932.VIII.21-26, Y. Miwa leg.; 4 exs., 台湾 Kuraru, 1933.V.15, Y. Miwa leg.; 1 ex., 台湾 Kotosho, 1938.VII.12; 1 号, 云南东南屏边大围山, 1400 m, 1956.VI.5, 邦菲洛夫采, Kryzhanovskij 鉴定; 1 号, 云南西双版纳橄楠坝, 650 m, 1957.III.16, 王书永采, Kryzhanovskij 鉴定; 1♂, 1 号, 云南普文附近, 1957.III.27, 孟恰茨基采, Kryzhanovskij 鉴定; 1♂, 云南小勐养, 810 m, 1957.III.28, 刘大华采, Kryzhanovskij 鉴定; 1 号, 云南小勐养, 810 m, 1957.III.30, 臧令超采, Kryzhanovskij 鉴定; 4 号, 云南小勐养, 810 m, 1957.III.31, 王书永采, Kryzhanovskij 鉴定; 1 号, 云南小勐养, 810 m, 1957.IV.2, 孟恰茨基采, Kryzhanovskij 鉴定; 1 号, 云南大勐龙, 700 m, 1957.IV.12, 邦菲洛夫采, Kryzhanovskij 鉴定; 1 号, 云南车里大勐龙, 700 m, 1957.IV.12, 王书永采, Kryzhanovskij 鉴定; 1 号, 云南车里大勐龙, 600 m, 1957.IV.22, 刘大华采, Kryzhanovskij 鉴定; 1♀, 云南车里附近, 550 m, 1957.IV.20, 邦菲洛夫采, Kryzhanovskij 鉴定; 2 号, 云南勐海南糯山, 1100-1500 m, 1957.IV.27, 洪广基采, Kryzhanovskij 鉴定; 2 号, 云南勐海南糯山, 1100-1500 m, 1957.IV.27, 蒲富基采, Kryzhanovskij 鉴定; 1 号, 云南昆洛公路 706 km, 850 m, 1957.V.3, 洪广基采, Kryzhanovskij 鉴定; 1 号, 云南小勐养附近, 850 m, 1957.V.5, 邦菲洛夫采, Kryzhanovskij 鉴定; 2 号, 云南车里, 500 m, 1955.IV.9, Kryzhanovskij 采; 1 号, 云南芒市西南 30 km 三台山, 1200 m, 1955.V.18, 周彩云采; 1 号, 云南河口, 80 m, 1956.VI.5, 黄克仁等采; 4 号, 云南西双版纳小勐养, 850 m, 1957.X.12, 臧令超采; 1♀, 云南西双版纳大勐龙, 650 m, 1958.V.7, 张毅然采; 1♂, 1 号, 云南西双版纳允景洪, 710-900 m, 1958.VI.29, 张毅然采; 1 号, 云南西双版纳易武, 800-1300 m, 1959.V.14, 李贞富采。

分布：海南、云南、台湾；日本，印度，尼泊尔，缅甸，越南，泰国，马来西亚，印度尼西亚。

20. 方阎甲属 *Platysoma* Leach, 1817

Platysoma Leach, 1817: 77; Erichson, 1834: 106; Marseul, 1853: 248; Lacordaire, 1854: 255; Schmidt, 1885c: 281; Ganglbauer, 1899: 355; Reitter, 1909: 280; Jakobson, 1911: 639; Bickhardt, 1917: 133, 138; 1921: 161, 170; Lea, 1925: 239 (Australian); Wenzel, 1955: 628; Wenzel in Arnett, 1962: 378, 382; Witzgall, 1971: 179, 181; Kryzhanovskij *et* Reichardt, 1976: 391 (key to Russia); Ôhara, 1986: 92; 1994: 92; Mazur, 1984b: 227 (catalogue); 1997: 63 (catalogue); 2011a: 62 (catalogue); Yélamos *et* Ferrer, 1988: 193; Ôhara *et* Paik, 1998: 8 (key to Korea); Ôhara *et* Mazur, 2002: 5 (notes); Yélamos, 2002: 92 (character), 365; Mazur in Löbl *et* Smetana, 2004: 88 (catalogue); Lackner *et al.* in Löbl *et* Löbl, 2015: 107 (catalogue). **Type species:** *Hister depressus* Fabricius, 1787 (= *Hister compressus* Herbst, 1783: 20). Designated by Westwood, 1840: 22.

Abbotia Leach, 1830: 155; Waterhouse, 1868: 168 (synonymized). **Type species:** *Abbotia paykulliana* Leach, 1830 (= *Hister compressus* Herbst, 1783: 20).

Platysomum Gistel, 1856: 363 [unjustified emendation]; Alonso-Zarazaga *et* Yélamos, 1994: 178 (synonymized).

　　体形多变，从卵形隆凸到长而扁平，或近于圆筒状。头相对较宽（与前胸背板宽度之比为 1:2 或更少）；头部有额线，通常具细微刻点；口上片和上唇通常凹陷；上唇前缘中央内凹。前胸背板两侧具粗大刻点；缘线于侧面完整或于基部短缩，侧线于侧面完整，有时于基部短缩，通常于头后或两侧复眼之后宽阔间断，代之以 1 条完整的或中间间断的端线；前角锐角。小盾片三角形。鞘翅肩下线缺失，有时内肩下线有不清晰的痕迹，斜肩线细弱，第 1-5 背线和缝线均存在，内侧的线多少短缩。前臀板和臀板刻点多变。咽板较宽阔，具缘线；前胸腹板龙骨无龙骨线。中胸腹板前缘中央通常凹缺；缘线完整或于前缘宽阔间断，有时前角处另有 1 短线。后胸腹板两侧各有 2 条长的近于平行的侧线。第 1 腹节腹板两侧各有 2 条腹侧线。前足胫节扁平，加宽，外缘具齿，前足胫节跗节沟 "S" 形，深且边缘尖锐；中、后足胫节端部有二叉的刺。阳茎外形上多变，侧叶可能较基片长也可能短，侧叶端部分离，有时于端部 2/3 隆起。

　　生活在倒木的树皮下或木质内部，以及腐烂的植物体中，捕食其他昆虫的幼虫，有些种类（如长方阎甲亚属 *Cylister*）对小蠹的生物防治有重要意义 (Mazur and Ôhara, 2000a; Yélamos, 2002)。

　　分布：各区。

　　该属世界记录 3 亚属 60 余种，中国记录 2 亚属 16 种。

亚属和种检索表

1. 体长卵形，多少扁平；前胸背板宽大于长；中胸腹板宽短，宽为长的 2 倍（**方阎甲亚属** *Platysoma*） ·· 2

   体窄长，近于圆柱形，隆凸；前胸背板正方形；中胸腹板窄，宽至多为长的 1.5 倍（**长方阎甲亚属** *Cylister*）··· 7

2. 鞘翅第 1-4 背线完整 ·· 平方阎甲 *P. (P.) deplanatum*

注：贝氏方阎甲 *P. (P.) beybienkoi* Kryzhanovskij、朝鲜方阎甲 *P. (P.) koreanum* Mazur、滑方阎甲 *P. (P.) rasile* Lewis、裂方阎甲 *P. (P.) rimarium* Erichson、四川方阎甲 *P. (P.) sichuanum* Mazur 和云南方阎甲 *P. (C.) yunnanum* Kryzhanovskij 未包括在内。

6) 方阎甲亚属 *Platysoma* Leach, 1817

(68) 贝氏方阎甲 *Platysoma (Platysoma) beybienkoi* Kryzhanovskij, 1972

Platysoma beybienkoi Kryzhanovskij, 1972b: 22 (China: Yunnan); Mazur, 1984b: 238 (catalogue); 1997: 69 (catalogue); 2007a: 72 (China: Taiwan); 2011a: 62 (catalogue); Mazur in Löbl *et* Smetana, 2004: 89 (catalogue); Lackner *et al.* in Löbl *et* Löbl, 2015: 108 (catalogue).

观察标本： 未检视标本。

分布： 云南、台湾。

(69) 短线方阎甲 *Platysoma (Platysoma) brevistriatum* Lewis, 1888（图 71）

Platysoma brevistriatum Lewis, 1888a: 634 (Burma); Bickhardt, 1910c: 21 (catalogue); 1917: 139; Desbordes, 1919: 361 (key); Mazur, 1984b: 238 (catalogue); 1997: 69 (catalogue); 2011a: 62 (catalogue); Lackner *et al.* in Löbl *et* Löbl, 2015: 108 (catalogue).

体长 3.25 mm，体宽 2.25 mm。体长卵形，较隆凸，黑色光亮，触角和足红褐色。头部表面具稀疏细小的刻点，头顶混有一些稀疏粗大的刻点，口上片凹陷；额线完整，前端近于平直，两侧轻微向基部汇聚；上唇轻微凹陷，前缘平直；上颚粗壮，内侧有 1 齿。

前胸背板两侧于后端 1/2 近于平行，前端 1/2 弓弯并向前汇聚，端部 1/6 更明显，前角锐角，前缘凹缺部分中央略向外弓弯，后缘两侧直，中间略向后突出；缘线于两侧完整；侧线较远离边缘，前端于两侧复眼之后宽阔间断，代之以 1 条端线，端线中央狭窄间断或极其微弱，两侧仅位于端半部；表面具稀疏的细微刻点，两侧 1/4 混有较密集的粗大刻点，大刻点沿后缘略向内延伸。

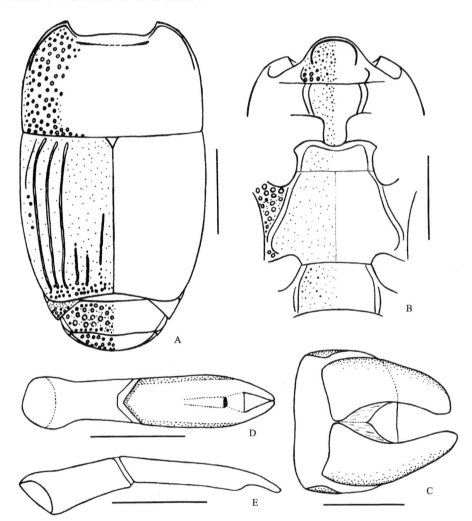

图 71 短线方阎甲 *Platysoma* (*Platysoma*) *brevistriatum* Lewis

A. 前胸背板、鞘翅、前臀板和臀板（pronotum, elytra, propygidium and pygidium）；B. 前胸腹板、中-后胸腹板和第 1 腹节腹板（prosternum, meso- and metasterna and the 1st visible abdominal sternum）；C. 雄性第 8 腹节背板和腹板，腹面观（male 8th tergite and sternum, ventral view）；D. 阳茎，背面观（aedeagus, dorsal view）；E. 同上，侧面观（ditto, lateral view）。比例尺（scales）：A, B = 1.0 mm, C-E = 0.25 mm

鞘翅两侧基部近于平行，端部略弧弯。斜肩线微弱，位于鞘翅基部 1/3；第 1-3 背线完整，第 4、5 背线位于端部 1/4；缝线位于中端部 2/5。鞘翅表面具稀疏细微的刻点，端部沿后缘刻点较大而密集。鞘翅缘折中央略隆凸；缘折缘线和鞘翅缘线清晰完整。

前臀板表面具大而浅的圆形刻点，较密集，边缘刻点较小，大刻点间混有密集的细微刻点。臀板具密集粗大的圆形刻点，较前臀板大刻点小，混有稀疏的细微刻点，粗大刻点向后渐小而稀疏，沿后缘无大刻点。

咽板前缘宽圆；缘线位于端半部；表面具密集细小的刻点，偶尔混有略粗大的刻点，基部两侧刻点粗大。前胸腹板龙骨平坦，后缘圆；刻点较咽板的小而稀疏；无龙骨线。前胸腹板侧线和侧缘线清晰。

中胸腹板前缘中央较深凹；缘线完整；刻点稀疏微小；中-后胸腹板缝细而直。

后胸腹板基节间盘区刻点与中胸腹板的相似；中纵沟细而浅；后胸腹板两侧各有 2 条侧线，二者近于平行，内侧线向后侧方延伸，末端内弯，接近后足基节窝前缘，外侧线略短于内侧线；侧盘区具略稀疏的大而浅的圆形刻点，混有细小刻点。

第 1 腹节腹板基节间盘区刻点与中胸腹板的相似，偶尔混有略粗大的刻点；两侧各有 2 条腹侧线，内侧线完整，外侧线存在于端半部，与内侧线近于平行。

前足胫节较宽，外缘有 4 个大齿；中足胫节外缘具 3 个齿；后足胫节外缘有 2 个刺。

雄性外生殖器如图 71C-E 所示。

观察标本：1♂，云南车里，500 m，1955.IV.8，薛予锋采，Kryzhanovskij 鉴定。

分布：云南；缅甸，越南。

(70) 中国方阎甲 *Platysoma* (*Platysoma*) *chinense* Lewis, 1894（图 72）

Platysoma chinense Lewis, 1894a: 176 (China: Chefoo); 1905d: 17 (*Cylistosoma*); Bickhardt, 1910c: 24 (catalogue); 1917: 145 (*Cylistosoma*); Cooman, 1948: 132 (*Cylister*); Mazur, 1984b: 244 (China: Taiwan; catalogue; subg. *Cylister* of *Platysoma*); 1997: 70 (catalogue; subg. *Platysoma* of *Platysoma*); 2011a: 62 (catalogue); Mazur in Löbl et Smetana, 2004: 89 (Southeast China; catalogue); Lackner et al. in Löbl et Löbl, 2015: 108 (catalogue).

Platysoma cerylonoides Bickhardt, 1912a: 123 (China: Fuhosho of Taiwan); 1913a: 169 (*Apobletes*; China: Taihorin, Kosempo of Taiwan); 1917: 136; Desbordes, 1919: 349 (key); Cooman, 1948: 133 (synonymized).

体长 3.37-3.72 mm，体宽 2.03-2.28 mm。体长，长卵形，较扁平，黑色光亮，触角和足红褐色。

头部表面具略稀疏的细小刻点，后端具若干粗大刻点，口上片凹陷；额线完整，前端近于平直；上唇凹陷，前缘中央凹缺；上颚较粗壮，内侧有 1 齿。

前胸背板两侧于后端 3/4 近于平行，于前端 1/4 弓弯并强烈向前收缩，前角锐角，前缘凹缺部分中央微弱向外弓弯，后缘较直；缘线于两侧完整；侧线较接近边缘，于两侧完整，于复眼之后宽阔间断，代之以 1 条中央宽阔间断的端线；表面具稀疏细小的刻点，两侧 1/4（沿侧线的狭窄区域除外）混有稀疏粗大的刻点，小盾片前区有 1 纵凹。

鞘翅两侧基部近于平行，端部略弧弯。斜肩线微弱，位于基部 1/3；第 1-3 背线几乎完整，第 4 背线位于端部 1/5 或 1/4，第 5 背线更短，前后均短于第 4 背线；缝线位于中端部 1/4。鞘翅表面具稀疏的细小刻点，沿后缘有 1 行略微粗大的刻点。缘折缘线和鞘翅缘线清晰完整。

前臀板具大而浅的圆形刻点，两侧大刻点较密集，边缘和中部刻点较小较稀疏，大刻点间混有密集或稀疏的细小刻点。臀板具圆形大刻点，较前臀板两侧大刻点小且稀疏，大刻点向后渐小，混有密集的细小刻点；两侧前角处轻微凹陷。

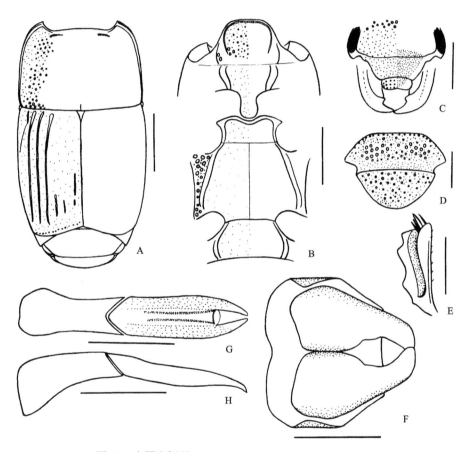

图 72　中国方阎甲 *Platysoma* (*Platysoma*) *chinense* Lewis

A. 前胸背板和鞘翅（pronotum and elytra）；B. 前胸腹板、中-后胸腹板和第 1 腹节腹板（prosternum, meso- and metasterna and the 1st visible abdominal sternum）；C. 头（head）；D. 前臀板和臀板（propygidium and pygidium）；E. 前足胫节，背面观（protibia, dorsal view）；F. 雄性第 8 腹节背板和腹板，腹面观（male 8th tergite and sternum, ventral view）；G. 阳茎，背面观（aedeagus, dorsal view）；H. 同上，侧面观（ditto, lateral view）。比例尺（scales）：A, B = 1.0 mm, C-E = 0.5 mm, F-H = 0.25 mm

咽板前缘宽圆；缘线位于端部 2/3，末端向后略汇聚；表面具密集的细小刻点，偶尔混有略粗大的刻点。前胸腹板龙骨平坦，后缘圆；表面刻点稀疏细小；无龙骨线；前胸腹板侧线和侧缘线清晰。

中胸腹板前缘中央深凹；缘线完整；表面刻点与前胸腹板龙骨的相似；中-后胸腹板

缝细而浅，近于平直。

后胸腹板基节间盘区刻点较中胸腹板的更稀更小；中纵沟细而浅；后胸腹板两侧各有 2 条几乎平行的侧线，内侧线向后侧方延伸，接近后足基节窝前缘，末端略微内弯，外侧线后末端略短于内侧线；侧盘区具稀疏粗大的圆形刻点，混有稀疏的细微刻点。

第 1 腹节腹板基节间盘区刻点与中胸腹板的相似；两侧各有 2 条腹侧线，内侧线完整，外侧线平行于内侧线的端半部。

前足胫节较宽，外缘有 4 个齿，第 2、3 齿之间的距离较宽；中足胫节外缘具 4 个刺，端部 2 个刺相互靠近。

雄性外生殖器如图 72F-H 所示。

观察标本：1 ex., [台湾]Musha, 1919.V.18-VI.15, T. Okuni leg.; 1 ex., [台湾] Kosampo, 1923.VIII, T. Shiraki leg., T. Shiraki and Y. Miwa det.; 1 ex., [台湾] Kagi, 1924.X.9, S. Toyota leg.; 1 ex., Rihirilai?, 1924.III.12, N. Talreda leg.; 1♀, 1 号，甘肃兰州玉泉山公园，榆，小蠹，1985.VIII.1，杨忠岐采，罗天宏鉴定，2003；1 号，广西桂林临桂，1952.III.3，罗天宏鉴定，2003；1♂, 1 ex., No. 161, 1948.II.28，罗天宏鉴定，2003。

分布：山东、广西、甘肃、台湾。

(71) 平方阎甲 *Platysoma (Platysoma) deplanatum* (Gyllenhal, 1808)（图 73）

Hister deplanatus Gyllenhal, 1808: 85 (Sweden); Dejean, 1821: 48 (*Hololepa*).

Platysoma deplanatum: Dejean, 1837: 143; Erichson, 1839: 652 (*Platysoma depressum* var.); Marseul, 1853: 272; Thomson, 1862: 233; Schmidt, 1885c: 286; Ganglbauer, 1899: 357; Lewis, 1906a: 340; Reitter, 1909: 281; Jakobson, 1911: 643; Bickhardt, 1910c: 22 (subg. *Platysoma*; catalogue); 1917: 140; Reichardt, 1925a: 110 (Altai); Labler, 1933: 35; Horion, 1949: 351; Witzgall, 1971: 182; Kryzhanovskij *et* Reichardt, 1976: 395; Mazur, 1981: 171; 1984b: 240 (catalogue); 1997: 71 (Northeast China; catalogue); 1999: 6, 20, 21 (figures); 2011a: 63 (catalogue); Ôhara, 1986: 100 (figures); 1993b: 108; 1994: 93; 1999a: 88; Kapler, 1993: 30 (Russia); ESK *et* KSAE, 1994: 137 (Korea); Ôhara *et* Paik, 1998: 9; Mazur in Löbl *et* Smetana, 2004: 89 (catalogue); Lackner *et al.* in Löbl *et* Löbl, 2015: 108 (catalogue).

Platysoma sibiricum Reitter, 1879: 209 (Sibirien); Schmidt, 1884c: 158 (synonymized); 1885c: 326; Lewis, 1906a: 340; Bickhardt, 1917: 142; Mazur, 1970: 58 (Korea).

体长 2.32-3.00 mm，体宽 1.58-2.02 mm。体长卵形，较扁平，黑色光亮，触角和足红褐色。

头部表面密布细小刻点，口上片微凹；额线完整；上唇微凹，前缘凹缺；上颚较粗壮，内侧有 1 齿。

前胸背板两侧略弧弯，轻微向前收缩，前端 1/3 明显弓弯且强烈向前收缩，前角锐角，前缘凹缺部分中央较直，后缘两侧较直，中间略向后弓弯；缘线于两侧完整；侧线较接近边缘，于两侧完整，于复眼之后宽阔间断，代之以完整的密集钝齿状端线；表面具稀疏细小的刻点，两侧 1/4 混有略密集的粗大刻点，大刻点沿鞘翅后缘向内延伸至两侧 1/3 处，小盾片前区有 1 圆形大刻点。

鞘翅两侧略弧弯。斜肩线微弱，位于基部 1/3；第 1-4 背线完整，第 5 背线位于端部
1/2 或 2/3；缝线微弱，位于中端部 1/3，前后均短于第 5 背线，多为刻点状，有时缺失。
鞘翅表面刻点微小，较前胸背板的更稀疏，沿后缘刻点略大。鞘翅缘折中央略隆凸；缘
折缘线和鞘翅缘线清晰完整。

前臀板具密集粗大的圆形浅刻点，两侧刻点更大，大刻点间混有稀疏的细小刻点。
臀板不规则的分布有大而浅的圆形刻点，较前臀板大刻点小且稀疏，刻点向端部渐小，
端部 1/3 无大刻点，大刻点之间混有稀疏的细微刻点。

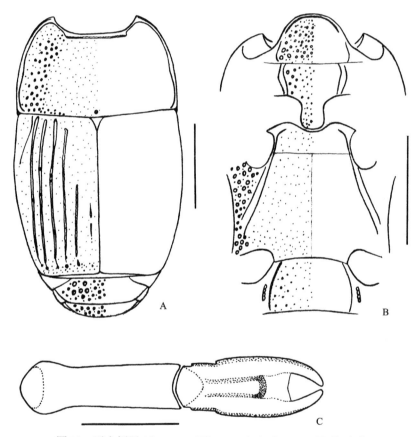

图 73 平方阎甲 *Platysoma* (*Platysoma*) *deplanatum* (Gyllenhal)

A. 前胸背板、鞘翅、前臀板和臀板（pronotum, elytra, propygidium and pygidium）；B. 前胸腹板、中-后胸腹板和第 1 腹节
腹板（prosternum, meso- and metasterna and the 1st visible abdominal sternum）；C. 阳茎，背面观（aedeagus, dorsal view）。

比例尺（scales）：A, B = 1.0 mm, C = 0.25 mm

咽板前缘宽圆；缘线位于端半部或更短；表面具密集的细小刻点和略粗大刻点，基
部两侧刻点粗大。前胸腹板龙骨平坦，后缘圆；表面刻点稀疏细小；无龙骨线。前胸腹
板侧线和侧缘线清晰。

中胸腹板前缘中央较宽阔深凹；缘线于两侧完整，于前端中央宽阔间断；表面刻点
稀疏微小；中-后胸腹板缝极浅，平直。

后胸腹板基节间盘区刻点与中胸腹板的相似；中纵沟细而浅；后胸腹板两侧各有 2 条几乎平行的侧线，内侧线向后侧方延伸，末端接近后侧角，外侧线末端略短于内侧线；侧盘区密布大而浅的圆形刻点，其间混有稀疏的细微刻点。

第 1 腹节腹板基节间盘区具稀疏的细微刻点，两侧混有少量略粗大的刻点；两侧各有 2 条腹侧线，内侧线完整，外侧线位于端半部，有时后末端短缩。

前足胫节较宽，外缘有 4 个齿，基部 1 齿小，第 2、3 两齿之间的距离较宽；中足胫节外缘具 4 个齿，端部 2 个小齿相互靠近。

阳茎如图 73C 所示。

观察标本： 1 ex., Sapporo (日本札幌)，Y. Miwa leg.；2 号，辽宁高岭子，1939.VII.2；1 号，黑龙江哈尔滨，1943.V.3；1 号，黑龙江哈尔滨，1947.VII.16；1♂，3 号，黑龙江二层甸子，1943.VII.4；2 号，[东北] Ta-Yngtse Linsisien, E. Bourgault leg.；2 号，东北，1929，李植银采；23 号，黑龙江郎乡清源，435 m，树皮，手捕，2004.V.28，吴捷采。

分布： 辽宁、黑龙江；蒙古，俄罗斯（远东、西伯利亚），朝鲜半岛，日本，欧洲北部及东部。

(72) 达氏方阎甲 *Platysoma (Platysoma) dufali* Marseul, 1864（图 74）

Platysoma dufali Marseul, 1864a: 310 (Malacca); Lewis, 1905d: 18 (*Cylistosoma*); Bickhardt, 1910c: 25 (catalogue); 1917: 145 (*Cylistosoma*); Cooman, 1941: 308 (*Cylister*); Mazur, 1984b: 244 (China; catalogue; subg. *Cylister* of *Platysoma*); 1997: 71 (subg. *Platysoma* of *Platysoma*; catalogue); 1999: 6; 2011a: 63 (catalogue); Mazur in Löbl *et* Smetana, 2004: 89 (China: Hainan; catalogue); Lackner *et al.* in Löbl *et* Löbl, 2015: 108 (catalogue).

Platysoma scitulum Lewis, 1889: 280; 1905d: 18 (synonymized).

体长 2.80-3.74 mm，体宽 1.62-2.12 mm。体近长方形，较扁平，黑色光亮，触角和足红褐色。

头部表面密布细小刻点，后端混有粗大刻点，口上片较深凹；额线完整，前端中央向后弯曲；上唇强烈凹陷，前缘略内凹；上颚粗壮，内侧有 1 齿。

前胸背板两侧于后端 3/4 平行，前端 1/4 弓弯并向前收缩，前角锐角，前缘凹缺部分中央平直，后缘较直；缘线于两侧完整；侧线于两侧仅位于前角处，很短，前端于复眼之后宽阔间断，代之以 1 条中央较狭窄间断的端线，且端线两端向下弯曲；表面具较密集的细微刻点，两侧 1/4 混有稀疏的纵长椭圆形大刻点。

鞘翅两侧基部近于平行，端部略弧弯。斜肩线微弱，位于鞘翅基部 1/4；第 1-3 背线完整，第 4 背线位于端部 1/3 或略长，第 5 背线位于端部 1/6 或略长，有时仅为几个大刻点；缝线位于端半部，但后端略短缩。鞘翅表面具稀疏的细微刻点，沿后缘刻点较大。鞘翅缘折中央略隆凸；缘折缘线和鞘翅缘线清晰完整。

前臀板遍布稀疏的细微刻点，两侧混有较密集的大而浅的圆形刻点。臀板遍布较密集的细微刻点，其间混有稀疏的圆形大刻点，较前臀板大刻点小，向后端渐小，沿后缘无大刻点。

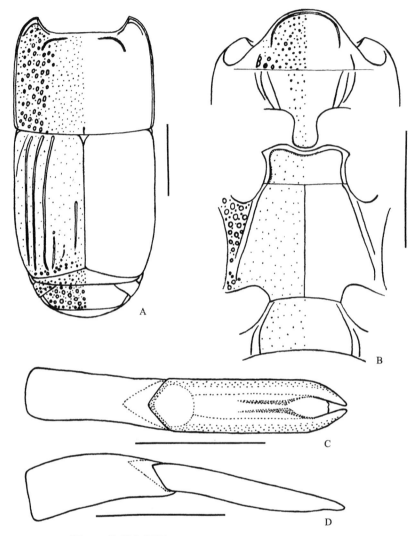

图 74 达氏方阎甲 *Platysoma (Platysoma) dufali* Marseul

A. 前胸背板、鞘翅和前臀板（pronotum, elytra and propygidium）；B. 前胸腹板、中-后胸腹板和第 1 腹节腹板（prosternum, meso- and metasterna and the 1st visible abdominal sternum）；C. 阳茎，背面观（aedeagus, dorsal view）；D. 同上，侧面观（ditto, lateral view）。比例尺（scales）：A, B = 1.0 mm, C, D = 0.25 mm

咽板前缘宽圆；缘线存在于端部 2/3；表面密布细小刻点，基部两侧混有少量略大的刻点。前胸腹板龙骨平坦，后缘圆；表面刻点与咽板的相似但更小且较稀；无龙骨线。前胸腹板侧线和侧缘线清晰。

中胸腹板前缘中央深凹；缘线完整；表面刻点稀疏细小；中-后胸腹板缝细而清晰。

后胸腹板基节间盘区刻点与中胸腹板的相似；中纵沟深；后胸腹板两侧各有 2 条平行的侧线，内侧线向后侧方延伸，末端略向内弯，接近后足基节窝前缘，外侧线末端短于内侧线；侧盘区密布圆形大刻点，刻点向端部渐小，其间混有稀疏的细微刻点。

第 1 腹节腹板基节间盘区刻点与中胸腹板的相似；两侧各有 2 条腹侧线，内侧线完整，外侧线位于端半部。

前足胫节较宽，外缘有 4 个齿，基部 1 齿小，中间两齿间距较宽；中足胫节外缘具 4 个齿，端部 2 齿相互靠近。

阳茎如图 74C, D 所示。

观察标本：2 exs., Hoa-Binh Tonkin (越南东京湾和平), 1935, de Cooman leg.; 6♂, 11♀, 26 exs., Hoa-Binh Tonkin, de Cooman leg.; 1 号，云南车里，500 m，1955.IV.8，杨兴池、黄天荣采，Kryzhanovskij 鉴定；1 号，云南车里，580 m，1957.III.9，刘大华采，Kryzhanovskij 鉴定；1 号，云南芒市西南 30 km 三台山，1200 m，1955.V.18，周彩云采，Kryzhanovskij 鉴定；1 号，海南水满，640 m，1960.V.25，张学忠采；1 号，海南琼中，400 m，1960.VII.17，张学忠采。

分布：海南、云南；印度，越南，印度尼西亚，马来西亚。

(73) 重方阎甲 *Platysoma* (*Platysoma*) *gemellun* (Cooman, 1929)（图 75）

Cylistosoma gemellum Cooman, 1929: 220 (Viet-Nam); 1941: 309 (*Cylister*).
Platysoma gemellum: Mazur, 1984b: 245 (catalogue); 1997: 71 (catalogue); 2011a: 63 (catalogue).

体长 2.36-3.00 mm，体宽 1.40-1.80 mm。体长，长卵形，较扁平，黑色光亮，触角、口器和足红棕色。

头部表面密布细小刻点，后端具粗大刻点，口上片凹陷；额线完整；上唇凹陷，前缘较直；上颚粗壮，内侧有 1 齿。

前胸背板两侧于后端 2/3 近于平行，前端 1/3 弓弯并向前收缩，前角锐角，前缘凹缺部分中央较直，后缘略弓弯；缘线于两侧完整；侧线较接近边缘，两侧于中部宽阔间断，前端于复眼之后宽阔间断，代之以 1 条中间宽阔间断的端线；表面具略稀疏的细微刻点，两侧 1/5 混有较密集的粗大刻点，沿鞘翅侧缘的窄带无大刻点，小盾片前区有 1 纵凹。

鞘翅两侧基部近于平行，端部略弧弯。斜肩线位于鞘翅基部 1/4；第 1-3 背线完整，第 4 背线位于端部 1/4 或更短，有时基部有很短的原基，第 5 背线位于端部，较第 4 背线更短，多为刻点状；缝线位于端半部，后端略微短缩。鞘翅表面具稀疏的细微刻点，沿后缘有 1 行密集的粗大刻点。鞘翅缘折中央略隆凸；缘折缘线和鞘翅缘线清晰完整。

前臀板具密集的大而浅的圆形刻点，其间混有密集的细微刻点，两侧 1/4 轻微凹陷。臀板刻点密集，略小于前臀板，且向端部渐小，大刻点间混有密集的细微刻点。

咽板前缘宽圆；缘线位于端部 2/3；表面具密集的细小刻点，夹杂有稀疏的略粗大的刻点。前胸腹板龙骨平坦，后缘圆；表面具略稀疏的细微刻点；无龙骨线。前胸腹板侧线和侧缘线清晰。

中胸腹板前缘中央宽凹；缘线完整；表面刻点较前胸腹板龙骨的更小；中-后胸腹板缝细，较清晰。

后胸腹板基节间盘区刻点与中胸腹板的相似；中纵沟略深；后胸腹板两侧各有 2 条近于平行的侧线，内侧线向后侧方延伸，末端向内弯曲，接近后足基节窝前缘，外侧线末端略短于内侧线；侧盘区密布大而浅的圆形刻点，混有细小刻点。

第 1 腹节腹板基节间盘区刻点与中胸腹板的相似，侧面混有几个略大的刻点；两侧各有 2 条腹侧线，内侧线完整，外侧线位于端部 1/2 或 2/3。

前足胫节较宽，外缘有 4 个齿；中足胫节外缘具 4 个齿。

阳茎如图 75C, D 所示。

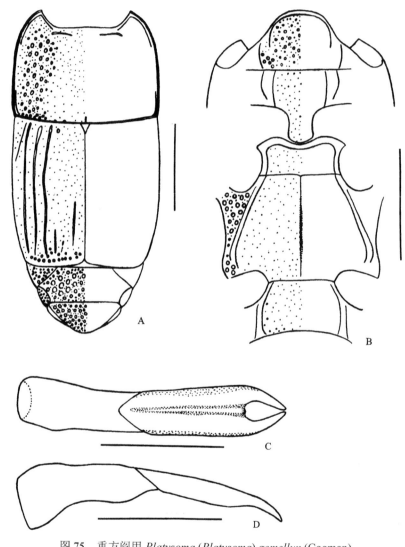

图 75　重方阎甲 *Platysoma* (*Platysoma*) *gemellun* (Cooman)

A. 前胸背板、鞘翅、前臀板和臀板（pronotum, elytra, propygidium and pygidium）；B. 前胸腹板、中-后胸腹板和第 1 腹节腹板（prosternum, meso- and metasterna and the 1st visible abdominal sternum）；C. 阳茎，背面观（aedeagus, dorsal view）；D. 同上，侧面观（ditto, lateral view）。比例尺（scales）：A, B = 1.0 mm, C, D = 0.25 mm

观察标本：1 号，云南车里，580 m，1957.III.9，刘大华采，Kryzhanovskij 鉴定；5♂，5♀，6 exs., Hoa-Binh Tonkin (越南东京湾和平), de Cooman leg., de Cooman det.; 2 exs.,

Hoa-Binh Tonkin, 1932, de Cooman leg., de Cooman det.; 109 号，西藏察隅下察隅镇，1700 m，松树皮，2005.VIII.25，吴捷、汪学俭采。

　　分布：云南、西藏；越南。

(74) 朝鲜方阎甲 *Platysoma* (*Platysoma*) *koreanum* Mazur, 1999

Platysoma (*Platysoma*) *koreanum* Mazur, 1999: 6 (N. Korea); Mazur, 2007a: 72 (China: Taiwan); 2011a: 63 (catalogue); Mazur in Löbl *et* Smetana, 2004: 89 (catalogue); Lackner *et al.* in Löbl *et* Löbl, 2015: 109 (China: Beijing; catalogue).

　　观察标本：未检视标本。
　　分布：北京、台湾；朝鲜。

(75) 滑方阎甲 *Platysoma* (*Platysoma*) *rasile* Lewis, 1884

Platysoma rasile Lewis, 1884: 134 (Japan); Bickhardt, 1910c: 23 (*risile* [sic!]); 1917: 142 (*risile* [sic!]); Desbordes, 1919: 363 (*risile* [sic!]); Kryzhanovskij *et* Reichardt, 1976: 394; Ôhara, 1986: 104 (Japan); 1994: 94; 1999a: 90; Mazur, 1997: 73 (catalogue); 2007a: 72 (China: Nantou of Taiwan); 2011a: 63 (catalogue); Mazur in Löbl *et* Smetana, 2004: 89 (catalogue); Lackner *et al.* in Löbl *et* Löbl, 2015: 109 (catalogue).

　　描述根据 Lewis（1884）整理：
　　体长 3.5 mm。长椭圆形，两侧近于平行，扁平，黑色光亮，光滑。额凹陷，额线完整。前胸背板侧面具稀疏刻点，缘线于两侧复眼之后成角。鞘翅第 1-3 背线完整，第 4、5 背线短缩。前臀板和臀板具发达的刻点。
　　观察标本：未检视标本。
　　分布：台湾；韩国，日本。

(76) 裂方阎甲 *Platysoma* (*Platysoma*) *rimarium* Erichson, 1834

Platysoma rimarium Erichson, 1834: 112 (East India); Bickhardt, 1910c: 23 (catalogue); Mazur, 2011a: 63 (catalogue); Mazur in Löbl *et* Smetana, 2004: 89 (catalogue); Lackner *et al.* in Löbl *et* Löbl, 2015: 109 (China: Yunnan; catalogue).
Platysoma rimae Lewis, 1905b: 343; Mazur, 2011a: 63 (synonymized).

　　观察标本：未检视标本。
　　分布：云南；缅甸，巴基斯坦，尼泊尔，印度东部，阿富汗，斯里兰卡。

(77) 四川方阎甲 *Platysoma* (*Platysoma*) *sichuanum* Mazur, 2007（图 76）

Platysoma (*Platysoma*) *sichuanum* Mazur, 2007b: 172 (China: Sichuan [Chongqing]); 2011a: 63 (catalogue); Lackner *et al.* in Löbl *et* Löbl, 2015: 109 (catalogue).

描述根据 Mazur（2007b）整理：

体长 3.0-3.3 mm，体宽 1.9-2.1 mm。体长形，黑色光亮，触角和足红棕色。

头部额表面略凹陷，密布细小刻点，头顶有一些粗大刻点，口上片凹陷，刻点与额部的相似；额线完整深刻；上唇横宽，凹陷，前缘宽阔凹缺；上颚隆凸，内侧有 1 齿；触角端锤具 "V" 形缝，缝在中间间断。

前胸背板两侧于基部 2/3 微呈弓形向前狭缩，其后剧烈向前狭缩，前缘凹缺部分略弓弯；缘线于两侧完整；侧线较接近边缘，于两侧完整，于复眼之后宽阔间断，代之以 1 条略隆起且钝齿状的端线；表面遍布稀疏的细小刻点，中部几乎光滑，侧面 1/4 具较密集的长而浅的刻点。

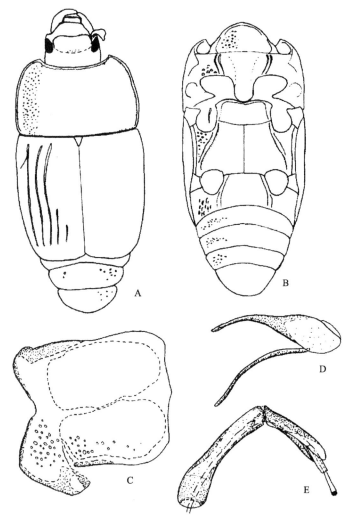

图 76 四川方阎甲 *Platysoma* (*Platysoma*) *sichuanum* Mazur（仿 Mazur, 2007b）

A. 体部分背面观（body in part, dorsal view）；B. 体部分腹面观（body in part, ventral view）；C. 雄性第 8 腹节背板和腹板，背面观（male 8th tergite and sternum, dorsal view）；D. 雄性第 9、10 腹节背板和第 9 腹节腹板，侧面观（male 9th and 10th tergites and 9th sternum, lateral view）；E. 阳茎，侧面观（aedeagus, lateral view）

鞘翅斜肩线细，位于基部 1/5；第 1-3 背线完整清晰，第 4 背线位于端部 1/4 或 1/5，第 5 背线位于端部 1/6 或 1/8；缝线缺失。鞘翅表面具均匀的很细小的刻点。鞘翅缘折平坦光滑；缘折缘线和鞘翅缘线清晰完整，鞘翅缘线中部波曲，有时在 2 条线之间有 1 行不规则的刻点。

前臀板具不规则分布的卵圆形大刻点，大刻点间隙光滑，有一些稀疏的小刻点；表面于两侧微凹。臀板刻点较前臀板的小，规则分布，较密集，端部刻点变细小。

咽板宽阔平坦，前缘圆；缘线短，位于两侧，后端略向内弓弯，缘线和侧缘之间另有 1 条线；表面具稀疏的细小刻点和粗大刻点，规则分布，较密集。前胸腹板龙骨平坦，无龙骨线，表面具稀疏细小的刻点；后缘圆。两侧各有 2 条前胸腹板侧线。

中胸腹板横宽且平坦，前缘中央宽阔且弓形凹缺；缘线完整；表面具很稀疏的细微刻点；中-后胸腹板缝微弱。

后胸腹板基节间盘区刻点与中胸腹板的相似；两侧各有 2 条侧线，内侧线向后侧方延伸，末端内弯，接近后足基节窝前缘，外侧线与内侧线平行，末端略短于后者，有时更短；侧盘区密布大而长的刻点，大刻点间具小刻点。

第 1 腹节腹板基节间盘区具稀疏的细微刻点；两侧各有 2 条腹侧线，内侧线完整，外侧线位于端半部。

前足胫节较宽，外缘有 4 个小齿，内角具 1 对刺；中足基节具纵长隆线，中足胫节外缘具 3 个齿状刺，端部具 3 个刺；后足胫节外缘具 2 个刺，端部具 4 个刺。前足腿节腹面具稀疏的小而浅的刻点。

雄性外生殖器如图 76C-E 所示。

观察标本：未检视标本。

分布：重庆、云南。

讨论：本种的正模标本保存在捷克国家博物馆昆虫部（EONM）。

(78) 井上方阎甲 *Platysoma* (*Platysoma*) *takehikoi* Ôhara, 1986（图 77）

Platysoma (*Platysoma*) *takehikoi* Ôhara, 1986: 102 (Japan); 1994: 94; 1996: 4 (China: Taiwan; figure); 1999a: 89; Mazur, 1997: 73 (catalogue); 2011a: 63 (catalogue); Mazur in Löbl *et* Smetana, 2004: 89 (catalogue); Lackner *et al.* in Löbl *et* Löbl, 2015: 109 (catalogue).

体长 2.83 mm，体宽 1.81 mm。体长形且背腹微弱扁平，黑色光亮，触角、口器和足红褐色。

头部表面密布细微刻点，头顶具粗大刻点，口上片凹陷；额线完整；上唇强烈凹陷；上颚粗壮，内侧有 1 齿。

前胸背板两侧于基部 2/3 近于平行，其后弓弯并向前汇聚，前角锐角，前缘凹缺部分中央略呈双波状；缘线于两侧完整；侧线较接近边缘，于两侧完整，于复眼之后宽阔间断，代之以 1 条中央狭窄间断的端线；表面遍布稀疏的细微刻点，其间混有稀疏粗大的刻点，大刻点于中央极不明显，而于侧面相当宽的区域内十分显著。

鞘翅斜肩线位于基部 1/3；第 1-3 背线完整，第 4 背线位于端部 1/3，第 5 背线位于端部 1/6；缝线长于第 5 背线，位于中部，末端略超过第 5 背线基部；缝线和第 5 背线多变，缝线偶尔间断或短缩，但总是存在；第 5 背线有时于基部间断。鞘翅表面具稀疏的细微刻点，沿后缘刻点粗大。缘折缘线和鞘翅缘线清晰完整。

前臀板具较稀疏的圆形大刻点；表面于两侧轻微凹陷。臀板具稀疏的大小适中的刻点，端部刻点较小。

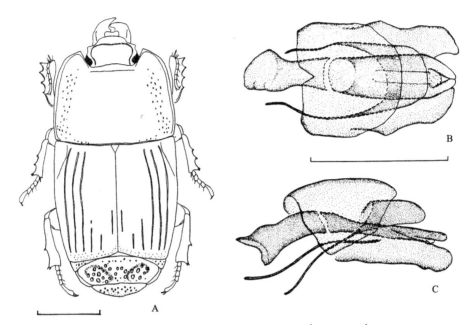

图 77　井上方阎甲 *Platysoma (Platysoma) takehikoi* Ôhara（仿 Ôhara, 1986）

A. 体背面观（body, dorsal view）；B. 雄性外生殖器，背面观（male genitalia, dorsal view）；C. 同上，侧面观（ditto, lateral view）。

比例尺（scales）：A = 1.0 mm, B, C = 0.5 mm

咽板前缘宽阔平截；缘线完整；表面具稀疏细小的刻点。前胸腹板龙骨无龙骨线。

中胸腹板前缘中央凹陷；缘线完整；表面具稀疏的细微刻点；中-后胸腹板缝微弱。

后胸腹板基节间盘区刻点与中胸腹板的相似；两侧各有 2 条侧线，内侧线向后侧方延伸，末端内弯，接近后足基节窝前缘，外侧线微弱。

第 1 腹节腹板基节间盘区具稀疏的细微刻点；两侧各有 2 条腹侧线，内侧线完整，外侧线位于端半部。

前足胫节较宽，外缘有 4 个齿，基部 1 齿小。

雄性外生殖器如图 77B, C 所示。

观察标本：1♂, [日本] Otomi Iriomote Is., 1985.III.18, Nakamine leg., M. Ôhara det.。

分布：台湾；日本。

7) 长方阎甲亚属 *Cylister* Cooman, 1941

Cylister Cooman, 1941: 307; Witzgall, 1971: 179, 182; Kryzhanovskij *et* Reichardt, 1976: 397 (genus);

Yélamos *et* Ferrer, 1988: 194; Ôhara, 1994: 105; Ôhara *et* Mazur, 2002: 9 (notes); Mazur, 2011a: 64 (catalogue); Yélamos, 2002: 93 (as genus; character, key), 366; Mazur in Löbl *et* Smetana, 2004: 88 (catalogue); Lackner *et al.* in Löbl *et* Löbl, 2015: 107 (catalogue). **Type species:** *Hister elongatus* Olivier, 1789 (= *Platysoma filiforme* Erichson, 1834; nec Thunberg, 1787: 33). Original designation.

Cylistosoma Lewis, 1905d: 17 (part.; nec Lewis, 1905a: 302); Cooman, 1941: 307 (synonymized).

Cylistix: Mazur, 1997: 74 (part); Ôhara, 1999a: 91.

Cytilosoma Portevin, 1929: 582.

(79) 狭方阎甲 *Platysoma (Cylister) angustatum* (Hoffmann, 1803)（图78）

Hister angustatus Hoffmann, 1803a: 102 (South Sweden, Germany); Sturm, 1805: 242.

Platysoma angustatum: Cristofori *et* Jan, 1832: 26; Marseul, 1853: 278; Thomson, 1862: 234; Schmidt, 1885c: 286; Lewis, 1905d: 17 (*Cylistosome*); Reitter, 1909: 281; Bickhardt, 1917: 145 (*Cylistosome*); Kryzhanovskij, 1965: 103 (*Cylister*); Mazur, 1997: 74 (trans. to *Cylistix*); 1999: 8; 2011a: 64 (catalogue); Mazur in Löbl *et* Smetana, 2004: 88; Lackner *et al.* in Löbl *et* Löbl, 2015: 108 (catalogue).

Hister ferrugineus Thunberg, 1794: 66; Hoffmann, 1803a: 102 (synonymized); Mazur, 1984b: 245 (*Platysoma*); Gomy, 1989: 23 (*Cylister*).

Platysoma angustatum var. *pfefferi* Roubal, 1943: 57.

Platysoma pini Dejean, 1837: 143 (nom. nud.).

体长 2.20-2.62 mm，体宽 1.18-1.30 mm。体长，长卵形，黑色光亮，足和触角红褐色。

头部表面于端半部轻微凹陷，具密集的小刻点，近后缘混有略粗大的刻点；额线于侧面完整，于前端中央间断且略向内弯；上唇前缘凹缺；上颚粗壮，内侧有 1 齿。

前胸背板两侧于基部 4/5 直，其后强烈弓弯，向前收缩，前角锐角，前缘凹缺部分中央较平直，后缘略弓弯，中间略成角；缘线于两侧完整，于前缘两侧较长延伸，于头后宽阔间断；侧线于侧面完整，前端于前角处弧弯，中央宽阔间断，代之以 1 条完整的端线，端线密集小钝齿状，两端通常向后弯曲；表面密布细小刻点，两侧 1/4 混有略稀疏的长椭圆形和圆形大刻点，沿后缘有 1 行较粗大的刻点，向中部变小，小盾片前区有 1 圆形小凹。

鞘翅两侧基部 2/3 近于平行，端部略弧弯。斜肩线位于基部 1/4；第 1-4 背线完整深刻，第 5 背线通常位于鞘翅端半部，有时于基半部有较明显的刻点行，近基缘通常有短的原基；缝线位于端部约 1/2，通常前端长于第 5 背线，后端短于第 5 背线。鞘翅表面具稀疏的细小刻点，沿后缘具稀疏略粗大的刻点。鞘翅缘折平坦，具略密集的大小适中的刻点；缘折缘线细且完整；鞘翅缘线清晰完整。

前臀板具略稀疏的浅的圆形大刻点，混有较密集的细小刻点，两侧 1/4 微凹。臀板刻点较前臀板刻点小，略稀疏且较深，混有较密集的细小刻点。

咽板前缘宽圆；缘线位于端半部，后端剧烈内弯并向中央汇聚；表面具略稀疏的粗大刻点，混有较小刻点及小刻点。前胸腹板龙骨端部较平坦，后缘圆；表面具略密集的大小适中的刻点；无龙骨线；前胸腹板侧线和侧缘线清晰。

中胸腹板前缘中央宽阔深凹；缘线于侧面完整，于前缘缺失，两侧前角处另有 1 短线；表面刻点较前胸腹板龙骨的略小且稀疏；中-后胸腹板缝较清晰，中央略成角。

后胸腹板基节间盘区刻点与中胸腹板的相似但更稀疏，沿侧线及后端混有少量较粗大的刻点；中纵沟浅；后胸腹板两侧各有 2 条近于平行的侧线，内侧线向后侧方延伸，末端内弯，十分接近后足基节窝前缘，外侧线末端略短于内侧线；侧盘区具略稀疏的圆形大刻点，混有较密集的小刻点。

第 1 腹节腹板基节间盘区刻点与后胸腹板基节间盘区刻点相似，两侧混有较大的刻点；两侧各有 2 条腹侧线，内侧线完整，外侧线位于端半部。

前足胫节较宽，外缘有 4 个齿；中足胫节外缘有 4 个齿，端部 2 个齿靠近；后足胫节外缘有 3 个齿，端部 2 个齿靠近。

雄性外生殖器如图 78C-F 所示。

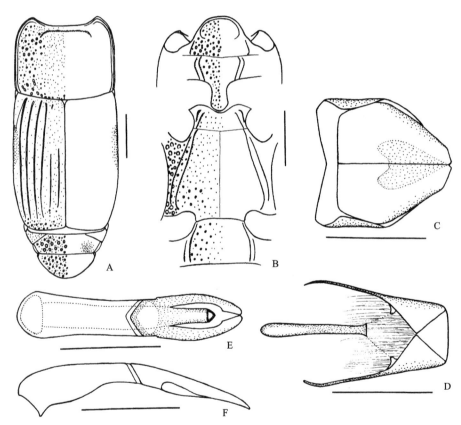

图 78 狭方阎甲 *Platysoma* (*Cylister*) *angustatum* (Hoffmann)

A. 前胸背板、鞘翅、前臀板和臀板（pronotum, elytra, propygidium and pygidium）；B. 前胸腹板、中-后胸腹板和第 1 腹节腹板（prosternum, meso- and metasterna and the 1st visible abdominal sternum）；C. 雄性第 8 腹节背板和腹板，腹面观（male 8th tergite and sternum, ventral view）；D. 雄性第 9、10 腹节背板和第 9 腹节腹板，背面观（male 9th and 10th tergites and 9th sternum, dorsal view）；E. 阳茎，背面观（aedeagus, dorsal view）；F. 同上，侧面观（ditto, lateral view）。

比例尺（scales）：A, B = 0.5 mm, C-F = 0.25 mm

观察标本：3 exs., W. Siberia (俄罗斯西西伯利亚), Tomsk Area, Pervomaisk Distr., Komsomol'sk vill., cedar. 1968.VII.10, Tarasova leg., V. K. Zintshenko det., 1998; 3♂, 18 号，黑龙江郎乡清源，435 m，树皮，手捕，2004.V.28，吴捷采。

分布：黑龙江；俄罗斯（远东、西伯利亚），欧洲。

(80) 长方阎甲 *Platysoma* (*Cylister*) *elongatum* (Thunberg, 1787)（图 79）

Hister elongatus Thunberg, 1787: 33 (South Sweden); Ganglbauer, 1899: 357; Reitter, 1909: 281; Bickhardt, 1917: 145 (*Cylistosome*).

Platysoma elongatum: Kanaar, 1979: 25; Mazur, 1984b: 245 [*Platysoma* (*Cylister*) *elongatum*, catalogue]; 1997: 71 [Manchuria; catalogue; *Platysoma* (*Platysoma*) *elongatum*]; 1999: 8, 22 (figure); 2011a: 64 (catalogue); Gomy, 1989: 23 (*Cylister*); Yélamos *et* Ferrer, 1988: 194; Ôhara, 1994: 109; Yélamos, 2002: 94 (*Cylister*; redescription, figures), 366; Mazur in Löbl *et* Smetana, 2004: 88 (China: Heilongjiang, Nei Mongol; catalogue); Lackner *et al.* in Löbl *et* Löbl, 2015: 108 (catalogue).

Hister oblongum Fabricius, 1792: 75 (South Sweden); Thunberg, 1794: 63 (synonymized); Leach, 1817: 79 (*Platysoma*); Erichson, 1839: 75; Marseul, 1853: 275 (figure); Gistel, 1856: 363 (*Platysomum*); Schmidt, 1885c: 286; Fauvel in Gozis, 1886: 158, 186; Ganglbauer, 1899: 357; Lewis, 1905d: 18 (*Cylistosoma*); Reitter, 1909: 281 (subg. *Cylistosoma* of *Platysoma*); Jakobson, 1911: 643; Bickhardt, 1917: 145; Cooman, 1941: 308 (subg. *Cylister* of *Platysoma*); Horion, 1949: 352; Kryzhanovskij, 1965: 103 (*Cylister*); Witzgall, 1971: 182; Mazur, 1973a: 54; Kryzhanovskij *et* Reichardt, 1976: 401; Lackner *et al.* in Löbl *et* Löbl, 2015: 108 (catalogue).

Abbotia georgiana Leach, 1830: 157; Waterhouse, 1868: 168 (synonymized).

Platysoma oblongum var. *intermedium* J. R. Sahlberg, 1913: 85.

体长 3.29-3.41 mm，体宽 1.79 mm。体长，长卵形，黑色光亮，足和触角红褐色。

头部表面于端半部轻微凹陷，具密集细小的刻点，近后缘混有略粗大的刻点；额线完整，前缘中部略向内弯；上唇前缘凹缺；上颚粗壮，内侧具 1 齿。

前胸背板两侧于基部 4/5 直，其后强烈弓弯，向前收缩，前角锐角，前缘凹缺部分中央较平直，后缘中央略向后突出；缘线于两侧完整；侧线于侧面完整，于前端复眼之后宽阔间断，代之以 1 条完整或中间微弱间断的端线，端线密集小钝齿状，两端通常向后弯曲；表面具密集细小的刻点，两侧 1/4 混有稀疏粗大的长椭圆形刻点，端部刻点略小，沿后缘有 1 行较粗大的刻点，向中部变小甚至消失，小盾片前区有 1 纵向短凹痕。

鞘翅两侧基部 2/3 近于平行，端部略弧弯。斜肩线位于基部 1/4；第 1-3 背线完整深刻，第 4 背线位于鞘翅端半部，其基部通常有间断，第 5 背线通常位于端部 1/3，常间断；缝线位于端部约 1/2，前端长于第 5 背线，短于第 4 背线，后端短于第 4 背线，且两端多为刻点状。鞘翅表面具略稀疏的细微刻点，沿后缘具稀疏粗大的刻点。鞘翅缘折平坦，具稀疏的大小适中的刻点；缘折缘线细且完整；鞘翅缘线清晰完整。

前臀板具略稀疏且较浅的圆形大刻点，中央刻点略小，大刻点间混有较密集的细小刻点，两侧 1/4 微凹。臀板刻点与前臀板的相似，但密集，基半部刻点粗大，端半部刻点渐小，大刻点间混有细小刻点。

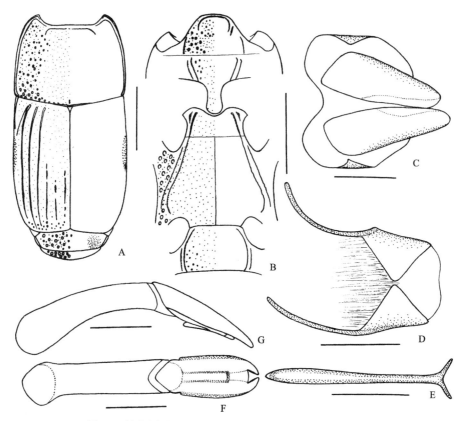

图 79　长方阎甲 *Platysoma* (*Cylister*) *elongatum* (Thunberg)

A. 前胸背板、鞘翅、前臀板和臀板（pronotum, elytra, propygidium and pygidium）；B. 前胸腹板、中-后胸腹板和第 1 腹节腹板（prosternum, meso- and metasterna and the 1st visible abdominal sternum）；C. 雄性第 8 腹节背板和腹板，腹面观（male 8th tergite and sternum, ventral view）；D. 雄性第 9、10 腹节背板，背面观（male 9th and 10th tergites, dorsal view）；E. 雄性第 9 腹节腹板，腹面观（male 9th sternum, ventral view）；F. 阳茎，背面观（aedeagus, dorsal view）；G. 同上，侧面观（ditto, lateral view）。比例尺（scales）：A, B = 1.0 mm, C-G = 0.25 mm

咽板前缘宽圆；缘线短，位于端部 1/3；表面密布细小刻点，侧面混有略稀疏的粗大刻点。前胸腹板龙骨端部较平坦，后缘圆；表面刻点较咽板的小且稀疏；无龙骨线。前胸腹板侧线和侧缘线清晰。

中胸腹板前缘中央宽阔深凹；缘线于侧面完整，于前缘缺失，两侧前角处另有 1 较弯曲的短线；表面具稀疏的细微刻点；中-后胸腹板缝直，清晰。

后胸腹板基节间盘区刻点与中胸腹板的相似；中纵沟深；后胸腹板两侧各有 2 条近于平行的侧线，内侧线向后侧方延伸，末端内弯，接近后足基节窝前缘，外侧线后端略短于内侧线；侧盘区具略稀疏的月牙形大刻点，混有细小刻点。

第 1 腹节腹板基节间盘区刻点与中胸腹板的相似，两侧端部混有较大的刻点；两侧各有 2 条腹侧线，内侧线完整，外侧线位于端半部。

前足胫节较宽，外缘有 4 个齿；中足胫节外缘有 4 个齿，端部 2 个齿靠近；后足胫节外缘有 3 个齿，端部 2 个齿靠近。

雄性外生殖器如图 79C-G 所示。

观察标本：3♀, [法国] VAUCLUSE, Mont-Ventoux, 1977.VII.5, Ecorce de Pin Noir, N. Secq det. 1993; 1♂, 1♀, [法国] LANDES, Soustons, 1983.X, N. Secq det. 1993。

分布：黑龙江、内蒙古；蒙古，俄罗斯（西伯利亚、远东），日本，土耳其，欧洲和地中海地区。

(81) 线方阎甲 *Platysoma (Cylister) lineare* Erichson, 1834（图 80）

> *Platysoma lineare* Erichson, 1834: 113 (Germany); 1839: 653; Marseul, 1853: 276 (*Cylister*); Thomson, 1862: 233; Schmidt, 1885c: 286; Fauvel in Gozis, 1886: 159 (key), 186; Ganglbauer, 1899: 358; Lewis, 1905d: 18 (*Cylistosoma*); Reitter, 1909: 281 (subg. *Cylistosoma* of *Platysoma*); Bickhardt, 1910c: 25 (catalogue); 1917: 145 (*Cylistosome*); Jakobson, 1911: 643; Reichardt, 1925a: 110 (Altai); Cooman, 1941: 308 [*Platysoma (Cylister) lineare*]; Horion, 1949: 353; Ôsawa, 1952: 5 (Manchuria); Kryzhanovskij, 1965: 103; Witzgall, 1971: 182; Kryzhanovskij *et* Reichardt, 1976: 400; Mazur, 1984b: 245 (North China; catalogue); 1997: 75 (trans. to *Cylistix*); 1999: 9; 2011a: 64 (catalogue); Yélamos *et* Ferrer, 1988: 195; Yélamos, 2002: 98 (redescription, figures), 367; Mazur in Löbl *et* Smetana, 2004: 88 (catalogue); Lackner *et al.* in Löbl *et* Löbl, 2015: 108 (catalogue).
>
> *Hister obolongus*: Illiger, 1798: 63; Erichson, 1834: 113 (synonymized).
>
> *Hister angustatus*: Paykull, 1811: 92; Erichson, 1834: 113 (synonymized).

体长 2.42-3.44 mm，体宽 1.30-1.81 mm。体长，长卵形，黑色光亮，足和触角红褐色。

头部表面于端半部轻微凹陷，密布小刻点，后端混有略粗大的刻点；额线完整；上唇前缘凹缺；上颚粗壮，内侧有 1 齿。

前胸背板两侧于基部 7/8 直，近于平行，其后强烈弓弯，向前收缩，前角锐角，前缘凹缺部分中央直，后缘略弓弯；缘线于两侧完整；侧线于两侧完整，前端于复眼之后宽阔间断，代之以 1 条完整或中间微弱间断的端线，端线密集小钝齿状，直；表面密布小刻点，两侧 1/4 混有较密集的圆形粗大刻点，沿后缘刻点较侧面刻点更粗大。

鞘翅两侧基部 3/4 近于平行，端部略弧弯。斜肩线位于基部 1/3；第 1-4 背线完整深刻，第 5 背线位于鞘翅端半部，其基部通常由一些刻点组成；缝线位于端部 1/3，前后端均短于第 5 背线，且两端多为刻点状。鞘翅表面具略密集的细微刻点，沿后缘刻点略大。鞘翅缘折平坦，不隆凸；缘折缘线细且完整；鞘翅缘线清晰完整。

前臀板具较稀疏的大而浅的圆形刻点，混有稀疏的小刻点。臀板基半部密布粗大而较深的圆形刻点，端部刻点变小，大刻点间混有较密集的小刻点。

咽板前缘宽圆；缘线位于端部 2/3，其后端内弯；表面密布小刻点和大小适中的刻点。前胸腹板端部平坦，后缘圆；表面刻点较咽板的小而稀疏；无龙骨线；前胸腹板侧线和侧缘线清晰。

中胸腹板前缘中央宽阔浅凹；缘线完整，两侧前角处另有 1 弯曲的短线；表面具较稀疏的细小刻点；中-后胸腹板缝浅。

后胸腹板基节间盘区刻点与中胸腹板的相似，两侧混有大而深的粗糙刻点；后胸腹板两侧各有 2 条几乎平行的侧线，内侧线向后侧方延伸，末端内弯，十分接近后足基节窝前缘，外侧线几乎与内侧线等长；侧盘区密布大而深的圆形刻点，向端部渐小，大刻点间混有细微刻点。

　　第 1 腹节腹板基节间盘区刻点较中胸腹板基节间盘区刻点更细小，两侧 1/3 混有较粗大的刻点；两侧各有 2 条腹侧线，内侧线完整，外侧线位于端半部或略长。

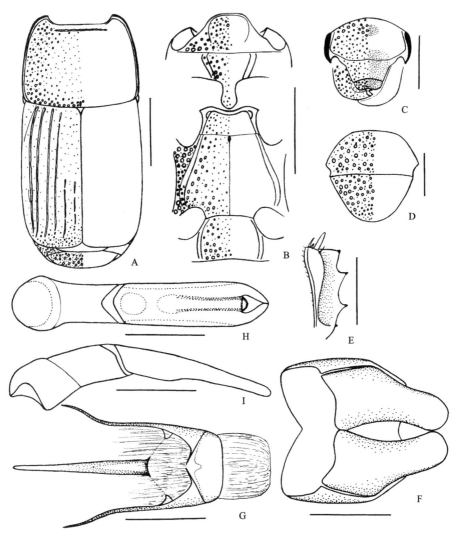

图 80　线方阎甲 *Platysoma (Cylister) lineare* Erichson

A. 前胸背板、鞘翅和前臀板（pronotum, elytra and propygidium）；B. 前胸腹板、中-后胸腹板和第 1 腹节腹板（prosternum, meso- and metasterna and the 1st visible abdominal sternum）；C. 头（head）；D. 前臀板和臀板（propygidium and pygidium）；E. 前足胫节，背面观（protibia, dorsal view）；F. 雄性第 8 腹节背板和腹板，腹面观（male 8th tergite and sternum, ventral view）；G. 雄性第 9、10 腹节背板和第 9 腹节腹板，背面观（male 9th and 10th tergites and 9th sternum, dorsal view）；H. 阳茎，背面观（aedeagus, dorsal view）；I. 同上，侧面观（ditto, lateral view）。比例尺（scales）：A, B = 1.0 mm, C-E = 0.5 mm, F-I = 0.25 mm

前足胫节较宽，外缘有 4 个齿；中足胫节外缘有 4 个齿，端部 2 齿靠近；后足胫节外缘有 3 个齿，端部 2 齿靠近。

雄性外生殖器如图 80F-I 所示。

观察标本：1 ex., Rogów k/Koluszek, 1970.VIII.11, S. Mazur leg., S. Mazur det.; 1 ex., Poland (波兰), Palmiry, Puszcza Kampinoska, 1990.VII., A. Jadwiszczak leg., S. Mazur det. 1995; 2 exs., Krasnoyarsk Terr., Tayezhnyj vill., pine, 1971.VII.1, Kolomiets leg., V. K. Zintshenki det. 1998; 1♂, 6 exs., China: Heilongjiang Province, Qing Yuan, ca 30 km, S. Lang Xiang (黑龙江郎乡清源), N46°47.470′, E129°03.823′, ca. 600-700 m, 2004.V.25-29, J. Cooter leg., T. Lackner and S. Mazur det. 2004; 4 号，黑龙江郎乡清源，435 m，树皮，手捕，2004.V.28，吴捷采；1 号，黑龙江海林横道河子，1937，J. Marayama 采；2 exs., Tairei Manchoukuo, 1941.VII., J. Murayama leg.；1 号，山西兴县恶虎滩林场，小蠹幼虫坑道，1999.IX.18，杨忠岐采；1♀，山西沁源灵空山，油松，红脂大小蠹坑道，2002.IX.1，杨忠岐采。

分布：山西、黑龙江；俄罗斯[远东、西伯利亚、萨哈林岛（库页岛）]，欧洲。

(82) 细方阎甲 *Platysoma* (*Cylister*) *lineicolle* Marseul, 1873（图 81）

Platysoma lineicolle Marseul, 1873: 223 (Japan); Lewis, 1905d: 18 (*Cylistosoma*); 1915: 55 (China: Taipin of Taiwan); Bickhardt, 1910c: 25 (catalogue); 1917: 145; Cooman, 1941: 309 (*Cylister*), 313; Kryzhanovskij *et* Reichardt, 1976: 401; Mazur, 1984b: 246 [*Platysoma* (*Cylister*) *lineicolle*; catalogue]; 1997: 75 (trans. to *Cylistix*); 1999: 9, 22 (figure); 2011a: 64 (catalogue); ESK *et* KSAE, 1994: 137 (Korea); Ôhara, 1994: 105 (redescription, figures); 1998: 2; 1999a: 91; Ôhara *et* Paik, 1998: 9; Mazur in Löbl *et* Smetana, 2004: 89 (catalogue); Lackner *et al.* in Löbl *et* Löbl, 2015: 108 (catalogue).

体长 2.62-3.41 mm，体宽 1.23-1.78 mm。体长，长卵形，黑色光亮，足和触角红褐色。

头部表面于端半部轻微凹陷，密布细小刻点，额部混有粗大刻点；额线完整；上唇前缘轻微凹缺；上颚粗壮，内侧有 1 齿。

前胸背板两侧于基部 5/6 直，其后强烈弓弯，向前收缩，前角锐角，前缘凹缺部分中央平直，后缘略弓弯；缘线于两侧完整；侧线于两侧完整，于复眼之后宽阔间断，代之以 1 条完整或中间间断的端线，端线密集小钝齿状，两端略向后弓弯；表面遍布较密集的细微刻点，两侧 1/3 具较密集的纵向椭圆形大刻点，中间 1/3 端部具大小适中的刻点，基部无粗糙刻点，沿后缘具粗大刻点，小盾片前区有 1 纵凹。

鞘翅两侧基部 3/4 近于平行，端部略弧弯。斜肩线位于基部 1/4；第 1-4 背线完整深刻，第 4 背线基部有时间断，第 5 背线位于鞘翅端部 1/3 或 1/2，有时刻点状，基部通常有短的原基，有时微弱完整；缝线位于端部 1/2 或 2/3，通常后末端短于第 5 背线，前末端长于第 5 背线，向后渐远离鞘翅缝。鞘翅表面具较密集的细微刻点，沿后缘具密集或稀疏的粗大刻点。鞘翅缘折平坦，不隆凸；缘折缘线细且完整，且远离外缘；鞘翅缘线清晰完整。

前臀板密布细微刻点，混有较稀疏的大而浅的圆形刻点。臀板密布细微刻点，混有密集的圆形大刻点，较前臀板大刻点略小，且向后略小，沿后缘无大刻点。

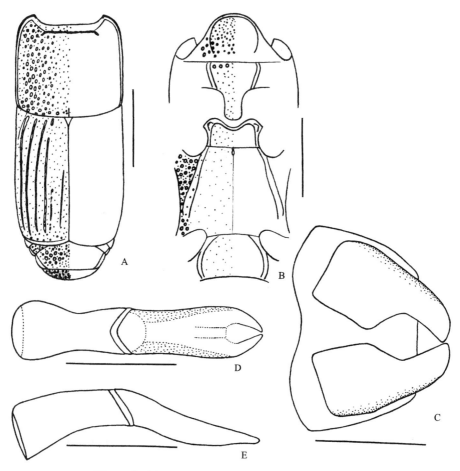

图 81　细方阎甲 *Platysoma (Cylister) lineicolle* Marseul

A. 前胸背板、鞘翅、前臀板和臀板（pronotum, elytra, propygidium and pygidium）；B. 前胸腹板、中-后胸腹板和第 1 腹节腹板（prosternum, meso- and metasterna and the 1st visible abdominal sternum）；C. 雄性第 8 腹节背板和腹板，腹面观（male 8th tergite and sternum, ventral view）；D. 阳茎，背面观（aedeagus, dorsal view）；E. 同上，侧面观（ditto, lateral view）。
比例尺（scales）：A, B = 1.0 mm, C-E = 0.25 mm

咽板前缘宽圆；缘线位于端部 3/4，其后端内弯；表面密布细小刻点，基半部混有稀疏的较粗大的刻点。前胸腹板龙骨端部平坦，后缘圆；表面具稀疏的细微刻点；无龙骨线。前胸腹板侧线和侧缘线清晰。

中胸腹板前缘中央宽阔深凹；缘线完整，两侧前角处另有 1 弧形短线；表面具稀疏的细微刻点；中-后胸腹板缝细。

后胸腹板基节间盘区刻点与中胸腹板的相似；中纵沟浅；后胸腹板两侧各有 2 条近于平行的侧线，内侧线向后侧方延伸，末端略内弯或直，接近后足基节窝前缘，外侧线后端略短于内侧线；侧盘区密布大而浅的圆形刻点，混有密集的细小刻点。

第 1 腹节腹板基节间盘区刻点与中胸腹板的相似；两侧各有 2 条腹侧线，内侧线完整，外侧线位于端半部。

前足胫节较宽，外缘有 4 个齿；中足胫节外缘有 4 个齿，端部 2 齿靠近；后足胫节外缘有 3 个齿，端部 2 齿靠近。

雄性外生殖器如图 81C-E 所示。

观察标本：4 exs., 台湾 Musha, 1919.V.18-VI.15, T. Okuni leg., H. Desbordes det. 1931; 3 exs., 台湾 Musha, 1919.V.18-VI.15, T. Okuni leg., Y. Miwa det.; 3 exs., [台湾] Taipin, T. Shiraki leg., Y. Miwa det.; 1♂, 2 号，河南信阳鸡公山，油松树干上，1992.VII.28，杨忠岐采，罗天宏鉴定，2003；1 号，河南信阳鸡公山，油松树干上，1992.VII.28，李大寨等采，罗天宏鉴定，2003；1 号，辽宁草河口，黑松象鼻虫，1958.VII.15。

分布：辽宁、河南、台湾；韩国，日本，俄罗斯（远东）。

讨论：本种发生于松树的树皮下。

(83) 云南方阎甲 *Platysoma* (*Cylister*) *yunnanum* (Kryzhanovskij, 1972)

Cylister yunnanus Kryzhanovskij, 1972b: 23 (China: Yunnan).

Platysoma (*Cylister*) *yunnanum*: Mazur, 1984b: 246 (catalogue;); 1997: 76 (catalogue; trans. to *Cylistix*); 2010a: 141 (China: Zhejiang); 2011a: 64 (catalogue); Mazur in Löbl *et* Smetana, 2004: 89 (China: Fujian; catalogue); Lackner *et al.* in Löbl *et* Löbl, 2015: 108 (catalogue).

观察标本：未检视标本。
分布：浙江、福建、云南。

21. 近方阎甲属 *Niposoma* Mazur, 1999

Niposoma Mazur, 1999: 10; 2011a: 65 (catalogue); Mazur in Löbl *et* Smetana, 2004: 87 (catalogue); Lackner *et al.* in Löbl *et* Löbl, 2015: 106 (catalogue). **Type species:** *Platysoma lewisi* Marseul, 1873. Original designation.

体长椭圆形。头部有额线；上唇前缘中央内凹。前胸背板两侧具粗大刻点；缘线于两侧完整，于前缘缺失；侧线于两侧波曲且远离边缘，于头后完整或由 1 端线替代；前角锐角。小盾片三角形。鞘翅肩下线缺失，斜肩线细弱，第 1-5 背线和缝线均存在，缝线短且微弱。臀板有时具微隆的边。咽板较宽阔，具缘线；前胸腹板龙骨基部有清晰的龙骨线。中胸腹板前缘中央凹缺；缘线通常完整深刻，两侧前角处另有 1 短线。后胸腹板两侧各有 1 条长的侧线。第 1 腹节腹板两侧各有 2 条腹侧线。前足胫节扁平，加宽，外缘具齿。阳茎基片较侧叶短，侧叶端部分离。

该属由 Mazur（1999）从方阎甲属 *Platysoma* 中分离出来，基于后胸腹板仅有 1 条侧线且前胸腹板龙骨基部具龙骨线。该属世界记录 5 种，中国记录 4 种。

种 检 索 表

(84) 刘氏近方阎甲 *Niposoma lewisi* (Marseul, 1873)（图 82）

Platysoma lewisi Marseul, 1873: 222 (Japan); Bickhardt, 1910c: 23 (subg. *Platysoma* of *Platysoma*; catalogue); 1917: 141 (China); Lewis, 1915: 55 (China: Taipin of Taiwan); Desbordes, 1919: 356 (China; subg. *Platylister* of *Platysoma*); Reichardt, 1936: 6 (China: Kiangsu); Ôsawa, 1952: 5; Ôhara, 1986: 97 (figures); 1994: 93; 1999a: 88; Mazur, 1984b: 241 (catalogue); 1997: 72 (catalogue).

Niposoma lewisi: Mazur, 1999: 10, 23 (figure); 2011a: 65 (catalogue); Ôhara *et* Paik, 1998: 8 (Korea); Mazur in Löbl *et* Smetana, 2004: 87 (China: Fujian, Guangdong, Jiangxi; catalogue); Lackner *et al.* in Löbl *et* Löbl, 2015: 106 (catalogue).

Platysoma lewisii [sic!]: Schmidt, 1884c: 149.

Platysoma (*Platysoma*) *lewisii* [sic!] forma *nakanei* Ôsawa, 1952: 5.

　　体长 4.00-4.85 mm，体宽 2.48-2.95 mm。体长卵形，略扁平，黑色光亮，触角和足暗褐色。

　　头部表面密布细微刻点，口上片微凹；额线完整，前端近于平直，两侧略向基部汇聚；上唇凹陷，前缘中央凹缺；上颚粗壮，内侧有 1 齿。

　　前胸背板两侧于基部 5/6 均匀弓弯并轻微向前汇聚，端部 1/6 更明显，前角锐角，前缘凹缺部分略呈双波状，后缘略呈弓形；缘线于两侧完整；侧线完整，于两侧中央波曲且远离边缘，于前缘微弱钝齿状；表面中部密布细微刻点，两侧 1/6 混有略稀疏的粗大刻点，沿后缘（小盾片前区除外）也具略粗大的刻点，小盾片前区有 1 纵向大刻点。

　　鞘翅两侧基部近于平行，端部略弧弯。无肩下线；斜肩线微弱，位于鞘翅基部 1/3；第 1-4 背线完整，第 5 背线位于端部 3/4，且基部有短的原基；缝线微弱，刻点状，位于中部，有时略长，有时缺失。鞘翅表面具稀疏微小的刻点，第 4 背线内侧刻点较密集。缘折缘线和鞘翅缘线完整；鞘翅缘线的末端沿鞘翅后缘延伸至第 5 背线下方。

　　前臀板密布大而浅的椭圆形刻点，混有稀疏微小的刻点，后缘无大刻点。臀板密布深的圆形大刻点，较前臀板刻点略小，混有稀疏微小的刻点。

　　咽板前缘圆；缘线短，存在于前缘；表面具略稀疏的粗大刻点，混有稀疏微小的刻点。前胸腹板龙骨略隆起，后缘圆；表面具稀疏微小的刻点，端部两侧刻点略大；龙骨线存在于基部，后端相连。前胸腹板侧线和侧缘线深刻。

　　中胸腹板前缘中央凹缺；缘线完整深刻，前角处另有 1 条短线；表面刻点稀疏微小，较前胸腹板龙骨刻点稀疏；中-后胸腹板缝较平直。

　　后胸腹板基节间盘区刻点与中胸腹板的相似；中纵沟较深；后胸腹板侧线向后侧方

延伸，末端内弯，接近后侧角；侧盘区密布大而深的圆形刻点，内侧刻点常相连，大刻点间混有细小刻点。

第 1 腹节腹板基节间盘区刻点与中胸腹板的相似，后角处刻点粗大；两侧各有 2 条腹侧线，内侧线完整，外侧线平行于内侧线端半部。

前足胫节宽，外缘有 4 个大齿；中足胫节外缘具 4 个齿；后足胫节外缘具 4 个齿，基部 1 齿小，端部 2 个相互靠近。

雄性外生殖器如图 82C-G 所示。

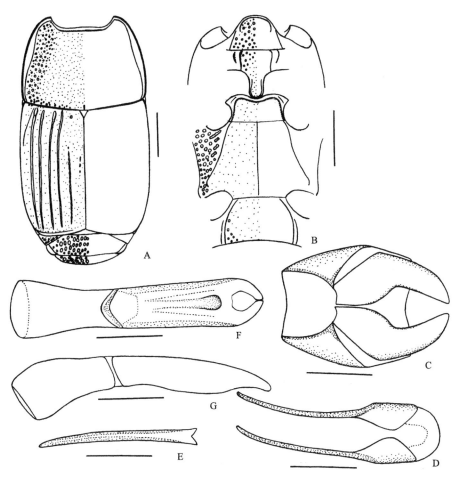

图 82　刘氏近方阎甲 *Niposoma lewisi* (Marseul)

A. 前胸背板、鞘翅、前臀板和臀板（pronotum, elytra, propygidium and pygidium）；B. 前胸腹板、中-后胸腹板和第 1 腹节腹板（prosternum, meso- and metasterna and the 1st visible abdominal sternum）；C. 雄性第 8 腹节背板和腹板，腹面观（male 8th tergite and sternum, ventral view）；D. 雄性第 9、10 腹节背板，背面观（male 9th and 10th tergites, dorsal view）；E. 雄性第 9 腹节腹板，腹面观（male 9th sternum, ventral view）；F. 阳茎，背面观（aedeagus, dorsal view）；G. 同上，侧面观（ditto, lateral view）。比例尺（scales）：A, B = 1.0 mm, C-G = 0.25 mm

观察标本： 2 exs., T. Shiraki and Y. Miwa det. (推测为台湾分布)；1 号，福建崇安星村皮坑，380 m，1960.VI.11，姜胜巧采；1♀，福建崇安星村三港，720 m，1960.VII.1，姜

胜巧采；1♂，广西田林尾火老山，1600 m，2002.VI.5，蒋国芳采，罗天宏鉴定，2003。

分布：江苏、福建、江西、广东、广西、台湾；韩国，日本，越南。

(85) 申氏近方阎甲 *Niposoma schenklingi* (Bickhardt, 1913)（图 83）

Platysoma schenklingi Bickhardt, 1913a: 170 (China: Taiwan, Sokutsu, Banshoryo-Distr.); 1917: 142; Desbordes, 1919: 362 (key); Gaedike, 1984: 462 (information about Holotypus); Mazur, 1984b: 242 (Southeast China; catalogue); 1997: 73 (catalogue).

Niposoma schenklingi: Mazur, 2011a: 65 (catalogue); Mazur in Löbl *et* Smetana, 2004: 87 (China: Guangdong; catalogue); Lackner *et al.* in Löbl *et* Löbl, 2015: 106 (catalogue).

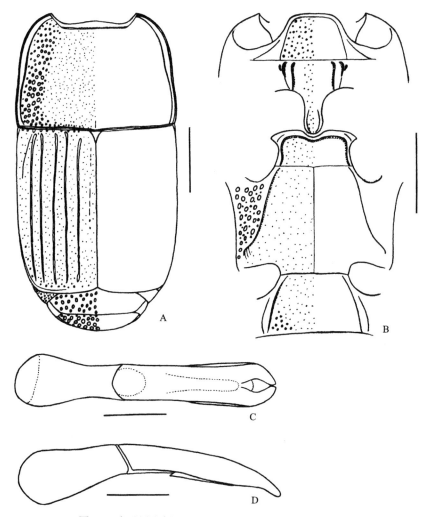

图 83　申氏近方阎甲 *Niposoma schenklingi* (Bickhardt)

A. 前胸背板、鞘翅、前臀板和臀板（pronotum, elytra, propygidium and pygidium）；B. 前胸腹板、中-后胸腹板和第 1 腹节腹板（prosternum, meso- and metasterna and the 1st visible abdominal sternum）；C. 阳茎，背面观（aedeagus, dorsal view）；D. 同上，侧面观（ditto, lateral view）。比例尺（scales）：A, B = 1.0 mm, C, D = 0.25 mm

体长 4.32 mm，体宽 2.52 mm。体长卵形，较扁平，黑色光亮，触角和足红褐色。

头部表面具稀疏微小的刻点；额线完整，前端近于平直，两侧轻微向基部汇聚；上唇横宽，前缘较平直；上颚粗壮，内侧有 1 大齿。

前胸背板两侧基部 2/3 较平直，轻微向前收缩，端部 1/3 弓弯并急剧向前收缩，前角锐角，前缘凹缺部分略呈双波状，后缘较平直；缘线于两侧完整；侧线完整，于两侧中央波曲且较远离边缘，于前缘微弱钝齿状；表面中部刻点较密集微小，两侧 1/5 具较密集的粗大刻点，沿后缘（小盾片前区除外）也具略粗大的刻点，小盾片前区有 1 纵凹。

鞘翅两侧基部近于平行，端部略弧弯。无肩下线；斜肩线微弱，位于鞘翅基部 1/3；鞘翅第 1-5 背线均完整；缝线极微弱，位于鞘翅中部 1/4。鞘翅表面具较密集的微小刻点，沿后缘刻点略大。鞘翅缘折中央略隆凸，缘折缘线和鞘翅缘线完整；鞘翅缘线沿鞘翅后缘延伸，止于第 4 背线下方。

前臀板两侧 1/4 轻微凹陷；表面具较密集的大而浅的椭圆形刻点。臀板密布深的圆形大刻点。

咽板前缘宽阔平截；缘线完整；表面具较密集的细小刻点和略粗大的刻点。前胸腹板龙骨较窄，后缘圆；表面具较稀疏的细小刻点；龙骨线存在于基部两侧，后端内弯但不相连；侧线和侧缘线深刻。

中胸腹板前缘中央深凹；缘线完整深刻，两侧前角处另有 1 短线；表面刻点与前胸腹板龙骨的相似；中-后胸腹板缝微弱。

后胸腹板基节间盘区刻点与前胸腹板龙骨的相似；中纵沟较深；后胸腹板侧线向后侧方延伸，末端略向内弯，接近后侧角。侧盘区密布大而深的圆形刻点，混有细小刻点。

第 1 腹节腹板基节间盘区刻点与前胸腹板龙骨的相似，两侧后角处具一些粗大刻点；两侧各有 2 条腹板线，内侧线完整，外侧线平行于内侧线的端半部。

前足胫节宽，外缘有 4 个齿，基部 1 齿小；中足胫节外缘具 4 个齿，端部 2 个相互靠近。

阳茎如图 83C, D 所示。

观察标本：1♂, [台湾] Musha, 1919.V.18-VI.15, T. Okuni leg., Y. Miwa det.。

分布：广东、台湾。

(86) 斯氏近方阎甲 *Niposoma stackelbergi* (Kryzhanovskij, 1976)

Platysoma stackelbergi Kryzhanovskij in Kryzhanovskij *et* Reichardt, 1976: 396 (Primorskiy Kray); Mazur, 1984b: 243 (catalogue); 1997: 73 (catalogue); 2011a: 65 (catalogue).

Niposoma stackelbergi: Mazur *et* Zhou, 2001: 74 (new to China: SW Shaanxi); Mazur in Löbl *et* Smetana, 2004: 87 (catalogue); Lackner *et al.* in Löbl *et* Löbl, 2015: 106 (catalogue).

观察标本：未检视标本。

分布：陕西；俄罗斯（远东）。

(87) 台湾近方阎甲 *Niposoma taiwanum* (Hisamatsu, 1965)（图 84）

Platysoma (*Eurylister*) *taiwanum* Hisamatsu, 1965: 133 (China: Tattaka of Taiwan); Mazur, 1984b: 237
　　(catalogue); 1997: 81 (catalogue; trans. to *Eblisia*).

Niposoma taiwanum: Mazur, 2007a: 72 (China: Nantou of Taiwan); 2011a: 65 (catalogue); Mazur in
　　Löbl *et* Smetana, 2004: 87 (catalogue); Lackner *et al.* in Löbl *et* Löbl, 2015: 106 (catalogue).

描述根据 Hisamatsu（1965）整理：

体形较大（4.5 mm），长方形，光滑且光亮，黑色，触角和足红褐色。

头部表面具均匀的细微刻点，口上片微隆；缘线完整；上唇强烈隆凸；上颚较粗壮，沿基半部背部平面和内侧隆起区域之间的边缘有 1 狭窄但清晰的背线。

前胸背板于基部 1/4 最宽，向前逐渐狭窄，于近前角处突然强烈狭缩，前角不尖锐，前缘凹缺部分宽阔弧形；缘线完整；侧线波曲且远离边缘；表面具与头部相似的均匀的细微刻点，侧面无大刻点，小盾片前区有 1 小凹。

鞘翅基部 1/4 最宽，其后多少弓形，逐渐向后狭缩；第 1-3 背线完整，缝线和肩下线均缺失；表面具细微刻点，较前胸背板的更稀疏。缘折缘线不强烈波曲；鞘翅缘线两侧刻点清晰且连续。

前臀板具中度密集的粗糙刻点；臀板略隆凸，具粗糙且非常密集的刻点，边缘不隆起。

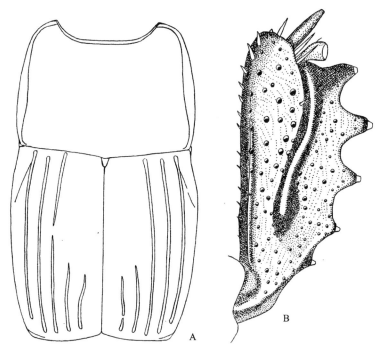

图 84　台湾近方阎甲 *Niposoma taiwanum* (Hisamatsu)（仿 Hisamatsu, 1965）

A. 前胸背板和鞘翅（pronotum and elytra）；B. 前足胫节，背面观（protibia, dorsal view）

咽板具细微且完整的缘线；刻点细微，向前端和两侧逐渐粗大。前胸腹板龙骨中央强烈隆凸，后端略宽阔，端部圆；无龙骨线。

中胸腹板前缘较强烈凹缺；缘线完整；刻点稀疏细微。

后胸腹板基节间盘区刻点与中胸腹板的相似；中纵沟窄，但较明显；侧盘区具许多半月状的刻痕。

第 1 腹节腹板基节间盘区刻点与中胸腹板的相似；腹侧线完整；两侧有倾斜的、多少弓形的细条纹。

观察标本：未检视标本。

分布：台湾。

讨论：Mazur（2007a）将此种移入近方阎甲属 *Niposoma*，是基于前胸腹板龙骨线存在（原始描述记录为缺失），以及前胸背板侧线的位置。

本种模式标本保存在爱媛大学农学院昆虫学实验室（ELEU）。

22. 卡那阎甲属 *Kanaarister* Mazur, 1999

Kanaarister Mazur, 1999: 10; 2011a: 67 (catalogue); Mazur in Löbl *et* Smetana, 2004: 87 (catalogue); Lackner *et al.* in Löbl *et* Löbl, 2015: 106 (catalogue). **Type species:** *Platysoma latisternum* Marseul, 1853. Original designation.

体长卵形，扁平。头部平坦或轻微凹陷；有额线；上唇前缘中央内凹。前胸背板两侧具粗大刻点；缘线于两侧完整，于前缘缺失；侧线完整或于前缘中央间断；前角锐角。小盾片三角形。鞘翅肩下线缺失（有时中央有 1 短的外肩下线）斜肩线细弱，第 1-5 背线存在，但至多有 3 条完整，缝线缺失。咽板较宽阔，具缘线；前胸腹板龙骨略宽，无龙骨线。中胸腹板前缘中央宽凹；缘线完整或前端中央间断。后胸腹板平坦，两侧各有 1 条长的侧线。第 1 腹节腹板两侧各有 2 条腹侧线。前足胫节扁平，加宽，外缘具齿。阳基基片较侧叶短，侧叶端部分离。

该属由 Mazur（1999）从方阎甲属 *Platysoma* 中分离出来，基于后胸腹板仅有 1 条侧线且前胸腹板龙骨无龙骨线。世界记录 7 种，中国记录 3 种。

种 检 索 表

1. 中胸腹板缘线于前缘中央宽阔间断···库氏卡那阎甲 *K. coomani*
   中胸腹板缘线完整··2
2. 鞘翅外肩下线短而深···阿萨姆卡那阎甲 *K. assamensis*
   鞘翅外肩下线缺失··隐卡那阎甲 *K. celatum*

(88) 阿萨姆卡那阎甲 *Kanaarister assamensis* (Lewis, 1900)

Platysoma assamense Lewis, 1900: 273 (Assam); Bickhardt, 1917: 139; Mazur, 1984b: 238 (catalogue; subg. *Platysoma* of *Platysoma*); 1997: 69 (catalogue).

Kanaarister assamensis: Mazur, 1999: 11; 2007a: 73 (China: Taiwan); 2011a: 67 (catalogue); Mazur in Löbl *et* Smetana, 2004: 87 (China: Fujian; catalogue); Lackner *et al.* in Löbl *et* Löbl, 2015: 106 (catalogue).

描述根据 Lewis（1900）整理：

体长 3.5 mm。长卵形，扁平，黑色光亮，足略红。头部前额和口上片凹陷，具清晰的、均匀但不密集的刻点；额线完整，前端部分几乎直。前胸背板侧线完整，头后细且远离边缘；表面具稀疏微小的刻点，但两侧有粗大的刻点，大多刻点较头部刻点大得多。鞘翅刻点细小，后缘具粗大刻点及皱纹；外肩下线短且相对深，在肩部之下，内肩下线刻点状，两端渐消失，第 1-3 背线完整，第 4 背线存在于端半部或超出中部变得不明显，第 5 背线位于顶端且几乎占鞘翅长度的 1/3。前臀板和臀板刻点圆形且深，前臀板刻点不规则，臀板隆凸，刻点密集成束。咽板具缘线；整个表面具清晰的刻点，缘线后末端之后刻点大而浅；前足基节窝之前的龙骨两侧具与咽板相似的刻点；中胸腹板前缘宽波状，前缘线细，与边缘接近；刻点向后渐细小。前足胫节具 4 齿。

观察表本：未检视标本。

分布：福建、台湾；印度，尼泊尔，泰国，缅甸，马来西亚，印度尼西亚。

(89) 隐卡那阎甲 *Kanaarister celatum* (Lewis, 1884)（图 85）

Platysoma celatum Lewis, 1884: 134 (Japan); Bickhardt, 1910c: 21 (catalogue); 1917: 139; Lewis, 1915: 55 (China: Horisha of Taiwan); Cooman, 1948: 130 (China: Chenkiang); Ôsawa *et* Nakane, 1951: 2; Kryzhanovskij *et* Reichardt, 1976: 395; Mazur, 1984b: 239 (catalogue); 1997: 70 (catalogue); 2010a: 141 (China: Guizhou); 2011a: 67 (catalogue); Ôhara, 1986: 99 (figure); 1994: 93.

Kanaarister celatum: Ôhara, 1999a: 89; Mazur in Löbl *et* Smetana, 2004: 89 (catalogue); Lackner *et al.* in Löbl *et* Löbl, 2015: 106 (catalogue).

体长 2.00-2.12 mm，体宽 1.30-1.38 mm。体长卵形，较扁平，黑色光亮，触角、口器和足红褐色。

头部表面具稀疏微小的刻点，头顶混有一些粗大刻点，口上片和额前部凹陷；额线完整，前端近于平直，两侧轻微向基部汇聚；上唇前缘中央凹缺；上颚较粗壮，内侧有 1 齿。

前胸背板两侧于基半部近于平行，端半部弓弯并向前收缩，端部 1/4 最明显，前角锐角，前缘凹缺部分中央弧弯，后缘略呈弓形；缘线细弱，于两侧完整；侧线完整，较靠近边缘；表面中部具较稀疏的细小刻点，两侧 1/5 具较密集的粗大刻点，小盾片前区有 1 纵凹。

鞘翅两侧基部近于平行，端部略弧弯。无外肩下线；斜肩线微弱，位于鞘翅基部 1/3；第 1-4 背线完整，第 4 背线基部有时略短缩，第 5 背线位于端半部；无缝线。鞘翅表面具稀疏的细小刻点，第 5 背线内侧刻点较密集，沿后缘刻点较大且密集。鞘翅缘折中央略隆凸；缘折缘线细弱但完整；鞘翅缘线清晰完整。

前臀板表面中央具密集的大而浅的圆形刻点，混有稀疏的细小刻点，边缘刻点细小。臀板密布大而深的圆形刻点，端部刻点变细小。

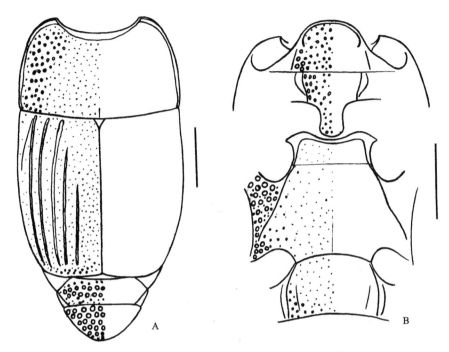

图 85　隐卡那阎甲 *Kanaarister celatum* (Lewis)

A. 前胸背板、鞘翅、前臀板和臀板（pronotum, elytra, propygidium and pygidium）；B. 前胸腹板、中-后胸腹板和第 1 腹节腹板（prosternum, meso- and metasterna and the 1st visible abdominal sternum）。比例尺（scales）：0.5 mm

咽板前缘宽圆；缘线短，只存在于前缘；表面刻点稀疏粗大，混有少量细小刻点。前胸腹板龙骨后缘圆；盘区刻点与咽板的相似；无龙骨线。前胸腹板侧线和侧缘线清晰。

中胸腹板前缘中央宽凹；缘线完整；表面刻点稀疏微小；中-后胸腹板缝近于直线。

后胸腹板基节间盘区刻点稀疏微小，偶尔混有略大的刻点，后侧角处刻点粗大；中纵沟不清晰；后胸腹板侧线向后侧方延伸，末端接近后侧角；侧盘区密布大而浅的圆形刻点，混有细小刻点。

第 1 腹节腹板基节间盘区刻点与后胸腹板基节间盘区的相似，后侧角处刻点较粗大；两侧各有 2 条腹板线，内侧线完整，外侧线约平行于内侧线的端半部。

前足胫节略宽，外缘有 4 个齿，第 2、3 齿之间的距离较宽；中足胫节外缘具 3 个刺。

观察标本：1♂, 1 ex., T. Shiraki and Y. Miwa det. (推测为台湾分布)。

分布：浙江、广东、台湾、贵州；日本，尼泊尔。

(90) 库氏卡那阎甲 *Kanaarister coomani* (Thérond, 1955) comb. nov.（图 86）

Platysoma coomani Thérond, 1955: 124 (Viet-Nam); Mazur, 1984b: 240 (catalogue; subg. *Platysoma* of *Platysoma*); 1997: 70 (catalogue).

体长 2.42-2.60 mm，体宽 1.52-1.70 mm。体长卵形，较扁平，黑色光亮，触角、口器和足红褐色。

头部表面密布细小刻点，口上片和额前部略凹；额线完整，前端近于平直，两侧向基部汇聚；上唇前缘中央较深凹；上颚较粗壮，内侧有 1 齿。

前胸背板两侧于基部 1/3 近于平行，端部弓形向前收缩，端部 1/5 最明显，前角锐角，前缘凹缺部分中央较直，后缘较直；缘线于两侧完整；侧线完整或于前缘中央狭窄间断，较接近边缘；表面具密集的细小刻点，两侧 1/4 混有较密集的略粗大的刻点。

鞘翅两侧基部近于平行，端部略弧弯。外肩下线短，位于鞘翅基中部 1/4，深凹；斜肩线微弱，位于鞘翅基部 1/4；鞘翅第 1-3 背线完整，第 3 背线基部有时短缩，第 4 背线位于端部 2/3 或略短，第 5 背线位于端部 1/3；无缝线。鞘翅表面具稀疏细小的刻点，第 1 背线外侧有几个较大的长圆形刻点，端部背线末端之后刻点大而密集。鞘翅缘折中央略隆凸；缘折缘线细但完整；鞘翅缘线清晰完整。

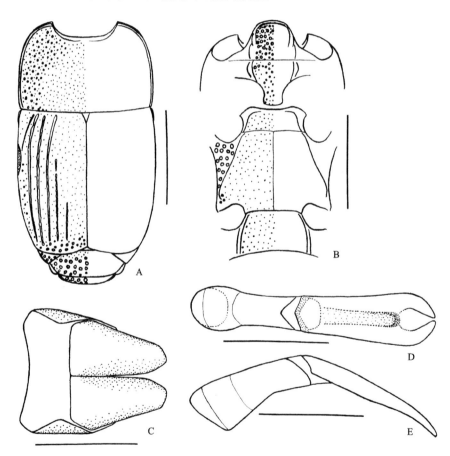

图 86 库氏卡那阎甲 *Kanaarister coomani* (Thérond)

A. 前胸背板、鞘翅、前臀板和臀板（pronotum, elytra, propygidium and pygidium）；B. 前胸腹板、中-后胸腹板和第 1 腹节腹板（prosternum, meso- and metasterna and the 1st visible abdominal sternum）；C. 雄性第 8 腹节背板和腹板，腹面观（male 8th tergite and sternum, ventral view）；D. 阳茎，背面观（aedeagus, dorsal view）；E. 同上，侧面观（ditto, lateral view）。比例尺（scales）：A, B = 1.0 mm, C-E = 0.25 mm

前臀板具较密集的大而浅的圆形刻点，混有稀疏细小的刻点。臀板密布大而浅的圆形刻点，混有稀疏细小的刻点，沿后缘无大刻点。

咽板前缘宽圆；缘线细弱，存在于端部 2/3；表面具密集的细小刻点和略粗大的刻点。前胸腹板龙骨略宽，后缘微弱向后弓弯；表面刻点较咽板的略稀略小；无龙骨线。前胸腹板侧线和侧缘线深。

中胸腹板前缘中央宽阔浅凹；缘线于龙骨之后间断；表面刻点细小，较密集；中-后胸腹板缝较清晰。

后胸腹板基节间盘区刻点与中胸腹板的相似；中纵沟较深；后胸腹板侧线向后侧方延伸，末端内弯，接近后侧角，后侧角处有几个粗大刻点；侧盘区密布大而深的圆形刻点。

第 1 腹节腹板基节间盘区刻点与中胸腹板的相似，后角处刻点略大；两侧各有 2 条腹侧线，内侧线完整，外侧线平行于内侧线端半部。

前足胫节较宽，外缘有 4 个齿，基部 1 齿小，中央 2 齿间距较宽；中足胫节外缘具 4 个刺，端部 2 个相互靠近。

雄性外生殖器如图 86C-E 所示。

观察标本：1♂，云南景东无量山，1900 m，1957.III.21，邦菲洛夫采，Kryzhanovskij 鉴定；1♀，云南勐海南糯山，1100-1200 m，1957.IV.24，洪广基采，Kryzhanovskij 鉴定。

分布：云南；越南，不丹。

23. 似真卵阎甲属 *Eurosomides* Newton, 2015

Eurosomides Newton in Löbl *et* Löbl, 2015: 3 (replacement name for *Eurosoma* Mazur *et* Ôhara, 2009 [nec *Eurosoma* Gistel, 1829]); Lackner *et al.* in Löbl *et* Löbl, 2015: 106 (catalogue). **Type species:** *Hister minor* Rossi, 1792. By monotypy.

Eurosoma Mazur *et* Ôhara, 2009: 236 (homonyms); Mazur, 2011a: 66 (catalogue).

分布：古北区。

该属世界仅记录 1 种。

(91) 微似真卵阎甲 *Eurosomides minor* (Rossi, 1792)（图 87）

Hister minor Rossi, 1792: 13 (Italy: Etruria); Mazur, 1972a: 138 (*Eurylister*); 1984b: 236 (catalogue); 1990: 750 (*Eblisia*); 1997: 80 (catalogue).

Eurosoma minor: Mazur, 2011a: 66 (catalogue); Kanaar, 1979: 25 [*Platysoma* (*Eurylister*) *minor*]; Yélamos *et* Ferrer, 1988: 193; Yélamos, 2002: 99 (redescription, figure), 368; Mazur in Löbl *et* Smetana, 2004: 87 (catalogue; *Eurosoma*); Lackner *et al.* in Löbl *et* Löbl, 2015: 106 (catalogue).

Hister abbreviatus: Rossi, 1790: 30; Paykull, 1798: 40 (synonymized); Thunberg, 1784: 14.

Hister frontalis Paykull, 1798: 40 (emend.); 1811: 44; Leach, 1817: 77 (*Platysoma frontale*); Erichson, 1834: 108 (*Platysoma*); Marseul, 1853: 268; Schmidt, 1885c: 285; Ganglbauer, 1899: 353; Reitter, 1909: 280; Jakobson, 1911: 643; Horion, 1949: 351; Witzgall, 1971: 181; Kryzhanovskij *et* Reichardt,

1976: 393.

Hister puncticollis Heer, 1841: 457; Redtenbacher, 1858: 307 (synonymized).

Platysoma delati Baudi di Selve, 1864: 231; Gemminger *et* Harold, 1868: 758 (synonymized).

Platysoma [*decim*]*striata* Thomson, 1867: 397; Seidlitz, 1875: 134 (synonymized).

Platysoma marginata Thomson, 1867: 397; Seidlitz, 1875: 134 (synonymized).

Platysoma frontale var. *delatum* Gemminger *et* Harold, 1868: 758.

Platysoma betulinum Hochhut, 1872: 219; Schmidt, 1885c: 285 (synonymized).

Hister cavifrons: Leoni, 1907: 189; J. Müller, 1908b: 238 (synonymized).

Platysoma frontale var. *rufum* Schilsky, 1908: 601.

Hister leonii Bickhardt, 1910b: 224 (emend.).

Platysoma frontale var. *agnusi* Auzat, 1926: 73.

体长 3.76 mm，体宽 2.76 mm。体卵形，较隆凸，黑色光亮，触角和足暗褐色。

头部表面具较密集的细微刻点，端半部轻微凹陷；额线完整；上唇前缘微弱凹缺；上颚较粗壮，内侧有 1 齿，背面基半部有 1 纵向凹痕。

前胸背板两侧弧弯，向前收缩，端部 1/6 明显，前角锐角，前缘凹缺部分呈弓形，后缘两侧较直，中间略向后弓弯；缘线于两侧和前缘均完整，于前角处几乎与侧线相连；侧线于两侧完整，较直且较靠近边缘；表面刻点与头部的相似，侧线内侧有一些密集的椭圆形大刻点，沿后缘有 1 行略粗大的刻点，小盾片前区有 1 圆形小凹。

鞘翅两侧略弧弯。肩下线很短，存在于侧面中部、斜肩线外侧下方；斜肩线微弱，位于基部 1/3；第 1-3 背线完整，第 4 背线位于端部 2/3，第 5 背线前端略短于第 4 背线；缝线位于中端部 1/4，前后均短于第 5 背线，且略有间断。鞘翅表面具较密集的细微刻点，沿后缘有一些粗大刻点。缘折缘线和鞘翅缘线均清晰完整。

前臀板密布大而浅的圆形刻点，其间混有稀疏的细小刻点。臀板略隆凸，密布大而浅的圆形刻点，较前臀板大刻点小，且向端部渐小而稀疏，大刻点之间混有稀疏的细微刻点。

咽板前缘宽圆；缘线位于端半部；表面密布小刻点，基部两侧刻点较粗大。前胸腹板龙骨隆起，基部较宽而平坦，后缘圆；表面密布细微刻点，端部两侧刻点粗大；龙骨线存在于基半部。前胸腹板侧线和侧缘线清晰。

中胸腹板前缘中央凹缺；缘线完整，前角处另有 1 条短线；表面具较密集的细微刻点；中-后胸腹板缝浅。

后胸腹板基节间盘区密布细微刻点；中纵沟不清晰，仅于基部和端部有短的较明显的刻痕；后胸腹板侧线向后侧方延伸，末端不向内弯曲，接近后侧角；侧盘区密布大而浅的圆形刻点，混有少量细小刻点。

第 1 腹节腹板基节间盘区刻点与中胸腹板的相似；两侧各有 2 条腹侧线，内侧线完整，外侧线位于端部 2/3。

前足胫节较宽，前、中足胫节外缘均有 5 个小齿，基部 1 齿小。

雄性外生殖器如图 87E-J 所示。

观察标本：1♂，黑龙江哈尔滨，1946.VI.9。

分布：黑龙江；俄罗斯（远东、西伯利亚），高加索山脉，欧洲和地中海地区。

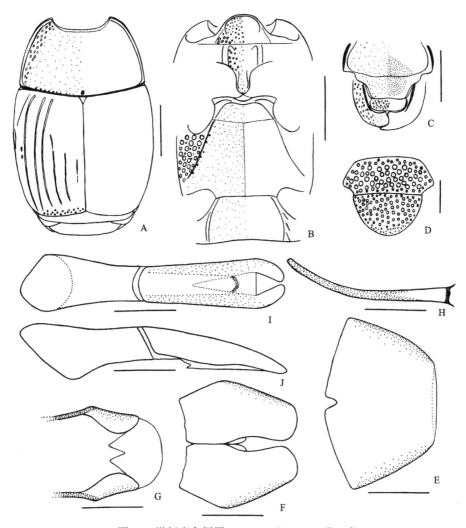

图 87　微似真卵阎甲 *Eurosomides minor* (Rossi)

A. 前胸背板和鞘翅（pronotum and elytra）；B. 前胸腹板、中-后胸腹板和第 1 腹节腹板（prosternum, meso- and metasterna and the 1ˢᵗ visible abdominal sternum）；C. 头（head）；D. 前臀板和臀板（propygidium and pygidium）；E. 雄性第 8 腹节背板，背面观（male 8ᵗʰ tergite, dorsal view）；F. 雄性第 8 腹节腹板，腹面观（male 8ᵗʰ sternum, ventral view）；G. 雄性第 9、10 腹节背板，背面观（male 9ᵗʰ and 10ᵗʰ tergites, dorsal view）；H. 雄性第 9 腹节腹板，腹面观（male 9ᵗʰ sternum, ventral view）；I. 阳茎，背面观（aedeagus, dorsal view）；J. 同上，侧面观（ditto, lateral view）。比例尺（scales）：A, B = 1.0 mm, C, D = 0.5 mm, E-J = 0.25 mm

24. 沟尾阎甲属 *Liopygus* Lewis, 1891

Liopygus Lewis, 1891a: 385; Bickhardt, 1910c: 18 (catalogue); 1917: 137; Mazur, 1984b: 254 (catalogue); 1997: 76 (catalogue); 2011a: 66 (catalogue). **Type species:** *Platysoma decemstriatum* Motschulsky, 1863. Designated by Bickhatdt, 1917: 137.

体长卵形，两侧近于平行，较扁平。头部有额线；口上片和额前端通常凹陷；上唇前缘中央向外突出。前胸背板缘线于侧面完整，侧线通常于侧面和前缘均完整；前角锐角。小盾片三角形。鞘翅肩下线缺失，斜肩线细弱，第1-3背线通常完整，第4、5背线通常只存在于端部，缝线通常缺失。臀板通常无刻点，而在基部两侧有2个大而深的凹窝。咽板较宽阔，具缘线；前胸腹板龙骨无龙骨线。中胸腹板前缘中央凹缺；缘线通常完整。后胸腹板两侧各有1条侧线。第1腹节腹板两侧各有2条腹侧线。前足胫节扁平，较宽，外缘具齿。阳茎粗短，基片略长于侧叶，侧叶端部分离。

分布：东洋区。

该属世界记录16种，中国记录1种。

(92) 沟尾阎甲 *Liopygus andrewesi* Lewis, 1906（图88）

Liopygus andrewesi Lewis, 1906b: 398 (India); Bickhardt, 1910c: 18 (catalogue); 1917: 137; Mazur, 1984b: 254 (catalogue); 1997: 76 (catalogue); 2011a: 66 (catalogue).

体长 2.28-2.48 mm，体宽 1.32-1.45 mm。体长卵形，极扁平，体表光亮，红褐色，触角和足颜色较浅。

头部表面均匀分布有较稀疏的细小刻点，口上片中央和额前端凹陷；额线完整；上唇横宽，前缘中央略向外突出；上颚粗壮，内侧有1齿。

前胸背板两侧于基部 5/6 轻微弓弯，向前收缩，端部 1/6 强烈弓弯，前角锐角，前缘凹缺部分中央略弓弯，后缘略弓弯；缘线于两侧完整并沿前角内弯，于头后宽阔间断；侧线完整，较靠近边缘；表面具较密集的细小刻点，基部中央略稀疏，两侧中央近端部刻点略大，小盾片前区有1圆形大刻点。

鞘翅两侧基部近于平行，端部略弧弯。肩下线缺失；斜肩线微弱，位于鞘翅基部 1/4；第 1-3 背线完整，第 4、5 背线位于端部 1/3，二者均轻微向外弧弯，第5背线基部略短于第4背线；无缝线。鞘翅表面具稀疏的细小刻点，沿后缘刻点较大且具密集的纵向皱纹。缘折缘线和鞘翅缘线均清晰完整。

前臀板具密集的大而浅的圆形刻点，边缘刻点较小。臀板基半部具分散的粗大刻点，端部具密集的细小刻点；两侧前角处各有1圆形深凹窝。

咽板宽阔平坦，前缘圆；缘线完整，前端 1/2 弧弯，后端 1/2 直，向后收缩；表面具密集的细小刻点和略粗大的刻点。前胸腹板龙骨轻微隆凸，后缘圆；表面刻点细小，较密集，两侧前角处有几个大而深的圆形刻点；无龙骨线。前胸腹板侧线和侧缘线清晰。

中胸腹板前缘中央宽阔浅凹；缘线完整；表面刻点与前胸腹板龙骨的相似；中-后胸腹板缝微弱。

后胸腹板基节间盘区宽阔刻点与中胸腹板的相似但略稀疏；中纵沟较深；后胸腹板侧线向后侧方延伸，末端接近后侧角；侧盘区密布大而浅的圆形刻点。

第1腹节腹板基节间盘区刻点与后胸腹板基节间盘区刻点相似；两侧各有2条腹侧线，外侧线基部略短缩。

前足胫节较宽，外缘有4个齿；中足胫节外缘具4个刺，端部2个相互靠近。

雄性外生殖器如图 88E-G 所示。

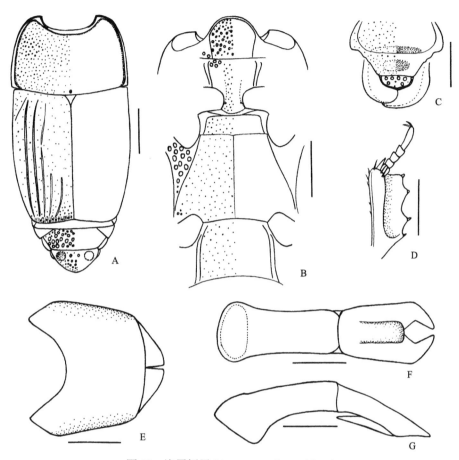

图 88　沟尾阁甲 *Liopygus andrewesi* Lewis

A. 前胸背板、鞘翅、前臀板和臀板（pronotum, elytra, propygidium and pygidium）；B. 前胸腹板、中-后胸腹板和第 1 腹节腹板（prosternum, meso- and metasterna and the 1st visible abdominal sternum）；C. 头（head）；D. 前足胫节，背面观（protibia, dorsal view）；E. 雄性第 8 腹节背板和腹板，背面观（male 8th tergite and sternum, dorsal view）；F. 阳茎，背面观（aedeagus, dorsal view）；G. 同上，侧面观（ditto, lateral view）。比例尺（scales）：A, B = 0.5 mm, C, D = 0.25 mm, E-G = 0.1 mm

观察标本：1 号，云南勐海楠糯山，1100-1200 m，1957.IV.24，洪广基采，Kryzhanovskij 鉴定；2♀，广西那坡北外，600 m，1998.IV.10，周海生采，罗天宏鉴定，2003；1 号，海南吊罗山，930 m，倒木，2004.VII.31，吴捷采；1♂，1♀，13 号，海南吊罗山，940 m，倒木，2004.VII.27，吴捷、陈永杰采；6 号，海南五指山，760 m，手捕，2004.VII.9，吴捷、陈永杰采；2 号，海南尖峰岭，800 m，手捕，2004.VII.13，吴捷、陈永杰采；1 号，海南尖峰岭，950 m，手捕，2004.VII.13，吴捷、陈永杰采；1 号，海南尖峰岭，980 m，倒木，2004.VII.17，吴捷、陈永杰采；1 号，西双版纳勐腊西片，720 m，倒木，2004.II.16，吴捷采；1 号，西双版纳勐腊保护区，730 m，倒木，2004.II.15，吴捷采；6 号，西双版纳勐腊保护区，690 m，倒木，2004.II.14，吴捷采；6 号，西双版纳勐仑保护区，760 m，倒木，2004.II.10，吴捷采；1 号，西双版纳勐仑西片，630 m，倒木，2004.II.21，吴捷、张教林采；2 号，西双版纳勐仑西片，620 m，倒木，2004.II.21，吴捷、张教林采。

分布：广西、海南、云南；印度南部。

25. 短卵阎甲属 *Eblisia* Lewis, 1889

Eblisia Lewis, 1889: 280; Bickhardt, 1917: 161 (as synonym of *Nicotikis*); Cooman, 1941: 319; Mazur, 1984b: 219 (catalogue); 1990: 748; 1997: 77 (catalogue); 2007a: 73 (note); 2011a: 58 (catalogue); Ôhara, 1994: 112; Yélamos, 2002: 98 (character), 367; Mazur in Löbl *et* Smetana, 2004: 87 (catalogue); Lackner *et al.* in Löbl *et* Löbl, 2015: 105 (catalogue). **Type species:** *Phelister lunaticus* Marseul, 1864. Designated by Cooman, 1941: 320.

体卵形，隆凸，背面和腹面均具细微刻点。头部表面通常扁平，不凹陷；额线完整；触角柄节外缘成角。前胸背板两侧通常无大刻点；通常缘线于两侧和前缘均完整，侧线于两侧完整，远离边缘，有时缘线于侧面完整，侧线于两侧和前缘均完整；前角锐角。小盾片三角形。鞘翅无肩下线或仅有很短的痕迹，具斜肩线，第 1-3 背线通常完整，第 4、5 背线和缝线短缩。臀板基部两侧多有凹窝。咽板缘线完整，靠近边缘；前胸腹板龙骨窄，有时于前足基节窝之间具龙骨线。中胸腹板前缘中央凹缺；缘线通常完整，两侧前角处另有 1 条或长或短的线，有时还会有另 1 条线。后胸腹板两侧各有 1 条或 2 条侧线，侧线通常直；无中足基节后线。第 1 腹节腹板两侧各有 2 条腹侧线。前足胫节较宽，外缘具不规则的齿；跗节沟多变，直而浅或 "S" 形较深。阳茎基片短于侧叶或与侧叶等长，侧叶端部通常狭缩，顶端分离。

分布：主要分布在东洋区，少数分布在澳洲区。

该属世界记录 2 亚属 30 余种，中国记录 2 亚属 5 种。

亚属和种检索表

1. 臀板无凹窝，密布小刻点（**点尾阎甲亚属 Chronus**）⋯⋯⋯⋯⋯ 卡西短卵阎甲 **E. (C.) calceata**
   臀板具沟或窝，有时具粗大刻点（**短卵阎甲亚属 Eblisia**）⋯⋯⋯⋯⋯⋯⋯⋯⋯⋯⋯⋯⋯ 2
2. 前胸腹板龙骨具龙骨线 ⋯⋯⋯⋯⋯⋯⋯⋯⋯⋯⋯⋯⋯⋯⋯⋯ 小短卵阎甲 **E. (E.) pygmaea**
   前胸腹板龙骨无龙骨线 ⋯⋯⋯⋯⋯⋯⋯⋯⋯⋯⋯⋯⋯⋯⋯⋯⋯⋯⋯⋯⋯⋯⋯⋯⋯⋯⋯ 3
3. 前胸背板侧线于两侧微弱波曲，较直；后胸腹板两侧各有 1 条长的侧线，另 1 条短或缺失 ⋯⋯⋯⋯
   ⋯⋯⋯⋯⋯⋯⋯⋯⋯⋯⋯⋯⋯⋯⋯⋯⋯⋯⋯⋯ 苏门答腊短卵阎甲 **E. (E.) sumatrana**
   前胸背板侧线于两侧强烈波曲；后胸腹板两侧各有 2 条长的侧线 ⋯⋯⋯⋯⋯⋯⋯⋯⋯⋯⋯ 4
4. 臀板两侧前角处各有 1 横椭圆形的深凹窝 ⋯⋯⋯⋯⋯⋯⋯⋯⋯ 田舍短卵阎甲 **E. (E.) pagana**
   臀板沿边缘有 1 条完整的深凹沟，凹注于两侧前角处宽阔，于后缘较窄，于前缘窄且中部不相连
   ⋯⋯⋯⋯⋯⋯⋯⋯⋯⋯⋯⋯⋯⋯⋯⋯⋯⋯⋯⋯⋯⋯⋯ 索氏短卵阎甲 **E. (E.) sauteri**

8) 短卵阎甲亚属 *Eblisia* Lewis, 1889

(93) 田舍短卵阎甲 *Eblisia* (*Eblisia*) *pagana* Lewis, 1902（图 89）

Eblisia pagana Lewis, 1902a: 229 (Viet-Nam: Tongking); Bickhardt, 1910c: 29 (*Phelister*; catalogue); 1913a: 171 (*Nicotikis*; China: Hoozan of Taiwan); 1917: 162; Desbordes, 1919: 380 (key); Mazur, 1984b: 220 (catalogue); 1997: 80 (catalogue); 2007a: 75 (China: Nantou of Taiwan); 2011a: 59 (catalogue); Mazur in Löbl *et* Smetana, 2004: 87 (catalogue); Lackner *et al.* in Löbl *et* Löbl, 2015: 105 (catalogue).

体长 2.54-3.09 mm，体宽 1.83-2.22 mm。体卵形，隆凸，黑色光亮，触角、口器和足红褐色。

头部表面平坦，密布细微刻点；额线完整；上唇前缘平直；上颚粗壮，内侧有 1 齿。

前胸背板两侧弧弯，向前收缩，端部 1/6 明显，前角锐角，前缘凹缺部分呈弓形，后缘两侧较直，中间略向后弓弯；缘线于两侧和前缘均完整，于前角处与侧线相连；侧线于两侧完整，强烈波曲且远离边缘；表面密布细微刻点，小盾片前区有 1 小凹。

鞘翅两侧基部微弱弧弯，端部较明显。无肩下线；斜肩线微弱，位于基部 1/3；第 1-3 背线完整，第 4 背线位于端半部，第 5 背线位于端部 2/3；缝线位于端半部，但前端略长于第 4 背线，后端略短于第 4 背线。鞘翅表面具较密集的细微刻点，沿后缘刻点更密集。缘折缘线和鞘翅缘线均清晰完整。

前臀板密布大而浅的圆形刻点，大刻点间及前后缘具较稀疏的细小刻点。臀板略隆凸，具稀疏的细小刻点；两侧前角处各有 1 大的横椭圆形深凹窝。

咽板前缘宽圆；缘线完整；表面具密集的细小刻点，两侧刻点渐粗大。前胸腹板龙骨中央较平坦，后缘圆；表面刻点稀疏细小，端部两侧有几个粗大刻点；无龙骨线。前胸腹板侧线和侧缘线清晰。

中胸腹板前缘中央凹缺；缘线完整，后端与后胸腹板内侧线或外侧线相连，其外侧另有 1 条于前缘中央宽阔间断的线，该线后端与后胸腹板外侧线相连或不相连，前角处另有 1 弯曲的短线；表面密布细小刻点；中-后胸腹板缝浅。

后胸腹板基节间盘区刻点与中胸腹板的相似；中纵沟较深；后胸腹板两侧各有 2 条几乎平行的侧线，内侧线向后侧方延伸，接近后足基节窝前缘，外侧线末端较内侧线略短；侧盘区密布大而浅的圆形刻点，大刻点之间混有细小刻点。

第 1 腹节腹板基节间盘区刻点与中胸腹板的相似；两侧各有 2 条完整的腹侧线。

前足胫节较宽，外缘有 5 个齿，基部 1 齿小，端部 2 齿距离较近；中足胫节外缘具 5 个刺，端部 2 个相互靠近。

雄性外生殖器如图 89D-H 所示。

观察标本：1♂, 1 ex., Hoa-Binh Tonkin (越南东京湾和平), 1935, de Cooman leg.；1♂, 2 exs., Hoa-Binh Tonkin, 1936, de Cooman leg.。

分布：台湾；越南。

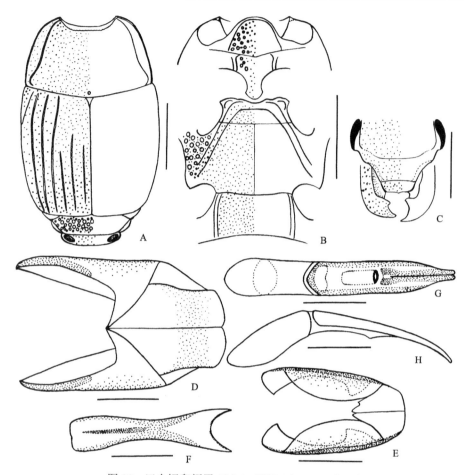

图 89　田舍短卵阎甲 *Eblisia* (*Eblisia*) *pagana* Lewis

A. 前胸背板、鞘翅、前臀板和臀板（pronotum, elytra, propygidium and pygidium）；B. 前胸腹板、中-后胸腹板和第 1 腹节腹板（prosternum, meso- and metasterna and the 1st visible abdominal sternum）；C. 头（head）；D. 雄性第 8 腹节背板和腹板，腹面观（male 8th tergite and sternum, ventral view）；E. 雄性第 9、10 腹节背板，背面观（male 9th and 10th tergites, dorsal view）；F. 雄性第 9 腹节腹板，腹面观（male 9th sternum, ventral view）；G. 阳茎，背面观（aedeagus, dorsal view）；H. 同上，侧面观（ditto, lateral view）。比例尺（scales）：A, B = 1.0 mm, C = 0.5 mm, D-H = 0.25 mm

(94) 小短卵阎甲 *Eblisia* (*Eblisia*) *pygmaea* (Bickhardt, 1913)

Nicotikis pygmaea Bickhardt, 1913a: 170 (China: Hoozan of Taiwan); 1917: 162 (*Nicotikis*).

Eblisia pygmaea: Lewis, 1915: 55; Desbordes, 1919: 378 (key); Gaedike, 1984: 461 (information about Holotypus); Mazur, 1984b: 220 (catalogue); 1997: 81 (catalogue); 2007a: 75 (China: Taiwan); 2011a: 59 (catalogue); Mazur in Löbl *et* Smetana, 2004: 87 (catalogue); Lackner *et al.* in Löbl *et* Löbl, 2015: 105 (catalogue).

描述根据 Bickhardt（1913a）整理：

体长 2.75 mm。体卵形，隆凸，黑色光亮。额部略低凹，额线发达。前胸背板侧线略直，远离边缘。鞘翅第 1-3 背线完整，第 4 背线和缝线位于端部 3/4，第 5 背线位于端部约为鞘翅长度的一半，缘折有 3 条线。前臀板前端刻点稀少，后缘宽阔的区域光滑无刻点；臀板两侧各有 1 斜向浅凹，之间区域具稀疏且略粗糙的刻点，沿前缘宽阔的区域平坦光滑。咽板前端具刻点；前胸腹板龙骨于前足基节之间具龙骨线，龙骨线向前后微弱背离，后缘钝圆。中胸腹板前缘直，缘线完整。前足胫节具 3 齿。

观察标本：未检视标本。

分布：台湾。

(95) 索氏短卵阎甲 *Eblisia* (*Eblisia*) *sauteri* (Bickhardt, 1912)（图 90）

Platysoma sauteri Bickhardt, 1912a: 124 (China: Taihorinsho of Taiwan); 1913a: 170 (*Nicotikis*); 1917: 162.

Eblisia sauteri: Lewis, 1915: 55; Desbordes, 1919: 379 (key); Mazur, 1972b: 369 (catalogue); 1984b: 220 (catalogue); 1997: 81 (catalogue); 2011a: 59 (catalogue); Gaedike, 1984: 461 (information about Holotypus); Mazur in Löbl *et* Smetana, 2004: 87 (catalogue); Lackner *et al.* in Löbl *et* Löbl, 2015: 105 (catalogue).

Nicotikis larnaudiei Desbordes, 1919: 381; Cooman, 1941: 322 (synonymized).

体长 2.92-3.13 mm，体宽 2.00-2.13 mm。体卵形，较隆凸，黑色光亮，触角、口器和足暗褐色。

头部表面密布细微刻点，前端适度凹陷；额线完整；上唇前缘近于平直；上颚较粗壮，内侧有 1 齿。

前胸背板两侧微呈弧形向前收缩，端部 1/5 明显，前角锐角，前缘凹缺部分中央较直，后缘两侧直，中间成钝角；缘线于两侧完整，前端沿前角内弯，与侧线相连；侧线于侧面和前缘均完整，于两侧波曲且远离边缘；表面密布细微刻点，小盾片前区有 1 圆形小凹。

鞘翅两侧微弱弧弯。肩下线缺失；斜肩线微弱，位于基部 1/3；第 1-3 背线完整，第 4 背线位于鞘翅端部 1/3 或略长，第 5 背线位于端半部；缝线位于中端部 1/3，前端略长于第 5 背线。鞘翅表面密布细微刻点。缘折缘线和鞘翅缘线均清晰完整。

前臀板具较密集的大而浅的圆形刻点，大刻点间及边缘处遍布稀疏的细微刻点。臀板略隆凸，遍布稀疏的细微刻点，靠近边缘有 1 条与之平行的宽而深的凹槽，凹槽于两侧前角处宽阔，于前缘中央宽阔间断。

咽板前缘圆；缘线完整；表面具稀疏的细微刻点，两侧混有几个大而深的圆形刻点。前胸腹板龙骨中央较隆凸，后缘圆；刻点稀疏微小，端部两侧有几个粗大刻点；无龙骨线。前胸腹板侧线和侧缘线清晰。

中胸腹板前缘中央凹缺；缘线完整，后端与后胸腹板内侧线相连，侧面另有 1 条线，前端于前角处弯曲，后端与后胸腹板外侧线相连；表面刻点与前胸腹板龙骨的相似；中-后胸腹板缝细，不清晰。

后胸腹板基节间盘区刻点与前胸腹板龙骨的相似；中纵沟细；后胸腹板两侧各有 2 条近于平行的侧线，内侧线向后侧方延伸，末端接近后足基节窝前缘，外侧线后端略短于内侧线；侧盘区密布大而深的圆形刻点，大刻点之间混有细小刻点。

第1腹节腹板基节间盘区刻点与前胸腹板龙骨的相似；两侧各有2条腹侧线，内侧线完整，外侧线位于端部2/3。

前足胫节较宽，外缘有5个齿，基部1齿较小，自基部数第3、4两齿之间距离较宽；中足胫节外缘具4个刺，端部2个相互靠近。

雄性外生殖器如图90C-G所示。

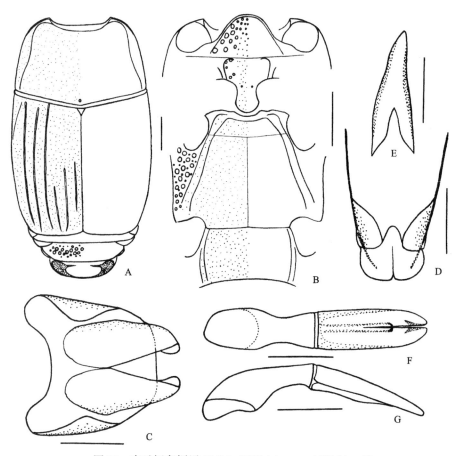

图 90 索氏短卵阎甲 Eblisia (Eblisia) sauteri (Bickhardt)

A. 前胸背板、鞘翅、前臀板和臀板（pronotum, elytra, propygidium and pygidium）；B. 前胸腹板、中-后胸腹板和第1腹节腹板（prosternum, meso- and metasterna and the 1st visible abdominal sternum）；C. 雄性第8腹节背板和腹板，腹面观（male 8th tergite and sternum, ventral view）；D. 雄性第9、10腹节背板，背面观（male 9th and 10th tergites, dorsal view）；E. 雄性第9腹节腹板，腹面观（male 9th sternum, ventral view）；F. 阳茎，背面观（aedeagus, dorsal view）；G. 同上，侧面观（ditto, lateral view）。比例尺（scales）：A, B = 1.0 mm, C-G = 0.25 mm

观察标本：2♂，Hoa-Binh Tonkin（越南东京湾和平），1935，de Cooman leg., larnaudiei Desbordes；2♂，1♀，Hoa-Binh Tonkin，1937，de Cooman leg., larnaudiei Desbordes；1号，云南西双版纳允景洪，650 m，1959.IV.24，张学忠采。

分布：云南、台湾；越南，孟加拉国，泰国。

(96) 苏门答腊短卵阎甲 *Eblisia* (*Eblisia*) *sumatrana* (Bickhardt, 1912)（图 91）

Nicotikis sumatrana Bickhardt, 1912b: 228 (Sumatra); 1917: 162.

Eblisia sumatrana: Cooman, 1941: 324; Mazur, 1984b: 220 (catalogue); 1997: 81 (China: Taiwan; catalogue); 2008: 90 (China: Taiwan); 2011a: 59 (catalogue); Mazur in Löbl *et* Smetana, 2004: 87 (catalogue); Lackner *et al.* in Löbl *et* Löbl, 2015: 105 (catalogue).

Eblisia beatula Lewis, 1913: 355 (Burma); Bickhardt, 1917: 162 (*Nicotikis*); Cooman, 1936b: 292 (synonymized).

Atholus liopygoformis Desbordes, 1924b: 115; Cooman, 1935b: 185 (synonymized).

体长 2.85-3.22 mm，体宽 2.20-3.47 mm。体卵形，隆凸，黑色光亮，鞘翅暗褐色，触角、口器和足红褐色。

头部表面密布细微刻点，前端微凹；额线完整；上唇前缘平直；上颚较粗壮，内侧有 1 齿。

前胸背板两侧略弧弯，向前收缩，端部 1/6 明显，前角锐角，前缘凹缺部分呈弓形，后缘两侧直，中间成钝角；缘线于两侧完整，前端沿前角内弯，靠近或与侧线相连；侧线于两侧和前缘均完整，两侧微弱波曲且远离边缘；表面密布细微刻点，向两侧略稀疏。

鞘翅两侧略弧弯。肩下线缺失；斜肩线微弱，位于基部 1/3；第 1-3 背线完整，第 4 背线位于端部 2/5，有时略短，第 5 背线位于端部 1/4，前后均短于第 4 背线，偶有间断；缝线位于鞘翅中部 1/2。鞘翅表面具稀疏的细微刻点。鞘翅缘折中央隆凸；缘折缘线和鞘翅缘线均清晰完整。

前臀板遍布较密集的细微刻点；横向中央混有密集的圆形大刻点，部分刻点相互融合。臀板略隆凸，密布细微刻点，两侧前角处各有 1 个大而深的圆形凹窝，两凹窝之间有几个圆形大刻点。

咽板前缘宽圆；缘线完整；表面具稀疏的细微刻点，两侧混有几个略粗大的刻点。前胸腹板龙骨平坦，后缘略向外弓弯；刻点较咽板的略密集；无龙骨线。前胸腹板侧线和侧缘线清晰。

中胸腹板前缘中央浅凹；缘线完整；表面密布细微刻点；中-后胸腹板缝细弱。

后胸腹板基节间盘区刻点与中胸腹板的相似；中纵沟较浅；后胸腹板两侧各有 2 条侧线，内侧线向后侧方延伸，末端接近后侧角，外侧线很短，位于基部；侧盘区密布大而深的圆形刻点，大刻点之间混有细微刻点。

第 1 腹节腹板基节间盘区刻点与中胸腹板的相似；两侧各有 2 条腹侧线，内侧线完整，外侧线位于端半部。

前足胫节较宽，外缘有 5 个齿，基部 1 齿小；中足胫节外缘具 4 个刺。

雄性外生殖器如图 91D-H 所示。

观察标本： 2♂, Hoa-Binh Tonkin (越南东京湾和平), 1935, de Cooman leg.; 2 exs., Hoa-Binh Tonkin, 1936, de Cooman leg.。

分布： 台湾；缅甸，越南，泰国，印度尼西亚。

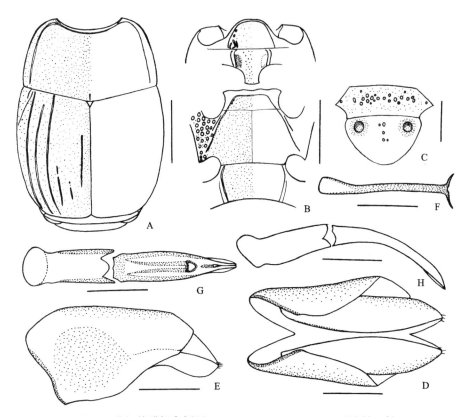

图 91　苏门答腊短卵阎甲 *Eblisia* (*Eblisia*) *sumatrana* (Bickhardt)

A. 前胸背板和鞘翅（pronotum and elytra）；B. 前胸腹板、中-后胸腹板和第 1 腹节腹板（prosternum, meso- and metasterna and the 1st visible abdominal sternum）；C. 前臀板和臀板（propygidium and pygidium）；D. 雄性第 8 腹节背板和腹板，腹面观（male 8th tergite and sternum, ventral view）；E. 同上，侧面观（ditto, lateral view）；F. 雄性第 9 腹节腹板，腹面观（male 9th sternum, ventral view）；G. 阳茎，背面观（aedeagus, dorsal view）；H. 同上，侧面观（ditto, lateral view）。

比例尺（scales）：A, B = 1.0 mm, C = 0.5 mm, D-H = 0.25 mm

9) 点尾阎甲亚属 *Chronus* Lewis, 1914

Chronus Lewis, 1914b: 285; Bickhardt, 1917: 261; Mazur, 1984b: 218 (as genus; catalogue); 1990: 750 (synonym of *Eblisia*); 2007a: 73 (subg. of *Eblisia*); 2011a: 59 (catalogue). **Type species:** *Platysoma exortivum* Lewis, 1888. Designated by Bickhardt, 1917: 261.

(97) 卡西短卵阎甲 *Eblisia* (*Chronus*) *calceata* (Cooman, 1931)（图 92）

Chronus calceata Cooman, 1931: 204 (Viet-Nam); Mazur, 1984b: 218 (catalogue).
Eblisia (*Chronus*) *calceata*: Mazur, 1997: 78 (catalogue); 2011a: 59 (catalogue).

体长 2.50-3.34 mm，体宽 1.78-2.11 mm。体卵形，隆凸，体表光亮，黑色，有时红棕色，触角和足红棕色。

头部表面平坦，具较密集的细微刻点；额线完整；上唇前缘微凹；上颚较粗壮，内侧有 1 齿。

　　前胸背板两侧弧弯，向前收缩，端部 1/6 明显，前角锐角，前缘凹缺部分呈弓形，后缘两侧较直，中间略向后弓弯；缘线于两侧和前缘均完整，于前角处与侧线相连；侧线于两侧完整，微弱波曲且较远离边缘；表面密布细微刻点，侧面刻点略稀疏。

　　鞘翅两侧基部 1/4 较直，其后多少弓形。无肩下线；斜肩线微弱，位于基部 1/3；第 1-3 背线完整，第 4、5 背线和缝线位于端半部，缝线后端略短缩。鞘翅表面第 3 背线内侧具密集的细微刻点，第 3 背线外侧刻点稀疏，沿后缘刻点较粗大。缘折缘线和鞘翅缘线均清晰完整。

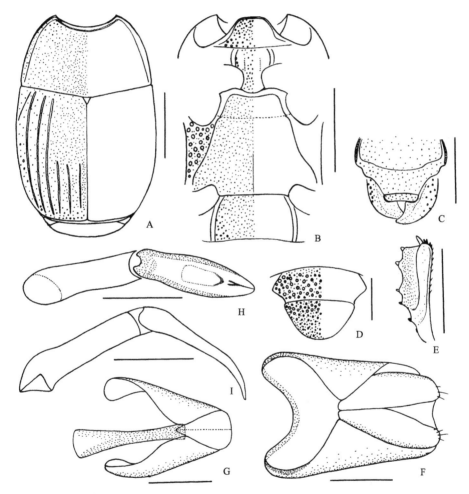

图 92　卡西短卵阎甲 *Eblisia* (*Chronus*) *calceata* (Cooman)

A. 前胸背板和鞘翅（pronotum and elytra）；B. 前胸腹板、中-后胸腹板和第 1 腹节腹板（prosternum, meso- and metasterna and the 1st visible abdominal sternum）；C. 头（head）；D. 前臀板和臀板（propygidium and pygidium）；E. 前足胫节，背面观（protibia, dorsal view）；F. 雄性第 8 腹节背板和腹板，腹面观（male 8th tergite and sternum, ventral view）；G. 雄性第 9、10 腹节背板和第 9 腹节腹板，背面观（male 9th and 10th tergites and 9th sternum, dorsal view）；H. 阳茎，背面观（aedeagus, dorsal view）；I. 同上，侧面观（ditto, lateral view）。比例尺（scales）：A, B = 1.0 mm, C-E = 0.5 mm, F-I = 0.25 mm

前臀板密布粗大的圆形刻点，混有稀疏的细微刻点。臀板略隆凸，基部刻点与前臀板的相似，端部大刻点消失，仅有密集的小刻点；两侧前角处微凹。

咽板前缘宽圆；缘线完整；表面具密集粗糙的小刻点。前胸腹板龙骨平坦，后缘圆；刻点与咽板的相似；无龙骨线。前胸腹板侧线和侧缘线清晰。

中胸腹板前缘中央凹缺；缘线完整；表面刻点与前胸腹板龙骨的相似但略小；中-后胸腹板缝浅，不清晰。

后胸腹板基节间盘区刻点与中胸腹板的相似；中纵沟不清晰，有时端半部较明显；后胸腹板侧线向后侧方延伸，末端略向内弯，接近后侧角；侧盘区具较密集的大而浅的圆形刻点，大刻点间混有细小刻点。

第 1 腹节腹板基节间盘区侧面刻点与咽板的相似，中部刻点与中胸腹板的相似；两侧各有 2 条腹侧线，内侧线完整，外侧线位于端部 3/4。

前足胫节较宽，外缘有 5 个小齿，基部 1 齿更小；中足胫节外缘具 5 个小刺。

雄性外生殖器如图 92F-I 所示。

观察标本：1 号，云南车里，600 m，1957.IV.22，洪广基采，Kryzhanovskij 鉴定，1964；1♂，云南车里大勐龙，600 m，1957.IV.29，刘大华采，Kryzhanovskij 鉴定，1964；1 号，云南小勐养，850 m，1957.V.3，刘大华采，Kryzhanovskij 鉴定，1964；1 号，云南思茅，1390 m，1957.V.10，刘大华采，Kryzhanovskij 鉴定，1964。

分布：云南；越南，泰国。

26. 真卵阎甲属 *Eurylister* Bickhardt, 1920

Eurylister Bickhardt, 1920a: 213; Mazur, 1984b: 237 (as subg. of *Platysoma*; catalogue); 1990: 750 (as synonym of *Eblisia*); 2007a: 73 (revalidated); 2011a: 57 (catalogue); Lackner *et al.* in Löbl *et* Löbl, 2015: 106 (catalogue). **Type species:** *Platysoma sincerum* Schmidt, 1892. Original designation.

该属与短卵阎甲属 *Eblisia* 非常相似，主要区别是：本属前胸背板侧线靠近边缘，后胸腹板侧线向内弓弯，其末端更加靠近后胸前侧片缝而不是后足基节窝，前足胫节正常宽度。

分布：东洋区、古北区和澳洲区，少数分布在新北区。

该属世界记录 30 余种，中国记录 2 种。

种 检 索 表

鞘翅第 4、5 背线位于端半部，第 5 背线前末端略短于第 4 背线；前足胫节外缘有 5 个齿，基部 3 个齿较小 ···萨氏真卵阎甲 *E. satzumae*

鞘翅第 4、5 背线位于端半部，第 5 背线前末端不短于第 4 背线；前足胫节外缘有 4 个齿，基部 1 齿较小 ···树真卵阎甲 *E. silvestre*

(98) 萨氏真卵阎甲 *Eurylister satzumae* (Lewis, 1899)（图 93）

Platysoma satzumae Lewis, 1899: 8 (Japan); Bickhardt, 1910c: 23 (subg. *Platysoma*; catalogue); 1917: 142.

Eurylister satzumae: Bickhardt, 1920a: 214; Kryzhanovskij *et* Reichardt, 1976: 397 (*Platysoma*); Mazur, 1984b: 237 (subg. *Eurylister* of *Platysoma*; catalogue); 1997: 81 (China: Taiwan; catalogue); 2007a: 78 (*Eurylister*); 2011a: 58 (catalogue); Ôhara, 1986: 94; 1993c: 5 (redescription, figures; trans. to *Eblisia*); 1994: 112; 1999a: 92; Mazur in Löbl *et* Smetana, 2004: 87 (catalogue); Lackner *et al.* in Löbl *et* Löbl, 2015: 106 (catalogue).

体长 3.50 mm，体宽 2.57 mm。体卵形，隆凸，黑色光亮，触角、口器和足暗褐色。头部表面密布细微刻点，前端微凹；额线完整；上唇前缘微凹；上颚粗壮，内侧有 1 齿。

前胸背板两侧略呈弧形向前收缩，端部 1/6 明显，前角锐角，前缘凹缺部分中央较直，后缘两侧直，中间成钝角；缘线于两侧完整，前端沿前角内弯；侧线于两侧和前缘均完整且靠近边缘；表面密布细微刻点，小盾片前区有 1 圆形小凹。

鞘翅两侧略弧弯。无肩下线；斜肩线微弱，位于基部 1/3；第 1-3 背线完整，第 4、5 背线位于端半部，第 5 背线前端略短于第 4 背线；缝线无。鞘翅表面密布细微刻点。缘折缘线和鞘翅缘线均清晰完整；缘折缘线外侧另有 1 条基部 1/3 短缩的细线。

前臀板密布大而浅的圆形刻点，其间混有较稀疏的微小刻点，沿前后缘刻点细小。臀板略隆凸，基半部密布大而深的圆形刻点，混有稀疏的细微刻点，两侧前角处各有 1 个向内侧渐浅的横向大凹窝，其内侧边界不明显，端半部密布细微刻点。

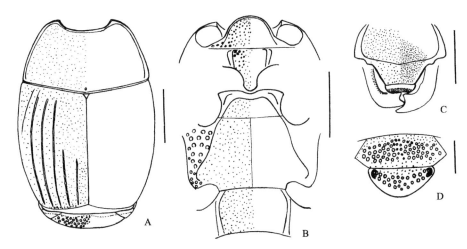

图 93　萨氏真卵阎甲 *Eurylister satzumae* (Lewis)

A. 前胸背板、鞘翅和前臀板（pronotum, elytra and propygidium）；B. 前胸腹板、中-后胸腹板和第 1 腹节腹板（prosternum, meso- and metasterna and the 1st visible abdominal sternum）；C. 头（head）；D. 前臀板和臀板（propygidium and pygidium）。

比例尺（scales）：A, B = 1.0 mm, C, D = 0.5 mm

咽板前缘宽圆；缘线完整；表面密布小刻点。前胸腹板龙骨中央较平坦，后缘圆；表面具较稀疏的微小刻点，端部两侧刻点较粗大；无龙骨线。前胸腹板侧线和侧缘线清晰。

中胸腹板前缘中央凹缺；缘线完整，前角处另有 1 条短弧线；表面刻点与前胸腹板龙骨的相似；中-后胸腹板缝浅。

后胸腹板基节间盘区刻点与中胸腹板的相似；中纵沟较深；后胸腹板侧线向后侧方延伸，末端向内弯曲，接近后足基节窝前缘；侧盘区密布大而浅的圆形刻点，大刻点之间混有细微刻点。

第 1 腹节腹板基节间盘区刻点与中胸腹板的相似；两侧各有 2 条腹侧线，内侧线完整，外侧线基部略短缩。

前足胫节较宽，外缘有 5 个齿，基部 3 个齿小；中足胫节外缘具 5 个刺，端部 2 个相互靠近。

观察标本：1♀, [台湾] Funkiko, 1927.VIII.26, J. Sonau leg.。

分布：台湾；日本。

(99) 树真卵阎甲 *Eurylister silvestre* (Schmidt, 1897)（图 94）

Platysoma silvestre Schmidt, 1897: 291 (Sumatra); Bickhardt, 1910c: 24 (catalogue); 1913a: 170
　　(China: Kosempo of Taiwan); 1917: 142.

Eurylister silvestre: Bickhardt, 1920a: 214; Desbordes, 1919: 371 (key); Mazur, 1984b: 237 (subg.
　　Eurylister of *Platysoma*; catalogue); 1997: 81 (catalogue; trans. to *Eblisia*); 2007a: 75 (*Eurylister*);
　　2011a: 58 (catalogue); Mazur in Löbl *et* Smetana, 2004: 87 (catalogue); Lackner *et al.* in Löbl *et*
　　Löbl, 2015: 106 (catalogue).

Platysoma bonifacyi Desbordes, 1919: 360; Coomman, 1948: 132 (synonymized).

体长 3.09-3.28 mm，体宽 2.22-2.41 mm。体卵形，较隆凸，黑色光亮，触角、口器和足红褐色。

头部表面密布细微刻点，端部微凹；额线完整；上唇前缘近于平直；上颚较粗壮，内侧有 1 齿。

前胸背板两侧略弧弯，向前收缩，端部 1/6 明显，前角锐角，前缘凹缺部分中央较直，后缘呈弓形；缘线于两侧完整，前端沿前角内弯；侧线于侧面和前缘均完整且靠近边缘；表面密布细微刻点，小盾片前区有 1 圆形小凹。

鞘翅两侧略弧弯。肩下线缺失；斜肩线微弱，位于基部 1/3；第 1-3 背线完整，第 4、5 背线位于端半部或更长；缝线缺失。鞘翅表面具稀疏的细微刻点。鞘翅缘折中央轻微隆凸；缘折缘线和鞘翅缘线均清晰完整。

前臀板具较密集的大而浅的圆形刻点，大刻点间及前后缘具较密集的细微刻点。臀板略隆凸，密布粗糙的圆形大刻点，较前臀板大刻点略小，前角处有 1 边缘不明显的大而浅的凹窝，其后端沿臀板边缘向后延伸但逐渐变浅；边缘略隆起。

咽板前缘宽圆；缘线完整；表面密布细微刻点，两侧刻点略大。前胸腹板龙骨中央隆凸，基部较平坦，后缘圆；刻点微小，较密集，端部两侧具粗大刻点；无龙骨线。前胸腹板侧线和侧缘线清晰。

中胸腹板前缘中央深凹；缘线完整，前角处另有 1 条弧线；表面刻点微小，较密集；中-后胸腹板缝细弱。

后胸腹板基节间盘区密布细微刻点；中纵沟浅；后胸腹板两侧各有 2 条侧线，内侧线向后侧方延伸，末端接近后侧角，外侧线很短，位于基部；侧盘区密布大而浅半圆形刻点，大刻点之间混有细微刻点。

第 1 腹节腹板基节间盘区刻点与后胸腹板基节间盘区的相似；两侧各有 2 条腹侧线，内侧线完整，外侧线位于端部 2/3。

前足胫节较宽，外缘有 4 个齿，基部 1 齿小；中足胫节外缘具 4 个刺，端部 2 个相互靠近。

雄性外生殖器如图 94E-H 所示。

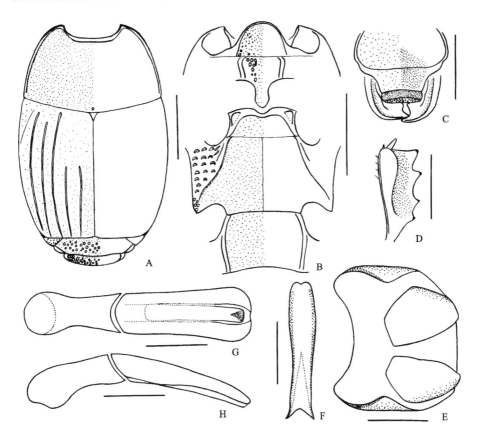

图 94　树真卵阎甲 *Eurylister silvestre* (Schmidt)

A. 前胸背板、鞘翅、前臀板和臀板（pronotum, elytra, propygidium and pygidium）；B. 前胸腹板、中-后胸腹板和第 1 腹节腹板（prosternum, meso- and metasterna and the 1st visible abdominal sternum）；C. 头（head）；D. 前足胫节，背面观（protibia, dorsal view）；E. 雄性第 8 腹节背板和腹板，腹面观（male 8th tergite and sternum, ventral view）；F. 雄性第 9 腹节腹板，腹面观（male 9th sternum, ventral view）；G. 阳茎，背面观（aedeagus, dorsal view）；H. 同上，侧面观（ditto, lateral view）。比例尺（scales）：A, B = 1.0 mm, C, D = 0.5 mm, E-H = 0.25 mm

观察标本：1♂，[台湾] Horisha, 1913.V, M. Maki leg.; 1 ex., [台湾] Musha, 1919.V.18-VI.15, T. Okuni leg., Y. Miwa det.; 1 号，广西龙津大青山，1964.V.14，杨集昆采，罗天宏鉴定，2003；1 号，海南尖峰岭，780 m，手捕，2004.VII.23，吴捷采。

分布：广西、海南、台湾；印度，尼泊尔，不丹，越南，马来半岛，印度尼西亚。

27. 直沟阎甲属 *Mendelius* Lewis, 1908

Mendelius Lewis, 1908: 141 (designated type species); Mazur, 2011a: 57 (catalogue); Lackner *et al.* in Löbl *et* Löbl, 2015: 106 (catalogue). **Type species:** *Eblisia tenuipes* Lewis, 1905.

体长卵形，扁平，两侧平行，棕色至沥青色。头部具额线；触角索节逐渐向端部加大，端锤卵形；上唇前缘中央凹缺；上颚顶端二裂。前胸背板宽大于长；缘线于两侧完整，于前缘和后缘中央宽阔间断或完整，于后缘呈钝齿状；侧线于两侧完整且强烈波曲远离边缘，前端宽阔间断由 1 端线取代；前角锐角。小盾片三角形。鞘翅肩下线缺失；斜肩线存在于基部 1/3；第 1-5 背线清晰，第 4 背线完整或存在于端部，第 5 背线基部短缩或仅存在于端部；缝线存在于端部。前臀板横宽。臀板外缘隆凸或具宽而深的沟注。咽板较宽，具缘线；前胸腹板龙骨较窄，基部具龙骨线且龙骨线后端常相连。中胸腹板前缘中央宽凹；两侧各有 2 条完整的线，内侧线于前缘完整，有时微弱间断。后胸腹板两侧各有 2 条近于平行的侧线。第 1 腹节腹板两侧各有 2 条腹侧线。各足胫节均略宽，外缘具齿；跗节沟直，短而浅；跗节较短（Lewis, 1908; Cooman, 1941; Ôhara and Mazur, 2002）。

分布：东洋区。

该属世界记录 3 种（Mazur, 2011a），中国记录 1 种。

(100) 细直沟阎甲 *Mendelius tenuipes* (Lewis, 1905)

Eblisia tenuipes Lewis, 1905b: 345 (China: Yunnan).

Mendelius tenuipes: Lewis, 1908: 141; Bickhardt, 1910c: 28 (catalogue); 1917: 161 (*Mendelius*); Cooman, 1941: 319 (trans. to *Nicotikis*); Mazur, 1984b: 221 (catalogue); 1997: 82 (catalogue); 2011a: 57 (catalogue); Mazur in Löbl *et* Smetana, 2004: 87 (catalogue; *Nicotikis*); Lackner *et al.* in Löbl *et* Löbl, 2015: 106 (catalogue).

描述根据 Lewis（1905b）整理：

体长 3-5 mm。体卵形，扁平，两侧平行，沥青色，光亮。头部具极细微的刻点，中央凹陷，额线于两侧清晰，于前角处间断，于前端细弱。前胸背板宽大于长；缘线于头后连续且不规则弧形弯曲；侧线波曲而浅，沿线微凹并布满皱纹。鞘翅缘线和缘折缘线细；无肩线；第 1-4 背线完整，第 5 背线与缝线平行，于基部短缩，但于基部有 1 小刻点。前臀板两侧微凹，刻点浅，不密集，卵圆形。臀板刻点更均匀，刻点圆形且两侧较深，外缘隆凸。前胸腹板龙骨于基部有细的龙骨线。中胸腹板于前缘中央凹缺；有 1 条细的缘线。足相当细长；前足胫节外缘有 5 个齿，跗节沟短而浅，不弯曲，跗节较短。

观察标本： 未检视标本。

分布： 云南。

28. 完额阁甲属 *Aulacosternus* Marseul, 1853

Aulacosternus Marseul, 1853: 234; Bickhardt, 1910c: 15 (catalogue); 1917: 132, 147; Mazur, 1984b:
　　253 (catalogue); 1997: 83 (catalogue); 2011a: 55 (catalogue). **Type species:** *Aulacosternus zelandicus*
　　Marseul, 1853. By monotypy.
Sternaulax Marseul, 1863 (1862): 705; Mazur, 2011a: 55 (replacement name, catalogue).

体长卵形，很厚，略隆凸。头中等大小，额线仅存在于两侧，前端终止于复眼前缘，额和口上片没有分开；上唇横宽，前端向外凸出；上颚粗壮且对称，内侧有 1 齿；触角着生在额前缘复眼之前，柄节强烈弯曲，顶端粗，鞭节分 7 节，端锤扁平，卵形，由 4 节组成，具软毛；触角窝深，位于前胸背板前角下方。前胸背板横宽，微弱隆凸。小盾片小，三角形。鞘翅很平坦，端部平截；具肩下线和几条背线。前臀板短，横宽，倾斜；臀板三角形，后缘圆，几乎垂直。咽板较宽阔，与前胸腹板龙骨之间有 1 条清晰的缝；前胸腹板龙骨窄，具龙骨线。中胸腹板短，前缘中央凹缺，缘线完整。后胸腹板基节间盘区两侧各有 1 条侧线。第 1 腹节腹板基节间盘区两侧各有 1 条侧线。腿节扁平且宽，内侧有 1 条沟。前足胫节宽，跗节沟清晰，外缘具若干齿；中足和后足胫节端部加宽，外缘锯齿状。阳茎基片短，侧叶两侧几乎平行，端部不完全分离。

分布： 澳洲区和东洋区。

该属全世界共记录 2 种，中国记录 1 种。

(101) 完额阁甲 *Aulacosternus zelandicus* Marseul, 1853（图 95）

Aulacosternus zelandicus Marseul, 1853: 236 (New Zealand); 1862: 705 (trans. to *Sternaulax*); Broun,
　　1880: 162 (*Sternaulax zealandicus* [sic!]); Bickhardt, 1910c: 16 (catalogue; *Sternaulax zealandica*
　　[sic!]); 1917: 148 (*Sternaulax zealandica* [sic!]); Lewis, 1915: 55 (China: Kotosho of Taiwan);
　　Mazur, 1984b: 253 (catalogue); 1997: 83 (catalogue); 2011a: 55 (catalogue).
Sternaulax laevis Sharp, 1876: 25; Broun, 1880: 163 (synonymized).
Hister grandis: Broun, 1877: 372; 1880: 163 (synonymized).

体长 6.32 mm，体宽 4.88 mm。体卵形，隆凸，黑色光亮，触角、口器和足暗褐色。头部平坦，表面密布细小刻点；额线仅位于两侧复眼内侧；上唇横宽，前缘中央略凹；上颚粗壮，内侧有 1 齿。

前胸背板两侧近于直线，向前收缩，端部 1/6 弓弯，强烈向前收缩，前角近于直角，前缘凹缺部分中央略呈弧形，后缘两侧较直，中间呈钝角；缘线于两侧完整，前端于头后宽阔间断；侧线完整，于头后深刻钝齿状，于两侧由 1 不规则的粗大刻点行组成；表面刻点与头部的相似但较稀疏，沿后缘（中间除外）有 1 粗大刻点行，小盾片前区有 1

大的圆形凹窝。

鞘翅两侧略弧弯。外肩下线深刻，位于鞘翅端部 3/4；内肩下线无；斜肩线微弱，位于鞘翅基部 1/3，前端有 1 大的椭圆形凹洼；第 1 背线存在于端部 3/4 且较细，基部原基为较大的椭圆形凹洼；第 2 背线存在于基部 1/3，细且倾斜，前端有 1 大的圆形凹洼，端部靠近第 1 背线也有短的钝齿状原基；第 3 背线仅于端部有 1 短的钝齿状原基；第 4、5 背线仅于端部有微弱的原基；缝线无。鞘翅表面刻点稀疏细小，较前胸背板刻点更稀疏。缘折缘线完整，沿缘折边缘波曲；鞘翅缘线完整，与缘折缘线平行，后端沿鞘翅后缘延伸，到达缝缘并向基部弯曲、略延伸。

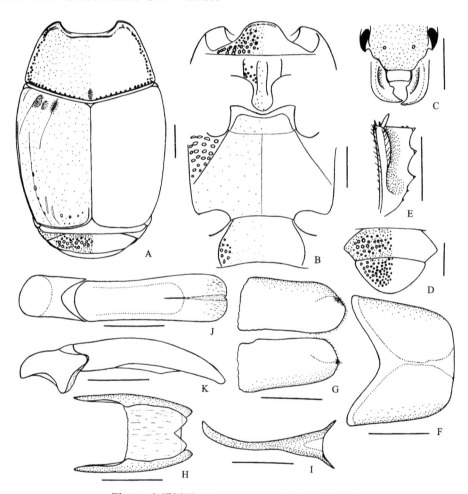

图 95　完额阎甲 *Aulacosternus zelandicus* Marseul

A. 前胸背板、鞘翅和前臀板（pronotum, elytra and propygidium）；B. 前胸腹板、中-后胸腹板和第 1 腹节腹板（prosternum, meso- and metasterna and the 1st visible abdominal sternum）；C. 头（head）；D. 前臀板和臀板（propygidium and pygidium）；E. 前足胫节，背面观（protibia, dorsal view）；F. 雄性第 8 腹节背板，背面观（male 8th tergite, dorsal view）；G. 雄性第 8 腹节腹板，腹面观（male 8th sternum, ventral view）；H. 雄性第 9、10 腹节背板，背面观（male 9th and 10th tergites, dorsal view）；I. 雄性第 9 腹节腹板，腹面观（male 9th sternum, ventral view）；J. 阳茎，背面观（aedeagus, dorsal view）；K. 同上，侧面观（ditto, lateral view）。比例尺（scales）：A-E = 1.0 mm, F-K = 0.5 mm

前臀板除边缘外具略密集的圆形大刻点，刻点向中部略小略稀疏，边缘具密集细小的刻点。臀板略隆凸，两侧前角处轻微凹陷；表面密布粗大的圆形刻点两侧刻点较大，中部刻点略小，沿后缘光滑，无粗大刻点。

咽板前缘宽圆；缘线细弱，仅位于前端；表面两侧刻点粗大，较密集，混有细小刻点，纵向中央密布细小刻点。前胸腹板龙骨较窄，略隆凸，后缘向外弓弯；表面具稀疏的细小刻点，龙骨线外侧刻点粗大；龙骨线深刻，位于两侧端部 3/4。前胸腹板侧线清晰。

中胸腹板前缘中央宽阔深凹；缘线完整；前角处粗糙，具粗大刻点；表面刻点稀疏细小；中-后胸腹板缝细弱。

后胸腹板基节间盘区宽阔、平坦，刻点与中胸腹板的相似；中纵沟浅；后胸腹板侧线较深刻，位于后胸腹板基部 2/3，向后侧方延伸，接近后胸腹板-后胸前侧片缝；侧盘区具较密集的大而浅的半圆形刻点。

第 1 腹节腹板基节间盘区刻点与中胸腹板的相似，两侧端部混有几个粗大刻点；腹侧线完整，清晰而向外弓弯。

前足胫节较宽，外缘有 3 个大齿；中足胫节外缘具 4 个刺，端部 2 个相互靠近。

雄性外生殖器如图 95F-K 所示。

观察标本：1♂，[台湾] Kotosha, T. Shiraki and Y. Miwa det.。

分布：台湾；新西兰。

29. 大阎甲属 *Plaesius* Erichson, 1834

Plaesius Erichson, 1834: 101; Bickhardt, 1910c: 14; 1917: 132, 148; Mazur, 1984b: 255 (catalogue); 1997: 84 (catalogue); Ôhara *et* Mazur, 2000: 22 (notes); 2011a: 54 (catalogue); Mazur in Löbl *et* Smetana, 2004: 88 (catalogue); Lackner *et al.* in Löbl *et* Löbl, 2015: 106 (catalogue). **Type species:** *Plaesius javanus* Erichson, 1834. By monotypy.

体大型，长卵形，略隆凸。头大；复眼略突出；额线不规则，于前端中央间断；上唇横宽，前缘直或中央微凹；上颚有 1 齿；触角柄节长而弯曲，端部变粗，鞭节 7 节，第 1 节长于其余各节，端部变宽，端锤卵形，多毛，扁平，由 4 节组成，有倾斜的缝。前胸背板两侧略呈弓形，缘线细，通常完整，侧线发达，仅存在于侧面。小盾片小，三角形。鞘翅略隆凸，顶端横截，具肩下线和背线，外肩下线和第 1 背线通常完整，内侧的背线不完整，通常由刻点行取代。前臀板横宽，六边形。臀板三角形，多少隆凸，几乎垂直。咽板宽且长，前缘圆，与龙骨间有 1 缝；前胸腹板龙骨很窄，后缘圆；具龙骨线。中胸腹板横宽，前缘中央深凹，缘线于前端缺失或完整。足强壮，胫节，尤其是前足胫节端部加宽，前足胫节外缘有 2 个大齿和一些刺，跗节沟清晰且深；中、后足胫节外缘无大齿，后足胫节外缘有 3 排刺。阳茎基片短，侧叶端部多变。

分布：东洋区。

该属世界记录 2 亚属 15 种，中国记录 2 亚属 3 种。

亚属和种检索表

1. 中胸腹板缘线完整或于中央狭窄间断（**异胸阎甲亚属 *Hyposolenus***）··································
··· 孟加拉大阎甲 *P. (H.) bengalensis*
　中胸腹板缘线于中央宽阔间断（**大阎甲亚属 *Plaesius***）···2
2. 前胸背板缘线于两侧完整，前端于头后狭窄间断；鞘翅缝线位于端半部···································
··· 爪哇大阎甲 *P. (P.) javanus*
　前胸背板缘线完整；鞘翅缝线缺失···································· 莫氏大阎甲 *P. (P.) mohouti*

10) 大阎甲亚属 *Plaesius* Erichson, 1834

(102) 爪哇大阎甲 *Plaesius (Plaesius) javanus* Erichson, 1834（图 96）

Plaesius javanus Erichson, 1834: 102 (Java); Lewis, 1904: 141; 1915: 55 (China: Kotosho of Taiwan);
　　Bickhardt, 1910c: 15 (catalogue); 1917: 149; Desbordes, 1919: 343 (Chine; key); Gomy, 1983: 336;
　　Mazur, 1984b: 256 (catalogue); 1997: 84 (catalogue); 2011a: 54 (catalogue); Ôhara *et* Mazur, 2000:
　　23 (redescription, figures); Mazur in Löbl *et* Smetana, 2004: 88 (catalogue); Lackner *et al.* in Löbl *et*
　　Löbl, 2015: 107 (catalogue).
Platysoma orthogonium Dejean, 1837: 143 (nom. nud.); Marseul, 1857: 471 (synonymized).

体长 9.04-13.7 mm，体宽 6.00-9.37 mm。体长椭圆形，略隆凸，黑色光亮，触角端锤、下颚须和足上的刚毛红褐色。

头部表面平坦，额中央有 1 大的圆形凹陷；表面密布细微刻点；额线刻点状，于侧面微弱，于前端较明显且中央较宽阔间断。

前胸背板两侧基部 1/3 近于平行，端部弧弯，向前收缩，前角圆，前缘凹缺部分中央较直，后缘呈弓形；缘线于两侧完整，前端于中央狭窄间断；侧线于两侧完整，宽而深，外缘隆起；表面具细微的革状底纹和较稀疏的细微刻点，侧线内侧区域具密集的粗糙刻点，于前角之后更密集，沿后缘两侧也有几个略粗糙的刻点，小盾片前区有 1 纵向刻痕。

鞘翅两侧略弧弯。外肩下线完整深刻且基部 1/3 波曲；内肩下线位于鞘翅端半部或略短；斜肩线细弱，位于鞘翅基部 1/4；第 1 背线完整，其末端有时和内肩下线相连，第 2 背线位于端半部或略长，有时不明显向基部延伸，近于完整，第 3 背线位于端部 1/3 或略短，有时向基部有不明显延伸的痕迹，第 2、3 背线末端有时相连，第 4 背线短，位于端部 1/6，有时向基部有不明显延伸的痕迹，第 5 背线于端部有很短的刻痕或缺失；缝线位于端部 1/3 或略长，靠近鞘翅缝。鞘翅表面具细微的革状底纹和稀疏的细微刻点，沿鞘翅后缘的窄带具略粗大的密集的刻点。鞘翅缘折密布粗糙刻点；具 2 条缘折缘线，外侧的较细弱，位于端半部，内侧的完整并沿缘折边缘形状弯曲；鞘翅缘线完整，后端沿鞘翅后缘延伸到达缝缘并与缝线相连。

前臀板密布大而浅的圆形刻点，侧缘及后缘刻点略小。臀板密布大而深的圆形刻点，较前臀板刻点略小。

咽板宽，前缘宽圆或横截；缘线完整深刻；表面中端部具较密集粗大的圆形深刻点，前缘中部刻点密集细小，其余区域刻点稀疏微小。前胸腹板龙骨窄，后缘圆；表面平坦并具密布细小刻点；龙骨线清晰，位于端部 2/3 或略短，前端 1/2 平行，后端 1/2 相互背离。前胸腹板侧线清晰。

中胸腹板前缘中央深凹；缘线于前端中央宽阔间断，于两侧完整或后端略短缩；表面具稀疏的细微刻点，两侧前角处粗糙；中-后胸腹板缝细弱。

后胸腹板基节间盘区刻点与中胸腹板的相似；中纵沟清晰；后胸腹板侧线向后侧方延伸，位于基部不足 1/2；侧盘区基部密布由半圆形大刻点相连形成的粗糙的横向皱纹，端部密布粗大的圆形刻点；中足基节后线缺失。

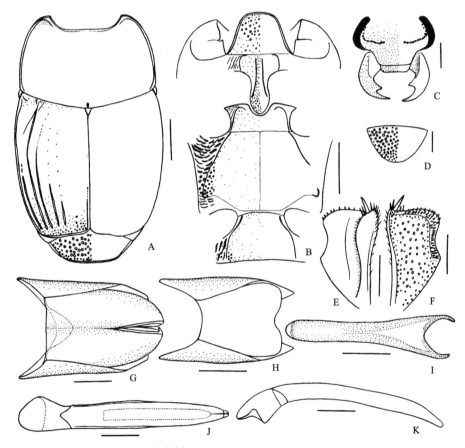

图 96　爪哇大阎甲 *Plaesius* (*Plaesius*) *javanus* Erichson

A. 前胸背板、鞘翅和前臀板（pronotum, elytra and propygidium）；B. 前胸腹板、中-后胸腹板和第 1 腹节腹板（prosternum, meso- and metasterna and the 1st visible abdominal sternum）；C. 头（head）；D. 臀板（pygidium）；E. 前足胫节，背面观（protibia, dorsal view）；F. 同上，腹面观（ditto, ventral view）；G. 雄性第 8 腹节背板和腹板，腹面观（male 8th tergite and sternum, ventral view）；H. 雄性第 9、10 腹节背板，背面观（male 9th and 10th tergites, dorsal view）；I. 雄性第 9 腹节腹板，腹面观（male 9th sternum, ventral view）；J. 阳茎，背面观（aedeagus, dorsal view）；K. 同上，侧面观（ditto, lateral view）。比例尺（scales）：A, B = 2.0 mm, C-F = 1.0 mm, G-K = 0.5 mm

第1腹节腹板基节间盘区刻点与中胸腹板的相似，后角处有几个较粗糙的刻点；腹侧线近于完整，端部略短缩；侧盘区密布纵向皱纹。

前足胫节宽，外缘有2个大齿，腹面沿前缘和侧缘具密集粗短的刺，大约排列成2-3行，腹面密布粗糙刻点；中、后足胫节外缘具密集粗壮的刺，排成3列。

雄性外生殖器如图96G-K所示。

观察标本：6 exs., Java (爪哇), 1919.XII.5; 1 ex., Java, 1920.II.12; 38 exs., Java, 1938.II., Okuda leg.; 4 exs., Java, 1938.II; 1 ex., Hoa-Binh Tonkin (越南东京湾和平), 1934, de Cooman leg.; 1 ex., Hoa-Binh Tonkin, 1935, de Cooman leg.; 1 ex., Hoa-Binh Tonkin, 1936, de Cooman leg.; 1♂, 1♀, Hoa-Binh Tonkin, 1937, de Cooman leg.; 1♂, 4♀, 4 exs., Hoa-Binh Tonkin, 1939, de Cooman leg.; 3 exs., Hoa-Binh Tonkin, 1940, de Cooman leg.; 1 ex., Y. Miwa det.; 1号，云南车里大勐龙，600 m，1957.IV.29，刘大华采，Kryzhanovskij鉴定，1962。

分布：云南、台湾；印度，中南半岛，马来半岛，印度尼西亚，斐济，海地，特立尼达岛，牙买加。

(103) 莫氏大阎甲 *Plaesius (Plaesius) mohouti* Lewis, 1879 （图97）

Plaesius mohouti Lewis, 1879b: 76 (Laos); 1904: 140; Bickhardt, 1910c: 15 (catalogue); 1917: 149; Mazur, 1984b: 256 (catalogue); 1997: 84 (catalogue); 2011a: 54 (catalogue).

体长9.80-11.60 mm，体宽6.60-8.60 mm。体长卵形，略隆凸，黑色光亮，触角端锤、下颚须和足上的刚毛红褐色。

头部表面平坦，额中央有1大的圆形凹陷；表面密布细微刻点，沿额线内侧刻点粗大，口上片基部两侧也有粗大刻点；额线刻点状，于侧面微弱，于前端较明显，前端中央狭窄间断；上唇前缘有隆起的边。

前胸背板两侧略呈弓形向前收缩，前端1/5更明显，前角较圆钝，前缘凹缺部分中央直，后缘呈弓形；缘线完整；侧线于两侧完整，宽而深，外缘隆起；表面具细微的革状底纹和较稀疏的细微刻点，侧线内侧较宽的区域具密集或稀疏的大而深的刻点，于前角之后密集，小盾片前区有1圆形大刻点。

鞘翅两侧略弧弯。外肩下线深刻，位于鞘翅中部3/5，基部1/3轻微波曲；内肩下线位于端部3/5；斜肩线微弱，位于鞘翅基部1/4；第1背线完整深刻，第2背线近于完整，基部略短缩，第3背线短，位于端部，偶尔于鞘翅基部1/4有微弱原基，第4背线更短，位于端部，由几个大刻点组成，有时缺失；第5背线和缝线缺失。鞘翅表面具细微的革状底纹和稀疏的细微刻点，沿鞘翅后缘刻点略微密集粗大。鞘翅缘折密布小刻点；具2条缘折缘线，外侧的细弱，位于端半部，内侧的完整并沿缘折边缘形状弯曲；鞘翅缘线完整，后端沿鞘翅后缘延伸到达缝缘并向基部弯曲。

前臀板密布大而浅的圆形刻点，中部刻点小而稀疏，沿后缘刻点较侧面刻点略小，但更密集；前臀板两侧1/3微凹。臀板密布大而深的圆形刻点，沿后缘刻点略小。

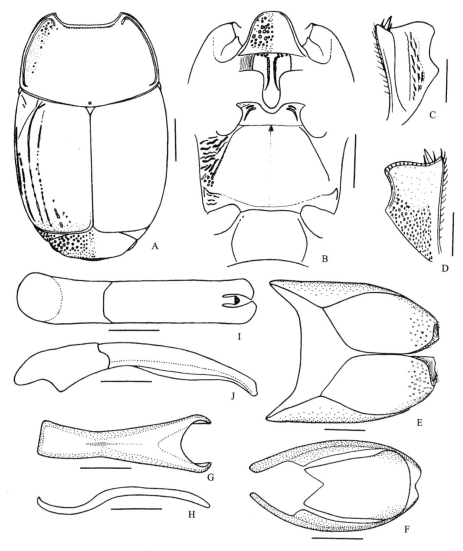

图 97　莫氏大阎甲 *Plaesius (Plaesius) mohouti* Lewis

A. 前胸背板、鞘翅和前臀板（pronotum, elytra and propygidium）；B. 前胸腹板、中-后胸腹板和第 1 腹节腹板（prosternum, meso- and metasterna and the 1st visible abdominal sternum）；C. 前足胫节，背面观（protibia, dorsal view）；D. 同上，腹面观（ditto, ventral view）；E. 雄性第 8 腹节背板和腹板，腹面观（male 8th tergite and sternum, ventral view）；F. 雄性第 9、10 腹节背板，背面观（male 9th and 10th tergites, dorsal view）；G. 雄性第 9 腹节腹板，腹面观（male 9th sternum, ventral view）；H. 同上，侧面观（ditto, lateral view）；I. 阳茎，背面观（aedeagus, dorsal view）；J. 同上，侧面观（ditto, lateral view）。比例尺（scales）：A, B = 2.0 mm, C, D = 1.0 mm, E-J = 0.5 mm

　　咽板宽，前缘平截；缘线于两侧完整，于前端中央宽阔间断；表面具不规则分布的较密集的圆形大刻点，前后缘具细小刻点。前胸腹板龙骨窄，后缘圆；表面平坦并密布细微刻点；龙骨线清晰，其内侧有 1 行粗大刻点，近于完整，于基部略短缩，前端 1/2 平行，后端 1/2 沿龙骨边缘弧弯。前胸腹板侧线清晰。

　　中胸腹板前缘中央深凹；缘线于前端中央宽阔间断，于两侧后端略短缩，两侧前角处另有 1 条短线；表面具较密集的细微刻点；中-后胸腹板缝细弱。

后胸腹板基节间盘区刻点与中胸腹板的相似；中纵沟清晰或微弱，前端靠近中-后胸腹板缝的区域凹陷；后胸腹板侧线向后侧方延伸，位于基部 2/3；侧盘区密布粗糙的横向皱纹，端部具粗大刻点；中足基节后线缺失。

第 1 腹节腹板基节间盘区刻点与中胸腹板的相似；腹侧线近于完整，基部略短缩；侧盘区具细微的纵向皱纹。

前足胫节宽，外缘有 2 个大齿；腹面沿前缘有 1 行短刺，腹面基半部密布粗糙刻点；中、后足胫节外缘具密集粗壮的小刺，排成 2 列。

雄性外生殖器如图 97E-J 所示。

观察标本：2♀, 2exs., Hoa-Binh Tonkin (越南东京湾和平), 1934, de Cooman leg.; 1♀, 3exs., Hoa-Binh Tonkin, 1935, de Cooman leg.; 1♂, 1 ex., Hoa-Binh Tonkin, 1936, de Cooman leg.; 2♂, 1♀, 5 exs., Hoa-Binh Tonkin, 1939, de Cooman leg.; 1 号，云南金平勐腊，400 m，1956.IV.28，黄克仁采，Kryzhanovskij 鉴定，1962；2 号，云南金平勐腊，370 m，1956.V.4，黄克仁采，Kryzhanovskij 鉴定，1962。

分布：云南；越南，老挝，泰国。

11) 异胸阎甲亚属 *Hyposolenus* Lewis, 1907

Hyposolenus Lewis, 1907b: 97; Bickhardt, 1910c: 15 (catalogue); 1917: 132, 150; Mazur, 1984b: 256 (catalogue); 1997: 85 (catalogue); 2011a: 55 (catalogue); Ôhara *et* Mazur, 2000: 23 (notes) ; Mazur in Löbl *et* Smetana, 2004: 88 (catalogue); Lackner *et al.* in Löbl *et* Löbl, 2015: 106 (catalogue). **Type species:** *Plaesius laevigatus* Marseul, 1853. Original designation.

(104) 孟加拉大阎甲 *Plaesius* (*Hyposolenus*) *bengalensis* Lewis, 1906（图 98）

Plaesius bengalensis Lewis, 1906a: 338 (Bengalen); 1907b: 97 (genus *Hyposolenus*); Bickhardt, 1910c: 15 (catalogue); 1917: 150; Desbordes, 1919: 346 (key); Mazur, 1984b: 256 (catalogue); 1997: 85 (catalogue); 2011a: 55 (catalogue); Mazur in Löbl *et* Smetana, 2004: 88 (catalogue); Lackner *et al.* in Löbl *et* Löbl, 2015: 107 (catalogue).

体长 9.70-12.25 mm，体宽 7.00-8.88 mm。体长卵形，略隆凸，黑色光亮，触角端锤、下颚须和足上的刚毛红褐色。

头部表面平坦，密布细微刻点；额线刻点状，两侧几乎缺失，前端中央宽阔间断，仅余前端两侧 2 条短弧线；上唇前缘中央偏右侧凹缺。

前胸背板两侧微呈弓形向前收缩，前端 1/5 更明显，前角圆，前缘凹缺部分中央直，后缘呈弓形；缘线完整深刻；侧线于两侧完整且远离边缘，宽而深；表面具细微的革状底纹和较稀疏的细微刻点，小盾片前区有 1 纵向刻痕。

鞘翅两侧略弧弯。外肩下线完整，基部 1/3 轻微波曲；内肩下线位于端半部；斜肩线微弱，位于鞘翅基部 1/4；第 1 背线完整深刻，第 2 背线位于端部 1/3 或更短，第 3 背线较第 2 背线短，通常刻点状，第 4 背线最短，由几个刻点组成；第 5 背线和缝线缺失。
鞘翅表面具细微的革状底纹和稀疏的细微刻点。鞘翅缘折密布粗糙刻点；缘折缘线完整
并沿缘折边缘形状弯曲；鞘翅缘线完整，约与缘折缘线平行，后端沿鞘翅后缘延伸到达
缝缘并向基部弯曲，略延伸。

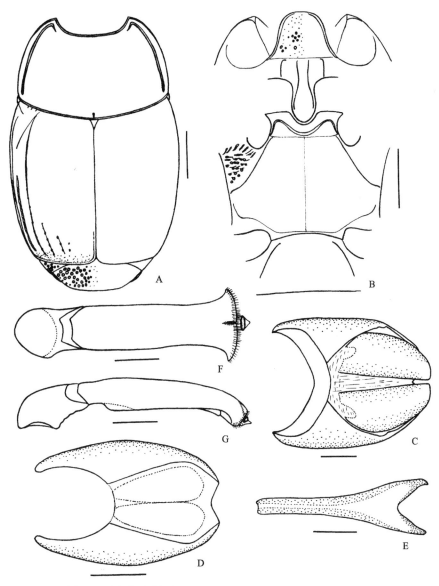

图 98　孟加拉大阎甲 *Plaesius* (*Hyposolenus*) *bengalensis* Lewis

A. 前胸背板、鞘翅和前臀板（pronotum, elytra and propygidium）；B. 前胸腹板、中-后胸腹板和第 1 腹节腹板（prosternum,
meso- and metasterna and the 1st visible abdominal sternum）；C. 雄性第 8 腹节背板和腹板，腹面观（male 8th tergite and sternum,
ventral view）；D. 雄性第 9、10 腹节背板，背面观（male 9th and 10th tergites, dorsal view）；E. 雄性第 9 腹节腹板，腹面观
（male 9th sternum, ventral view）；F. 阳茎，背面观（aedeagus, dorsal view）；G. 同上，侧面观（ditto, lateral view）。比例尺
（scales）：A, B = 2.0 mm, C-G = 0.5 mm

前臀板具细微的革状底纹，密布大而深的圆形刻点，刻点向中央和后缘渐小而稀疏。臀板密布大而深的圆形刻点，刻点向后缘渐小而稀疏。

咽板宽，前缘平截；缘线于前端中央狭窄间断；表面密布细微刻点，中部到基部具不规则的大而深的刻点。前胸腹板龙骨窄，后缘圆；表面平坦并具稀疏细微的刻点；龙骨线清晰，位于端部 3/4 或前后端均略有短缩，龙骨线前端 1/2 近于平行，后端 1/2 沿龙骨边缘弧弯。前胸腹板侧线清晰。

中胸腹板前缘中央深凹；缘线深刻完整，强烈双波状，两侧末端有时略短缩，中央剧烈向后弓弯，约与前缘凹缺平行，中间靠近中-后胸腹板缝；两侧前角处另有 1 细弱的短线；表面具稀疏的细微刻点；中-后胸腹板缝微弱。

后胸腹板基节间盘区刻点与中胸腹板的相似；中纵沟清晰；后胸腹板侧线向后侧方延伸，位于基部 2/3，末端接近后胸腹板-后胸前侧片缝；侧盘区密集横向皱纹；中足基节后线缺失。

第 1 腹节腹板基节间盘区刻点与中胸腹板的相似；腹侧线前后端均短缩；侧盘区密布细微的纵向皱纹。

前足胫节宽，外缘有 2 个大齿；腹面沿前缘和侧缘具密集粗短的刺，腹面密布粗糙刻点；中、后足胫节外缘具密集粗壮的刺，排成 3 列。

雄性外生殖器如图 98C-G 所示。

观察标本：2 号，云南西双版纳橄曼嗒，580 m，1957.IV.22，蒲富基采，Kryzhanovskij 鉴定，1962；1 号，云南小勐养，850 m，1957.V.3，梁秋珍采，Kryzhanovskij 鉴定，1962；1 号，云南小勐养，850 m，1957.V.4，梁秋珍采，Kryzhanovskij 鉴定，1962；1 号，广西那坡百合，440 m，1998.IV.7，武春生采，罗天宏鉴定，2003；1♂，3 号，广西那坡弄化，960 m，1998.IV.13，周海生采，罗天宏鉴定，2003；1 号，广西龙州三联，350 m，2000.VI.13，陈军采，罗天宏鉴定，2003；1 号，西双版纳勐腊西片，720 m，倒木，2004.II.16，吴捷采。

分布：广西、云南；印度，孟加拉国。

四）斜臀阎甲族 Omalodini Kryzhanovskij, 1972

Omalodini Kryzhanovskij, 1972b: 19; Mazur, 1984b: 222 (catalogue); 1997: 85 (catalogue); 2011a: 72 (catalogue); Mazur in Löbl et Smetana, 2004: 86 (catalogue); Lackner et al. in Löbl et Löbl, 2015: 105 (catalogue).

Omalodini Reichardt, 1941: 37 (nom. nud.).

Type genus: *Omalodes* Erichson, 1834.

体隆凸，通常宽卵形，两侧略近于平行；头可收缩，静止时垂直；触角端锤每侧各有 2 条倾斜的缝，"V" 形，这 2 条缝于腹面完整；前臀板强烈倾斜或近于垂直，臀板向下弯；咽板横宽，宽至少是长的 2 倍。

分布：主要分布在新北区和新热带区，少数分布在马达加斯加和科摩罗群岛，1 种分布在东洋区。

该族世界记录 12 属 100 余种，中国记录 1 属 1 种。

30. 脊额阎甲属 *Lewisister* Bickhardt, 1912

Lewisister Bickhardt, 1912b: 222; 1917: 167; Mazur, 1984b: 290 (in Exosternini, catalogue); 1997: 90 (catalogue); 2011a: 75 (catalogue); Mazur in Löbl *et* Smetana, 2004: 86 (catalogue); Lackner *et al.* in Löbl *et* Löbl, 2015: 105 (catalogue). **Type species:** *Lewisister excellens* Bickhardt, 1912. By monotypy.

体长卵形，强烈隆凸。头部可收缩；额和口上片均深凹，二者之间有清晰的龙骨状分界；两侧复眼内侧具强烈隆起的脊；上唇半圆形；触角柄节前端具 2 个小齿，鞭节 7 节，端锤长卵形，触角窝位于前胸背板前角下方。前胸背板后缘中央为 1 钝角；具缘线和侧线，侧线远离边缘。小盾片三角形。鞘翅具少数几条背线。前臀板大且很长，臀板位于腹面。咽板宽大，前缘宽圆；前胸腹板龙骨很宽，基部平截，具龙骨线。中胸腹板宽，很短，前缘微弱双波状，具缘线。胫节适度加宽；前足胫节外缘具细刺，跗节沟较直（Bickhardt, 1912b, 1917）。

分布：东洋区。

该属世界仅记录 1 种，中国记录 1 种。

(105) 脊额阎甲 *Lewisister excellens* Bickhardt, 1912（图 99）

Lewisister excellens Bickhardt, 1912b: 223 (Java); 1917: 167; Mazur, 1984b: 290 (catalogue); 1997: 90 (catalogue); Ôhara *et al.*, 2001: 20; 2008: 90 (China: Taiwan); 2011a: 75 (catalogue); Mazur in Löbl *et* Smetana, 2004: 86 (catalogue); Lackner *et al.* in Löbl *et* Löbl, 2015: 105 (catalogue).

Lewisister curvistrius Bickhardt, 1914b: 313 (Sumatra); 1917: 167; Desbordes, 1917a: 317 (key); Mazur, 1997: 90 (synonymized).

体长 4.24 mm，体宽 3.32 mm。体长卵形，隆凸，黑色光亮，胫节、跗节和触角深棕色。

头部表面额前端 1/2 强烈凹陷，口上片中央强烈凹陷，二者之间有清晰的不凹陷的分界；额表面具稀疏的细微刻点，口上片刻点较额部的略大略密；额线存在于两侧，宽沟状，外侧为隆起的脊；上唇横宽，刻点与口上片的相似，前缘较直；上颚粗壮。

前胸背板两侧于基部 3/4 轻微弧弯向前收缩，端部 1/4 强烈弓弯，前角钝，前缘凹缺部分中央较直，后缘两侧较直，中间成角；缘线于两侧完整且基部 2/3 非常接近边缘；侧线于两侧完整深刻，微弱波曲且较远离边缘，于前端中央宽阔间断，代之以 1 条完整的端线；表面具稀疏的细微刻点，小盾片前区有 1 较大的纵向椭圆形凹窝。

鞘翅两侧弧弯。肩下线缺失；斜肩线细，位于鞘翅基部 1/3；第 1-2 背线完整深刻，并沿鞘翅两侧形状弧弯，第 2 背线基部略有短缩，第 3 背线位于基部 1/2 和端部 1/8，其间断部分有细弱的不明显的痕迹，第 4 背线仅于基部和端部有很短的原基，第 5 背线缺失，仅在基部有 1 大刻点；缝线位于端部 2/3。鞘翅表面具稀疏的细微刻点，沿后缘有一些粗大刻点。缘折缘线和鞘翅缘线均完整，二者近于平行，鞘翅缘线内侧区域凹陷。

前臀板隆凸，密布大而深的圆形刻点，混有稀疏的细微刻点。臀板于背面观不可见，密布大而深的圆形刻点，较前臀板刻点小，大刻点之间及沿后缘的窄带具稀疏的细微刻点。

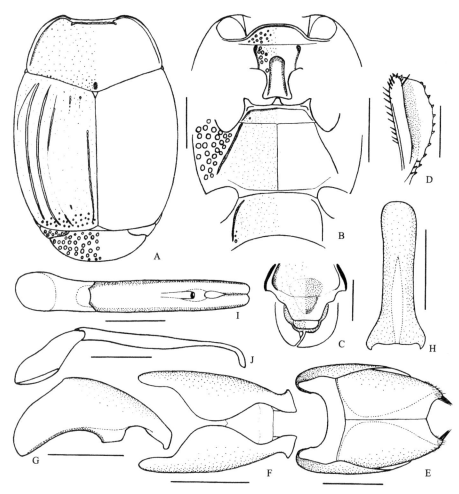

图 99 脊额阎甲 *Lewisister excellens* Bickhardt

A. 前胸背板、鞘翅和前臀板（pronotum, elytra and propygidium）；B. 前胸腹板、中-后胸腹板和第 1 腹节腹板（prosternum, meso- and metasterna and the 1st visible abdominal sternum）；C. 头（head）；D. 前足胫节，背面观（protibia, dorsal view）；E. 雄性第 8 腹节背板和腹板，腹面观（male 8th tergite and sternum, ventral view）；F. 雄性第 9、10 腹节背板，背面观（male 9th and 10th tergites, dorsal view）；G. 同上，侧面观（ditto, lateral view）；H. 雄性第 9 腹节腹板，腹面观（male 9th sternum, ventral view）；I. 阳茎，背面观（aedeagus, dorsal view）；J. 同上，侧面观（ditto, lateral view）。比例尺（scales）：A, B = 1.0 mm, C-J = 0.5 mm

咽板前缘宽圆；缘线完整；表面具稀疏的细微刻点，两侧密布粗大刻点。前胸腹板龙骨较平坦，后缘较直；表面刻点稀疏细小；龙骨线位于基部 3/4，不达前缘，且前端相连，基部略向后背离。前胸腹板侧线强烈隆起，其内侧刻点粗大。

中胸腹板前缘中央宽阔平截；缘线完整深刻，后端接近后胸腹板侧线但不与之相连；表面具略稀疏的细微刻点；中-后胸腹板缝细弱。

后胸腹板基节间盘区刻点与中胸腹板的相似；后胸腹板侧线深刻，向后侧方延伸，位于基部 2/3；侧盘区密布大而深的圆形刻点。

第 1 腹节腹板基节间盘区刻点与中胸腹板的相似；腹侧线完整深刻。

前足胫节宽，外缘有 12 个小齿；中足胫节略宽，外缘有 5 个小齿和 4 个刺；后足胫节较细长，外缘有若干刺。

雄性外生殖器如图 99E-J 所示。

观察标本： 1♂, China Fujian prov. (福建省), Shaowu env., 1991.VI.13-16.。

分布： 福建、台湾；尼泊尔，泰国，印度尼西亚。

五）阎甲族 Histerini Gyllenhal, 1808

Histeroides Gyllenhal, 1808: 74.
Histerini: Schmidt, 1885c: 281 (part.); Ganglbauer, 1899: 354 (part.); Reitter, 1909: 280, 289; Bickhardt, 1914a: 308; 1916b: 21; 1917: 154; 1919: 1; Reichardt, 1941: 35; Wenzel, 1944: 123; Wenzel in Arnett, 1962: 376, 381; Kryzhanovskij et Reichardt, 1976: 297; Olexa, 1982b: 201 (key); Mazur, 1984b: 163 (catalogue); 1997: 91 (catalogue); 2011a: 77 (catalogue); Ôhara et Paik, 1998: 9 (key); Ôhara: 1999b: 5 (key to Taiwan of China); Yélamos, 2002: 100 (character, key), 368; Lackner et al. in Löbl et Löbl, 2015: 91 (catalogue).
Histerina: Jakobson, 1911: 638, 642 (part.); Yélamos et Ferrer, 1988: 183.
Type genus: Hister Linnaeus, 1758.

体中型或大型，卵形或长卵形，隆凸；触角端锤有 2 条完整的直缝，柄节很长，明显向索节弯曲，后者短；前胸背板侧线多变；鞘翅具肩下线及多变的背线；咽板具缘线；前胸腹板龙骨有时具退化的龙骨线；中胸腹板前缘直或中央凹缺；后胸腹板两侧通常有自后胸腹板-后胸前侧片缝中央向内延伸的后胸腹板斜线；前足胫节宽，外缘具齿，跗节沟直；阳茎大，强烈骨化，并且具强烈骨化的中叶，中叶多变，有时具复杂的结构。

分布： 各区。

该族世界记录 35 属（Mazur, 2011a）500 余种，中国记录 9 属 76 种及亚种。

属 检 索 表

3. 前胸背板除缘线外另有 2 条侧线 ······················ 三线阎甲属 *Eudiplister*
   前胸背板除缘线外另有 1 条侧线 ·· 4
4. 前足胫节腹面沿外缘仅有几个齿（2-8）；前胸腹板和中胸腹板基节间盘区无毛 ·············
   ·· 清亮阎甲属 *Atholus*
   前足胫节腹面有许多齿（超过 25）；前胸腹板和中胸腹板基节间盘区有密毛 ··· 毛腹阎甲属 *Asiaster*
5. 上唇前缘突出 ·· 突唇阎甲属 *Pachylister*
   上唇前缘直或圆形 ·· 6
6. 前胸背板除缘线外仅有 1 条侧线，两侧区域有粗大刻点 ·················· 分阎甲属 *Merohister*
   前胸背板除缘线外另有 2 条侧线，两侧区域无粗大刻点 ·················· 7
7. 前胸背板外侧线于侧面完整，后端到达后缘 ·················· 新植阎甲属 *Neosantalus*
   前胸背板外侧线仅存在于侧面端部，后端不达后缘 ·················· 阎甲属 *Hister*
   注：完折阎甲属 *Nasaltus* Mazur et Węgrzynowicz 未包括在内。

31. 歧阎甲属 *Margarinotus* Marseul, 1853

Margarinotus Marseul, 1853: 549; Lacordaire, 1854: 260; Jacquelin-Duval, 1858: 100; Schmidt, 1885c: 286; Jakobson, 1911: 639, 643; Bickhardt, 1917: 151, 195; Wenzel, 1944: 123; 1971: 215; Wenzel in Arnett, 1962: 377, 381; Kryzhanovskij *et* Reichardt, 1976: 330 (key to Russia); Mazur, 1984b: 164 (catalogue); 1997: 91 (catalogue); 2001: 40; 2003: 161; 2011a: 77 (catalogue); Yélamos *et* Ferrer, 1988: 183; Ôhara, 1989a: 6; 1994: 138 (key to Japan); 1999b: 6 (key to Taiwan, China); Ôhara *et* Paik, 1998: 23 (key to Korea); Yélamos, 2002: 101 (character, key), 368; Mazur in Löbl *et* Smetana, 2004: 82 (catalogue); Lackner *et al.* in Löbl *et* Löbl, 2015: 98 (catalogue). **Type species:** *Hister scaber* Fabricius, 1787. By monotypy.

歧阎甲属 *Margarinotus* 由 Marseul（1853）建立，以背面粗糙，具独特的皱纹和光亮的瘤状突作为其鉴别特征，很长时间都只包括 2 个种，即古北区的 *M. scaber*（Fabricius）和新北区的 *M. guttifer* Horn。自从 Wenzel（1944）研究这个属的文章发表后，引出了大量与歧阎甲属 *Margarinotus* 有关的属或亚属的分类单元的讨论（Kryzhanovskij, 1966; Mazur, 1972a; Kryzhanovskij and Reichardt, 1976; Vienna, 1977; Olexa, 1982b），这基于 Wenzel 根据雄性生殖器的结构，把端线阎甲亚属 *Paralister*、普胫阎甲亚属 *Grammostethus* 和宽胫阎甲亚属 *Stenister* 的种类，以及大部分阎甲属 *Hister* 的种类都放进了此属，很多分类学家接受了 Wenzel 的观点（Mazur, 1984b, 1997）。Mazur（1984b）编写的世界名录中将此属分为 7 个亚属，即歧阎甲亚属 *Margarinotus* Marseul、光折阎甲亚属 *Ptomister* Houlbert *et* Monnot、毛折阎甲亚属 *Eucalohister* Reitter、宽胫阎甲亚属 *Stenister* Reichardt、端线阎甲亚属 *Paralister* Bickhardt、普胫阎甲亚属 *Grammostethus* Lewis 和 *Promethister* Kryzhanovskij，但是未对这些亚属间的系统发育关系进行严格的修正。Ôhara（1989a）系统回顾和分析了此属的分类学发展历史，指出"鞘翅外肩下线完整"可能是其祖征，并认为雄性生殖器结构提供了更确切的鉴别特征；在研究光折阎甲

亚属 *Ptomister* 的时候，他将日本的种分成 3 个种组，即 *Boleti*-group、*Weymarni*-group 和 *Sutus*-group，另外还提出第 4 个种组，即 *Koltzei*-group，他根据雄性生殖器结构分析亚属和种组间的关系，说明用来形成亚属的特征不能反映系统发育关系，其中包含了平行进化甚至逆转，因此 Mazur（1984b）关于歧阎甲属 *Margarinotus* 的分类不是自然分类，他得出如下结论：① 光折阎甲亚属 *Ptomister* 是一个多系群；② *Koltzei*-group 应该与端线阎甲亚属 *Paralister* 合并，*Sutus*-group 应该与毛折阎甲亚属 *Eucalohister* 合并，各自组成一个单系。Ôhara（1993b）将 *Kurilister* Tishechkin 移入此属成为该属的一个亚属。Mazur（1997）的世界名录仍然沿用了其 1984 年的分类系统，只是将 *Kurilister* 亚属和 *Asterister* 亚属收录在内。Ôhara（1999a）建立了又一个亚属 *Myrmecohister*。本书仍采用 Mazur（1997）的分类系统。

体卵形或半圆柱形，中型或大型，隆凸。头部具额线和眼上线；上唇横宽，前缘通常凹缺。前胸背板缘线通常于侧面完整，除缘线外另有 1 或 2 条侧线，内侧线通常于前缘和两侧均完整，有时后端略短缩，外侧线仅存在于两侧，通常短缩。小盾片三角形。鞘翅外肩下线通常完整或基部略短缩，内肩下线无或仅有稀疏刻点行；背线发达（歧阎甲亚属 *Margarinotus* 除外，其表面覆盖大量的皱纹或瘤突）。咽板较短小，通常具完整的缘线。前胸腹板龙骨窄，无龙骨线。中胸腹板前缘中央深凹，缘线完整。后胸腹板具侧线和斜线，二者相连或不相连。第 1 腹节腹板基节间盘区具完整的腹侧线。前足胫节宽，外缘具 4-6 个齿。雄性第 8 腹节宽短；阳茎形状多变，基片很短，侧叶不完全融合，形成强烈骨化的壳，留有中叶的出口，中叶亦强烈骨化，近圆柱形，复杂，具保护囊。

通常生活在落叶林中（包括橡树），主要发现于菌类、腐烂树木和哺乳动物的洞穴中，少数种类在牲畜尸体和树液中发现；它们捕食不同昆虫的幼虫，尤其是生活在粪便、尸体，以及其他各种腐烂物体中的双翅目昆虫的幼虫。

分布：全北区和东洋区。

该属分 10 亚属，世界记录 100 余种；中国记录 6 亚属 34 种及亚种。

亚属检索表

1. 前胸背板有 2 条清晰深刻的侧线 ·· 2
   前胸背板有 1 条清晰深刻的侧线 ·· 3
2. 中、后足胫节宽，三角形，被覆黄色长毛；前背折缘有稀疏的短毛 ····· 毛折阎甲亚属 *Eucalohister*
   中、后足胫节不宽，通常无黄色长毛；前背折缘无毛 ····················· 光折阎甲亚属 *Ptomister*
3. 前胸背板缘线短，于两侧通常位于端部，至多略超出中部；前足胫节齿较大 ····················
   ·· 端线阎甲亚属 *Paralister*
   前胸背板缘线于两侧通常完整；前足胫节具大齿或许多小齿 ··· 4
4. 体近圆柱形；中胸腹板前缘中央较深凹；所有胫节强烈加宽；后足腿节加宽 ························
   ·· 宽胫阎甲亚属 *Stenister*
   体卵形；中胸腹板前缘中央微凹或近于平直；胫节和后足腿节正常 ····································
   ··· 普胫阎甲亚属 *Grammostethus*

注：缝歧阎甲亚属 *Asterister* Desbordes 未包括在内。

12) 光折阎甲亚属 *Ptomister* Houlbert *et* Monnot, 1923

Ptomister Houlbert *et* Monnot, 1923: 23; Mazur, 1984b: 164 (catalogue); 1997: 92 (catalogue); 2011a:
78 (catalogue); Yélamos *et* Ferrer, 1988: 184; Ôhara, 1989a: 7; Yélamos, 2002: 106, 368; Mazur in
Löbl *et* Smetana, 2004: 84 (catalogue); Lackner *et al.* in Löbl *et* Löbl, 2015: 100 (catalogue). **Type
species:** *Hister merdarius* Hoffmann, 1803. Designated by Mazur, 1981: 137.
Eucalohister: Cooman, 1947: 428 (emend.).

　　体大于其他亚属，卵形。头部额线通常清晰深刻。前胸背板缘线于侧面完整，于头
后间断；外侧线存在于两侧且通常完整，有时基部短缩或中部间断，内侧线完整；侧线
和侧缘之间通常密布刻点；前背折缘无黄毛。鞘翅外肩下线完整且深刻；背线多变，但
通常第1-3背线完整，第4背线基部短缩，第5背线和缝线强烈短缩。前臀板和臀板通
常具圆形大刻点；臀板刻点通常较前臀板的密。前胸腹板通常无龙骨线，有时基部有细
弱的刻痕。中胸腹板前缘中央通常凹缺，具完整的缘线。后胸腹板侧线和斜线相连或不
相连，有时斜线不明显；基节间盘区光滑；侧盘区通常具粗大刻点。所有胫节适度加宽；
前足胫节外缘有几个大齿或一些小齿；中、后足胫节无黄色柔毛。阳茎中叶多变。

　　分布：古北区、新北区和东洋区。

　　该亚属世界记录40余种，中国记录16种。

种 检 索 表

注：阿若歧阎甲 *M. (P.) arrosor* (Bickhardt) 和缝连歧阎甲 *M. (P.) sutus* Lewis 未包括在内。

(106) 阿葛歧阎甲 *Margarinotus (Ptomister) agnatus* (Lewis, 1884) （图 100）

Hister agnatus Lewis, 1884: 135 (Japan); Bickhardt, 1910c: 40 [*Hister (Hister) agnatus*; catalogue]; 1917: 178; Kamiya *et* Takagi, 1938: 30 (list); Wenzel, 1971: 216.

Margarinotus (Margarinotus) agnatus: Kryzhanovskij *et* Reichardt, 1976: 338; Hisamatsu *et* Kusui, 1984: 16 (subg. *Ptomister*; note); Mazur, 1984b: 164 (Himalaya; catalogue; subg. *Margarinotus*); 1997: 92 (East China; catalogue); Hisamatsu, 1985b: 227 (key, photo, note); 2011a: 78 (catalogue); Ôhara, 1989a: 15 (redescription, figures; subg. *Ptomister*); 1993b: 102; 1994: 140; 1999a: 101; Kapler, 1993: 30 (Russia); Ôhara *et* Paik, 1998: 24; Mazur in Löbl *et* Smetana, 2004: 84 (China: Zhejiang, Heilongjiang; catalogue); Lackner *et al.* in Löbl *et* Löbl, 2015: 100 (catalogue).

Margarinotus (Ptomister) agntus [sic!]: ESK *et* KSAE, 1994: 137 (Korea).

Margarinotus balloui Wenzel, 1944: 129; 1971: 216; Mazur, 1972a: 140 (*Hister*); Kryzhanovskij *et* Reichardt, 1976: 338 (synonymized; *ballowi*).

体长 4.83-5.81 mm，体宽 4.06-4.93 mm。体长卵形，隆凸，黑色光亮。

头部表面平坦，刻点稀疏细小；额线完整（有时于中部间断），中央微向内弯曲；上唇宽略大于长，前缘中央内凹。

前胸背板两侧均匀弓弯，向前收缩，前角钝圆，前缘凹缺部分中央较直，后缘弓弯；缘线于头后间断而于两侧完整；外侧线于两侧完整，前端钩状；内侧线完整，强烈钝齿状，前端平直，后末端略短于外侧线；前胸背板表面具稀疏的细微刻点，外侧线和内侧线之间刻点较大较密集，小盾片前区有 1 纵长刻点。

鞘翅两侧弧弯。外肩下线几乎完整，基部略短缩，内肩下线有时位于端部 1/4，为 1 浅刻点行；斜肩线位于基部 1/3；第 1-4 背线通常完整，第 4 背线基部略微短缩，第 5 背线位于端部 1/3，基部原基为 1 短弧；缝线位于端半部。鞘翅表面遍布稀疏的细微刻点，近后缘有一些较粗大的刻点；端部近后缘具微弱的横向压痕。鞘翅缘折略深凹，具密集的粗大刻点；缘折缘线完整；鞘翅缘线缺失。

前臀板具密集的圆形大刻点，大刻点间混有密集的细小刻点；两侧各有 1 清晰的凹陷。臀板刻点与前臀板的相似但较小且十分密集。

咽板前缘圆；缘线于前端中央宽阔间断；表面中央刻点稀疏细小，两侧刻点粗大。

前胸腹板龙骨较宽，刻点稀疏细小，端部两侧刻点较粗大；无龙骨线。前胸腹板侧线清晰。

中胸腹板前缘中央较深凹；缘线完整，后端较远离后缘；表面具稀疏的细微刻点，两侧缘线内侧刻点粗大；中-后胸腹板缝浅，不甚清晰，中央成角。

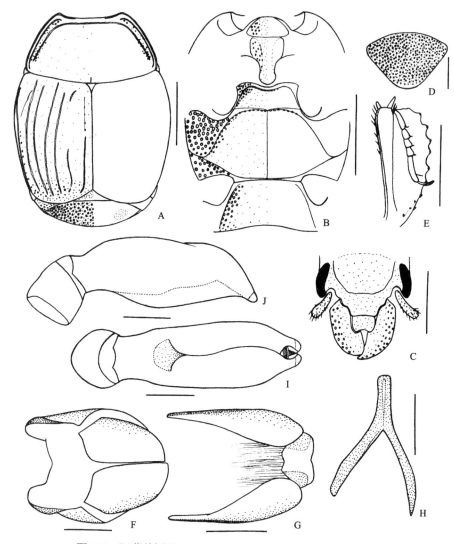

图 100　阿葛歧阎甲 *Margarinotus* (*Ptomister*) *agnatus* (Lewis)

A. 前胸背板、鞘翅和前臀板（pronotum, elytra and propygidium）；B. 前胸腹板、中-后胸腹板和第 1 腹节腹板（prosternum, meso- and metasterna and the 1st visible abdominal sternum）；C. 头（head）；D. 臀板（pygidium）；E. 前足胫节，背面观（protibia, dorsal view）；F. 雄性第 8 腹节背板和腹板，腹面观（male 8th tergite and sternum, ventral view）；G. 雄性第 9、10 腹节背板，背面观（male 9th and 10th tergites, dorsal view）；H. 雄性第 9 腹节腹板，腹面观（male 9th sternum, ventral view）；I. 阳茎，背面观（aedeagus, dorsal view）；J. 同上，侧面观（ditto, lateral view）。比例尺（scales）：A, B = 2.0 mm, C-E = 1.0 mm, F-J = 0.5 mm

后胸腹板基节间盘区刻点与中胸腹板的相似，侧线内侧刻点粗大；中纵沟浅，较清晰；后胸腹板侧线前端始于中-后胸腹板缝中央，沿此缝延伸，然后向侧后方延伸，与斜线相连；侧盘区密布大而浅的圆形刻点，具很短的毛，端部大刻点间混有小刻点；中足基节后线沿中足基节窝后缘延伸，末端略微弯曲。

第 1 腹节腹板基节间盘区刻点与中胸腹板的相似，腹侧线内侧刻点粗大；腹侧线完整。

前足胫节外缘具 5-8 个小齿；前足腿节线非常短，位于端部。

雄性外生殖器如图 100F-J 所示。

观察标本：1 ex., Sapporo（日本札幌），Y. Miwa leg.；1♂, 1♀, Japan: Hokkaido, Hyakumatsu-zawa, Sapporo（日本北海道札幌），1998.VI.28, Bait trap (carrion), K. Mizota, T. Hironaga, A. Ohkawa and M. Maruyama leg., M. Ôhara det., 1999。

分布：黑龙江、浙江；俄罗斯[远东、萨哈林岛（库页岛）]，朝鲜半岛，日本，喜马拉雅山脉，印度北部。

讨论：本种通常发现于腐烂的动物尸体中。

(107) 阿若歧阎甲 *Margarinotus* (*Ptomister*) *arrosor* (Bickhardt, 1920)

Hister arrosor Bickhardt, 1920d: 98, 99 (China: Fokien).

Margarinotus arrosor: Wenzel, 1944: 126; Kryzhanovskij *et* Reichardt, 1976: 344 (subg. *Margarinotus*); Mazur, 1984b: 164 (catalogue; subg. *Margarinotus*); 1997: 92 (catalogue; subg. *Ptomister*); 2011a: 78 (catalogue); Mazur in Löbl *et* Smetana, 2004: 84 (Southeast China; catalogue); Lackner *et al.* in Löbl *et* Löbl, 2015: 100 (catalogue).

描述根据 Bickhardt（1920d）整理：

体长 5.5-7.0 mm。前胸背板无刻点，内侧线完整，于复眼之后不强烈弯曲，外侧线于两侧完整，至多在基部略短缩。鞘翅第 1-3 背线完整，第 4、5 背线有基部原基，所有背线略呈锯齿状或平滑。前臀板刻点稀疏，中等大小；臀板侧面刻点较中部的大得多且很稀疏，顶端光滑。中胸腹板前缘微凹。前足胫节外缘具 5-6 个小齿。

观察标本：未检视标本。

分布：福建。

(108) 康夫歧阎甲 *Margarinotus* (*Ptomister*) *babai* Ôhara, 1999（图 101）

Margarinotus (*Ptomister*) *babai* Ôhara, 1999b: 27 (China: Taiwan); Mazur in Löbl *et* Smetana, 2004: 84 (catalogue); Mazur, 2011a: 78 (catalogue).

Hister boleti: Lewis, 1915: 55 (China: Shinten of Taiwan); Miwa, 1931: 56 (subg. *Hister*); Kamiya *et* Takagi, 1938: 30; Lackner *et al.* in Löbl *et* Löbl, 2015: 101 (catalogue).

体长 5.74 mm，体宽 4.95 mm。体长卵形，隆凸，黑色光亮。

头部平坦，具稀疏的细小刻点；额线完整、深刻，钝齿状，端部中央向内弯曲，基部深凹陷；上唇长宽近于相等，前缘中央略向外突出。

前胸背板两侧均匀弓弯向前收缩，前缘凹缺部分中央较直，后缘两侧较直，中部弓弯；缘线于头后宽阔间断，于两侧完整；外侧线于两侧几乎完整，后端略短缩；内侧线完整，轻微钝齿状，于复眼之后剧烈向内弯曲且通常间断；前胸背板表面具稀疏的细微刻点，两侧线间刻点较密，小盾片前有 1 纵长刻点。

鞘翅两侧弧弯。外肩下线几乎完整，基部略短缩，内肩下线缺失；斜肩线位于鞘翅基部 1/3；第 1-3 背线完整，第 4 背线位于端半部，基部原基为 1 短刻痕，第 5 背线位于端部 1/3；缝线位于端半部；所有的线（斜肩线除外）强烈钝齿状。鞘翅表面具稀疏的细微刻点，近后缘刻点较清晰；端部近后缘具微弱的横向压痕。鞘翅缘折略凹，具细微刻点；缘折缘线完整并具粗糙刻点；鞘翅缘线缺失。

前臀板具较密集的圆形大刻点，有时略稀疏，混有细小刻点，中部刻点略小略稀；两侧微凹。臀板刻点与前臀板的相似但更密集，基中部刻点较小，顶端无大刻点。

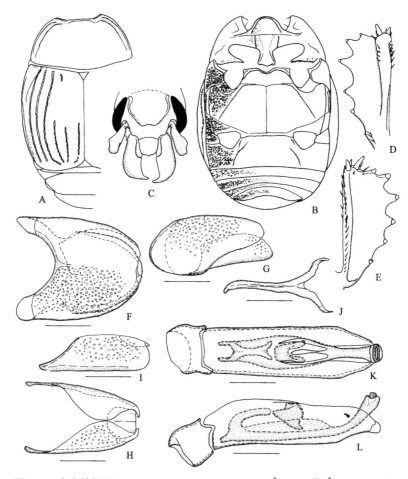

图 101　康夫歧阎甲 Margarinotus (Ptomister) babai Ôhara（仿 Ôhara, 1999b）

A. 前胸背板和鞘翅（pronotum and elytra）；B. 体部分腹面观（body in part, ventral view）；C. 头（head）；D. 前足胫节，背面观（protibia, dorsal view）；E. 同上，腹面观（ditto, ventral view）；F. 雄性第 8 腹节背板和腹板，背面观（male 8th tergite and sternum, dorsal view）；G. 同上，侧面观（ditto, lateral view）；H. 雄性第 9、10 腹节背板，背面观（male 9th and 10th tergites, dorsal view）；I. 同上，侧面观（ditto, lateral view）；J. 雄性第 9 腹节腹板，腹面观（male 9th sternum, ventral view）；K. 阳茎，背面观（aedeagus, dorsal view）；L. 同上，侧面观（ditto, lateral view）。比例尺（scales）：F-L = 0.5 mm

咽板前缘圆；缘线于前端中央间断；表面刻点稀疏细小，两侧刻点较大。前胸腹板龙骨宽阔平坦，刻点稀疏微小，端部两侧刻点略大；龙骨线位于基部，细而清晰。前胸腹板侧线清晰。

中胸腹板前缘中央深凹；缘线完整，后端不达后缘，前角处另有1横向短线；表面遍布稀疏的细微刻点；中-后胸腹板缝浅，不甚明显，中央成角。

后胸腹板基节间盘区刻点与中胸腹板的相似；中纵沟清晰；后胸腹板侧线前端始于中-后胸腹板缝中央，沿此缝延伸，而后向后侧方延伸，接近但不与斜线相连；侧盘区具较稀疏的大而浅的圆形或半圆形刻点，无毛，大刻点间混有小刻点；中足基节后线沿中足基节窝后缘延伸，末端略向后弯曲。

第1腹节腹板基节间盘区刻点与中胸腹板的相似，沿腹侧线无粗大刻点；腹侧线分为两段，基部一段短，端部一段位于端部2/3，二者交错延伸。

前足胫节外缘具5个较大齿，基部1齿小；前足腿节线位于端部1/5。

雄性外生殖器如图101F-L所示。

观察标本：1♂, Taiwan (台湾), Suifeng, Nantuo Hsien, 1992.VIII.13, C.K. Yu. leg.。

分布：台湾。

讨论：本种与博氏歧阎甲 M. (P.) boleti (Lewis) 很相似，但其前臀板和臀板刻点密集，前胸背板内侧线通常于复眼之后间断，第1腹节腹板基节间盘区无粗大刻点，这些特征可与后者相区分。

(109) 博氏歧阎甲 *Margarinotus* (*Ptomister*) *boleti* (Lewis, 1884)（图 102）

Hister boleti Lewis, 1884: 135 (Japan); 1902a: 238; Bickhardt, 1910c: 40 (subg. *Hister*; catalogue); 1917: 179; 1920d: 97, 99 (key); Kamiya *et* Takagi, 1938: 30 (list).

Margarinotus bolete: Wenzel, 1944: 131 (list, key); Kryzhanovskij *et* Reichardt, 1976: 342 (note, key, figures); Hisamatsu *et* Kusui, 1984: 17 (subg. *Ptomister*; note); Hisamatsu, 1985b: 227 (key, photo, note); Mazur, 1984b: 165 (China: Taiwan; catalogue); 1997: 92 (catalogue); 2011a: 78 (catalogue); Ôhara, 1989a: 9 (redescription, figures; subg. *Ptomister*); 1994: 139; 1999a: 99; Mazur in Löbl *et* Smetana, 2004: 84 (catalogue); Lackner *et al.* in Löbl *et* Löbl, 2015: 101 (catalogue).

体长 5.22-6.29 mm，体宽 4.06-4.93 mm。体长卵形，隆凸，黑色光亮。

头部平坦，刻点稀疏细小；额线深刻完整（有时于触角着生处之后间断），前端中央通常直；上唇长宽近于相等，前缘中央略向外突出。

前胸背板两侧均匀弓弯向前收缩，前角钝圆，前缘凹缺部分中央较直，后缘两侧较直，中部弓弯；缘线于头后宽阔间断，于两侧完整；外侧线于两侧近于完整，后端略短缩，前端钩状，有时前端与内侧线相连（此时内侧线通常于前胸背板前角之后间断）；内侧线通常完整，有时于前角之后间断，于复眼之后强烈向内弯曲；前胸背板表面具稀疏的细微刻点，小盾片前有1纵长刻点。

鞘翅两侧弧弯。外肩下线几乎完整，基部略短缩，内肩下线缺失；斜肩线位于基部1/4；第1-3背线完整，第4、5背线和缝线位于端部约1/3，第4背线有时略长且有1个短的基部原基，第 5 背线最短；所有的线（斜肩线除外）强烈钝齿状。鞘翅表面具稀疏的细微刻点，近后缘有几个较清晰的刻点；端部近后缘具微弱的横向压痕。鞘翅缘折微弱凹陷，具稀疏的细小刻点；缘折缘线完整，具大刻点；鞘翅缘线缺失。

前臀板具稀疏的大而浅的圆形刻点，边缘处刻点较小，整个表面遍布细微刻点；端部两侧具清晰的凹陷。臀板密布大而深的圆形刻点，较前臀板刻点略大，基中部刻点较小，顶端无大刻点。

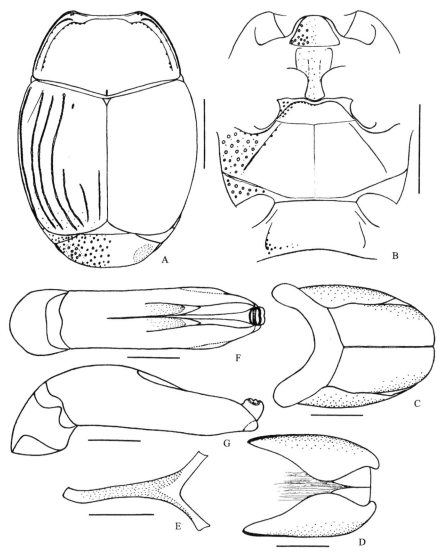

图 102 博氏歧阎甲 *Margarinotus* (*Ptomister*) *boleti* (Lewis)

A. 前胸背板、鞘翅和前臀板（pronotum, elytra and propygidium）；B. 前胸腹板、中-后胸腹板和第 1 腹节腹板（prosternum, meso- and metasterna and the 1st visible abdominal sternum）；C. 雄性第 8 腹节背板和腹板，腹面观（male 8th tergite and sternum, ventral view）；D. 雄性第 9、10 腹节背板，背面观（male 9th and 10th tergites, dorsal view）；E. 雄性第 9 腹节腹板，腹面观（male 9th sternum, ventral view）；F. 阳茎，背面观（aedeagus, dorsal view）；G. 同上，侧面观（ditto, lateral view）。比例尺（scales）：A, B = 2.0 mm, C-G = 0.5 mm

咽板前缘圆；缘线于前端中央间断；表面中部刻点稀疏细小，两侧刻点粗大。前胸腹板龙骨略宽略平坦，刻点稀疏细小；龙骨线位于基部，通常清晰，有时不清晰。

中胸腹板前缘中央浅凹；缘线完整且强烈钝齿状，后端不达后缘；表面刻点稀疏微小，侧面缘线内侧刻点粗大；中-后胸腹板缝细，通常不明显，中间略成角。

后胸腹板基节间盘区刻点与中胸腹板的相似，侧线内侧刻点粗大；中纵沟较浅，清晰；后胸腹板侧线前端始于中-后胸腹板缝中央，沿此缝延伸而后向后侧方延伸，不与斜线相连，有时前端不沿中-后胸腹板缝延伸，此时此缝较清晰；侧盘区具稀疏的大而浅的圆形刻点，无毛，大刻点间具稀疏的小刻点；中足基节后线沿中足基节窝后缘延伸。

第1腹节腹板基节间盘区刻点与中胸腹板的相似，腹侧线内侧及沿后缘两侧具粗大刻点；腹侧线分为两段，基部一段通常较短，有时较长，端部一段位于端部 2/3，二者交错延伸。

前足胫节外缘有 5-6 个齿；前足腿节线位于端部 1/5。

雄性外生殖器如图 102C-G 所示。

观察标本：1♂, 1 ex., Y. Miwa det.; 1 ex., Yuyama, Japan, 1944.VIII.18; 1 ex., Sanjô-Saora, Tabayama-mura, Yamanashi, Japan, 1976.IX.17, J. Okamura leg., Contr. K. Kurosa, M. Ôhara det., 1996。

分布：台湾；日本，俄罗斯［萨哈林岛（库页岛）］。

(110) 尸生歧阎甲 *Margarinotus* (*Ptomister*) *cadavericola* (Bickhardt, 1920)（图 103）

Hister cadavericola Bickhardt, 1920d: 99 (China: Fo-ken), 102; Reichardt, 1930b: 46 (note).

Margarinotus cadavericola: Wenzel, 1944: 126, 132 (trans. to *Margarinotus*; list, key); Reichardt *et* Kryzhanovskij, 1964: 172 (China: Kuatun); Kryzhanovskij *et* Reichardt, 1976: 339 (key, note, figures); Mazur, 1984b: 165 (subg. *Ptomister*; catalogue); 1997: 92 (catalogue); 2011a: 78 (catalogue); Ôhara, 1989a: 13 (redescription, figures; subg. *Ptomister*); 1994: 139; 1999a: 103; Kapler, 1993: 30 (Russia); Mazur in Löbl *et* Smetana, 2004: 84 (China: Fujian, Heilongjiang; catalogue); Lackner *et al.* in Löbl *et* Löbl, 2015: 101 (catalogue).

Hister ussuriensis Reichardt, 1930a: 285 (key, figures); Wenzel, 1944: 126, 132 (key, figures; *Margarinotus*); Kryzhanovskij *et* Reichardt, 1976: 339 (synonymized).

体长 5.37-6.60 mm，体宽 4.64-5.41 mm。体长卵形，隆凸，黑色光亮。

头部表面平坦，刻点细小，额部刻点较稀疏，口上片刻点略密集；额线完整（有时中间间断），前端中央略向内弯；上唇宽略大于长，前端中央平直或微凹。

前胸背板两侧均匀弓弯向前收缩，前角钝，前缘凹缺部分中央直，后缘两侧较直，中部向后弓弯；缘线于头后间断，于两侧完整；外侧线于两侧完整；内侧线完整，前端平直且强烈钝齿状；前胸背板表面具略稀疏的细小刻点，两侧线之间刻点较密且较粗糙，小盾片前有 1 纵长刻点。

鞘翅两侧弧弯。外肩下线完整，基部略短缩，内肩下线通常缺失，有时位于端部 1/4，为 1 行粗大刻点；斜肩线清晰，位于基部 1/3；第 1-4 背线完整，第 4 背线基部略短缩，第 5 背线位于端部 1/4 或略长，基部有一段较长的弧线；缝线位于端部 1/3，有时延伸到中央；所有的线（斜肩线除外）粗糙刻点状。鞘翅表面刻点与前胸背板的相似，有时近后缘刻点略粗糙；端部近后缘有 1 微弱的横向压痕。鞘翅缘折微凹，密布粗大刻点；缘折缘线完整；鞘翅缘线缺失。

前臀板密布粗大的圆形刻点，中部刻点略稀，大刻点间混有稀疏的细小刻点，沿后缘刻点细小；端部两侧略凹。臀板刻点与前臀板的相似但较小且更密集，刻点向端部变小。

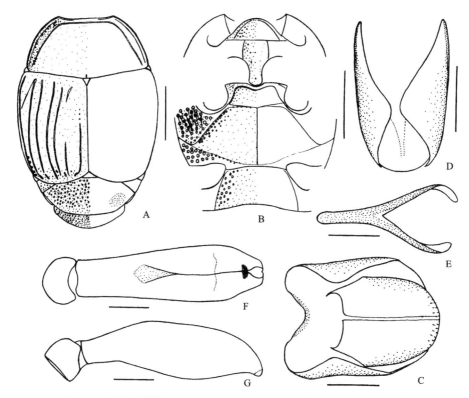

图 103　尸生歧阎甲 *Margarinotus (Ptomister) cadavericola* (Bickhardt)

A. 前胸背板、鞘翅、前臀板和臀板（pronotum, elytra, propygidium and pygidium）；B. 前胸腹板、中-后胸腹板和第 1 腹节腹板（prosternum, meso- and metasterna and the 1st visible abdominal sternum）；C. 雄性第 8 腹节背板和腹板，腹面观（male 8th tergite and sternum, ventral view）；D. 雄性第 9、10 腹节背板，背面观（male 9th and 10th tergites, dorsal view）；E. 雄性第 9 腹节腹板，腹面观（male 9th sternum, ventral view）；F. 阳茎，背面观（aedeagus, dorsal view）；G. 同上，侧面观（ditto, lateral view）。比例尺（scales）: A, B = 2.0 mm, C-G = 0.5 mm

咽板前缘宽圆；缘线于前端中央间断；表面中部刻点稀疏细小，两侧刻点粗大密集。前胸腹板龙骨略隆凸，表面刻点稀疏细小，端部两侧刻点粗大；无龙骨线。前胸腹板侧线清晰。

中胸腹板前缘中央深凹；缘线完整，前角处另有 1 横向短线；表面遍布稀疏的细小刻点，两侧刻点略密略粗糙；中-后胸腹板缝较清晰，中央成角。

后胸腹板基节间盘区遍布稀疏的细小刻点，沿侧线刻点较粗大；中纵沟深；后胸腹板侧线前端始于中-后胸腹板缝中央，沿此缝延伸而后向后侧方延伸，与斜线相连（有时不明显）；侧盘区密布大而浅的刻点，并具长毛，大刻点间具稀疏的细小刻点。

第 1 腹节腹板基节间盘区中部刻点稀疏细小，两侧刻点粗大密集；腹侧线完整。

前足胫节外缘具 6 个齿；前足腿节线位于端部 1/4。

雄性外生殖器如图 103C-G 所示。

观察标本：1♀, Toyotaki, Sapporo, Hokkaido (日本北海道札幌), 1987.IX.3, M. Ôhara leg., M. Ôhara det.; 1 ex., Bao-liwa-shan, 1942.VII.15; 1 号，辽宁高岭子，1941.VIII.12; 1♂，2♀，辽宁高岭子，1953.IX.12; 1♂，四川峨眉山，1955.VI.14，黄克仁、金根桃采，Kryzhanovskij 鉴定。

分布：辽宁、黑龙江、福建、四川；日本，俄罗斯[远东、萨哈林岛（库页岛）]。

(111) 海拉尔歧阎甲 *Margarinotus* (*Ptomister*) *hailar* Wenzel, 1944（图 104）

Margarinotus hailar Wenzel, 1944: 127 (Heilunkiang); Thérond, 1968: 252 (*Hister*); Kryzhanovskij *et* Reichardt, 1976: 350; Mazur, 1984b: 166 (catalogue); 1997: 93 (catalogue; subg. *Ptomister*); 2011a: 78 (catalogue); Mazur in Löbl *et* Smetana, 2004: 84 (catalogue); Lackner *et al.* in Löbl *et* Löbl, 2015: 101 (catalogue).

体长 4.19-4.83 mm，体宽 3.46-4.12 mm。体长卵形，隆凸，黑色光亮。

头部平坦，具稀疏的细微刻点；额线完整，中央微弱内弯或平直。

前胸背板两侧均匀弓弯向前收缩，前缘凹缺部分中央直，后缘弓弯；缘线于头后宽阔间断，于两侧位于端部 2/3；外侧线于两侧完整；内侧线完整，前端近于平直且强烈钝齿状，两侧中央波曲，后端略短于外侧线；前胸背板表面具稀疏的细微刻点，小盾片前有 1 纵长刻点。

鞘翅两侧弧圆。外肩下线完整，基部略短缩，内肩下线缺失；斜肩线位于基部 1/3；第 1-4 背线完整，第 4 背线基部略短缩，第 5 背线位于端半部；缝线位于端部 2/3；所有的线（斜肩线除外）钝粗糙齿状。鞘翅表面具稀疏的细微刻点；端部近后缘有 1 横向压痕。鞘翅缘折略凹，沿鞘翅边缘有 1 行粗大刻点；缘折缘线完整；鞘翅缘线缺失。

前臀板具较密集的圆形大刻点，大刻点间混有细小刻点，沿后缘刻点细小；两侧微凹。臀板刻点与前臀板的相似但较小，向后逐渐变小。

咽板前缘圆；缘线于中央间断；表面中部刻点稀疏细小，两侧刻点粗大。前胸腹板龙骨表面具稀疏的细微刻点；无龙骨线。前胸腹板侧线清晰。

中胸腹板前缘中央较深凹；缘线完整，前角处另有 1 横向短线；表面遍布稀疏的细微刻点，沿侧面缘线内侧具略粗糙的刻点；中-后胸腹板缝清晰，中央成角。

后胸腹板基节间盘区刻点与中胸腹板的相似，沿侧线有少量粗糙刻点；中纵沟清晰；后胸腹板侧线向后侧方延伸，到达后胸腹板侧面中部，斜线缺失；侧盘区具略稀疏的大而浅的圆形刻点，有毛，大刻点间具稀疏的细小刻点；中足基节后线沿中足基节窝后缘延伸。

第 1 腹节腹板基节间盘区刻点与中胸腹板的相似，侧面具略粗糙的刻点；腹侧线完整。前足胫节外缘具 5 个齿；前足腿节线非常短，位于端部。

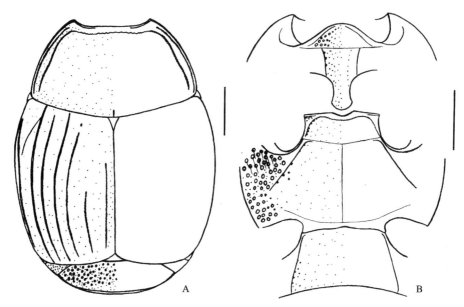

图 104　海拉尔歧阎甲 Margarinotus (Ptomister) hailar Wenzel

A. 前胸背板、鞘翅和前臀板（pronotum, elytra and propygidium）；B. 前胸腹板、中-后胸腹板和第 1 腹节腹板（prosternum, meso- and metasterna and the 1st visible abdominal sternum）。比例尺（scales）：1.0 mm

观察标本：2 exs., КАИМОУЦЫ Амур. обΛ. 40 km, W. СьобоAHOTO,Эцпоэьев, 1958.VI.16。

分布：黑龙江、内蒙古；蒙古，俄罗斯（东西伯利亚）。

(112) 隐歧阎甲 *Margarinotus (Ptomister) incognitus* (Marseul, 1854)（图 105；图版 I：3）

Hister incognitus Marseul, 1854: 289 (India); Bickhardt, 1917: 182.

Margarinotus incognitus: Wenzel, 1944: 126; Thérond, 1978: 239; Mazur, 1984b: 167 (catalogue); 1997: 94 (catalogue; subg. *Ptomister*; China: Taiwan); 2011a: 79 (catalogue); Ôhara, 1999b: 15 (redescription, figures, photos); Mazur *et* Zhou, 2001: 73; Mazur in Löbl *et* Smetana, 2004: 84 (China: Sichuan, Yunnan; catalogue); Lackner *et al.* in Löbl *et* Löbl, 2015: 101 (catalogue).

体长 5.41-6.97 mm，体宽 4.35-5.70 mm。体长卵形，隆凸，黑色光亮。

头部平坦，具稀疏的细微刻点；额线完整，中央内弯，有时间断；上唇宽大于长，前端中央内凹。

前胸背板两侧均匀弓弯向前收缩，前角钝圆，前缘凹缺部分中央略向后弧弯，后缘两侧较直，中部略弓弯；缘线于头后宽阔间断，于两侧完整；外侧线位于侧面端半部或略长；内侧线完整，前端近于平直且强烈钝齿状，后端不达后缘；前胸背板表面具稀疏的细小刻点，两侧线间刻点较密较粗糙，小盾片前有 1 纵长刻点。

鞘翅两侧略弧弯。外肩下线深刻完整，强烈钝齿状，基部略短缩，内肩下线缺失；斜肩线位于基部 1/3；第 1-3 背线完整且轻微钝齿状，第 3 背线端半部有时较细弱，第 4、5 背线和缝线通常微弱，呈刻点状，第 4 背线位于端部 1/4 或略长，第 5 背线通常短于第 4 背线，由几个刻点组成，缝线位于端部 1/4。鞘翅表面具稀疏的细微刻点；端部近后缘具清晰的横向压痕；基中部外侧略凹。鞘翅缘折微凹且密布大刻点；缘折缘线完整且具大刻点；鞘翅缘线缺失。

前臀板具密集的粗大刻点，其间混有密集小刻点。臀板刻点与前臀板的相似但略小且更密集，刻点向端部略小，顶端无大刻点。

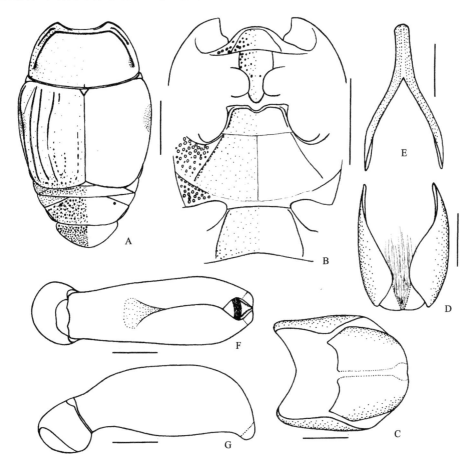

图 105 隐歧阎甲 *Margarinotus* (*Ptomister*) *incognitus* (Marseul)

A. 前胸背板、鞘翅、前臀板和臀板（pronotum, elytra, propygidium and pygidium）；B. 前胸腹板、中-后胸腹板和第 1 腹节腹板（prosternum, meso- and metasterna and the 1st visible abdominal sternum）；C. 雄性第 8 腹节背板和腹板，腹面观（male 8th tergite and sternum, ventral view）；D. 雄性第 9、10 腹节背板，背面观（male 9th and 10th tergites, dorsal view）；E. 雄性第 9 腹节腹板，腹面观（male 9th sternum, ventral view）；F. 阳茎，背面观（aedeagus, dorsal view）；G. 同上，侧面观（ditto, lateral view）。比例尺（scales）：A, B = 2.0 mm, C-G = 0.5 mm

咽板前缘宽圆；缘线于前端中央狭窄间断，有时完整；表面中部刻点略稀疏细小，两侧刻点粗大。前胸腹板龙骨表面具稀疏的细小刻点，端部两侧刻点较粗大；无龙骨线。

前胸腹板侧线清晰。

中胸腹板前缘中央深凹；缘线完整，后端不达后缘，前角处另有 1 条横向短线；表面遍布稀疏的细微刻点，沿侧面缘线刻点略粗糙；中-后胸腹板缝清晰，中央成角。

后胸腹板基节间盘区刻点与中胸腹板的相似；中纵沟浅；后胸腹板侧线向后侧方延伸，接近但不与斜线相连；侧盘区具大而浅的圆形刻点，基部的较密集，具长毛，端部的略小略稀，大刻点间混有少量细小刻点；中足基节后线沿中足基节窝后缘延伸。

第 1 腹节腹板基节间盘区刻点与中胸腹板的相似，侧面刻点略粗糙；腹侧线完整。

前足胫节外缘具 6-8 个齿，基部 2 齿极小；前足腿节线非常短，位于端部 1/4。

雄性外生殖器如图 105C-G 所示。

观察标本：1♂，1♀，1 号，云南中甸碧塔海西，3440 m，2000.VII.26，周红章采；3♀，1 号，云南中甸碧塔海西，3440 m，2000.VII.26，于晓东采；1♂，1♀，3 号，云南中甸碧塔海西，3003 m，2000.VII.26-30，周红章采；1 号，云南中甸县，水湾，手抓，2000.VII.23，周红章采；1 ex., China NW Yunnan (云南), ca 3600 m, road Deqen-Yanjing, 10 km W of Deqen, 1997.VI.21-22, 28°28'N, 98°53'E, M. Tryzna and O. Safranek leg.; 1♀, China Sichuan prov. (四川), Tagu vill., 100 km NW of Kangding, 3500 m, 1995.VIII.21-25, J. Schneider leg.; 1♂，11 号，陕西眉县太白山，1800 m，死山羊，2005.V.30，周红章采。

分布：四川、云南、陕西、台湾；喜马拉雅山脉，印度，尼泊尔。

讨论：本种发现于腐肉或人类排泄物中。

(113) 科氏歧阎甲 Margarinotus (Ptomister) koltzei (Schmidt, 1889)（图 106）

Hister koltzei Schmidt, 1889c: 369 (Vladivostok); Bickhardt, 1917: 182.

Margarinotus koltzei: Wenzel, 1944: 126; Mazur, 1984b: 167 (Northeast China; catalogue); 1997: 94 (catalogue; subg. *Ptomister*); 2011a: 79 (catalogue); Mazur in Löbl *et* Smetana, 2004: 84 (China: Heilongjiang; catalogue); Lackner *et al.* in Löbl *et* Löbl, 2015: 101 (catalogue).

体长 4.5 mm，体宽 3.77 mm。体长卵形，隆凸，黑色光亮。

头部平坦，具稀疏的细微刻点；额线深刻完整，中央微弱后弯。

前胸背板两侧均匀弓弯，向前收缩，前缘凹缺部分中央较直，后缘弓弯。缘线于头后狭窄间断，于两侧完整；外侧线于两侧完整；内侧线完整，前端于复眼之后轻微内弯且强烈钝齿状；前胸背板表面具稀疏的细微刻点，沿后缘有 1 行略粗糙的刻点，小盾片前有 1 纵长刻点。

鞘翅两侧弧圆。外肩下线完整，内肩下线十分微弱，位于端部 1/4；斜肩线位于基部 1/3；第 1-3 背线完整，第 4 背线位于端部 1/3，第 5 背线位于端部 1/4；缝线位于端半部；所有的线（斜肩线除外）粗糙钝齿状。鞘翅表面具稀疏的细微刻点；端部近后缘具轻微的横向压痕。鞘翅缘折微凹且密布粗大刻点；缘折缘线完整；鞘翅缘线位于后半部。

前臀板具较密集的大刻点；两侧微凹。臀板刻点与前臀板的相似但较小，刻点向后逐小。

咽板前缘圆；缘线完整；表面中部刻点细小，两侧刻点粗大。前胸腹板龙骨表面具稀疏的细微刻点；无龙骨线。前胸腹板侧线清晰。

中胸腹板前缘中央微凹；缘线完整；表面遍布稀疏的细微刻点，沿侧面缘线具粗糙刻点；中-后胸腹板缝清晰，中央成角。

后胸腹板基节间盘区刻点与中胸腹板的相似；中纵沟深；后胸腹板侧线向后侧方延伸，接近但不与斜线相连；侧盘区具较密集的大而浅的圆形刻点，具短毛，大刻点间具小刻点；中足基节后线沿中足基节窝后缘延伸。

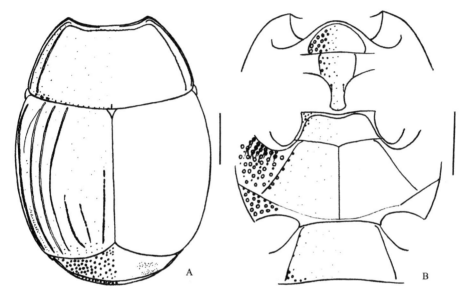

图 106　科氏歧阎甲 *Margarinotus* (*Ptomister*) *koltzei* (Schmidt)

A. 前胸背板、鞘翅和前臀板（pronotum, elytra and propygidium）；B. 前胸腹板、中-后胸腹板和第 1 腹节腹板（prosternum, meso- and metasterna and the 1st visible abdominal sternum）。比例尺（scales）：1.0 mm

第 1 腹节腹板基节间盘区刻点与中胸腹板的相似，后侧角处具粗大刻点；腹侧线完整。

前足胫节外缘具 5 个齿，齿的基部突起；前足腿节线短，位于端部 1/4。

观察标本： 1 ex., Опр. ВпачцВостока Нцколегеб, 1966.IX.30, Лобще lsLlLLIHqpal。

分布： 黑龙江；俄罗斯（远东），日本。

(114) 多齿歧阎甲 *Margarinotus* (*Ptomister*) *multidens* (Schmidt, 1889)（图107；图版 I：4）

Hister multidens Schmidt, 1889b: 94 (East India); Bickhardt, 1910c: 46 (subg. *Hister* of *Hister*; catalogue); 1913a: 171 (Kosempo, Kaoshiung Hsien); 1917: 183; 1920d: 98 (China), 100; Lewis, 1915: 55; Desbordes, 1919: 391 (key); Miwa, 1931: 56; Kamiya *et* Takagi, 1938: 30.

Margarinotus multidens: Wenzel, 1944: 126; Reichardt *et* Kryzhanovskij, 1964: 172 (China: Kuatun; note); Kryzhanovskij *et* Reichardt, 1976: 341; Mazur, 1984b: 167 (China: Taiwan; catalogue); 1997: 94 (catalogue; subg. *Ptomister*); 2011a: 79 (catalogue); Ôhara, 1999b: 19 (redescription, figures, photos); Mazur in Löbl *et* Smetana, 2004: 84 (China: Guangxi, Sichuan; catalogue); Lackner *et al.* in Löbl *et* Löbl, 2015: 101 (catalogue).

体长 6.11-6.91 mm，体宽 5.41-6.17 mm。体卵形，隆凸，黑色光亮。

头部平坦，具稀疏的细微刻点；额线后端有时短缩，前端中央强烈内弯且常间断；上唇宽略大于长，前缘平直或略凹。

前胸背板两侧均匀弓弯，向前收缩，前角钝，前缘凹缺部分呈双波状，中部宽阔向外弓弯，后缘弓弯。缘线于头后宽阔间断，于两侧完整；外侧线于两侧完整；内侧线近于完整但后端短缩，前端近于平直且强烈钝齿状；前胸背板表面具稀疏的细微刻点，两侧线间刻点较密而粗糙，小盾片前有 1 纵长刻点。

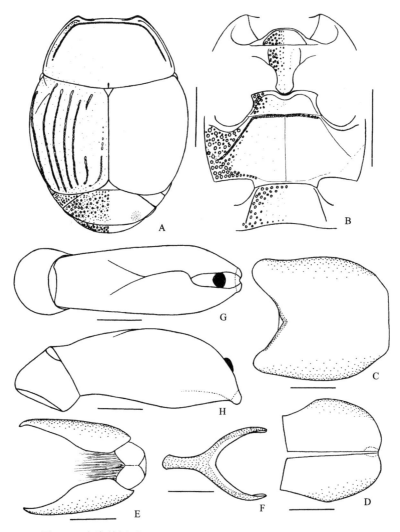

图 107　多齿歧阎甲 *Margarinotus* (*Ptomister*) *multidens* (Schmidt)

A. 前胸背板、鞘翅、前臀板和臀板（pronotum, elytra, propygidium and pygidium）；B. 前胸腹板、中-后胸腹板和第 1 腹节腹板（prosternum, meso- and metasterna and the 1st visible abdominal sternum）；C. 雄性第 8 腹节背板，背面观（male 8th tergite, dorsal view）；D. 雄性第 8 腹节腹板，腹面观（male 8th sternum, ventral view）；E. 雄性第 9、10 腹节背板，背面观（male 9th and 10th tergites, dorsal view）；F. 雄性第 9 腹节腹板，腹面观（male 9th sternum, ventral view）；G. 阳茎，背面观（aedeagus, dorsal view）；H. 同上，侧面观（ditto, lateral view）。比例尺（scales）：A, B = 2.0 mm, C-H = 0.5 mm

鞘翅两侧弧圆。外肩下线完整深刻，基部略短缩，内肩下线缺失；斜肩线位于基部1/3；第1-4背线完整，第4背线基部略短缩，第5背线位于端部1/3，基部原基为1略长的弧线，第4、5背线后末端有时相连；缝线位于端半部；所有的线（斜肩线除外）强烈钝齿状。鞘翅表面具稀疏的细微刻点；端部近后缘具微弱的横向压痕。鞘翅缘折略凹且密布粗大刻点；缘折缘线完整；鞘翅缘线不明显或缺失。

前臀板具较密集的圆形大刻点，中部刻点略小，大刻点间混有较密集的细小刻点；端部两侧微凹。臀板刻点与前臀板的相似但较小且更密集，顶端无大刻点。

咽板前缘宽阔平截；缘线完整；表面中部刻点小且稀疏，两侧刻点粗大且较密集。前胸腹板龙骨表面基部刻点稀疏细小，端部中央刻点与咽板中部的相似但较密集，端部两侧刻点粗大；龙骨线缺失，有时于基部有不明显的痕迹。前胸腹板侧线清晰。

中胸腹板前缘中央深凹；缘线完整，后端不达后缘，前角处另有1条横向短线；表面遍布稀疏的细微刻点，沿侧面缘线具粗大刻点；中-后胸腹板缝不明显。

后胸腹板基节间盘区刻点与中胸腹板的相似，沿侧线具粗大刻点；中纵沟较浅；后胸腹板侧线深刻、钝齿状，前端始于中-后胸腹板缝中央，沿此缝延伸，而后向后侧方延伸，到达后胸腹板基部2/3，后胸腹板斜线缺失；侧盘区具较密集的大而浅的圆形刻点，无毛，大刻点间混有小刻点；中足基节后线沿中足基节窝后缘延伸，末端略向后弯曲。

第1腹节腹板基节间盘区中部刻点稀疏微小，边缘刻点密集粗大；腹侧线几乎完整。

前足胫节外缘具20-21个小齿；前足腿节线非常短，位于端部1/6。

雄性外生殖器如图107C-H所示。

观察标本：1 ex., 1934.IX.5, Ku-ling [江西庐山] 牯岭, O. Piel. leg.; 1 ex., 1935.III.26, Ku-ling 牯岭, O. Piel. leg.; 1 ex., 1935.VIII.12, Ku-ling 牯岭, O. Piel. leg.; 1 ex., 1935.III.13 Ku-ling 牯岭, O. Piel. leg.; 1♂, 1935.III.25, Ku-ling 牯岭, O. Piel. leg.; 1♀, Taiwan (台湾), 狮子头, 1989.V.5, Native collector, M. Ôhara det., 1999; 1 ex., Baibara, Formosa (台湾), 1939.VII.7, Y. Miwa leg.; 1 号，四川峨眉山，1955.VI.14，黄克仁、金根桃采，Kryzhanovskij 鉴定；1 号，湖北神农架东溪，600 m，扫网，1998.VIII.3，周海生采；2 号，福建武夷山挂墩，死蛇，手抓，2005.X.6，陈海峰采；2 号，湖北神农架东溪，600 m，扫网，1998.VIII.3，周海生采；1 号，重庆巫山县，200-1800 m，2006.VIII.16，张小蓉采。

分布：福建、江西、湖北、广西、重庆、四川、台湾；印度东部，缅甸。

讨论：本种多发生于动物尸体下。

(115) 大泽歧阎甲 *Margarinotus* (*Ptomister*) *osawai* Ôhara, 1999（图108）

Margarinotus (*Ptomister*) *osawai* Ôhara, 1999b: 23 (China: Taiwan); Mazur in Löbl *et* Smetana, 2004: 84 (catalogue); Mazur, 2011a: 79 (catalogue); Lackner *et al.* in Löbl *et* Löbl, 2015: 101 (catalogue).

描述根据 Ôhara (1999b) 整理：

体长 5.60 mm，体宽 4.55 mm。体长卵形，隆凸，黑色光亮。

头部表面平坦，具稀疏的细微刻点；额线完整、深刻，前端中央微弱后弯；上唇宽大于长，前缘中央微凹。

前胸背板两侧均匀弓弯向前收缩，前角钝，前缘凹缺部分中央直，后缘两侧较直，中部弓弯。缘线于头后宽阔间断，于两侧完整；外侧线于两侧近于完整，后端略短缩；内侧线几乎完整，前端近于平直且强烈钝齿状，后缘短缩，短于外侧线；前胸背板表面具稀疏的细微刻点，侧线间刻点较粗糙，小盾片前有 1 纵长刻点。

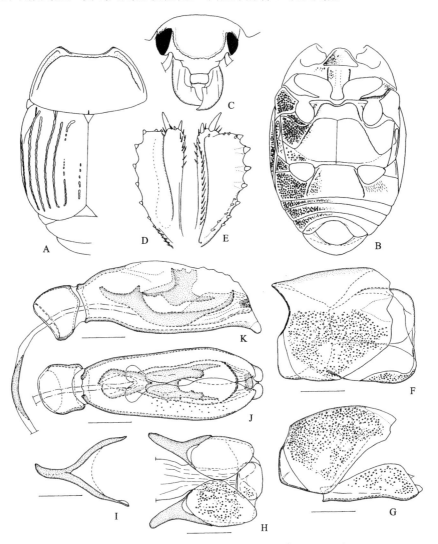

图 108　大泽歧阎甲 *Margarinotus* (*Ptomister*) *osawai* Ôhara（仿 Ôhara，1999b）
A. 前胸背板和鞘翅（pronotum and elytra）；B. 体部分腹面观（body in part, ventral view）；C. 头（head）；D. 前足胫节，背面观（protibia, dorsal view）；E. 同上，腹面观（ditto, ventral view）；F. 雄性第 8 腹节背板和腹板，背面观（male 8th tergite and sternum, dorsal view）；G. 同上，侧面观（ditto, lateral view）；H. 雄性第 9、10 腹节背板，背面观（male 9th and 10th tergites, dorsal view）；I. 雄性第 9 腹节腹板，腹面观（male 9th sternum, ventral view）；J. 阳茎，背面观（aedeagus, dorsal view）；K. 同上，侧面观（ditto, lateral view）。比例尺（scales）：F-K = 0.5 mm

鞘翅两侧弧弯。外肩下线深刻且几乎完整，基部略短缩，内肩下线缺失；斜肩线位于基部 1/3；第 1-4 背线完整，第 2、4 背线于基部略短缩，第 5 背线位于端部 1/3，基部有 1 略长弧；缝线位于端半部，由几个刻点组成。鞘翅表面均匀地分布有稀疏的细微刻点，近后缘刻点较密；端部近后缘具横向压痕。鞘翅缘折微凹且密布大刻点；缘折缘线完整且有大刻点；鞘翅缘线缺失。

前臀板密布粗大刻点，其间混有大小适中的刻点。臀板刻点与前臀板的相似但较密，端部刻点较小。

咽板前缘圆；缘线于前端中央宽阔间断；表面刻点粗大，两侧刻点较密。前胸腹板龙骨表面平坦，刻点稀疏细小，端部两侧刻点粗大；无龙骨线。前胸腹板侧线清晰。

中胸腹板前缘中央深凹；缘线完整，不达后缘，前角处另有 1 条短线；表面遍布稀疏的细微刻点；中-后胸腹板缝不明显。

后胸腹板基节间盘区遍布稀疏的细微刻点，沿中纵沟轻微凹陷；中纵沟清晰；后胸腹板侧线钝齿状，前端始于中-后胸腹板缝中央，沿此缝延伸，而后向后侧方延伸，与斜线相连；侧盘区密布大而浅的刻点，向后逐渐变小，无毛；中足基节后线沿中足基节窝后缘延伸，末端微向后弯曲。

第 1 腹节腹板基节间盘区具稀疏的细小刻点，两侧刻点略大略密；腹侧线完整。

前足胫节外缘具 7 个齿；前足腿节线位于端部 1/4。

雄性外生殖器如图 108F-J 所示。

观察标本： 未检视标本。

分布： 台湾。

讨论： 本种的模式标本保存在北海道大学昆虫系统学实验室（EIHU）。

(116) 理氏歧阎甲 *Margarinotus* (*Ptomister*) *reichardti* Kryzhanovskij *et* Reichardt, 1976
（图 109）

Margarinotus (*Margarinotus*) *reichardti* Kryzhanovskij *et* Reichardt, 1976: 339 (Primorskiy Kray).
Margarinotus (*Ptomister*) *reichardti*: Mazur, 1984b: 168 (catalogue); 1997: 94 (catalogue); 2011a: 79 (catalogue); Ôhara, 1989a: 22 (redescription, figures); 1994: 141 (China: Taiwan); Kapler, 1993: 30 (Russia); Mazur *et* Zhou, 2001: 73; Mazur in Löbl *et* Smetana, 2004: 84 (catalogue); Lackner *et al.* in Löbl *et* Löbl, 2015: 101 (catalogue).

体长 4.74-6.42 mm，体宽 4.21-5.70 mm。体长卵形，隆凸，黑色光亮。

头部平坦，具稀疏的细微刻点；额线完整，中央微弱后弯或平直；上唇宽大于长，前缘平直或中央微凹。

前胸背板两侧均匀弓弯向前收缩，前角钝圆，前缘凹缺部分中央较直，后缘弓弯；缘线于头后宽阔间断，于两侧完整；外侧线于侧面完整但不达后缘；内侧线完整，前端近于平直且强烈钝齿状，后端约与外侧线等长；前胸背板表面具稀疏的细微刻点，侧线间刻点略粗糙，小盾片前有 1 纵长刻点。

鞘翅两侧弧弯。外肩下线完整，基部略短缩，内肩下线缺失；斜肩线位于基部 1/3；第 1-4 背线完整，第 2、4 背线基部略短缩，第 5 背线位于端部 1/3，后末端与第 4 背线相连，基部为 1 短弧；所有的线（斜肩线除外）强烈钝齿状。鞘翅表面具稀疏的细微刻点，近后缘刻点略粗大；端部近后缘有微弱的横向压痕。鞘翅缘折略凹且密布粗大刻点；缘折缘线完整；鞘翅缘线缺失。

前臀板具密集的圆形大刻点，其间混有略密集的细小刻点；两侧具轻微压痕。臀板刻点与前臀板的相似但较小且更密集。

咽板前缘圆；缘线于中央间断；表面中部刻点细小稀疏，两侧刻点较大。前胸腹板龙骨表面刻点与咽板的相似，端部两侧刻点粗大；基部有较细弱的龙骨线。前胸腹板侧线清晰。

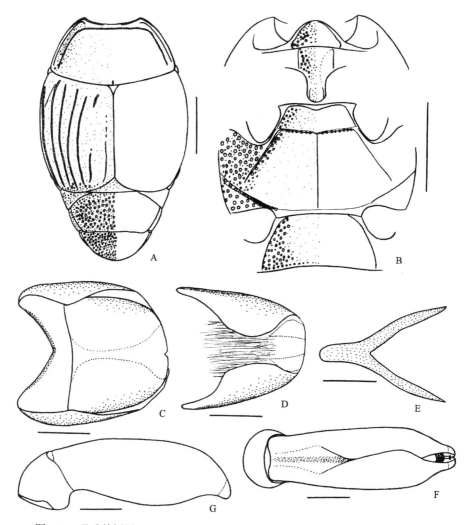

图 109　理氏歧阎甲 *Margarinotus (Ptomister) reichardti* Kryzhanovskij *et* Reichardt

A. 前胸背板、鞘翅、前臀板和臀板（pronotum, elytra, propygidium and pygidium）；B. 前胸腹板、中-后胸腹板和第 1 腹节腹板（prosternum, meso- and metasterna and the 1st visible abdominal sternum）；C. 雄性第 8 腹节背板和腹板，腹面观（male 8th tergite and sternum, ventral view）；D. 雄性第 9、10 腹节背板，背面观（male 9th and 10th tergites, dorsal view）；E. 雄性第 9 腹节腹板，腹面观（male 9th sternum, ventral view）；F. 阳茎，背面观（aedeagus, dorsal view）；G. 同上，侧面观（ditto, lateral view）。比例尺（scales）：A, B = 2.0 mm, C-G = 0.5 mm

中胸腹板前缘中央适度凹缺；缘线完整；表面遍布稀疏的细微刻点，沿侧面缘线具粗大刻点；中-后胸腹板缝不明显。

后胸腹板基节间盘区刻点与中胸腹板的相似，沿侧线具粗大刻点；中纵沟深；后胸腹板侧线钝齿状，前端始于中-后胸腹板缝中央，沿此缝延伸，而后向后侧方延伸，接近但不与斜线相连；侧盘区密布大而浅的圆形刻点，无毛，大刻点间混有小刻点；中足基节后线沿中足基节窝后缘延伸。

第1腹节腹板基节间中部刻点稀疏微小，侧面刻点粗大密集；腹侧线完整。

前足胫节外缘具8-9个齿，齿间距小；前足腿节线短，位于端部1/4。

雄性外生殖器如图109C-G所示。

观察标本：8 exs., Ertsentientze+Maoershan+Hengtaohotze+Harbin, Manchuria (东北)，1941.VI-VIII & 1954.VI-VII, 李植银采；3 exs., [东北]Ta-Yngtse, Linsisien, E. Bourgault leg.；1 号，黑龙江二层甸子，1943.VII.4；2 号，黑龙江哈尔滨，1954.IX.30；4 号，辽宁高岭子，1940.VI.10；1 号，辽宁高岭子，1941.VIII.12；2 号，辽宁高岭子，1953.IX.12；1 号，吉林长白山，1990.VI.30，虞佩玉采；3 号，北京小龙门，1150 m，杯诱，1998.VI.28-VII.4，周海生采；1 号，北京门头沟梨园岭，1100 m，腐羊头，1998.IX.20，周红章采；4 号，北京门头沟梨园岭，1100 m，腐羊头，1999.VII.18，周红章采；1 号，北京小龙门，1999.VII.19，于晓东采；4♂，15♀，215 号，北京小龙门，羊肉诱，1140 m，2000.VI.20-VII.2，于晓东采。

分布：北京、辽宁、吉林、黑龙江、台湾；俄罗斯（远东），朝鲜半岛，日本。

(117) 纹歧阎甲指名亚种 *Margarinotus* (*Ptomister*) *striola striola* (Sahlberg, 1819)（图110）

Hister striola Sahlberg, 1819: 25 (North Finland); Ganglbauer, 1899: 363; Lewis, 1899: 17; Reitter, 1909: 283; Bickhardt, 1910c: 50 (catalogue); 1917: 186; 1920d: 99, 101; Jakobson, 1911: 644; Auzat, 1914: 171; Reichardt, 1925a: 110 (Orenburg, Or. Altai).

Margarinotus striola: Wenzel, 1944: 126; 1971: 216; Horion, 1949: 358; Kryzhanovskij *et* Reichardt, 1976: 342 (key, figures); Hisamatsu *et* Kusui, 1984: 17 (note); Mazur, 1984b: 168 (China: North Manchuria; catalogue); 1997: 95 (catalogue); Hisamatsu, 1985b: 227 (key); 2011a: 79 (catalogue); Yélamos *et* Ferrer, 1988: 185; Ôhara, 1989a: 24 (redescription, figures); 1993b: 103; 1994: 141; Kapler, 1993: 30 (Russia); ESK *et* KSAE, 1994: 137 (Korea); Yélamos, 2002: 112 (redescription, figures), 369; Mazur in Löbl *et* Smetana, 2004: 84 (China: Heilongjiang, Jilin; catalogue); Lackner *et al.* in Löbl *et* Löbl, 2015: 101 (catalogue).

Hister eschscholtzii Marseul, 1854: 282; Mazur, 1984b: 168 (synonymized).

Hister japanus Motschulsky, 1860b: 13; Marseul, 1862: 700 (*Margarinotus*); Lewis, 1884: 135; 1895: 188 (synonymized).

Margarinotus striolides Wenzel, 1944: 129; 1971: 216; Mazur, 1970: 59 (*Hister*; China: North Manchuria); 1972a: 140; Kryzhanovskij *et* Reichardt, 1976: 342 (synonymized).

体长 4.50-6.66 mm，体宽 3.87-5.46 mm。体长卵形，隆凸，黑色光亮。

头部表面平坦，刻点稀疏细小；额线完整深刻，前端中央向内弯曲成角或有时间断；

上唇宽大于长，前缘平直或中部凹缺。

　　前胸背板两侧均匀弓弯向前收缩，前角略尖锐，前缘凹缺部分中央较直，后缘两侧较直，中部弓弯；缘线于头后宽阔间断，于两侧完整；外侧线存在于两侧且基部有不同程度的短缩，通常存在于端部 1/3，有时为端部 2/3 或近于完整，但后端不超过内侧线；内侧线完整，前端近于平直且强烈钝齿状；前胸背板表面具略稀疏的细微刻点，小盾片前通常有 1 纵长刻点。

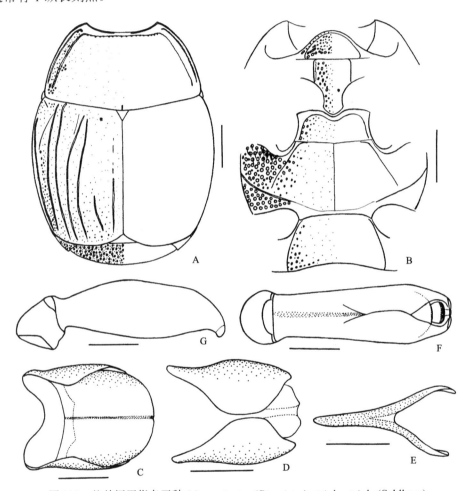

图 110　纹歧阎甲指名亚种 *Margarinotus* (*Ptomister*) *striola striola* (Sahlberg)

A. 前胸背板、鞘翅和前臀板（pronotum, elytra and propygidium）；B. 前胸腹板、中-后胸腹板和第 1 腹节腹板（prosternum, meso- and metasterna and the 1st visible abdominal sternum）；C. 雄性第 8 腹节背板和腹板，腹面观（male 8th tergite and sternum, ventral view）；D. 雄性第 9、10 腹节背板，背面观（male 9th and 10th tergites, dorsal view）；E. 雄性第 9 腹节腹板，腹面观（male 9th sternum, ventral view）；F. 阳茎，背面观（aedeagus, dorsal view）；G. 同上，侧面观（ditto, lateral view）。比例尺（scales）：A, B = 1.0 mm, C-G = 0.5 mm

　　鞘翅两侧弧圆。外肩下线完整，内肩下线缺失或不明显的位于端部 1/3；斜肩线位于基部 1/3；第 1-3 背线完整，第 4 背线基部从 1/6 到 1/3 不同程度短缩，第 5 背线位于端部 1/3；缝线位于端半部，有时略长，有时略短；所有的线（斜肩线除外）轻微钝齿状。鞘翅表面具略稀疏的细微刻点，有时刻点较清晰；端部近后缘具清晰的横向压痕；第 3 背线基部和斜肩线处有 2 个轻微的压痕。鞘翅缘折略凹且密布粗大刻点；缘折缘线完整；鞘翅缘线缺失。

前臀板密布粗大刻点，其间混有密集的细微刻点；两侧微凹。臀板刻点与前臀板的相似。

咽板前缘圆；缘线完整；表面具较密集的大小适中的刻点，侧面刻点略大。前胸腹板龙骨刻点与咽板的相似；通常无龙骨线，有时于基部具龙骨线。前胸腹板侧线清晰。

中胸腹板前缘中央深凹；缘线完整，前角处另有 1 条短线；表面中央具略稀疏的细小刻点，侧面刻点粗大；中-后胸腹板缝清晰，中央成角。

后胸腹板基节间盘区遍布稀疏的细微刻点，两侧刻点粗大；中纵沟浅，较清晰；后胸腹板侧线向后侧方延伸，接近但不与斜线相连；侧盘区密布大而浅的圆形刻点，具毛，大刻点间具稀疏的小刻点；中足基节后线沿中足基节窝后缘延伸，末端略向后弯曲。

第 1 腹节腹板基节间盘区刻点与中胸腹板的相似，中部刻点细小，两侧刻点粗大；腹侧线完整。

前足胫节外缘具 5-7 个齿；前足腿节线短，位于端部 1/4。

雄性外生殖器如图 110C-G 所示。

观察标本： 5 exs., Sapporo (日本札幌), Y. Miwa leg.; 1 ex., Nopporo Hokkaido, Japan (日本北海道), 1987.VI.19, M. Ôhara leg., M. Ôhara det.; 1 ex., Nopporo Hokkaido, Japan, 1987.V.29, M. Ôhara leg., M. Ôhara det.; 2 exs., W. Siberia, Novosibirsk city (新西伯利亚), Akademgorodok, Zyryanka river, birch-pine forest, rabbit carrion, 1984.V.26, V. V. Dubatolov leg., V. V. Dubatolov det.; 2 exs., Konuma Saghalien (库页岛), 1931.VI.20, K. Tamanuki leg.; 2 exs., Konuma Saghalien, 1932.VI.28, K. Tamanuki leg.; 1 ex., Horo Saghalien, 1933.VII.17, K. Tamanuki leg.; 1♂, 13 exs., [东北]Ta-Yngtse, Linsisien, E. Bourgault leg.; 1 ex., Ertsentientze+Maoershan+Hengtaohotze+Harbin, Manchuria （东北）, 1941.VI-VIII & 1954.VI-VII, 李植银采；1 号，东北＋白俄, 1958.VII.10, 李植银采；2 exs., China: Jilin Prov., Bai he (吉林白河), 750-800 m, N42°24.092', E128°06.431', 2004.VI.1-6, J. Cooter leg., S. Mazur det.; 2 号，黑龙江哈尔滨，1944.VII.20; 1 ex., China: Heilongjiang Prov. (黑龙江), Lang Xiang town, ca 500 m, N46°57.111', E128°537', 2004.V.26, J. Cooter leg., S. Mazur det.; 2 号，黑龙江郎乡东折林场，450 m，树皮手捕，2004.V.27，吴捷采；1 号，黑龙江郎乡，280 m，吸管，针叶林下，2004.V.24，吴捷采。

分布： 吉林、黑龙江；整个古北区。

讨论： 本种的另一个亚种是 *Margarinotus* (*Ptomister*) *striola succicola* (Thomson)，分布在中亚、欧洲中部和南部；与指名亚种的区别是体较后者小，前胸背板外侧线更短。

(118) 缝连歧阎甲 *Margarinotus* (*Ptomister*) *sutus* (Lewis, 1884)

Hister sutus Lewis, 1884: 136 (Japan); Bickhardt, 1910c: 50 (catalogue).
Margarinotus (*Ptomister*) *sutus*: Ôhara, 1989a: 34; Ôhara, 1994: 142 (*Margarinotus*); Mazur, 2011a: 79

(catalogue; Japan, Korea); Lackner *et al.* in Löbl *et* Löbl, 2015: 101 (catalogue).

观察标本：未检视标本。

分布：辽宁；朝鲜半岛，日本。

(119) 三线歧阎甲 *Margarinotus* (*Ptomister*) *tristriatus* Wenzel, 1944

Margarinotus tristriatus Wenzel, 1944: 130 (China: North Manchuria); Mazur, 1984b: 168 (catalogue); 1997: 95 (catalogue); 2011a: 80 (catalogue); Kapler, 1993: 30 (Russia); Mazur *et* Zhou, 2001: 73; Mazur in Löbl *et* Smetana, 2004: 85 (China: Heilongjiang; catalogue); Lackner *et al.* in Löbl *et* Löbl, 2015: 102 (catalogue).

Hister wenzeli Mazur, 1972a: 140 (emend.).

描述根据 Wenzel（1944）整理：

体长卵形，肩部多少加宽，黑色光亮。

头部额线于中央狭窄内弯。

前胸背板缘线于头后间断，于两侧完整；外侧线位于两侧，于中部宽阔间断（中央 1/3 缺失），端部钩状；内侧线完整，沿两侧不规则区域有微弱刻点，内侧线前端较后端远离侧缘，且后末端与外侧线基半部近于相连；接近内侧线后末端和外侧线端钩之内的区域有稀疏的且大小适中的刻点。

鞘翅外肩下线和第 1-3 背线完整，第 4、5 背线仅余端部原基，第 5 背线具基部原基，为 2 个相互远离的粗大的点状刻痕，缝线位于端半部。鞘翅近后缘有 1 明显的横向压痕，第 3 背线基部亦有 1 刻痕。鞘翅缘折凹陷且密布刻点。

前臀板两侧和基部有粗大且较稀疏的刻点，向端部逐渐变小，大刻点间混有细微刻点。臀板表面较平坦，具稀疏的细小刻点，两侧刻点较粗大，端部刻点微小。

咽板前缘狭窄圆形；缘线完整。

中胸腹板前缘中央清晰凹缺；缘线完整。

后胸腹板侧线向后侧方延伸但不与斜线相连。

前足胫节外缘具 8 个齿，基部 2 个齿小。

观察标本：未检视标本。

分布：北京、黑龙江；俄罗斯（远东）。

讨论：本种的模式标本保存在菲尔德自然历史博物馆（FMNH）。

(120) 温氏歧阎甲 *Margarinotus* (*Ptomister*) *wenzelisnus* Kryzhanovskij *et* Reichardt, 1976（图 111）

Margarinotus wenzelisnus Kryzhanovskij *et* Reichardt, 1976: 417 (Primorskiy Kray); Mazur, 1984b: 169 (catalogue); 1997: 96 (China: Manchuria; catalogue; subg. *Ptomister*); 2011a: 80 (catalogue); Mazur in Löbl *et* Smetana, 2004: 85 (China: Heilongjiang; catalogue); Lackner *et al.* in Löbl *et* Löbl, 2015: 102 (catalogue).

Eudiplister distinctus: Thérond, 1967a: 72; Kryzhanovskij *et* Reichardt, 1976: 417 (synonymized).

体长 3.85 mm，体宽 3.27 mm。体卵形，隆凸，黑色光亮。

头部平坦，具稀疏的细微刻点；额线完整，中央微弱后弯或平直；上唇宽大于长。

前胸背板两侧均匀弓弯向前收缩，前缘凹缺部分微呈双波状，后缘两侧较直，中部弓弯；缘线于头后间断，于两侧完整；外侧线于两侧完整；内侧线完整，前端近于平直且强烈钝齿状；前胸背板表面具稀疏的细小刻点，2 侧线间刻点较密集，小盾片前有 1 纵长刻点。

鞘翅两侧弧圆。外肩下线几乎完整，基部略短缩，内肩下线缺失；斜肩线位于基部 1/3；第 1-4 背线完整，第 4 背线于基部略短缩，第 5 背线位于端部 1/3，基部原基为 1 短弧；缝线位于端半部；所有的线（斜肩线除外）强烈钝齿状。鞘翅表面具稀疏的细小刻点；端部近后缘具微弱的横向压痕。缘折缘线完整；鞘翅缘线缺失。

前臀板具略密集的粗大刻点，其间混有细小刻点；两侧微凹。臀板刻点与前臀板的相似但更密集。

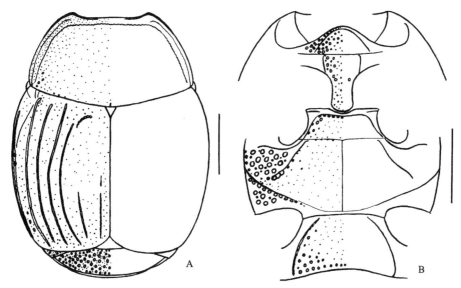

图 111　温氏歧阎甲 *Margarinotus* (*Ptomister*) *wenzelisnus* Kryzhanovskij *et* Reichardt

A. 前胸背板、鞘翅和前臀板（pronotum, elytra and propygidium）；B. 前胸腹板、中-后胸腹板和第 1 腹节腹板（prosternum, meso- and metasterna and the 1st visible abdominal sternum）。比例尺（scales）：1.0 mm

咽板前缘圆；缘线完整；表面具较密集的刻点，中部刻点小，两侧刻点粗大。前胸腹板龙骨表面具较稀疏的细小刻点，端部两侧刻点粗大；无龙骨线。前胸腹板侧线清晰。

中胸腹板前缘中部较浅凹；缘线完整，前角处另有 1 条短线；表面遍布稀疏的细微刻点，沿侧面缘线具粗大刻点；中-后胸腹板缝细而清晰，中央成角。

后胸腹板基节间盘区刻点与中胸腹板的相似，沿侧线具少量粗大刻点；中纵沟浅；后胸腹板侧线向后侧方延伸，不与斜线相连；侧盘区密布大而浅的圆形刻点，无毛，大刻点间具小刻点；中足基节后线沿中足基节窝后缘延伸，末端略向后弯曲。

第 1 腹节腹板基节间盘区中部刻点稀疏微小，两侧及后缘刻点粗大；腹侧线完整。

前足胫节外缘具 6 个齿；前足腿节线短，位于端部 1/4。

观察标本：1 ex., China Manchuria Dairen (大连), 1939.V-VI, M. Weymarn leg.。

分布：辽宁、黑龙江；蒙古，俄罗斯（远东）。

(121) 魏氏歧阎甲 *Margarinotus (Ptomister) weymarni* Wenzel, 1944（图 112）

Margarinotus weymarni Wenzel, 1944: 127 (North Manchuria, Erhtaohotze, Kirin); 1971: 216; Nakane,
1963: 70 (photo, note); Mazur, 1972a: 140 (*Hister*); 1984b: 169 (catalogue); 1997: 96 (catalogue);
2011a: 80 (catalogue); Kryzhanovskij *et* Reichardt, 1976: 338, 666 (subg. *Margarinotus*; note);
Hisamatsu *et* Kusui, 1984: 16 (subg. *Ptomister*; list, note); Hisamatsu, 1985b: 227 (key, photo);
Ôhara, 1989a: 19 (subg. *Ptomister*; redescription, figures); 1993b: 103; 1994: 140; 1999a: 103;
Kapler, 1993: 30 (Russia); ESK *et* KSAE, 1994: 137 (Korea); Ôhara *et* Paik, 1998: 24; Mazur in Löbl
et Smetana, 2004: 85 (China: Heilongjiang; catalogue); Lackner *et al.* in Löbl *et* Löbl, 2015: 102
(catalogue).

体长 4.83-6.48 mm，体宽 4.16-5.66 mm。体长卵形，隆凸，黑色光亮。

头部表面平坦，刻点稀疏细小；额线完整，前端中央略向内弯曲；上唇宽大于长，前缘平直或中央凹缺。

前胸背板两侧均匀弓弯向前收缩，前角圆，前缘凹缺部分中央直，后缘两侧较直，中部弓弯；缘线于头后间断，于两侧完整；外侧线于两侧完整；内侧线完整且强烈钝齿状，有时于基部 1/4 短缩，前端近于平直，后端不长于外侧线；前胸背板表面具稀疏的细微刻点，两侧线之间刻点较粗糙，小盾片前通常有 1 纵长刻点。

鞘翅两侧弧圆。外肩下线几乎完整，基部略短缩，内肩下线不明显，为位于端部 1/3 的稀疏刻点行；斜肩线位于基部 1/3；第 1-4 背线完整，第 4 背线基部略短缩，第 5 背线通常位于端部 1/3 或略短，其基部原基为 1 短弧；缝线通常位于端部 1/3，有时延伸至中部。鞘翅表面具稀疏的细微刻点，有时近后缘有几个略大的刻点；端部近后缘具微弱的横向压痕。鞘翅缘折略凹且密布粗大刻点；缘折缘线完整；鞘翅缘线缺失。

前臀板密布圆形大刻点，其间混有密集的细微刻点；端部两侧微凹。臀板刻点与前臀板的相似，但较小且更密集。

咽板前缘狭窄平截；缘线完整；咽板刻点密集，中部刻点较小，两侧刻点粗大。前胸腹板龙骨基部刻点与咽板中部的相似，端部刻点较稀疏细小，端部两侧刻点粗大；无龙骨线。前胸腹板侧线清晰。

中胸腹板前缘中央较深凹；缘线完整，后端不达后缘，前角处另有 1 条短线；表面遍布稀疏的细微刻点，两侧刻点密集粗大；中-后胸腹板缝细而清晰，中央成角。

后胸腹板基节间盘区刻点与中胸腹板的相似，沿侧线刻点粗大；中纵沟深；后胸腹板侧线向后侧方延伸，接近但不与斜线相连；侧盘区密布大而浅的圆形刻点，具长毛；中足基节后线沿中足基节窝后缘延伸，末端略向后弯曲。

第 1 腹节腹板基节间盘区刻点与中胸腹板的相似，有时略大，侧面具密集的粗大刻点；腹侧线完整。

前足胫节外缘具 5-6 个齿；前足腿节线很短，位于端部。

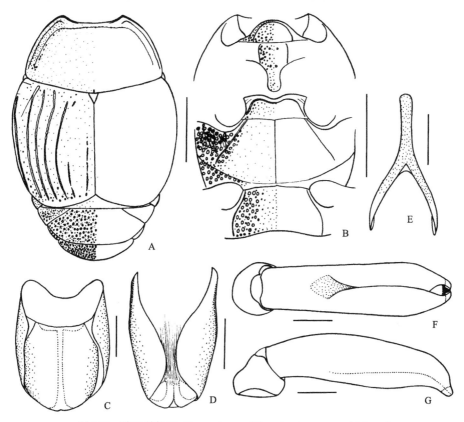

图 112　魏氏歧阎甲 *Margarinotus* (*Ptomister*) *weymarni* Wenzel

A. 前胸背板、鞘翅、前臀板和臀板（pronotum, elytra, propygidium and pygidium）；B. 前胸腹板、中-后胸腹板和第 1 腹节腹板（prosternum, meso- and metasterna and the 1st visible abdominal sternum）；C. 雄性第 8 腹节背板和腹板，腹面观（male 8th tergite and sternum, ventral view）；D. 雄性第 9、10 腹节背板，背面观（male 9th and 10th tergites, dorsal view）；E. 雄性第 9 腹节腹板，腹面观（male 9th sternum, ventral view）；F. 阳茎，背面观（aedeagus, dorsal view）；G. 同上，侧面观（ditto, lateral view）。比例尺（scales）：A, B = 2.0 mm, C-G = 0.5 mm

雄性外生殖器如图 112C-G 所示。

观察标本：1♂, Jôza Sakura-shi, Chiba Pref. （日本千叶县）, 1997.X.23-XI.12, M. Maruyama leg., M. Ôhara det., 1998; 1 ex., Kyoto （日本京都）, 1931.V.14, K. Eki leg.; 1 ex., Shirakawa, Kyoto, 1932.X.31, S. Yie leg.; 1 号, [日本] 成川郡, 1953.IV.24; 5 exs., Kingan, Yalou, 1934.VII.20, M. Volkof. leg.; 1 ex., China Manchurla Dairen （辽宁大连）, 1939.V-VI., M. Weymarn leg., S. Mazur det., 1995; 1 ex., Peking （北京）, 1933.IV.14, S. Kato leg.; 2 号, 中国北平（北京）, 1936.VII.16, 尹振华采; 1 号, 北京清河, 1994.V.26, 杨玉璞采; 1 号, 北京清河, 1994.V.17, 杨玉璞采; 3 号, 北京清河, 1995.IV.24, 杨玉璞采; 3♀, 5 号, 北京清河, 1995.IV.17, 杨玉璞采; 14 号, 北京清河, 1995.IV.7, 杨玉璞采; 1♀, 4 号, 北京清河, 1995.IV.13, 杨玉璞采; 1♀, 北京清河, 1995.IV.19, 杨玉璞采; 1 号, 北京清河, 1995.V.2, 杨玉璞采; 1♀, 1 号, 北京清河, 1995.IV.21, 杨玉璞采; 1 号, 北京

清河，1995.IV.11，杨玉璞采；1 号，北京清河，1995.V.5，杨玉璞采；1 号，北京清河，
1995.V.17，杨玉璞采；3 号，北京清河，1995.IV.28，杨玉璞采；3 号，北京密云，1995.IV.28，
杨玉璞采；1 号，北京密云，1995.IV.26，杨玉璞采；1 号，北京密云，1995.VI.28，杨玉
璞采；2♂，5 号，北京门头沟梨园岭，1100 m，腐羊头，1998.IX.20，周红章采；1 号，
北京门头沟梨园岭，1100 m，腐羊头，1998.IX.20，罗天宏采；2♂，1♀，7 号，北京门
头沟梨园岭，1100 m，田边干草，1998.IX.23，周红章采；1 号，北京门头沟梨园岭，
1999.VII.21，周红章采；1 号，北京门头沟梨园岭，腐羊头，1999.VII.18，周红章采；2♂，
2♀，3 号，北京小龙门，1140 m，羊肉诱，2000.VI.20-VII.2，于晓东采；1 号，黑龙江
二层甸子，1943.VII.4；1 号，[吉林省抚松县] 漫江，1955.V.7。

分布： 北京、辽宁、吉林、黑龙江；俄罗斯（远东），韩国，日本。

13) 毛折阎甲亚属 *Eucalohister* Reitter, 1909

Eucalohister Reitter, 1909: 283; Bickhardt, 1917: 176 (subg. of *Hister*); Mazur, 1984b: 169 (catalogue);
　　1997: 96 (catalogue); 2011a: 80 (catalogue); Yélamos *et* Ferrer, 1988: 185; Yélamos, 2002: 114, 369;
　　Mazur in Löbl *et* Smetana, 2004: 82 (catalogue); Lackner *et al.* in Löbl *et* Löbl, 2015: 98 (catalogue).
Type species: *Hister binotatus* Erichson, 1834. Designated by Bickhardt, 1917: 176.

体卵形。头部额线通常清晰深刻。前胸背板缘线于侧面完整，于头后间断；除缘线
外通常有 2 条侧线，外侧线多变，存在于两侧，完整或不完整，有时缺失，内侧线完整；
侧线和侧缘之间通常具较粗糙的刻点；前背折缘具长毛。鞘翅外肩下线完整且深刻；第
1-3 背线通常完整，第 4、5 背线和缝线多变，第 4 背线通常仅存在于端部，很短，有时
完整，第 5 背线通常仅存在于端部，很短，有时缺失，缝线通常存在于端半部，有时较
长，有时完整。前臀板和臀板通常具圆形大刻点。前胸腹板无龙骨线。中胸腹板前缘中
央凹缺，具完整的缘线。后胸腹板侧线和斜线相连或不相连；基节间盘区光滑；侧盘区
通常具粗大刻点。前足胫节宽，外缘有几个大齿；中、后足胫节端部加宽，三角形，背
面具较密集的黄色长毛。阳茎中叶多变。

分布： 古北区。
该亚属世界记录 8 种，中国记录 2 种。

种 检 索 表

鞘翅第 5 背线缺失 ···双斑歧阎甲 *M. (E.) bipustulatus*
鞘翅第 5 背线位于鞘翅端部 1/4 ·························美斑歧阎甲 *M. (E.) gratiosus*

(122) 双斑歧阎甲 *Margarinotus (Eucalohister) bipustulatus* (Schrank, 1781)（图 113）

Hister bipustulatus Schrank, 1781: 37 (Austria); Kugelann, 1792: 298; Bedel, 1906: 91; J. Müller,
　　1908a: 119; Jakobson, 1911: 645; Reichardt, 1925a: 110 (Turgai, K. Omsk, O. Altai).
Margarinotus bipustulatus: Wenzel, 1944: 126; Horion, 1949: 363; Vienna, 1971: 287 (*Paralister*);

Kryzhanovskij *et* Reichardt, 1976: 373; Mazur, 1973b: 711 (*Eucalohister*); 1984b: 169 (catalogue);
1997: 96 (catalogue; subg. *Eucalohister*); 2011a: 80 (catalogue); Yélamos *et* Ferrer, 1988: 185; Mazur
in Löbl *et* Smetana, 2004: 82 (catalogue); Lackner *et al.* in Löbl *et* Löbl, 2015: 98 (catalogue).

Hister fimetarius Herbst, 1792: 27; Kugelann, 1792: 298 (synonymized); Hoffmann, 1803a: 48; Paykull,
1811: 41; Marseul, 1854: 528; Schmidt, 1885c: 292; Fauvel in Gozis, 1886: 163 (key), 189;
Ganglbauer, 1899: 366; Reitter, 1909: 284; Auzat, 1916-1925: 63.

Hister sinuatus Fabricius, 1792: 75 (nec Illiger, 1798); Duftschmid, 1805: 212 (synonymized).

体长 5.80-6.48 mm，体宽 4.59-5.56 mm。体卵形，隆凸，黑色光亮，鞘翅中央第 1
背线和缝线之间有 1 不规则的橙黄色斑。

头部表面平坦，刻点细小稀疏；额线完整，前端中央微弱内弯，有时狭窄间断。

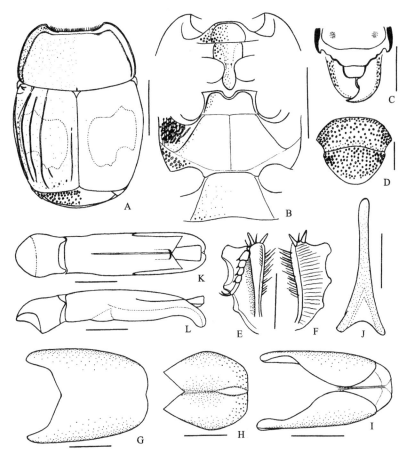

图 113　双斑歧阎甲 *Margarinotus* (*Eucalohister*) *bipustulatus* (Schrank)

A. 前胸背板、鞘翅和前臀板（pronotum, elytra and propygidium）；B. 前胸腹板、中-后胸腹板和第 1 腹节腹板（prosternum,
meso- and metasterna and the 1st visible abdominal sternum）；C. 头（head）；D. 前臀板和臀板（propygidium and pygidium）；
E. 前足胫节，背面观（protibia, dorsal view）；F. 同上，腹面观（ditto, ventral view）；G. 雄性第 8 腹节背板，背面观（male
8th tergite, dorsal view）；H. 雄性第 8 腹节腹板，腹面观（male 8th sternum, ventral view）；I. 雄性第 9、10 腹节背板，背面观
（male 9th and 10th tergites, dorsal view）；J. 雄性第 9 腹节腹板，腹面观（male 9th sternum, ventral view）；K. 阳茎，背面观
（aedeagus, dorsal view）；L. 同上，侧面观（ditto, lateral view）。比例尺（scales）：A, B = 2.0 mm, C-F =1.0 mm, G-L = 0.5 mm

前胸背板两侧基部 4/5 微弱弓弯，向前收缩，端部 1/5 明显弓弯，前角较圆，前缘凹缺部分中央直，后缘微弱弓弯；前背折缘具稀疏的毛；缘线于两侧完整，于头后宽阔间断；外侧线缺失；内侧线完整，于复眼之后略向后弯曲；表面刻点细小，较密集，沿后缘两侧 1/4 有一些略粗大的刻点，小盾片前区有 1 纵长刻点。

鞘翅两侧略弓弯。外肩下线近于完整，基部略短缩，内肩下线缺失；斜肩线位于基部 1/3；第 1-3 背线完整，第 4 背线较细弱，位于端部，很短，第 5 背线缺失；缝线位于端半部。鞘翅表面具稀疏的细微刻点，第 1 背线外侧刻点密集细小；鞘翅端部近后缘无刻痕。鞘翅缘折略凹，刻点稀疏细微；缘折缘线完整；鞘翅缘线缺失。

前臀板具较稀疏的圆形大刻点，刻点向中部和后部变小，大刻点间具稀疏的细微刻点；两侧微弱凹陷。臀板刻点与前臀板的相似但更密集，刻点向后略小，顶端无大刻点，仅有较密集的细小刻点。

咽板前缘平截；缘线完整；表面刻点较稀疏，中部刻点细小，两侧刻点较大。前胸腹板龙骨表面具较稀疏的细小刻点，基半部平坦；无龙骨线。前胸腹板侧线清晰。

中胸腹板前缘中央相当深凹；缘线几乎完整，后端不达后缘；表面遍布稀疏的细小刻点；中-后胸腹板缝清晰，中间略成角。

后胸腹板基节间盘区刻点与中胸腹板的相似；中纵沟深；后胸腹板侧线向后侧方延伸，与斜线相连；侧盘区密布大而浅的半圆形刻点，刻点常相连，并具密集的黄色长毛。

第 1 腹节腹板基节间盘区刻点较中胸腹板的略大略密，后角处刻点略粗大；腹侧线完整。

前足胫节外缘具 4-5 个大齿，端部的 2 个靠近；前足腿节线非常短，位于端部。中、后足胫节背面被覆黄色长毛。

雄性外生殖器如图 113G-L 所示。

观察标本：1 ex., W. Siberia, Novosibirsk Town (新西伯利亚), 1982.IV.30, Yu Chekanov leg.; 1♀, W. Siberia, Novosibirsk Town, mixed forest, under stone, 1984.VI.16, Yu Chekanov leg.; 1♂，1♀，新疆哈巴河，500 m，1960.IX.1，张发财采。

分布：新疆；哈萨克斯坦，土库曼斯坦，俄罗斯（西伯利亚），高加索山脉，欧洲。

(123) 美斑歧阎甲 *Margarinotus* (*Eucalohister*) *gratiosus* (Mannerheim, 1852)（图 114）

Hister gratiosus Mannerheim, 1852: 296 (Mongolia); Marseul, 1854: 302; Jakobson, 1911: 644; Bickhardt, 1917: 177; G. Müller, 1937a: 122.

Margarinotus gratiosus: Kryzhanovskij, 1972a: 442; Kryzhanovskij *et* Reichardt, 1976: 376; Mazur, 1984b: 170 (China; catalogue); 1997: 96 (catalogue; subg. *Eucalohister*); 2011a: 80 (catalogue); Mazur in Löbl *et* Smetana, 2004: 82 (China: Nei Mongol; catalogue); Lackner *et al.* in Löbl *et* Löbl, 2015: 98 (catalogue).

体长 4.00-5.12 mm，体宽 3.12-3.92 mm。体卵形，隆凸，黑色光亮，鞘翅中央第 1 背线和缝线之间有 1 大而不规则的橙黄色斑。

头部表面平坦，具稀疏的细微刻点；额线完整，前端中央内弯，有时宽阔间断。

前胸背板两侧均匀弓弯，向前收缩，前角较圆，前缘凹缺部分中央较直，后缘略呈弓形；前背折缘具密集的黄色长毛；缘线于两侧完整，于头后宽阔间断；外侧线于两侧完整；内侧线完整，后端略短于外侧线，前端近于平直且钝齿状；表面具较稀疏的细小刻点，沿后缘具密集的略粗大的刻点，有时内侧线和外侧线之间区域刻点较密集，小盾片前区有 1 纵长刻点。

鞘翅两侧略弓弯。外肩下线几乎完整，内肩下线无；斜肩线位于基部 1/3；第 1-3 背线完整，第 4、5 背线位于端部 1/4，有时刻点状，第 4 背线略短于第 5 背线；缝线位于端半部，有时略长且于前端刻点状；所有的线（斜肩线除外）轻微钝齿状。鞘翅表面具稀疏的细小刻点；鞘翅端部近后缘无刻痕。鞘翅缘折略凹，刻点小且稀疏；缘折缘线完整；鞘翅缘线缺失。

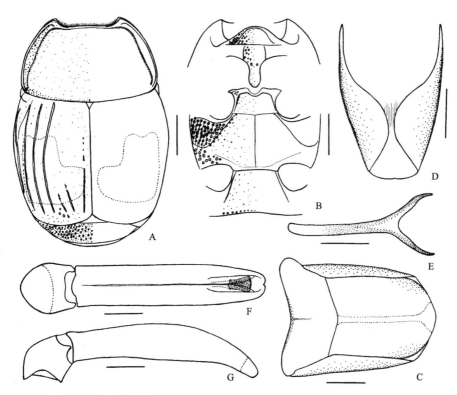

图 114　美斑歧阎甲 *Margarinotus* (*Eucalohister*) *gratiosus* (Mannerheim)

A. 前胸背板、鞘翅和前臀板（pronotum, elytra and propygidium）；B. 前胸腹板、中-后胸腹板和第 1 腹节腹板（prosternum, meso- and metasterna and the 1st visible abdominal sternum）；C. 雄性第 8 腹节背板和腹板，腹面观（male 8th tergite and sternum, ventral view）；D. 雄性第 9、10 腹节背板，背面观（male 9th and 10th tergites, dorsal view）；E. 雄性第 9 腹节腹板，腹面观（male 9th sternum, ventral view）；F. 阳茎，背面观（aedeagus, dorsal view）；G. 同上，侧面观（ditto, lateral view）。比例尺（scales）：A, B = 1.0 mm, C-G = 0.5 mm

前臀板具密集的圆形大刻点，中部刻点略稀疏，边缘刻点小，大刻点间混有密集的细小刻点；两侧具不规则的轻微压痕。臀板刻点与前臀板的相似但较小，刻点向后渐小。

咽板前缘圆；缘线完整；表面刻点较粗大，中部的略小略稀，两侧的略大略密。前胸腹板龙骨表面具稀疏的细小刻点，端部两侧刻点略大，基半部平坦；无龙骨线。

中胸腹板前缘中央相当深凹；缘线几乎完整，后端不达后缘；表面遍布稀疏的细小刻点，较前胸腹板龙骨刻点略小，沿缘线内侧有几个粗大刻点；中-后胸腹板缝较清晰，中央成角。

后胸腹板基节间盘区刻点与中胸腹板的相似，沿侧线内侧有一些粗大刻点；中纵沟深；后胸腹板侧线向后侧方延伸，与斜线相连；侧盘区密布大而浅的半圆形刻点，刻点常相连，并具黄色长毛。

第 1 腹节腹板基节间盘区刻点与中胸腹板的相似，侧面有一些略粗大的刻点；腹侧线端部短缩，有时完整。

前足胫节外缘具 4 个齿；前足腿节线短，位于端部 1/4。中、后足胫节背面被覆黄色长毛。

雄性外生殖器如图 114C-G 所示。

观察标本： 1 ex., 东北 Ta-Yagtse, 1940.VII, E. Bourgault leg.; 1 号，[宁夏] 盐池大水坑，1988.V.10-20，张学文采；1 号，青海贵南，1957.VI.4，3000 m，张毅然采；1♂，2 号，青海贵南，1957.VI.5，3000-3040 m，张毅然采；2 号，青海贵南，1957.VI.13，3200 m，张毅然采；1 号，青海贵南，1957.VI.24，2100-3120 m，张毅然采。

分布： 东北、内蒙古、青海、宁夏；蒙古，俄罗斯（东西伯利亚）。

14) 宽胫阎甲亚属 *Stenister* Reichardt, 1926

Stenister Reichardt, 1926a: 270; Mazur, 1984b: 170 (catalogue); 1997: 97 (catalogue); 2011a: 81 (catalogue); Yélamos *et* Ferrer, 1988: 186; Yélamos, 2002: 118, 370; Mazur in Löbl *et* Smetana, 2004: 85 (catalogue); Lackner *et al.* in Löbl *et* Löbl, 2015: 102 (catalogue). **Type species:** *Hister bickhardti* Reitter, 1910. Original designation.

体半圆柱形。头部额线通常清晰深刻。前胸背板缘线于侧面完整，于头后间断；除缘线外仅有 1 条侧线，通常完整；前背折缘无毛。鞘翅外肩下线完整或仅存于基半部；第 1-3 背线通常完整，第 4、5 背线和缝线多变。前臀板和臀板通常具圆形大刻点。前胸腹板无龙骨线。中胸腹板前缘中央凹缺；缘线完整或后端短缩。后胸腹板侧线和斜线相连或不相连；基节间盘区光滑；侧盘区通常具粗大刻点。所有胫节强烈加宽；前足胫节外缘具几个大齿；中、后足胫节背面具稀疏的黄色长毛，外缘具 2 列刺；后足腿节加宽。阳茎中叶多变。

分布： 古北区，尤其是地中海地区。

该亚属世界记录 5 种，中国记录 1 种。

(124) 暗歧阎甲 *Margarinotus* (*Stenister*) *obscurus* (Kugelann, 1792)（图 115）

Hister obscurus Kugelann, 1792: 298 (Poland: Prussia); Mazur, 1972a: 141 (*Paralister*); 1973b: 711 (*Stenister*); 1984b: 171 (China; catalogue); 1997: 97 (catalogue; subg. *Stenister*).

Margarinotus obscurus: Vienna, 1977: 40; 2011a: 81 (catalogue); Yélamos *et* Ferrer, 1988: 186;
Yélamos, 2002: 118 (redescription, figures), 370; Mazur in Löbl *et* Smetana, 2004: 85 (Northeast
China; catalogue); Lackner *et al.* in Löbl *et* Löbl, 2015: 102 (catalogue).

Hister stercorarius Hoffmann, 1803a: 57 (emend.); Fauvel in Gozis, 1886: 163 (key), 189; Reichardt,
1925a: 110 (Altai); Wenzel, 1944: 126 (*Margarinotus*); Thérond, 1967b: 1095 (*Paralister*);
Kryzhanovskij *et* Reichardt, 1976: 369 (note, key, figures).

Hister parallelus: Ménétries, 1832: 171; Reichardt, 1922a: 49 (synonymized).

Hister parallelogrammus Faldermann, 1835: 228; Schmidt, 1885c: 286 (synonymized).

Hister paralleloides Marseul, 1862: 710 (emend.).

Hister semisculptus J. L. LeConte, 1863: 60; Wenzel, 1944: 137 (synonymized).

Hister goetzelmanni Bickhardt, 1908: 41; J. Müller, 1908a: 114 (synonymized).

Hister stercorarius ab. *goetzelmanni*: Reitter, 1909: 284.

Hister stercorarius var. *inexspectatus* Roubal, 1937: 15.

体长 3.73 mm，体宽 2.96 mm。体较长，近圆柱形，隆凸，黑色光亮，足和触角暗褐色。

头部表面平坦，具稀疏的细小刻点；额线完整，端部中央内弯。

前胸背板两侧均匀弓弯，向前收缩，前角锐，前缘凹缺部分中央直，后缘弓弯；缘线于两侧完整，于头后宽阔间断；侧线完整，且于复眼之后略向下弯曲；表面刻点稀疏细小，小盾片前区有 1 深的纵长刻点。

鞘翅两侧近于平行。外肩下线位于鞘翅基半部，且前端略短缩，内肩线无；斜肩线位于基部 1/3；第 1-3 背线完整，第 4 背线位于鞘翅端部 1/3，第 5 背线位于端部，很短，大约为第 4 背线长度的一半；缝线位于鞘翅端部 2/3；所有的线（斜肩线除外）轻微钝齿状。鞘翅表面具稀疏的细小刻点；端部近后缘具微弱的横向压痕。鞘翅缘折略凹；缘折缘线完整且密布刻点；鞘翅缘线缺失。

前臀板密布圆形大刻点，其间混有细小刻点；两侧端部有微弱的压痕。臀板刻点与前臀板的相似。

咽板前缘宽圆；缘线完整；表面具稀疏的细小刻点，两侧刻点较大。前胸腹板龙骨刻点与咽板的相似；无龙骨线。前胸腹板侧线清晰。

中胸腹板前缘中央深凹；缘线轻微钝齿状，后端短缩；表面具稀疏的细微刻点；中-后胸腹板缝清晰，中间成角。

后胸腹板基节间盘区刻点与中胸腹板的相似；中纵沟宽；后胸腹板侧线轻微钝齿状，向后侧方延伸，接近但不与斜线相连；侧盘区具较密集的圆形大刻点，并具短毛；中足基节后线沿中足基节窝后缘延伸。

第 1 腹节腹板基节间盘区刻点与中胸腹板的相似，沿后缘有 1 行较粗大刻点；腹侧线完整。

所有胫节强烈加宽。前足胫节外缘有 5 个大齿，基部 1 齿很小；前足腿节线短，位于端部 1/3 且向基部远离后缘。中、后足胫节背面具较稀疏的黄色长毛；后足腿节加宽。

雄性外生殖器如图 115E-I 所示。

观察标本：1♂，新疆托里，1955.VII.4，马世骏、夏凯龄、陈永林采。

分布：东北、新疆；中亚，西亚，欧洲和地中海地区，侵入北美。

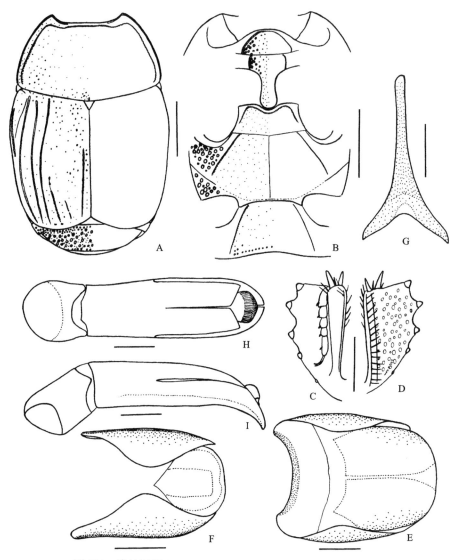

图 115 暗歧阎甲 *Margarinotus* (*Stenister*) *obscurus* (Kugelann)

A. 前胸背板、鞘翅和前臀板（pronotum, elytra and propygidium）；B. 前胸腹板、中-后胸腹板和第 1 腹节腹板（prosternum, meso- and metasterna and the 1st visible abdominal sternum）；C. 前足胫节，背面观（protibia, dorsal view）；D. 同上，腹面观（ditto, ventral view）；E. 雄性第 8 腹节背板和腹板，腹面观（male 8th tergite and sternum, ventral view）；F. 雄性第 9、10 腹节背板，背面观（male 9th and 10th tergites, dorsal view）；G. 雄性第 9 腹节腹板，腹面观（male 9th sternum, ventral view）；

H. 阳茎，背面观（aedeagus, dorsal view）；I. 同上，侧面观（ditto, lateral view）。比例尺（scales）：A, B = 1.0 mm，

C, D = 0.5 mm, E-I = 0.25 mm

15) 端线阎甲亚属 *Paralister* Bickhardt, 1917

Paralister Bickhardt, 1917: 188 (subg. of *Hister*); Wenzel, 1936: 268; G. Müller, 1937a: 125; Kryzhanovskij *et* Reichardt, 1976: 351; Mazur, 1984b: 171 (catalogue); 1997: 98 (catalogue); 2011a: 81 (catalogue); Yélamos *et* Ferrer, 1988: 186; Yélamos, 2002: 120 (character, key); Mazur in Löbl *et* Smetana, 2004: 83 (catalogue); Lackner *et al.* in Löbl *et* Löbl, 2015: 99 (catalogue). **Type species:** *Hister carbonarius* Hoffmann, 1803. Original designation.

Coprister Houlbert *et* Monnot, 1923: 23. **Type species:** *Hister neglectus* Germar, 1813.

　　体卵形，多少隆凸。头部额线通常清晰深刻。前胸背板缘线于头后间断或完整，于侧面短，通常位于端部，至多略超出中部；外侧线通常缺失，有时在侧面余短的细刻痕，内侧线通常完整且远离边缘；前背折缘无毛。鞘翅外肩下线完整；鞘翅有 3-4 条完整的背线。前臀板和臀板通常具圆形大刻点。前胸腹板于基部很少具龙骨线。中胸腹板前缘中央凹缺；缘线完整或后端略短缩。后胸腹板侧线和斜线相连或不相连；基节间盘区光滑；侧盘区通常具粗大刻点。所有胫节加宽；前足胫节外缘具几个大齿；中、后足胫节背面具稀疏的黄色长毛。阳茎背面深刻打开，有 2 长片连接中体刺；中叶多变，中体刺和中叶顶端的形状具有重要的系统学意义。

　　分布：古北区、新北区和东洋区。

　　该亚属世界记录 20 种，中国记录 5 种。

种 检 索 表

(125) 柯氏歧阎甲 *Margarinotus* (*Paralister*) *koenigi* (Schmidt, 1888)（图 116）

Hister koenigi Schmidt, 1888: 189 (Amurskiy Kray); Jakobson, 1911: 645; Bickhardt, 1917: 190; Reichardt, 1922b: 511.

Margarinotus koenigi: Wenzel, 1944: 126; Thérond, 1964: 190 (Mandchourie; *Paralister*); Kryzhanovskij *et* Reichardt, 1976: 363 (figures); Mazur, 1984b: 173 (Northeast China; catalogue); 1997: 99 (subg. *Paralister*); 2011a: 82 (catalogue); ESK *et* KSAE, 1994: 137 (subg. *Paralister*); Ôhara *et* Paik, 1998: 24; Mazur in Löbl *et* Smetana, 2004: 83 (China: Heilongjiang; catalogue); Lackner *et al.* in Löbl *et* Löbl, 2015: 100 (catalogue).

　　体长 3.46-4.42 mm，体宽 2.78-3.69 mm。体卵形，隆凸，体表光亮，黑色或红棕色，足和触角暗褐色。

　　头部表面平坦，具稀疏的细小刻点；额线完整，中央略向内弯。

　　前胸背板两侧均匀弓弯向前收缩，前角钝，前缘凹缺部分中央直，后缘弓弯；缘线于头后狭或宽阔间断，于两侧仅存在于端半部；外侧线细弱，存在于侧面中部 2/5，有时更短甚至缺失；内侧线完整，于复眼之后轻微弯曲；表面刻点细小稀疏，小盾片前区有 1 纵长刻点。

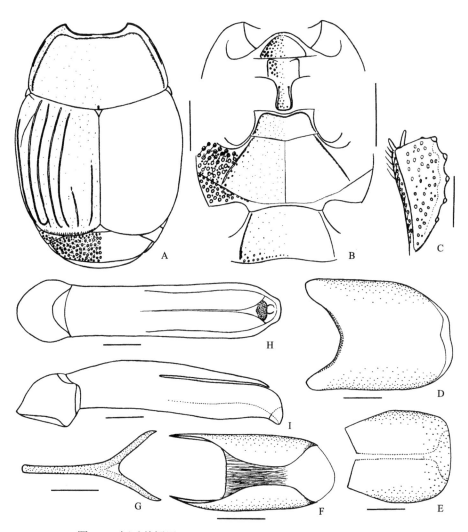

图 116　柯氏歧阎甲 *Margarinotus* (*Paralister*) *koenigi* (Schmidt)

A. 前胸背板、鞘翅和前臀板（pronotum, elytra and propygidium）；B. 前胸腹板、中-后胸腹板和第 1 腹节腹板（prosternum, meso- and metasterna and the 1st visible abdominal sternum）；C. 前足胫节，腹面观（protibia, ventral view）；D. 雄性第 8 腹节背板，背面观（male 8th tergite, dorsal view）；E. 雄性第 8 腹节腹板，腹面观（male 8th sternum, ventral view）；F. 雄性第 9、10 腹节背板，背面观（male 9th and 10th tergites, dorsal view）；G. 雄性第 9 腹节腹板，腹面观（male 9th sternum, ventral view）；H. 阳茎，背面观（aedeagus, dorsal view）；I. 同上，侧面观（ditto, lateral view）。比例尺（scales）：A, B = 1.0 mm, C = 0.5 mm, D-I = 0.25 mm

鞘翅两侧略弧弯。外肩下线几乎完整，基部略短缩，内肩下线缺失；斜肩线位于基部 1/3；第 1-4 背线完整，第 5 背线位于端部 1/3 或略长；缝线位于端半部；所有的线（斜肩线除外）轻微钝齿状。鞘翅表面具稀疏的细小刻点；端部近后缘具微弱的横向压痕；沿后缘的窄带具密集的纵向皱纹。鞘翅缘折略凹，具稀疏的小刻点；缘折缘线完整并密布刻点；鞘翅缘线缺失。

前臀板密布圆形大刻点，其间混有稀疏的细小刻点；端部两侧有明显的压痕。臀板刻点与前臀板的相似但略小，顶端无大刻点。

咽板前缘圆；缘线完整，有时于中央狭窄间断；表面中央具稀疏的大小适中的刻点，两侧刻点较大较密。前胸腹板龙骨表面刻点与咽板的相似，端部两侧刻点较粗大，基部较平坦；基部具清晰的龙骨线，龙骨线后端相连或不相连。前胸腹板侧线清晰。

中胸腹板前缘中央适度凹缺；缘线完整，后端不达后缘；表面具稀疏的细小刻点；中-后胸腹板缝清晰，中央向后成角。

后胸腹板基节间盘区刻点与中胸腹板的相似；中纵沟较深；后胸腹板侧线向后侧方延伸，接近但不与斜线相连；侧盘区密布大而浅的半圆形刻点，刻点常相连并具黄色长毛，端部大刻点间具少量小刻点；中足基节后线沿中足基节窝后缘延伸。

第 1 腹节腹板基节间盘区刻点与中胸腹板的相似；腹侧线完整。

前足胫节外缘有 5 个齿；前足腿节线很短，位于端部。

雄性外生殖器如图 116D-I 所示。

观察标本： 1♀，黑龙江哈尔滨，1943.V.3；1♀，黑龙江哈尔滨，1944.VII.27；1♂，吉林苇沙河，1940.VI.20。

分布： 吉林、黑龙江；蒙古，俄罗斯（远东），朝鲜半岛。

(126) 中亚歧阎甲 *Margarinotus* (*Paralister*) *laevifossa* (Schmidt, 1890)（图 117）

Hister laevifossa Schmidt, 1890b: 7 (Turkestan); Bickhardt, 1913c: 697; 1917: 190; Reichardt, 1930b: 46.

Margarinotus laevifossa: Wenzel, 1944: 126; Kryzhanovskij *et* Reichardt, 1976: 360 (figures); Mazur, 1984b: 173 (Tian Shan; catalogue); 1997: 99 (catalogue; subg. *Paralister*); 2011a: 82 (catalogue); Mazur in Löbl *et* Smetana, 2004: 83 (catalogue); Lackner *et al.* in Löbl *et* Löbl, 2015: 100 (catalogue).

体长 5.41 mm，体宽 4.40 mm。体卵形，隆凸，黑色光亮，足和触角暗褐色。

头部表面具稀疏的细小刻点；额线完整，前端中央微弱内弯。

前胸背板两侧均匀弓弯，向前收缩，前角锐，前缘凹缺部分中央较直，后缘两侧较直，中央略微成角；缘线于头后宽阔间断，于两侧仅存在于端半部；外侧线于两侧中部有很短的细痕；内侧线完整；表面具稀疏的细小刻点，沿后缘有 1 行密集的小刻点，小盾片前区有 1 纵长刻点。

鞘翅两侧略弧弯。外肩下线几乎完整，基部略短缩，内肩下线缺失；斜肩线位于基部 1/3；第 1-3 背线完整，第 4 背线位于鞘翅端部 1/2 或 2/3，并于基部有微弱的刻痕，最前端刻痕较清晰，第 5 背线位于鞘翅端部 1/4；缝线位于鞘翅端半部；所有的线（斜肩线除外）轻微钝齿状。鞘翅表面具稀疏的细小刻点；端部近后缘具微弱的横向压痕；沿后缘的窄带具密集的纵向皱纹或刻痕。鞘翅缘折略凹，刻点稀疏细小；缘折缘线完整且密布刻点；鞘翅缘线缺失。

前臀板具较密集的圆形大刻点，大刻点间混有较密集的细小刻点；端部两侧有明显的压痕。臀板刻点与前臀板的相似但较小，且向后渐小。

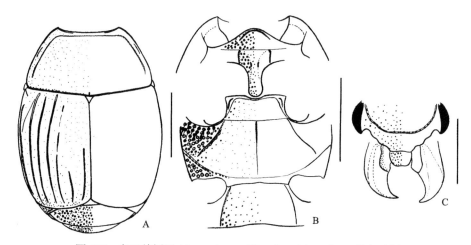

图 117　中亚歧阎甲 *Margarinotus* (*Paralister*) *laevifossa* (Schmidt)

A. 前胸背板、鞘翅和前臀板（pronotum, elytra and propygidium）；B. 前胸腹板、中-后胸腹板和第 1 腹节腹板（prosternum, meso- and metasterna and the 1st visible abdominal sternum）；C. 头（head）。比例尺（scales）：A, B = 2.0 mm, C = 1.0 mm

咽板前缘圆；缘线仅位于端半部且于中央不明显间断；表面中央具较密集的小刻点，两侧刻点较稀疏粗大，且混有细小刻点。前胸腹板龙骨表面具较密集的小刻点，基部平坦；无龙骨线，中端部两侧有不明显的短刻痕。前胸腹板侧线清晰。

中胸腹板前缘中央适度凹缺；缘线完整，后端到达后缘，前角处另有 1 短弧线；表面具稀疏的细小刻点，侧面刻点略粗糙；中-后胸腹板缝清晰，中间向后成角。

后胸腹板基节间盘区刻点与中胸腹板的相似，沿侧线刻点略粗糙；中纵沟较深；后胸腹板侧线向后侧方伸展，接近但不与斜线相连；侧盘区密布大而浅的圆形刻点，刻点具长毛，大刻点间混有较小的刻点；中足基节后线沿中足基节窝后缘延伸。

第 1 腹节腹板基节间盘区刻点与中胸腹板的相似；侧面刻点较粗糙；腹侧线完整。

前足胫节外缘有 5-6 个齿，基部 1 齿很小，端部 2 齿相互靠近；前足腿节线短，位于端部 1/3。

观察标本：1♀, Kirghizstan (吉尔吉斯斯坦), Beshkek env., 900-1200 m, 1992.V.7-12, Plutenko leg., Kapler det., 1994。

分布：新疆；吉尔吉斯斯坦，土库曼斯坦。

(127) 长圆歧阎甲 *Margarinotus* (*Paralister*) *oblongulus* (Schmidt, 1892)（图 118）

Hister oblongulus Schmidt, 1892: 24 (Turkestan); Bickhardt, 1917: 183; 1920d: 98; Reichardt, 1930b: 47.

Margarinotus oblongulus: Wenzel, 1944: 126; Kryzhanovskij *et* Reichardt, 1976: 360 (figures); Mazur, 1984b: 174 (Tian Shan; catalogue); 1997: 99 (catalogue; subg. *Paralister*); 2011a: 82 (catalogue); Mazur in Löbl *et* Smetana, 2004: 83 (catalogue); Lackner *et al*. in Löbl *et* Löbl, 2015: 100 (catalogue).

体长 5.27 mm，体宽 3.92 mm。体长卵形，隆凸，黑色光亮，足和触角暗褐色。

头部表面平坦，具稀疏的细小刻点；额线完整，前端中央内弯且成角。

前胸背板两侧均匀弓弯向前收缩，前角钝，前缘凹缺部分中央较直，后缘弓弯；缘线于头后狭窄间断，于两侧仅存在于端半部；外侧线于两侧中部 1/2 具细的刻痕，且间断；内侧线完整；表面具稀疏的细小刻点，小盾片前区有 1 纵长刻点。

鞘翅两侧近于平行。外肩下线完整，内肩下线缺失；斜肩线位于基部 1/3；第 1-3 背线完整，第 4 背线位于端半部，第 5 背线位于端部，不足 1/3，有时第 4、5 背线后末端相连；缝线位于鞘翅端部 1/3，略长于第 5 背线；所有的线（斜肩线除外）轻微钝齿状。鞘翅表面具稀疏的细小刻点；端部近后缘具微弱的横向压痕；沿后缘的窄带具微弱且密集的纵向短皱纹。鞘翅缘折略凹；缘折缘线完整且密布刻点；鞘翅缘线缺失。

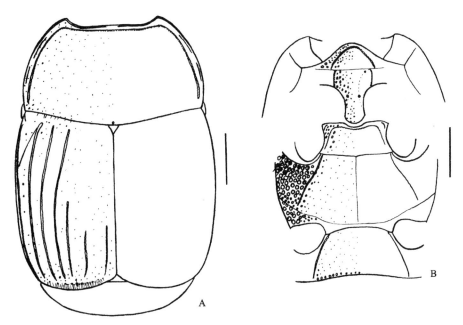

图 118　长圆歧阎甲 *Margarinotus* (*Paralister*) *oblongulus* (Schmidt)

A. 前胸背板和鞘翅（pronotum and elytra）；B. 前胸腹板、中-后胸腹板和第 1 腹节腹板（prosternum, meso- and metasterna and the 1st visible abdominal sternum）。比例尺（scales）：1.0 mm

前臀板具较密集的大而浅的圆形刻点，其间混有较稀疏的细小刻点；端部两侧具轻微压痕。臀板密布圆形大刻点，较前臀板的小且更密集，大刻点间具密集的小刻点，大刻点向后渐小，顶端无大刻点。

咽板前缘圆；缘线完整；表面中央具稀疏的细小刻点，两侧刻点较粗大。前胸腹板龙骨表面具稀疏的细小刻点，端部两侧刻点略粗大，基部略平坦；无龙骨线。前胸腹板侧线清晰。

中胸腹板前缘中央适度凹缺；缘线于前缘完整，于两侧基部 1/3 短缩，前角处另有 1 很短的弧线；表面具稀疏的细小刻点，侧面刻点略粗糙；中-后胸腹板缝清晰，弯曲且于中央成角。

后胸腹板基节间盘区刻点与中胸腹板的相似；中纵沟浅但较清晰；后胸腹板侧线向后侧方延伸，接近但不与斜线相连；侧盘区密集大而浅的半圆形刻点，刻点常相连并具毛；中足基节后线沿中足基节窝后缘延伸。

第 1 腹节腹板基节间盘区刻点与中胸腹板的相似，后角处刻点略粗糙，沿后缘有 1 行略粗大的刻点；腹侧线完整。

前足胫节外缘有 5 个齿；前足腿节线很短，仅位于端部。

观察标本：1♂, USSR, Uzbekistan (乌兹别克斯坦), 90 km E. of Tashkent Chatkal Mts., 1988.IV.29, Bolshoi Chimgan, Karel Majer leg.。

分布：新疆；乌兹别克斯坦，吉尔吉斯斯坦。

(128) 周歧阎甲 *Margarinotus* (*Paralister*) *periphaerus* Mazur, 2003（图 119）

Margarinotus (*Paralister*) *periphaerus* Mazur, 2003: 163 [China: Yan Shan Mts. (Beijing), Gansu, Shaanxi]; 2011a: 82 (catalogue); Lackner *et al.* in Löbl *et* Löbl, 2015: 100 (catalogue).

体长 3.77-5.32 mm，体宽 3.35-4.69 mm。体卵形，隆凸，黑色光亮，足和触角红棕色。

头部表面平坦，具稀疏的细小刻点；额线深刻完整，并于前端中央向内弯曲。

前胸背板两侧均匀弓弯向前收缩，前角锐，前缘凹缺部分中央较直，后缘两侧较直，中部向后弓弯；缘线于头后间断，于两侧位于端部 1/2 或 2/3；外侧线缺失，内侧线完整，且于复眼之后轻微弯曲；表面刻点稀疏微小，小盾片前区有 1 纵长刻点。

鞘翅两侧略呈弧形。外肩下线深刻，几乎完整，基部略短缩，内肩下线缺失；斜肩线细，位于基部 1/3；第 1-3 背线完整，第 4 背线位于端半部，有时略短，其基部常呈刻点状，基部原基明显或不明显，第 5 背线通常刻点状，位于鞘翅端部 1/4 或略长，有时很短，有时第 4、5 背线后末端相连；缝线位于鞘翅端部略超出 1/3；所有的线（斜肩线除外）强烈钝齿状。鞘翅表面刻点稀疏微小；端部近后缘具微弱的横向压痕。鞘翅缘折略凹，刻点小，略稀疏；缘折缘线完整；鞘翅缘线缺失。

前臀板具密集的圆形大刻点，中部刻点略小略稀，大刻点间具密集的细小刻点；两侧微凹。臀板刻点与前臀板的相似，但较前臀板大刻点略小，且向后渐小，顶端无大刻点。

咽板前缘圆；缘线十分短缩，仅存在于端半部，有时更短缩甚至缺失；表面刻点略密集，两侧的较粗大，向中部变小。前胸腹板龙骨较宽，较平坦，刻点小，基部的较密集，端部的稀疏；龙骨线有时明显，位于基部，有时不明显。前胸腹板侧线清晰。

中胸腹板前缘中央略凹；缘线完整，不达后缘，前角处另有 1 横向短线；表面刻点稀疏细小，侧面刻点略微粗大密集；中-后胸腹板缝清晰，且于中部成角。

后胸腹板基节间盘区具稀疏的细微刻点，侧线内侧刻点略大略密；中纵沟清晰；后胸腹板侧线向后侧方延伸，接近但不与斜线相连；侧盘区密布大而浅的圆形刻点，并具黄色长毛，大刻点间混有小刻点；中足基节后线沿中足基节窝后缘延伸。

第 1 腹节腹板基节间盘区刻点与中胸腹板的相似，侧线内侧刻点略大略密，沿后缘两侧有 1 行粗大刻点；腹侧线完整。

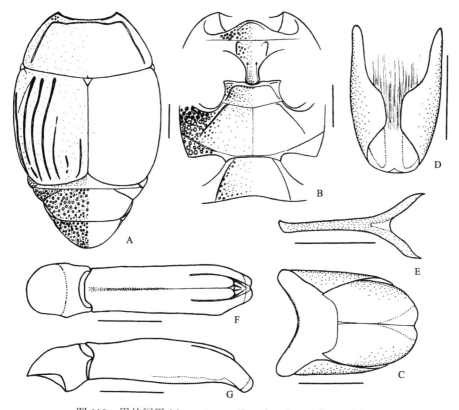

图 119　周歧阎甲 *Margarinotus (Paralister) periphaerus* Mazur

A. 前胸背板、鞘翅、前臀板和臀板（pronotum, elytra, propygidium and pygidium）；B. 前胸腹板、中-后胸腹板和第 1 腹节腹板（prosternum, meso- and metasterna and the 1st visible abdominal sternum）；C. 雄性第 8 腹节背板和腹板，腹面观（male 8th tergite and sternum, ventral view）；D. 雄性第 9、10 腹节背板，背面观（male 9th and 10th tergites, dorsal view）；E. 雄性第 9 腹节腹板，腹面观（male 9th sternum, ventral view）；F. 阳茎，背面观（aedeagus, dorsal view）；G. 同上，侧面观（ditto, lateral view）。比例尺（scales）：A, B = 1.0 mm，C-G = 0.5 mm

前足胫节外缘通常有 6 个小齿；前足腿节线短，位于端部。

雄性外生殖器如图 119C-G 所示。

观察标本：2 号，北京小龙门，堆诱，1999.VII.19，于晓东采；1♂，40 号，北京小龙门，1140 m，羊肉诱，2000.VI.20-VII.2，于晓东采；1 号，北京小龙门，1225 m，羊肉诱，2000.VI.20-VII.2，于晓东采；4 号，北京小龙门，1140-1270 m，堆草诱，2000.VI.14-VII.1，于晓东采；5 号，北京小龙门，真菌等，堆诱，1999.VII.19，周红章采；2 号，北京小龙门，堆诱，1999.VII.19，罗天宏采；2♀，4 号，甘肃文县邱家坝，2200-2350 m，1998.VI.29，杨星科采；1 号，甘肃碌曲，3100 m，1996.VI.12；1 号，宁夏泾源六盘山，1989.III.28，罗耀兴采；1 ex., China Gansu, Mts. 25 km E Xiahe, 2805-2925 m, 1994.VIII.3, A. Smetana leg.；15 号，陕西眉县太白山，1800 m，死山羊，2005.V.30，周红章采；17 号，陕西眉县太白山红河谷，2500 m，手抓，2005.V.29，周红章采。

　　分布：北京、山西、河南、甘肃、陕西、宁夏。

　　讨论：本种与中亚歧阎甲 *M. (P.) laevifossa* (Schmidt) 很相近，但前胸腹板龙骨明显较宽阔平坦。

　　本种发生于阔叶混交林、针阔混交林、油松林、核桃楸林和杨树林中。

(129) 暗红歧阎甲 *Margarinotus (Paralister) purpurascens* (Herbst, 1792)（图 120）

Hister purpurascens Herbst, 1792: 42 (Germany); Fabricius, 1801: 87; Hoffmann, 1803a: 51; Paykull, 1811: 38; Erichson, 1839: 667; Marseul, 1854: 536; Thomson, 1862: 227; Schmidt, 1885c: 292; Fauvel in Gozis, 1886: 163 (key), 191; Ganglbauer, 1899: 368; Reitter, 1909: 265; Jakobson, 1911: 645; Auzat, 1916-1925: 65; Bickhardt, 1917: 190; Reichardt, 1925a: 110 (Omsk, O. Altai).

Margarinotus purpurascens: Wenzel, 1944: 126; Horion, 1949: 364; Mazur, 1970: 59 (*Paralister*); 1984b: 174 (catalogue); 1997: 99 (catalogue; subg. *Paralister*); 2011a: 82 (catalogue); Kryzhanovskij *et* Reichardt, 1976: 361 (figures); Yélamos *et* Ferrer, 1988: 188; Yélamos, 2002: 122 (redescription, figures), 370; Mazur in Löbl *et* Smetana, 2004: 84 (catalogue); Lackner *et al.* in Löbl *et* Löbl, 2015: 100 (catalogue).

Hister bimaculatus: DeGeer, 1774: 343; Schrank, 1781: 30; Kugelann, 1792: 299 (synonymized).

Hister brunneus: Herbst, 1792: 35; Hoffmann, 1803a: 52; Gyllenhal, 1808: 81 (synonymized); Paykull, 1811: 39.

Hister bipustulatus: Marsham, 1802: 94 (emend.).

Hister castanipes Stephens, 1830: 152; Marseul, 1854: 536 (synonymized).

Hister christophi Reitter, 1879: 209; Bickhardt, 1913c: 698 (synonymized).

Hister purpurascens var. *niger*: Schmidt, 1885c: 327; 1888: 189.

Hister purpurascens var. *punctipennis*: Gerhardt, 1900: 70; Bickhardt, 1908: 46.

Hister purpurascens var. *christophi* Reitter, 1879: 214; Bickhardt, 1913c: 698.

Hister purpurascens var. *strioliger* Reichardt, 1921: 24; 1922b: 510.

Hister purpurascens ab. *pueli* Chobaut, 1922: 65.

Hister purpurascens ab. *mesmini* Auzat, 1927: 74.

　　体长 3.54-3.96 mm，体宽 2.92-3.69 mm。体卵形，隆凸，黑色光亮，足和触角暗褐色，鞘翅中央于外肩下线和缝线之间有 1 边缘模糊的、大而不规则的暗红色斑。

　　头部表面平坦，具稀疏的细微刻点。额线完整，中央内弯。

　　前胸背板两侧基部 3/4 微弱弓弯向前收缩，端部 1/4 较明显，前角钝，前缘凹缺部分中央较直，后缘弓弯。缘线于头后宽阔间断，于两侧仅位于端部不足 1/2；外侧线通常缺失，有时在端部余很短的细刻痕；内侧线完整，且于复眼之后轻微内弯，并于两侧中部轻微波曲；表面刻点稀疏细小，小盾片前区有1纵长刻点。

鞘翅两侧弧圆。外肩下线几乎完整，基部略微短缩，内肩下线缺失；斜肩线位于基部1/3；第1-4背线完整，但第4背线基部略微短缩，第5背线位于端半部；缝线较微弱，位于鞘翅端半部或略长，略长于第5背线；所有的线（斜肩线除外）轻微钝齿状。鞘翅表面具稀疏的细微刻点；鞘翅中央于外肩下线和缝线之间有1边缘模糊的、大而不规则的暗红色斑；端部近后缘具微弱的横向压痕。鞘翅缘折略凹，具稀疏的细小刻点；缘折缘线完整且密布刻点；鞘翅缘线缺失。

前臀板密布圆形大刻点，其间混有稀疏的细小刻点；端部两侧微凹。臀板刻点与前臀板的相似但较小，端部刻点更小。

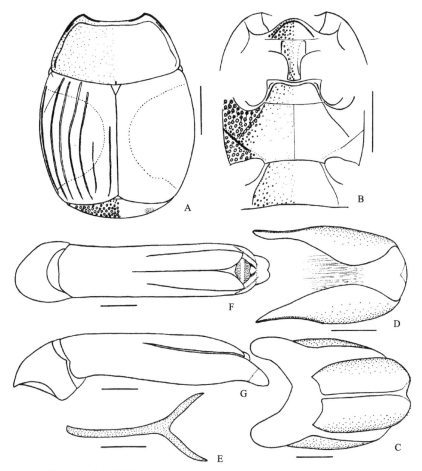

图 120　暗红歧阎甲 *Margarinotus* (*Paralister*) *purpurascens* (Herbst)

A. 前胸背板、鞘翅和前臀板（pronotum, elytra and propygidium）；B. 前胸腹板、中-后胸腹板和第1腹节腹板（prosternum, meso- and metasterna and the 1st visible abdominal sternum）；C. 雄性第8腹节背板和腹板，腹面观（male 8th tergite and sternum, ventral view）；D. 雄性第9、10腹节背板，背面观（male 9th and 10th tergites, dorsal view）；E. 雄性第9腹节腹板，腹面观（male 9th sternum, ventral view）；F. 阳茎，背面观（aedeagus, dorsal view）；G. 同上，侧面观（ditto, lateral view）。比例尺（scales）：A, B = 1.0 mm, C-G = 0.25 mm

咽板前缘圆；缘线完整；表面中央具稀疏的小刻点，两侧刻点略大略密。前胸腹板龙骨较宽，略隆凸，端部中央刻点稀疏细小，两侧刻点略粗大，基部刻点与咽板中央的等大但较密集；基部具清晰的龙骨线。前胸腹板侧线清晰。

中胸腹板前缘中央轻微凹缺；缘线完整，后端不达后缘；表面具稀疏的细微刻点，侧面刻点略粗大；中-后胸腹板缝清晰，较直，中间略微成角。

后胸腹板基节间盘区刻点与中胸腹板的相似，侧面刻点略粗大；中纵沟较浅但清晰；后胸腹板侧线向后侧方延伸，接近但不与斜线相连；侧盘区密布半圆形大刻点，并具短毛；中足基节后线沿中足基节窝后缘延伸。

第 1 腹节腹板基节间盘区刻点与中胸腹板的相似，侧面和后缘刻点略粗大；腹侧线完整。

前足胫节外缘有 6 个齿；前足腿节线位于端部，很短。

雄性外生殖器如图 120C-G 所示。

观察标本：1♂，2♀，W. Siberia, Novosibirsk（新西伯利亚）Area, N. Baraba, Novodubrovlca vill., wheat field, 1961.VII.1, V. Dubatolov det.；1 号，新疆乌苏，420-460 m，1957.VI.24，洪淳培采。

分布：新疆；乌兹别克斯坦，俄罗斯（远东、西伯利亚），朝鲜半岛，高加索山脉，欧洲，侵入北美。

16) 普胫阎甲亚属 *Grammostethus* Lewis, 1906

Grammostethus Lewis, 1906b: 400; Bickhardt, 1917: 190 (subg. of *Hister*); Mazur, 1984b: 175 (catalogue); 1997: 100 (catalogue); 2011a: 83 (catalogue); Ôhara, 1989a: 36; Yélamos, 2002: 129 (character), 372; Mazur in Löbl *et* Smetana, 2004: 83 (catalogue); Lackner *et al.* in Löbl *et* Löbl, 2015: 99 (catalogue). **Type species:** *Hister ruficornis* Grimm, 1852. Original designation.

Coprister Houlbert *et* Monnot, 1923: 23 (part.); Cooman, 1947: 428 (synonymized).

体小，卵形或短卵形。头部额线通常清晰深刻；上唇长宽近于相等；上颚长。前胸背板缘线于两侧完整，于头后较狭窄间断；除缘线外仅有 1 条侧线，完整；前背折缘无毛。鞘翅外肩下线完整，第 1-4 背线通常完整，第 5 背线和缝线基部缩短，第 5 背线基部通常有 1 发育不完全原基。前臀板和臀板通常具圆形大刻点。前胸腹板龙骨通常具龙骨线。中胸腹板前缘微弱波曲或近于平截，缘线完整。后胸腹板侧线和斜线相连或不相连；基节间盘区光滑；侧盘区通常具粗大刻点。所有胫节适度加宽，前足胫节通常有许多小齿且齿间距离窄；中、后足胫节背面具稀疏的黄色长毛。阳茎侧叶背面结构多变，中叶结构多变。

分布：东洋区，少数分布在古北区。

该亚属世界记录 17 种，中国记录 9 种。

<h2 style="text-align:center">种 检 索 表</h2>

注: 缅甸歧阎甲 *M. (G.) birmanus* Lundgren 和台岛歧阎甲 *M. (G.) taiwanus* Mazur 未包括在内。

(130) 缅甸歧阎甲 *Margarinotus (Grammostethus) birmanus* Lundgren, 1991

Margarinotus birmanus Lundgren in Johnson *et al.*, 1991: 12 (Burma); Mazur, 1997: 100; 2007a: 75 (China: Taipei, Ilan of Taiwan); 2011a: 83 (catalogue); Lackner *et al.* in Löbl *et* Löbl, 2015: 99 (catalogue).

Hister gentilis: Lewis, 1892d: 25; 1906b: 400 (*Grammostethus*); Wenzel, 1944: 126 (*Margarinotus*); Lundgren in Johnson *et al.*, 1991: 12 (synonymized).

观察标本: 未检视标本。

分布: 台湾; 缅甸。

(131) 台湾歧阎甲 *Margarinotus (Grammostethus) formosanus* Ôhara, 1999（图 121）

Margarinotus (Grammostethus) formosanus Ôhara, 1999b: 7 (China: Taiwan; figures, photos); Mazur in Löbl *et* Smetana, 2004: 83 (catalogue); Mazur, 2011a: 83 (catalogue); Lackner *et al.* in Löbl *et* Löbl, 2015: 99 (catalogue).

Hister (Grammostethus) niponicus: Bickhardt, 1913a: 172 (Hoozan); Lewis, 1915: 55 (*Grammostethus niponicus*; China: Arisan of Taiwan); Miwa, 1931: 57 (China: Arisan of Taiwan); Kamiya *et* Takagi, 1938: 31.

体长 3.39-3.79 mm, 体宽 3.12-3.28 mm。体卵形, 隆凸, 黑色光亮, 胫节、跗节和触角红棕色。

头部额表面具稀疏的细小刻点, 口上片刻点较密集; 额线完整, 前端中央微向内弯曲。

前胸背板两侧均匀弓弯向前收缩，前角钝，前缘凹缺部分中央直，后缘两侧较直，中间向后弓弯；缘线于头后宽阔间断，于两侧完整；侧线完整，钝齿状，侧面略弯曲，前端于复眼之后强烈波曲；表面刻点细小稀疏，小盾片前区有 1 纵长刻点。

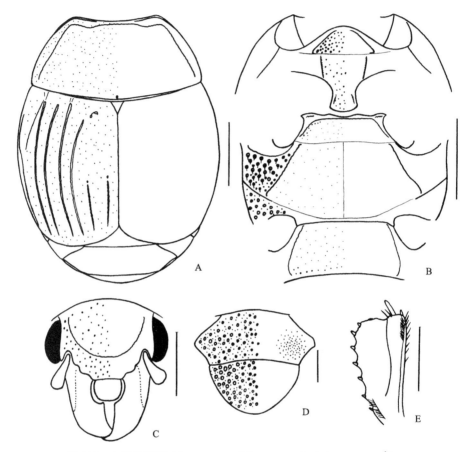

图 121　台湾歧阎甲 *Margarinotus* (*Grammostethus*) *formosanus* Ôhara

A. 前胸背板和鞘翅（pronotum and elytra）；B. 前胸腹板、中-后胸节腹板和第 1 腹节腹板（prosternum, meso- and metasterna and the 1st visible abdominal sternum）；C. 头（head）；D. 前臀板和臀板（propygidium and pygidium）；E. 前足胫节，背面观（protibia, dorsal view）。比例尺（scales）：A, B = 1.0 mm, C-E = 0.5 mm

鞘翅两侧弧圆。外肩下线几乎完整，基部略短缩，内肩下线缺失；斜肩线位于基部 1/3；第 1-4 背线完整，钝齿状，但第 2、4 背线基部轻微短缩，第 5 背线通常位于端部 1/3，其基部原基为 1 短弧；缝线位于鞘翅端半部或略短。鞘翅表面具稀疏的细微刻点。鞘翅缘折较深凹，刻点稀疏，略粗大；缘折缘线深且完整；鞘翅缘线缺失。

前臀板刻点较密集，大而深，其间混有密集的细小刻点；两侧略凹。臀板刻点与前臀板的相似，但较密集，顶端无大刻点。

咽板前缘圆；缘线于前端中央间断，基部末端有较深的凹窝；表面刻点稀疏细小，端部刻点略密集，两侧刻点较粗大。前胸腹板龙骨较宽，刻点稀疏微小，端部两侧刻点较粗大，基部较平坦；无龙骨线，有时具短的细刻痕。前胸腹板侧线清晰。

中胸腹板前缘中央轻微凹缺；缘线完整，不达后缘，前角处另有 1 条横向短线；表面具稀疏的细微刻点；中-后胸腹板缝清晰，中部宽阔向前弯曲，中间向后成角。

后胸腹板基节间盘区刻点与中胸腹板的相似，沿侧线有一些粗糙刻点；中纵沟清晰；后胸腹板侧线向后侧方延伸，接近但不与斜线相连；侧盘区基半部密布大刻点，具短毛，端半部刻点较稀疏，其间混有细小刻点；中足基节后线沿中足基节窝后缘延伸。

第 1 腹节腹板基节间盘区刻点与中胸腹板的相似，后角处有几个略粗大的刻点；腹侧线完整。

前足胫节外缘有 8 个小齿；前足腿节线位于端部，很短。

观察标本：1♂, Songkang, Nanton, Taiwan, 2000 m, 1986.IV.2, M. Ôhara leg.; 1♀, 1 ex., Paratype, Makitami-chushin, Taiwan, 1983.VII.27, Luo Jinji leg.。

分布：台湾。

讨论：本种通常发现于新鲜的牛粪中，有时也发现于腐肉中。

(132) 脆歧阎甲 *Margarinotus* (*Grammostethus*) *fragosus* (Lewis, 1892)（图 122）

Hister fragosus Lewis, 1892d: 28 (Burma); 1906b: 400 (*Grammostethus*); Bickhardt, 1917: 191; Desbordes, 1919: 397 (key).

Margarinotus fragosus: Wenzel, 1944: 126; Mazur, 1984b: 175 (catalogue); 1997: 100 (China: Yunnan; catalogue; subg. *Grammostethus*); 2011a: 83 (catalogue); Mazur in Löbl *et* Smetana, 2004: 83 (catalogue); Lackner *et al.* in Löbl *et* Löbl, 2015: 99 (catalogue).

Hister sodalis Lewis, 1906a: 343 (China: Yunnan); 1906b: 401 (*Grammostethus*); Wenzel, 1944: 126 (*Margarinotus*); Mazur, 1997: 101 (synonymized).

体长 3.31 mm，体宽 3.06 mm。体卵形，隆凸，黑色光亮，足和触角深红棕色。

头部额表面具稀疏且不规则的细小刻点，口上片刻点略密集；额线完整，中央微弱内弯；上唇宽略大于长。

前胸背板两侧均匀弓弯向前收缩，前角钝，前缘凹缺部分中央略微向后弧弯，后缘两侧较直，中间向后弓弯；缘线于两侧完整，于头后宽阔间断；侧线完整，略呈钝齿状，侧面略波曲，复眼之后明显弯曲。表面刻点稀疏细小，较额表面刻点小，侧面刻点略微密集粗大，小盾片前有 1 纵向刻点。

鞘翅两侧弧圆。外肩下线几乎完整，两端略短缩，内肩下线存在于端部略超出 1/3；斜肩线细，位于基部 1/3；第 1-4 背线完整，钝齿状，但第 2、4 背线基部轻微短缩，第 5 背线位于端部 2/3，且于鞘翅基部有较长的弧线，二者之间通常具稀疏大刻点行；缝线位于鞘翅端部 2/3 且端部较远离缝缘。鞘翅表面刻点稀疏细小，与前胸背板表面中部刻点相似，但基部刻点略微密集粗大；端部近后缘具微弱的横向压痕。鞘翅缘折较深凹，刻点稀疏，略粗大；缘折缘线清晰完整；鞘翅缘线缺失。

前臀板具较稀疏的圆形大刻点，大刻点向中部略小，大刻点间混有密集的细小刻点；两侧略凹。臀板基半部刻点与前臀板的相似，但基中部大刻点更小，且大刻点向后变小，大刻点间具密集的细小刻点，端半部刻点密集细小。

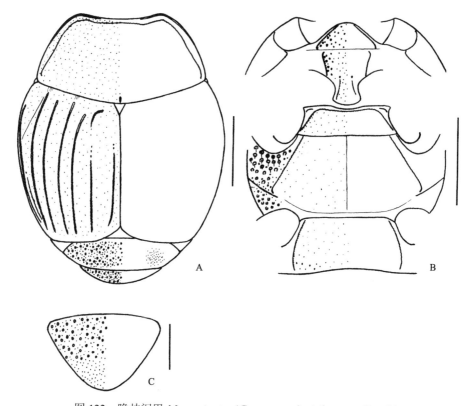

图 122 脆歧阎甲 *Margarinotus* (*Grammostethus*) *fragosus* (Lewis)

A. 前胸背板、鞘翅、前臀板和臀板（pronotum, elytra, propygidium and pygidium）；B. 前胸腹板、中-后胸腹板和第 1 腹节腹板（prosternum, meso- and metasterna and the 1st visible abdominal sternum）；C. 臀板（pygidium）。比例尺（scales）：A, B = 1.0 mm, C = 0.5 mm

　　咽板前缘较圆；缘线于前端中央间断；表面具稀疏小刻点，两侧刻点粗大。前胸腹板龙骨较宽，刻点较咽板中部的略小略密，端部两侧刻点粗大，基部较平坦；龙骨线位于前足基节窝之间，有时更短。前胸腹板侧线清晰。

　　中胸腹板前缘中央微凹；缘线完整，不达后缘，前角处另有 1 条横向短线；表面具稀疏的细小刻点，较前胸腹板龙骨表面刻点更小；中-后胸腹板缝清晰，中部宽阔向前弓弯。

　　后胸腹板基节间盘区刻点与中胸腹板的相似；中纵沟较浅；后胸腹板侧线向后侧方延伸，接近但不与斜线相连；侧盘区具密集的大刻点，基部刻点具短毛，刻点向端部略稀略小，大刻点间混有较小的刻点，内侧及端部具小刻点；中足基节后线沿中足基节窝后缘延伸。

　　第 1 腹节腹板基节间盘区刻点与中胸腹板的相似，后角处有几个略微粗大的刻点；腹侧线完整，后末端接近后缘。

　　前足胫节外缘有 8 个小齿，基部 2 个齿最小；前足腿节线位于端部，很短。

　　观察标本：1 ex., Syntype, [缅甸] Carin Chebà, 900-1100 m, L. Fea V XII-88, Museo Civ. Genova, G. Lewis Coll., B. M. 1926-369, R. L. Wenzel det., 1961 (BMNH).

分布：云南；缅甸。

(133) 勤歧阎甲 *Margarinotus* (*Grammostethus*) *impiger* (Lewis, 1905)（图 123）

Hister impiger Lewis, 1905c: 609 (China: Yunnan); 1906b: 400 (*Grammostethus*); Bickhardt, 1917: 191.

Margarinotus impiger: Wenzel, 1944: 126; Mazur, 1984b: 175 (catalogue); 1997: 101 (catalogue; subg.

　Grammostethus); 2011a: 83 (catalogue); Mazur in Löbl *et* Smetana, 2004: 83 (catalogue); Lackner *et*

　al. in Löbl *et* Löbl, 2015: 99 (catalogue).

体长 3.55 mm，体宽 3.10 mm。体卵形，隆凸，黑色光亮，足和触角深红棕色。

头部额表面具稀疏微小的刻点，口上片刻点与额部的相似；额线完整，中央较直；上唇宽略大于长。

前胸背板两侧均匀弓弯向前收缩，前角钝圆，前缘凹缺部分中央略向后弧弯，后缘两侧较直，中间向后弓弯；缘线于两侧完整，于头后宽阔间断；侧线完整，略呈钝齿状，侧面略波曲，复眼之后明显弯曲。表面刻点稀疏微小，小盾片前有 1 纵向刻点。

鞘翅两侧弧圆。外肩下线几乎完整，两端略短缩，内肩下线存在于端部，由不清晰的刻点行代替；斜肩线细，位于基部 1/3；第 1-4 背线完整，钝齿状，但第 2、4 背线基部轻微短缩，第 5 背线位于端半部，且于鞘翅基部有短的弧线；缝线位于鞘翅端部略超出 1/2 且端部较远离缝缘。鞘翅表面刻点稀疏微小；端部近后缘具较清晰的横向压痕。鞘翅缘折较深凹，具较密集的圆形大刻点；缘折缘线清晰完整；鞘翅缘线缺失。

前臀板密布粗大刻点，沿前后缘刻点略小，大刻点间混有稀疏的微小刻点；两侧微凹。臀板刻点与前臀板的相似，顶端光滑，无大刻点；前角处略凹。

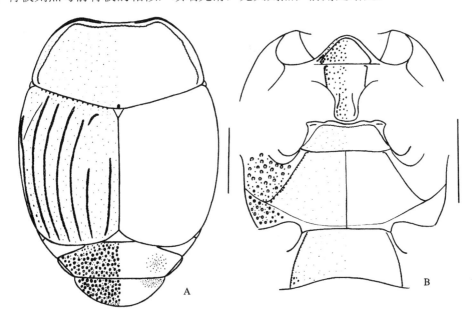

图 123　勤歧阎甲 *Margarinotus* (*Grammostethus*) *impiger* (Lewis)
A. 前胸背板、鞘翅、前臀板和臀板（pronotum, elytra, propygidium and pygidium）；B. 前胸腹板、中-后胸腹板和第 1 腹节腹板（prosternum, meso- and metasterna and the 1st visible abdominal sternum）。比例尺（scales）：1.0 mm

咽板前缘较圆；缘线完整；表面具略密集的小刻点，两侧刻点粗大。前胸腹板龙骨较宽，刻点与咽板中部的相似，基部较平坦；龙骨线位于前足基节窝之间，有时更短。前胸腹板侧线清晰。

中胸腹板前缘中央微凹；缘线完整，不达后缘，前角处另有 1 条横向短线；表面具稀疏的微小刻点；中-后胸腹板缝清晰，中部宽阔向前弓弯。

后胸腹板基节间盘区刻点与中胸腹板的相似；中纵沟较清晰；后胸腹板侧线向后侧方延伸，与斜线相连；侧盘区具略稀疏的大刻点，大刻点间混有小刻点；中足基节后线沿中足基节窝后缘延伸。

第 1 腹节腹板基节间盘区刻点与中胸腹板的相似，后角处有几个略微粗大的刻点；腹侧线完整，后末端到达后缘。

前足胫节外缘有 8 个小齿；前足腿节线位于端部，很短。

观察标本：1♂, Syntype, Yunnan (云南), [Japan, Lewis], G. Lewis Coll., B. M. 1926-369, R. L. Wenzel det., 1961 (BMNH)。

分布：云南。

(134) 日本歧阎甲 *Margarinotus* (*Grammostethus*) *niponicus* (Lewis, 1895)（图 124；图版 I：5）

Hister niponicus Lewis, 1895: 188 (Japan); 1900: 282 (synonymy note); 1906b: 401 (*Grammostethus*); 1915: 55 (China: Arisan of Taiwan); Bickhardt, 1910c: 52 (catalogue; subg. *Grammostethus* of *Hister*); 1913a: 172 (China: Hoozan of Taiwan); 1917: 191; Jakobson, 1911: 644; Desbordes, 1919: 396; Kamiya *et* Takagi, 1938: 31 (list).

Margarinotus niponicus: Wenzel, 1944: 126 (list); Ôsawa *et* Nakane, 1951: 6 (redescription; figures); Nakane, 1963: 70 (photos, note); 1981: 10 (list); Kryzhanovskij *et* Reichardt, 1976: 367 (subg. *Grammostethus* of *Margarinotus*; note, key, figures); Hisamatsu *et* Kusui, 1984: 16 (list, note); Mazur, 1984b: 176 (China: Taiwan; catalogue); 1997: 101 (catalogue; subg. *Grammostethus*); 2011a: 83 (catalogue); Hisamatsu, 1985b: 227 (key, note, photos); Ôhara, 1989a: 37 (redescription, figures); 1993b: 108; 1994: 142; 1999a: 104; Kapler, 1993: 30 (Russia); Mazur in Löbl *et* Smetana, 2004: 83 (China: Hebei, Jiangxi, Sichuan; catalogue); Lackner *et al.* in Löbl *et* Löbl, 2015: 99 (catalogue).

Hister navus: Marseul, 1873: 224 (Japan); Lewis, 1900: 282 (synonymized).

Hister nanus [sic!]: Reitter, 1879: 209 (eastern Siberia); Lewis, 1900: 282 (synonymized).

Grammostethus sinensis Lewis, 1906b: 401; Wenzel, 1944: 126 (*Margarinotus*); Mazur, 1997: 101 (synonymized).

体长 2.90-4.04 mm，体宽 2.54-3.61 mm。体卵形，隆凸，黑色光亮，跗节和触角红棕色。

头部表面平坦，具稀疏的细小刻点；额线完整，前端中央多变，有时较直，有时微弱内弯，有时强烈内弯且成角，有时间断。

前胸背板两侧均匀弓弯向前收缩，前角圆，前缘凹缺部分中央较直，后缘两侧较直，中部向后弓弯；缘线于头后宽阔间断，于两侧完整；侧线完整，于侧面略弯曲，于复眼之后略弯曲，有时较强烈弯曲；表面刻点稀疏微小，小盾片前区有 1 纵长刻点。

　　鞘翅两侧弧圆。外肩下线深刻，近于完整，基部 1/5 短缩，内肩下线缺失；斜肩线位于基部 1/3；第 1-4 背线完整，第 2、4 背线基部略短缩，第 5 背线通常位于端部 1/3 或略长，其基部原基为 1 略短的弧线；缝线位于端半部，较第 5 背线长；所有的线（斜肩线除外）强烈钝齿状。鞘翅表面具稀疏的细微刻点；端部近后缘具微弱的横向压痕。鞘翅缘折略凹，具稀疏的粗大刻点；缘折缘线完整且密布刻点；鞘翅缘线缺失。

　　前臀板具较稀疏或略密集的粗大刻点，大刻点间混有稀疏的细小刻点；端部两侧微凹。臀板刻点与前臀板的相似，但更密集，顶端无大刻点。

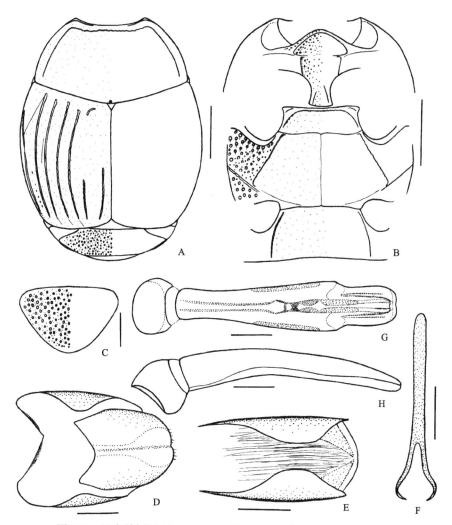

图 124　日本歧阎甲 *Margarinotus* (*Grammostethus*) *niponicus* (Lewis)

A. 前胸背板、鞘翅和前臀板（pronotum, elytra and propygidium）；B. 前胸腹板、中-后胸腹板和第 1 腹节腹板（prosternum, meso- and metasterna and the 1st visible abdominal sternum）；C. 臀板（pygidium）；D. 雄性第 8 腹节背板和腹板，腹面观（male 8th tergite and sternum, ventral view）；E. 雄性第 9、10 腹节背板，背面观（male 9th and 10th tergites, dorsal view）；F. 雄性第 9 腹节腹板，腹面观（male 9th sternum, ventral view）；G. 阳茎，背面观（aedeagus, dorsal view）；H. 同上，侧面观（ditto, lateral view）。比例尺（scales）：A, B = 1.0 mm, C = 0.5 mm, D-H =0.25 mm

咽板前缘圆；缘线完整；表面具略稀疏的小刻点，侧面刻点较粗大。前胸腹板龙骨较宽，刻点与咽板中部的相似，端部两侧刻点略大，基部平坦；龙骨线通常位于基部 1/3，有时较长，末端通常不相连，偶尔沿后缘相连。前胸腹板侧线清晰。

中胸腹板前缘中央轻微凹缺；缘线完整，后端不达后缘，前角处另有 1 横向短线；表面具稀疏的细微刻点，侧面刻点略粗糙；中-后胸腹板缝清晰，双波状，中部略向前弓弯，中间略向后成角。

后胸腹板基节间盘区刻点与中胸腹板的相似；中纵沟浅；后胸腹板侧线向后侧方延伸，极其接近但不与斜线相连；侧盘区具略密集的圆形大刻点，并具短毛，端半部大刻点间混有小刻点；中足基节后线沿中足基节窝后缘延伸。

第 1 腹节腹板基节间盘区刻点与中胸腹板的相似，后角处刻点略粗大；腹侧线完整。

前足胫节外缘有 7-8 个小齿；前足腿节线很短，位于端部。

雄性外生殖器如图 124D-H 所示。

观察标本： 1♂, 1♀, 8 exs., Kawaguchi (日本川口), Sakamoto-mura, Kumamoto (熊本), Kyushu (九州), 1985.VI.15, T. Tanabe leg., Ôhara det.; 1 ex., Arisan?, 1912.X.10, I. Nitobe leg.; 1 ex., Jujiro, 1931.IV.26, T. Shiraki leg.; 4 exs., Y. Miwa det.; 1 号，湖北神农架车沟，1870 m，1998.VII.24，周红章采；2 号，陕西佛坪凉风垭，2150-1750 m，1999.VI.28，章有为采。

分布： 北京、河北、江西、湖北、四川、陕西、台湾；朝鲜半岛，日本，俄罗斯（远东）。

讨论： 本种通常发现于动物尸体中，偶尔于树汁、菌类或腐烂的植物中发现，很少发现于粪便中。

(135) 海西歧阎甲 *Margarinotus* (*Grammostethus*) *occidentalis* (Lewis, 1885)（图 125）

Hister occidentalis Lewis, 1885c: 211 (China: ?Shanghai); 1906b: 401 (*Grammostethus*); Bickhardt, 1917: 191; Desbordes, 1919: 397 (key).

Margarinotus occidentalis: Wenzel, 1944: 126; Mazur, 1984b: 176 (catalogue); 1997: 101 (catalogue); 2011a: 83 (catalogue); Ôhara, 1989a: 37 (subg. *Grammostethus*); 1994: 142; ESK *et* KSAE, 1994: 137 (Korea); Ôhara *et* Paik, 1998: 26; Mazur in Löbl *et* Smetana, 2004: 83 (China: Guangdong; catalogue); Lackner *et al.* in Löbl *et* Löbl, 2015: 99 (catalogue).

体长 4.12-4.23 mm，体宽 3.42-3.50 mm。体卵形，隆凸，黑色光亮，足和触角红棕色。

头部表面平坦，具稀疏的小刻点；额线深刻完整，前端中央较直。

前胸背板两侧均匀弓弯向前收缩，前角钝，前缘凹缺部分均匀向后弓弯，后缘弓弯，有时两侧较直；缘线于头后中央狭窄间断，于两侧完整；侧线完整，于侧面略弯曲，于复眼之后略弯曲；表面刻点细小稀疏，侧线内侧有 1 较宽的粗大刻点区，小盾片前区有 1 纵长刻点。

鞘翅两侧弧圆。外肩下线完整，内肩下线缺失；斜肩线位于基部 1/3；第 1-4 背线完整，但第 4 背线基部略微短缩，第 5 背线位于端半部，其基部原基为 1 略长的弧线；缝线位于鞘翅端半部，与第 5 背线约等长；所有的线（斜肩线除外）强烈钝齿状。鞘翅表面具稀疏的细小刻点；端部近后缘具微弱的横向压痕。鞘翅缘折微凹，刻点稀疏，略粗大；缘折缘线完整；鞘翅缘线缺失。

前臀板具粗大刻点，两侧刻点略大略密，中部刻点略小略稀，大刻点间混有细小刻点；端部两侧略凹。臀板密布粗大刻点，与前臀板侧面刻点等大，向后略小，大刻点间混有细小刻点，顶端无大刻点。

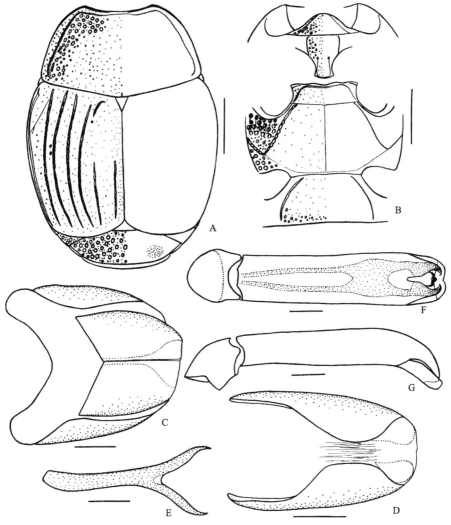

图 125　海西歧阎甲 Margarinotus (Grammostethus) occidentalis (Lewis)

A. 前胸背板、鞘翅和前臀板（pronotum, elytra and propygidium）；B. 前胸腹板、中-后胸腹板和第 1 腹节腹板（prosternum, meso- and metasterna and the 1st visible abdominal sternum）；C. 雄性第 8 腹节背板和腹板，腹面观（male 8th tergite and sternum, ventral view）；D. 雄性第 9、10 腹节背板，背面观（male 9th and 10th tergites, dorsal view）；E. 雄性第 9 腹节腹板，腹面观（male 9th sternum, ventral view）；F. 阳茎，背面观（aedeagus, dorsal view）；G. 同上，侧面观（ditto, lateral view）。比例尺（scales）：A, B = 1.00 mm, C-G = 0.25 mm

咽板前缘圆；缘线于前端中央间断；表面中部刻点小，较稀疏，侧面刻点较密集粗大。前胸腹板龙骨较宽，刻点稀疏细小，端部两侧刻点较粗大，基部平坦；龙骨线位于基部，末端沿后缘相连或不相连。

中胸腹板前缘中央轻微凹缺；缘线完整，两侧前角处另有 1 横向短线；表面具稀疏的细小刻点；中-后胸腹板缝清晰，中间略成角。

后胸腹板基节间盘区刻点与中胸腹板的相似；中纵沟浅而清晰；后胸腹板侧线向后侧方延伸，与斜线相连；侧盘区具较密集的大而浅的半圆形刻点，并具短毛，大刻点间混有小刻点，沿侧线和斜线无大刻点。

第 1 腹节腹板基节间盘区刻点与中胸腹板的相似，沿后缘具粗大刻点；腹侧线完整。

前足胫节外缘有 10 个小齿；前足腿节线短，位于端部 1/4。

雄性外生殖器如图 125C-G 所示。

观察标本：1♀, China, Fukien, Kuatun (中国福建挂墩), Tschung-Sen leg., S. Mazur det.; 1♂，福建建阳黄坑大竹岚先锋岭，950-1170 m，1960.V.2，左永采。

分布：上海、福建、广东、贵州。

(136) 施氏歧阎甲 *Margarinotus* (*Grammostethus*) *schneideri* Kapler, 1996（图 126）

Margarinotus (*Grammostethus*) *schneideri* Kapler, 1996: 83 (China: Kangding of Sichuan); Mazur in Löbl *et* Smetana, 2004: 83 (China: Gansu; catalogue); Mazur, 2011a: 84 (catalogue); Lackner *et al.* in Löbl *et* Löbl, 2015: 99 (catalogue).

描述根据 Kapler（1996）整理：

体长 4.7-5.1 mm，体宽 4.0-4.3 mm。体卵形，规则隆凸，整个表面略光亮，具细微刻纹，腹部更加光亮，刻纹更细；体黑色，足深棕色，跗节和触角铁锈色，触角的端锤颜色较深。

头部具细小刻点；额线完整，前端中央向后弯曲。

前胸背板两侧向前狭缩；缘线细，于前端中央间断，于两侧完整；侧线深刻完整，于复眼后微弱内弯成角，于两侧直且远离侧缘；前背折缘窄，凹陷，具刻点，无毛。

鞘翅外肩下线清晰完整，于肩部发达，内肩下线缺失；斜肩线短而细，位于基部 1/5；第 1-3 背线完整，前端深而宽，第 4、5 背线位于端部，最多达到鞘翅长度的 1/4；缝线宽，位于端部 2/3。鞘翅第 1-3 背线之间的后部有 1 个小的区域刻点较清晰。鞘翅缘折窄而长，密布刻点，无毛。

前臀板和臀板不光亮，密布微细刻纹，密布不同大小的小而浅的刻点，刻点向后变细小。

咽板短，具刻点；缘线完整。前胸腹板龙骨刻点细小；龙骨线短，位于基部，最多为龙骨长的一半。前胸腹板侧线完整。

中胸腹板前缘中央具浅凹缺；表面具细小刻点。

前足胫节外缘有 5-7 个小齿，小齿间凹缺浅。

观察标本：未检视标本。

分布：北京、四川、甘肃。

讨论：本种正模标本由捷克的 O. Kapler 博士收藏（CHOK）。

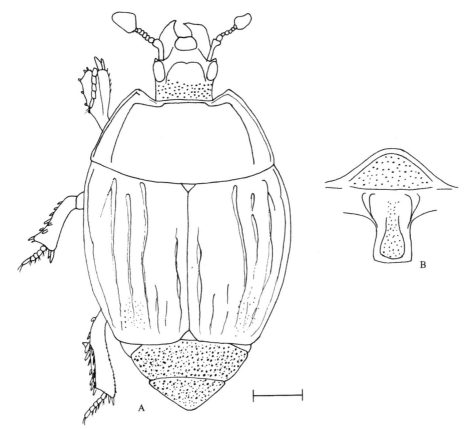

图 126　施氏歧阎甲 *Margarinotus* (*Grammostethus*) *schneideri* Kapler（仿 Kapler, 1996）

A. 体背面观（body, dorsal view）；B. 咽板和前胸腹板龙骨（prosteral lobe and prosternal keel）。比例尺（scales）：1.0 mm

(137) 粪歧阎甲 *Margarinotus* (*Grammostethus*) *stercoriger* (Marseul, 1880)（图 127）

Hister stercoriger Marseul, 1880: 156 (Sumatra); Bickhardt, 1917: 192; Desbordes, 1919: 397 (key).

Margarinotus stercoriger: Wenzel, 1944: 126; Mazur, 1984b: 177 (catalogue); 1997: 101 (catalogue; subg. *Grammostethus*); 2011a: 84 (catalogue).

体长 3.58 mm，体宽 3.30 mm。体卵形，隆凸，黑色光亮，足和触角红棕色。

头部表面平坦，刻点细小稀疏；额线完整，有时中央略内弯。

前胸背板两侧均匀弓弯向前收缩，前角钝，前缘凹缺部分中央较直，后缘弓弯；缘线于头后宽阔间断，于两侧完整；侧线完整，于两侧略弯曲，于复眼之后略弯曲；表面刻点细小，略稀疏，小盾片前区有 1 纵长刻点。

鞘翅两侧弧圆。外肩下线几乎完整，基部略微短缩，内肩下线缺失；斜肩线位于鞘翅基部 1/3；第 1-4 背线完整，但第 4 背线基部略短缩，第 5 背线存在于端部 2/3，基部原基为 1 略长的弧线；缝线位于鞘翅端部 2/3，前末端略长于第 5 背线；所有的线（斜肩线除外）强烈钝齿状。鞘翅表面刻点与前胸背板的相似但略小；沿后缘的窄带不光亮，具密集的皮革纹；端部近后缘具微弱的横向压痕。鞘翅缘折略凹，密布粗大刻点，混有细小刻点；缘折缘线完整；鞘翅缘线缺失。

前臀板具略密集的粗大刻点，并混有略密集的细小刻点；端部两侧微凹。臀板刻点与前臀板的相似，但较小且密集，顶端无大刻点。

咽板前缘圆；缘线于端部中央宽阔间断；表面刻点稀疏细小，侧面刻点较粗大。前胸腹板龙骨较宽，刻点与咽板的相似，端部两侧刻点较粗大，基部平坦；龙骨线清晰，位于基半部。

中胸腹板前缘中央微弱凹缺；缘线完整，后端不达后缘，前角处另有 1 横向短线；表面具稀疏的细小刻点；中-后胸腹板缝清晰，中部略向前弓弯。

后胸腹板基节间盘区刻点与中胸腹板的相似；中纵沟极浅，不清晰；后胸腹板侧线向后侧方延伸，接近但不与斜线相连；侧盘区具略稀疏的圆形大刻点，并具短毛，大刻点间混有密集的小刻点；中足基节后线沿中足基节窝后缘延伸。

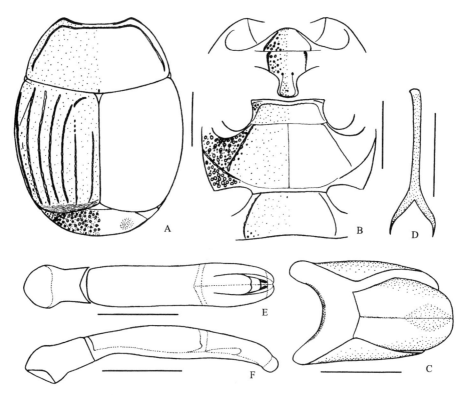

图 127 粪歧阎甲 *Margarinotus* (*Grammostethus*) *stercoriger* (Marseul)

A. 前胸背板、鞘翅和前臀板（pronotum, elytra and propygidium）；B. 前胸腹板、中-后胸腹板和第 1 腹节腹板（prosternum, meso- and metasterna and the 1st visible abdominal sternum）；C. 雄性第 8 腹节背板和腹板，腹面观（male 8th tergite and sternum, ventral view）；D. 雄性第 9 腹节腹板，腹面观（male 9th sternum, ventral view）；E. 阳茎，背面观（aedeagus, dorsal view）；F. 同上，侧面观（ditto, lateral view）。比例尺（scales）：A, B = 1.0 mm, C-F = 0.5 mm

第 1 腹节腹板基节间盘区刻点与中胸腹板的相似，后角处有几个略粗大的刻点；腹侧线完整。

前足胫节外缘有 6 个小齿；前足腿节线很短，位于端部。

雄性外生殖器如图 127C-F 所示。

观察标本：1♂，云南昆明西山，2000 m，1956.VII.7，黄克仁等采，Kryzhanovskij 鉴定。

分布：云南；越南，印度尼西亚。

(138) 台岛歧阎甲 *Margarinotus* (*Grammostethus*) *taiwanus* Mazur, 2008

Margarinotus (*Grammostethus*) *taiwanus* Mazur, 2008: 91 (China: Taiwan); Mazur, 2011a: 84 (catalogue); Lackner *et al.* in Löbl *et* Löbl, 2015: 99 (catalogue).

观察标本：未检视标本。

分布：台湾。

17) 缝歧阎甲亚属 *Asterister* Desbordes, 1920

Asterister Desbordes, 1920: 95; Mazur, 2011a: 84 (catalogue); Lackner *et al.* in Löbl *et* Löbl, 2015: 98 (catalogue). **Type species:** *Asterister nilgirianus* Desbordes, 1920. Original designation.

Coprister Houlbert *et* Monnot, 1923: 23 (part.); Cooman, 1947: 428 (synonymized).

分布：东洋区。

该亚属世界记录 4 种，中国记录 1 种。

(139) 完缝歧阎甲 *Margarinotus* (*Asterister*) *curvicollis* (Bickhardt, 1913)（图 128）

Hister curvicollis Bickhardt, 1913a: 172 (China: Kankau [Koshun] of Taiwan); 1917: 191; Lewis, 1915: 55 (*Grammostethus*; list); Desbordes, 1919: 396 (key); Miwa, 1931: 57; Kamiya *et* Takagi, 1938: 31.

Margarinotus curvicollis: Wenzel, 1944: 126 (list); Gaedike, 1984: 459 (information about Holotypus); Mazur, 1984b: 175 (subg. *Grammostethus* of *Margarinotus*; catalogue); 1997: 100 (catalogue); 2011a: 84 (catalogue); Ôhara, 1999b: 11 (redescription, figures, photos); Mazur in Löbl *et* Smetana, 2004: 83 (catalogue); Lackner *et al.* in Löbl *et* Löbl, 2015: 98 (catalogue).

描述根据 Ôhara（1999b）整理：

体长 3.00-3.05 mm，体宽 2.70-3.01 mm。体卵形，隆凸，黑色光亮，足、触角、口器、前臀板两侧及沿臀板基缘的宽阔区域棕红色。

头部表面刻点大小适中，其间混有细微刻点，沿后缘刻点较粗大；额线完整，前端中央向前弓弯。

前胸背板两侧基部 3/4 微弱弓弯，向前收缩，前角钝，前缘双波状，中央剧烈向外突出，后缘弓弯；缘线于头后宽阔间断，于两侧完整；侧线完整且强烈钝齿状，头后部分沿前缘规则弓弯，有时于复眼之后间断；表面刻点大小适中，小盾片前区轻微凹陷且有1纵长刻点。

鞘翅两侧略弧弯。外肩下线完整，内肩下线缺失；斜肩线位于基部1/3；第1-4背线完整且强烈钝齿状，第5背线位于端半部，于基部有1较长的原基；缝线完整，前端通常与第5背线基部原基由1短弧相连。鞘翅表面密布细小刻点。鞘翅缘折略凹，具稀疏的较粗大的刻点；缘折缘线完整；鞘翅缘线缺失。

前臀板表面密布大而浅的刻点，其间混有细小刻点。臀板刻点与前臀板的相似，但较小而稀疏，且向端部逐渐变小。

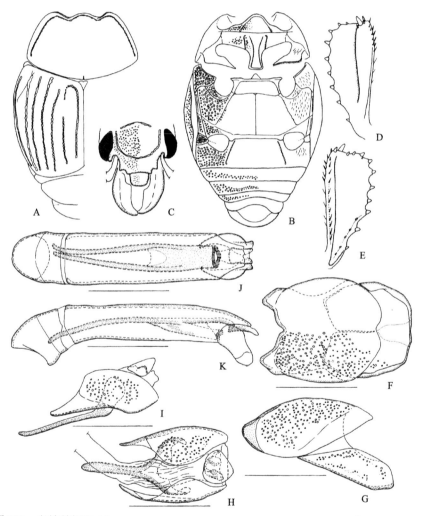

图 128 完缝歧阎甲 *Margarinotus* (*Asterister*) *curvicollis* (Bickhardt)（仿 Ôhara, 1999b）

A. 前胸背板和鞘翅（pronotum and elytra）；B. 体部分腹观（body in part, ventral view）；C. 头（head）；D. 前足胫节，背面观（protibia, dorsal view）；E. 同上，腹面观（ditto, ventral view）；F. 雄性第8腹节背板和腹板，背面观（male 8th tergite and sternum, dorsal view）；G. 同上，侧面观（ditto, lateral view）；H. 雄性第9、10腹节背板和第9腹节腹板，背面观（male 9th and 10th tergites and 9th sternum, dorsal view）；I. 同上，侧面观（ditto, lateral view）；J. 阳茎，背面观（aedeagus, dorsal view）；K. 同上，侧面观（ditto, lateral view）。比例尺（scales）：F-K = 0.5 mm

咽板前缘圆；缘线完整；表面具较密集的小刻点，两侧刻点略粗大。前胸腹板龙骨表面刻点与咽板的相似，但端部刻点较稀疏，端部两侧刻点略粗大；龙骨线几乎完整，且中间窄，向前后均背离。前胸腹板侧线清晰。

中胸腹板前缘几乎平直；缘线完整，不达后缘，前角处另有 1 横向短线；表面具稀疏的细微刻点；中-后胸腹板缝完整且波曲。

后胸腹板基节间盘区刻点与中胸腹板的相似，沿侧线刻点粗糙；中纵沟清晰；后胸腹板侧线向后侧方延伸，与斜线相连；侧盘区密布大而浅的圆形刻点，无毛；中足基节后线沿中足基节窝后缘延伸。

第 1 腹节腹板基节间盘区刻点与中胸腹板的相似，两侧刻点略粗大；腹侧线完整。

前足胫节于外缘有 8 个小齿；前足腿节线短，仅位于端部 1/5。

雄性外生殖器如图 128F-K 所示。

观察标本：未检视标本。

分布：台湾。

32. 突唇阎甲属 *Pachylister* Lewis, 1904

Pachylister Lewis, 1904: 145; 1907b: 100, 101 (note); Reitter, 1909: 280; Jakobson, 1911: 643 (subg.); Bickhardt, 1917: 173; 1919: 11, 58; Desbordes, 1919: 383; Kryzhanovskij, 1972b: 21; Kryzhanovskij *et* Reichardt, 1976: 299; Mazur, 1997: 104 (catalogue); 2004: 166 (emended diagnosis); 2011a: 85 (catalogue); Ôhara *et* Paik, 1998: 9 (key to Korea); Ôhara, 1999a: 106 (changed key of Japan); 1999b: 41 (key to Taiwan, China); Yélamos, 2002: 136 (character), 372; Mazur in Löbl *et* Smetana, 2004: 85 (catalogue); Lackner *et al.* in Löbl *et* Löbl, 2015: 103 (catalogue). **Type species:** *Hister caffer* Erichson 1834. Original designation.

Heterognathus Rey, 1888: 4 (nec Girard, 1856: 198); Lewis, 1907b: 100 (synonymized). **Type species:** *Hister inaequalis* Olivier, 1789.

Pactolinus: Mazur, 1984b: 179; Dégallier *et* Mazur, 1989: 84 (synonymized).

体大型，卵形，隆凸。头部具额线；上唇前缘中央三角形向前突出，雄虫突出更明显；上颚不对称，左长于右，尤其是雄性；触角不具刚毛。前胸背板表面光滑，无粗大刻点；缘线细，通常于头后宽阔间断，于侧面仅存在于端部，有时完整；除缘线外另有 2 条侧线，内侧线于侧面完整或略短缩，外侧线通常仅存在于侧面端部；前角锐；前背折缘具刚毛。小盾片三角形。鞘翅通常无粗大刻点；外肩下线缺失，内肩下线存在于端部，前端最多到达斜肩线的后端，第 1-3 背线通常完整，第 4 背线完整或仅位于端部，第 5 背线存在于端部或缺失，缝线通常缺失；鞘翅缘折具软毛。臀板边缘通常隆起。咽板较短，缘线完整。前胸腹板龙骨窄，无龙骨线。中胸腹板前缘中央深凹，缘线完整或于前端中央宽阔间断，前角处另有 1 短的横线。后胸腹板具侧线和斜线，二者相连；侧盘区基部刻点具刚毛。第 1 腹节腹板基节间盘区具完整的腹侧线。前足胫节宽，外缘具 3 个大齿；中、后足胫节略宽，外缘具 2 列长刺。雄性第 8 腹节很宽很短；阳茎近圆柱形，两侧近于平行，基片很短，侧叶不完全融合，中叶后端具 2 个长的侧内板。

分布：古北区、热带非洲区、东洋区和澳洲区。

该属世界记录 3 亚属 15 种，中国记录 2 亚属 3 种及亚种。

18) 突唇阎甲亚属 *Pachylister* Lewis, 1904

种 检 索 表

鞘翅第 1-3 背线完整 ···························· 斯里兰卡突唇阎甲宽臀亚种 *P. (P.) ceylanus pygidialis*

鞘翅第 1-4 背线完整 ·· 泥突唇阎甲 *P. (P.) lutarius*

(140) 斯里兰卡突唇阎甲宽臀亚种 *Pachylister (Pachylister) ceylanus pygidialis* Lewis, 1906（图 129）

Pachylister pygidialis Lewis, 1906b: 399 (China: Yunnan); Bickhardt, 1910c: 38 (*Hister*); 1917: 174 (*Pachylister*); Jakobson, 1911: 643; Desbordes, 1919: 383 (key); Mazur, 1984b: 180 (catalogue, *Pactolinus ceylanus pygidialis*); 1997: 105 (catalogue); 2011a: 85 (catalogue); ESK *et* KSAE, 1994: 137 (Korea); Ôhara *et* Paik, 1998: 9 (redescription, figure); Mazur in Löbl *et* Smetana, 2004: 85 (China: Shanghai; catalogue); Lackner *et al.* in Löbl *et* Löbl, 2015: 103 (catalogue).

体长 9.60-10.10 mm，体宽 8.40-8.80 mm。体卵形，隆凸，黑色光亮，胫节、跗节和触角端锤暗褐色。

头部表面密布细微刻点，额表面平坦，口上片轻微凹陷；额线于前端中央狭窄间断且微弱内弯；上唇横宽，前缘中央略向外突出；上颚粗壮且长，内侧有 1 大齿。

前胸背板两侧均匀弧弯向前收缩，前角锐角，前缘凹缺部分中央较直，后缘中部强烈双波状；缘线细，于两侧完整，前端于头后宽阔间断；外侧线位于两侧端半部；内侧线于两侧完整但不达后缘，轻微波曲且远离边缘，前端于头后间断，略长于缘线，有时于复眼后也有短的间断；表面具稀疏的细微刻点，沿后缘有 1 行密集的较大刻点；内侧线内侧前端有 1 大而深的凹窝。

鞘翅两侧弧圆。外肩下线无，内肩下线位于鞘翅端部 3/5，基部轻微二叉；斜肩线位于基部 1/3；第 1-3 背线完整，第 4 背线位于端半部，常为刻点状，第 5 背线短，为位于端部的几个刻点；缝线无。鞘翅表面遍布稀疏的细微刻点。鞘翅缘折密布细微刻点；缘折缘线完整细弱；鞘翅缘线完整深刻。

前臀板平坦，具较密集的大小适中的刻点，向中部刻点略小且稀疏，大刻点间混有较密集的细小刻点。臀板刻点与前臀板两侧刻点相似但十分密集，混有密集的细小刻点；臀板边缘隆起。

咽板宽短，前缘宽阔平截；缘线完整深刻；表面密布浅的大小适中的刻点，中部刻点细小。前胸腹板龙骨窄，隆起，基部较平坦，后缘向外突出；表面具稀疏的细微刻点，端部两侧具较粗大的刻点；无龙骨线。前胸腹板侧线清晰。

中胸腹板前缘中央深凹；缘线于两侧完整，后端接近但不与后胸腹板侧线相连，前端于中央宽阔间断，前角处另有 1 条短的横线；表面具稀疏的细微刻点；中-后胸腹板缝细而明显。

　　后胸腹板基节间盘区刻点与中胸腹板的相似；中纵沟细而清晰；后胸腹板侧线向后侧方延伸，与斜线相连；侧盘区密布大而深的圆形刻点，具毛，沿侧线和斜线较宽的区域刻点小；中足基节后线向侧面延伸，末端到达后胸腹板-后胸前侧片缝。

　　第 1 腹节腹板基节间盘区刻点与中胸腹板的相似；侧线完整。

　　前足胫节外缘具 3 个大齿，基部 1 齿略小。

　　雄性外生殖器如图 129F-J 所示。

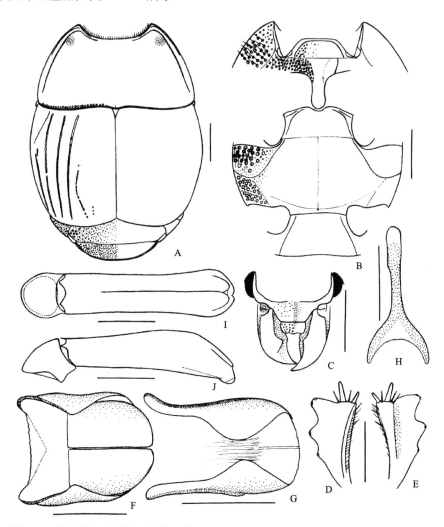

图 129　斯里兰卡突唇阎甲完臀亚种 *Pachylister* (*Pachylister*) *ceylanus pygidialis* Lewis

A. 前胸背板、鞘翅、前臀板和臀板（pronotum, elytra, propygidium and pygidium）；B. 前胸腹板、中-后胸腹板和第 1 腹节腹板（prosternum, meso- and metasterna and the 1st visible abdominal sternum）；C. 头（head）；D. 前足胫节，腹面观（protibia, ventral view）；E. 同上，背面观（ditto, dorsal view）；F. 雄性第 8 腹节背板和腹板，腹面观（male 8th tergite and sternum, ventral view）；G. 雄性第 9、10 腹节背板，背面观（male 9th and 10th tergites, dorsal view）；H. 雄性第 9 腹节腹板，腹面观（male 9th sternum, ventral view）；I. 阳茎，背面观（aedeagus, dorsal view）；J. 同上，侧面观（ditto, lateral view）。比例尺（scales）：A-E = 2.0 mm, F-J = 1.0 mm

观察标本：1 ex., China Hua Shan (陕西华山), 1990.VII.19, Sauev leg., S. Mazur det.; 1♂, Zi-Ka-Wei (上海徐家汇), 1922.VI.9, Savio leg.; 1 ex., Mokan Shan (浙江莫干山), 1936.VI.1, O. Piel leg.; 1 ex., 四川会理毛毛山，2200 m, 1999.VIII.8, 任国栋采。

分布：上海、浙江、四川、云南、陕西；韩国。

讨论：斯里兰卡突唇阎甲指名亚种 *P. (P.) ceylanus ceylanus* (Marseul) 分布在印度、缅甸、越南和斯里兰卡；与宽臀亚种的区别是体更加隆凸，前胸背板内侧线较靠近边缘，臀板不及后者宽。

(141) 泥突唇阎甲 *Pachylister (Pachylister) lutarius* (Erichson, 1834)（图 130）

Hister lutarius Erichson, 1834: 133 (India); Marseul, 1854: 183.

Pachylister lutarius: Lewis, 1904: 146; 1915: 55 (China: Koshum of Taiwan); Bickhardt, 1917: 174; Desbordes, 1919: 383 (Chine; key); Miwa, 1931: 56; Kato, 1933: pl. 49; Kamiya *et* Takagi, 1938: 29; Mazur, 1984b: 181 (catalogue; *Pactolinus*); 1997: 106 (catalogue); 2011a: 85 (catalogue); Ôhara, 1999b: 44; Mazur in Löbl *et* Smetana, 2004: 86 (China: Fujian, Guangdong; catalogue); Lackner *et al.* in Löbl *et* Löbl, 2015: 103 (catalogue).

Hister indus Dejean, 1821: 47 (nom. nud.); Marseul, 1854: 183 (synonymized).

Hister inaequidens Dejean, 1837: 140 (nom. nud.); Marseul, 1857: 479 (synonymized).

体长 7.25-11.10 mm，体宽 6.06-9.50 mm。体卵形，较隆凸，黑色光亮，胫节和跗节暗褐色。

头部平坦，具稀疏的细微刻点；额线于两侧完整深刻，于前端中央宽阔间断；上唇略长，前缘中央略向外突出；上颚粗壮，较长，外侧有脊，内侧有 1 大齿。

前胸背板两侧基部 2/3 均匀弧弯向前收缩，端部 1/3 较直向前收缩，前角锐角，前缘凹缺部分中央较直，后缘中部双波状；缘线短，为位于前角处的短弧线，向后为间隔较远的刻点行；外侧线于两侧完整，基部短缩，前端于前角处内弯或不内弯；内侧线于两侧完整，远离边缘，有时前端向内弯曲；表面具稀疏的细微刻点，沿后缘两侧具较粗大的刻点，小盾片前区有 1 纵向刻痕；内侧线内侧于前角处有 1 大而深的凹窝。

鞘翅两侧弧弯。外肩下线无，内肩下线位于鞘翅端部 2/3，基部轻微二叉；斜肩线细，位于鞘翅基部 1/3；第 1-4 背线完整，第 5 背线细弱，位于端半部，有时略长有时略短；缝线无。鞘翅表面遍布稀疏的细微刻点。鞘翅缘折密布细微刻点；缘折缘线完整细弱；鞘翅缘线完整深刻。

前臀板密布细小刻点，向中部及后部渐疏。臀板不光亮，刻点不明显；边缘隆起。

咽板前缘强烈向外弓弯；缘线于两侧完整，于中央狭窄间断；纵向中央宽阔隆起并具稀疏的细小刻点，侧面较宽区域低凹并具略大的刻点。前胸腹板龙骨基部较平坦，后缘向外弓弯；表面具较稀疏的细小刻点；无龙骨线。前胸腹板侧线清晰。

中胸腹板前缘中央深凹；缘线于两侧完整，于前端中央宽阔间断，前角处另有 1 条短的横线；表面遍布稀疏的细小刻点；中-后胸腹板缝细而清晰。

后胸腹板基节间盘区刻点与中胸腹板的相似；中纵沟浅；后胸腹板侧线向后侧方延

伸，前端始于中胸腹板缘线后端的内侧，后端与斜线相连；侧盘区密布大而深的圆形刻点，具毛，沿侧线和斜线较宽的区域刻点较小；中足基节后线向侧面延伸，到达后胸腹板-后胸前侧片缝。

第 1 腹节腹板基节间盘区刻点与中胸腹板的相似；腹侧线完整。

前足胫节外缘具 3 个大齿，基部 1 齿略小。

雄性外生殖器如图 130D-H 所示。

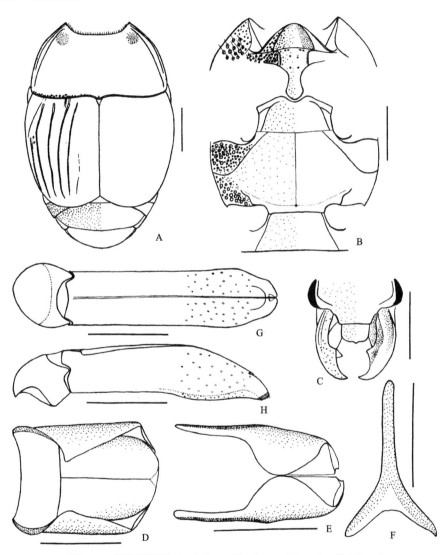

图 130　泥突唇阎甲 *Pachylister* (*Pachylister*) *lutarius* (Erichson)

A. 前胸背板、鞘翅和前臀板（pronotum, elytra and propygidium）；B. 前胸腹板、中-后胸腹板和第 1 腹节腹板（prosternum, meso- and metasterna and the 1st visible abdominal sternum）；C. 头（head）；D. 雄性第 8 腹节背板和腹板，腹面观（male 8th tergite and sternum, ventral view）；E. 雄性第 9、10 腹节背板，背面观（male 9th and 10th tergites, dorsal view）；F. 雄性第 9 腹节腹板，腹面观（male 9th sternum, ventral view）；G. 阳茎，背面观（aedeagus, dorsal view）；H. 同上，侧面观（ditto, lateral view）。

比例尺（scales）：A-C = 2.0 mm, D-H = 1.0 mm

观察标本：1 ex., Hoa-Binh Tonkin (越南东京湾和平), 1932, de Cooman leg., de Cooman det.; 2 exs., Hoa-Binh Tonkin, 1934, de Cooman leg., de Cooman det.; 1♂, 1♀, 1 ex., Hoa-Binh Tonkin, 1935, de Cooman leg., de Cooman det.; 2♂, 4 exs., Hoa-Binh Tonkin, 1937, de Cooman leg., de Cooman det.; 5 exs., Hoa-Binh Tonkin, 1939, de Cooman leg., de Cooman det.; 2 exs., [台湾] Horisha, VIII., Y. Miwa det.; 1♂, 4 exs., Kiang Su (江苏) Chemo, 1935.IV.28, O. Piel leg.; 3 exs., Kiang Su Chemo, 1935.V.3, O. Piel leg.; 1 ex., [江苏] Chemo, 1918.IV.25; 1 ex., Chekiang Chusan (浙江舟山), 1931.V.23, O. Piel leg.; 1 ex., Chekiang Chusan, 1931.VII.18, O. Piel leg.; 1♂, Chekiang Chusan, 1931.VIII.13, O. Piel leg.; 1 ex., Huchow (浙江湖州), 1934.VI.2; 1 号，云南思茅，1957.III.29，洪广基采，Kryzhangovskij 鉴定，1964；1 号，云南勐海楠糯山，1400 m，1957.III.1，刘大华采，Kryzhangovskij 鉴定，1964。

分布：江苏、浙江、福建、广东、云南、台湾；印度，斯里兰卡，越南，巴基斯坦，印度尼西亚。

19) 沟唇阎甲亚属 *Sulcignathos* Mazur, 2010

Sulcignathos Mazur, 2010c: 210. **Type species:** *Hister scaevola* Erichson, 1834. Original designation.

(142) 拙突唇阎甲 *Pachylister* (*Sulcignathos*) *scaevola* (Erichson, 1834)

Hister scaevola Erichson, 1834: 134 (East India, China); Marseul, 1854: 189; 1862: 708 (Chine).

Pachylister scaevola: Lewis, 1904: 146; Bickhardt, 1917: 174; Desbordes, 1919: 383 (key); Mazur, 1984b: 181 (catalogue; *Pactolinus*); 1997: 106 (catalogue); 2010c: 210 (*Sulcignathos*); Mazur in Löbl et Smetana, 2004: 86 (China: Guangdong; catalogue); Lackner *et al.* in Löbl et Löbl, 2015: 103 (catalogue).

Hister mundissimus Walker, 1859: 53; Schmidt, 1884c: 158 (synonymized).

观察标本：未检视标本。

分布：广东；印度，斯里兰卡，印度尼西亚。

33. 完折阎甲属 *Nasaltus* Mazur *et* Węgrzynowicz, 2008

Nasaltus Mazur *et* Węgrzynowicz, 2008: 185; Mazur, 2011a: 86 (catalogue); Lackner *et al.* in Löbl et Löbl, 2015: 102 (catalogue). **Type species:** *Hister orientalis* Paykull, 1811.

分布：东洋区。

该属世界记录 7 种，中国记录 2 种。

种 检 索 表

前胸背板内侧线完整；中胸腹板缘线完整；中、后足胫节非常扁，平坦宽阔·····················
·· 东方完折阎甲 *N. orientalis*

前胸背板内侧线通常仅位于两侧，于头后宽阔间断；中胸腹板缘线于前端宽阔间断；中、后足胫
节不扁，前端变宽·· 中国完折阎甲 *N. chinensis*

(143) 中国完折阎甲 *Nasaltus chinensis* (Quensel, 1806)（图 131）

Hister chinensis Quensel in Schönherr, 1806: 88 (East India); Paykull, 1811: 16; Marseul, 1854: 190;
1862: 708 (China); Lewis, 1904: 146 (trans. to *Pachylister*); 1915: 55 (China: Horisha of Taiwan);
Bickhardt, 1913a: 171 [*Hister (Pachylister) chinensis*; China: Taihorin, Kankau, Tainan, Anping,
Sokutsu of Taiwan]; 1917: 174 (*Pachylister*); Desbordes, 1919: 383 (key); 1926: 115; Miwa, 1931: 56
(China: Horisha of Taiwan); Kato, 1933: pl. 49; Kamiya *et* Takagi, 1938: 29; Kryzhanovskij *et*
Reichardt, 1976: 302; Mazur, 1984b: 180 (catalogue; *Pactolinus*); 1997: 105 [catalogue; *Pachylister*
(*Pachylister*) *chinensis*]; 2011a: 86 (catalogue); ESK *et* KSAE, 1994: 137 (Korea); Ôhara *et* Paik,
1998: 12; Ôhara, 1999a: 106 (redescription, figures, photos); 1999b: 41 (additional description,
figures, photos); Mazur in Löbl *et* Smetana, 2004: 85 (China: Hainan; catalogue).

Nasaltus chinensis: Lackner *et al.* in Löbl *et* Löbl, 2015: 102 (catalogue).

Hister incisus Erichson, 1834: 134; Marseul, 1854: 241; 1861: 512 (synonymized).

Hister mandibularis Guérin-Ménéville, 1837: 59; Dejean, 1837: 140 (synonymized).

体长 5.85-9.00 mm，体宽 4.77-7.20 mm。体卵形，较隆凸，黑色光亮，胫节、跗节
和触角的端锤暗褐色。

头部平坦，具密集的细微刻点；额线完整，中央轻微向内弓弯或平直，有时间断。
上唇长，约与宽相等，表面微凹或扁平，前缘中央向外突出。上颚粗壮，较细长，右侧
上颚内侧有 1 大齿，左侧上颚内侧有 1 个二叉的大齿。

前胸背板两侧均匀弧弯向前收缩，前角锐角，前缘凹缺部分中央较直，后缘中部双
波状；缘线于头后宽阔间断，于两侧位于端部 1/4，向后为间隔较远的刻点行；外侧线
位于两侧端半部；内侧线于两侧完整，有时前后均短缩，且远离前背侧缘，有时前端向
内延伸，但于头后宽阔间断；表面具稀疏的细微刻点，沿后缘两侧 1/2 有 1 行较粗大的
刻点，小盾片前区有 1 纵向刻痕；内侧线内侧前端有 1 大而浅的凹窝。

鞘翅两侧弧圆。外肩下线无，内肩下线位于鞘翅端部 2/3；斜肩线细，位于鞘翅基
部 1/3；第 1-4 背线完整，第 5 背线位于端半部，不达鞘翅中央；缝线无。鞘翅表面遍布
稀疏的细微刻点。鞘翅缘折密布细微刻点；缘折缘线和鞘翅缘线均完整深刻。

前臀板密布细微刻点，并混有较密集粗大的刻点，中部刻点略稀略小。臀板刻点与
前臀板的相似，但大刻点更加密集；臀板边缘隆起。

咽板较短小，前缘强烈向外弓弯；缘线完整深刻，前端中央接近边缘；表面密布较
粗大的刻点。前胸腹板龙骨隆凸，基部较平坦，后缘向外弓弯；表面具稀疏的细微刻点，
端部两侧密布粗大刻点；无龙骨线。前胸腹板侧线清晰。

中胸腹板前缘中央深凹；缘线于两侧完整，前端于中央宽阔间断，前角处另有 1 条很短的横线；表面遍布稀疏的细微刻点；中-后胸腹板缝细而清晰。

后胸腹板基节间盘区刻点与中胸腹板的相似；中纵沟浅；后胸腹板侧线向后侧方延伸，与斜线相连；侧盘区基部密布粗大刻点，具毛，沿侧线和斜线较宽的区域刻点较小；中足基节后线向侧面延伸，到达后胸腹板-后胸前侧片缝。

第 1 腹节腹板基节间盘区刻点与中胸腹板的相似；腹侧线完整。

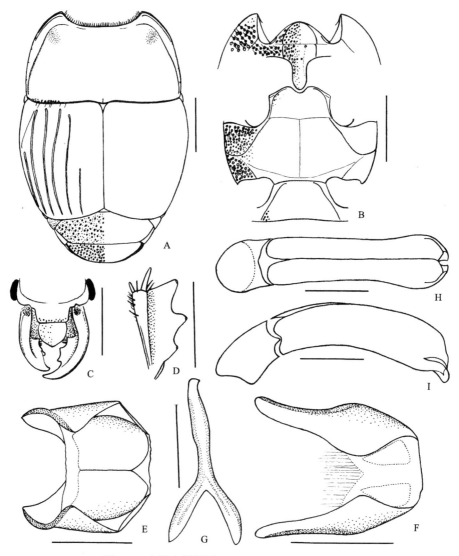

图 131 中国完折阎甲 *Nasaltus chinensis* (Quensel)

A. 前胸背板、鞘翅、前臀板和臀板（pronotum, elytra, propygidium and pygidium）；B. 前胸腹板、中-后胸腹板和第 1 腹节腹板（prosternum, meso- and metasterna and the 1st visible abdominal sternum）；C. 头（head）；D. 前足胫节，背面观（protibia, dorsal view）；E. 雄性第 8 腹节背板和腹板，腹面观（male 8th tergite and sternum, ventral view）；F. 雄性第 9、10 腹节背板，背面观（male 9th and 10th tergites, dorsal view）；G. 雄性第 9 腹节腹板，腹面观（male 9th sternum, ventral view）；H. 阳茎，背面观（aedeagus, dorsal view）；I. 同上，侧面观（ditto, lateral view）。比例尺（scales）：A-D = 2.0 mm, E-I = 1.0 mm

前足胫节侧缘具 3 个大齿，基部 1 齿略小。

雄性外生殖器如图 131E-I 所示。

观察标本：1 ex., Hoa-Binh Tonkin (越南东京湾和平), 1930, de Cooman leg., de Cooman det.; 1 ex., Hoa-Binh Tonkin, 1932, de Cooman leg., de Cooman det.; 1♂, 4 exs., Hoa-Binh Tonkin, 1934, de Cooman leg., de Cooman det.; 1 ex., Hoa-Binh Tonkin, 1936, de Cooman leg., de Cooman det.; 4♂, 2♀, Hoa-Binh Tonkin, 1937, de Cooman leg., de Cooman det.; 2♂, 3 exs., Hoa-Binh Tonkin, 1939, de Cooman leg., de Cooman det.; 1♂, Hoa-Binh Tonkin, 1941, de Cooman leg., de Cooman det.; 6 exs., Japan (日本), Obira Kiushiu, 1932.VIII.5, T. Shiraki leg.; 1 ex., Singapore (新加坡), T. Akzshi leg.; 1♂, Sumatra (印度尼西亚苏门答腊), 1905; 2 exs., 台湾, 1924.V., T. Shiraki leg., Y. Miwa det.; 2 exs., [台湾] Horisha, VIII, T. Shiraki leg., Y. Miwa det.; 1 ex., [台湾] Kuraru, 1931.VII.31, T. Shiraki leg.; 1 ex., [台湾] Kuraru, 1932.VIII.5, Y. Miwa leg.; 1 ex., [台湾] Heito, 1933.III.13, R. Yamaho leg.; 1 ex., [台湾] Urai, 1933.III.24, K. Obayashi leg.; 1 ex., [台湾] Taihoku, 1937.VII.20, J. Sonan leg.; 2 exs., [台湾] Hokuta, 1938.IX.4, K. Endo leg.; 1 ex., [台湾] Shinten, 1938.X.28, K. Endo leg.; 1 ex., [台湾] Musha, 1942.X.25; 1 ex., [台湾] Musha, 1915.X.7; 1 ex., Hainan-to Fujibasi (海南？), 1942.XI.6, Miwa and Mitono leg.; 2 号，海南，1934.IV.18，何琦采；1 号，海南，1934.III.30，何琦采；1 号，云南墨江，1300 m，1955.III.27，Kryzhanovskij 采，Kryzhanovskij 鉴定，1962；1 号，云南墨江西南 50 km，1100 m，1955.IV.2，Kryzhanovskij 采，Kryzhanovskij 鉴定，1962；1 号，云南普洱郊区，1600 m，1955.IV.19，Kryzhanovskij 采，Kryzhanovskij 鉴定，1962；2 号，云南西怒江河谷，800 m，1955.V.8，Kryzhanovskij 采，Kryzhanovskij 鉴定，1962；1 号，云南西怒江河谷，800 m，1955.V.9，吴荣采，Kryzhanovskij 鉴定，1962；1 号，云南金平猛喇，370 m，1956.IV.22，黄克仁等采，Kryzhanovskij 鉴定，1962；1 号，云南景东董家坟，1250 m，1956.V.28，Kryzhanovskij 采，Kryzhanovskij 鉴定，1962；3 号，云南景东，1200 m，1957.III.4，A. 孟恰茨基采，Kryzhanovskij 鉴定，1962；3 号，云南景东，1200 m，1957.III.5，A. 孟恰茨基采，Kryzhanovskij 鉴定，1962；1 号，云南勐海南糯山，1400 m，1957.III.1，刘大华采，Kryzhanovskij 鉴定，1962；2 号，云南小勐养，1957.IV.2，A. 孟恰茨基采，Kryzhanovskij 鉴定，1962；2 号，云南小勐养，850 m，1957.IV.2，蒲富基采，Kryzhanovskij 鉴定，1962；5 号，云南小勐养，810 m，1957.IV.3，洪广基采，Kryzhanovskij 鉴定，1962；1 号，云南西双版纳小勐养，850 m，1957.IX.28，王书永采，Kryzhanovskij 鉴定，1962；1 号，云南西双版纳小勐养，850 m，1958.VIII.10，张毅然采，Kryzhanovskij 鉴定，1962；1 号，云南车里，580 m，1957.III.8，刘大华采，Kryzhanovskij 鉴定，1962；3 号，云南车里-思茅公路，1957.IV.3，A. 孟恰茨基采，Kryzhanovskij 鉴定，1962；2 号，云南思茅，1200 m，1957.IV.11，王书永采，Kryzhanovskij 鉴定，1962；1 号，云南大勐龙，700 m，1957.IV.12，王书永采，Kryzhanovskij 鉴定，1962；2 号，云南大勐龙，700 m，1957.IV.12，梁秋珍采，Kryzhanovskij 鉴定，1962；1 号，云南西双版纳大勐龙，650 m，1958.IV.10，王书永采，Kryzhanovskij 鉴定，1962；1 号，云南西双版纳橄楠坝，540 m，1957.IV.12，梁秋珍采，Kryzhanovskij 鉴定，1962；1 号，云南西双版纳勐腊，620-650 m，1958.XI.14，

张毅然采，Kryzhanovskij 鉴定，1962；1 号，武夷山泥洋，570 m，1997.VIII.2，章有为采；1 号，广西崇左那隆，290 m，1998.III.20，李文柱采；3 号，广西崇左那隆，290 m，1998.III.20，周海生采；3 号，广西凭祥大青山，260 m，1998.III.22，李文柱采；1♂，2♀，1 号，广西凭祥大青山，360 m，1998.III.24，周海生采；1 号，广西靖西，790 m，1998.IV.1，周海生采；4 号，广西那坡北斗，550 m，1998.IV.10，李文柱采。

分布：福建、广西、海南、云南、台湾；韩国，日本，越南，印度东部，尼泊尔，斯里兰卡，新加坡，马来半岛，侵入斐济，萨摩亚群岛，新赫布里底群岛，所罗门群岛，夏威夷，澳大利亚，特立尼达岛，法属圭亚那。

(144) 东方完折阎甲 *Nasaltus orientalis* (Paykull, 1811) （图 132）

Hister orientalis Paykull, 1811: 17 (East India); Marseul, 1854: 193; 1862: 708 (China); Motschulsky, 1863: 450 (*Pactolinus*); Lewis, 1906a: 341 (*Santalus*); 1915: 55 (China: Horisha of Taiwan); Bickhardt, 1917: 172; Desbordes, 1919: 409 (key); Miwa, 1931: 56; Kamiya *et* Takagi, 1938: 29; Kryzhanovskij, 1972b: 22 (trans. to *Pachylister*); Mazur, 1984b: 182 (China: Taiwan; catalogue); 1997: 107 (catalogue; subg. *Santalus*); 2011a: 86; Ôhara, 1999b: 44; Mazur in Löbl *et* Smetana, 2004: 86 (catalogue).

Nasaltus orientalis: Lackner *et al.* in Löbl *et* Löbl, 2015: 103 (catalogue).

Hister elongatulus Marseul, 1854: 194.

Hister parallelus Redtenbacher, 1844: 514.

体长 5.30-7.06 mm，体宽 4.01-5.63 mm。体长卵形，较隆凸，黑色光亮，足和触角端锤暗褐色。

头部平坦，具稀疏的细微刻点；额线完整，中央微弱内弯或平直，有时狭窄间断；上唇横宽，前缘中央向外突出；上颚粗壮，内侧有 2 个大齿。

前胸背板两侧均匀弧弯向前收缩，端部 1/8 更明显，前缘凹缺部分中央较直，后缘较直，中央微呈双波状；缘线细，位于两侧端部 1/4 或略长，向后是分散的刻点，前端于头后宽阔间断；外侧线位于两侧端部 2/3，有时 1/3；内侧线完整但不达后缘，两侧轻微波曲，远离边缘；表面具稀疏的细微刻点，沿后缘有 1 行略粗大的刻点，小盾片前区有 1 纵向凹痕。

鞘翅两侧弧圆。外肩下线无，内肩下线位于鞘翅端部 2/3；斜肩线细，位于鞘翅基部 1/3；第 1-4 背线完整，但第 4 背线基部略短缩，第 5 背线位于端半部；缝线无。鞘翅表面遍布稀疏的细微刻点。鞘翅缘折凹陷，具稀疏的粗大刻点；缘折缘线细但完整；鞘翅缘线完整深刻。

前臀板密布细小刻点，其间混有稀疏的粗大刻点。臀板密布粗大刻点和细小刻点；边缘隆起，后缘无明显的缘边。

咽板前缘宽圆；缘线完整深刻；表面具稀疏的细小刻点，两侧刻点较粗大。前胸腹板龙骨隆凸，基部 1/4 较平坦，后缘向外弓弯；表面具稀疏的细微刻点，端部两侧刻点粗大，具毛；无龙骨线。前胸腹板侧线清晰。

中胸腹板前缘中央深凹；缘线完整，前角处另有 1 条短的横线；表面遍布稀疏的细微刻点；中-后胸腹板缝细而清晰。

后胸腹板基节间盘区刻点与中胸腹板的相似；中纵沟浅；后胸腹板侧线向后侧方延伸，与斜线相连；侧盘区密布粗大的圆形刻点，具刚毛，沿侧线和斜线较宽的区域刻点较小；中足基节后线向侧面延伸，到达后胸腹板-后胸前侧片缝。

第 1 腹节腹板基节间盘区刻点与中胸腹板的相似，后角处具略粗大的刻点；腹侧线完整。

前足胫节外缘具 3 个大齿，基部 1 齿略小。

雄性外生殖器如图 132D-H 所示。

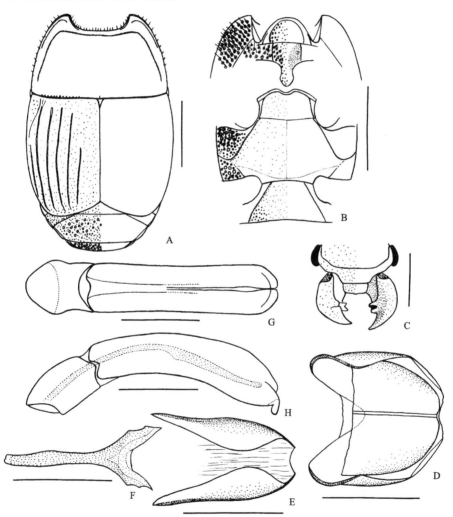

图 132　东方完折阎甲 *Nasaltus orientalis* (Paykull)

A. 前胸背板、鞘翅、前臀板和臀板（pronotum, elytra, propygidium and pygidium）；B. 前胸腹板、中-后胸腹板和第 1 腹节腹板（prosternum, meso- and metasterna and the 1st visible abdominal sternum）；C. 头（head）；D. 雄性第 8 腹节背板和腹板，腹面观（male 8th tergite and sternum, ventral view）；E. 雄性第 9、10 腹节背板，背面观（male 9th and 10th tergites, dorsal view）；F. 雄性第 9 腹节腹板，腹面观（male 9th sternum, ventral view）；G. 阳茎，背面观（aedeagus, dorsal view）；H. 同上，侧面观（ditto, lateral view）。比例尺（scales）：A, B = 2.0 mm, C-H = 1.0 mm

观察标本：2 exs., Tonkin Hoa-Binh (越南东京湾和平), de Cooman leg., de Cooman det.; 1♂, 2♀, [台湾] Horisha, VIII., T. Shiraki leg., Y. Miwa det.。

分布：台湾；几乎遍布整个东洋区，侵入塞舌尔群岛。

34. 阎甲属 *Hister* Linnaeus, 1758

Hister Linnaeus, 1758: 358; Erichson, 1834: 127; Lacordaire, 1854: 260; Marseul, 1854: 160; Thomson, 1862: 221; Schmidt, 1885c: 282; Fauvel in Gozis, 1886: 159 (key of groups); Ganglbauer, 1899: 358; Reitter, 1909: 280, 281; Jakobson, 1911: 639, 643; Bickhardt, 1917: 157, 175; Desbordes, 1919: 383; Wenzel, 1944: 123; Wenzel in Arnett, 1962: 377, 381; Kryzhanovskij *et* Reichardt, 1976: 305; Olexa, 1964: 49; Mazur, 1984b: 182 (catalogue); 1997: 107 (catalogue); 2001: 41; 2005: 79; 2011a: 87 (catalogue); 2011b: 509 (key to orienta species); Yélamos *et* Ferrer, 1988: 189; Ôhara, 1994: 112 (redescription, key to Japan); 1999b: 45 (key to Taiwan, China); Ôhara *et* Paik, 1998: 12 (key to Korea); Yélamos, 2002: 138 (character, key), 373; Mazur in Löbl *et* Smetana, 2004: 80 (catalogue); Lackner *et al.* in Löbl *et* Löbl, 2015: 94 (catalogue). **Type species:** *Hister unicolor* Linnaeus, 1758. Designated by Westwood, 1840: 22.

Histeranus Rafinesque, 1815: 112 (emend.).

Humister Houlbert *et* Monnot, 1923: 23; Vienna, 1980: 257 (synonymized). **Type species:** *Hister lugubris* Truqui, 1852.

Rhabdister Houlbert *et* Monnot, 1923: 35 (emend.). **Type species:** *Hister helluo* Truqui, 1852.

Campylister Houlbert *et* Monnot, 1923: 34; Vienna, 1980: 256 (synonymized). **Type species:** *Hister quadrinotatus* Scriba, 1790.

Spilister Houlbert *et* Monnot, 1923: 26; Cooman, 1947: 428 (synonymized). **Type species:** *Hister quadrimaculatus* Linnaeus, 1758.

Eudiplister: Cooman, 1947: 428; Mazur, 1984b: 182 (synonymized).

体中型或大型，卵形或长卵形，多少隆凸，通常光亮且黑色，偶尔鞘翅有红色的斑点。头部额线通常完整，有时于前端中央间断；上唇前缘通常近于平直，有时轻微向外突出；上颚粗壮，背面常微弱凹陷，无明显隆起的外缘，内缘具1齿或无明显的齿；触角柄节很长。前胸背板缘线于两侧完整，于头后很短或宽阔间断；有1或2条侧线，外侧线于两侧通常完整，有时后端短缩，且于头后宽阔间断，内侧线通常完整；前角通常圆，其内侧无凹陷和粗大刻点；前背折缘平坦或隆凸，经常具毛。小盾片三角形。鞘翅外肩下线通常存在但不完整，有时缺失，内肩下线通常具刻痕但不完整，有3-4条完整的背线，其他背线通常短缩，偶尔有2条或5条完整的背线；鞘翅缘折多少隆凸，光滑而很少刻点。前臀板和臀板刻点多变，在识别种时很有用。咽板通常具完整的缘线，缘线和侧缘之间另有1条短线。前胸腹板龙骨无龙骨线，有时具少量痕迹。中胸腹板前缘中央通常清晰凹缺，偶尔近于平直；缘线通常深刻完整。后胸腹板侧线和斜线相连或不相连。第1腹节腹板基节间盘区具完整的腹侧线。前足胫节宽，外缘具3-5个齿；中、后足胫节略宽，外缘有2列长刺。阳茎平滑，基片短，侧叶沿背面中线裂开，在顶端留1小口，中叶简单，无硬化的中体刺。

　　主要生活在脊椎动物的尸体中，有些种类生活在大型哺乳动物的粪便中，有些与腐烂的水果和各种菌类有关，少数种类与蚂蚁有关；大多数肉食性，捕食双翅目昆虫的幼虫（Mazur, 2001）。

　　分布：各区。

　　该属世界记录约 200 种，中国记录 19 种及亚种。

种 检 索 表

　　注：幻异阎甲 *H. inexspectatus* Desbordes、点足阎甲 *H. punctifemur* Mazur 和糙阎甲东部亚种 *H. salebrosus subsolanus* (Newton) 未包括在内。

(145) 比斯阎甲 *Hister bissexstriatus* Fabricius, 1801（图 133）

Hister bissexstriatus Fabricius, 1801: 84 (Austria); Paykull, 1811: 32; Erichson, 1839: 663; Marseul, 1854: 572; Thomson, 1862: 226; Schmidt, 1885c: 295; Fauvel in Gozis, 1886: 165 (key), 193; Ganglbauer, 1899: 366; J. Müller, 1900: 140; 1908c: 338, 339; Reitter, 1909: 284; Jakobson, 1911: 645; Schatzmayr, 1911: 217; Auzat, 1916-1925 (1924): 89; Bickhardt, 1917: 178; Reichardt, 1925a: 110 (Turgai, K. Altai); 1926a: 270; Horion, 1949: 362; Witzgall, 1971: 187; Kryzhanovskij *et* Reichardt, 1976: 326; Mazur, 1984b: 184 (China; catalogue); 1997: 108 (catalogue); 2011a: 87 (catalogue); Yélamos *et* Ferrer, 1988: 189; Kapler, 1993: 30 (Russia); Yélamos, 2002: 154 (redescription, figures); Mazur in Löbl *et* Smetana, 2004: 80 (China: Heilongjiang, Jilin; catalogue); Lackner *et al.* in Löbl *et* Löbl, 2015: 94 (catalogue).
Hister duodecimstriatus: Hoffmann, 1803a: 62 (part.); Schönherr, 1806: 89 (synonymized).
Hister parvus Marsham, 1802: 93; Gyllenhal, 1808: 79 (synonymized).
Hister parvulus Gyllenhal, 1808: 79.
Hister caliginosus Stephens, 1830: 152; Gemminger *et* Harold, 1868: 766 (synonymized).
Hister nigrita Stephens, 1830: 149; Gemminger *et* Harold, 1868: 766 (synonymized).
Hister stephensi Marseul, 1862: 711 (emend.).
Hister gramineus Gemminger *et* Harold, 1868: 766 (nom. nud.).

体长 3.44 mm，体宽 2.72-2.81 mm。体卵形，隆凸，黑色光亮，足和触角红棕色。

头部表面平坦，具稀疏的细小刻点；额线完整，前端中央内弯，有时成角；上颚表面扁平或微凹，外缘具不明显的隆起的边，内缘无明显的齿。

前胸背板两侧微弱弓弯向前收缩，端部明显，前角圆，前缘凹缺部分中央较直，后缘略弓弯；缘线于两侧完整而于头后宽阔间断；外侧线位于两侧端部 1/3；内侧线完整；表面具稀疏的细微刻点，沿后缘有 1-2 行大而浅的刻点，小盾片前区有 1 纵长刻点。

鞘翅两侧弧弯。外肩下线无，内肩下线缺失或仅于中部具刻点行；斜肩线位于基部 1/3；第 1-4 背线完整、深刻，第 5 背线位于端半部，前后端刻点状；缝线位于端部 2/3，有时间断。鞘翅表面遍布稀疏的细微刻点。鞘翅缘折微凹且具稀疏的小刻点；缘折缘线细微，位于端半部；鞘翅缘线清晰完整。

前臀板具较密集粗大的圆形刻点，近前缘刻点较小且更密集，两侧略凹陷。臀板刻点与前臀板的相似，但略小略密，且向后端渐小而稀疏。

咽板前缘圆；缘线完整，其后末端内侧深凹陷；表面具稀疏的细小刻点。前胸腹板龙骨窄，表面具稀疏的细小刻点；无龙骨线。前胸腹板侧线清晰。

中胸腹板前缘中央浅凹；缘线完整，前角处另有 1 横向短线；表面具稀疏的细微刻点；中-后胸腹板缝较清晰。

后胸腹板基节间盘区刻点与中胸腹板的相似；中胸腹板较深；后胸腹板侧线向后侧方延伸，与斜线相连；侧盘区密布大而浅的圆形刻点，不具刚毛；中足基节后线沿中足基节窝后缘延伸，末端向后弯曲。

第 1 腹节腹板基节间盘区刻点与中胸腹板的相似；腹侧线完整。

前足胫节外缘具 5 个齿，基部的齿小，端部的 2 个靠近；前足腿节线位于端部 1/4

且向基部远离后缘。

雄性外生殖器如图 133E-I 所示。

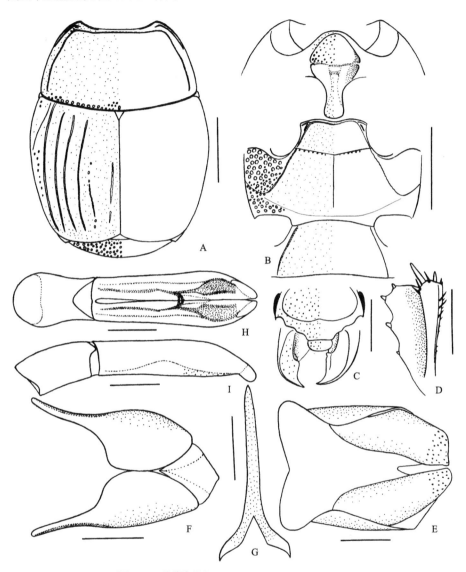

图 133　比斯阎甲 *Hister bissexstriatus* Fabricius

A. 前胸背板、鞘翅和前臀板（pronotum, elytra and propygidium）；B. 前胸腹板、中-后胸腹板和第 1 腹节腹板（prosternum, meso- and metasterna and the 1st visible abdominal sternum）；C. 头（head）；D. 前足胫节，背面观（protibia, dorsal view）；E. 雄性第 8 腹节背板和腹板，腹面观（male 8th tergite and sternum, ventral view）；F. 雄性第 9、10 腹节背板，背面观（male 9th and 10th tergites, dorsal view）；G. 雄性第 9 腹节腹板，腹面观（male 9th sternum, ventral view）；H. 阳茎，背面观（aedeagus, dorsal view）；I. 同上，侧面观（ditto, lateral view）。比例尺（scales）：A, B = 1.0 mm, C, D = 0.5 mm, E-I = 0.25 mm

观察标本：1 ex., La Magdalena Lèon, L. 4x (?). Grudio Luiller, 1934, S. Mazur det., 1995; 1♂, China (中国) zoigi, 1995, Dr. Benes leg.。

分布：吉林、黑龙江；从中亚到俄罗斯的贝加尔湖，伊朗，土耳其，欧洲。

(146) 同色阎甲 *Hister concolor* Lewis, 1884（图 134）

Hister concolor Lewis, 1884: 135 (Japan); Bickhardt, 1910c: 42 (subg. *Hister*; Japan); 1917: 179; Kamiya *et* Takagi, 1938: 30; Ôsawa, 1952: 6; Kryzhanovskij *et* Reichardt, 1976: 316; Hisamatsu *et* Kusui, 1984: 16 (note); Mazur, 1984b: 186 (catalogue); 1997: 110 (China; catalogue); 2011a: 88 (catalogue); Hisamatsu, 1985b: 227 (note, photo); Ôhara *et* Li, 1988: 96 (China: Liaoning); Ôhara, 1994: 127 (redescription, figures, photos); 1999a: 113; ESK *et* KSAE, 1994: 137 (Korea); Ôhara *et* Paik, 1998: 19; Mazur in Löbl *et* Smetana, 2004: 80 (North China; catalogue); Lackner *et al.* in Löbl *et* Löbl, 2015: 94 (catalogue).

体长 6.75 mm，体宽 5.72 mm。体卵形，隆凸，黑色光亮，胫节上的刺、跗节、触角和口器红棕色。

头部表面平坦，密布细小刻点；额线完整，前端中央微向内弓弯；上颚表面平坦，外缘具不明显的隆起的边。

前胸背板两侧均匀弓弯向前收缩，前角圆，前缘凹缺部分中央较直，后缘略弓弯；缘线于两侧完整清晰，于头后宽阔间断；外侧线位于两侧端部 1/3；内侧线完整；表面具稀疏的细微刻点，沿后缘两侧 1/2 有 1 行略粗大的刻点，小盾片前区有 1 纵长刻点。

鞘翅两侧略弧弯。外肩下线位于基中部 1/4，后末端向内弯曲，内肩下线位于端半部，不连续；斜肩线位于基部 1/4；第 1-3 背线完整，第 4 背线位于端部不足一半，第 5 背线位于端部 1/4；缝线位于端半部。鞘翅表面具稀疏的细微刻点。鞘翅缘折微凹；缘折缘线位于端半部；鞘翅缘线清晰完整。

前臀板密布大而浅的圆形刻点，刻点向中部变小变稀，大刻点间混有较密集的细小刻点，后端中央无大刻点，仅有密集的细小刻点，刻点间遍布细微的皮革纹。臀板刻点较前臀板大刻点略小，十分密集且均匀，沿后缘光滑，无大刻点，仅有较密集的细小刻点。

咽板前缘圆；缘线于前端中央狭窄间断，缘线和侧缘之间另有 1 条纵向短弧线；表面密布细小刻点，两侧刻点较粗大。前胸腹板龙骨较窄，基部平坦；表面刻点细小，较密集，端部两侧刻点较粗大；无龙骨线。前胸腹板侧线清晰。

中胸腹板前缘中央较深凹；缘线完整，不达后缘，前角处另有 1 条横向短线；表面具较稀疏的细微刻点；中-后胸腹板缝清晰且于中央成角。

后胸腹板基节间盘区刻点与中胸腹板的相似；中纵沟较深；后胸腹板侧线向后侧方延伸，接近但不与斜线相连；侧盘区密布大而深的圆形刻点，近斜线具细小刻点；中足基节后线沿中足基节窝后缘延伸，末端不向后弯曲。

第 1 腹节腹板基节间盘区具较稀疏的细小刻点；腹侧线完整。

前足胫节外缘具 4-5 个齿，基部 1 齿小，端部的 2 个相互靠近；前足腿节线位于端部 1/3，且向基部渐远离后缘。

雄性外生殖器如图 134C-G 所示。

观察标本：1♂，北平，VI.13。

分布：北京、辽宁；韩国，日本，俄罗斯（远东、千岛群岛），北欧，中欧。

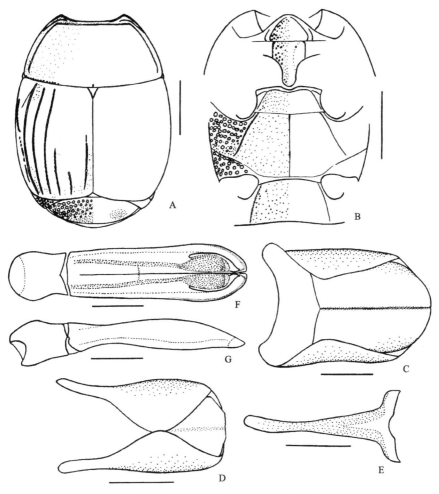

图 134　同色阎甲 *Hister concolor* Lewis

A. 前胸背板、鞘翅和前臀板（pronotum, elytra and propygidium）；B. 前胸腹板、中-后胸腹板和第 1 腹节腹板（prosternum, meso- and metasterna and the 1st visible abdominal sternum）；C. 雄性第 8 腹节背板和腹板，腹面观（male 8th tergite and sternum, ventral view）；D. 雄性第 9、10 腹节背板，背面观（male 9th and 10th tergites, dorsal view）；E. 雄性第 9 腹节腹板，腹面观（male 9th sternum, ventral view）；F. 阳茎，背面观（aedeagus, dorsal view）；G. 同上，侧面观（ditto, lateral view）。比例尺（scales）：A, B = 2.0 mm, C-G =0.5 mm

(147) 康吉阎甲 *Hister congener* Schmidt, 1885（图 135）

Hister congener Schmidt, 1885a: 242 (Japan); 1889d: 4; Heyden, 1887: 249 (Korea); Lewis, 1904: 146 (*Pachylister*); 1905d: 23; 1915: 55 (China: Horisha of Taiwan); Bickhardt, 1910c: 38 [*Hister (Pachylister) congener*; catalogue]; 1913c: 697; 1917: 180 [*Hister (Hister) congener*; catalogue]; Jakobson, 1911: 643; Miwa, 1931: 56 (China: Horisha of Taiwan); Kamiya *et* Takagi, 1938: 30 (list); Nakane, 1963: 70; Mazur, 1970: 58; 1984b: 186 (North China; catalogue); 1997: 110 (catalogue);

2011a: 88 (catalogue); 2011b: 487 (Bhutan); Kryzhanovskij *et* Reichardt, 1976: 312; Hisamatsu, 1985b: 226 (note, photos); Ôhara, 1994: 118 (redescription, figures, photos); 1999a: 114; 1999b: 46; ESK *et* KSAE, 1994: 137; Ôhara *et* Paik, 1998: 19; Mazur in Löbl *et* Smetana, 2004: 80 (China: Jilin, Liaoning; catalogue); Lackner *et al.* in Löbl *et* Löbl, 2015: 94 (catalogue).

　　体长 8.08-11.10 mm，体宽 6.64-8.90 mm。体大，长卵形，黑色光亮，胫节、跗节和触角深红棕色。

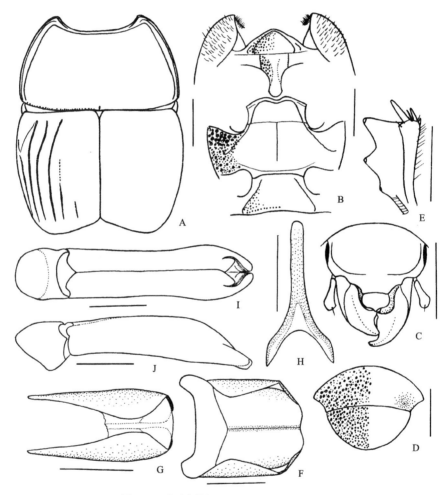

图 135　康吉阎甲 *Hister congener* Schmidt

A. 前胸背板和鞘翅（pronotum and elytra）；B. 前胸腹板、中-后胸腹板和第 1 腹节腹板（prosternum, meso- and metasterna and the 1st visible abdominal sternum）；C. 头（head）；D. 臀板（pygidium）；E. 前足胫节，背面观（protibia, dorsal view）；F. 雄性第 8 腹节背板和腹板，腹面观（male 8th tergite and sternum, ventral view）；G. 雄性第 9、10 腹节背板，背面观（male 9th and 10th tergites, dorsal view）；H. 雄性第 9 腹节腹板，腹面观（male 9th sternum, ventral view）；I. 阳茎，背面观（aedeagus, dorsal view）；J. 同上，侧面观（ditto, lateral view）。比例尺（scales）：A-E = 2.0 mm, F-J = 1.0 mm

　　头部表面平坦，具稀疏的细小刻点；额线完整，密集钝齿状，前端中央平直，有时于狭窄间断；上唇前缘中央略向外突出；上颚表面基部略凹陷，无明显隆起的外缘，内缘具 1 大齿。

前胸背板两侧于基半部近于平行，端半部弓弯，向前收缩，端部 1/9 更明显，前角圆，前缘凹缺部分中央直，后缘较直；前背折缘密被长毛；缘线细，于两侧完整而于头后宽阔间断；外侧线于两侧完整；内侧线完整，略呈密集而粗糙的钝齿状；表面具稀疏的细小刻点，沿后缘两侧 1/3 有 1 行略粗大的刻点，小盾片前区有 1 大的纵向刻痕。

鞘翅两侧略弧圆。外肩下线位于基中部，很短且细弱，内肩下线宽，钝齿状，位于端部 2/3；斜肩线位于基部 1/3；第 1-3 背线完整，粗糙钝齿状，第 4 背线位于端半部或更长，其基部通常为粗大刻点，第 5 背线位于端部 1/4；缝线多变，通常位于端部 1/3，有时位于端半部或缺失。鞘翅表面具稀疏的细微刻点。鞘翅缘折轻微凹陷；缘折缘线位于端部 2/3，深刻；鞘翅缘线隆起且完整。

前臀板密布大而浅的圆形刻点，边缘刻点较小。臀板刻点与前臀板的相似但较密集，端部刻点渐细小。

咽板前缘于前端尖圆；缘线完整；表面密布粗糙刻点，中央刻点小，两侧刻点略大。前胸腹板龙骨狭窄，基半部平坦；表面具稀疏的细小刻点，端部两侧刻点较粗大；无龙骨线。前胸腹板侧线清晰。

中胸腹板前缘中央深凹；缘线完整，粗糙钝齿状，前角处另有 1 横向短线；表面具稀疏的细微刻点；中-后胸腹板缝细但较清晰，于中央成角。

后胸腹板基节间盘区刻点与中胸腹板的相似；中纵沟深；后胸腹板侧线向后侧方延伸，波曲，位于基部 2/3，无明显的斜线；侧盘区密布大而浅的具刚毛刻点，端部大刻点间混有密集的小刻点；中足基节后线沿中足基节窝后缘延伸，末端微弱向后弯曲。

第 1 腹节腹板基节间盘区刻点与中胸腹板的相似，沿后缘有 1 行较大刻点；腹侧线于前端略短缩。

前足胫节外缘具 3 个大齿；前足腿节线近于完整，于基部略短缩。

雄性外生殖器如图 135F-J 所示。

观察标本： 1 ex., N. CHINA, Heilungkiang (黑龙江), Laoshantou, 1965.VI.28, P. M. Hammond leg., B. M. 1967-215, J. Thérond det., 1979 (BMNH); 1♂, Gozan Kainel Korea, 1934.VII.11, H. Araki leg.; 6 exs., Sugahira Nagano, Japan (日本长野菅平信州), 1934.VI.10, S. Miganoto leg. (宫本正一采); 6 exs., Miyazima Hirozhima, Japan (日本宫屿), 1937.V.8, S. Miganoto leg. (宫本正一采); 1 ex., [台湾] Horisha, T. Shiraki and Y. Miwa det.; 4 exs., Eastern Tomb; 3 exs., Chahar (内蒙古察哈尔), Yangkiaping, 1931.VII.8-10, O. Piel leg.; 1 ex., Syôkoku–zan Sekka, S. Manchuria (满洲里), 1937.VII.31, M. Hanano leg.; 1 ex., Nord China, Nandschurei Sungari–Mündung (Laha-súsu) (中国满洲里松花江), 1928.VII.15, Dr. H. V. Jettmar leg., S. Mazur det.; 1 ex., Hwashan Shensi (陕西华山), 1936.VI.9; 2 号，黑龙江哈尔滨，1946.V.30；1 ex., [东北]Ta-Yngtse Linsisien, 1940.VII, E. Bourgault leg.; 1 号，黑龙江二层甸子，1954.VI.27；1 号，吉林白城，1951.VI.10；1 号，辽宁章古台，1958.IV.27，黄复生采；1 号，辽宁章古台，1959.XI.5；1♂，2 号，北京上方山，400 m，1961.VII.18，王书永采；1 号，北京东北旺苗圃；1 号，北京昌平虎峪，1997.VII.14，周海生采；1♂,

北京小龙门梨园岭，1998.IX.20-23，于晓东采；1 号，北京小龙门梨园岭，1999.IV.28-V.1，于晓东采；1 号，北京小龙门梨园岭，1999.V.20-23，于晓东采；1 号，北京门头沟梨园岭，1100 m，荆条灌丛，杯诱，2001.V.31-VI.3，于晓东采。

分布：北京、内蒙古、辽宁、吉林、黑龙江、陕西、台湾；朝鲜半岛，日本，俄罗斯（远东、东西伯利亚），不丹。

(148) 遥阎甲 *Hister distans* Fischer de Waldheim, 1823（图 136）

Hister distans Fischer de Waldheim, 1823, t. xxv, f. 2; 1824: 205 (Siberia); Marseul, 1857: 164; Schmidt, 1890b: 6; Jakobson, 1911: 644; Bickhardt, 1917: 180; Kryzhanovskij *et* Reichardt, 1976: 318; Mazur, 1984b: 187 (China: Manchuria; catalogue); 1997: 111 (catalogue); 2011a: 89 (catalogue); Kapler, 1993: 30 (Russia); Ôhara *et* Paik, 1998: 19 (redescription, figures); Mazur in Löbl *et* Smetana, 2004: 80 (China: Heilongjiang, Nei Mongol; catalogue); Lackner *et al.* in Löbl *et* Löbl, 2015: 94 (catalogue).

Hister atramentarius Suffrian, 1855: 142; Marseul, 1857: 158; Schmidt, 1890b: 7 (synonymized).

Hister dauricus Marseul, 1861: 533 (Siberia); Schmidt, 1890b: 6 (synonymized).

体长 6.44 mm，体宽 5.63 mm。体卵形，隆凸，黑色光亮，胫节和触角深红棕色。

头部表面平坦，密布小刻点，刻点向后变稀；额线完整，前端中央较平直；上颚表面略凹陷，外缘具隆起的缘边，内缘具 1 齿。

前胸背板两侧于基部 3/4 微弱弓弯，向前收缩，端部 1/4 强烈弓弯，前角尖锐，前缘凹缺部分中央直，后缘较直；缘线于两侧完整，于头后宽阔间断；外侧线存在于两侧且于基部 1/6 短缩；内侧线完整，粗糙钝齿状；表面具稀疏的细微刻点，沿后缘两侧 1/3 有 1 行略粗大的刻点，小盾片前区有 1 短的纵向刻痕。

鞘翅两侧弧圆。外肩下线深刻，位于基半部且前端短缩，后端向内弯曲，内肩下线缺失；斜肩线位于基部 1/3；第 1-3 背线完整深刻，第 4 背线位于端部 1/4，第 5 背线位于端部 1/5，刻点状；缝线位于端半部。鞘翅表面具稀疏的细微刻点。鞘翅缘折轻微凹陷；缘折缘线清晰，位于端半部；鞘翅缘线清晰完整。

前臀板具较密集的圆形大刻点，后缘中央无大刻点，大刻点间混有稀疏的细微刻点；两侧有大而浅的凹陷。臀板密布圆形大刻点，较前臀板刻点小且深，顶端无粗大刻点，大刻点间具稀疏的细小刻点。

咽板前缘较尖；缘线完整，其后端内侧深凹，缘线与侧缘之间另有 1 条纵向短线；表面具较稀疏的小刻点，两侧刻点略大略密。前胸腹板龙骨较窄，表面具稀疏的小刻点，端部两侧刻点略粗大；无龙骨线。前胸腹板侧线清晰。

中胸腹板前缘中央深凹；缘线完整，前角处另有 1 横向短线；表面具稀疏的细微刻点；中-后胸腹板缝较细但清晰，于中央轻微成角。

后胸腹板基节间盘区刻点与中胸腹板的相似；中纵沟较深；后胸腹板侧线向后侧方延伸，与斜线相连；侧盘区密布大而浅的圆形刻点，基部刻点常相连成脊，端部刻点混有小刻点；中足基节后线沿中足基节窝后缘延伸，末端向后弯曲。

　　第 1 腹节腹板基节间盘区刻点与中胸腹板的相似，后侧角处刻点略粗大，沿后缘有 1 行粗大刻点；腹侧线完整。

　　前足胫节外缘具 4 个大齿，基部 2 个相互靠近；前足腿节线位于端部 1/3 且向基部渐远离后缘。

　　雄性外生殖器如图 136D-H 所示。

　　观察标本：1♂, Mongolia centr. Ulaanbaa tar env. (蒙古乌兰巴托), 1990.VII.23, L. & M. Bocák leg.。

　　分布：内蒙古、黑龙江；韩国，蒙古，俄罗斯（东西伯利亚、远东）。

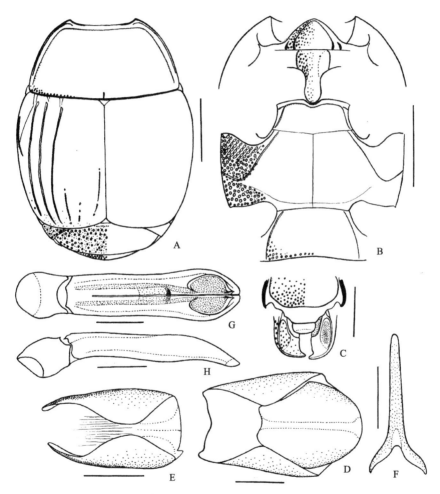

图 136　遥阁甲 *Hister distans* Fischer de Waldheim

A. 前胸背板、鞘翅和前臀板（pronotum, elytra and propygidium）；B. 前胸腹板、中-后胸腹板和第 1 腹节腹板（prosternum, meso- and metasterna and the 1st visible abdominal sternum）；C. 头（head）；D. 雄性第 8 腹节背板和腹板，腹面观（male 8th tergite and sternum, ventral view）；E. 雄性第 9、10 腹节背板，背面观（male 9th and 10th tergites, dorsal view）；F. 雄性第 9 腹节腹板，腹面观（male 9th sternum, ventral view）；G. 阳茎，背面观（aedeagus, dorsal view）；H. 同上，侧面观（ditto, lateral view）。

比例尺（scales）：A, B = 2.0 mm, C = 1.0 mm, D-H = 0.5 mm

(149) 幻异阎甲 *Hister inexspectatus* Desbordes, 1923

Hister inexspectatus Desbordes, 1923: 61 (India: Sikkim); Mazur, 2008: 90 (China: Taiwan); 2011a: 91 (catalogue); 2011b: 490; Lackner *et al.* in Löbl *et* Löbl, 2015: 95 (catalogue).
Hister aheneus Cooman, 1938: 186; Mazur, 2011a: 490 (synonymized).

观察标本：未检视标本。
分布：台湾；印度，越南。

(150) 日本阎甲 *Hister japonicus* Marseul, 1854（图 137；图版 I：6）

Hister japonicus Marseul, 1854: 201 (Japan); 1873: 220 (Japan: Kyushu); Heyden, 1887: 249 (Korea); Jakobson, 1911: 644; Bickhardt, 1917: 182; 1918a: 229 (subg. *Hister*; China); Desbordes, 1919: 387 (Japon, Chine, Indochine, Tonkin); Reichardt, 1936: 6 (China: Kiangsu); Reichardt *et* Kryzhanovskij, 1964: 172; Mazur, 1970: 58 (Korea); 1984b: 190 (catalogue); 1997: 113 (catalogue); 2011a: 89 (catalogue); 2011b: 490; Ôhara, 1994: 114 (redescription, figures); 1999a: 114; ESK *et* KSAE, 1994: 137; Ôhara *et* Paik, 1998: 19; Mazur in Löbl *et* Smetana, 2004: 81 (China: Gansu, Guangdong, Jiangxi, Sichuan, Zhejiang; catalogue); Lackner *et al.* in Löbl *et* Löbl, 2015: 95 (catalogue).
Hister fessus Marseul, 1861: 515; Mazur, 2011b: 490 (synonymized).

体长 6.31-9.60 mm，体宽 5.50-8.10 mm。体大，卵形，隆凸，黑色光亮，胫节、跗节和触角暗红棕色。

头部表面平坦，具稀疏的细小刻点；额线通常完整，前端通常平直，有时于中央狭窄间断且微弱内弯；上颚背面相当扁平，外缘无明显隆起的边，内缘有 1 钝齿。

前胸背板两侧强烈弧弯向前收缩，前角圆，前缘凹缺部分中央直，后缘较直；前背折缘密被长毛；缘线于两侧完整而于头后宽阔间断；外侧线位于两侧，长度多变，通常位于端半部；内侧线完整，后端略短缩；表面刻点不明显，沿后缘两侧 1/2 有 1 行较粗大的刻点，小盾片前区有 1 短的纵长刻点，有时不明显。

鞘翅两侧弧圆。外肩下线无，内肩下线位于端部 2/3；斜肩线位于基半部；第 1、2 背线完整，第 3 背线通常位于基半部且较细较浅，端部也有短的原基，有时完整且深刻，第 4、5 背线通常很短，位于端部，有时缺失；缝线无。鞘翅表面刻点不明显。鞘翅缘折轻微凹陷且具稀疏粗大的刻点。缘折缘线细，位于端半部；鞘翅缘线清晰完整。

前臀板具稀疏的大而浅的圆形刻点，刻点向中部变小，大刻点间分散有细微刻点；两侧略凹陷。臀板刻点与前臀板的相似，但大刻点较密集，顶端无大刻点。

咽板前缘圆；缘线完整，其后端内侧较深凹，缘线和侧缘之间另有 1 条纵向短线；表面两侧密布粗大刻点，中央刻点渐小而稀疏。前胸腹板龙骨狭窄，表面平坦，具稀疏细小的刻点，端部两侧密布粗大刻点；无龙骨线。前胸腹板侧线清晰。

中胸腹板前缘中央深凹；缘线完整，前角处另有 1 横向短线；表面刻点不清晰；中-后胸腹板缝细，于中央轻微成角。

后胸腹板基节间盘区刻点与中胸腹板的相似；中纵沟细；后胸腹板侧线向后侧方延

伸，与斜线相连；侧盘区基半部密布大而浅的圆形具刚毛刻点，端半部刻点小而稀疏；中足基节后线沿中足基节窝后缘延伸，末端微弱向后弯曲。

第 1 腹节腹板基节间盘区遍布稀疏的细微刻点；腹侧线完整。

前足胫节外缘具 4 个齿，端部 2 个相互靠近；前足腿节线近于完整，通常于基部略短缩，且于中部至端部 1/3 远离后缘。

雄性外生殖器如图 137F-J 所示。

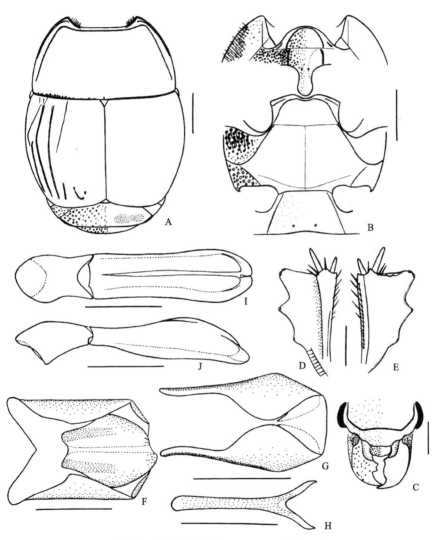

图 137　日本阁甲 *Hister japonicus* Marseul

A. 前胸背板、鞘翅和前臀板（pronotum, elytra and propygidium）；B. 前胸腹板、中-后胸腹板和第 1 腹节腹板（prosternum, meso- and metasterna and the 1st visible abdominal sternum）；C. 头（head）；D. 前足胫节，背面观（protibia, dorsal view）；E. 同上，腹面观（ditto, ventral view）；F. 雄性第 8 腹节背板和腹板，腹面观（male 8th tergite and sternum, ventral view）；G. 雄性第 9、10 腹节背板，背面观（male 9th and 10th tergites, dorsal view）；H. 雄性第 9 腹节腹板，腹面观（male 9th sternum, ventral view）；I. 阳茎，背面观（aedeagus, dorsal view）；J. 同上，侧面观（ditto, lateral view）。比例尺（scales）：A, B = 2.0 mm, C-J = 1.0 mm

观察标本：1 ex., Miye, Tanaka, 1930.VII.25; 1 ex., Yase, Kyoto (日本京都), 1931.VI.19, K. Eki leg.; 1 ex., Obira Kiashin, Japan (日本), 1932.VIII.5, T. Shiraki leg.; 1 ex., Wakayama (日本和歌山), S. Sakaguchi leg.; 2 exs., Y. Miwa det.; 1 ex., Mokan Shan (浙江莫干山), 1936.V.30, O. Piel leg.; 1 ex., T'ienmushan (浙江天目山), 1937.V.3, O. Piel leg.; 1 ex., Bao-hwa-shan (江苏宝华山), 1942.XI.1; 1 ex., Peiping (北平), 1936.VII.15; 2 号，北京西山卧佛寺，1955.VI.17；1 号，北京上方山，400 m，1961.VII.16，王书永采；7 号，北京海淀鹫峰，1997.VII.18-VIII.18，周海生采；1 号，北京房山，1995，杨玉璞采；2 号，云南勐海，1200 m，1957.II.21，刘大华采；2 号，云南勐海，1250 m，1957.II.24，蒲富基采；1 号，云南东南屏边大围山，1350 m，1956.VI.25，邦菲洛夫采；1♂，8 号，甘肃文县碧口中庙，700 m，1998.VI.24，杨星科采；1 号，甘肃文县碧口碧峰沟，900-1450 m，1998.IV.25，张学忠采；2 号，甘肃文县范坝，800 m，1998.IV.26，杨星科采；2 号，广西金秀银杉站，1100 m，1999.V.10，李文柱采；1 号，广西凭祥大青山，360 m，1998.III.24，周海生采；1♀，广西那坡德孚，1440 m，1998.IV.6，黎天山采；1 号，广西那坡，850 m，1998.IV.2，周海生采；2 号，福建武夷山挂墩，死蛇，手抓，2005.X.6，陈海峰采。

分布：北京、辽宁、上海、江苏、浙江、福建、江西、广东、广西、四川、云南、甘肃；俄罗斯（东西伯利亚、远东），朝鲜半岛，日本，越南。

(151) 爪哇阎甲 *Hister javanicus* Paykull, 1811（图 138）

Hister javanicus Paykull, 1811: 30 (Java); Bickhardt, 1917: 182; Reichardt, 1933a: 85; Mazur, 1975: 442; 1984b: 191 (catalogue); 1985: 637 (synonymies); 1997: 113 (catalogue); Ôhara, 1989b: 38 (diagnosis); 1999b: 47 (figures, photos); 2011a: 89 (catalogue); 2011b: 492; Mazur in Löbl *et* Smetana, 2004: 81 (China: Fujian, Taiwan; catalogue); Lackner *et al.* in Löbl *et* Löbl, 2015: 95 (catalogue).

Hister [*septem*]*striatus* Dejean, 1821: 47 (nom. nud.).

Hister coracinus Erichson, 1834: 146; Marseul, 1854: 307; Bickhardt, 1917: 182; Mazur, 1985: 639 (synonymized).

Hister squalidus Erichson, 1834: 148 (China); Marseul, 1854: 576; 1862: 709; Bickhardt, 1913c: 698; 1917: 186; Desbordes, 1919: 392 (key); Mazur, 1985: 639 (synonymized); Ôhara, 1989b: 43.

Hister mandarinus Marseul, 1861: 535 (Chine); 1862: 709; Bickhardt, 1913c: 698 (synonymized); Desbordes, 1919: 390.

Hister corax Marseul, 1861: 537 (Indes); Bickhardt, 1917: 180; Mazur, 1985: 639 (synonymized).

Hister carnaticus Lewis, 1885c: 210 (Nilgiri Hills); Bickhardt, 1917: 179; Reichardt, 1933a: 85 (synonymized).

Hister fortedentatus Desbordes, 1915: 238; 1919: 390 (synonymized).

Hister angulicollis Bickhardt, 1919: 118; Mazur, 1985: 639 (synonymized).

体长 4.12-5.45 mm，体宽 3.68-4.65 mm。体卵形，隆凸，黑色光亮，跗节和触角暗红棕色。

头部表面平坦，具较稀疏的细小刻点；额线完整，前端中央平直；上颚背面隆凸，内缘具 1 齿。

前胸背板两侧于基部 3/4 微弱弓弯向前收缩，端部 1/4 强烈弓弯，前角圆，前缘凹缺部分呈双波状，有时中央明显向外突出，后缘中央较直；缘线于两侧完整而于头后宽阔间断；外侧线通常位于两侧端半部，有时为 1/3；内侧线完整；表面具较稀疏的细微刻点，侧面刻点较明显，沿后缘两侧 1/2 具较粗大的刻点，小盾片前区有 1 短的纵向刻痕。

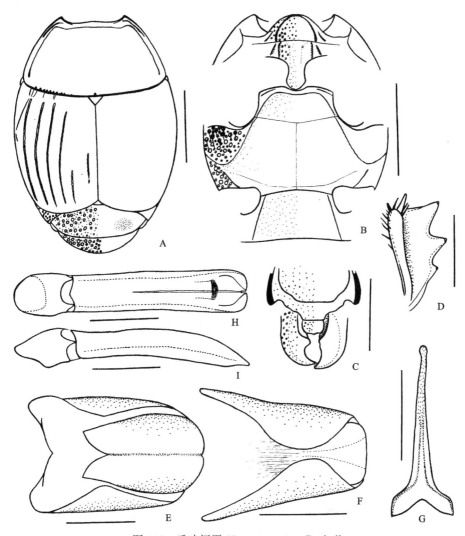

图 138　爪哇阎甲 *Hister javanicus* Paykull

A. 前胸背板、鞘翅、前臀板和臀板（pronotum, elytra, propygidium and pygidium）；B. 前胸腹板、中-后胸腹板和第 1 腹节腹板（prosternum, meso- and metasterna the 1st visible abdominal sternum）；C. 头（head）；D. 前足胫节，背面观（protibia, dorsal view）；E. 雄性第 8 腹节背板和腹板，腹面观（male 8th tergite and sternum, ventral view）；F. 雄性第 9、10 腹节背板，背面观（male 9th and 10th tergites, dorsal view）；G. 雄性第 9 腹节腹板，腹面观（male 9th sternum, ventral view）；H. 阳茎，背面观（aedeagus, dorsal view）；I. 同上，侧面观（ditto, lateral view）。比例尺（scales）：A, B = 2.0 mm, C, D = 1.0 mm, E-I = 0.5 mm

鞘翅两侧弧圆。肩下线无；斜肩线位于基部 1/3；第 1-4 背线通常完整，第 4 背线基部略短缩，第 5 背线通常位于端部 1/4，有时较长，位于端半部；缝线通常位于中端部 1/4，经常短缩，有时缺失。鞘翅表面刻点不清晰。鞘翅缘折凹陷；缘折缘线和鞘翅缘线均清晰完整。

前臀板和臀板具皮革纹。前臀板具稀疏的圆形大刻点，其间具较密集的细微刻点；两侧略凹陷。臀板基部 1/3 具稀疏的大刻点，较前臀板大刻点略小，端部 2/3 大刻点变小且更稀，大刻点间具稀疏的细微刻点。

咽板前缘圆；缘线完整，缘线与侧缘之间另有 1 条纵向短线；表面刻点稀疏，两侧刻点较粗大，中部刻点细小。前胸腹板龙骨较窄，平坦，刻点稀疏微小，端部两侧具较粗大的刻点；无龙骨线。前胸腹板侧线清晰，侧线外侧另有 1 条纵向短线。

中胸腹板前缘中央较深凹；缘线完整，前角处另有 1 条横向短线；表面遍布稀疏的细微刻点；中-后胸腹板缝于中央不明显。

后胸腹板基节间盘区刻点与中胸腹板的相似；中纵沟浅；后胸腹板侧线向后侧方延伸，与斜线相连；侧盘区密布大而浅的圆形具刚毛刻点；中足基节后线沿中足基节窝后缘延伸，末端略向后弯曲。

第 1 腹节腹板基节间盘区刻点与中胸腹板的相似；腹侧线完整。

前足胫节外缘具 3 个大齿；前足腿节线完整。

雄性外生殖器如图 138E-I 所示。

观察标本：1 号，云南墨江西南 50 km，1100 m，1955.III.29，Kryzhanovskij 采，Kryzhanovskij 鉴定；1 号，云南普洱，1600 m，1955.IV.19，Kryzhanovskij 采，Kryzhanovskij 鉴定；4 号，云南保山西怒江河谷，800 m，1955.V.9，吴乐采，Kryzhanovskij 鉴定；1 号，云南勐海，1200 m，1957.II.24，刘大华采，Kryzhanovskij 鉴定；1 号，云南车里，540 m，1957.III.11，王书永采，Kryzhanovskij 鉴定；1 号，云南车里，620 m，1957.IV.8，王书永采，Kryzhanovskij 鉴定；1 号，云南景东，1200 m，1957.III.15，邦菲洛夫采，Kryzhanovskij 鉴定；1 号，云南景东，1200 m，1957.IV.21，孟恰茨基采，Kryzhanovskij 鉴定；2 号，云南大勐龙，700 m，1957.IV.12，王书永采，Kryzhanovskij 鉴定；1♂，6 号，云南西双版纳大勐龙，650 m，1958.V.4，王书永采；1 号，云南西双版纳勐宋，1600 m，1958.IV.24，王书永采；3 号，广西金秀奋战，800 m，1999.V.13，李文柱采；1 号，广西那坡北斗，550 m，1998.IV.10，李文柱采。

分布：福建、广西、云南、台湾；几乎整个东洋区，侵入非洲。

(152) 马氏阎甲 *Hister mazuri* Kapler, 1997（图 139）

Hister mazuri Kapler, 1997: 27 (China: Sichuan); Mazur in Löbl *et* Smetana, 2004: 81 (catalogue); Mazur, 2011a: 90 (catalogue); Lackner *et al.* in Löbl *et* Löbl, 2015: 96 (catalogue).

体长 5.75 mm，体宽 4.75 mm。体长卵形，隆凸，黑色光亮，胫节、跗节和触角深红棕色。

头部表面平坦，刻点稀疏细小；额线完整，前端中央微弱内弯；上颚背面微隆，外缘无隆起的边，内缘无明显的齿。

前胸背板两侧均匀弓弯向前收缩，前角圆，前缘凹缺部分中央直，后缘均匀弓弯；缘线于两侧完整而于头后宽阔间断；外侧线位于两侧端半部；内侧线完整，前端略呈粗糙钝齿状，基部略短缩；表面刻点不清晰，沿后缘有 1 行略粗大的刻点，小盾片前区有 1 纵向刻痕。

鞘翅两侧弧圆。外肩下线无，内肩下线于端部有短的原基，向上为稀疏刻点行；斜肩线位于基部 1/3；第 1-2 背线完整深刻，第 3 背线细，位于基部 1/2 和端部 1/8，第 4、5 背线仅于端部留有很短且细弱的痕迹；缝线缺失。鞘翅表面遍布稀疏的细微刻点，近端部两侧各有 1 宽而浅的横向凹洼。鞘翅缘折轻微凹陷且具稀疏细小的刻点；缘折缘线细，位于端半部；鞘翅缘线清晰且完整。

前臀板两侧和前缘具较稀疏的圆形大刻点，刻点向后变小变稀，端半部仅有细小刻点；两侧略凹陷。臀板沿前缘刻点较清晰，略粗大，向后不明显。

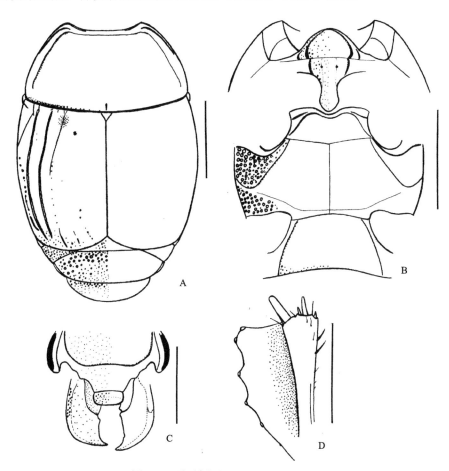

图 139　马氏阎甲 *Hister mazuri* Kapler

A. 前胸背板、鞘翅、前臀板和臀板（pronotum, elytra, propygidium and pygidium）；B. 前胸腹板、中-后胸腹板和第 1 腹节腹板（prosternum, meso- and metasterna and the 1st visible abdominal sternum）；C. 头（head）；D. 前足胫节，背面观（protibia, dorsal view）。比例尺（scales）：A, B = 2.0 mm, C, D = 1.0 mm

咽板前缘均匀圆形；缘线完整，缘线和侧缘之间另有 1 条纵向短弧线；表面具稀疏的细小刻点。前胸腹板龙骨窄，表面较平坦，具稀疏的细小刻点；无龙骨线。前胸腹板侧线清晰。

中胸腹板前缘中央深凹；缘线完整，前角处另有 1 横向短线；表面刻点不明显；中-后胸腹板缝细，较清晰。

后胸腹板基节间盘区刻点不明显；中纵沟较深；后胸腹板侧线向后侧方延伸，与斜线相连；侧盘区密布大而浅的圆形刻点，基部几个刻点具刚毛，端部大刻点间混有小刻点；中足基节后线沿中足基节窝后缘延伸，末端略向后弯曲。

第 1 腹节腹板基节间盘区刻点不明显；腹侧线完整。

前足胫节外缘具 5 个齿，端部 2 个相互靠近；前足腿节线短，位于端部 1/4 且向基部远离后缘。

观察标本： 1♀, Paratypus, China Sichuan Kangding distv. (中国四川康定), Tagu, 3500 m, 1992.VII.27, Dunda leg., Kapler det., 1996。

分布： 四川。

(153) 巨爪阎甲 *Hister megalonyx* Reichardt, 1922（图 140）

Hister megalonyx Reichardt, 1922b: 507 (Turkmenia); Kryzhanovskij *et* Reichardt, 1976: 324; Mazur, 1984b: 192 (China; catalogue); 1997: 114 (catalogue); 2011a: 92 (catalogue); Mazur in Löbl *et* Smetana, 2004: 81 (China: Xinjiang; catalogue); Lackner *et al.* in Löbl *et* Löbl, 2015: 96 (catalogue).

体长 5.10 mm，体宽 4.15 mm。体长卵形，隆凸，黑色光亮，胫节、跗节和触角深红棕色。

头部表面平坦，具较稀疏的细小刻点；额线完整，前端中央微弱内弯，且不明显间断；上颚表面较平坦，外缘无隆起的边，内缘有 1 齿。

前胸背板两侧均匀弓弯，向前收缩，前角圆，前缘凹缺部分中央直，后缘略弓弯；缘线于两侧完整而于头后宽阔间断；外侧线位于两侧端部 3/4；内侧线完整，粗糙钝齿状；表面具较稀疏的细小刻点，沿后缘有 1-2 行较粗大的刻点，小盾片前区有 1 纵长刻点。

鞘翅两侧弧弯。肩下线无；斜肩线位于基部 1/3；第 1-3 背线完整深刻，第 4 背线稀疏刻点状，基部略短缩，第 5 背线无；缝线较弱位于中端部约 1/4。鞘翅表面遍布稀疏的细微刻点。鞘翅缘折轻微凹陷且具稀疏的细微刻点；缘折缘线细，位于端半部；鞘翅缘线清晰且完整。

前臀板具较密集的圆形大刻点，刻点向后变小变稀，大刻点间有分散的细微刻点。臀板刻点与前臀板的相似，但较小。

咽板前缘均匀圆形；缘线完整，缘线和侧缘之间另有 1 条纵向短弧线；表面密布粗大刻点，中央刻点渐小而稀疏。前胸腹板龙骨较窄，表面较平坦，刻点稀疏细小，端部两侧刻点较粗大；无龙骨线。前胸腹板侧线清晰。

中胸腹板前缘中央深凹；缘线完整，前角处另有 1 横向短线；表面遍布稀疏的细微刻点；中-后胸腹板缝细但较清晰。

后胸腹板基节间盘区刻点与中胸腹板的相似；中纵沟浅；后胸腹板侧线向后侧方延伸，与斜线相连；侧盘区密布大而圆的具长刚毛的刻点，端部刻点略小略稀，混有细小刻点；中足基节后线沿中足基节窝后缘延伸，末端略向后弯曲。

第 1 腹节腹板基节间盘区刻点与中胸腹板的相似，沿后缘有 1 行较粗大的刻点；腹侧线端部略短缩。

前足胫节外缘具 4 个齿，端部 2 个相互靠近；前足腿节线短，位于端部 1/3 且向基部远离后缘。

观察标本：1♀，Turkmenia mer. (土库曼)，Chr. Kugi Tang Tau, Svincovyj Mudnik, 1992.IV.10, Snfiek leg., S. Mazur det., 1995。

分布：新疆；中亚，阿富汗。

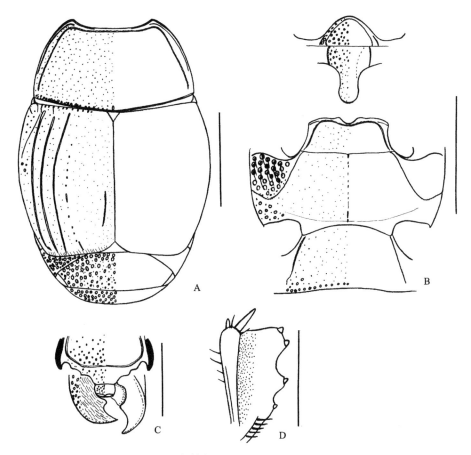

图 140　巨爪阎甲 *Hister megalonyx* Reichardt

A. 前胸背板、鞘翅、前臀板和臀板（pronotum, elytra, propygidium and pygidium）；B. 前胸腹板、中-后胸腹板和第 1 腹节腹板（prosternum, meso- and metasterna and the 1st visible abdominal sternum）；C. 头（head）；D. 前足胫节，背面观（protibia, dorsal view）。比例尺（scales）：A, B = 2.0 mm, C, D = 1.0 mm

(154) 普然阎甲 *Hister pransus* Lewis, 1892（图 141）

Hister pransus Lewis, 1892d: 24 (Burma); Bickhardt, 1917: 184; Mazur, 1984b: 194 (catalogue); 1997: 115 (catalogue); 2011a: 93 (catalogue); 2011b: 496 (China: Guangxi); Lackner *et al.* in Löbl *et* Löbl, 2015: 96 (catalogue).

Hister pauli Desbordes, 1916: 159; Mazur, 2011b: 496 (synonymized).

体长 4.65-5.40 mm，体宽 3.75-4.30 mm。体卵形，隆凸，黑色光亮，有时红棕色，胫节、跗节和触角深红棕色。

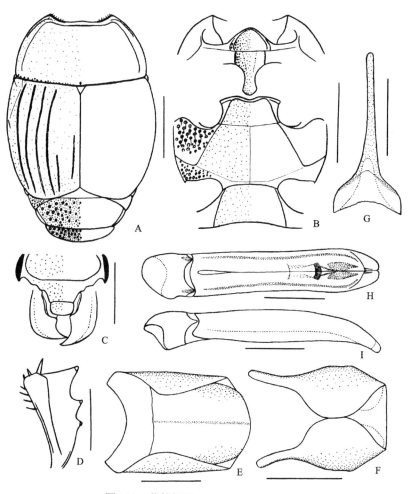

图 141　普然阎甲 *Hister pransus* Lewis

A. 前胸背板、鞘翅、前臀板和臀板（pronotum, elytra, propygidium and pygidium）；B. 前胸腹板、中-后胸腹板和第 1 腹节腹板（prosternum, meso- and metasterna and the 1st visible abdominal sternum）；C. 头（head）；D. 前足胫节，背面观（protibia, dorsal view）；E. 雄性第 8 腹节背板和腹板，腹面观（male 8th tergite and sternum, ventral view）；F. 雄性第 9、10 腹节背板，背面观（male 9th and 10th tergites, dorsal view）；G. 雄性第 9 腹节腹板，腹面观（male 9th sternum, ventral view）；H. 阳茎，背面观（aedeagus, dorsal view）；I. 同上，侧面观（ditto, lateral view）。比例尺（scales）：A, B = 2.0 mm, C, D = 1.0 mm, E-I = 0.5 mm

　　头部表面平坦，具较密集的细小刻点；额线完整，前端中央平直，有时微弱内弯；上颚表面微隆，外缘无隆起的边，内缘有 1 不明显的齿。

　　前胸背板两侧均匀弓弯向前收缩，前角较尖，前缘凹缺部分呈双波状，中间向外突出成角，后缘微弱弓弯；缘线于两侧完整而于头后间断；外侧线位于两侧端部约 1/2，有时更短；内侧线完整，略呈钝齿状，基半部向外弯折，末端向内弯曲；表面具稀疏的细微刻点，沿后缘两侧 1/4 有 1 行较粗大的浅刻点，小盾片前区有 1 短的纵长刻点。

　　鞘翅两侧弧圆。肩下线无；斜肩线位于基部 1/3；第 1-3 背线完整深刻，第 4 背线通常完整，有时于基部短缩，第 5 背线位于端部 1/3，有时略长，有时略短；缝线位于端半部或略长，其后末端经常短缩。鞘翅表面遍布稀疏的细微刻点。鞘翅缘折轻微凹陷且具细小刻点；缘折缘线细，位于端半部；鞘翅缘线清晰完整。

　　前臀板具稀疏的圆形或长圆形大刻点，大刻点间具较密集的细小刻点；两侧略凹陷。臀板略短，刻点多变，其大刻点有时较前臀板的小，有时与前臀板的相似，所有大刻点间混有较密集的细小刻点；有时基部 1/3 具稀疏大刻点，中部 1/3 大刻点略小且更稀，端部 1/3 光滑，无大刻点，具较密集的细小刻点；有时基部边缘较窄的区域具稀疏大刻点，向后光滑，无大刻点，具较密集的细小刻点；偶尔整个臀板具稀疏大刻点，刻点向后略小，顶端光滑无大刻点，具较密集的细小刻点。

　　咽板前缘圆；缘线通常于前端中央间断，缘线和侧缘之间另有 1 条纵向短线；表面具较密集的小刻点，两侧刻点略粗大。前胸腹板龙骨较宽，平坦，表面具较密集的细小刻点，端部两侧刻点略粗大；无龙骨线。前胸腹板侧线清晰。

　　中胸腹板前缘中央深凹；缘线完整，前角处另有 1 条横向短线；表面遍布较稀疏的细微刻点；中-后胸腹板缝较清晰，于中央成角。

　　后胸腹板基节间盘区刻点与中胸腹板的相似；中纵沟较深；后胸腹板侧线向后侧方延伸，与斜线相连；侧盘区密布大而深的圆形具刚毛刻点；中足基节后线沿中足基节窝后缘延伸，末端略向后弯曲。

　　第 1 腹节腹板基节间盘区刻点与中胸腹板的相似；腹侧线完整。

　　前足胫节外缘具 3 个大齿；前足腿节线完整。

　　雄性外生殖器如图 141E-I 所示。

　　观察标本：1 号，云南思茅，1200 m，1957.V.11，王书永采，Kryzhanovskij 鉴定，1964；1 号，云南小勐养，810 m，1957.IV.3，洪广基采，Kryzhanovskij 鉴定，1964；2 号，云南车里，540 m，1957.III.11，王书永采，Kryzhanovskij 鉴定，1964；3 号，云南车里，620 m，1957.IV.8，王书永采，Kryzhanovskij 鉴定，1964；1 号，云南车里，580 m，1957.III.10，蒲富基采；1 号，云南车里石灰窑，700 m，1957.IV.27，刘大华采；1 号，云南西双版纳橄楠坝，570 m，1957.IV.16，王书永采，Kryzhanovskij 鉴定，1964；1 号，云南西双版纳橄楠坝，570 m，1957.IV.16，王书永采；2 号，云南勐海，1250 m，1957.II.24，蒲富基采；1 号，云南景东，1200 m，1957.III.9，A. 孟恰茨基采；1 号，云南景东，1200 m，1957.III.11，A. 孟恰茨基采；1 号，云南景东，1170 m，1957.III.15，洪广基采；1 号，云南大勐龙，700 m，1957.IV.12，王书永采；1♂，广西那坡北斗，550 m，1998.IV.10，朱朝东采，罗天宏鉴定；1 号，广西那坡北斗，550 m，1998.IV.10，李文柱采，罗天宏

鉴定；1 号，广西那坡弄化，950 m，1998.IV.14，朱朝东采，罗天宏鉴定。

分布：北京、广西、云南；印度，缅甸，老挝。

(155) 点足阎甲 *Hister punctifemur* Mazur, 2010

Hister punctifemur Mazur, 2010b: 23 (China: Sichuan); 2011a: 93 (catalogue); Lackner *et al.* in Löbl *et*
Löbl, 2015: 96 (catalogue).

本种未见标本，根据 Mazur（2010b）描述整理。

体长 4.8-6.0 mm，体宽 3.3-3.7 mm。体卵形，隆凸，黑色光亮；触角柄节和索节红棕色，端锤被绵毛；前臀板基半部淡褐色。

头部表面平坦，额部具细小刻点；额线完整，略隆起，中央微弱内弯；上唇前缘圆，基部略内切；上颚隆凸，刻点细小。

前胸背板向前收缩；缘线于两侧完整，前端于头后间断；侧线内切，外侧线基部短缩，通常不达到前胸背板中部；内侧线完整，中央轻微波曲，远离边缘。

鞘翅缘折轻微凹陷，不具毛；缘折窝平或微弱凹陷；缘折缘线和鞘翅缘线均完整，略隆起。斜肩线位于基部 1/3；无肩线；背线清晰，第 1-3 背线完整，第 4、5 背线位于端部，第 4 背线通常长于第 5 背线；缝线基部短缩，位于端部 1/4-1/3。

前臀板具较密集的长圆形刻点；臀板略隆凸，刻点较前臀板的略小，后缘近于光滑。

咽板前缘圆，缘线深刻，缘线和侧缘之间于基部有 1 纵向短线；表面具清晰刻点，刻点向两侧更粗大。前胸腹板龙骨具十分细小的刻点。

中胸腹板前缘凹缘，具细微刻点；缘线完整深刻，前角处另有 2 条短线。中-后胸腹板缝波曲、较隆起。

后胸腹板刻点与中胸腹板的相似；中纵沟深刻清晰；端部横线非常细且不清晰；后胸腹板侧线略隆起，向后侧方延伸，与自后胸腹板-后胸后侧片缝向内延伸的斜线弓形相连；侧盘区具圆形大刻点，其间混有小刻点。

第 1 腹节腹板基节间盘区腹侧线完整。

观察标本：未检视标本。

分布：四川。

(156) 糙阎甲东部亚种 *Hister salebrosus subsolanus* (Newton, 1991)（图 142）

Zabromorphus salebrosus subsolanus Newton in Johnson *et al.*, 1991: 13 (replacement name for
punctulatus Wiedemann, 1819; Java).

Hister salebrosus subsolanus: Mazur, 2011a: 93 (catalogue); Lackner *et al.* in Löbl *et* Löbl, 2015: 97
(catalogue).

Hister punctulatus Wiedemann, 1819: 162 (nec Oliver, 1789; Java); Marseul, 1854: 256, t. 7, f. 60;
1873: 220 (note; Japan: Kuyshu); Bickhardt, 1910c: 47 [*Hister* (*Hister*) *punctulatus*; catalogue]; 1917:
177 [*Hister* (*Zabromorphus*) *punctulatus*; catalogue]; Lewis, 1915: 55 (China: Horisha of Taiwan);
Desbordes, 1919: 389 (Inde, Indechine, Ile Quelparert, Java); Miwa, 1931: 56 (subg. *Zabromorphus*;
Shinten); Kamiya *et* Takagi, 1938: 29 (list); Nakane, 1981: 9 (list); Mazur, 1984a: 166 (genus

Zabromorphus; noted of subsp. *salebrosus*); 1984b: 204 (China; catalogue; *Zabromorphus*); Hisamatsu, 1985b: 227, pl. 41 (note, photos); Ôhara, 1994: 132 (redescription, figures); Ôhara *et* Paik, 1998: 21; Newton in Johnson *et al.*, 1991: 13 (replaced by *subsolanus*).

体长 5.80-7.00 mm，体宽 4.20-5.40 mm。体卵形，隆凸，黑色光亮。

头部额表面密布大而深的刻点，口上片较短，刻点略小于额部刻点；额线完整，前端中央内弯。

前胸背板两侧均匀弓弯，向前收缩，端部 1/10 更明显，前角钝圆，前缘凹缺部分中央直，后缘中央直，两侧略弓弯；前背折缘具长毛；缘线于两侧完整，于头后宽阔间断；外侧线于两侧完整；内侧线完整，于两侧波曲，远离边缘，于头后靠近边缘；表面中央刻点稀疏微小，前端和两侧刻点密集粗大，两侧刻点常相互融合且多皱纹，小盾片前区有 1 纵向刻点。

鞘翅两侧弧圆。外肩下线位于基半部，刻点状，有时中央间断；内肩下线深，位于端部 2/3；斜肩线细弱，不清晰，位于基部 1/3；第 1-4 背线完整，有时于中部狭窄间断，第 1、2 背线于基部 1/3 强烈波曲，第 5 背线位于端部 1/3；缝线位于端部 1/4。鞘翅表面于内肩下线内侧不规则的密布大而深的粗糙刻点，第 4 背线和缝线之间的基部 2/3、肩部、第 1、2 背线之间的中部、第 2、3 背线之间的基部和端部、第 4、5 背线之间的端部及沿前后缘的窄带无大刻点，这些区域的大小经常有变化。鞘翅缘折密布粗糙刻点；缘折缘线位于端部 2/3；鞘翅缘线完整。

前臀板密布粗糙的圆形大刻点，端部中央无刻点；两侧 1/3 轻微凹陷。臀板刻点与前臀板的相似，沿侧后缘和端部中央椭圆形的区域无刻点。

咽板前缘圆；缘线完整，前端中央接近边缘；表面具稀疏的细小刻点。前胸腹板龙骨较窄，后缘圆；表面刻点细小稀疏，端部两侧区域混有圆形大刻点；无龙骨线。前胸腹板侧线清晰。

中胸腹板前缘中央微弱凹缺；缘线完整深刻，但不达后缘，前角处另有 1 条横向短线；表面具稀疏的细微刻点，两侧靠近缘线有几个粗大刻点；中-后胸腹板缝细而浅，中央向后成钝角。

后胸腹板基节间盘区具稀疏的细微刻点；中纵沟深；后胸腹板侧线向后侧方延伸，与斜线相连；侧盘区具稀疏的圆形大刻点，并具短毛，大刻点间混有少量细小刻点；中足基节后线向侧面延伸，末端靠近但不达后胸腹板-后胸前侧片缝。

第 1 腹节腹板基节间盘区刻点稀疏微小，后角处有几个略粗大的刻点；腹侧线几乎完整，前端略短缩。

前足胫节外缘具 3-4 个齿，端部 2 个齿大；前足胫节背面沿齿的基部有 1 条线，此线外侧密布小刻点；前足腿节线完整。

雄性外生殖器如图 142E-I 所示。

观察标本：1♂, Hiu Keou, 1926.VII.16; 1♂, Hoa-Binh Tonkin (越南东京湾和平), 1939, de Cooman leg.; 1♂, 1♀, T. Shiraki and Y. Miwa det.; 1 号，海南，1934.IX.5，何琦采；1 号，广东海南通什，340 m，1960.VI.28，张学忠采。

分布：安徽、广东、海南、台湾、香港；韩国，日本，印度，缅甸，越南，印度尼西亚，菲律宾。

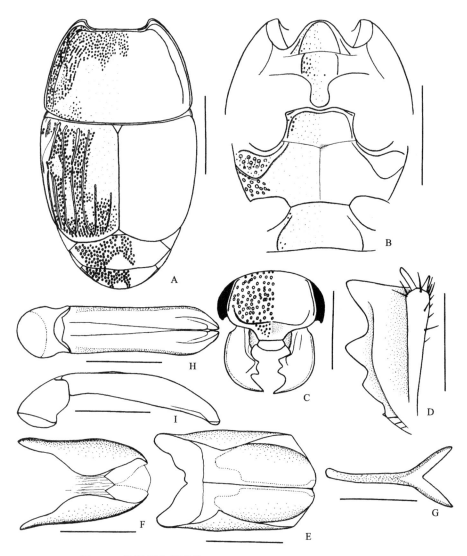

图 142 糙阎甲东部亚种 *Hister salebrosus subsolanus* (Newton)

A. 前胸背板、鞘翅、前臀板和臀板（pronotum, elytra, propygidium and pygidium）；B. 前胸腹板、中-后胸腹板和第 1 腹节腹板（prosternum, meso- and metasterna and the 1st visible abdominal sternum）；C. 头（head）；D. 前足胫节，背面观（protibia, dorsal view）；E. 雄性第 8 腹节背板和腹板，腹面观（male 8th tergite and sternum, ventral view）；F. 雄性第 9、10 腹节背板，背面观（male 9th and 10th tergites, dorsal view）；G. 雄性第 9 腹节腹板，腹面观（male 9th sternum, ventral view）；H. 阳茎，背面观（aedeagus, dorsal view）；I. 同上，侧面观（ditto, lateral view）。比例尺（scales）：A, B = 2.0 mm, C-I = 1.0 mm

(157) 谢氏阎甲 *Hister sedakovii* Marseul, 1861（图 143）

Hister sedakovii Marseul, 1861: 548 (East Siberia); Jakobson, 1911: 645 (Korea); Bickhardt, 1917: 185; Reichardt, 1922b: 508 (note); Mazur, 1970: 59 (*sedakovi* [sic!]; North China); 1984b: 196

(catalogue); 1997: 117 (catalogue); 2011a: 95 (catalogue); Kryzhanovskij *et* Reichardt, 1976: 327; Kapler, 1993: 30 (*sedakovi* [sic!]; Russia); ESK *et* KSAE, 1994: 137 (*sedakovi* [sic!]); Ôhara *et* Paik, 1998: 13 (redescription, figures); Mazur in Löbl *et* Smetana, 2004: 82 (China: Heilongjiang; catalogue); Lackner *et al.* in Löbl *et* Löbl, 2015: 97 (catalogue).

Hister czikanni Csiki in Horváth, 1901: 106; Lewis, 1903: 425 (synonymized).

Hister falsus var. *fraudator* Bickhardt, 1912c: 291; 1917: 185 (synonymized).

体长 3.34-4.80 mm，体宽 2.84-3.75 mm。体长卵形，隆凸，黑色光亮，胫节和触角暗红棕色。

头部表面平坦，额部具稀疏的细小刻点，口上片刻点较密集；额线完整，前端中央平直或微弱内弯；上颚背面略凹，外缘具较明显隆起的边，内缘有 1 齿；上唇前缘中央明显向外突出。

前胸背板两侧均匀弓弯向前收缩，前角圆，前缘凹缺部分中央直，后缘略呈弓形；缘线于两侧完整，于前端中央较狭窄间断；外侧线存在于两侧端半部或更长；内侧线完整，末端向内弯曲；表面具稀疏的细微刻点，沿后缘有 1 行粗大刻点，小盾片前区有 1 短的纵向刻痕。

鞘翅两侧弧弯。肩下线无；斜肩线位于基部 1/3；第 1-3 背线完整，第 4 背线于基部略短缩，第 5 背线多变，位于端部 1/3 或更短至缺失，通常位于端部 1/6；缝线位于端部 1/2 或 2/3。鞘翅表面具稀疏的细微刻点，偶尔有较大的刻点。鞘翅缘折凹陷；缘折缘线和鞘翅缘线均完整。

前臀板具较密集的大而浅的圆形刻点，刻点向中央渐小而稀疏，大刻点间混有稀疏的细微刻点。臀板沿前缘的窄带具稀疏的圆形大刻点，较前臀板大刻点小得多，向后刻点小，极稀疏。

咽板前缘圆，缘线完整或前端中央微弱间断，缘线和侧缘之间另有 1 纵向短线；表面具较密集粗大的刻点，刻点向中部变小变稀。前胸腹板龙骨较窄，隆凸，表面具较稀疏的细小刻点，基部刻点略大，端部两侧刻点粗大；无龙骨线。前胸腹板侧线清晰。

中胸腹板前缘中央较深凹；缘线完整，前角处另有 1 横向短线；表面具稀疏的细微刻点。中-后胸腹板缝清晰。

后胸腹板基节间盘区刻点与中胸腹板的相似；中纵沟较浅；后胸腹板侧线向后侧方延伸，与斜线相连；侧盘区密布大而浅的圆形具刚毛刻点；中足基节后线沿中足基节窝后缘延伸，末端略向后弯曲。

第 1 腹节腹板基节间盘区刻点与中胸腹板的相似；腹侧线完整，但经常于中央狭窄间断且弯曲。

前足胫节外缘具 5 个齿，基部 1 齿小，端部 2 个相互靠近；前足腿节线短，位于端部 1/3 且向基部远离后缘。

雄性外生殖器如图 143E-I 所示。

观察标本：24 号，黑龙江哈尔滨，1954.VI.6；1 号，黑龙江哈尔滨，1944.V.7；1 号，黑龙江哈尔滨，1946.V.6；1 号，黑龙江哈尔滨，1946.V.30；1 号，黑龙江哈尔滨，

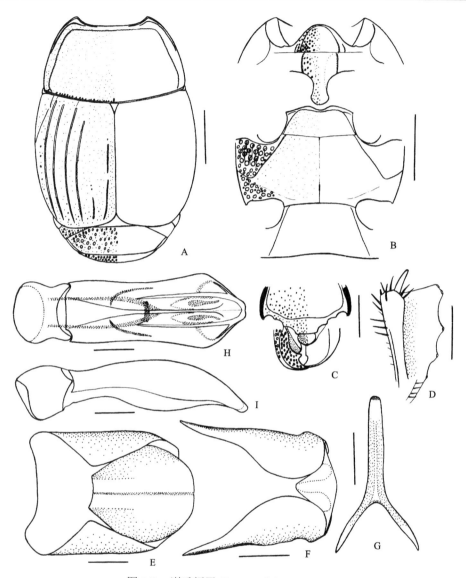

图 143　谢氏阎甲 *Hister sedakovii* Marseul

A. 前胸背板、鞘翅、前臀板和臀板（pronotum, elytra, propygidium and pygidium）；B. 前胸腹板、中-后胸腹板和第 1 腹节
腹板（prosternum, meso- and metasterna and the 1st visible abdominal sternum）；C. 头（head）；D. 前足胫节，背面观（protibia,
dorsal view）；E. 雄性第 8 腹节背板和腹板，腹面观（male 8th tergite and sternum, ventral view）；F. 雄性第 9、10 腹节背板，
背面观（male 9th and 10th tergites, dorsal view）；G. 雄性第 9 腹节腹板，腹面观（male 9th sternum, ventral view）；H. 阳茎，
背面观（aedeagus, dorsal view）；I. 同上，侧面观（ditto, lateral view）。比例尺（scales）：A, B = 1.0 mm, C, D = 0.5 mm,
E-I = 0.25 mm

1946.VI.9；2 号，黑龙江哈尔滨，1950.V.12；7 号，黑龙江哈尔滨，1954.IV.30；1 号，
黑龙江哈尔滨，1955.V.11；1 号，黑龙江哈尔滨，1955.VIII.9；3 exs., Harbin (黑龙江哈
尔滨), 1954.V.29；1 号，黑龙江二层甸子，1943.VII.4；1 ex., Dairen (大连), 1935.V.5, M.
Hanano leg.；3 号，辽西北镇，1951.V.31-VI.8，李伟华采；1 ex., [东北]Ta-yngtse Linsisien,

1940.VI, E. Bourgautt leg.; 3 号, 东北, 1941.VI-VIII, 李植银采; 1 号, 东北, 李植银采; 1 号, 吉林苇沙河, 1940.VI.20; 2 号, 北京西郊公园, 1952.V.27, 张毅然采; 3 exs., Peiping (北京), 1936.IV.16; 1 号, 北京小龙门, 1993.VIII.3, 周红章采; 1 号, 北京圆明园, 1993.VIII.2, 周红章采; 4 号, 北京朝阳大屯, 1996.IV.21, 周红章、刘虹采; 1 号, 北京安河桥, 1996.VI.23, 周海生、郝成纲采; 1 号, 北京闵庄, 1996.VI.23, 周海生、郝成纲采; 4 号, 北京巴沟村, 1996.IV.26, 周海生采; 1♂, 1♀, 2 号, 北京海淀小清河, 1997.V.8, 周海生采; 1 号, 北京海淀中坞村, 1997.V.9, 周海生采; 2 号, 北平, 1952.IV.1-2; 1 号, 北京农业大学, 1954.VII.19, 黄文亮采; 1 号, 北京东北旺苗圃; 1 号, 河北蔚县, 960 m, 1964.VI.5, 韩寅恒采; 2 号, 河北小五台山, 1200 m, 1964.VI.14-28, 韩寅恒采; 2 号, 河北小五台山, 1200 m, 1964.VIII.28, 王春光采; 1 号, 河北涿州, 1965.V.7, 杨集昆采; 1 号, 河北永年北贾葛南, 1995.IX.17; 1 号, 河北永年北贾葛北, 1995.VI.25; 1 号, 内蒙古察素齐, 1962.V.23, 李鸿兴采; 2 exs., Shanghai (上海); 1 号, 山东泰山, 1000 m, 1956.V.31, 王林瑶采; 1 ex., Sian Shensi (陕西西安), 1936.V.27; 1 号, 陕西延安, 1991.IX.18, 马某采; 2 号, 陕西甘泉, 1991.IX.17, 马某采; 2 号, 甘肃兰州, 1955.IV.27, 马世骏、夏凯龄、陈永林采; 2 号, 甘肃庆阳, 1991.IX.15, 马某采; 1♂, 1♀, 5 号, 青海贵南, 1957.VI.4-13, 张毅然采; 2 号, 宁夏海原水冲寺, 1966.VIII.22-25, 任国栋采; 4 exs., [台湾]Kuraru, 1933.V.4, Y. Miwa leg.; 2 exs., Xizhong, 1994.VI.21; 1 号, Zb01.1.20, [山西] 崞县原平镇; 6 号, 山西关帝山二合庄土豆地, 1630 m, 2004.VII.5, 赵彩云采; 2 号, 山西关帝山二合庄, 1630 m, 田地, 手抓, 2004.VII.6, 杨秀清、赵彩云采; 4 号, 山西关帝山横尖镇, 1570 m, 2004.VII.5, 赵彩云采; 1 号, 北京, 手抓, 2001.V.6, 周红章采。

分布：北京、河北、山西、内蒙古、辽宁、吉林、黑龙江、山东、陕西、甘肃、青海、宁夏、台湾；蒙古，俄罗斯（东西伯利亚、远东），朝鲜半岛。

(158) 上海阁甲 *Hister shanghaicus* Marseul, 1861（图 144）

Hister shanghaicus Marseul, 1861: 544 (China: Shanghai); Bickhardt, 1917: 185; Desbordes, 1919: 392 (key); Mazur, 1984b: 197 (Southeast China; catalogue); 1997: 117 (catalogue); 2011a: 95 (catalogue); 2011b: 502 (Laos); Mazur in Löbl *et* Smetana, 2004: 82 (China: Zhejiang; catalogue); Lackner *et al.* in Löbl *et* Löbl, 2015: 97 (catalogue).

体长 7.52 mm，体宽 6.80 mm。体卵圆形，隆凸，黑色光亮，胫节、跗节和触角深红棕色。

头部表面平坦，具较稀疏的细小刻点；额线完整，前端中央微弱内弯；上颚表面隆凸，外缘无隆起的边，内缘有 1 齿。

前胸背板两侧均匀弓弯向前收缩，前角圆，前缘凹缺部分呈双波状，中间向前突出，后缘略弓弯；缘线于两侧完整而于头后狭窄间断；外侧线于两侧近于完整，后端 1/5 短缩；内侧线完整；表面具稀疏的细微刻点，小盾片前区有 1 纵长刻点。

鞘翅两侧弧圆。肩下线无；斜肩线位于基部 1/3；第 1、2 背线完整、深刻，第 3 背线细，位于基半部，端部有很短的原基，第 4、5 背线及缝线缺失。鞘翅表面具稀疏的细微刻点。鞘翅缘折轻微凹陷；缘折缘线细，位于端半部；鞘翅缘线清晰完整。

前臀板遍布较稀疏的细微刻点，两侧具较稀疏的、大而浅的圆形刻点，刻点向中部变小，近后缘及后中部无大刻点；两侧略凹陷。臀板前角处有几个较粗大的刻点，其余区域遍布稀疏的细微刻点。

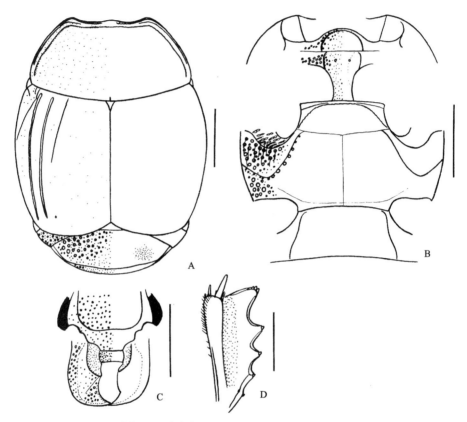

图 144 上海阎甲 *Hister shanghaicus* Marseul

A. 前胸背板、鞘翅、前臀板和臀板（pronotum, elytra, propygidium and pygidium）；B. 前胸腹板、中-后胸腹板和第 1 腹节腹板（prosternum, meso- and metasterna and the 1st visible abdominal sternum）；C. 头（head）；D. 前足胫节，背面观（protibia, dorsal view）。比例尺（scales）：A, B = 2.0 mm, C, D = 1.0 mm

咽板较短，前缘宽圆；缘线完整；表面具稀疏的细微刻点，两侧刻点略粗大。前胸腹板龙骨较宽，平坦，后缘平直，表面刻点与咽板的相似；无龙骨线。前胸腹板侧线清晰。

中胸腹板前缘宽阔平截；缘线完整，前角处另有 1 较长的横向短线；表面遍布稀疏的细微刻点；中-后胸腹板缝细弱。

后胸腹板基节间盘区刻点与中胸腹板的相似，沿侧线有一些较大刻点；中纵沟较浅；后胸腹板侧线向后侧方延伸，与斜线相连；侧盘区具较密集的大而浅的圆形具刚毛刻点，大刻点间混有小刻点，沿侧线的窄带无大刻点，仅有细小刻点；中足基节后线沿中足基节窝后缘延伸，末端略向后弯曲。

第 1 腹节腹板基节间盘区刻点与中胸腹板的相似；腹侧线完整，呈双波状。

前足胫节外缘具 7 个齿，基部 1 齿最小，端部 3 个相互靠近；前足腿节线近于完整，基部 1/6 短缩，中部 1/2 较远离后缘。

观察标本：1♀，ZÒ SÈ, Chine, Prov. Kiangsu Shanghai（上海），1930.VI.1, A. Savio leg., de Cooman det.。

分布：上海、浙江、广东、福建；越南，老挝。

(159) 西伯利亚阎甲 *Hister sibiricus* Marseul, 1854（图 145）

Hister sibiricus Marseul, 1854: 305 (East Siberia); Jakobson, 1911: 644; Bickhardt, 1917: 185; Kryzhanovskij *et* Reichardt, 1976: 318; Mazur, 1984b: 197 (China; catalogue); 1997: 117 (catalogue); Kapler, 1993: 30 (Russia); 2011a: 95 (catalogue); Mazur in Löbl *et* Smetana, 2004: 82 (China: Heilongjiang, Nei Mongol; catalogue); Lackner *et al*. in Löbl *et* Löbl, 2015: 97 (catalogue).

Hister praeteritus Schleicher, 1930: 133; Kryzhanovskij *et* Reichardt, 1976: 329 (synonymized).

体长 5.30-6.69 mm，体宽 4.45-5.75 mm。体卵形，隆凸，黑色光亮，跗节和触角深红棕色。

头部表面平坦，具稀疏的细小刻点；额线完整，前端中央平直或微弱内弯；上颚表面平坦或微弱凹陷，外缘无明显隆起的边，内缘有 1 齿。

前胸背板两侧均匀弓弯向前收缩，前角较尖，前缘凹缺部分中央较直，后缘微弱弓弯；前背缘折前缘具稀疏的长毛；缘线于两侧完整而于头后间断；外侧线位于两侧端半部更短；内侧线完整，后端略短缩；表面具较稀疏的细微刻点，沿后缘具密集小刻点，小盾片前区有 1 较大的纵长刻点。

鞘翅两侧弧弯。肩下线退化，外肩下线为接近斜肩线末端的短弧线，内肩下线为几个大刻点或短的刻痕，偶尔较长较明显；斜肩线位于基部 1/3；第 1-3 背线完整、深刻，第 4 背线位于端半部，有时基部有微弱原基，第 5 背线位于端部 1/3 或更短；缝线位于端半部，有时略长。鞘翅表面遍布稀疏的细微刻点，沿后缘的窄带无刻点。鞘翅缘折轻微凹陷且具稀疏而粗糙的小刻点；缘折缘线细，位于端部 2/3；鞘翅缘线清晰且完整。

前臀板密布圆形大刻点，有时于中部略小或略稀，大刻点间具密集的细小刻点；两侧略凹陷。臀板刻点与前臀板的相似，但更密集，有时略小，顶端光滑无大刻点。

咽板前缘尖圆；缘线于前缘中央狭窄间断，缘线与侧缘之间另有 1 条很短的纵向线；表面密布粗大刻点，中央刻点略小。前胸腹板龙骨较窄，表面较平坦，刻点与咽板的相似；无龙骨线。前胸腹板侧线清晰。

中胸腹板前缘中央深凹；缘线完整，前角处另有 1 条横向短线；表面遍布稀疏的细微刻点；中-后胸腹板缝细，较清晰，于中央成角。

后胸腹板基节间盘区刻点与中胸腹板的相似；中纵沟较浅但清晰；后胸腹板侧线向后侧方延伸，与斜线相连；侧盘区密布大而浅的圆形刻点，具短毛；中足基节后线沿中足基节窝后缘延伸，末端略向后弯曲。

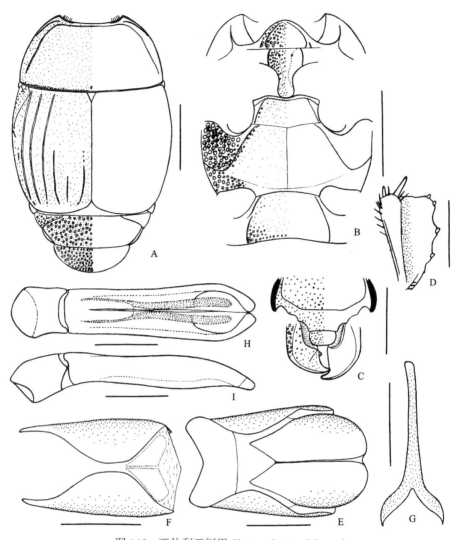

图 145　西伯利亚阎甲 *Hister sibiricus* Marseul

A. 前胸背板、鞘翅、前臀板和臀板（pronotum, elytra, propygidium and pygidium）；B. 前胸腹板、中-后胸腹板和第 1 腹节腹板（prosternum, meso- and metasterna and the 1st visible abdominal sternum）；C. 头（head）；D. 前足胫节，背面观（protibia, dorsal view）；E. 雄性第 8 腹节背板和腹板，腹面观（male 8th tergite and sternum, ventral view）；F. 雄性第 9、10 腹节背板，背面观（male 9th and 10th tergites, dorsal view）；G. 雄性第 9 腹节腹板，腹面观（male 9th sternum, ventral view）；H. 阳茎，背面观（aedeagus, dorsal view）；I. 同上，侧面观（ditto, lateral view）。比例尺（scales）：A, B = 2.0 mm, C, D = 1.0 mm, E-I = 0.5 mm

第 1 腹节腹板基节间盘区刻点与中胸腹板的相似，沿侧线和后缘具稀疏的粗大刻点；腹侧线完整。

前足胫节外缘具 5 个齿，基部 1 齿小，端部 2 个相互靠近；前足腿节线短，位于端部 1/3，且向基部远离后缘。

雄性外生殖器如图 145E-I 所示。

观察标本：1 ex., Rossia (俄罗斯) ler. Ussurijsk Kajmanerka, 1982.VIII.2-9, Snizek leg.,

S. Mazur det., 1995; 1 ex., Russia–Primorje reg. Black Nts. Grjaznaja river, 1990.VI.3-7, Plutenko leg., S. Mazur det.; 3 exs., Kuraru Formosa (台湾), 1933.V.29, Y. Miwa leg.; 2 exs., Eastern Tomb;1 ex., China: Jilin Prov. (吉林), Bai He, 750-800 m, N42°24.092', E128°06.431', 2004.VI.1-6, J. Cooter leg., S. Mazur det.; 2 exs., China: Beijing Region, Xiaolongmen (北京小龙门), ca 1100 m, N39°58.074', E115°25.882', 2004.VI.9-13, J. Cooter leg., S. Mazur det.; 17 号，北京小龙门，1150 m，杯诱，1998.VI.28-VII.4，周海生采；2 号，北京小龙门，堆草诱，1999.VII.18，周红章采；4 号，北京小龙门，堆诱，1999.VII.19，周红章采；3 号，北京小龙门，真菌等堆诱，1999.VII.19，周红章采；5 号，北京小龙门，堆诱，1999.VII.20，周红章采；1 号，北京小龙门，肉诱，1999.VII.19-21，罗天宏采；4 号，北京小龙门，堆诱，1999.VII.19，罗天宏采；1♂，5 号，北京小龙门，堆诱，1999.VII.19，于晓东采；7 号，北京小龙门，1140 m，羊肉诱，2000.VI.20-VII.2，于晓东采；1 号，北京小龙门，1140-1270 m，堆草诱，2000.VI.14-VII.1，于晓东采；3 号，北京小龙门，1225 m，杯诱，1999.VII.18-21，于晓东采；3 号，北京小龙门，1225 m，杯诱，1999.VI.25-28，于晓东采；1 号，北京小龙门，河边落叶层，手捕，2004.V.28，赵彩云采；1 号，北京小龙门，落叶层，网筛，2004.V.26，赵彩云采；1 号，北京小龙门，落叶层，手捕，2004.V.26，Shinohara 采；3 号，北京门头沟东灵山，牛马粪，网筛，2004.V.24，罗天宏采；2 号，北京东灵山，枯枝落叶层，手捕，2004.VI.27，赵彩云采；1 号，黑龙江郎乡，280 m，针叶林下，吸管，2004.V.24，吴捷采；7 号，山西关帝山二合庄杨树林，1630 m，2004.VII.5，赵彩云采；3 号，山西郝家沟白桦林，1710 m，2004.VII.5，赵彩云采；6 号，山西大沙沟杨桦混交林，1910 m，2004.VII.5，赵彩云采；1 号，山西关帝山横尖镇，1570 m，2004.VII.5，赵彩云采。

分布：北京、山西、内蒙古、吉林、黑龙江；蒙古，俄罗斯（东西伯利亚、远东）。

(160) 简胸阎甲 *Hister simplicisternus* Lewis, 1879

Hister simplicisternus Lewis, 1879a: 461 (Japan); Bickhardt, 1910c: 49 (subg. *Hister*; catalogue); 1917: 186; Kryzhanovskij *et* Reichardt, 1976: 313 (*simplicisternis* [sic!]; figures); Olexa, 1982b: 198 (key, figures); Mazur, 1984b: 197 (catalogue); 1997: 118 (Northeast China; catalogue); 2011a: 95 (catalogue); Hisamatsu, 1985b: 227 (note, photos); Ôhara, 1994: 123 (redescription, figures); 1999a: 114; ESK *et* KSAE, 1994: 137 (Korea); Ôhara *et* Paik, 1998: 18; Mazur *et* Zhou, 2001: 73; Mazur in Löbl *et* Smetana, 2004: 82 (China: Jiangsu, Jiangxi, Liaoning; catalogue); Lackner *et al.* in Löbl *et* Löbl, 2015: 97 (catalogue).

Hister togoii Lewis, 1914b: 286 (Japan: Tsushima Is.); Bickhardt, 1917: 187 (*togoi* [sic!]); 1920b: 30 (synonymized).

Eudiplister pieli Cooman, 1941: 328 (China: Kiangsu, Chemo); Mazur, 1984b: 210 (catalogue); 1997: 128 (catalogue); Mazur *et* Zhou, 2001: 73 (synonymized).

体长 4.56 mm，体宽 3.92 mm。体卵形，较隆凸，黑色光亮，胫节、跗节和触角暗红色。

头部表面具稀疏的细微刻点，前端微凹；额线完整，前端中央平直；上颚表面微凹，外缘具隆起的边，内缘有 1 齿。

前胸背板两侧微弱弓弯向前收缩，前端 1/7 强烈弓弯，前角圆，前缘凹缺部分呈双波状，后缘略弓弯；缘线于两侧完整而于头后宽阔间断；外侧线存在于两侧端部 2/3；内侧线完整，于基部略短缩；表面具稀疏的细微刻点，沿后缘具稀疏大刻点，小盾片前区有 1 短的纵长刻点。

鞘翅两侧弧圆。外肩下线深刻，位于基中部 1/3，后端向内弯曲，内肩下线无；斜肩线位于基部 1/3；第 1-3 背线完整、深刻，第 4 背线位于端部 1/4，基部有短的原基，第 5 背线位于端部，很短，刻点状；缝线位于端半部。鞘翅表面具稀疏的细微刻点。鞘翅缘折宽阔平坦，有 3 条清晰的线：最外侧的 1 条（缘折缘线）位于端半部；中间的一条近于完整，基部略短缩；内侧的一条（鞘翅缘线）完整。

前臀板具稀疏的圆形大刻点，大刻点间具稀疏的细微刻点；两侧微凹。臀板刻点与前臀板的相似，但较细小，且向端部渐小。

咽板前缘圆；缘线完整；表面具较稀疏的小刻点，两侧刻点略密略大。前胸腹板龙骨较宽，平坦，后缘近于平直；表面具稀疏的细小刻点；无龙骨线。前胸腹板侧线清晰。

中胸腹板前缘近于平直，中央微弱凹缺；缘线完整，强烈钝齿状，前角处另有 1 较长的横向短线；表面具稀疏的细微刻点；中-后胸腹板缝清晰且于中央成角。

后胸腹板基节间盘区刻点与中胸腹板的相似；中纵沟较深；后胸腹板侧线向后侧方延伸，始于中-后胸腹板缝侧面 1/4，接近但不与斜线相连；侧盘区密布大而浅的圆形具刚毛刻点，刻点向端部渐小；中足基节后线沿中足基节窝后缘延伸，末端微弱向后弯曲。

第 1 腹节腹板基节间盘区刻点与中胸腹板的相似，后角处有几个粗大刻点；腹侧线完整。

前足胫节外缘具 5 个齿，端部 2 个相互靠近；前足腿节线短，位于端部 1/4。

观察标本： 1♀，甘肃文县碧口中庙，700 m，1998.VI.24，杨星科采，罗天宏鉴定，2002；1 ex., TYPE, Kiang Su (江苏) Chemo, 1935.IV.26, O. Piel leg., de Cooman det. (*Eudiplister pieli* Cooman, 1941)。

分布： 辽宁、江苏、江西、甘肃；朝鲜半岛，日本。

(161) 斯普阎甲 *Hister spurius* Marseul, 1861（图 146）

Hister spurius Marseul, 1861: 525 (China: Shanghai); 1862: 709; Bickhardt, 1917: 186; Mazur, 1984b: 197 (catalogue); 1997: 118 (China: Yunnan; catalogue); 2011a: 95 (catalogue); 2011b: 505; Mazur in Löbl *et* Smetana, 2004: 82 (catalogue); Lackner *et al.* in Löbl *et* Löbl, 2015: 97 (catalogue).

体长 7.60 mm，体宽 5.92 mm。体长卵形，黑色光亮，胫节、跗节和触角深红棕色。

头部表面平坦，具稀疏的细小刻点；额线完整，前端中央内弯；上颚表面较平坦，外缘无隆起的边，内缘无明显的齿。

前胸背板两侧于基部 5/6 微弱弓弯向前收缩，端部 1/6 强烈弓弯，前角圆，前缘凹缺部分中央直，后缘略弓弯；缘线于两侧完整而于头后间断；外侧线位于两侧端部 2/5；内侧线完整；表面具稀疏的细微刻点，沿后缘有 1 行粗大刻点，中部 1/3 刻点稀疏较小，小盾片前区有 1 较大的浅凹陷，凹陷内有 1 短的纵长刻点及几个小刻点。

鞘翅两侧微弱弓弯。肩下线缺失，仅在中部有很短的刻痕；斜肩线位于基部 1/3；第 1-3 背线完整、深刻，第 4 背线位于端部，很短，第 5 背线为端部的几个大刻点，有时缺失；缝线为端部的几个大刻点，有时缺失。鞘翅表面遍布稀疏的细微刻点。鞘翅缘折轻微凹陷且具稀疏的细微刻点；缘折缘线细弱，位于端半部；鞘翅缘线清晰完整。

前臀板具密集分布的且呈纵长形的大刻点，中部刻点略小略稀，大刻点间有分散的细微刻点；两侧略凹陷。臀板刻点与前臀板的相似，但略小且更密，顶端无大刻点。

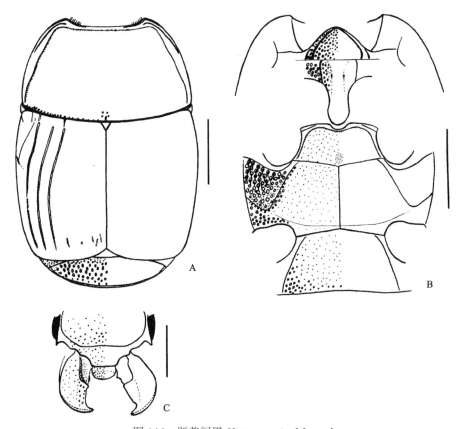

图 146　斯普阁甲 *Hister spurius* Marseul

A. 前胸背板、鞘翅和前臀板（pronotum, elytra and propygidium）；B. 前胸腹板、中-后胸腹板和第 1 腹节腹板（prosternum, meso- and metasterna and the 1st visible abdominal sternum）；C. 头（head）。比例尺（scales）：A, B = 2.0 mm, C = 1.0 mm

咽板前缘较尖；缘线完整，缘线和侧缘之间另有 1 纵向短线；表面密布大小适中的刻点，侧面刻点略大。前胸腹板龙骨较窄，表面较隆凸，刻点稀疏细小，端部两侧刻点较粗大；无龙骨线。前胸腹板侧线清晰。

中胸腹板前缘中央深凹；缘线完整，前角处另有 1 横向短线；表面遍布较稀疏的细微刻点；中-后胸腹板缝深刻且于中央成角。

后胸腹板基节间盘区刻点与中胸腹板的相似，沿侧线有一些粗大刻点；中纵沟深刻；后胸腹板侧线向后侧方延伸，与斜线相连；侧盘区基半部密布大而浅的圆形刻点，具刚毛，端半部刻点较稀疏并夹杂有细小刻点；中足基节后线沿中足基节窝后缘延伸，末端几乎不向后弯曲。

第 1 腹节腹板基节间盘区刻点与中胸腹板的相似，但后侧角处及后缘有一些大刻点；腹侧线完整。

前足胫节外缘具 6 个小齿，端部 2 个相互靠近；前足腿节线位于端部 1/3。

观察标本：1♀, China: N. Yunnan (云南), 30 km N of Lijiang, 3000 m, 1990.VII.3, L. and M. Bocak leg., S. Mazur det.。

分布：上海、四川、云南。

(162) 西藏阎甲 *Hister thibetanus* Marseul, 1857（图 147）

Hister thibetanus Marseul, 1857: 412 (India: Assam); Lewis, 1915: 55 (China: Koshun of Taiwan); Bickhardt, 1917: 186; Desbordes, 1919: 386 (key); Kato, 1933, pl. 48, no. 12; Kamiya *et* Takagi, 1938: 30 (subg. *Hister*); Mazur, 1984b: 198 (China; catalogue); 1991: 6; 1997: 118 (catalogue); 2011a: 96 (catalogue); 2011b: 505; Ôhara, 1999b: 47; Mazur in Löbl *et* Smetana, 2004: 82 (China: Guizhou; catalogue); Lackner *et al.* in Löbl *et* Löbl, 2015: 97 (catalogue).

Hister sohieri Marseul, 1870: 84 (Burma); Mazur, 2011b: 505 (synonymized).

Hister dauphini Lewis, 1905: 346; Mazur, 2011b: 505 (synonymized).

体长 5.75-6.94 mm，体宽 4.60-6.13 mm。体卵圆形，黑色光亮，胫节、跗节和触角深红棕色。

头部表面平坦，具稀疏的细微刻点；额线完整，前端平直；上颚表面较平坦，外缘无隆起的缘边，内缘有 1 不明显的齿。

前胸背板两侧于基部 5/6 略呈弧形，向前收缩，端部 1/6 强烈弓弯，前角圆，前缘凹缺部分中央略呈双波状，后缘略呈弓形；前背折缘具长毛；缘线于两侧完整而于头后宽阔间断；外侧线位于两侧端部 1/4；内侧线完整；表面具稀疏的细微刻点。

鞘翅两侧弧圆。外肩下线无，内肩下线深刻且位于端部 2/3；斜肩线位于基部 1/3；第 1-3 背线完整、深刻，第 4 背线位于端部 1/8，第 5 背线位于端部，短于第 4 背线，经常缺失；缝线无；所有的线（斜肩线除外）具粗糙刻点，呈密集钝齿状。鞘翅表面遍布稀疏的细微刻点。鞘翅缘折轻微凹陷且具稀疏的略粗大的刻点；缘折缘线细微，位于端半部；鞘翅缘线清晰完整。

前臀板和臀板暗淡。前臀板具稀疏粗大的圆形刻点，中部刻点略小，更稀疏，大刻点间具较密集的细微刻点；两侧略凹陷。臀板刻点与前臀板的相似，但较密集，后缘光亮无大刻点。

咽板前缘圆形；缘线完整，缘线和侧缘之间另有 1 较长的纵向短线；表面具稀疏的细微刻点。前胸腹板龙骨窄，表面平坦，刻点与咽板盘区相似，但更稀疏；无龙骨线。前胸腹板侧线深、清晰。

中胸腹板前缘中央深凹；缘线完整，两侧前角处另有 1 横向短线；表面遍布稀疏的细微刻点；中-后胸腹板缝细弱，于中央成角。

后胸腹板基节间盘区刻点与中胸腹板的相似；中纵沟较浅但清晰；后胸腹板侧线向后侧方延伸，与斜线相连；侧盘区基半部密布大而浅的圆形刻点，具刚毛，端半部刻点较小而稀疏，夹杂有微小刻点；中足基节后线沿中足基节窝后缘延伸，末端略向后弯曲。

第 1 腹节腹板基节间盘区遍布稀疏的细微刻点；腹侧线完整。

前足胫节外缘具 3 个大齿；前足腿节线完整，中央 1/3 较远离后缘。

雄性外生殖器如图 147D-H 所示。

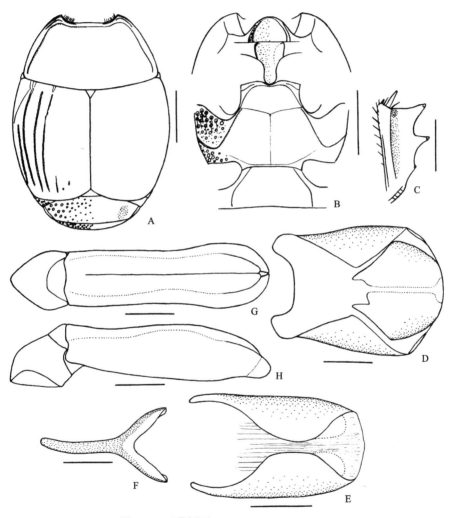

图 147　西藏阎甲 *Hister thibetanus* Marseul

A. 前胸背板、鞘翅、前臀板和臀板（pronotum, elytra, propygidium and pygidium）；B. 前胸腹板、中-后胸腹板和第 1 腹节腹板（prosternum, meso- and metasterna and the 1st visible abdominal sternum）；C. 前足胫节，背面观（protibia, dorsal view）；D. 雄性第 8 腹节背板和腹板，腹面观（male 8th tergite and sternum, ventral view）；E. 雄性第 9、10 腹节背板，背面观（male 9th and 10th tergites, dorsal view）；F. 雄性第 9 腹节腹板，腹面观（male 9th sternum, ventral view）；G. 阳茎，背面观（aedeagus, dorsal view）；H. 同上，侧面观（ditto, lateral view）。比例尺（scales）：A, B = 2.0 mm, C = 1.0 mm, D-H = 0.5 mm

观察标本：1 ex., Hoa-binh Tonkin (越南东京湾和平), 1936, de Cooman leg.; 1 ex.,

Tonkin Vinh Quang, L. Comille leg.; 2 号，云南金平长坡头，1000 m，1956.V.22，黄克仁等采，Kryzhanovskij 鉴定，1967；1♂，云南西双版纳橄榄坝，450 m，1957.IV.16，邦菲洛夫采，Kryzhanovskij 鉴定，1967；1 号，云南西双版纳橄榄坝，560 m，1957.IV.19，洪广基采；1 号，云南思茅昆洛公路 591 km，1350 m，1957.V.11，蒲富基采，Kryzhanovskij 鉴定，1967；1 号，云南西双版纳小勐养，850 m，1957.VI.16，臧令超采，Kryzhanovskij 鉴定，1967；1 号，云南西双版纳小勐养，850 m，1957.VII.19，臧令超采，Kryzhanovskij 鉴定，1967；1 号，云南西双版纳勐腊，620-650 m，1959.V.4，张发财采，Kryzhanovskij 鉴定，1967；1 号，云南易武版纳勐仑，650 m，1959.VII.30，蒲富基采，Kryzhanovskij 鉴定，1967；1 号，广西那坡北外，600 m，1998.IV.10，周海生采；1 号，广西那坡弄化，1000 m，1998.IV.14，乔格侠采；1 号，广西那坡北斗，550 m，1998.IV.10，李文柱采；1 号，广西防城扶隆，240 m，1998.IV.22，周海生采；2 号，广西金秀奋战，800 m，1998.V.13，李文柱采；1♀，koh, VIII, T. Shiraki and Y. Miwa det.。

分布：广东、广西、云南、贵州、台湾、香港；印度，尼泊尔，缅甸，越南，老挝，印度尼西亚。

讨论：本种的描述和图，是根据原定名为 *Hister sohieri* 的标本完成的，Mazur（2011b）将其异名。

(163) 单色阎甲累氏亚种 *Hister unicolor leonhardi* Bickhardt, 1910（图 148）

Hister leonhardi Bickhardt, 1910a: 180 (East Siberia); 1917: 182; Reichardt, 1938: 236 (*Hister unicolor* ab.).

Hister unicolor leonhardi: Mazur, 1984b: 199 (Northeast China; catalogue); 1997: 119 (catalogue); 2011a: 96 (catalogue); 2011b: 508; Ôhara, 1994: 126 (photos); Kapler, 1993: 30 (Russia); ESK *et* KSAE, 1994: 137 (Korea); Ôhara *et* Paik, 1998: 18; Mazur in Löbl *et* Smetana, 2004: 82 (catalogue); Lackner *et al.* in Löbl *et* Löbl, 2015: 98 (catalogue).

Hister unicolor opimus Kryzhanovskij *et* Reichardt, 1976: 316; Mazur, 1984b: 199 (synonymized).

体长 6.19-7.76 mm，体宽 5.56-6.80 mm。体卵圆形，隆凸，黑色光亮，胫节、跗节和触角深红棕色。

头部表面平坦，具稀疏的细微刻点；额线完整，前端平直，有时于中央内弯，有时中央间断；上颚略隆起，外缘无隆起的边，内缘无明显的齿。

前胸背板两侧均匀弓弯，向前收缩，前角锐，前缘凹缺部分中央较直，后缘略弓弯；前背折缘具稀疏的毛；缘线于两侧完整而于前缘中央 1/3 间断；外侧线位于两侧，基部 1/5 或 1/6 短缩，前末端沿前角弧弯，其内侧压平，并具粗糙刻点；内侧线完整，但基部 1/5 或 1/6 短缩；表面具稀疏的细微刻点，沿后缘两侧 2/3 有 1 行纵长大刻点，小盾片前区有 1 短的纵长刻点。

鞘翅两侧弧圆。外肩下线位于基中部 1/4 或更短，后末端向内弯曲，内肩下线位于端半部；斜肩线位于基部 1/3；第 1-3 背线完整深刻，第 4 背线位于端半部，有时向基部延伸，近于完整，第 5 背线位于端部 1/4；缝线位于端部 1/3；所有的线（斜肩线除外）

具稀疏的粗糙刻点，呈钝齿状。鞘翅表面具稀疏的细微刻点，侧面刻点较清晰，沿后缘刻点略大。鞘翅缘折轻微凹陷且具稀疏细小的刻点；缘折缘线细弱，位于端半部；鞘翅缘线清晰完整。

　　前臀板具较稀疏粗大的圆形刻点，向中部、后部变小变稀，大刻点间有稀疏的细微刻点；两侧略凹陷。臀板刻点与前臀板的相似，但较小较密。

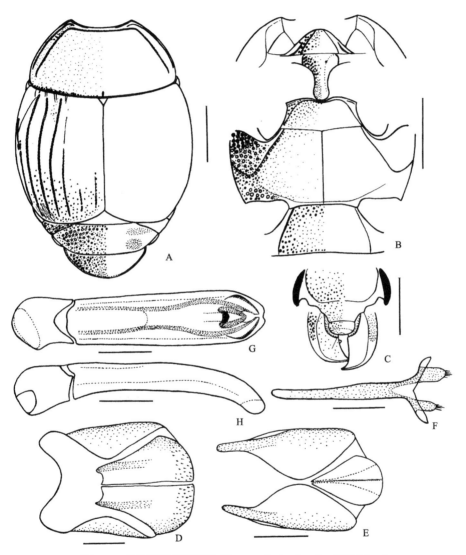

图 148　单色阎甲累氏亚种 *Hister unicolor leonhardi* Bickhardt

A. 前胸背板、鞘翅、前臀板和臀板（pronotum, elytra, propygidium and pygidium）；B. 前胸腹板、中-后胸腹板和第 1 腹节腹板（prosternum, meso- and metasterna and the 1st visible abdominal sternum）；C. 头（head）；D. 雄性第 8 腹节背板和腹板，腹面观（male 8th tergite and sternum, ventral view）；E. 雄性第 9、10 腹节背板，背面观（male 9th and 10th tergites, dorsal view）；F. 雄性第 9 腹节腹板，腹面观（male 9th sternum, ventral view）；G. 阳茎，背面观（aedeagus, dorsal view）；H. 同上，侧面观（ditto, lateral view）。比例尺（scales）：A, B = 2.0 mm, C = 1.0 mm, D-H = 0.5 mm

咽板前缘尖圆；缘线于两侧深刻，于前缘中央微弱，缘线和侧缘之间另有 1 纵向短线；表面两侧具稀疏的粗大刻点，中央刻点渐小而稀疏。前胸腹板龙骨窄，表面较平坦，刻点密集细小，端部两侧刻点粗大；无龙骨线。前胸腹板侧线清晰。

中胸腹板前缘中央深凹；缘线完整，前角处另有 1 横向短线；表面中央具稀疏的细小刻点，刻点向边缘略大略密；中-后胸腹板缝清晰，中央成角。

后胸腹板基节间盘区刻点与中胸腹板的相似，沿侧线刻点略大略密；中纵沟浅而清晰；后胸腹板侧线向后侧方延伸，与斜线相连；侧盘区密布大而浅的圆形刻点，夹杂有密集的小刻点，基半部刻点具刚毛；中足基节后线沿中足基节窝后缘延伸，末端向后弯曲。

第 1 腹节腹板基节间盘区中央刻点稀疏细小，沿边缘刻点较大较密；腹侧线完整。

前足胫节外缘具 4-5 个齿，端部 2 个相互靠近；前足腿节线短，位于端部 1/3，且向基部远离后缘。

雄性外生殖器如图 148D-H 所示。

观察标本：1 号，北京门头沟东灵山，2200-2300 m，牛粪，1998.VI.29，周海生采；2♀，北京东灵山，2300 m，1998.IX.21，周红章采；1 号，北京门头沟东灵山，2070 m，鬼见愁，手抓，1999.VII.17，罗天宏采；1 号，北京门头沟梨园岭，腐羊头，1999.VII.18，周红章采；1♂，1♀，2 号，北京小龙门，1140 m，羊肉诱，2000.VI.20-VII.2，于晓东采；2 号，黑龙江冲河，1952.VIII.22；2 exs.，东北 Ta Yngtse Linsisien, E. Bonrganlt leg.；1 号，大兴安岭莫力达瓦旗（内蒙古），1970.VII.26。

分布：北京、内蒙古、黑龙江；蒙古，俄罗斯（东西伯利亚、远东），朝鲜半岛，日本，尼泊尔。

讨论：单色阎甲指名亚种 *H. unicolor unicolor* Linnaeus 分布在欧洲、高加索山脉和俄罗斯西西伯利亚；与累氏亚种的区别是前臀板和臀板的刻点略稀略浅。

35. 分阎甲属 *Merohister* Reitter, 1909

Merohister Reitter, 1909: 282 (note); Bickhardt, 1917: 159, 188 (subg. of *Hister*); G. Müller, 1937a: 124; Kryzhanovskij *et* Reichardt, 1976: 303 (key); Mazur, 1984b: 200 (catalogue); 1997: 120 (catalogue); 2011a: 97 (catalogue); Ôhara, 1992a: 378; 1992b: 495; 1994: 135 (key to Japan); Yélamos, 2002: 157 (character), 375; Mazur in Löbl *et* Smetana, 2004: 85 (catalogue); Lackner *et al.* in Löbl *et* Löbl, 2015: 102 (catalogue). **Type species:** *Hister ariasi* Marseul, 1864. Designated by monotypy.

Pactolinus Motschulsky, 1866: 169 (nom. nud.); Ôhara, 1992a: 378 (synonymized).

体大型，卵形，隆凸。头部具额线；上唇横宽，前缘略直。前胸背板缘线于两侧完整，于前缘中央宽阔间断；侧线仅 1 条且靠近边缘，其内侧具粗大刻点。小盾片三角形。鞘翅表面无粗大刻点；外肩下线位于基部，内肩下线位于端部，第 1-5 背线和缝线均深刻。咽板略短，缘线完整或于前端中央间断。前胸腹板龙骨较窄，无龙骨线。中胸腹板前缘中央凹缺，缘线完整或于中部间断，前角处另有 1 短的横线。后胸腹板侧线和斜线相连。第 1 腹节腹板基节间盘区具完整的腹侧线。前足胫节宽，外缘通常具 3 个大齿，跗节沟深；中、后足胫节略宽，外缘具 2 列长刺。阳茎基片短，侧叶宽，顶端狭缩。

　　这一类群生活在动物粪便和腐肉中，也发现于倒木树洞和树皮下（Yélamos, 2002）。

　　分布：新北区、东洋区和古北区。

　　该属世界记录 7 种，中国记录 1 种。

(164) 吉氏分阎甲 *Merohister jekeli* (Marseul, 1857)（图 149；图版 II：1）

Hister jekeli Marseul, 1857: 417, t. 10, f. 62 (China: Shanghai); 1862: 709; 1873: 220 (Niphon, Kiu-Siu, commun dans le fumier); Bickhardt, 1910c: 44; 1913a: 171 (China:Taihorin of Taiwan); 1917: 188; 1918a: 230 (note); Jakobson, 1911: 644.

Merohister jekeli: Lewis, 1915: 55 (China: Horisha of Taiwan); Desbordes, 1919: 385, 390 (China: Yunnan); Miwa, 1931: 57; Kamiya *et* Yakagi, 1938: 31 (list); Ôsawa *et* Nakane, 1951: 4 (note); Kryzhanovskij *et* Reichardt, 1976: 304; Mazur, 1984b: 201 (catalogue); 1997: 120 (catalogue); 2011a: 97 (catalogue); Hisamatsu, 1985b: 226, pl. 41 (note; photos); Ôhara, 1992a: 375 (redescription, figures); 1993b: 108; 1994: 136; 1999a: 112; 1999b: 47; Kapler, 1993: 30; Ôhara *et* Paik, 1998: 21; Mazur in Löbl *et* Smetana, 2004: 85 (China: Fujian, Guangdong, Hebei, Jiangxi; catalogue); Lackner *et al.* in Löbl *et* Löbl, 2015: 102 (catalogue).

Pactolinus jamatus Motschulsky, 1866: 169; Harold, 1877: 345 (*Hister*; synonymized).

　　体长 6.32-9.52 mm，体宽 5.36-8.08 mm。体长卵形，隆凸，黑色光亮，胫节红棕色。

　　头部表面平坦，具稀疏的细小刻点；额线完整，前端通常直，有时于中央内弯，有时于中央狭窄间断。

　　前胸背板两侧均匀弧弯向前收缩，前角锐角，前缘凹缺部分均匀弧弯，后缘较直；缘线于头后宽阔间断，于两侧完整；侧线完整且微弱钝齿状；表面具革质的网状底纹，侧面端部具密集的大刻点，偶尔刻点延伸至基部，沿后缘两侧 2/3 具较粗大刻点带，小盾片前区通常有 1 纵向刻点。

　　鞘翅两侧弧圆。外肩下线位于鞘翅基半部，内肩下线位于端部 2/3，经常刻点状且短缩；斜肩线细，位于基部 1/3；第 1-3 背线完整，第 4 背线多变，通常于基部 1/3 短缩，偶尔为基部 1/5 或 1/2 短缩，第 5 背线和缝线多变且近于相等，通常位于端部 1/4 或略短，有时延伸至中部。鞘翅缘折密布大刻点；缘折缘线位于端半部；鞘翅缘线完整。

　　前臀板和臀板有微弱的淡褐色革状底纹。前臀板密布细小刻点，且均匀地分布有较密集的粗大刻点。臀板密布细小刻点和略粗大的刻点，较前臀板大刻点小。

　　咽板前缘弓形向外突出；缘线完整或于中央狭窄间断；表面密布细小刻点，两侧刻点略粗大；咽板两侧边缘和缘线之间基半部各有 2 条深刻的纵向短线。前胸腹板龙骨略窄，隆凸，基部较平坦，后缘圆；表面具较稀疏的细小刻点，端部两侧刻点粗大；无龙骨线。前胸腹板侧线清晰。

　　中胸腹板前缘中央深凹；缘线完整或于中央狭窄间断；前角处另有 1 条横向短线；表面具稀疏的细微刻点；中-后胸腹板缝细而清晰，中央呈钝角。

后胸腹板基节间盘区刻点与中胸腹板的相似；中纵沟较深；后胸腹板侧线向后侧方延伸，与斜线相连；侧盘区密布大而浅的圆形刻点，并具长毛；中足基节后线向侧面延伸，到达后胸腹板-后胸前侧片缝。

第 1 腹节腹板基节间盘区中央光滑，刻点稀疏细小，边缘刻点粗大；腹侧线完整。

前足胫节外缘有 4 个齿，端部 2 个相互靠近；前足腿节线短，位于端部 1/4。

雄性外生殖器如图 149E-J 所示。

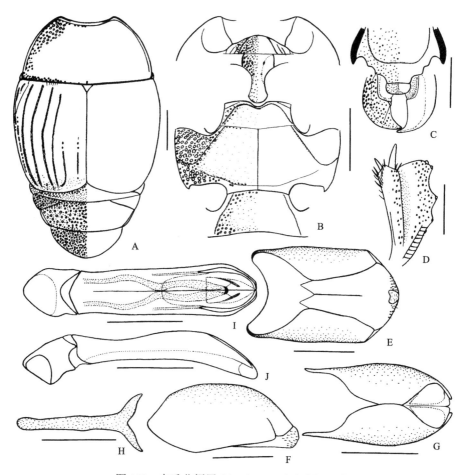

图 149 吉氏分阎甲 *Merohister jekeli* (Marseul)

A. 前胸背板、鞘翅、前臀板和臀板（pronotum, elytra, propygidium and pygidium）；B. 前胸腹板、中-后胸腹板和第 1 腹节腹板（prosternum, meso- and metasterna and the 1st visible abdominal sternum）；C. 头（head）；D. 前足胫节，背面观（protibia, dorsal view）；E. 雄性第 8 腹节背板和腹板，腹面观（male 8th tergite and sternum, ventral view）；F. 同上，侧面观（ditto, lateral view）；G. 雄性第 9、10 腹节背板，背面观（male 9th and 10th tergites, dorsal view）；H. 雄性第 9 腹节腹板，腹面观（male 9th sternum, ventral view）；I. 阳茎，背面观（aedeagus, dorsal view）；J. 同上，侧面观（ditto, lateral view）。比例尺（scales）：A, B = 2.0 mm, C-J = 1.0 mm

观察标本：1 ex., Savio leg.; 1 ex., Wakayama (日本和歌山), S. Sakaguchi leg.; 6 exs., Sapporo (日本北海道札幌), Y. Miwa leg., H. Desbordes det. 1931; 2 exs., Jozankei

Hokkaido, Japan (日本北海道定山溪), 1985.X.1, M Ôhara leg., M. Ôhara det.; 1 ex., Russia, Primorskij Kraj, Kamenushka at USSURIJSK (俄罗斯远东), 1992.VIII.2, J. Sawoniewicz leg., S. Mazur det.; 2 exs., [台湾] Horisha, IV, T. Shiraki and Y. Miwa det.; 1 ex., [台湾] Koshiun?, 1918.IV, T. Shiraki leg., Y. Miwa det.; 1♂, 2♀, 16 号，北京海淀蓝靛厂，1997.VIII.19，周海生采；2 号，北京海淀圆明园，1997.V.13，周海生采；1 号，北京海淀，1997.IX.17，周海生采；6 号，北京海淀树村，2002.VIII.28，梁淑君采；2 号，北京大钟寺，1996.V.19，李文柱采；1♀, 2 号，Peiping (北京)，1948.V，王维斗采；1 号，北京清河，1994.VI.6，杨玉璞采；1♂, 2♀, 6 号，北京清河，1995.IV-VI，杨玉璞采；2 号，北京密云，1995.IV-VI，杨玉璞采；1 号，北京西郊公园，1952.V.27，张毅然采；2 exs., Peiping; 2♂, 1♀, 3 号，北京门头沟梨园岭，1100 m，1998.IX.20，周红章采；1 号，北京门头沟梨园岭，1100 m，1999.VII.21，周红章采；4♂, 6♀, 12 号，北京小龙门，1140 m，2000.VI.20-VII.2，于晓东采；1 号，东北，1929，李植银采；6 exs., [东北]Ta–Yngtse Linsisien, E. Bourgautt leg.; 1 号，黑龙江哈尔滨，1936.IX.1；3 号，黑龙江哈尔滨，1946.V.30；1 号，黑龙江哈尔滨，1947.VII.16；1 号，黑龙江哈尔滨，1954.IV.30；1 号，辽西古城，1951.III.25，李伟华采；4 exs., Dairen Kwantung Prov. (大连), 1936.V.10, M. Hanano leg.; 3 exs., CHAHAR (内蒙古察哈尔) Yangkiaping, 1937.VII.18-23, O. Piel leg.; 1 号，甘肃康县清河林场，1450-1650 m，1998.VII.15，姚健采；1 号，湖北神农架东溪，600 m，1998.VIII.3，周海生采；1 ex., [台湾]Kuraru, 1923.VI.20, Y. Miwa leg.; 1 ex., Anhuei Anhing (安徽安庆); 1 ex., Honan Chengchow (河南郑州), 1936.V.17; 4 exs., Honan Chengchow, 1928.VIII.31; 1 号，河北三河，1976.V，樊永兴采；4 exs., Prov. Hopeh Sienhsien (河北献县), 1938.VI; 10 exs., Chine, Prov. Kiangsu Shanghai (上海), 1939.VI.5, O. Piel leg.; 11 exs., ZÔ-SÈ, CHINE, Prov. Kiangsu Shanghai (上海), 1930.IV-VII, O. Piel leg.; 16 exs., Zi-Ka-Wei (上海徐家汇), 1920.VI.3; 3 号，上海，1950.IX.28；1 ex., CHINE, Prov. Kiangsu Ihing (江苏宜兴), 1923.IX.8; 9 exs., Kiangsu (江苏) Yu-Toan; 1 ex., Kiangsu Chouyang (江苏沭阳); 1 ex., [江苏] Hiu-keou, 1926.VII.25; 2 exs., CHEKIANG Chusan (浙江舟山), 1931.IV, O. Piel leg.; 1 ex., CanTon Tsan shing (广东广州), 1932.XII.5, O. Piel leg.。

　　分布：北京、河北、内蒙古、辽宁、黑龙江、上海、江苏、浙江、安徽、福建、江西、河南、湖北、广东、云南、甘肃、台湾；俄罗斯（远东），朝鲜半岛，日本，印度，菲律宾。

36. 新植阎甲属 *Neosantalus* Kryzhanovskij, 1972

Neosantalus Kryzhanovskij, 1972b: 21; Mazur, 1984b: 205 (catalogue); 1997: 124 (catalogue); 2011a: 100 (catalogue); Mazur in Löbl *et* Smetana, 2004: 85 (catalogue); Gomy *et al.*, 2007: 105; Lackner *et al.* in Löbl *et* Löbl, 2015: 103 (catalogue). **Type species:** *Hister latitibius* Marseul, 1861. Original designation.

　　体长卵形，微隆，两侧平行。头部具额线；上唇横宽，前缘略向外弓弯；上颚粗短，表面低凹，外缘具隆起的边，内缘具 2 齿。前胸背板表面通常无大刻点；缘线于头后宽阔间断，于两侧完整或仅存在于端部；除缘线外另有 2 条侧线，外侧线于侧面完整，到达后缘；前背折缘密被长毛。小盾片三角形。鞘翅表面无粗大刻点；外肩下线存在于基部，内肩下线存在于端部，第 1-5 背线和缝线深刻。咽板较长，具完整的缘线，缘线与缘边之间另有 1 条完整的线，有时于前端中央狭窄间断；咽板侧面具毛。前胸腹板龙骨较窄，无龙骨线；侧面具毛。中胸腹板前缘中央深凹，缘线完整，前角处另有 1 条横向短线。后胸腹板侧线和斜线相连。第 1 腹节腹板基节间盘区腹侧线完整。所有胫节扁平宽阔，跗节很短；前足胫节外缘具 3-4 个齿，中、后足胫节外缘具 2 列长刺。阳茎从宽短且扁平到窄长且隆凸多变，基片短。

分布：东洋区。

该属世界记录 4 种，中国记录 1 种。

(165) 新植阎甲 *Neosantalus latitibius* (Marseul, 1861)（图 150）

Hister latitibius Marseul, 1861: 527 (Burma); Lewis, 1892d: 23 (*Contipus*); 1906a: 341 (*Santalus*); Bickhardt, 1917: 172.

Neosantalus latitibius: Kryzhanovskij, 1972b: 22; Mazur, 1997: 124 (catalogue); 2011a: 100 (catalogue); Mazur in Löbl *et* Smetana, 2004: 85 (catalogue); Gomy *et al.*, 2007: 106 (Lectotype designated); Lackner *et al.* in Löbl *et* Löbl, 2015: 103 (catalogue).

Neosantalus latitibus [sic!]: Mazur, 1984b: 206 (South China; catalogue).

体长 4.32-6.37 mm，体宽 3.32-4.73 mm。体长卵形，较隆凸，黑色光亮，胫节、跗节和触角深红棕色。

头部表面平坦，具稀疏的细小刻点，口上片刻点略密；额线完整深刻，前端较直或轻微向外弓弯；上唇短，横宽，前缘略向外弓弯；上颚粗短，表面轻微凹陷，外缘具隆起的边，内缘有 2 个齿。

前胸背板两侧基部微弱弓弯向前收缩，端部 3/4 强烈弓弯，前角圆，前缘凹缺部分中央略向外弓弯，后缘微呈弓形；缘线存在于两侧端部 1/3，有时长达 3/4，于头后中央间断；外侧线于两侧完整；内侧线完整，后端略短缩，于两侧远离边缘，于前端接近边缘；表面具稀疏的细微刻点，沿后缘两侧 1/2 有一些粗大刻点，小盾片前区域有 1 短的纵向刻点。

鞘翅两侧微弱弧弯。外肩下线位于鞘翅基半部，内肩下线位于端部 2/3；斜肩线细，位于基部 1/3；第 1-4 背线完整、深刻，第 5 背线和缝线位于端部 1/2 或 2/3，几乎等长，缝线有时略高于第 5 背线，向端部渐远离鞘翅缝。鞘翅表面遍布稀疏的细小刻点，基部 1/3 鞘翅缝周围宽阔的区域光滑无刻点。鞘翅缘折轻微凹陷；缘折缘线位于端半部，鞘翅缘线完整深刻，二者之间另有 1 条线位于端半部。

前臀板密布圆形大刻点，中部刻点较小。臀板刻点与前臀板的相似，但较小而密集，端部 1/4 光滑，仅具细微刻点。

咽板前缘圆；缘线完整，边缘和缘线之间另有 1 条线，完整或于前端中央狭窄间断；

表面刻点稀疏细小，两侧刻点粗大且具毛。前胸腹板龙骨窄，基部较平坦，后缘向外弓弯；表面刻点稀疏细小，端部两侧刻点粗大具毛；无龙骨线。前胸腹板侧线清晰。

中胸腹板前缘中央深凹；缘线完整，前角处另有 1 条横向短线；表面遍布稀疏的细微刻点；中-后胸腹板缝细弱，中央成角。

后胸腹板基节间盘区刻点与中胸腹板的相似；中纵沟略深；后胸腹板侧线向后侧方延伸，与斜线相连；侧盘区密布大而深的圆形刻点，外侧刻点略小，常相连，内侧延侧线和斜线狭窄的区域无大刻点；中足基节后线向侧面延伸，到达后胸腹板-后胸前侧片缝。

第 1 腹节腹板基节间盘区刻点与中胸腹板的相似；腹侧线完整。

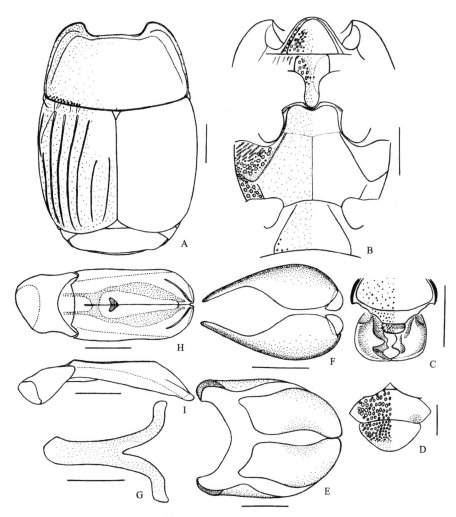

图 150　新植阁甲 *Neosantalus latitibius* (Marseul)

A. 前胸背板和鞘翅（pronotum and elytra）；B. 前胸腹板、中-后胸腹板和第 1 腹节腹板（prosternum, meso- and metasterna and the 1st visible abdominal sternum）；C. 头（head）；D. 前臀板和臀板（propygidium and pygidium）；E. 雄性第 8 腹节背板和腹板，腹面观（male 8th tergite and sternum, ventral view）；F. 雄性第 9、10 腹节背板，背面观（male 9th and 10th tergites, dorsal view）；G. 雄性第 9 腹节腹板，腹面观（male 9th sternum, ventral view）；H. 阳茎，背面观（aedeagus, dorsal view）；I. 同上，侧面观（ditto, lateral view）。比例尺（scales）：A-D = 1.0 mm, E-I = 0.5 mm

所有胫节宽阔扁平；前足胫节外缘具 3-4 个齿，基部 1 齿小，前足腿节线完整；中、后足胫节外缘具 2 列刺。

雄性外生殖器如图 150E-I 所示。

观察标本：2 exs., Hoa-Binh Tonkin (越南东京湾和平), 1934, de Cooman leg., de Cooman det.; 1 ex., Hainan (海南) Hungmao tung, 1936.IV.10, G. Ros leg., de Cooman det.; 1♂, 4 号，云南墨江，1300 m，1955.III.27，Kryzhanovskij 采，Kryzhanovskij 鉴定，1964；2 号，云南墨江，1300 m，1955.III.27，波波夫采，Kryzhanovskij 鉴定，1964；1 号，云南车里，500 m，1955.IV.8，Kryzhanovskij 采，Kryzhanovskij 鉴定，1964；1 号，云南车里，500 m，1955.IV.10，Kryzhanovskij 采，Kryzhanovskij 鉴定，1964；1 号，云南车里，580 m，1957.III.10，蒲富基采，Kryzhanovskij 鉴定，1964；2 号，云南车里，540 m，1957.III.12，臧令超采，Kryzhanovskij 鉴定，1964；1 号，云南车里石灰窑，650 m，1957.IV.7，邦菲洛夫采，Kryzhanovskij 鉴定，1964；2 号，云南普洱，1400 m，1955.IV.3，Kryzhanovskij 采，Kryzhanovskij 鉴定，1964；4 号，云南普洱，1600 m，1955.IV.19，Kryzhanovskij 采，Kryzhanovskij 鉴定，1964；2 号，云南普洱，1600 m，1955.IV.19，周彩云采，Kryzhanovskij 鉴定，1964；2 号，云南普洱，1400 m，1955.IV.21，Kryzhanovskij 采，Kryzhanovskij 鉴定，1964；1 号，云南普洱，1500-1600 m，1957.V.12，洪广基采，Kryzhanovskij 鉴定，1964；1 号，云南镇沅至景东，1000 m，1955.IV.26，Kryzhanovskij 采，Kryzhanovskij 鉴定，1964；1 号，云南景东，1200 m，1955.IV.27，周彩云采，Kryzhanovskij 鉴定，1964；2 号，云南景东，1200 m，1957.III.4，A. 孟恰茨基采，Kryzhanovskij 鉴定，1964；1 号，云南景东，1200 m，1957.III.20，A. 孟恰茨基采，Kryzhanovskij 鉴定，1964；1 号，云南景东董家坟，1250 m，1956.VI.2，Kryzhanovskij 采，Kryzhanovskij 鉴定，1964；1 号，云南潞江坝棉场，1955.V.11，杨星池采，Kryzhanovskij 鉴定，1964；1 号，云南金平猛喇，370 m，1956.IV.13，黄克仁采，Kryzhanovskij 鉴定，1964；2 号，云南金平猛喇，420 m，1956.IV.19，黄克仁采，Kryzhanovskij 鉴定，1964；2 号，云南金平猛喇，420 m，1956.IV.21，黄克仁采，Kryzhanovskij 鉴定，1964；1 号，云南金平猛喇，400 m，1956.IV.24，黄克仁采，Kryzhanovskij 鉴定，1964；1 号，云南金平猛喇，600 m，1956.IV.23，邦菲洛夫采，Kryzhanovskij 鉴定，1964；1 号，云南勐海，1200 m，1957.II.24，刘大华采，Kryzhanovskij 鉴定，1964；1 号，云南小勐养，850 m，1957.IV.2，蒲富基采，Kryzhanovskij 鉴定，1964；1 号，云南小勐养，850 m，1957.IV.3，洪广基采，Kryzhanovskij 鉴定，1964；1 号，云南大勐龙，700 m，1957.IV.9，蒲富基等采，Kryzhanovskij 鉴定，1964；1 号，云南元江，500 m，1957.V.15，臧令超采，Kryzhanovskij 鉴定，1964；1 号，云南西双版纳小勐养，850 m，1957.IX.10，王书永采；1 号，云南西双版纳大勐龙，650 m，1958.IV.10，王书永采；1 号，云南西双版纳大勐龙，650 m，1958.IV.11，王书永采；1 号，云南西双版纳大勐龙，650 m，1958.X.5，陈之梓采；2 号，云南西双版纳大勐龙，650 m，1958.IV.15，洪淳培采；1 号，云南西双版纳勐混，750 m，1958.V.31，洪淳培采；2 号，云南西双版纳允景洪，650 m，1958.VI.24，孟绪武采；1 号，云南西双版纳允景洪，650 m，1959.IV.26，张学忠采；1 号，云南西双版纳勐腊，620-650 m，1958.XI.17，张毅然采；1 号，云南西双版纳勐腊，620-650 m，1958.XI.17，蒲富基采；1 号，云南西双版纳勐腊，620-650 m，

1959.V.29，张发财采；1 号，云南西双版纳勐腊，620-650 m，1959.VII.8，张发财采；1
号，云南西双版纳勐捧，550 m，1959.VI.30，蒲富基采；2 号，云南西双版纳易武，800-1300
m，1959.V.14，李贞富采；1 号，广东海南通什，340 m，1960.III.23，张学忠采；1 号，
广东海南通什，340 m，1960.III.25，李常庆采；1 号，广东海南通什，340 m，1960.III.30，
张学忠采；2 号，广东海南通什，340 m，1960.III.31，李贞富采；1 号，广东海南营根，
200 m，1960.III.31，李贞富采；1 号，广东海南通什，340 m，1960.IV.25，李贞富采；1
号，广东海南通什，340 m，1960.IV.25，张学忠采；1 号，广东海南尖峰岭，1964.V.6，
陈泰鲁采；1 号，广西那坡北斗，550 m，1998.IV.10，李文柱采；1 号，海南，1934.V.4，
何琦采；1 号，海南，1934.VIII.27，何琦采；1 号，海南，1934.X.8，何琦采；1♀，海
南，1934.X.10，何琦采。

分布：广东、广西、海南、云南；中南半岛。

37. 三线阎甲属 *Eudiplister* Reitter, 1909

Eudiplister Reitter, 1909: 286 (subg. of *Hister*); Bickhardt, 1917: 158, 187; G. Müller, 1937a: 123;
　　Witzgall, 1971: 179, 183; Kryzhanovskij *et* Reichardt, 1976: 378 (key to Russia); Mazur, 1984b: 209
　　(catalogue); 1997: 127 (catalogue); 2011a: 103 (catalogue); Mazur in Löbl *et* Smetana, 2004: 79
　　(catalogue); Lackner *et al.* in Löbl *et* Löbl, 2015: 93 (catalogue). **Type species:** *Hister smyrnaeus*
　　Marseul, 1854. Designated by Bickhardt, 1917: 187.
Campylister Houlbert *et* Monnot, 1923: 34 (nom. nud.); Cooman, 1947: 428 (synonymized).

体小型，长卵形，略隆凸。头部具额线；上唇略长，前缘近于平直，有时略凹缺；
上颚粗短，表面低凹或扁平，外缘具隆起的边。前胸背板缘线完整或于头后狭窄间断；
除缘线外另有 2 条侧线，内侧线于侧面强烈波曲；前背折缘密被长毛。小盾片三角形。
鞘翅外肩下线仅存在于基部，内肩下线存在于端部，强烈退化，第 1-5 背线和缝线深刻。
咽板较长，具完整的缘线。前胸腹板龙骨较窄，具完整的龙骨线。中胸腹板前缘直或向
外弓弯，缘线完整，前角处另有 1 条横向短线。后胸腹板侧线和斜线相连。第 1 腹节腹
板基节间盘区腹侧线完整。前足胫节宽，外缘具 4 个齿；中、后足胫节外缘具 2 列长刺。

分布：古北区。

该属世界记录 10 种，中国记录 2 种。

种 检 索 表

体形较大，前胸背板刻点密集⋯⋯⋯⋯⋯⋯⋯⋯⋯⋯⋯⋯⋯⋯⋯⋯⋯⋯米氏三线阎甲 *E. muelleri*

体形较小，前胸背板刻点稀疏⋯⋯⋯⋯⋯⋯⋯⋯⋯⋯⋯⋯⋯⋯⋯⋯⋯⋯平坦三线阎甲 *E. planulus*

(166) 米氏三线阎甲 *Eudiplister muelleri* Kryzhanovskij *et* Reichardt, 1976

Eudiplister muelleri Kryzhanovskij *et* Reichardt, 1976: 380 (Tian Shan); Mazur, 1997: 128 (catalogue);
　　2011a: 103 (catalogue); Mazur in Löbl *et* Smetana, 2004: 79 (catalogue); Lackner *et al.* in Löbl *et*

Löbl, 2015: 93 (catalogue).

Hister concinnus: G. Müller, 1937a: 123 (Thian-schan, Aksu-Musart; nec Gebler, 1830); Kryzhanovskij
  et Reichardt, 1976: 380 (synonymized); Mazur, 1984b: 210 (West China; *Eudiplister*).

描述根据 G. Müller（1937a）整理：

体长 3.5-4.0 mm。体两侧平行，与 *E. peyroni* 相似，但略大略宽，且更隆凸；黑色，
有时略带红色（未完全发育阶段）。前胸背板遍布密集且清晰的大小不等的小刻点；与
E. peyroni 相比，前角不那么前伸，而是更加隆凸；内侧线强烈弯曲，前后端接近外侧线，
中间向内弯曲。鞘翅背线完整且具微弱的刻点，外肩下线退化，仅在肩部留有弓弯的一
小段。前臀板刻点较 *E. peyroni* 发达。前胸腹板龙骨具龙骨线。

观察标本：未检视标本。

分布：新疆。

(167) 平坦三线阎甲 *Eudiplister planulus* (Ménétries, 1848)（图 151）

Hister planulus Ménétries, 1848: 54 (Turkmenia); Reitter, 1909: 287 (note); Bickhardt, 1909: 205; 1917:
  188; Jakobson, 1911: 646; Reichardt, 1922a: 51; 1925a: 111 (Orenburg, Altai); Labler, 1933: 45; G.
  Müller, 1937a: 124.

Eudiplister planulus: Witzgall, 1971: 183; Kryzhanovskij *et* Reichardt, 1976: 381; Mazur, 1984b: 209
  (West China; catalogue); 1997: 128 (catalogue); 2011a: 103 (catalogue); Mazur in Löbl *et* Smetana,
  2004: 79 (Northwest China; catalogue); Lackner *et al.* in Löbl *et* Löbl, 2015: 94 (catalogue).

Hister coquerelli Marseul, 1861: 538; Schmidt, 1890b: 9 (synonymized); Reitter, 1909: 287 (note);
  Bickhardt, 1909: 205 (as *Hister planulus* var.).

Hister laco Marseul, 1861: 539; Schmidt, 1885c: 295; 1890b: 9 (synonymized).

Hister laco ab. *interruptus*: J. R. Sahlberg, 1913: 86.

Hister planulus ab. *menetriesi* Reichardt, 1922a: 52.

体长 2.70-2.77 mm，体宽 2.05-2.08 mm。体长卵形，隆凸，黑色光亮，足、触角和
口器红褐色。

头部表面较隆凸，具较密集的大小适中的刻点，口上片刻点更小更密；额线完整，
前缘近于平直，有时中央微弱内弯；上唇横宽，略长，前缘较直；上颚粗壮，背面较扁
平，外缘具隆起的边。

前胸背板两侧于基部轻微弓弯向前收缩，端部较明显，前角钝，前缘凹缺部分略呈
双波状，后缘弓弯；缘线于两侧完整，于头后狭窄间断或完整；外侧线于两侧完整；内
侧线完整，前端细微钝齿状，两侧中部波曲，远离侧缘；表面具稀疏的小刻点，较头部
刻点大，沿后缘有 1 行粗大刻点，小盾片前区有 1 较大的圆形凹窝。

鞘翅两侧略弧弯。外肩下线位于鞘翅基半部，内肩下线短，仅位于中端部 1/6；斜
肩线细，位于基部 1/3；第 1-4 背线完整、深刻，第 5 背线位于端半部，基部具短的原基；
缝线基部 1/4 短缩，向后逐渐远离鞘翅缝。鞘翅表面遍布稀疏的细微刻点。鞘翅缘折轻
微凹陷，具稀疏的细小刻点；缘折缘线位于端半部，鞘翅缘线完整，二者之间另有 1 条

完整的线。

前臀板具稀疏的椭圆形大刻点，大刻点之间有分散的细微刻点。臀板遍布稀疏的细小刻点，基半部混有稀疏的较大的刻点，较前臀板的小；两侧前角处各有 1 小凹窝。

咽板前缘圆；缘线完整，两侧边缘和缘线之间另有 1 条短线；表面具稀疏的细小刻点及细微的革状底纹，侧面刻点较粗大。前胸腹板龙骨较窄，后缘不向外弓弯；表面具稀疏的细小刻点，端部两侧刻点较粗大；龙骨线完整，从基部向端部逐渐收狭。前胸腹板侧线清晰。

中胸腹板前缘向外弓弯；缘线完整，前角处另有 1 横向短线；表面遍布稀疏的细小刻点；中-后胸腹板缝细弱。

后胸腹板基节间盘区刻点与中胸腹板的相似；中纵沟浅；后胸腹板侧线深刻，向后侧方延伸，与斜线相连；侧盘区密布大而深的圆形刻点，具毛；中足基节后线沿中足基节窝后缘延伸，末端略向后弯曲。

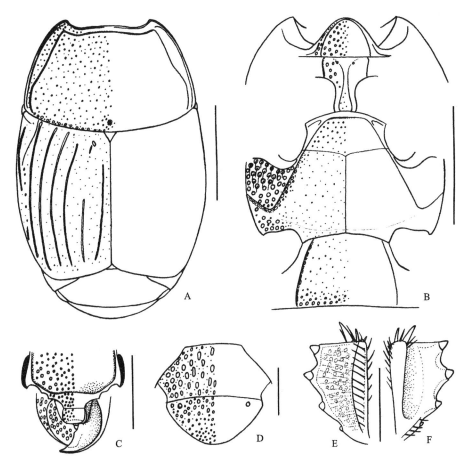

图 151　平坦三线阎甲 *Eudiplister planulus* (Ménétries)

A. 前胸背板和鞘翅（pronotum and elytra）；B. 前胸腹板、中-后胸腹板和第 1 腹节腹板（prosternum, meso- and metasterna and the 1st visible abdominal sternum）；C. 头（head）；D. 前臀板和臀板（propygidium and pygidium）；E. 前足胫节，腹面观（protibia, ventral view）；F. 同上，背面观（ditto, dorsal view）。比例尺（scales）：A, B = 1.0 mm, C-F = 0.5 mm

第 1 腹节腹板基节间盘区刻点与中胸腹板的相似，沿后缘刻点较大较密；腹侧线深刻而完整。

前足胫节外缘具 4 个齿，基部 1 齿小；前足腿节线近于完整，通常于基部 1/8 短缩。中、后足胫节外缘有 2 列长刺。

观察标本：2♀，新疆若羌瓦石峡，1080 m，1960.IV.27，张发财采。

分布：新疆；中亚，西亚，欧洲东南部。

38. 清亮阎甲属 *Atholus* Thomson, 1859

Atholus Thomson, 1859: 76; 1862: 228; Schmidt, 1885c: 288; Ganglbauer, 1899: 369; Lewis, 1906b: 402; Bickhardt, 1910c: 53; 1917: 159, 193; 1919: 13, 137, 139; Auzat, 1916-1925: 93; Wenzel in Arnett, 1962: 378, 381; Halstead, 1963: 7, 8; Witzgall, 1971: 179, 183; Kryzhanovskij *et* Reichardt, 1976: 382 (key to Russia); Mazur, 1984b: 210 (catalogue); 1997: 128 (catalogue); 2001: 43; 2009: 116 (China: Taiwan; key to species); 2011a: 103 (catalogue); Yélamos *et* Ferrer, 1988: 192; Kapler, 1992a: 361; Ôhara, 1992c: 167; 1993a: 135; 1994: 136 (key to Japan); 1999b: 5, 31 (key to Taiwan, China); Ôhara *et* Paik, 1998: 22 (key to Korea); Yélamos, 2002: 160 (character, key), 376; Mazur in Löbl *et* Smetana, 2004: 78; Lackner *et al.* in Löbl *et* Löbl, 2015: 92 (catalogue). **Type species:** *Hister bimaculatus* Linnaeus, 1758. Original designation.
Peranus Lewis, 1906b: 401; Bickhardt, 1917: 159, 192; 1919: 13, 137, 139; Wenzel in Arnett, 1962: 378, 381; Halstead, 1963: 7, 8; Witzgall, 1971: 179, 183; Kryzhanovskij *et* Reichardt, 1976: 384 (synonymized). **Type species:** *Hister scutellaris* Erichson, 1834.
Atholister Reitter, 1909: 286; Heyden, 1916: 317. **Type species:** *Hister scutellaris* Erichson, 1834.
Euatholus Kryzhanovskij *et* Reichardt, 1976: 387; Mazur, 1984b: 210 (synonymized). **Type species:** *Hister duodecimstriatus* Schrank, 1781.

体中型，卵形或长卵形，适度隆凸或轻微低平，通常黑色，少数种类在鞘翅上有红斑，足、触角和口器通常黑色有红色光泽。头部具额线，额线前端中央通常向内弓弯（有时成角）；额表面有时凹陷；上唇前缘向外弧弯；上颚粗短，有时表面隆凸，外缘不具隆起的边，有时表面凹陷，外缘具隆起的边。前胸背板缘线于两侧完整或仅存在于两侧端部；通常有 1 条侧线，侧线后端经常短缩，偶尔有 2 或 3 条侧线；前角之后多少凹陷，大多数种类前角处均有密集而粗大的刻点；多数种类于前胸背板前角有 2 根明显的刚毛。小盾片三角形。鞘翅外肩下线缺失或存在于基中部，有时于中部仅有很短的刻痕，内肩下线缺失或存在于中部或端部，有时刻点状；第 1-4 背线通常完整，第 5 背线和缝线完整或基部短缩。前臀板和臀板具粗大或细微的刻点。咽板缘线完整或于前端中央间断。前胸腹板龙骨后缘通常平直或略内凹；无龙骨线。中胸腹板前缘通常向外弓弯，中央极少平截；缘线完整，前角处另有 1 条横线短线。后胸腹板侧线与斜线相连或不相连。第 1 腹节腹板基节间盘区具完整的腹侧线。前足胫节宽且粗壮，外缘具若干齿，端部 2-3 个相互紧靠；前足腿节线近于完整或至少长 1/2；中、后足胫节端部略加宽，外缘具 2 列刺。阳茎粗短，两侧近于平行，基片短，侧叶背面微弱融合。

成虫发现于食草哺乳动物的粪便中，腐烂的植物体中和倒木树皮下，还有较少一部分发现于尸体和鸟类、哺乳动物，以及啮齿动物的巢中；幼虫和成虫都捕食其他昆虫的幼虫，主要是双翅目的幼虫（Kapler, 1992a; Mazur, 2001; Yélamos, 2002）。

分布：除澳洲区的其他各区均有分布。

该属世界记录 70 余种，中国记录 11 种。

种检索表

1. 前胸背板侧线仅于两侧深刻，有时于前缘两侧有微弱的刻痕 ································2
   前胸背板侧线于两侧和前缘均深刻，近于完整 ··3
2. 前胸背板缘线位于两侧端部 1/3，于前缘完全缺失，表面密布较粗大的浅刻点；鞘翅第 3 背线后末端强烈向内弯曲，接近缝线后端 ·············**青色清亮阎甲 A. coelestis**
   前胸背板缘线于侧面和前缘均完整，表面密布细小刻点；鞘翅第 3 背线后末端不弯曲 ··**扭清亮阎甲 A. torquatus**
3. 鞘翅第 5 背线和缝线位于端半部；后胸腹板侧线和斜线相连 ····························4
   鞘翅第 5 背线完整，缝线完整或基部略短缩；后胸腹板侧线和斜线不相连 ········6
4. 鞘翅第 4 背线完整 ··5
   鞘翅第 4 背线位于端半部 ····························**菲律宾清亮阎甲 A. philippinensis**
5. 额中央纵向缺切；前胸背板前缘向外尖锐弓弯；臀板刻点粗糙 ·········**奇额清亮阎甲 A. bifrons**
   额平坦；前胸背板前缘略微凹缘；臀板刻点较小 ·········**皮瑞清亮阎甲 A. pirithous**
6. 前胸背板侧线完整；后胸腹板侧盘区无毛 ·············
   ················**十二纹清亮阎甲十四纹亚种 A. duodecimstriatus quatuordecimstriatus**
   前胸背板侧线后端短缩；后胸腹板侧盘区具毛 ··7
7. 鞘翅缝线存在于端部 2/3 或更短 ····························**窝胸清亮阎甲 A. depistor**
   鞘翅缝线完整 ··**纹尾清亮阎甲 A. striatipennis**

注：未包括双斑清亮阎甲 A. bimaculatus (Linnaeus)、缘清亮阎甲 A. confinis (Erichson) 和勒清亮阎甲 A. levis Mazur。

(168) 奇额清亮阎甲 *Atholus bifrons* (Marseul, 1854)

Hister bifrons Marseul, 1854: 545 (India).

Atholus bifrons: Lewis, 1906b: 402; Bickhardt, 1910c: 53 (catalogue); 1917: 193; Desbordes, 1917a: 323 (key); 1919: 399; Mazur, 1984b: 211 (catalogue); 1997: 129 (catalogue); 2008: 90 (China: Taiwan); 2009: 113 (China: Taiwan); 2011a: 103 (catalogue); Mazur *et* Zhou, 2001: 73 (new to Hongkong, China); Mazur in Löbl *et* Smetana, 2004: 78 (catalogue); Lackner *et al.* in Löbl *et* Löbl, 2015: 92 (catalogue).

观察标本：未检视标本。

分布：台湾、香港；印度，越南，泰国，印度尼西亚。

(169) 双斑清亮阎甲 *Atholus bimaculatus* (Linnaeus, 1758)

Hister bimaculatus Linnaeus, 1758: 358 (Europe); Marseul, 1854: 582; Bickhardt, 1910c: 53 [as *Hister* (*Peranus*) *bimaculatus*, catalogue]; Lewis, 1910: 56.

Atholus bimaculatus: Kryzhanovskij *et* Reichardt, 1976: 385 (key to Russia); Ôhara, 1992c: 169; 1994: 137 (key to Japan); Mazur, 2011a: 104 (catalogue); Lackner *et al.* in Löbl *et* Löbl, 2015: 92 (catalogue).

Hister fimetarius Scopoli, 1763: 13; Mazur, 2011a: 104 (listed as synonymy, not in Bickhardt, 1910c).

Hister erythropterus Fabricius, 1798: 38; Bickhardt, 1910c: 53 (synonymy).

Hister diluniator Voet, 1793: 46 (replacement names).

Hister apicatus Schrank, 1798: 452 (replacement names).

Hister obliquus Say, 1825: 37; Bickhardt, 1910c: 53 (synonymy).

Hister morio Schmidt, 1885b: 296 (var.); Lewis, 1885a: 465 (synonymized).

Atholus spissatus Rey, 1888, 4; Bickhardt, 1910c: 53 (synonymy).

观察标本：未检视标本。

分布：陕西；俄罗斯，朝鲜，日本，韩国，全球分布。

(170) 青色清亮阎甲 *Atholus coelestis* (Marseul, 1857)（图 152）

Hister coelestis Marseul, 1857: 416 (China); 1862: 709.

Atholus coelestis: Lewis, 1906b: 402; 1915, 55 (China: Taiwan); Bickhardt, 1910c: 53 [*Hister* (*Atholus*) *coelestis*; catalogue]; 1917: 193; Desbordes, 1917a: 320 (key); 1919, 399 (Tonkin, Annam, Cochinchine); 1921: 10 (Inde); Miwa, 1931: 57 (China: Koshun of Taiwan); Kamiya *et* Takagi, 1938: 31 (list); Mazur, 1972b: 372; 1984b: 212 (catalogue); 1997: 129 (catalogue); 2011a: 104 (catalogue); Ôhara, 1992c: 173 (redescription, figures); 1999a: 110; 1999b: 31; Mazur in Löbl *et* Smetana, 2004: 78 (China: Guangdong; catalogue); Lackner *et al.* in Löbl *et* Löbl, 2015: 92 (catalogue).

Hister femoralis Motschulsky, 1863: 449; Lewis, 1885a: 465 (synonymized).

Atholus (*Euatholus*) *coelestes* [sic!]: Hisamatsu, 1985b, 228 (note, key, photos).

Hister coelesis [sic!]: Ôhara, 1994: 137.

体长 2.62-3.13 mm，体宽 2.07-2.63 mm。体卵形，较隆凸，黑色光亮，胫节、跗节和触角红棕色。

头部表面密布较粗大的刻点，头顶中央有 1 较大的纵长形凹窝；额线完整，前端中央向内弯曲，有时成角；上颚表面外缘无隆起的边，内缘具 1 齿。

前胸背板两侧于基部 2/3 较直，向前收缩，端部 1/3 弓弯，有时均匀弓弯向前收缩，前角钝圆，前缘凹缺部分呈明显的双波状，中间向外突出，有时成角，后缘较直；缘线位于两侧端部 1/3，于前缘几乎完全缺失；侧线短，位于两侧中央 1/3，有时稍长，有时于前缘两侧也有微弱的刻痕；表面密布大小适中的浅刻点，刻点不清晰，侧线前端的区域微凹，具清晰的粗大刻点，沿后缘有 1 行粗大的纵长深刻点。

鞘翅两侧弧圆。外肩下线缺失或于中部有很短的刻痕，内肩下线位于中端部 1/4，有时更短；斜肩线位于基部 1/3；第 1-4 背线完整，第 1-3 背线端部内弯，第 3 背线后末端强烈向内弓弯，接近缝线后端，第 5 背线和缝线位于端部 2/3。鞘翅表面第 4 背线内侧，以及第 3 和第 4 背线之间端半部区域刻点与前胸背板的相似，其余区域刻点稀疏且较小。鞘翅缘折具凹陷；缘折缘线缺失；鞘翅缘线完整深刻。

前臀板密布细小刻点，沿前缘，尤其是两侧，分布有稀疏而不规则的粗大浅刻点；刻点间隙遍布细微的皮革纹。臀板刻点与前臀板的相似，但大刻点较小。

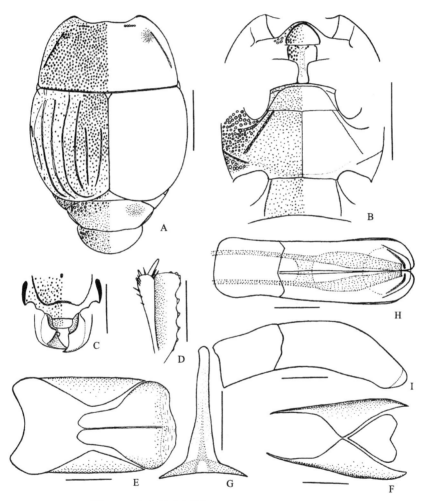

图 152　青色清亮阎甲 *Atholus coelestis* (Marseul)

A. 前胸背板、鞘翅、前臀板和臀板（pronotum, elytra, propygidium and pygidium）；B. 前胸腹板、中-后胸腹板和第 1 腹节腹板（prosternum, meso- and metasterna and the 1st visible abdominal sternum）；C. 头（head）；D. 前足胫节，背面观（protibia, dorsal view）；E. 雄性第 8 腹节背板和腹板，腹面观（male 8th tergite and sternum, ventral view）；F. 雄性第 9、10 腹节背板，背面观（male 9th and 10th tergites, dorsal view）；G. 雄性第 9 腹节腹板，腹面观（male 9th sternum, ventral view）；H. 阳茎，背面观（aedeagus, dorsal view）；I. 同上，侧面观（ditto, lateral view）。比例尺（scales）：A, B = 1.0 mm, C, D = 0.5 mm, E-I = 0.25 mm

咽板前缘圆；缘线完整；表面两侧密布粗大刻点，中部刻点稀疏细小。前胸腹板龙骨狭窄，后缘直；表面具稀疏细小的刻点，端部两侧刻点较粗大；无龙骨线。前胸腹板侧线清晰。

中胸腹板前缘轻微向外弓弯，但中央较直；缘线完整，稀疏钝齿状，前角处另有 1 横向短线；表面密布细小刻点；中-后胸腹板缝清晰，于中间成角。

后胸腹板基节间盘区刻点与中胸腹板的相似；中纵沟深刻；后胸腹板侧线深刻，向后侧方延伸，与斜线接近但不相连；侧盘区密布大而浅的圆形刻点，不具刚毛，大刻点间有稀疏的细小刻点；中足基节后线向后侧方延伸，末端到达侧盘区中央。

第 1 腹节腹板基节间盘区刻点与中胸腹板的相似；腹侧线深刻，后端略短缩。

前足胫节外缘有 7 个齿，端部 3 个相互靠近，前缘有 5 个齿；前足腿节线近于完整。中、后足胫节外缘各有 2 列刺，1 列较长刺，1 列短刺。

雄性外生殖器如图 152E-I 所示。

观察标本：4 exs., Ako, VIII, T. Shiraki leg., Y. Miwa det.; 2 exs., Sizhongchi. Pingtung, pref. Taiwan, 1986.V.11, M. Ôhara leg., M. Ôhara det., 1997; 1 号，云南大勐龙，700 m，1957.IV.12，梁秋珍采，Kryzhanovskij 鉴定；4 号，云南景东，1200 m，1957.III.4，邦菲洛夫采，Kryzhanovskij 鉴定；1 号，云南景东，1200 m，1957.III.8，A. 孟恰茨基采；1 号，云南西双版纳小勐养，850 m，1957.VIII.22，王书永采，Kryzhanovskij 鉴定；1 号，云南西怒江河谷，800 m，1955.V.9，B. 波波夫采；2 号，广西凭祥大青山，360 m，1998.III.24，周海生采；2♂，5 号，广西那坡县，850 m，网筛，1998.IV.2，周海生采；2 号，广西靖西，790 m，扫网，1998.IV.1，周海生采。

分布：广东、广西、云南、台湾；塔吉克斯坦，日本，印度，尼泊尔，斯里兰卡，越南，印度尼西亚。

(171) 缘清亮阎甲 *Atholus confinis* (Erichson, 1834)

> *Hister confinis* Erichson, 1834: 153 (Athillen); Marseul, 1854: 250; Bickhardt, 1910c: 54 [*Hister* (*Atholus*) *confinis*; catalogue]; Mazur, 2009: 143 (China: Taiwan, ? introduced; Lectotype designated); 2011a: 104 (catalogue).
>
> *Atholus confinis*: Lackner *et al.* in Löbl *et* Löbl, 2015: 92 (catalogue).
>
> *Hister rothkirchi* Bickhardt, 1919: 143; Mazur, 2011a: 104 (synonymized).

观察标本：未检视标本。

分布：台湾；也门，美国，古巴，多米尼加，热带非洲。

(172) 窝胸清亮阎甲 *Atholus depistor* (Marseul, 1873)（图 153；图版 II：2）

> *Hister depistor* Marseul, 1873: 224 [Japan: Nagasaki, Kiu-siu (= Kyushu)]; Lewis, 1906b: 402 (*Peranus*); 1915: 55 (China: Horisha of Taiwan); Bickhardt, 1910c: 53 [*Hister* (*Peranus*) *depistor*; catalogue]; 1917: 192; Miwa, 1931: 57; G. Müller, 1937a: 130; Kamiya *et* Takagi, 1938: 31; Ôsawa *et* Nakane, 1951: 6 (note, figure); Nakane, 1963: 70; 1981: 10 (list); Reichardt *et* Kryzhanovskij, 1964: 174 (Korea); Mazur, 1970: 59 (Korea); 1984b: 213 (Southeast China; catalogue); 1997: 130 (catalogue); 2011a: 104 (catalogue).

Atholus depistor: Kryzhanovskij *et* Reichardt, 1976: 386; Hisamatsu *et* Kusui, 1984: 17 (key, note); Hisamatsu, 1985b: 228 (note, key, photo); Ôhara, 1992c: 176 (China: Kenting Park of Taiwan; redescription, figures); 1993a: 137; 1994: 137; 1999b: 32; Kapler, 1993: 29; ESK *et* KSAE, 1994: 137 [*Atholus* (*Atholus*) *depistor*; Korea]; Ôhara *et* Paik, 1998: 23; Mazur in Löbl *et* Smetana, 2004: 79 (China: Guangdong, Heilongjiang, Liaoning; catalogue); Lackner *et al.* in Löbl *et* Löbl, 2015: 92 (catalogue).

体长 3.19-5.30 mm，体宽 2.78-4.35 mm。体长卵形，较隆凸，黑色光亮，胫节、跗节和触角深棕色。

头部表面遍布细微的网状底纹，具稀疏的细微刻点；额线完整，密集钝齿状且中央向内弯曲，有时成角；上颚背面凹陷，外缘具隆起的边，内缘具 1 齿。

前胸背板两侧均匀弓弯向前收缩，端半部更明显，前角锐，前缘凹缺部分略呈双波状，后缘较直；缘线位于两侧端半部，前端于头后宽阔间断；侧线深刻且密集钝齿状，于两侧较远离边缘且后端略短缩；表面遍布细微的网状底纹，并具稀疏的细小刻点，侧线两侧端部区域有 1 深的圆形凹陷，凹陷内具密集大刻点，沿后缘有 1 行大而深的圆形刻点。

鞘翅两侧弧圆。外肩下线仅于中部有很短的刻痕，有时与内肩下线前端相连，内肩下线位于端半部；斜肩线位于基部 1/3；第 1-5 背线完整，呈稀疏而粗糙的钝齿状；缝线位于端部 2/3 或更短。鞘翅表面遍布粗糙的网状底纹和稀疏的细小刻点。鞘翅缘折纵向深凹陷，且密布粗大刻点；缘折缘线深刻，位于端半部；鞘翅缘线深刻且完整。

前臀板具较稀疏的圆形大刻点，并遍布较密集的细小刻点；刻点间隙遍布细微皮革纹。臀板刻点与前臀板的相似，但大刻点略小且密集，向端部渐小，顶端无大刻点。

咽板前缘中部向外突出；缘线深刻且完整，两侧波曲且较远离侧缘；表面中央具稀疏的细小刻点，两侧刻点略密集粗大。前胸腹板龙骨狭窄，端半部平坦，后缘较直；表面具稀疏的细微刻点，端部两侧刻点较粗大；无龙骨线。前胸腹板侧线清晰。

中胸腹板前缘向外弓弯，中部微凹；缘线完整，粗糙钝齿状，前角处另有 1 条横向短线；表面具较稀疏的细微刻点；中-后胸腹板缝清晰，中间成角。

后胸腹板基节间盘区刻点与中胸腹板的相似；中纵沟深刻；后胸腹板侧线深刻，向后侧方延伸，末端与斜线接近但不相连；侧盘区密布大而浅的圆形具刚毛刻点，沿侧线和斜线刻点较小；中足基节后线沿中足基节窝后缘延伸且多少远离后者，基末端与中胸腹板缘线后端相连。

第 1 腹节腹板基节间盘区刻点与中胸腹板的相似；腹侧线完整。

前足胫节外缘有 5 个齿，基部 1 齿非常小，端部 2 齿长且相互靠近，前缘有 1 齿；前足腿节线近于完整，中央离后缘最远。中、后足胫节外缘各有 2 列刺，1 列长刺，1 列较短刺。

雄性外生殖器如图 153E-I 所示。

观察标本：2 exs., [台湾] Horisha, IV, Y. Miwa det.; 40♂, 28♀, 338 号，北京海淀蓝靛厂，1997.VIII.14-19，周海生采；1 号，北京海淀闵庄，1996.VI.23，周海生、郝成钢

采；3 号，北京海淀闵庄，1997.VIII.26，周海生采；1 号，北京海淀圆明园，1997.V.13，周海生采；28 号，北京海淀南坞，1997.VIII.26，周海生采；16 号，北京海淀巴沟村，1997.VIII.28，周海生采；2 号，北京海淀，1997.IX.17，周海生采；7 号，北京海淀圆明园，1993.VIII.2，周红章采；1 号，北京，1952.VII.15；1 号，甘肃文县碧口中庙，700 m，1998.VI.24，杨星科采；22 exs., CHINE, Prov. Kiangsu Shanghai Zi-ka-wei (上海徐家汇)，1939.VIII.22；1 ex., Shanghai (上海)，1948.IX.20；1 ex., Shanghai, 1949.VIII.9；2 号，上海，1950.VII.27；1 号，[重庆] 北碚，1945.V.19；1 ex., ZÔ-Sè, 1939.VII.6。

分布：北京、辽宁、黑龙江、上海、广东、重庆、甘肃、台湾；朝鲜半岛，日本，俄罗斯（远东、西伯利亚）。

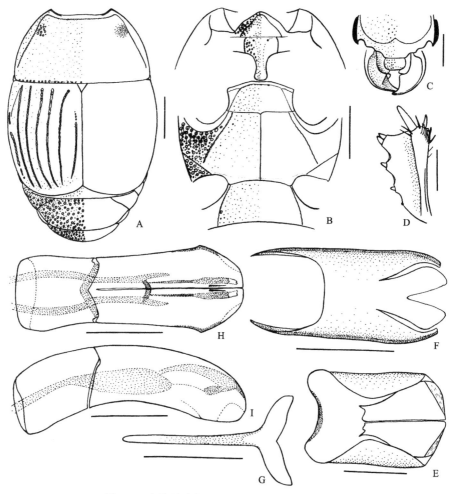

图 153 窝胸清亮阎甲 *Atholus depistor* (Marseul)

A. 前胸背板、鞘翅、前臀板和臀板（pronotum, elytra, propygidium and pygidium）；B. 前胸腹板、中-后胸腹板和第 1 腹节腹板（prosternum, meso- and metasterna and the 1st visible abdominal sternum）；C. 头（head）；D. 前足胫节，背面观（protibia, dorsal view）；E. 雄性第 8 腹节背板和腹板，腹面观（male 8th tergite and sternum, ventral view）；F. 雄性第 9、10 腹节背板，背面观（male 9th and 10th tergites, dorsal view）；G. 雄性第 9 腹节腹板，腹面观（male 9th sternum, ventral view）；H. 阳茎，背面观（aedeagus, dorsal view）；I. 同上，侧面观（ditto, lateral view）。比例尺（scales）：A, B－1.0 mm, C-I = 0.5 mm

(173) **十二纹清亮阎甲十四纹亚种** *Atholus duodecimstriatus quatuordecimstriatus*
(Gyllenhal, 1808)（图 154）

> *Hister* [*quatuordecim*]*striatus* Gyllenhal, 1808: 83 (Sweden); Marseul, 1854: 248; 1873: 220 (Japan: Nagasaki); Thomson, 1862: 231; Baudi di Selve, 1864: 232 (*Hister* [*duodecim*]*striatus* var. [*quatuordecim*]*striatus*); Schmidt, 1885c: 295; Ganglbauer, 1899: 369; Reitter, 1909: 286; Desbordes, 1917a: 323 (key); Reichardt, 1925a: 111 (Orenburg, Or. Omsk, O. Altai); Horion, 1949: 367.
>
> *Atholus duodecimstriatus quatuordecimstriatus*: Kryzhanovskij, 1972a: 443; Kryzhanovskij *et* Reichardt, 1976: 388; Mazur, 1984b: 213 (China: Taiwan; catalogue); 1997: 130 (catalogue); 2011a: 104 (catalogue); Ôhara, 1993a: 135 (redescription, figures); 1993b: 108; 1994: 137; 1999a: 111; 1999b: 32; Mazur in Löbl *et* Smetana, 2004: 79 (Northeast China, Southeast China; catalogue); Lackner *et al.* in Löbl *et* Löbl, 2015: 92 (catalogue).
>
> *Hister duodecimstriatus*: Paykull, 1798: 39; Gyllenhal, 1808: 83 (synonymized); Lewis, 1915: 55 (China: Taipin of Taiwan); Miwa, 1931: 57 [*Hister (Atholus) duodecimstriatus*; China: Taipei of Taiwan]; Kamiya *et* Takagi, 1938: 31.
>
> *Hister quinquestriatus* Motschulsky, 1860b: 13; Lewis, 1895: 188 (synonymized); Jakobson, 1911: 646; Thérond, 1962: 65 (*Atholus duodecimstriatus quinquestriatus*); 1967b: 1097 (Chine: Mandchourie).
>
> *Atholus* [*quatuordecim*]*striatus*: Thomson, 1862: 230.
>
> *Hister (Atholus) duodecimstriatus* var. *quattuordecimstriatus* [sic!]: Bickhardt, 1910c: 193 (catalogue).
>
> *Hister bimaculatus* var. *quattuordecimstriatus* [sic!]: Auzat, 1925: 75.

体长 2.48-4.32 mm，体宽 1.97-3.76 mm。体长卵形，隆凸，黑色光亮，胫节、跗节和触角暗褐色。

头部表面具较稀疏的细小刻点；额线完整，粗糙钝齿状，中央向内弓弯且成角；上颚表面外缘无隆起的边，内缘具 1 齿

前胸背板两侧均匀弓弯向前收缩，前角锐，前缘凹缺部分中央较直，后缘较直；缘线存在于两侧端半部，于头后宽阔间断；侧线完整且密集钝齿状，后端略微短缩；表面具稀疏的细小刻点，侧线两侧前端区域刻点较粗大，沿后缘有 1 行较粗大的圆形深刻点。

鞘翅两侧弧圆。外肩下线缺失，内肩下线位于中部，较短；斜肩线位于基部 1/3；背线稀疏而粗糙的钝齿状，第 1-5 背线和缝线均完整，第 5 背线和缝线基部通常由 1 短弧相连，有时缝线缩减至端半部。鞘翅表面具稀疏的细小刻点。鞘翅缘折具凹陷，凹陷内具稀疏的粗大刻点；缘折缘线缺失；鞘翅缘线完整。

前臀板和臀板具皮革纹。前臀板遍布稀疏的细小刻点，细小刻点间混有稀疏的粗大刻点，粗大刻点向后渐小。臀板背面观大多不可见，强烈向下弯曲，刻点细小，较密集。

咽板前缘圆；缘线完整；表面具较密集的小刻点，基中部刻点稀疏细小，刻点间具皮革纹。前胸腹板龙骨狭窄，后缘较直；刻点与咽板的相似；无龙骨线。前胸腹板侧线清晰。

中胸腹板前缘均匀向外弓弯；缘线完整且密集钝齿状，前角处另有 1 条横向短线；表面具稀疏的细小刻点；中-后胸腹板缝清晰并于中央成角。

后胸腹板基节间盘区刻点与中胸腹板的相似；中纵沟较深；后胸腹板侧线向后侧方

延伸，通常不与斜线相连（有时相连）；侧盘区密布大而深的圆形刻点，无毛；中足基节后线沿中足基节窝后缘延伸。

第 1 腹节腹板基节间盘区刻点与中胸腹板的相似，但较密较粗大；腹侧线完整。

前足胫节外缘具 4 个大齿，端部 2 个相互靠近，前缘有 3 个小齿；前足腿节线深刻且近于完整，基部略短缩，中部与前足腿节后缘距离最远。中、后足胫节外缘各具 2 列长刺。

雄性外生殖器如图 1545F-J 所示。

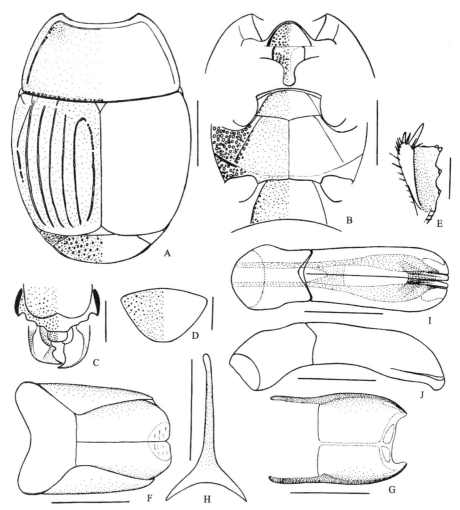

图 154 十二纹清亮阎甲十四纹亚种 *Atholus duodecimstriatus quatuordecimstriatus* (Gyllenhal)
A. 前胸背板、鞘翅和前臀板（pronotum, elytra and propygidium）；B. 前胸腹板、中-后胸腹板和第 1 腹节腹板（prosternum, meso- and metasterna and the 1st visible abdominal sternum）；C. 头（head）；D. 臀板（pygidium）；E. 前足胫节，背面观（protibia, dorsal view）；F. 雄性第 8 腹节背板和腹板，腹面观（male 8th tergite and sternum, ventral view）；G. 雄性第 9、10 腹节背板，背面观（male 9th and 10th tergites, dorsal view）；H. 雄性第 9 腹节腹板，腹面观（male 9th sternum, ventral view）；I. 阳茎，背面观（aedeagus, dorsal view）；J. 同上，侧面观（ditto, lateral view）。比例尺（scales）：A, B = 1.0 mm, C-J = 0.5 mm

观察标本：1 ex., Sandankyo Hinorima (Japan) (日本三段峡), 1933.VI.3, S. Migarnoto leg.; 1 号，[日本] 成川郡，1953.IV.24；2 exs., 台湾 Kuraru, 1933.V.4, Y. Miwa leg.; 2 exs., Taipin (台北), T. Shiraki leg., Y. Miwa det. (*Hister duodecimstriatus*)；1 号，黑龙江哈尔滨，1944.VII.20；1♂，1♀，2 号，黑龙江哈尔滨，1954.VI.6；1 ex., CHINE, Prov. Kiangsu Shanghai Zi-ka-wei (上海徐家汇), 1939.VII.26; 4 exs., CHINE, Prov. Kiangsu Shanghai (上海), 1947, Marist Brothers leg.；1 号，云南西双版纳大勐龙，650 m，1958.IV.12，王书永采；2♂，3 号，北京门头沟梨园岭，1100 m，1998.IX.23，周红章采；2 号，北京小龙门，1140 m，2000.VI.20-VII.2，于晓东采；2 号，四川松潘西山，3000 m，1999.VII.23，任国栋采。

分布：北京、黑龙江、上海、四川、云南、台湾；蒙古，俄罗斯（远东、西伯利亚），韩国，日本，越南，印度，尼泊尔，阿富汗，阿曼，土耳其，北欧和欧洲高海拔地区。

讨论：十二纹清亮阎甲指名亚种 *A. duodecimstriatus duodecimstriatus* (Schrank, 1781) 分布在伊朗、阿富汗、欧洲和地中海地区。与十四纹亚种的区别是鞘翅无肩下线。

(174) 勒清亮阎甲 *Atholus levis* Mazur, 2015

Atholus levis Mazur in Löbl *et* Löbl, 2015: 2 (validation, holotype in Naturhistorisches Museum, Basel, Switzerland); Lackner *et al.* in Löbl *et* Löbl, 2015: 92 (catalogue).

Atholus levis Mazur, 2013: 195 (Laos: Louangphrabang Prov.) [unavailable].

观察标本：未检视标本。

分布：台湾；尼泊尔，东洋区。

(175) 菲律宾清亮阎甲 *Atholus philippinensis* (Marseul, 1854)（图 155）

Hister philippinensis Marseul, 1854: 547 (Malaysia).

Atholus philippinensis: Lewis, 1906b: 402; 1915: 55; Bickhardt, 1910c: 54; 1913a: 173 (subg. *Atholus* of *Hister*; China: Hoozan, Taihorin of Taiwan); 1914b: 314; 1917: 294; Desbordes, 1917a: 322 (key); 1919: 399; Miwa, 1931: 57; Kamiya *et* Takagi, 1938: 31; Mazur, 1975: 443; 1984b: 215 (South China; catalogue); 1997: 132 (catalogue); 2011a: 106 (catalogue); Ôhara, 1999b: 32 (redescription, figures, photos); Mazur in Löbl *et* Smetana, 2004: 79 (China: Hainan; catalogue); Lackner *et al.* in Löbl *et* Löbl, 2015: 93 (catalogue).

Hister philippensis [sic!]: Gemminger *et* Harold, 1868: 771.

Hister sector Lewis, 1901: 375; 1906b: 402 (*Atholus*); Bickhardt, 1917: 194 (synonymized).

体长 3.54-4.30 mm，体宽 3.06-3.72 mm。体卵形，较隆凸，黑色光亮，胫节、跗节、触角和口器深棕色。

头部表面密布细微的浅刻点；额线完整深刻，前端较直；上颚表面外缘无隆起的边，内缘具 1 齿。

前胸背板两侧均匀弧弯，向端部强烈收缩，前角锐，前缘凹缺部分中央较直，后缘两侧直，中部略向后弓弯；缘线于两侧完整，前端于头后宽阔间断；侧线完整，后端略短缩，不达后缘，微弱钝齿状，两侧远离边缘；表面具革状底纹，刻点细小稀疏，缘线和侧线之间的区域具密集的细微刻点，沿后缘有 1 行较粗大的刻点，小盾片前区有 1 短的纵长刻点。

　　鞘翅两侧弧圆。外肩下线较长，于基部 1/8 和端部 1/5 短缩，内肩下线无；斜肩线位于基部 1/3；第 1-3 背线完整且粗糙钝齿状，第 4 背线位于端部 2/3，有时略短，第 5 背线和缝线位于端部 1/3 或略长，缝线略长于第 5 背线。鞘翅表面遍布稀疏细小的浅刻点。鞘翅缘折凹陷，具稀疏的粗大刻点；缘折缘线位于端半部；鞘翅缘线完整且钝齿状。

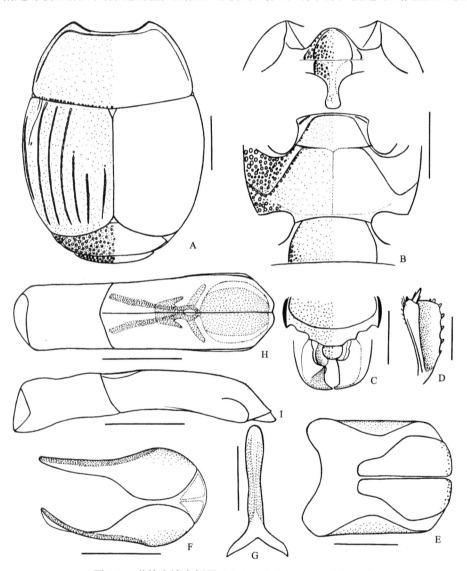

图 155　菲律宾清亮阎甲 *Atholus philippinensis* (Marseul)

A. 前胸背板、鞘翅、前臀板和臀板（pronotum, elytra, propygidium and pygidium）；B. 前胸腹板、中-后胸腹板和第 1 腹节腹板（prosternum, meso- and metasterna and the 1st visible abdominal sternum）；C. 头（head）；D. 前足胫节，背面观（protibia, dorsal view）；E. 雄性第 8 腹节背板和腹板，腹面观（male 8th tergite and sternum, ventral view）；F. 雄性第 9、10 腹节背板，背面观（male 9th and 10th tergites, dorsal view）；G. 雄性第 9 腹节腹板，腹面观（male 9th sternum, ventral view）；H. 阳茎，背面观（aedeagus, dorsal view）；I. 同上，侧面观（ditto, lateral view）。比例尺（scales）：A, B = 1.0 mm, C-I = 0.5 mm

前臀板和臀板具皮革纹。前臀板具较密集的圆形大刻点，混有较密集的细微刻点。臀板刻点与前臀板的相似，但更密集，端部刻点略稀疏。

咽板前缘圆；缘线于两侧完整，于前端中央狭窄间断；表面中央具稀疏小刻点，两侧刻点粗大，较密。前胸腹板龙骨狭窄，基半部较平坦，后缘微弱内凹；表面刻点稀疏微小，端部两侧刻点粗大；无龙骨线。前胸腹板侧线清晰。

中胸腹板前缘微向外弓弯；缘线完整，前角处另有 1 横向短线；表面具稀疏的细小刻点；中-后胸腹板缝于两侧清晰，于中央微弱，成角。

后胸腹板基节间盘区刻点与中胸腹板的相似；中纵沟细弱；后胸腹板侧线深刻、钝齿状，向后侧方延伸，与斜线相连；侧盘区密布圆形大刻点，刻点向内侧逐渐缩小；中足基节后线沿中足基节窝后缘延伸，基部末端与中胸腹板缘线的后端相连。

第 1 腹节腹板基节间盘区刻点与中胸腹板的相似，后侧角刻点较粗大；腹侧线完整。

前足胫节外缘有 4-6 个不明显的齿，端部 2-3 个相互靠近，前缘有 5 个齿；前足腿节线近于完整，端部较靠近后缘。中、后足胫节外缘各有 2 列刺，1 列长刺，1 列短刺。

雄性外生殖器如图 155E-I 所示。

观察标本：1♂, 1♀, 2 exs., Hoa Binh, Tonkin (越南东京湾和平), de Cooman leg., de Cooman det.; 2 exs., Hozan, 1923.VIII., T. Shiraki leg., T. Shiraki det.; 1 ex., 台湾 Shinchiku, 1918.VII.1-30, J. Sonan leg.; 1 ex., 台湾 Taihoku, 1936.III., Y. Miwa leg.; 1 ex., 台湾 Heito, 1938.III.9, Y. Miwa leg.; 1♂, 1♀, 云南车里大勐龙，640 m，1957.IV.29，王书永采，Kryzhanovskij 鉴定；1♂, 1 号，云南富宁剥隘，260 m，1998.IV.17，周海生采。

分布：海南、云南、台湾；印度，缅甸，越南，菲律宾，马来西亚，印度尼西亚。

(176) 皮瑞清亮阎甲 *Atholus pirithous* (Marseul, 1873)（图 156）

Hister pirithous Marseul, 1873: 224 [Japan: Hiogo (Honshu) and Nagasaki (Kyushu)].

Atholus pirithous: Lewis, 1906b: 402; 1915: 55 (China: Shinten of Taiwan); Bickhardt, 1910c: 54 (catalogue); 1913a: 173 (subg. *Atholus* of *Hister*; China: Taihorin, Hoozan of Taiwan); 1917: 194; Jakobson, 1911: 646; Desbordes, 1917a: 323 (key); 1919: 400 (Tonkin); Reichardt, 1930b: 48; Miwa, 1931: 58; Kamiya *et* Takagi, 1938: 31; Kryzhanovskij *et* Reichardt, 1976: 390 [*Atholus* (*Euatholus*) *pirithous*]; Mazur, 1984b: 215 (China; catalogue); 1997: 132 (catalogue); 2009: 115 (China: Taiwan); 2011a: 106 (catalogue); Ôhara, 1993a: 141 (redescription, figures); 1993b: 108; 1994: 138; 1999a: 110; 1999b: 36; Kapler, 1993: 29 (Russia); ESK *et* KSAE, 1994: 137 (Korea); Ôhara *et* Paik, 1998: 22; Mazur in Löbl *et* Smetana, 2004: 79 (China: Guangdong, Shanghai; catalogue); Lackner *et al.* in Löbl *et* Löbl, 2015: 93 (catalogue).

Hister ixion Lewis, 1892a: 30; Mazur, 2009: 115 (synonymized).

Hister reitteri Bickhardt, 1918a: 231; Reichardt, 1930b: 48 (synonymized).

Hister pirithous ab. *reitteri*: Reichardt, 1930b: 48.

体长 2.87-4.20 mm，体宽 2.43-3.60 mm。体卵形，较隆凸，黑色光亮，鞘翅末端的窄带、胫节、跗节、触角和口器深棕色。

头部表面密布小刻点，刻点间具皮革纹；额线完整，粗糙钝齿状，前端中央较直；

上颚外缘无隆起的边，内缘有 1 齿。

　　前胸背板两侧均匀弓弯向前收缩，前角锐，前缘凹缺部分中央较直，后缘较直；缘线于两侧完整而于头后宽阔间断；侧线深刻、钝齿状且完整，两侧较远离侧缘，后端不达前胸背板后缘；表面具较密集的细小刻点，有时略稀疏，沿后缘刻点较粗大；前胸背板两侧侧线端部内侧区域微凹。

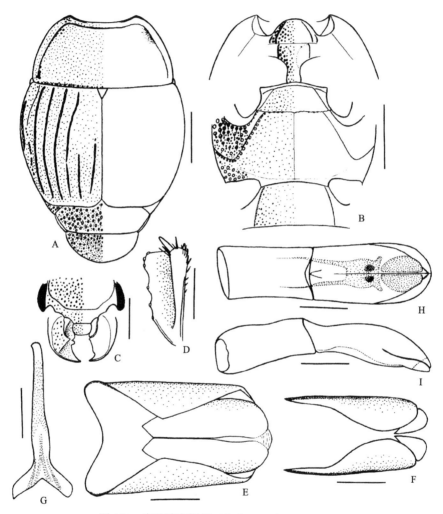

图 156　皮瑞清亮阎甲 *Atholus pirithous* (Marseul)

A. 前胸背板、鞘翅、前臀板和臀板（pronotum, elytra, propygidium and pygidium）；B. 前胸腹板、中-后胸腹板和第 1 腹节腹板（prosternum, meso- and metasterna and the 1st visible abdominal sternum）；C. 头（head）；D. 前足胫节，背面观（protibia, dorsal view）；E. 雄性第 8 腹节背板和腹板，腹面观（male 8th tergite and sternum, ventral view）；F. 雄性第 9、10 腹节背板，背面观（male 9th and 10th tergites, dorsal view）；G. 雄性第 9 腹节腹板，腹面观（male 9th sternum, ventral view）；H. 阳茎，背面观（aedeagus, dorsal view）；I. 同上，侧面观（ditto, lateral view）。比例尺（scales）：A, B = 1.0 mm, C, D = 0.5 mm, E-I = 0.25 mm

　　鞘翅两侧弧圆。外肩下线位于基中部，长为鞘翅长的一半，内肩下线位于端半部且波曲，有时十分微弱；斜肩线位于基部 1/3；第 1-4 背线完整，粗糙钝齿状，第 5 背线位于端部 1/3 或略长；缝线位于端半部或略长。表面刻点与前胸背板的相似，侧面刻点较密，基中部刻点较疏。鞘翅缘折具凹陷，凹陷具皮革纹，端半部密布粗大刻点；缘折缘线位于端半部，但后端经常短缩；鞘翅缘线完整。

前臀板和臀板具皮革纹。前臀板密布圆形大刻点，大刻点间密布小刻点。臀板刻点粗糙，基部 1/3 刻点与前臀板的相似但大刻点较小，其他区域密布细小刻点。

咽板前缘圆，有时略尖；缘线于两侧完整，于前端中央宽阔间断，有时完整；表面具较密集的细小刻点，两侧刻点较粗大。前胸腹板龙骨狭窄，基部平坦，后缘内凹；表面刻点与咽板的相似，侧面刻点粗大；无龙骨线。前胸腹板侧线清晰。

中胸腹板前缘中部略向外突出；缘线完整，前角处另有 1 横向短线；表面具稀疏或略密集的细小刻点；中-后胸腹板缝清晰，钝齿状，中间成角。

后胸腹板基节间盘区刻点与中胸腹板的相似；中纵沟较浅；后胸腹板侧线深刻并有 1 行粗大刻点，向后侧方延伸，与斜线相连；侧盘区具较稀疏的具短刚毛的大刻点，大刻点间密布小刻点；中足基节后线沿中足基节窝后缘延伸。

第 1 腹节腹板基节间盘区刻点与中胸腹板的相似，有时较粗大，有时沿腹侧线和后缘刻点较粗大；腹侧线完整。

前足胫节外缘有 6 个齿，端部 3 个相互靠近，前缘有 3 个小齿；前足腿节线近于完整，基部 1/6 短缩。中、后足胫节外缘各有 2 列刺，1 列长刺，1 列较短刺。

雄性外生殖器如图 156E-I 所示。

观察标本：2 exs., Iriki Kagoahima Kyushu, Japan (日本九州), 1984.V.20, M. Ôhara leg., M. Ôhara det.; 1 ex., Sagapacf (?), Japan (日本), 1934.V, Y. Miwa leg.; 1 号，日本佐贺县呼子町，1936.X.18，山口兵卫采；3 exs., 台湾 Taihoku, 1935.III, Y. Miwa leg.; 2 exs., [台湾] Taihoku, 1917.I.27, Sonan leg., H. Desbordes det., 1931; 2 exs., Taihoku, 1917.I.27, Sonan leg., Y. Miwa det.; 1 ex., Formosa (台湾) Kuraru, 1933.V.23, Y. Miwa leg., Y. Miwa det.; 1 ex., Formosa (台湾) Heito, 1938.V, Y. Miwa coll; 2 exs., Hozan, 1923.VIII, T. Shiraki leg., T. Shiraki det.; 1♂, 7 号，北京海淀闵庄，1997.VIII.26，周海生采；1 号，北京海淀闵庄，1996.VI.3，周海生、郝成钢采；1♂, 1 号，北京海淀闵庄，1996.VI.23，周海生、郝成钢采；1♀, 8 号，北京海淀南坞，1997.VIII.26，周海生采；1♂, 2 号，北京海淀巴沟村，1997.VIII.28，周海生采；1♀, 4 号，北京海淀蓝靛厂，1997.VIII.19，周海生采；1 号，北京海淀，1997.IX.17，周海生采；1 号，北京朝阳区大屯，1996.IV.21，周红章、刘虹采；6 号，北京海淀圆明园，1993.VIII.2，周红章采；1 号，甘肃文县碧口中庙，700 m，1998.VI.24，杨星科采；5♂, 1♀, 1 号，广西凭祥大青山，360 m, 1998.III.24，周海生采；1♂, 广西大新，280 m, 1998.III.29，周海生采；5 号，广西那坡百合，440 m, 1998.IV.8，李文柱采；1 号，广西那坡德孚，1440 m, 1998.IV.5，李文柱采；1 号，广西那坡弄化，950 m, 1998.IV.14，朱朝东采；1 号，河北武安，1996.V.2，周海生采；1 号，湖北神农架九冲，900 m, 1998.VII.20，周红章采；1♀, 云南屏边大围山，1500 m, 1956.VI.19，黄克仁等采，罗天宏鉴定；3 号，黑龙江哈尔滨，1946.V.30；4 exs., Tsingtao (青岛)；5 exs., CHINE, Prov. Kiangsu Shanghai, Zi-ka-wei (上海徐家汇), 1939.VI-VIII; 16 号，四川宝兴，

田边堆草，手抓，2005.IX.1，张叶军、李晓燕、赵彩云、陈永杰采；4 号，四川宝兴，堆草，手抓，2005.IX.1，赵彩云采；1 号，四川青城山后山，玉米秆下，吸管，2005.VIII.22，李晓燕采。

分布：北京、河北、黑龙江、山东、湖北、四川、广东、上海、广西、云南、甘肃、台湾；蒙古、俄罗斯（远东、西伯利亚）、朝鲜半岛，日本，越南，尼泊尔，阿曼，印度尼西亚，欧洲北部及中部高海拔地区。

(177) 纹尾清亮阎甲 *Atholus striatipennis* (Lewis, 1892)（图 157）

Hister striatipennis Lewis, 1892d: 31 (Burma); 1906b: 402; Bickhardt, 1910c: 55 (catalogue); 1917: 194; Desbordes, 1919: 400; Reichardt, 1932b: 118.

Atholus striatipennis: Mazur, 1984b: 217 (catalogue); 1997: 133 (catalogue); 2011a: 106 (catalogue); Mazur in Löbl *et* Smetana, 2004: 79 (catalogue); Lackner *et al.* in Löbl *et* Löbl, 2015: 93 (catalogue).

体长 2.93-3.22 mm，体宽 2.35-3.54 mm。体卵形，隆凸，黑色光亮，足和触角深棕色。

头部表面具较密集且略粗大的刻点，盘区前中部微凹；额线完整，前缘中央内弯成角；上颚背面平坦或凹陷，没有明显的隆起的缘边，内缘有 1 齿。

前胸背板两侧均匀弧弯，向前收缩，前角较锐，前缘凹缺部分微呈双波状，后缘较直；缘线于两侧完整，前端于头后宽阔间断；侧线于前缘完整，于两侧基部 1/3 短缩且远离边缘；表面具较密集的小刻点，后缘有 1 行较粗大的刻点，小盾片前区有 1 纵长刻点。

鞘翅两侧弧圆。外肩下线无，内肩下线仅位于中部 1/3 或更短；斜肩线位于基部 1/3；第 1-5 背线完整深刻且呈钝齿状，第 5 背线基端与缝线相连；缝线完整，中部靠近鞘翅缝。鞘翅表面刻点与前胸背板的相似。鞘翅缘折凹陷，具稀疏的细微刻点；缘折缘线位于端半部，但后端经常短缩；鞘翅缘线完整而深刻。

前臀板和臀板具皮革纹。前臀板遍布略密集的细微刻点，其间分散有稀疏粗大的圆形刻点。臀板刻点与前臀板的相似，但大刻点较小，有时刻点模糊且更小。

咽板较长，前缘较尖，侧面观呈 "V" 字形；缘线完整；表面两侧密布粗大刻点，中部刻点较小。前胸腹板龙骨狭窄，后缘较直；表面具稀疏的细小刻点，端部两侧刻点较粗大；无龙骨线。前胸腹板侧线清晰。

中胸腹板前缘略向外弓弯；缘线完整，前角处另有 1 横向短线；表面具略密集的小刻点和细小刻点；中-后胸腹板缝清晰，中央略成角。

后胸腹板基节间盘区刻点与中胸腹板的相似，但略稀；中纵沟较深刻；后胸腹板侧线深刻，向后侧方延伸，接近但不与斜线相连；侧盘区密布具短刚毛的圆形大刻点，端部大刻点之间分散有小刻点；中足基节后线沿中足基节窝后缘延伸。

第 1 腹节腹板基节间盘区刻点与后胸腹板基节间盘区的相似，有时略粗大；腹侧线完整。

前足胫节外缘有 4 个大齿，端部 2 个相互靠近；前足腿节线近于完整。中、后足胫节外缘各具 2 列刺，1 列长刺，1 列短刺。

　　观察标本：1♀，云南小勐养，850 m，1957.IV.2，蒲富基采，Kryzhanovskij 鉴定；1♀，云南小勐养，810 m，1957.IV.3，洪广基采，Kryzhanovskij 鉴定；1♀，云南车里石灰窑，700 m，1957.IV.27，刘大华采，Kryzhanovskij 鉴定；1♀，云南思茅，1200 m，1957.V.11，王书永采，Kryzhanovskij 鉴定；3♀，云南金平猛喇，370 m，1956.IV.22，黄克仁等采，Kryzhanovskij 鉴定。

　　分布：云南；印度，斯里兰卡，缅甸，老挝，泰国。

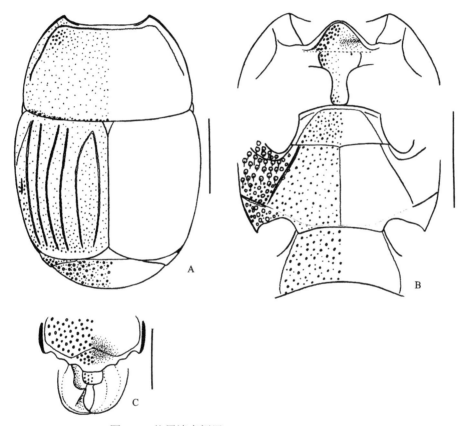

图 157　纹尾清亮阎甲 *Atholus striatipennis* (Lewis)

A. 前胸背板、鞘翅和前臀板（pronotum, elytra and propygidium）；B. 前胸腹板、中-后胸腹板和第 1 腹节腹板（prosternum, meso- and metasterna and the 1ˢᵗ visible abdominal sternum）；C. 头（head）。比例尺（scales）：A, B = 1.0 mm, C = 0.5 mm

(178) 扭清亮阎甲 *Atholus torquatus* (Marseul, 1854)（图 158）

Hister torquatus Marseul, 1854: 587 (India).

Atholus torquatus: Lewis, 1906b: 402; Bickhardt, 1910c: 55 (catalogue); 1917: 194; Desbordes, 1917a: 325 (key); 1919: 400; Mazur, 1984b: 218 (catalogue); 1991: 6; 1997: 134 (China: Sichuan; catalogue); 2011a: 106 (catalogue); Mazur in Löbl et Smetana, 2004: 79 (catalogue); Lackner et al. in Löbl et Löbl, 2015: 93 (catalogue; China: Hainan, Hebei).

Hister genuae Lewis, 1888a: 639; 1906b: 402 (*Atholus*); Bickhardt, 1913c: 698 (synonymized).

Hister mundulus Lewis, 1902a: 238 (Sumatra); Desbordes, 1919: 399 (synonymized).

体长 3.41-5.00 mm，体宽 2.87-4.35 mm。体短卵形，隆凸，黑色光亮，跗节和触角深红棕色，前臀板和臀板有孔雀蓝色光泽。

头部表面平坦，有时沿额线前端微凹，密布细小刻点，有时略大；额线完整，前缘中央微弱内弯；上颚外缘无隆起的边，内缘具 1 齿。

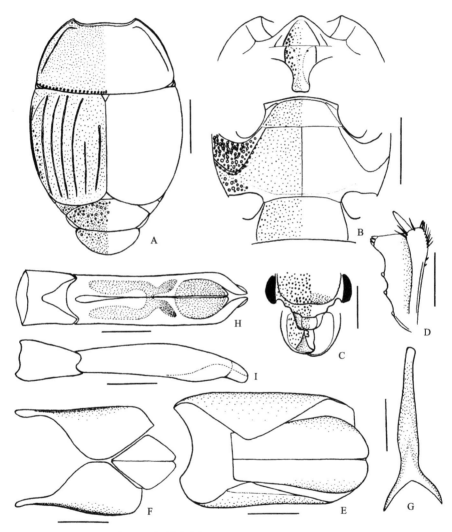

图 158 扭清亮阎甲 *Atholus torquatus* (Marseul)

A. 前胸背板、鞘翅、前臀板和臀板（pronotum, elytra, propygidium and pygidium）；B. 前胸腹板、中-后胸腹板和第 1 腹节腹板（prosternum, meso- and metasterna and the 1st visible abdominal sternum）；C. 头（head）；D. 前足胫节，背面观（protibia, dorsal view）；E. 雄性第 8 腹节背板和腹板，腹面观（male 8th tergite and sternum, ventral view）；F. 雄性第 9、10 腹节背板，背面观（male 9th and 10th tergites, dorsal view）；G. 雄性第 9 腹节腹板，腹面观（male 9th sternum, ventral view）；H. 阳茎，背面观（aedeagus, dorsal view）；I. 同上，侧面观（ditto, lateral view）。比例尺（scales）：A, B = 1.0 mm, C, D = 0.5 mm, E-I = 0.25 mm

前胸背板两侧均匀弓弯向前收缩，前角较锐，前缘凹缺部分略呈双波状，后缘较直；缘线完整、细弱，前端密集钝齿状；侧线于两侧完整，较远离侧缘，后端略短缩，前端沿前角内弯接近缘线；表面密布细小刻点，沿后缘有 1 行粗大刻点，小盾片前区有 1 纵长刻点。

鞘翅两侧弧圆。外肩下线多变，前后均短缩，有时长，有时短，有时极微弱，近于缺失，内肩下线微弱或缺失；斜肩线位于基部 1/3；第 1-4 背线完整，第 5 背线位于端半部或略长；缝线位于端部 2/3，略长于第 5 背线。鞘翅表面刻点与前胸背板的相似，但略小略稀。鞘翅缘折较平坦，具稀疏的细小刻点；缘折缘线和鞘翅缘线均完整。

前臀板和臀板具皮革纹。前臀板密布细小刻点，其间分散有稀疏的圆形大刻点。臀板密布细小刻点，沿前缘有少量略粗大的刻点，有时无大刻点。

咽板较长，前缘较尖，侧面观较平坦；缘线完整，有时于前端中央狭窄间断；表面刻点较粗大，两侧刻点密集，中部刻点较稀疏。前胸腹板龙骨狭窄，后缘微弱内凹；表面具较密集的细小刻点，侧面刻点略粗大。前胸腹板侧线清晰。

中胸腹板前缘略向外弓弯；缘线完整，前角处另有 1 横向短线；表面密布细小刻点；中-后胸腹板缝清晰并于中央成角。

后胸腹板基节间盘区刻点与中胸腹板的相似但略稀略小；中纵沟较深；后胸腹板侧线深刻，向后侧方延伸，与斜线相连；侧盘区密布具短刚毛的圆形大刻点；中足基节后线沿中足基节窝后缘延伸。

第 1 腹节腹板基节间盘区刻点与中胸腹板的相似；腹侧线完整。

前足胫节外缘有 6 个齿，端部 3 个相互靠近；前足腿节线近于完整。中、后足胫节外缘各有 2 列刺，1 列长刺，1 列较短刺。

雄性外生殖器如图 158E-I 所示。

观察标本：2 exs., Hoa-Bin Tonkin (越南东京湾和平), de Cooman leg., de Cooman det.；1 号，云南思茅，1957.III.29，洪广基采，Kryzhanovskij 鉴定，1969；1 号，云南勐海，1200 m，1957.II.21，刘大华采，Kryzhanovskij 鉴定，1969；1 号，云南金平猛喇，370 m，1956.IV.22，黄克仁等采，Kryzhanovskij 鉴定，1969；1 号，云南西双版纳大勐龙，650 m，1958.V.4，王书永采，Kryzhanovskij 鉴定，1969；1 号，福建建阳黄坑六墩，300-400 m，1960.III.28，蒲富基采，Kryzhanovskij 鉴定，1969；2♂，1♀，7 号，广西防城扶隆，220 m，1998.III.16，周海生采；1♀，广西扶隆平龙山，650 m，1998.III.13，李文柱采；1♂，1♀，2 号，广西崇左那隆，290 m，1998.III.20，周海生采；1♂，广西凭祥大青山，360 m，1998.III.24，周海生采；1 号，广西那坡北斗，550 m，1998.IV.10，乔格侠采；1 号，广西金秀奋战，800 m，1999.V.13，李文柱采；1 号，四川青城山，堆草，吸管，2005.VIII.24，张叶军采。

分布：河北、福建、广西、四川、海南、云南；印度，尼泊尔，中南半岛，印度尼西亚。

39. 毛腹阎甲属 *Asiaster* Cooman, 1948

Asiaster Cooman, 1948: 123; Mazur, 1984b: 218 (catalogue); 1997: 134 (catalogue); 2011a: 107 (catalogue); Ôhara, 1999b: 37; Kapler, 1999b: 283; Mazur in Löbl *et* Smetana, 2004: 78 (catalogue); Lackner *et al.* in Löbl *et* Löbl, 2015: 91 (catalogue). **Type species:** *Asiaster calcator* Cooman, 1948. Original designation.

体卵圆形，略隆凸。头部具额线；上唇略长，前缘凹缺；上颚粗短，内侧有 1 齿。前胸背板表面无大刻点；缘线完整或于头后间断；侧线于两侧远离边缘；前背折缘光滑无毛。小盾片三角形。鞘翅表面无大刻点；外肩下线存在于中部或基部，内肩下线存在于中部或端部，第 1-5 背线和缝线深刻。咽板缘线存在于两侧，缘线与侧缘之间另有 1 条纵向短线；咽板和龙骨之间无明显的界限。前胸腹板龙骨于基部平或凹陷，不隆起，刻点具柔毛；无龙骨线。中胸腹板前缘向外弓弯；缘线细且完整，前角处另有 1 条横向短线；刻点具柔毛。后胸腹板侧线和斜线相连；刻点具柔毛。第 1 腹节腹板基节间盘区具完整的腹侧线。所有胫节的端部均适度加宽，端部腹面有由短而粗壮的刺组成的毛刷；前足胫节外缘具若干小刺；中、后足胫节外缘具 2 列刺。

分布：东洋区。

该属世界记录 8 种（Mazur, 2011a, 2013），中国记录 3 种。1 种未检视标本。

种 检 索 表

1. 鞘翅第 1-3 背线完整 ···**库氏毛腹阎甲 *A. cooteri***
   鞘翅第 1-4 背线完整 ··· 2
2. 腹面具毛 ···**卡卡毛腹阎甲 *A. calcator***
   腹面无毛 ···**赫氏毛腹阎甲 *A. hlavaci***

(179) 卡卡毛腹阎甲 *Asiaster calcator* Cooman, 1948（图 159）

Asiaster calcator Cooman, 1948: 124 (China: Sozan, Shinchiku of Taiwan); Mazur, 1984b: 218 (catalogue); 1997: 134 (catalogue); 2011a: 107 (catalogue); Ôhara, 1999b: 37 (redescripiton, figures, photos); Mazur in Löbl *et* Smetana, 2004: 78 (catalogue); Lackner *et al.* in Löbl *et* Löbl, 2015: 91 (catalogue).

体长 3.92 mm，体宽 3.32 mm。体卵圆形，较隆凸，黑色光亮，足、触角和口器红褐色。

头部平坦，表面具稀疏的细小刻点；额线深刻完整，前端均匀向外弓弯；上唇较长略短于宽，前缘凹缺，凹缺中部轻微向外突出；上颚粗壮，背面轻微凹陷，内侧有 1 齿。

前胸背板两侧均匀弧弯向前收缩，前角锐，前缘凹缺部分中央较直，后缘略弧弯；缘线于两侧完整，前端于头后宽阔间断；侧线完整深刻，略呈钝齿状，前端接近前缘，两侧远离侧缘且略波曲；表面具较稀疏的细小刻点，沿后缘有 1 行较粗大的刻点。

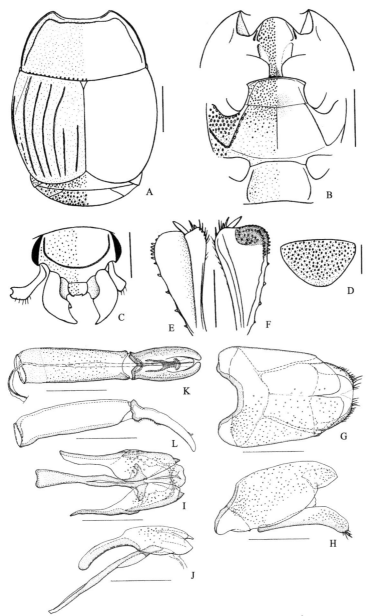

图 159　卡卡毛腹阎甲 *Asiaster calcator* Cooman（G-L 仿 Ôhara, 1994）

A. 前胸背板、鞘翅和前臀板（pronotum, elytra and propygidium）；B. 前胸腹板、中-后胸腹板和第 1 腹节腹板（prosternum, meso- and metasterna and the 1st visible abdominal sternum）；C. 头（head）；D. 臀板（pygidium）；E. 前足胫节，背面观（protibia, dorsal view）；F. 同上，腹面观（ditto, ventral view）；G. 雄性第 8 腹节背板和腹板，背面观（male 8th tergite and sternum, dorsal view）；H. 同上，侧面观（ditto, lateral view）；I. 雄性第 9、10 腹节背板和第 9 腹节腹板，背面观（male 9th and 10th tergites and 9th sternum, dorsal view）；J. 同上，侧面观（ditto, lateral view）；K. 阳茎，背面观（aedeagus, dorsal view）；L. 同上，侧面观（ditto, lateral view）。比例尺（scales）：A, B = 1.0 mm, C, E-L = 0.5 mm, D = 0.25 mm

　　鞘翅两侧弧圆。背部所有的线（斜肩线除外）稀疏钝齿状；外肩下线深刻，位于中部 1/2，内肩下线微弱且不连续，位于鞘翅端部 1/3；斜肩线细弱，位于鞘翅基部 2/5；

第 1-4 背线完整，第 5 背线位于鞘翅端半部；缝线位于端半部，位置略高于第 5 背线。鞘翅表面刻点与前胸背板的相似。鞘翅缘折凹陷，具分散的粗大刻点；缘折缘线位于端部 2/3；鞘翅缘线完整；二者之间另有 1 条完整的线。

前臀板密布大而浅的圆形刻点，其间混有较稀疏的细小刻点。臀板刻点与前臀板的相似，但略小且更密集，沿后缘无粗大刻点。

咽板前缘圆；缘线存在于两侧，两侧边缘和缘线之间另有 1 短线；表面具较密集的小刻点及密集的浅黄色毛。前胸腹板龙骨略宽，微隆，基部略低凹，后缘近于平直；刻点与咽板的相似，也具浅黄色毛；无龙骨线。前胸腹板侧线清晰。

中胸腹板前缘轻微向外弓弯；缘线细且完整，前角处另有 1 条横向短线；表面刻点与咽板的相似，且具密集的短毛；中-后胸腹板缝较清晰，中间向后成角。

后胸腹板基节间盘区基部 1/3 刻点与中胸腹板的相似且具稀疏的短毛，端部刻点稀疏细小；中纵沟较深；后胸腹板侧线深刻，沿侧线有 1 行大而浅的圆形刻点，侧线向后侧方延伸，与斜线相连，相连处几乎成直角；侧盘区密布圆形大刻点，沿侧线和斜线区域刻点细小；中足基节后线沿中足基节窝后缘延伸且较远离后者。

第 1 腹节腹板基节间盘区具稀疏的细小刻点；腹侧线完整深刻，前后端均不达边缘。

所有胫节的端部均适度加宽，端部腹面有由短而粗壮的刺组成的毛刷。前足胫节外缘有 4-5 个小刺，毛刷由 4 排刺组成，顶端的刺超出胫节边缘，故背面观可见；前足腿节线完整。中、后足胫节外缘各有 2 列刺。

雄性外生殖器如图 159G-L 所示。

观察标本：1 ex., Paratype, Formosa (台湾) Shinchiku, 1940.VII.1-30, J. Sonan leg., de Cooman det., 1948。

分布：台湾。

(180) 库氏毛腹阎甲 *Asiaster cooteri* Kapler, 1999

Asiaster cooteri Kapler, 1999b: 283 (China: Zhejiang); Mazur in Löbl *et* Smetana, 2004: 78 (catalogue); Mazur, 2011a: 107 (catalogue); Lackner *et al.* in Löbl *et* Löbl, 2015: 91 (catalogue).

描述根据 Kapler（1999b）整理：

体长 2.8 mm，体宽 2.5 mm。体隆凸，黑色有光泽，触角和足深栗褐色；表面具非常稀疏细小的刻点，腹面多刚毛。

头部平坦，刻点细微；额线深刻完整；触角端锤具不清晰的 3 节，密被金色刚毛。

前胸背板两侧向前收缩；缘线完整；侧线深刻，于两侧较远离边缘；刻点非常细微。

鞘翅宽，肩区突出。外肩下线清晰，后端短缩，内肩下线不连续，位于中部；斜肩线细弱，前端与鞘翅第 1 背线相连；背线深刻，长度不等：第 1-3 背线完整，第 4 背线位于端半部，第 5 背线位于端部 1/3；缝线短缩，位于端半部，不超过鞘翅中央。鞘翅缘折有 2 条缘折缘线，外侧线和鞘翅缘线之间有 1 行稀疏的大刻点。

前臀板具大而浅的刻点，刻点向两侧及后缘渐小。臀板刻点较前臀板的小，后端刻点相当小。

咽板前缘圆；缘线深刻，前端间断，缘线和侧缘之间另有 1 条短线；表面两侧具大而稀疏的刻点。前胸腹板龙骨较宽，光滑，微隆；无龙骨线。前胸腹板侧线清晰。

中胸腹板光滑，缘线完整。

所有胫节的端部适度加宽，端部腹面有由短而粗壮的刺组成的毛刷。前足胫节外缘有 4-5 个小刺；毛刷由 4 排刺组成，顶端的刺超出胫节边缘，故背面观可见；腹面沿内侧线的区域有密集的皱纹。

观察标本：未检视标本。

分布：浙江。

讨论：本种正模标本由英国的 J. Cooter 博士收藏（CHJC）。

(181) 赫氏毛腹阎甲 *Asiaster hlavaci* Lackner, 2004（图 160）

Asiaster hlavaci Lackner, 2004: 107 (China: Fujian); Mazur, 2011a: 107 (catalogue); Lackner *et al.* in
　　Löbl *et* Löbl, 2015: 91 (catalogue).

体长 3.3 mm，体宽 3.0 mm。体宽卵形，略隆凸，黑色光亮，触角、口器、胫节、跗节和鞘翅后缘红棕色。

头部额表面平坦，具略稀疏且均匀的细小刻点；额线深刻完整。

前胸背板两侧弧弯，强烈向前收缩，前角锐，前缘凹缺部分中央较直，后缘略弧弯；缘线于两侧完整，前端于头后宽阔间断；侧线几乎完整，后端略短缩且靠近边缘；表面具略稀疏且均匀的细小刻点，沿后缘有 1 行较粗大的刻点。

鞘翅两侧弧圆，肩部突出。背部所有的线（斜肩线除外）稀疏钝齿状；外肩下线深刻，位于基半部，内肩下线微弱且不连续，位于鞘翅端部 2/3；斜肩线细弱，位于鞘翅基部 1/3，前端与第 1 背线相连，后端与内肩下线相连；第 1-4 背线完整，第 5 背线和缝线位于鞘翅端半部，缝线前端略长于第 5 背线。鞘翅表面刻点与前胸背板的相似。鞘翅缘折略凹陷，具分散的粗大刻点；缘折缘线位于端半部；鞘翅缘线完整；二者之间另有 1 条位于端半部的线。

前臀板遍布稀疏且略粗大的圆形刻点，沿后缘刻点略密略小，大刻点间具稀疏的细小刻点，刻点间隙具皮革纹。臀板大刻点较前臀板的小，大刻点间具细小刻点，刻点间隙具皮革纹。

咽板前缘圆；缘线深刻完整，缘线与侧缘之间另有 1 条短线；侧面具粗大刻点，刻点向中部变小变稀，无毛。前胸腹板龙骨平坦，具稀疏的小刻点，端部两侧刻点粗大，无毛；无龙骨线。前胸腹板侧线完整，强烈隆起。

中胸腹板前缘略向外弓弯；缘线完整，前角处另有 1 条横向短线；表面具稀疏细小的刻点，无毛；中-后胸腹板缝两侧较清晰，中部与后胸腹板侧线前端延长线融合。

后胸腹板基节间盘区刻点与中胸腹板的相似，仅沿侧线有几个略粗大的刻点；中纵沟深；后胸腹板侧线深刻，向后侧方延伸，与斜线相连；侧盘区密布圆形大刻点，沿侧线和斜线区域刻点较小；中足基节后线沿中足基节窝后缘延伸。

第 1 腹节腹板基节间盘区刻点与中胸腹板的相似，但侧面端部具略粗大的刻点；腹侧线完整，前后端均不达边缘。

所有胫节端部均适度加宽，腹面端部具粗壮短刺形成的毛刷。前足胫节外缘具 5-6 个小刺，前侧角具 4-5 个较粗壮的刺；中、后足胫节外缘各有 2 列刺。

阳茎强壮，宽且很短。

观察标本：Holotype, ♂, China: Fujian prov., Wuyi Shan Nat. Res. (中国福建武夷山), 2001.VI.4, Tongmu vill., Hlavac and Cooter leg.; Paratypes, 1 ex., the same data as Holotype。

分布：福建。

讨论：该种与卡卡毛腹阎甲 *A. calcator* Cooman 相似，但腹面无毛；与库氏毛腹阎甲 *A. cooteri* Kapler 的区别是：鞘翅具 4 条完整的背线，前臀板和臀板具皮革纹，阳茎更短且粗壮。

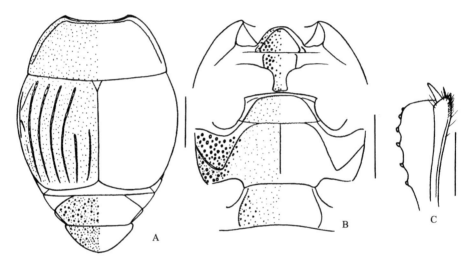

图 160　赫氏毛腹阎甲 *Asiaster hlavaci* Lackner

A. 前胸背板、鞘翅、前臀板和臀板（pronotum, elytra, propygidium and pygidium）；B. 前胸腹板、中-后胸腹板和第 1 腹节腹板（prosternum, meso- and metasterna and the 1st visible abdominal sternum）；C. 前足胫节，背面观（protibia, dorsal view）。比例尺（scales）：A, B = 1.0 mm, C = 0.25 mm

（六）伴阎甲亚科 Hetaeriinae Marseul, 1857

Hétériens Marseul, 1857: 148.

Hetaeriini: Schmidt, 1885c: 281, 283; Reitter, 1909: 279, 289.

Hetaeriinae: Fowler, 1912: 93; Bickhardt, 1916b: 11, 19, 21; 1917: 227; Reichardt, 1941: 35, 66; Wenzel, 1944: 53; Wenzel in Arnett, 1962: 378, 382; Kryzhanovskij *et* Reichardt, 1976: 407; Mazur, 1984b: 298 (catalogue); 1997: 135 (catalogue); Ôhara, 1994: 143 (Japan); 1999a: 115; Dégallier, 1998a: 345; 1998b: 129 (Museum of Natural History, Berlin); 2004: 293; Yélamos, 2002: 166 (character, key), 376; Mazur in Löbl *et* Smetana, 2004: 75 (catalogue).

Hetaeriomorphini Bickhardt, 1914a: 308; Helava *et al.*, 1985: 130 (synonymized). **Type genus:** *Hetaeriomorphus* Schmidt, 1893.

Type genus: *Hetaerius* Erichson, 1834.

触角窝位于前胸腹板靠前缘，横向，后闭合；触角柄节膨大，明显角状；上唇无刚毛；前胸腹板具咽板；前足胫节宽。

该亚科世界记录 106 属 380 余种（Yélamos, 2002; Dégallier, 2004），中国记录 1 属 1 种。

40. 伴阎甲属 *Hetaerius* Erichson, 1834

Hetaerius Erichson, 1834: 156; Lacordaire, 1854: 268; Marseul, 1855: 137; Jacquelin-Duval, 1858: 105; Lewis, 1888b: 144; Ganglbauer, 1899: 376; Fuente, 1900: 188; Reitter, 1909: 189; Jakobson, 1911: 640, 648; Kuhnt, 1913: 372; Bickhardt, 1917: 252, 255; Wenzel in Arnett, 1962: 378, 382; Witzgall, 1971: 189; Kryzhanovskij *et* Reichardt, 1976: 408; Mazur, 1984b: 324 (catalogue); 1997: 144 (catalogue); 2011a: 125 (catalogue); Ôhara, 1994: 143 (Japan); 1999a: 115; Mazur in Löbl *et* Smetana, 2004: 75 (catalogue). **Type species:** *Hister quadratus* Kugelann, 1794. By monotypy.

Haeterius [sic!]: Dejean, 1837: 143; Yélamos, 2002: 168 (character), 377.

Eupelogonus Gistel, 1856: 363; Yélamos, 2002: 377 (synonymized).

体圆形到正方形，适度隆凸，略呈棕色。头部小；额表面通常微凹；上颚略突出；触角中等长度，柄节压平，顶端膨大，明显角状，端锤圆柱形，光滑，顶端平截，有一些细毛。前胸背板宽大于长，后缘微呈双波状，两侧各有 1 条凹沟远离边缘。小盾片很小但很清晰。鞘翅具肩下线，以及外侧几条完整的背线。前臀板宽略大于长，横向六边形，几乎垂直。臀板长大于宽，半卵形，位于腹面。咽板中等大小，前缘平截，具缘线；前胸腹板龙骨中等宽度，后缘宽阔弓形凹缺，具龙骨线。中胸腹板前缘微弱双波状，中部略向前突出；具缘线；无明显的中-后胸腹板缝；中-后胸腹板平或隆凸。足长而强壮；胫节宽扁，外缘具钝角和刚毛；前足胫节跗节沟深，无明显边界；跗节长（Bickhardt, 1917）。

分布：全北区。

该属世界记录 20 余种，中国记录 1 种。

(182) 悦伴阎甲 *Hetaerius optatus* Lewis, 1884（图 161）

Hetaerius optatus Lewis, 1884: 137; 1888b: 145; Bickhardt, 1917: 256; Kryzhanovskij *et* Reichardt, 1976: 409; Mazur, 1984b: 325 (catalogue); 1997: 145 (catalogue); 2011a: 125 (catalogue); Ôhara, 1994: 146 (Japan); 1999a: 115; Mazur in Löbl *et* Smetana, 2004: 75 (catalogue); Mazur, 2007a: 76 (*Haeterius*).

描述根据 Ôhara（1994）整理：

体长 2.01-2.14 mm，体宽 1.57-1.64 mm。体卵形，背面具长毛，黑色光亮，足、口器、触角、前胸背板和鞘翅边缘深棕色。

额表面扁平，具密集粗大的刻点和稀疏长毛；侧缘从后头到唇基后角之间强烈隆起，该隆起在触角着生处之后几乎平行，然后向端部强烈汇聚，在唇基消失，其前末端分离；

上唇矩形，前缘宽阔凹缺；上颚粗短。

前胸背板两侧基半部向内弓弯，端半部向前汇聚，整个边缘具长而粗的毛且轻微隆起，该隆起在基部 1/3 向内弓弯；前角相当宽阔且斜截；前缘强烈凹缺。前胸背板侧线不清晰，被侧面 1/5 的几个隆起取代，这些隆起相互靠近，不同程度融合和间断；前缘凹缺部分侧面 1/4 有 1 微弱的凹线。前胸背板表面具稀树的长毛，在侧面 1/5 被侧面的隆起分离；侧面区域隆凸，具各种各样的隆起和稀疏粗大的刻点，基部 1/3 还有 1 凹窝；中部区域中间隆凸，侧面降低，具密集的单眼状具刚毛大刻点，刻点间距为其直径的 2（1-3）倍且向前更加密集，刚毛长，栗色，混有粗大刻点。

鞘翅外肩下线基部波曲，轻微隆起且完整；内肩下线于端部 1/4 短缩；第 1-3 背线轻微隆起且完整，第 4、5 背线缺失，第 6 背线于基部 1/4 短缩且不达后缘；缝线完整，靠近缝缘。鞘翅表面具单眼状具刚毛大刻点，刻点间距为其直径的 2.5（1-5）倍，刚毛长，黄色，混有粗大的圆形刻点，刻点间距为其直径的 2.5（1-5）倍。鞘翅缘折平坦，不具凹窝；缘折缘线端半部轻微隆起；鞘翅缘线波状，轻微隆起且完整，端部末端沿鞘翅后缘延伸到达缝角且与缝线末端相连。

前臀板宽阔，隆凸，密布不同大小的、具刚毛的圆形浅刻点。臀板散布具刚毛的圆形粗大刻点，刻点间距为其直径的 2.5（1-4）倍。

咽板前缘横截，缘线轻微隆起且中部间断；表面密布粗大刻点。咽板和龙骨之间的缝清晰。前胸腹板龙骨平坦；龙骨线存在于基半部，几乎平行，强烈隆起且微弱波曲；表面密布粗大刻点；后缘宽阔圆形凹缺。前胸腹板侧缘线隆起且向基部汇聚。

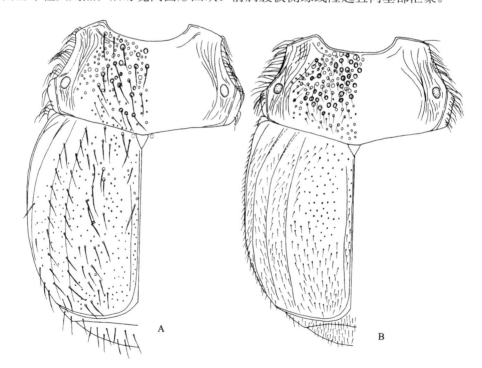

图 161 悦伴阎甲 *Hetaerius optatus* Lewis（仿 Ôhara, 1994）
A. 雄性前胸背板和鞘翅（male pronotum and elytra）；B. 未知性别，前胸背板和鞘翅（sex undetermined, pronotum and elytra）

中胸腹板短；前缘微弱向前突出；缘线强烈隆起，较远离边缘；表面散布具短刚毛的刻点，侧面具 1 深凹窝。

后胸腹板基节间盘区中部隆凸，前侧角强烈降低，均匀分布有具短刚毛的刻点；两侧各有 2 条后胸腹板侧线，内侧线强烈隆起，向内弓弯且端部 1/5 短缩，外侧线隆起，向外弓弯且末端接近后胸腹板-后胸前侧片缝的中间；侧盘区密布大而浅的横椭圆形刻点；后中足基节线轻微隆起，向后向外侧延伸，末端到达近侧盘区的中部。

第 1 腹节腹板基节间盘区刻点与中胸腹板的相似；两侧各有 2 条腹侧线，基部强烈波曲且完整；侧盘区均匀分布有大而浅的椭圆形刻点。

前足胫节膨大，椭圆形且外缘具 8 根粗短的刚毛；中足和后足胫节外缘强烈向外弓弯且具长毛。

观察标本：未检视标本。

分布：台湾；日本。

（七）卵阎甲亚科 Dendrophilinae Reitter, 1909

Dendrophilinae Bickhardt, 1914a: 306; 1916b: 11, 19, 20, 107; Reichardt, 1941: 35, 66; Wenzel in Arnett, 1962: 375, 380; Kryzhanovskij *et* Reichardt, 1976: 250; Gomy, 1983: 319 (key); Mazur, 1984b: 113 (catalogue); 1997: 163 (catalogue); 2011a: 135 (catalogue); Ôhara, 1994: 148 (Japan); 1999a: 115; Ôhara *et* Paik, 1998: 26; Yélamos, 2002: 185 (character, key), 378; Mazur in Löbl *et* Smetana, 2004: 72 (catalogue); Lackner *et al.* in Löbl *et* Löbl, 2015: 82 (catalogue).

Dendrophilini Reitter, 1909: 288 (orig.); Yélamos *et* Ferrer, 1988: 179.

Type genus: *Dendrophilus* Leach, 1817.

触角沟开放，位于咽板侧缘、前足基节和整个侧板之间，在咽板两侧形成与身体纵轴线平行的凹槽；上唇具刚毛；前胸腹板具咽板；前足胫节很宽，边缘向外弯曲；阳茎通常具细长的基片（有些属基片短），侧叶通常较基片短，端部弯曲。

该亚科世界记录 4 族 33 属 400 余种，中国记录 3 族 12 属 39 种，包括我们自己发表的 5 个种。另外，Bickhardt（1913a）记录了 Anapleini Olexa 族的 *Anapleus stigmaticus* (Schmidt) 在台湾的分布，但 Mazur（2007a）认为 Bickhardt 可能是根据未描述的种或者后来 Ôhara（1994: 159, 161, 162）描述的种，可能为错误记录，因此本文中未做记录。

族 检 索 表

1. 口上片宽，梯形，额线发达且于上唇后完整；体长卵圆形，有时卵形，适度隆凸；雄虫阳茎基片长，通常是侧叶的 3 倍⋯⋯⋯⋯⋯⋯⋯⋯⋯⋯⋯⋯⋯⋯⋯⋯⋯⋯ **丽尾阎甲族 Paromalini**
   口上片狭窄，侧缘向前轻微收缩，无额线；体圆形或卵形，常隆凸；雄虫阳茎基片通常短⋯⋯⋯2
2. 背线正常，发达且平行；前足胫节的齿大⋯⋯⋯⋯⋯⋯⋯⋯⋯⋯⋯⋯ **卵阎甲族 Dendrophilini**
   无背线或退化；前足胫节的齿小⋯⋯⋯⋯⋯⋯⋯⋯⋯⋯⋯⋯⋯ **小齿阎甲族 Bacaniini**

六）卵阎甲族 Dendrophilini Reitter, 1909

Dendrophilini Reitter, 1909: 288; Kryzhanovskij *et* Reichardt, 1976: 252; Mazur, 1984b: 113 (catalogue); 1997: 164 (catalogue); 2011a: 135 (catalogue); Ôhara, 1994: 149 (Japan); 1999a: 115; Ôhara *et* Paik, 1998: 26; Yélamos, 2002: 185 (character), 378; Mazur in Löbl *et* Smetana, 2004: 73 (catalogue); Lackner *et al.* in Löbl *et* Löbl, 2015: 83 (catalogue).
Dendrophilina: Yélamos *et* Ferrer, 1988: 179.
Type genus: *Dendrophilus* Leach, 1817.

体卵形，隆凸；口上片狭窄，侧缘向前轻微收缩，无额线；小盾片背面观可见；鞘翅具平行的背线，第4背线除外（此线在一些属中向鞘翅缝弯曲）；前足胫节加宽；阳茎相当细长，基片长度多变。

生境单一，经常与各种蚂蚁有关，在蚁群中可见，也发现于地表巢穴或腐烂的树干里。

该族世界记录2属10余种，中国记录1属2种。

41. 卵阎甲属 *Dendrophilus* Leach, 1817

Dendrophilus Leach, 1817: 77; Erichson, 1834: 166; Lacordaire, 1854: 71; Marseul, 1855: 146; Jacquelin-Duval, 1858: 109; Thomson, 1862: 243; Schmidt, 1885c: 282; Ganglbauer, 1899: 372; Reitter, 1909: 289; Bickhardt, 1910c: 64 (catalogue); 1916b: 107, 109; Jakobson, 1911: 640, 647; Ross, 1940: 103; Wenzel in Arnett, 1962: 375, 380; Witzgall, 1971: 176; Kryzhanovskij *et* Reichardt, 1976: 252; Mazur, 1984b: 114 (catalogue); 1997: 164 (catalogue); 2011a: 135 (catalogue); Yélamos *et* Ferrer, 1988: 179; Ôhara, 1994: 149; 1999a: 115; Ôhara *et* Paik, 1998: 26; Yélamos, 2002: 186 (character), 378; Mazur in Löbl *et* Smetana, 2004: 73 (catalogue); Lackner *et al.* in Löbl *et* Löbl, 2015: 83 (catalogue). **Type species:** *Hister punctatus* Herbst, 1792. By monotypy.

体小，卵形，相当隆凸，体表具大量的皮革纹。头部很小，额表面适度隆凸，无额线；口上片狭窄，侧缘向前轻微收缩；上唇横宽，短，前缘圆，具1对或更多具刚毛的刻点；上颚粗短，弯曲，内侧有1齿；触角柄节很长，弯曲，鞭节7节，端锤倒卵形，由4节组成。前胸背板两侧弓形向前收缩，前角锐且降低；缘线完整。小盾片三角形。鞘翅背线细且平行，第4背线不向鞘翅缝弯曲。前臀板横宽，短。臀板大，与身体垂直。咽板短，横宽，前缘圆，近基角处侧边隆起，内侧区域深凹；前胸腹板龙骨窄，龙骨线完整。中胸腹板宽短，前缘中央深凹；具缘线；中-后胸腹板缝通常伴随清晰的钝齿状或光滑的线。前足胫节明显加宽，外缘具较多小齿。阳茎细长，基片很短。

经常生活在腐烂的有蚂蚁生活的树木中，也生活在各种鸟类和哺乳动物的巢穴中。

分布：古北区。

该属世界记录2亚属10余种，中国记录2亚属2种。

亚属和种检索表

20) 卵阎甲亚属 *Dendrophilus* Leach, 1817

(183) 宽卵阎甲 *Dendrophilus (Dendrophilus) xavieri* Marseul, 1873（图 162）

Dendrophilus xavieri Marseul, 1873: 221, 226 (Japan); Bickhardt, 1910c: 65 (catalogue); 1916b: 110;
Jakobson, 1911: 647; Lewis, 1915: 56 (China: Taipin of Taiwan); Hinton, 1945: 317 (key), 333
(genitalia); Hisamatsu, 1985b: 224, pl. 40, no. 23; Kryzhanovskij *et* Reichardt, 1976: 256 (in subg.
Dendrophilus); Mazur, 1984b: 115 (catalogue); 1997: 165 (catalogue); 2011a: 136 (catalogue); Ôhara,
1994: 149 (redescription, figures); 1999a: 115; Mazur in Löbl *et* Smetana, 2004: 73 (catalogue);
Lackner *et al.* in Löbl *et* Löbl, 2015: 84 (catalogue).
Dendrophilus californicus: Ross, 1937: 68; Hatch, 1962: 268 (synonymized).
Dendrophilus sexstriatus Hatch, 1938: 18; Hatch *et* McGrath, 1941: 55 (*Dendrophilus punctatus* var.
sexstriatus); Hinton, 1945: 334 (synonymized).
Dendrophilus punctatus: Ross, 1940: 107; Hatch, 1962: 268 (synonymized).

体长 2.60-2.98 mm，体宽 1.91-2.30 mm。体长卵形或卵形，黑色，体表光亮，跗节和触角暗褐色。

头部表面平坦，刻点密集粗大，夹杂有细小刻点，中央刻点较稀疏；无额线。

前胸背板两侧明显向前收缩，前缘凹缺部分平直，后缘两侧较直，中间成 1 钝角；缘线完整；表面刻点粗大，夹杂有细小刻点，中部刻点稀疏，侧面及沿后缘的刻点较密。

鞘翅两侧弧圆。肩下线通常缺失，有时存在于中部 1/3；斜肩线于基部 1/3 微凹；第 1、2 背线近于完整，第 3-5 背线存在于基部 2/3，基部钝齿状，向端部逐渐变平滑；缝线存在于基部 2/3，其中间 1/3 不明显。鞘翅基半部背线之间刻点小，稀疏，端半部刻点密集粗大，端部 1/3 刻点常相连成脊，沿后缘的狭窄区无刻点。鞘翅缘折刻点密集粗大，内侧 1/2 刻点稀疏细小；缘折缘线清晰、完整；鞘翅缘线完整。

前臀板短，沿后缘有 2-3 行粗大刻点。臀板刻点密集粗大。

咽板前缘圆形；缘线完整；表面刻点密集粗大。前胸腹板龙骨线完整，强烈隆起，其内侧具浅凹，末端不相连；龙骨表面刻点较稀。前胸腹板侧线强烈隆起且完整。

中胸腹板前缘中部深凹，缘线只存在于侧面，前端略向内弯，后端与后胸腹板侧线相连；表面刻点稀疏粗大；中-后胸腹板缝完整、微凹，伴随 1 条强烈钝齿状线。

后胸腹板基节间盘区刻点稀疏细小，沿后胸腹板侧线及后缘刻点粗大；中纵沟浅，不清晰；后胸腹板侧线强烈隆起，其内侧浅凹，向后侧方延伸，约存在于基部 2/3；侧盘区刻点密集，大而浅；中足基节后线沿中足基节窝后缘延伸，末端不弯曲。

第 1 腹节腹板基节间盘区刻点稀疏粗大；腹侧线隆起并完整。

所有胫节宽，扁平。前足胫节外缘具 12 个小齿。

雄性外生殖器如图 162E-J 所示。

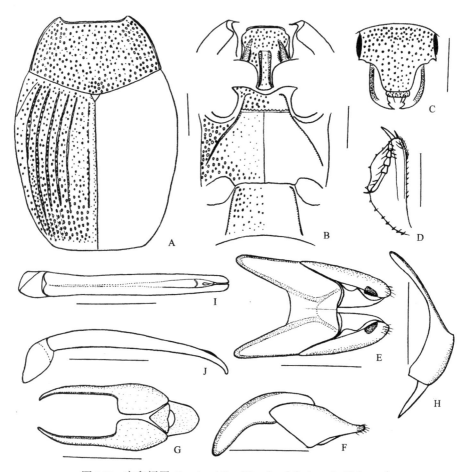

图 162　宽卵阎甲 *Dendrophilus* (*Dendrophilus*) *xavieri* Marseul

A. 前胸背板和鞘翅（pronotum and elytra）；B. 前胸腹板、中-后胸腹板和第 1 腹节腹板（prosternum, meso- and metasterna and the 1st visible abdominal sternum）；C. 头（head）；D. 前足胫节，背面观（protibia, dorsal view）；E. 雄性第 8 腹节背板和腹板，背面观（male 8th tergite and sternum, dorsal view）；F. 同上，侧面观（ditto, lateral view）；G. 雄性第 9、10 腹节背板，背面观（male 9th and 10th tergites, dorsal view）；H. 同上，侧面观（ditto, lateral view）；I. 阳茎，背面观（aedeagus, dorsal view）；J. 同上，侧面观（ditto, lateral view）。比例尺（scales）：0.5 mm

观察标本： 2 号，中国：安东（今丹东），1940.VII.6，L. Okada 采，Y. Miwa 鉴定；1 ex., CHINA: shanghai（上海），81-36，Y. Miwa det.；2 号，无其他信息，Y. Miwa 鉴定；1 号，吉林苇沙河，1940.VI.20；1 号，黑龙江哈尔滨，1943.V.3；1 号，黑龙江哈尔滨，1946.VII.6；2♂，2 号，黑龙江哈尔滨，1946.V.6；1 号，浙江加善，中国科学院加工厂 229，1955.VI.13。

分布： 河北、内蒙古、辽宁、吉林、黑龙江、上海、浙江、江西、湖北、广东、广西、海南、贵州、云南、陕西、甘肃、新疆、台湾；俄罗斯（远东、西伯利亚），韩国，日本，侵入英国和北美。

讨论： 此种外形与 *D. punctatus* (Herbst) 很相似，但可通过以下特征与后者相区分：①鞘翅第 1 背线通常清晰，而后者第 1 背线通常缺失；②第 2 背线与第 3 背线等长，有时略浅，于中部几乎退化，而后者第 2 背线缺失或只在鞘翅中部之后有不清晰的刻点行；③第 1、2 背线之间中部刻点间无明显的细刻纹，而后者有 1 条很细但很清晰的刻纹。

Marseul（1873）记录此种发现于老树根和一种黑色蚂蚁的巢中；Ross（1940）记载发现于糠中和腐烂的植物中；Hinton（1945）记录此种发现于仓库的浮石上和地下面粉厂腐烂的谷物中。

21) 拟卵阎甲亚属 *Dendrophilopsis* Schmidt, 1890

Dendrophilopsis Schmidt, 1890b: 11; Bickhardt, 1910c: 65 (catalogue, as genus); 1916b: 107, 110; Jakobson, 1911: 640, 647; Kryzhanovskij *et* Reichardt, 1976: 257; Mazur, 1984b: 115 (catalogue); 1997: 165 (catalogue); 2011a: 136 (catalogue); Mazur in Löbl *et* Smetana, 2004: 73 (catalogue); Lackner *et al.* in Löbl *et* Löbl, 2015: 84 (catalogue). **Type species:** *Hister pusio* Ménétries, 1848 (= *Dendrophilus sulcatus* Motschulsky, 1845). By monotypy.

(184) 展卵阎甲 *Dendrophilus* (*Dendrophilopsis*) *proditor* (Reichardt, 1925)（图 163）

Dendrophilopsis proditor Reichardt, 1925b: 61 (Central Siberia); 1925a: 111 (Altai); 1930b: 49.
Dendrophilus proditor: Thérond, 1965: 36; Kryzhanovskij *et* Reichardt, 1976: 258; Mazur, 1984b: 115 (catalogue); 1997: 165 (catalogue); 2011a: 136 (catalogue); Mazur in Löbl *et* Smetana, 2004: 73 (China: Nei Mongol; catalogue); Lackner *et al.* in Löbl *et* Löbl, 2015: 84 (catalogue).
Dendrophilus proditor Reichardt, 1925a: 111 (nom. nud.).

体长 2.26 mm，体宽 1.73 mm。体长卵形，深棕色，体表光亮。

头部表面刻点密集细小；无额线。

前胸背板两侧明显向前收缩，前缘中部凹缺部分平直，后缘两侧直，中间成 1 钝角；缘线微隆并完整；刻点密集细小，小盾片前区域刻点粗大。

鞘翅两侧弧圆。内肩下线存在于端部 2/3；斜肩线微凹，位于基部 1/3；背线细，钝齿状，端部略短缩，第 1-4 背线清晰完整，第 5 背线基半部浅，不明显；缝线前后端浅，不明显，且端部末端短于第 5 背线。鞘翅表面刻点稀疏细小，基部刻点更稀疏，端部于背线之后具密集的纵向脊；鞘翅缘折表面粗糙，具密集的脊；缘折缘线完整；鞘翅缘线完整。

前臀板极短，具皮革纹；刻点密集粗大。臀板扇形，中间有 1 条纵向棱，两侧近于扁平；刻点密集粗大，纵长椭圆形，顶端刻点细小。

咽板前缘圆形；缘线只存在于侧面；咽板表面具皮革纹，刻点密集，大小适中。前胸腹板龙骨线完整，其前端具浅而略宽的凹陷，前后末端均不相连；龙骨表面刻点极稀。前胸腹板侧线强烈隆起且完整。

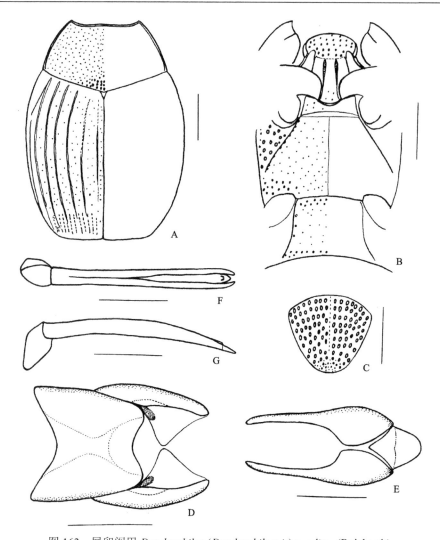

图 163　展卵阎甲 *Dendrophilus* (*Dendrophilopsis*) *proditor* (Reichardt)

A. 前胸背板和鞘翅（pronotum and elytra）；B. 前胸腹板、中-后胸腹板和第 1 腹节腹板（prosternum, meso- and metasterna and the 1st visible abdominal sternum）；C. 臀板（pygidium）；D. 雄性第 8 腹节背板和腹板，背面观（male 8th tergite and sternum, dorsal view）；E. 雄性第 9、10 腹节背板，背面观（male 9th and 10th tergites, dorsal view）；F. 阳茎，背面观（aedeagus, dorsal view）；G. 同上，侧面观（ditto, lateral view）。比例尺（scales）：A-C = 0.5 mm, D-G = 0.25 mm

中胸腹板前缘中部深凹，缘线存在于侧面，其前端向内弯折且于前胸腹板突之后宽阔间断；表面具皮革纹，刻点稀疏细小；中-后胸腹板缝浅，完整，伴随 1 条隆起的略向上弓弯的横线。

后胸腹板基节间盘区刻点稀疏细小，沿后胸腹板侧线及侧后角处的刻点大小适中；中纵沟浅，不清晰；后胸腹板侧线强烈隆起，向后侧方延伸，约存在于基部 2/3；侧盘区具皮革纹，刻点稀疏粗大；中足基节后线沿中足基节窝后缘延伸，末端不弯曲。

第 1 腹节腹板基节间盘区刻点极稀疏微小，边缘刻点较密，大小适中；腹侧线隆起并完整。

前足胫节宽，扁平，外缘具 11 个小齿，端部 2 个相互靠近且远离其他齿；中足胫节
和后足胫节略微加宽。

雄性外生殖器如图 163D-G 所示。

观察标本：1♂，吉林平台，1957.VII.3。

分布：吉林、内蒙古；蒙古，俄罗斯（远东、中西伯利亚），哈萨克斯坦。

七）小齿阎甲族 Bacaniini Kryzhanovskij, 1976

Bacaniini Kryzhanovskij in Kryzhanovskij *et* Reichardt, 1976: 266; Ôhara, 1994: 166; Mazur, 1997: 167
  (catalogue); 2011a: 137 (catalogue); Ôhara *et* Paik, 1998: 26; Yélamos, 2002: 192 (character), 379;
  Mazur in Löbl *et* Smetana, 2004: 72 (catalogue).
Bacaniini Vienna, 1974: 273 (nom. nud.).
Bacaniina: Yélamos *et* Ferrer, 1988: 180.
Type genus: *Bacanius* J. L. LeConte, 1853.

体很小，卵形或球形，常隆凸；口上片狭窄，侧缘向前轻微收缩，无额线；无背线
或退化；鞘翅完全覆盖腹部，背面观前臀板和臀板不可见；前足胫节齿小；雄虫阳茎基
片通常较侧叶短。

这一类群通常生活在腐烂之前潮湿的树木中（Yélamos, 2002）。

该族世界记录 16 属 160 余种（Mazur, 2011a），中国记录 3 属 6 种。

42. 穆勒阎甲属 *Mullerister* Cooman, 1936

Mullerister Cooman, 1936a: 137; Kryzhanovskij *et* Reichardt, 1976: 270 (*Muellerister*; unjust, emend.);
  Mazur, 1984b: 119 (catalogue); 1997: 168 (catalogue); 2011a: 140 (catalogue); Yélamos *et* Ferrer,
  1988: 180 (*Muellerister*); Ôhara, 1994: 166; Mazur in Löbl *et* Smetana, 2004: 73 (catalogue); Lackner
  et al. in Löbl *et* Löbl, 2015: 83 (catalogue). **Type species:** *Bacanius tonkinensis* Cooman, 1936.
  Original designation.
Neobacanius G. Müller (part.), 1925: 20; Reichardt, 1941: 118, 121.

体相当隆凸；前胸背板有 1 条小盾片前线；中胸腹板缘线存在于两侧且弯曲；后胸
腹板侧线围绕中足基节窝延伸；前足胫节向外缘加宽，有几个明显的、距离相等的齿。

分布：古北区。

该属全世界记录 9 种，中国记录 2 种。

(185) 日本穆勒阎甲 *Mullerister niponicus* (Lewis, 1879)（图 164）

Bacanius niponicus Lewis, 1879a: 461 (Japan); Bickhardt, 1910c: 85; 1913a: 177 (Takao, Kosempo,
  Taihorin); 1916b: 72; Cooman, 1936a: 139.
Mullerister niponicus: Gomy, 1980a: 173; Mazur, 1984b: 119 (catalogue, in subg. *Mullerister*); 1997:

168 (catalogue); 2007a: 68 (China: Nantou of Taiwan); 2011a: 140 (catalogue); Hisamatsu, 1985b: 224, pl. 40, no. 22; Ôhara, 1994: 166; ESK *et* KSAE, 1994: 136 (Korea; in subg. *Bacanius* of *Bacanius*); Ôhara *et* Paik, 1998: 26; Mazur in Löbl *et* Smetana, 2004: 73 (catalogue); Lackner *et al.* in Löbl *et* Löbl, 2015: 83 (catalogue).

Bacanius (Muellerister) niponensis [sic]: Kryzhanovskij *et* Reichardt, 1976: 268 (key).

体长 1.29 mm，体宽 0.97 mm。体卵形，强烈隆凸，红棕色，体表光亮，触角的端锤浅黄色。

头部刻点粗大，略稀疏，前面刻点略密集，于前缘大小适中，更加密集；无额线；上唇横宽，前缘直，端部具 6 根刚毛。

前胸背板两侧向前收缩，前 1/4 更明显，前缘微凹，后缘呈弓形，中间略向后成角；缘线完整；刻点稀疏，大小适中，基部中央刻点略粗大；小盾片前区（沿后缘中部 1/3）有 1 条简单横线，伴随略密集粗大的刻点，横线之后区域无刻点。

鞘翅两侧弧圆，一直延伸到端部，端部边缘很窄，平截，向腹面弯曲。鞘翅背部无线，仅有强烈隆起的外肩下线，始于肩部，到达鞘翅端部。鞘翅表面具浅的不清晰的粗大刻点，较前胸背板盘区刻点略密集，刻点间具不清晰的纵向脊，端半部刻点更不清晰，脊较明显，近端缘较宽的区域光滑无脊，刻点稀疏细小。鞘翅缘折宽，具稀疏粗大的刻点；缘折缘线深，较远离边缘，存在于端部 1/3 且其端部末端短缩；鞘翅缘线完整。

前臀板于背面观不可见，极短，刻点稀疏细小。臀板扇形，刻点稀疏细小，顶端刻点较密集。

咽板宽大于长，前缘中部微凹，缘线完整；刻点稀疏，大小适中，不清晰；近前缘横向隆起。前胸腹板龙骨长与宽约相等，且略长于咽板，后缘中部强烈内凹，且中间略成角状；龙骨线完整；刻点与咽板的相似；近中部横向隆起。

中胸腹板前缘中部强烈向前凸出；缘线存在于侧面且强烈弯曲，前端始于前胸腹板龙骨之后，后端与后胸腹板侧线相连且于相连处成 1 略大于 90° 的角；刻点稀疏细小，不清晰；中部有 1 横向浅凹，浅凹之前略隆起；中-后胸腹板缝浅，不清晰，中间微弱向后成角。

后胸腹板基节间盘区中部隆起，刻点稀疏细小，不清晰，侧面具浅的圆形大刻点；中纵沟浅，极不明显；后胸腹板侧线存在于基部 1/3，呈半圆形，伴随粗大刻点行；侧盘区很窄；中足基节后线也呈半圆形，靠近后胸腹板侧线。

第 1 腹节腹板基节间盘区短，刻点稀疏细小；两侧各有 2 条腹侧线，内侧腹侧线剧烈弯曲呈半圆形，端部接近后缘继续向侧面延伸，外侧腹侧线较直，末端不达内侧腹侧线。

前足胫节宽，扁平，外缘具 4 个小齿；中足胫节和后足胫节端部略宽。

观察标本： 1 ex., 1981.VI.29, Nara (日本奈良), G. Lewis leg., B. M. 1926-369 (FMNH)。

分布： 台湾；韩国，日本，越南。

讨论： 本种与 *B. rhombophorus* Aubé 相近，但其大小是后者的一半；刻点较粗大，分布较均匀；小盾片前的刻点线为简单的弓形，由 12-13 个刻点组成。

生活在枯叶下。

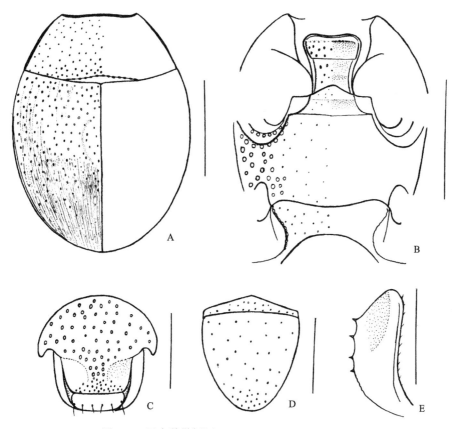

图 164　日本穆勒阎甲 *Mullerister niponicus* (Lewis)

A. 前胸背板和鞘翅（pronotum and elytra）；B. 前胸腹板、中-后胸腹板和第 1 腹节腹板（prosternum, meso- and metasterna and the 1st visible abdominal sternum）；C. 头（head）；D. 前臀板和臀板（propygidium and pygidium）；E. 前足胫节，背面观（protibia, dorsal view）。比例尺（scales）：A, B = 0.5 mm, C-E = 0.25 mm

(186) 东京湾穆勒阎甲 *Mullerister tonkinensis* (Cooman, 1936)

Bacanius tonkinensis Cooman, 1936a: 135 (Vietnam).

Mullerister tonkinensis: Mazur, 1997: 168 (catalogue); 2008: 90 (China: Taiwan); 2011a: 140 (catalogue); Lackner *et al.* in Löbl *et* Löbl, 2015: 83 (catalogue).

观察标本：未检视标本。

分布：台湾；尼泊尔，越南。

43. 小齿阎甲属 *Bacanius* LeConte, 1853

Bacanius J. L. LeConte, 1853: 291; Lacordaire, 1854: 271; Marseul, 1856: 576; Jacquelin-Duval, 1858: 109; Reitter, 1886: 273; 1909: 297; Ganglbauer, 1899: 409; Bickhardt, 1910c: 85; 1916b: 71 (in

Abraeinae); Cooman, 1936a: 136; Reichardt, 1941: 84, 117; Wenzel et Dybas, 1941: 438; Wenzel, 1944: 54, 95; Wenzel in Arnett, 1962: 375, 380; Witzgall, 1971: 175; Kryzhanovskij et Reichardt, 1976: 267; Mazur, 1984b: 118; 1997: 168; 2001: 29; 2011a: 140 (catalogue); Yélamos et Ferrer, 1988: 180; Ôhara, 1994: 166; Ôhara et Paik, 1998: 26; Yélamos, 2002: 192 (character), 379; Mazur in Löbl et Smetana, 2004: 72 (catalogue); Lackner et al. in Löbl et Löbl, 2015: 83 (catalogue). **Type species:** *Bacanius tantillus* LeConte, 1853. Designated by Bickhardt, 1916b: 71.

体很小，卵形或球形，强烈隆凸。头部无额线；口上片狭窄，侧缘向前轻微收缩；复眼小，上面观几乎不可见；上唇横宽，有较多具刚毛的刻点；上颚短。前胸背板横宽，两侧弓形向前收缩，前角锐且降低；缘线完整。小盾片背面观不可见。鞘翅顶端圆形；无背线，仅有内肩下线，且长度多变。前臀板极短（被鞘翅覆盖）。臀板扇形或圆形。咽板较大，通常前宽后窄，中央有1条横向透明暗线；前胸腹板龙骨宽，长方形或方形，龙骨线完整。中胸腹板横宽，前缘中央通常向外凸出；缘线通常只存在于侧面；中-后胸腹板缝不可见，其位置有1条透明暗线。后胸腹板宽，侧线通常半圆形；后缘中部通常向外弓弯。第1腹节腹板横宽，短。前足胫节加宽，外缘具若干小齿；中足和后足胫节细长，端部略宽。雄虫阳茎基片通常较侧叶短，侧叶通常收缩且于端部弯曲。

该属种类发现于腐烂的树木中、树皮下、森林枯枝落叶中、腐烂的植物体中，它们中的一些种类生活在蚂蚁巢中或洞穴中（Mazur, 2001）。

分布：遍布所有的区（大多数为世界性分布，大部分生活在热带区）。

该属全世界记录有6亚属近80种（Mazur, 2011a），中国记录1亚属3种。

22) 小齿阎甲亚属 *Bacanius* LeConte, 1853

种 检 索 表

1. 外肩下线背面观可见，中-后胸腹板缝不可见 ·················· 科氏小齿阎甲 *B. (B.) collettei*
   外肩下线背面观不可见，中-后胸腹板缝在某一角度可见 ···························· 2
2. 前足胫节外缘具3齿，且最端部的齿较其余齿大得多 ·············· 卡氏小齿阎甲 *B. (B.) kapleri*
   前足胫节外缘具4齿，最端部的齿较其余齿略大 ················· 天皇小齿阎甲 *B. (B.) mikado*

(187) 科氏小齿阎甲 *Bacanius (Bacanius) collettei* Gomy, 1999（图 165）

Bacanius (Bacanius) collettei Gomy, 1999: 376 (China: Sichuan); Mazur in Löbl et Smetana, 2004: 72 (catalogue); Mazur, 2011a: 141 (catalogue); Lackner et al. in Löbl et Löbl, 2015: 83 (catalogue).

描述根据 Gomy（1999）整理：

体卵形，非常隆凸，深棕色，触角的端锤颜色略浅。

头部表面适度隆凸，刻点不规则，刻点间距为其直径的0.5-2.0倍，以1黑色"V"字形线与口上片分开，此线轻微隆起，口上片刻点与额部的相似。

前胸背板隆凸，基部宽是长的2倍，通常向前收缩，前角剧烈倾斜且更加降低；缘线于侧面双波状，深且完整，头后与之相同，刻点深且密集，较卡氏小齿阎甲 *B. kapleri* Gomy 更加规则，刻点间距为其直径的 0.5-1.0 倍；基部无小盾片前线，也无大刻点行。

鞘翅强烈隆凸；刻点与前臀板的相似，但更大且均匀，小盾片之后的区域光滑；鞘翅外侧有 2 条退化的、细的斜线，斜肩线周围具发达的刻纹，外肩下线深，背面观可见，超出鞘翅中部。鞘翅缘折光滑，有 1 长的刻点行，波状，端部 1/3 有一些斜纹；鞘翅缘线清晰，基部具刻点，在后足腿节处中断，代以 2 或 3 个大的不相连的刻点。

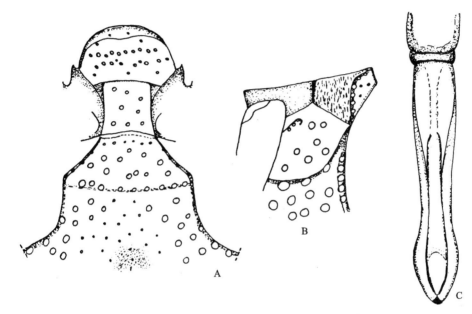

图 165　科氏小齿阎甲 *Bacanius* (*Bacanius*) *collettei* Gomy（仿 Gomy, 1999）
A. 前胸腹板和中-后胸腹板（prosternum and meso- and metasterna）；B. 中胸后侧片（mesepimeron）；C. 阳茎（aedeagus）

咽板发达，圆形，有 1 条透明可见的暗线，略呈心形；具 2 行相互挤靠的刻点且互不相切，水平分布，一些不规则的刻点指向端部。前胸腹板龙骨近四边形，与咽板之间由 1 清晰的缝分开，刻点不规则，刻点间距为其直径的 1-3 倍或 4 倍；龙骨线略向前汇聚然后平行，到达与咽板之间的缝。

中胸腹板刻点与前胸腹板龙骨的相似，缘线很宽且具刻点，于前胸腹板之后间断；中-后胸腹板缝不可见，但其位置有 1 条透明的黑线，伴随一些多少排列成行但不相连的刻点。

后胸腹板侧面具粗大刻点，刻点间距为其直径的 0.5 倍，基部中央及顶端的刻点细小且稀疏；中纵沟于后面 3/4 可见，底部略凹；后胸腹板侧线半圆形，到达中胸后侧片角，伴随一些与后胸腹板侧面相似的大刻点，远不及卡氏小齿阎甲 *B. kapleri* Gomy 的密集；中-后足基节间盘区光滑，有一些不规则的粗大刻点；中足基节后线退化，弯钩状。

中胸后侧片有 1 弯曲的线，伴随刻点行，与外角相连；内侧部分略大，光滑或有很细弱的皱纹；外侧部分有 3 个不规则的刻点。

臀板具深的不规则分布的刻点，刻点间距为其直径的 0.5-4 倍或 5 倍。

前足胫节加宽，镰刀状，外缘具 3 齿（端部 1/3 的第 1 齿较另外 2 齿大），中足胫节和后足胫节及跗节与卡氏小齿阎甲 *B. (B.) kapleri* Gomy 无大的差别。

阳茎（图 165C）长 0.28 mm。

观察标本：未检视标本。

分布：四川（川西）。

讨论：本种正模标本保存在日内瓦博物馆（MGS）。

(188) 卡氏小齿阎甲 *Bacanius (Bacanius) kapleri* Gomy, 1999（图 166）

Bacanius (Bacanius) kapleri Gomy, 1999: 375 (China: Zhejiang); Mazur in Löbl *et* Smetana, 2004: 73 (catalogue); Mazur, 2011a: 141 (catalogue); Lackner *et al.* in Löbl *et* Löbl, 2015: 83 (catalogue).

描述根据 Gomy（1999）整理：

体卵形，非常隆凸，深棕色，触角的端锤淡黄色，卵形，具软毛。

头部表面具相当发达且密集的刻点，刻点间距是其直径的 0.5-1.0 倍，中部略稀疏。额部微隆，以 1 "V" 字形线与口上片分开，从某一角度看细但可见，从其他角度看变黑，口上片刻点与额部的相似。

前胸背板隆凸，基部宽是长的 2 倍，通常向前收缩，前角剧烈倾斜且降低；缘线于侧面发达，向前到达复眼之后，中部很细且不清晰；刻点深且密集，不总是很规则，刻点间距为其直径的 0.5-2.0 倍，沿基部无小盾片前线，也无大刻点行。

鞘翅强烈隆凸；刻点与前胸背板的相似，小盾片区域的刻点略小，小盾片之后沿鞘翅缝的窄带无刻点，缝缘轻微隆起但没有形成真正的小盾片后脊或纵向脊；外侧有 2 条退化的、不甚明显的背线：第 1 背线更长，第 2 背线存在于基部，很退化；外肩下线深且清晰，到达鞘翅中部，背面观不可见；斜肩线细，略微可见。鞘翅缘折光滑，有 1 长的波浪形的完整的刻点线；鞘翅缘线于基部清晰且隆起，为刻点形成的锯齿形，于后足腿节处消失。

咽板宽，圆，具缘边，有 1 条透明可见的暗线，明显呈心形；具刻点。前胸腹板近四边形，与咽板之间由 1 清晰的缝分开，刻点与咽板的相似，不规则，刻点间距为其直径的 1-2 倍；龙骨线于端部 3/4 略分离。

中胸腹板横宽，缘线仅存于侧面，清晰且具刻点；刻点深且不规则，与身体其他部位刻点相同，沿基部刻点较大；中-后胸腹板缝细，只在某一角度可见，但有 1 条透明的黑线清晰可见，中间向后成角。

后胸腹板侧面有大而深的刻点，中部刻点小得多；中纵沟不清晰可见；后胸腹板侧线半圆形，到达中胸后侧片缝，伴随密集粗大的刻点；中-后足基节间盘区有一些不规则的大刻点，有时很接近；中足基节后线略微可见，为 1 细的弯钩。

中胸后侧片有 1 弯曲的线，伴随刻点行，与外角相连；内侧部分光滑或有很细的皱纹，外侧部分具不规则的刻点。

第 1 腹节腹板刻点与后胸腹板顶端刻点相似，刻点沿顶端变小。

臀板具深的不规则的刻点，刻点间距为其直径的 0.5-2.0 倍。

前足胫节加宽，镰刀状，外缘具 3 齿（端部 1/3 的齿很大，另外 2 个齿小得多），中足胫节和后足胫节略宽，外缘端部 1/3 有 1 短刺，跗节长度约为胫节长度的一半。

阳茎（图 166C）长 0.25 mm。

观察标本： 未检视标本。

分布： 浙江。

讨论： 本种正模标本由英国的 J. Cooter 博士收藏（CHJC）。

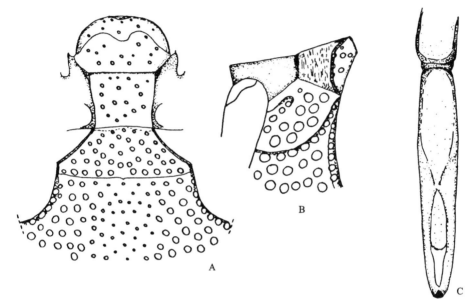

图 166　卡氏小齿阎甲 *Bacanius* (*Bacanius*) *kapleri* Gomy（仿 Gomy，1999）

A. 前胸腹板和中-后胸腹板（prosternum and meso- and metasterna）；B. 中胸后侧片（mesepimeron）；C. 阳茎（aedeagus）

(189) 天皇小齿阎甲 *Bacanius* (*Bacanius*) *mikado* (Lewis, 1892)（图 167）

Abraeus mikado Lewis, 1892b: 356 (Japan).

Bacanius mikado: Schmidt, 1893b: 238; Bickhardt, 1913c: 701; 1916b: 72; Reichardt, 1941: 118, 121; Kryzhanovskij *et* Reichardt, 1976: 269 (in subg.); Mazur, 1984b: 122 (catalogue); 1997: 171 (China: Anhui; catalogue); 2007a: 68 (China: Nantou of Taiwan); 2008: 90 (China: Taitung of Taiwan); 2011a: 142 (catalogue); Hisamatsu, 1985b: 224, pl. 40, no. 21; Ôhara, 1994: 166; Mazur in Löbl *et* Smetana, 2004: 73 (catalogue); Lackner *et al.* in Löbl *et* Löbl, 2015: 83 (catalogue).

体长 0.84-1.00 mm，体宽 0.65-0.77 mm。体卵形或球形，红棕色，体表光亮。

头部表面刻点较粗大，前半部分密集，后半部分稀疏；无额线；上唇前缘弧圆，具 4 根刚毛。

前胸背板两侧明显向前收缩，前缘中部凹缺部分略呈双波状，后缘两侧直，中间向后成 1 钝角；缘线完整，头后细；刻点与头部的约等大，较密集，小盾片前刻点较其他区域的略大。

鞘翅两侧弧圆，于肩部之后向端部收缩，鞘翅后缘弧圆，不横截。外肩下线背面观不可见，到达鞘翅端部；斜肩线细而不清晰，与外肩下线相连；鞘翅无背线，只在侧面基部 1/2 和基部 1/3 各有 1 条不清晰的细刻痕。刻点密集粗大，向端部略小，基半部沿鞘翅缝的窄带略隆起，有 1 行小刻点，窄带周围的刻点最大。鞘翅缘折光滑；缘折缘线隆起且完整；鞘翅缘线密集锯齿状，完整，端部沿鞘翅后缘延伸，接近鞘翅缝；鞘翅缘线和缘折缘线之间另有 1 条隆起且完整的线。

前臀板极短，刻点密集细小。臀板后缘圆形，刻点密集粗大。

咽板宽大于长，前缘中央微凹；刻点细小稀疏。前胸腹板龙骨宽略大于长，龙骨线完整；刻点与咽板的相似；后缘略凹。

中胸腹板前缘中部略向前突出，缘线于侧面深且完整，于前缘中部宽阔间断；刻点密集粗大，沿前缘刻点略小；中-后胸腹板缝较直，不清晰，只在某一角度可见，1 条透明的黑线清晰可见。

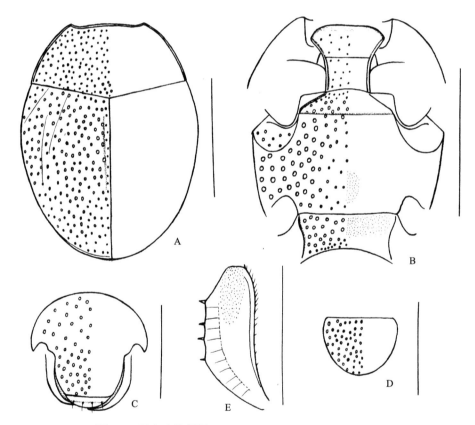

图 167 天皇小齿阎甲 *Bacanius* (*Bacanius*) *mikado* (Lewis)

A. 前胸背板和鞘翅（pronotum and elytra）；B. 前胸腹板、中-后胸腹板和第 1 腹节腹板（prosternum, meso- and metasterna and the 1st visible abdominal sternum）；C. 头（head）；D. 臀板（pygidium）；E. 前足胫节，背面观（protibia, dorsal view）。比例尺（scales）：A, B = 0.5 mm, C-E = 0.25 mm

后胸腹板基节间盘区中部刻点稀疏，较小且不清晰，侧面刻点圆形，密集粗大；中纵沟不可见；后胸腹板侧线细，于侧面基部 1/3 呈半圆形，其端部末端到达中胸后侧片-后胸腹板缝与后胸前侧片-后胸腹板缝交汇处；侧盘区刻点稀疏，较小；中足基节后线沿中足基节窝延伸，末端略向后弯曲。

第 1 腹节腹板基节间盘区刻点密集粗大，较后胸腹板基节间盘区侧面刻点小，沿后缘刻点更小；腹侧线隆起且完整，波状弯曲。

前足胫节宽，扁平，外缘具 4 个小齿（端部的齿较其余 3 齿略大）；中足胫节和后足胫节细长。

观察标本：2 exs., Paratype, Nara (日本奈良), G. Lewis leg., B. M. 1926-369 (FMNH)。

分布：安徽、台湾；日本。

44. 显臀阎甲属 *Abraeomorphus* Reitter, 1886

Abraeomorphus Reitter, 1886: 273; Jakobson: 1911: 642, 653; Bickhardt, 1916b: 75 (in Abraeinae); Reichardt, 1941: 84, 123; Kryzhanovskij *et* Reichardt, 1976: 270; Mazur, 1984b: 124 (catalogue); 1997: 173 (catalogue); 2011a: 143 (catalogue); Lackner *et al.* in Löbl *et* Löbl, 2015: 82 (catalogue).

Type species: *Abraeus minutissimus* Reitter, 1884. Designated by Bickhardt, 1916b: 75.

该属与小齿阎甲属 *Bacanius* 很相似，不同之处是：体略微隆凸；鞘翅顶端钝，无肩下线，鞘翅缘折具尖锐隆起的缘边；前臀板不被鞘翅覆盖；咽板无横线；中胸腹板大，中-后胸腹板缝清晰深刻；后胸腹板后缘直。

分布：东洋区、古北区、新北区和非洲区。

该属世界记录 10 种，中国记录 1 种。

(190) 台湾显臀阎甲 *Abraeomorphus formosanus* (Hisamatsu, 1965)（图 168）

Bacanius formosanus Hisamatsu, 1965: 130 (China: Taiwan); Mazur, 1984b: 119 (catalogue); 1997: 168 (catalogue).

Abraeomorphus formosanus: Mazur, 2007a: 68 (China: Kaoshiung, Nantou of Taiwan); 2008: 89 (China: Taiwan); 2011a: 143 (catalogue); Mazur in Löbl *et* Smetana, 2004: 73 (catalogue); Lackner *et al.* in Löbl *et* Löbl, 2015: 82 (catalogue).

描述根据 Hisamatsu（1965）整理：

体长 1.1 mm。体红棕色，触角和足黄棕色。宽卵形，适度隆凸，体表无毛，光亮，具微小刻点，夹杂有较大刻点。

头部具大小适中的刻点，刻点间距为其直径的 1-2 倍；唇基上刻点较头顶及强烈低凹的侧面更细小；复眼小，上面观几乎不可见。

前胸背板隆凸，前角不尖锐，两边略弓弯，向前强烈收缩，后角呈直角，后缘于中部急剧向后指向尖端；缘线完整，小盾片前线呈"之"字形，很明显；表面具大小适中的刻点，刻点间距大多是其直径的 1.5-2.0 倍，在小盾片前变小变稀；腹面观前角处有 1

宽的前背折缘。小盾片不可见。

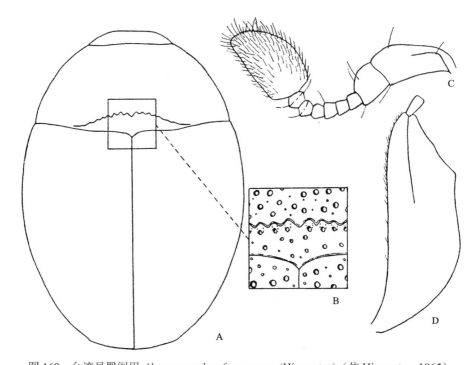

图 168　台湾显臀阎甲 *Abraeomorphus formosanus* (Hisamatsu)（仿 Hisamatsu, 1965）

A. 前胸背板和鞘翅（pronotum and elytra）；B. 小盾片前线（the stria before scutellum）；C. 触角（antenna）；D. 前足胫节，背面观（protibia, dorsal view）

　　鞘翅结合后长约等于宽，两边圆形，顶端略呈弓形平截；鞘翅缘线明显且完整，为刻点线，肩下线和缘折缘线均缺失；鞘翅缘折光滑，没有凹窝；鞘翅表面刻点较前胸背板的略粗大，沿鞘翅缝有 1 窄的无刻点区，刻点向后变细小。

　　前臀板背面观不可见；臀板刻点密集，较前胸背板刻点更细小，向端部更小。

　　咽板发达，基部有明显的界线；刻点密集，与前胸背板刻点几乎相等或略粗大，在一些区域刻点彼此相连。前胸腹板龙骨短，长约等于宽，较咽板略长，后缘中央微凹处略呈角状；刻点粗大，后部 1/3 无刻点。

　　中胸腹板刻点稀疏，较前胸腹板刻点细小，缘线完整，但很难判断其前面部分，因为这部分被前胸腹板突的后端所覆盖，中-后胸腹板缝像小盾片前线一样呈"之"字形。中胸后侧片被 1 纵向线（此线伴随一些刻点）分成 2 部分：内部无明显刻点且呈小网状，外部不呈网状，有几个明显的刻点。

　　后胸腹板中部几乎无刻点，后部具稀疏的大小适中的刻点，侧面刻点粗大且较密集；后胸腹板侧线弓形向后弯曲到达中胸后侧片的顶端；中足基节后线不明显，在一些灯光下几乎不可见，到达中胸后侧片。后胸后侧片无刻点。

　　第 1 腹节腹板短，刻点横向排列；腹侧线弯曲，末端延伸到达近第 1 腹节腹板基部。

　　前足胫节略宽，外缘端部有 1 齿；中足胫节距顶端 1/3 有 1 条细缘线。

观察标本：未检视标本。

分布：台湾。

讨论：本种模式标本保存在北海道大学昆虫系统学实验室（EIHU）。

八）丽尾阎甲族 Paromalini Reitter, 1909

Paromalini Reitter, 1909: 287; Kryzhanovskij *et* Reichardt, 1976: 271 (where *Carcinops* and *Xestipyge* not included); Vienna, 1980: 218; Mazur, 1984b: 125 (catalogue); 1993: 216 (key); 1997: 174 (catalogue); 2011a: 144 (catalogue) Ôhara, 1994: 167; 1999a: 115; Ôhara *et* Paik, 1998: 27; Yélamos, 2002: 194 (character, key), 379; Mazur in Löbl *et* Smetana, 2004: 74 (catalogue); Vienna *et* Yélamos, 2006: 59; Zhang *et* Zhou, 2007b: 2 (China).

Paromalinae: Bickhardt, 1913a: 175.

Paromalina: Yélamos *et* Ferrer, 1988: 180.

Type genus: *Paromalus* Erichson, 1834.

体长卵形，有时卵形，适度隆凸；口上片宽，梯形，额线发达且于上唇后完整（简额阎甲属间断），触角着生处位于两边的外侧部分。雄虫阳茎基片长，通常是侧叶的 3 倍。

生活在倒木和各种腐烂的有机体中。

Reitter（1909）建立此族，但其分类学地位经历了不同的定义：Kryzhanovskij 和 Reichardt（1976）把卵阎甲亚科 Dendrophilinae 分成 3 大族：卵阎甲族 Dendrophilini、小齿阎甲族 Bacaniini 和丽尾阎甲族 Paromalini，卵阎甲族包括所有具有背线的种类，而丽尾阎甲族和小齿阎甲族包括了没有背线的种类；Vienna（1980）把具有短的口上片并且通常有额唇基线的种类放在丽尾阎甲族，这一定义被大多数分类学家所接受（Mazur, 1984b; Ôhara, 1994）；Mazur（1993）补充了雄性生殖器阳茎的特征，把具有长的基片和相对短的侧叶作为此族的鉴别特征。

该族世界记录 14 属 270 余种（Mazur, 2011a），中国记录 8 属 31 种，其中我们自己发表的有 5 个种。

属 检 索 表

1. 鞘翅表面具正常的背线··················2
   鞘翅表面具刻点，无背线，通常于基部具模糊的退化的痕迹··········4
2. 后胸腹板除侧线外，基节间盘区侧面还有 2 条对称且相互平行或近于平行的纵长线（第 2 侧线）···················**胸线阎甲属 *Diplostix***
   后胸腹板只有 1 对侧线···················3
3. 前胸背板表面由大而深的刻点区和无刻点的光滑区组成；前臀板具横向排列的大而深的刻点··········**簇点阎甲属 *Coomanister***
   前胸背板表面遍布刻点，无被大刻点包围的光滑区域；前臀板刻点简单·····**匀点阎甲属 *Carcinops***

45. 簇点阎甲属 *Coomanister* Kryzhanovskij, 1972

Coomanister Kryzhanovskij, 1972b: 21; Mazur, 1984b: 126 (catalogue); 1997: 175 (catalogue); 2011a: 145 (catalogue); Lackner *et al.* in Löbl *et* Löbl, 2015: 85 (catalogue). **Type species:** *Xestipyge scrobipygum* Cooman, 1932. Original designation.

体小，卵形，隆凸。头部无额线；上唇横宽，通常有 1 对具刚毛的刻点；上颚粗短，弯曲，内侧各有 1 齿。前胸背板横宽，两侧弓形向前狭缩，前角锐且降低；缘线完整；表面由大而深的刻点区和无刻点的光滑区组成。小盾片背面观可见。鞘翅背面具很多线。前臀板横宽，具横向排列的大而深的刻点。臀板半圆形，具若干深凹窝。咽板较大，圆形，近基角处的侧边隆起，其内侧区域深凹；前胸腹板龙骨窄，龙骨线完整；咽板和龙骨之间的缝不明显。中胸腹板横宽，前缘中央深凹；缘线完整；中-后胸腹板缝强烈隆起，中部向前弓弯。后胸腹板和第 1 腹节腹板通常于每侧各有 1 条侧线。雄虫阳茎基片与侧叶约等长。

分布：东洋区。

该属世界记录仅 3 种，中国记录 1 种。

(191) 斯氏簇点阎甲 *Coomanister scolyti* Mazur, 2007（图 169）

Coomanister scolyti Mazur, 2007a: 68 (China: Nantou of Taiwan); 2011a: 145 (catalogue); Lackner *et al.* in Löbl *et* Löbl, 2015: 85 (catalogue).

描述根据 Mazur（2007a）整理：

体长 1.9-2.1 mm，体宽 1.6-1.8 mm。体卵形，隆凸，沥青黑色，光亮，足和触角红棕色。背面具 2-3 组排列紧密的微小刻点，每一组刻点看上去像 1 个略呈鳞状的刻点。

头部表面前 1/2 具大刻点，不很密集，刻点向基部变小；无额线；上唇前缘圆，具 2 根黄色刚毛。

前胸背板两侧向前狭缩，前角突出；缘线完整，侧缘线靠近边缘且呈稀疏钝齿状，背面观不可见，前缘线较远离前缘且强烈钝齿状；前胸背板侧面纵向区域具粗大刻点，均匀且不很密集，中部有 1 小组大刻点；沿后缘有 1 行不规则的粗大刻点，小盾片前区有 1 边界清晰的凹陷。

　　鞘翅外肩下线深刻，具刻点，呈钝齿状，基部短缩；斜肩线细；背线深刻，具刻点，呈钝齿状，第 1-4 背线完整，第 4 背线基部 1/4 弓形向内弯曲，第 5 背线和缝线基部 1/3 短缩。缘折缘线细且完整；鞘翅缘线隆起且完整，中部具角，其后端沿鞘翅后缘延伸到达缝缘，并向基部略延伸。

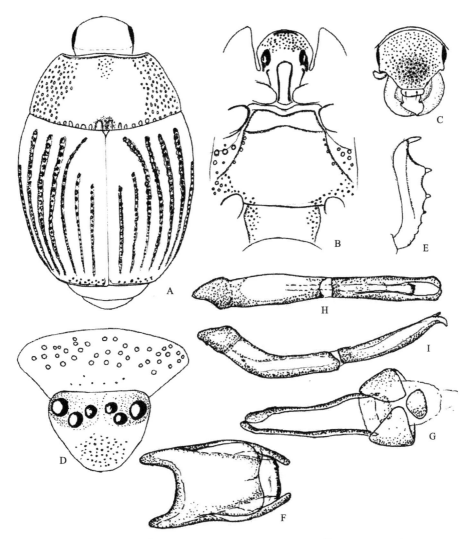

图 169　斯氏簇点阎甲 *Coomanister scolyti* Mazur（仿 Mazur，2007a）

A. 体部分背面观（body in part, dorsal view）；B. 前胸腹板、中-后胸腹板和第 1 腹节腹板（prosternum, meso- and metasterna and the 1st visible abdominal sternum）；C. 头（head）；D. 前臀板和臀板（propygidium and pygidium）；E. 前足胫节，背面观（protibia, dorsal view）；F. 雄性第 8 腹节背板和腹板，背面观（male 8th tergite and sternum, dorsal view）；G. 雄性第 9、10 腹节背板，背面观（male 9th and 10th tergites, dorsal view）；H. 阳茎，背面观（aedeagus, dorsal view）；I. 同上，侧面观（ditto, lateral view）

　　前臀板和臀板隆凸。前臀板基半部具粗大刻点，不很密集。臀板前侧角低凹，每个低凹区域有 3 个大而深的凹窝，有时具另外的凹窝，排列成不规则的 1 行。

咽板前缘圆；缘线极短但清晰，仅存在于顶端 1/3；基角强烈斜凹；表面具粗大刻点，中度密集。前胸腹板龙骨窄，表面平坦，无刻点；龙骨线清晰，略呈波状向内弯曲，前端由 1 环相连。

中胸腹板前缘中央凹缺；缘线完整，清晰；表面光亮，具适度密集的、与背面相似的鳞状刻点；中-后胸腹板缝强烈隆起，中部弓弯。

后胸腹板基节间盘区光亮，具更加密集的鳞状刻点，尤其是中部，沿后足基节窝有 1 行不规则的粗大刻点；后胸腹板侧线深刻且强烈隆起，末端几乎到达后足基节窝之后的后胸腹板-后胸前侧片缝；侧盘区具一些粗大刻点；中足基节后线细，沿中足基节窝后缘延伸，末端向后侧方弯曲。

第 1 腹节腹板基节间盘区具密集的鳞状刻点，两侧具一些粗大刻点；腹侧线弓弯。

前足胫节宽，外缘具 3-5 个刺；中足胫节外缘具 2-3 个细刺和一些刚毛；后足胫节外缘具 1 行稀疏的短刺。

雄性外生殖器如图 169F-I 所示。

观察标本：未检视标本。

分布：台湾。

46. 匀点阎甲属 *Carcinops* Marseul, 1855

Carcinops Marseul, 1855: 83; Schmidt, 1885c: 283; Ganglbauer, 1899: 373; Reitter, 1909: 287; Bickhardt, 1910c: 59; 1916b: 108, 112-114; 1921: 149; Jakobson, 1911: 640, 647; Wenzel in Arnett, 1962: 375, 380; Witzgall, 1971: 177; Kryzhanovskij *et* Reichardt, 1976: 263 (in Dendrophilini); Vienna, 1980: 220; Mazur, 1984b: 127 (catalogue); 1997: 175 (catalogue); 2001: 34; 2011a: 145 (catalogue); Yélamos *et* Ferrer, 1988: 180; Ôhara, 1994: 167; 1999a: 115; Ôhara *et* Paik, 1998: 27; Yélamos, 2002: 195 (character, key), 379; Mazur in Löbl *et* Smetana, 2004: 74 (catalogue); Zhang *et* Zhou, 2007b: 4 (China); Lackner *et al.* in Löbl *et* Löbl, 2015: 84 (catalogue). **Type species:** *Dendrophilus* [*quatuordecim*]*striatus* Stephens, 1835. Designated by Bickhardt, 1917: 113.

Carcinus Marseul, 1855 (nec Latreille, 1796: 197, emend.).

体小，卵形，较扁平。头部额线通常完整；上唇横宽，通常具 1 对具刚毛的刻点；上颚粗短，弯曲，内侧各有 1 齿。前胸背板横宽，两侧弓形向前收缩，前角锐且降低；缘线完整。小盾片背面观可见。鞘翅背面具很多线。前臀板横宽。臀板半圆形。咽板较大，圆形，近基角处的侧边隆起，内侧区域深凹；前胸腹板龙骨窄，龙骨线完整；咽板和龙骨之间的缝不明显。中胸腹板横宽，前缘中央深凹；缘线完整。后胸腹板和第 1 腹节腹板通常于每侧各有 2 条侧线。雄虫阳茎基片宽而长，侧叶短而窄。

该属种类生活在各种腐烂有机体，以及鸟类和啮齿动物的巢穴中（Mazur, 2001; Yélamos, 2002）。

分布：大多数发生在南北美洲，一些种类发生在东洋区、非洲区和澳洲区。

该属世界记录 2 亚属 50 余种，中国记录 1 亚属 4 种。

23) 匀点阎甲亚属 *Carcinops* Marseul, 1855

种 检 索 表

1. 鞘翅无第 5 背线和缝线，第 1-3 背线完整，第 4 背线基部向鞘翅缝弯曲，其前后末端刻点状；前胸腹板龙骨线两端都不相连，前后末端刻点状 ············ 中华匀点阎甲 *C. (C.) sinensis*
   鞘翅具第 5 背线和缝线，第 1-4 背线完整，第 5 背线完整或近于完整，其基部向鞘翅缝弯曲或不弯曲；前胸腹板龙骨线于基部相连 ····································· 2
2. 后胸腹板基节间盘区刻点稀疏细小，仅后足基节窝内侧有少量略粗大的刻点 ·················· ·· 隐匀点阎甲 *C. (C.) troglodytes*
   后胸腹板基节间盘区侧面具大量粗大刻点 ·· 3
3. 鞘翅缘线端部沿鞘翅后缘侧面 2/3 延伸；前胸腹板龙骨线双波状；中胸腹板密布粗糙刻点 ········ ··· 小匀点阎甲 *C. (C.) pumilio*
   鞘翅缘线端部不沿鞘翅后缘延伸；前胸腹板龙骨线较直，间距前窄后宽；中胸腹板只在侧面有几个略粗大的刻点 ··· 贝氏匀点阎甲 *C. (C.) penatii*

(192) 贝氏匀点阎甲 *Carcinops (Carcinops) penatii* Zhang *et* Zhou, 2007（图 170）

Carcinops (Carcinops) penatii Zhang *et* Zhou, 2007b: 5 (China: Yunnan); Mazur, 2011a: 146 (catalogue); Lackner *et al.* in Löbl *et* Löbl, 2015: 84 (catalogue).

体长 1.81-1.99 mm，体宽 1.28-1.42 mm。体长卵形，适度隆凸，黑色光亮，足和触角红棕色，触角的端锤颜色更浅。

头部表面端部略扁平，刻点密集细小，近后缘混有圆形大刻点；额线清晰，于触角着生处间断；眼上线清晰完整，两端与额线相连；上唇横宽，两侧有 2 个对称的具长刚毛的大刻点；上颚较粗短，弯曲，内侧各有 1 齿；触角端锤圆形，于端部分 3 节，被绒毛，无长毛。

前胸背板两侧略呈弓形向前收缩，端半部更明显，前角锐，前缘凹缺部分略呈双波状，后角钝，后缘适度均匀弓弯；缘线完整，侧缘线强烈隆起；表面刻点密集细小，混有不均匀的圆形大刻点，较额部大刻点略大，向中部大刻点略小，沿后缘有 1 行稀疏大刻点，较盘区大刻点略大；小盾片前区有 1 较大的圆形浅凹窝，前胸背板中央有 1 纵向细凹痕，为密集的小刻点行。

鞘翅两侧略弧圆。外肩下线完整，内肩下线存在于端部 2/3，为细凹痕，其基部始于第 1 背线，端部终止于外肩下线；斜肩线存在于基部 1/4，为细凹痕；第 1-5 背线完整，均伴随粗大刻点行，第 1-3 背线深且粗糙钝齿状，第 4、5 背线略细，且端部略短缩；缝线伴随粗大刻点行，基部和端部都略有短缩。鞘翅表面刻点较前胸背板刻点更小且略稀，端部近边缘混有粗大刻点，与前胸背板大刻点相似，沿端部边缘的窄带光滑无刻点。鞘翅缘折粗糙，刻点细小，略稀疏；缘折缘线完整，中部微弱间断；鞘翅缘线完整，伴随粗糙刻点行，其后端到达鞘翅端部但不沿后缘延长。

前臀板刻点密集细小，混有较多略粗大的刻点，较鞘翅盘区大刻点小。臀板端部隆凸，基部刻点与前臀板的相似，但大刻点略小，向端部刻点更密集，大刻点更小。

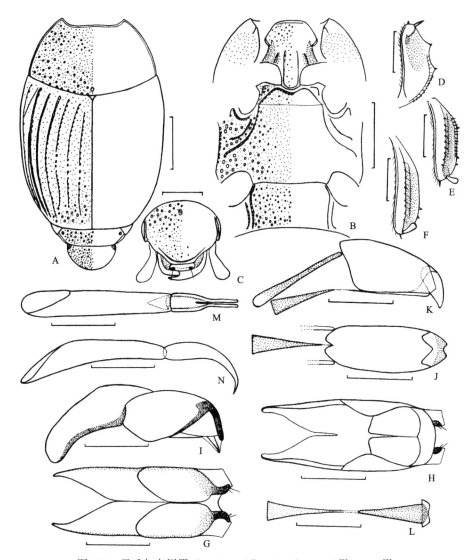

图 170 贝氏匀点阎甲 Carcinops (Carcinops) penatii Zhang et Zhou

A. 前胸背板、鞘翅、前臀板和臀板（pronotum, elytra, propygidium and pygidium）；B. 前胸腹板、中-后胸腹板和第1腹节腹板（prosternum, meso- and metasterna and the 1st visible abdominal sternum）；C. 头（head）；D. 前足胫节，背面观（protibia, dorsal view）；E. 中足胫节，背面观（mesotibia, dorsal view）；F. 后足胫节，背面观（metatibia, dorsal view）；G. 雄性第8腹节背板和腹板，背面观（male 8th tergite and sternum, dorsal view）；H. 同上，腹面观（ditto, ventral view）；I. 同上，侧面观（ditto, lateral view）；J. 雄性第9、10腹节背板和第9腹节腹板，背面观（male 9th and 10th tergites and 9th sternum, dorsal view）；K. 同上，侧面观（ditto, lateral view）；L. 雄性第9腹节腹板，腹面观（male 9th sternum, ventral view）；M. 阳茎，背面观（aedeagus, dorsal view）；N. 同上，侧面观（ditto, lateral view）。比例尺（scales）：A, B = 0.5 mm, C-N = 0.25 mm

　　咽板前缘圆形；缘线存在于前缘，较细；刻点密集且大小适中，侧面刻点略小略稀，刻点间隙具皮革纹。前胸腹板龙骨线隆起且完整，内侧伴随稀疏刻点，两侧近于直线且几乎平行，前端略窄后端略宽，后末端相连；龙骨表面刻点与咽板的相似但略稀疏；前胸腹板侧线短，强烈隆起。

　　中胸腹板前缘中部深凹，缘线完整且隆起，内侧伴随密集刻点行，缘线于前端与前缘凹缺平行，于侧面向后侧方延伸，末端与后胸腹板侧线相连，两侧前角处另有 1 弧形短线；表面刻点细小，略密集，混有少量略粗大的刻点；中-后胸腹板缝微呈双波状。

　　后胸腹板基节间盘区中部略隆起，表面刻点细小，中部略密集，侧面略稀疏，侧面混有较多圆形大刻点；中纵沟不可见；后胸腹板两侧各有 2 条弯曲的侧线：内侧线强烈隆起，伴随密集粗大的刻点行，向后侧方延伸，约存在于基部 2/3，外侧线较细，稀疏钝齿状，前后端均短于内侧线，两侧线间有 1 行粗大刻点，大刻点间具稀疏微小的刻点；侧盘区微凹，具稀疏粗大刻点，大刻点间具稀疏微小的刻点，刻点间隙具皮革纹；中足基节后线沿中足基节窝后缘延伸，末端剧烈向后弯曲。

　　第 1 腹节腹板基节间盘区刻点粗糙，略密集，基部刻点略小，端部近边缘刻点粗大（与后胸腹板基节间盘区大刻点相似），夹杂有细小刻点；两侧各具 2 条弯曲的腹侧线，粗糙钝齿状，深且完整。

　　前足胫节宽，外缘端半部具 2 个大齿，齿间隙宽，基半部具 10 个左右小齿；中足胫节外侧扁平加宽，外缘较光滑，具 3 个小刺，端部 2 个靠近，远离基部小刺；后足胫节外侧扁平加宽，外缘较光滑，近顶端具 2 个小刺。

　　雄性外生殖器如图 170G-N 所示。

　　观察标本：正模，♂，CHINA, Yunnan, Heishui (云南黑水), 35 km N Lijiang, 27.13°N, 100.19°E, 1993.VI.18-VII.4, col. S. Becvar.；副模，1♂, 5♀, 同正模；4♂, 1 ex, CHINA, Yunnan, Heishui (云南黑水), 35 km N Lijiang, 27.13°N, 100.19°E, 1992.VII.1-19, col. S. Becvar, 2005; 3♀, 四川宝兴锅巴岩，2668 m，桦木，倒木手捕，2003.VIII.7，吴捷采。

　　分布：四川、云南。

　　讨论：本种可通过以下特征与其他种相区别：中足胫节和后足胫节外侧扁平加宽，外缘较光滑，前胸腹板龙骨线直且几乎平行，表面刻点也与其他种不同。

(193) 小匀点阎甲 *Carcinops* (*Carcinops*) *pumilio* (Erichson, 1834)（图 171）

Paromalus pumilio Erichson, 1834: 169 (Spain, Egypt, North America); Dejean, 1837: 143 (*Dendrophilus*); Wollaston, 1854: 213; Redtenbacher, 1858: 313.

Carcinops pumilio: Marseul, 1855: 91; 1873: 221 (Japan: Nagasaki); Kolbe, 1909: 21; Kuhnt, 1913: 371; Mequignon, 1943: 160; Hinton, 1945: 321 (larva; figures); Wenzel, 1955: 608, 617; Witzgall, 1971: 177; Kryzhanovskij *et* Reichardt, 1976: 264; Vienna, 1980: 220; Mazur, 1984b: 129 (catalogue); 1997: 177 (catalogue); 2001: 35; 2011a: 146 (catalogue); Hisamatsu, 1985b: 224, pl. 40, no. 24; Gomy, 1986: 35, 36 (figures); Yélamos *et* Ferrer, 1988: 180; Kapler, 1993: 30 (Russia); ESK *et* KSAE, 1994: 136 (Korea); Ôhara, 1994: 167 (redescription, photos, figures, in subg. *Carcinops*); 1999a: 115; Ôhara *et* Paik, 1998: 27; Yélamos, 2002: 196 (redescription, figures); Mazur in Löbl *et* Smetana, 2004: 74 (catalogue); Zhang *et* Zhou, 2007b: 7.

Dendrophilus quatuordecimstriatus Stephens, 1835: 412 (spelled as *14-striata*); Wollaston, 1864: 166
　　(*Carcinops*); Gemminger *et* Harold, 1868: 777 (synonymized); Horn, 1873: 308 (*Paromalus*); Fauvel
　　in Gozis, 1886: 168 (key); Kolbe, 1909: 21; Reitter, 1909: 287; Jakobson, 1911: 647; Lewis, 1915: 56
　　(China: Taipin of Taiwan); Bickhardt, 1917: 114; 1921: 151; Hinton, 1945: 334 (redescription).
Dendrophilus nanus: Dejean, 1837: 143 (nom. nud.); LeConte, 1845: 61 (validated; *Hister*); Marseul,
　　1857: 476 (*Phelister*); Gemminger *et* Harold, 1868: 777 (synonymized).
Epierus krujanensis Mader, 1921: 181; 1927: 193 (synonymized).

体长 1.78-2.26 mm，体宽 1.39-1.62 mm。体长椭圆形，黑色或深棕色，表皮光亮，足和触角红棕色，触角的端锤黄褐色。

头部表面刻点密集，大小混杂；额线微隆，端部不甚明显。

前胸背板两侧略呈弓形向前收缩，端部 1/3 更明显，前缘凹缺部分略呈双波状，后缘略微弓弯；缘线完整，侧面缘线强烈隆起；表面中部刻点密集细小，侧面 1/4 刻点粗大，夹杂有细小刻点；小盾片前区有 1 较大的圆形浅刻点。

鞘翅两侧略呈弧形。外肩下线完整；斜肩线存在于基部 1/5；第 1-5 背线完整，深且粗糙，均伴随密集粗大刻点行，第 4 背线端部略短缩，第 5 背线基部末端向小盾片弯曲，端部刻点状且略短缩；缝线由粗大刻点行形成，基部和端部均短缩。鞘翅表面鞘翅缝到第 2 背线之间端半部，以及第 2-5 背线之间端部 1/3 刻点密集粗大，夹杂有细小刻点，其他区域刻点稀疏细小，沿鞘翅缝的刻点较密。鞘翅缘折粗糙，刻点稀疏细小；缘折缘线完整；鞘翅缘线完整，其后端达鞘翅后缘侧面 2/3；缘折缘线和鞘翅缘线之间有 1 粗糙钝齿状具粗大刻点的完整凹线。

前臀板具较密集的粗大刻点，夹杂有小刻点，沿前缘仅有细小刻点，具皮革纹。臀板刻点与前臀板的相似，但大刻点较前臀板的略小。

咽板前缘圆形；缘线仅存在于侧面基半部；表面刻点略密集粗大，夹杂有小刻点，基部中央刻点较稀疏，刻点间隙具皮革纹。前胸腹板龙骨线完整，内侧具宽而浅的凹陷，龙骨线中部 1/3 最窄，基部末端相连；龙骨表面刻点稀疏细小，刻点间隙具皮革纹。前胸腹板侧线短，完整且强烈隆起。

中胸腹板前缘中部深凹，缘线完整，强烈隆起，侧缘线内侧有宽而浅的凹陷；刻点粗大，略密，夹杂有细小刻点；中-后胸腹板缝略向后弓弯。

后胸腹板基节间盘区具不规则的刻点，中央纵向狭窄带具极稀少的微小刻点，其他区域刻点稀疏粗大，夹杂有细小刻点，近前角及延后足基节窝区域刻点更粗大；中纵沟极度退化，只于基部有 1 短的刻痕；后胸腹板两侧各有 2 条侧线，强烈隆起，向后侧方延伸，约存在于基部 2/3，内侧线伴随 1 粗大刻点行，两侧线间具稀疏粗大的刻点，刻点间隙具皮革纹；侧盘区具稀疏的、大而浅的圆形刻点，夹杂有微小刻点，刻点间隙具皮革纹；中足基节后线沿中足基节窝后缘延伸，末端剧烈向后侧方弯曲。

第 1 腹节腹板基节间盘区刻点稀疏粗大，夹杂有细小刻点，纵向中央无大刻点；两侧各具 2 条腹侧线，深且完整。

前足胫节宽，外缘端半部具 2 个大齿，齿间隙宽，基半部具若干小齿；中足胫节外缘具 2 个小刺；后足胫节外缘近顶端具 2 个小刺。

雄性外生殖器如图 171F-N 所示。

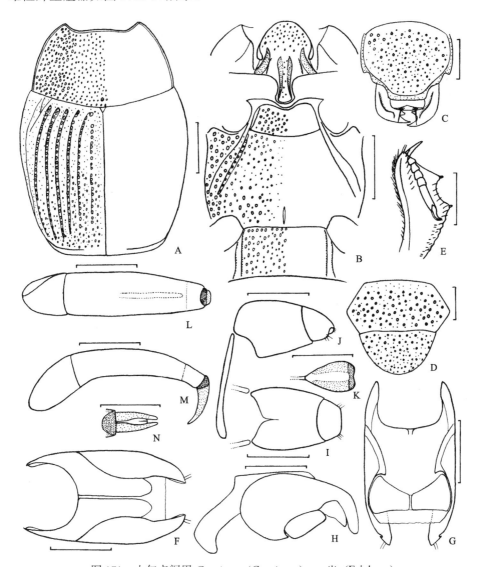

图 171　小匀点阁甲 *Carcinops* (*Carcinops*) *pumilio* (Erichson)

A. 前胸背板和鞘翅（pronotum and elytra）；B. 前胸腹板、中-后胸腹板和第 1 腹节腹板（prosternum, meso- and metasterna and the 1st visible abdominal sternum）；C. 头（head）；D. 前臀板和臀板（propygidium and pygidium）；E. 前足胫节，背面观（protibia, dorsal view）；F. 雄性第 8 腹节背板和腹板，背面观（male 8th tergite and sternum, dorsal view）；G. 同上，腹面观（ditto, ventral view）；H. 同上，侧面观（ditto, lateral view）；I. 雄性第 9、10 腹节背板，背面观（male 9th and 10th tergites, dorsal view）；J. 同上，侧面观（ditto, lateral view）；K. 雄性第 9 腹节腹板，腹面观（male 9th sternum, ventral view）；L. 阳茎，背面观（aedeagus, dorsal view）；M. 同上，侧面观（ditto, lateral view）；N. 阳茎顶端（apex of aedeagus）。比例尺（scales）：A, B = 0.5 mm, C-N = 0.25 mm

观察标本：1 ex., [台湾] Taipin, T. Shiraki, W. Miwa det.; 1 ex., [台湾] HEITOU,

1930.V.22, Y. MIWA；1♂，5 号，北京海淀蓝靛厂，网筛，1997.VIII.14，周海生采；4 号，北京海淀巴沟村，1997.VIII.28，周海生；1 号，云南西双版纳大勐龙，650 m，1958.IV.12，王书永采；1 号，山西大同，1955.V；3 号，阜外面粉厂，1955.VI.10；1♂，1 号，Liou-Simm，河北献县；2 号，黑龙江齐齐哈尔，米厂，1981.VIII.21，张生芳采。

分布：北京、河北、山西、黑龙江、云南、台湾；世界性分布。

讨论：本种发现于有机体排泄物、腐肉、垃圾、鸟巢中，以及农田、树皮下、仓库等各种环境中。

(194) 中华匀点阎甲 *Carcinops* (*Carcinops*) *sinensis* Lewis, 1909（图 172）

Carcinops sinensis Lewis, 1909: 299 (China: Nankin); Bickhardt, 1910c: 60 (catalogue); 1917: 114; Mazur, 1984b: 129 (catalogue); 1997: 177 (catalogue); 2011a: 147 (catalogue); Mazur in Löbl *et* Smetana, 2004: 74 (China: Anhui; catalogue); Zhang *et* Zhou, 2007b: 8; Lackner *et al.* in Löbl *et* Löbl, 2015: 85 (catalogue).

体长 2.68 mm，体宽 2.00 mm。体长卵形，相当隆凸，黑色光亮，足、口器和触角红棕色。

头部表面刻点密集，大小混杂；额线于两侧清晰，于前端不明显。

前胸背板两侧略呈弓形向前收缩，端部 1/3 更明显，前缘凹缺部分微呈双波状，后缘两侧较直，中部略弓弯；缘线完整，侧面缘线强烈隆起；复眼后区域微凹；表面密布细小刻点，细小刻点常两两相伴存在，侧面 1/4 具粗大的圆形刻点，沿后缘有 1 行不规则的较大的刻点，小盾片前区微凹，刻点较多。

鞘翅两侧略呈弧形。外肩下线稀疏刻点状，基部与斜肩线相连，端部到达鞘翅后缘；斜肩线存在于基部 1/4；第 1-3 背线完整，深且粗糙，第 4 背线基部向鞘翅缝弯曲，其前后末端刻点状，第 5 背线无；缝线被沿鞘翅缝的一些不规则刻点代替。鞘翅表面密布细小刻点，细小刻点常两两相伴存在，端部 1/3 具稀疏的不规则的粗大刻点，有时有几条纵向皱纹。鞘翅缘折粗糙，有 1 行不规则的粗大刻点；缘折缘线完整；鞘翅缘线完整，其后端沿鞘翅后缘延伸到达缝缘，并向基部略延伸。

前臀板密布较粗大的刻点，夹杂有密集的细小刻点。臀板刻点与前臀板的相似。

咽板前缘宽阔平截；缘线仅存在于侧面基半部；表面密布较粗大的刻点。前胸腹板龙骨线完整且隆起，于前足基节之间间距窄，于端部间距宽，前后端均向内弯曲但不相连；龙骨表面端半部刻点较粗大，非常密集，基半部刻点稀疏细小，两侧有几个较大刻点。前胸腹板侧线短，强烈隆起。

中胸腹板前缘中央深凹；缘线完整，粗糙钝齿状，后端不达中-后胸腹板缝；两侧具大而深的圆形刻点，较密集，大刻点间及中部具稀疏的小刻点；中-后胸腹板缝细而直，伴随粗糙钝齿状线。

后胸腹板基节间盘区密布细小刻点，细小刻点常两两相伴存在，端部两侧近后足基节窝有 2 簇大而深的圆形刻点；中纵沟浅但较明显；后胸腹板两侧各有 2 条侧线，强烈隆起，钝齿状，向后侧方延伸，内侧线完整，末端几乎到达后足基节窝前缘，外侧线长度约为内侧线的一半，位于基部；侧盘区具较密集的圆形大刻点，混有少量小而浅的刻点，刻点间隙具皮革纹；中足基节后线沿中足基节窝后缘延伸，末端向后侧方弯曲。

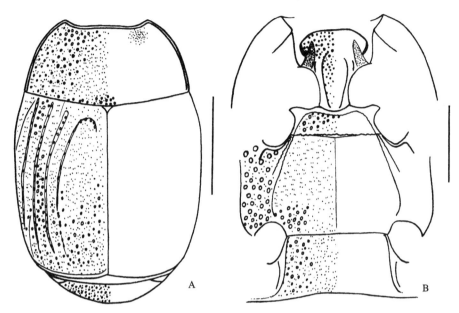

图 172　中华匀点阎甲 Carcinops (Carcinops) sinensis Lewis
A. 前胸背板、鞘翅和前臀板（pronotum, elytra and propygidium）；B. 前胸腹板、中-后胸腹板和第 1 腹节腹板（prosternum, meso- and metasterna and the 1st visible abdominal sternum）。比例尺（scales）：1.0 mm

第 1 腹节腹板基节间盘区刻点与后胸腹板基节间盘区的相似，两侧混有较稀疏的圆形大刻点，较后胸腹板基节间盘区大刻点略小；两侧各具 2 条腹侧线，内侧线完整，外侧线位于端半部。

前足胫节宽，外缘具 6-7 个小齿；中足和后足胫节外缘具较多小刺。

观察标本：1 ex., Type, China, Nankin (中国江苏南京), 1907, G. Lewis leg., B. M. 1926-369 (BMNH)。

分布：江苏、安徽。

(195) 隐匀点阎甲 Carcinops (Carcinops) troglodytes (Paykull, 1811)（图 173）

Hister troglodytes Paykull, 1811: 46 (West Indies); Erichson, 1834: 169 (*Paromalus*); Dejean, 1837: 143 (*Dendrophilus*).

Carcinops troglodytes: Marseul, 1855: 92; 1862: 8; 1864a: 329; Bickhardt, 1910c: 61 (catalogue); 1917: 114; Wenzel, 1955: 608, 618; Thérond, 1976: 110; Mazur, 1972c: 184; 1984b: 129 (catalogue); 1997: 178 (catalogue); 2007a: 71 (China: Nantou, Taitung of Taiwan); 2011a: 147 (catalogue); Kryzhanovskij *et* Reichardt, 1976: 265; Gomy, 1986: 35, 36 (figure); Mazur in Löbl *et* Smetana, 2004: 74 (catalogue); Lackner *et al.* in Löbl *et* Löbl, 2015: 85 (catalogue).

Dendrophilus tantillus Dejean, 1837: 143 (nom. nud.); Gemminger *et* Harold, 1868: 777 (synonymized).

Dendrophilus minutus Fåhraeus in Boheman, 1851: 551; Marseul, 1857: 165; Gemminger *et* Harold,

1868: 776 (*Carcinops minuta*); Burgeon, 1939: 73; Wenzel, 1955: 618 (synonymized).

Epierus rubripes Boheman, 1858: 37; Marseul, 1862: 8 (synonymized).

Carcinops palans Marseul, 1862: 9 (emend.).

体长 1.97 mm，体宽 1.49 mm。体长卵形，黑色或深棕色，表皮光亮，足、口器和触角的索节红棕色，触角的端锤黄褐色。

头部表面刻点密集细小，基部具稀疏略大的刻点；额线微隆且完整。

前胸背板两侧略呈弓形向前收缩，端部 1/3 更明显，前缘凹缺部分略呈双波状，后缘略弓弯；缘线完整，侧面缘线强烈隆起；表面遍布密集的细小刻点，侧面 1/4 混有稀疏的粗大刻点，沿后缘有 1 行略粗大的刻点，小盾片前区有 1 较大的圆形浅刻点。

鞘翅两侧略呈弧形。外肩下线完整，内肩下线无；斜肩线存在于基部 1/5；第 1-5 背线完整，深刻且粗糙，均伴随粗大刻点行，第 4、5 背线后端略短缩；缝线粗糙钝齿状，前后端均刻点状，于基部 1/4 短缩，端部与第 5 背线等长。鞘翅表面刻点稀疏细小，近后缘具粗大刻点。鞘翅缘折粗糙，具稀疏大刻点；缘折缘线细且完整；鞘翅缘线隆起且完整，其后端沿鞘翅后缘延伸，接近但不达缝角；缘折缘线和鞘翅缘线之间端部有 1 粗糙钝齿状且具粗大刻点的凹线。

前臀板具略密集的圆形大刻点，大刻点间遍布密集的细小刻点，沿前缘无大刻点。臀板大刻点较前臀板的小且稀疏，大刻点间具较稀疏的细小刻点，顶端光滑，仅有细小刻点。

咽板前缘圆形；缘线仅存在于侧面基部约 1/3；表面刻点小，略稀疏，侧面具略粗大的刻点。前胸腹板龙骨线完整，内侧具宽而浅的凹陷，龙骨线中部 1/3 最窄，基部末端沿后缘相连；龙骨表面刻点稀疏细小。前胸腹板侧线短，完整且强烈隆起。

中胸腹板前缘中部深凹；缘线完整，强烈隆起，侧缘线内侧有宽而浅的凹陷；刻点稀疏细小；中-后胸腹板缝略直。

后胸腹板基节间盘区刻点与中胸腹板的相似，但近后缘两侧各有 1 圆形浅凹，浅凹内刻点较粗大；中纵沟极度退化，不清晰；后胸腹板两侧各有 2 条侧线，强烈隆起，向后侧方延伸，约存在于基部 2/3，外侧线后端略短于内侧线，2 侧线间有 1 行粗大刻点，以及稀疏的细小刻点；侧盘区具较稀疏的圆形大刻点，夹杂有小刻点；中足基节后线沿中足基节窝后缘延伸，末端剧烈向后侧方弯曲。

第 1 腹节腹板基节间盘区刻点与中胸腹板的相似，但侧面具稀疏且略粗大的刻点；两侧各有 2 条腹侧线，内侧线完整，外侧线存在于端部 2/3。

前足胫节宽，外缘端半部具 2 个大齿，齿间隙宽，基半部具若干小齿；中足胫节外缘具 2 个小刺；后足胫节外缘近顶端具 2 个小刺。

雄性外生殖器如图 173C-H 所示。

观察标本：1♀, GUADELOUPE (法属瓜德罗普), Grands Fonds, Ste Anne, 1978.II.25, Chalumeau, P. Kanaar det., 1997; 1♀, GUYANE FRANCAISE (法属圭亚那), Cayenne ville, 1976.I.31, dans crottin de cheval/tas de tumier, P. Kanaar det., 1997; 1♂, BRESIL-Pará, Benevides, route de Mosqueiro, 1987.IX.10, tauchage, N. Dègallier leg., S. Mazur det.。

分布：台湾；热带遍生。

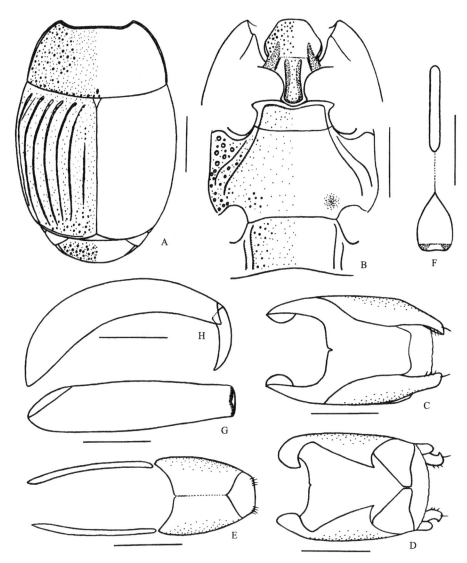

图 173　隐匀点阎甲 *Carcinops* (*Carcinops*) *troglodytes* (Paykull)

A. 前胸背板、鞘翅和前臀板（pronotum, elytra and propygidium）；B. 前胸腹板、中-后胸腹板和第 1 腹节腹板（prosternum, meso- and metasterna and the 1st visible abdominal sternum）；C. 雄性第 8 腹节背板和腹板，背面观（male 8th tergite and sternum, dorsal view）；D. 同上，腹面观（ditto, ventral view）；E. 雄性第 9、10 腹节背板，背面观（male 9th and 10th tergites, dorsal view）；F. 雄性第 9 腹节腹板，腹面观（male 9th sternum, ventral view）；G. 阳茎，背面观（aedeagus, dorsal view）；H. 同上，侧面观（ditto, lateral view）。比例尺（scales）：A, B = 0.5 mm, C-H = 0.25 mm

47. 胸线阎甲属 *Diplostix* Bickhardt, 1921

Diplostix Bickhardt, 1921: 152; G. Müller, 1946: 533 (Africa; key); Mazur, 1997: 178 (catalogue); 2011a: 147 (catalogue); Mazur in Löbl *et* Smetana, 2004: 74 (catalogue); Gomy *et* Vienna, 2004: 115

(Afro-tropicale); Vienna *et* Yélamos, 2006: 49 (Thailand); Zhang *et* Zhou, 2007b: 8 (China); Vienna, 2007: 139 (revision); Lackner *et al.* in Löbl *et* Löbl, 2015: 85 (catalogue). **Type species:** *Carcinops togoensis* Lewis, 1895. Original designation.

体小，卵形，隆凸；头部额线通常完整；上唇横宽，通常具 1 对具刚毛的刻点；上颚粗短，弯曲，内侧各有 1 齿。前胸背板横宽，两侧弓形向前收缩，前角锐且降低；缘线完整。小盾片背面观可见。鞘翅背面具很多线。前臀板横宽。臀板近于圆形。咽板较大，近基角处的侧边隆起，内侧区域深凹；前胸腹板龙骨窄，龙骨线完整；咽板和龙骨之间的缝不明显。中胸腹板横宽，前缘中央深凹，缘线完整。后胸腹板除侧线（第 1 侧线）外，其盘区侧面还有 2 条对称且相互平行或近于平行的纵长线（第 2 侧线）。阳茎基片宽而长，侧叶短而窄。

分布：非洲区、古北区和东洋区。

该属世界记录 3 亚属近 40 种（Mazur, 1997; Gomy and Vienna, 2004; Vienna and Yélamos, 2006; Vienna, 2007），中国记录 1 亚属 2 种。

24) 胸线阎甲亚属 *Diplostix* Bickhardt, 1921

(196) 卡伦胸线阎甲 *Diplostix (Diplostix) karenensis* (Lewis, 1891)

Carcinops karenensis Lewis, 1891d: 31 (Myanmar); Bickhardt, 1910c: 60 (subg. *Carcinops* s. str.; catalogue).

Diplostix (Diplostix) karenensis: Mazur, 2011a: 147 (catalogue); Lackner *et al.* in Löbl *et* Löbl, 2015: 85 (catalogue; China: Taiwan).

观察标本：未检视标本。

分布：台湾；缅甸。

(197) 异胸线阎甲 *Diplostix (Diplostix) vicaria* (Cooman, 1935)（图 174）

Carcinops vicaria Cooman, 1935d: 221 (Vietnam).

Diplostix vicaria: Mazur, 1984b: 131; 1997: 179 (catalogue); 2010a: 145 (China: Taiwan); 2011a: 148 (catalogue); Zhang *et* Zhou, 2007b: 2 (China: Yunnan); Vienna, 2007: 223 (subg. *Diplostix*); Lackner *et al.* in Löbl *et* Löbl, 2015: 85 (catalogue).

体长 1.50 mm，体宽 1.16 mm。体卵形，隆凸，深棕色，体表光亮，足和触角红棕色，触角的端锤浅黄褐色。

头部表面端部微凹，刻点密集细小；额线细而完整，于上颚基部弯折，于前缘弧圆；上唇略宽，有 2 个对称的具刚毛的大刻点；上颚较粗短，弯曲，内侧各有 1 齿；触角端锤圆形，于端部分 3 节，被绒毛。

前胸背板两侧呈弓形向前收缩，端部 1/3 更明显，前角锐，前缘凹缺部分呈双波状，后角钝，后缘中部适度弓弯，两边较直；缘线完整；表面刻点密集细小，混有稀疏的略粗大的圆形刻点，向中部大刻点变少变小，沿后缘有 1 行略密集的大刻点，较盘区大刻点略大；小盾片前区有 1 较大的圆形刻点。

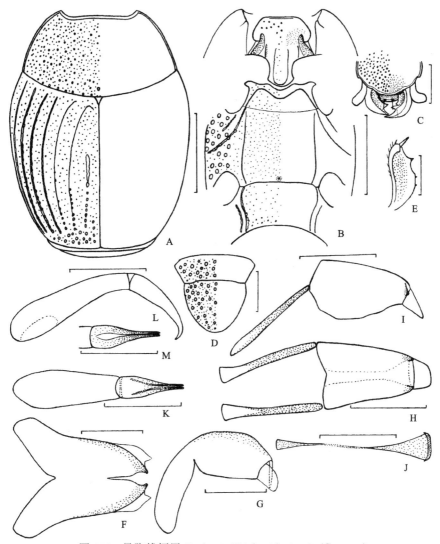

图 174　异胸线阎甲 *Diplostix* (*Diplostix*) *vicaria* (Cooman)

A. 前胸背板和鞘翅（pronotum and elytra）；B. 前胸腹板、中-后胸腹板和第 1 腹节腹板（prosternum, meso- and metasterna and the 1st visible abdominal sternum）；C. 头（head）；D. 前臀板和臀板（propygidium and pygidium）；E. 前足胫节，背面观（protibia, dorsal view）；F. 雄性第 8 腹节背板，背面观（male 8th tergite, dorsal view）；G. 同上，侧面观（ditto, lateral view）；H. 雄性第 9、10 腹节背板，背面观（male 9th and 10th tergites, dorsal view）；I. 同上，侧面观（ditto, lateral view）；J. 雄性第 9 腹节腹板，腹面观（male 9th sternum, ventral view）；K. 阳茎，背面观（aedeagus, dorsal view）；L. 同上，侧面观（ditto, lateral view）；M. 阳茎顶端（apex of aedeagus）。比例尺（scales）：A, B = 0.5 mm, C–M = 0.25 mm

　　鞘翅两侧略弧圆。外肩下线完整；无斜肩线和内肩下线；第 1-5 背线完整，端部末端略短缩，第 1、2 背线具粗大刻点行，较深较宽，第 3 背线基部小于 1/2 光滑，略浅略细，端部具较小的刻点行，第 4、5 背线基部约 2/3 细，略呈钝齿状，端部为刻点行，第 4 背线基部向小盾片弯曲，第 5 背线基部向小盾片弯曲并呈弯钩状；缝线存在于端部长于 1/2，其基部为宽沟状，端部为粗大刻点行。鞘翅表面刻点较前胸背板刻点更小且略稀，端部近边缘混有粗大刻点，较前胸背板大刻点大，沿端部边缘的窄带光滑无刻点。鞘翅缘折粗糙，刻点细小，略密集；缘折缘线细且完整；鞘翅缘线完整，具粗大刻点行，其后端到达鞘翅端部但不沿后缘延长。

前臀板刻点密集细小，混有较密集的圆形大刻点，较鞘翅表面大刻点大。臀板近于圆形，隆凸，刻点与前臀板的相似，但大刻点略小，向端部大刻点更小且变稀。

咽板前缘横截；缘线存在于前缘，较细；刻点稀疏细小，侧面刻点略大，刻点间隙具皮革纹。前胸腹板龙骨线隆起且完整，两侧近于平行，中部微波曲，后末端相连；龙骨表面刻点较咽板的更小更稀；前胸腹板侧线短，隆起。

中胸腹板前缘中部深凹，缘线完整，于前端与前缘凹缺平行，于侧面向后侧方延伸，后端与后胸腹板侧线相连；刻点与前胸腹板龙骨的相似；中-后胸腹板缝不清晰，中部较直。

后胸腹板基节间盘区中部略隆起，两侧有 2 条对称且近于平行的隆起的线，称为第 2 侧线，前端接近中-后胸腹板缝，后端到达后胸腹板后缘，这 2 条线之间区域刻点细小，略密集，边缘刻点略稀疏；中纵沟不可见，纵向中央基部有 1 小突起；后胸腹板侧线称为第 1 侧线，呈粗糙钝齿状，具稀疏的大刻点，向后侧方延伸，存在于基部不足 2/3；第 1 和第 2 侧线之间刻点细小，略稀疏，外侧 2/3 混有稀疏的圆形大刻点；侧盘区具稀疏的细小刻点和圆形大刻点，大刻点与第 1 和第 2 侧线之间大刻点相似，刻点间隙具皮革纹；中足基节后线向后侧方延伸，约与后胸腹板第 1 侧线平行，其末端略超出侧线基半部。

第 1 腹节腹板基节间盘区刻点稀疏细小，沿后缘刻点略大；两侧各具 2 条弯曲的腹侧线，粗糙钝齿状，内侧线深且完整，外侧线存在于端部 2/3 且与内侧线平行。

前足胫节宽，外缘具 3 个较大的齿和 2 个极小的齿，最端部的 1 齿和其他齿距离较远；中足胫节外缘较光滑，近顶端具 2 个小刺；后足胫节外缘较光滑，近顶端有若干毛刺。

雄性外生殖器如图 174F-M 所示。

观察标本：1♂，1♀，云南思茅，1982.VIII，张生芳采。

分布：台湾、云南；中南半岛、印度尼西亚。

讨论：Cooman（1935d）描记了越南分布的异胸线阎甲 D. (D.) vicaria，并与缅甸分布的卡伦胸线阎甲 D. (D.) karenensis 进行了比较，主要是基于中胸腹板缘线形状的不同。根据 Cooman（1935）的描述，在前者中该线不与中胸腹板前缘平行且中间略成角，而在后者中该线与中胸腹板前缘平行。但 P. Vienna 博士认为，Cooman 错误地记述了该特征，实际上，在 D. (D.) vicaria 的模式标本中，中胸腹板缘线与中胸腹板前缘平行，因此，二者可能是同物异名。不幸的是，由于 D. (D.) karenensis 仅有的 1 头模式标本已丢失（Cooman, 1935; personal communication with Dr. Fabio Penati and Dr. Pierpaolo Vienna），这一问题的解决相当复杂和困难。作者将这 2 头云南采集的标本鉴定为 D. (D.) vicaria，因为除了中胸腹板缘线外，其他特征均符合 Cooman（1935）的描述。Mazur（2007a）记录了 D. (D.) karenensis 在台湾的分布，但根据以上分析，作者认为 Mazur 鉴定的种可能与本文记述的种系同一种，故在此暂不做记录。

48. 厚阎甲属 *Pachylomalus* Schmidt, 1897

Pachylomalus Schmidt, 1897: 295; Bickhardt, 1917: 115; Cooman, 1938: 116; 1941: 292; Ôhara, 1994: 193; Mazur, 1984b: 131 (catalogue); 1997: 179 (catalogue); 2011a: 149 (catalogue); Mazur in Löbl *et* Smetana, 2004: 74 (catalogue); Zhang *et* Zhou, 2007b: 11 (China); Lackner *et al.* in Löbl *et* Löbl, 2015: 85 (catalogue). **Type species:** *Paromalus leo* Marseul, 1879. Designated by Bickhardt, 1917: 115.

体卵形，强烈隆凸。头部额线完整（额线阎甲亚属 *Canidius*）或于上唇之后间断（厚阎甲亚属 *Pachylomalus*）；上唇横宽，通常具 1 对具刚毛的刻点；上颚粗短，弯曲，内侧各有 1 齿；前胸背板横宽，两侧弓形向前收缩，前角锐且降低；缘线完整；小盾片之前有 1 多少呈半圆形的有时间断的线。小盾片背面观不可见。鞘翅背面无线或强烈退化。前臀板横宽，较长；基部有 1 条横线，横线两端各有 1 小的勾突，横线之前的表面暗淡，之后的表面光亮。雌虫臀板表面通常具沟纹。咽板近基角处的侧边隆起，内侧区域深凹；咽板缘线通常完整；前胸腹板龙骨窄，龙骨线完整；咽板和龙骨线之间的缝较清晰。中胸腹板横宽，前缘中央深凹；缘线或无或较复杂；中胸腹板横线隆起且完整。后胸腹板侧线通常呈弓形，约存在于基部 1/3，向后侧方延伸，然后向上弯曲，末端到达后胸腹板-后胸前侧片缝。第 1 腹节腹板两侧通常各有 2 条侧线。所有胫节宽。雄虫阳茎细长，基片较侧叶长。

生活在石头下（Bickhardt, 1917）。

分布：东洋区，极少数种类分布在古北区。

该属世界记录 2 亚属 12 种，中国记录 1 亚属 2 种。

25) 额线阎甲亚属 *Canidius* Cooman, 1941

Canidius Cooman, 1941: 292; Ôhara, 1994: 193; Mazur, 1997: 179 (catalogue); 2011a: 149 (catalogue); Mazur in Löbl *et* Smetana, 2004: 74 (catalogue); Lackner *et al.* in Löbl *et* Löbl, 2015: 85 (catalogue). **Type species:** *Pachylomalus opulentus* Cooman, 1932. Original designation.

种 检 索 表

咽板缘线完整，中胸腹板无缘线，第 1 腹节腹板两侧分别有 2 条⋯⋯⋯⋯ 肌厚阎甲 *P.(C.) musculus*

咽板缘线只存在于侧面，中胸腹板有缘线，第 1 腹节腹板两侧分别有 1 条侧线⋯⋯⋯⋯⋯⋯⋯⋯⋯⋯⋯⋯⋯⋯⋯⋯⋯⋯⋯⋯⋯⋯⋯⋯⋯⋯⋯⋯⋯⋯⋯⋯ 缺线厚阎甲 *P. (C.) deficiens*

(198) 缺线厚阎甲 *Pachylomalus* (*Canidius*) *deficiens* Cooman, 1933（图 175）

Pachylomalus deficiens Cooman, 1933: 196 (Viet-Nam); Mazur, 1984b: 132 (catalogue); 1997: 180 (catalogue); 2011a: 149 (catalogue); Zhang *et* Zhou, 2007b: 12 (China: Yunnan); Lackner *et al.* in Löbl *et* Löbl, 2015: 85 (catalogue).

Pachylomalus tylus Cooman, 1935d: 218 (nom. nud.)

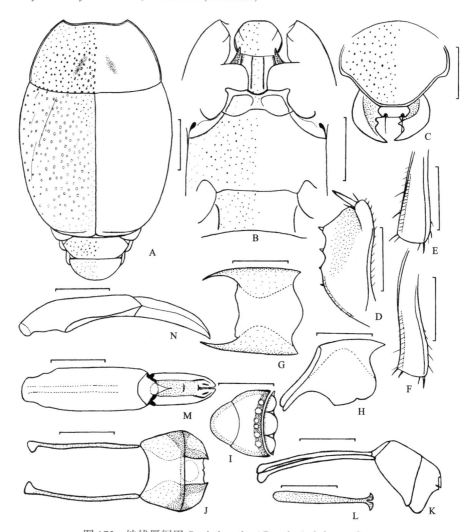

图 175　缺线厚阎甲 *Pachylomalus* (*Canidius*) *deficiens* Cooman

A. 前胸背板和鞘翅（pronotum and elytra）；B. 前胸腹板、中-后胸腹板和第 1 腹节腹板（prosternum, meso- and metasterna and the 1st visible abdominal sternum）；C. 头（head）；D. 前足胫节，背面观（protibia, dorsal view）；E. 中足胫节，背面观（mesotibia, dorsal view）；F. 后足胫节，背面观（metatibia, dorsal view）；G. 雄性第 8 腹节背板，背面观（male 8th tergite, dorsal view）；H. 同上，侧面观（ditto, lateral view）；I. 雄性第 8 腹节腹板，腹面观（male 8th sternum, ventral view）；J. 雄性第 9、10 腹节背板，背面观（male 9th and 10th tergites, dorsal view）；K. 同上，侧面观（ditto, lateral view）；L. 雄性第 9 腹节腹板，腹面观（male 9th sternum, ventral view）；M. 阳茎，背面观（aedeagus, dorsal view）；N. 同上，侧面观（ditto, lateral view）。比例尺（scales）：A, B = 0.5 mm, C–N = 0.25 mm

体长 2.00-2.26 mm，体宽 1.45-1.63 mm。体卵形，强烈隆凸，黑色，表皮光亮，足、口器和触角红棕色。

头部表面刻点小，略稀疏。额线清晰完整，前端靠近前缘并与之平行；眼上线深、完整；上唇前缘直或中部略向前突出。

前胸背板两侧微呈弓形向前收缩，前端 1/3 更明显，前缘凹缺部分呈双波浪状，后缘略呈弓形；缘线隆起且完整；表面刻点略粗大，中部刻点密集，向两侧刻点略小且变稀，两侧边缘刻点最小，延后缘有 1 行稀疏的圆形大刻点；近后缘中部有 1 对"八"字形的纵向浅凹。

鞘翅两侧弧圆。斜肩线很浅，存在于基部 1/3；背线极度退化，仅在基部 1/3 侧面 1/2 有 1 斜向浅凹痕。鞘翅表面刻点浅而粗大，较前胸背板盘区中部刻点大，内侧刻点较密集，外侧刻点略稀疏，鞘翅基部 1/4 鞘翅缝周围较宽区域刻点小，沿鞘翅缝两侧的窄带及鞘翅端部边缘较宽的区域刻点细小。鞘翅缘折光滑，刻点稀疏微小；缘折缘线浅，完整，于基部略短缩；鞘翅缘线深且完整，其后端沿鞘翅后缘延伸至接近鞘翅缝。

前臀板无横线；刻点小，略稀疏。臀板刻点微小，略稀疏，雌虫臀板与雄虫的相似。

咽板前缘横截；缘线存在于两侧且较短；表面刻点稀疏微小。前胸腹板龙骨线深且完整，几乎平行，略向后分离；龙骨表面刻点稀疏微小。前胸腹板侧线短，强烈隆起。

中胸腹板前缘中部深凹，表面具稀疏微小的刻点；缘线双弓形，侧面完整，后末端不与后胸腹板侧线相连，前端向中部延伸，于靠近中点处向下、向外弯折，分别接近中胸腹板横线的两角；中胸腹板横线强烈隆起，具 2 角，中间部分短而直；中-后胸腹板缝很浅，两端与横线会合，只中部可见，靠近横线且与之平行。

后胸腹板基节间盘区光滑，刻点小，稀疏，两侧的更小；中纵沟不可见；后胸腹板侧线存在于基部 1/3，强烈隆起，弯曲，向后侧方延伸，末端到达后胸腹板-后胸前侧片缝；侧盘区具横向皮革纹，刻点极稀疏微小；中足基节后线沿中足基节窝后缘延伸，末端剧烈向后侧方弯曲。

第 1 腹节腹板基节间盘区刻点与后胸腹板的相似，两侧各有 1 条腹侧线，且存在于端部 2/3。

前足胫节宽，外缘具 4 齿；中足和后足胫节端部略加宽。

雄性外生殖器如图 175G-N 所示。

观察标本： 1 ex., Hoa-Binh Tonkin (越南东京湾和平), 1934, de Cooman, de Cooman det; 1 ex., Hoa-Binh Tonkin, 1935, de Cooman, de Cooman det; 1 ex., Hoa-Binh Tonkin, 1936, de Cooman, de Cooman det; 1♀, Hoa-Binh Tonkin, 1937, de Cooman, de Cooman det; 1♂, 2♀, 云南西双版纳勐仑西片，560 m，倒木，2004.II.9，吴捷采；2♀，云南西双版纳勐腊西片，730 m，倒木，2004.II.13，吴捷采。

分布： 云南；印度，缅甸，越南，泰国。

讨论： 在现有种类标本的观察中发现，P. (C.) opulentus Cooman（图 176）、P. (C.) sulcatipygus Cooman（图 177）和肌厚阎甲 P. (C.) musculus (Marseul)（图 178）的外形及雄性外生殖器的形态特征相似，而缺线厚阎甲 P. (C.) deficiens Cooman 与他们有很大的差异，现把这些差异进行如下总结（表 2）。基于以上比较，建议将缺线厚阎甲 P. (C.)

deficiens 分出另成一属。

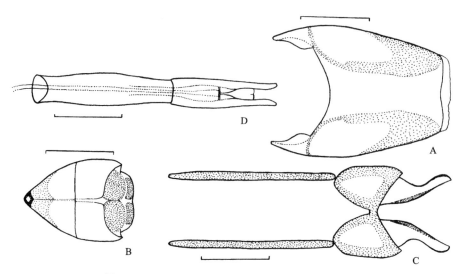

图 176 *Pachylomalus (Canidius) opulentus* Cooman

A. 雄性第 8 腹节背板，背面观（male 8th tergite, dorsal view）；B. 雄性第 8 腹节腹板，腹面观（male 8th sternum, ventral view）；
C. 雄性第 9、10 腹节背板，背面观（male 9th and 10th tergites, dorsal view）；D. 阳茎，背面观（aedeagus, dorsal view）。比例
尺（scales）：0.25 mm

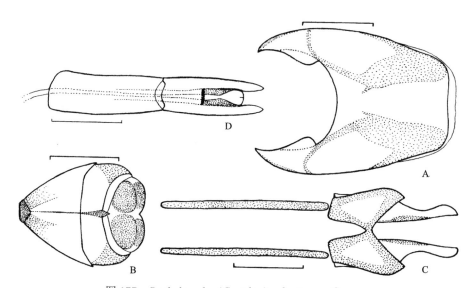

图 177 *Pachylomalus (Canidius) sulcatipygus* Cooman

A. 雄性第 8 腹节背板，背面观（male 8th tergite, dorsal view）；B. 雄性第 8 腹节腹板，腹面观（male 8th sternum, ventral view）；
C. 雄性第 9、10 腹节背板，背面观（male 9th and 10th tergites, dorsal view）；D. 阳茎，背面观（aedeagus, dorsal view）。比例
尺（scales）：0.25 mm

表 2　缺线厚阎甲 *P. (C.) deficiens* 与肌厚阎甲 *P. (C.) musculus*、*P. (C.) opulentus*
和 *P. (C.) sulcatipygus* 的形态比较

Table 2　Morphological differences between *P. (C.) deficiens* and *P. (C.) musculus*, *P. (C.) opulentus* or
P. (C.) sulcatipygus

特征	缺线厚阎甲 *P. (C.) deficiens*	肌厚阎甲 *P. (C.) musculus* 等
额线	靠近前缘，并与之平行	远离前缘，不与之平行
上唇	较窄小，前缘直或略向外凸	横宽，前缘中央向内弓弯
前胸背板近后缘中部括弧形纵向线	不明显	明显
前臀板横线	极不明显（无？）	明显
臀板雌雄差异	无	有
咽板缘线	只存在于侧面	完整
第 1 腹节腹板侧线	两侧各有 1 条	两侧各有 2 条
中足和后足胫节	几乎不加宽	明显加宽
阳茎	侧叶端部靠近，中叶不从侧叶背面伸出	侧叶端部分离，中叶从侧叶背面伸出
雄性第 8 背板	尾端边缘强烈双波状，中部突出	尾端边缘几乎平直，有时中部略凹
雄性第 8 腹板	尾盘区具 3 个椭圆形小盘区	尾盘区具 4 个椭圆形小盘区
雄性第 9 背板	前缘略向内凹，后缘较平直	前后缘均强烈向内狭缩，中部形成窄的连接
雄性第 10 背板	适度骨化，两侧部分不完全分离且粗短	强烈骨化，两侧部分完全分离且较细长

(199) 肌厚阎甲 *Pachylomalus (Canidius) musculus* (Marseul, 1873)（图 178）

Paromalus musculus Marseul, 1873: 221, 225 (Niphon, Nagasaki); Lewis, 1892a: 37 (Nara; Kiushu);
1915: 56 (China: Horisha of Taiwan).

Pachylomalus musculus: Schmidt, 1897: 295; Bickhardt, 1917: 116; Cooman, 1941: 298 (in subg.);
Hisamatsu, 1968: 31; 1985b: 224, pl. 40, no. 25; Ôhara, 1994: 193 (redescription, figures); Mazur,
1984b: 132 (catalogue); 1997: 180 (catalogue); 2011a: 150 (catalogue); Mazur in Löbl *et* Smetana,
2004: 74 (catalogue); Zhang *et* Zhou, 2007b: 14; Lackner *et al.* in Löbl *et* Löbl, 2015: 86 (catalogue).

Pachylomalus inops Cooman, 1933: 195; 1935d: 217 (synonymized).

体长 1.92-2.52 mm，体宽 1.41-1.76 mm。体卵形，强烈隆凸，表皮光亮，黑色或深棕色，胫节、口器和触角红棕色。

头部表面刻点细小，较稀疏；额线完整并轻微隆起，沿前缘弧圆但离边缘较远；眼上线深、完整；上唇宽，前缘中央通常向内弓弯。

前胸背板两侧微呈弓形向前收缩，前端 1/2 明显，前缘凹缺部分呈双波状，后缘略呈弓形；缘线浅、完整；表面刻点细小，较稀疏，夹杂有微小刻点，延后缘有 1 行稀疏的纵长椭圆形大刻点，中部无；小盾片前有 1 对括弧形纵向线，两线间区域微凹，刻点较前胸背板其他区域刻点略小略密。

鞘翅两侧弧圆。斜肩线浅，存在于基部 1/3；背线极度退化，仅在基部 1/3 侧面 1/2 有一些斜向浅凹痕。鞘翅表面刻点较前胸背板刻点略粗大密集，偶尔夹杂有微小刻点，基部 1/3 内侧较宽的区域及所有边缘刻点细小，延后缘及鞘翅缝两侧的窄带光滑无刻点。鞘翅缘折光滑，刻点稀疏微小；缘折缘线浅，完整，有时基部 1/4 处间断；鞘翅缘线深且完整，后端沿鞘翅后缘延伸至缝缘，并向基部弯折，略延伸。

前臀板靠近前缘有 1 横线，向两侧延伸但不达侧缘；刻点稀疏细小。臀板刻点与前臀板相似；雌虫臀板刻点与雄虫的相似，端半部有 1 大的卵形凹陷。

咽板前缘横截；缘线深且完整；表面具略密集的微小刻点，刻点间隙具皮革纹。前胸腹板龙骨线深且完整，中部最窄，前端相连呈弓形，后端有时也相连；龙骨表面刻点稀疏微小。前胸腹板侧线强烈隆起。

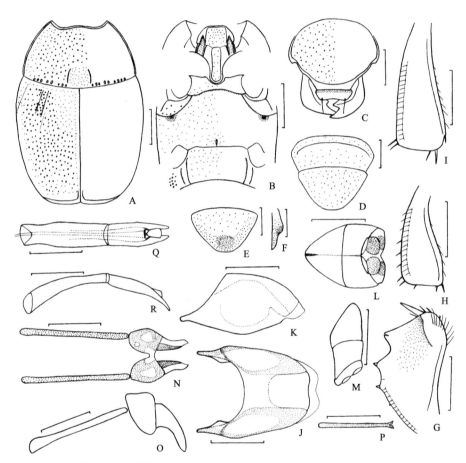

图 178 肌厚阎甲 *Pachylomalus* (*Canidius*) *musculus* (Marseul)

A. 前胸背板和鞘翅（pronotum and elytra）；B. 前胸腹板、中-后胸腹板和第 1 腹节腹板（prosternum, meso- and metasterna and the 1st visible abdominal sternum）；C. 头（head）；D. 雄性前臀板和臀板（male propygidium and pygidium）；E. 雌性臀板，背面观（female pygidium, dorsal view）；F. 同上，侧面观（ditto, lateral view）；G. 前足胫节，背面观（protibia, dorsal view）；H. 中足胫节，背面观（mesotibia, dorsal view）；I. 后足胫节，背面观（metatibia, dorsal view）；J. 雄性第 8 腹节背板，背面观（male 8th tergite, dorsal view）；K. 同上，侧面观（ditto, lateral view）；L. 雄性第 8 腹节腹板，腹面观（male 8th sternum, ventral view）；M. 同上，侧面观（ditto, lateral view）；N. 雄性第 9、10 腹节背板，背面观（male 9th and 10th tergites, dorsal view）；O. 同上，侧面观（ditto, lateral view）；P. 雄性第 9 腹节腹板，腹面观（male 9th sternum, ventral view）；Q. 阳茎，背面观（aedeagus, dorsal view）；R. 同上，侧面观（ditto, lateral view）。比例尺（scales）：A, B = 0.5 mm, C-R = 0.25 mm

中胸腹板前缘中部深凹，基角下凹，无缘线；表面光滑，具横向皮革纹和稀疏微小的刻点；中胸腹板横线强烈隆起，双波状，中部向前弓弯；中-后胸腹板缝不清晰。

后胸腹板基节间盘区光滑，刻点稀疏细小，夹杂有微小刻点；中纵沟极度退化，仅余后端 1 短的凹痕；后胸腹板侧线存在于基部 1/3，强烈隆起，内侧深凹，向后侧方延伸，然后向上弯曲，末端到达后胸腹板-后胸前侧片缝，后胸腹板侧线侧面 1/2 处有 1 深窝；侧盘区刻点稀疏，较基节间盘区刻点略大，刻点间隙具横向皮革纹；中足基节后线沿中足基节窝后缘延伸，末端于侧盘区侧面 1/4 处分叉，分别向前后弯曲。

第 1 腹节腹板基节间盘区刻点稀疏微小；两侧各有 2 条腹侧线，内侧线存在于端部 3/4，外侧线与内侧线平行。

前足胫节宽，外缘具 4 齿。中足和后足胫节明显加宽。

雄性外生殖器如图 178J-R 所示。

观察标本：5♂, 1♀, Hoa-Binh, Tonkin (越南东京湾和平), 1939, de Cooman; de Cooman det.; 1♂, 4♀, Hoa-Binh, Tonkin, 1936, de Cooman; de Cooman det.; 3♂, 1♀, Y. Miwa det. (小签内容不能辨别)。

分布：台湾；日本，缅甸，越南。

49. 隐阎甲属 *Cryptomalus* Mazur, 1993

Cryptomalus Mazur, 1993: 216; 1997: 180; 2007b: 169; 2011a: 150 (catalogue); Lackner *et al.* in Löbl *et* Löbl, 2015: 85 (catalogue). **Type species**: *Australomalus kuscheli* Mazur, 1981. Original designation.

体卵形，多少隆凸。头部额线完整。前胸背板横宽，两侧弓形向前收缩，前角锐且降低；缘线完整；沿后缘有或无 1 行不规则的大刻点。小盾片背面观不可见。鞘翅略宽于前胸背板，背面无线或强烈退化仅有微弱的痕迹。前臀板横宽。雌虫臀板表面通常具沟纹。咽板略呈圆形，近基角处的侧边隆起，内侧区域深凹；咽板缘线通常存在于两侧；前胸腹板龙骨窄，龙骨线清晰完整。中胸腹板横宽，很短，前缘中央深凹；缘线于前面宽阔或狭窄间断；通常具横线；中-后胸腹板缝缺失或不清晰。前足胫节宽。阳茎基片很长，近于平行，侧叶短。

分布：东洋区，个别分布在古北区。

该属世界记录 8 种，中国记录 1 种。

(200) 名豪隐阎甲 *Cryptomalus mingh* Mazur, 2007（图 179）

Cryptomalus mingh Mazur, 2007b: 170 (China: Yunnan); 2011a: 150 (catalogue); Lackner *et al.* in Löbl *et* Löbl, 2015: 85 (catalogue).

描述根据 Mazur（2007b）整理：

体长 2.7-2.8 mm，体宽 1.7 mm。体卵形，隆凸，体表光亮，体色沥青黑色，足、口器和触角红棕色。

头部略扁平；额线完整；表面刻点稀疏细小，刻点间隙具微细刻纹。

前胸背板两侧微呈弓形向前收缩，前端 1/4 较明显，前角突出，前缘凹缺部分略呈双波状，后角钝，后缘较直，中间略向后成角；缘线完整；前胸背板表面具密集均匀且清晰的刻点，刻点间隙具皮革纹，沿后缘的 1 行刻点微弱。

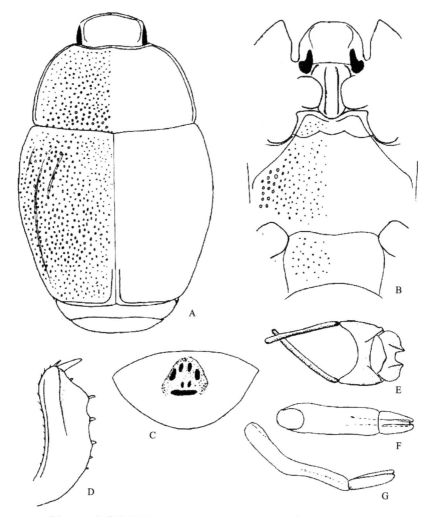

图 179 名豪隐阎甲 *Cryptomalus mingh* Mazur（仿 Mazur, 2007b）

A. 体部分背面观（body in part, dorsal view）；B. 前胸腹板、中-后胸腹板和第 1 腹节腹板（prosternum, meso- and metasterna and the 1st visible abdominal sternum）；C. 臀板（pygidium）；D. 前足胫节，背面观（protibia, dorsal view）；E. 雄性第 9、10 腹节背板，背面观（male 9th and 10th tergites, dorsal view）；F. 阳茎，背面观（aedeagus, dorsal view）；G. 同上，侧面观（ditto, lateral view）

鞘翅略宽于前胸背板，两侧弧圆，基部最宽。斜肩线具不明显的短刻痕；背线极度退化，基部 1/3 侧面 1/2 有 1 不明显的刻痕，其外侧另有 1 条几乎完整的刻痕。鞘翅表面刻点与前胸背板的一样密集但更粗大（小盾片周围除外），刻点向端部变小，刻点间隙具皮革纹。缘折缘线细且完整；鞘翅缘线清晰，基半部隆起，中部成角，后端沿鞘翅后缘延伸，到达缝缘并向基部延伸，到达鞘翅端部 1/4。

前臀板和臀板隆凸，具皮革纹。前臀板具密集但不很粗大的圆形刻点（沿前缘的窄带除外）。雌虫臀板中部具三角形的深凹，凹陷底部有一些小凹，凹陷基部有 1 条横脊。

咽板相对较长，前缘圆；缘线存在于侧面端部约 2/3 且向后汇聚，前端宽阔间断；刻点稀疏细小。前胸腹板龙骨平坦；龙骨线直，几乎平行，略微向前汇聚；龙骨表面无刻点，具皮革纹。

中胸腹板前缘中部深凹；缘线隆起且几乎完整，于前面中央狭窄间断；表面刻点稀疏细小；横线完整，具 2 角，中间部分与两侧部分约等长，均向下弓弯；中-后胸腹板缝浅不清晰。

后胸腹板基节间盘区具较密集的椭圆形大刻点，刻点向中部变细小，刻点间隙具皮革纹；中纵沟不可见；后胸腹板侧线向后侧方延伸，位于基部不足 2/3，末端接近后胸腹板-后上侧片缝。

第 1 腹节腹板基节间盘区具稀疏粗大的刻点；腹侧线位于端部 3/4。

前足胫节宽，外缘具 4-5 个刺；中足胫节外缘通常具 3-5 个刺和一些刚毛；后足胫节外缘具 1-2 个刺。

雄性外生殖器如图 179E-G 所示。

观察标本：未检视标本。

分布：云南。

讨论：本种正模标本保存在阿姆斯特丹大学动物博物馆（ZMAN）。

50. 平阎甲属 *Platylomalus* Cooman, 1948

Platylomalus Cooman, 1948: 134 (replacement name); Wenzel in Arnett, 1962: 375, 381; Witzgall, 1971: 177; Kryzhanovskij *et* Reichardt, 1976: 272; Vienna, 1980: 222; Mazur, 1984b: 133 (catalogue); 1997: 181 (catalogue); 2011a: 150 (catalogue); Yélamos *et* Ferrer, 1988: 180; Ôhara, 1994: 174; 1999a: 116; Ôhara *et* Paik, 1998: 27; Yélamos, 2002: 196 (character), 380; Mazur in Löbl *et* Smetana, 2004: 75 (catalogue); Zhang *et* Zhou, 2007b: 14 (China); Lackner *et al.* in Löbl *et* Löbl, 2015: 86 (catalogue). **Type species:** *Hister complanatus* Panzer, 1797. Fixed by objective synonymy with *Paromalus* Lewis, 1907a.

Paromalus Lewis, 1907a: 316 (nec Erichson, 1834: 167); Cooman, 1948: 134 (synonymized). **Type species:** *Hister complanatus* Panzer, 1797.

体中型或小型，长椭圆形，宽而扁。头部额线完整；上唇横宽，通常有若干具刚毛的刻点，其中 2 根刚毛较长；上颚粗短，弯曲，内侧各有 1 齿。前胸背板横宽，两侧弓形向前收缩，前角锐且降低；缘线完整或于头后间断。小盾片背面观不可见。鞘翅略宽于前胸背板，背面无线或强烈退化。前臀板横宽。雌虫臀板表面通常具沟纹。咽板略呈圆形，近基角处的侧边隆起，内侧区域深凹；咽板缘线通常存在于两侧，有时完整；前胸腹板龙骨窄，龙骨线完整。中胸腹板横宽，前缘中央深凹；缘线存在于两侧；通常具横线。前足胫节宽。阳茎基片很长，近于平行，侧叶短。

　　生活在各种树的树皮下。

　　分布：主要是东洋区和澳洲区，部分生活在新北区、古北区和非洲区。

　　该属世界记录约 60 种，中国记录 9 种，包括我们自己发表的 1 个种。

种 检 索 表

1.　后胸腹板基节间盘区中部有 2 条隆起的括弧形的纵线。雌虫臀板基部到中部有 1 与边缘略平行的宽而深的弧形沟纹，沟纹的前端向内弯曲但中央宽阔间断，其底部更宽更粗糙，其内侧及基部边缘有较多的粗糙短沟纹，在端部另有 1 略光滑略细的弧形沟纹；雄虫臀板端部 2/3 有 1 与边缘平行的宽而深的粗糙沟纹，沟纹底部通常伸出几条支纹，弧形沟纹上方有较多的粗糙短沟纹，近前角处略凹 ·· **胸线平阎甲 *P. submetallicus***

　　后胸腹板基节间盘区中部无线 ···2

2.　缘折缘线完整 ···3

　　缘折缘线细，仅存在于端半部 ···4

3.　鞘翅缘线完整且沿鞘翅端部延伸，到达鞘翅缝且略向基部弯曲。雌虫臀板后端 2/3 具对称的沟和坑：前面一对横向深沟纹，后面一对纵向椭圆形深凹坑，坑内高低不平 ·········· **索氏平阎甲 *P. sauteri***

　　鞘翅缘线完整且沿鞘翅端部延伸，仅到达侧面 1/2。雌虫臀板具 1 对大的、弯曲且几乎对称的刻纹，有时较复杂 ·· **斯里兰卡平阎甲 *P. ceylanicus***

4.　咽板缘线缺失，中胸腹板无横线。雌虫臀板刻点与雄虫的相似，后端 1/3 刻点更密，有时近顶端有 1 横向凹陷 ·· **旅平阎甲 *P. viaticus***

　　咽板缘线存在，中胸腹板有横线 ··5

5.　中胸腹板盘区横线具 2 角，中央略向下弓弯，两端为较直的斜线 ·······························6

　　中胸腹板盘区横线不具角，通常弧形 ··7

6.　前胸背板缘线完整。雌虫臀板近后缘有 1 条略深略宽的横向沟纹，紧靠其前面另有 1、2 条较细较浅的横纹 ·· **折平阎甲 *P. inflexus***

　　前胸背板缘线不完整，于颈后有宽的间断。雌虫臀板近后缘有 1 条横向沟纹 ·····················
　　·· **东京湾平阎甲 *P. tonkinensis***

7.　前胸背板缘线完整，有时于颈后有窄的间断。雌虫臀板中部有 1 大的由众多弯曲刻纹会合而成的刻纹 ·· **日本平阎甲 *P. niponensis***

　　前胸背板缘线不完整，通常于颈后有宽的间断 ··8

8.　咽板缘线于前缘存在。雌虫臀板端半部有密集的弯曲短沟纹 ··············· **洋平阎甲 *P. oceanitis***

　　咽板缘线于前缘不存在。雌虫臀板有时于端半部有 1 对向外弯曲的刻纹 ·····························
　　·· **门第平阎甲 *P. mendicus***

(201) 斯里兰卡平阎甲 *Platylomalus ceylanicus* (Motschulsky, 1863)（图 180）

Paromalus ceylanicus Motschulsky, 1863: 456 (Sri Lanka); Bickhardt, 1917: 117; Cooman, 1937: 123 (notes, figures).

Platylomalus ceylanicus: Thérond, 1973: 405; Vienna, 1983: 473 (China: Hainan); Mazur, 1984b: 133 (catalogue); 1997: 182 (catalogue); 2011a: 151 (catalogue); Zhang *et* Zhou, 2007b: 17.

Paromalus commeatus Lewis, 1885a: 466 (Kandy and Balangoda, Ceylon); Cooman, 1937: 128 (synonymized).

Paromalus locellus Lewis, 1885a: 466 (Sarawak); Cooman, 1937: 128 (synonymized).

Paromalus oblisus Lewis, 1885a: 466 (Andaman Islands); Cooman, 1937: 128 (synonymized).

Paromalus pygostriatus Desbordes, 1919: 405 (Hoabinh: Tonkin); Cooman, 1937: 128 (synonymized).

体长 2.40-3.18 mm，体宽 1.65-2.23 mm。体长椭圆形，较扁平，体表光亮，黑色或深棕色，跗节、胫节、口器和触角红棕色。

头部表面刻点稀疏细小，向端部更小，夹杂有微小刻点；额线隆起、完整；上唇有 5、6 个具刚毛的刻点，其中 2 根刚毛粗而长。

前胸背板两侧微呈弓形向前收缩，前端 1/3 更明显，前缘凹缺部分略呈双波状，后缘略呈弓形；缘线强烈隆起且完整；表面刻点略稀疏，大小适中，夹杂有微小刻点；小盾片前区有 1 短的纵向凹痕。

鞘翅两侧略弧圆。斜肩线极度退化，仅有短凹痕；背线极度退化，仅在侧面中部有第 1 背线的凹痕，基半部侧面 1/2 有另 1 斜凹痕。表面刻点粗大，略密集，夹杂有微小刻点，基中部和边缘刻点小，沿鞘翅缝的窄带刻点微小。鞘翅缘折平坦光滑，刻点稀疏微小；缘折缘线细且完整；鞘翅缘线深且完整，其后端沿鞘翅后缘延伸，仅到达侧面 1/2。

前臀板刻点稀疏，大小适中，刻点间隙具皮革纹，沿前缘无刻点。臀板刻点稀疏细小；雌虫臀板刻点与雄虫的相似，纵向中央有 1 对大的、弯曲且几乎对称的刻纹，有时不规则。

咽板前缘横截；缘线仅存在于侧面，向后收缩；表面刻点稀疏细小，刻点间隙具皮革纹。前胸腹板龙骨线完整，中间窄，末端不相连；龙骨表面刻点稀疏细小。前胸腹板侧线完整并强烈隆起。

中胸腹板前缘中部深凹，缘线于侧面完整，于中央凹缺之后间断；表面刻点稀疏，大小适中；横线清晰完整，具 2 角，中央部分微向前弓弯，两侧部分强烈弯曲，横线之后区域低；中-后胸腹板缝细而浅，中部略向前弓弯，两侧与横线会合。

后胸腹板基节间盘区刻点稀疏，大小适中，夹杂有微小刻点，近后缘中部微凹且刻点粗大密集；中纵沟不可见，仅在后端有短的隆起；后胸腹板侧线深，向后侧方延伸，其后端到达近侧后角；侧盘区刻点细小，极稀少，刻点间隙具皮革纹；中足基节后线沿中足基节窝后缘延伸，末端向后弯曲，长。

第 1 腹节腹板基节间盘区刻点密集粗大，常彼此相连形成脊，侧面和后面刻点较小较稀，中间 1/2 有 1 纵向隆起；腹侧线深，存在于并超出端半部。

前足胫节宽，外缘具 4 个小齿，雄虫前足胫节内缘端部 1/3 直；中足胫节外缘具 4 个小刺；后足胫节外缘近顶端具 2 个小刺。

雄性外生殖器如图 180E-J 所示。

观察标本：3♂, 2♀, Hoa-Binh, Tonkin (越南东京湾和平), 1935, de Cooman。

分布：海南；泰国，越南，缅甸，印度，斯里兰卡，菲律宾，印度尼西亚。

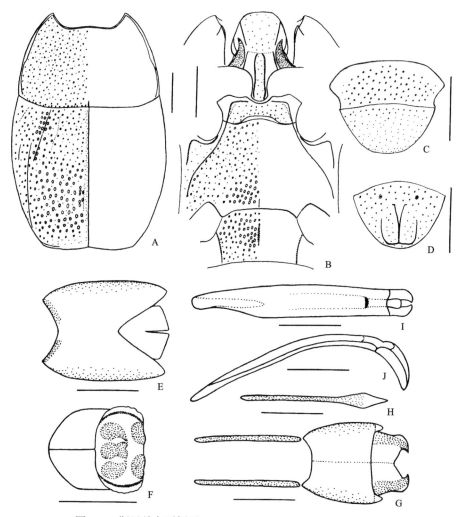

图 180　斯里兰卡平阎甲 *Platylomalus ceylanicus* (Motschulsky)

A. 前胸背板和鞘翅（pronotum and elytra）；B. 前胸腹板、中-后胸腹板和第 1 腹节腹板（prosternum, meso- and metasterna and the 1st visible abdominal sternum）；C. 雄性前臀板和臀板（male propygidium and pygidium）；D. 雌性臀板（female pygidium）；E. 雄性第 8 腹节背板，背面观（male 8th tergite, dorsal view）；F. 雄性第 8 腹节腹板，腹面观（male 8th sternum, ventral view）；G. 雄性第 9、10 腹节背板，背面观（male 9th and 10th tergites, dorsal view）；H. 雄性第 9 腹节腹板，腹面观（male 9th sternum, ventral view）；I. 阳茎，背面观（aedeagus, dorsal view）；J. 同上，侧面观（ditto, lateral view）。比例尺（scales）：A-D = 0.5 mm, E-J = 0.25 mm

(202) 折平阎甲 *Platylomalus inflexus* Zhang et Zhou, 2007（图 181）

Platylomalus inflexus Zhang et Zhou, 2007b: 15 (China: Hainan); Mazur, 2011a: 151 (catalogue).

体长 1.86-1.92 mm，体宽 1.27-1.35 mm。体长椭圆形，较扁平，黑色光亮，足和触角的索节红棕色，触角的端锤黄褐色。

　　头部较平坦；额线清晰，通常于前端中部不明显间断；眼上线细，两端不明显；表面刻点密集细小；上唇有 2 个具长刚毛的大刻点；上颚较粗短，弯曲，内侧各有 1 齿；触角端锤圆形，于端部分 3 节，被绒毛。

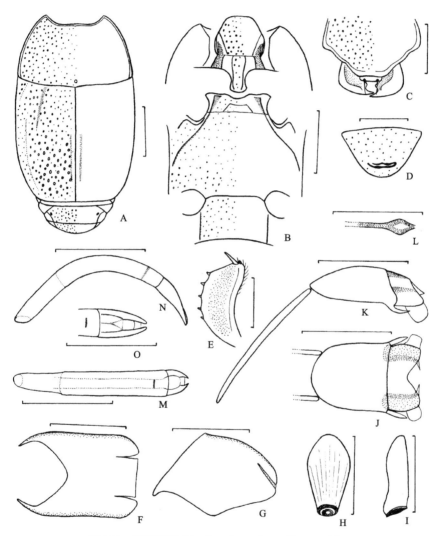

图 181　折平阎甲 *Platylomalus inflexus* Zhang *et* Zhou

A. 前胸背板、鞘翅、前臀板和臀板（pronotum, elytra, propygidium and pygidium）；B. 前胸腹板、中-后胸腹板和第 1 腹节腹板（prosternum, meso- and metasterna and the 1st visible abdominal sternum）；C. 头（head）；D. 雌性臀板（female pygidium）；E. 前足胫节，背面观（protibia, dorsal view）；F. 雄性第 8 腹节背板，背面观（male 8th tergite, dorsal view）；G. 同上，侧面观（ditto, lateral view）；H. 雄性第 8 腹节腹板，腹面观（male 8th sternum, ventral view）；I. 同上，侧面观（ditto, lateral view）；J. 雄性第 9、10 腹节背板，背面观（male 9th and 10th tergites, dorsal view）；K. 同上，侧面观（ditto, lateral view）；L. 雄性第 9 腹节腹板，腹面观（male 9th sternum, ventral view）；M. 阳茎，背面观（aedeagus, dorsal view）；N. 同上，侧面观（ditto, lateral view）；O. 阳茎顶端（apex of aedeagus）。比例尺（scales）：A, B = 0.5 mm, C-O = 0.25 mm

前胸背板两侧微呈弓形向前收缩，前端 1/2 较明显，前角锐，前缘凹缺部分略呈双波状，后角钝，后缘中部较直，中间略向后成角，两端弓弯；缘线完整，侧缘线强烈隆起，前缘线与前缘平行并于中间向后成角；复眼后区域略深凹；前胸背板表面刻点与额部刻点相似，纵向中央刻点较小；小盾片前区有 1 较大的圆形刻点。

鞘翅略宽于前胸背板，两侧基部 2/3 近于平行，端部呈弧形。斜肩线具不明显的短刻痕；背线极度退化，基部 1/3 侧面 1/2 有 1 刻痕，侧面中部到端部有另 1 浅刻痕。鞘翅表面具密集粗糙的刻点，夹杂有微小刻点，端半部刻点粗大，向前刻点略小，基部 1/3 鞘翅缝周围较宽的区域刻点细小，略稀疏，鞘翅缝中部 1/3 略向下延伸其两侧区域隆起，沿鞘翅缝、外缘及后缘刻点细小。鞘翅缘折光滑，刻点稀疏微小；缘折缘线细，存在于端半部；鞘翅缘线完整，后端到达鞘翅端部但不沿鞘翅后缘延伸。

前臀板刻点与额部的相似。臀板刻点与前臀板的相似，但略小；雌虫臀板近后缘有 1 条略深略宽的横向沟纹，紧靠其前面另有 1-2 条较细较浅的横纹。

咽板前缘横截；缘线存在于侧面基部约 2/3 且向后收缩；刻点密集细小。前胸腹板龙骨线双波状，中间最窄，两端汇聚但不相连；龙骨表面刻点较咽板的小且稀疏。前胸腹板侧线短，隆起。

中胸腹板前缘中部略浅凹，缘线于侧面完整并隆起，内侧宽凹，前端向内弯折，弯折处成角，后端与后胸腹板侧线相连；表面具略稀疏的细小刻点；横线具 2 角，中间部分略长，微向下弯或较直，两侧部分直，横线中间到前缘凹缺的距离和到中-后胸腹板缝的距离约相等；中-后胸腹板缝浅，不清晰，略向上弓弯。

后胸腹板基节间盘区刻点与中胸腹板的相似；中纵沟不可见；后胸腹板侧线向后侧方延伸，存在于基部 2/3；侧盘区微凹，刻点稀疏细小，具皮革纹。

第 1 腹节腹板基节间盘区刻点与后胸腹板基节间盘区刻点相似，腹侧线存在于端部 2/3。

前足胫节宽，外缘具 5 个小齿；中足胫节外缘通常具 5 个刺，最端部 3 个靠近；后足胫节外缘近顶端具 3 个刺。

雄性外生殖器如图 181F-O 所示。

观察标本：正模，♂，海南五指山，790 m，倒木，2004.VII.8，吴捷、陈永杰采。副模，3♂，2♀，1 号，同正模；1♂，海南五指山，780 m，倒木，2004.VII.11，吴捷、陈永杰采。

分布：海南。

讨论：本种与东京湾平阎甲 *P. tonkinensis* (Cooman) 很相似，但前胸背板缘线于前缘完整，额线于前端中央通常不明显间断。

(203) 门第平阎甲 *Platylomalus mendicus* (Lewis, 1892)（图 182）

Paromalus mendicus Lewis, 1892a: 33 (Japan); 1899: 21 (Java); 1915: 56 (China: Arisan of Taiwan);
 Bickhardt, 1917: 118; Cooman, 1937: 138 (China: Shanghai; Indochina).
Platylomalus mendicus: Cooman, 1948: 138; Kryzhanovskij *et* Reichardt, 1976: 275; Mazur, 1984b: 135
 (catalogue); 1997: 183 (catalogue); 2011a: 152 (catalogue); Hisamatsu, 1985b: 225 (photos); Ôhara,

1994: 177 (redescription, figures, photos); 1999a: 116; Mazur in Löbl *et* Smetana, 2004: 75 (catalogue); Zhang *et* Zhou, 2007b: 17.

体长 1.68-2.04 mm，体宽 1.11-1.39 mm。体长椭圆形，较扁平，体表光亮，黑色或深棕色，胫节、跗节、口器和触角红棕色。

头部表面刻点稀疏，大小适中，端部的稍密；额线深、完整。

前胸背板两侧微呈弓形向前收缩，前端 1/3 更明显，前缘凹缺部分略呈双波状，后缘中部较直；缘线于侧面完整，且强烈隆起，于颈后宽阔间断；前胸背板盘区刻点稀疏细小，夹杂有微小刻点，中部 1/3 更密更小；小盾片前区有 1 较大的圆形刻点。

鞘翅两侧略弧圆。斜肩线极度退化，仅有不清晰的短凹痕；背线极度退化，仅在基部 1/3 侧面 1/2 有浅的斜凹痕。表面刻点稀疏粗大，偶尔夹杂有微小刻点，斜凹痕区域刻点更大，沿鞘翅缝基部 2/3 及边缘刻点细小，沿鞘翅缝的狭窄带轻微隆起，刻点稀疏微小。鞘翅缘折平坦，刻点稀疏微小；缘折缘线浅，仅存在于端半部；鞘翅缘线深且完整，其后端达鞘翅后缘侧面 2/3。

前臀板具略密集的、大而浅的圆形刻点。臀板刻点稀疏细小，近前缘刻点粗大；雌虫臀板刻点与雄虫的相似，端半部有 1 对弯曲的刻纹。

咽板前缘横截；缘线存在于侧面基部 2/3，向后收缩；表面刻点深、细小，分布不规则。前胸腹板龙骨线完整，基部 1/3 最窄，末端不相连；龙骨表面刻点稀疏细小。前胸腹板侧线短，完整并强烈隆起。

中胸腹板前缘中部略深凹，缘线于侧面完整，前端向内弯曲，后端与后胸腹板侧线相连；刻点稀疏细小，常两两相伴；横线浅，弧形，有时中央间断，横线之后区域低凹；中-后胸腹板缝较清晰，中间略向前成角。

后胸腹板基节间盘区刻点稀疏细小，常两两相伴，纵向中央的较宽的区域刻点更小、密集；中纵沟不可见；后胸腹板侧线深，向后侧方延伸，其后端到达近侧后角；侧盘区基部具稀疏的、大而浅的圆形刻点，端部刻点细小；中足基节后线沿中足基节窝后缘延伸，末端向后弯曲。

第 1 腹节腹板基节间盘区侧面轻微下凹，其刻点与后胸腹板基节间盘区刻点相似；腹侧线深，前端略短缩。

前足胫节宽，外缘具 4 个小齿；中足胫节外缘具 4 个小刺；后足胫节近顶端具 2 个小刺。

雄性外生殖器如图 182F-N 所示。

观察标本：4♂，4♀，Hoa-Binh, Tonkin (越南东京湾和平)，1935，de Cooman；1♂，Hoa-Binh, Tonkin, 1936, de Cooman; 4 exs., CHINE, Prov. KIANGSU shanghai (上海)，1925.VI.16, O. Piel. leg.; 2 exs., CHINE, Prov. KIANGSU shanghai, Zi-Ka-Wei (上海徐家汇)，1925.VI.16; 4 exs., Zi-Ka-Wei (上海徐家汇)，1929.IV.10; 4♂，台湾，Kuraru (屏东县龟子角)，1933.V.6, Y. Miwa leg.; 2♀，1 ex.，台湾，Kuraru, 1933.V.7, Y. Miwa leg.; 4♂，1♀，台湾，Kuraru, 1933.V.8, Y. Miwa leg.; 1♂，1♀，台湾，Taihoku (台北)，Y. Miwa det.; 3♂，2♀，2 exs., Formosa [台湾台东县] Kotosho, 1922.III.11; 1♀，2 exs.，台湾，Taihoku, 1940.IV.21, S.

Miyamoto；1♀，辽宁高岭子，1939.VII.2；1♀，黑龙江：哈尔滨，1947.VII.16；4♂，3♀，黑龙江：哈尔滨，1950.V.14；1♀，黑龙江：哈尔滨，1953.VII.5；1 号，云南西双版纳大勐龙，650 m，1958.IV.8，王书永采；1 号，云南西双版纳大勐龙，650 m，1958.IV.12，王书永采；1♂，1♀，云南富宁县剥隘，260 m，网筛，1998.IV.17，周海生采；1♂，1 号，天津，树皮下，1986.VII.，张生芳采；1 号，北京林大，1951.VI.1，田毓起采。

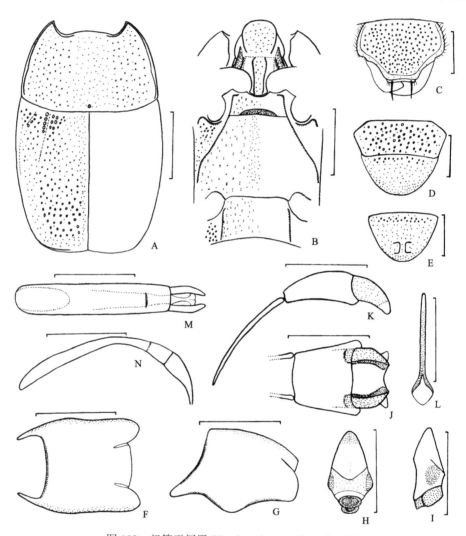

图 182　门第平阎甲 *Platylomalus mendicus* (Lewis)

A. 前胸背板和鞘翅（pronotum and elytra）；B. 前胸腹板、中-后胸腹板和第 1 腹节腹板（prosternum, meso- and metasterna and the 1st visible abdominal sternum）；C. 头（head）；D. 雄性前臀板和臀板（male propygidium and pygidium）；E. 雌性臀板（female pygidium）；F. 雄性第 8 腹节背板，背面观（male 8th tergite, dorsal view）；G. 同上，侧面观（ditto, lateral view）；H. 雄性第 8 腹节腹板，腹面观（male 8th sternum, ventral view）；I. 同上，侧面观（ditto, lateral view）；J. 雄性第 9、10 腹节背板，背面观（male 9th and 10th tergites, dorsal view）；K. 同上，侧面观（ditto, lateral view）；L. 雄性第 9 腹节腹板，腹面观（male 9th sternum, ventral view）；M. 阳茎，背面观（aedeagus, dorsal view）；N. 同上，侧面观（ditto, lateral view）。比例尺（scales）：A, B = 0.5 mm, C-N = 0.25 mm

分布：北京、天津、辽宁、黑龙江、上海、江苏、云南、台湾；俄罗斯（远东），日本，越南，印度，印度尼西亚。

(204) 日本平阁甲 *Platylomalus niponensis* (Lewis, 1899)（图183）

Paromalus niponensis Lewis, 1899: 21 (Japan); Bickhardt, 1917: 118; Cooman, 1937: 142.

Platylomalus niponensis: Nakane, 1963: 69; Kryzhanovskij *et* Reichardt, 1976: 274; Mazur, 1984b: 135 (catalogue); 1997: 183 (catalogue); 2011a: 152 (catalogue); Hisamatsu, 1985b: 225 (photos); Ôhara, 1994: 180 (redescription, figures, photos); 1999a: 117; Mazur in Löbl *et* Smetana, 2004: 75 (catalogue); Zhang *et* Zhou, 2007b: 18.

Paromalus complanatus: Lewis, 1892a: 33 (nec Panzer, 1797, corrected by Lewis, 1899: 21).

Paromalus niponicus [sic!]: Lewis, 1915: 56 (China: Horisha of Taiwan).

体长2.43-3.27 mm，体宽1.50-2.14 mm。体长椭圆形，较扁平，体表光亮，黑色或棕色，跗节、胫节和触角红棕色。

头部表面刻点大小适中、均匀、较密集；额线深、完整。

前胸背板两侧微呈弓形向前收缩，端部1/3更明显，前缘凹缺部分几乎平直，后缘中部较直；缘线强烈隆起且完整，有时前缘颈后部分有小的间断；表面中央刻点稀疏细小，侧面1/4刻点粗大；小盾片前区有1较大的圆形凹窝。

鞘翅两侧略弧圆。斜肩线极度退化，仅在基部1/4有浅凹痕；背线极度退化，仅在侧面中部有第1背线的凹痕，在基半部侧面1/2有另1斜凹痕。表面刻点稀疏粗大，基部2/3内侧1/2及近后缘的刻点细小，较前胸背板中央刻点稀疏。鞘翅缘折光滑，刻点稀疏微小；缘折缘线浅，仅存在于端半部；鞘翅缘线强烈隆起且完整，其后端达鞘翅后缘侧面2/3。

前臀板刻点稀疏，大小适中，夹杂有细小刻点，沿前缘具皮革纹。臀板刻点密集细小；雌虫臀板中部有1由众多弯曲刻纹会合而成的刻纹。

咽板前缘横截且宽；缘线存在于侧面基半部，向后收缩；表面刻点稀疏，大小适中，具皮革纹。前胸腹板龙骨线完整，末端不相连；龙骨表面刻点稀疏细小，具皮革纹。前胸腹板侧线强烈隆起。

中胸腹板前缘中部深凹，缘线于侧面完整并隆起，前端向内弯曲，后端与后胸腹板侧线相连；表面刻点稀疏，均匀，细小；横线清晰，双弓形；中-后胸腹板缝浅，不清晰。

后胸腹板基节间盘区刻点稀疏细小，较中胸腹板刻点小；中纵沟不可见；后胸腹板侧线强烈隆起，基部2/3向后侧方延伸，然后沿后胸腹板-后胸前侧片缝延伸，其后端到达近侧后角；侧盘区具稀疏细小的刻点，与后胸腹板基节间盘区刻点相似，刻点间隙具皮革纹；中足基节后线沿中足基节窝后缘延伸，末端向后弯曲并较长。

第1腹节腹板基节间盘区刻点稀疏细小；腹侧线强烈隆起，存在于并超出端半部。

前足胫节宽，外缘具4个小齿；中足胫节外缘具4个小刺；后足胫节近顶端具2个小刺。

雄性外生殖器如图183D-K所示。

观察标本：2♀，Y. Miwa det.；3♂，8♀，湖北神农架九冲干沟，1240 m，网筛，1998.VII.18，周海生采；1♂，1♀，湖北神农架九冲干沟，1240-1800 m，网筛，1998.VII.18，周海生采；13♂，14♀，四川宝兴若碧沟，1600 m，倒木手捕，2003.VIII.13，吴捷采；3♂，4♀，四川宝兴青山沟，1900 m，倒木手捕，2003.VIII.6，吴捷采。

分布：湖北、四川、台湾；日本。

讨论：本种经常生活在青樟、枫树、核桃楸等的树皮下。

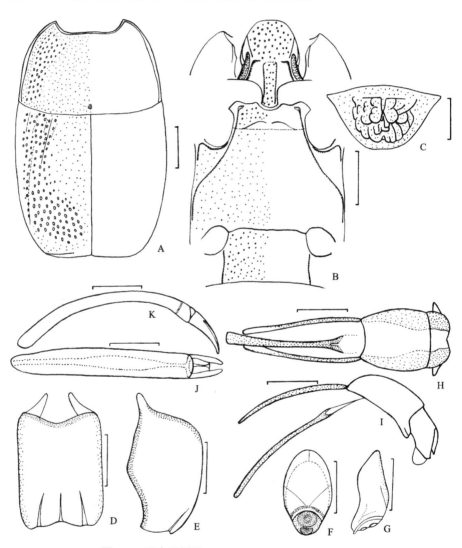

图 183　日本平阎甲 *Platylomalus niponensis* (Lewis)

A. 前胸背板和鞘翅（pronotum and elytra）；B. 前胸腹板、中-后胸腹板和第 1 腹节腹板（prosternum, meso- and metasterna and the 1st visible abdominal sternum）；C. 雌性臀板（female pygidium）；D. 雄性第 8 腹节背板，背面观（male 8th tergite, dorsal view）；E. 同上，侧面观（ditto, lateral view）；F. 雄性第 8 腹节腹板，腹面观（male 8th sternum, ventral view）；G. 同上，侧面观（ditto, lateral view）；H. 雄性第 9、10 腹节背板和第 9 腹节腹板，背面观（male 9th and 10th tergites and 9th sternum, dorsal view）；I. 同上，侧面观（ditto, lateral view）；J. 阳茎，背面观（aedeagus, dorsal view）；K. 同上，侧面观（ditto, lateral view）。比例尺（scales）：A, B = 0.5 mm, C-K = 0.25 mm

(205) 洋平阎甲 *Platylomalus oceanitis* (Marseul, 1855)（图 184）

Paromalus oceanitis Marseul, 1855: 110 (Philippines); Lewis, 1915: 56 (China: Kotosho); Bickhardt, 1917: 118.

Platylomalus oceanitis: Thérond, 1970: 336; Mazur, 1975: 439 (China: Taiwan); 1984b: 135 (catalogue); 1997: 183 (catalogue); 2011a: 152 (catalogue); Zhang *et* Zhou, 2007b: 18.

Platysoma micros Dejean, 1837: 143 (nom. nud.); Gemminger *et* Harold, 1868: 778 (listed as synonym).

Paromalus ceylanicus: Marseul, 1870: 95; Cooman, 1937: 122 (synonymized).

Paromalus biarculus Marseul, 1870: 96 (part.); Cooman, 1937: 121 (synonymized).

Paromalus vermiculatus Lewis, 1892d: 33; Cooman, 1937: 122 (synonymized).

体长 1.73-2.13 mm，体宽 1.20-1.42 mm。体长椭圆形，较扁平，体表光亮，黑色或棕色，足、口器和触角红棕色。

头部表面具密集细小的刻点；额线完整。

前胸背板两侧微呈弓形向前收缩，端半部更明显，前缘凹缺部分略呈双波状，后缘略呈弓形，中间略向后成角；缘线于侧面隆起且完整，前缘通常于头后宽阔间断，有时完整；表面刻点密集细小；小盾片前区有 1 较大的圆形凹窝。

鞘翅两侧略弧圆。斜肩线极度退化，仅在基部 1/4 有浅凹痕；背线极度退化，仅在侧面端部 2/3 有第 1 背线的凹痕，有时极不明显，在基部 1/3 侧面 1/2 有另 1 斜凹痕。鞘翅表面端部 1/3 及基部浅凹痕基部周围的刻点粗大，略稀疏，其余区域刻点向基部变小，沿鞘翅缝两侧及鞘翅后缘较宽的区域刻点稀疏细小。鞘翅缘折光滑，刻点稀疏微小；缘折缘线浅，仅存在于端半部；鞘翅缘线强烈隆起且完整，其后端达鞘翅后缘侧面 2/3。

前臀板刻点略密集，较鞘翅端部大刻点略小，两侧及后缘光滑，刻点稀疏微小，沿前缘具皮革纹。臀板刻点密集细小；雌虫臀板端半部具密集短沟纹。

咽板前缘宽圆；缘线深而宽，存在于侧面及前缘，于两侧前角处间断，有时于前缘断断续续；表面刻点稀疏细小。前胸腹板龙骨线完整，双波状，中间最窄，末端不相连；龙骨表面刻点稀疏细小。前胸腹板侧线短，强烈隆起。

中胸腹板前缘中部深凹，缘线于侧面完整并隆起，前端向内弯曲，后端与后胸腹板侧线相连；表面刻点稀疏细小；横线清晰，于中央 1/2 呈弓形；中-后胸腹板缝浅，不清晰。

后胸腹板基节间盘区刻点稀疏细小，近后缘侧面有较粗大的刻点；中纵沟不可见；后胸腹板侧线强烈隆起，基部 2/3 向后侧方延伸，端部 1/3 略弧弯，其后端到达近侧后角；侧盘区刻点稀疏，略粗大，夹杂有细小刻点，刻点间隙具皮革纹；中足基节后线沿中足基节窝后缘延伸，末端向后侧方弯曲。

第 1 腹节腹板基节间盘区刻点稀疏，略粗大，较后胸腹板基节间盘区刻点略大；腹侧线强烈隆起，存在于端部 2/3。

前足胫节宽，外缘具 4 个小齿；中足胫节外缘具 4 个小刺；后足胫节近顶端具 2 个小刺。

雄性外生殖器如图 184D-M 所示。

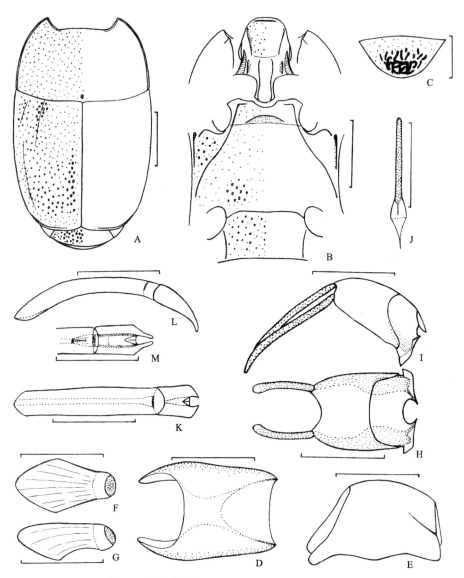

图 184 洋平阎甲 *Platylomalus oceanitis* (Marseul)

A. 前胸背板、鞘翅和前臀板（pronotum, elytra and propygidium）；B. 前胸腹板、中-后胸腹板和第 1 腹节腹板（prosternum, meso- and metasterna and the 1st visible abdominal sternum）；C. 雌性臀板（female pygidium）；D. 雄性第 8 腹节背板，背面观（male 8th tergite, dorsal view）；E. 同上，侧面观（ditto, lateral view）；F. 雄性第 8 腹节腹板，腹面观（male 8th sternum, ventral view）；G. 同上，侧面观（ditto, lateral view）；H. 雄性第 9、10 腹节背板，背面观（male 9th and 10th tergites, dorsal view）；I. 同上，侧面观（ditto, lateral view）；J. 雄性第 9 腹节腹板，腹面观（male 9th sternum, ventral view）；K. 阳茎，背面观（aedeagus, dorsal view）；L. 同上，侧面观（ditto, lateral view）；M. 阳茎顶端（apex of aedeagus）。比例尺（scales）：A, B = 0.5 mm, C-M = 0.25 mm

观察标本：3♀, Hoa-binh, Tonkin (越南东京湾和平), 1935, de Cooman; 3♂, Hoa-binh, Tonkin, 1935, de Cooman; 1♂, PHILIPPINES, Palawan (菲律宾巴拉望): Sanjuan, Aborlan, 1987.II.9, C. K. Starr leg., S. Mazur det. 1995; 1 ex., PHILIPPINES: LEYTE (菲律宾莱特省)

VISCA N Baybay, 1991.II, forest, 100-200 m, SCHAWALLER *et al*. leg., S. Mazur, det. 1995; 1♀, [台湾台东县] Kotosho, T. Shiraki leg., Y. Miwa det.; 2♀, Kotosho, Y. Miwa det.。

分布：台湾；越南，斯里兰卡，菲律宾，印度尼西亚，新几内亚岛，澳大利亚。

讨论：该种与 *P. biarculus* (Marseul) 非常相似，但前胸背板缘线于头后宽阔间断，前足胫节具 4 齿，以及比较独特的雌虫臀板刻纹可与后者相区分。与门第平阎甲 *P. mendicus* (Lewis) 也很相似，但鞘翅缘线沿鞘翅后缘延伸并达侧面 2/3，且中胸腹板横线弓形，无间断，这些特征可与后者相区分。

(206) 索氏平阎甲 *Platylomalus sauteri* (Bickhardt, 1912)（图 185）

Paromalus sauteri Bickhardt, 1912a: 125 (China: Fuhosho of Taiwan); 1913a: 175 (China: Hoozan, Taihorin, Sokutsu of Taiwan); 1917: 118; Desbordes, 1919: 401 (key).

Platylomalus sauteri: Cooman, 1948: 139; Gaedike, 1984: 461 (information about Holotypes); Mazur, 1984b: 136 (catalogue); 1997: 184 (catalogue); 2011a: 152 (catalogue); Mazur in Löbl *et* Smetana, 2004: 75 (catalogue); Zhang *et* Zhou, 2007b: 18.

体长 3.49 mm，体宽 2.30 mm。体长椭圆形，较扁平，体表光亮，黑色，跗节、胫节、触角红棕色。

头部表面刻点稀疏细小；额线完整。

前胸背板两侧微呈弓形向前收缩，前端 1/3 更明显，前缘凹缺部分略呈双波状，后缘略呈弓形，中间略向后成角；缘线强烈隆起且完整；表面刻点稀疏细小，夹杂有微小刻点；小盾片前区有 1 大的圆形凹窝。

鞘翅两侧略弧圆。斜肩线极度退化，仅有短凹痕；背线极度退化，仅在侧面中部 1/3 有第 1 背线的凹痕，在基部 1/3 侧面 1/2 有另 1 斜凹痕。鞘翅表面刻点密集粗大，夹杂有细小刻点，端部刻点常相连成脊，边缘刻点细小。鞘翅缘折光滑；缘折缘线深，清晰且完整；鞘翅缘线隆起且完整，其后端沿鞘翅后缘延伸并达鞘翅缝缘并向基部弯曲。

前臀板刻点细小稀疏，具皮革纹。雌虫臀板基部 1/3 刻点稀疏细小（较前臀板的小），刻点间隙具皮革纹，端部 2/3 具对称的沟纹和坑：前面 1 对横向深沟纹，后面 1 对纵向椭圆形深坑，坑内高低不平。

咽板前缘横截；缘线存在于侧面，向后收缩；刻点稀疏细小。前胸腹板龙骨线完整，末端不相连；龙骨表面刻点稀疏细小。前胸腹板侧线强烈隆起。

中胸腹板前缘中部深凹；缘线于侧面深且完整，于前缘凹缺后有宽的间断；刻点稀疏细小；横线清晰，完整，具 2 个不明显的角，中间部分长而直，侧面部分弯曲，横线之后区域低；中-后胸腹板缝细而浅，中部略向前弓弯。

后胸腹板基节间盘区刻点纵长椭圆形，稀疏细小，近后缘刻点较粗大，端部纵向中央光滑无刻点；中纵沟不可见；后胸腹板侧线强烈隆起，内侧深，基部 3/4 向后侧方延伸，端部 1/4 沿后胸腹板-后胸前侧片缝延伸，末端到达近侧后角；侧盘区刻点稀疏粗大，向后略小，刻点间隙具皮革纹；中足基节后线沿中足基节窝后缘延伸，末端向后弯曲，长。

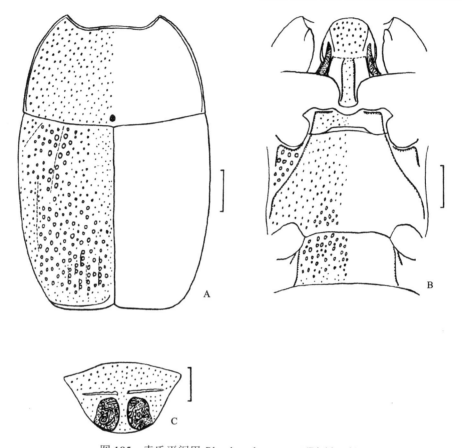

图 185　索氏平阎甲 *Platylomalus sauteri* (Bickhardt)

A. 前胸背板和鞘翅（pronotum and elytra）；B. 前胸腹板、中-后胸腹板和第 1 腹节腹板（prosternum, meso- and metasterna and the 1st visible abdominal sternum）；C. 雌性臀板（female pygidium）。比例尺（scales）：A, B = 0.5 mm, C = 0.25 mm

　　第 1 腹节腹板基节间盘区刻点纵长椭圆形，密集粗大，夹杂有细小刻点，沿后缘刻点稀疏细小；侧面凹陷；两侧各有 2 条腹侧线，内侧线深且完整，外侧线很短。

　　前足胫节宽，外缘具 4 个小齿；中足胫节外缘具 5 个小刺；后足胫节近顶端具 2 个小刺。

　　观察标本：1♂, Hoozan (台湾高雄县凤山), 1923.V, T. Shiraki leg., Y. Miwa det.; 1♀, 台湾 [嘉义县阿里山] Karapin, Near ari, 1938.V.7, Yoshio Yano leg.; 1♀, 四川宝兴若碧沟, 1600 m, 青樟, 倒木手捕, 2003.VIII.13, 吴捷采。

　　分布：四川、台湾；缅甸。

(207) 胸线平阎甲 *Platylomalus submetallicus* (Lewis, 1892)（图 186）

Paromalus submetallicus Lewis, 1892d: 34 (Burma); Bickhardt, 1917: 118.

Platylomalus submetallicus: Cooman, 1948: 137; Mazur, 1984b: 136 (catalogue); 1997: 184 (catalogue); 2007a: 72 (China: Nantou of Taiwan); 2011a: 152 (catalogue); Zhang *et* Zhou, 2007b: 22 (China: Yunnan).

　　体长 2.88-3.07 mm，体宽 2.00-2.17 mm。体长卵形，适度隆凸，黑色光亮，跗节和触角的索节深棕色，触角的端锤颜色较浅。

　　头部表面刻点密集细小；额线完整。

　　前胸背板两侧弓形向前收缩，前缘凹缺部分呈双波状，后缘略呈弓形，中间略向后成角；缘线完整，于侧面隆起，于前端中央略细且与前缘不平行；复眼后区域微凹；中部刻点与额表面的相似，两侧刻点略大，沿后缘有 1 行浅的略大的刻点；小盾片前区有 1 很大的略呈半圆形或三角形的浅凹。

　　鞘翅两侧略呈弧形。斜肩线具细的刻痕；背线退化，基部 1/3 侧面 1/2 有 1 清晰而粗糙的刻痕，肩部及侧面中部到端部也有略粗糙的刻痕；鞘翅基部小盾片之后近鞘翅缝区域有 2 个纵向深凹。鞘翅表面具略密集略粗大的浅刻点，端部夹杂有细小刻点，基部 1/3 鞘翅缝周围较宽的区域具稀疏细小的刻点，鞘翅缝两侧的窄带隆起，沿鞘翅缝刻点极稀疏微小，沿后缘刻点稀疏微小，沿前缘的窄带光滑无刻点。鞘翅缘折光滑，刻点极稀疏微小；缘折缘线细，存在于端部不足 1/2；鞘翅缘线完整，宽凹，后端到达鞘翅端部并沿鞘翅后缘延伸达侧面 1/2。

　　前臀板刻点密集细小，与额部刻点相似，沿前缘窄带光滑无刻点。臀板略隆凸；雌雄臀板都有发达的沟纹，雌虫臀板基部到中部有 1 与边缘略平行的宽而深的弧形沟纹，沟纹的前端向内弯曲但中央宽阔间断，其底部更宽更粗糙，其内侧及基部边缘有较多的粗糙短沟纹，在端部另有 1 略光滑略细的弧形沟纹，沟纹间隙光滑，刻点细小，略稀疏；雄虫臀板端部 2/3 有 1 与边缘平行的宽而深的粗糙沟纹，沟纹底部通常伸出几条支纹，弧形沟纹上方有较多的粗糙短沟纹，近前角处略凹；沟纹间隙光滑，刻点细小，略稀疏。

　　咽板前缘宽圆；缘线深，于前缘完整，于侧面存在于端部 2/3；表面刻点大小适中，略密集，端部刻点细小稀疏。前胸腹板龙骨线隆起，其内侧区域深而宽，于中部略靠近，前端向内弯曲，有时相连，后端不相连；龙骨表面刻点细小稀疏。前胸腹板侧线强烈隆起。

　　中胸腹板前缘中部深凹；缘线于侧面完整并隆起，其内侧略深，前端向内弓弯并较长延伸，后端与后胸腹板侧线相连；表面刻点稀疏细小；横线清晰，完整，具 3 段弓形线，中间部分与两侧部分长度约相等，中部略向后弓弯，两侧部分剧烈向后弓弯，3 段连接处通常不成角，而钝圆；中-后胸腹板缝不清晰，中部剧烈向上弓弯，靠近横线中间部分，两端不可见。

　　后胸腹板基节间盘区侧面略隆凸，中部有 2 条隆起的阔弧形纵线，纵线前端接近中-后胸腹板缝，后端接近后缘，雄虫于纵线后末端外侧有 2 个瘤状突起，纵线之间区域较平，中纵沟隐约可见；整个后胸腹板基节间盘区刻点稀疏细小；后胸腹板侧线强烈隆起，内侧深凹，基部 2/3 向后侧方延伸，端部 1/3 沿后胸腹板-后胸前侧片缝延伸，到达近侧后角；侧盘区较深凹，具略稀疏的圆形大刻点，大刻点间有较小的刻点。

　　第 1 腹节腹板基节间盘区端部刻点稀疏细小，基部刻点略大略密；前角处较深凹，雄虫中端部明显隆起；腹侧线存在于端部略长于 1/2。

　　前足胫节宽，外缘具 4 个小齿，基部 1 个最小，接近邻近齿；中足胫节外缘具 4 个刺，最端部 2 个靠近；后足胫节外缘近顶端具 2 个刺。

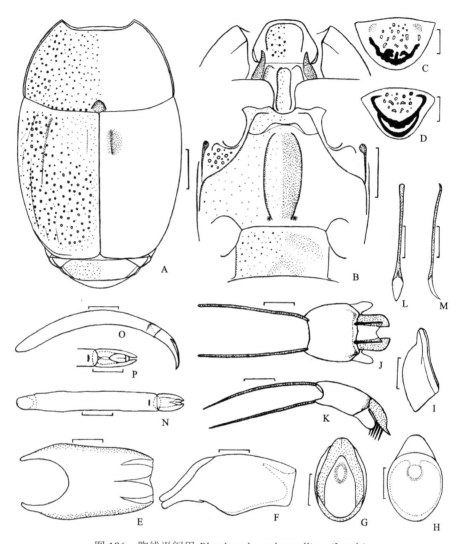

图 186 胸线平阎甲 *Platylomalus submetallicus* (Lewis)

A. 前胸背板、鞘翅和前臀板（pronotum, elytra and propygidium）；B. 前胸腹板、中-后胸腹板和第 1 腹节腹板（prosternum, meso- and metasterna and the 1st visible abdominal sternum）；C. 雄性臀板（male pygidium）；D. 雌性臀板（female pygidium）；E. 雄性第 8 腹节背板，背面观（male 8th tergite, dorsal view）；F. 同上，侧面观（ditto, lateral view）；G. 雄性第 8 腹节腹板，背面观（male 8th sternum, dorsal view）；H. 同上，腹面观（ditto, ventral view）；I. 同上，侧面观（ditto, lateral view）；J. 雄性第 9、10 腹节背板，背面观（male 9th and 10th tergites, dorsal view）；K. 同上，侧面观（ditto, lateral view）；L. 雄性第 9 腹节腹板，腹面观（male 9th sternum, ventral view）；M. 同上，侧面观（ditto, lateral view）；N. 阳茎，背面观（aedeagus, dorsal view）；O. 同上，侧面观（ditto, lateral view）；P. 阳茎顶端（apex of aedeagus）。比例尺（scales）：A, B = 0.5 mm, C-P = 0.25 mm

雄性外生殖器如图 186E-P 所示。

观察标本：1♂,3♀，云南西双版纳勐仑西片，560 m，倒木，2004.II.9，吴捷采。

分布：云南、台湾；缅甸，越南，泰国，印度北部。

讨论：该种可通过后胸腹板中部括弧形的纵线与其他种相区分。

(208) 东京湾平阎甲 *Platylomalus tonkinensis* (Cooman, 1937)（图 187）

Paromalus tonkinensis Cooman, 1937: 151 (Vietnam).

Platylomalus tonkinensis: Vienna, 1983: 475; Mazur, 1984b: 136 (catalogue); 1991: 6; 1997; 184 (catalogue); 2011a: 152 (catalogue); Mazur in Löbl *et* Smetana, 2004: 75 (catalogue); Zhang *et* Zhou, 2007b: 22 (China: Taiwan, Yunnan).

体长 1.76-1.96 mm，体宽 1.16-1.29 mm。体长椭圆形，较扁平，黑色光亮，胫节、跗节和触角的索节深棕色，触角的端锤颜色较浅。

头部表面刻点细小，略密集；额线清晰，于前缘波形且于中央不明显。

前胸背板两侧呈弓形向前收缩，前端 1/2 较明显，前缘凹缺部分略呈双波状，后缘中部较直，中间略向后成角，两端弓弯；缘线于侧面完整，前缘中部 1/3 间断；复眼后区域微凹；表面刻点与额表面的相似，但略小，纵向中央刻点更小。

鞘翅两侧略呈弧形，基部 2/3 近于平行，端部 1/3 弧弯。斜肩线具不明显的刻痕；背线极度退化，基部 1/3 侧面 1/2 有 1 不明显的刻痕，侧面中部到端部也有浅的刻痕。鞘翅表面具略稀疏的粗大刻点，夹杂有细小刻点，端半部刻点较大，向前刻点略小略稀，基部 1/3 鞘翅缝周围较宽的区域具稀疏细小的刻点，鞘翅缝中部 1/3 略向下延伸其两侧区域较明显隆起，沿鞘翅缝刻点稀疏细小，外侧及近后缘刻点稀疏细小，沿前缘和后缘的窄带光滑无刻点。鞘翅缘折光滑，刻点稀疏微小；缘折缘线细，存在于端半部；鞘翅缘线隆起且完整，内侧略深，后端到达鞘翅端部并沿鞘翅后缘有短的延伸。

前臀板刻点细小，略密集。臀板较短，后端隆凸，刻点与前臀板相似；雌虫臀板刻点更小，基部更平，近后缘有 1 条横向沟纹。

咽板前缘横截，宽；缘线存在于侧面基部约 2/3 且向后收缩；表面刻点稀疏细小。前胸腹板龙骨线于中间最窄，末端不相连；龙骨表面刻点与咽板的相似。前胸腹板侧线较短，隆起。

中胸腹板前缘中部浅凹，缘线于侧面完整并隆起，前端向内弯折，弯折处成角，后端与后胸腹板侧线相连；表面刻点稀疏细小；横线清晰，具 2 角，中间部分略长，微向下弯或较直，两侧部分直，横线中间到前缘凹缺的距离和到中-后胸腹板缝的距离约相等；中-后胸腹板缝不清晰，中间向上略成角。

后胸腹板基节间盘区刻点稀疏微小，通常两两相伴，侧面的较清晰，向中部变模糊；中纵沟不可见；后胸腹板侧线强烈隆起，向后侧方延伸，存在于基部 2/3，末端接近后胸腹板-后胸前侧片缝；侧盘区微凹，刻点稀疏微小。

第 1 腹节腹板基节间盘区刻点与后胸腹板基节间盘区刻点相似；腹侧线存在于端部 2/3，强烈隆起。

前足胫节宽，外缘具 5 个小齿，间隔相等，基部 1 个最小；中足胫节外缘具 5 个刺，最端部 2 个靠近；后足胫节外缘近顶端具 2 个刺。

雄性外生殖器如图 187C-K 所示。

观察标本： 1♂, 1♀, 台湾, Mt. Ari Tairyn, 1938.VI.14, S. Miyamoto leg.; 1♂, 1♀,

Formosa, Kuraru (台湾屏东县龟子角), 1932.VIII.21-26, Y. Miwa; 1♀，云南西双版纳勐腊西片，720 m，倒木，2004.II.16，吴捷采；1♂，云南西双版纳勐腊保护区，730 m，倒木，2004.II.15，吴捷采；1♂，云南西双版纳勐仑西片，560 m，倒木，2004.II.9，吴捷采。

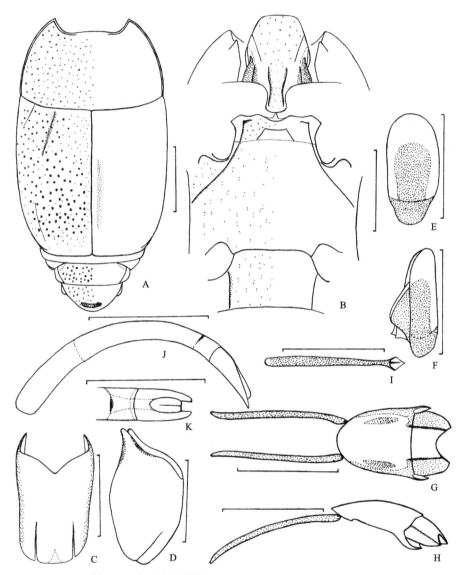

图 187 东京湾平阎甲 *Platylomalus tonkinensis* (Cooman)

A. 雌性前胸背板、鞘翅、前臀板和臀板（female pronotum, elytra, propygidium and pygidium）；B. 前胸腹板、中-后胸腹板和第 1 腹节腹板（prosternum, meso- and metasterna and the 1st visible abdominal sternum）；C. 雄性第 8 腹节背板，背面观（male 8th tergite, dorsal view）；D. 同上，侧面观（ditto, lateral view）；E. 雄性第 8 腹节腹板，腹面观（male 8th sternum, ventral view）；F. 同上，侧面观（ditto, lateral view）；G. 雄性第 9、10 腹节背板，背面观（male 9th and 10th tergites, dorsal view）；H. 同上，侧面观（ditto, lateral view）；I. 雄性第 9 腹节腹板，腹面观（male 9th sternum, ventral view）；J. 阳茎，侧面观（aedeagus, lateral view）；K. 阳茎顶端（apex of aedeagus）。比例尺（scales）：A, B = 0.5 mm, C-K = 0.25 mm

分布：云南、台湾；尼泊尔，越南，印度尼西亚。

讨论：该种与 *P. tcibodae* (Marseul) 很相似，但复眼后区域（前胸背板缘线间断之处）无皱褶，前足胫节外缘具 5 齿。

(209) 旅平阎甲 *Platylomalus viaticus* (Lewis, 1892)（图 188）

Paromalus viaticus Lewis, 1892a: 33 (Japan); 1915: 56 (China: Taihoku of Taiwan); Bickhardt, 1917: 118; Cooman, 1937: 138, 166.

Platylomalus viaticus: Kryzhanovskij *et* Reichardt, 1976: 275; Mazur, 1984b: 136 (catalogue); 1997: 184 (catalogue); 2011a: 152 (catalogue); Hisamatsu, 1985b: 224 (photos); Ôhara, 1994: 187 (redescription, figures, photos); 1999a: 118; Ôhara *et* Paik, 1998: 27; Mazur in Löbl *et* Smetana, 2004: 75 (catalogue); Zhang *et* Zhou, 2007b: 22.

体长 1.52-1.54 mm，体宽 1.00-1.03 mm。体长椭圆形，较扁平，体表光亮，深棕色，胫节、跗节、口器和触角红棕色。

头部表面刻点密集粗大，夹杂有微小刻点；额线微隆且完整。

前胸背板两侧微呈弓形向前收缩，前端 1/4 较明显，前缘凹缺部分略呈双波状，后缘略呈弓形；缘线隆起且完整；表面刻点密集粗大，略呈椭圆形，夹杂有细小刻点。

鞘翅两侧略弧圆。背部的线极度退化，仅在基部 1/3 侧面 1/2 有浅的斜凹痕。鞘翅表面刻点稀疏粗大，椭圆形，夹杂有细小刻点，斜凹痕区域刻点更粗大，基部小盾片之后较窄的区域刻点细小，沿鞘翅缝及后缘的窄带刻点稀疏细小。鞘翅缘折光滑，刻点稀疏微小；缘折缘线存在于端半部；鞘翅缘线深且完整，其后端沿鞘翅后缘延伸，到达鞘翅缝缘并向基部弯曲。

前臀板刻点密集，大小适中，侧面刻点变小变稀，刻点间隙具皮革纹。臀板刻点稀疏细小，后端 1/3 刻点稍密；雌虫臀板刻点与雄虫的相似，后端 1/3 刻点更密，有时近顶端有 1 横向凹陷。

咽板前缘横截；无缘线；表面刻点稀疏，大小适中。前胸腹板龙骨线完整，末端不相连；龙骨表面刻点极稀，大小适中。前胸腹板侧线短，强烈隆起。

中胸腹板前缘中部深凹；缘线于侧面完整且深，前端向内弯折，后端与后胸腹板侧线相连；表面刻点稀疏细小；无横线；中-后胸腹板缝浅，中部略向前弓。

后胸腹板基节间盘区刻点稀疏细小，侧面和后端刻点较粗大，纵向中央窄带刻点稀疏微小；中纵沟不可见；后胸腹板侧线深，基部 2/3 向后侧方延伸，端部 1/3 沿后胸腹板-后胸前侧片缝延伸，其后端到达近侧后角；侧盘区刻点稀疏粗大，具皮革纹；中足基节后线沿中足基节窝后缘延伸，末端向后弯曲。

第 1 腹节腹板基节间盘区刻点稀疏，大小适中；腹侧线深，存在于端部 2/3。

前足胫节宽，外缘具 4 个小齿；中足胫节外缘具 3 个小刺；后足胫节近顶端具 1 个小刺。

雄性外生殖器如图 188C-J 所示。

观察标本：1♂, Y. Miwa det.; 1♂, 1♀, 台湾, Musha (南投县雾社), VIII.10, Y. Miwa leg.。

分布：台湾；韩国，日本，俄罗斯（远东）。

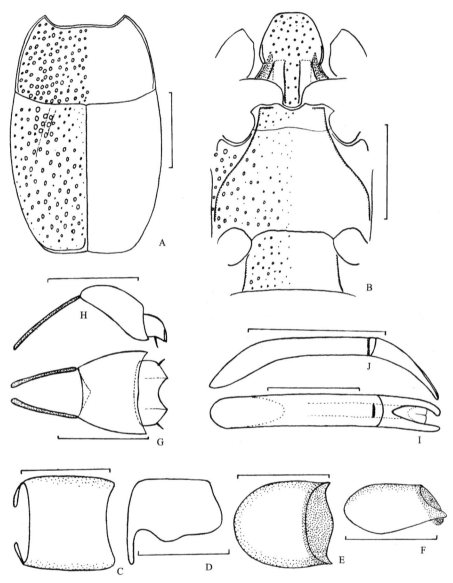

图 188 旅平阎甲 *Platylomalus viaticus* (Lewis)

A. 前胸背板和鞘翅（pronotum and elytra）；B. 前胸腹板、中-后胸腹板和第 1 腹节腹板（prosternum, meso- and metasterna and the 1st visible abdominal sternum）；C. 雄性第 8 腹节背板，背面观（male 8th tergite, dorsal view）；D. 同上，侧面观（ditto, lateral view）；E. 雄性第 8 腹节腹板，腹面观（male 8th sternum, ventral view）；F. 同上，侧面观（ditto, lateral view）；G. 雄性第 9、10 腹节背板，背面观（male 9th and 10th tergites, dorsal view）；H. 同上，侧面观（ditto, lateral view）；I. 阳茎，背面观（aedeagus, dorsal view）；J. 同上，侧面观（ditto, lateral view）。比例尺（scales）：A, B = 0.5 mm, C-J = 0.25 mm

51. 简额阎甲属 *Eulomalus* Cooman, 1937

Eulomalus Cooman, 1937: 97, 156, 158; Kryzhanovskij *et* Reichardt, 1976: 276; Mazur, 1984b: 137 (catalogue); 1997: 185 (catalogue); 2011a: 153 (catalogue); Ôhara, 1994: 196; Mazur in Löbl *et* Smetana, 2004: 74 (catalogue); Zhang *et* Zhou, 2007b: 22 (China); Lackner *et al.* in Löbl *et* Löbl, 2015: 85 (catalogue). **Type species:** *Eulomalus vermicipygus* Cooman, 1937. Original designation.

体小，长卵形，较扁。头部额线不完整，通常于上唇之后间断；上唇横宽，通常有 2 个具长刚毛的刻点；上颚粗短，弯曲，内侧各有 1 齿。前胸背板横宽，两侧弓形向前收缩，前角锐且降低；缘线通常完整。小盾片背面观不可见。鞘翅背面无线或强烈退化。前臀板横宽。雌虫臀板表面通常具沟纹。咽板略呈圆形，近基角处的侧边隆起，内侧区域深凹；咽板缘线通常存在于两侧；前胸腹板龙骨窄，龙骨线完整。中胸腹板横宽，前缘中央深凹；缘线存在于两侧；具横线。前足胫节宽。阳茎基片很长，近于平行，侧叶很短。

分布：东洋区和澳洲区。

该属世界记录 26 种，中国记录 7 种，包括我们自己发表的 1 种。

种 检 索 表

1. 后胸腹板侧线端部末端向内弯曲 ·· 2
   后胸腹板侧线端部末端不向内弯曲 ··· 3
2. 腹板表面有密集的纵向细纹。雌虫臀板（前缘除外）通常具较多短沟纹，有时沟纹较长 ··········· ··· 赛氏简额阎甲 *E. seitzi*
   腹板表面光滑无细纹。雌虫臀板近端部有 1 较深而宽的弓形沟纹 ········· 安普简额阎甲 *E. amplipes*
3. 中胸腹板缘线存在于侧面但不达基部。雌虫臀板端半部有 1 横沟，与刻点会合 ····················· ··· 塔蒂简额阎甲 *E. tardipes*
   中胸腹板缘线存在于侧面达基部 ·· 4
4. 咽板基部中央有密集的纵向皱褶。雌虫臀板端半部有 1 复合刻纹，底部是与边缘近于平行的弓形沟纹，其上较多不规则交叉刻纹或单一刻纹 ························· 皱简额阎甲 *E. rugosus*
   咽板无皱褶 ··· 5
5. 中胸腹板横线具 4 角。雌虫臀板具较多弯曲或不弯曲的不规则细刻纹 ····························· ·· 蠕尾简额阎甲 *E. vermicipygus*
   中胸腹板横线具 2 角 ··· 6
6. 前足胫节 4 齿；中胸腹板缘线直。雌虫臀板有 1 与后缘平行的线 ········· 普普简额阎甲 *E. pupulus*
   前足胫节 3 齿；中胸腹板缘线弓形；雌虫臀板靠近基部有 1 宽的横向凹沟，凹沟前缘中部向下弓弯 ·· 龙目简额阎甲 *E. lombokanus*

(210) 安普简额阎甲 *Eulomalus amplipes* Cooman, 1937（图 189）

Eulomalus amplipes Cooman, 1937: 109 (Java, Sumatra), 158 (key); Mazur, 1984b: 137 (catalogue);

1997: 185 (catalogue); 2011a: 153 (catalogue); Zhang *et* Zhou, 2007b: 25 (China: Yunnan); Lackner *et al.* in Löbl *et* Löbl, 2015: 85 (catalogue).

体长 2.09 mm，体宽 1.52 mm。体长卵形，适度隆凸，体表光亮，深棕色，足、口器和触角棕色，触角的端锤黄褐色。

头部表面刻点稀疏，大小适中，后缘两侧刻点略大略密集；额线只存在于两侧，于触角之后终止。

前胸背板两侧微呈弓形向前收缩，前缘凹缺部分几乎平直，后缘略呈弓形，中间向后成角；缘线强烈隆起且完整；表面刻点较额部刻点略粗大，较密集，基部中央及两侧边缘刻点略小略稀，小盾片前区有 1 较大的圆形刻点。

鞘翅两侧略弧圆。斜肩线为粗糙凹痕；背线极度退化，仅在基部 1/3 侧面 1/2 有 1 粗糙斜凹痕，侧面中部有另 1 凹痕。鞘翅表面具略密集的粗大刻点，夹杂有细小刻点，内侧向基部刻点略小略稀，基半部鞘翅缝周围的宽阔区域刻点细小，略密集，沿鞘翅缝的窄带略隆起，两侧各有 1 行细小刻点，沿鞘翅后缘的窄带光滑无刻点。鞘翅缘折光滑无刻点；缘折缘线完整，端部略深；鞘翅缘线隆起且完整，末端达鞘翅后缘侧面 1/5。

前臀板具略稀疏的较大的圆形刻点，较鞘翅端部刻点小，夹杂有微小刻点，两侧边缘及后缘刻点细小；沿前缘有 1 不光滑的窄带。臀板近三角形，后缘圆，刻点密集，略细小；近后缘有 1 宽而深的、长的弧形沟纹。

咽板前缘宽圆；缘线存在于侧面中部约 1/3，向后收缩；刻点较稀疏细小。前胸腹板龙骨线隆起，完整，内侧为粗糙钝齿状浅凹，末端不相连；龙骨表面刻点较咽板的更稀更小。前胸腹板侧线短，强烈隆起。

中胸腹板前缘中部深凹，缘线于侧面完整并隆起，前端向内弯曲，后端与后胸腹板侧线相连；表面刻点稀疏细小；横线清晰完整，具 2 角，中间部分较直，很长，两侧部分剧烈向下弓弯，两角处具凹痕；中-后胸腹板缝浅，不清晰，较直。

后胸腹板基节间盘区刻点稀疏细小，端部（沿中纵沟位置及侧面除外）刻点略密集粗大；中纵沟不可见；后胸腹板侧线强烈隆起，向后侧方延伸，到达近侧后角，然后向内弧弯；侧盘区刻点稀疏细小；中足基节后线沿中足基节窝后缘延伸，末端向后侧方弯曲并较长。

第 1 腹节腹板基节间盘区中部及边缘刻点稀疏细小，其他区域刻点略大；腹侧线强烈隆起，完整，内侧端部 1/3 另有 1 短的钝齿状浅凹线。

前足胫节宽，外缘具 4 个小齿，基部的齿最小；中足胫节外缘具 7 个刺，端部的 4 个刺大；后足胫节细长，近顶端有 2 个小刺。

观察标本：2♀，云南西双版纳大勐龙，650 m，1958.IV.12，王书永采。

分布：云南；印度尼西亚，菲律宾。

讨论：该种后胸腹板侧线后端向内弧弯，以及雌虫臀板独特的刻纹与其他种不同。

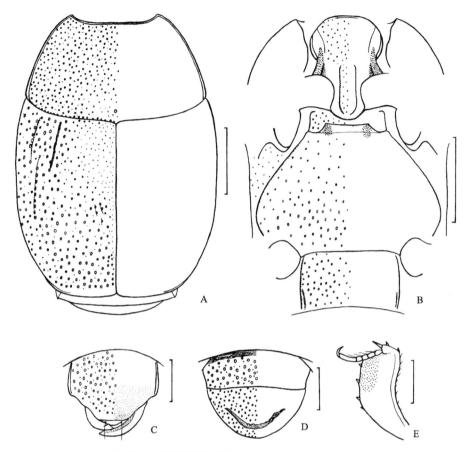

图 189　安普简额阎甲 *Eulomalus amplipes* Cooman

A. 前胸背板和鞘翅（pronotum and elytra）；B. 前胸腹板、中-后胸腹板和第 1 腹节腹板（prosternum, meso- and metasterna and the 1st visible abdominal sternum）；C. 头（head）；D. 雌性前臀板和臀板（female propygidium and pygidium）；E. 前足胫节，背面观（protibia, dorsal view）。比例尺（scales）：A, B = 0.5 mm, C-E = 0.25 mm

(211) 龙目简额阎甲 *Eulomalus lombokanus* Cooman, 1937

Eulomalus lombokanus Cooman, 1937: 104 (Lombok Is.), 157 (key); Mazur, 1984b: 137 (catalogue); 1997: 185 (China: Taiwan; catalogue); 2011a: 153 (catalogue); Hisamatsu, 1985b: 225 (photos); Ôhara, 1994: 197; Mazur in Löbl *et* Smetana, 2004: 74 (catalogue); Zhang *et* Zhou, 2007b: 26; Lackner *et al.* in Löbl *et* Löbl, 2015: 85 (catalogue).

描述根据 Cooman（1937）整理：

体短卵形，略隆凸，光亮。头部具稀疏刻点。前胸背板前缘略呈双波状，表面两侧具很密集的小刻点，前胸背板缘线完整，于头后距离边缘较远。鞘翅具刻点，鞘翅缝缘向后隆起，鞘翅缘线向前不延伸，鞘翅缘折光滑。臀板具刻点。前胸腹板近于光滑，很宽，龙骨线略呈双波状，咽板无缘边，具小刻点。中胸腹板光滑，具纵向的短的双凹，侧线略呈弓形，基部不延长；横线位于中央，发达，具 2 角，中部很直，两侧短弓形；

中-后胸腹板缝向前微呈双波状。后胸腹板后角处具刻点，侧线斜向呈双波状；第1腹节腹板侧面具刻点，中部逐渐变少。前足胫节具3个小齿。

雌虫臀板基部有横向的发达的沟纹，长而宽，中部有少许狭缩，略向后弓弯，向前呈双波状。

观察标本：未检视标本。

分布：台湾；日本，印度尼西亚。

讨论：本种的模式标本保存在巴黎自然历史博物馆（MNHN）。

(212) 普普简额阎甲 *Eulomalus pupulus* Cooman, 1937（图190）

Eulomalus pupulus Cooman, 1937: 101 (Vietnam: Hoa-Binh Tonkin), 157 (key); Mazur, 1984b: 138 (catalogue); 1997: 185 (catalogue); 2007a: 72 (China: Taiwan); 2011a: 153 (catalogue); Zhang *et* Zhou, 2007b: 27 (China: Yunnan, Hainan); Lackner *et al.* in Löbl *et* Löbl, 2015: 85 (catalogue).

体长1.17-1.46 mm，体宽0.84-1.03 mm。体长卵形，略隆凸，体表光亮，深棕色或棕色，胫节、跗节、口器和触角颜色较浅，触角的端锤黄褐色。

头部表面刻点均匀，较密集，大小适中；额线只存在于两侧，于上颚之后终止。

前胸背板两侧微呈弓形向前收缩，前缘凹缺部分双波状，后缘略呈弓形；缘线微隆且完整，前缘线中部不与前缘平行且较远离前缘；表面刻点较额部刻点粗大，较密集，夹杂有微小刻点，基部中央刻点略小略稀，两侧边缘刻点较细小，沿后缘有1行略密集粗大的刻点，刻点纵向略伸长。

鞘翅两侧略弧圆。背部的线极度退化，仅在侧面基部及近鞘翅缝中部有一些凹痕。鞘翅表面具略密集且均匀的粗大刻点，刻点略呈椭圆形，夹杂有微小刻点，小盾片周围刻点细小，沿鞘翅缝及后缘的窄带无刻点；鞘翅缝两侧隆起（基部一小段除外）。鞘翅缘折光滑，刻点稀疏微小；缘折缘线浅、略宽且完整；鞘翅缘线隆起且完整，内侧为粗糙刻点行形成的钝齿状浅沟，刻点向端部变密集，其末端达鞘翅后缘但不延伸。

前臀板刻点稀疏，与额部的相似，但略小，夹杂有微小刻点，两侧刻点更稀疏；沿前缘有密集的细纹。臀板近三角形，后缘圆，刻点稀疏，较前臀板刻点细小；雌虫臀板沿后缘有1较细的弧形刻纹。

咽板前缘宽圆；缘线存在于侧面中部约1/3，较短，向后收缩，沿前缘有时有1条不明显的线，有时端部两侧1/2处各有1条纵向的短凹；表面具稀疏的小刻点。前胸腹板龙骨线完整，隆起，内侧粗糙钝齿状浅凹，末端不相连，后末端远离后缘；龙骨表面刻点与咽板的相似。前胸腹板侧线短，强烈隆起。

中胸腹板前缘中部深凹，缘线于侧面完整并隆起，前端向内弯折或不向内弯折，后端与后胸腹板侧线相连；表面具稀疏的小刻点；横线清晰完整，具2角，中间部分很长，较直，有时略向下弓弯，两侧部分向下弓弯，两角处具纵向斜凹；中-后胸腹板缝浅，不清晰，较直。

后胸腹板基节间盘区基部及沿中纵沟刻点稀疏细小，端部近中纵沟刻点粗大，略密集，有纵向凹痕，侧面刻点较小，稀疏；中纵沟极浅，不清晰；后胸腹板侧线强烈隆起，基部 2/3 向后侧方延伸，端部 1/3 沿后胸腹板-后胸前侧片缝延伸，末端到达近侧后角（有时略短）；侧盘区具极稀少的小刻点，刻点间隙具皮革纹；中足基节后线沿中足基节窝后缘延伸，末端向后侧方弯曲并较长。

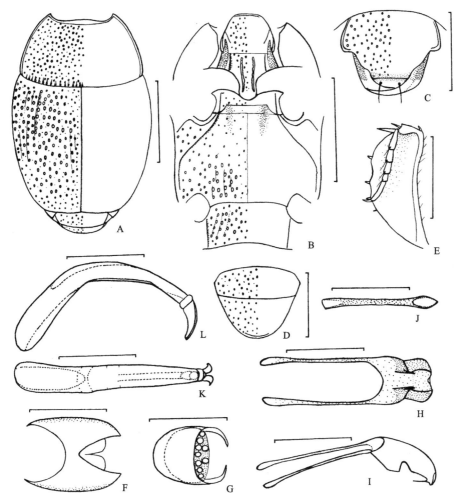

图 190　普普简额阎甲 *Eulomalus pupulus* Cooman

A. 前胸背板、鞘翅、前臀板和臀板（pronotum, elytra, propygidium and pygidium）；B. 前胸腹板、中-后胸腹板和第 1 腹节腹板（prosternum, meso- and metasterna and the 1st visible abdominal sternum）；C. 头（head）；D. 雌性臀板（female pygidium）；E. 前足胫节，背面观（protibia, dorsal view）；F. 雄性第 8 腹节背板，背面观（male 8th tergite, dorsal view）；G. 雄性第 8 腹节腹板，腹面观（male 8th sternum, ventral view）；H. 雄性第 9、10 腹节背板，背面观（male 9th and 10th tergites, dorsal view）；I. 同上，侧面观（ditto, lateral view）；J. 雄性第 9 腹节腹板，腹面观（male 9th sternum, ventral view）；K. 阳茎，背面观（aedeagus, dorsal view）；L. 同上，侧面观（ditto, lateral view）。比例尺（scales）：A, B = 0.5 mm, C-L = 0.25 mm

　　第 1 腹节腹板基节间盘区刻点与后胸腹板基节间盘区端部近中纵沟的刻点相似，但较小，有斜凹痕，中部及边缘刻点稀疏细小；腹侧线强烈隆起，存在于端部 2/3。

　　前足胫节宽，外缘具 3 个小齿及 2 个左右极小齿；中足胫节外缘具 3 个小刺及若干极小刺；后足胫节细长，近顶端具 1 个极小刺。

雄性外生殖器如图 190F-L 所示。

观察标本：3 exs., Hoa-Binh Tonkin (越南东京湾和平), 1935, de Cooman leg., de Cooman det.；6♂, 12♀, 6 号，云南西双版纳勐仑西片，560 m，倒木，2004.II.9，吴捷采；1 号，云南西双版纳勐仑西片，620 m，倒木，2004.II.21，吴捷、张教林采；1♀，西双版纳勐仑西片，630 m，倒木，2004.II.21，吴捷、张教林采；1♂，西双版纳勐仑西片，850 m，倒木，2004.II.11，吴捷采；1 号，西双版纳勐腊西片，720 m，倒木，2004.II.16，吴捷采；2♀, 5 号，海南五指山，790 m，倒木，2004.VII.8，吴捷、陈永杰采；4 号，海南吊罗山，950 m，倒木，2004.VII.26，吴捷、陈永杰采；1 号，海南尖峰岭，650 m，倒木，2004.VII.21，吴捷、陈永杰采；2 号，海南尖峰岭，810 m，倒木，2004.VII.21，吴捷、陈永杰采。

分布：海南、云南、台湾；尼泊尔，缅甸，越南，印度尼西亚。

(213) 皱简额阎甲 *Eulomalus rugosus* Zhang *et* Zhou, 2007（图 191）

Eulomalus rugosus Zhang *et* Zhou, 2007b: 23 (China: Hainan); Mazur, 2011a: 153 (catalogue); Lackner *et al.* in Löbl *et* Löbl, 2015: 85 (catalogue).

体长 1.43-1.50 mm，体宽 1.01-1.09 mm。体长卵形，适度隆凸，体表光亮，黑色或深棕色，足和触角的索节红棕色，触角的端锤黄褐色。

头部表面刻点略密集，大小适中；额线只存在于两侧，于触角之后终止。

前胸背板两侧呈弓形向前收缩，前缘凹缺部分呈双波状，后缘略呈弓形，中间向后略成角；缘线完整，侧缘线隆起，前缘线中部不与前缘平行；表面刻点密集，较额部的略大，基部中央刻点略小略稀。

鞘翅两侧弧圆。背部的线极度退化，仅在基部 1/3 侧面 1/2 有 1 粗糙斜凹痕，侧面中部另有 1 粗糙凹痕。鞘翅表面刻点密集粗大，端部刻点略呈椭圆形，基部小盾片周围刻点密集细小，沿鞘翅缝的窄带微隆，光滑，有时具几个微小刻点，沿前缘及后缘的窄带光滑无刻点。鞘翅缘折光滑，刻点稀疏微小；缘折缘线完整但不清晰；鞘翅缘线清晰完整，端部到达鞘翅后缘并略延伸。

前臀板刻点与额表面刻点相似，沿前缘的窄带无刻点。臀板刻点较前臀板的略小略密集；雌虫臀板端半部有 1 复合刻纹，底部是与边缘近于平行的弓形沟纹，其上较多不规则交叉刻纹或单一刻纹。

咽板前缘宽圆；缘线存在于侧面基半部且向后收缩；刻点密集，大小适中，基部中央具密集的纵向皱褶。前胸腹板龙骨线隆起且完整，内侧略深略宽，间距中间略窄，末端不相连；龙骨盘区刻点较咽板的稀疏细小。前胸腹板侧线强烈隆起。

中胸腹板前缘中央深凹，缘线于侧面完整，前端向内弯曲并略长，后端与后胸腹板侧线相连；表面刻点稀疏细小；横线清晰完整，具 2 角，中间部分长而直，两侧部分略弓弯，两角处具纵向斜凹；中-后胸腹板缝浅，不清晰，较直。

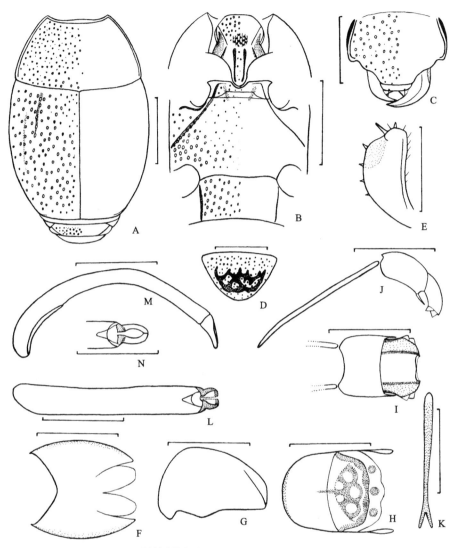

图 191　皱简额阎甲 *Eulomalus rugosus* Zhang *et* Zhou

A. 前胸背板、鞘翅和前臀板（pronotum, elytra and propygidium）；B. 前胸腹板、中-后胸腹板和第 1 腹节腹板（prosternum, meso- and metasterna and the 1st visible abdominal sternum）；C. 头（head）；D. 雌性臀板（female pygidium）；E. 前足胫节，背面观（protibia, dorsal view）；F. 雄性第 8 腹节背板，背面观（male 8th tergite, dorsal view）；G. 同上，侧面观（ditto, lateral view）；H. 雄性第 8 腹节腹板，腹面观（male 8th sternum, ventral view）；I. 雄性第 9、10 腹节背板，背面观（male 9th and 10th tergites, dorsal view）；J. 同上，侧面观（ditto, lateral view）；K. 雄性第 9 腹节腹板，腹面观（male 9th sternum, ventral view）；L. 阳茎，背面观（aedeagus, dorsal view）；M. 同上，侧面观（ditto, lateral view）；N. 阳茎顶端（apex of aedeagus）。比例尺（scales）：A, B = 0.5 mm, C-N = 0.25 mm

　　后胸腹板基节间盘区隆凸，刻点稀疏细小，近后缘（中纵沟周围区域除外）刻点密集粗大，略呈椭圆形，后角处刻点更密集粗大；中纵沟不可见；后胸腹板侧线隆起，内侧为粗大刻点行形成的钝齿状浅凹，向后侧方延伸，存在于基部 2/3，到达后胸腹板-后胸前侧片缝；侧盘区刻点较基节间盘区后部刻点小，稀疏，刻点间隙具横向皮革纹；中足基节后线沿中足基节窝后缘延伸，末端略向后弯。

第 1 腹节腹板基节间盘区刻点与后胸腹板基节间盘区后端近中央的刻点相似，纵向中央隆凸，刻点稀疏细小；腹侧线隆起，内侧为粗大刻点行形成的钝齿状浅凹，近于完整，前端略短缩。

前足胫节宽，外缘具 4 个小齿；中足胫节外缘具 3 个较大的刺；后足胫节近顶端有 1 个小刺。

雄性外生殖器如图 191F-N 所示。

观察标本：正模，♂，海南吊罗山，920 m，倒木，2004.VII.28，吴捷、陈永杰采。副模，1♀，同正模；1♂，海南五指山，790 m，倒木，2004.VII.10，吴捷、陈永杰采；1♀，海南五指山，762 m，倒木，2004.VII.11，吴捷、陈永杰采。

分布：海南。

讨论：该种可通过咽板基部中央的纵向皱褶，以及雌虫臀板的刻痕与其他种相区别。

(214) 赛氏简额阎甲 *Eulomalus seitzi* Cooman, 1941（图 192）

Eulomalus seitzi Cooman, 1941: 299 (Vietnam); Mazur, 1984b: 138 (catalogue); 1997: 186 (catalogue); 2011a: 153 (catalogue); Zhang et Zhou, 2007b: 28 (China: Yunnan).

体长 1.65-1.81 mm，体宽 1.20-1.32 mm。体长卵形，较扁平，体表亮但不光滑，具密集的纵向细纹和不规则的脊；体深棕色，口器和触角棕色，触角的端锤黄褐色，有时前足胫节和跗节棕色。

头部表面极不光滑，密布粗糙的纵线，触角和上颚着生处具略高的括弧形脊和短的直线形脊，口上片具细而密集的横线和斜线；刻点略稀疏粗大；额线只存在于两侧，略呈波形，于触角基部之后终止。

前胸背板两侧微呈弓形向前收缩，前缘凹缺部分平直，后缘略呈弓形，中间向后成角；缘线微隆且完整，前缘线中央较远离前缘；表面刻点粗大，略密集，夹杂有微小刻点，基部中央刻点较小且稀疏，侧面具密集的纵向细线，刻点略小。

鞘翅两侧略弧圆。背部的线极度退化，基部 1/3 侧面 1/2 有 1 较粗糙的刻痕。鞘翅侧面及端部具粗糙而密集的脊，刻点粗大（较前胸背板刻点大得多），略呈椭圆形，较密集，夹杂有微小刻点，侧面及端部有脊的区域刻点更密集粗大，基部 1/4 鞘翅缝周围较宽区域刻点密集细小，沿鞘翅缝有 1 行不规则的小刻点。鞘翅缘折粗糙，刻点密集粗大；缘折缘线浅、完整；鞘翅缘线隆起且完整，内外侧各有由粗糙刻点行形成的钝齿状凹沟，其后端不清晰，沿鞘翅后缘延伸到达缝缘。

前臀板刻点略密集粗大，夹杂有细小刻点；刻点间隙不光滑。臀板近三角形，后缘圆，刻点密集，较前臀板刻点略小；雌虫臀板（前缘除外）通常具较多短沟纹，有时沟纹较长。

咽板前缘宽，中部略向内弯；缘线存在于侧面基半部，向后收缩；表面刻点粗大，略密集，基部略低凹，具细而密集的纵脊。前胸腹板龙骨线隆起，完整，内侧粗糙钝齿状浅凹，末端不相连；龙骨表面刻点与咽板的相似。前胸腹板侧线短，强烈隆起。

中胸腹板前缘中央深凹，缘线只存在于两侧中部，由粗糙的短凹沟取代；表面具略密集的粗糙刻点，刻点间隙粗糙，具密集的纵向细线；横线清晰完整，具2角，中间部分很长，微向上弓弯，两侧部分略弓弯；中-后胸腹板缝浅，不清晰，略呈双波状。

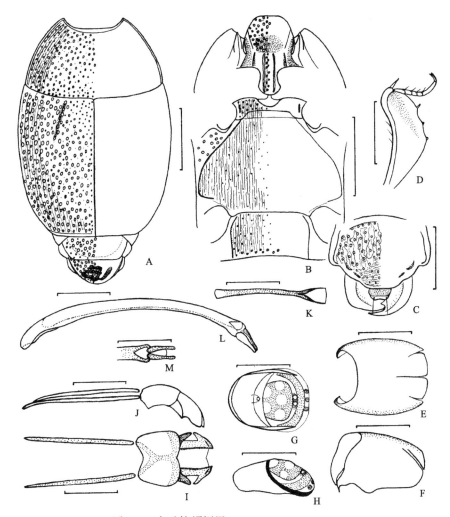

图 192　赛氏简额阎甲 *Eulomalus seitzi* Cooman

A. 雌性前胸背板、鞘翅、前臀板和臀板（female pronotum, elytra, propygidium and pygidium）；B. 前胸腹板、中-后胸腹板和第 1 腹节腹板（prosternum, meso- and metasterna and the 1st visible abdominal sternum）；C. 头（head）；D. 前足胫节，背面观（protibia, dorsal view）；E. 雄性第 8 腹节背板，背面观（male 8th tergite, dorsal view）；F. 同上，侧面观（ditto, lateral view）；G. 雄性第 8 腹节腹板，腹面观（male 8th sternum, ventral view）；H. 同上，侧面观（ditto, lateral view）；I. 雄性第 9、10 腹节背板，背面观（male 9th and 10th tergites, dorsal view）；J. 同上，侧面观（ditto, lateral view）；K. 雄性第 9 腹节腹板，腹面观（male 9th sternum, ventral view）；L. 阳茎，侧面观（aedeagus, lateral view）；M. 阳茎顶端（apex of aedeagus）。比例尺（scales）：A, B = 0.5 mm, C-M = 0.25 mm

后胸腹板基节间盘区密布纵向细线，刻点稀疏细小，纵向中央略宽的区域光滑无线；中纵沟不可见；后胸腹板侧线强烈隆起，基部 2/3 向后侧方延伸，端部沿后胸腹板-后胸前侧片缝延伸，到达近侧后角，然后向内弯折；侧盘区具密集的细纹和稀疏粗大的刻点；中足基节后线沿中足基节窝后缘延伸，末端向后侧方弯曲并较长。

第 1 腹节腹板基节间盘区刻点和细线与后胸腹板基节间盘区的相似，纵向中央较宽的区域光滑无线，沿后缘刻点粗大；腹侧线强烈隆起且完整。

前足胫节宽，外缘具 3 个小齿；中足胫节外缘具 4 个小齿，基部的齿最小；后足胫节细长，近顶端无刺。

雄性外生殖器如图 192E-M 所示。

观察标本：1♀，TYPE，mont. Bavi. Tonkin (越南东京湾)，de Cooman，CO30，IOZ (E) 221296，de Cooman descry.；2♀，云南西双版纳勐仑西片，630 m，倒木，2004.II.21，吴捷、张教林采；1♀，云南西双版纳勐腊保护区，740 m，倒木，2004.II.15，吴捷采；1♀，云南西双版纳勐腊保护区，730 m，倒木，2004.II.15，吴捷采；1♂，云南西双版纳勐腊西片，720 m，倒木，2004.II.16，吴捷采。

分布：云南；越南。

讨论：该种可通过几乎遍布体表的细的或粗糙的密集纵纹，以及短的中胸腹板缘线与其他种相区分。

(215) 塔蒂简额阎甲 *Eulomalus tardipes* (Lewis, 1892)（图 193）

Paromalus tardipes Lewis, 1892a: 35 (Japan); Bickhardt, 1917: 118.

Eulomalus tardipes: Cooman, 1937: 107, 157 (key); Mazur, 1984b: 138 (catalogue); 1997: 186 (catalogue); 2011a: 153 (catalogue); Hisamatsu, 1985b: 225 (photos); Ôhara, 1994: 197; Mazur in Löbl *et* Smetana, 2004: 74 (China: Taiwan; catalogue); Zhang *et* Zhou, 2007b: 28; Lackner *et al.* in Löbl *et* Löbl, 2015: 85 (catalogue).

体长 1.65 mm，体宽 1.14 mm。体长卵形，略隆凸，体表光亮，棕色。

头部表面刻点较密集，前端 1/2 略小，后端 1/2 略大；额线只存在于两侧，于上唇之后宽阔间断。

前胸背板两侧均匀弓形向前收缩，前缘凹缺部分中央较直，后缘略呈弓形；缘线微隆且完整；表面密布大小适中的浅刻点，基部两侧刻点略粗大，大刻点间混有稀疏的细微刻点；基部中央有 1 对括弧形浅凹痕。

鞘翅两侧略弧弯。背部的线极度退化，仅在侧面基部及近鞘翅缝中部有一些不明显的凹痕。鞘翅表面密布粗大浅刻点，小盾片周围刻点细小，沿鞘翅缝的窄带刻点稀疏细小；鞘翅缝两侧略隆起（基部一小段除外）。鞘翅缘折光滑，刻点稀疏微小；缘折缘线浅，不清晰；鞘翅缘线隆起且完整，内侧为粗糙刻点行形成的钝齿状浅沟，其后端沿鞘翅后缘延伸，到达缝缘但不向基部弯曲。

前臀板密布粗大刻点，较鞘翅表面刻点略小，混有少量细小刻点。臀板近三角形，后缘圆，刻点稀疏，较前臀板刻点细小；雌虫臀板基部刻点与前臀板的相似，但顶端有 1 横沟与刻点会合。

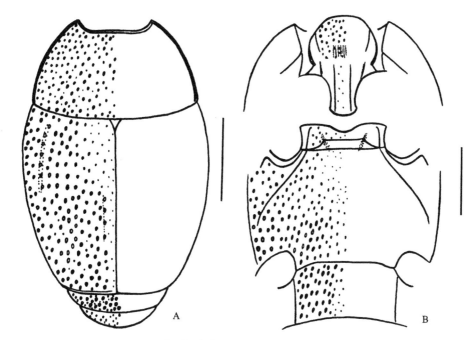

图 193　塔蒂简额阎甲 *Eulomalus tardipes* (Lewis)

A. 前胸背板、鞘翅、前臀板和臀板（pronotum, elytra, propygidium and pygidium）；B. 前胸腹板、中-后胸腹板和第 1 腹节
腹板（prosternum, meso- and metasterna and the 1st visible abdominal sternum）。比例尺（scales）：0.5 mm

　　咽板前缘宽圆；缘线存在于侧面中部约 1/3，较短，向后收缩；表面密布较粗大的
刻点。前胸腹板龙骨线完整，隆起，内侧粗糙钝齿状浅凹，末端不相连；龙骨表面刻点
小而稀疏。前胸腹板侧线强烈隆起。

　　中胸腹板前缘中部深凹，缘线于侧面完整，前端微向内弯，后端与后胸腹板侧线相
连；表面具稀疏的小刻点，两侧刻点略大；横线清晰完整，具 2 角，中间部分很长，较
直，两侧部分向下弓弯，两角处具纵向斜凹；中-后胸腹板缝浅，中部向上弓弯。

　　后胸腹板基节间盘区基部 2/3 沿中纵沟较宽的区域刻点小，较稀疏，向两侧刻点渐
大渐密，略呈长形，端部 1/3 沿中纵沟较窄的区域刻点较小，稀疏，向两侧刻点变大变
密且呈长形，最外侧刻点粗大密集且呈圆形；中纵沟极浅，不清晰；后胸腹板侧线强烈
隆起，向后侧方延伸，位于基部 2/3，末端靠近后胸腹板-后胸前侧片缝；侧盘区具较稀
疏的圆形大刻点，刻点间隙具皮革纹；中足基节后线沿中足基节窝后缘延伸，末端向后
侧方弯曲。

　　第 1 腹节腹板基节间盘区刻点与后胸腹板基节间盘区端部 1/3 刻点相似，但无圆形
大刻点；腹侧线隆起，存在于端部 2/3。

　　前足胫节宽，外缘具 3 个小齿；中足胫节外缘具 3 个小刺及若干极小刺；后足胫节
细长，近顶端具 1 个小刺。

　　观察标本：1♂, Syntype, Japan, G. Lewis leg., B.M. 1926-369 (BMNH)。

　　分布：台湾；日本，印度尼西亚。

(216) 蠕尾简额阎甲 *Eulomalus vermicipygus* Cooman, 1937（图 194）

Eulomalus vermicipygus Cooman, 1937: 98 (Vietnam: Hoa-Binh Tonkin), 156 (key); Mazur, 1984b: 138 (catalogue); 1997: 186 (catalogue); 2011a: 153 (catalogue); Zhang *et* Zhou, 2007b: 28 (China: Yunnan); Lackner *et al.* in Löbl *et* Löbl, 2015: 85 (catalogue).

体长 1.89-2.13 mm，体宽 1.35-1.46 mm。体长卵形，适度隆凸，体表光亮，深棕色，足、口器和触角棕色，触角的端锤黄褐色。

头部表面刻点稀疏，大小适中，夹杂有细小刻点，前面刻点较密集；额线只存在于两侧，于上颚之后终止。

前胸背板两侧微呈弓形向前收缩，前缘凹缺部分几乎平直，后缘略呈弓形，中间略向后成角；缘线微隆且完整；表面刻点较额部刻点略粗大，较密集，夹杂有微小刻点，基部中央及两侧边缘刻点略小略稀。

鞘翅两侧略弧圆。背部的线极度退化，仅在侧面有一些凹痕，基部 1/3 侧面 1/2 的凹痕较宽较深。鞘翅表面具密集粗大的刻点，有的刻点略呈椭圆形，夹杂有微小刻点，凹痕处刻点更密集，基部 1/4 鞘翅缝周围较宽的区域刻点密集细小，沿鞘翅缝及后缘具 1 行不规则的小刻点。鞘翅缘折光滑，刻点略粗大，略密集；缘折缘线浅、完整；鞘翅缘线完整，隆起且伴随略呈钝齿状的浅沟，端部达鞘翅后缘但不延伸。

前臀板刻点与额部刻点相似，稀疏且夹杂有细小刻点；沿前缘有 1 不光滑的窄带。臀板近三角形，后缘圆，刻点稀疏，较前臀板刻点细小；雌虫臀板具较多弯曲或不弯曲的不规则细刻纹。

咽板前缘宽圆；缘线存在于侧面中部约 1/3，向后收缩；刻点略稀疏，大小适中。前胸腹板龙骨线隆起，完整，内侧伴随粗糙钝齿状浅凹，末端不相连；龙骨表面刻点与咽板的相似。前胸腹板侧线短，强烈隆起。

中胸腹板前缘中央深凹，缘线于侧面完整并隆起，略呈弓形，前端向内弯曲，后端与后胸腹板侧线相连；表面具稀疏小刻点；横线清晰，具 4 角，中间部分长，位于中央 1/2，较直，两侧部分略弓弯，最外侧部分极短，中间两角处具纵向斜凹；中-后胸腹板缝浅，不清晰，双波状，中央略向上弓弯。

后胸腹板基节间盘区基部及沿中纵沟刻点稀疏细小，其他区域刻点稀疏粗大，夹杂有细小刻点，近后角刻点略小；中纵沟不可见；后胸腹板侧线强烈隆起，基部 3/4 向后侧方延伸，端部 1/4 沿后胸腹板-后胸前侧片缝延伸，末端到达近侧后角；侧盘区具稀疏粗大的刻点，刻点间隙具皮革纹；中足基节后线沿中足基节窝后缘延伸，末端向后侧方弯曲并较长。

第 1 腹节腹板基节间盘区刻点与后胸腹板基节间盘区端部近中央的刻点相似，但略密集，纵向中央及边缘刻点稀疏细小；腹侧线强烈隆起，近于完整，前端略短缩。

前足胫节宽，外缘具 4 个小齿，基部的齿最小；中足胫节外缘具 7 个刺，端部的 3 个刺大；后足胫节细长，近顶端有 2 个小刺。

雄性外生殖器如图 194E-N 所示。

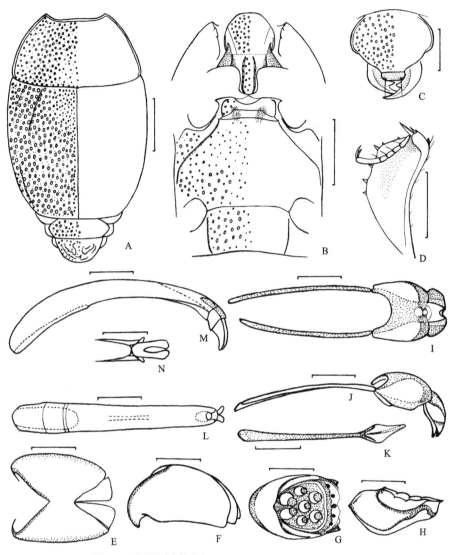

图 194　蠕尾简额阎甲 *Eulomalus vermicipygus* Cooman

A. 雌性前胸背板、鞘翅、前臀板和臀板（female pronotum, elytra, propygidium and pygidium）；B. 前胸腹板、中-后胸腹板和第 1 腹节腹板（prosternum, meso- and metasterna and the 1st visible abdominal sternum）；C. 头（head）；D. 前足胫节，背面观（protibia, dorsal view）；E. 雄性第 8 腹节背板，背面观（male 8th tergite, dorsal view）；F. 同上，侧面观（ditto, lateral view）；G. 雄性第 8 腹节腹板，腹面观（male 8th sternum, ventral view）；H. 同上，侧面观（ditto, lateral view）；I. 雄性第 9、10 腹节背板，背面观（male 9th and 10th tergites, dorsal view）；J. 同上，侧面观（ditto, lateral view）；K. 雄性第 9 腹节腹板，腹面观（male 9th sternum, ventral view）；L. 阳茎，背面观（aedeagus, dorsal view）；M. 同上，侧面观（ditto, lateral view）；N. 阳茎顶端（apex of aedeagus）。比例尺（scales）：A, B = 0.5 mm, C-N = 0.25 mm

观察标本：2♂，1♀，云南西双版纳勐腊瑶区，940 m，倒木，2004.II.19，吴捷、卢永平采；1♂，1♀，云南西双版纳勐仑西片，560 m，倒木，2004.II.9，吴捷采。

分布：云南；越南。

讨论：该种中胸腹板横线有相对清晰的 4 个角，且中胸腹板缘线略弓弯，可与其他种相区分。

52. 丽尾阎甲属 *Paromalus* Erichson, 1834

Paromalus Erichson, 1834: 167; Lacordaire, 1854: 272; Jacquelin-Duval, 1858: 107; Marseul, 1855: 100; Schmidt, 1885c: 283; Ganglbauer, 1899: 355, 374; Reitter, 1909: 287; Bickhardt, 1910c: 61; 1917: 108, 116; Jakobson, 1911: 640, 647; Cooman, 1948: 133; Wenzel in Arnett, 1962: 376, 381; Witzgall, 1971: 178; Kryzhanovskij *et* Reichardt, 1976: 276; Vienna, 1980: 224; Mazur, 1984b: 138 (catalogue); 1997: 186 (catalogue); 2001: 35; 2011a: 153 (catalogue); Yélamos *et* Ferrer, 1988: 181; Ôhara, 1994: 197; 1999a: 118; Yélamos, 2002: 199 (character, key), 380; Mazur in Löbl *et* Smetana, 2004: 74 (catalogue); Zhang *et* Zhou, 2007b: 31 (China); Lackner *et al.* in Löbl *et* Löbl, 2015: 86 (catalogue). **Type species:** *Hister flavicornis* Herbst, 1792. Designated by Westwood, 1840: 22.
Microlomalus Lewis, 1907a: 318; Bickhardt, 1917: 108, 118; Cooman, 1948: 133 (synonymized). **Type species:** *Hister flavicornis* Herbst, 1792.
Micromalus [sic!]: Vitale, 1929: 127.

　　体长，近于圆柱形或长椭圆形，多少隆凸。头部额线通常完整，有时略有间断；上唇横宽，具6个具刚毛的刻点，第2和第5刻点刚毛最长；上颚粗短，弯曲，内侧各有1齿。前胸背板横宽，两侧弓形向前收缩，前角锐且降低；缘线完整。小盾片背面观不可见。鞘翅略宽于前胸背板，背面无线或强烈退化，缝线有（缝阎甲亚属 *Isolomalus*）或无（丽尾阎甲亚属 *Paromalus*）。前臀板横宽。雌虫臀板表面通常具沟纹。咽板圆形，近基角处的侧边隆起，内侧区域深凹；咽板缘线完整或存在于两侧；前胸腹板龙骨窄，无龙骨线。中胸腹板横宽，前缘中央深凹；缘线存在于两侧；具横线。前足胫节宽。阳茎基片很长，侧叶很短。
　　生活在各种树木的树皮下、树洞里，捕食钻木昆虫的幼虫。
　　分布：主要分布在新热带区，也分布在新北区、古北区和东洋区。
　　该属世界记录2亚属60余种，中国记录1亚属5种，包括我们自己发表的2个种。

26) 丽尾阎甲亚属 *Paromalus* Erichson, 1834

种 检 索 表

1. 鞘翅缘线端部沿鞘翅后缘延伸，不达鞘翅缝缘 ·· 2
　 鞘翅缘线端部沿鞘翅后缘延伸，到达鞘翅缝缘并向基部弯曲 ················· 3
2. 中胸腹板横线具2角，不尖锐。雌虫臀板刻纹包括两类：基部1深的横向沟纹，端部2/3弯曲刻纹；弯曲刻纹前缘向内有1深的不规则的皱褶，雄虫臀板有时于中部也有短的刻纹 ····················· ··· 春丽尾阎甲 *P. (P.) vernalis*
　 中胸腹板横线具2角，极尖锐。雌虫臀板未知 ················ 锐角丽尾阎甲 *P. (P.) acutangulus*
3. 缘折缘线只存在于端半部。雄虫臀板无刻纹，雌虫臀板中央有1近四角形的宽而深的沟纹 ·········

(217) 锐角丽尾阎甲 *Paromalus (Paromalus) acutangulus* Zhang *et* Zhou, 2007（图 195）

Paromalus (Paromalus) acutangulus Zhang *et* Zhou, 2007b: 31 (China: Yunnan); Mazur, 2011a: 154 (catalogue); Lackner *et al.* in Löbl *et* Löbl, 2015: 86 (catalogue).

体长 1.29 mm，体宽 0.81 mm。体长椭圆形，适度隆凸，体表光亮，深棕色，足、口器和触角红棕色，触角的端锤黄褐色。

头部表面刻点密集、大小适中，向前刻点略小略稀；额线深且完整。

前胸背板两侧弓形向前收缩，前 1/2 更明显，前缘凹缺部分略呈双波状，后缘呈弓形；缘线完整并隆起；表面刻点密集，略粗大，偶尔夹杂有细小刻点，前缘及侧面刻点略小，基部中央刻点略稀。

鞘翅两侧略呈弧形。斜肩线具浅凹痕；背线极度退化，仅在基部 1/3 侧面 1/2 有 1 粗糙斜凹痕。鞘翅表面刻点密集粗大，较前胸背板刻点略大略稀，基部 1/3 鞘翅缝周围较宽的区域刻点稀疏细小，鞘翅中约 1/3 沿鞘翅缝的窄带隆起，无刻点，沿前缘的窄带无刻点。鞘翅缘折光滑；缘折缘线细，存在于端部约 2/3；鞘翅缘线完整，其后端达鞘翅端部并沿鞘翅后缘延伸达侧面 1/2。

前臀板具密集且略粗大的圆形刻点，与前胸背板刻点相似，周围刻点细小，沿前缘窄带无刻点。臀板刻点密集，略小。

咽板前缘圆形；缘线完整，并于侧面基半部深刻；表面刻点略细小，中部略稀疏，两侧较密集。前胸腹板无龙骨线，龙骨表面刻点与咽板刻点相似，向后刻点更稀更小。前胸腹板侧线短，强烈隆起。

中胸腹板前缘中央深凹，缘线存在于侧面，其内侧为宽的浅凹，浅凹外缘后末端与后胸腹板侧线相连，内缘后末端与中胸腹板横线相连；刻点与前胸腹板龙骨前端刻点相似；横线具 2 个极尖锐的角，中间部分强烈向后弓弯，长度约为两侧部分的总和，穿过两角各有 1 条纵向斜凹痕；中-后胸腹板缝浅，略向前弓弯。

后胸腹板基节间盘区纵向中央较宽区域光滑无刻点，其余区域刻点粗大，端半部刻点较密集，内侧刻点浅，椭圆形，外侧刻点深，圆形，大刻点间夹杂有细小刻点，基半部刻点略小，浅而稀疏；中纵沟不可见，仅端部有浅凹痕；后胸腹板侧线强烈隆起，具稀疏大刻点行，向后侧方延伸，存在于基部 2/3，末端到达后胸腹板-后胸前侧片缝；侧盘区刻点稀疏，较后胸腹板基节间盘区侧面刻点小，具斜向皮革纹；中足基节后线浅，沿中足基节窝后缘延伸，末端略向后侧方弯曲。

第 1 腹节腹板基节间盘区刻点与后胸腹板基节间盘区端部刻点相似，纵向中央窄带光滑无刻点；腹侧线深且完整。

前足胫节宽，外缘具 4 个小齿；中足胫节外缘具 3 个小刺；后足胫节近顶端具 1 个小刺。

雄性外生殖器如图 195D-K 所示。

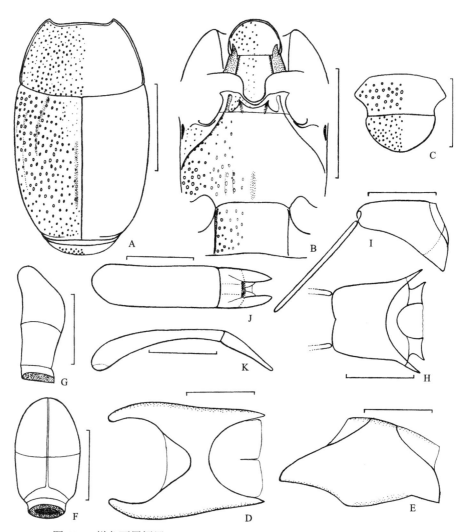

图 195　锐角丽尾阎甲 *Paromalus* (*Paromalus*) *acutangulus* Zhang *et* Zhou

A. 前胸背板、鞘翅和前臀板（pronotum, elytra and propygidium）；B. 前胸腹板、中-后胸腹板和第 1 腹节腹板（prosternum, meso- and metasterna and the 1st visible abdominal sternum）；C. 前臀板和臀板（propygidium and pygidium）；D. 雄性第 8 腹节背板，背面观（male 8th tergite, dorsal view）；E. 同上，侧面观（ditto, lateral view）；F. 雄性第 8 腹节腹板，腹面观（male 8th sternum, ventral view）；G. 同上，侧面观（ditto, lateral view）；H. 雄性第 9、10 腹节背板，背面观（male 9th and 10th tergites, dorsal view）；I. 同上，侧面观（ditto, lateral view）；J. 阳茎，背面观（aedeagus, dorsal view）；K. 同上，侧面观（ditto, lateral view）。比例尺（scales）：A, B = 0.5 mm, C = 0.25 mm, D-K = 0.1 mm

观察标本：正模，♂，云南西双版纳勐海曼稿，1200 m，倒木，2004.II.5，吴捷采。副模，3♂，同正模。

分布：云南。

讨论：该种与春丽尾阎甲 *P. (P.) vernalis* Lewis 很相似，但中胸腹板横线具 2 个极尖锐的角，可将二者区分开。

(218) 菱丽尾阎甲 *Paromalus (Paromalus) parallelepipedus* (Herbst, 1792)（图 196）

Hister parallelepipedus Herbst, 1792: 37 (Germany).

Paromalus parallelepipedus: Erichson, 1834: 170; Marseul, 1855: 116; Jacquelin-Duval, 1858: 154; Thomson, 1862: 246; Schmidt, 1885c: 299; Fauvel in Gozis, 1886: 168 (key), 196; Lewis, 1892a: 36; 1907a: 318 (*Microlomalus*); Ganglbauer, 1899: 376; Reitter, 1909: 288; Bickhardt, 1917: 119 (*Microlomalus*); Reichardt, 1925a: 111 (Omsk; *parallelopipedus* [sic! error!]); Vitale, 1929: 128 (*Micromalus*); Hisamatsu, 1985b: 225 (photos); Yélamos *et* Ferrer, 1988: 181; Ôhara, 1994: 199 (redescription, figures); Mazur, 1984b: 139 (catalogue); 1997: 187 (catalogue); 2011a: 154 (catalogue); Yélamos, 2002: 202 (redescription, figures), 380; Mazur in Löbl *et* Smetana, 2004: 75 (catalogue); Zhang *et* Zhou, 2007b: 36; Lackner *et al.* in Löbl *et* Löbl, 2015: 86 (catalogue).

Hister pusillus Kugelann, 1792: 305; 1794: 518 (synonymized).

Hister picipes: Sturm, 1805: 248 (emend.).

体长 1.83-2.20 mm，体宽 1.08-1.25 mm。体长椭圆形，适度隆凸，体表光亮，黑色，足、口器和触角红棕色。

头部表面刻点略密集、大小适中，夹杂有微小刻点，端半部微凹，刻点略小；额线深且完整，于基部两侧平行。

前胸背板两侧略呈弓形向前收缩，端部 1/4 更明显，前缘凹缺部分略呈双波状，后缘略呈弓形；缘线深且完整；刻点略密略粗大，夹杂有微小刻点；小盾片前区无大的刻点但微凹。

鞘翅两侧略呈弧形。斜肩线具浅凹痕；背线极度退化，仅在基部 1/3 侧面 1/2 有 1 斜凹痕，有时侧面中部也有不明显的凹痕。鞘翅表面刻点稀疏粗大，偶尔夹杂有微小刻点，刻点于端部变稀，刻点间隙不甚光滑，偶尔有凸起，沿鞘翅缝的狭窄带轻微凸起，具微小刻点，沿前缘和沿后缘的狭窄带无刻点。鞘翅缘折光滑，刻点稀疏微小；缘折缘线浅，只存在于端半部；鞘翅缘线强烈隆起且完整，端部沿鞘翅后缘延伸，达鞘翅缝缘并向基部弯曲。

前臀板具密集、粗大的圆形浅刻点，较鞘翅表面刻点小，沿边缘刻点变小变稀，刻点间有浅的横向皮革纹。臀板刻点密集，略细小，夹杂有微小刻点，沿前缘通常低凹；雌虫臀板刻点与雄虫的相似，但于臀板中央有深而宽的近四角形的沟纹。

咽板前缘横截；缘线仅微弱存在于侧面基半部；表面刻点稀疏，大小适中。前胸腹板无龙骨线，龙骨表面刻点与咽板刻点相似。前胸腹板侧线短，强烈隆起。

中胸腹板前缘中央深凹，缘线于侧面完整且深刻，前端略向内弯曲，后端与后胸腹板侧线相连；刻点与前胸腹板龙骨的相似；横线完整，具 2 角，3 部分长度约相等，且均向后弓弯；中-后胸腹板缝不明显。

后胸腹板基节间盘区刻点稀疏粗大，夹杂有细小刻点，纵向中央的窄带刻点变细小；

中纵沟不可见，仅端部有短的浅凹痕；后胸腹板侧线强烈隆起，基部 4/5 向后侧方延伸，端部 1/5 沿后胸腹板-后胸前侧片缝延伸，整个侧线存在于后胸腹板基部 2/3；侧盘区刻点稀疏，大小适中，具斜向皮革纹；中足基节后线浅，沿中足基节窝后缘延伸，末端向后侧方弯曲。

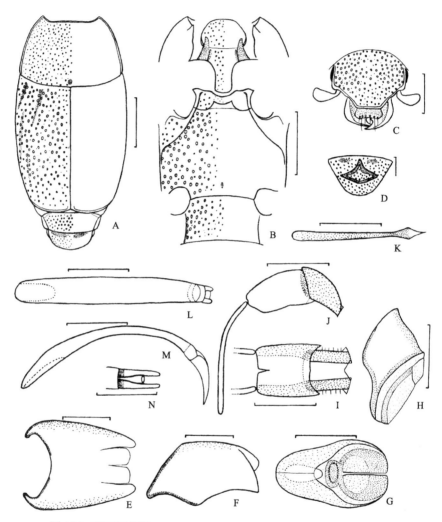

图 196　菱丽尾阎甲 *Paromalus* (*Paromalus*) *parallelepipedus* (Herbst)

A. 雄性前胸背板、鞘翅、前臀板和臀板（male pronotum, elytra, propygidium and pygidium）；B. 前胸腹板、中-后胸腹板和第 1 腹节腹板（prosternum, meso- and metasterna and the 1st visible abdominal sternum）；C. 头（head）；D. 雌性臀板（female pygidium）；E. 雄性第 8 腹节背板，背面观（male 8th tergite, dorsal view）；F. 同上，侧面观（ditto, lateral view）；G. 雄性第 8 腹节腹板，腹面观（male 8th sternum, ventral view）；H. 同上，侧面观（ditto, lateral view）；I. 雄性第 9、10 腹节背板，背面观（male 9th and 10th tergites, dorsal view）；J. 同上，侧面观（ditto, lateral view）；K. 雄性第 9 腹节腹板，腹面观（male 9th sternum, ventral view）；L. 阳茎，背面观（aedeagus, dorsal view）；M. 同上，侧面观（ditto, lateral view）；N. 阳茎顶端（apex of aedeagus）。比例尺（scales）：A, B = 0.5 mm, C-N = 0.25 mm

第 1 腹节腹板基节间盘区刻点稀疏粗大，与后胸腹板基节间盘区侧面刻点相似，中部刻点变细小；腹侧线深，存在于端部 2/3。

前足胫节宽，外缘具 4 个小齿，最基部的齿小；中足胫节外缘具 4 个小刺，基部的小；后足胫节近顶端具 1 个小刺。

雄性外生殖器如图 196E-N 所示。

观察标本：1♂, 36 exs., China: Heilongjiang Province, Qing Yuan, ca 30 km, S. Lang Xiang (黑龙江郎乡清源), 46°47.470'N, 129°03.823'E, ca 600-700 m, 2004.V.25-29, J. Cooter leg., T. Lackner det., 2004；1♂，黑龙江郎乡清源，435 m，树皮，手捕，2004.V.28，吴捷采。

分布：黑龙江；几乎整个古北区。

(219) 皮克丽尾阎甲 *Paromalus* (*Paromalus*) *picturatus* Kapler, 1999（图 197）

Paromalus (*Paromalus*) *picturatus* Kapler, 1999a: 217 (China: Yunnan); Mazur in Löbl *et* Smetana, 2004: 75 (catalogue of Palaearctic); Zhang *et* Zhou, 2007b: 36; Mazur, 2011a: 154 (catalogue); Lackner *et al.* in Löbl *et* Löbl, 2015: 86 (catalogue).

体长 2.05-2.32 mm，体宽 1.32-1.50 mm。体长椭圆形，适度隆凸，黑色或深棕色，体表光亮，胫节、跗节、口器和触角红棕色。

头部表面刻点略密集粗大，刻点向前略小；额线微隆且完整。

前胸背板两侧呈弓形向前收缩，端部 1/4 更明显，前缘凹缺部分呈双波状，后缘中部较直，中间向后略成角，两侧略呈弓形；缘线完整，侧面缘线强烈隆起，内侧深凹，粗糙钝齿状，前缘线细，于颈后靠近前缘；表面刻点粗大，相当密集，夹杂有细小刻点；小盾片前区通常有 1 不明显的浅凹。

鞘翅两侧弧圆。斜肩线存在于基部 1/4；背线极度退化，仅在基部 1/3 侧面 1/2 有 1 粗糙的斜凹痕，侧面另有一些不明显的凹痕。鞘翅表面刻点密集粗大，较前胸背板刻点略粗大，夹杂有细小刻点，基部约 1/3 鞘翅缝周围较宽的区域刻点较小较稀，端部 2/3（不达后缘）沿鞘翅缝的窄带隆起，光滑，具细小刻点，沿前缘的窄带光滑无刻点，侧面边缘及后缘刻点变稀变小。鞘翅缘折较光滑，刻点稀疏细小；缘折缘线清晰完整；鞘翅缘线强烈隆起并具密集刻点行形成的钝齿状凹线，其后端沿鞘翅后缘延伸，达鞘翅缝缘，并向基部弯折，略延伸。

前臀板具密集的略粗大的刻点，较额后部刻点略小，沿前缘窄带无刻点。臀板刻点密集细小，具清晰的涟漪样沟槽，有时在雌虫中略退化，在雄虫中更退化。

咽板前缘圆；缘线只存在于基部且很短；表面刻点略密集粗大。前胸腹板无龙骨线；龙骨表面刻点较咽板的稀疏细小。前胸腹板侧线强烈隆起。

中胸腹板前缘中央深凹，缘线于侧面完整，隆起，其内侧为宽的钝齿状浅凹，前端不向内弯曲，后端与后胸腹板侧线相连；刻点与前胸腹板龙骨的相似；横线深刻，具 2 角，中间部分长，约为两侧部分长度的总和，强烈弓弯，与前面的凹缘平行，两侧部分弓弯；中-后胸腹板缝清晰，略向上弓弯。

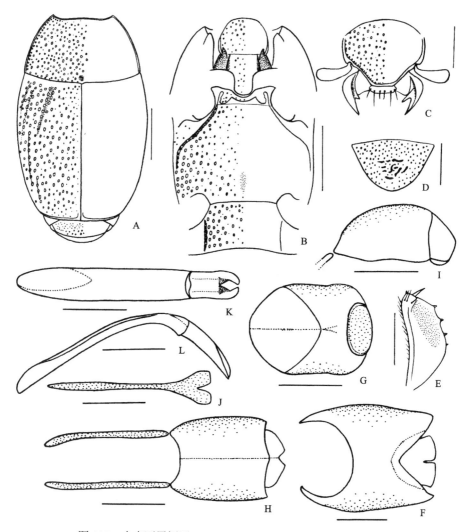

图 197　皮克丽尾阎甲 *Paromalus* (*Paromalus*) *picturatus* Kapler

A. 前胸背板、鞘翅和前臀板（pronotum, elytra and propygidium）；B. 前胸腹板、中-后胸腹板和第 1 腹节腹板（prosternum, meso- and metasterna and the 1st visible abdominal sternum）；C. 头（head）；D. 雌性臀板（female pygidium）；E. 前足胫节，背面观（protibia, dorsal view）；F. 雄性第 8 腹节背板，背面观（male 8th tergite, dorsal view）；G. 雄性第 8 腹节腹板，腹面观（male 8th sternum, ventral view）；H. 雄性第 9、10 腹节背板，背面观（male 9th and 10th tergites, dorsal view）；I. 同上，侧面观（ditto, lateral view）；J. 雄性第 9 腹节腹板，腹面观（male 9th sternum, ventral view）；K. 阳茎，背面观（aedeagus, dorsal view）；L. 同上，侧面观（ditto, lateral view）。比例尺（scales）：A, B = 0.5 mm, C-E = 0.25 mm, F-L = 0.2 mm

后胸腹板基节间盘区微隆，刻点密集粗大，夹杂有细小刻点，向内侧刻点变稀，向前刻点变小，纵向中央的窄带光滑无刻点；中纵沟不可见，端部有浅凹痕；后胸腹板侧线强烈隆起，其内侧为粗大刻点行形成的密集钝齿状凹线，向后侧方延伸，随后沿后胸腹板-后胸前侧片缝延伸，整个侧线存于后胸腹板基部 2/3；侧盘区刻点稀疏，大小适中，具斜向皮革纹；中足基节后线沿中足基节窝后缘延伸，末端向后侧方弯曲。

第 1 腹节腹板基节间盘区刻点密集粗大，与后胸腹板基节间盘区侧面刻点相似，中部刻点多少变稀变小；腹侧线存在于端部 2/3，强烈隆起，其内侧为粗大刻点行形成的密集钝齿状凹线。

前足胫节宽，外缘具 4 个小齿；中足胫节外缘端半部具 4 个较大的刺，端部 2 个靠近，基半部具若干小刺；后足胫节近顶端具 2 个小刺。

雄性外生殖器如图 197F-L 所示。

观察标本：1♂, 3♀, China: Yunnan Province, Heishui (云南黑水) 35 km N Lijiang, 1993.VI.18-VII.4, 27.13N, 100.19E, S. Becvar leg., S. Mazur det., 2005。

分布：云南。

(220) 西藏丽尾阎甲 *Paromalus (Paromalus) tibetanus* Zhang et Zhou, 2007（图 198）

Paromalus (Paromalus) tibetanus Zhang *et* Zhou, 2007b: 2 (China: Xizang); Mazur, 2011a: 154 (catalogue); Lackner *et al.* in Löbl *et* Löbl, 2015: 86 (catalogue).

体长 1.81-2.04 mm，体宽 1.06-1.21 mm。体较长，近于圆柱形，略隆凸，黑色或深棕色，体表光亮，足和触角红棕色，触角的端锤颜色更浅。

头部表面端部扁平，刻点细小，略稀疏，基部刻点大小适中，略稀疏，夹杂有细小刻点；额线清晰且完整，通常于上颚之后波形弯曲。

前胸背板两侧微呈弓形向前收缩，端部 1/5 较明显，前缘凹缺部分略呈双波状，后缘略呈弓形；缘线隆起且完整，前缘线较细且靠近边缘；复眼后区域微凹；表面刻点较额表面刻点粗大，略密集，夹杂有细小刻点，近后缘刻点较大。

鞘翅两侧略呈弧形。斜肩线具刻痕；背线退化，仅在基部 1/3 侧面 1/2 有 1 略深且粗糙的凹痕，侧面中部到端部也有浅凹痕。鞘翅表面具略密集的粗大刻点，夹杂有细小刻点，侧面刻点略小，沿鞘翅缝的狭窄带略隆起（前后末端除外），两侧各有 1 行细小刻点，沿前缘窄带光滑无刻点，沿后缘窄带光滑，刻点细小稀疏。鞘翅缘折光滑，刻点稀疏细小；缘折缘线细且完整；鞘翅缘线清晰完整，伴随粗糙刻点行，基部刻点略小，端部沿鞘翅后缘延伸，达鞘翅缝缘并向基部弯曲。

前臀板刻点略稀疏，大小与额部的相似，中央刻点略大略密，两侧刻点略小略稀，沿前缘窄带无刻点，刻点间隙具细而浅的皮革纹。臀板适度隆凸，刻点较前臀板的密集细小；雌虫臀板端半部有一些或深或浅的涟漪样短沟纹。

咽板前缘宽圆；无缘线；表面刻点稀疏，略细小，有时于端部近边缘略大略密，刻点间隙具细而浅的皮革纹。前胸腹板龙骨与咽板约等长，基部通常扁平，后缘通常较圆，有时中间略向外突出；无龙骨线；龙骨表面刻点与咽板的相似。前胸腹板侧线短且隆起。

中胸腹板前缘中央深凹，缘线于侧面完整并隆起，内侧具浅凹，浅凹由基部向端部变窄，缘线前端不向内弯曲，后端与后胸腹板侧线相连；表面刻点稀疏细小；横线完整，具 2 角，中间部分略宽，与前缘凹缺平行，两侧部分向下弓弯；中-后胸腹板缝浅，不清晰，中部向上弓弯，接近横线。

后胸腹板基节间盘区中部较扁平，侧面略隆凸，侧面刻点粗大且较密集，略呈椭圆形，夹杂有小刻点，刻点间隙具皮革纹，刻点向中部变小变稀，纵向中央光滑，刻点极稀疏微小；中纵沟隐约可见，基部靠近后缘通常有较明显的凹痕；后胸腹板侧线强烈隆起，伴随粗糙刻点行，向后侧方延伸，到达后胸腹板-后胸前侧片缝中部并略向下伸长；侧盘区微凹，具皮革纹和稀疏的小刻点；中足基节后线沿中足基节窝后缘延伸，末端剧烈向后侧方弯曲并较长延伸。

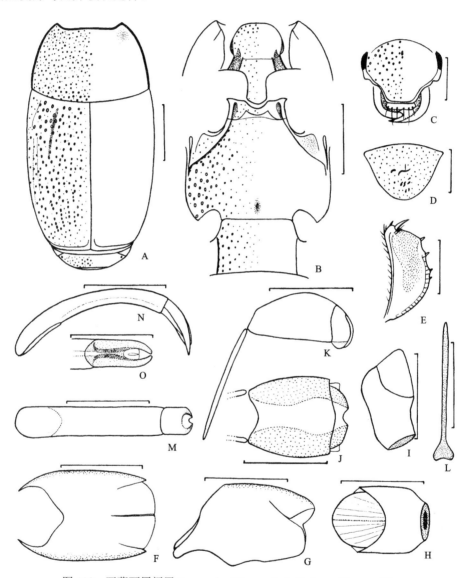

图 198　西藏丽尾阎甲 *Paromalus* (*Paromalus*) *tibetanus* Zhang *et* Zhou

A. 前胸背板、鞘翅和前臀板（pronotum, elytra and propygidium）；B. 前胸腹板、中-后胸腹板和第 1 腹节腹板（prosternum, meso- and metasterna and the 1st visible abdominal sternum）；C. 头（head）；D. 雌性臀板（female pygidium）；E. 前足胫节，背面观（protibia, dorsal view）；F. 雄性第 8 腹节背板，背面观（male 8th tergite, dorsal view）；G. 同上，侧面观（ditto, lateral view）；H. 雄性第 8 腹节腹板，腹面观（male 8th sternum, ventral view）；I. 同上，侧面观（ditto, lateral view）；J. 雄性第 9、10 腹节背板，背面观（male 9th and 10th tergites, dorsal view）；K. 同上，侧面观（ditto, lateral view）；L. 雄性第 9 腹节腹板，腹面观（male 9th sternum, ventral view）；M. 阳茎，背面观（aedeagus, dorsal view）；N. 同上，侧面观（ditto, lateral view）；O. 阳茎顶端（apex of aedeagus）。比例尺（scales）：A, B = 0.5 mm, C-O = 0.25 mm

第 1 腹节腹板基节间盘区刻点与后胸腹板基节间盘区刻点相似,侧面刻点稀疏粗大,具皮革纹,向中部刻点变小变稀;腹侧线存在于端部 2/3,强烈隆起,内侧伴随粗糙刻点行形成的钝齿状线。

前足胫节宽,外缘具 4 个小齿,端部 3 个等大,间隔相等,基部 1 个最小,与邻近的齿距离较近;中足胫节外缘具 4 个小刺,端部 2 个靠近;后足胫节细长,外缘顶端具 2 个小刺。

雄性外生殖器如图 198F-O 所示。

观察标本: 正模,♂,西藏林芝小镇,3100 m,松树倒木,手捕,2005.VIII.18,吴捷采。副模,4♂,4♀,同正模。

分布: 西藏。

讨论: 该种与皮克丽尾阎甲 P. (P.) picturatus Kapler 很相似,雄性生殖器很相似,区别是:体较后者小,表面刻点不像后者那么粗糙,前胸腹板龙骨基部明显扁平,中胸腹板横线中部不及后者长,中-后胸腹板缝不及后者清晰,中足基节后线后端很长。

(221) 春丽尾阎甲 *Paromalus (Paromalus) vernalis* Lewis, 1892（图 199）

Paromalus vernalis Lewis, 1892a: 35 (Japan: Nara, Oyayama, Yuyama); 1907a: 318 (*Microlomalus*); 1915: 56 (China: Horisha of Taiwan); Bickhardt, 1917: 119 (*Microlomalus*); Hisamatsu, 1968: 31 (Ryûkyû); 1985b: 225 (photos); Kryzhanovskij *et* Reichardt, 1976: 278; Mazur, 1984b: 140 (catalogue); 1997: 187 (catalogue); Ôhara, 1994: 201 (redescription, figures); 1999a: 118; 2011a: 155 (catalogue); Mazur in Löbl *et* Smetana, 2004: 75 (catalogue); Zhang *et* Zhou, 2007b: 36; Lackner *et al.* in Löbl *et* Löbl, 2015: 86 (catalogue).

体长 1.39-1.41 mm,体宽 0.84-0.91 mm。体长椭圆形,适度隆凸,体表光亮,黑色或红棕色,跗节、胫节、口器和触角红棕色。

头部表面刻点深、稀疏、大小适中,偶尔夹杂有微小刻点,端部稍密;额线深且完整。

前胸背板两侧略呈弓形向前收缩,前缘凹缺部分有时略呈双波状,后缘略呈弓形;缘线隆起且完整;表面刻点均匀粗大,较密集,夹杂有微小刻点,端半部刻点变细小。

鞘翅两侧弧圆。背部的线极度退化,仅在基部 1/3 侧面 1/2 有 1 斜凹痕。表面具密集粗大的圆形浅刻点,偶尔夹杂有微小刻点,斜凹痕区域刻点更粗大,刻点向端部逐渐变稀变小,刻点间隙不甚光滑,偶尔有凸起,沿鞘翅缝缘有 1 行细小刻点,沿鞘翅缝的窄带轻微隆起,无刻点,沿前缘的窄带无刻点。鞘翅缘折光滑,刻点稀疏微小;缘折缘线微凹,只存在于端半部;鞘翅缘线隆起,内侧深刻,端部达鞘翅后缘侧面近 1/2。

前臀板具密集粗大的圆形浅刻点,夹杂有细小刻点,边缘刻点细小。臀板刻点均匀细小,雄虫臀板中央或端部有时有短的刻纹;雌虫臀板刻点与雄虫的相似,但有深的沟纹,包括 2 部分:基部 1 深的横向沟纹,端部 2/3 弯曲沟纹,弯曲沟纹内侧有 1 深的不规则的皱褶。

咽板前缘圆形;缘线有时完整,于侧面基半部深刻;刻点稀疏细小,侧面具纵向皮革纹。前胸腹板无龙骨线；龙骨表面刻点与咽板的相似，具纵向皮革纹。前胸腹板侧线短，强烈隆起。

中胸腹板前缘中央深凹，缘线于侧面完整并隆起，内侧宽凹，前端向内弯折，后端与后胸腹板侧线相连；刻点与前胸腹板龙骨的相似；横线深刻完整，具 2 角，中间部分长，略向下弓弯，两侧部分强烈弓弯；中-后胸腹板缝不明显。

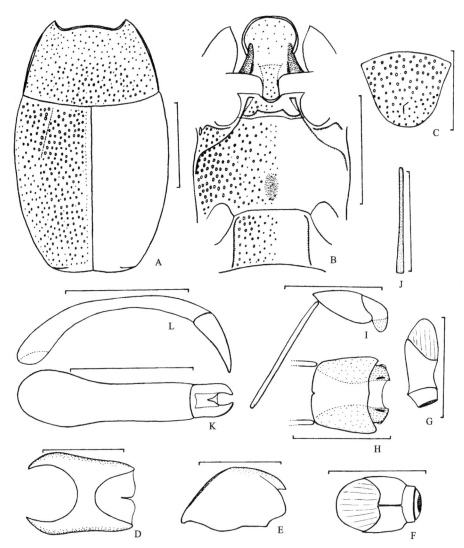

图 199 春丽尾阎甲 *Paromalus (Paromalus) vernalis* Lewis

A. 前胸背板和鞘翅（pronotum and elytra）；B. 前胸腹板、中-后胸腹板和第 1 腹节腹板（prosternum, meso- and metasterna and the 1st visible abdominal sternum）；C. 雄性臀板（male pygidium）；D. 雄性第 8 腹节背板，背面观（male 8th tergite, dorsal view）；E. 同上，侧面观（ditto, lateral view）；F. 雄性第 8 腹节腹板，腹面观（male 8th sternum, ventral view）；G. 同上，侧面观（ditto, lateral view）；H. 雄性第 9、10 腹节背板，背面观（male 9th and 10th tergites, dorsal view）；I. 同上，侧面观（ditto, lateral view）；J. 雄性第 9 腹节腹板，腹面观（male 9th sternum, ventral view）；K. 阳茎，背面观（aedeagus, dorsal view）；L. 同上，侧面观（ditto, lateral view）。比例尺（scales）：A, B = 0.5 mm, C-L = 0.25 mm

后胸腹板基节间盘区具稀疏粗大的椭圆形刻点，纵向中央的狭窄带刻点变细小，侧面 1/3 刻点更粗大；中纵沟不可见，仅端部有浅凹痕；后胸腹板侧线强烈隆起，向后侧方延伸，并沿后胸腹板-后胸前侧片缝延伸，存在于基部 2/3；侧盘区刻点稀疏粗大，较后胸腹板基节间盘区侧面刻点小，具斜向皮革纹；中足基节后线沿中足基节窝后缘延伸，末端向后侧方弯曲。

第 1 腹节腹板基节间盘区刻点稀疏粗大，中部刻点变细小；腹侧线深且完整。

前足胫节宽，外缘具 4 个小齿；中足胫节外缘具 3 个小刺；后足胫节近顶端具 1 个小刺。

雄性外生殖器如图 199D-L 所示。

观察标本： 2♂, Y. Miwa det.; 1 ex., [台湾], Tonpo, 1941.VII.17, S. Miyamoto。

分布： 台湾；日本，俄罗斯（远东）。

（八）球阎甲亚科 Abraeinae MacLeay, 1819

Abraeinae Fowler, 1912: 93; Bickhardt, 1916b: 11, 19, 20, 55, 61 (part.); Reichardt, 1941: 64, 76, 81
(part.); Wenzel, 1944: 52, 53; Kryzhanovskij *et* Reichardt, 1976: 79 (catalogue); Gomy, 1983: 284
(key); Ôhara, 1994: 204 (Japan); Mazur, 1997: 189 (catalogue); 1999a: 125; 2011a: 156 (catalogue);
Ôhara *et* Paik, 1998: 28; Yélamos, 2002: 205 (character, key), 381; Mazur in Löbl *et* Smetana, 2004:
68 (catalogue); Lackner *et al.* in Löbl *et* Löbl, 2015: 76 (catalogue).
Abreiéns (part.) Marseul, 1857: 153.
Abreidae [sic!] MacLeay, 1819: 25.
Abraeini (part.): Schmidt, 1885c: 281; Fauvel in Gozis, 1886: 157 (part., key); Reitter, 1909: 279, 294;
Yélamos *et* Ferrer, 1988: 162.
Abraeina (part.): Jakobson, 1911: 641, 652.
Type genus: *Abraeus* Leach, 1817.

体小，体长 0.7-3.0 mm，圆形或长椭圆形；触角沟开放，位于前足基节窝之前或者前胸腹板前角处；上唇具刚毛；鞘翅背部无线；前胸腹板无咽板；前足胫节细长，端部或中部略加宽，外缘具刺或细刺，无齿；阳茎简单，无基片。

该亚科世界记录 5 族 23 属 400 余种，中国记录 4 族 5 属 16 种。

族 检 索 表

1. 后足跗节 4 节 ·· 异跗阎甲族 Acritini
   后足跗节 5 节 ··· 2
2. 前胸背板两侧各有 1 条纵凹 ··· 断胸阎甲族 Plegaderini
   前胸背板两侧无纵凹 ··· 3
3. 前胸腹板无基部缺口以容纳中胸腹板突出部分；近半球形 ····························· 球阎甲族 Abraeini
   前胸腹板有基部缺口以容纳中胸腹板突出部分；近圆柱形 ····························· 条阎甲族 Teretriini

九）球阎甲族 Abraeini MacLeay, 1819

Abraeini Protevin, 1929: 601; Reichardt, 1941: 83, 116 (part); Wenzel, 1944: 55; Wenzel in Arnett,
　　1962: 379; Kryzhanovskij *et* Reichardt, 1976: 93 (catalogue); Mazur, 1984b: 8 (catalogue); 1997: 189
　　(catalogue); 2011a: 156 (catalogue); Yélamos *et* Ferrer, 1988: 162; Ôhara, 1994: 204 (Japan); 1999a:
　　125; Yélamos, 2002: 205 (character, key), 381; Mazur in Löbl *et* Smetana, 2004: 68 (catalogue);
　　Lackner *et al.* in Löbl *et* Löbl, 2015: 76 (catalogue).
Abréens Marseul, 1857: 148.
Abreidae [sic!] MacLeay, 1819: 25.
Abraeina Jakobson, 1911: 641; Yélamos *et* Ferrer, 1988: 162.
Scolytini Jakobson, 1911: 652 (nec Latreille, 1807).
Type genus: *Abraeus* Leach, 1817.

　　体球形，相当隆凸；触角窝位于前足基节窝之前；胫节相对较宽，尤其是前足胫节；
阳茎简单，无基片。
　　经常生活在腐木、腐殖质及粪便中。
　　分布：各区。
　　该族世界记录 3 属 50 余种，中国记录 1 属 5 种。

53. 刺球阎甲属 *Chaetabraeus* Portevin, 1929

Chaetabraeus Portevin, 1929: 614; Mazur, 1989: 31; 1997: 189 (catalogue); 2011a: 156 (catalogue);
　　Yélamos *et* Ferrer, 1988: 162; Ôhara, 1994: 204; 1999a: 125; Ôhara *et* Paik, 1998: 28; Yélamos,
　　2002: 206 (character), 381; Mazur in Löbl *et* Smetana, 2004: 69 (catalogue); Lackner *et al.* in Löbl *et*
　　Löbl, 2015: 77 (catalogue). **Type species:** *Hister globulus* Creutzer, 1799. By monotypy.
Chetabraeus Portevin, 1929: 604; Kryzhanovskij *et* Reichardt, 1976: 95; Mazur, 1984b: 8 (catalogue);
　　Gomy, 1984b: 371 (Orientaux; key).
Chartabraeus [sic!]: Witzgall, 1971: 159, 162 (error).

　　Portevin（1929）提出刺球阎甲属 *Chaetabraeus* 应包括 *Abraeus globulus* (Creutzer)，
因为该种背面具长且直立的刚毛。G. Müller（1944）描述了这个亚属中的几个非洲的种。
Thérond（1964）认为刺球阎甲属 *Chaetabraeus* 是 1 个有效的属，但在他的结论中没有给
出具体理由。后来，这个概念被其他鞘翅学家所采用（Mazur, 1984b）。Kryzhanovskij 和
Reichardt（1976）鉴于 2 个属之间的区别很细微而且变化无常，因此将 *Chaetabraeus* 降
为球阎甲属 *Abraeus* 的亚属，这被 Vienna（1980）所沿用。Gomy（1984b）在他的东洋
区种类的订正中将 *Chaetabraeus* 作为 1 个有效的属对待。由于这个分类单元的定义不够
清晰，引发了对 *Chaetabraeus* 分类地位不同的观点，事实上依据背部的刚毛这一特征就
作为 1 个独立的属，理由不是特别充足。Mazur（1989）认为 *Chaetabraeus* 是 1 个明确
的属，可以通过形态的和生态的特征界定。刺球阎甲属 *Chaetabraeus* 有如下特征：长的

五边形的前臀板，背面强烈隆凸且通常为黑褐色或黑色；生活在各类哺乳动物的粪便中、腐肉或腐烂植物中。而球阎甲属 *Abraeus* 的种类中，前臀板横宽，其背面不甚隆凸且体色较浅，通常红褐色或褐色；生活在树皮下或腐烂的树木里，而且经常和蚂蚁有联系。

该属体小，球形，背部强烈隆凸，通常黑色或黑褐色，体表不光滑，刻点粗大密集，背面具直立的刚毛（刺球阎甲亚属 *Chaetabraeus*）或无毛（马儒阎甲亚属 *Mazureus*）。头部无额线，触角着生处相当深，上唇近半圆形，基部两侧各有 1 长刚毛；上颚粗短，内侧各有 1 不明显的齿。前胸背板横宽，两侧剧烈向前收缩，侧缘和前缘具窄的稍隆起的缘边但不具缘线；前角锐且强烈降低。小盾片背面不可见。鞘翅背部无纵线。前臀板长，五边形。臀板向下弯曲。前胸腹板龙骨宽，近于四边形；前角向前侧方延伸成锐角；龙骨线无，前缘线通常完整。中胸腹板横宽，前缘中部直；缘线通常只存在于侧面；中-后胸腹板缝清晰且密集钝齿状。后胸腹板横宽，中纵沟有时深。前足胫节近端部加宽，外缘具若干刺，无齿；中足和后足胫节细长。雄虫阳茎无基片。

分布：非洲区、古北区、东洋区，少数分布在新北区。

该属世界记录 2 亚属 40 余种，中国记录 2 亚属 5 种。

亚属和种检索表

1. 体背面无毛（马儒阎甲亚属 **Mazureus**）⋯⋯⋯⋯⋯⋯⋯⋯⋯⋯等刺球阎甲 *Ch. (M.) paria*
   体背面具直立的刚毛（**刺球阎甲亚属 Chaetabraeus**）⋯⋯⋯⋯⋯⋯⋯⋯⋯⋯⋯⋯⋯⋯⋯ 2
2. 前胸腹板盘区两边各有 1 深的小凹⋯⋯⋯⋯⋯⋯⋯⋯邦刺球阎甲 *Ch. (Ch.) bonzicus*
   前胸腹板盘区两边无深的小凹⋯⋯⋯⋯⋯⋯⋯⋯⋯⋯⋯⋯⋯⋯⋯⋯⋯⋯⋯⋯⋯⋯⋯⋯3
3. 后胸腹板中纵沟深凹⋯⋯⋯⋯⋯⋯⋯⋯⋯⋯⋯⋯东方刺球阎甲 *Ch. (Ch.) orientalis*
   后胸腹板中纵沟存在但模糊，不深凹⋯⋯⋯⋯⋯⋯合刺球阎甲 *Ch. (Ch.) cohaeres*
   注：粒刺球阎甲 *Ch. (Ch.) granosus* (Motschulsky) 未包括在内。

27) 刺球阎甲亚属 *Chaetabraeus* Portevin, 1929

(222) 邦刺球阎甲 *Chaetabraeus (Chaetabraeus) bonzicus* (Marseul, 1873)（图 200）

Abraeus bonzicus Marseul, 1873: 221, 226 (Japan); Lewis, 1898: 181 (Otaru, Yezo [=Hokkaidô]); 1915: 56 (China: Ritosan of Taiwan); Jakobson, 1911: 653; Bickhardt, 1916b: 74; Reichardt, 1941: 130, 131; Kryzhanovskij *et* Reichardt, 1976: 96 (subg. of *Abraeus*).

Chaetabraeus bonzicus: Mazur, 1984b: 8 (China: Taiwan; catalogue); 1989: 32 (*Chaetabraeus*); 1997: 190 (catalogue); 2011a: 156 (catalogue); Gomy, 1984b: 374 (*Chetabraeus* [sic!]), 380 (figure), 383 (key); Ôhara, 1994: 204 (figures, photos, redescription); 1999a: 125; Ôhara *et* Paik, 1998: 28; Mazur in Löbl *et* Smetana, 2004: 69 (China: Fujian, Guangdong, Taiwan; catalogue); Lackner *et al.* in Löbl *et* Löbl, 2015: 77 (catalogue).

Chetabraeus bonicus [sic!]: ESK *et* KSAE, 1994: 136 (Korea).

体长 1.86-2.13 mm，体宽 1.65-1.89 mm。体球形，强烈隆凸，体表不光滑，具密集粗糙的刻点，背面具较稀疏的刚毛；黑色或棕色，足和触角暗褐色。

头部表面具密集粗大的椭圆形刻点，刻点相连成脊，后部具稀疏直立的短刚毛；两侧触角着生处内侧各有 1 横向隆凸，后部纵向中央略凹陷；无额线。

前胸背板两侧呈弓形向前收缩，端部 1/3 更明显，前缘凹缺部分较直，后缘中间呈钝角，侧面 1/3 向前弓弯；无缘线；表面具密集粗大的圆形刻点及稀疏直立的刚毛，端部和侧面刻点较密较小且相连成脊。

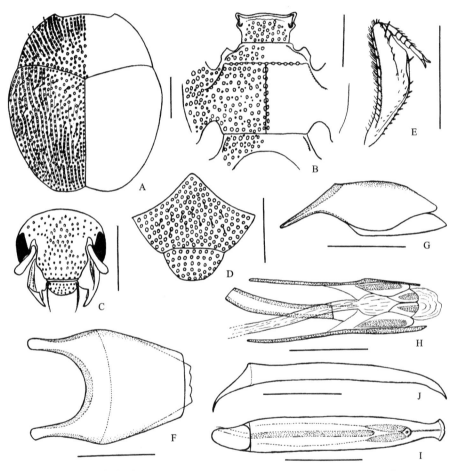

图 200　邦刺球阎甲 Chaetabraeus (Chaetabraeus) bonzicus (Marseul)

A. 前胸背板和鞘翅（pronotum and elytra）；B. 前胸腹板、中-后胸腹板和第 1 腹节腹板（prosternum, meso- and metasterna and the 1st visible abdominal sternum）；C. 头（head）；D. 前臀板和臀板（propygidium and pygidium）；E. 前足胫节，背面观（protibia, dorsal view）；F. 雄性第 8 腹节背板和腹板，背面观（male 8th tergite and sternum, dorsal view）；G. 同上，侧面观（ditto, lateral view）；H. 雄性第 9、10 腹节背板和第 9 腹节腹板，背面观（male 9th and 10th tergites and 9th sternum, dorsal view）；I. 阳茎，背面观（aedeagus, dorsal view）；J. 同上，侧面观（ditto, lateral view）。比例尺（scales）：A-E = 0.5 mm, F-J = 0.25 mm

鞘翅两侧弧圆，肩部突出。背部无线；鞘翅表面具刚毛（与前胸背板的相似）和密集粗大的圆形刻点（较前胸背板刻点略密），基半部鞘翅缝周围宽的区域刻点与前胸背板基部中央刻点相似，侧面 2/3 与端部 1/2 刻点相连形成明显的纵长脊，沿前缘和鞘翅缝有 1 行较小的刻点。鞘翅缘折刻点密集粗大，无缘折缘线和鞘翅缘线。

前臀板五边形，具密集粗大且相连成脊的刻点和稀疏刚毛。臀板长椭圆形，刻点与前臀板的相似，但略稀且通常不相连成脊。

前胸腹板龙骨横宽，近于四边形；前角向前侧方延伸，锐角，前角下方的侧面边缘剧烈向外突出，具 1 深窝；前缘较直，中部略向外弓弯，前缘线完整，强烈隆起；靠近前缘线另有 1 隆起的横线，横线之前区域暗淡，刻点不清晰，横线之后区域刻点密集粗大，夹杂有细小刻点。

中胸腹板横宽，前缘中部直；前缘和侧缘都有明显隆起的缘边，缘线只存在于侧面且弯曲，后端不与后胸腹板侧线相连；表面刻点密集粗大，较前胸腹板龙骨刻点稍大，夹杂有细小刻点；中-后胸腹板缝明显低凹，粗糙的密钝齿形。

后胸腹板基节间盘区具密集、均匀、粗大、浅而圆的刻点，较中胸腹板刻点稍大，夹杂有细小刻点；中纵沟深且清晰；后胸腹板侧线短，向后侧方延伸，其后端略超出后胸腹板基部 1/3；侧盘区具密集的大而浅的圆形刻点，较基节间盘区刻点略密，端部 2/3 夹杂有细小刻点。

第 1 腹节腹板基节间盘区横宽但很短，其刻点与中胸腹板刻点相似；腹侧线短，存在于基半部。

前足胫节加宽，扁平，外缘基半部具许多小刺，端半部具 2 个小刺；中足胫节和后足胫节细长。

雄性外生殖器如图 200F-J 所示。

观察标本：1♀, Japan（日本）, Y. Miwa; 1♂, 3♀, 台湾, Ritosan, T. Shiraki, Y. Miwa det.; 1♀, 台湾 Taihoku（台北）, 1936.IV.13, Y. Miwa leg., S. Mazur det.; 1♂, 1♀, 北京海淀蓝靛厂，网筛，1997.VIII.14，周海生采。

分布：北京、福建、广东、台湾；俄罗斯（远东），韩国，日本。

(223) 合刺球阎甲 *Chaetabraeus* (*Chaetabraeus*) *cohaeres* (Lewis, 1898)（图 201）

Abraeus cohaeres Lewis, 1898: 181 (China: Hongkong); Bickhardt, 1910c: 84 (catalogue); 1916b: 74; Desbordes, 1919: 409 (key); Kryzhanovskij *et* Reichardt, 1976: 96 (as synonymy of *bonzicus*); Mazur, 1984b: 8 (as synonymy of *bonzicus*).

Chaetabraeus cohaeres: Mazur, 1989: 32; 1997: 190 (China: Hongkong, Taiwan; catalogue); 2011a: 156 (catalogue); Gomy, 1984b: 374 (trans. to *Chetabraeus* [sic!]; China: Hongkong), 380 (figure), 383 (key); Ôhara, 1994: 208 (short redescription, figures, photos); 1999a: 125; Mazur in Löbl *et* Smetana, 2004: 69 (catalogue); Lackner *et al.* in Löbl *et* Löbl, 2015: 77 (catalogue).

Abraeus bonzicus: Bickhardt, 1913a: 177 (part.; China: Taiwan).

观察标本：未检视标本。

分布：台湾、香港；日本。

讨论：该种与邦刺球阎甲 *Ch.* (*Ch.*) *bonzicus* (Marseul) 很相似，差别在于：个体较小；前臀板刻点较稀疏；前胸腹板龙骨侧面突出部分无深凹，仅有 1 浅凹；后胸腹板侧盘区刻点密集，更粗大，不夹杂细小刻点；后胸腹板中纵沟存在但模糊，不深凹；雄性生殖器尾端不伸展（Ôhara, 1994）。

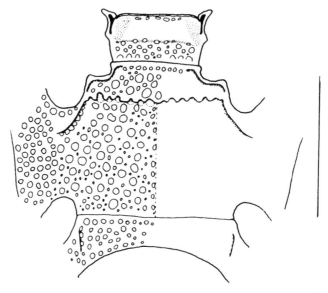

图 201　合刺球阎甲 *Chaetabraeus (Chaetabraeus) cohaeres* (Lewis)（仿 Ôhara, 1994）

前胸腹板、中-后胸腹板和第 1 腹节腹板（prosternum, meso- and metasterna and the 1st visible abdominal sternum）。

比例尺（scale）：0.5 mm

(224) 粒刺球阎甲 *Chaetabraeus (Chaetabraeus) granosus* (Motschulsky, 1863)

Abraeus granosus Motschulsky, 1863: 449 (Ceylon); Bickhardt, 1910c: 84 (*Abraeus*; catalogue).

Chaetabraeus granosus: Mazur, 1984b: 8 (China: Taiwan; catalogue); 1989: 32 (*Chaetabraeus*); 1997: 190 (catalogue); 2011a: 156 (catalogue); Lackner *et al.* in Löbl *et* Löbl, 2015: 77 (catalogue).

观察标本：未检视标本。

分布：广东；印度南部，斯里兰卡。

(225) 东方刺球阎甲 *Chaetabraeus (Chaetabraeus) orientalis* (Lewis, 1907)（图 202）

Abraeus orientalis Lewis, 1907a: 319 (South India); Bickhardt, 1916b: 75; Desbordes, 1919: 409 (key); Cooman, 1937: 37 (first as synonymy of *granosus*).

Chaetabraeus orientalis: Thérond, 1971: 251; Mazur, 1984b: 9 (as synonymy of *granosus*, catalogue); 1989: 33; 1997: 190 (catalogue); 2011a: 157 (catalogue); Gomy, 1984a: 278 (*Chetabraeus* [sic!]; China: Hongkong); 1984b: 376, 380 (figure), 383 (key); Mazur in Löbl *et* Smetana, 2004: 69 (catalogue); Lackner *et al.* in Löbl *et* Löbl, 2015: 77 (catalogue).

体长 1.44-1.78 mm，体宽 1.36-1.67 mm。体球形，强烈隆凸，体表不光滑，具密集粗糙的刻点，背面具较稀疏的刚毛；黑色，足和触角暗褐色。

　　头部表面具密集粗大的椭圆形刻点，刻点相连成脊，后部具稀疏粗短直立的刚毛；两侧触角着生处内侧各有 1 横向隆凸，后部纵向中央略凹陷；无额线。

　　前胸背板两侧呈弓形向前收缩，端部 1/3 更明显，前缘凹缺部分直，后缘中间呈钝角，侧面 1/3 向前弓弯；无缘线；表面具密集粗大的圆形刻点及稀疏直立的刚毛，后中部刻点明显较大。

　　鞘翅两侧弧圆，肩部突出。背部无线；鞘翅表面具刚毛（与前胸背板的相似）和密集粗大的圆形刻点，基部 1/3 鞘翅缝周围较宽区域刻点较前胸背板后中部刻点小，侧面 2/3 和端部 2/3 刻点略小，相连形成纵长脊，端部脊更明显，小盾片周围及沿鞘翅缝有 1-2 行小的刻点。鞘翅缘折刻点密集粗大，无缘折缘线和鞘翅缘线。

　　前臀板五边形，具密集粗大的刻点和稀疏刚毛。臀板长椭圆形，刻点较前臀板的略小，且向端部更小。

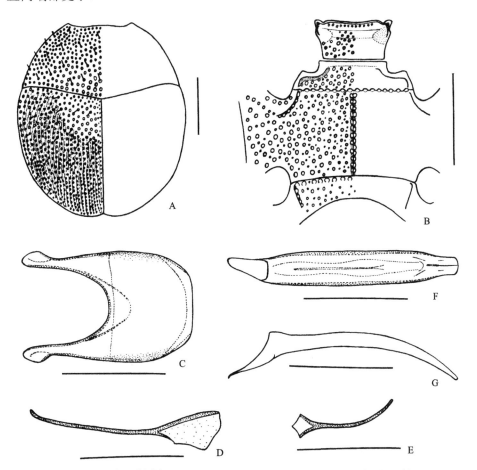

图 202　东方刺球阎甲 Chaetabraeus (Chaetabraeus) orientalis (Lewis)

A. 前胸背板和鞘翅（pronotum and elytra）；B. 前胸腹板、中-后胸腹板和第 1 腹节腹板（prosternum, meso- and metasterna and the 1st visible abdominal sternum）；C. 雄性第 8 腹节背板和腹板，背面观（male 8th tergite and sternum, dorsal view）；D. 雄性部分第 9 腹节背板（male 9th tergite, in part）；E. 雄性第 9 腹节腹板，腹面观（male 9th sternum, ventral view）；F. 阳茎，背面观（aedeagus, dorsal view）；G. 同上，侧面观（ditto, lateral view）。比例尺（scales）：A, B = 0.5 mm, C-G = 0.25 mm

前胸腹板龙骨横宽，近于四边形；前角向前侧方延伸，锐角，前角下方侧面边缘向外突出，不具深窝；前缘较直，中央略凹，前缘线完整，强烈隆起；靠近前缘线另有 1 隆起的横线，横线之前区域暗淡，刻点不清晰，横线之后区域刻点密集粗大，夹杂有细小刻点。

中胸腹板横宽，前缘中部直；前缘和侧缘都有明显隆起的缘边，缘线只存在于侧面且弯曲，后端不与后胸腹板侧线相连；表面刻点密集粗大，较前胸腹板龙骨刻点稍大，夹杂有细小刻点；中-后胸腹板缝明显低凹，粗糙的密钝齿形。

后胸腹板基节间盘区具密集均匀的圆形大刻点，与中胸腹板的刻点相似，夹杂有细小刻点；中纵沟深且清晰；后胸腹板侧线短，向后侧方延伸，其后端到达后胸腹板基部 1/3；侧盘区具密集的大而浅的圆形刻点，较基节间盘区刻点更大，夹杂有少量小刻点。

第 1 腹节腹板基节间盘区横宽但很短，沿前缘有 1 行浅的圆形大刻点，侧面刻点较小，中部刻点明显更小，大刻点间夹杂有细小刻点；腹侧线短，存在于基部 2/3。

前足胫节加宽，扁平，外缘基半部具 3 个小刺，端半部具 2 个小刺；中足胫节和后足胫节细长。

雄性外生殖器如图 202C-G 所示。

观察标本：2 exs., Hoa-Binh, Tonkin (越南东京湾和平), 1936, de Cooman (FMNH); 1♂, [台湾] Hoozan, 1918.IV, T. Shiraki leg., Y. Miwa and S. Mazur det. as *Chaetabraeus cohaeres*; 1♀, 昆明, 1938.X.12; 1♀, 昆明, 1938.X.26; 1♀, 湖北神农架九冲，900 m, 网筛，1998.VII.20，周红章采。

分布：湖北、云南、香港、台湾；印度南部，老挝，越南，日本。

28) 马儒阎甲亚属 *Mazureus* Gomy, 1991

Mazureus Gomy, 1991b: 444; Mazur, 1997: 191 (catalogue); 2011a: 157 (catalogue); Lackner *et al.* in Löbl *et* Löbl, 2015: 77 (catalogue). **Type species:** *Abraeus controversus* Cooman, 1935. Original designation.

(226) 等刺球阎甲 *Chaetabraeus* (*Mazureus*) *paria* (Marseul, 1856)

Abraeus paria Marseul, 1856: 585 (East India); Bickhardt, 1916b: 75.
Chaetabraeus paria: Mazur, 1990: 33; 1997: 192 (catalogue); 2007a: 67 (China: Taitung of Taiwan); 2011a: 157 (catalogue); Lackner *et al.* in Löbl *et* Löbl, 2015: 77 (catalogue).
Abraeus indicus Lewis, 1888a: 645; Bickhardt, 1913a: 176 (China: Tainan of Taiwan); 1916b: 75 (without Chinese record); Cooman, 1935d: 219 (synonymized).

观察标本：未检视标本。
分布：台湾；越南，泰国，印度东部，斯里兰卡，巴基斯坦，印度尼西亚。

十）断胸阎甲族 Plegaderini Portevin, 1929

Plegaderini Portevin, 1929: 601; Reichardt, 1941: 83, 97; Wenzel, 1944: 55; Wenzel in Arnett, 1962:
379; Kryzhanovskij *et* Reichardt, 1976: 85; Mazur, 1984b: 11 (catalogue); 1997: 194 (catalogue);
2011a: 159 (catalogue); Ôhara, 1994: 211; Yélamos, 2002: 213 (character), 382; Mazur in Löbl *et*
Smetana, 2004: 71 (catalogue); Lackner *et al.* in Löbl *et* Löbl, 2015: 80 (catalogue).

Plegaderina: Yélamos *et* Ferrer, 1988: 163.

Type genus: *Plegaderus* Erichson, 1834.

　　体长，扁平或微隆；前胸背板两侧各有 1 纵长凹；触角窝接近前胸腹板龙骨和前足基节窝；阳茎短，相对较宽，两侧近于平行，有时腹面有 1 均匀的龙骨。
　　生活在树皮下和腐烂的树木中，在钻木昆虫的洞穴里捕食其幼虫。
　　分布：各区。
　　该族世界记录 3 属近 40 种，中国记录 1 种。

54. 断胸阎甲属 *Plegaderus* Erichson, 1834

Plegaderus Erichson, 1834: 203; Lacordaire, 1854: 278; Marseul, 1856: 256; Jacquelin-Duval, 1858:
113; Schmidt, 1885c: 284; Ganglbauer, 1899: 397; Reitter, 1909: 204; Jakobson, 1911: 641, 652;
Bickhardt, 1916b: 67; Reichardt, 1941: 83, 97; Wenzel in Arnett, 1962: 373, 379; Witzgall, 1971: 160;
Mazur, 1973a: 19; 1981: 55; 1984b: 12 (catalogue); 1997: 194 (catalogue); 2001: 27; 2011a: 159
(catalogue); Kryzhanovskij *et* Reichardt, 1976: 85; Vienna, 1980: 73; Yélamos *et* Ferrer, 1988: 163;
Ôhara, 1994: 211; Yélamos, 2002: 213 (character), 382; Mazur in Löbl *et* Smetana, 2004: 71
(catalogue); Lackner *et al.* in Löbl *et* Löbl, 2015: 80 (catalogue). **Type species**: *Hister caesus* Herbst,
1792. Designated by Thomson, 1859: 75.

　　体长卵形，适度隆凸。头小，无额线；触角着生处较深，接近复眼内缘，触角柄节中等长度，端部加粗，鞭节 7 节，端锤短卵形；上唇短，横宽，前缘略弧圆，具若干刚毛；上颚粗短，内侧近端部各有 1 齿。前胸背板大，有 1 横向凹痕，侧面具纵凹；前缘和侧缘通常具完整的缘线；前角锐。小盾片背面观小，三角形。鞘翅背部无线，侧面基部有一些退化的痕迹。前臀板短。臀板扇形，与身体垂直。前胸腹板龙骨宽，略隆起，后缘圆形，前缘通常平截，两侧具隆起的缘边；表面分成 2 部分，有 1 深凹道，形状各异，通常具软毛。中胸腹板前缘微弱凹缺，中胸腹板和后胸腹板融合，没有明确的分界，中-后胸腹板共有 3 条纵向凹沟（中间 1 条，两侧各 1 条）。前足胫节较细长，但端部加宽，外缘具短刺；中、后足胫节几乎不加宽，外缘具稀疏的毛。雄虫阳茎简单，短而平行，无基片。
　　该属只生活在北半球的森林地带。成虫和幼虫生活在死树皮下，捕食树皮下的小型小蠹和其他昆虫的卵，可能捕食螨虫和小的节肢动物（Mazur, 2001）。
　　分布：全北区。

该属首次在中国记录。世界记录 2 亚属近 30 种，中国记录 1 种。

29）断胸阎甲亚属 *Plegaderus* Erichson, 1834

(227) 断胸阎甲 *Plegaderus* (*Plegaderus*) *vulneratus* (Panzer, 1797)（图 203）

Hister vulneratus Panzer, 1797: vol. 37, no. 6 (Germany).

Plegaderus vulneratus: Erichson, 1834: 204; 1839: 682; Dejean, 1837: 143 (*Abraeus*); Gistel, 1856: 363; Marseul, 1856: 265; Thomson, 1862: 250; Schmidt, 1885c: 319; Fauvel in Gozis, 1886: 180 (key), 207; Ganglbauer, 1899: 400; Reitter, 1909: 295; Bickhardt, 1916b: 69; Reichardt, 1925a: 113 (Turgai, Omsk); 1941: 98, 103; Horion, 1949: 323; Witzgall, 1971: 160; Kryzhanovskij et Reichardt, 1976: 88; Mazur, 1984b: 14 (catalogue); 1997: 196 (catalogue); 2010a: 145 (China: Heilongjiang); 2011a: 160 (catalogue); Yélamos, 2002: 218 (redescription, figures), 382; Mazur in Löbl et Smetana, 2004: 71 (catalogue); Lackner et al. in Löbl et Löbl, 2015: 80 (catalogue).

体长 1.31-1.58 mm，体宽 0.87-1.05 mm。体长椭圆形，适度隆凸，黑色光亮，足、口器和触角红棕色，有时腹面深棕色。

头部表面刻点密集粗大，端部刻点略小，基部中央微凹，刻点略大，基部两侧刻点略小略稀，刻点具短刚毛；复眼内侧边缘具短而深的凹痕。

前胸背板两侧后 2/3 较直，略向前收缩，端部 1/3 弧弯，剧烈向前收缩，前缘凹缺部分呈双波状，后缘双波状，中部向后弓弯；缘线完整；前胸背板由端部 1/3 的 1 条横线分成前后两部分：前面部分两侧各有 1 纵向隆起区域，此区域内侧边缘完整且清晰，整个前面部分刻点密集粗大；后面部分两侧也各有 1 纵向隆起区域，边缘不很清晰且不达前胸背板后缘，隆起区域刻点稀疏细小，其他区域刻点稀疏，近后缘刻点与前面部分的大小约相等，刻点向前略小且更稀疏，横线之后的窄带光滑无刻点。

鞘翅两侧弧圆，肩部略突出。背部无线，仅在前缘中部有 1 短而深的刻痕，以及存在于基部 1/4 的斜肩线；鞘翅表面具略密集的粗大刻点，刻点略呈纵长椭圆形，较前胸背板刻点大，小盾片周围区域刻点略稀，沿鞘翅缝的窄带隆起，无刻点，鞘翅缝两侧及后缘各有 1 行小刻点。鞘翅缘折窄，无刻点，沿缘折边缘的窄带凹陷；缘折缘线缺失；鞘翅缘线隆起，存在于基半部。

前臀板短，刻点密集粗大。臀板扇形，刻点密集，较前臀板的略小。

前胸腹板龙骨有 1 "X" 形凹道，并具密集的长毛；前缘具完整的缘线，缘线两端与"X" 形凹道前端的外缘相连；两侧具隆起的完整的缘边，缘边内侧为细的缘线；前胸腹板龙骨端半部中央强烈隆起，具略密集粗大的刻点。

中胸腹板和后胸腹板融合。中-后胸腹板基节间盘区纵向中央具深凹沟，此沟前宽后窄；盘区两侧各有 2 条侧线，内侧线前端 1/3 强烈隆起，其内侧具宽而深的凹洼，此线向后侧方延伸，末端到达后足基节窝前缘；外侧线微隆，向后侧方延伸且弓弯，其末端到达后胸腹板的侧后角；内侧线之间区域刻点略稀疏，后端两侧刻点粗大，向前向中部变小，最前端刻点更小，内侧线和外侧线之间区域刻点稀疏细小；侧盘区具密集的圆形大刻点。

第 1 腹节腹板基节间盘区刻点密集粗大；腹侧线弧弯，存在于基部 3/4。

前足胫节细长，但端部 1/3 加宽，外缘具 6 个刺；中足胫节细长，外缘多刺；后足胫节细长，外缘近端部具 4 个刺。

雄性外生殖器如图 203F-I 所示。

观察标本： 2♂, 2♀, 3 exs., China: Heilongjiang Province, Qing Yuan, ca 30 km, S. Lang Xiang (黑龙江郎乡清源), 46°47.470'N, 129°03.823'E, ca 600-700 m, 2004.V.25-29, J. Cooter leg., T. Lackner and S. Mazur det., 2004。

分布： 黑龙江；俄罗斯（远东、西伯利亚），欧洲。

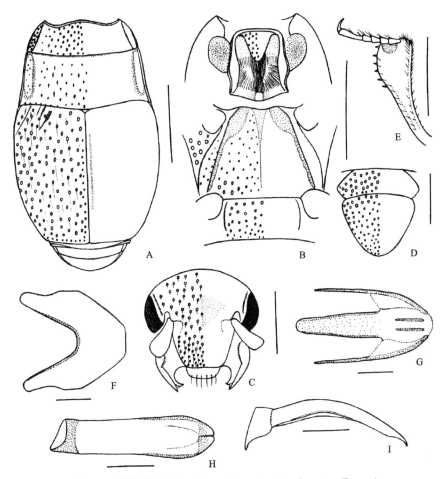

图 203　断胸阎甲 *Plegaderus* (*Plegaderus*) *vulneratus* (Panzer)

A. 前胸背板和鞘翅（pronotum and elytra）；B. 前胸腹板、中-后胸腹板和第 1 腹节腹板（prosternum, meso- and metasterna and the 1st visible abdominal sternum）；C. 头（head）；D. 前臀板和臀板（propygidium and pygidium）；E. 前足胫节，背面观（protibia, dorsal view）；F. 雄性第 8 腹节背板和腹板，背面观（male 8th tergite and sternum, dorsal view）；G. 雄性第 9、10 腹节背板和第 9 腹节腹板，背面观（male 9th and 10th tergites and 9th sternum, dorsal view）；H 阳茎，背面观（aedeagus, dorsal view）；I. 同上，侧面观（ditto, lateral view）。比例尺（scales）：A, B = 0.5 mm, C-E = 0.25 mm, F-I = 0.1 mm

十一）异跗阎甲族 Acritini Wenzel, 1944

Acritini Wenzel, 1944: 55, 57; Kryzhanovskij *et* Reichardt, 1976: 99; Mazur, 1984b: 15 (catalogue); 1997: 196 (catalogue); 2011a: 161 (catalogue); Ôhara, 1994: 213; Yélamos, 2002: 224 (character), 383; Mazur in Löbl *et* Smetana, 2004: 69 (catalogue); Lackner *et al.* in Löbl *et* Löbl, 2015: 78 (catalogue).

Acritina: Yélamos *et* Ferrer, 1988: 164.

Type genus: *Acritus* J. L. LeConte, 1853.

体小，球形，相当隆凸；为适应潮湿的洞穴环境，经常可看到其复眼简化甚至消失，额和口上片没有明显的分界；前胸背板小盾片前区常有 1 条形状多样的横线；小盾片很小或不可见；鞘翅仅在一些种类中可看到背线的痕迹；前胸腹板龙骨相对较窄，通常平坦，具龙骨线；胫节通常细长，后足跗节 4 节；阳茎简单，近于平行且窄，有时剧烈弯曲。经常生活在树木及腐烂的植物体中，还生活在粪便及其他腐烂物中。

分布：各区。

该族世界记录 11 属约 250 种，中国记录 2 属 7 种。

55. 阿拜阎甲属 *Abaeletes* Cooman, 1940

Abaeletes Cooman, 1940: 32; Mazur, 1984b: 16 (catalogue); 1997: 202 (catalogue); 2011a: 161 (catalogue); Mazur in Löbl *et* Smetana, 2004: 69 (catalogue); Lackner *et al.* in Löbl *et* Löbl, 2015: 78 (catalogue). **Type species**: *Aeletes perroti* Cooman, 1940. By monotypy.

分布：台湾；越南，印度。

该属世界记录 2 种，中国记录 1 种。

(228) 派氏阿拜阎甲 *Abaeletes perroti* (Cooman, 1940)

Aeletes perroti Cooman, 1940: 31 (Vietnam); Gomy, 1977: 101.

Abaeletes perroti: Mazur, 1984b: 21 (in subg. *Acritus*; catalogue); 1997: 202 (catalogue); 2011a: 166 (catalogue); Mazur in Löbl *et* Smetana, 2004: 70 (catalogue); Lackner *et al.* in Löbl *et* Löbl, 2015: 78 (catalogue).

观察标本：未检视标本。

分布：台湾；印度，越南，尼泊尔。

56. 异跗阎甲属 *Acritus* LeConte, 1853

Acritus J. L. LeConte, 1853: 288; Lacordaire, 1854: 281; Marseul, 1856: 595; Jacquelin-Duval, 1858: 115; Thomson, 1862: 252; Lewis, 1888c: 238; Schmidt, 1885c: 284; Reitter, 1886: 278; 1909: 294;

Ganglbauer, 1899: 405; Bickhardt, 1910c: 86 (catalogue); 1916b: 63, 76; Jakobson, 1911: 642, 653; Reichardt, 1941: 84, 138 (part.); Wenzel, 1944: 58; Kryzhanovskij *et* Reichardt, 1976: 102; Mazur, 1984b: 16 (catalogue); 1997: 197 (catalogue); 2001: 28; 2011a: 161 (catalogue); Ôhara, 1994: 214 (Japan); Yélamos, 2002: 226 (character, key), 383; Mazur in Löbl *et* Smetana, 2004: 69 (catalogue); Lackner *et al.* in Löbl *et* Löbl, 2015: 78 (catalogue). **Type species:** *Hister nigricornis* Hoffmann, 1803. Designated by Thomson, 1859: 75.

Phloeocritus Houlbert *et* Monnot, 1923: 73; Yélamos *et* Ferrer, 1988: 164 (synonymized). **Type species:** *Hister minutus* Herbst, 1792.

Ittrion Deane, 1932: 334; Armstrong, 1948: 298 (synonymized). **Type species:** *Ittrion prosternalis* Deane, 1932.

体小，球形或卵形，隆凸。头部无额线；上唇略长，前缘中央略向前弓弯，前端两侧各有1较长刚毛；上颚粗短，弯曲，内侧无齿。前胸背板横宽，两侧剧烈向前收缩，前角锐；缘线完整；近后缘通常有1条横线。小盾片背面观很小，三角形，有时不明显。鞘翅背部无线。前臀板较长。臀板扇形。前胸腹板龙骨相对较窄，表面平坦；龙骨线完整，端部与前缘线相连。中胸腹板横宽，前缘中部通常向前弓弯；缘线完整；中-后胸腹板缝细，但通常伴随密集大刻点行。中胸后侧片通常有1或2条缘线。后胸腹板中纵沟通常不可见。前足胫节细，向端部略加宽，外缘具细刺。阳茎端部不卷曲。

大多数种类发现于腐烂的植物体中、树皮下、枯枝落叶中、树洞里等，捕食弹尾目Collembola昆虫及其他小昆虫。

分布：各区。

该属世界记录2亚属110余种，中国记录2亚属6种。

亚属和种检索表

1. 后胸腹板侧线弓形，其末端接近中足基节后线的末端；中胸后侧片有2条清晰的缘线；体表有大量皮革纹，尤其是前胸背板的侧面及鞘翅（密纹阎甲亚属 *Pycnacritus*）………………………………… 白水隆异跗阎甲 *A. (P.) shirozui*
  后胸腹板侧线形状多样，可以是弓形，但末端远离中足基节后线的末端；中胸后侧片有1或2条缘线；体表皮革纹不是遍布全身，而是只集中在某些区域（异跗阎甲亚属 *Acritus*）………… 2
2. 后胸腹板侧线和第1腹节腹板侧线弯曲，呈半圆形 ………………………………………… 3
  后胸腹板侧线和第1腹节腹板侧线直，不呈半圆形 ………………………………………… 4
3. 前胸背板侧缘和前缘以及鞘翅端部2/3区域刻点间具较密集的纵向细纹 …………………… 梳异跗阎甲 *A. (A.) pectinatus*
  前胸背板和鞘翅不具纵向细纹 ……………………… 嗜草异跗阎甲 *A. (A.) pascuarum*
4. 中-后胸腹板缝具密集排列的纵长深凹槽，其长度与中胸腹板光滑区域的长度相等 …………………… 库氏异跗阎甲 *A. (A.) cooteri*
  中-后胸腹板缝无上述深凹槽，而是伴随粗大刻点行 ……………… 驹井异跗阎甲 *A. (A.) komai*
  注：瘤胸异跗阎甲 *A. (A.) tuberisternus* Cooman 未包括在内。

30) 密纹阎甲亚属 *Pycnacritus* Casey, 1916

Pycnacritus Casey, 1916: 252; Mazur, 1984b: 16 (catalogue); 1987a: 31; 1997: 197 (catalogue); 2011a: 162 (catalogue); Ôhara, 1994: 214; Yélamos, 2002: 227 (character), 383; Lackner *et al.* in Löbl *et* Löbl, 2015: 79 (catalogue). **Type species:** *Acritus discus* J. L. LeConte, 1853. Original designation.

(229) 白水隆异跗阎甲 *Acritus* (*Pycnacritus*) *shirozui* Hisamatsu, 1965

Acritus shirozui Hisamatsu, 1965: 131 (China: Taiwan); Mazur, 1984b: 21 (in subg. *Acritus*; catalogue); 1997: 197 (catalogue); 2011a: 162 (catalogue); Mazur in Löbl *et* Smetana, 2004: 70 (catalogue); Lackner *et al.* in Löbl *et* Löbl, 2015: 79 (catalogue).

描述根据 Hisamatsu（1965）整理：

体长 1.4 mm，近圆形，强烈隆凸，无毛且光滑，口器和额前半部覆有黄白色软毛。体栗褐色，触角（柄节为浅黑色）和足黄褐色。

头部简单而适度隆凸；额部刻点相当小且不密集，唇基刻点变密变大；无额线；背面观触角着生处位于复眼和唇基之间且深刻；复眼大，前面观清晰可见；触角细长：第 1 节隆起并伸长，强烈弯曲，第 2 节圆柱状，长是宽的近 2 倍，第 3 节长多少大于宽，约为第 2 节长的一半，第 4 节短，宽略大于长，第 5 节长宽约相等，略长于第 4、第 6 节，第 6-8 节渐宽，端锤宽卵形，端部不尖。

前胸背板前缘中部深凹，所有的角都为锐角，后缘简单圆形；缘线完整；小盾片前线适度细圆齿状，延伸到后角，中部 1/3 向前弓弯；表面刻点较额部刻点略大，侧面刻点变小，小盾片前线和后缘环绕的区域几乎无刻点。

小盾片很小且几乎不可见。

鞘翅长宽比为 1:1.3，端部宽并横截；刻点和前胸背板的相似，基部小盾片周围相当宽的区域刻点变小变稀，端部刻点纵向紧密排列形成几条短线；鞘翅缝缘不隆起；鞘翅缘线完整，较隆起；无缘折缘线。

前臀板刻点与额部的相似；臀板刻点较前臀板的更小更稀。

前胸腹板龙骨宽，前缘近于平直，后缘横截，中部宽与长的比是 1:1.6，前末端较后末端略宽；前缘无缘线；刻点稀疏微小。

中胸腹板前缘略呈弓形，缘线在中部变得不明显；表面有几个微小刻点；中-后胸腹板缝是 1 行椭圆形大刻点。中胸后侧片具 1 条沿前缘和内侧缘延伸的线，其他线缺失，刻点与前胸背板的相似。

后胸腹板中部具稀疏微小的刻点，侧面刻点与中胸后侧片的刻点相似；后胸腹板侧线向后侧方延伸，不内弯，大约是中-后胸腹板缝长度的 2/3；中足基节后线清晰，简单终止于中胸后侧片内缘。后胸后侧片无刻点。

第 1 腹节腹板中部长度约为后胸腹板的一半，刻点细小稀疏，侧面刻点变粗大；腹侧线短，多少向外弓弯，到达第 1 腹节腹板后端 1/4，无侧面延长部分。

胫节细长。

观察标本：未检视标本。

分布：台湾。

讨论：该种与 *A. shogunus* Lewis 和 *A. magnus* Cooman 相近。通过光滑的表皮，以及具刻点的臀板可以和前者区分开，通过更加伸长的前胸腹板龙骨，以及变平的鞘翅缝缘区可以和后者区分开。

本种模式标本保存在北海道大学昆虫系统学实验室（EIHU）。

31) 异跗阁甲亚属 *Acritus* LeConte, 1853

(230) 库氏异跗阁甲 *Acritus* (*Acritus*) *cooteri* Gomy, 1999（图 204）

Acritus (*Acritus*) *cooteri* Gomy, 1999: 379 (China: Zhejiang); Mazur in Löbl *et* Smetana, 2004: 69 (catalogue); Mazur, 2011a: 163 (catalogue); Lackner *et al.* in Löbl *et* Löbl, 2015: 78 (catalogue).

描述根据 Gomy（1999）整理：

体卵形，明显隆凸；足深棕色，触角颜色更浅。触角柄节膨大；索节的第 1 节长是宽的 3 倍，其余各节很小；端锤椭圆形，具软毛。

头部具不规则的刻点：额表面刻点细小稀疏（刻点间距为其直径的 1-3 倍或 4 倍），口上片刻点更加密集（刻点间距为其直径的 1/2-1 倍）；额和口上片之间无明显的分界。

前胸背板隆凸，基部宽是长的 2 倍，两侧均匀向前狭缩，前角低而尖锐；前胸背板缘线于两侧宽阔双曲，于头后清晰，在前角处成直角；前胸背板表面大部分区域刻点大而深（刻点间距为其直径的 1/2-3 倍或 4 倍），向前面和侧面逐渐减少甚至消失；小盾片前线清晰完整，于前胸背板后角与前胸背板侧边相连，具刻点，圆齿状，于小盾片前均匀且宽阔弓弯，此线与后缘之间区域无大刻点，而是具微小刻点。

小盾片三角形，很小。

鞘翅强烈隆凸，背部无线；小盾片周围宽阔的区域，以及侧面大部分区域光滑，鞘翅端部 2/3 刻点与前胸背板的相似，但更加退化，刻点间纵向短皱纹在某些角度清晰可见。鞘翅缘折光滑且光亮。

前臀板刻点稀疏，中部更少。臀板基部刻点与前臀板的相似，刻点向后渐小渐少，顶端光滑无刻点。

前胸腹板隆凸，宽大于长；龙骨线由后向前轻微汇聚，到达中间后较剧烈向前分离，到达前胸腹板前缘；表面无刻点。

中胸腹板光滑，缘线于前胸腹板之后间断；中-后胸腹板缝具密集排列的纵长深凹槽，其长度与中胸腹板光滑区域的长度相等。

后胸腹板基节间盘区光滑，端部 1/3 围绕后足基节窝有一些稀少且退化的刻点；后胸腹板侧线短，双曲，后末端略向内弯；侧盘区刻点与基节间盘区外侧的刻点相似，稀疏且不规则；中足基节后线短，与中胸后侧片缝相连。中胸后侧片刻点密集粗大；内侧有 1 条具角的线，此线无刻点；沿外缘另有 1 条深的具刻点的线。

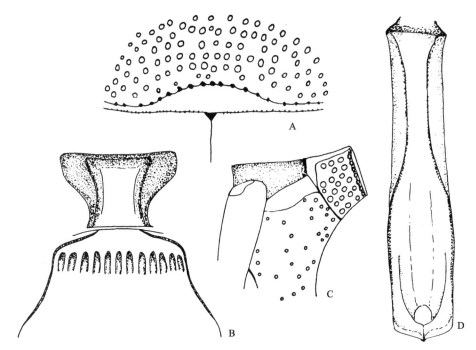

图 204　库氏异跗阎甲 *Acritus (Acritus) cooteri* Gomy（仿 Gomy, 1999）

A. 小盾片前线（the stria before scutellum）；B. 前胸腹板和中-后胸腹板（prosternum and meso- and metasterna）；C. 中胸后
侧片（mesepimeron）；D. 阳茎（aedeagus）

第 1 腹节腹板刻点较清晰；腹侧线倾斜且具刻点。

前足胫节细长，沿外缘有 1 具金黄色短刚毛的缘边；中、后足胫节具不明显的黄色
刚毛和 1 个短的端刺。

阳茎如图 204D 所示。

观察标本：未检视标本。

分布：浙江。

讨论：本种正模标本由英国的 J. Cooter 博士收藏（CHJC）。

(231) 驹井异跗阎甲 *Acritus (Acritus) komai* Lewis, 1879（图 205）

Acritus komai Lewis, 1879a: 461 (Japan: Nagasaki); Bickhardt, 1910c: 88; 1916b: 77; Reichardt, 1941:
　　141, 147; Kryzhanovskij *et* Reichardt, 1976: 105; Mazur, 1984b: 19 (China; catalogue); 1991: 2;
　　1997: 199 (catalogue); 2001: 29; 2011a: 164 (catalogue); Gomy, 1983: 290, 293, 296 (figures); 1986:
　　26, 27 (figures); 1991a: 158; Ôhara, 1994: 214; Yélamos, 2002: 230 (redescription, figures), 384;
　　Mazur in Löbl *et* Smetana, 2004: 69 (China: Hongkong; catalogue); Lackner *et al.* in Löbl *et* Löbl,
　　2015: 78 (catalogue).

Acritus insularis Sharp in Blackburn *et* Sharp, 1885: 129; Kryzhanovskij *et* Reichardt, 1976: 105
　　(synonymized).

Acritus volitans Fall, 1901: 238; Kryzhanovskij *et* Reichardt, 1976: 105 (synonymized).

Acritus apicestrigosus Bickhardt, 1921: 103; Gomy, 1983: 296 (synonymized).

Acritus duchainei Cooman, 1935a: 92; Gomy, 1980b: 275 (synonymized).

Acritus optatus Cooman, 1947: 423 (China: Peiping); Kryzhanovskij *et* Reichardt, 1976: 105 (synonymized).

Acritus oregonensis Hatch, 1962: 255; Kryzhanovskij *et* Reichardt, 1976: 105 (synonymized).

体长 0.92-1.00 mm，体宽 0.74-0.78 mm。体卵形，强烈隆凸；红棕色，光亮，足和触角黄褐色。

头部表面刻点密集，大小适中，后部刻点略稀疏，前缘具许多短刚毛；无额线。

前胸背板两侧呈弓形向前收缩，前缘凹缺部分微呈双波状，后缘中部钝圆，两侧较直；缘线完整；表面刻点较密集且粗大；沿后缘有 1 条密集钝齿状横线，横线于小盾片前区（约中部 1/5）向前弓弯。

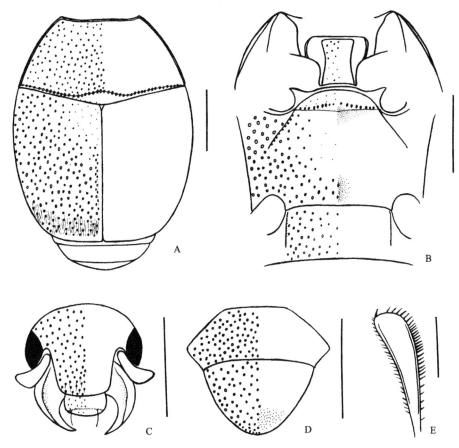

图 205　驹井异跗阎甲 *Acritus* (*Acritus*) *komai* Lewis

A. 前胸背板和鞘翅（pronotum and elytra）；B. 前胸腹板、中-后胸腹板和第 1 腹节腹板（prosternum, meso- and metasterna and the 1st visible abdominal sternum）；C. 头（head）；D. 前臀板和臀板（propygidium and pygidium）；E. 前足胫节，背面观（protibia, dorsal view）。比例尺（scales）：A-D = 0.25 mm, E = 0.1 mm

鞘翅两侧弧圆。背部无线；刻点密集，较前胸背板刻点大，基部约 1/3 沿鞘翅缝较宽的区域光滑，刻点稀疏细小，沿后缘的窄带光滑无刻点，近后缘具细密的纵脊。鞘翅缘折光滑，缘折缘线浅，存在于端半部；鞘翅缘线清晰完整。

前臀板较长，表面刻点密集粗糙。臀板较长，后缘略尖，近后缘略扁平，表面刻点与前臀板的相似，但略稀疏，近后缘刻点略小。

前胸腹板龙骨较宽，前缘直，后缘略凹；龙骨线完整并与前缘线相连，龙骨线于中间距离最窄，向前后端渐远；表面平坦，刻点稀疏细小。前胸腹板侧线完整。

中胸腹板横宽，前缘中部略向外突出，与龙骨后缘吻合；缘线完整且呈弓形，后端与后胸腹板侧线相连；表面刻点稀疏细小；中-后胸腹板缝不明显，中间略向后成角，伴随粗糙刻点行，刻点行中部向前弯曲。

后胸腹板基节间盘区中部光滑，刻点稀疏细小，侧面及端部 1/3 刻点粗大，向两侧刻点变密集；中纵沟不明显；后胸腹板侧线存在于基部略短于 1/2，向后侧方延伸；侧盘区刻点密集粗大；中足基节后线沿中足基节窝后缘延伸，末端不弯曲。

第 1 腹节腹板基节间盘区较宽，刻点与后胸腹板基节间盘区的相似；腹侧线直，存在于基部 2/3。

前足胫节向端部略加宽，外缘多小刺；中足胫节和后足胫节较细长。

观察标本：1 ex., TYPE, PEI-PING (北京), 1945, de Cooman descr. 1947, CO9; 1 ex. BURMA, Moulmein (缅甸毛淡棉), 1954.I-II, Lois Jones leg., Berlese(?) garbage, R. L. Wenzel det., 1979 (FMNH)。

分布：北京、香港；世界性分布。

讨论：该种与 *A. minutus* Herbst 很相近，且体形相同，但刻点更加密集，尤其是背部区域；小盾片前横线的界线更不清晰，横向延伸没有明显的角。

(232) 嗜草异跗阎甲 *Acritus (Acritus) pascuarum* Cooman, 1947（图 206）

Acritus pascuarum Cooman, 1947: 421 (China: Peiping); Mazur, 1984b: 20 (catalogue); 1997: 201 (catalogue); 2011a: 165 (catalogue); Mazur in Löbl *et* Smetana, 2004: 70 (catalogue); Lackner *et al.* in Löbl *et* Löbl, 2015: 78 (catalogue).

体长 0.80-0.84 mm，体宽 0.61-0.63 mm。体卵形，强烈隆凸；红棕色，光亮，足和触角黄褐色。

头部表面刻点稀疏细小，前缘具许多短刚毛；无额线。

前胸背板两侧呈弓形向前收缩，前缘凹缺部分微呈双波状，后缘中部钝圆，两侧较直；缘线完整；表面刻点较稀疏，大小适中，侧面及前缘刻点略小略稀；沿后缘有 1 条密集锯齿状横线，横线于小盾片前区域（约中部 1/5）向前弓弯。

鞘翅两侧弧圆。背部无线；刻点较稀疏，基部刻点较粗大，端部刻点与前胸背板表面刻点相似，基部约 1/3 沿鞘翅缝较宽的区域光滑无刻点，沿后缘的窄带光滑无刻点，雌虫鞘翅刻点具刺。鞘翅缘折光滑，缘折缘线浅，完整；鞘翅缘线清晰且完整。

前臀板较长，表面具密集的细纹，刻点不明显。臀板较长，后缘圆，具密集细纹。

前胸腹板龙骨较宽，前缘直，后缘略凹；龙骨线完整并与前缘线相连，龙骨线于中间距离最窄，向前后端剧烈背离；表面平坦，刻点稀疏细小。前胸腹板侧线完整。

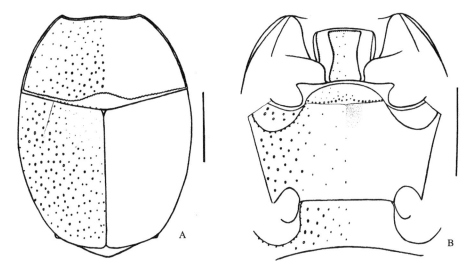

图 206　嗜草异跗阎甲 *Acritus* (*Acritus*) *pascuarum* Cooman

A. 前胸背板和鞘翅（pronotum and elytra）；B. 前胸腹板、中-后胸腹板和第 1 腹节腹板（prosternum, meso- and metasterna and the 1st visible abdominal sternum）。比例尺（scales）：0.25 mm

中胸腹板横宽，前缘中部略向外突出，与龙骨后缘吻合；缘线完整且呈弓形，后端与后胸腹板侧线相连；表面刻点稀疏细小；中-后胸腹板缝不明显，中间略向后成角，伴随粗糙刻点行，刻点行中部向前弯曲。

后胸腹板基节间盘区中部光滑，刻点不明显，两侧刻点稀疏粗大；无中纵沟，雄虫具不明显的中纵沟，且向中胸腹板略延伸；后胸腹板侧线存在于基部 1/3 且呈半圆形弯曲，其端部末端到达中胸后侧片-后胸腹板缝；侧盘区刻点稀疏，较基节间盘区刻点略小；中足基节后线沿中足基节窝后缘延伸，末端不弯曲。

第 1 腹节腹板基节间盘区较宽，刻点与后胸腹板基节间盘区的相似；腹侧线呈半圆形延伸，且靠近后缘。

前足胫节加宽，外缘多小刺；中足胫节和后足胫节端部略加宽。

观察标本：7♂, 4♀, 1 ex., Paratype, PEI-PING（北京）, 1945, de Cooman descr. 1947; 1♂, 1♀, Type, PEI-PING, 1945, de Cooman descr. 1947。

分布：北京；印度。

(233) 梳异跗阎甲 *Acritus* (*Acritus*) *pectinatus* Cooman, 1932（图 207）

Acritus pectinatus Cooman, 1932c: 400 (Hoa-Binh: Tonkin); 1947: 423 (new to China: Canton); Gomy, 1978: 86; Mazur, 1984b: 20 (catalogue); 1997: 201 (catalogue); 2011a: 165 (catalogue); Mazur in Löbl *et* Smetana, 2004: 70 (catalogue); Lackner *et al.* in Löbl *et* Löbl, 2015: 78 (catalogue).

Acritus endroedyi Thérond, 1967b: 276; Gomy, 1990: 198 (synonymized).

体长 0.71-0.74 mm，体宽 0.58-0.61 mm。体卵形，强烈隆凸；深棕色或棕色，跗节和触角黄褐色。

　　头部表面具横向皮革纹，刻点稀疏，大小适中，前缘具许多短刚毛；无额线。

　　前胸背板两侧呈弓形向前收缩，前端 1/3 更明显，前缘凹缺部分微呈双波状，后缘中部钝圆，两侧较直；缘线完整；表面刻点密集粗大，侧面刻点略稀略小，近前缘和侧缘具密集的纵向细纹；沿后缘有 1 深的粗糙钝齿状横线，横线于小盾片前区（中部约 1/5）向前弯曲。

　　鞘翅两侧弧圆。背部无线；刻点密集粗大，端部 2/3 具密集的纵向细纹，刻点纵长椭圆形，基部 1/3 沿鞘翅缝较宽的区域刻点小。鞘翅缘折光滑，缘折缘线浅，存在于端半部；鞘翅缘线清晰且完整。

　　前臀板较长，刻点稀疏，大小适中，具密集的横向细纹。臀板具稀疏刻点，大小适中，具密集的横向细纹。

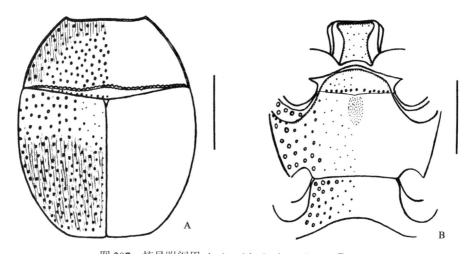

图 207　梳异跗阎甲 Acritus (Acritus) pectinatus Cooman
A. 前胸背板和鞘翅（pronotum and elytra）；B. 前胸腹板、中-后胸腹板和第 1 腹节腹板（prosternum, meso- and metasterna and the 1st visible abdominal sternum）。比例尺（scales）：0.25 mm

　　前胸腹板龙骨较宽，前缘直，后缘凹；龙骨线完整并与前缘线相连，龙骨线于中间距离窄，向前后端较强烈背离；表面平坦，刻点稀疏细小。前胸腹板侧线完整。

　　中胸腹板横宽，前缘中部强烈向前突出；缘线完整且呈弓形，后端与后胸腹板侧线相连；表面刻点稀疏细小；中-后胸腹板缝不明显，中间略向后成角，伴随粗糙刻点行，刻点行中部略向前弯曲。

　　后胸腹板基节间盘区中部刻点稀疏细小，侧面刻点稀疏粗大；无中纵沟；后胸腹板侧线存在于基部 1/3 且呈半圆形；侧盘区具横向皮革纹，刻点稀疏粗大；中足基节后线沿中足基节窝后缘延伸，末端不弯曲。

　　第 1 腹节腹板基节间盘区中部刻点稀疏细小，侧面刻点粗大且较密；腹侧线呈半圆形，靠近后缘。

　　前足胫节细长，端部略加宽，外缘多小刺；中足胫节和后足胫节较细长。

观察标本：2♀, 6 exs., Paratypes, Hoa-Binh, Tonkin（越南东京湾和平）, 1935, de Cooman; 1 ex., CHINA, D-Vac und Bodenfallen, Yongnian（河北永年县）, 1995.VI-XI, Shuiqiang LI leg., S. Mazur det.。

分布：河北、广东；越南，印度，科摩罗群岛。

(234) 瘤胸异跗阎甲 *Acritus* (*Acritus*) *tuberisternus* Cooman, 1932

Acritus tuberisternus Cooman, 1932c: 397 (Hoa-Binh: Tonkin); Mazur, 1984b: 22 (catalogue); 1997: 201 (catalogue); 2007a: 68 (China: Nantou of Taiwan); 2010a: 145 (Japan); 2011a: 165 (catalogue); Lackner *et al.* in Löbl *et* Löbl, 2015: 79 (catalogue).

描述根据 Cooman（1932c）整理：

体长 1 mm。体较大，卵形，相当隆凸，光滑。头部具刻点。前胸背板刻点小；小盾片前有 1 条隆起的、短的锯齿形弧线，伴随 1 完整的刻点行，十分接近后缘。鞘翅具刻点，沿缝缘的窄带隆起且光滑。前臀板遍布刻点。前胸腹板龙骨长，具稀疏小刻点，龙骨线向内弓弯。中胸腹板光滑，前缘圆，前面和侧面隆凸，围成 1 个近于三角形的扁平区域；缘线完整，斜向后胸腹板延伸；中-后胸腹板缝中间向后成角。后胸腹板光滑，端部中央具瘤突。第 1 腹节腹板仅侧面具小刻点，腹侧线直。

观察标本：未检视标本。

分布：台湾；日本，印度，斯里兰卡，缅甸，越南，老挝，马来西亚，毛里求斯。

十二）条阎甲族 Teretriini Bickhardt, 1916

Teretriini: Portevin, 1929: 601; Wenzel, 1944: 52; Kryzhanovskij *et* Reichardt, 1976: 81; Mazur, 1984b: 30 (catalogue); 1997: 208 (catalogue); 2011a: 171 (catalogue); Yélamos, 2002: 239 (character), 385; Mazur in Löbl *et* Smetana, 2004: 71 (catalogue); Ôhara, 2008: 84 (genitalia morphology).

Saprinides (part.) Lacordaire, 1854: 273; Jacquelin-Duval, 1857: 110.

Abréiens (part.) Marseul, 1857: 154.

Abraeini (part.) Schmidt, 1885c: 281; Ganglbauer, 1899: 394.

Abraeina (part.) Jakobson, 1911: 652.

Teretriinae Bickhardt, 1914a: 306 (nom. nud.); 1916b: 11, 19, 20, 55; Reichardt, 1941: 76.

Teretriina: Yélamos *et* Ferrer, 1988: 166.

Type genus: *Teretrius* Erichson, 1834.

体圆柱形；鞘翅无背线；前胸腹板长，基部具凹缺以容纳中胸腹板突出部分；前足胫节很宽，具大量刺，中足胫节具少量刺，但刺大；阳茎简单且长。

生活在被钻木昆虫侵袭的树皮及树的中间，其幼虫生活在这些昆虫的洞穴中。更适宜在热带生活。

分布：世界各大区。

该族世界记录 5 属 80 余种，中国记录 1 属 3 种。

57. 条阎甲属 *Teretrius* Erichson, 1834

Teretrius Erichson, 1834: 201; Marseul, 1856: 129; Jacquelin-Duval, 1858: 112; Schmidt, 1885c: 284; Seidlitz, 1891: 46; Ganglbauer, 1899: 395; Reitter, 1909: 294; Bickhardt, 1910c: 13; 1916b: 56, 58; 1921: 69; Jakobson, 1911: 641, 652; G. Müller, 1937a: 97; 1937b: 337; Reichardt, 1941: 76; Wenzel in Arnett, 1962: 373, 379; Kryzhanovskij *et* Reichardt, 1976: 81; Mazur, 1984b: 30 (catalogue); 1997: 209; 2001: 28; 2011a: 171 (catalogue); Yélamos *et* Ferrer, 1988: 166; Yélamos, 2002: 240 (character), 385; Mazur in Löbl *et* Smetana, 2004: 71 (catalogue); Ôhara, 2008: 97 (China: Taiwan, key to subgenera and species); Lackner *et al.* in Löbl *et* Löbl, 2015: 81 (catalogue). **Type species:** *Hister picipes* Fabricius, 1792 (= *Teretrius fabricii* Mazur, 1972). Designated by Westwood, 1840: 157.

　　体短圆柱形，光亮。头部很宽，额隆凸，无额线；上唇短，横宽，前缘略呈圆形，具密集的短刚毛；上颚强壮，弯曲，表面隆凸，内侧有 1 齿；复眼很扁平；触角柄节弯曲，2/3 处膨大呈钝角，鞭节 7 节，端锤长卵形，具毛，分节不明显。前胸背板较长，几乎呈正方形，强烈隆凸；缘线细，完整。小盾片背面观很小，三角形。鞘翅短，较前胸背板略长，端部微呈圆形；背部无线。前臀板短，横宽。臀板圆形，部分位于腹面。前胸腹板龙骨宽，后缘具深凹缺以容纳中胸腹板突出部分，两侧具龙骨线，前缘通常直，有时弯曲。中胸腹板宽短，前缘中央剧烈向前突出，缘线于突出的部分狭窄间断。前足胫节扁平，加宽，外缘细齿状，跗节沟边界略清晰；中、后足胫节靠近顶端略加宽，具少量刺，但刺较大。阳茎细长（Bickhardt, 1916b; Yélamos, 2002）。

　　该属种类生活在枯死的树枝和树桩上的小蠹、长蠹，以及窃蠹科昆虫的坑道中（Mazur, 2001）。

　　分布：世界各大区。

　　该属世界记录 2 亚属 70 余种，中国记录 2 亚属 3 种。

32) 新条阎甲亚属 *Neoteretrius* Kryzhanovskij *et* Reichardt, 1976

Neoteretrius Kryzhanovskij *et* Reichardt, 1976: 83; Lackner *et al.* in Löbl *et* Löbl, 2015: 81 (catalogue). **Type species:** *Teretrius parasita* Marseul, 1862. Original designation.

Cyclosternum G. Müller, 1937a: 98, (nec Ausserer, 1871: 192); G. Müller, 1937b: 337 (synonymized); Lackner *et al.* in Löbl *et* Löbl, 2015: 81 (unavailable homonyms).

Neotepetrius G. Müller, 1937b: 337; Mazur, 1984b: 30 (catalogue); 1997: 209; 2001: 28; 2011a: 171 (catalogue); Yélamos, 2002: 240; Lackner *et al.* in Löbl *et* Löbl, 2015: 81 (unavailable relacement names).

(235) 台湾条阎甲 *Teretrius* (*Neoteretrius*) *formosus* (Lewis, 1915)

Teretriosoma formosum Lewis, 1915: 54 (China: Kotosho of Taiwan); Bickhardt, 1916b: 60; Mazur, 1984b: 34 (catalogue).

Teretrius formosus: Mazur, 1997: 209 (catalogue); 2007a: 68 (China: Wushe, Nantou of Taiwan); 2011a: 172 (catalogue); Mazur in Löbl *et* Smetana, 2004: 71 (catalogue); Ôhara, 2008: 89 (redescription of male); Lackner *et al.* in Löbl *et* Löbl, 2015: 81 (catalogue).

描述根据 Lewis (1915) 整理:

体长圆柱形, 粗, 黑色光亮, 表面刻点略显密而细小; 前胸背板缘线完整, 前角明显红色, 足和触角也如此; 前胸腹板前缘有明显的缘边; 中胸腹板前缘中部略尖锐, 也有明显的缘边; 前足胫节外缘有 6 个齿, 跗节末端有 2 个小齿; 雄虫的臀板后部多皱褶。

该种与 *T. somerseti* Marseul 很相似, 但中胸腹板及其边缘的结构与后者不同。后者的边只简单隆起且突出部分钝圆。

观察标本: 未检视标本。

分布: 台湾。

(236) 柴田条阎甲 *Teretrius* (*Neoteretrius*) *shibatai* Ôhara, 2008

Teretrius (*Neoteretrius*) *shibatai* Ôhara, 2008: 84 (China: Taiwan); Mazur, 2011a: 173; Lackner *et al.* in Löbl *et* Löbl, 2015: 81 (catalogue).

观察标本: 未检视标本。

分布: 台湾。

33) 条阎甲亚属 *Teretrius* Erichson, 1834

(237) 太极条阎甲 *Teretrius* (*Teretrius*) *taichii* Ôhara, 2008

Teretrius (*Teretrius*) *taichii* Ôhara, 2008: 93 (China: Taiwan); Mazur, 2011a: 174; Lackner *et al.* in Löbl *et* Löbl, 2015: 81 (catalogue).

观察标本: 未检视标本。

分布: 台湾。

(九) 腐阎甲亚科 Saprininae Blanchard, 1845

Saprininae Fowler, 1912: 93; Bickhardt, 1916b: 11, 19, 20, 80; Reichardt, 1932a: 7; 1941: 66, 150; Wenzel, 1944: 52; Wenzel in Arnett, 1962: 373, 380; Kryzhanovskij *et* Reichardt, 1976: 107; Gomy, 1983: 306 (key); Mazur, 1984b: 44 (catalogue); 1997: 213 (catalogue); 2011a: 175 (catalogue); Yélamos *et* Ferrer, 1988: 162; Ôhara, 1994: 214 (Japan); 1999a: 118; Ôhara *et* Paik, 1998: 28; Yélamos, 2002: 244 (character, key), 385; Mazur *et* Ôhara, 2003: 2 (Thailand); Lackner *et al.* in Löbl *et* Löbl, 2015: 111 (catalogue).

Saprinites Blanchard, 1845: 276; Jacquelin-Duval, 1857: 110 (part.).

Saprini: J. L. LeConte, 1861: 75.

Saprinides Lacordaire, 1854: 273 (part.).

Spriniéns Marseul, 1857: 154.

Saprinini: Seidlitz, 1875: 29; Schmidt, 1885c: 283; Fauvel in Gozis, 1886: 156 (key); Ganglbauer, 1899: 327; Reitter, 1909: 279, 290; Yélamos et Ferrer, 1988: 166.

Saprinina Jakobson, 1911: 640, 648.

Myrmetini Portevin, 1929: 593; Mazur, 1984b: 44 (synonymized).

Saprinae: Chûjô et Satô, 1970: 8.

Saprinomorphae Wenzel, 1944: 52.

Type genus: *Saprinus* Erichson, 1834.

　　体较大，宽卵形；触角沟开放，靠近前胸腹板龙骨；头部在一些属中具额线；前胸背板前角钝圆；鞘翅背线倾斜，第 4 背线通常以 1 弓形与缝线相连，第 5 背线只在秃额阎甲属 *Gnathoncus* 中存在，且仅在基部具短线，端部有时也有线；前胸腹板无咽板，龙骨隆凸，具龙骨线；后胸腹板在雌虫中平坦，在雄虫中于后部通常凹陷；前足胫节宽，在一些种类中具大齿，雄虫前足跗节前 4 跗小节略宽，略长，具明显的细刺，中足胫节和后足胫节具刺和小刺；雄虫第 8 腹节有时具强烈骨化的区域且具小刺；阳茎很长，形成光滑的管状，基片短，很少骨化。

　　分布：各区。

　　该亚科世界记录 55 属 700 余种（Mazur, 2011a），中国记录 9 属 57 种及亚种。

属 检 索 表

1. 前胸腹板无端前小窝 ……………………………………………………………………2
　 前胸腹板具端前小窝 ……………………………………………………………………4
2. 头部具额线，至少存在于侧面；龙骨线向前分离，前端通常由横向亚缘线相连 ……………3
　 头部无额线；龙骨线弯曲并向顶端汇聚 ……………………………**秃额阎甲属 Gnathoncus**
3. 上唇表面略隆凸，前端较直 …………………………………………**半腐阎甲属 Hemisaprinus**
　 上唇表面中央多少凹陷，前端中部多少凹缺 ……………………………**腐阎甲属 Saprinus**
4. 额部有 1-2 条很明显的横线或不规则的横皱褶；额线于前缘深刻且直 ……**皱额阎甲属 Hypocaccus**
　 额部通常有微弱的刻点或皱褶，无发达的横线；额线于前缘浅，常部分弓弯，有时中断 ………5
5. 前胸背板 2 条缘线和鞘翅 2 条外肩下线背面观同时清晰可见；前胸腹板侧线本身不相连；体表遍布微细刻纹 ……………………………………………………**多纹阎甲属 Pholioxenus**
　 前胸背板缘线和鞘翅外肩下线背面观同时不可见；前胸腹板侧线可变；体表少量或无微细刻纹 …………………………………………………………………………………………6
6. 前胸腹板侧线于前端不相连，在龙骨的顶端中断，之间无相互连接的沟；端前小窝之间可有相互连接的沟或者在前胸腹板龙骨线之间有 1 清晰的连接 ……………**连窝阎甲属 Chalcionellus**
　 前胸腹板侧线于前端由 1 细沟相连，但 *Colpellus* 亚属除外；端前小窝没有 1 横沟相连 …………………………………………………………………………**连线阎甲属 Hypocacculus**

　　注：稀阎甲属 *Reichardtiolus* Kryzhanovskij 和新厚阎甲属 *Eopachylopus* Reichardt 未包括在内。

58. 秃额阎甲属 *Gnathoncus* Jacquelin-Duval, 1858

Gnathoncus Jacquelin-Duval, 1858: 112; Thomson, 1867: 391; Schmidt, 1885c: 283; Reitter, 1896: 306;
Ganglbauer, 1899: 378; Reitter, 1904: 35; 1909: 290; Bickhardt, 1910c: 108 (catalogue); 1916b: 82,
104; Jakobson, 1911: 641, 648; Auzat, 1917: 206; Horion, 1935: 238; Reichardt, 1941: 154, 157;
Stochmann, 1957: 67; Wenzel in Arnett, 1962: 374, 380; Halstead, 1963: 9, 11; Witzgall, 1971: 166;
Kryzhanovskij *et* Reichardt, 1976: 113; Vienna, 1980: 117; Mazur, 1973a: 27; 1981: 87; 1984b: 103
(catalogue); 1997: 213 (catalogue); 2001: 30; 2011a: 175 (catalogue); Yélamos *et* Ferrer, 1988: 177;
Yélamos, 1990: 78; 2002: 246 (character, key), 386; Ôhara, 1994: 215; 1999a: 118; Mazur in Löbl *et*
Smetana, 2004: 92 (catalogue); Lackner *et al.* in Löbl *et* Löbl, 2015: 113 (catalogue). **Type species:**
Hister rotundatus Kugelann, 1792. Designated by Thomson, 1859: 75.

体小，微隆，具大量刻点。头部无额线；上唇横宽，前缘略凹，有 2 个具刚毛的大刻点；上颚粗短，弯曲，内侧具 1 小齿。前胸背板缘线通常完整，有时于头后间断；前角钝圆。小盾片很小，三角形。鞘翅第 1-4 背线深刻，第 5 背线仅存在于基部且很短，缝线也只存在于基部。前臀板横宽，短，臀板扇形，顶端圆，二者均具密集刻点，刻点形状多变，刻点间有时具细刻纹。触角沟很深，较远离前胸腹板龙骨；龙骨较宽，表面平坦；龙骨线通常于端部汇聚且相连。中胸腹板缘线完整，两侧具大量刻点；中-后胸腹板缝伴随 1 清晰的钝齿状线。前足胫节长，加宽，端部的齿远离其他齿，齿上具或大或小的刺。阳茎细长，通常弯曲。雌性与雄性区别：后胸腹板盘区隆凸而不是扁平或微凹，前足跗节第 4 基节不具宽而扁的腹部刚毛。

生境多样，经常生活在排泄物、尸体和其他各种腐烂的有机体中，这一类群也生活在鸟巢或啮齿动物的洞穴中，有时在这些地方大量出现，可能有利于卫生害虫控制，如苍蝇和其他双翅目昆虫的幼虫，以及有利于控制其他生活在巢中的昆虫（Mazur, 2001; Yélamos, 2002）。

分布：新热带区之外的其他各区。

该属世界记录 20 余种，中国记录 8 种及亚种。

种 检 索 表

1. 臀板刻点较小，横圆 ···2
   臀板刻点较大，圆形 ···4
2. 前胸背板中央有 1 瘤状突起 ·· 克氏秃额阎甲 *G. kiritshenkoi*
   前胸背板无瘤状突起 ···3
3. 缝线强烈短缩，只有基部 1/4 一小段 ···································· 圆秃额阎甲 *G. rotundatus*
   缝线长，存在于基部且超出鞘翅中部 ··················· 迪斯秃额阎甲长缝亚种 *G. disjunctus suturifer*
4. 缝线强烈短缩，只有基部 1/6 一小段 ······························ 小齿秃额阎甲 *G. nannetensis*
   缝线长，到达鞘翅中部 ··· 波氏秃额阎甲 *G. potanini*
   注：短胸秃额阎甲 *G. brevisternus* Lewis、烟秃额阎甲 *G. nidorum* Stockmann 和半缘秃额阎甲 *G. semimarginatus* Bickhardt 未包括在内。

(238) 短胸秃额阎甲 *Gnathoncus brevisternus* Lewis, 1907

Gnathoncus brevisternus Lewis, 1907a: 321 (China: Yunnan); Bickhardt, 1910c: 104 (catalogue);
  1916b: 104; Mazur, 1984b: 103 (catalogue); 1997: 213 (catalogue); 2011a: 175 (catalogue); Mazur in
  Löbl *et* Smetana, 2004: 92 (catalogue); Lackner *et al.* in Löbl *et* Löbl, 2015: 113 (catalogue).

描述根据 Lewis（1907a）整理：

体长 2.75 mm。体卵形，相当隆凸，黑色光亮；头前部微隆，几乎光滑，刻点细小稀疏；前胸背板侧面刻点清晰，中部刻点更细小，缘线于前面间断，小盾片前小窝清晰；鞘翅第 1-4 背线存在于基半部，内侧的背线渐短，第 4 背线于基部向鞘翅缝延伸形成钝齿形线，无缝线；臀板刻点细小，不密集；前胸腹板龙骨线较 *G. nannetensis* (Marseul) 和 *G. rotundatus* (Kugelann) 明显短而宽，且前面更显钝圆。

观察标本：未检视标本。

分布：云南。

(239) 迪斯秃额阎甲长缝亚种 *Gnathoncus disjunctus suturifer* Reitter, 1896（图 208）

Gnathoncus suturifer Reitter, 1896: 308 (Caucasus; stat. Olexa, 1992a: 46); Bickhardt, 1916b: 105
  (*Gnathoncus rotundatus* var. *suturifer*); Mazur, 1984b: 106 (catalogue); 1997: 214 (catalogue); 2011a:
  176 (catalogue); Mazur in Löbl *et* Smetana, 2004: 92 (China: Nei Mongol; catalogue); Lackner *et al.*
  in Löbl *et* Löbl, 2015: 113 (catalogue).

体长 2.43-2.55 mm，体宽 2.00-2.10 mm。体宽卵形，适度隆凸，深棕色，体表光亮，足、触角和口器红棕色。

头部额表面刻点大小适中且很密集，夹杂有细小刻点，口上片刻点略小；无额线。

前胸背板两侧略呈弓形向前收缩，端部 1/3 更明显，前缘凹缺部分中央平直，后缘中部呈钝角，两侧略前弓；缘线于侧面强烈隆起且完整，于前缘中部狭窄间断；表面中部刻点大小适中，较额表面刻点略大，较密集，夹杂有细小刻点，两侧刻点密集粗大，有时纵向相连；小盾片前区微凹，刻点密集粗大。

鞘翅两侧弧圆。外肩下线只存在于基部，内肩下线存在于中部略短于 1/3；斜肩线位于基部 1/4 且通常伴随一些细斜脊，因此看上去较粗糙；第 1-4 背线密集钝齿状，伴随密集刻点行，第 1 背线最长，后末端接近后缘，第 2 背线存在于基部 2/3，第 3 背线较第 2 背线短，略长于基半部，第 4 背线较第 3 背线略短，存在于基半部，第 5 背线为基部 1 短的弯曲的横线，有时与第 4 背线和缝线相连；缝线与第 1-4 背线相似，存在于基部 2/3 且后端渐远离鞘翅缝。鞘翅表面端部 2/3 具浅而密集的粗大刻点，基部 1/3 刻点变小，第 2 背线和缝线之间区域刻点稀疏细小。鞘翅缘折无凹窝；缘折缘线隆起且完整；缘折缘线和鞘翅缘线之间另有 1 条完整的线，此线与缘折缘线之间区域刻点稀疏，大小适中，与鞘翅缘线之间区域刻点密集粗大；鞘翅缘线完整，后端沿鞘翅后缘延伸达侧面 1/3。

前臀板刻点浅，大小适中，十分密集，基部刻点略小。臀板刻点密集粗大，横椭圆形，刻点后缘凹缺，顶端刻点略小。

前胸腹板前缘圆形，后缘中央微凹；龙骨表面扁平，略宽，具较稀疏的大小适中的刻点，夹杂有少量微小刻点，沿后缘光滑无刻点；龙骨线完整，略呈波状，前末端相连，后末端向后背离且不达后缘；前胸腹板侧线短，存在于前胸腹板中部 1/5。

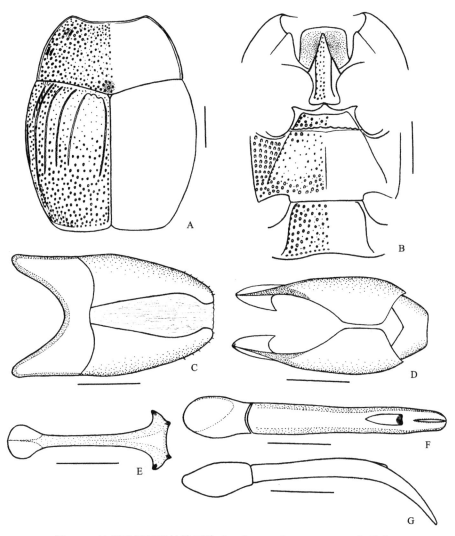

图 208　迪斯秃额阎甲长缝亚种 *Gnathoncus disjunctus suturifer* Reitter

A. 前胸背板和鞘翅（pronotum and elytra）；B. 前胸腹板、中-后胸腹板和第 1 腹节腹板（prosternum, meso- and metasterna and the 1st visible abdominal sternum）；C. 雄性第 8 腹节背板和腹板，腹面观（male 8th tergite and sternum, ventral view）；D. 雄性第 9、10 腹节背板，背面观（male 9th and 10th tergites, dorsal view）；E. 雄性第 9 腹节腹板，腹面观（male 9th sternum, ventral view）；F. 阳茎，背面观（aedeagus, dorsal view）；G. 同上，侧面观（ditto, lateral view）。比例尺（scales）：A, B = 0.5 mm, C-G = 0.25 mm

中胸腹板前缘双波状，有 1 强烈向前突出的中央突；缘线完整；表面具稀疏粗大的横向刻点，刻点间隙有少量微小刻点，中部刻点略小；中-后胸腹板缝不明显，伴随 1 粗糙钝齿状线。

后胸腹板基节间盘区中部刻点稀疏细小，前角处及沿后缘较宽的区域刻点粗大，大刻点间具细小刻点，沿侧线刻点较小；中纵沟只中部较清晰；后胸腹板侧线向后侧方延伸，伴随较密集的刻点行，到达近侧后角；侧盘区具浅而密集的、具刚毛的圆形大刻点；中足基节后线清晰，沿中足基节窝后缘延伸；后胸前侧片刻点较侧盘区的更大更密集。

第 1 腹节腹板基节间盘区刻点粗大，较密集，中部刻点略小，夹杂有细小刻点，侧面刻点粗大；腹侧线近于完整，不达后缘。

前足胫节略宽，外缘具 9 个刺，刺向基部变小，端部第 2 和第 3 个刺之间宽且深凹。

雄性外生殖器如图 208C-G 所示。

观察标本：1♀，KIRGIZIA-N [吉尔吉斯] of Bischkek, Tschu Valley, 1992.V.1, in Citellus burrow, P. Kanaar det., 1994; 1♂，KIRGIZIA-N of Bischkek, Tschu Valley, 1992.V.1, in Citellus burrow, P. Kanaar det., 1995。

分布：内蒙古；中亚，中欧和东欧。

讨论：迪斯秃额阎甲指名亚种 *G. disjunctus disjunctus* Solskiy 分布在中亚。

(240) 克氏秃额阎甲 *Gnathoncus kiritshenkoi* Reichardt, 1930 （图 209）

Gnathoncus kiritshenkoi Reichardt, 1930a: 302 (Uzbekistan); Mazur, 1984b: 104 (catalogue); 1997: 214 (catalogue); 2011a: 176 (catalogue); Mazur in Löbl *et* Smetana, 2004: 92 (China: Nei Mongol; catalogue); Lackner *et al.* in Löbl *et* Löbl, 2015: 114 (catalogue).

Gnathoncus unituberculatus Schleicher, 1930: 134; Reichardt, 1941: 373 (synonymized).

体长 1.97 mm，体宽 1.62 mm。体宽卵形，适度隆凸，棕色，体表光亮，足、触角和口器颜色较浅。

头部表面刻点大小适中，非常密集，混有微小刻点；无额线。

前胸背板两侧微呈弓形向前收缩，端部 1/3 更明显，前缘凹缺部分中央平直，后缘中部呈钝角，两侧直；缘线于侧面强烈隆起且完整，于前缘中部宽阔间断；表面刻点粗大，椭圆形，侧面密集，中部略稀疏，夹杂有细小刻点；中央有 1 向前弓弯的瘤状突起，突起的两侧强烈隆凸。

鞘翅两侧弧圆。外肩下线只存在于基部，内肩下线存在于侧面中部 1/2；斜肩线浅，位于基部 1/3，伴有短的斜向脊；第 1-4 背线长，钝齿状，第 1 背线最长，后末端接近后缘，第 2、3 背线存在于基部 2/3，第 4 背线略长于基半部，第 5 背线退化为基部 1 横向弯曲的短线；缝线于基部 1/3 不明显，但靠近小盾片有 1 弯曲的短线，于端部 2/3 清晰，伴随密集刻点，且向后较远离鞘翅缝，于端部 1/7 突然向鞘翅缝弯曲，端部 2/3 缝线内侧有 2 行密集的刻点行，最内侧刻点行具细线，与鞘翅缘线相连。鞘翅端部 2/3 刻点密集粗大，椭圆形，夹杂有微小刻点，沿后缘较宽区域刻点间有密集的纵向细纹，基部 1/3 刻点变小变稀，第 5 背线到缝线之间区域刻点更加细小。鞘翅缘折缘线隆起且完整；缘折缘线和鞘翅缘线之间另有 1 条清晰完整的线，此线与缘折缘线之间区域光滑，与鞘翅缘线之间区域粗糙，有 1 不明显的纵凹；鞘翅缘线隆起且完整，其前端向内弯曲，后端沿鞘翅后缘延伸至缝缘，然后向上弯折与缝线内侧的细线相连。

　　前臀板端半部刻点浅而密集，较粗大，基半部刻点更浅更小；刻点间隙有不规则的横纹。臀板刻点密集粗大，横椭圆形，刻点后缘凹缺，端部刻点变小。

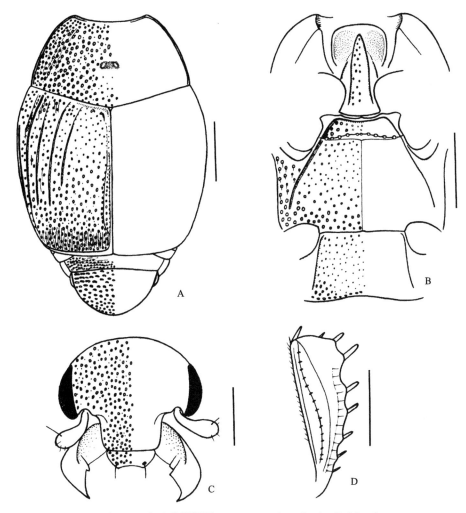

图 209　克氏秃额阎甲 *Gnathoncus kiritshenkoi* Reichardt

A. 前胸背板、鞘翅、前臀板和臀板（pronotum, elytra, propygidium and pygidium）；B. 前胸腹板、中-后胸腹板和第 1 腹节腹板（prosternum, meso- and metasterna and the 1st visible abdominal sternum）；C. 头（head）；D. 前足胫节，背面观（protibia, dorsal view）。比例尺（scales）：A, B = 0.5 mm, C, D = 0.25 mm

　　前胸腹板前缘圆形，后缘中部直；龙骨表面宽，平坦，刻点小，略密集，近后缘无刻点，具皮革纹；龙骨线隆起，略呈波状，前末端相连，后末端较远离后缘；前胸腹板侧线短，存在于前胸腹板中部 1/3。

　　中胸腹板前缘中央微凹，有 1 微弱的中央突；缘线完整；刻点略密集，两侧的较粗大，中部的细小；中-后胸腹板缝不明显，伴随 1 条由较密集的刻点形成的，中部前弓的钝齿状线。

　　后胸腹板基节间盘区强烈隆凸，刻点较密集且细小，近后缘刻点粗大；中纵沟细而清晰；后胸腹板侧线向后侧方延伸，到达近侧后角，内侧伴随 1 密集刻点行；侧盘区刻点稀疏粗大，具刚毛，内侧刻点细小；中足基节后线清晰，沿中足基节窝后缘延伸；后胸前侧片刻点较侧盘区刻点密集粗大。

　　第 1 腹节腹板基节间盘区刻点与后胸腹板基节间盘区的相似但更密集，后角处刻点略粗大；腹侧线几乎完整，不达后缘。

　　前足胫节略宽，外缘具 10 个长刺，刺向基部变小。

　　观察标本：1♀，W. Kasakhstan [哈萨克斯坦], Burrow of Citellus, 1933.V, Kolhakova leg., Kryzhanovskij det., 1966 (FMNH)。

　　分布：内蒙古；哈萨克斯坦，乌兹别克斯坦，蒙古，俄罗斯（亚洲和欧洲南部）。

(241) 小齿秃额阎甲 *Gnathoncus nannetensis* (Marseul, 1862)（图 210）

Saprinus nannetensis Marseul, 1862: 499 (France).

Gnathoncus nannetensis: Gemminger *et* Harold, 1868: 792; Reitter, 1896: 308; Auzat, 1917: 208; Roubal *et* Labler, 1933: 30 (*Gnathoncus rotundatus* var. *nannetensis*); Reichardt, 1941: 160, 162, 371; Hinton, 1945: 316 (key), 325; Stockmann, 1957: 60, 73; Witzgall, 1971: 166; Kryzhanovskij *et* Reichardt, 1976: 117; Mazur, 1984b: 104 (catalogue); 1997: 214 (catalogue); 2011a: 176 (catalogue); Vienna, 1980: 121; Hisamatsu, 1985b: 222; Yélamos *et* Ferrer, 1988: 177; Yélamos, 1990: 79; 2002: 248 (redescription, figures), 386; Ôhara, 1994: 215 (redescription, figures); Mazur in Löbl *et* Smetana, 2004: 92 (China: Guangdong; catalogue); Lackner *et al.* in Löbl *et* Löbl, 2015: 114 (catalogue).

Hister rotundatus: Hoffmann, 1803a: 87 (part.); Paykull, 1811: 77; Thomson, 1862: 242 (*Gnathoncus rotundatus*, nec Kugelann, 1792); Schmidt, 1885c: 317; Ganglbauer, 1899: 379; Reitter, 1904: 36; Reclaire *et* Wiel, 1936: 234; Reichardt, 1941: 162 (synonymized); Horion, 1949: 45.

Gnathoncus urganensis Reitter, 1896: 307; 1904: 36; Reichardt, 1941: 162 (synonymized).

Gnathoncus rotundatus var. *suturalis* Ganglbauer, 1899: 380; Bickhardt, 1916b: 105 (synonymized).

　　体长 2.64-3.12 mm，体宽 2.05-2.55 mm。体宽卵形，适度隆凸，黑色光亮，足、触角和口器暗红棕色，触角的端锤暗黄褐色。

　　头部刻点大小适中，深且稀疏，混有微小刻点；无额线。

　　前胸背板两侧略呈弓形向前收缩，端部 1/3 更明显，前缘凹缺部分中央平直，后缘中部呈钝角，两侧直；缘线隆起且完整；表面中部刻点大小适中，较稀疏，两侧刻点密集粗大且呈卵形，夹杂有微小刻点，沿后缘有 1 或 2 个大刻点行。

　　鞘翅两侧略弧圆，端部较宽。外肩下线只存在于基部，内肩下线存在于中端部 1/4；斜肩线位于基部 1/3 且通常伴随一些细斜脊，因此看上去较粗糙；第 1-4 背线密集钝齿状，第 1 背线最长，几乎完整，前 1/2 宽，后 1/2 细，第 2 背线存在于基部 2/3，第 3 背线较第 2 背线略短，第 4 背线较第 3 背线略短，第 5 背线为基部 1 弯曲的横向短线；缝线很短，通常存在于基部 1/6。鞘翅表面端部 1/2 或 3/5 有深的较密集的卵形刻点，与前胸背板基部刻点一样粗大；基部 1/2 或 2/5 刻点较前胸背板中部的更小更稀。鞘翅缘折无凹窝；缘折缘线细且完整；缘折缘线和鞘翅缘线之间另有 1 条完整的线，此线与缘折缘线之间区域光滑，偶尔具细小刻点，与鞘翅缘线之间区域具 1 行较粗大密集的刻点；鞘翅缘线完整，后端沿鞘翅后缘延伸到达鞘翅缝缘，然后向基部略有延伸。

前臀板刻点浅，较粗大，十分密集，与鞘翅近后缘刻点等大，刻点间隙有浅而细的不规则横纹。臀板刻点圆形或脐状，较前臀板刻点深，稀疏且略大，顶端刻点细小。

前胸腹板前缘圆形，后缘中部略凹缺；龙骨表面扁平，略宽，具稀疏且大小适中的刻点，沿后缘无刻点；龙骨线完整，略呈波状，其前末端汇聚处有 1 大而深的凹窝，后末端不达后缘；前胸腹板侧线短，存在于前胸腹板中部 1/3。

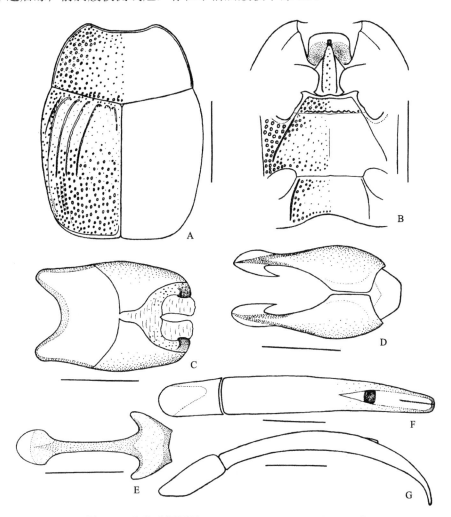

图 210　小齿秃额阎甲 *Gnathoncus nannetensis* (Marseul)

A. 前胸背板和鞘翅（pronotum and elytra）；B. 前胸腹板、中-后胸腹板和第 1 腹节腹板（prosternum, meso- and metasterna and the 1st visible abdominal sternum）；C. 雄性第 8 腹节背板和腹板，腹面观（male 8th tergite and sternum, ventral view）；D. 雄性第 9、10 腹节背板，背面观（male 9th and 10th tergites, dorsal view）；E. 雄性第 9 腹节腹板，腹面观（male 9th sternum, ventral view）；F. 阳茎，背面观（aedeagus, dorsal view）；G. 同上，侧面观（ditto, lateral view）。比例尺（scales）：A, B = 1.0 mm, C-E = 0.5 mm, F, G = 0.25 mm

中胸腹板前缘双波状，有 1 微弱的中央突；缘线完整；表面具稀疏粗大且具刚毛的圆形刻点，混有少量微小刻点，中部刻点略小；中-后胸腹板缝不明显，伴随 1 粗糙钝齿状线。

后胸腹板基节间盘区中部刻点稀疏细小且具刚毛，前角处刻点粗大，略密集，具刚毛，沿侧线刻点小，沿后缘刻点粗大，向中部渐小；后胸腹板侧线向后侧方延伸，内侧为钝齿状凹，到达近侧后角；侧盘区具浅而密集的具刚毛的圆形大刻点；中足基节后线不明显；后胸前侧片刻点较侧盘区的更密集。

第 1 腹节腹板基节间盘区中部刻点稀疏细小，侧面刻点粗大，略密集；侧线近于完整，不达后缘。

前足胫节略宽，外缘具 9 个刺，刺向基部变小，端部第 2 和第 3 个刺之间宽且深凹。雄性外生殖器如图 210C-G 所示。

观察标本： 1♂, 1♀, Côte d'or (21), Forêt de Jugny, 1984.IV.28, Nichoir de Hulotte, M. Seco det., 1992; 1♀, Bouches du Rhône (13), Roquevaire, 1977.VII.3, fumier de lapin, G. Moragues leg., M. Seco det., 1993; 2 exs. Eutre-2-Guiers, 1998.V.15, V. Planet leg., M. Seco det., 1992; 1♂, 1♀, FRANCE Dordogne, Cénac-St. Julien, 1974.VI.23-VII.15, P. Kanaar leg., in dung from rabbit-hutch, P. Kanaar det., 1975; 1♀, FRANCE Dordogne, Cénac-St. Julien, 1974.VI.23-VII.15, P. Kanaar leg., on/under dead duck, P. Kanaar det., 1975 (FMNH).

分布： 广东；几乎整个古北区。

讨论： 该种生活在尸体上，喜食粪便的种栖息地范围很广，它们可生活在腐烂的小鸡尸体上、猪和牛的粪便中，也发现于鸟类及某些鱼类的巢中（Mazur, 1981）。该种相对较大，与 *G. rotundatus* (Kugelann) 相似，但可通过臀板上刻点的不同形状，以及前胸腹板龙骨前端凹窝的存在将其区分开。

(242) 烟秃额阎甲 *Gnathoncus nidorum* Stockmann, 1957

Gnathoncus nidorum Stockmann, 1957: 76 (Finland, Sweden, France, Germany, Austria); Mazur, 1984b: 104 (catalogue); 1997: 215 (catalogue); 2011a: 176 (catalogue; China: Gansu); Mazur in Löbl *et* Smetana, 2004: 92 (China: Gansu; catalogue); Lackner *et al.* in Löbl *et* Löbl, 2015: 114 (catalogue).

观察标本： 未检视标本。

分布： 甘肃；蒙古，俄罗斯（西西伯利亚），芬兰，瑞典，法国，德国，奥地利，中欧。

(243) 波氏秃额阎甲 *Gnathoncus potanini* Reitter, 1896

Gnathoncus potanini Reitter, 1896: 308 (northwestern China); 1904: 36; Bickchardt, 1916b: 105 (*Gnathoncus rotundatus* var. *potanini*); Reichardt, 1941: 160, 163; Thérond, 1965: 33; Kryzhanovskij *et* Reichardt, 1976: 118; Mazur, 1984b: 104 (catalogue); 1997: 215 (catalogue); 2011a: 176 (catalogue); Mazur in Löbl *et* Smetana, 2004: 92 (China: Gansu; catalogue); Lackner *et al.* in Löbl *et* Löbl, 2015: 114 (catalogue).

描述根据 Reitter（1896）整理：

体拱圆形，黑色，足大多深棕色到黑色，触角和跗节玫瑰色；缝线几乎到达鞘翅中部，背线简单，小盾片周围刻点细小；臀板多少具较发达的刻点，刻点圆形，瞳孔状，不横长；体长 2.0-2.5 mm。

观察标本：未检视标本。

分布：甘肃；蒙古。

讨论：本种原始描述出现在检索表中。

(244) 圆秃额阎甲 *Gnathoncus rotundatus* (Kugelann, 1792)（图 211）

Hister rotundatus Kugelann, 1792: 304 (East Prussia); Erichson, 1834: 175 (*Saprinus*); Marseul, 1855: 503; 1862: t. XVII, fig. 3; 1873: 221 (subg. *Gnathoncus* in *Saprinus*).

Gnathoncus rotundatus: Jacquelin-Duval, 1858: 112; Fauvel in Gozis, 1886: 178 (key), 206; Reitter, 1896: 308; Lewis, 1915: 56 (China: Taihoku of Taiwan); Bickhardt, 1916b: 104; Auzat, 1917: 207; Reichardt, 1925a: 113 (Omsk, Altai); Mazur, 1984b: 105 (catalogue); 1997: 215 (catalogue); 2001: 30; 2011a: 176 (catalogue); Hisamatsu, 1985b: 222; Yélamos *et* Ferrer, 1988: 178; Ôhara, 1993b: 102; 1994: 220 (redescription, figures); 1999a: 118; Yélamos, 2002: 248 (redescription, figure), 386; Mazur in Löbl *et* Smetana, 2004: 92 (China: Gansu; catalogue); Lackner *et al.* in Löbl *et* Löbl, 2015: 114 (catalogue).

Hister pygmaeus: DeGeer, 1774: 344 (nec Linnaeus, 1758); Hoffmann, 1803a: 87 (synonymized).

Hister nanus Scriba, 1790: 73; Reichardt, 1941: 159, 161, 191, 370 (*Gnathoncus*); Hinton, 1945: 316 (key), 322 (redescription); Stockmann, 1957: 69 (figures, redescription); Thérond, 1962: 62; Witzgall, 1971: 166 (figure); Mazur, 1973a: 27; Kryzhanovskij *et* Reichardt, 1976: 116; Vienna, 1980: 120; Hisamatsu, 1985b: 222; Hoffmann, 1803a: 87 (synonymized, the synonymy verified by Mazur, 1984b: 105).

Hister punctatus: Thunberg, 1794: 64; Paykull, 1798: 49; Hoffmann, 1803a: 87 (synonymized).

Hister quadristriatus Thunberg, 1794: 65; Kanaar, 1980: 63 (synonymized).

Hister piceus Marsham, 1802: 97; Stephens, 1830: 157 (synonymized).

Hister conjugatus Illiger, 1807: 42; Erichson, 1834: 175 (synonymized).

Saprinus procerulus Erichson, 1834: 175.

Dendrophilus rotundatus var. *quinquestriatus* Dejean, 1837: 143 (nom. nud.).

Saprinus deletus J. E. LeConte, 1844: 186; J. L. LeConte, 1861: 77 (synonymized).

Gnathoncus punctulatus Thomson, 1862: 242; Schmidt, 1885c: 318; Fauvel in Gozis, 1886: 179 (key), 206; Reitter, 1896: 306 (synonymized); 1904: 35; Ganglbauer: 1899: 380; Reclaire *et* Wiel, 1936: 233; Horion, 1949: 45.

Saprinus ignobilis Wollaston, 1864: 173; Schmidt, 1895: 177 (synonymized).

Saprinus wollastoni Marseul, 1864b: 353 (emend.).

Tribalus quadristriatus Wollaston, 1869: 310; Lewis, 1886: 280 (synonymized).

Gnathoncus rotundatus var. *punctulatus*: Reitter, 1896: 306.

Gnathoncus rotundatus var. *subsuturalis* Reitter, 1896: 307.

Gnathoncus punctulatus var. *pygidialis* Ganglbauer, 1899: 380.

Gnathoncus ovulatus Casey, 1916: 256; Mazur, 1997: 215 (synonymized).

Gnathoncus ovatulus [sic!]: Mazur, 1984b: 104.

体长 2.33-2.39 mm，体宽 1.84-1.88 mm。体宽卵形，黑色或深棕色，体表光亮，胫节、下颚和触角暗褐色，触角的端锤砖红色。

头部额表面刻点大小适中，较稀疏，夹杂有细小刻点，口上片刻点较额部的略小略密；无额线。

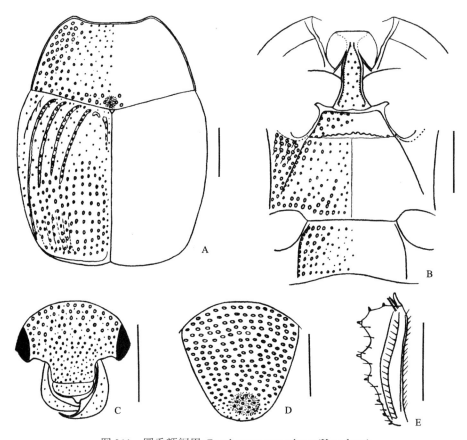

图 211 圆秃额阎甲 *Gnathoncus rotundatus* (Kugelann)

A. 前胸背板和鞘翅（pronotum and elytra）；B. 前胸腹板、中-后胸腹板和第 1 腹节腹板（prosternum, meso- and metasterna and the 1st visible abdominal sternum）；C. 头（head）；D. 臀板（pygidium）；E. 前足胫节，背面观（protibia, dorsal view）。比例尺（scales）：0.5 mm

前胸背板两侧微呈弓形向前收缩，端部 1/4 更明显，前缘凹缺部分中央直，后缘中部呈钝角，两侧较直；缘线微隆、完整；表面刻点稀疏粗大，夹杂有细小刻点，侧面和基部刻点较密且更大；小盾片前区微凹，刻点大而密。

鞘翅两侧弧圆。外肩下线只存在于基部，内肩下线存在于中端部 1/4；斜肩线浅，位于基部 1/3，常伴有细小的斜向脊；第 1-4 背线密集钝齿状，伴随密集刻点行，第 1 背线长，存在于基部 3/4，第 2 到第 4 背线存在于基半部，第 5 背线退化为基部 1 横向短曲线；缝线存在于基部 1/4，有时更短。鞘翅表面端部 1/2 或 2/3 刻点稀疏粗大，纵长椭圆形，基部 1/2 或 1/3 刻点细小稀疏，端部具密集的纵脊，沿后缘的窄带无刻点。缘折平坦；缘折缘线细且完整；缘折缘线和鞘翅缘线之间另有 1 条清晰完整的线，此线与缘折缘线之间区域光滑，偶有细小刻点，与鞘翅缘线之间区域有 1 大刻点行；鞘翅缘线隆起且完整，其前端向内弯曲，后端沿鞘翅后缘延伸到达缝缘，然后向基部弯折。

前臀板端半部刻点横椭圆形，刻点后缘常凹缺，密集粗大，基半部刻点变小变稀；刻点之间有细小而不规则的横纹，端半部的较深。臀板刻点横椭圆形，刻点后缘常凹缺，密集粗大，端部刻点变细小。

前胸腹板前缘圆形，后缘中央微凹；龙骨表面宽，平坦，刻点小而稀疏；龙骨线完整，波状，前末端相连或不相连，后末端接近后缘；前胸腹板侧线短，存在于前胸腹板中部 1/3。

中胸腹板前缘略呈双波状，有 1 微弱的中央突；缘线完整，强烈隆起；表面刻点圆形，稀疏粗大，夹杂有细小刻点，中部刻点略小；中-后胸腹板缝不明显，伴随 1 粗糙钝齿状线。

后胸腹板基节间盘区刻点小，稀疏，沿后缘及侧线刻点粗大且较密集；中纵沟细，不很明显；后胸腹板侧线向后侧方延伸，伴随 1 密集刻点行，到达近侧后角；侧盘区刻点密集，大而圆，具刚毛，刻点向后变密；中足基节后线不明显，沿中足基节窝后缘延伸；后胸前侧片刻点较侧盘区的更密更大。

第 1 腹节腹板基节间盘区刻点均匀粗大，纵长椭圆形，向中部变小，夹杂有微小刻点；腹侧线近于完整，不达后缘。

前足胫节略宽，外缘具 8 个刺，端部第 3 和第 4 个刺之间深凹。

观察标本：2♀, Y. Miwa det. (无其他信息，应属于 T. Shiraki 收藏的台湾标本)。

分布：甘肃、台湾；除澳洲区的其他各区均有分布。

讨论：该种曾记载发现于未加工粮食仓库、多种鸟类的巢中（Joy，1909；Auzat，1917）、腐肉（Auzat，1917；Reichardt，1941），尤其是鸟类的尸体上（Auzat，1917；Reichardt，1941），偶尔发现于骨头（Donisthorpe，1939）、粪便和腐烂的植物中（Reichardt，1941）。

(245) 半缘秃额阎甲 *Gnathoncus semimarginatus* Bickhardt, 1920

Gnathoncus semimarginatus Bickhardt, 1920b: 29 (China); Mazur, 1984b: 106 (catalogue); 1997: 215 (catalogue); 2011a: 176 (catalogue); Mazur in Löbl *et* Smetana, 2004: 92 (catalogue); Lackner *et al.* in Löbl *et* Löbl, 2015: 114 (catalogue).

描述根据 Bickhardt（1920b）整理：

体长 3 mm。体卵形，隆凸，体表光滑，黑色，触角沥青色，触角的端锤具浅灰色绒毛。额表面具刻点，侧面有略清晰的缘边。前胸背板发达，表面具小刻点；缘线细而浅，于前缘中部间断，于两侧仅存在于端部，后端几乎不达中部。鞘翅背线小钝齿状，第 1 背线近于完整，后端短缩，第 2-4 背线均超过鞘翅中部，第 5 背线和缝线短，存在于基部，外肩下线短，存在于基部，内肩下线宽阔间断。臀板较隆凸，具发达而密集的刻点。前胸腹板具刻点。中胸腹板前缘双波状，缘线细且完整，中-后胸腹板缝深，小钝齿状，近于弓形。前足胫节外缘具 5 个小齿。

观察标本: 未检视标本。

分布: 中国。

59. 腐阎甲属 *Saprinus* Erichson, 1834

Saprinus Erichson, 1834: 172; Lacordaire, 1854: 274; Marseul, 1855: 327; Jacquelin-Duval, 1858: 111; Thomson, 1862: 235; Schmidt, 1885c: 302; Fauvel in Gozis, 1886: 169 (remark, key of groups); Ganglbauer, 1899: 380; Reitter, 1909: 290, 291; Bickhardt, 1910c: 89; 1916b: 82, 84; 1921: 109; Jakobson, 1911: 641, 649; Peyerimhoff, 1936: 223; Reichardt, 1941: 156, 176; Wenzel in Arnett, 1962: 374, 380; Dahlgren, 1962: 237; 1964: 152; 1967: 213; 1968a: 82; 1968b: 255; 1969a: 257; Witzgall, 1971: 168; Kryzhanovskij *et* Reichardt, 1976: 125; Mazur, 1976: 703 (note); 1984b: 44 (catalogue); 1997: 218 (catalogue); 2001: 31; 2011a: 178 (catalogue); Yélamos *et* Ferrer, 1988: 166; Ôhara, 1994: 226; 1999a: 119; Ôhara *et* Paik, 1998: 28; Yélamos, 2002: 255 (character, key), 387; Mazur in Löbl *et* Smetana, 2004: 96 (catalogue); Mazur *et al.*, 2005: 1 (Thailand; key); Lackner *et al.* in Löbl *et* Löbl, 2015: 121 (catalogue). **Type species:** *Hister nitidulus* Fabricius, 1801 (= *Hister semistriatus* Scriba, 1790). Designated by Westwood, 1840: 22.

Plesioprinus Houlbert *et* Monnot, 1923: 72 (nom. nud.); Cooman, 1947: 428 (synonymized). **Type species:** *Hister maculatus* Rossi, 1792.

Syrinus Erichson, 1841: 152. **Type species:** *Hister cruciatus* Fabricius, 1792.

体较大,颜色各异,宽卵形,隆凸。头部相对较小,有额线;上唇横宽,前缘中央凹缺或前缘弧圆,通常具 2 根刚毛;上颚粗壮,弯曲;触角有特殊的感觉区,通常位于腹面,叫作"Reichardt 器"。前胸背板的刻点区形状多变;缘线完整;前角钝圆。小盾片小,三角形。鞘翅第 1-4 背线深刻,端部短缩,第 5 背线无,第 4 背线和缝线通常于基部相连,缝线完整或基部短缩,刻点区通常具皱纹,其他区域光滑。前臀板横宽,臀板扇形,顶端圆。前胸腹板龙骨相对较宽,龙骨线存在于两侧,顶端相连或不相连;不具端前小窝。中胸腹板缘线完整;中-后胸腹板缝通常伴随 1 粗糙钝齿状线或刻点行,有时刻点行不明显。雄性后胸腹板中部凹陷。前足胫节加宽,前足胫节跗节沟界限明显,跗节的腹面通常具软毛。雄性第 8 腹节具强烈骨化的区域且顶端具长的毛刺,阳茎通常细长,弯曲。

大多数种类适应干燥的环境,可见于开阔地,只有少部分生活在森林区或者沙漠中(包括一些严格专性生活的沙生种类);它们主要生活在腐肉和粪便中,有一些种类生活在啮齿动物的洞穴中或被其他昆虫侵袭的植物中;主要捕食双翅目昆虫的幼虫(Mazur, 2001; Yélamos, 2002)。

分布: 各区。

该属世界记录 2 亚属 150 余种,中国记录 2 亚属 31 种及亚种。

亚属和种检索表

1. 前胸腹板龙骨窄,隆凸,龙骨线在距离龙骨前缘较远的位置相连(**狭胸阎甲亚属 *Phaonius***) ……

注：阿登腐阎甲 *S. (S.) addendus* Dahlgren、中央腐阎甲 *S. (S.) centralis* Dahlgren、缓腐阎甲 *S. (S.) dussaulti* Marseul、喜马拉雅腐阎甲 *S. (S.) himalajicus* Dahlgren、斯博腐阎甲 *S. (S.) spernax* Marseul 和淡黑腐阎甲 *S. (S.) subcoerulus* Thérond 未包括在内。

34) 狭胸阎甲亚属 *Phaonius* Reichardt, 1941

Phaonius Reichardt, 1941: 188; Kryzhanovskij *et* Reichardt, 1976: 135; Mazur, 1984b: 44 (catalogue); 1997: 218 (catalogue); Yélamos *et* Ferrer, 1988: 166; Yélamos, 2002: 257, 387; Mazur in Löbl *et* Smetana, 2004: 97 (catalogue); Lackner *et al.* in Löbl *et* Löbl, 2015: 121 (catalogue). **Type species:** *Saprinus pharao* Marseul, 1855. Original designation.

(246) 法老腐阎甲 *Saprinus (Phaonius) pharao* Marseul, 1855（图 212）

Saprinus pharao Marseul, 1855: 399 (Egypt, Syria); Schmidt, 1885c: 304; Bickhardt, 1916b: 92; Reichardt, 1936: 6 (S. W. Mongolei); 1941: 177; Thérond, 1962: 62; 1963: 67; 1964: 187; Dahlgren, 1968a: 87; Kryzhanovskij *et* Reichardt, 1976: 135; Mazur, 1984b: 45 (West China; catalogue); 1997: 218 (catalogue); 2011a: 178 (catalogue); Yélamos *et* Ferrer, 1988: 166; Yélamos, 2002: 257 (redescription, figure), 387; Mazur in Löbl *et* Smetana, 2004: 97 (catalogue); Lackner *et al.* in Löbl *et* Löbl, 2015: 121 (catalogue).

Saprinus aethiops Gemminger *et* Harold, 1868: 789 (nom. nud.).

体长 4.40-5.70 mm，体宽 3.61-5.03 mm。体宽卵形且强烈隆凸，体表光亮，黑色或深棕色，跗节、前足胫节和触角的索节深红棕色，有时中足、后足胫节也为深红棕色，触角的端锤黄褐色或深褐色。

头部额表面不光滑，基半部刻点略密集，两侧的粗大，向中部略小，头顶中央有时有 1 深的圆形大刻点，端半部刻点稀疏，与基部两侧大刻点相似，但较浅，具略密集的横纹，口上片刻点较额表面刻点小，略密集，具密集的横纹；额线微隆，侧面完整但不明显，前端中央宽阔间断。

前胸背板两侧微呈弓形向前收缩，前端 1/5 剧烈向前收缩，前缘凹缺部分中央较直，后缘呈双波状，前背折缘及前缘具长毛；缘线隆起且完整；前胸背板两侧具略密集的圆形大刻点，夹杂有细小刻点，向基部刻点略小，内侧刻点更小，沿后缘有 2、3 行排列不规则的大刻点（两侧边缘刻点行消失，中部 1/5 无大刻点，仅有稀疏的小刻点），小盾片前区有 1 纵长凹窝，其余区域光滑，刻点稀疏细小；复眼后区域略深凹。

鞘翅两侧弧圆。外肩下线和内肩下线常缺失；斜肩线位于基部 1/3 且离第 1 背线较远；第 1-4 背线略深，较平滑，第 3 背线最长，后末端不达基半部，第 1、2 背线约等长，存在于基部 1/3，之间有纵向短线，第 1 背线粗糙，有时伴随大刻点行，第 4 背线最短，中间常间断，基部常短缩，后末端到达基部 1/3，第 5 背线无；缝线略浅，基部 1/4（有时 1/3）短缩。鞘翅第 3 背线到鞘翅缝之间区域刻点稀疏细小，其余区域具略密集的圆形大刻点，与前胸背板两侧大刻点相似或略小，夹杂有细小刻点，背线之间刻点较小，外缘及沿鞘翅后缘刻点更小。鞘翅缘线和缘折缘线之间区域基部宽，端部微凹，具纵长椭圆形大刻点，较鞘翅表面大刻点小，基部较宽区域刻点密集，端部微凹部分刻点稀疏，大致成 2 行，夹杂有较小的刻点，鞘翅缘线内侧基部 1/3 光滑，中部 1/3 刻点稀疏且较小，端部 1/3 刻点较大；缘折缘线细且完整；鞘翅缘线隆起且完整，前末端向内弯曲，后端沿鞘翅后缘延伸，于缝缘处与缝线相连。

前臀板密布浅的横向大刻点，刻点后缘内凹，较鞘翅盘区大刻点略大，夹杂有细小刻点，两侧刻点最密，沿前缘刻点变小，刻点间隙且具浅而细的不规则皮革纹。臀板中部强烈隆凸，侧缘隆起，后缘有时低平；表面密布横向椭圆形大刻点，较前臀板大刻点略小略深，夹杂有细小刻点，向中部略稀，端部 1/3 刻点圆形，略小，刻点间隙有细而浅的皮革纹。

前胸腹板前缘中部微凹；前胸腹板龙骨窄，具稀疏细小的刻点，最端部刻点略密，最基部刻点略大；龙骨腹面侧面观基半部平，端半部剧烈向前降低；龙骨线完整，中部相互靠近且近于平行，基部向后背离，端部略向前背离然后汇聚并相连；前胸腹板侧线强烈隆起，其前末端达龙骨端部 1/6。

中胸腹板前缘中部微凹；缘线完整；表面刻点稀疏细小，侧面沿缘线及端部中央刻点略大；中-后胸腹板缝较清晰，较直，有时于中间成角，不伴随粗糙钝齿状线或刻点行。

后胸腹板基节间盘区光滑，沿后足基节窝前缘刻点密集粗大，向内侧刻点变小；中纵沟深；后胸腹板侧线向后侧方延伸，到达近后足基节窝前缘；侧盘区密布横向椭圆形或月牙形大刻点，具较长刚毛，夹杂有细小刻点，向端部刻点略稀；中足基节后线沿中足基节窝后缘延伸，末端剧烈向后弯曲；后胸前侧片刻点密集，半圆形或圆形，较后胸腹板侧盘区刻点小而浅，夹杂有小刻点，内侧刻点具长刚毛，最后端刻点小而稀疏。

第 1 腹节腹板基节间盘区边缘刻点粗糙，沿前缘两侧刻点较后胸腹板后足基节窝前缘刻点略小略浅，前缘中部刻点小且稀少，沿侧线刻点略小，后角处刻点月牙形或斜向长椭圆形，沿后缘有 1 行略小的刻点，表面中部刻点稀疏细小；腹侧线后端不达后缘。

前足胫节宽，外缘具 11 个刺，端部 4 个和基部 3 个较小。

雄性外生殖器如图 212E-I 所示。

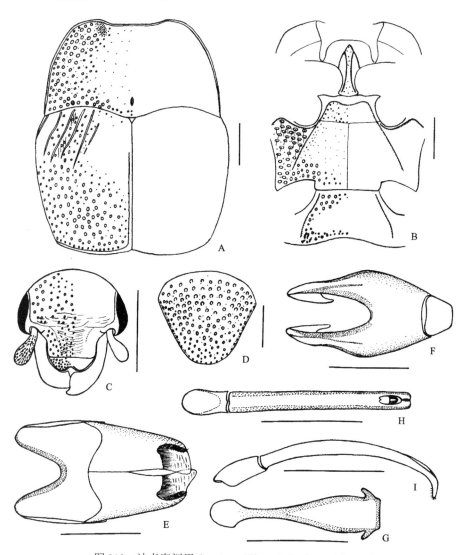

图 212 法老腐阎甲 *Saprinus (Phaonius) pharao* Marseul

A. 前胸背板和鞘翅（pronotum and elytra）；B. 前胸腹板、中-后胸腹板和第 1 腹节腹板（prosternum, meso- and metasterna and the 1st visible abdominal sternum）；C. 头（head）；D. 臀板（pygidium）；E. 雄性第 8 腹节背板和腹板，腹面观（male 8th tergite and sternum, ventral view）；F. 雄性第 9、10 腹节背板，背面观（male 9th and 10th tergites, dorsal view）；G. 雄性第 9 腹节腹板，腹面观（male 9th sternum, ventral view）；H. 阳茎，背面观（aedeagus, dorsal view）；I. 同上，侧面观（ditto, lateral view）。

比例尺（scales）：1.0 mm

观察标本：1♂, IRAN (伊朗): Mazandaran, 80 km, NNE Gorgan, 1963.VI.5-9, L. H. Herman leg., S. Mazur det., 1995; 2 号，内蒙古杭锦旗，1270-1340 m，羊尸体手抓，

1999.VIII.5，周红章采；1 号，内蒙古伊金霍洛旗石灰庙，1340 m，羊尸体手抓，1999.VIII.8，周红章采；1 号，新疆且末，1080 m，1960.IV.26，王书永采；1♂，新疆婼羌米蘭，900 m，1960.V.1，王书永采。

分布：内蒙古、新疆；蒙古，中亚，西亚，欧洲和地中海地区。

35) 腐阎甲亚属 *Saprinus* Erichson, 1834

(247) 阿登腐阎甲 *Saprinus* (*Saprinus*) *addendus* Dahlgren, 1964

Saprinus addendus Dahlgren, 1964: 162 (Central Asia?); Mazur, 1984b: 45 (catalogue); 1997: 218 (catalogue); Mazur in Löbl *et* Smetana, 2004: 97 (China: Xinjiang; catalogue); Lackner *et al.* in Löbl *et* Löbl, 2015: 121 (catalogue).

观察标本：未检视标本。
分布：新疆；中亚。

(248) 埃腐阎甲 *Saprinus* (*Saprinus*) *aeneolus* Marseul, 1870（图 213；图版 II：3）

Saprinus aeneolus Marseul, 1870: 111 (China: Shanghai); Schmidt, 1884c: 154; Bickhardt, 1910c: 90; 1916b: 85; Mazur, 1976: 705; 1984b: 46 (catalogue); 1997: 219 (catalogue); 2011a: 179 (catalogue); Kapler, 1993: 30 (Russia); ESK *et* KSAE, 1994: 136 (Korea); Ôhara *et* Paik, 1998: 28; Mazur in Löbl *et* Smetana, 2004: 97 (catalogue); Lackner *et al.* in Löbl *et* Löbl, 2015: 121 (catalogue).

Saprinus turkestanicus Schmidt in Heyden *et* Kraatz, 1886: 185 (Namagan; Turkestan); Bickhardt, 1913c: 701; Reichardt, 1930c: 13 (*Saprinus aeneus turkestanicus*); 1941: 187, 251; Thérond, 1962: 64; 1978: 238; Dahlgren, 1967: 214 (synonymized); Mazur, 1976: 705 (*Saprinus aeneolus turkestanicus*); Kryzhanovskij *et* Reichardt, 1976: 177.

Saprinus schmidtianus Reitter, 1887: 218 (Oasis Tscherschen, Oasis Nia and Keria, in Central-Asien); Reichardt, 1941: 187, 252; Dahlgren, 1967: 214 (synonymized); Kryzhanovskij *et* Reichardt, 1976: 179.

体长 2.81-3.76 mm，体宽 2.45-3.31 mm。体较小，宽卵形，隆凸，黑色光亮，胫节、跗节、口器和触角的索节深红棕色。

头部额表面密布不规则的小刻点，后端刻点略大，口上片刻点更密集；额线细，微弱隆起，于侧面完整，于前面中央宽阔间断，偶尔在额和口上片之间有 1 明显的凹痕。

前胸背板两侧微呈弓形向前收缩，前端 1/5 剧烈向前收缩，前缘凹缺部分略呈双波状，后缘呈双波状；缘线隆起、完整，后末端接近但不达后缘；前胸背板两侧密布粗大的略呈纵长椭圆形的刻点，沿后缘有 2 行大刻点，靠近后缘的 1 行密集且呈纵长椭圆形，与前胸背板两侧大刻点等大，另 1 行刻点较小且稀疏，排列不规则，沿侧缘及前缘两侧具密集的小刻点，中部刻点较稀疏细小；复眼后区域微凹。

鞘翅两侧弧圆，肩部略突出。外肩下线只存在于基部，内肩下线存在于侧面中部 1/4；斜肩线粗糙，没有明显的边缘，通常位于基部 1/3；第 1 背线较细且粗糙，位于基部略短于 1/2，其两侧有密集且粗糙的纵向短线，第 2 背线深，粗糙钝齿状，具稀疏的刻点，位于基部略长于 1/2，第 3 背线极短，通常由几个刻点形成，第 4 背线深，粗糙钝齿状，具密集的刻点，第 4 背线基部向内弓弯；缝线深，略细，粗糙钝齿状，具较稀疏的刻点，通常于端部 2/3 清晰，基部 1/3 缺失或为微弱的细线与第 4 背线相连，有时清晰完整。鞘翅端部 1/3（于第 4 背线到第 2 背线之间向基部延伸）密布粗大刻点，第 2 背线和第 4 背线延长线之间刻点最密集，偶尔纵向相连，第 4 背线延长线和缝线之间的刻点略稀疏且略大，第 2 背线及其延长线外侧到斜肩线，内肩下线之间的刻点略小略稀，斜肩线外侧、第 2 背线和缝线基部之间、沿缝缘的窄带及沿后缘的窄带光滑，刻点稀疏细小。鞘翅缘折中部微凹，靠近鞘翅缘线有一些粗大刻点，较鞘翅表面大刻点略小；缘折缘线细且完整；鞘翅缘线隆起且完整，具粗糙刻点行，其前末端向内弯曲，后端沿鞘翅后缘延伸，到达缝缘处并与缝线相连。

前臀板刻点浅，略粗大，很密集。臀板刻点深，较前臀板的略大略稀，刻点向后略变小。

前胸腹板前缘直；前胸腹板龙骨略宽略隆凸，刻点稀疏细小；龙骨腹面侧面观呈微弱的波状，基半部略凸出，端半部略降低，但顶端升高；龙骨线前端 1/5 向前分离，前末端靠近前缘，向内弯曲但不相连，中部几乎平行但微弱向后分离，后端 1/5 明显向后分离；前胸腹板侧线强烈隆起，其前末端靠近龙骨线，达龙骨端部 1/10。

中胸腹板前缘中部微凹；缘线完整，粗糙钝齿状，具刻点，后末端接近但不达中-后胸腹板缝；表面具稀疏小刻点，侧面及前角处刻点略粗大；中-后胸腹板缝细而浅，中部略向前弓弯，伴随 1 较密集刻点行形成的粗糙钝齿状线。

后胸腹板基节间盘区刻点稀疏细小，沿后缘有一些粗大刻点，刻点向中间变稀甚至消失；中纵沟浅；后胸腹板侧线向后侧方延伸，存在于基部 3/4；侧盘区具密集的圆形大刻点，大刻点间具小刻点，端部刻点略小；后胸前侧片刻点较后胸腹板侧盘区刻点略小略密。

第 1 腹节腹板基节间盘区侧面刻点粗大，较密集，前角处刻点最大，与后胸腹板基节间盘区后缘刻点相似，向后略小，沿后缘有 1 行略小的刻点，其他区域刻点稀疏细小，较后胸腹板基节间盘区小刻点更小；腹侧线后末端接近后缘。

前足胫节外缘具 8-10 个齿，齿向基部变小。

雄性外生殖器如图 213D-H 所示。

观察标本：1♂, CHINA: PEKING (北京): 10 m N. Peking, Ching R. Br., 1980.VII.29, B. M. 1980-491, P. M. Hammond, P. Kanaar det., 1985 (BMNH); 1 ex.（小签内容无法辨认），1991.VII.22, Slastny leg., S. Mazur det., 1995; 1 号，北京朝阳大屯，死耗子，1998.VI.15，周红章采; 1 号，北京海淀蓝靛厂，1997.V.16，周海生采; 2 号，北京小龙门，1140 m，羊肉诱，2000.VI.20-VII.2，于晓东采; 1 号，北京清河，1995.IV.28，杨玉璞采; 1♂，北京房山，1995，杨玉璞采; 1 号，北京，1952.III.10; 1 号，北京，1952.IV.1; 1♂, 3 exs., Peiping (北京); 1♀, 1 ex., Fan Inst. Biol. Peiping, 北平, Hopei, Ho Chi (何琦), 1932.VIII.13; 1♂, 5♀, Musee Heude, Prov. Hopeh, Sienhsien (河北献县); 1 号，山西繁峙西留属之东，800 m, 1962.IX.4，陈永林、龙庆成采; 1 号，宁夏海原，1989.V.30，任国栋采; 4 exs.,

Tienliin, 1929.IX.26；1 号，黑龙江哈尔滨，1943.V.3；2 号，台湾，Kuraru, 1933.V.23, Y. Miwa leg.。

分布：北京、河北、山西、黑龙江、内蒙古、上海、甘肃、宁夏、四川、台湾；蒙古，俄罗斯（远东），朝鲜半岛，喜马拉雅山脉，印度北部，吉尔吉斯斯坦，西亚。

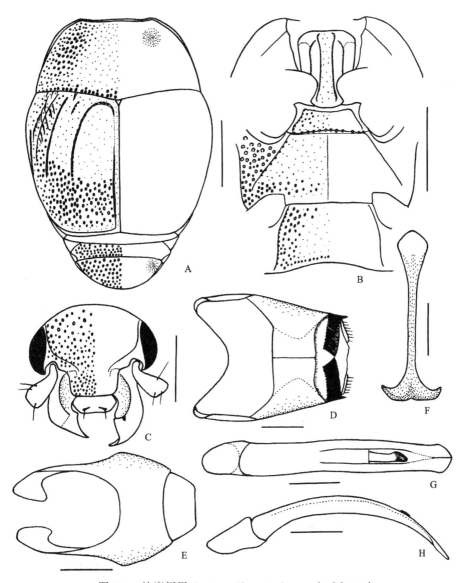

图 213　埃腐阎甲 *Saprinus* (*Saprinus*) *aeneolus* Marseul

A. 前胸背板、鞘翅、前臀板和臀板（pronotum, elytra, propygidium and pygidium）；B. 前胸腹板、中-后胸腹板和第 1 腹节腹板（prosternum, meso- and metasterna and the 1st visible abdominal sternum）；C. 头（head）；D. 雄性第 8 腹节背板和腹板，腹面观（male 8th tergite and sternum, ventral view）；E. 雄性第 9、10 腹节背板，背面观（male 9th and 10th tergites, dorsal view）；F. 雄性第 9 腹节腹板，腹面观（male 9th sternum, ventral view）；G. 阳茎，背面观（aedeagus, dorsal view）；H. 同上，侧面观（ditto, lateral view）。比例尺（scales）：A, B = 1.0 mm, C = 0.5 mm, D-H = 0.25 mm

(249) 双斑腐阎甲 *Saprinus (Saprinus) biguttatus* (Steven, 1806)（图 214；图版 II：4）

Hister biguttatus Steven, 1806: 159 (South Russia); Paykull, 1811: 51; Fischer, 1824: 207.

Saprinus biguttatus: Erichson, 1834: 176; Marseul, 1855: 366; Schmidt, 1885c: 303; Bickhardt, 1910c: 92 (catalogue); 1916b: 86; Jakobson, 1911: 649; Reichardt, 1941: 178, 196; Thérond, 1964: 187; Dahlgren, 1968a: 87; 1969a: 265; Kryzhanovskij *et* Reichardt, 1976: 140; Mazur, 1976: 706; 1984b: 47 (West China; catalogue); 1997: 220 (catalogue); 2011a: 180 (catalogue); Mazur in Löbl *et* Smetana, 2004: 97 (China: Gansu, Jilin; catalogue); Lackner *et al.* in Löbl *et* Löbl, 2015: 122 (catalogue).

体长 4.03-5.26 mm，体宽 3.55-4.77 mm。体宽卵形且强烈隆凸，体表光亮，黑色带不明显的彩色金属光泽，跗节、前足胫节和触角的索节深红棕色，触角的端锤深褐色，鞘翅端部 1/4-1/2 的中部（略超出中部 1/5）各有 1 略小的圆形黄褐色斑。

头部额表面不光滑，基半部刻点密集粗大，头顶中央有 1 较深的圆形大刻点，其周围刻点略稀疏，端半部刻点略小略浅，不太明显，刻点间有密集的不规则的短纹，口上片更粗糙，刻点不明显，具密集的不规则的短纹；额线强烈隆起，侧面完整，前端向口上片延伸且向前汇聚，末端接近口上片前缘。

前胸背板两侧微呈弓形向前收缩，前端 1/4 或 1/5 剧烈向前收缩，前缘凹缺部分中央较直，后缘呈双波状；前背折缘具密集的长毛；缘线强烈隆起，到达后缘且通常于后角处向内弯折；前胸背板两侧密布粗大较浅的圆形刻点，有时相连形成纵向短皱纹，偶尔夹杂有小刻点，大刻点区由基部到端部几乎等宽，沿后缘有 2-3 行排列不规则的大刻点（两侧 1/8 无大刻点行，小盾片前区周围刻点变小而稀少），与侧面刻点相似，小盾片前区有 1 略呈长椭圆形的略浅略大的刻点，鞘翅中部宽阔的区域光滑，刻点细小，略密集；复眼后区域略深凹。

鞘翅两侧略弧圆，肩部较突出。外肩下线只存在于基部，内肩下线存在于基部 1/4-1/2 之间，通常末端略有延伸，此线常间断；斜肩线粗糙，位于基部 1/3，其内侧常有密集而粗糙的纵向短皱纹；第 1-4 背线略深，有稀疏或略密集的刻点行，外侧边缘略光滑，几乎等长，存在于基部不足 1/2，有时其中 1 条或 2 条略短，第 1 和第 2 背线之间有密集的纵向短线，第 5 背线无；缝线略细略浅，伴随略密集刻点行，通常完整，与第 4 背线相连，有时基部与第 4 背线相连处间断。鞘翅端部 1/2（有时超出 1/2），以及第 2 背线外侧区域具略密集的大刻点，较前胸背板大刻点略小，夹杂有细小刻点，近缝缘线及后缘较宽的区域刻点变小变稀，第 2-4 背线之间基部（有时从基部到端部）刻点略粗糙，但较小，其余区域刻点稀疏细小。鞘翅缘折中部深凹，鞘翅缘线和缘折缘线之间刻点稀疏细小，深凹部分刻点略大，鞘翅缘线内侧区域刻点粗大，略密集，较鞘翅表面大刻点略小；缘折缘线细且完整；鞘翅缘线隆起且完整，伴随 1 略密集的粗大刻点行，前末端向内弯曲，后端沿鞘翅后缘延伸，于缝缘处与缝线相连。

前臀板具密集的圆形大刻点，与前胸背板侧面刻点略相似，偶尔夹杂有小刻点，刻点向基部变小变稀变浅，刻点间隙有细而浅的不规则皮革纹。臀板端部剧烈隆凸；表面具刻点密集粗大，与前臀板刻点略等大，基部 1/4 略稀疏，有时于纵向中央有 1 窄的无刻点带，端部 3/4 非常密集，常相连形成不规则的短纹，刻点向后略小。

前胸腹板前缘中部微凹；前胸腹板龙骨窄，具略密集的大小适中的刻点，夹杂有细小刻点；龙骨腹面侧面观基部 1/5 平，中部 3/5 向前压低，端部 1/5 略向前升高；龙骨线完整，基部 2/3 向后背离，端部 1/3 略向前背离而后向前汇聚，前端接近但不相连；前胸腹板侧线隆起，很短，其前末端离龙骨线较远，到达龙骨端部约 1/4。

中胸腹板前缘中部微凹；缘线深且完整，粗糙钝齿状，外侧强烈隆起；表面刻点与前胸腹板的相似，中部刻点略小；中-后胸腹板缝细，不清晰，较直，伴随 1 密集刻点行形成的粗糙钝齿状线。

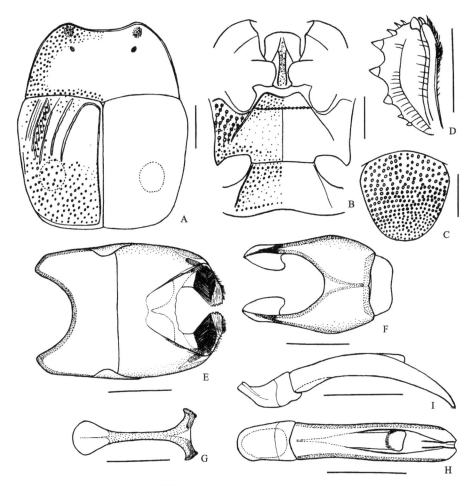

图 214　双斑腐阎甲 *Saprinus* (*Saprinus*) *biguttatus* (Steven)

A. 前胸背板和鞘翅（pronotum and elytra）；B. 前胸腹板、中-后胸腹板和第 1 腹节腹板（prosternum, meso- and metasterna and the 1st visible abdominal sternum）；C. 臀板（pygidium）；D. 前足胫节，背面观（protibia, dorsal view）；E. 雄性第 8 腹节背板和腹板，腹面观（male 8th tergite and sternum, ventral view）；F. 雄性第 9、10 腹节背板，背面观（male 9th and 10th tergites, dorsal view）；G. 雄性第 9 腹节腹板，腹面观（male 9th sternum, ventral view）；H. 阳茎，背面观（aedeagus, dorsal view）；I. 同上，侧面观（ditto, lateral view）。比例尺（scales）：A-D = 1.0 mm, E-I = 0.5 mm

后胸腹板基节间盘区光滑，前角处及沿后缘刻点与中胸腹板的相似，后缘向侧面即沿后足基节窝前缘刻点较大，向中纵沟刻点变小，其他区域刻点稀疏细小；中纵沟深；后胸腹板侧线深，粗糙钝齿状，外侧强烈隆起，向后侧方延伸，通常存在于基部 2/3；侧盘区具略密集的、较浅的、具刚毛的圆形大刻点，端部及内侧刻点略小略稀，夹杂有小刻点；后胸前侧片刻点与后胸腹板侧盘区刻点相似，最端部刻点变小变稀。

第 1 腹节腹板基节间盘区边缘刻点粗糙，夹杂有细小刻点，前角处刻点略密集，与后胸腹板基节间盘区沿后足基节窝前缘的刻点相似,向前缘中部及沿侧线端部刻点渐小，沿后缘有 1 刻点行，刻点行侧面的刻点略大略密，常横向相连，中部的刻点变小且稀疏，其他区域刻点细小稀疏；腹侧线端部 1/5 短缩。

前足胫节外缘具 10-12 个齿，端部 4 或 5 个和基部 1-3 个较小。

雄性外生殖器如图 214E-I 所示。

观察标本：1 ex., USSR, Turkmen. SSR (土库曼), REPETEK res., 1990.IV.15-30, E. Jendek leg., S. Mazur det., 1995；1♂，7 号，宁夏中卫沙坡头，1985.IV，任国栋采；1 号，宁夏盐池县，1986.VI.8；1♂，9 号，新疆墨玉，1250 m，1959.IV.8，王书永采；1 号，新疆婼羌米蘭，900 m，1960.V.1，张发财采；2 号，新疆且末，1200 m，1960.IV.26，王书永采；5 号，新疆且末，1200 m，1960.IV.26，王书永采；1 号，新疆青河，1967.VI.28，陈永林采；1 号，内蒙古杭锦旗，1270-1340 m，羊尸体手抓，1999.VIII.5，周红章采；1 号，内蒙古伊盟，死鸡，1991.VI.6，张生芳采。

分布：内蒙古、吉林、甘肃、宁夏、新疆；蒙古，俄罗斯南部，中亚，西亚。

(250) 圆斑腐阎甲 *Saprinus* (*Saprinus*) *bimaculatus* **Dahlgren, 1964**（图 215）

Saprinus bimaculatus Dahlgren, 1964: 158 (Mongolia); Kryzhanovskij *et* Reichardt, 1976: 141; Mazur, 1976: 706 (western China); 1984b: 47 (catalogue); 1997: 220 (catalogue); 2011a: 180 (catalogue); Mazur in Löbl *et* Smetana, 2004: 97 (Northwest China; catalogue); Lackner *et al.* in Löbl *et* Löbl, 2015: 122 (catalogue).

体长 4.29 mm，体宽 3.68 mm。体宽卵形且强烈隆凸，体表非常光亮，黑色，跗节和触角的索节深红棕色，触角的端锤深褐色；鞘翅横向中部 1/3 略向外侧扩展，纵向中部 1/3 略向端部扩展，各有 1 近圆形的褐色斑。

头部额表面不光滑，具密集粗糙的浅刻点，中部端部刻点略小，常相连形成密集的横向短纹，两侧刻点略大，两侧及基部刻点一般不相连，头顶中央有 1 深的圆形大刻点，口上片不光滑，靠近额的部分有横纹，刻点较额端部刻点略小；额线强烈隆起，侧面完整，前末端向口上片延伸达一定距离。

前胸背板两侧微呈弓形向前收缩，前端 1/5 剧烈向前收缩，前缘凹缺部分略呈双波状，后缘呈双波状；缘线强烈隆起且完整，接近但不达后缘；前胸背板两侧密布粗大的浅刻点，刻点常相连形成纵向短皱纹，夹杂有大小适中的刻点，大刻点区外围是密集的大小适中的刻点，沿后缘有 2-3 行排列不规则大刻点（两侧 1/10 无大刻点，为密集的大小适中的刻点，中部小盾片前区无刻点行），与侧面刻点相似，小盾片前区有 1 深的略呈长椭圆形的后端略尖的大刻点，中部刻点细小，略稀疏，近前缘刻点略大略密；复眼后区域微凹。

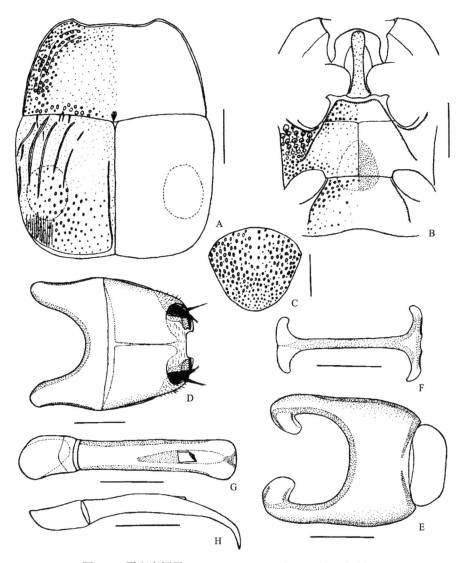

图 215　圆斑腐阎甲 *Saprinus* (*Saprinus*) *bimaculatus* Dahlgren

A. 前胸背板和鞘翅（pronotum and elytra）；B. 前胸腹板、中-后胸腹板和第 1 腹节腹板（prosternum, meso- and metasterna and the 1st visible abdominal sternum）；C. 臀板（pygidium）；D. 雄性第 8 腹节背板和腹板，腹面观（male 8th tergite and sternum, ventral view）；E. 雄性第 9、10 腹节背板，背面观（male 9th and 10th tergites, dorsal view）；F. 雄性第 9 腹节腹板，腹面观（male 9th sternum, ventral view）；G. 阳茎，背面观（aedeagus, dorsal view）；H. 同上，侧面观（ditto, lateral view）。比例尺（scales）：A-C = 1.0 mm, D-H = 0.5 mm

鞘翅两侧较直，肩部略突出。外肩下线只存在于基部，内肩下线存在于侧面中部，不足 1/3；斜肩线粗糙，端部分二叉，位于基部 1/3；第 1-4 背线深，有稀疏刻点行，第 2 背线最长，位于基半部，呈粗糙钝齿状，第 4 背线次之，但较细，边缘较光滑，基部常间断，第 1 背线略短于第 4 背线，深且粗糙，中部宽，第 3 背线最短，细且边缘较光滑，也常间断，其后末端略超出基部 1/3，第 1 和第 2 背线之间基部有 2 条纵向短线，第 5 背线无；缝线略细略浅，基部 1/3 短缩。鞘翅端半部刻点稀疏粗大，较前胸背板大刻点略小略深，夹杂有小刻点，沿缝线，后缘及外侧较宽区域刻点变小，外侧端部刻点常向后伸长形成密集的纵向短纹，其他区域光滑，刻点细小，略密集。鞘翅缘折平坦，鞘翅缘线和缘折缘线之间具略稀疏的粗大刻点，较鞘翅表面大刻点小，鞘翅缘线内侧区域具略密集的粗大刻点，与鞘翅缘线和缘折缘线之间刻点相似；缘折缘线细且完整；鞘翅缘线隆起且完整，伴随 1 密集的粗大刻点行，其前末端向内弯曲，后端沿鞘翅后缘延伸，于鞘翅缝缘处与缝线相连。

前臀板具密集粗大的圆形浅刻点，与前胸背板大刻点相似，偶尔夹杂有小刻点，两侧刻点更密集，刻点间隙有细而浅的不规则皮革纹。臀板两侧具密集粗大的圆形刻点，较前臀板刻点略大略深，中部刻点变稀变小，略呈长椭圆形，基部 1/3 纵向中央有 1 无刻点窄带，刻点向端部变小变密，端部 1/3 为密集的圆形刻点，其纵向中央部分有窄的略大的刻点带，所有大刻点间夹杂有小刻点，刻点间隙有细而浅的不规则皮革纹。

前胸腹板前缘直；前胸腹板龙骨较长较宽，具略稀疏的小刻点；龙骨腹面侧面观基部 1/4 平，中部 1/2 略向前降低，端部 1/4 略向前升高；龙骨线完整，中部平行，基部向后背离，端部向前微弱背离而后较平行，前末端由 1 弧线相连；前胸腹板侧线强烈隆起，其前末端达龙骨端部 1/5。

中胸腹板前缘中部微凹，中间略向前突出；缘线完整；表面两侧微凹，刻点小而稀疏；中-后胸腹板缝细，较清晰，中间向后成角，伴随 1 稀疏大刻点行。

后胸腹板基节间盘区光滑，后中部深凹，前角处刻点略大，沿后足基节窝前缘刻点粗大，略密集，其余区域刻点稀疏细小，中部低凹部分的后部刻点略大；中纵沟较浅；后胸腹板侧线向后侧方延伸，存在于基部 4/5；侧盘区密布月牙形具刚毛的大刻点，夹杂有略小的刻点，端部刻点变小；后胸前侧片刻点较后胸腹板侧盘区刻点略小略密集。

第 1 腹节腹板基节间盘区前缘中部深凹，为后胸腹板中部深凹部分的延伸；边缘刻点粗大，前角处刻点略密集，较后胸腹板盘区后足基节窝前缘刻点略大略浅，夹杂有小刻点，向前缘中部低凹部分刻点变小变少，沿侧线刻点向后变小变少，后角处刻点略大且浅，沿后缘刻点小且稀疏，中间有宽阔的间断，其余区域刻点稀疏微小；腹侧线端部 1/5 短缩。

前足胫节外缘具 12 个刺，端部 3 个和基部 3 个较小。

雄性外生殖器如图 215D-H 所示。

观察标本： 1♂, [....., osn., Cono-Tose.], 1928.Ⅵ.23, [Λ. MunseHko] leg., A. Tishechkin det.。

分布： 新疆；哈萨克斯坦，蒙古，土库曼斯坦，乌兹别克斯坦。

(251) 蓝斑腐阎甲指名亚种 *Saprinus* (*Saprinus*) *caerulescens caerulescens* (**Hoffmann, 1803**)（图 216）

Hister caerulescens Hoffmann, 1803a: 73 (Germany); Fauvel in Gozis, 1886: 170 (key), 198; Bickhardt,

1910c: 99 (catalogue); 1916b: 93; Reichardt, 1941: 179, 206 (figure); Hinton, 1945: 316 (key), 330 (redescription); Dahlgren, 1968a: 88 (figure); Mazur, 1976: 716; 1984b: 58 (catalogue); 1997: 228 (catalogue); 2011a: 180 (catalogue); Kryzhanovskij *et* Reichardt, 1976: 141; Gomy, 1986: 28 (figure); Yélamos *et* Ferrer, 1988: 170; ESK *et* KSAE, 1994: 136 (Korea).

Saprinus caerulescens: Alonso-Zarazaga *et* Yélamos, 1994: 178; Ôhara *et* Paik, 1998: 29; Yélamos, 2002: 270 (redescription, figure), 388; Mazur in Löbl *et* Smetana, 2004: 97 (China: Xinjiang; catalogue); Lackner *et al.* in Löbl *et* Löbl, 2015: 122 (catalogue).

Hister cyaneus: Rossi, 1790: 12 (nec Fabricius, 1775); Hoffmann, 1803a: 73 (synonymized).

Hister semipunctatus Fabricius, 1792: 73; Erichson, 1834: 178 (trans. to *Saprinus*).

Saprinus chobauti Auzat, 1926: 73.

体长 6.78 mm，体宽 6.07 mm。

该亚种与蓝斑腐阀甲点胸亚种 *S. (S.) caerulescens punctisternus* Lewis 的区别是：鞘翅第 4 背线短，基部约 1/2 短缩；中胸腹板光滑，只在近两侧前角处及后中部有略大的刻点，且中-后胸腹板缝不伴随粗大刻点行。

观察标本： 2♀, Kazakhstan（哈萨克斯坦），Dzhezkazgan Area, 18 km of road, Karazhal-Shalginsk, steppe, carrion, 1984.VIII.3, Yu. Chekanov leg., V. Dubotolov det.。

分布： 新疆；俄罗斯（西西伯利亚），中亚，西亚，欧洲和地中海地区，侵入秘鲁。

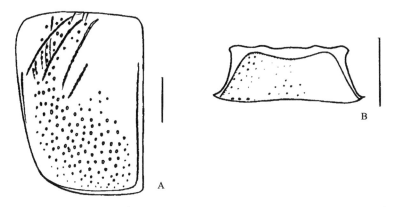

图 216　蓝斑腐阀甲指名亚种 *Saprinus (Saprinus) caerulescens caerulescens* (Hoffmann)

A. 鞘翅（elytra）；B. 中胸腹板（mesosternum）。比例尺（scales）：1.0 mm

(252) 蓝斑腐阀甲点胸亚种 *Saprinus (Saprinus) caerulescens punctisternus* Lewis, 1900
（图 217）

Saprinus punctisternus Lewis, 1900: 287 (China); Bickhardt, 1910c: 98 (catalogue); 1916b: 92; Reichardt, 1941: 205; Dahlgren, 1973: 188 (stat.); Kryzhanovskij, 1974: 103; Kryzhanovskij *et* Reichardt, 1976: 142 (*Saprinus*); Mazur, 1976: 716; 1984b: 59 (catalogue); 1997: 228 (catalogue); 2011a: 180 (catalogue); Mazur in Löbl *et* Smetana, 2004: 97 (China: Nei Mongol, Shanxi; catalogue; subsp. of *caerulescens*); Lackner *et al.* in Löbl *et* Löbl, 2015: 122 (catalogue).

Saprinus lukjanovitshi Reichardt, 1941: 179, 207, 388; Thérond, 1964: 188; 1967a: 70 (*Saprinus lukjanovitshi*); Dahlgren, 1971a: 43 (synonymized); Kryzhanovskij, 1972a: 433.

体长 6.14-7.10 mm，体宽 5.47-6.29 mm。体宽卵形且强烈隆凸，黑色光亮，有时带黄铜色光泽，跗节和触角的索节深红棕色。

头部额表面中部 1/3 密布浅的小刻点，两侧密布圆形大刻点，头顶中央有 1 较大刻点，此刻点之前有 1 对向端部背离的不规则刻点行，口上片较额中部刻点略大、略密集、略深；额线隆起且完整。

前胸背板两侧微呈弓形向前收缩，前端 1/6 剧烈向前收缩，前角钝，前缘凹缺部分中央直，后缘呈双波状；缘线隆起、完整，后末端不达后缘；前胸背板两侧（基部 1/6 除外）密布大而深的圆形刻点，大刻点区外侧具稀疏细小的刻点，沿后缘有 3-4 行不规则大刻点（两侧 1/9 为略密集的细小刻点），较两侧大刻点略大，小盾片前区有 1 深的圆形大刻点，其他区域刻点极小极稀；复眼后区域凹陷。

鞘翅两侧弧圆。外肩下线只存在于基部，内肩下线存在于侧面中部 1/5 或略长，有时其前末端和斜肩线的后末端相连；斜肩线很短，通常位于基部 1/4-1/3 之间，有时更短；第 1-4 背线深，粗糙锯齿状，具密集刻点，通常第 2、第 4 背线较长，存在于基半部或略短，有时第 3 背线较长，第 1 背线通常最短，不规则，两侧伴随几条纵向凹线，第 5 背线无；缝线细，具稀疏刻点，基部 1/4 短缩。鞘翅端半部具圆形大刻点，较前胸背板两侧大刻点略小，较密集，有时略稀疏，大刻点之间有极稀疏的微小刻点，大刻点区外围有略宽的稀疏小刻点或微刻点区，第 1 和第 2 背线周围也具稀疏大刻点，其他区域刻点极稀疏微小。鞘翅缘折平坦，鞘翅缘线和缘折缘线之间有 1 行粗大刻点，于基部及靠近端部刻点行两侧另有几个粗大刻点，鞘翅缘线内侧区域具略密集的粗大刻点及略小的刻点；缘折缘线细且完整；鞘翅缘线隆起且完整，伴随 1 粗糙刻点行，其前末端向内弯曲，后端沿鞘翅后缘延伸，达鞘翅缝缘处与缝线相连。

前臀板具粗大刻点，较鞘翅端部刻点略小，两侧刻点密集，向中部渐稀疏，基半部刻点变小，刻点间隙有时具微小刻点，且具浅而细的不规则皮革纹。臀板密布粗大刻点，与前臀板两侧刻点相似，夹杂有微小刻点，刻点之间具浅而细的不规则皮革纹，顶端刻点变小，极浅，此区域略显隆凸，中央有 1 条隆起的纵向脊，有时中部不明显。

前胸腹板前缘直；前胸腹板龙骨较宽，具略密集的小刻点，向基部变稀疏；龙骨腹面侧面观基部 1/4 平，随后向前降低；龙骨线完整，中部平行，向两端背离，端部 1/8 近于平行，前末端由 1 直线相连；前胸腹板侧线强烈隆起，其前末端达龙骨端部 1/8。

中胸腹板前缘中部微凹；缘线完整；表面中央具稀疏细小的刻点，两侧及沿后缘刻点粗大；中-后胸腹板缝细而浅，伴随 1 刻点行形成的粗糙钝齿状线，有时密集，有时稀疏。

后胸腹板基节间盘区两侧微隆凸，中央略平，具稀疏微小的刻点，沿侧线及后缘具略密集的大刻点；中纵沟深；后胸腹板侧线向后侧方延伸，通常存在于基部 2/3，有时略短；侧盘区密布大而浅的具刚毛的圆形刻点，刚毛略长，大刻点间偶尔有细小刻点；后胸前侧片刻点较后胸腹板侧盘区刻点略小略密集，端半部略稀疏。

第 1 腹节腹板基节间盘区中部具稀疏微小的刻点，沿侧线及前后角刻点粗大，略密集，与后胸腹板基节间盘区大刻点相似，沿后缘有 1 行较小的刻点；腹侧线不达后缘。前足胫节外缘具 11 个刺，端部 3 个和基部 3 个较小。

雄性外生殖器如图 217D-H 所示。

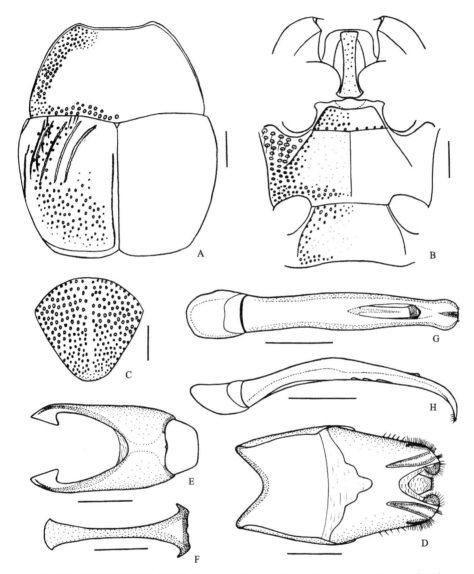

图 217　蓝斑腐阎甲点胸亚种 *Saprinus (Saprinus) caerulescens punctisternus* Lewis

A. 前胸背板和鞘翅（pronotum and elytra）；B. 前胸腹板、中-后胸腹板和第 1 腹节腹板（prosternum, meso- and metasterna and the 1st visible abdominal sternum）；C. 臀板（pygidium）；D. 雄性第 8 腹节背板和腹板，腹面观（male 8th tergite and sternum, ventral view）；E. 雄性第 9、10 腹节背板，背面观（male 9th and 10th tergites, dorsal view）；F. 雄性第 9 腹节腹板，腹面观（male 9th sternum, ventral view）；G. 阳茎，背面观（aedeagus, dorsal view）；H. 同上，侧面观（ditto, lateral view）。比例尺（scales）：A-C = 1.0 mm, D-H = 0.5 mm

观察标本：2 号，宁夏海原，1989.V.30，任国栋采；1 号，内蒙古伊金霍洛旗石灰庙，手抓，1999.VIII.4，周红章采；1 号，内蒙古伊金霍洛旗石灰庙，1340 m，羊尸体，手抓，1999.VIII.8，周红章采；2♂，2 号，1994.V.23，1 号，1994.V.17，1 号，1994.V.10，1 号，1994.V.11，北京清河，杨玉璞采；1 号，甘肃，1951.VI。

分布：北京、山西、内蒙古、甘肃、宁夏；韩国，蒙古，俄罗斯（东西伯利亚）。

(253) 中央腐阎甲 *Saprinus* (*Saprinus*) *centralis* **Dahlgren, 1971**

> *Saprinus centralis* Dahlgren, 1971a: 45 (West China; Mongolia); Mazur, 1976: 707; 1984b: 48 (North China; catalogue); 1997: 221 (West China; catalogue); 2011a: 180 (catalogue); Mazur in Löbl *et* Smetana, 2004: 98 (Northwest China; catalogue); Lackner *et al.* in Löbl *et* Löbl, 2015: 122 (catalogue).

观察标本：未检视标本。

分布：中国西北（省份不详）；蒙古，俄罗斯（贝加尔湖、西伯利亚）。

(254) 金泽腐阎甲 *Saprinus* (*Saprinus*) *chalcites* **(Illiger, 1807)**（图 218）

> *Hister chalcites* Illiger, 1807: 40 (Portugal).
>
> *Saprinus chalcites*: Erichson, 1834: 182; Marseul, 1855: 455; Kraatz, 1858: 131 (Athen, Creta); Schmidt, 1885c: 305; Fauvel in Gozis, 1886: 171 (key); Ganglbauer, 1899: 384; Reitter, 1909: 292; Bickhardt, 1910c: 92; 1916b: 87; 1921: 113, 122; Jakobson, 1911: 649 (part.); Desbordes, 1919: 413 (key); G. Müller, 1931: 96; Reichardt, 1925a: 112 (Orenburg, Turgai); 1941: 184, 237, 382; Horion, 1949; 333; Thérond, 1962: 64; 1963: 68; 1976: 109; 1978: 237; Dahlgren, 1968a: 84, 90; Kryzhanovskij *et* Reichardt, 1976: 168; Mazur, 1976: 707; 1984b: 48 (catalogue); 1997: 221 (catalogue); 2011a: 181 (catalogue); Gomy, 1983: 309, 312 (figure), 314; Yélamos *et* Ferrer, 1988: 168; Kapler, 2000: 68 (compared with *S. havajirii*); Yélamos, 2002: 282 (redescription, figures), 390; Mazur in Löbl *et* Smetana, 2004: 98 (China: Hainan; catalogue); Lackner *et al.* in Löbl *et* Löbl, 2015: 122 (catalogue).
>
> *Hister affinis* Paykull, 1811: 76; Erichson, 1834: 182 (synonymized); Kolenati, 1846: 61 (*Saprinus*).
>
> *Hister ruficornis* Cristofori *et* Jan, 1832: 27 (nom. nud.); Gemminger *et* Harold, 1868: 784 (synonymized).
>
> *Hister aeneus*: Brullé, 1838: 59; Wollaston, 1865: 170 (synonymized).
>
> *Saprinus certus* Lewis, 1888b: 643; Desbordes, 1919: 413 (synonymized).
>
> *Saprinus aerosus* Normand *et* Thérond, 1952: 175; 1962: 64 (synonymized).
>
> *Saprinus aerosus* var. *melanocephalus* Normand *et* Thérond, 1952: 175.
>
> *Saprinus aerosus* var. *prolongatus* Normand *et* Thérond, 1952: 176.
>
> *Saprinus aerosus* var. *scapularis* Normand *et* Thérond, 1952: 176.

体长 2.26-2.72 mm，体宽 1.97-2.34 mm。体小，宽卵形且强烈隆凸，体表光亮，深棕色带黄铜色光泽，有时带彩色金属光泽，足和触角的索节深红棕色，触角的端锤褐色。

头部额表面不光滑，基半部具密集且大小适中的小刻点，头顶中央有 1 大而深的圆形刻点，端半部刻点浅，略稀疏，有横纹，口上片刻点浅，较额部刻点小，有横纹；额线隆起，侧面完整，前端中部宽阔间断，前末端略向口上片延伸。

前胸背板两侧微呈弓形向前收缩，前端 1/5 剧烈向前收缩，前缘凹缺部分中央较直，后缘呈双波状；缘线隆起且完整，后末端不达后缘；前胸背板两侧具略密集的粗大刻点，夹杂有细小刻点，大刻点有时较浅，基部 1/6 及内外侧刻点变小，沿后缘有 2-3 行排列不规则的大刻点，最基部 1 行浅，有时纵向伸长，小盾片前区刻点行不间断，其他区域刻点细小稀疏，沿前缘刻点略密略大；复眼后区域略深凹。

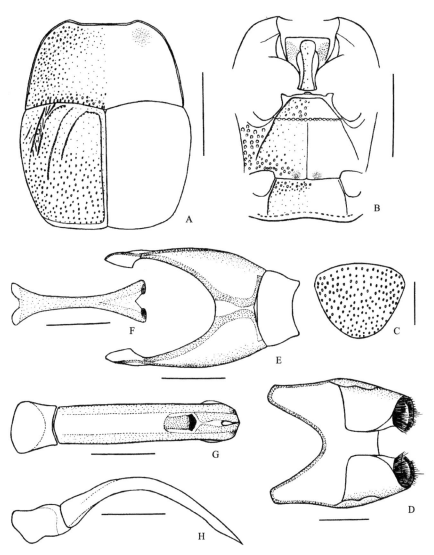

图 218　金泽腐阎甲 *Saprinus* (*Saprinus*) *chalcites* (Illiger)

A. 前胸背板和鞘翅（pronotum and elytra）；B. 前胸腹板、中-后胸腹板和第 1 腹节腹板（prosternum, meso- and metasterna and the 1st visible abdominal sternum）；C. 臀板（pygidium）；D. 雄性第 8 腹节背板和腹板，腹面观（male 8th tergite and sternum, ventral view）；E. 雄性第 9、10 腹节背板，背面观（male 9th and 10th tergites, dorsal view）；F. 雄性第 9 腹节腹板，腹面观（male 9th sternum, ventral view）；G. 阳茎，背面观（aedeagus, dorsal view）；H. 同上，侧面观（ditto, lateral view）。比例尺（scales）：A, B = 1.0 mm, C = 0.5 mm, D-H = 0.25 mm

鞘翅两侧弧圆。外肩下线只存在于基部，内肩下线短，存在于侧面中部 1/5，或缺失；斜肩线很短，位于基部 1/4-1/3 之间；第 1-4 背线伴随较稀疏刻点行，边缘呈钝齿状，第 3 背线最长，存在于基部 2/3，第 1 背线和第 4 背线约等长，存在于基半部，第 1 背线较粗糙，外侧中部伴随另 1 细的钝齿状线，第 2 背线最短，后末端较第 1 背线略短，端部 1/3 或 1/2 为钝齿状线，基部 2/3 或 1/2 为断断续续的大刻点行，前末端向内弯曲，第 1 和第 2 背线之间常有略密集的纵向短线，第 5 背线无；缝线略细，完整，略呈钝齿状，前末端与第 4 背线相连。鞘翅端半部或略超出 1/2（由靠近鞘翅缝的中部向外扩展，到达第 1 背线的基部）具略密集的粗大刻点，较前胸背板两侧大刻点略小或相似，沿后缘及外侧刻点变小且稀疏，基部 1/2 或不足 1/2 区域光滑，刻点细小，略稀疏。鞘翅缘折平坦，鞘翅缘线和缘折缘线之间有 2 行稀疏的大小适中的刻点，鞘翅缘线内侧区域具略密集的大小适中的刻点；缘折缘线细且完整；鞘翅缘线隆起且完整，伴随稀疏大刻点行，其前末端向内弯曲，后端沿鞘翅后缘延伸，于鞘翅缝缘处与缝线相连。

前臀板密布较浅的圆形大刻点，与鞘翅后端大刻点约等大，刻点间隙具浅而细的不规则皮革纹。臀板密布圆形大刻点，较前臀板大刻点略大，端半部刻点变小，刻点间隙有细而浅的皮革纹。

前胸腹板前缘中部微凹；前胸腹板龙骨较短，较宽，具稀疏小刻点；龙骨腹面侧面观基部 4/5 略向前降低，端部 1/5 略向前升高；龙骨线完整，中部窄，向两端背离，前端弧圆，向前汇聚且末端由 1 弧线相连；前胸腹板侧线强烈隆起，其前末端达龙骨端部 1/4。

中胸腹板前缘中部微凹；缘线完整；表面具略稀疏的圆形大刻点，夹杂有细小刻点；中-后胸腹板缝细而浅，中间略向后成角，伴随 1 粗糙钝齿状线。

后胸腹板基节间盘区光滑，沿后缘刻点粗大，与中胸腹板大刻点相似，侧面大刻点略密集，中部近中纵沟无大刻点，沿侧线刻点稀疏，较小，其他区域刻点更小；中纵沟略深，雄性沿中纵沟微凹，后端两侧各有 1 瘤状突起；后胸腹板侧线向后侧方延伸，通常存在于基部 5/6；侧盘区具略稀疏的具短刚毛的圆形大刻点，向端部刻点略小；后胸前侧片刻点密集，较后胸腹板侧盘区大刻点小，端部刻点变稀且略小。

第 1 腹节腹板基节间盘区边缘刻点粗糙，夹杂有细小刻点，沿前缘刻点略稀疏，较后胸腹板基节间盘区后缘大刻点小，沿侧线刻点更稀更小，沿后缘有 1 行密集的横向长椭圆形大刻点，其余区域刻点小而稀疏；腹侧线端部 1/7 短缩。

前足胫节外缘具 12-14 个刺，端部 3 个和基部 2 个较小。

雄性外生殖器如图 218D-H 所示。

观察标本：1 号（小签内容无法辨认）；1 ex., Hispania, Reitter；1♂，新疆吐鲁番，20-140 m，1958.VII.1，李常庆采；2 号，新疆墨玉，1250 m，1959.IV.8，王书永采；1 号，无签。

分布：海南、新疆；蒙古，印度，缅甸，哈萨克斯坦，西亚，欧洲，加那利群岛，毛里求斯，索马里，澳大利亚。

(255) 齐腐阁甲 *Saprinus (Saprinus) concinnus* (Gebler, 1830)（图 219）

Hister concinnus Gebler, 1830: 92 (Altaiskiy Kray).

Saprinus concinnus: Gebler, 1847: 449; Dejean, 1837: 142 (*Hister nitidulus* var.); Motschulsky, 1849:
96; Marseul, 1855: 400; 1862: 453; Schmidt, 1885c: 306; Bickhardt, 1910c: 92 (catalogue); 1916b:
87; Jakobson, 1911: 649; Reichardt, 1923: 240, 241 (key); 1925a: 111 (Orenburg, Turgai, Omsk,
Altai); 1941: 181, 212; Thérond, 1962: 63; 1964: 188; Dahlgren, 1964: 160; Kryzhanovskij, 1972a:
432; Kryzhanovskij *et* Reichardt, 1976: 151; Mazur, 1976: 707; 1984b: 48 (China; catalogue); 1997:
221 (catalogue); 2011a: 181 (catalogue); Mazur in Löbl *et* Smetana, 2004: 98 (North China;
catalogue); Lackner *et al.* in Löbl *et* Löbl, 2015: 122 (catalogue).

Saprinus lateralis nothus Reichardt, 1936: 6 (nom. nud.; S. Mongolei); 1941: 212 (synonymized).

体长 5.55-5.74 mm，体宽 4.84-5.35 mm。体宽卵形且强烈隆凸，体表光亮，黑色带不明显的蓝色和绛紫色金属光泽；前足胫节、跗节和触角的索节深红棕色，有时中足和后足跗节也为深红棕色。

头部额表面具略稀疏的小刻点，两侧刻点密集粗大，口上片较额中部刻点略密略粗大；额线隆起且完整。

前胸背板两侧微呈弓形向前收缩，前端 1/6 剧烈向前收缩，前缘凹缺部分平直，后缘呈双波状；缘线强烈隆起且完整，非常接近后缘；前胸背板两侧（基部 1/6 除外）具略密集的圆形大刻点，大刻点区外侧为略稀疏的小刻点，基部 1/6 为稀疏小刻点，沿后缘有 3-4 行排列不规则大刻点（两侧 1/8 无大刻点，中部小盾片前的窄区刻点变少变小），与两侧大刻点相似，其他区域刻点极小极稀，沿前缘刻点略密；复眼后区域微凹。

鞘翅两侧弧圆，肩部略向外突出。外肩下线只存在于基部，内肩下线存在于侧面中部 1/3，其前末端通常与斜肩线的后末端相连；斜肩线粗糙，位于基部 1/3；第 1-4 背线深，伴随粗糙刻点行，边缘呈钝齿状，第 2 背线或第 4 背线最长，其后末端超出基半部甚至更长，第 4 背线前端向小盾片弯曲，第 1 背线次之，存在于基半部，第 3 背线最短，通常存在于基部 1/6，有时略短，有时略长，第 1 和第 2 背线之间常有几条纵向短线，第 5 背线无；缝线存在于中部不足 1/3，伴随密集或稀疏的刻点行。鞘翅后端 1/3（由中间到两侧向基部延伸，通常内侧接近鞘翅缝中部，外侧沿第 2 背线延伸，有时充满第 1 和第 2 背线之间区域）具密集粗大的圆形刻点，较前胸背板两侧大刻点小，夹杂有稀疏微小的刻点，刻点于内侧 1/2 变稀，接近鞘翅缝的刻点略小，沿后缘有 1 较宽的小刻点带，基部 2/3 及第 1 或第 2 背线及其延长线外侧区域光滑，具极稀疏微小的刻点。鞘翅缘折中部微凹，鞘翅缘线和缘折缘线之间有略稀疏的粗大刻点，与鞘翅端部大刻点相似，鞘翅缘线内侧区域密布粗大刻点，与鞘翅端部大刻点相似；缘折缘线细且完整；鞘翅缘线隆起且完整，伴随稀疏刻点行，其前末端向内弯曲，后端沿鞘翅后缘延伸，于鞘翅缝缘处向基部弯曲。

前臀板密布圆形大刻点，与鞘翅端部大刻点相似，夹杂有细小刻点，两侧刻点最密，基半部刻点变小，刻点间隙具浅而细的不规则皮革纹。臀板密布圆形大刻点，较前臀板大刻点略大，夹杂有细小刻点，向中部略稀略小，通常基中部有 1 窄的无刻点区，有时向下延伸，端部 1/3 刻点变小，刻点间隙有细而浅的皮革纹。

　　前胸腹板前缘直；前胸腹板龙骨较宽，具稀疏微小的刻点，端部侧面刻点略大；龙骨腹面侧面观基部 1/4 平，随后向前降低，端部 1/4 略向前升高；龙骨线完整，中部窄且平行，向两端背离，端部 1/5 近于直线且略向前汇聚，前端由 1 直线相连；前胸腹板侧线强烈隆起，其前末端达龙骨端部 1/4。

　　中胸腹板前缘中部较深凹；缘线完整；表面具略密集的圆形大刻点，中部刻点略小略稀，有时消失；中-后胸腹板缝细而浅，较直，有时于中间成角，伴随 1 粗糙钝齿状线。

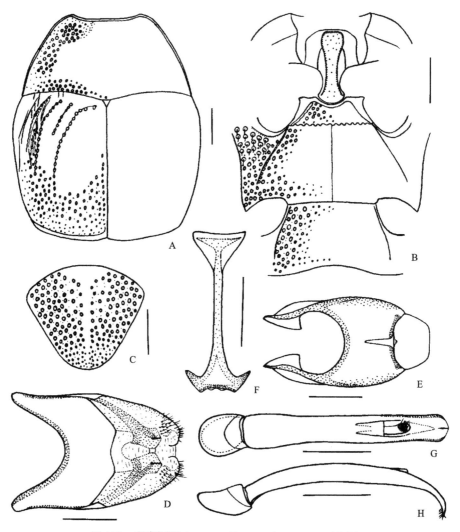

图 219　齐腐阎甲 Saprinus (Saprinus) concinnus (Gebler)

A. 前胸背板和鞘翅（pronotum and elytra）；B. 前胸腹板、中-后胸腹板和第 1 腹节腹板（prosternum, meso- and metasterna and the 1st visible abdominal sternum）；C. 臀板（pygidium）；D. 雄性第 8 腹节背板和腹板，腹面观（male 8th tergite and sternum, ventral view）；E. 雄性第 9、10 腹节背板，背面观（male 9th and 10th tergites, dorsal view）；F. 雄性第 9 腹节腹板，腹面观（male 9th sternum, ventral view）；G. 阳茎，背面观（aedeagus, dorsal view）；H. 同上，侧面观（ditto, lateral view）。比例尺（scales）：A-C = 1.0 mm, D-H = 0.5 mm

后胸腹板基节间盘区光滑，沿侧线及后缘具粗大刻点，较中胸腹板刻点略小略稀，并夹杂有细小刻点，后缘近中纵沟刻点变小，于中纵沟周围无刻点；中纵沟略深，有时较浅；后胸腹板侧线向后侧方延伸，通常存在于基部 2/3；侧盘区密布圆形具短毛的大刻点，偶尔夹杂有小刻点，端部刻点略小；后胸前侧片刻点密集，较后胸腹板侧盘区刻点小，端部刻点变稀且略小。

第 1 腹节腹板基节间盘区边缘刻点粗糙，较中胸腹板刻点略小，夹杂有细小刻点，沿前缘刻点略稀疏，前缘中部的狭窄区刻点变小且稀少，沿侧线刻点密集，向后略小且更密集，沿后缘有 1 行小刻点，其他区域刻点稀疏微小；腹侧线端部 1/6 短缩。

前足胫节外缘具 12-13 个刺，端部 3-4 个和基部 3-4 个较小。

雄性外生殖器如图 219D-H 所示。

观察标本：1♂, 1 ex., S Siberia（俄罗斯西伯利亚）, Buryatia, Chikoi, river, Durena vill. Near Kiran, 1986.VI.26, Chekanov coll., V. V. Dubatolov det., 1988.IV; 2 号，宁夏海原，1989.V.30，任国栋采；1♀, 2 号，青海同仁，1996.VI.10，任国栋采；1 号，青海共和，3150 m，1957.VII.16，张毅然采。

分布：青海、宁夏；蒙古，俄罗斯（东西伯利亚），中亚。

讨论：本种与平盾腐阁甲 S. (S.) planiusculus Motschulsky 极相似，但前者后胸腹板基节间盘区后缘大刻点向中部变小变稀，甚至消失，后者中部大刻点区无间断；另外前者体表彩色金属光泽不明显，后者通常明显。

(256) 缓腐阁甲 *Saprinus* (*Saprinus*) *dussaulti* Marseul, 1870

Saprinus dussaulti Marseul, 1870: 110 (Assam), 222; Bickhardt, 1910c: 94 (catalogue); 1916b: 88; Mazur, 1976: 709 (China: South China, Yunnan); 1984b: 51 (catalogue); 1997: 222 (catalogue); 2011a: 182 (catalogue); Mazur in Löbl *et* Smetana, 2004: 98 (catalogue); Lackner *et al.* in Löbl *et* Löbl, 2015: 123 (catalogue).

Saprinus subglaber Schleicher, 1932: 61; Dahlgren, 1968b: 262 (synonymized).

Saprinus sublager [sic!]: Mazur, 1984b: 51.

描述根据 Marseul（1870）整理：

体长 6.0 mm，体宽 4.5 mm。体卵形，相当隆凸，黑色光亮。额部略隆凸，不规则，具刻点，复眼内侧有短小的线；口上片凹陷。前胸背板宽大于长，基部宽双波状且边缘具刻点，中间的角钝，凹陷；两侧略弓弯，前面变窄变圆，具圆角；侧面有 1 发达的刻点带，刻点密集成群，前角处具深窝；缘线很细，完整。小盾片刻点状。鞘翅基部与前胸背板等宽，长是前胸背板的 1.5 倍，肩部圆形膨大，端部狭缩且平截；肩线和第 1-2 背线发达，短，不达中部，第 1、2 背线之间具皱纹，第 3 背线更短一半，第 4 背线更向小盾片弓弯，缝线细，存在于端部超出 1/2，外肩下线存在于基部，发达且直，内肩下线无；鞘翅缘折具刻点，有 2 条线，鞘翅缘线完整，到达鞘翅端部并沿鞘翅后缘延伸，于缝缘处与缝线相连；表面刻点细小，很密集，分布于端部 1/3，内侧和外侧部分刻点区向上延伸。臀板长，刻点均匀密集，端部隆凸。前胸腹板平，龙骨线于前面背离且略向前延伸。中胸腹板刻点小，很分散。前足胫节宽，向端部变圆，具 10-12 齿。

形状、体表的线与 *S. cyaneus* (Fabricius) 相似，但体色黑色，额线间断，前胸腹板龙骨线前端背离且向上延伸。

观察标本：未检视标本。

分布：四川、云南；印度。

(257) 丽斑腐阎甲 *Saprinus (Saprinus) flexuosofasciatus* Motschulsky, 1845（图 220）

Saprinus flexuosofasciatus Motschulsky, 1845: 55 (South Russia: Astrachan); Lewis, 1886: 280; Bickhardt, 1916b: 88 (as synonym of *S. faciolatus*); Mazur, 1972a: 138; 1976: 709 (China: Thibet); 1984b: 51 (catalogue); 1997: 223 (catalogue); 2011a: 182 (catalogue, valid name); Mazur in Löbl *et* Smetana, 2004: 98 (catalogue); Lackner *et al.* in Löbl *et* Löbl, 2015: 123 (catalogue, synonym).

Hister interruptus Paykull, 1811: 50; Erichson, 1834: 176 (*Saprinus*); Mannerheim, 1846: 215 (synonymized); Marseul, 1855: 362; Schmidt, 1890b: 12; Jakobson, 1911: 649; Bickhardt, 1916b: 89; Desbordes, 1919: 411 (key); Reichardt, 1941: 178, 190; Dahlgren, 1968b: 256, 266; Thérond, 1962: 62; Kryzhanovskij *et* Reichardt, 1976: 137; Lackner *et al.* in Löbl *et* Löbl, 2015: 123 (catalogue, valid name).

体长 4.00 mm，体宽 3.48 mm。体宽卵形，隆凸，黑色光亮，胫节、跗节和触角的索节深红棕色，触角端锤黑褐色，鞘翅具形状复杂的橘黄色斑，且所占面积明显超出鞘翅表面 1/3。

头部额表面不光滑，具浅而密集的细小刻点，后端刻点较清晰，头顶中央有 1 较大较深的圆形凹窝，口上片不光滑，刻点不清晰；额线强烈隆起，侧面完整，前末端略向口上片倾斜但不延伸。

前胸背板两侧微呈弓形向前收缩，前端 1/5 剧烈向前收缩，前缘凹缺部分中央平直，后缘呈双波状；缘线完整，后末端接近但不达后缘；前胸背板两侧较窄的区域具密集粗大的浅刻点，常相连形成纵向短皱纹，大刻点区外围是密集细小的刻点，沿后缘有 2-3 行不规则的大刻点，两侧边缘大刻点行渐消失，中部 1/3 刻点变为 1 行，大刻点通常纵向相连，小盾片前有 1 较小的纵向浅凹，其他区域具较密集的微小刻点；侧面大刻点区由前向后有 3 个大的凹陷，前 2 个圆形，第 1 个位于复眼后区域，第 2 个位于侧面中部，最后 1 个为长的斜凹痕，向后汇聚。

鞘翅两侧弧圆。外肩下线只存在于基部，内肩下线存在于侧面中部，较短且断断续续；斜肩线位于基部 1/3；第 1-4 背线略深，微弱钝齿状，第 1 背线最长，存在于基半部，第 2 背线次之，第 1 背线和第 2 背线之间前端有由大刻点形成的密集的纵向线，后端另有几条皱纹，第 3 背线最短，存在于基部 1/3，第 4 背线略短于第 2 背线，前端略向小盾片弯曲，第 5 背线无；缝线钝齿状，存在于端部 3/4。鞘翅表面橘黄色斑块区域及斜肩线到第 3 背线之间的基部具密集的粗大刻点，第 1 背线到第 3 背线之后的区域刻点更大更密，其他区域具略稀疏的细小刻点。鞘翅缘折平坦，鞘翅缘线和缘折缘线之间有较密集较大的刻点；缘折缘线细且完整，基半部不明显；鞘翅缘线强烈隆起且完整，其前末端向内弯曲，后端沿鞘翅后缘延伸，于鞘翅缝缘处与缝线相连。

前臀板具浅而密集的圆形大刻点，较前胸背板和鞘翅大刻点大，夹杂有少量细小刻点。臀板具浅而密集的圆形大刻点，夹杂有细小刻点，前端 1/2 刻点较前臀板刻点大，后端 1/2 刻点变小且向后更小。

前胸腹板前缘直；前胸腹板龙骨较宽，表面具略稀疏的细小刻点；龙骨腹面侧面观基部 3/4 略向前压低，端部 1/4 略向前升高；龙骨线完整，基部 1/5 向后背离，端部近于平行，前端由 1 弧线相连；前胸腹板侧线强烈隆起，其前末端到达龙骨端部 1/6。

中胸腹板前缘中部较深凹；缘线完整；表面刻点与前胸腹板龙骨的相似，沿中-后胸腹板缝中部刻点较大；中-后胸腹板缝不清晰，中间成角，伴随 1 密集的大刻点行。

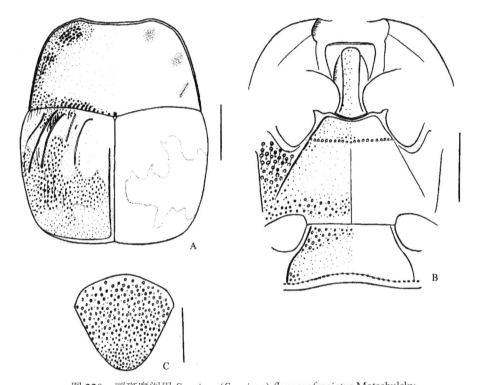

图 220　丽斑腐阁甲 *Saprinus* (*Saprinus*) *flexuosofasciatus* Motschulsky

A. 前胸背板和鞘翅（pronotum and elytra）；B. 前胸腹板、中-后胸腹板和第 1 腹节腹板（prosternum, meso- and metasterna and the 1st visible abdominal sternum）；C. 臀板（pygidium）。比例尺（scales）：1.0 mm

后胸腹板基节间盘区光滑，沿后缘具略稀疏的粗大刻点，刻点于中纵沟附近略小，大刻点间夹杂有细小刻点，沿侧线有几个中等大小的刻点，其余区域刻点稀疏细小；中纵沟浅而清晰；后胸腹板侧线向后侧方延伸，通常存在于基部 3/4；侧盘区具略密集的、大而浅的、具刚毛的圆形刻点，大刻点间夹杂有少量小刻点，内侧及端部刻点变小；后胸前侧片刻点较后胸腹板侧盘区刻点略小但更密，夹杂有小刻点，端部刻点变稀。

第 1 腹节腹板基节间盘区沿前缘及后角处刻点略密集且粗大，较后胸腹板后缘刻点略大略浅，沿后缘有 1 行密集粗大的横椭圆形刻点；其余区域刻点与后胸腹板基节间盘区中部刻点相似；腹侧线端部略短缩。

前足胫节外缘具 9 个刺，基部 2 个较小。

观察标本：1 ex., [土库曼] Tedschen, Transcasp. EX. COLL. BALLOU (FMNH)。

分布：西藏；印度，中亚，西亚，俄罗斯（阿斯特拉罕）。

(258) 额纹腐阎甲 *Saprinus* (*Saprinus*) *frontistrius* Marseul, 1855（图 221）

Saprinus frontistrius Marseul, 1855: 450 (Chine); 1862: 715; Bickhardt, 1910c: 94; 1916b: 97 (*Hypocacculus*); Olexa, 1992b: 9; Mazur, 1976: 709 (China); 1984b: 51 (catalogue); 1987b: 660; 1991: 9; 1997: 223 (catalogue); 2011a: 182 (catalogue); Mazur *et* Ôhara, 2003: 13 (redescription, photos, figures); Mazur in Löbl *et* Smetana, 2004: 98 (China: Hongkong; catalogue); Lackner *et al.* in Löbl *et* Löbl, 2015: 123 (catalogue).

体长 2.49 mm，体宽 2.20 mm。体较小，宽卵形且强烈隆凸，体表光亮，黑色带蓝色和绛紫色金属光泽，胫节、跗节和触角的索节深红棕色，触角的端锤有时也呈深红棕色。

头部额表面不光滑，具略密集粗糙的刻点，端部中央刻点变小，头顶中央有 1 深的圆形大刻点，口上片不光滑，刻点与额前端中央的相似；额线完整，侧面强烈隆起，前缘微隆。

前胸背板两侧微呈弓形向前收缩，前端 1/5 剧烈向前收缩，前缘凹缺部分略呈双波状，后缘呈双波状；缘线强烈隆起，后末端向内弯，接近后缘；前胸背板两侧具略密集的粗大刻点，复眼后刻点最大，向后渐小，基部刻点变稀，大刻点区外围是略密集的小刻点，沿后缘有 2-3 行不规则的大刻点（两侧 1/9 除外），大小与复眼后区域刻点相似，其余区域刻点稀疏细小，沿前缘刻点略大略密；复眼后区域深凹。

鞘翅两侧弧圆，肩部略突出。外肩下线只存在于基部，内肩下线存在于侧面中部 1/3，其前末端与斜肩线的后末端相连；斜肩线粗糙，边缘不清晰，靠近第 1 背线，存在于基部 1/3 且基末端短缩；第 1-4 背线略深，外侧边缘粗糙钝齿状，端部伴随粗糙刻点行，4 条背线约等长，存在于基半部，有时略有差别，第 2-4 背线的前末端向内侧弯曲，第 1 和第 2 背线之间的基部有略密集的纵向短线，第 5 背线无；缝线完整，略深，较光滑，端部伴随粗糙刻点行，基部与第 4 背线相连。鞘翅端半部（于近第 4 背线处向基部延伸至第 1 背线和斜肩线基部）具密集的圆形大刻点，较前胸背板复眼后大刻点略大，常相连形成纵向短皱纹，端部边缘有 1 无刻点的窄带，其余区域光滑，刻点细小稀疏。鞘翅缘折平坦，鞘翅缘线和缘折缘线之间有稀疏而大小适中的刻点，向基部刻点变小，鞘翅缘线内侧区域刻点较鞘翅缘线和缘折缘线之间刻点略小略密集；缘折缘线细且完整；鞘翅缘线强烈隆起且完整，伴随密集粗大的刻点，其前末端向内弯曲，后端沿鞘翅后缘延伸，于鞘翅缝缘处与缝线相连。

前臀板密布粗大的圆形浅刻点，较鞘翅盘区大刻点小，基部 1/3 刻点变小，沿后缘有 1 隆起的棱，其上及附近刻点略深。臀板刻点与前臀板后缘刻点相似，侧面刻点密集，向中部略稀疏，刻点于端部 1/3 变小。

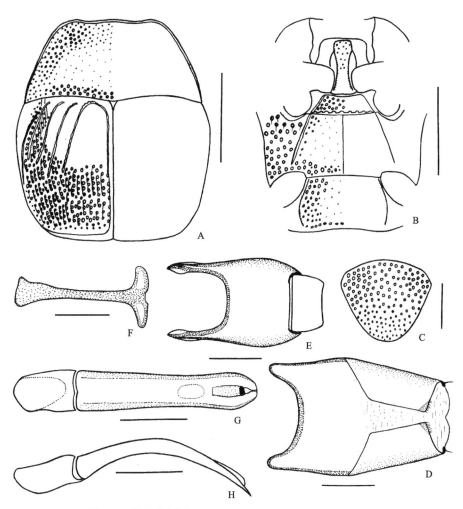

图 221 额纹腐阎甲 *Saprinus* (*Saprinus*) *frontistrius* Marseul

A. 前胸背板和鞘翅（pronotum and elytra）；B. 前胸腹板、中-后胸腹板和第 1 腹节腹板（prosternum, meso- and metasterna and the 1st visible abdominal sternum）；C. 臀板（pygidium）；D. 雄性第 8 腹节背板和腹板，腹面观（male 8th tergite and sternum, ventral view）；E. 雄性第 9、10 腹节背板，背面观（male 9th and 10th tergites, dorsal view）；F. 雄性第 9 腹节腹板，腹面观（male 9th sternum, ventral view）；G. 阳茎，背面观（aedeagus, dorsal view）；H. 同上，侧面观（ditto, lateral view）。比例尺（scales）：A, B = 1.0 mm, C = 0.5 mm, D-H = 0.25 mm

　　前胸腹板前缘中部微凹；前胸腹板龙骨较宽，端半部具稀疏的大小适中的刻点；龙骨腹面侧面观基部 3/4 略向前压低，端部 1/4 略向前升高；龙骨线完整，中部窄，向两端背离，端部 1/6 近于直线且略向前汇聚，前端由 1 较直的线相连；前胸腹板侧线强烈隆起，其前末端达龙骨端部 1/6。

　　中胸腹板前缘中部微凹，中间略突出；缘线完整；表面具略密集的圆形大刻点，中部刻点略小略稀；中-后胸腹板缝细，较直，伴随 1 中度密集的粗糙钝齿状线。

　　后胸腹板基节间盘区光滑，沿后缘具粗大刻点，较中胸腹板刻点大得多，大刻点于侧面略密集，向中部略小略少，前角处及沿侧线刻点较中胸腹板刻点小，其余区域刻点稀疏细小；中纵沟略深；后胸腹板侧线向后侧方延伸，接近后足基节窝前缘；侧盘区具略密集的、具刚毛的圆形大刻点，内侧刻点略小；后胸前侧片刻点较后胸腹板侧盘区刻点略密略小。

第 1 腹节腹板基节间盘区沿侧线刻点粗大，前角处刻点较中胸腹板侧面刻点略大略稀，且纵向椭圆形，向后刻点略小略稀且较圆，沿后缘有 1 行密集的横椭圆形大刻点，其余区域刻点稀疏细小；腹侧线端部 1/5 或 1/6 短缩。

前足胫节外缘具 10 个刺，端部 2 个和基部 3 个较小。

雄性外生殖器如图 221D-H 所示。

观察标本：2♂，N. E. INDIA, Meghalaya (印度梅加拉亚邦)，Umran, second forest, 33 km N. Shillong 24 45N-91 53E, 800 m, V. Sinaev and M. Murzin leg., S. Mazur det., 1995。

分布：香港；尼泊尔，印度，斯里兰卡，巴基斯坦，越南，泰国。

(259) 寒鸦腐阎甲 *Saprinus* (*Saprinus*) *graculus* Reichardt, 1930（图 222）

Saprinus graculus Reichardt, 1930a: 289 (Central Siberia; Mongolia); 1941: 182, 224; Dahlgren, 1968b: 258; Kryzhanovskij *et* Reichardt, 1976: 160; Mazur, 1976: 710; 1984b: 52 (China; catalogue); 1997: 223 (catalogue); 2011a: 183 (catalogue); Kapler, 1993: 30 (Russia); Mazur in Löbl *et* Smetana, 2004: 98 (China: Nei Mongol; catalogue); Lackner *et al.* in Löbl *et* Löbl, 2015: 123 (catalogue).

体长 3.39-4.04 mm，体宽 2.94-3.47 mm。体宽卵形，隆凸，黑色光亮，跗节和触角的索节深红棕色，触角的端锤暗褐色。

头部额表面具略密集的细小刻点，侧面刻点略大，口上片刻点较额部刻点更密集，基部刻点与额两侧刻点相似，端部刻点变小；额线侧面完整，前面宽阔间断。

前胸背板两侧微呈弓形向前收缩，前端 1/4 剧烈向前收缩，前缘凹缺部分中央较直，后缘呈双波状；缘线完整，到达后缘；前胸背板两侧（近后缘除外）刻点密集粗大，大刻点内侧和外侧刻点密集，较小，沿后缘有 2-3 行不规则的大刻点（两侧 1/8 除外），较侧面刻点略大，于小盾片前区刻点变少，其他区域刻点细小，较稀疏；复眼后区域略深凹。

鞘翅两侧弧圆，肩部略突出。外肩下线只存在于基部，内肩下线存在于侧面中部短于 1/3；斜肩线略深，位于基部 1/3；第 1-4 背线略深，均为密集刻点行形成的粗糙钝齿状线，通常第 2 和第 4 背线较长、等长或第 4 背线略长，二者均超出基部 1/2 短于基部 2/3，第 4 背线基部向小盾片弯曲，通常与缝线相连，第 3 背线略短于第 2 和第 4 背线，第 1 背线略短于第 3 背线，存在于基半部，第 1 和第 2 背线之间有时有稀疏的纵向短线，第 5 背线无；缝线较细，具刻点行，略呈钝齿状，基部 1/4 通常很细，不明显，与第 4 背线相连。鞘翅端半部（近缝线的大刻点区略向基部延伸）具略密集的圆形大刻点，较前胸背板两侧大刻点略小，夹杂有细小刻点，第 2 背线延长线外侧、沿后缘的窄带及鞘翅基部区域光滑，刻点稀疏微小。鞘翅缘折平坦光滑，中部具几个较大刻点，鞘翅缘线内侧区域具较粗大较密集的刻点，与鞘翅缘线和缘折缘线之间刻点相似；缘折缘线细且完整；鞘翅缘线具较密集的刻点行，其前末端向内弯曲，后端沿鞘翅后缘延伸，于鞘翅缝缘处与缝线相连。

前臀板密布粗大刻点，有时浅，与鞘翅端部大刻点相似，两侧刻点更密，中部刻点略小，基部刻点更小，夹杂有细小刻点。臀板刻点与前臀板的相似，向端部渐小，夹杂有细小刻点。

前胸腹板前缘中部微向外弓弯；前胸腹板龙骨较宽，表面具稀疏细小的刻点；龙骨腹面侧面观较平；龙骨线完整，基部走向多变，通常向后略分离，有时向后汇聚，有时后部略平行，端部向前背离而后略向前汇聚，前端由1直线相连；前胸腹板侧线强烈隆起，短，其前末端达龙骨端部1/4。

中胸腹板前缘中部微凹；缘线完整；表面刻点略粗大略稀疏，中部刻点更稀少，夹杂有较多细小刻点；中-后胸腹板缝细，较清晰，中间向后成角，伴随1略密集的大刻点行。

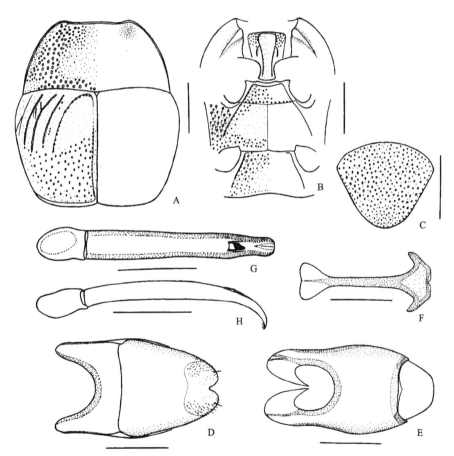

图 222　寒鸦腐阎甲 *Saprinus (Saprinus) graculus* Reichardt

A. 前胸背板和鞘翅（pronotum and elytra）；B. 前胸腹板、中-后胸腹板和第1腹节腹板（prosternum, meso- and metasterna and the 1st visible abdominal sternum）；C. 臀板（pygidium）；D. 雄性第8腹节背板和腹板，腹面观（male 8th tergite and sternum, ventral view）；E. 雄性第9、10腹节背板，背面观（male 9th and 10th tergites, dorsal view）；F. 雄性第9腹节腹板，腹面观（male 9th sternum, ventral view）；G. 阳茎，背面观（aedeagus, dorsal view）；H. 同上，侧面观（ditto, lateral view）。比例尺（scales）：A-C = 1.0 mm, D-H = 0.5 mm

后胸腹板基节间盘区沿后缘具较密集的粗大刻点，大刻点近中纵沟略小，沿侧线刻点稀疏粗大，其余区域刻点稀疏细小；中纵沟浅而清晰；后胸腹板侧线向后侧方延伸，通常存在于基部 3/4 或更长；侧盘区具较密集且具刚毛的圆形大刻点，大刻点间夹杂有小刻点和细小刻点；后胸前侧片刻点较后胸腹板侧盘区刻点更密，夹杂有细小刻点。

第 1 腹节腹板基节间盘区基部及侧面刻点密集粗大，夹杂有细小刻点，基部中央刻点略小略稀，沿后缘有 1 行略密集的较小的刻点，其余区域刻点稀疏细小；腹侧线端部 1/5 短缩。

前足胫节外缘具 10 个刺，基部 5 个较小。

雄性外生殖器如图 222D-H 所示。

观察标本：1 号，内蒙古多伦，1958.VIII；2♂, 6 exs., [东北] Ta-Yngtse, Linsisien, E. Bourgault leg.。

分布：内蒙古、东北；蒙古，俄罗斯（远东、西伯利亚）。

(260) 哈氏腐阎甲 *Saprinus* (*Saprinus*) *havajirii* Kapler, 2000

Saprinus (*Saprinus*) *havajirii* Kapler, 2000: 67 (China: Shaanxi); Mazur in Löbl *et* Smetana, 2004: 98 (catalogue); Mazur, 2011a: 183 (catalogue); Lackner *et al.* in Löbl *et* Löbl, 2015: 123 (catalogue).

描述根据 Kapler（2000）整理：

体长 3.5-4.0 mm。体卵形，棕色到黑色，光滑，无金属光泽，足和触角红棕色，触角端锤棕色，紧缩，顶端有短而细的软毛。

额部具细小刻点；额线完整。

前胸背板两侧弓弯，复眼后凹窝清晰；两侧刻点较粗大，基部和前角处刻点更大，其余区域具细小刻点。

外肩下线无；斜肩线较其他线长；鞘翅背线明显，到达鞘翅中部，第 4 背线弓弯，与缝线相连，第 1 和第 2 背线之间具皱纹，到达鞘翅基部；缝线完整。鞘翅刻点粗大，刻点区前面界线弓弯，在缝线处到达鞘翅的中部。鞘翅缘折光滑无毛。

前臀板和臀板刻点大小相等，像鞘翅刻点一样密集，无皱褶，臀板顶端刻点变细小。

前胸腹板侧面观略凹，前缘略肿胀；龙骨线平行，向前强烈背离而后向内弓弯且连接。

中胸腹板刻点稀疏粗大。

后胸腹板不具刻点；中纵沟窄，不明显；后胸腹板后缘无小突。

前足胫节外缘有 7-9 个刺；后足跗节较后足胫节的 1/2 长。

第 8 腹板顶端骨化，在顶端孔的较低边缘有 1 对绒毛区，孔的两侧各有 1 长而粗的刚毛；阳茎两边平行，顶端不膨大，有 1 钝的顶端，侧面观规则弓弯。

观察标本：未检视标本。

分布：陕西。

讨论：本种正模标本保存在布拉格国家博物馆（NMP）。

(261) 喜马拉雅腐阎甲 *Saprinus* (*Saprinus*) *himalajicus* Dahlgren, 1971

Saprinus himalajicus Dahlgren, 1971b: 264 (China: Thibet); Mazur, 1976: 710; 1984b: 52 (catalogue); 1997: 224 (catalogue); 2011a: 183 (catalogue); Mazur in Löbl *et* Smetana, 2004: 98 (catalogue); Lackner *et al.* in Löbl *et* Löbl, 2015: 123 (catalogue).

观察标本：未检视标本。
分布：西藏。

(262) 污腐阎甲 *Saprinus* (*Saprinus*) *immundus* (Gyllenhal, 1827)（图 223）

Hister immundus Gyllenhal, 1827: 266 (Holland).

Saprinus immundus: Erichson, 1834: 182; Marseul, 1855: 407; Schmidt, 1885c: 308; Fauvel in Gozis, 1886: 173 (key), 200; Ganglbauer, 1899: 387; Reitter, 1909: 293; Bickhardt, 1910c: 90 (catalogue; *Saprinus aeneus* var.); 1916b: 85 (*Saprinus aeneus* var.); Reichardt, 1925a: 112 (Orenburg, Or. Turgai, T. Omsk, Altai); Mazur, 1976: 710 (China); 1984b: 52 (catalogue); 1997: 224 (catalogue); 2011a: 183 (catalogue); Yélamos *et* Ferrer, 1988: 169; Yélamos, 2002: 291 (redescription, figure); Mazur in Löbl *et* Smetana, 2004: 98 (China: Gansu, Nei Mongol; catalogue); Lackner *et al.* in Löbl *et* Löbl, 2015: 124 (catalogue).

Hister caucasicus Dejean, 1837: 142 (nom. nud.); Gemminger *et* Harold, 1868: 786 (synonymized).

Saprinus immundus var. *saulnieri* Thérond, 1948: 123.

Saprinus aspernatus: Saulnier, 1947: 34; Vienna, 1980: 160 (synonymized).

体长 3.57-4.04 mm，体宽 3.23-3.49 mm。体宽卵形且强烈隆凸，体表光亮，黑色带不明显的彩色金属光泽，胫节、跗节和触角的索节深红棕色，触角的端锤暗褐色。

头部额表面密布粗糙刻点，基部 2/3 刻点略大略稀，头顶中央有 1 凹窝，端部 1/3 刻点略小略密，口上片刻点与额端部刻点相似，但更浅，不清晰，刻点间有密集的短皱纹；额线隆起，侧面完整，前端中央宽阔间断，前末端不向口上片延伸。

前胸背板两侧微呈弓形向前收缩，前端 1/4 剧烈向前收缩，前缘凹缺部分中央直，后缘呈双波状；缘线隆起且完整；前胸背板两侧密布圆形大刻点，大刻点区前后缘及侧缘刻点小而密集，沿后缘有 2 行不规则的圆形大刻点（两侧 1/9 除外），夹杂有小刻点，小盾片前区大刻点较稀较大，其他区域刻点细小稀疏，前缘中部刻点密集；复眼后区域微凹。

鞘翅两侧弧圆，肩部略突出。外肩下线只存在于基部，内肩下线很短，存在于侧面中部；斜肩线粗糙，位于基部 1/3，有时不明显，有时于端部分二叉；第 1-4 背线粗糙，均为密集大刻点形成的粗糙钝齿状线，第 4 背线最清晰，存在于基半部，前末端向小盾片弯曲，第 2 背线存在于基半部，有时较第 4 背线略长，有时其基部不明显，略短缩，第 1 背线较第 2 背线短，不清晰，有时缺失，第 3 背线基部或端部有短的刻痕，有时同时存在，中间为宽阔间断，第 5 背线无；缝线粗糙钝齿状，基部 1/3 或 1/4 短缩，中间有间断，后端略细。鞘翅端部由缝线中部向第 2 背线基部延伸直到斜肩线内侧区域及第 2 和第 3 背线之间基部刻点密集粗大，常相连形成密集的纵向皱纹，侧后方刻点变小，其余区域（包括肩部及沿后缘的窄带）光滑，刻点稀疏微小。鞘翅缘折中部微凹，鞘翅缘线和缘折缘线之间区域具略密集的刻点，中部刻点与鞘翅表面大刻点相似，向两端刻点变小，鞘翅缘线内侧区域具密集大刻点，与鞘翅表面刻点相似；缘折缘线细，清晰而完整；鞘翅缘线强烈隆起且完整，伴随圆形大刻点行，其前末端向内弯曲，后端沿鞘翅后缘延伸，于鞘翅缝缘处与缝线相连。

　　前臀板密布粗糙刻点，较鞘翅盘区大刻点小，侧面刻点较中部刻点略大。臀板密布粗糙刻点，基部 3/4 刻点与前臀板侧面的刻点相似，中部的略小，端部 1/4 刻点较基部的略小，更密集。

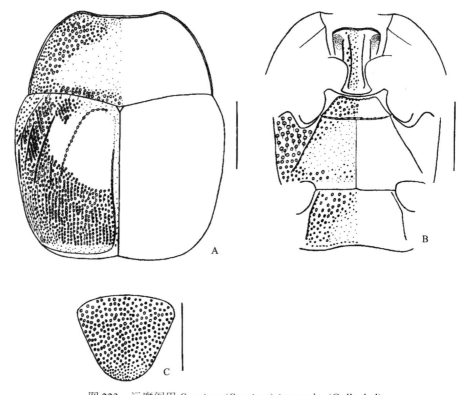

图 223　污腐阎甲 *Saprinus* (*Saprinus*) *immundus* (Gyllenhal)

A. 前胸背板和鞘翅（pronotum and elytra）；B. 前胸腹板、中-后胸腹板和第 1 腹节腹板（prosternum, meso- and metasterna and the 1st visible abdominal sternum）；C. 臀板（pygidium）。比例尺（scales）：1.0 mm

　　前胸腹板前缘中部微凹；前胸腹板龙骨较宽，表面具稀疏细小的刻点；龙骨腹面侧面观基部 1/4 平，中部 1/2 略向前低凹，端部 1/4 略向前升高；龙骨线完整，中部窄，向两端背离，前末端不相连；前胸腹板侧线强烈隆起，相互平行，其前末端到达龙骨端部 1/7。

　　中胸腹板前缘宽阔凹陷；缘线完整；侧面具稀疏的圆形大刻点，夹杂有小刻点，中部 1/3 刻点变小，更稀疏；中-后胸腹板缝细而浅，不清晰，伴随 1 由略稀疏的大刻点行形成的剧烈钝齿状线。

后胸腹板基节间盘区光滑，沿后缘具稀疏大刻点，外侧刻点与中胸腹板侧面的相似，内侧刻点变小，前角处有几个略大的粗糙刻点，其他区域刻点稀疏微小；中纵沟浅；后胸腹板侧线向后侧方延伸，通常存在于基部 4/5；侧盘区具略密集且具刚毛的圆形大刻点，夹杂有小刻点，向端部刻点略小，刻点间隙有细而浅的皮革纹；后胸前侧片刻点较后胸腹板侧盘区刻点略小略浅，且更密集。

第 1 腹节腹板基节间盘区侧面刻点粗糙，略密集，前角处刻点略粗大，较后胸腹板基节间盘区后缘刻点略大，向后刻点略小略密集，沿后缘有 1 行略小的刻点，前缘中部无大刻点，其他区域光滑，刻点稀疏微小；腹侧线接近但不达后缘。

前足胫节外缘具 12 个刺，端部 3 个和基部 2 个较小。

观察标本：1♀, W. Siberia, Novosibirsk Town (俄罗斯新西伯利亚), meadow, carrion, 1983.VII.30, Yu. Chekanov leg., V. Dubatolov det.; 1♀, [波兰] Mikasuwo (?) ad Gdalisk, S. Mazur det., 1995。

分布：内蒙古、甘肃；蒙古，俄罗斯（西伯利亚），哈萨克斯坦，欧洲和地中海地区。

(263) 铜泽腐阎甲 *Saprinus* (*Saprinus*) *intractabilis* Reichardt, 1930（图 224）

Saprinus intractabilis Reichardt, 1930a: 286 (Turkestan); 1936: 6 (S.W. Mongolei); 1941: 183, 230; Thérond, 1962: 63; 1964: 188; Dahlgren, 1968b: 262; Kryzhanovskij *et* Reichardt, 1976: 164; Mazur, 1976: 711 (West China); 1984b: 53 (catalogue); 1997: 224 (catalogue); 2011a: 183 (catalogue); Mazur in Löbl *et* Smetana, 2004: 98 (China: Heilongjiang, Nei Mongol; catalogue); Lackner *et al.* in Löbl *et* Löbl, 2015: 124 (catalogue).

体长 3.80-4.53 mm，体宽 3.44-4.18 mm。体宽卵形且强烈隆凸，体表光亮，黑色带黄铜色光泽，跗节和触角的索节深红棕色，有时胫节也呈深红棕色，触角的端锤黄褐色。

头部额表面不光滑，具略密集而粗糙的圆形刻点，夹杂有细小刻点，两侧刻点更大，端部中央刻点浅，头顶中央有 1 深的圆形大刻点；口上片不光滑，基部刻点与额前端中央的相似，端部 1/3 刻点略密，表面暗淡；额线强烈隆起，侧面完整，前末端向口上片延伸并超出其基半部。

前胸背板两侧微呈弓形向前收缩，前端 1/5 剧烈向前收缩，前缘凹缺部分中央较直，后缘呈双波状；缘线强烈隆起且完整，后末端非常接近后缘；前胸背板两侧具密集的粗大浅刻点，刻点常相连形成纵向短皱纹，夹杂有小刻点，大刻点区外围是密集的略小的刻点，沿后缘有 2 行大刻点（两侧 1/8 除外），大小与侧面刻点相似，最基部 1 行刻点浅而密集，另 1 行刻点略深而稀疏，不规则，向中部变小，其他区域刻点小而稀疏，沿前缘刻点略大略密；复眼后区域深凹。

鞘翅两侧弧圆。外肩下线只存在于基部，内肩下线存在于侧面中部 1/3；斜肩线略深，粗糙钝齿状，位于基部 1/3；第 1-4 背线略深，外侧边缘光滑，内侧边缘略呈钝齿状，第 1 和第 2 背线约等长，存在于基半部，之间有稀疏的纵向短线，第 1 背线中部 1/3 外缘强烈隆起，内侧略深略宽，第 2 背线有稀疏刻点行，第 3 背线较短，刻点略密集，第

4 背线最短，略短于第 3 背线，存在于基部 1/3，刻点略密集，第 5 背线无；缝线浅，略呈钝齿状，基部与第 4 背线相连。鞘翅表面具略稀疏的圆形大刻点，较前胸背板两侧大刻点略小，基部背线之间刻点较小，外侧及后缘刻点更小，大刻点间夹杂有细小刻点，第 4 背线和缝线基部 1/3 之间区域光滑，具稀疏细小的刻点。鞘翅缘折中部微凹，鞘翅缘线和缘折缘线之间刻点稀疏粗大，较鞘翅盘区大刻点略小，向两端变小，鞘翅缘线内侧区域刻点与鞘翅缘线和缘折缘线之间刻点相似；缘折缘线细，隆起且完整；鞘翅缘线强烈隆起且完整，伴随稀疏粗糙的刻点，其前末端向内弯曲，后端沿鞘翅后缘延伸，于鞘翅缝缘处与缝线相连。

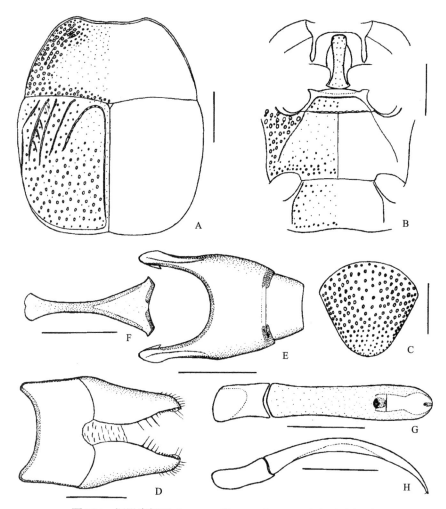

图 224　铜泽腐阎甲 *Saprinus* (*Saprinus*) *intractabilis* Reichardt

A. 前胸背板和鞘翅（pronotum and elytra）；B. 前胸腹板、中-后胸腹板和第 1 腹节腹板（prosternum, meso- and metasterna and the 1st visible abdominal sternum）；C. 臀板（pygidium）；D. 雄性第 8 腹节背板和腹板，腹面观（male 8th tergite and sternum, ventral view）；E. 雄性第 9、10 腹节背板，背面观（male 9th and 10th tergites, dorsal view）；F. 雄性第 9 腹节腹板，腹面观（male 9th sternum, ventral view）；G. 阳茎，背面观（aedeagus, dorsal view）；H. 同上，侧面观（ditto, lateral view）。比例尺（scales）：A-C = 1.0 mm, D-H = 0.5 mm

前臀板密布粗大刻点，与鞘翅表面大刻点相等，两侧刻点更大更密，刻点间隙有细而浅的不规则皮革纹。臀板刻点与前臀板的相似但略稀疏，侧面刻点略密集，刻点向端部渐小渐密，顶端刻点夹杂有细小刻点，刻点间隙有细而浅的不规则皮革纹。

前胸腹板前缘中部微凹；前胸腹板龙骨较宽，具稀疏小刻点；龙骨腹面侧面观基部3/4略向前压低，端部1/4略向前升高；龙骨线完整，略向两端背离，端部1/6近于平行，前末端由1弧线相连，弧线中间有时间断；前胸腹板侧线强烈隆起，其前末端达龙骨端部1/6。

中胸腹板前缘宽凹；缘线完整；表面刻点稀疏，中部刻点与前胸腹板龙骨刻点相似，侧面刻点稀疏粗大，夹杂有小刻点；中-后胸腹板缝细，较清晰，中间向后成角，伴随1略密集的钝齿状线。

后胸腹板基节间盘区光滑，沿后缘具稀疏粗大的刻点，其余区域刻点小而稀疏，较前胸腹板龙骨刻点略小；中纵沟浅；后胸腹板侧线向后侧方延伸，通常存在于基部3/4；侧盘区具略密集的、大而浅的、具刚毛的圆形刻点，大刻点间夹杂有小刻点，内侧及端半部刻点变小变稀，刻点间隙具细而浅的皮革纹；后胸前侧片刻点较后胸腹板侧盘区刻点略密略小，夹杂有小刻点，刻点向端部变小变稀。

第1腹节腹板基节间盘区沿前缘刻点稀疏粗大，较后胸腹板后缘刻点略小略浅，沿后缘有1行略密集的粗大刻点，与前缘刻点相似，其余区域刻点小而稀疏，与后胸腹板基节间盘区中部刻点相似；腹侧线隆起，端部1/6-1/4短缩。

前足胫节外缘具10-12个刺，端部2个和基部2个较小。

雄性外生殖器如图224D-H所示。

观察标本：1♀，内蒙古杭锦旗，1270-1340 m，猪尸体手抓，1999.VIII.5，周红章采；1♂，2♀，新疆且末，1080 m，1960.IV.26，王书永采。

分布：内蒙古、黑龙江、新疆；蒙古，哈萨克斯坦，土库曼斯坦，阿富汗，土耳其。

讨论：本种与细纹腐阎甲欧亚亚种 S. (S.) tenuistrius sparsutus Solskiy 非常相似，但后者前胸腹板龙骨线后部通常平行，且后末端常向内略弯曲，而前者龙骨线通常向后分离；另外后者中-后胸腹板缝伴随较稀疏的刻点行，而前者为密集钝齿状线。

(264) 日本腐阎甲 *Saprinus* (*Saprinus*) *niponicus* Dahlgren, 1962（图225；图版 II：5）

Saprinus niponicus Dahlgren, 1962: 245 (Japan); Mazur, 1970: 57 (Korea); 1976: 712; 1984b: 55 (catalogue); 1997: 225 (China: Liaoning; catalogue); 2011a: 184 (catalogue); Kryzhanovskij *et* Reichardt, 1976: 158; Hisamatsu, 1985b: 223; Kapler, 1993: 31 (Russia); ESK *et* KSAE, 1994: 136 (Korea); Ôhara, 1994: 229 (redescription, figures; in subg. *Saprinus* of *Saprinus*); 1999a: 119; Ôhara *et* Paik, 1998: 28; Mazur in Löbl *et* Smetana, 2004: 99 (China: Jilin; catalogue); Lackner *et al.* in Löbl *et* Löbl, 2015: 124 (catalogue).

体长 3.55-5.16 mm，体宽 3.16-4.77 mm。体宽卵形且强烈隆凸，体表光亮，黑色带黄铜色光泽，胫节、跗节和触角的索节深红棕色，触角端锤暗褐色。

头部额表面具稀疏且大小适中的刻点，中部刻点更稀疏，刻点间隙光滑，口上片较额前端刻点密集；额线微隆，完整，有时于中部微弱间断。

　　前胸背板两侧微呈弓形向前收缩，前端 1/6 剧烈向前收缩，前缘凹缺部分微呈双波状，后缘呈双波状；缘线微隆、完整；前胸背板两侧（基部 1/4 除外）密布深的大刻点，大刻点区外侧为稀疏小刻点，沿后缘有 1 或 2 行不规则大刻点（两侧 1/6 消失，中部 1/3 稀疏），其他区域刻点极小极稀；复眼后区域微凹。

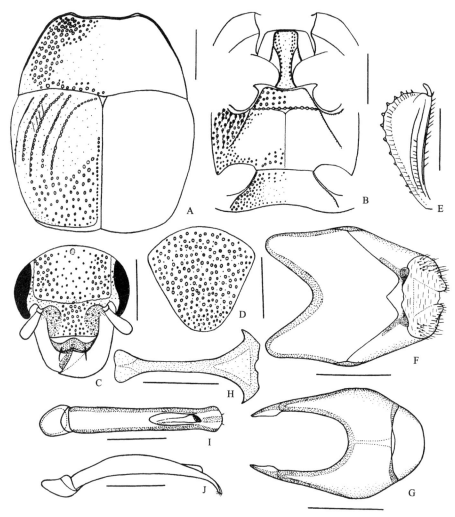

图 225　日本腐阎甲 *Saprinus (Saprinus) niponicus* Dahlgren

A. 前胸背板和鞘翅（pronotum and elytra）；B. 前胸腹板、中-后胸腹板和第 1 腹节腹板（prosternum, meso- and metasterna and the 1st visible abdominal sternum）；C. 头（head）；D. 臀板（pygidium）；E. 前足胫节，背面观（protibia, dorsal view）；F. 雄性第 8 腹节背板和腹板，腹面观（male 8th tergite and sternum, ventral view）；G. 雄性第 9、10 腹节背板，背面观（male 9th and 10th tergites, dorsal view）；H. 雄性第 9 腹节腹板，腹面观（male 9th sternum, ventral view）；I. 阳茎，背面观（aedeagus, dorsal view）；J. 同上，侧面观（ditto, lateral view）。比例尺（scales）：A-E = 1.0 mm, F-J = 0.5 mm

　　鞘翅两侧弧圆。外肩下线只存在于基部，内肩下线存在于侧面中部，但通常基部短缩，有时缺失；斜肩线较深，位于基部 1/3，有时与内肩下线相连；第 1-4 背线深，为密集粗大的刻点行，呈钝齿状，存在于基部 1/2 或 2/3，通常第 2、第 4 背线较长，第 3 背线最短，第 1 和第 2 背线之间常有几条纵向短线；第 4 背线基部向小盾片弯曲并接近小盾片，第 5 背线无；缝线存在于端部 2/3，由密集粗大的刻点行组成，有时较稀疏且不规则，有时向端部更小。鞘翅端部 1/3（第 2 背线延长线外侧除外）具较稀疏的卵圆形大刻点，较前胸背板两侧大刻点小，大刻点之间有稀疏微小的刻点，大刻点区在近缝线处向基部延伸，通常到达缝缘中部，其余区域刻点稀疏微小。鞘翅缘折平坦，鞘翅缘线和缘折缘线之间有 1-2 行大小适中的稀疏的刻点，鞘翅缘线内侧区域刻点稀疏，大小适中，端部 1/3 较密集；缘折缘线细且完整；鞘翅缘线隆起且完整，伴随粗糙刻点，其前末端向内弯曲，后端沿鞘翅后缘延伸，于鞘翅缝缘处与缝线相连。

前臀板密布粗大刻点，较鞘翅后端刻点小且较浅，基部 1/3 刻点变小，刻点间隙有时具细小刻点，且具浅而细的不规则皮革纹。臀板密布粗大刻点，较前臀板刻点略大，向端部变小，大刻点间具细小刻点。

前胸腹板前缘直；前胸腹板龙骨较宽，刻点稀疏微小，侧面刻点粗大；龙骨腹面平；龙骨线完整，前足基节窝之前窄，向两端背离，端部 1/3 近于平行，前末端由 1 直线相连；前胸腹板侧线强烈隆起且短，其前末端达龙骨端部 1/3。

中胸腹板前缘宽凹；缘线完整；表面刻点稀疏粗大，有时中部刻点略小且更少；中-后胸腹板缝细而浅，伴随 1 密集刻点行形成的粗糙钝齿状线。

后胸腹板基节间盘区光滑，沿侧线及后缘具密集粗大的刻点，较中胸腹板刻点小，靠近中纵沟刻点稍大；中纵沟浅；后胸腹板侧线向后侧方延伸，通常存在于基部 2/3；侧盘区密布大而浅的具短毛的圆形刻点，端部 1/3 刻点变小，大刻点间有细小刻点；后胸前侧片刻点较后胸腹板侧盘区刻点更密集。

第 1 腹节腹板基节间盘区边缘刻点粗大，沿前缘刻点较稀疏，沿侧线刻点密集，沿后缘有 1 行较小的刻点，其余区域刻点稀疏细小；腹侧线接近但不达后缘。

前足胫节外缘具 13 个刺，端部 2 个和基部 3 个较小。

雄性外生殖器如图 225F-J 所示。

观察标本：2 exs., Sapporo Hokkaido, JAPAN (日本北海道札幌), 1985.VI.22, M. Ôhara leg., M. Ôhara det.；大量，北京小龙门，1140 m，羊肉诱，2000.VI.20-VII.2，于晓东采；大量，北京门头沟梨园岭，1100 m，腐羊头，1998.IX.20，周红章采；大量，北京门头沟梨园岭，腐羊头，1999.VII.18，周红章采；大量，北京门头沟梨园岭，山杏灌丛，肉诱，1999.VII.18-21，罗天宏采；大量，北京小龙门，1150 m，杯诱，1998.VI.28-VII.4，周海生采；2 号，北京清河，1995.IV.24，杨玉璞采；1 号，北京清河，1995.V.5，杨玉璞采；1 号，新疆伊宁，1985.VI，张生芳采；1 号，新疆乌鲁木齐，药材，1985.VII.28，张生芳采；5 exs., Ertsentientze+Maoershan+Hengtaohotze+Harbin, Manchuria（东北），1941.VI-VIII and 1954.VI-VII，李植银；6 exs., [东北] Ta-Yngtse, Linsisien, E. Bourgault leg.；2 号，黑龙江二层甸子，1943.VII.4；11 号，辽宁高岭子，1940.VI.10；1 号，宁夏泾源六盘山，1989.VII.27，罗耀兴采；1 ex., Anhwei (安徽), auking.

分布：北京、河北、辽宁、吉林、黑龙江、安徽、甘肃、广西、宁夏、新疆；朝鲜半岛，日本，俄罗斯（远东）。

(265) 丽鞘腐阎甲 *Saprinus* (*Saprinus*) *optabilis* Marseul, 1855（图 226）

Saprinus optabilis Marseul, 1855: 438 (India); Bickhardt, 1910c: 97 (catalogue); 1913a: 177 (China: Kosempo of Taiwan); 1916b: 91; Desbordes, 1919: 412 (China: Yunnan; key); Mazur, 1976: 713 (China: Taiwan); 1984b: 55 (catalogue); 1991: 2; 1997: 226 (China: South China, Taiwan; catalogue); 2011a: 184 (catalogue); Ôhara, 2003: 32 (redescription); Mazur *et* Ôhara, 2003: 8 (Thailand); Mazur in Löbl *et* Smetana, 2004: 99 (China: Guangdong, Yunnan; catalogue); Mazur *et al.*, 2005: 2 (Thailand); Lackner *et al.* in Löbl *et* Löbl, 2015: 125 (catalogue).

Saprinus dives Lewis, 1911: 88 (China: Pingshiang); Bickhardt, 1916b: 88; Desbordes, 1919: 412 (Chine; key); Gaedike, 1984: 460 (information about Syntypes); Dahlgren, 1969a: 266 (synonymized).

体长 3.55-4.89 mm，体宽 3.14-4.04 mm。体宽卵形且强烈隆凸，黑色光亮，鞘翅带深蓝色金属光泽，有时为绛紫色金属光泽，有的不带光泽，有的前胸背板等其他部位也有浅紫色光泽，跗节和触角的索节深红棕色，有时胫节甚至整个足深红棕色，触角端锤的腹面黄褐色。

头部额表面密布粗大刻点，两侧刻点更大，大刻点间夹杂有细小刻点，头顶中央有 1 大刻点或圆形凹窝，口上片基部刻点较额部刻点略小，端部刻点更小；额线微隆，很短，只存在于额的前侧角处，中部为宽的间断，向后有时有短的刻痕。

前胸背板两侧微呈弓形向前收缩，前端 1/5 剧烈向前收缩，前缘凹缺部分中央较直，后缘呈双波状；缘线微隆、完整，后末端通常到达后缘或非常接近后缘；前胸背板两侧（基部 1/5 除外）具略密集的粗大刻点，夹杂有微小刻点，大刻点区外侧具较密集的小刻点，沿后缘有 2-4 行不规则大刻点（两侧 1/9 消失，中部 1/9 稀疏），最大刻点较表面两侧大刻点略大，有时于小盾片前区有 1 较大的圆形凹窝，其余区域刻点稀疏细小，前端 1/3 刻点略密集；复眼后区域适度低凹。

鞘翅两侧弧圆。外肩下线只存在于基部，内肩下线存在于侧面中部 1/3，有时与斜肩线相连，有时很短而不相连；斜肩线粗糙，不规则，通常间断，位于基部 1/3；第 1-4 背线深，为密集刻点行形成的粗糙钝齿状线，存在于基半部，有时略长，有时略短，通常第 2、第 4 背线较长，有时第 3 背线较长，第 1 和第 2 背线之间有密集的纵向短线，第 5 背线无；缝线完整，与第 1-4 背线相似，基部与第 4 背线相连。鞘翅表面具略密集的粗大刻点，与前胸背板两侧刻点相似，夹杂有细小刻点，有时端部刻点变小，所有刻点间隙有细而短的纵向皱纹，沿后缘及侧缘刻点最小，第 4 背线基部 1/2 到缝线基部 1/3 之间区域光滑，具稀疏微小的刻点。鞘翅缘折平坦，鞘翅缘线和缘折缘线之间有稀疏粗大的刻点，鞘翅缘线内侧区域具略密集的粗大刻点；缘折缘线细且完整；鞘翅缘线隆起且完整，伴随 1 行粗大刻点，其前末端向内弯曲，后端沿鞘翅后缘延伸，于鞘翅缝缘处与缝线相连。

前臀板密布粗大刻点，与鞘翅表面刻点相似但较浅，夹杂有细小刻点，刻点间隙具浅而细的不规则皮革纹。臀板密布粗大刻点，夹杂有小刻点，刻点间隙具细而浅的不规则皮革纹，两侧刻点大且密集，与前臀板的相似，向中部略小略稀，刻点向端部变小，顶端光滑，无大刻点，纵向中央有 1 条不明显的隆突。

　　前胸腹板前缘中部微凹；前胸腹板龙骨较宽，基半部具稀疏细小的刻点，端半部刻点较密集，粗大，侧面的更粗大；龙骨腹面侧面观基部 1/4 平，随后向前压低，端部 1/4 向前升高；龙骨线完整，前足基节窝之前窄，向两端背离，端部 1/4 近于平行，前末端由 1 直线相连；前胸腹板侧线强烈隆起，短，其前末端达龙骨端部 1/4。

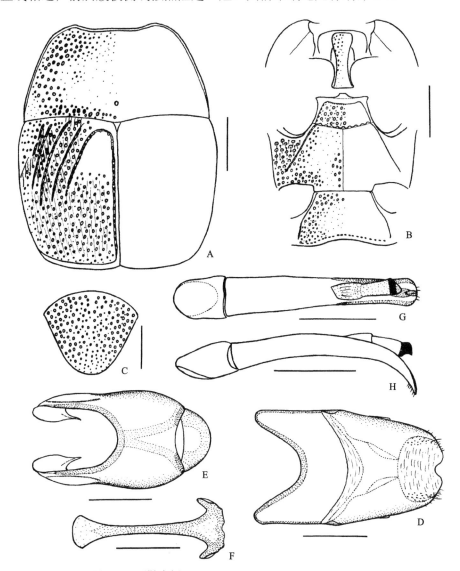

图 226　丽鞘腐阎甲 *Saprinus* (*Saprinus*) *optabilis* Marseul

A. 前胸背板和鞘翅（pronotum and elytra）；B. 前胸腹板、中-后胸腹板和第 1 腹节腹板（prosternum, meso- and metasterna and the 1st visible abdominal sternum）；C. 臀板（pygidium）；D. 雄性第 8 腹节背板和腹板，腹面观（male 8th tergite and sternum, ventral view）；E. 雄性第 9、10 腹节背板，背面观（male 9th and 10th tergites, dorsal view）；F. 雄性第 9 腹节腹板，腹面观（male 9th sternum, ventral view）；G. 阳茎，背面观（aedeagus, dorsal view）；H. 同上，侧面观（ditto, lateral view）。比例尺（scales）：A-C = 1.0 mm, D-H = 0.5 mm

中胸腹板前缘中部微凹；缘线完整；表面刻点粗大，略稀疏，侧面刻点略密集，大刻点之间夹杂有较多细小刻点；中-后胸腹板缝细而浅，中间向后略成角，伴随 1 粗糙钝齿状线。

后胸腹板基节间盘区光滑，沿侧线及后足基节窝前缘较密集的粗大刻点，较中胸腹板刻点略小，其余区域刻点稀疏细小，雄性沿中纵沟端部 2/3 也具粗大刻点，略呈椭圆形；中纵沟深，雄性沿中纵沟区域深凹，雌性微凹；后胸腹板侧线向后侧方延伸，通常存在于基部 2/3；侧盘区密布大而浅的具刚毛的圆形刻点，大刻点间有细小刻点；后胸前侧片刻点较后胸腹板侧盘区刻点小，更密集，端部 1/3 略稀疏，大刻点间夹杂有小刻点。

第 1 腹节腹板基节间盘区基半部适度低凹，边缘刻点粗大，沿前缘刻点较稀疏，沿侧线刻点略密集，与后胸腹板基节间盘区大刻点相似，向后略小，更密集，沿后缘有 1 行较小的刻点，其余区域刻点稀疏微小；腹侧线端部 1/6 短缩。

前足胫节外缘具 10-12 个刺，端部 2 个和基部 3 个较小。

雄性外生殖器如图 226D-H 所示。

观察标本：1 号，云南普洱至景谷，1955.IV.22，B. 波波夫采，Kryzhanovskij 鉴定；1♂，3♀，Hoa-Binh, Tonkin (越南东京湾和平)，de Cooman leg., de Cooman det.; 2♂，5♀，Hoa-Binh, Tonkin, 1939, de Cooman; 2♂，1♀，Hoa-Binh, Tonkin, 1940, de Cooman; 1 ex., ? Hoozan, 1918.V, T. Shiraki leg., Y. Miwa det.; 3 exs., (地名无法辨认), T. Shiraki and Y. Miwa det.; 1 号，广西大新，280 m，吸管，1998.III.30，周海生采；1 号，云南丽江地区石鼓镇西，1955 m，灌丛，杯诱，2000.VII.31-VIII.4，于晓东、周红章采；1 号，四川峨眉山，大峨山，1955.VI.9，黄克仁采；1 号，[重庆] 北碚，1945.VII.10；1 号，[湖北] 神农架东溪，600 m，扫网，1998.VIII.3，周海生采；3 号，广东中山大学，2007.III.25-29，时燕薇采；2 exs., Anhwei (安徽), auking; 1 ex., Hank'eou, 1923.VII.12; 1 ex., Ou Yuen; 1 ex., (无签)。

分布：安徽、湖北、广东、广西、重庆、四川、云南、台湾、香港；越南，泰国，印度，尼泊尔，新几内亚岛。

(266) 扭斑腐阎甲 *Saprinus* (*Saprinus*) *ornatus* Erichson, 1834（图 227）

Saprinus ornatus Erichson, 1834: 176 (South Russia); 1843: 226; Marseul, 1855: 360 (part); 1862: 439; Schmidt, 1885c: 303; 1889d: 13; Bickhardt, 1910c: 97 (catalogue); 1916b: 91; Jakobson, 1911: 649; G. Müller, 1933: 187; Reichardt, 1936: 6 (Tien-shan); 1941: 178, 191; Thérond, 1962: 62; 1963: 67; 1964: 187; Dahlgren, 1968a: 89; 1968b: 257; Kryzhanovskij *et* Reichardt, 1976: 138; Mazur, 1976: 713 (West China); 1984b: 55 (catalogue); 1997: 226 (catalogue); 2011a: 185 (catalogue); Gomy, 1986: 30 (figure); Mazur in Löbl *et* Smetana, 2004: 99 (China: Xinjiang; catalogue); Lackner *et al.* in Löbl *et* Löbl, 2015: 125 (catalogue).

Hister interruptus: Fischer de Waldheim, 1823, t. xxv, f. 7; 1824: 207; Erichson, 1834: 176 (synonymized).

Saprinus equestris Erichson, 1843: 226; Marseul, 1855: 358; Wollaston, 1867: 82; Bickhardt, 1916b: 88; Dahlgren, 1969a: 259 (synonymized).

Hister fasciolatus Gebler, 1845: 100; Ménétries, 1848: 55 (synonymized); Marseul, 1862: 440 (*Saprinus*); Lewis, 1886: 280; Bickhardt, 1916b: 88.

Saprinus osiris Marseul, 1862: 440 (subspecies).

体长 3.71 mm，体宽 3.43 mm。体宽卵形且强烈隆凸，黑色光亮，胫节和跗节深红棕色，鞘翅中部 1/3 侧面 3/4 有 1 不规则的黄褐色斑。

头部额表面不光滑，具密集而粗大的圆形浅刻点，两侧刻点更大，头顶中央有 1 圆形凹窝，口上片不光滑，近额部分有横向皱纹，刻点与额端部刻点相似；额线强烈隆起，侧面完整，前末端向口上片延伸。

前胸背板两侧微呈弓形向前收缩，前端 1/5 剧烈向前收缩，前缘凹缺部分中央较直，后缘呈双波状，中间略成角；缘线强烈隆起且完整，到达后缘或非常接近后缘；前胸背板两侧具略密集的粗大刻点，常相连形成纵向短皱纹，夹杂有大小适中的刻点，大刻点区外围具密集的大小适中的刻点，沿后缘有 2 行大刻点（两侧 1/9 除外，中部小盾片前窄区无刻点行），大小与侧面刻点相似，最基部刻点行刻点浅而密集，略呈长椭圆形，不规则，另 1 刻点行刻点略深而稀疏，呈圆形，不规则，小盾片前区域有 1 深的圆形大刻点，较侧面大刻点略小，其余区域刻点稀疏细小，沿前缘刻点略大略密；复眼后区域微凹，基部 1/3 侧面 1/6 有 2 个对称的较大的圆形凹窝。

鞘翅两侧弧圆，肩部略突出。外肩下线只存在于基部，内肩下线无；斜肩线浅，基部略呈钝齿状，位于基部 1/3；第 1-4 背线浅，无刻点行，边缘光滑，基末端略短缩，第 2 背线较长，存在于基半部，第 4 背线次之，第 1 背线存在于基部 1/3，第 3 背线最短，存在于基部 1/4，第 1 和第 2 背线之间有 2 条纵向短线，第 5 背线无；缝线浅，基部 1/4 短缩，中部略呈钝齿状。鞘翅端部不足 2/3 具稀疏且略粗大的刻点，较前胸背板两侧刻点小得多，夹杂有细小刻点，沿后缘刻点变小，局部区域光滑，具极稀疏微小的刻点。鞘翅缘折平坦，鞘翅缘线和缘折缘线之间有 1 行稀疏刻点，较鞘翅端部大刻点略小，鞘翅缘线内侧区域具略密集的刻点，与鞘翅缘线和缘折缘线之间刻点相似，向基部略稀疏；缘折缘线细，隆起且完整；鞘翅缘线强烈隆起且完整，伴随稀疏粗大的刻点行，其前末端向内弯曲，后端沿鞘翅后缘延伸，于鞘翅缝缘处与缝线相连。

前臀板具略密集的粗大刻点，较前胸背板大刻点略小，夹杂有小刻点，两侧刻点最大，向中部略小，基半部刻点变小。臀板基部 2/3 具略密集的粗大刻点，夹杂有小刻点，两侧刻点略大略密，与前胸背板大刻点相似，向中部略小略稀，端部 1/3 刻点变小。

前胸腹板前缘中部微凹；前胸腹板龙骨较窄，具略密集的大小适中的浅刻点；龙骨腹面侧面观基部 1/6 平，端部 5/6 向前压低；龙骨线完整，中部窄，向两端背离，端部 1/6 近于平行，前末端由 1 直线相连；前胸腹板侧线强烈隆起，其前末端达龙骨端部 1/6。

中胸腹板前缘中部微凹；缘线完整；表面刻点浅，侧面刻点稀疏粗大，夹杂有小刻点，向中部刻点略小；中-后胸腹板缝细，较清晰，中间向后成角，伴随 1 稀疏大刻点行，较表面大刻点大得多。

后胸腹板基节间盘区光滑，沿后缘具稀疏粗大的刻点，较中胸腹板刻点大，沿腹侧线具稀疏略浅的小刻点，其余区域刻点稀疏细小；中纵沟深，沿中纵沟区域深凹；后胸腹板侧线向后侧方延伸，通常存在于基部 3/4；侧盘区密布大而深的具刚毛的圆形刻点，大刻点间夹杂有略小的刻点，内侧及端部刻点变小变稀；后胸前侧片密布大而深的略呈长椭圆形的刻点，大刻点与后胸腹板侧盘区刻点相等，大刻点间夹杂有略小的刻点，端部 1/3 略小略稀。

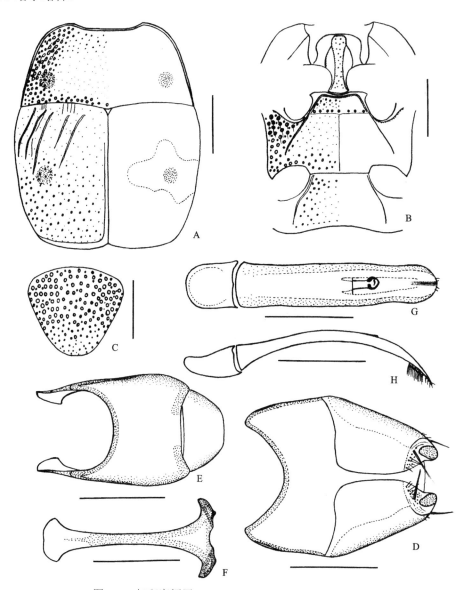

图 227 扭斑腐阎甲 *Saprinus (Saprinus) ornatus* Erichson

A. 前胸背板和鞘翅（pronotum and elytra）；B. 前胸腹板、中-后胸腹板和第 1 腹节腹板（prosternum, meso- and metasterna and the 1st visible abdominal sternum）；C. 臀板（pygidium）；D. 雄性第 8 腹节背板和腹板，腹面观（male 8th tergite and sternum, ventral view）；E. 雄性第 9、10 腹节背板，背面观（male 9th and 10th tergites, dorsal view）；F. 雄性第 9 腹节腹板，腹面观（male 9th sternum, ventral view）；G. 阳茎，背面观（aedeagus, dorsal view）；H. 同上，侧面观（ditto, lateral view）。比例尺（scales）：
A-C = 1.0 mm, D-H = 0.5 mm

第 1 腹节腹板基节间盘区边缘刻点粗糙，沿前缘刻点较稀疏，沿侧线刻点略密集，与后胸腹板基节间盘区大刻点相似，沿后缘有 1 行较小的刻点，其余区域刻点稀疏细小；腹侧线端部 1/5 短缩。

前足胫节外缘具 9 个刺，端部 2 个和基部 2 个较小。

雄性外生殖器如图 227D-H 所示。

观察标本： 1♂，内蒙古西苏旗，1961.V.21。

分布： 内蒙古、新疆；蒙古，俄罗斯南部，中亚，西亚，佛得角群岛，安哥拉。

讨论： 本种在中国记录的分布，是指名亚种，另一个亚种 S. (S.) ornatus osiris Marseul，分布在阿拉伯及非洲地中海地区。

(267) 派腐阎甲 *Saprinus* (*Saprinus*) *pecuinus* Marseul, 1855（图 228）

Saprinus pecuinus Marseul, 1855: 391 (China); 1862: 714; 1873: 221; Bickhardt, 1910c: 97 (catalogue); 1916b: 92; Mazur, 1976: 713; 1984b: 56 (catalogue); 2011a: 185 (catalogue); Ôhara, 1994: 232; Mazur, 1997: 226 (catalogue); Mazur in Löbl *et* Smetana, 2004: 99 (China: Hongkong; catalogue); Lackner *et al.* in Löbl *et* Löbl, 2015: 125 (catalogue).

体长 4.65 mm，体宽 3.85 mm。体宽卵形且强烈隆凸，体表光亮，黑色或深棕色，足和触角的索节深红棕色，触角端锤褐色。

头部额表面密布粗大刻点，夹杂有细小刻点，头顶中央有 1 大刻点，口上片基部 1/3 有 1 横凹，横凹之后刻点与额盘区刻点相似，之前刻点变小；额线微隆，很短，只存在于额部前侧角处，前末端向口上片延伸，向后有短的痕迹。

前胸背板两侧微呈弓形向前收缩，前端 1/5 剧烈向前收缩，前缘凹缺部分中央较直，后缘呈双波状；缘线强烈隆起，后末端非常接近后缘；前胸背板两侧（基部 1/5 除外）具略密集的粗大刻点，夹杂有小刻点，向基部略稀疏，大刻点区外围具略密集的大小适中的刻点，沿后缘有 2 行排列不规则的大刻点（两侧 1/8 消失，中部 1/8 小而稀疏），最大刻点较两侧大刻点略大，其他区域刻点稀疏细小，前端刻点略大略密；复眼后区域适度低凹。

鞘翅两侧略呈弧形。外肩下线只存在于基部，内肩下线无；斜肩线粗糙，不规则，通常间断，位于基部 1/3；第 1-4 背线深，为密集刻点行形成的粗糙钝齿状线，第 4 背线较长，前末端向小盾片弯曲，后末端超出基半部，第 2 背线次之，存在于基半部，第 3 背线和第 1 背线约存在于基部 1/3，但第 3 背线较第 1 背线略长，第 1 和第 2 背线之间有密集的纵向短线，第 5 背线无；缝线粗糙钝齿状，具密集粗大刻点，基部 1/6 短缩。鞘翅表面具略密集的粗大刻点，较前胸背板两侧刻点略大，夹杂有小刻点，端部刻点略小，侧面及端部刻点常相连形成纵向皱纹，沿后缘及侧缘刻点更小，第 4 背线基部 1/3 到缝线基部 1/3 之间区域光滑，刻点稀疏细小。鞘翅缘折平坦，鞘翅缘线和缘折缘线之间有 1 行稀疏的大小适中的刻点，鞘翅缘线内侧区域具略密集的粗大刻点，较鞘翅表面大刻点略小；缘折缘线细且完整；鞘翅缘线隆起且完整，不伴随刻点行，其前末端向内弯曲，后端沿鞘翅后缘延伸，于鞘翅缝缘处与缝线相连。

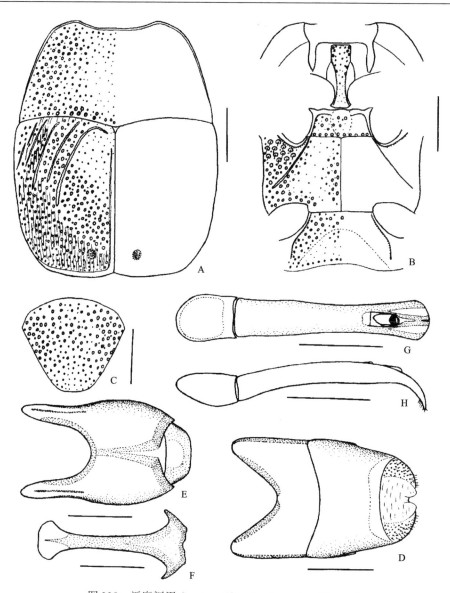

图 228 派腐阎甲 *Saprinus* (*Saprinus*) *pecuinus* Marseul

A. 前胸背板和鞘翅（pronotum and elytra）；B. 前胸腹板、中-后胸腹板和第 1 腹节腹板（prosternum, meso- and metasterna and the 1st visible abdominal sternum）；C. 臀板（pygidium）；D. 雄性第 8 腹节背板和腹板，腹面观（male 8th tergite and sternum, ventral view）；E. 雄性第 9、10 腹节背板，背面观（male 9th and 10th tergites, dorsal view）；F. 雄性第 9 腹节腹板，腹面观（male 9th sternum, ventral view）；G. 阳茎，背面观（aedeagus, dorsal view）；H. 同上，侧面观（ditto, lateral view）。比例尺（scales）：A-C = 1.0 mm, D-H = 0.5 mm

　　前臀板基部被鞘翅端部覆盖，端部具略密集的粗大刻点，与鞘翅表面刻点相似但较浅，夹杂有小刻点，刻点间隙具细而浅的不规则皮革纹。臀板具略密集的粗大刻点，夹杂有小刻点，刻点间隙具细而浅的不规则皮革纹，两侧刻点略大略密集，与前臀板两侧大刻点相似，向中部略小略稀疏，向端部渐小。

前胸腹板前缘中部微凹，后缘略呈双波状，后缘中部内凹；前胸腹板龙骨较宽，具略密集的大小适中的刻点，端部侧面刻点粗大；龙骨腹面侧面观基部 1/3 平，中间 1/3 向前压低，端部 1/3 向前升高；龙骨线完整，前足基节窝之前窄，向两端背离，端部 1/4 近于平行；前胸腹板侧线强烈隆起，短，其前末端达龙骨端部 1/4。

中胸腹板前缘中部略向外突出；缘线强烈隆起，于前缘中部 1/3 间断；表面中部宽阔深凹，刻点稀疏粗大，侧面刻点略密集，大刻点之间夹杂有较多细小刻点；中-后胸腹板缝细而浅，中间略向后成角，伴随 1 较密集的粗大刻点行，与表面大刻点相似。

后胸腹板基节间盘区纵向中央宽阔深凹，与中胸腹板中部低凹部分相连，沿中纵沟、侧线及后足基节窝前缘具略稀疏的粗大刻点，与中胸腹板表面大刻点相似，伴随有细小刻点，其他区域刻点稀疏细小；中纵沟深；后胸腹板侧线向后侧方延伸，通常存在于基部 2/3；侧盘区密布大而浅的具刚毛的圆形刻点，大刻点间偶有小刻点，刻点向端部略小略稀；后胸前侧片刻点浅而密集，较后胸腹板侧盘区刻点小，略呈纵长椭圆形，端部略小略稀，大刻点间夹杂有小刻点。

第 1 腹节腹板基节间盘区基半部中央深凹，两侧微凹；边缘刻点粗糙，低凹部分（即沿前缘及侧线基部）刻点粗大，较稀疏，与后胸腹板基节间盘区大刻点相似，夹杂有小刻点，沿侧线端部刻点略小略密，沿后缘有 1 行较小的刻点，其他区域刻点稀疏细小；腹侧线端部 1/5 短缩。

前足胫节外缘具 8 个刺，最基部的刺较远离前足胫节基端，端部 2 个和基部 2 个较小。

雄性外生殖器如图 228D-H 所示。

观察标本： 1♂, Hongkong (香港), S. Mazur det., 1970。

分布： 香港；日本。

(268) 平盾腐阎甲 *Saprinus (Saprinus) planiusculus* Motschulsky, 1849（图 229；图版 II：6）

Saprinus planiusculus Motschulsky, 1849: 97 (Kirgisia); 1860a: 130; Marseul, 1862: 455; Reichardt, 1941: 181, 218; G. Müller, 1937a: 106; Bianghi *et* Moro, 1946: 59; Horion, 1949: 334; Kryzhanovskij *et* Reichardt, 1976: 154; Mazur, 1976: 714 (China); 1984b: 56 (catalogue); 1997: 226 (catalogue); 2011a: 185 (catalogue); Yélamos *et* Ferrer, 1988: 170; Ôhara, 1994: 232 (redescription, figures; in subg. *Saprinus* of *Saprinus*); 1999a: 121; Ôhara *et* Paik, 1998: 28; Yélamos, 2002: 279 (redescription, figure), 389; Mazur in Löbl *et* Smetana, 2004: 99 (China: Gansu, Hebei, Shandong, Zhejiang; catalogue); Lackner *et al.* in Löbl *et* Löbl, 2015: 125 (catalogue).

Saprinus cuspidatus Ihssen, 1949: 183; 1950: 186; Dahlgren, 1962: 238, 244; Mazur, 1970: 57 (Korea); Kryzhanovskij, 1972a: 435 (synonymized).

体长 3.47-5.06 mm，体宽 3.03-4.52 mm。体宽卵形且强烈隆凸，体表光亮，黑色带黄铜色和彩色金属光泽，跗节和触角的索节深红棕色。

头部额表面密布大小适中的刻点，基半部刻点变稀，刻点间隙光滑，偶尔夹杂细小刻点，头顶中央有 1 较大刻点，口上片较额前端刻点密集；额线微隆，完整。

前胸背板两侧微呈弓形向前收缩，前端 1/6 剧烈向前收缩，前缘凹缺部分微呈双波状，后缘呈双波状，中间略成角；缘线隆起、完整；前胸背板两侧（基部 1/4 除外）密布深的大刻点，大刻点区外侧具稀疏小刻点，沿后缘有 2 或 3 行不规则大刻点（两侧 1/6 及中部小盾片前窄区无刻点），其他区域刻点极小极稀；复眼后区域微凹。

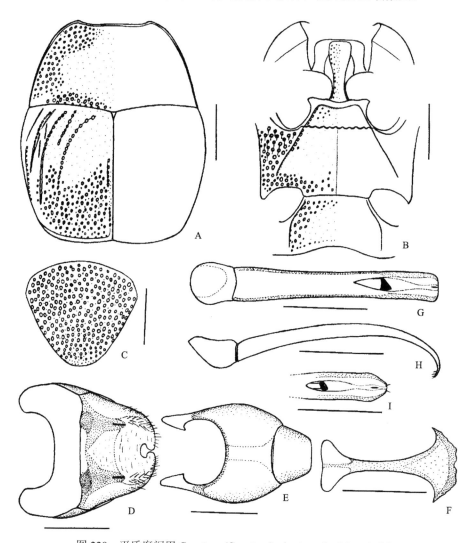

图 229 平盾腐阎甲 *Saprinus* (*Saprinus*) *planiusculus* Motschulsky

A. 前胸背板和鞘翅（pronotum and elytra）；B. 前胸腹板、中-后胸腹板和第 1 腹节腹板（prosternum, meso- and metasterna and the 1st visible abdominal sternum）；C. 臀板（pygidium）；D. 雄性第 8 腹节背板和腹板，腹面观（male 8th tergite and sternum, ventral view）；E. 雄性第 9、10 腹节背板，背面观（male 9th and 10th tergites, dorsal view）；F. 雄性第 9 腹节腹板，腹面观（male 9th sternum, ventral view）；G. 阳茎，背面观（aedeagus, dorsal view）；H. 同上，侧面观（ditto, lateral view）；I. 阳茎顶端（apex of aedeagus）。比例尺（scales）：A-C = 1.0 mm，D-I = 0.5 mm

鞘翅两侧弧圆。外肩下线只存在于基部，内肩下线存在于侧面中部 1/3，具粗糙刻点，有时其前末端和斜肩线的后末端相连；斜肩线为清晰的凹线，位于基部 1/3；第 1-4 背线深，为密集的大刻点行，通常第 2、第 4 背线较长，存在于基半部或更长，第 3 背线最短，存在于基部 1/4 或更短，第 1 背线略短于第 2 背线，内侧有时伴随 1 较长的凹线，第 1 和第 2 背线之间常有几条纵向短线，第 5 背线无；缝线很短，由中部 4-5 个粗大刻点形成的刻点行取代，有时近后缘也有几个较密集的刻点排列成行，与鞘翅缘线相连。鞘翅端部 1/3 或 1/2（第 2 背线延长线外侧除外）具圆形大刻点，较前胸背板两侧大刻点小，较密集，有时略稀疏，大刻点间有极稀疏的微小刻点，大刻点区在近鞘翅缝及第 2 和第 4 背线之间区域向基部延伸，其余区域光滑，刻点稀疏微小。鞘翅缘折平坦，鞘翅缘线和缘折缘线之间具略稀疏的大小适中的刻点，鞘翅缘线内侧区域具略密集略粗大的刻点；缘折缘线细且完整；鞘翅缘线微隆且完整，伴随 1 粗糙刻点行，其前末端向内弯曲，后端沿鞘翅后缘延伸，到达缝缘且向基部弯曲。

前臀板密布粗大刻点，较鞘翅端部刻点略大，基部 1/3 或 1/2 刻点变小，刻点间隙有时具细小刻点，且具浅而细的不规则皮革纹。臀板密布粗大刻点，较前臀板刻点略大，近顶端刻点变小，顶端几乎无刻点，前缘有时也有 1 无刻点窄带，大刻点间具细小刻点。

前胸腹板前缘直；前胸腹板龙骨表面刻点稀疏微小，侧面的变粗糙；龙骨腹面较平，龙骨线完整，前足基节窝之前窄，向两端背离，端部 1/4 近于平行；前胸腹板侧线强烈隆起，其前末端达龙骨端部 1/4。

中胸腹板前缘中部微凹；缘线完整；表面刻点稀疏微小，两侧刻点变粗大；中-后胸腹板缝细而浅，伴随 1 粗糙钝齿状线。

后胸腹板基节间盘区光滑，沿侧线及后缘具粗大且略密集的刻点，其余区域刻点稀疏微小；中纵沟浅；后胸腹板侧线向后侧方延伸，通常存在于基部 3/4，有时略短；侧盘区密布大而浅的具短毛的圆形刻点，端部刻点变小，大刻点间具细小刻点；后胸前侧片刻点较后胸腹板侧盘区刻点更密集，端半部略稀疏。

第 1 腹节腹板基节间盘区沿侧线刻点粗大，略密集，沿后缘有 1 行较小的刻点，其余区域刻点稀疏微小；腹侧线不达后缘。

前足胫节外缘具 13 个刺，端部 2 个和基部 3 个较小。

雄性外生殖器如图 229D-I 所示。

观察标本：5 exs., Hiu Keou, 1926.VI.4, de Cooman det; 2 exs., Hiu Keou, 1926.VII.19, de Cooman det; 1♂, Hiu Keou, 1926.VII.25, de Cooman det; 1 ex., Vértes h. Hu. Csákvár, Hajduvágás hus csapda, Murai É., 1961.VI.27; 2 exs., Misumai, Sapporo, Hokkaido, Japan (日本北海道札幌), 1991.VII.10, K. Sayama leg.; 4 exs., Sapporo, Y. Miwa; 8 号，1994.V.6，3 号，1994.V.7，2 号，1994.V.8，1 号，1994.V.9，3 号，1994.V.10，7 号，1994.V.11，3 号，1994.V.12，7 号，1994.V.13，4 号，1994.V.15，4 号，1994.V.16，2 号，1994.V.17，3 号，1994.V.18，2 号，1994.V.19，1 号，1994.V.20，2 号，1994.V.23，3 号，1994.V.24，1 号，1994.VI.1，1 号，1994.VI.8，4 号，1994.VI.15，1 号，1995.IV.7，9 号，1995.IV.17，19 号，1995.IV.19，6 号，1995.IV.21，156 号，1995.IV.24，46 号，1995.IV.28，9 号，1995.IV.29，19 号，1995.V.2，3 号，1995.V.3，38 号，1995.V.5，13 号，1995.V.10，3 号，1995.V.15，9 号，1995.V.17，北京清河，杨玉璞采；3 号，1995.IV.23，6 号，1995.IV.26，12 号，1995.IV.28，13 号，1995.V.2，11 号，1995.V.14，北京密云，杨玉璞采；8 号，1995，北京房山，杨玉璞采；3 exs., Fan inst. Biol. Peiping (北平), Hopei, 1939.VIII.13, Ho Chi (何琦)；2 exs.,

Peiping, 1936.IV.14; 1 ex., Peiping, 1936.III.28; 1 ex., Peiping, 1936.IV.28; 1 ex., Peiping, 7386; 1 ex., Peiping, 586; 1 号，北京香山，1952.VI.24，杨集昆采；1 号，北京西山大觉寺，1955.VII.15；1 号，北京大钟寺，1996.V.16，李文柱采；2 号，北京大钟寺，1996.V.19，李文柱采；1 号，北京海淀蓝靛厂，1997.VIII.19，周海生采；2 号，北京海淀樱桃沟，1997.VIII.13，周海生采；6 号，北京朝阳大屯，死耗子，1998.VI.15，周红章采；23 号，北京小龙门，1140 m，羊肉诱，2000.VI.20-VII.2，于晓东采；2 号，黑龙江二层甸子，1943.VII.4；1 号，1944.VII.20，1 号，1944.VII.27，1 号，1946.V.30，1 号，1946.VI.9，2 号，1954.VI.6，1 号，1955.V.11，黑龙江哈尔滨；1 号，吉林苇沙河，1940.VI.10；1 号，辽宁高嶺子，1940.VI.20；1 ex., Dongbei (东北), trap, Beijiagebei, 1995.VI.25；1 号，内蒙古通辽，皮革，1989.VI.21，张生芳采；1 号，赤峰，1937.VII.10；2 号，延安延河，1995.V.6；5 exs., Dairen (大连), Kwantung-Prov., 1935.IV.25, M. Hanano leg.; 1 ex., Dairen, Kwantung-Prov., 1935.V.5, M. Hanano leg.; 1 号，山西关帝山二合庄，1630 m，田地，肉诱，2004.VII.8，赵彩云采。

分布：北京、河北、山西、内蒙古、辽宁、吉林、黑龙江、浙江、山东、陕西、甘肃、新疆；几乎整个古北区。

(269) 侧斑腐阎甲 *Saprinus (Saprinus) quadriguttatus* (Fabricius, 1798)（图 230）

Hister [*quadri*]*guttatus* Fabricius, 1798: 39 (terra typical not stated).
Saprinus quadriguttatus: Erichson, 1834: 176; Marseul, 1855: 357; Bickhardt, 1910c: 98 (catalogue); 1916b: 92; Lewis, 1915: 56 (Rokkiri); Desbordes, 1919: 411 (key); Mazur, 1976: 715; 1984b: 57 (catalogue); 1987b: 660; 1997: 227 (catalogue); 2011a: 186 (catalogue); Mazur *et* Ôhara, 2003: 8 (redescription, photos, figures); Mazur in Löbl *et* Smetana, 2004: 100 (catalogue); Lackner *et al.* in Löbl *et* Löbl, 2015: 125 (catalogue).
Hister lateralis Illiger, 1807: 36 (nom. nud.); Erichson, 1834: 176 (synonymized).
Saprinus quadriguttatus var. *lateralis*: Desbordes, 1919: 411.

体长 4.33 mm，体宽 3.80 mm。体宽卵形且强烈隆凸，体表光亮，黑色带彩色金属光泽，跗节和触角深红棕色，鞘翅侧面 1/3 中部 1/3（略向端部延伸）有 1 近圆形黄褐色斑。

头部额表面不光滑，密布粗大刻点，基半部刻点略深，端半部刻点浅，不明显，口上片刻点浅，较额部的小且密集；额线微弱，只存在于触角和上颚着生处之后，向前汇聚，前端中部间断。

前胸背板两侧微呈弓形向前收缩，前端 1/4 剧烈向前收缩，前缘凹缺部分中央较直，后缘呈双波状；缘线隆起，基部 1/7 短缩；前胸背板两侧具粗大较浅的半圆形刻点，夹杂有小刻点，端部的较大较密，向后渐小且较稀疏，大刻点区周围刻点更小，外侧的较密集，内侧的稀疏，沿后缘有 2-3 行排列不规则的大刻点（两侧 1/8 除外，中部 1/3 刻点变小而稀少），较侧面刻点略小略浅，小盾片前有 1 浅的圆形刻点，其余区域光滑，刻点稀疏细小；复眼后区域微凹。

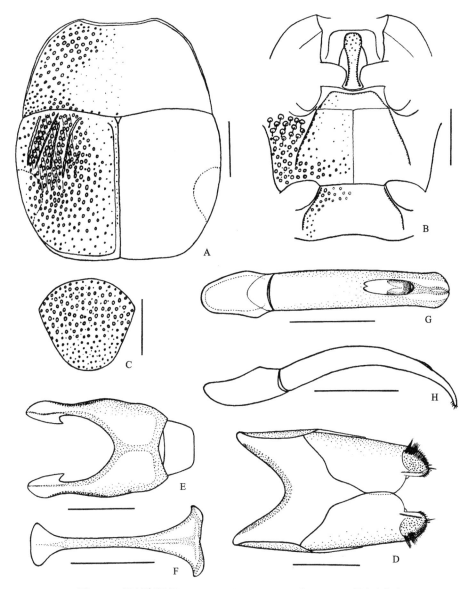

图 230　侧斑腐阎甲 *Saprinus* (*Saprinus*) *quadriguttatus* (Fabricius)

A. 前胸背板和鞘翅（pronotum and elytra）；B. 前胸腹板、中-后胸腹板和第 1 腹节腹板（prosternum, meso- and metasterna and the 1st visible abdominal sternum）；C. 臀板（pygidium）；D. 雄性第 8 腹节背板和腹板，腹面观（male 8th tergite and sternum, ventral view）；E. 雄性第 9、10 腹节背板，背面观（male 9th and 10th tergites, dorsal view）；F. 雄性第 9 腹节腹板，腹面观（male 9th sternum, ventral view）；G. 阳茎，背面观（aedeagus, dorsal view）；H. 同上，侧面观（ditto, lateral view）。比例尺（scales）：
A-C = 1.0 mm, D-H = 0.5 mm

　　鞘翅两侧弧圆。外肩下线只存在于基部，内肩下线无；斜肩线粗糙，位于基部 1/3；第 1-4 背线为密集大刻点形成的粗糙钝齿状线，第 3 背线最长，存在于基部不足 1/2，第 1、第 2 背线略短，第 1 背线直，斜向后延伸，基部靠近第 2 背线，向后远离之，第 4 背线不清晰，仅于基中部 1/4 有不明显的刻点行，基部短缩，第 5 背线无；缝线完整，细且较光滑。鞘翅表面密布粗大刻点，基半部刻点很密集，较前胸背板侧面端部大刻点略小，刻点常相连且向后延伸，端半部刻点略小略稀，不相连也不延伸，小盾片周围、沿缝线的窄带、沿后缘及大刻点区外侧的刻点小而稀疏。鞘翅缘折光滑平坦，具稀疏细小的刻点；缘折缘线细且完整；鞘翅缘线侧面只存在于端部 1/3，后端沿鞘翅后缘延伸但向内不清晰，到达鞘翅缝缘并与缝线相连。

前臀板密布浅的圆形大刻点，较前胸背板侧面端部大刻点略小，侧面刻点最密集，前缘刻点略小，刻点间隙有细而浅的不规则皮革纹。臀板端部隆凸，基半部具均匀的略密集的浅的圆形大刻点，较前臀板刻点略大略稀，夹杂有细小刻点，端半部刻点变小，较深而不均匀，夹杂有细小刻点，最端部刻点略密集。

前胸腹板前缘中部略凹；前胸腹板龙骨略窄，端部具略粗大的刻点，向中部刻点变小变稀，基部无刻点；龙骨腹面侧面观基部 1/4 平，中部 1/2 向前压低，端部 1/4 平；龙骨线完整，中部窄，向两端背离，端部 1/5 近于平行，前末端由 1 弧线相连；前胸腹板侧线强烈隆起，其前末端到达龙骨端部约 1/4。

中胸腹板前缘中部微凹；缘线完整；表面光滑，只侧面有稀疏小刻点；中-后胸腹板缝细，中间向后成角，不伴随刻点行或钝齿状线。

后胸腹板基节间盘区光滑，沿中纵沟区域微凹，沿后缘刻点粗大，后足基节窝前缘刻点稀疏粗大，向内侧刻点变小，沿中纵沟微凹区域更小，沿侧线中部有几个略大的刻点，向前刻点稀疏细小，沿中纵沟微凹区域（近后缘除外）刻点稀疏微小，其他区域无刻点；中纵沟略浅；后胸腹板侧线向后侧方延伸，通常存在于基部 3/4；侧盘区具略稀疏的、较浅的、具刚毛的圆形或半圆形大刻点，夹杂有小刻点，端部刻点略小略稀且更浅；后胸前侧片刻点较后胸腹板侧盘区刻点略小略密，夹杂有小刻点。

第 1 腹节腹板基节间盘区光滑，沿侧线基半部具粗大刻点，较后胸腹板基节间盘区后足基节窝前缘大刻点略小，向后变小且变少，沿前缘微凹，刻点略粗大，很浅且稀疏，后角处有一些浅的较小的刻点，沿后缘无刻点行，其他区域无刻点；腹侧线端部 1/6 短缩。

前足胫节外缘具 12 个齿，端部 3 个和基部 2 个较小。

雄性外生殖器如图 230D-H 所示。

观察标本： 1♂, S. INDIA (印度): Karikal, Pondicherry State, 1963.III, P. S. Nathan leg., S. Mazur det., 1995。

分布： 台湾；越南，泰国，印度，孟加拉国，巴基斯坦，阿富汗，印度尼西亚。

(270) 谢氏腐阎甲 *Saprinus* (*Saprinus*) *sedakovii* Motschulsky, 1860（图 231）

Saprinus sedakovii Motschulsky, 1860a: 131 (Russia: Amurskiy Kray); Schmidt, 1889d: 16; Bickhardt, 1910c: 99 (catalogue); 1916b: 93; Jakobson, 1911: 650 (part.); Reichardt, 1941: 188, 754; Dahlgren, 1967: 217, 222; 1968b: 258; Mazur, 1976: 716 (China: Manchuria, North China, Thibet); 1984b: 58 (catalogue); 1997: 228 (catalogue); 2011a: 186 (catalogue); Ôhara et Paik, 1998: 28; Mazur in Löbl et Smetana, 2004: 100 (China: Gansu, Hebei, Heilongjiang, Nei Mongol, Xinjiang; catalogue); Lackner et al. in Löbl et Löbl, 2015: 126 (catalogue).

Saprinus aspernatus Marseul, 1862: 465; Gemminger et Harold, 1868: 783 (synonymized).

Saprinus sedakovi [sic!]: Reichardt, 1925a: 112 (Altai, Katun); Mazur, 1970: 58 (Korea); Kryzhanovskij *et* Reichardt, 1976: 180; Kapler, 1993: 31 (Russia); ESK *et* KSAE, 1994: 136 (Korea).

Saprinus sedakovi [sic!] var. *gelidus* Reichardt, 1925a: 112; 1941: 256.

Saprinus sidakovi [sic! error!] Reichardt, 1936: 6 (Tien-shan).

体长 2.76-3.67 mm，体宽 2.35-3.20 mm。体较小，宽卵形且强烈隆凸，黑色光亮，胫节、跗节和触角的索节深红棕色。

头部额表面密布大小适中的刻点，侧面刻点更密，口上片刻点与额部刻点相似，但更密集；额线隆起，于侧面完整，于前面中央宽阔或狭窄间断，有时微弱完整。

前胸背板两侧微呈弓形向前收缩，前端 1/4 较明显，前缘凹缺部分略呈双波状，后缘呈双波状；缘线隆起、完整，后末端接近后缘；前胸背板两侧密布粗大的纵长椭圆形刻点，沿后缘有 2-3 行不规则大刻点，与前胸背板两侧大刻点等大或略大，沿侧缘及前缘的刻点较小但密集，中部刻点稀疏细小，密集；复眼后区域微凹。

鞘翅两侧弧圆，肩部略突出。外肩下线只存在于基部，内肩下线存在于侧面中部，很短；斜肩线粗糙，位于基部 1/3，没有明显的边界，两侧具密集的纵纹；第 1 背线较细且粗糙，位于基部略短于 1/2，其两侧有密集而粗糙的纵纹，第 2 背线深，粗糙钝齿状，具稀疏的刻点，位于基部约 1/2，第 3 背线极短，通常由几个刻点形成，第 4 背线深，粗糙钝齿状，具较密集的刻点，第 4 背线基部向内弓弯；缝线略细，粗糙钝齿状，具较稀疏的刻点，通常完整且于基部与第 4 背线相连，有时于端部 2/3 清晰，基部 1/3 缺失或为微弱的细线。鞘翅端半部（于第 4 背线到第 2 背线之间向基部延伸）、斜肩线和第 2 背线之间，以及第 3 背线两侧密布粗大刻点，与前胸背板两侧大刻点相似，刻点常相连形成纵向短皱纹，端部第 1 背线延长线外侧刻点变小，斜肩线外侧、第 2 背线和第 4 背线之间（基部除外）、第 4 背线和缝线基部之间及沿鞘翅后缘的窄带光滑，刻点稀疏细小，缝线和缝缘之间的窄带刻点细小，较密集。鞘翅缘折平坦，靠近鞘翅缘线有 2-3 行粗大刻点，较鞘翅表面大刻点略小；缘折缘线细且完整；鞘翅缘线隆起且完整，具粗糙刻点行，其前末端向内弯曲，后端沿鞘翅后缘延伸，达鞘翅缝缘处并与缝线相连。

前臀板刻点密集，较鞘翅表面大刻点略小，基半部刻点变小。臀板刻点与前臀板的相似但略大，顶端刻点变小。

前胸腹板前缘直；前胸腹板龙骨略宽，具略稀疏的大小适中的刻点，基部 1/5 光滑无刻点；龙骨腹面侧面观基部 1/4 平，然后向端部压低，端部 1/4 向前升高；龙骨线中部平行，向两端同等幅度背离，前末端接近前缘，不相连；前胸腹板侧线强烈隆起，其前末端接近龙骨线，达龙骨端部 1/6。

中胸腹板前缘中部微凹；缘线完整，具刻点；表面具略密集的粗大刻点，中部刻点略小，大刻点间夹杂有小刻点；中-后胸腹板缝细而浅，中部略向前弓弯，伴随 1 密集刻点行形成的粗糙钝齿状线。

后胸腹板基节间盘区前角处、沿侧线及后缘刻点粗大，与中胸腹板刻点约等大，沿后缘的刻点向中部变少甚至消失，其他区域刻点稀疏细小；中纵沟略深；后胸腹板侧线具刻点，向后侧方延伸，存在于基部 2/3 或略长；侧盘区密布圆形大刻点，刻点向端部略小，基部刻点具刚毛；后胸前侧片刻点较后胸腹板侧盘区刻点小而密集。

第 1 腹节腹板基节间盘区侧面刻点粗大密集，前角处刻点最大，与中胸腹板表面刻点相似，向后略小，沿后缘有 1 行小刻点，其他区域刻点稀疏细小；腹侧线后末端短缩，较远离后缘。

前足胫节宽，外缘具 9-15 个刺，刺向基部变小。

雄性外生殖器如图 231C-G 所示。

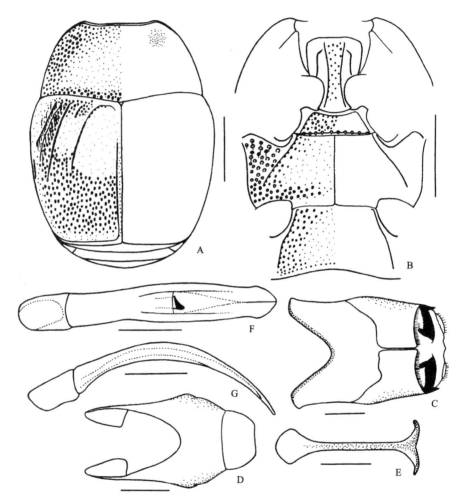

图 231　谢氏腐阎甲 Saprinus (Saprinus) sedakovii Motschulsky

A. 前胸背板和鞘翅（pronotum and elytra）；B. 前胸腹板、中-后胸腹板和第 1 腹节腹板（prosternum, meso- and metasterna and the 1st visible abdominal sternum）；C. 雄性第 8 腹节背板和腹板，腹面观（male 8th tergite and sternum, ventral view）；D. 雄性第 9、10 腹节背板，背面观（male 9th and 10th tergites, dorsal view）；E. 雄性第 9 腹节腹板，腹面观（male 9th sternum, ventral view）；F. 阳茎，背面观（aedeagus, dorsal view）；G. 同上，侧面观（ditto, lateral view）。比例尺（scales）：A, B = 1.0 mm, C-G = 0.25 mm

观察标本：1 ex., Siberia (西伯利亚), G. Lewis Coll., B.M.1926-369 (BMNH)；1 号，黑龙江哈尔滨，1946.V.30；3 号，黑龙江哈尔滨，1946.V.6；5 号，黑龙江哈尔滨，1954.VI.6；

3♂，1♀，4 号，黑龙江哈尔滨，1954.IV.30；2 号，黑龙江哈尔滨，1955.V.11；4 号，吉林苇沙河，1940.VI.20；6 exs., Sungari Valley near Harbin (黑龙江哈尔滨松花江流域)，MANCHURIA, 1938.VI.5, M. Nikitin leg.; 1 ex., Ertsentientze+Maoershan+Hengtaohotze+Harbin, Manchuria (东北)，1941.VI-VIII & 1954.VI-VII，李植银采；1♀，甘肃肃南，1962.VII.14，李鸿兴采；1 号，内蒙古海拉尔，药材，1989.IX，张生芳采。

分布：河北、吉林、黑龙江、内蒙古、西藏、甘肃、新疆；蒙古，俄罗斯（远东、西伯利亚），朝鲜半岛。

(271) 半线腐阎甲 *Saprinus* (*Saprinus*) *semistriatus* (Scriba, 1790)（图 232）

Hister semistriatus Scriba, 1790: 72 (Germany); Hoffmann, 1803a: 77; Hochhut, 1872: 225.

Saprinus semistriatus: Ganglbauer, 1899: 384; Reitter, 1909: 292; Bickhardt, 1910c: 99 (catalogue);
1916b: 93; Jakobson, 1911: 649; Desbordes, 1919: 414 (key); Reichardt, 1923: 240 (key); 1925a: 111
(Orenburg, Or. Turgai, Altai); 1941: 181, 220; Hinton, 1945: 316 (key), 329 (redescription); Horion,
1949: 334; Ihssen, 1949: 176; Dahlgren, 1962: 238; Witzgall, 1971: 171; Kryzhanovskij *et* Reichardt,
1976: 156; Mazur, 1976: 716; 1984b: 59 (catalogue); 1997: 228 (China: Manchuria; catalogue);
2011a: 186 (catalogue); Yélamos *et* Ferrer, 1988: 170; Kapler, 1993: 31 (Russia); Yélamos, 2002: 279
(redescription, figure), 390; Mazur in Löbl *et* Smetana, 2004: 100 (China: Heilongjiang; catalogue);
Lackner *et al.* in Löbl *et* Löbl, 2015: 126 (catalogue).

Hister unicolor: Scopoli, 1763: 12; Scriba, 1790: 72 (synonymized).

Hister aeneus: Rossi, 1790: 29; Illiger, 1798: 59 (synonymized).

Hister semipunctatus: Herbst, 1792: 30; Kugelann, 1792: 301 (synonymized).

Hister nitidulus Fabricius, 1801: 85; Hoffmann, 1803b: 125 (synonymized); Paykull, 1811: 58;
Erichson, 1834: 179 (*Saprinus*); 1839: 670; Marseul, 1855: 402; Thomson: 1862: 236; Schmidt,
1885c: 306; Sharp *et* Muir, 1912: 513; ? Lewis, 1915: 56 (? Taihoku).

Hister incrassatus Faldermann in Ménétries, 1832: 170; Faldermann, 1835: 227; Motschulsky, 1849: 97
(*Saprinus*); Marseul, 1855: 402 (synonymized).

Hister krynickii Krynicki, 1832: 113; Dejean, 1837: 142 (synonymized); Marseul, 1862: 718 (*Saprinus*);
Schmidt, 1885b: 444.

Saprinus uralensis Motschulsky, 1849: 98; Marseul, 1855: 402 (synonymized); 1862: 507.

Saprinus sparsipunctatus Motschulsky, 1849: 97; Marseul, 1855: 402 (synonymized); 1862: 457.

Saprinus punctatostristus Marseul, 1862: 459; Schmidt, 1885b: 444 (synonymized); Bianghi *et* Moro,
1946: 59.

Saprinus rugipennis: Hochhut, 1872: 225; Reitter, 1906: 267 (synonymized).

Saprinus asphaltinus Hochhut, 1872: 226; Schmidt, 1885c: 306 (synonymized).

Saprinus semistriatus var. *asphaltinus*: Reitter, 1906: 267.

Saprinus semistriatus var. *hochhuti*: Reitter, 1906: 267 (emend.).

Saprinus semistriatus var. *punctatus* Kolbe, 1911: 10.

Saprinus semistriatus ab. *pacoviensis* Roubal, 1926: 94.

体长 4.90 mm，体宽 4.26 mm。体宽卵形且强烈隆凸，黑色光亮，跗节和触角的索节深红棕色。

头部额表面具密集的大小适中的刻点，中部刻点略小略稀，口上片刻点与额中部刻点相似但很密集；额线隆起且完整，前端较细；上唇前缘中央深凹缺。

前胸背板两侧微呈弓形向前收缩，前端 1/4 剧烈向前收缩，前角钝圆，前缘凹缺部分略呈双波状，后缘两侧向前弓弯，中间呈钝角；缘线隆起、完整，后末端接近后缘；前胸背板两侧（基部 1/6 除外）密布大而深的圆形刻点，沿后缘（两侧 1/8 除外）有 2-3 行不规则大刻点，较两侧大刻点略大，小盾片前区有 1 纵向大刻点，其他区域刻点稀疏微小；复眼后区域微凹。

鞘翅两侧弧圆，肩部略突出。外肩下线只存在于基部，内肩下线存在于侧面中部 1/3，与斜肩线相连；第 1 背线基部由大刻点行形成，端部粗糙钝齿状，位于基部不足 1/2，其内侧与之平行伴随 1 条纵向深凹线，并有若干条纵向短凹线，第 2 背线最长，位于鞘翅基部 2/3，中部粗糙钝齿状，基部和端部由大刻点行形成，第 3 背线由大刻点行形成，与第 1 背线几乎等长，第 4 背线由大刻点行形成，略超出基半部，其基部末端向内弓弯；缝线微弱，仅于基中部 1/4 由密集大刻点行取代，端部不明显。鞘翅端半部（第 2 背线延长线内侧）具密集的圆形大刻点，较前胸背板两侧大刻点略小，大刻点之间具稀疏的细小刻点，其他区域刻点稀疏微小。鞘翅缘折平坦，鞘翅缘线和缘折缘线之间有 2 行粗大刻点，鞘翅缘线内侧区域具略密集的粗大刻点；缘折缘线细且完整；鞘翅缘线隆起且完整，伴随 1 粗大刻点行，其前末端向内弯曲，后端沿鞘翅后缘延伸，达缝缘处并向上弯折。

前臀板密布较浅的半月形大刻点，较鞘翅端部刻点略小，大刻点间具稀疏的小刻点，沿前缘的窄带具稀疏小刻点。臀板刻点圆形，较前臀板的略大且更密集，大刻点间具稀疏的小刻点，顶端无大刻点，具密集的小刻点。

前胸腹板前缘直；前胸腹板龙骨较宽，刻点小，较稀疏；龙骨腹面侧面观基部 1/4 平，随后向前降低；龙骨线完整，端部 1/5 最宽，向后略狭缩，于前足基节间最窄，基部 1/5 剧烈向后分离，前末端相连，连线中间向后成角；前胸腹板侧线强烈隆起，其前末端达龙骨端部 1/5。

中胸腹板前缘中部微凹；缘线完整；表面具稀疏的大小适中的刻点；中-后胸腹板缝细而浅，不清晰，伴随 1 粗糙钝齿状线。

后胸腹板基节间盘区具稀疏微小的刻点，沿后缘具密集粗大的刻点，前角处有几个大小适中的刻点；中纵沟深；后胸腹板侧线向后侧方延伸，位于基部 3/4；侧盘区密布圆形大刻点，大刻点间具稀疏的大小适中的刻点，基部大刻点具刚毛；后胸前侧片刻点较后胸腹板侧盘区刻点略小略密集。

第 1 腹节腹板基节间盘区中部具稀疏微小的刻点，沿侧线及前后角刻点粗大，较密集，与后胸腹板基节间盘区大刻点相似，但向后略小，沿后缘有 1 行小刻点；腹侧线不达后缘。

前足胫节外缘具 10 个刺，基部 3 个最小。

观察标本: 1 ex., Kinchu, S. Manchuria (东北), B.M.1932-304, J. Thérond det., 1979 (BMNH)。

分布: 黑龙江；韩国，俄罗斯（远东、西伯利亚），西亚，欧洲和地中海地区，墨西哥，美国。

讨论：Lewis（1915）根据 T. Shiraki 收藏的标本记录了该种在台湾的分布，但根据作者观察这些标本，与 J. Thérond 鉴定的保存在大英博物馆的该种标本不相符，故在此去除了该种在台湾的分布记录。

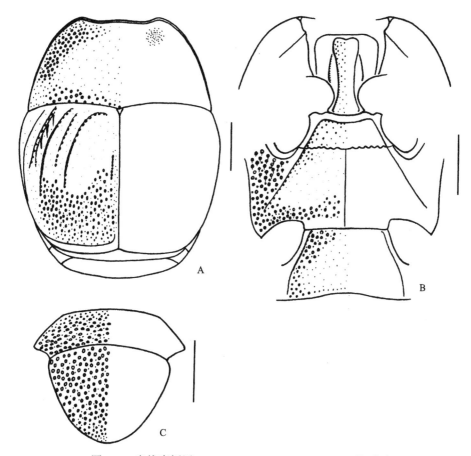

图 232　半线腐阎甲 *Saprinus* (*Saprinus*) *semistriatus* (Scriba)

A. 前胸背板和鞘翅（pronotum and elytra）；B. 前胸腹板、中-后胸腹板和第 1 腹节腹板（prosternum, meso- and metasterna and the 1st visible abdominal sternum）；C. 前臀板和臀板（propygidium and pygidium）。比例尺（scales）：1.0 mm

(272) 斯博腐阎甲 *Saprinus* (*Saprinus*) *spernax* Marseul, 1862

Saprinus spernax Marseul, 1862: 462 (East Siberia); Bickhardt, 1916b: 93 (as synonym of *S. sedakovi*); Reichardt, 1941: 188, 257; Thérond, 1964: 188 (Mandchourie, Kan-Sou, Chang-Hai); 1969: 21, 25; Dahlgren, 1967: 217, 222; 1968b: 258; Kryzhanovskij, 1972a: 436; Kryzhanovskij *et* Reichardt, 1976: 180; Mazur, 1976: 717 (China: Manchuria); 1984b: 59 (catalogue); 1997: 229 (catalogue); 2011a: 187 (catalogue); Mazur in Löbl *et* Smetana, 2004: 100 (China: Gansu, Heilongjiang, Jilin, Nei Mongol, Shanghai, Xinjiang; catalogue); Lackner *et al.* in Löbl *et* Löbl, 2015: 126 (catalogue).

Saprinus spernax ab. *infernalis* Reichardt, 1941: 186, 257.

Saprinus spernax ab. *kaszabi* Thérond, 1964: 189.

观察标本：1 ex., N. CHINA: Heilongjiang, Harbin (黑龙江哈尔滨), 1965.IV.12, P. M. Hammond leg., B.M.1967-215, J. Thérond det., 1978 (BMNH)。

分布：吉林、黑龙江、内蒙古、上海、甘肃、青海、新疆；蒙古，俄罗斯（东西伯利亚）。

讨论：J. Thérond 鉴定的保存在大英博物馆的该种标本与谢氏腐阎甲 S. (S.) sedakovii Motschulsky 十分相似，几乎不能区分。

(273) 灿腐阎甲 *Saprinus* (*Saprinus*) *splendens* (Paykull, 1811)（图 233）

Hister splendens Paykull, 1811: 53 (Capland).

Saprinus splendens: Erichson, 1834: 178; Marseul, 1855: 380; Bickhardt, 1910c: 100 (catalogue); 1916b: 94; 1921: 112, 117; Desbordes, 1915: 492; Dahlgren, 1967: 213, 221; 1968a: 86; 1968b: 257; 1969a: 265; Mazur, 1972b: 362 (China); 1976: 717; 1984b: 60 (catalogue); 1987b: 660; 1997: 229 (catalogue); 2011a: 187 (catalogue); Kryzhanovskij *et* Reichardt, 1976: 147; Gomy, 1983: 307, 312 (figure); ESK *et* KSAE, 1994: 136 (Korea); Ôhara, 1994: 236 (in subg. *Saprinus* of *Saprinus*; redescription, figure); 1999a: 121; 2003: 39 (China: Taiwan); Ôhara *et* Paik, 1998: 29; Mazur in Löbl *et* Smetana, 2004: 100 (catalogue); Mazur *et al.*, 2005: 2 (Thailand); Lackner *et al.* in Löbl *et* Löbl, 2015: 126 (catalogue).

Hister elegans Paykull, 1811: 57; Marseul, 1855: 383 (*Saprinus*), 439; Bickhardt, 1921: 116; G. Müller, 1938: 165 (synonymized); Burgeon, 1939: 69; G. Müller, 1938: 165 (as subspecies).

Hister speciosus Dejean, 1821: 48 (nom. nud.); Erichson, 1834: 179 (*Saprinus*); Marseul, 1855: 381; 1873: 221 (Japan; Nagasaki, Hiogo); Bickhardt, 1913a: 177 (China: Taiwan); 1916b: 94; Lewis, 1915: 56 (China: Taihoku of Taiwan); Desbordes, 1919: 412 (Chine; key); Reichardt, 1923: 242 (key); 1941: 178, 204; Lea, 1925: 3 (Colosseum); Dahlgren, 1967: 214 (synonymized).

Hister cyaneus: Boisduval, 1835: 147; Mazur, 1976: 717 (synonymized).

Saprinus capicola Gemminger *et* Harold, 1868: 791 (nom. nud.).

Saprinus viridicupreus Blanchard, 1853: 57; Blackburn, 1903: 107 (synonymized).

Saprinus advena Marseul, 1855: 335; 1862: 714 (synonymized).

Saprinus ovalis Marseul, 1855: 382; 1862: 714 (Chine); Desbordes, 1919: 412 (key); Dahlgren, 1967: 214 (synonymized).

Saprinus ater MacLeay, 1864: 118; Blackburn, 1903: 104 (synonymized).

Saprinus rasselas Marseul, 1855: 379; Bickhardt, 1921: 117 (synonymized).

体长 4.20-5.96 mm，体宽 3.67-5.06 mm。体宽卵形且强烈隆凸，体表非常光亮，黑色带深蓝色和浅蓝色金属光泽，跗节和触角的索节深红棕色。

头部额表面密布大小适中的刻点，侧面及近头顶中央刻点略粗大，头顶之后刻点稀疏细小，头顶中央有 1 较大刻点，此刻点之前有时有 1 对短线，向端部背离，口上片较额前端刻点密集；额线微隆，完整，两侧直。

前胸背板两侧微呈弓形向前收缩，前端 1/6 剧烈向前收缩，前缘凹缺部分微呈双波状，后缘呈双波状；缘线微隆、基部 1/6 短缩；前胸背板两侧密布大而深的刻点，中间靠近基部大刻点区最窄，向后刻点变小，再向后变大，到达后缘，大刻点区外侧具稀疏小刻点，沿后缘有 1 行粗大刻点，但中部 1/3 宽阔间断，其他区域刻点稀疏微小；复眼后区域深凹。

鞘翅两侧弧圆。外肩下线只存在于基部，内肩下线无；斜肩线为清晰凹线，位于基部 1/2 或 1/3，通常基部 1/6 短缩；第 1-3 背线深，粗糙钝齿状，具密集刻点，存在于基半部或略长，第 1 和第 2 背线之间常有几条略密集的纵向短线，第 4 背线短，通常存在于基中部 1/4，第 5 背线无；缝线清晰，稀疏钝齿状，基部 1/8 短缩。鞘翅表面密布大而深的圆形刻点，与前胸背板基部刻点等大，缝线中部到第 3 背线基部 1/3 之间区域、沿缝线、后缘及外侧区域刻点稀疏微小。鞘翅缘折平坦，鞘翅缘线和缘折缘线之间有 3-4 行略粗大的刻点，与鞘翅表面大刻点几乎相似，刻点行经常在基部 1/3 短缩，鞘翅缘线内侧区域端半部具略稀疏的小刻点，基部刻点更小；缘折缘线细，清晰而完整；鞘翅缘线隆起且完整，伴随稀疏大刻点行，后端沿鞘翅后缘延伸，达鞘翅缝缘处与缝线相连。

前臀板密布粗大刻点，较鞘翅表面刻点略粗大，向基部和中部变小变稀。臀板密布大刻点，较前臀板刻点大，端部 1/3 刻点略变小，纵向中央有 1 完整或近于完整的窄的无刻点带。

前胸腹板前缘几乎平直；前胸腹板龙骨具略稀疏的细小刻点，刻点之间具微细皮革纹；龙骨腹面侧面观基部 1/4 平，端部向前降低；龙骨线微隆且完整，中部窄，向两端背离，端部 1/6 略向前汇聚，前末端由 1 直线相连；前胸腹板侧线强烈隆起，其前末端达龙骨端部 1/6。

中胸腹板前缘中部微凹；缘线完整；表面具稀疏细小的刻点，两侧刻点略粗大；中-后胸腹板缝细而清晰，中间微成角，不伴随钝齿状线或刻点行。

后胸腹板基节间盘区刻点稀疏细小，沿侧线及后足基节窝前缘具稀疏粗大的圆形刻点，沿后缘内侧刻点较小较稀；中纵沟浅；后胸腹板侧线向后侧方延伸，通常存在于基部 2/3；侧盘区密布大而深的具短毛的圆形刻点，夹杂有细小刻点，刻点间隙具浅的不规则的横向皮革纹；后胸前侧片密布大而深的纵长椭圆形刻点，端部 1/3 略稀疏，大刻点间夹杂有细小刻点。

第 1 腹节腹板基节间盘区具略稀疏的细小刻点，向两侧变粗大，沿后缘有 1 行密集且略粗大的刻点；腹侧线端部 1/6 短缩。

前足胫节外缘具 10-13 个刺，端部 2-3 个和基部 2-3 个较小。

雄性外生殖器如图 233D-H 所示。

观察标本：1 ex., Yakushima Is., Miyanoura, JAPAN (日本), 1990.VIII.27-28, M. Ôhara leg., M. Ôhara det., 1990; 2 exs., KAGI Formosa (台湾嘉义), 1924.V.5, M-KATO leg., Y. Miwa det.; 1♂, 1 ex., [台湾] Taihoku, VIII, T. Shiraki leg., Y. Miwa det.; 2 exs., ? Hozan, 1918.IV, T. Shiraki leg., Y. Miwa det.; 1♂, 2♀, Hoa-Binh, Tonkin (越南东京湾和平), 1939, de Cooman; 1 ex., China: Shanghai (上海), de Cooman det.; 1♂, 4 exs., Bangkok, SIAM (泰国曼谷), 1940.VI, R. Takahashi; 1 ex., Matsusaki, 1932.VI.25; 1♂, 6 号，陕西佛坪，890 m，灯诱，1999.VI.26，章有为采。

分布：上海、西藏、陕西、台湾；韩国，日本，越南，泰国，印度，斯里兰卡，西亚，澳大利亚，非洲。

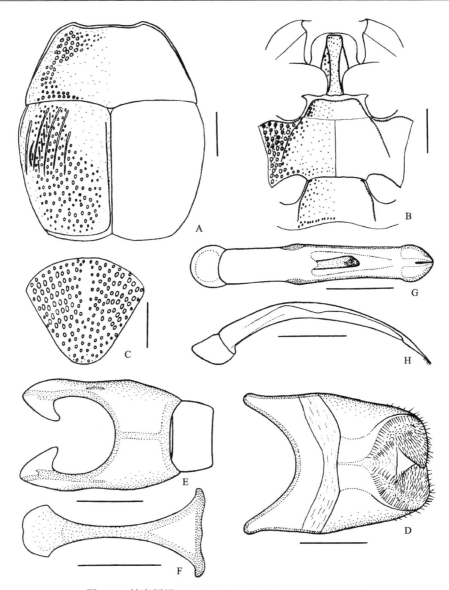

图 233　灿腐阎甲 *Saprinus* (*Saprinus*) *splendens* (Paykull)

A. 前胸背板和鞘翅（pronotum and elytra）；B. 前胸腹板、中-后胸腹板和第 1 腹节腹板（prosternum, meso- and metasterna and the 1st visible abdominal sternum）；C. 臀板（pygidium）；D. 雄性第 8 腹节背板和腹板，腹面观（male 8th tergite and sternum, ventral view）；E. 雄性第 9、10 腹节背板，背面观（male 9th and 10th tergites, dorsal view）；F. 雄性第 9 腹节腹板，腹面观（male 9th sternum, ventral view）；G. 阳茎，背面观（aedeagus, dorsal view）；H. 同上，侧面观（ditto, lateral view）。比例尺（scales）：A-C = 1.0 mm, D-H = 0.5 mm

(274) 斯达腐阎甲 *Saprinus* (*Saprinus*) *sternifossa* Müller, 1937（图 234）

Saprinus sternifossa G. Müller, 1937a: 107 (Turkestan); Reichardt, 1941: 223; Kryzhanovskij *et* Reichardt, 1976: 159; Mazur, 1976: 717; 1984b: 60 (West China; catalogue); 1987b: 660; 1997: 230 (catalogue); 2011a: 187 (catalogue); Mazur in Löbl *et* Smetana, 2004: 100 (China: Xinjiang;

catalogue); Lackner *et al.* in Löbl *et* Löbl, 2015: 126 (catalogue).

Saprinus subnitescens Dahlgren, 1962: 240 (part.).

Saprinus sternalis Dahlgren, 1967: 214; Kryzhanovskij *et* Reichardt, 1976: 159 (synonymized).

体长 4.00 mm，体宽 3.40 mm。体宽卵形且强烈隆凸，黑色光亮，跗节和触角的索节深红棕色。

头部额表面两侧具略密集粗大的刻点，向中部刻点略小且稀疏，大刻点间夹杂有微小刻点，头顶中央有 1 大而深的圆形刻点，此刻点周围区域刻点稀疏细小，口上片较额中部刻点小且密集；额线微隆，于前端中央宽阔间断。

前胸背板两侧微呈弓形向前收缩，前端 1/5 剧烈向前收缩，前缘凹缺部分中央较直，后缘呈双波状，中间略成角；缘线隆起且完整；前胸背板两侧（基部 1/5 除外）具略密集的粗大刻点，端部刻点最大，向基部略小，大刻点区外侧具略密集的小刻点，基部 1/5 具稀疏小刻点，沿后缘有 2-3 行排列不规则的大刻点（两侧 1/8 及中部 1/8 无大刻点），与两侧基部大刻点相似，其他区域刻点稀疏细小；复眼后区域适度低凹。

鞘翅两侧弧圆。外肩下线只存在于基部，内肩下线存在于侧面中部不足 1/3，有时其前末端和斜肩线的后末端相连；斜肩线为深凹线，位于基部 1/3；第 1-4 背线深，第 2-4 背线粗糙钝齿状，具密集大刻点行，第 1 背线无刻点行，边缘较光滑，外侧边缘剧烈隆起，存在于基半部或略短，第 2 背线最长，其后末端超出基半部，第 4 背线与第 1 背线约等长，偶有间断，第 3 背线最短，较第 1 和第 4 背线略短，常有短的间断，第 1 和第 2 背线之间常有几条纵向短线，第 5 背线无；缝线略细，存在于端部 2/3，具略稀疏的刻点行。鞘翅端部 1/3（从中间到内外两侧分别向基部延伸到达鞘翅中部）具较稀疏的圆形大刻点，较前胸背板两侧基部大刻点略小，夹杂有小刻点，沿后缘刻点变小，基部 1/2（中间为 2/3）及第 1 背线延长线外侧区域光滑，刻点稀疏细小。鞘翅缘折平坦，鞘翅缘线和缘折缘线之间端半部有 2 行粗大刻点，与鞘翅端部大刻点相似，鞘翅缘线内侧区域具略密集的粗大刻点，与鞘翅端部大刻点相似，向基部刻点略小；缘折缘线细且完整；鞘翅缘线隆起且完整，伴随 1 粗糙刻点行，其前末端向内弯曲，后端沿鞘翅后缘延伸，于鞘翅缝缘处与缝线相连。

前臀板具略密集且粗大的圆形浅刻点，较鞘翅端部大刻点大，夹杂有小刻点，刻点向基部变小，刻点间隙具浅而细的不规则皮革纹。臀板密布粗大刻点，夹杂有小刻点，两侧刻点大，与前臀板刻点相似，向中部略小，刻点向端部渐小，顶端无大刻点，刻点间隙具浅而细的不规则皮革纹。

前胸腹板前缘中部微凹；前胸腹板龙骨较宽，刻点稀疏细小，基部刻点更稀更小；龙骨腹面侧面观基部 1/3 平，端部 2/3 略向前降低；龙骨线完整，前足基节窝之前平行，向两端背离，端部 1/4 近于平行，前末端由 1 直线相连；前胸腹板侧线强烈隆起，其前末端达龙骨端部 1/4。

中胸腹板前缘中部微凹；缘线完整；表面具极稀疏且略深略粗大的刻点，中部刻点更少；中-后胸腹板缝细而浅，中间向后略成角，伴随 1 行稀疏大刻点。

后胸腹板基节间盘区光滑，中部微凹，沿后缘具粗大刻点，较中胸腹板表面刻点大，侧面的大而密集，向中部略小略稀疏，中纵沟周围的大刻点沿中纵沟向上略延伸，其余区域刻点稀疏微小；中纵沟较浅；后胸腹板侧线向后侧方延伸，通常存在于基部 2/3；侧盘区密布大而浅的具短毛的圆形刻点，夹杂有较小刻点，端部刻点略小；后胸前侧片刻点较后胸腹板侧盘区刻点略小，更密集，最端部略稀疏。

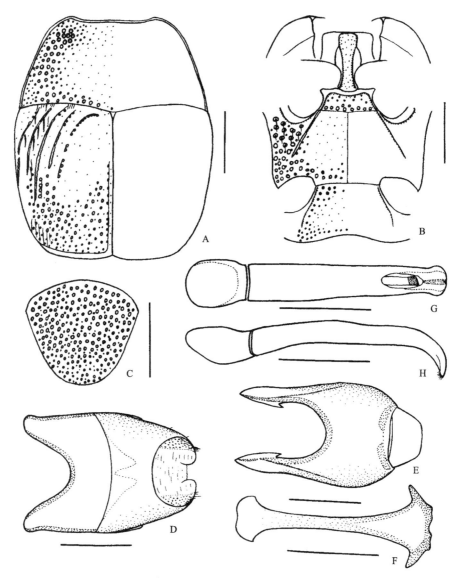

图 234　斯达腐阎甲 *Saprinus* (*Saprinus*) *sternifossa* Müller

A. 前胸背板和鞘翅（pronotum and elytra）；B. 前胸腹板、中-后胸腹板和第 1 腹节腹板（prosternum, meso- and metasterna and the 1st visible abdominal sternum）；C. 臀板（pygidium）；D. 雄性第 8 腹节背板和腹板，腹面观（male 8th tergite and sternum, ventral view）；E. 雄性第 9、10 腹节背板，背面观（male 9th and 10th tergites, dorsal view）；F. 雄性第 9 腹节腹板，腹面观（male 9th sternum, ventral view）；G. 阳茎，背面观（aedeagus, dorsal view）；H. 同上，侧面观（ditto, lateral view）。比例尺（scales）：A-C = 1.0 mm, D-H = 0.5 mm

第 1 腹节腹板基节间盘区边缘刻点粗糙，沿前缘略低凹，刻点极稀疏，与后胸腹板基节间盘区后缘刻点相似，沿侧线刻点稀疏略小，后角处刻点密集，略粗大，沿后缘有 1 行较小的刻点，其余区域刻点稀疏微小；腹侧线端部约 1/4 短缩。

前足胫节外缘具 14 个刺，端部 2 个和基部 4 个较小。

雄性外生殖器如图 234D-H 所示。

观察标本： 1♂, NW U. P. India (印度), Zeg. Ak., Bllattacharyxa, Harkidoon Valley, 1978.X。

分布： 新疆；哈萨克斯坦，乌兹别克斯坦，土耳其，巴基斯坦，伊朗。

(275) 淡黑腐阎甲 *Saprinus* (*Saprinus*) *subcoerulus* Thérond, 1978

Saprinus subcoerulus Thérond, 1978: 236 (Nepal); Mazur in Löbl *et* Smetana, 2004: 100 (catalogue); Mazur, 2010a: 145 (China: Tibet); 2011a: 187 (catalogue); Lackner *et al.* in Löbl *et* Löbl, 2015: 126 (catalogue).

观察标本： 未检视标本。

分布： 西藏；尼泊尔。

(276) 细纹腐阎甲欧亚亚种 *Saprinus* (*Saprinus*) *tenuistrius sparsutus* Solskiy, 1876（图 235）

Saprinus sparsutus Solskiy, 1876: 238 (Uzbekistan); Schmidt, 1889d: 15; Ganglbauer, 1899: 386; Reitter, 1909: 292; Bickhardt, 1910c: 100 (catalogue); 1916b: 94; Jakobson, 1911: 650; Auzat, 1922: 263.

Saprinus tenuistrius sparsutus: G. Müller, 1937a: 109; Reichardt, 1941: 230; Thérond, 1962: 63; 1978: 236 (SO-China); Kryzhanovskij *et* Reichardt, 1976: 163; Mazur, 1976: 718 (North China); 1984b: 61 (catalogue); 1997: 230 (catalogue); 2011a: 187 (catalogue); Yélamos *et* Ferrer, 1988: 171; Yélamos, 2002: 274, 389; Mazur in Löbl *et* Smetana, 2004: 100 (China: Sichuan; catalogue); Lackner *et al.* in Löbl *et* Löbl, 2015: 127 (catalogue).

Saprinus brunnensis Fleischer, 1883: 179; Schmidt, 1885c: 309; 1890b: 15 (synonymized).

体长 2.63-3.98 mm，体宽 2.37-3.59 mm。体较小，宽卵形且强烈隆凸，体表光亮，黑色或深棕色，带黄铜色光泽，足和触角的索节深红棕色，触角的端锤黄褐色。

头部表面密布大小适中的刻点，头顶中央有 1 较大刻点；额线隆起，侧面完整，前末端向口上片延伸并达较远距离，靠近口上片前缘。

前胸背板两侧微呈弓形向前收缩，前端 1/5 剧烈向前收缩，前缘凹缺部分中央直，后缘呈双波状，中间略成角；缘线隆起、完整，后末端不达后缘；前胸背板两侧密布粗大的圆形刻点，刻点常相连形成密集的皱纹，大刻点区外侧具密集小刻点，沿后缘有 2-3 行不规则大刻点，较前两侧大刻点略小，小盾片前窄区刻点稀疏，其他区域刻点微小，略稀疏，沿前缘刻点略大略密；复眼后区域深凹。

鞘翅两侧弧圆。外肩下线只存在于基部，内肩下线存在于侧面中部 1/3，有时其前末端和斜肩线的后末端相连；斜肩线粗糙，没有明显的边缘，通常位于基部 1/3；第 1-4

背线深，背线外侧边缘光滑，内侧边缘略呈钝齿状，通常第 2 背线较长，超出基半部，第 1 背线次之，有时较第 2 背线略长或等长，第 4 背线最短，第 3 背线有时与第 1 背线等长，有时与第 4 背线等长，第 1 背线和第 2 背线之间基部有密集的纵向短线，第 5 背线无；缝线细，略呈波状，基部和第 4 背线相连。鞘翅表面具略密集粗大的圆形刻点，较前胸背板两侧大刻点略小，第 4 背线基部 1/3 到缝线基部 1/2 之间区域及沿鞘翅后缘、侧缘区域刻点稀疏细小，沿后缘窄区小刻点间隙有密集的纵向细刻纹。鞘翅缘折平坦，鞘翅缘线和缘折缘线之间有 2-3 行粗大刻点，较鞘翅表面刻点略小，鞘翅缘线内侧区域具略密集的粗大刻点，与鞘翅缘线和缘折缘线之间区域刻点相似；缘折缘线细且完整；鞘翅缘线隆起且完整，伴随 1 粗糙刻点行，其前末端向内弯曲，后端沿鞘翅后缘延伸，达鞘翅缝缘处与缝线相连。

前臀板具浅的大刻点，较鞘翅表面刻点略大，两侧刻点密集，向基中部渐稀渐小，刻点间隙具细而浅的皮革纹。臀板密布粗大刻点，与前臀板两侧刻点等大但较深，刻点之间具细而浅的皮革纹，端部刻点变小，顶端刻点最小最密集。

前胸腹板前缘直；前胸腹板龙骨较宽，具稀疏小刻点，夹杂有微小刻点，刻点间隙有细而浅的不规则皮革纹；龙骨面侧面观通常近于平直，中部微凹；龙骨线完整，通常基半部近于平行，后末端向内弯曲，不达后缘，端部向前背离，最端部 1/4 微呈弓形向前汇聚并由 1 弧线相连，弧线不达前胸腹板前缘；前胸腹板侧线强烈隆起，其前末端达龙骨端部 1/4。

中胸腹板前缘中部微凹；缘线完整；表面具稀疏略粗大的刻点，中部刻点变小，大刻点间混有小刻点；中-后胸腹板缝细而浅，伴随 1 稀疏大刻点行，有时略密集。

后胸腹板基节间盘区基部超出 1/2 刻点稀疏细小，沿侧线刻点略大，端部不足 1/2 刻点稀疏粗大，内侧大刻点间夹杂有略密集的小刻点；中纵沟浅；后胸腹板侧线向后侧方延伸，通常较长，接近后足基节窝前缘，有时略短；侧盘区具略密集的大而浅的具刚毛刻点，刚毛略长，刻点向内侧向端部变小变稀，刻点间隙有细而浅的皮革纹；后胸前侧片刻点较后胸腹板侧盘区刻点略小略密，端部略稀疏。

第 1 腹节腹板基节间盘区侧面刻点粗大，略密集，与后胸腹板基节间盘区大刻点相似，沿后缘有 1 行浅而密的大刻点，较侧面刻点大，其余区域刻点稀疏细小；腹侧线不达后缘。

前足胫节外缘具 9-11 个刺，端部 2 个和基部 3 个较小。

雄性外生殖器如图 235D-H 所示。

观察标本: 1 号，新疆皮山，1500 m，1993.VII.9，任国栋采；2 号，新疆婼羌，950 m，1960.V.4，王书永采；1♂，新疆婼羌米兰，900 m，1960.V.1，张发财采；1♀，1 号，新疆疏勒，1985.V，张生芳采；1 号，新疆伊宁，羊皮，1985.VI.7，张生芳采；1♀，北京农展馆，1980.II.20，张生芳采；1 ex., Peiping (北京)；4 号，无签；2 exs., CHINE, Prov. KIANGSU, Shanghai (上海), 1935.VI.7, O. Piel leg.；1♂, CHINE, Prov. KIANGSU, Chinkiang (浙江), 1917.IX.9, O. Piel, leg.；1♀, CHINE, Prov. KIANGSU, Shanghai, 1930.VII.15, A. Eavio, leg.；1♀, Mockba, 300 m, 1960.VII.23；1 ex., China；1 exs., [法国] Banaol, aour, 1899。

　　分布：北京、上海、浙江、四川、新疆；蒙古，印度，中亚，西亚，欧洲中部和南部。

　　讨论：细纹腐阎甲指名亚种 *S. (S.) tenuistrius tenuistrius* Marseul 分布在阿拉伯和非洲；与欧亚亚种的区别是：后者触角端锤橘黄色，而前者黑色；后者前胸背板复眼后凹窝更明显且前胸腹板龙骨线更加靠近。

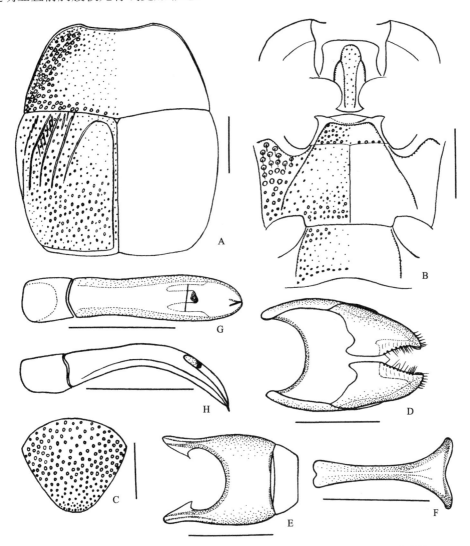

图 235　细纹腐阎甲欧亚亚种 *Saprinus (Saprinus) tenuistrius sparsutus* Solskiy

A. 前胸背板和鞘翅（pronotum and elytra）；B. 前胸腹板、中-后胸腹板和第 1 腹节腹板（prosternum, meso- and metasterna and the 1st visible abdominal sternum）；C. 臀板（pygidium）；D. 雄性第 8 腹节背板和腹板，腹面观（male 8th tergite and sternum, ventral view）；E. 雄性第 9、10 腹节背板，背面观（male 9th and 10th tergites, dorsal view）；F. 雄性第 9 腹节腹板，腹面观（male 9th sternum, ventral view）；G. 阳茎，背面观（aedeagus, dorsal view）；H. 同上，侧面观（ditto, lateral view）。比例尺（scales）：A-C = 1.0 mm, D-H = 0.5 mm

60. 半腐阎甲属 *Hemisaprinus* Kryzhanovskij, 1976

Hemisaprinus Kryzhanovskij in Kryzhanovskij *et* Reichardt, 1976: 182; Mazur, 1984b: 62 (catalogue);
1997: 231 (catalogue); 2011a: 188 (catalogue); Mazur in Löbl *et* Smetana, 2004: 96 (catalogue);
Lackner *et al.* in Löbl *et* Löbl, 2015: 114 (catalogue). **Type species:** *Hister subvirescens* Ménétries,
1832. Original designation.

分布： 古北区。

该属世界记录 3 种，中国记录 1 种。

(277) 墨半腐阎甲 *Hemisaprinus subvirescens* (Ménétries, 1832)（图 236）

Hister subvirescens Ménétries, 1832: 171 (Caucasus); Faldermann, 1835: 230; Marseul, 1855: 736
(trans. to *Saprinus*); Bickhardt, 1910c: 101 (catalogue); 1916b: 94; Reichardt, 1922a: 50; 1941: 184,
240; Thérond, 1962: 64; 1967b: 1094; Dahlgren, 1968a: 87, 93; Kryzhanovskij *et* Reichardt, 1976:
183; Mazur, 1984b: 62 (China; catalogue); 1987b: 661; 1997: 231 (catalogue).
Hemisaprinus subvirescen: Mazur, 2011a: 188 (catalogue); Mazur in Löbl *et* Smetana, 2004: 96 (China:
Sichuan; catalogue); Lackner *et al.* in Löbl *et* Löbl, 2015: 114 (catalogue).
Saprinus syriacus Marseul, 1855: 469 (Syria); Reichardt, 1941: 240 (synonymized).
Saprinus viridulus Marseul, 1855: 468; Dahlgren, 1968a: 87 (synonymized).
Saprinus foveisternus Schmidt, 1884b: 9 (Caucasus); 1885c: 308; Jakobson, 1911: 650; Auzat, 1920: 3
(synonymized).

体长 3.08 mm，体宽 2.58 mm。体较小，宽卵形且强烈隆凸，黑色光亮，胫节、跗节和触角的索节深红棕色，触角的端锤暗褐色。

头部额表面密布刻点，基半部刻点粗大并夹杂有细小刻点，端半部刻点略小，口上片刻点密集，较额端部刻点略小；额线隆起，侧面完整，前末端不向口上片延伸，中间宽阔间断；上唇前缘弧圆，两侧各具 1 短刚毛。

前胸背板两侧微呈弓形向前收缩，前端 1/5 剧烈向前收缩，前缘凹缺部分微弱双波状，后缘中部呈钝角，两边略向前弓弯；缘线隆起、完整；前胸背板两侧密布圆形大刻点，刻点常相连形成皱纹，粗大刻点区外围是密集的小刻点，沿后缘有 2 行不规则的大刻点（两侧 1/8 无刻点行），最基部 1 行大而浅，向中部消失，另 1 行较小较深，于小盾片前区较多，其他区域刻点小且稀疏；复眼后区域微凹。

鞘翅两侧弧圆。外肩下线只存在于基部，内肩下线存在于侧面中部，只有很短的刻痕；斜肩线粗糙，没有明显的边缘，通常位于基部 1/3，内侧有密集的纵向短皱纹；第 1-4 背线深，粗糙钝齿状，末端均不到基半部，通常第 2、4 背线较长，第 1、3 背线略短，第 1 背线和第 2 背线之间有密集的纵向短线，第 4 背线基部与缝线相连，第 5 背线无；缝线完整，粗糙钝齿状。鞘翅端半部（由缝线端部 1/2 向第 2 背线基部 1/3 延伸）具略密集的粗大刻点，较前胸背板两侧大刻点小，夹杂有稀疏的小刻点，第 2 背线和第 4 背线之间基部区域刻点小，第 2 背线及其延长线外侧刻点变小，沿鞘翅后缘刻点小且略稀疏，鞘翅端部外侧具密集的纵向细纹，第 4 背线基部 3/4 到缝线基部 1/2 之间区域刻点细小稀疏。鞘翅缘折平坦，有几个小刻点，鞘翅缘线内侧具略密集的大小适中的刻点；缘折缘线细且完整；鞘翅缘线隆起且完整，前末端向内弯曲，后端沿鞘翅后缘延伸，于缝缘处与缝线相连。

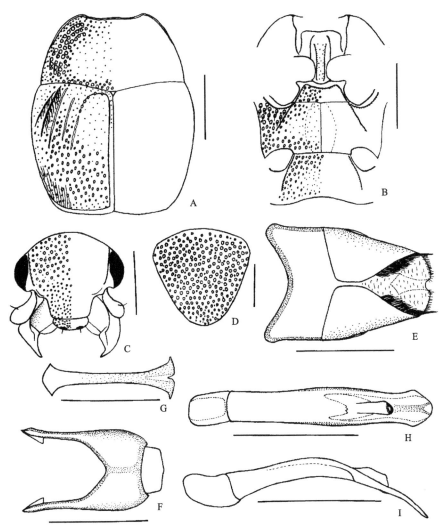

图 236　墨半腐阎甲 *Hemisaprinus subvirescens* (Ménétries)

A. 前胸背板和鞘翅（pronotum and elytra）；B. 前胸腹板、中-后胸腹板和第 1 腹节腹板（prosternum, meso- and metasterna and the 1st visible abdominal sternum）；C. 头（head）；D. 臀板（pygidium）；E. 雄性第 8 腹节背板和腹板，腹面观（male 8th tergite and sternum, ventral view）；F. 雄性第 9、10 腹节背板，背面观（male 9th and 10th tergites, dorsal view）；G. 雄性第 9 腹节腹板，腹面观（male 9th sternum, ventral view）；H. 阳茎，背面观（aedeagus, dorsal view）；I. 同上，侧面观（ditto, lateral view）。比例尺（scales）：A, B = 1.0 mm, C-I = 0.5 mm

　　前臀板基半部具浅而密集的粗大刻点，较鞘翅端部大刻点略小，端半部刻点变小变稀，刻点间隙具细而浅的皮革纹。臀板密布粗大刻点，较前臀板基部刻点略大且较深，夹杂有稀疏小刻点，刻点之间具细而浅的皮革纹，刻点向端部略小。

前胸腹板前缘中部深凹，中间成角；前胸腹板龙骨表面刻点细小，略密集；龙骨腹面侧面观基部 1/3 平，中部 1/3 向前降低，端部 1/3 向前升高；龙骨线于两侧近于平行，向两端微弱背离，前端不相连且远离前缘；前胸腹板侧线强烈隆起，其前末端靠近前胸腹板前缘。

中胸腹板前缘中部较深凹；缘线完整；表面具略稀疏的粗大刻点，大刻点间有小刻点；中-后胸腹板缝细而清晰，中间向后成角，两边伴随几个大刻点。

后胸腹板基节间盘区微隆，中部略深凹，前角处刻点较中胸腹板表面大刻点略小，沿侧线有 1 行刻点，与前角处刻点相似，沿后缘刻点密集粗大，较中胸腹板盘区大刻点大，中部低凹部分无大刻点，其他区域刻点细小，略密集；中纵沟浅；后胸腹板侧线隆起，向后侧方延伸，存在于基部 2/3；侧盘区密布圆形具刚毛的大刻点，端部刻点变小，刻点间隙有细而浅的皮革纹；后胸前侧片刻点较后胸腹板侧盘区刻点略小略密集，夹杂有稀疏小刻点。

第 1 腹节腹板基节间盘区边缘刻点粗糙，略稀疏，夹杂有细小刻点，前角处刻点最大，与后胸腹板基节间盘区后缘大刻点等大，向前缘中部刻点略小，沿侧线向后刻点略小，沿后缘有 1 行排列不规则的小刻点，其他区域刻点细小，略稀疏；腹侧线后端较远离后缘。

前足胫节宽，外缘具 11 个刺，端部 2 个和基部 2 个较小。

雄性外生殖器如图 236E-I 所示。

观察标本：1♂, Turkmenia (土库曼), ? Kizyl-Rrvat, 1992.IV.20-26, S. Mazur det., 1995。

分布：四川、新疆；缅甸，印度，巴基斯坦，中亚，西亚，俄罗斯南部，高加索山脉，亚速尔群岛。

61. 连窝阎甲属 *Chalcionellus* Reichardt, 1932

Chalcionellus Reichardt, 1932a: 15, 16; 1941: 155, 262; Dahlgren, 1969b: 59, 66; 1969c: 230; Mazur, 1972b: 362; 1984b: 78 (catalogue); 1997: 245 (catalogue); 2011a: 197 (catalogue); Kryzhanovskij *et* Reichardt, 1976: 187; Yélamos *et* Ferrer, 1988: 172; Yélamos, 2002: 296 (character), 392; Lackner, 2003: 21 (Palaearctic region); Mazur in Löbl *et* Smetana, 2004: 90 (catalogue); Lackner *et al.* in Löbl *et* Löbl, 2015: 111 (catalogue). **Type species:** *Saprinus amoenus* Erichson, 1834. Original designation.

Izpaniolus Mazur, 1972b: 363; Secq *et* Yélamos, 1993: 25 (synonymized). **Type species:** *Saprinus condolens* Marseul, 1864.

Eosaprinus Kozminykh, 2000: 23. **Type species:** *Saprinus condolens* Marseul, 1864.

体小，通常卵形，很隆凸，与连线阎甲属 *Hypocacculus* 的 *Colpellus* 亚属很相近。头部有额线；上唇横宽，前缘有 2 个具长刚毛的大刻点；上颚粗短，弯曲，内侧齿不明显。前胸背板缘线通常完整，前角钝圆。小盾片很小，三角形。鞘翅第 1-4 背线深刻，端部短缩，第 5 背线无，第 4 背线和缝线通常于基部相连，缝线通常近于完整、深刻。前臀板横宽，臀板扇形，顶端圆。前胸腹板龙骨较窄，龙骨线于顶端相连，具前胸腹板端前小窝。中胸腹板缘线完整；中-后胸腹板缝伴随 1 清晰的钝齿状线。前足胫节长，加宽，外缘具齿，齿上具刺。阳茎较短，通常弯曲。

喜好生活在粪便中，也发现于各种排泄物中，另外一些种类具喜沙性和喜盐性（Yélamos, 2002）。

分布：古北区，非洲区及东洋区。

该属世界记录 30 余种，中国记录 5 种及亚种。

种 检 索 表

1. 前胸腹板龙骨线间距前后相等 ································· 布氏连窝阎甲指名亚种 *C. blanchii blanchii*
   前胸腹板龙骨线间距前窄后宽 ··· 2
2. 前胸背板两侧各有 1 条凹线，有时被 1 粗大刻点行取代 ················· 土耳其连窝阎甲 *C. turcicus*
   前胸背板两侧各有 2-3 行粗大刻点，无凹线 ······························ 阿莫连窝阎甲 *C. amoenus*
   注：西伯利亚连窝阎甲 *C. sibiricus* Dahlgren 和布氏连窝阎甲陶芮亚种 *C. blanchii tauricus* (Marseul) 未包括在内。

(278) 阿莫连窝阎甲 *Chalcionellus amoenus* (Erichson, 1834)（图 237）

Saprinus amoenus Erichson, 1834: 190 (Portugal); Bickhardt, 1916b: 96 (*Hypocacculus*); Reichardt, 1925a: 112 (Turgai, W Omsk).

Chalcionellus amoenus: Reichardt, 1932a: 79; Thérond, 1964: 190; Mazur, 1984b: 79 (catalogue); 1997: 246 (catalogue); 2011a: 188 (catalogue); Yélamos *et* Ferrer, 1988: 172; Yélamos, 2002: 302 (redescription, figure), 393; Mazur in Löbl *et* Smetana, 2004: 90 (China: Heilongjiang, Nei Mongol; catalogue); Lackner *et al.* in Löbl *et* Löbl, 2015: 111 (catalogue).

Hister aereus Dejean, 1821: 48 (nom. nud.); Gemminger *et* Harold, 1868: 782 (synonymized).

Hister mediocris Dejean, 1821: 48 (nom. nud.); 1837: 142 (synonymized).

Saprinus sabuleti Rosenhauer, 1847: 24; Schmidt, 1884a: 237 (synonymized).

Saprinus conjungens var. *micans* Hochhut, 1872: 228; Schmidt, 1890b: 17 (synonymized).

Chalcionellus amoenus ab. *chalybaeus* Reichardt, 1932a: 22.

体长 2.16-2.94 mm，体宽 1.92-2.51 mm。体宽卵形，隆凸，黑色光亮，背面略呈暗金属绿色，触角、口器和足红棕色。

头部额表面具密集的小刻点，口上片具粗糙密集的刻点，较额部刻点密集粗大；额线完整，前端中部只在某一角度可见；上唇前缘圆，有 2 个具长刚毛的横向大刻点；上颚内缘有 1 齿。

前胸背板两侧后 2/3 直，向前狭缩，前 1/3 弓弯，强烈向前狭缩，前缘凹缺部分中央直，后缘中部呈钝角，两侧略向前弓；缘线隆起、完整；前胸背板复眼后区域微凹；侧面及沿后缘的刻点粗大密集，侧面大刻点 1-3 行呈纵向排列，沿后缘大刻点较侧面的更大，中部刻点细小稀疏，沿侧缘刻点细小且略密。

鞘翅两侧弧圆，肩部略突出。内肩下线微弱，由中部的几个大刻点取代；斜肩线位于基部 1/3；第 1-4 背线粗糙钝齿状，具刻点，第 1 背线最短，位于基半部，第 2 背线略长，第 3、4 背线最长，位于基部 3/4；缝线完整，与第 1-4 背线相似，基部末端与第 4 背线相连。鞘翅端部 1/3 刻点粗大，较密集，靠近鞘翅缝的刻点向上延伸，侧面刻点略小，其余区域刻点稀疏细小。鞘翅缘折平坦光滑；缘折缘线细且完整；鞘翅缘线深且完整，具刻点，其后端不沿鞘翅后缘延伸。

前臀板刻点密集粗大。臀板刻点与前臀板的相似但略稀疏，端部刻点变细小。

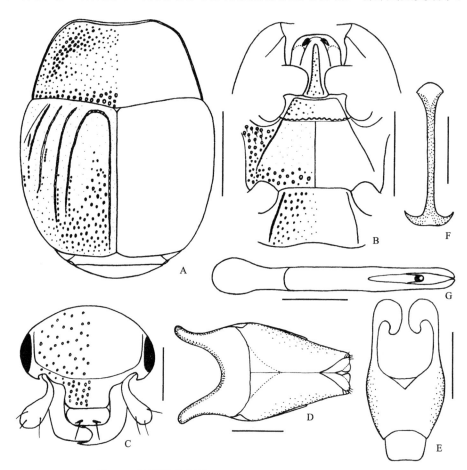

图 237　阿莫连窝阎甲 *Chalcionellus amoenus* (Erichson)

A. 前胸背板和鞘翅（pronotum and elytra）；B. 前胸腹板、中-后胸腹板和第 1 腹节腹板（prosternum, meso- and metasterna and the 1st visible abdominal sternum）；C. 头（head）；D. 雄性第 8 腹节背板和腹板，腹面观（male 8th tergite and sternum, ventral view）；E. 雄性第 9、10 腹节背板，背面观（male 9th and 10th tergites, dorsal view）；F. 雄性第 9 腹节腹板，腹面观（male 9th sternum, ventral view）；G. 阳茎，背面观（aedeagus, dorsal view）。比例尺（scales）：A, B = 1.0 mm, C-G = 0.25 mm

前胸腹板前缘圆形，后缘略向外弓弯；龙骨平坦，刻点细小稀疏；龙骨线隆起，前末端由 1 略尖的角相连，向后略分离，前足基节窝之间向后的部分更加分离，有时前末端由 1 弧线相连，向后几乎平行，前足基节窝之间向后的部分明显分离；龙骨有端前小窝，端前小窝之间由 1 细的弧线相连；前胸腹板侧线存在于前胸腹板前端 1/2。

中胸腹板前缘中部微凹；缘线完整；表面刻点稀疏，大小适中，中部刻点细小；中-后胸腹板缝细，伴随 1 粗糙钝齿状线。

后胸腹板基节间盘区刻点稀疏细小，沿后缘刻点粗大且较密集；中纵沟深；后胸腹板侧线具刻点，向后侧方延伸，较直，到达近侧后角；侧盘区密布圆形大刻点，刻点向后变小，基部刻点具刚毛；中足基节后线沿中足基节窝后缘延伸，末端不向后弯曲。

第 1 腹节腹板基节间盘区侧面基部刻点密集粗大，较后胸腹板基节间盘区后端刻点小，纵长椭圆形，刻点向后变小变圆，中部刻点稀疏细小；腹侧线几乎完整，不达后缘。

前足胫节宽，外缘具 6-8 个齿，端部 3 个齿大。

雄性外生殖器如图 237D-G 所示。

观察标本： 1 ex., Hispania , G. Lewis Coll., B.M. 1926-369 (BMNH); 1♂, S Siberia (俄罗斯西伯利亚), Buryatia, Chikoi river, Durena vill. Near Kiran, 1986.VI.26, Chekanov leg., V. V. Dubatolov det., 1988.V; 1♂, Crimée (克里米亚？), 无其他信息；1♂, 内蒙古杭锦旗，1270-1340 m，猪尸体手抓，1999.VIII.5，周红章采；1♀，内蒙古锡林郭勒，1994.VI.16，任国栋采；1♀，内蒙古苏尼特左旗，1994.VI.11，任国栋采。

分布： 内蒙古、黑龙江、上海；蒙古，俄罗斯（西伯利亚），中亚，阿富汗，伊朗，叙利亚，欧洲南部。

(279) 布氏连窝阎甲指名亚种 *Chalcionellus blanchii blanchii* (Marseul, 1855)（图 238）

Saprinus blanchii Marseul, 1855: 461 (Syria, Egypt).

Chalcionellus blanchii: Reichardt, 1932a: 66; Mazur, 1984b: 79 (West China; catalogue); 1997: 246 (catalogue); 2011a: 197 (catalogue); Mazur in Löbl *et* Smetana, 2004: 90 (China: Gansu, Sichuan; catalogue; *Ch. blanchii blanchii*).

Saprinus blanchei [sic!]: Marseul, 1862: 716; Thérond, 1962: 64 (*Chalcionellus*); Lackner *et al.* in Löbl *et* Löbl, 2015: 111 (catalogue).

体长 2.33 mm，体宽 1.94 mm。体宽卵形，黑色，体表光亮，整个表面具彩色金属光泽，触角、口器、胫节、跗节暗褐色。

头部额表面刻点稀疏细小，夹杂有微小刻点，基部中央有 1 大刻点，口上片狭窄，刻点与额部的相似；额线隆起，前端宽阔间断；上唇较长，两侧弧圆，前缘略呈双波浪状，有 2 个具长刚毛的横向大刻点；触角端锤不分节。

前胸背板两侧略呈弓形向前收缩，前端 1/3 更明显，前缘凹缺部分中央直，后缘中部呈钝角，两侧略向前弓；缘线隆起、完整；前胸背板复眼后区域微凹；侧面及沿后缘的刻点粗大且较密，侧面大刻点 2-3 行呈纵向排列，中部刻点细小稀疏，沿侧缘刻点细小略密。

鞘翅两侧弧圆，肩部略突出。内肩下线短，存在于中部；斜肩线位于基部 1/3；第 1、2 背线略浅略细，且较平滑，第 3、4 背线略深略粗，且粗糙钝齿形，这 4 条背线几乎等长，后端到达鞘翅基部 1/2-2/3 之间，第 4 背线和缝线相连；缝线粗糙钝齿状，端部略短缩。鞘翅端半部刻点稀疏粗大，夹杂有微小刻点，侧面刻点略小略密，基半部刻点细小稀疏，沿鞘翅缝刻点细小，略密，沿后缘的狭窄带和侧面端部边缘具极细微的刻点。鞘翅缘折平坦光滑，仅基部 1/3 有稀疏细小的刻点；缘折缘线细且完整；鞘翅缘线深且完整，其后端不明显沿鞘翅后缘延伸，只在某一角度可见。

前臀板刻点密集粗大。臀板刻点稀疏，较前臀板刻点略大，夹杂有微小刻点，端部刻点变细小。

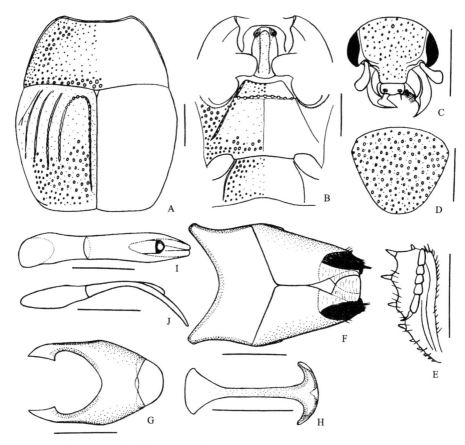

图 238 布氏连窝阎甲指名亚种 *Chalcionellus blanchii blanchii* (Marseul)

A. 前胸背板和鞘翅（pronotum and elytra）；B. 前胸腹板、中-后胸腹板和第 1 腹节腹板（prosternum, meso- and metasterna and the 1st visible abdominal sternum）；C. 头（head）；D. 臀板（pygidium）；E. 前足胫节，背面观（protibia, dorsal view）；F. 雄性第 8 腹节背板和腹板，腹面观（male 8th tergite and sternum, ventral view）；G. 雄性第 9、10 腹节背板，背面观（male 9th and 10th tergites, dorsal view）；H. 雄性第 9 腹节腹板，腹面观（male 9th sternum, ventral view）；I. 阳茎，背面观（aedeagus, dorsal view）；J. 同上，侧面观（ditto, lateral view）。比例尺（scales）：A-E = 0.5 mm, F-J = 0.25 mm

前胸腹板前缘圆形，后缘略向外弓弯；龙骨表面具皮革纹，刻点极稀疏微小；龙骨线隆起，前末端弓形相连，两侧略呈波状，几乎平行且距离较远，后末端略向内弯但不相连；龙骨有端前小窝，端前小窝之间由 1 弧线相连；前胸腹板侧线存在于前胸腹板前端 1/2。

中胸腹板前缘中部微凹；缘线完整，具较大刻点；表面刻点稀疏，大小适中；中-后胸腹板缝不明显，伴随 1 大刻点行形成的粗糙钝齿状线。

后胸腹板基节间盘区刻点稀疏微小，沿后缘的刻点粗大且较密；中纵沟深；后胸腹板侧线内侧具刻点，向后侧方延伸，较直，到达近侧后角；侧盘区密布圆形大刻点，刻点向后变小；中足基节后线沿中足基节窝后缘延伸，末端不向后弯曲。

第 1 腹节腹板基节间盘区刻点侧面基部均匀粗大，较后胸腹板基节间盘区后端刻点小，纵长椭圆形，向后刻点变小变圆，中部刻点稀疏细小；腹侧线几乎完整，不达后缘。

前足胫节宽，外缘具 8-9 个齿，端部 4 个齿大。

雄性外生殖器如图 238F-J 所示。

观察标本：1♂，KAZAKHSTAN（哈萨克斯坦）：Charyn val., W Chundza, 800 m, 1993.VI.10-13, Schawaller leg., S. Mazur det., 1995。

分布：黑龙江、甘肃、四川；印度，中亚，西亚，南欧和北欧，地中海地区。

(280) 布氏连窝阁甲陶芮亚种 *Chalcionellus blanchii tauricus* (Marseul, 1862)

Saprinus tauricus Marseul, 1862: 476 (South Russia); Schmidt, 1889d: 16; Jakobson, 1911: 649; Reichardt, 1925a: 112 (Turgai, Omsk).

Chalcionellus blanchei tauricus: Reichardt, 1932a: 68; 1941: 263, 266; Thérond, 1962: 64; 1964: 189; Kryzhanovskij *et* Reichardt, 1976: 190; Mazur, 1984b: 79 (catalogue); 1997: 246 (catalogue); 2011a: 197 (catalogue); Mazur in Löbl *et* Smetana, 2004: 91 (China: Heilongjiang; catalogue); Lackner *et al.* in Löbl *et* Löbl, 2015: 111 (catalogue).

观察标本：未检视标本。

分布：黑龙江；蒙古，俄罗斯（南部、西西伯利亚），哈萨克斯坦，吉尔吉斯斯坦，阿富汗，罗马尼亚，土耳其，高加索山脉。

(281) 西伯利亚连窝阁甲 *Chalcionellus sibiricus* Dahlgren, 1969

Chalcionellus sibiricus Dahlgren, 1969b: 61 (Russia: Siberia); Yélamos *et* Ferrer, 1988: 172 (as synonym of *Chalcionellus amoenus* Erichson); Mazur, 1997: 247 (catalogue); 2001: 73 (new to China: Qinghai); 2011a: 198 (catalogue); Lackner *et al.* in Löbl *et* Löbl, 2015: 112 (catalogue).

观察标本：未检视标本。

分布：甘肃、青海；蒙古，俄罗斯（西伯利亚）。

(282) 土耳其连窝阁甲 *Chalcionellus turcicus* (Marseul, 1857)（图 239）

Saprinus turcicus Marseul, 1857: 438 (Turkey); Schmidt, 1885c: 304; Jakobson, 1911: 649; Auzat, 1920: 4; Reichardt, 1925a: 112 (Orenburg, Turgai, Omsk, Altai); 1926a: 271.

Chalcionellus turcicus: Reichardt, 1932a: 72; 1941: 264, 267 (figures); Thérond, 1964: 190; Dahlgren, 1969b: 63, 67 (figures); Kryzhanovskij *et* Reichardt, 1976: 191 (figure); Mazur, 1984b: 81 (West China; catalogue); 1997: 248 (catalogue); 2011a: 198 (catalogue); Mazur in Löbl *et* Smetana, 2004:

91 (China: Nei Mongol, Xinjiang; catalogue); Lackner *et al.* in Löbl *et* Löbl, 2015: 112 (catalogue).
Saprinus strigicollis Schmidt, 1890b: 17; Bickhardt, 1916b: 98 (*Hypocacculus*); Auzat, 1920: 4 (synonymized).
Saprinus netuschili Reitter, 1904: 33 (description); Bickhardt, 1916b: 97 (*Hypocacculus*); Reichardt, 1926a: 271 (synonymized).

体长 3.10 mm，体宽 2.57 mm。体宽卵形，隆凸，黑色光亮，背面呈沥青色，触角、口器和足暗红棕色。

头部额表面具较密集的小刻点，口上片粗糙，中部具密集且略粗大的刻点；额线仅存在于两侧，前端向口上片略延伸；上唇前缘波曲，有 2 个具长刚毛的横向大刻点；上颚内缘有 1 齿。

前胸背板两侧略呈弓形向前狭缩，前 1/4 明显，前缘凹缺部分中央直，后缘呈双波状；缘线隆起、完整；前胸背板复眼后区域略凹；两侧前端 2/3 各有 1 条斜凹线，具刻点，斜线前后末端周围区域具密集粗大的刻点，沿后缘有 2 行粗大刻点，与侧面大刻点相似，中部刻点细小稀疏，沿侧缘刻点细小且略密。

鞘翅两侧弧圆，肩部略突出。内肩下线微弱，由中部的几个大刻点取代；斜肩线位于基部 1/3；第 1-4 背线粗糙钝齿状，具密集大刻点，第 1 背线最短，位于基半部，第 2 背线位于基部 2/3，约与第 4 背线等长，第 3 背线最长，位于基部 3/4；缝线完整，与第 1-4 背线相似，基部末端与第 4 背线相连。鞘翅端部 1/3 刻点粗大，较密集，靠近鞘翅缝的刻点向上延伸，侧面刻点略小，其余区域刻点稀疏细小。鞘翅缘折平坦光滑；缘折缘线细且完整；鞘翅缘线深且完整，具刻点，其后端沿鞘翅后缘延伸并与缝线相连。

前臀板刻点粗大，很密集。臀板刻点与前臀板的相似但较稀疏，端部刻点变细小。

前胸腹板前缘圆形，后缘略向外弓弯；龙骨平坦，刻点细小稀疏；龙骨线隆起，前末端由 1 略尖的角相连，向后略分离，前足基节窝之间向后的部分更加分离；龙骨有端前小窝，端前小窝之间由 1 细的弧线相连；前胸腹板侧线存在于前胸腹板前端 1/2。

中胸腹板前缘中部微凹；缘线完整，侧面缘线具粗大刻点；表面刻点稀疏，较粗大，中部刻点略小；中-后胸腹板缝细，伴随 1 粗糙钝齿状线。

后胸腹板基节间盘区刻点稀疏细小，沿后缘刻点粗大密集；中纵沟深，前后端较浅；后胸腹板侧线具刻点，向后侧方延伸，到达近侧后角；侧盘区具较密集的圆形大刻点，刻点向后变小，基部刻点具刚毛；中足基节后线沿中足基节窝后缘延伸，末端不向后弯曲。

第 1 腹节腹板基节间盘区侧面具稀疏小刻点，中部刻点稀疏细小；腹侧线几乎完整，不达后缘。

前足胫节宽，外缘具 6 个齿，端部 3 个齿大。

观察标本: 2 exs., Tanooma, BasRa (伊拉克巴士拉), 1918.X, P. H, J. Thérond det., 1979, Brit. Mus., 1978-16 (BMNH)。

分布: 内蒙古、新疆；蒙古，俄罗斯（西西伯利亚、欧洲部分南部），中亚，西亚。

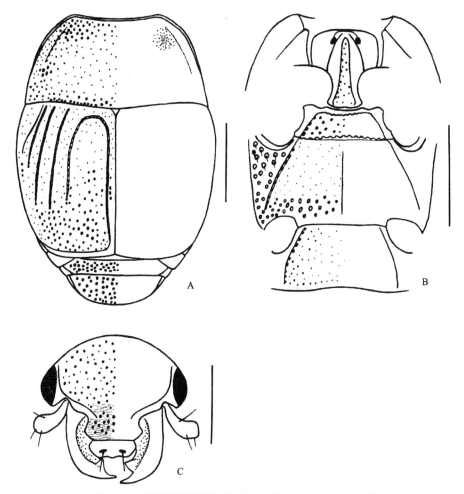

图 239　土耳其连窝阎甲 *Chalcionellus turcicus* (Marseul)

A. 前胸背板、鞘翅、前臀板和臀板（pronotum, elytra, propygidium and pygidium）；B. 前胸腹板、中-后胸腹板和第 1 腹节腹板（prosternum, meso- and metasterna and the 1st visible abdominal sternum）；C. 头（head）。比例尺（scales）：A, B = 1.0 mm, C = 0.5 mm

62. 多纹阎甲属 *Pholioxenus* Reichardt, 1932

Pholioxenus Reichardt, 1932a: 16, 26; 1941: 156, 275; Kryzhanovskij *et* Reichardt, 1976: 197; Mazur, 1984b: 82 (catalogue); 1997: 248 (catalogue); 2006: 67 (key to species; South Africa); 2011a: 198 (catalogue); Kapler, 1992b: 221; Yélamos, 2002: 305 (character), 393; Zinchenko, 2004: 96 (East Kazakhstan); Lackner *et al.* in Löbl *et* Löbl, 2015: 120 (catalogue). **Type species:** *Hypocacculus phoenix* Reichardt, 1930. Original designation.

体小，微隆，通常具细而密集的刻纹；额线通常完整且呈弓形；鞘翅背线很长；前胸腹板通常具端前小窝；前足胫节有 3 个间隙很深的齿；阳茎外形与连线阎甲属 *Hypocacculus* 的很相似（Yélamos, 2002）。

生活在鸟巢及哺乳动物的洞穴中（Yélamos, 2002），可能专食鞘翅目拟步甲喜沙性种类的幼虫（Kapler, 1992b）。

分布：古北区和热带非洲区。

该属的种类生活在亚洲和非洲的沙漠地区，其北界证明了该属的范围是由发生在沙漠区的种类扩展到古北区，例如从西部（摩洛哥）到东部（中国）。Kapler 认为，每一个不同地理区域或动物地理区域的沙漠地区都有不同的多纹阎甲属 *Pholioxenus* 的种类（Kapler, 1992b）。

该属世界记录 27 种（Mazur, 2011a; Lackner *et al.*, 2015），中国记录 1 种。

(283) 多纹阎甲 *Pholioxenus orion* Reichardt, 1932

Pholioxenus orion Reichardt, 1932a: 27 (West China), 94; 1941: 276; Kryzhanovskij *et* Reichardt, 1976: 200; Mazur, 1984b: 82 (catalogue); 1997: 248 (catalogue); 2011a: 199 (catalogue); Kapler, 1992b: 224 (key); Lackner *et al.* in Löbl *et* Löbl, 2015: 120 (catalogue).

观察标本：未检视标本。

分布：内蒙古；蒙古。

讨论：Kapler（1992b）在检索表中记述此种的部分特征如下：额线不清晰或缺失；前胸背板边缘具毛；鞘翅第 4 背线基部和缝线相连，鞘翅端线清晰。

63. 连线阎甲属 *Hypocacculus* Bickhardt, 1914

Hypocacculus Bickhardt, 1914b: 311; 1916b: 82, 95; Reichardt, 1926b: 14; 1932a: 28, 96; 1941: 156, 280; Peyerimhoff, 1936: 228; Kryzhanovskij *et* Reichardt, 1976: 201; Mazur, 1984b: 83 (catalogue); 1997: 249 (catalogue); 2011a: 200 (catalogue); Yélamos *et* Ferrer, 1988: 173; Ôhara, 1994: 240; 1999a: 122; Ôhara *et* Paik, 1998: 29; Yélamos, 2002: 308 (character, key), 393; Mazur in Löbl *et* Smetana, 2004: 93 (catalogue); Lackner *et al.* in Löbl *et* Löbl, 2015: 115 (catalogue). **Type species:** *Saprinus metallescens* Erichson, 1834. Designated by Bickhardt, 1916b.

体小或很小，宽卵形，隆凸。头部额线完整且形状多样；额表面具强度和密度多变的刻点或很细的横向皱纹；触角柄节的腹面有 1 个感觉区；上唇前缘弧圆或略凹，有 2 个具长刚毛的大刻点；上颚粗短，弯曲，内侧具 1-2 个小齿。前胸背板缘线完整，前角钝圆；复眼后无凹窝。小盾片小，三角形。鞘翅第 1-4 背线深刻，端部短缩，第 5 背线无，第 4 背线和缝线通常于基部相连，缝线通常完整深刻。前臀板横宽，臀板扇形，顶端圆。前胸腹板龙骨很窄，龙骨线很接近且前端可相连；端前小窝没有 1 横线相连。中胸腹板缘线完整；中-后胸腹板缝不清晰，伴随 1 粗糙钝齿状线。前足胫节宽，外缘通常具齿，齿上具刺。阳茎通常细长，弯曲。

分布：主要分布在非洲区，也分布在古北区和东洋区。

该属世界记录 3 亚属 20 余种，中国记录 1 种。

36) 连线阎甲亚属 *Hypocacculus* Bickhardt, 1914

(284) 光额连线阎甲 *Hypocacculus (Hypocacculus) spretulus* (Erichson, 1834)（图 240）

Saprinus spretulus Erichson, 1834: 192 (Portugal); Fauvel in Gozis, 1886: 174 (key), 202.

Hypocacculus spretulus: Bickhardt, 1916b: 98; Thérond, 1962: 64; Kryzhanovskij *et* Reichardt, 1976: 201, 202 (figure), 205; Mazur, 1984b: 85 (catalogue); 1997: 251 (catalogue); 2011a: 201 (catalogue); Yélamos *et* Ferrer, 1988: 174; Yélamos, 2002: 315 (redescription, figure); Mazur in Löbl *et* Smetana, 2004: 93 (China: Gansu; catalogue); Lackner *et al.* in Löbl *et* Löbl, 2015: 115 (catalogue).

Saprinus fulvipes Marseul, 1855: 680; Lewis, 1905d: 74 (synonymized).

Saprinus rufipes: J. Müller, 1899: 153; 1902: 219 (synonymized).

体长 2.07-2.12 mm，体宽 1.78-1.83 mm。体宽卵形，黑色光亮，足、触角和口器红棕色。

头部额表面呈横向椭圆形，刻点小而密集，口上片狭窄，略凹，刻点较额部的略大；额线仅存在于前端，向前弓弯；上唇前缘中央较直，近前缘有 1 "八"字形横向凹，具 2 个长刚毛；上颚粗壮弯曲，内侧有 1 齿。

前胸背板两侧略呈弓形向前收缩，前端 1/4 更明显，前缘凹缺部分略呈双波状，后缘呈双波状；缘线隆起、完整；表面中部刻点稀疏细小，近前缘刻点略密集，侧面刻点密集粗大，沿后缘有 2 行大刻点，最外侧无刻点行，小盾片前区刻点较两侧的大。

鞘翅两侧弧圆。内肩下线存在于侧面中部且很短，有时为刻点行；斜肩线位于基部 1/3；第 1-4 背线粗糙钝齿状，第 1 背线最短，存在于基半部，第 2-4 背线约等长，存在于基部 2/3，第 4 背线和缝线相连；缝线完整，前端 1/4 较细而光滑，后端粗糙钝齿状。鞘翅端半部刻点稀疏粗大，有时略密集，近后缘有 1 由密集大刻点形成的窄带，基半部刻点稀疏细小，沿侧缘及鞘翅缝的刻点细小稀疏，沿后缘的窄带无刻点。鞘翅缘折平坦，刻点稀疏细小；缘折缘线浅且完整；鞘翅缘线隆起且完整，伴随粗大刻点行。

前臀板横宽，后端 1/2 刻点密集，较粗大，前端 1/2 刻点变小且略稀疏。臀板扇形，刻点较前臀板后端刻点略稀略大，顶端刻点变细小。

前胸腹板前缘圆形，后缘向外弓弯；龙骨表面刻点细小，极稀疏；龙骨线隆起，其内侧为密集的刻点行，前末端相连或不相连，后末端相互背离；龙骨有小的端前小窝；前胸腹板侧线存在于前胸腹板前端 1/2 且于前缘弓形相连。

中胸腹板前缘中部适度凹缺；缘线完整，内侧具刻点行；表面刻点稀疏，较粗大；中-后胸腹板缝不明显，伴随 1 粗大刻点行形成的密集钝齿状线，中部向前弓弯。

后胸腹板基节间盘区刻点稀疏细小，沿后缘刻点粗大；中纵沟细，中部清晰；后胸腹板侧线隆起，内侧伴随 1 粗糙刻点行，向后侧方延伸，到达近侧后角；侧盘区刻点密集粗大，具刚毛；中足基节后线沿中足基节窝后缘延伸，末端不向后弯曲。

第 1 腹节腹板基节间盘区刻点稀疏，前端 1/2 刻点粗大，后端 1/2 刻点细小，后角处刻点粗大；腹侧线几乎完整，不达后缘，其内侧为粗糙刻点行。

前足胫节宽，外缘具 8 个刺。

雄性外生殖器如图 240D-H 所示。

观察标本：1♂, 3 exs., GREECE-N. W. Creta (希腊克里特), Ravdouha, 1994.VI.29, J. E. & S. de Oude leg., P. Kanaar det., 1994。

分布：甘肃；越南，缅甸，斯里兰卡，中亚，西亚，高加索山脉，希腊，葡萄牙。

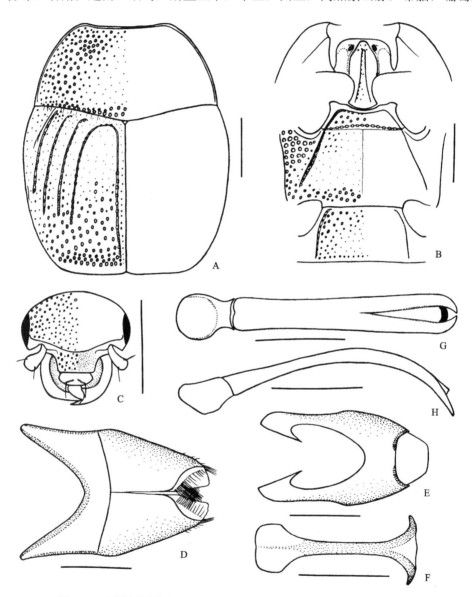

图 240　光额连线阎甲 *Hypocacculus* (*Hypocacculus*) *spretulus* (Erichson)

A. 前胸背板和鞘翅（pronotum and elytra）；B. 前胸腹板、中-后胸腹板和第 1 腹节腹板（prosternum, meso- and metasterna and the 1st visible abdominal sternum）；C. 头（head）；D. 雄性第 8 腹节背板和腹板，腹面观（male 8th tergite and sternum, ventral view）；E. 雄性第 9、10 腹节背板，背面观（male 9th and 10th tergites, dorsal view）；F. 雄性第 9 腹节腹板，腹面观（male 9th sternum, ventral view）；G. 阳茎，背面观（aedeagus, dorsal view）；H. 同上，侧面观（ditto, lateral view）。比例尺（scales）：A-C = 0.5 mm, D-H = 0.25 mm

64. 皱额阎甲属 *Hypocaccus* Thomson, 1867

Hypocaccus Thomson, 1867: 400; Schmidt, 1885c: 302; Ganglauer, 1899: 382; Lewis, 1899: 3 (figures);
Reitter, 1909: 291; Bickhardt, 1910c: 102 (catalogue; subg.); 1916b: 82, 98; Reichardt, 1926b: 14;
1941: 156, 305; Peyerimhoff, 1936: 226; Wenzel in Arnett, 1962: 374, 380; Dahlgren, 1969b: 64;
Kryzhanovskij *et* Reichardt, 1976: 217; Mazur, 1984b: 92 (catalogue); 1997: 257 (catalogue); 2001:
33; 2011a: 203 (catalogue); Yélamos, 2002: 326 (character, key), 395; Ôhara, 1994: 243; 1999a: 122;
Ôhara *et* Paik, 1998: 29; Mazur in Löbl *et* Smetana, 2004: 94 (catalogue); Lackner *et al.* in Löbl *et*
Löbl, 2015: 115 (catalogue). **Type species:** *Hister quadristriatus* Hoffmann, 1803 (= *Hister rugiceps*
Duftschmid, 1805; nec Thunberg, 1794: 65). Designated by Lewis, 1899: 3.
Rhytidoprinus Houlbert *et* Monnot, 1923: 46; Cooman, 1947: 428 (synonymized). **Type species:** *Hister*
rugiceps Duftschmid, 1805.

　　体中等大小或小型，卵形或椭圆形，隆凸。头部具明显的额线；额表面很粗糙，通
常有 2 条大的不规则的横纹；上唇横宽，前缘平截并有 2 个具刚毛的大刻点；上颚粗短，
弯曲，基部具隆起的边，内侧具 1 齿；触角端锤不分节。前胸背板缘线完整，前角钝圆。
小盾片三角形。鞘翅第 1-4 背线深刻，粗糙钝齿状，通常存在于基半部，第 5 背线无，
第 4 背线和缝线于基部相连，缝线通常完整深刻。前臀板横宽，臀板扇形，顶端圆。前
胸腹板龙骨窄，龙骨线于顶端相连或不相连，具前胸腹板端前小窝。中胸腹板缘线完整；
中-后胸腹板缝伴随 1 粗糙钝齿状线或较稀疏的刻点行。前足胫节宽，外缘具齿，端部
2-3 个齿较大；后足胫节具强壮的刺，且通常具毛。阳茎细长，弯曲。

　　主要沙砾地生，生活在沙丘、海滩上和湖、海边缘地带，一些种类的幼虫生活在沙
丘下的沙子中，可能以象鼻虫和苍蝇的幼虫为食（Mazur, 2001），也经常生活在小的尸
体、粪便，以及其他腐烂的物体中（Yélamos, 2002）。

　　分布：各区。

　　该属世界记录 3 亚属 120 余种，中国记录 3 亚属 11 种及亚种。

亚属和种检索表

1.　额部有 1-2 条很明显的横线或不规则的横皱褶；额线于前缘深刻且直 ┈┈┈┈┈┈┈┈┈┈┈┈4
　　额部通常有微弱的刻点或皱褶，无发达的横线；额线于前缘浅，常部分弓弯，有时中断（**粗额阎**
　　甲亚属 *Nessus*）┈┈┈┈┈┈┈┈┈┈┈┈┈┈┈┈┈┈┈┈┈┈┈┈┈┈┈┈┈┈┈┈┈┈┈┈2
2.　前胸背板缘线于前缘间断 ┈┈┈┈┈┈┈┈┈┈┈┈┈┈**虎皱额阎甲指名亚种 *H. (N.) tigris tigris***
　　前胸背板缘线完整 ┈┈┈┈┈┈┈┈┈┈┈┈┈┈┈┈┈┈┈┈┈┈┈┈┈┈┈┈┈┈┈┈┈┈┈┈3
3.　额表面遍布不规则的浅皱纹；鞘翅缘线后端沿鞘翅后缘延伸，其末端到达近鞘翅侧面 1/3 ┈┈┈┈
　　┈┈┈┈┈┈┈┈┈┈┈┈┈┈┈┈┈┈┈┈┈┈┈┈┈┈┈┈**洁皱额阎甲 *H. (N.) asticus***
　　额表面端部中央具不规则的浅皱纹；鞘翅缘线后端不沿鞘翅后缘延伸 ┈┈┈┈┈┈┈┈┈┈┈┈┈
　　┈┈┈┈┈┈┈┈┈┈┈┈┈┈┈┈┈┈┈┈┈┈┈┈┈┈**蒙古皱额阎甲 *H. (N.) mongolicus***
4.　前胸背板具粗糙的刻点；中-后胸腹板缝具强烈钝齿状线（**皱额阎甲亚属 *Hypocaccus***）┈┈┈┈5
　　前胸背板光滑，至多侧面有细小刻点；中-后胸腹板缝不具钝齿状线（**滑背阎甲亚属 *Baeckmanniolus***）

　　注：巴西皱额阎甲 *H. (H.) brasiliensis* Paykull、巴鲁皱额阎甲 *H. (N.) balux* Reichardt 和沙漠皱额阎甲 *H. (N.) eremobius* Reichardt 未包括在内。

37) 皱额阎甲亚属 *Hypocaccus* Thomson, 1867

(285) 巴西皱额阎甲 *Hypocaccus (Hypocaccus) brasiliensis* (Paykull, 1811)

Hister brasiliensis Paykull, 1811: 66 (Brazil); Bickhardt, 1910c: 102 [catalogue; as *Saprinus (Hypocaccus) apricarius* var. *brasiliensis*]; Kryzhanovskij *et* Reichardt, 1976: 226; Mazur, 1984b: 93 (China: Manchuria; catalogue); 1997: 258 (catalogue).

Hypocaccus brasiliensis: Mazur, 2011a: 205 (catalogue); Lackner *et al.* in Löbl *et* Löbl, 2015: 116 (catalogue).

Saprinus apricarius Erichson, 1834: 194.

Saprinus bistrigifrons Marseul, 1855a: 729.

Saprinus dentipes Marseul, 1855a: 728.

Saprinus laxatus Casey, 1893: 527.

Saprinus permixtus J. L. LeConte, 1878: 401.

Saprinus piscarius Blackburn, 1903: 108.

Hypocaccus probans Thérond, 1948: 125.

Hypocaccus pseudoradiosus Thérond, 1948: 125.

观察标本：未检视标本。

分布：福建；欧洲南部，热带地区。

(286) 多芮皱额阎甲 *Hypocaccus (Hypocaccus) dauricus* Reichardt, 1930（图 241）

Hypocaccus dauricus Reichardt, 1930b: 52 (Russia: East Siberia; Mongolia); 1941: 308, 317; Kryzhanovskij *et* Reichardt, 1976: 224; Gaedike, 1984: 459 (information about Syntypes); Mazur, 1984b: 93 (China: Manchuria; catalogue); 1997: 258 (catalogue); 2011a: 205 (catalogue); Mazur in Löbl *et* Smetana, 2004: 95 (catalogue); Lackner *et al.* in Löbl *et* Löbl, 2015: 116 (catalogue).

体长 2.68 mm，体宽 2.23 mm。体宽卵形，适度隆凸，黑色光亮，触角暗褐色，足深红棕色。

头部额表面无刻点，具粗糙密集的皱纹，中部皱纹横向，两侧的辐射状，口上片粗糙无刻点；额线隆起，完整，两边略直。

前胸背板两侧略平直向前收缩，前端 1/5 明显弓形向前收缩，前缘凹缺部分中央平直，后缘略呈双波状；缘线隆起、完整；前胸背板边缘刻点粗大密集，形成皱纹，侧面皱纹更明显，前缘刻点浅，中部光滑，刻点稀疏微小，沿后缘有 2-3 行粗大刻点，刻点常纵向相连。

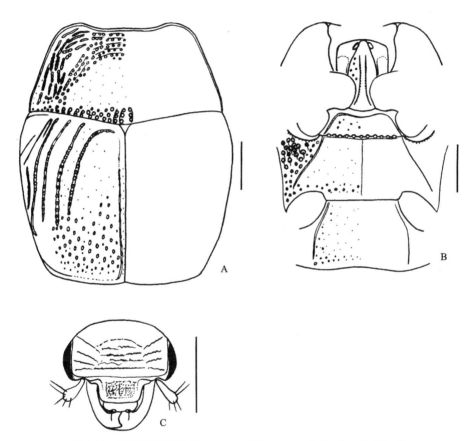

图 241　多芮皱额阎甲 *Hypocaccus* (*Hypocaccus*) *dauricus* Reichardt

A. 前胸背板和鞘翅（pronotum and elytra）；B. 前胸腹板、中-后胸腹板和第 1 腹节腹板（prosternum, meso- and metasterna and the 1st visible abdominal sternum）；C. 头（head）。比例尺（scales）：0.5 mm

鞘翅两侧弧圆，肩部略突出。内肩下线位于侧面中部；斜肩线位于基部 1/3，与第 1 背线靠近；第 1-4 背线粗糙钝齿状，伴随密集刻点行，第 1 背线最长，存在于基部 3/4，且后端波状向内弯曲，第 2-4 背线不及第 1 背线长，第 4 背线基部向小盾片弯曲，与缝线相连；缝线基部 1/4 细弱，有时很不明显，端部 3/4 深刻，较平滑，有稀疏刻点。鞘翅端部约 1/3 第 3 背线延长线内侧刻点稀疏粗大，略纵长，基部 2/3 第 3 背线内侧及沿鞘翅缝的刻点微小，极稀少，沿后缘的狭窄带及第 3 背线及其延长线外侧光滑无刻点。鞘翅缘折平坦，光滑，刻点稀疏微小；缘折缘线细且完整；鞘翅缘线完整，粗糙钝齿状，其前端向内弯折达一定距离，后端沿鞘翅后缘延伸但不明显，于缝缘处与缝线相连。

前臀板具皮革纹，刻点密集粗大，前缘刻点略小。臀板刻点与前臀板的相似，夹杂有细小刻点，前端刻点密集，向后变小变稀，顶端较大的区域无刻点。

前胸腹板前缘圆形，后缘略向外弓弯；龙骨表面光滑无刻点，龙骨线外侧刻点稀疏，大小适中；龙骨线隆起，前末端不达前缘消失，后末端相互背离；龙骨有小的端前小窝；前胸腹板侧线隆起，向前收缩且于前缘相连，存在于前胸腹板前端 1/2。

中胸腹板前缘中部微凹；缘线完整；表面刻点稀疏，大小适中；中-后胸腹板缝浅，伴随 1 密集大刻点行形成的粗糙钝齿状线。

后胸腹板基节间盘区光滑，刻点稀疏微小，沿后缘刻点较粗大，伴随有细小刻点；中纵沟略浅；后胸腹板侧线向后侧方延伸，到达近侧后角；侧盘区具皮革纹，刻点大而密集，后端刻点变小；中足基节后线沿中足基节窝后缘延伸，末端不向后弯曲。

第 1 腹节腹板基节间盘区光滑，刻点稀疏微小，沿后缘刻点细小，后角处刻点略大；腹侧线几乎完整，不达后缘。

前足胫节宽，外缘具 4 个大齿，齿上具粗短的刺。

观察标本：1 ex., Cotype, Siberia (西伯利亚), Werchne-Udinsk, Trsbaikai. Mandl, 1933-102 (BMNH)；1♀，辽宁章古台，1958.IV.11；1♂，MANCHURIA, Sungari Valley near Harbin (黑龙江哈尔滨松花江流域), 1938.VI.5, M. Nikitin leg.。

分布：辽宁、黑龙江；蒙古，俄罗斯（远东、东西伯利亚）。

讨论：本种与辛氏皱额阎甲 H. (H.) sinae Marseul 很相似，不同之处是：体形更加隆凸，额表面具密集的皱纹，前胸背板侧面具发达的刻点形成的皱纹，鞘翅第 1 背线长，后端波状，刻点小，前足胫节具发达的齿。

(287) 皱额阎甲 Hypocaccus (Hypocaccus) rugifrons (Paykull, 1798)（图 242）

Hister rugifrons Paykull, 1798: 47 (Sweden: Scania); Erichson, 1834: 195 (*Saprinus*); 1839: 678; Marseul, 1855: 721; Kraatz, 1858: 131 (Griechenlands); Thomson, 1862: 239.

Hypocaccus rugifrons: Thomson, 1867: 401; Schmidt, 1885c: 317; Fauvel in Gozis, 1886: 178 (key), 204; Ganglbauer, 1899: 392; Reitter, 1909: 294; Bickhardt, 1910c: 105 (catalogue); 1916b: 100; Jakobson, 1911: 651; Houlbert *et* Monnot, 1923: 46 [*Saprinus* (*Rhytidoprinus*) *rugifrons*]; Reichardt, 1925a: 112 (Turgai, Omsk, Altai); 1941: 307, 314; Horion, 1949: 343; G. Müller, 1960: 139 (China: Manchuria); Dahlgren, 1969b: 64; Witzgall, 1971: 174; Kryzhanovskij *et* Reichardt, 1976: 224, 225 (figure); Mazur, 1984b: 97 (Northeast China; catalogue); 1997: 260 (catalogue); 2011a: 207 (catalogue); Yélamos, 2002: 323, 327, 330, 334 (redescription, figures), 396; Yélamos *et* Ferrer, 1988: 176; Mazur in Löbl *et* Smetana, 2004: 95 (catalogue); Lackner *et al.* in Löbl *et* Löbl, 2015: 117 (catalogue).

Hister violaceus Marsham, 1802: 96; Marseul, 1855: 736 (*Saprinus*); Gemminger *et* Harold, 1868: 790 (synonymized).

Hister metallicus: Hoffmann, 1803a: 81 (nec Herbst, 1792); Paykull, 1811: 67; Stephens, 1830: 156;

Erichson, 1834: 195 (synonymized).

Hister smaragdulus Stephens, 1829: 9 (nom. nud.); Gemminger *et* Harold, 1868: 790 (synonymized).

Hister semistriatus: Stephens, 1830: 156 (nec Scriba, 1790); Marseul, 1855: 735 (*Saprinus*); Gemminger
  et Harold, 1868: 790 (synonymized).

Saprinus radiosus Marseul, 1855: 724; Fauvel in Gozis, 1886: 175 (key), 204; Lewis, 1905d: 77
  (*Hypocaccus*); Houlbert *et* Monnot, 1923: 46 (*Rhytidoprinus*); Reichardt, 1941: 314 (synonymized).

Saprinus rasilis Marseul, 1862: 495.

Saprinus subtilis Schmidt, 1884b: 238.

Saprinus rugifrons var. *barani* Auzat, 1920: 4.

Saprinus rugifrons var. *girondinus* Auzat, 1922 (1916-1925): 57.

Saprinus rugifrons ab. *subpulchellus* Chobaut, 1922: 65.

Saprinus rugifrons ab. *obliteratus* Vitale, 1929: 121.

Saprinus apricarius var. *radiosus*: Hatch, 1929: 80.

Hypocaccus rugifrons var. *orphanus* Thérond, 1948: 125.

Saprinus completus Normand *et* Thérond, 1952: 177.

体长 2.78 mm，体宽 2.31 mm。体宽卵形，适度隆凸，黑色光亮，触角暗褐色，足深红棕色。

头部额表面无刻点，有 2-3 条横脊；口上片狭窄，粗糙；额线隆起，完整，两边直。

前胸背板两侧略平直向前收缩，前端 1/5 明显弓形向前收缩，前缘凹缺部分中央平直，后缘略呈双波状；缘线隆起、完整；前胸背板侧面和前缘刻点浅，密集粗大，外侧刻点略深，前角处刻点相连形成皱纹，基部中央和侧缘无刻点，沿后缘有 1 行粗大刻点。

鞘翅两侧弧圆，肩部较突出。内肩下线存在于侧面中部；斜肩线位于基部 1/3，与第 1 背线靠近；第 1-4 背线较平滑，刻点稀疏，存在于基半部，第 2 背线略长，第 4 背线和缝线相连；缝线完整且较平滑。鞘翅端部不足 1/2（第 2 背线延长线内侧）刻点稀疏粗大，夹杂有细小刻点，外侧刻点略小略密，基半部及沿鞘翅缝的刻点微小，极稀少，沿后缘的狭窄带及端部侧缘无刻点。鞘翅缘折平坦，刻点稀疏微小；缘折缘线细且完整；鞘翅缘线隆起且完整，伴随稀疏刻点，其后端沿鞘翅后缘延伸，于缝缘处与缝线相连。

前臀板具皮革纹，刻点密集粗大。臀板具皮革纹，刻点与前臀板的相似，夹杂有细小刻点，两边的密集，中间的略稀，刻点向后变小，顶端无刻点。

前胸腹板前缘圆形，后缘向外弓弯；龙骨表面无刻点，龙骨线外侧刻点稀疏，大小适中；龙骨线隆起，前末端相连，后末端相互背离；龙骨有小的端前小窝；前胸腹板侧线隆起，向前收缩且于前缘相连，存在于前胸腹板前端 1/2。

中胸腹板前缘中部微凹；缘线完整；盘区光滑，无刻点；中-后胸腹板缝浅，伴随稀疏小钝齿状线，有时钝齿略大略密集。

后胸腹板基节间盘区光滑，无刻点，沿后足基节窝前缘刻点稀疏，小，沿侧线刻点稀疏微小；中纵沟略浅；后胸腹板侧线向后侧方延伸，几乎完整；侧盘区具皮革纹，刻点大而密集，夹杂有细小刻点，后端无刻点；中足基节后线沿中足基节窝后缘延伸，末端不向后弯曲。

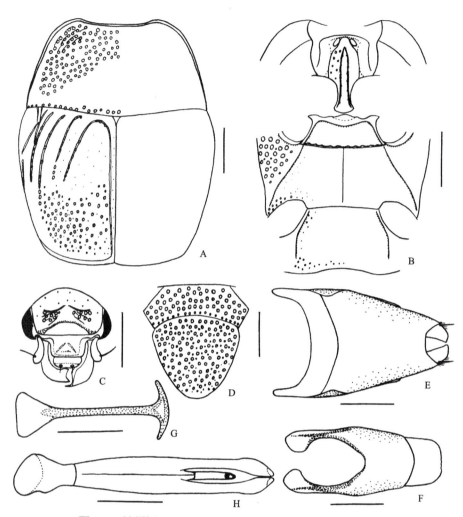

图 242　皱额阎甲 *Hypocaccus* (*Hypocaccus*) *rugifrons* (Paykull)

A. 前胸背板和鞘翅（pronotum and elytra）；B. 前胸腹板、中-后胸腹板和第 1 腹节腹板（prosternum, meso- and metasterna and the 1st visible abdominal sternum）；C. 头（head）；D. 前臀板和臀板（propygidium and pygidium）；E. 雄性第 8 腹节背板和腹板，腹面观（male 8th tergite and sternum, ventral view）；F. 雄性第 9、10 腹节背板，背面观（male 9th and 10th tergites, dorsal view）；G. 雄性第 9 腹节腹板，腹面观（male 9th sternum, ventral view）；H. 阳茎，背面观（aedeagus, dorsal view）。比例尺（scales）：A-D = 0.5 mm, E-H = 0.25 mm

　　第 1 腹节腹板基节间盘区光滑无刻点，沿侧线刻点稀疏微小，沿后缘刻点细小，后角处刻点略大；腹侧线后端短缩。

　　前足胫节宽，外缘具 6 个较大齿，齿上具粗短的刺。

　　雄性外生殖器如图 242E-H 所示。

　　观察标本：1 ex., N. Italy（意大利北部），Alassio, 1908.IV, Hugh Scott leg., B.M.1940-179, J. Thérond det., 1980 (BMNH); 2♂, Bulgaria（保加利亚），Burgas。

　　分布：黑龙江；俄罗斯（远东、西伯利亚），土库曼斯坦，伊朗，欧洲和地中海地区。

(288) 辛氏皱额阎甲 *Hypocaccus* (*Hypocaccus*) *sinae* (Marseul, 1862)（图 243）

Saprinus sinae Marseul, 1862: 496 (China: Shanghai), 717; 1873: 221 (Japan, Hiogo); Blackburn, 1903: 106; Jakobson, 1911: 651.

Hypocaccus sinae: Lewis, 1905d: 78; 1915: 56 (China: Taipin of Taiwan); Desbordes, 1919: 415; Lea, 1925: 3 (Broome); Reichardt, 1941: 307, 312 (figure); Bickhardt, 1910c: 105 (catalogue); 1916b: 100; Nakane, 1963: 67 (China: Taiwan); Kryzhanovskij *et* Reichardt, 1976: 226 (subg. *Hypocaccus* in *Hypocaccus*); Mazur, 1984b: 97 (catalogue); 1991: 2; 1997: 261 (catalogue); 2011a: 207 (catalogue); ESK *et* KSAE, 1994: 136 (Korea); Ôhara, 1994: 250 (redescription, figures); 1999a: 123; Ôhara *et* Paik, 1998: 30; Mazur in Löbl *et* Smetana, 2004: 95 (catalogue); Lackner *et al.* in Löbl *et* Löbl, 2015: 117 (catalogue).

体长 2.85-3.06 mm，体宽 2.33-2.65 mm。体宽卵形，适度隆凸，黑色光亮，有时具彩色金属光泽，触角暗褐色，触角端锤砖红色，足深红棕色。

头部额表面无刻点，有 2-3 条横脊，横脊有时中断；口上片狭窄，粗糙；额线隆起，完整，两边直。

前胸背板两侧略平直向前收缩，前端 1/4 明显弓形向前收缩，前缘凹缺部分略呈双波状，后缘中部呈钝角，两边微弱前弓；缘线隆起、完整；前胸背板侧面（不达后缘）和前缘刻点粗大密集，外侧刻点相连形成皱纹，中部、侧面基部及侧缘刻点稀疏微小，沿后缘有 2 行不规则的粗大刻点，常两两纵向相连。

鞘翅两侧弧圆，肩部略突出。内肩下线存在于侧面中部；斜肩线位于基部超出 1/3，与第 1 背线靠近，粗糙；第 1 背线深且较平滑，后端粗糙钝齿形，存在于基半部，第 2-4 背线深且粗糙钝齿状，具密集刻点，第 2、3 背线较第 1 背线略长，第 4 背线较第 1 背线略短，第 4 背线和缝线相连；缝线细，完整。鞘翅端半部刻点密集粗大，基半部及沿鞘翅缝的刻点稀疏微小，沿后缘的狭窄带及端部侧缘无刻点。鞘翅缘折平坦，无刻点；缘折缘线微隆，细且完整；鞘翅缘线隆起且完整，其后端沿鞘翅后缘延伸，于缝缘处与缝线相连。

前臀板具皮革纹，刻点密集粗大，常相连，前缘刻点略小略稀。臀板刻点与前臀板的相似，两边的密集，中间的略稀，刻点向后变小，顶端无刻点。

前胸腹板前缘圆形，中间略向上突起，后缘略向外弓弯；龙骨表面刻点稀疏细小，龙骨线外侧刻点稀疏，大小适中，夹杂有细小刻点；龙骨线隆起，向前汇聚且极靠近，前末端通常相连，有时不相连；龙骨有小的端前小窝；前胸腹板侧线隆起，向前收缩且于前缘相连，存在于前胸腹板前端 1/2。

中胸腹板前缘中部微凹；缘线完整，前缘线中部锯齿形；表面光滑，刻点稀疏微小，有时有几个较大刻点；中-后胸腹板缝不明显，伴随 1 大刻点行形成的粗糙钝齿状线。

后胸腹板基节间盘区光滑，刻点稀疏微小，沿后缘刻点稀疏粗大；中纵沟略浅；后胸腹板侧线向后侧方延伸，几乎完整；侧盘区刻点大而稀疏，夹杂有细小刻点；中足基节后线沿中足基节窝后缘延伸，末端不向后弯曲。

第 1 腹节腹板基节间盘区沿边缘刻点稀疏，大小适中，中部刻点稀疏微小；腹侧线几乎完整，不达后缘。

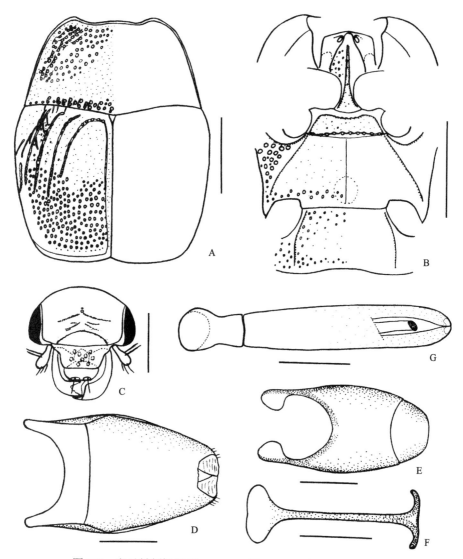

图 243　辛氏皱额阎甲 *Hypocaccus* (*Hypocaccus*) *sinae* (Marseul)

A. 前胸背板和鞘翅（pronotum and elytra）；B. 前胸腹板、中-后胸腹板和第 1 腹节腹板（prosternum, meso- and metasterna and the 1st visible abdominal sternum）；C. 头（head）；D. 雄性第 8 腹节背板和腹板，腹面观（male 8th tergite and sternum, ventral view）；E. 雄性第 9、10 腹节背板，背面观（male 9th and 10th tergites, dorsal view）；F. 雄性第 9 腹节腹板，腹面观（male 9th sternum, ventral view）；G. 阳茎，背面观（aedeagus, dorsal view）。比例尺（scales）：A, B = 1.0 mm, C = 0.5 mm, D-G = 0.25 mm

前足胫节宽，外缘具 6 个大齿，齿上具粗壮的刺。

雄性外生殖器如图 243D-G 所示。

观察标本：1♀, [台湾] Taipin, T. Shiraki leg., T. Shiraki and Y. Miwa det.; 1♀, Y. Miwa det.; 1♂, 1♀, T. Shiraki and Y. Miwa det. (推测为台湾分布); 1♂, 宁夏中卫沙坡头,

1985.VIII，任国栋采；2♂，内蒙古多伦，1994.VI.29，任国栋采。

分布：内蒙古、上海、宁夏、台湾；韩国，日本，俄罗斯[远东、哈萨林岛（库页岛）]，尼泊尔，中南半岛，阿富汗，澳大利亚。

38) 滑背阎甲亚属 *Baeckmanniolus* Reichardt, 1926

Baeckmanniolus Reichardt, 1926b: 14; 1941: 157, 222; Peyerimhoff, 1936: 225; Wenzel in Arnett, 1962: 374, 380; Dahlgren, 1969b: 66; Kryzhanovskij *et* Reichardt, 1976: 229; Ôhara, 1994: 258; 1999a: 123; Mazur, 1997: 261 (catalogue); 2001: 34; 2011a: 204 (catalogue); Yélamos, 2002: 336 (character); Mazur in Löbl *et* Smetana, 2004: 94 (catalogue); Lackner *et al.* in Löbl *et* Löbl, 2015: 116 (catalogue). **Type species:** *Hister dimidiatus* Illiger, 1807. Original desination.

Pachylopus: Zimmermann in J. L. LeConte, 1869: 253 (part.); Reichardt, 1926b: 14 (synonymized).

(289) 变线皱额阎甲指名亚种 *Hypocaccus* (*Baeckmanniolus*) *varians varians* (Schmidt, 1890)（图 244）

Saprinus varians Schmidt, 1890a: 55 (Japan; China: Canton, Tschifu).

Hypocaccus varians: Lewis, 1905d: 78; 1910: 58 (*Saprinus*); Bickhardt, 1915: 189; 1916b: 101; Desbordes, 1919: 416; Reichardt, 1926b: 14 (*Baeckmanniolus*); 1941: 323, 326 (*Hypocaccus*); Kryzhanovskij *et* Reichardt, 1976: 229, 230 (subg. *Baeckmanniolus* in *Hypocaccus*; figure); Mazur, 1984b: 100 (catalogue); 1997: 263 (catalogue); 2011a: 204 (catalogue); Hisamatsu, 1985b: 223; Ôhara, 1993b: 102; 1994: 258 (redescription, figures; China: Taiwan ?); Mazur in Löbl *et* Smetana, 2004: 94 (China: Southeast China, Taiwan ?; catalogue); Lackner *et al.* in Löbl *et* Löbl, 2015: 116 (catalogue).

体长 3.06-3.47 mm，体宽 2.51-2.82 mm。体卵形，隆凸，黑色或深棕色，体表光亮，多数具黄铜色或红铜色金属光泽，足和触角深棕色，触角的端锤暗褐色。

头部额表面无刻点，有 1 条横脊，有时具 2、3 条短脊，口上片狭窄，中央粗糙；额线强烈隆起，完整。

前胸背板两侧略平直向前收缩，前端 1/4 明显弓形向前收缩，前缘凹缺部分中央平直，后缘中部呈钝角，两边较平直；缘线隆起、完整；前胸背板表面光滑，刻点稀疏微小，复眼后圆形区域具一些大小适中的刻点，沿后缘有 1、2 行粗大的刻点，向侧面刻点变小。

鞘翅两侧弧圆。内肩下线存在于侧面中部 1/3；斜肩线存在于基部 1/3，与第 1 背线靠近；第 1-4 背线粗糙钝齿状，具密集刻点，第 1 背线位于基半部，有时很长，第 2 背线通常较第 1 背线略长，有时较后者短，第 3 背线约与第 2 背线等长，第 4 背线多变，通常短，位于近中部，由 5、6 个刻点组成，有时较长，有时位于基部，并向小盾片弧弯，有时同时存在；缝线较细，位于端部 2/3 或更长，有时与第 4 背线基部弧线微弱相连。鞘翅端部超出 1/2（第 3 背线延长线内侧）刻点稀疏粗大，夹杂有少量细小刻点，基半部及第 3 背线及其延长线外侧光滑无刻点，沿鞘翅缝具稀疏微小的刻点。鞘翅缘折平坦，光滑；缘折缘线微隆，细且完整；鞘翅缘线隆起且完整，中部弯曲，前末端向内弯曲，后端沿鞘翅后缘延伸，于鞘翅缝缘处与缝线相连。

前臀板具皮革纹，刻点密集粗大，常横向相连，夹杂有细小刻点，前端刻点略小。臀板基部 2/3 刻点与前臀板的相似，但略稀，端部 1/3 沿边缘及中线有稀疏的刻点，因此两侧各有 1 隆凸的无刻点区。

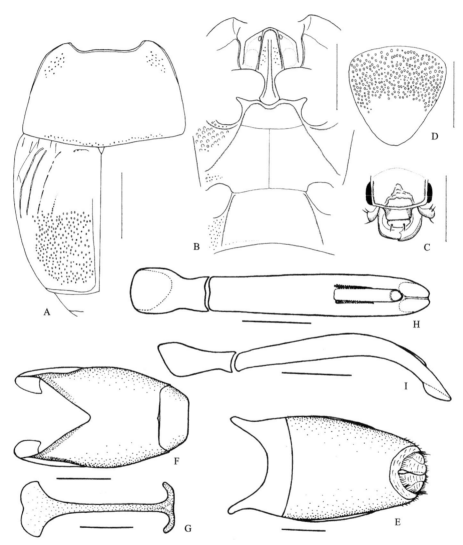

图 244 变线皱额阎甲指名亚种 *Hypocaccus* (*Baeckmanniolus*) *varians varians* (Schmidt) （A-D 仿 Ôhara, 1994）

A. 前胸背板和鞘翅（pronotum and elytra）；B. 前胸腹板、中-后胸腹板和第 1 腹节腹板（prosternum, meso- and metasterna and the 1st visible abdominal sternum）；C. 头（head）；D. 臀板（pygidium）；E. 雄性第 8 腹节背板和腹板，腹面观（male 8th tergite and sternum, ventral view）；F. 雄性第 9、10 腹节背板，背面观（male 9th and 10th tergites, dorsal view）；G. 雄性第 9 腹节腹板，腹面观（male 9th sternum, ventral view）；H. 阳茎，背面观（aedeagus, dorsal view）；I. 同上，侧面观（ditto, lateral view）。

比例尺（scales）：A-D = 1.0 mm, E-I = 0.25 mm

　　前胸腹板前缘圆形，后缘略向外弓弯；龙骨表面无刻点；龙骨线隆起，前面部分平行且相互靠近，前末端相连或不相连，前足基节窝之间向后部分相互分离；龙骨有小的端前小窝；前胸腹板侧线隆起，向前汇聚且于前缘处相连，存在于前胸腹板前端 1/2。

　　中胸腹板前缘中部微凹；缘线完整；表面光滑，刻点稀疏微小；中-后胸腹板缝细，不伴随刻点行。

　　后胸腹板基节间盘区光滑，刻点稀疏微小，沿后足基节窝前缘刻点较粗大；中纵沟浅；后胸腹板侧线向后侧方延伸，到达近侧后角；侧盘区刻点大而稀疏；中足基节后线沿中足基节窝后缘延伸，末端不向后弯曲。

　　第 1 腹节腹板基节间盘区光滑，刻点稀疏微小，沿后缘有 1 行大小适中的刻点；腹侧线完整，到达后缘。

　　前足胫节宽，外缘具 7-8 个齿，齿向基部变小。

　　雄性外生殖器如图 244E-I 所示。

　　观察标本：2 exs., Japan（日本）, G. Lewis leg., 1910-320 (BMNH)；1♂, 1♀, [日本] Sakata Yamagata, 1935.VIII.3, S. Miyamoto leg.。

　　分布：山东、广东、台湾；韩国，日本，俄罗斯[远东、萨哈林岛（库页岛）]，越南，斯里兰卡，菲律宾，所罗门群岛，澳大利亚。

　　讨论：Lewis（1915）首次根据 T. Shiraki 收藏的标本记录了该种在台湾的分布，但根据作者观察这些标本，发现均为变线皱额阎甲大陆亚种 *H. (B.) varians continentalis* (Reichardt)。故变线皱额阎甲指名亚种 *H. (B.) varians varians* (Schmidt)在中国台湾的分布暂做存疑处理。

(290) 变线皱额阎甲大陆亚种 *Hypocaccus (Baeckmanniolus) varians continentalis* (Reichardt, 1941)（图 245）

Baeckmanniolus varians continentalis Reichardt, 1941: 323, 327, 407 (Primorskiy Kray; China).

Hypocaccus (Baeckmanniolus) varians continentalis: Kryzhanovskij *et* Reichardt, 1976: 230; Mazur, 1984b: 100 (catalogue); 1997: 263 (catalogue); 2011a: 204 (catalogue); Mazur in Löbl *et* Smetana, 2004: 94 (catalogue); Lackner *et al.* in Löbl *et* Löbl, 2015: 116 (catalogue).

Hypocaccus varians Lewis, 1915: 56 (China: Koshun of Taiwan).

　　体长 2.36-3.84 mm，体宽 2.05-3.18 mm。该亚种与指名亚种最明显的区别是中-后胸腹板缝伴随 1 稀疏且略大的刻点行，该刻点行有时不很明显。

　　观察标本：1 ex., HOPEH, Peitaiho（河北北戴河），1966.VIII.28, N. CHINA: P. M. Hammond, B. M. 1967-215, J.Thérond det., 1979 (BMNH)；1♂, 2♀, Y. Miwa det. (应为 T. Shiraki 收藏的台湾标本)；1♂, 1♀, [山东烟台] 月亮湾崆峒岛。

　　分布：河北、山东、台湾；俄罗斯（远东）。

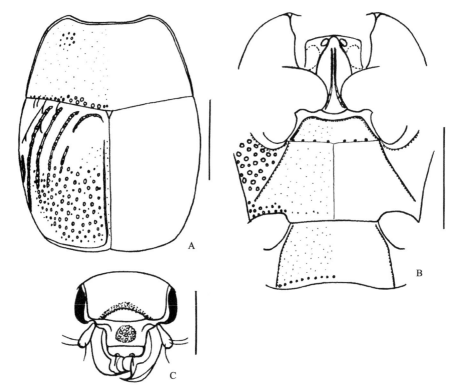

图 245 变线皱额阎甲大陆亚种 *Hypocaccus* (*Baeckmanniolus*) *varians continentalis* (Reichardt)

A. 前胸背板和鞘翅（pronotum and elytra）；B. 前胸腹板、中-后胸腹板和第 1 腹节腹板（prosternum, meso- and metasterna and the 1st visible abdominal sternum）；C. 头（head）。比例尺（scales）：A, B = 1.0 mm, C = 0.5 mm

39) 粗额阎甲亚属 *Nessus* Reichardt, 1932

Nessus Reichardt, 1932a: 32; 1941: 293; Kryzhanovskij *et* Reichardt, 1976: 207; Mazur, 1984b: 86 (catalogue); Yélamos *et* Ferrer, 1988: 174; Ôhara, 1994: 240; 1999a: 122; Mazur, 1997: 252 (catalogue); 2011a: 207 (catalogue); Yélamos, 2002: 318 (character); Mazur in Löbl *et* Smetana, 2004: 93 (catalogue); Lackner *et al.* in Löbl *et* Löbl, 2015: 117 (catalogue). **Type species:** *Saprinus rubripes* Erichson, 1834. Original designation.

(291) 洁皱额阎甲 *Hypocaccus* (*Nessus*) *asticus* Lewis, 1911（图 246）

Hypocaccus asticus Lewis, 1911: 89 (Japan); Bickhardt, 1916b: 96 (*Hypocacculus*); Mazur, 1984b: 86 (subg. *Nessus* of *Hypocacculus*; catalogue); 1997: 252 (catalogue); 2007a: 68 (China: Taipei, Pingtung of Taiwan); 2011a: 208 (catalogue); Ôhara, 1994: 240 (redescription, figures); Mazur in Löbl *et* Smetana, 2004: 93 (catalogue); Lackner *et al.* in Löbl *et* Löbl, 2015: 117 (catalogue).
Hypocaccus akanensis Ôhara, 1994: 255 (Japan).

描述根据 Ôhara（1994）整理：

体长 1.83-2.06 mm，体宽 1.60-1.80 mm。体卵形，强烈隆凸，表皮很光亮，黑色，

或具强烈的青铜色或黄铜色光泽,但所观察到的暗红沥青色的标本缺乏这样的金属光泽,
触角暗红沥青色, 端锤红砖色, 足深红棕色。

　　头部额线完整, 强烈隆起, 前端直, 两侧直且平行; 整个额表面具不规则的浅皱纹;
口上片粗糙。

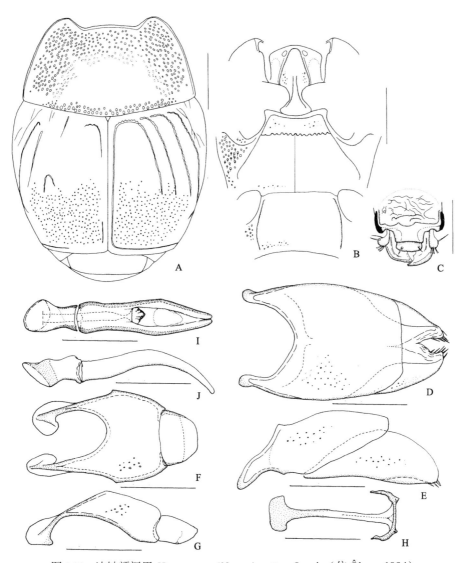

图 246　洁皱额阎甲 *Hypocaccus* (*Nessus*) *asticus* Lewis (仿 Ôhara, 1994)

A. 前胸背板和鞘翅, 右翅代表正常背线, 左翅代表强烈退化的背线(pronotum and elytra, the right elytron with normal striation
and the left with strongly reduced striation); B. 前胸腹板、中-后胸腹板和第 1 腹节腹板 (prosternum, meso- and metasterna and
the 1st visible abdominal sternum); C. 头(head); D. 雄性第 8 腹节背板和腹板, 背面观(male 8th tergite and sternum, dorsal view);
E. 同上, 侧面观(ditto, lateral view); F. 雄性第 9、10 腹节背板, 背面观(male 9th and 10th tergites, dorsal view); G. 同上,
侧面观(ditto, lateral view); H. 雄性第 9 腹节腹板, 腹面观(male 9th sternum, ventral view); I. 阳茎, 背面观(aedeagus, dorsal
view); J. 同上, 侧面观 (ditto, lateral view)。比例尺 (scales): A-C = 0.5 mm, D-J = 0.25 mm

前胸背板两侧微弱弓弯，基部 5/6 不强烈向前汇聚，端部 1/6 强烈弓弯且向前汇聚；前角圆。前胸背板表面除后中部区域外密布粗大的圆形刻点，刻点于沿两侧的纵向区域变深；基部具 2-3 行粗大刻点，偶尔混有细小刻点；沿两侧的窄区和后中部区域具稀疏微小的刻点。

鞘翅外肩下线位于基部 1/4；内肩下线位于中部 1/3 且具密集的大小适中的刻点；斜肩线清晰，位于基部 1/3；第 1、2 背线位于基部 2/3，第 2 背线的基部末端向内延伸，第 3 背线较第 2 背线略短，第 4 背线位于基半部，其基部末端与缝线弓形相连，第 1-4 背线密集钝齿状且具大小适中的刻点；缝线完整，稀疏钝齿状且具大小适中的刻点。鞘翅表面端半部密布粗大的圆形浅刻点，与前胸背板表面的粗大刻点相似，刻点间距为其直径的 1.5（1-2）倍；基半部、侧面和顶端无刻点。鞘翅缘折光滑，具稀疏微小的刻点；缘折缘线完整且明显隆起；鞘翅缘线强烈隆起，完整，沿鞘翅后缘延伸，其末端到达近鞘翅侧面 1/3。

前臀板密布粗大刻点，较鞘翅刻点略大且向前变细小，基半部刻点间隙具浅的横向微刻纹。臀板散布有粗大横向刻点，较前臀板刻点略小，刻点间距为其直径的 2-3 倍。

前胸腹板前缘中部圆；端前窝大而清晰；龙骨适度扁平，顶端狭窄横截；龙骨线前半部几乎平行且轻微向后分离，后端 1/4 强烈向后分离；龙骨侧面具粗大刻点和微细刻纹；前胸腹板侧线强烈隆起且向前汇聚。

中胸腹板前缘轻微凹缺；缘线明显隆起，中部狭窄间断；表面具很稀疏的大小适中的刻点；中-后胸腹板缝浅，伴随稀疏大刻点形成的隆起的钝齿状线。

后胸腹板基节间盘区具稀疏微小的刻点，中端部偶尔具略粗大的刻点；后胸腹板侧线强烈隆起，向后侧方延伸，到达近后足基节窝；侧盘区具稀疏粗大的圆形具刚毛浅刻点，其大小为前臀板刻点的 2 倍，刻点间距为其直径的长度，且向后变稀变小。后胸前侧片前端 2/3 具粗大刻点，后端 1/3 光滑。

第 1 腹节腹板基节间盘区具稀疏微小的刻点，沿后缘的横向窄带具大小适中的刻点；腹侧线完整。

前足胫节外缘具 7 个刺，端部 4 个大且强烈锯齿状。

观察标本：未检视标本。

分布：台湾；韩国，日本。

(292) 巴鲁皱额阎甲 *Hypocaccus* (*Nessus*) *balux* Reichardt, 1932

Hypocaccus balux Reichardt, 1932a: 62 (Russia: East Siberia; Mongolia); 1941: 285, 299; Kryzhanovskij *et* Reichardt, 1976: 207 (figure), 214; Mazur, 1984b: 86 (catalogue); 1997: 252 (catalogue); 2011a: 208 (catalogue); Mazur in Löbl *et* Smetana, 2004: 93 (China: Nei Mongol; catalogue); Lackner *et al.* in Löbl *et* Löbl, 2015: 117 (catalogue).

观察标本：未检视标本。

分布：内蒙古；蒙古，俄罗斯（东西伯利亚）。

(293) 沙漠皱额阎甲 *Hypocaccus* (*Nessus*) *eremobius* Reichardt, 1932

Hypocaccus eremobius Reichardt, 1932a: 46 (Transkaspien, Mongolien); 1941: 285, 299; Kryzhanovskij *et* Reichardt, 1976: 207 (figure), 210; Mazur, 1984b: 87 (catalogue); 1997: 253 (West China; catalogue); 2011a: 208 (catalogue); Mazur in Löbl *et* Smetana, 2004: 93 (Northwest China; catalogue); Lackner *et al.* in Löbl *et* Löbl, 2015: 117 (catalogue).

观察标本：未检视标本。

分布：西北；蒙古，塔吉克斯坦，土库曼斯坦。

(294) 蒙古皱额阎甲 *Hypocaccus* (*Nessus*) *mongolicus* Reichardt, 1932（图 247）

Hypocaccus mongolicus Reichardt, 1932a: 40 (Mongolia), 112; 1941: 284, 294; Kryzhanovskij *et* Reichardt, 1976: 208; Mazur, 1984b: 88 (West China; catalogue); 1997: 254 (catalogue); 2011a: 209 (catalogue); Mazur in Löbl *et* Smetana, 2004: 93 (*nongolicus* [error!]; China: Gansu; catalogue); Lackner *et al.* in Löbl *et* Löbl, 2015: 118 (catalogue).

体长 1.71-1.82 mm，体宽 1.49-1.57 mm。体宽卵形，深棕色，体表光亮，胫节、跗节、触角暗褐色，触角的端锤砖红色。

头部额表面呈半圆形，刻点稀疏且浅，大小适中，端部中央具横向浅皱纹，基部中央有 1 圆形大刻点，口上片狭窄，粗糙，略凹；额线隆起，仅存在于前端；上唇宽短，有 2 个具刚毛的横椭圆形刻点；触角端锤不分节。

前胸背板两侧略呈弓形向前收缩，前端 1/3 更明显，前缘凹缺部分中央平直，后缘中部呈钝角，两边平直；缘线隆起、完整；侧面刻点粗大且较密，常相连形成皱纹，沿后缘刻点大而圆，前缘刻点略小，较密，中部刻点变小变稀，沿侧缘刻点细小。

鞘翅两侧弧圆。内肩下线存在于侧面中部约 1/5；斜肩线位于基部 1/3；第 1 背线略浅略短，较平滑，存在于基部 2/3，第 2-4 背线略深略长，粗糙钝齿形，存在于基部 3/4，第 4 背线和缝线相连；缝线完整，前端较细。鞘翅端半部刻点稀疏粗大，纵长椭圆形，基半部，侧缘及沿鞘翅缝刻点细小稀疏，沿后缘的狭窄带无刻点。鞘翅缘折光滑，无凹陷，具皮革纹，偶有细小刻点；缘折缘线细且完整；鞘翅缘线深且完整，伴随粗糙刻点行。

前臀板横宽，很短，具皮革纹，后端 1/2 刻点密集粗大，前端 1/2 刻点稀疏细小。臀板扇形，具皮革纹，刻点稀疏粗大，与前臀板刻点约相等，端部刻点变细小。

前胸腹板前缘圆，后缘向外弓弯；龙骨表面具皮革纹，刻点细小，极稀疏；龙骨线隆起，其内侧为密集刻点行，前末端相连，后末端向后背离；龙骨有小的端前小窝；前胸腹板侧线存在于前胸腹板前端 1/2。

中胸腹板前缘中部微凹；缘线完整；表面刻点稀疏，大小适中；中-后胸腹板缝不明显，伴随 1 大刻点行形成的粗糙钝齿状线。

后胸腹板基节间盘区刻点稀疏细小，沿后缘的刻点粗大，纵长椭圆形；中纵沟较浅；后胸腹板侧线隆起，内侧伴随 1 密集刻点行；侧盘区刻点密集粗大；中足基节后线沿中足基节窝后缘延伸，末端不向后弯曲。

第 1 腹节腹板基节间盘区刻点稀疏细小；腹侧线几乎完整，不达后缘，其内侧为粗糙刻点行。

前足胫节宽，外缘具 8 个刺，无齿。

观察标本：2♀，[河北] 永年，西区中部，陷阱法，1995.VII.13；1♂，[台湾] Kuraru，1933.V.18, Y. Miwa leg.。

分布：河北、甘肃、台湾；蒙古。

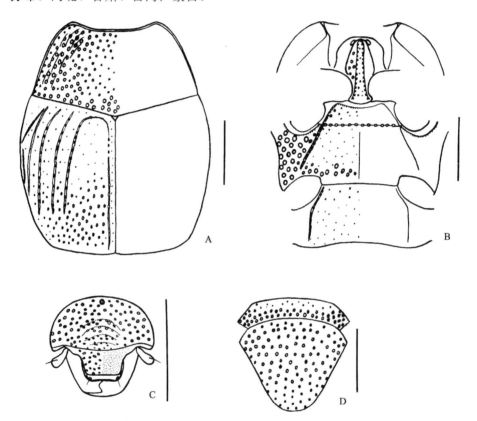

图 247 蒙古皱额阎甲 *Hypocaccus* (*Nessus*) *mongolicus* Reichardt

A. 前胸背板和鞘翅（pronotum and elytra）；B. 前胸腹板、中-后胸腹板和第 1 腹节腹板（prosternum, meso- and metasterna and the 1st visible abdominal sternum）；C. 头（head）；D. 前臀板和臀板（propygidium and pygidium）。比例尺（scales）：0.5 mm

(295) 虎皱额阎甲指名亚种 *Hypocaccus* (*Nessus*) *tigris tigris* (Marseul, 1862)

Saprinus tigris Marseul, 1862: 483 (Iraq); Jakobson, 1911: 650; Bickhardt, 1916b: 98 (trans. to *Hypocacculus*); Reichardt, 1932a: 46, 120; 1941: 285, 298; Kryzhanovskij *et* Reichardt, 1976: 203 (figure), 209, 211 (figure); Mazur, 1984b: 88 (West China; catalogue); 1997: 255 (catalogue).

Hypocaccus (*Nessus*) *tigris tigris*: Mazur, 2011a: 209 (catalogue); Mazur in Löbl *et* Smetana, 2004: 94 (China: Nei Mongol; catalogue); Lackner *et al.* in Löbl *et* Löbl, 2015: 118 (catalogue).

描述根据 Marseul（1862）整理：

体长 2.33 mm，体宽 1.33 mm。体卵形，很隆凸，栗棕色，光亮，触角红棕色，柄节具纤毛，索节的第 1 节凸起，端锤黄色。额横宽，凸起，刻点密集，具密集的横向皱纹，额线存在于前端；口上片凹陷；上唇很短；上颚弯曲且尖锐。前胸背板宽比长大得多，基部弓形，两侧倾斜且边缘具毛，前端狭缩且凹缺，前角圆形且降低；表面散布细小刻点，刻点具纤毛，侧面具皱纹；缘线细，前端间断。小盾片很小，三角形。鞘翅长是前胸背板的 1.5 倍，肩部几乎不膨大，端部狭缩且平截，后角圆形；刻点分散且微弱，基部和侧面几乎不可见；背部线细，具刻点，很清晰，背线波状，略倾斜，第 1、2 背线略缩短，几乎到达端部，第 3、4 背线更短，第 4 背线基部弓形与缝线相连，缝线完整，斜肩线斜向切割内肩下线，内肩下线到达基部且一小段与第 1 背线平行，无外肩下线；鞘翅缘折光滑，具缘折缘线和鞘翅缘线。前臀板短，横宽，弓形，刻点密集。臀板纵长半椭圆形，隆凸，具很细小的均匀的刻点。前胸腹板龙骨窄，几乎平坦；龙骨线细，相互靠近且平行，前面与前胸腹板侧线相连。中胸腹板前缘双波状，缘线完整；具刻点。足红棕色，前足胫节宽，具 10 个长刺，其中 5 个较强壮；后足胫节外缘具 2 列长刺，浅黄色。

与 *Saprinus praeox* 很相似，但鞘翅背线长，额表面有皱纹，前胸腹板龙骨线没那么发达，前足胫节的刺长而密集。

观察标本：未检视标本。

分布：西部、内蒙古；缅甸，蒙古，俄罗斯南部，中亚，伊朗，伊拉克，土耳其，高加索山脉，非洲地中海沿岸。

讨论：本种的另一个亚种是 *H. (N.) tigris araxis* Reichardt，分布在南高加索和伊朗。

65. 稀阎甲属 *Reichardtiolus* Kryzhanovskij, 1959

Reichardtiolus Kryzhanovskij, 1959: 217; Kryzhanovskij *et* Reichardt, 1976: 238; Mazur, 1984b: 103 (catalogue); 1997: 265 (catalogue); 2011a: 210 (catalogue); Lackner *et al.* in Löbl *et* Löbl, 2015: 120 (catalogue). **Type species:** *Saprinus duriculus* Reitter, 1904. Original designation.

该属世界记录 5 种，中国记录 1 种。

(296) 杜芮稀阎甲 *Reichardtiolus duriculus* (Reitter, 1904)

Saprinus duriculus Reitter, 1904: 31 (Kazakhstan); Jakobson, 1911: 651 (*Styphrus*); Bickchardt, 1916b: 97 (*Hypocacculus*); Reichardt, 1926b: 17 (*Exaesiopus*); 1941: 330, 333.

Reichardtiolus duriculus: Kryzhanovskij *et* Reichardt, 1976: 239; Mazur, 1984b: 103 (China; catalogue); 1997: 265 (catalogue); 2011a: 210 (catalogue); Mazur in Löbl *et* Smetana, 2004: 94 (Northwest China; catalogue); Lackner *et al.* in Löbl *et* Löbl, 2015: 120 (catalogue).

描述根据 Reitter（1904）整理：

体长 3 mm。体长卵形，强烈隆凸，深棕色，光亮，具微弱的金属光泽，触角和足红褐色，触角的端锤小，红色。头部具细小刻点和皱纹。前胸背板隆凸，两侧弓形向前收缩，侧面具密集粗糙的刻点，小盾片前较小的区域刻点稀疏细小，基部有 1 横向的粗糙刻点行；侧缘短，具黄毛。小盾片很小。鞘翅发达，前端刻点较稀疏，4 条背线到达中部，第 4 背线基部与缝线相连，斜肩线短，端线完整。前臀板刻点密集细小，臀板刻点密集粗大，具皱纹。前胸腹板龙骨线前面相互靠近且平行，前末端相连。中胸腹板和后胸腹板具清晰的刻点。前足胫节具 3 个大齿，中、后足胫节端部陡然加宽，具粗短刺。

观察标本：未检视标本。

分布：新疆；中亚，伊朗。

66. 新厚阎甲属 *Eopachylopus* Reichardt, 1926

Eopachylopus Reichardt, 1926b: 14; 1941: 155, 262; Ôhara, 1994: 262; Mazur in Löbl *et* Smetana,
　　2004: 91 (catalogue); Mazur, 2011a: 211 (catalogue); Lackner *et al.* in Löbl *et* Löbl, 2015: 113
　　(catalogue). **Type species:** *Pachylopus ripae* Lewis, 1885. Original designation.

分布：东洋区。

该属世界记录 1 种，中国记录 1 种。

(297) 溪新厚阎甲 *Eopachylopus ripae* (Lewis, 1885)

Pachylopus ripae Lewis, 1885a: 469 (Japan).
Eopachylopus ripae: Reichardt, 1926b: 14; Ôhara, 1994: 264 (redescription); Mazur in Löbl *et* Smetana,
　　2004: 91 (catalogue); Mazur, 2011a: 211 (catalogue); Lackner *et al.* in Löbl *et* Löbl, 2015: 113
　　(catalogue).
Eopachylopus ripae ab. *therskii* Reichardt, 1941: 328.
Neopachylopus ripae f. *rufofasciatus* Ôsawa, 1952: 4.

本种未见标本，根据 Ôhara（1994）描述整理：

体卵形且强烈隆凸，黑色光亮，有时鞘翅上有红斑，触角深棕色，柄节棕色，足深红棕色。

头部额线前端略隆起，于两侧缺失。盘区光滑，具稀疏的细微刻点。口上片光滑。

前胸背板两侧基部 5/6 近于直，仅轻微狭缩，其后强烈弓形且向前狭缩；前角圆；缘线完整，基部轻微隆起；盘区光滑无刻点。

鞘翅缘折缘线完整且轻微隆起；鞘翅缘线完整而强烈隆起，末端沿鞘翅后缘延伸与缝线相连。缘折表面缘折缘线和鞘翅线之间于基部 1/2 光滑有光泽，端部 1/2 具稀疏而浅的横向刻纹。肩下线缺失；斜肩线基部 1/2 尖锐；第 1-3 背线清晰，始于基部 1/6；第 1 背线短，止于基部 1/3；第 2 背线止于基部 1/2；第 3 背线止于基部 2/3；第 4 背线仅存于基部，通常弓形。缝线深刻，近于完整，始于基部 1/5，末端与鞘翅缘线相连。鞘翅表面光滑，具稀疏的细微刻点。

前臀板刻点细小稀疏，于两侧较粗糙而密集；刻点间隙略凹；具细而不规则的横向革状微刻纹；基部 1/2 具深凹。臀板有光泽，具稀疏的细微刻点；刻点间隙有较前臀板更浅的不规则的横向微刻纹。

前胸腹板前缘中部成钝角；龙骨两侧端部 1/6 于基节窝之前轻微凹陷；龙骨十分扁平，基部 1/3 呈三角形；龙骨线清晰，于前足基节窝之间的一段低平，向前端汇聚，端部相连；前胸腹板侧线短，仅存于端部，并向前汇聚，末端达到龙骨中部。

中胸腹板前缘中部强烈凹缘；缘线深刻、完整、隆起；盘区光滑，具稀疏的细微刻点；中-后胸腹板缝稀疏而粗糙的钝齿状。

后胸腹板基节间盘区光滑，具稀疏的细微刻点；中部之前略压平，沿中纵线近端部 1/2 深压平；后胸腹板侧线清晰具隆线，向后侧方延伸，接近后足基节；侧盘区密布大而浅的具刚毛刻点，刻点间隙具细而不规则的横向革状微刻纹；中足基节后线深刻、隆起，沿中足基节窝后缘延伸；后胸前侧片盘区密布大刻点。

第 1 腹节腹板基节间盘区基中部宽阔平坦，后角之前具稀疏的适中刻点；腹侧线完整、深刻、隆起。

前足胫节外缘具 10 个齿，端部 1/2 的 3 个齿棒形；中、后足胫节腹面有一些结实的刺。

观察标本：未检视标本。

分布：香港；俄罗斯，韩国，日本。

（十）柱阎甲亚科 Trypeticinae Bickhardt, 1913

Trypeticinae Bickhardt, 1913a: 166; 1916b: 20, 52; Reichardt, 1941: 65, 72; Wenzel, 1944: 53; Kryzhanovskij *et* Reichardt, 1976: 78; Ôhara, 1994: 267 (Japan); 1999a: 130; Mazur, 1997: 273 (catalogue); Mazur, 2011a: 217 (catalogue); Lackner *et al.* in Löbl *et* Löbl, 2015: 129 (catalogue).

Trypanaeina: Jakobson, 1911: 638, 642 (part.).

Type genus: *Trypeticus* Marseul, 1864.

体纵长，柱形，前胸背板与鞘翅等长或更长；触角沟纵向，位于前胸腹板两侧，一般为波曲状，靠近前胸腹板龙骨，后开放；头下伸；口上片覆盖上颚，有时从背面看不到上颚与上唇，上唇具若干刚毛；触角端锤之前有 7 节；无咽板。

该亚科世界记录 3 属 100 余种，中国记录 1 属 6 种，包括我们自己发表的 2 个种。

67. 柱阎甲属 *Trypeticus* Marseul, 1864

Trypeticus Marseul, 1864a: 281; Schmidt, 1893a: 15; Jakobson, 1911: 638, 642; Bickhardt, 1910b: 227; 1910c: 11 (catalogue, subg.); 1916b: 53; Reichardt, 1941: 73; Kryzhanovskij *et* Reichardt, 1976: 79; Mazur, 1984b: 41 (catalogue); 1997: 273 (catalogue); 2011a: 217 (catalogue); Ôhara, 1994: 267

(Japan); 1999a: 130; Kanaar, 2003: 1 (world revision); Mazur in Löbl *et* Smetana, 2004: 102 (catalogue); Zhang *et* Zhou, 2007a: 241; Lackner *et al.* in Löbl *et* Löbl, 2015: 129 (catalogue). **Type species:** *Trypeticus gilolous* Marseul, 1864, designated by Lewis, 1897: 194.

体圆柱形。额和唇基相连,没有明显的缝,唇基多少延长形成吻;上颚短,弯曲;上唇前缘弧圆,有时被吻覆盖,具若干刚毛;触角由 7 节和 1 个端锤组成;头部具明显的性二型特征。前胸背板与鞘翅等长或更长,缘线存在于两侧。小盾片小,三角形。鞘翅背线缺失。前臀板横宽,通常于两侧有斜侧线;臀板半圆形;前臀板和臀板有时具短毛。前胸腹板无咽板;龙骨宽,表面扁平,两侧具宽沟状龙骨线,在雄虫中,前缘具缘线。中胸腹板前缘中央直或略向前弓弯,缘线宽沟状,存在于两侧;中-后胸腹板缝清晰。后胸腹板基节间盘区具深的中纵沟。前、中足胫节外缘各有若干齿,齿间深,后足胫节外缘具刺,通常于端部 1/3 有一些小齿。阳茎硬化程度弱,细长,基片和侧叶约等长。

该属大部分种类表现出显著的性二型,这一现象最初被 Lewis(1912)记录。Kanaar(2003)完整详细地修订了这个属。

生活在树皮下,捕食钻木甲虫及其他钻木昆虫的幼虫和卵(Bickhardt, 1913a, 1916b; Kanaar, 2003)。

分布:大部分分布在东洋区,其他分布在澳洲区。

该属世界记录 100 余种,中国记录 6 种,包括我们自己发表的 2 个种。

种 检 索 表

雌性:

1. 额盘区有 1 对强烈隆起且完整的纵向脊,两脊之间有 1 深的纵向中央凹··沟额柱阎甲 *T. canalifrons*
   额盘区无这样的脊和凹陷··2
2. 吻端多少尖形,有时中央有 1 凹缺使得其二裂,向前上方突出·······················3
   吻端宽圆或梯形,不向前上方突出··4
3. 吻端被 1 中央凹缺二裂···裂吻柱阎甲 *T. fissirostrum*
   吻端尖形,无凹缺···索氏柱阎甲 *T. sauteri*
4. 吻端宽圆,额及前面的侧脊于后 1/2 强烈弓弯,前 1/2 几乎平行且相互远离··· 猎柱阎甲 *T. venator*
   吻端梯形,额及前面的侧脊于后 1/2 略弓弯,前 1/2 不平行,而是向前汇聚··云南柱阎甲 *T. yunnanensis*

雄性:

1. 前胸背板短,长最多是宽的 1.2 倍·······································索氏柱阎甲 *T. sauteri*
   前胸背板长,长宽比大于 1.2···2
2. 大型种,前胸背板和鞘翅总长度大于 3.1 mm··············沟额柱阎甲 *T. canalifrons*
   中型或小型种,前胸背板和鞘翅总长度不超过 3.1 mm································3
3. 小型种,额及前面的侧缘无清晰的脊·····································猎柱阎甲 *T. venator*
   中型种,额及前面的侧缘具清晰的脊···4

4.　前臀板斜侧线细但清晰，第 1 腹节腹板侧线清晰，存在于基半部………**裂吻柱阎甲 _T. fissirostrum_**

前臀板斜侧线不清晰，第 1 腹节腹板侧线退化，仅剩存在于基半部的 1 或 2 个短小的刻痕………
……………………………………………………………………**云南柱阎甲 _T. yunnanensis_**

注：森柱阎甲 _T. nemorivagus_ Lewis 未包括在内。

(298) 沟额柱阎甲 *Trypeticus canalifrons* Bickhardt, 1913（图 248）

Trypeticus canalifrons Bickhardt, 1913a: 167 (China: Taiwan); 1916b: 53; Mazur, 1984b: 41 (catalogue); 1997: 273 (catalogue); 2011a: 217 (catalogue); Kanaar, 2003: 71 (redescription); Mazur in Löbl *et* Smetana, 2004: 102 (catalogue); Lackner *et al.* in Löbl *et* Löbl, 2015: 129 (catalogue).

雄性：

体长 3.56 mm，体宽 1.57 mm。体粗圆柱形，黑色光亮，触角和足红褐色。

头部之面部侧面观复眼前几乎平直，吻突略突起，复眼处区域微凸。前面观，吻前端圆，前缘具 2 个很小的略微突起的瘤突。额和头顶过渡区微弱隆起且向后弓弯，面部两侧无侧脊。额部适度低凹，低凹部分沿中线有 1 很微弱的隆起；近复眼处另有微弱的凹洼。面部刻点稀疏，小，刻点间隙具密集的微刻纹，使得表面暗淡。头顶具小刻点，刻点间隙具微刻纹。

前胸背板侧面观后 2/3 微凸，然后向前明显隆凸。背面观，长约是宽的 1.3 倍。缘线清晰，后末端向内弯曲，前末端终止于前角，前角几乎不低凹。表面刻点较密集，大小不等，分布不规则，沿前缘刻点更小更密。后端 2/3 有 1 无刻点中央带，无小盾片前中线。

鞘翅侧面观前 2/3 微隆，向端部渐明显。背面观，中缝明显短于前胸背板。鞘翅刻点较前胸背板的略小，大小不等，大刻点分布不规则，近鞘翅缝更密，沿前缘刻点较大，沿鞘翅缝有 1 窄的无刻点带。鞘翅缘折具细刻纹和一些刻点；缘折缘线存在，但基部短缩。

前臀板刻点清晰，不很密集；具斜侧线。

臀板前侧角处具大凹洼。刻点和前臀板的相似，无毛。

前胸腹板龙骨侧面观微凸。腹面观宽，两侧几乎平行，且各有 1 条清晰的龙骨线，龙骨线平行，强烈隆起，其内侧宽凹，但边界不明显，前端与前缘线相连。龙骨表面刻点密集，清晰，刻点间隙具细纹。前胸腹板侧线腹面观可见。

中胸腹板前缘中央直，前足基节窝之间区域明显低凹。缘线存在于侧面，沟状，很宽，几乎平行，前末端终止于前足基节窝之后。表面刻点密集，略呈长椭圆形，夹杂有小刻点，刻点间隙光滑，前缘低凹部分具线状微刻纹。中-后胸腹板缝细，向后成 1 钝角。

后胸腹板侧线略细，向后延伸，略分离，到达后胸腹板的一半。中纵沟深，后端略短缩。表面刻点较中胸腹板的略小略稀，长椭圆形，夹杂有小刻点，沿后缘及中纵沟的窄带无刻点。

第 1 腹节腹板刻点与后胸腹板的等大。侧线短，存在基部 1/3，有时退化。

前、中足胫节外缘具 5 齿；后足胫节外缘具刺，端部 1/3 有一些小齿。

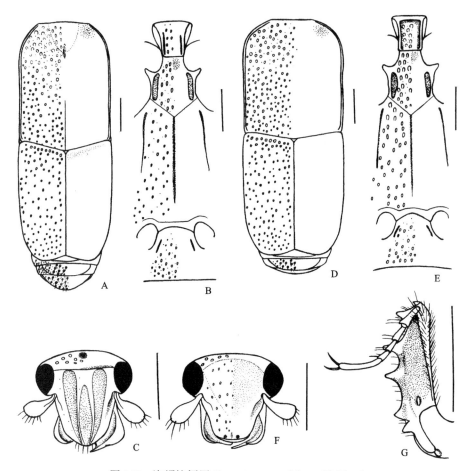

图 248 沟额柱阎甲 *Trypeticus canalifrons* Bickhardt

A. 雌性前胸背板、鞘翅、前臀板和臀板（female pronotum, elytra, propygidium and pygidium）；B. 雌性前胸腹板、中-后胸腹板和第 1 腹节腹板（female prosternum, meso- and metasterna and the 1st visible abdominal sternum）；C. 雌性头（female head）；D. 雄性前胸背板、鞘翅和前臀板（male pronotum, elytra and propygidium）；E. 雄性前胸腹板、中-后胸腹板和第 1 腹节腹板（male prosternum, meso- and metasterna and the 1st visible abdominal sternum）；F. 雄性头（male head）；G. 前足胫节，背面观（protibia, dorsal view）。比例尺（scales）: 0.5 mm

雌性：

体长 3.72 mm，体宽 1.48 mm。

头部之面部侧面观波状，具剧烈突起的角状的吻端。前面观，吻前端尖形，顶端具 2 个相互靠近的微弱的瘤突，上唇不可见。额和头顶之间有 1 双波状的强烈隆起的横脊，其后边界明显。面部两侧具微弯的发达的侧脊，侧脊在吻上消失。面部端部的位置具 2 个强烈隆起的靠近中央的纵向龙骨，龙骨之间有 1 深的中央纵向凹，向后端逐渐变浅；龙骨前端不明显的终止于微弱的瘤突；龙骨向后变宽并与横脊前隆起区域相连。两龙骨和侧脊之间的区域深凹。表面具稀疏的小刻点，刻点间隙具微细刻纹。头顶有 1 中央凹，刻点较额部的清晰，刻点间隙具密集的微刻纹。

前胸背板长约是宽的 1.4 倍，前角较雄性有更明显的凹洼。端部 1/4 向前缘渐扁平，中间有 1 抛物线区域，具微细刻纹，使得此区域暗淡无光泽。该区域后端有 1 不明显的长椭圆形隆起，暗淡的扁平区域的刻点较盘区刻点更呈长椭圆形且更小，其他区域刻点与雄性的相似。基部中央的无刻点带伴随细的小盾片前中线。

臀板宽圆，较雄性的隆凸，没有明显的前侧窝。端半部大刻点具短的浅黄色毛。

前胸腹板龙骨突侧面观几乎平直。龙骨线平行，前端短缩，无前缘线。

观察标本：1♀, Paralectotypus, Zool. Mus. Berlin, Kosempo, Formosa (台湾高雄甲仙埔), H. Sauter, 1912.V.22, des.: P. Kanaar 1999; 1♂, Paralectotypus, Zool. Mus. Berlin, Kosempo, Formosa, H. Sauter, 1912.VI.7, des.: P. Kanaar 1999 (MNHUB)。

分布：台湾。

(299) 裂吻柱阎甲 *Trypeticus fissirostrum* Zhang et Zhou, 2007（图 249）

Trypeticus fissirostrum Zhang *et* Zhou, 2007a: 243 (China: Hainan); Mazur, 2011a: 218 (catalogue);
　　Lackner *et al.* in Löbl *et* Löbl, 2015: 130 (catalogue).

雌性：

体长 3.01 mm，体宽 1.17 mm。体圆柱形，黑色光亮，有彩色金属光泽，触角、口器和足红褐色。

头部之面部侧面观几乎平直，吻端向上前方强烈突起，超过上唇。前面观，吻端尖形，中央有 1 凹缺，吻端无瘤突，上唇不可见。额和头顶之间有 1 较钝、不很光滑的横脊，较平直，后边界较明显。面部两侧各有 1 清晰的脊，前后端弧圆，分别向前向后狭缩，中央较直，中间略向内弯，后端与横脊相连，前端向前汇聚，与突起的吻端相接。整个面部几乎扁平，刻点细小，后端 1/2 的侧面区域变暗，刻点不清晰，刻点间隙具密集的细纹。头顶有 1 中央小凹，刻点与额部的相似，刻点间隙具密集的细纹。

前胸背板侧面观后 2/3 几乎平直，向前明显隆凸。背面观，长约是宽的 1.4 倍，前半部略宽。缘线清晰，后末端略向内弯，不达后缘，前末端不明显，在前侧角处消失，然后向前角继续延伸，前角有清晰的凹窝。前胸背板前缘之后有 1 微隆的中央脊，约占端部 1/5。刻点较浅，较密集，大小不等，端部 1/5 刻点更浅更密，中央脊周围刻点更小，经常相连。小盾片前中线细，具较明显的无刻点带。

鞘翅侧面观前 2/3 较平直，向后明显隆凸。背面观，中缝明显短于前胸背板。沿前缘的窄带微凹。刻点较前胸背板的略小且大小不等，沿前缘刻点较大，近鞘翅缝区域刻点密集，沿此缝有 1 窄的无刻点带。鞘翅缘折光滑，具细刻纹；缘折缘线存在于端半部。

前臀板中央横向低凹，刻点较鞘翅的小，较浅且密集，近后缘刻点更小更密，后侧角具毛。刻点间隙具不明显的细纹。斜侧线不甚明显，此线与后缘相接处较清晰，向前变模糊，成为中部低凹部分与侧面隔开的棱。

臀板微隆，后缘较圆，近前侧角有 1 大而浅的凹洼。刻点与前臀板的相似，但较深较密，沿侧边和近端部的略小，除沿前缘的刻点外，其余区域的刻点具较长的黄毛。刻点间隙具不明显的细纹。

前胸腹板龙骨侧面观略隆凸，端部较明显。腹面观较宽，两侧各有 1 清晰的龙骨线，宽沟状，略向前汇聚，前端短缩，后端到达后缘，后缘中央向前成 1 钝角。刻点稀疏，较小。刻点间隙具细刻纹，光亮。前胸腹板侧线腹面观可见。

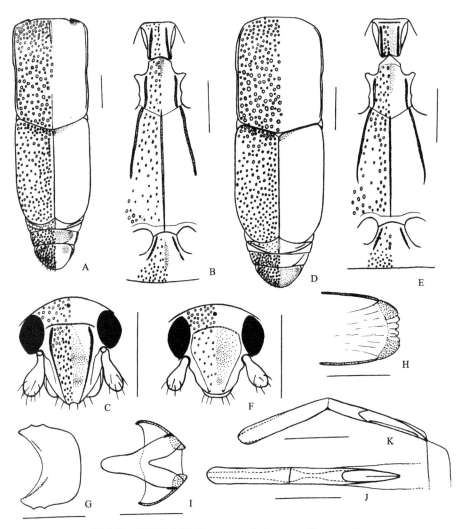

图 249　裂吻柱阎甲 *Trypeticus fissirostrum* Zhang *et* Zhou

A. 雌性前胸背板、鞘翅、前臀板和臀板（female pronotum, elytra, propygidium and pygidium）；B. 雌性前胸腹板、中-后胸腹板和第 1 腹节腹板（female prosternum, meso- and metasterna and the 1st visible abdominal sternum）；C. 雌性头（female head）；D. 雄性前胸背板、鞘翅、前臀板和臀板（male pronotum, elytra, propygidium and pygidium）；E. 雄性前胸腹板、中-后胸腹板和第 1 腹节腹板（male prosternum, meso- and metasterna and the 1st visible abdominal sternum）；F. 雄性头（male head）；G. 雄性第 8 腹节背板，背面观（male 8th tergite, dorsal view）；H. 雄性第 9 腹节背板，背面观（male 9th tergite, dorsal view）；I. 雄性第 8 和第 9 腹节腹板（male 8th and 9th sterna）；J. 阳茎，背面观（aedeagus, dorsal view）；K. 同上，侧面观（ditto, lateral view）。比例尺（scales）：A-F = 0.5 mm, G-K = 0.25 mm

中胸腹板前缘中央略向前突出成角，与前胸腹板后缘相对应，前足基节窝之间区域中央微凹。缘线存在于侧面，宽沟状，边界明显，微呈波状，前末端终止于前足基节窝之后。表面刻点稀疏，纵长椭圆形，较前胸腹板龙骨刻点大，刻点向后更稀更小。中-

后胸腹板缝细，向后成 1 钝角。

后胸腹板侧线浅沟状，前端较宽，后端变窄，侧线外侧边界整齐，内侧边界粗糙锯齿状；侧线向后延伸，略分离，到达后胸腹板的一半。中纵沟深，向中胸腹板略有延伸。表面刻点与中胸腹板的相似，端半部侧面有 1 纵长带无刻点或极少刻点，沿后缘及中纵沟的窄带无刻点。

第 1 腹节腹板纵向中央微凹，基部 1/3 光滑，刻点极稀，端部刻点圆形，密集。侧线浅沟状，位于基半部。

前、中足胫节外缘各有 6 个齿，端部的齿最小；后足胫节外缘具刺，端部 1/3 有一些小齿。

雄性：

体长 2.89 mm，体宽 1.14 mm，体长较雌虫略短。

头部之面部侧面观略呈波状，吻端突起。前面观，额和头顶之间过渡区域隆起且向后弓弯。面部两侧具较清晰的侧脊，侧脊后端弧弯，到达额的后缘，前端较直且到达吻端。额深凹，额和吻间区域略凸起。面部刻点较小，稀疏，刻点间隙光滑。头顶中央有 1 小凹窝，刻点较额部的大且密集，刻点间隙具密集的细纹。

前胸背板相对长度较雌虫短，长约是宽的 1.3 倍；前角钝；小盾片前不具无刻点中央带，无小盾片前中线，前端无隆起的中央脊；刻点较密、较深、较粗糙。

鞘翅刻点与雌虫的相似。

前臀板无毛。

臀板较扁平，中央微凹，毛较雌虫的短且稀疏。

前胸腹板除两侧的龙骨线之外，前缘具完整的缘线，龙骨线和前缘线靠近但不相连。中胸腹板刻点较雌虫的略大略密。

雄性外生殖器如图 249G-K 所示。

观察标本：正模，♀，海南五指山，780 m，倒木边，2004.VII.11，吴捷、陈永杰采。副模，2♂, 2♀，同正模。

分布：海南。

讨论：该种与印度柱阎甲 *T. indicus* (Lewis) 相似，但前臀板斜侧线前者有，且雄虫比雌虫的明显，后者无。

(300) 森柱阎甲 *Trypeticus nemorivagus* Lewis, 1892

Trypeticus nemorivagus Lewis, 1892e: 351 (Burma); Mazur, 1997: 274 (catalogue); 2011a: 219 (catalogue); Kanaar, 2003: 186 (redescription; Burma, Thailand, Vietnam); Lackner *et al.* in Löbl *et* Löbl, 2015: 130 (catalogue).

观察标本：未检视标本。

分布：台湾；缅甸，老挝，越南，泰国。

(301) 索氏柱阎甲 *Trypeticus sauteri* Bickhardt, 1913（图 250）

Trypeticus sauteri Bickhardt, 1913a: 167 (China: Taiwan); 1916b: 54; Mazur, 1984b: 42 (catalogue);
　　1997: 274 (catalogue); 2007a: 72 (China: Taiwan); 2011a: 219 (catalogue); Kanaar, 2003: 224 (China:
　　Fukien; redescription); Mazur in Löbl *et* Smetana, 2004: 102 (catalogue); Lackner *et al.* in Löbl *et*
　　Löbl, 2015: 130 (catalogue).

雄性：

体长 2.75 mm，体宽 1.17 mm。体圆柱形，黑色光亮，触角和足暗褐色。

头部之面部侧面观波形，吻微突起。前面观，吻前端宽圆，前缘具 2 个瘤突。额和头顶过渡区微弱隆起且略向后弓弯。面部两侧无明显的侧脊。额表面微凹。面部刻点稀疏细小，刻点间隙有密集的线状细刻纹。头顶刻点较面部的略密集，刻点间隙具细纹。

前胸背板侧面观 2/3 微凸，然后向前明显隆凸。背面观，长约是宽的 1.2 倍。缘线细，后末端不向内弯曲，前末端终止于前角，前角无凹洼。表面刻点略密集，分布不很均匀，大小不等，前缘和近前角处刻点较小且更密集，夹杂有细小刻点。后端 2/3 有 1 无刻点中央带，无小盾片前中线。

鞘翅侧面观微隆，向端部渐明显。背面观，中缝与前胸背板等长。沿前缘的窄带略低凹。表面刻点较前胸背板的小，不规则分布且略呈长椭圆形，近鞘翅缝刻点更密集，近前缘刻点圆形，较大且较密，沿后缘刻点较小较密，沿鞘翅缝微隆的窄带无刻点。鞘翅缘折刻点间隙具细刻纹；缘折缘线存在于端半部。

前臀板刻点密集，较鞘翅后缘刻点略大，夹杂有细小刻点。具斜侧线。

臀板近前侧角微凹。刻点与前臀板的相似，具短毛，有时毛不明显，端部刻点变小。

前胸腹板龙骨侧面观几乎平直。腹面观较宽，长方形，两侧平行，且各具 1 条清晰的龙骨线，龙骨线平行，强烈隆起，内侧宽凹，前端与前缘线相连。表面刻点浅，密集粗大，夹杂有细小刻点，沿前缘的狭窄区无刻点，刻点之间具明显的线状细刻纹。前胸腹板侧线腹面观可见。

中胸腹板前缘中央直，前足基节窝之间区域微凹。缘线存在于侧面，沟状，较宽，内侧边界不明显，缘线几乎平行，前末端终止于前足基节窝之后。刻点密集粗大，略呈长椭圆形，夹杂有细小刻点。中-后胸腹板缝细，向后成 1 钝角。

后胸腹板侧线较细，向后延伸，略分离，到达后胸腹板端部 1/3。中纵沟深。表面刻点与中胸腹板的等大，略呈长椭圆形，沿后缘及中纵沟的狭窄带无刻点。

第 1 腹节腹板刻点较后胸腹板的密、小，基部刻点纵长椭圆形，稍大，向后刻点变小，沿前缘的狭窄带无刻点。侧线不明显。

前足胫节外缘具 6 齿；中足胫节外缘具 5 齿；后足胫节外缘具刺，端部 1/3 有一些小齿。

雌性，根据 Kanaar（2003）整理：

头部之面部侧面观微凹。前面观，吻前端尖形，上唇不可见。额和头顶之间有 1 略呈双波状的横脊，其后边界明显。面部两侧具发达的、向前狭缩的、略呈波状的隆起的侧脊，其内侧为浅凹槽，侧脊到达吻端。额后部有 1 中央突，两侧微凹；中央突前面深凹。面部具小刻点，刻点间隙具微刻纹，整个表面很暗淡（额突除外）。头顶具清晰刻点和 1 个浅的中央凹，刻点间隙具密集的微刻纹。

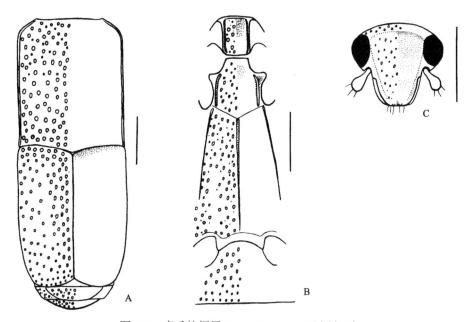

图 250　索氏柱阎甲 *Trypeticus sauteri* Bickhardt

A. 雄性前胸背板、鞘翅、前臀板和臀板（male pronotum, elytra, propygidium and pygidium）；B. 雄性前胸腹板、中-后胸腹板和第 1 腹节腹板（male prosternum, meso- and metasterna and the 1st visible abdominal sternum）；C. 雄性头（male head）。比例尺（scales）：0.5 mm

　　前胸背板长约是宽的 1.4 倍，中间略窄，前缘中央略向前成角。端部 1/5 具 1 很不明显的中央脊，其后端清晰，向前缘变弱并消失。表面刻点与雄性的大小相等，但刻点大小差异更明显，近前缘刻点变为长椭圆形，更密集且汇聚形成皱纹。小盾片前中线细。

　　臀板隆凸，具明显成对的刻点，大刻点具短的黄毛。

　　前胸腹板龙骨线更明显，到达前角之后。前缘中央之后区域具 1 微弱的横向凹。

　　观察标本：1♂, Banshoryo (台湾高雄县旗山), 1920.VIII, T. Shiraki leg., Y. Miwa det.。

　　分布：台湾、福建。

(302) 猎柱阎甲 *Trypeticus venator* (Lewis, 1884)（图 251）

Tryponaeus venator Lewis, 1884: 138 (South Japan: Yuyama and Konose[sic!]); 1894a: 184.

Trypeticus venator: Lewis, 1905d: 8; 1915: 55 (China: Horisha of Taiwan); Bickhardt, 1910c: 11 (catalogue); 1916b: 54; Mazur, 1984b: 42 (catalogue); 1997: 274 (catalogue); 2011a: 220 (catalogue); Ôhara, 1994: 272; Kanaar, 2003: 255 (redescription); Mazur in Löbl *et* Smetana, 2004: 102 (catalogue); Lackner *et al.* in Löbl *et* Löbl, 2015: 130 (catalogue).

雄性：

体长 2.34 mm，体宽 0.87 mm。体圆柱形，黑色，有时深棕色，体表光亮，触角和足暗褐色。

头部之面部侧面观微呈波形，吻端略突起。前面观，吻宽圆，吻端有 2 个小的瘤突。额和头顶之间过渡区微隆且向后弓弯。面部两侧无明显的侧脊。额和吻明显低凹，二者之间区域隆起。表面刻点稀疏细小，刻点间隙光亮，具细纹。头顶有 1 小的中央凹，刻点小，刻点间隙具细纹。

前胸背板侧面观后半部几乎平直，然后向前隆凸。背面观，长约是宽的 1.4 倍。缘线细，后末端略向内弯曲，前末端终止于前角，前角无凹洼。表面刻点粗大，略密集，分布较不规则，沿前缘刻点更密，且夹杂有细小刻点。后端 2/3 有 1 窄的无刻点中央带，无小盾片前中线。

鞘翅侧面观微隆，向端部更明显。背面观，中缝与前胸背板等长。沿前缘的窄带明显低凹。表面刻点较前胸背板的小而稀疏，分布不规则，沿前缘刻点较大，后端刻点较小较密，沿鞘翅缝的窄带无刻点。鞘翅缘折具明显的线状刻纹；缘折缘线明显，存在于端半部。

前臀板刻点略密集，较鞘翅后端刻点略大，中部刻点最密，沿后缘有 1 行较小的刻点，侧面具短的不明显的黄毛。两侧微凹，各有 1 弯曲的斜侧线。

臀板刻点与前臀板的相似，前端夹杂有细小刻点，近端部刻点具短的不明显的黄毛。

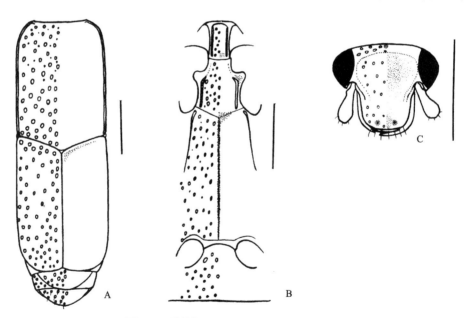

图 251 猎柱阎甲 *Trypeticus venator* (Lewis)

A. 雄性前胸背板、鞘翅、前臀板和臀板（male pronotum, elytra, propygidium and pygidium）；B. 雄性前胸腹板、中-后胸腹板和第 1 腹节腹板（male prosternum, meso- and metasterna and the 1st visible abdominal sternum）；C. 雄性头（male head）。比例尺（scales）：0.5 mm

前胸腹板龙骨侧面观微隆。腹面观宽，长方形，两边向前略分离，各有 1 条清晰的龙骨线，龙骨线平行，强烈隆起，内侧宽凹，前端与前缘线不明显相连。表面基部微凹，具稀疏的小刻点，刻点较深，夹杂有细小刻点，刻点间隙具不明显的微刻纹。前胸腹板侧线腹面观可见。

中胸腹板前部中央较直，前足基节窝之间区域微凹。缘线存在于侧面，沟状，几乎平行，前末端终止于前足基节窝之后；表面刻点长椭圆形，较深，基部密集，端部稀疏，夹杂有细小刻点。中-后胸腹板缝细，向后成 1 钝角。

后胸腹板侧线细，向后延伸，略分离，到达后胸腹板的一半。中纵沟深。表面刻点长椭圆形，较中胸腹板的小，夹杂有细小刻点，基部刻点密集，刻点向后变圆且略稀疏，沿后缘及中纵沟的狭窄带无刻点。

第 1 腹节腹板刻点与后胸腹板的等大，中部刻点略稀，基部刻点长椭圆形，稍大，向后刻点略小，沿前缘的狭窄带无刻点。无侧线。

前、中足胫节外缘具 5 个齿；后足胫节外缘具刺，端部 1/3 有一些小齿。

雌性，根据 Kanaar（2003）整理：

头部之面部侧面观微呈波形，吻端强烈突起。前面观，吻前端宽圆，吻端两侧具微弱的边界不明显的横向瘤突，上唇不可见。额和头顶之间有 1 略呈双波状的横脊，其后边界明显。面部两侧具明显的波形侧脊，其内侧为浅凹槽，凹槽内侧边界不明显，侧脊到达吻端。横脊之前的额部纵向隆凸，距离侧脊仅一段距离；额部和吻部都低凹，吻部更明显；吻端之后为深凹洼。面部具小刻点，刻点间隙具密集的微刻纹，表面暗淡（横脊前的隆凸除外，此处刻点较大）。头顶具清晰刻点和 1 个中央凹窝，刻点间隙具密集的微刻纹。

前胸背板长约是宽的 1.7 倍。端部 1/4 有 1 微隆的较长的中央脊，其后端更清晰。前角处区域微凹。具小盾片前中线。

前臀板侧面具黄毛。

臀板宽圆，隆凸，端半部有较长的浅黄色毛。

前胸腹板侧面观几乎平直。龙骨线细，只存在于后半部。前端无凹洼，刻点向前更小。

观察标本：1♂, T. Shiraki leg., Y. Miwa det. (推测可能为台湾分布)。

分布：台湾；日本。

(303) 云南柱阎甲 *Trypeticus yunnanensis* Zhang *et* Zhou, 2007（图 252）

Trypeticus yunnanensis Zhang *et* Zhou, 2007a: 244 (China: Yunnan); Mazur, 2011a: 220 (catalogue); Lackner *et al.* in Löbl *et* Löbl, 2015: 130 (catalogue).

雌性：

体长 3.15 mm，体宽 1.32 mm。体圆柱形，黑色光亮，触角、口器和足红褐色。

头部之面部侧面观几乎平直，只吻端明显突起。前面观，吻前缘圆截，吻端有 2 个对称的靠近中央的瘤突，上唇可见。额和头顶之间有 1 隆起的不很光滑的横脊，微呈双波状，后边界较明显。面部两侧各有 1 清晰的几乎平直的脊，后端与横脊相连，前端向前汇聚，与突起的吻端相接。整个面部几乎扁平，略凹，刻点细小，近横脊处刻点密集，刻点间隙光亮，向前变暗，刻点变稀，刻点间隙为不清晰的细刻纹。头顶有 1 中央小凹，刻点与额部的相似，刻点间隙具密集细纹。

前胸背板侧面观后 2/3 几乎平直，向前明显隆凸。背面观，长约是宽的 1.4 倍。缘线清晰，后末端略向内弯，前末端不明显，在距离前侧角较远处消失，在前侧角和前角之间继续延伸，前角有清晰的凹窝。前胸背板前缘微凹部分之后有 1 微隆的中央脊，约占端部中央 1/5。刻点较浅，较密集，大小不等，端部 1/5 刻点更小、更浅、更密。小盾片前中线细，没有明显的无刻点带。

鞘翅侧面观前 2/3 微凸，向后更加明显。背面观，中缝略短于前胸背板，沿前缘的窄带微凹。刻点较前胸背板的略小且大小不等，沿前缘刻点略大，近鞘翅缝区域刻点密集，沿此缝有 1 窄的无刻点带。鞘翅缘折具稀疏粗大的刻点，刻点间隙具细刻纹；缘折缘线存在于端半部。

前臀板两侧近前缘各有 1 较深的凹洼，刻点较浅、密集、大小不等，后缘具毛，后侧角的毛较长。刻点间隙具不明显的细纹。无斜侧线。

臀板微隆，后缘宽圆，近前侧角有 1 大而浅的凹洼。刻点与前臀板的相似，但稍大且更密，沿侧边和顶端的刻点略小，端半部刻点具黄毛。刻点间隙具不明显的细纹。

前胸腹板龙骨侧面观微凸，端部更明显。腹面观较宽，中央纵向微凹，两侧各有 1 清晰的龙骨线，宽沟状，略向前汇聚，前端短缩，后端靠近后缘，后缘较直，略向前弓弯。刻点稀疏，大小不等。刻点间隙具细刻纹，光亮。前胸腹板侧线腹面观可见。

中胸腹板前缘中央较直，前足基节窝之间区域明显低凹。缘线存在于侧面，宽沟状，边界明显，略呈波状，前末端终止于前足基节窝之后。表面刻点稀疏，纵长椭圆形，大小不等。中-后胸腹板缝细，向后成 1 钝角，中后胸腹板之间具较明显的低凹。

后胸腹板侧线浅沟状，前端较宽，后端变窄；侧线向后延伸，略分离，不达后胸腹板的一半。中纵沟深。表面刻点与中胸腹板的相似，大小不等，较稀，侧面刻点较大，向中部变小，沿后缘及中纵沟的窄带无刻点。

第 1 腹节腹板纵向中央微凹，刻点于基半部略呈长椭圆形且稀疏，端半部呈圆形且密集，与后胸腹板的相似。侧线不明显，位于基半部，由 2-3 个刻点相连形成。

前、中足胫节外缘各有 6 个齿，端部 2 个靠近；后足胫节外缘具刺，端部 1/3 有一些小齿。

雄性：
体长 2.80-2.99 mm，体宽 1.23-1.27 mm，体长较雌虫略短。

头部之面部侧面观略呈双波状。前面观，额和头顶之间过渡区域略隆起且向后弓弯。面部两侧具细的侧脊，较直，后端到达额的后缘，前端不达吻部。额深凹，吻部微凹，两者间区域凸起。面部刻点较小，中度密集，刻点间隙光滑。头顶中央有 1 小凹窝，刻点与额部的相似，但更密集，刻点间隙具密集的细刻纹。

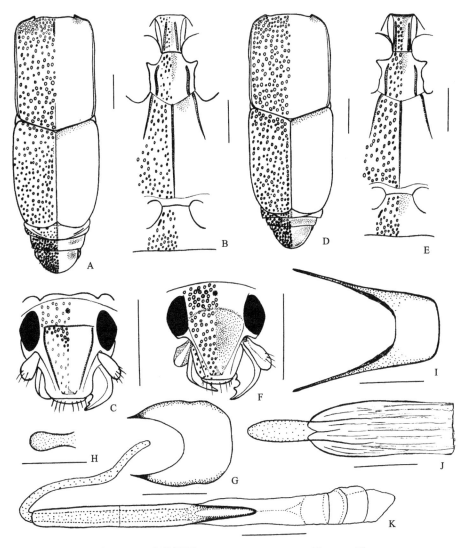

图 252　云南柱阎甲 *Trypeticus yunnanensis* Zhang *et* Zhou

A. 雌性前胸背板、鞘翅、前臀板和臀板（female pronotum, elytra, propygidium and pygidium）；B. 雌性前胸腹板、中-后胸腹板和第 1 腹节腹板（female prosternum, meso- and metasterna and the 1st visible abdominal sternum）；C. 雌性头（female head）；D. 雄性前胸背板、鞘翅、前臀板和臀板（male pronotum, elytra, propygidium and pygidium）；E. 雄性前胸腹板、中-后胸腹板和第 1 腹节腹板（male prosternum, meso- and metasterna and the 1st visible abdominal sternum）；F. 雄性头（male head）；G. 雄性第 8 腹节背板，背面观（male 8th tergite, dorsal view）；H.雄性部分第 8 腹节腹板（male 8th sternum, in part）；I. 雄性第 9 腹节背板，背面观（male 9th tergite, dorsal view）；J. 雄性第 9 腹节腹板，腹面观（male 9th sternum, ventral view）；K. 阳茎，背面观（aedeagus, dorsal view）。比例尺（scales）：A-F = 0.5 mm, G-K = 0.25 mm

前胸背板相对长度较雌虫短，长约是宽的 1.3 倍；前角略钝；小盾片前有不明显的无刻点中央带，无小盾片前中线，前端无隆起的中央脊；刻点较密、较深、较粗糙。

鞘翅刻点较雌虫的略疏。

前臀板后缘和后侧角的毛较雌虫略少略短。

臀板较扁平，前侧角到后缘中部区域低平，前缘中部及后缘两侧区域较隆凸，整个边缘微隆，毛较雌虫的略少。

前胸腹板除两侧龙骨线之外，前缘具完整的缘线，龙骨线和前缘线不相连。

中胸腹板刻点较雌虫的略大略密。

后胸腹板刻点较雌虫的略大略密。

第 1 腹节腹板刻点较雌虫略大略密。

雄性外生殖器如图 252G-K 所示。

观察标本：正模，♀，云南西双版纳勐腊西片，730 m，倒木，2004.II.13，吴捷采。副模，1♀，10♂，云南西双版纳勐仑保护区，810 m，倒木，2004.II.10，吴捷、殷建涛采。

分布：云南。

讨论：该种与 *T. cinctipygus* (Marseul) 相似，但雌虫额部前者扁平，后者适度低凹；第 1 腹节腹板侧线前者不明显，后者明显。

参 考 文 献

Adachi T. 1930. On the Japanese species of the genera *Onthophilus* and *Hololepta* (Coleoptera: Histeridae), with description of a new species. *Kontyû*, 4: 247-252 (in Japanese)

Adachi T and M Ôhno. 1962. A record of the family Sphaeritidae from Japan. XXX (Dobtutugaku-zasshi). *Zoological Magazine*, 71(4): 148-151

Alonso-Zarazaga M A and T Yélamos. 1994 (1995). Modificaciones al catalogo mundial de Histeridae de S. Mazur (Coleoptera). *Graellsia*, 50: 178-179

Archangelsky M. 1998. Phylogeny of Hydrophiloidea using characters from adult and preimaginal stages. *Systematic Entomology*, 23: 9-24

Armstrong J W. 1948. On Australian Coleoptera. Part 1. *Proceedings of the Linnean Society of New South Wales*, 72(1947): 292-298

Arrow G J. 1909. On the characters and relationships of the less-known groups of Lamellicorn Coleoptera, with descriptions of new species of Hybosorinae etc. *The Transactions of the Entomological Society of London*, 1909(4): 465-507

Ausserer A. 1871. Beiträge zur Kenntniss der Arachniden-Familie der Territelariae Thorell (Mygalidae Autor.). *Verhandlungen der Zoologisch-Botanischen Gesellschaft in Wien*, 21: 116-224

Auzat V. 1914. A propos d'*Hister cadaverinus* et d'*H. striola* Sahlb. (*succicola* Thoms.). *Bulletin de la Société Entomologique de France*, 1914: 171-173

Auzat V. 1916-1925. Histeridae gallo-rhénane. *Miscellanea Entomologica*, XXIV-XXXIII, sep.: 3-130

Auzat V. 1917. Revision des *Gnathoncus* françaises. *Bulletin de la Société Entomologique de France*, 1917: 206-208

Auzat V. 1918. Histeridae gallo-rhénans. *Miscellanea Entomologica*, 24(1-4): iii-iv, 5-67

Auzat V. 1919a. Captures de *Gnathoncus Buyssoni* Auz. et *Hololepta plana* Fuessl. (Col. Histeridae). *Bulletin de la Société Entomologique de France*, 1919: 159

Auzat V. 1919b. Notes sur les variétés et la nomenclature d'*Hololepta plana* (Col. Histeridae). *Bulletin de la Société Entomologique de France*, 1919: 199-200

Auzat V. 1920. Quelques observations sur la sculpture superficielle des Histérides. Variétés nouvelles, synonymies. *L'Échange, Revue Linnéenne*, 36: 1-4

Auzat V. 1922. A propos de *Saprinus tenuistrius* Marseul (Col. Histeridae) (Rectification synonymique). *Bulletin de la Société Entomologique de France*, 1922: 263-264

Auzat V. 1925. Travaux scientifiques de l'Armé d'Orient (1916-1918). Coléoptères Histérides. *Bulletin du Muséum d'Histoire Naturelle*, 31: 74-76

Auzat V. 1926. Note sur les Histérides. *Miscellanea Entomologica*, 29: 73

Auzat V. 1927. Notes sur les Histérides. *Miscellanea Entomologica*, 30: 73-74

Barrs M A. 1979. Catches in pitfall traps in relation to mean densities of carabid beetles. *Oecologia (Berl)*, 41: 25-46

Baudi di Selve F. 1864. Coleopterorum messis in insula Cypro et Asia minore ab Eugenio Truqui congregatae recensito: de Europaeis notis quibusdam additis. Pars prima. *Berliner Entomologische Zeilsihrift*, 8: 195-233

Bedel L. 1906. Synonymies de Coléoptères paléartiques. *Bulletin de la Société Entomologique de France*, 1906: 91-93

Beutel R G. 1994. Phylogenetic analysis of Hydrophiloidea based on characters of the head of adults and larvae. *Koleopterologische Rundschau*, 64: 103-131

Beutel R G. 1999. Morphology and evolution of the larval head of Hydrophiloidea and Histeroidea. *Tijdschrift voor Entomologie*, 142: 9-30

Beutel R G and A Komarek. 2004. Comparative study of thoracic structures of adults of Hydrophiloidea and Histeroidea with phylogenetic implications (Coleoptera, Polyphaga). *Organisms, Diversity and Evolution*, 4: 1-34

Bianghi G and B B Moro. 1946. Il *Saprinus semistriatus* Scriba e specie affini in Italia (Col. Histeridae). *Bolletino della Società Entomologica Italiana*, 76: 59-63

Bickhardt H. 1908. Beiträge zur Kenntnis der Histeriden I. *Entomologische Blätter*, 4: 41-48

Bickhardt H. 1909. Beiträge zur Kenntnis der Histeriden III. *Entomologische Blätter*, 5: 201-206

Bickhardt H. 1910a. Beiträge zur Kenntnis der Histeriden IV. *Entomologische Blätter*, 6: 177-186

Bickhardt H. 1910b. Beiträge zur Kenntnis der Histeriden V. *Entomologische Blätter*, 6: 223-227

Bickhardt H. 1910c. Pars 24: Histeridae. In: Junk W and S Schenkling (eds.). *Coleopterorum Catalogus*. Berlin. 1-137

Bickhardt H. 1912a. Die Histeriden aus *H. Sauters* Formosaausbeute (11. Beiträge zur Kenntnis der Histeriden). *Entomologische Blätter*, 8: 122-127

Bickhardt H. 1912b. Neue Histeriden (Coleoptera). (14. Beiträge zur Kenntnis der Histeriden). *Tijdschrift voor Entomologie*, 55: 217-233

Bickhardt H. 1912c. Neue Histeriden un Bemerkungen zu Bekannten Arten (Col.). (13. Beitrag zur Kenntnis der Histeriden). *Entomologische Mitteilungen*, 1: 289-295

Bickhardt H. 1913a. *H. Sauter*'s Formosa-ausbeute. Histeridae II. (Col.). (16. Beiträge zur Kenntnis der Histeriden). *Entomologische Mitteilungen*, 2: 166-177

Bickhardt H. 1913b. Zoological results of the Abor Expedition, 1911-1912. VIII. Coleoptera, III: Histeridae. *Records of the Indian Museum*, 8: 121-125

Bickhardt H. 1913c. 19. Beiträge zur Kenntnis der Histeriden. Histeridenstudien. *Deutsche Entomologische Zeitschrift*, 1913: 696-701

Bickhardt H. 1914a. Die system der Histeriden (Vorläufige Mitteilung) (22. Beiträge zur Kenntnis der Histeriden). *Entomologische Blätter*, 10: 305-308

Bickhardt H. 1914b. Neue Histeriden und Bemerkungen zu bekannten Arten (23. Beiträge zur Kenntnis der Histeriden). *Entomologische Blätter*, 10: 309-316

Bickhardt H. 1916a. Biologische Notizen über paläarktische Histeriden. *Entomologische Blätter*, 12: 49-54

Bickhardt H. 1916b. Histeridae. In: Wytsman P (ed.). *Genera Insectorum, fasc. 166a*. La Haye: M. Nijhoff. 1-112

Bickhardt H. 1917. Histeridae. In: Wytsman P (ed.). *Genera Insectorum, fasc. 166b*. La Haye: M. Nijhoff. 113-302

Bickhardt H. 1918a. Neue paläarktische Histeriden und Bemerkungen zu bekannten Arten (35. Beiträge zur Kenntnis der Histeriden). *Entomologische Blätter*, 14: 226-232

Bickhardt H. 1918b. Niponiidae. In: Wytsman P (ed.). *Genera Insectorum, fasc. 172*. La Haye. 1-4

Bickhardt H. 1919. Die Histerini des aethiopischen Faungebiets (Coleoptera, Histeridae) (41. Beiträge zur Kenntnis der Histeriden). *Abhandlungen und Berichte des Vereins für Naturkunde zu Cassel*, 81-83 (1916-1919): 1-158

Bickhardt H. 1920a. Eine neue indomalayische Histeridengattung (40. Beiträge zur Kenntnis der Histeriden). *Entomologische Blätter*, 15(1919): 213-217

Bickhardt H. 1920b. Histeridenstudien (42. Beiträge zur Kenntnis der Histeriden). *Entomologische Blätter*, 16: 29-32

Bickhardt H. 1920c. Neue indo-malayische Platysomini und Bemerkungen zu bekannten Arten (Coleoptera, Histeridae) (43. Beiträge zur Kenntnis der Histeriden). *Stettiner Entomologische Zeitung*, 81: 57-61

Bickhardt H. 1920d. Übersicht der mit *Hister terricola* Germ. und *cadaverinus* Hoffm. verwandten paläarktischen Arten (44. Beiträge zur Kenntnis der Histeriden). *Entomologische Blätter*, 16: 97-102

Bickhardt H. 1921. Die Histeriden des aethiopischen Faungebiets. Teil I, II. *Archiv für Naturgeschichte*, 87 A, 6: 43-208

Blackburn T. 1903. Further notes on Australian Coleoptera, with descriptions of new genera and species. *Transactions and Proceedings and Report of the Royal Society of South Australia*, 27: 91-182

Blanchard E. 1845. *Histoire des insectes, traitant de leurs moeurs et de leurs mtamorphoses en génral, et comprenant une nouvelle classification fondée sur leurs rapports naturels. Vol. 1, Hyménoptères et Coléopteres*. Didot, Paris. i-v, 1-396

Blanchard E. 1853. *Voyage au Pole Sud et dans l'Océanie sur les corvettes l'Astrolabe et la Zélée; exécuté par ordre du roi pendant les années 1837-1838-1839-1840, sous le commandement de M. J. Dumont-d'Urville, Captaine de vaisseau; publié par ordre du gouverment, sous la direction supérieure de M. Jacquinot, Captaine de vaisseau, commandant de la Zélée. Zoologie, IV. Description des insectes.* Paris: Gide and J. Baudry. 1-422

Boheman C H. 1858. *Coleoptera. Species novas descripsit. In: Virgin C (ed.). Kongliga Svenska Fregatten Eugenies Resa Omkring Jorden unter Befäll af C. A. Virgin, Ären 1851-1853. Vetenskapliga Jakttagelser pa H. M. Konung Oscart den Förstes befallning utgifua af K. Svenska Vetenskaps Akademien. Andra delen. Zoologi. l. Insecta.* Stockholm: P. A. Norstedt and Söner. 1-614

Boisduval J B A. 1835. Faune entomologique de l'Océan Pacifique, avec l'illustration des insectes nouveaux recueillis pendant le voyage. Deuxième partie. Coléoptères et autres ordres. In: *Voyage de découvertes de l'Astrolabe exécuté par ordre du Roi, pendant les années 1826-1827-1828-1829, sous le commandement de M J Dumont d'Urville*. Paris: J. Tastu. i-vii, 1-716

Borghesio L, F Penati and C Palestrini. 2002. Hister beetles of a site in the pre-Apennines of Piedmont (Italy) (Coleoptera: Histeridae). *Bollettino della Società Entomologica Italiana*, 134: 99-110

Bornemissza G F. 1968. Studies on the histerid beetle *Pachylister chinensis* in Fiji, and its possible value in the control of buffalo-fly in Australia. *Australian Journal of Zoology*, 16: 673-688

Böving A G and F C Craighead. 1931. An illustrated synopsis of the principal larval forms of the order Coleoptera. *Entomologica Americana (New series)*, 11: 1-351

Broun T. 1877. Descriptions of new species of Coleoptera. *Transactions of the New Zealand Institute*, 9 (1876): 371-374

Broun T. 1880. *Manual of the New Zealand Coleoptera*. Wellington. i-xix, 1-651

Brullé M. 1838. Entomologie 1, 1836-1844. In: Webb P B and S Berthelot (eds.). *Histoire naturelle des Iles*

Canaries (2*e partie*). Paris. 1835-1844: 1-119

Burgeon L. 1939. Catalogue raisonnes de la faune entomologique du Congo Belge. Les Histeridae du Congo Belge. *Annales du Musee Royal du Congo Beige Tervuren ser. III (II), Sciences Zoologiques*, 5: 49-120

Cai B-H. 1973. *Insect Taxonomy (2)*. Science Press, Beijing. 1-117 [蔡邦华. 1973. 昆虫分类学（二）. 北京: 科学出版社. 1-117]

Carlton C E, R A B Leschen and P W Kovarik. 1996. Predation on adult blow flies by a Chilean hister beetle, *Euspilotus bisignatus* (Erichson). *The Coleopterists Bulletin*, 50: 154

Carnochan F G. 1917. Hololeptinae of the United States. *Annals of the Entomological Society of America*, 10: 367-398

Casey T L. 1893. Coleopterological notices. V. *Annals of the New York Academy of Sciences*, 7: 281-606

Casey T L. 1916. Some random studies among the Clavicornia. In: *Memoirs on the Coleoptera. VI.* Lancaster, Pennsylvania: The New Era Printing Company. 35-283

Caterino M S. 2000. Descriptions of the first Chlamydopsinie (Coleoptera: Histeridae) from Wallacea. *Tijdschrift voor Entomologie*, 143: 267-278, fig. 1-21

Caterino M S. 2003. New species of *Chlamydopsis* (Histeridae: Chlamydopsinae), with a review and phylogenetic analysis of all known species. *Memoirs of the Queensland Museum*, 49(1): 159-235

Caterino M S. 2006. Chlamydopsinae from New Caledonia. *Memoirs of the Queensland Museum*, 52: 27-64

Caterino M S and A P Vogler. 2002. The phylogeny of the Histeroidea. *Cladistics*, 18: 394-415

Caterino M S and A Tishechkin. 2006. DNA identification and morphological description of the first confirmed larvae of Hetaeriinae (Coleoptera: Histeridae). *Systematic Entomology*, (2006)31: 405-418

Caterino M S and A Tishechkin. 2014. New genera and species of Neotropical Exosternini (Coleoptera, Histeridae). *Zookeys*, 381: 11-78

Caterino M S and N Dégallier. 2007. A review of the biology and systematics of Chlamydopsinae (Coleoptera: Histeridae). *Invertebrate Systematics*, 21: 1-28

Caterino M S, T Hunt and A P Vogler. 2005. On the constitution and phylogeny of Staphyliniformia (Insecta: Coleoptera). *Molecular Phylogenetics and Evolution*, 34(2005): 655-672

Chen R-Q and Lin F-R. 1990. *Ocean geology of Taiwan and neighborhood*. Central Geology Research Institute. 1-79 [陈汝勤, 林斐然. 1990. 台湾附近之海洋地质. 中央地质调查所. 1-79]

Chobaut A. 1922. Une variété et une aberration nouvelles d'Histérides francais. *Miscellanea Entomologica*, 26: 65

Chûjô M. 1955. Description of a new *Niponius*-species from Japan (Coleoptera, Niponiidae). *Akitu*, 4: 57-59

Chûjô M and M Satô. 1970. Coleoptera of the Loo-Choo Archipelago (II), 7. Family Hydrophilidae. *Memoirs of the Faculty of Liberal Arts and Education, the Kagawa University*, 2(192): 6-8

Cooman A. 1929. Description d'un Histéride nouveau d'Indo-Chine (Col.). *Bulletin de la Société Entomologique de France*, 1929: 220

Cooman A. 1931. Description d'un Histéride (Col.) nouveau du Tonkin. *Bulletin de la Société Entomologique de France*, 1931: 204

Cooman A. 1932a. Remarques sur quelques espèces d'Histérides. *Bulletin de la Société Entomologique de France*, 37: 97-99

Cooman A. 1932b. Deux Histérides nouveaux du Tonkin (Col.). *Bulletin de la Société Entomologique de France*, 37: 201-202

Cooman A. 1932c. Neuf espèces d'*Acritus* (Coléoptères *Histeridae*) du Tonkin. *Bulletin du Muséum d'*

Histoire Naturelle, (2)4: 396-404

Cooman A. 1933. Histérides nouveaux du Tonkin (Coléoptères). *Bulletin du Muséum d' Histoire Naturelle*, (2)5: 195-202

Cooman A. 1935a. Histérides nouveaux des collections du Muséum. *Revue Française d'Entomologie*, 2: 89-94

Cooman A. 1935b. Description d'un *Paromalus* n. sp. et note sur *Paromalus biarculus* Marseul et *Atholus liopygoformis* Desbordes (Col. Histeridae). *Arbeiten uber morphologische und taxonomische Entomologie aus Berlin-Dahlem*, 2: 183-185

Cooman A. 1935c. Note sue le genre *Parepierus* Bickhardt (Col. Histeridae) et description d' especes nouvelles de Hoabinh (Tonkin). *Bulletin de la Société Entomologique de France*, 60: 98-106

Cooman A. 1935d. Notes synonymiques ou complementaires sur divers *Pachylomalus* (Col. Histeridae). *Bulletin de la Société Entomologique de France*, 60: 217-219

Cooman A. 1936a. Remarques sur le genre *Bacanius* (Col. Histeridae) avec description d'un s. g. nouveau *Mullerister* et d'une n. sp. *tonkinensis*. *Notes d'Entomoligie Chinoise*, 3: 135-140

Cooman A. 1936b. Note synonymique (Col. Histeridae). *Bulletin de la Société Entomologique de France*, 41: 292

Cooman A. 1937. Étude sur les genres *Paromalus* Er. et *Eulomalus* n. g. (Col. Histeridae). Avec descriptions d'espèces nouvelles. *Notes d'Entomoligie Chinoise*, 4: 89-167

Cooman A. 1938. Description d'un nouveau *Pachylomalus* du Tonkin (col. Histeridae). *Revue Française d'Entomologie*, 5: 116-117

Cooman A. 1939a. Coléoptères Histeridae d'Extrême-Orient, principalement du Tonkin. *Notes d'Entomoligie Chinoise*, 6: 61-73

Cooman A. 1939b. Coléoptères Histeridae d'Extrême-Orient, principalement du Tonkin. *Notes d'Entomoligie Chinoise*, 6: 137-142

Cooman A. 1940. Remarques sur quelques histérides. *Revue Française d'Entomologie*, 7: 30-32

Cooman A. 1941. Coléoptères Histeridae d'Extrême-Orient, principalement du Tonkin. *Notes d'Entomoligie Chinoise*, 8: 291-333

Cooman A. 1947. Coléoptères Histeridae d'Extrême-Orient. *Notes d'Entomoligie Chinoise*, 11: 421-428

Cooman A. 1948. Coléoptères Histeridae d'Extrême-Orient. *Notes d'Entomoligie Chinoise*, 12: 123-141

Creutzer C. 1799. *Entomologische Versuche*. Wien: K. Schaumburg. 1-142

Cristofori J and G Jan. 1832. *Catalogus in IV. sectiones divisus rerum naturalium in museo exstantium. Sectio III. a Entomologia, pars I. a Conspectus Methodicus Insectorum, fasc. I. us Coleoptera*. Mediolani. 1-111

Crowson R A. 1955. *The natural classification of the families of Coleoptera*. London. 1-187

Crowson R A. 1974. Observations on Histeroidea, with descriptions of an apterous larviform male and of the internal anatomy of a male *Sphaerites*. *Journal of Entomology*, (B)42: 133-140

Crowson R A. 1981. *The biology of Coleoptera*. Academic Press, New York. i-xii, 1-802

Csiki E. 1901. Coleopterre. Pp. 70-120. In: Horváth G. (ed.): *Dritte asiatische Forschungsreise des Grafen Eugen Zichy*. Band II. *Budapest: Hornyánsky*, xli+427 pp

Dahlgren G. 1962. Über einige *Saprinus*-Arten (Col. Histeridae). *Opuscula Entomologica*, 27: 237-248

Dahlgren G. 1964. Fünf neue und einige andere Arten von *Saprinus* (Col. Histeridae). *Opuscula Entomologica*, 29: 152-162

Dahlgren G. 1967. Beiträge zur Kenntnis der Gattung *Saprinus* (Col. Histeridae). *Opuscula Entomologica*, 32:

213-224

Dahlgren G. 1968a. Beiträge zur Kenntnis der Gattung *Saprinus* (Col. Histeridae). II. *Opuscula Entomologica*, 33: 82-94

Dahlgren G. 1968b. Beiträge zur Kenntnis der Gattung *Saprinus* (Col. Histeridae). III. *Entomoligisk Tidskrift*, 89: 255-268

Dahlgren G. 1969a. Beiträge zur Kenntnis der Gattung *Saprinus* (Col. Histeridae). IV. *Opuscula Entomologica*, 34: 257-269

Dahlgren G. 1969b. Zur Taxonomie der Gattungen *Chalcionellus*, *Hypocaccus*, *Baeckmanniolus* und *Hypocacculus* (Col. Histeridae). *Entomoligisk Tidskrift*, 90: 59-70

Dahlgren G. 1969c. Zur Taxonomie der Gattungen *Chalcionellus* Rchdt und *Zorius* Rchdt (Col. Histeridae). *Entomoligisk Tidskrift*, 90: 230-232

Dahlgren G. 1971a. Zur Taxonomie der Gattungen *Saprinus*, *Hyopcaccus* und *Zorius* (Col. Histridae). *Entomoligisk Tidskrift*, 92: 43-53

Dahlgren G. 1971b. Zur Taxonomie der Gattungen *Chalcionellus* und *Saprinus* (Col. Histeridae). *Entomoligisk Tidskrift*, 92: 263-266

Dahlgren G. 1973. 242. *Saprinus*, *Chalcionellus* und *Hypocacculus* s. str. der Histeriden aus der Mongolei. Ergebnisse der zoologischen Forschungen von Dr. Z Kaszab in der Mongolei (Coleoptera). *Reichenbachia*, 14: 187-196

Davis A L V. 1994. Associations of Afrotropical Coleoptera (Scarabaeidae: Aphodiidae: Staphylinidae: Hydrophilidae: Histeridae) with dung and decaying matter: implications for selection of fly-control agents for Australia. *Journal of Natural History*, 28: 383-399

De Marzo L and P Vienna. 1982a. Osservazion morfologiche e ultrastrutturali su particolari organi di senso della clave antennali in Isteridi della subf. Saprininae e considerazioni sistematiche. *Entomologica*, Bari, 57: 53-77

De Marzo L and P Vienna. 1982b. Osservazioni morfologiche e ultrastrutturali su un particolare apparato di senso della clave antennali di Platysomini e Hololeptini (Coleoptra, Histeridae) e considerazioni sistematiche. *Entmologica*, Bari, 57: 79-89

De Marzo L and P Vienna. 1982c. Studio morforogico della spermateca in Coleotteri Isteridi, con particolare attenzione alla tribù Saprinini. *Entomologica*, Bari, 17: 163-179

Deane C. 1932. New species of Corylophidae (Coleoptera). *Proceedings of the Linnean Society of New South Wales*, 57: 332-337

Dégallier N. 1984. *Gomyopsis kuscheli*, nouveau genre et nouvelle espèce de Chlamydopsinae. *Nouvelle Revue Entomologie*, (N. S.) 1: 55-59

Dégallier N. 1998a. Coleoptera Histeridae Hetaeriinae: description de nouveaux taxons, désignation de lectotypes et notes taxonomiques. *Bonner Zoologische Beiträge*, 47: 345-379

Dégallier N. 1998b. Notes taxonomiques sur les Coleoptera Histeidae Hetaeriinae du Muséum d'Histoire Naturelle de Berlin (MNHUB). *Mitteilungun aus dem Museumcur Naturkunde in Berlin, Zoologische Reihe*, 74(1): 129-143

Dégallier N. 2004. Coleoptera Histeridae de Guyane française. IV. Myrmécophiles et termitophiles de la sous-famille des Hetaeriinae: notes techniques, faunaistiques et taxonomiques. *Bulletin de la Société entomologique de France*, 109(3): 293-316

Dégallier N and M S Caterino. 2005a. Notes taxonomiques sur les Chlamydopsinae et descriptions d'espèces nouvelles. I. Genres *Ceratohister* Reichensperger, *Eucurtiopsis* Silvestri et *Orectoscelis* Lewis (Coleoptera, Histeridae). *Bulletin de la Société entomologique de France*, 110(3): 299-326

Dégallier N and M S Caterino. 2005b. Notes taxonomiques sur les Chlamydopsinae et descriptions d'espèces nouvelles. II. Genre *Pheidoliphila* Lea. *Bulletin de la Société Entomologique de France*, 110: 463-494

Dégallier N and S Mazur. 1989. Note synonumique sur les genres *Pactolinus* Motschulsky, *Pachylister* Lewis et *Macrolister* Lewis (Col. Histeridae). *Nouvelle Revue d'Entomologie*, (N. S.) 6: 84

DeGeer C. 1774. *Mémoires pour servir l'Histoire des Insectes. IV*. Stockholm: P. Hesselberg. i-xii, 1-456

Dejean P F M A. 1821. *Catalogue de la collection de Coléoptères de M. le Baron Dejean*. Paris: Crevot, Libraire. 1-136

Dejean P F M A. 1837. *Catalogue des Coléoptères de la collection. Troisième édition, revue, corrigée et augumentée*. Paris: Méquignon-Marvis Pere and Fils. i-xiv, 1-503

Desbordes H. 1913. Description d'un *Hololepta* (Col. Histeridae) nouveau de Sumatra. *Bulletin de la Société Entomologique de France*, 1913: 71-72

Desbordes H. 1915. Description de deux espèces nouvelles d'Histerides (Col.). *Bulletin de la Société Entomologique de France*, 1915: 237-238

Desbordes H. 1916. Sur le *Saprinus* (*Hypocaccus*) *radiosus* Mars. et *interpunctatus* Schm. (Col. Histeridae). *Bulletin de la Société Entomologique de France*, 19(1916): 230-231

Desbordes H. 1917a. Contribution à la connaissance des Histérides. 2e Mémoire. Synopsis de divers groupes d'Histeridae. *Annales de la Société Entomologique de France*, 85(1916-1917): 297-326

Desbordes H. 1917b. Contribution à la connaissance des Histérides. 3e Mémoire. Synopsis de divers groupes d'Histeridae. *Annales de la Société Entomologique de France*, 86(1917-1918): 165-192

Desbordes H. 1919. Contribution à la connaissance des Histérides. 4e Mémoire. Etude des Histeridae del'Indo-Chine (Tonkin, Laos, Siam, Annam, Cambodge, Cochinchine). *Annales de la Société Entomologique de France*, 87(1918-1919): 341-424

Desbordes H. 1920. Description d'un genre et d'une nouvelle espèce d'Histéride (Col.). *Annales de la Société Entomologique de France*, 1920: 95-96

Desbordes H. 1921. *Mission Guy Babault dans les provinces centrales de l'Inde et dans la Région occidentale de l'Himalaya. 1914. Résultats scientifiques. Insectes Coléoptères Histeridae*. Paris. 1-14

Desbordes H. 1922. Description de deux Histérides nouveaus de l'Inde (Col.). *Annales de la Société Entomologique de France*, 1922: 7-9

Desbordes H. 1923. Description de trois especes nouvelles d'histérides (Col.) de l'Inde. *Bulletin de la Société Entomologique de France*, 1923: 60-62

Desbordes H. 1924a. Un genre nouveau et onze espèces nouvelles d'Histeridae (Col.). provenant du Congo Belge. *Revue Zoologique Africaine*, 12: 240-252

Desbordes H. 1924b. Description de deux Histérides (Col.) nouveaux. *Bulletin de la Société Entomologique de France*, 1924: 115-117

Desbordes H. 1925. Description d'un genre nouveau et d'une espèce nouvelle d'Histeridae (Col.). *Bulletin de la Société Entomologique de France*, 1925: 162-163

Desbordes H. 1926. Fauna buruana. Coleoptera fam. Histeridae. *Treubia*, VII: 114-117

Dorado Montero F R. 1992 (1991). Estudio ecológico de *Chaetabraeus globulus* (Creutzer) y *Acritus nigricornis* Hoffman (Coleoptera: Histeridae). *Elytron*, Supplement 5.1: 249-256

Duftschmid K. 1805. *Fauna Austriae, oder Beschreibung der österreichischen Insecten für angehende*

Freunde der Entomologie. Erster Theil. Linz und Leipzig: Verlag der k.k. priv. akademischen Kunst-Musik- und Buchhandlung. 1-311

Erichson W F. 1834. Übersicht der Histeroides der Sammlung. *Jahrbücher der Insectenkunde*, 1: 83-208

Erichson W F. 1839. *Die Käfer der Mark Brandenburg. Erster Band. Zweite Abtheilung.* Berlin: Morin. 385-740

Erichson W F. 1841. *Üeber die Insecten von Algier mit besonderer Berücksichtigung ihrer geographischen Verbreitung. In: M. Wagner, Reisen in der Regentschaft Algier in den Jahren 1836, 1837 und 1838. Nebst einem naturhistorischen Anhang und einem Kupferatlas. Erster Band.* Leipzig. i-xxviii, 1-296

Erichson W F. 1843. Beitrag zur Insecten-Fauna von Angola, in besonderer Beziehung zur geographischen Verbreitung der Insecten in Afrika. *Archiv für Naturgeschichte*, 9(I): 199-267

ESK and KSAE (The Ent. Soc. Korea and The Korean Soc. Appl. Ent.). 1994. *Check list of Insects from Korea.* Kon-Kuk University Press. 1-744

Fabricius J C. 1775. *Systema Entomologiae, sistens Insectorum classes, ordines, genera, species, adiectis synonimis, locis, descriptionibus, observationibus.* Flensburgi et Lipsiae: Libraria Kortii., (32): 1-832

Fabricius J C. 1787. *Mantissa Insectorum sistens eorum species nuper detectas adiectis characteribus genericis, differentiis specificis, emendationibus, observationibus. Tom I.* Hafniae: C. G. Proft. i-xx, 1-348

Fabricius J C. 1792. *Entomologia Systematica emendata et aucta. Secundum classes, ordines, genera, species adjectis synonymis, locis, observationibus, descriptionibus. Tomus I. Pars 1.* Hafniae: C. G. Proft. i-xx, 1-330

Fabricius J C. 1798. *Supplementum Entomologiae Systematicae.* Hafniae: C. G. Proft and Storch. i-iv, 1-572

Fabricius J C. 1801. *Systema Eleutheratorum secundum ordines, genera, species adiectis, synonimis, locis, observationibus, descriptionbus. Tomus I.* Kiliae: Bibliopolii Academici Novi. i-xxiv, 1-506

Fåhraeus O I. 1851. [new taxa]. In: Boheman C H. Pp. 299-625. In: *Insecta Caffrariae annis 1838-1845 a J A Wahlberg collecta. Vol. I. fasc. II. Coleoptera. (Buprestides, Elaterides, Cebrionites, Rhipicerides, Cyphonides, Lycides, Lampyrides, Telephorides, Melyrides, Clerii, Terediles, Ptiniores, Palpatores, Silphales, Histeres, Scaphidilia, Nitidulariae, Cryptophagidae, Byrrhii, Dermestini, Parnidae, Hydrophilidae).* Holmiae: Fritze and Norstedt, xxiv+687

Fairmaire L M H. 1889. Coléoptères de l'intérieur de la Chine [5e Partie]. *Annales de la Société Entomologique de France*, (6)9: 5-84

Faldermann F. 1832. [new taxa]. In: Ménétries E. *Catalogue raisonné des objects de zoologie recueillis dans un voyage au Caucase et jusqu'aux frontiers de la Perse entrepris par ordre de S M l'Empereur.* St. Pétersbourg: L'Académie Impériale des Sciences, ii+217

Faldermann F. 1835. Additamenta entomologica ad Faunam Rossicam in itineribus Jussu Imperatoris Augustissimi annis 1827-1831 a Cl. Ménétries et Szovitz susceptis collecta, in lucem adita. Coleoptera Persico-Armeniaca. *Nouveaux Mémoires de la Société Impériale des Naturalistes de Moscou*, (2)4: 1-310

Fall H C. 1901. List of the Coleoptera of southern California, with notes on habits and distribution and description of new species. *Occasional Papers of the California Acadamy of Sciences*, 8: 1-282

Fauvel A. 1886. In: Gozis M. 1886. Les Histeridae Gallo-Rhénans. Tableaux traduits et abrégés de l'allemand de Joh Schmidt. Avec catalogue supplmentaire par Albert Fauvel. *Revue d'Entomologie*, 5: 152-213

Fauvel A. 1891. Les Coléoptères de la Nouvelle-Calédonie et dependances avec descriptions, notes et synonymies nouvelles (Suite). *Revue d'Entomologie*, 10: 138-182

Fischer de Waldheim G. 1823. *Entomographie de la Russie. Tome II*. Moscou: A. Semen. 50 pls

Fischer de Waldheim G. 1824. *Entomographie de la Russie, et genres des Insectes. Entomographia Imperii Rossici, suae Caesareae Majestati Alexandro I dicata. II*. Mosquae: A. Semen. i-xx, 1-264

Fleischer A. 1883. Ein neuer *Saprinus* aus Mähren. *Wiener Entomologische Zeitung*, 2: 179

Forbes W. 1922. The wing-venation of the Coleoptera. *Annals of the Entomological Society of America*, 15: 328-345

Forster J R. 1771. *Novae Species Insectorum. Centuria I. Nam mihi contuenti se persuasit rerum naturalium, nihil incredible existimare de ea. Plin. Lib. Xi.c.2*. Londini: T. Davies and B. White. i-viii, 1-100

Fowler W W. 1912. *The fauna of British India, including Ceylon and Burma. Coleoptera. General introduction and Cicindelidae and Paussidae*. London. i-xx, 1-529

Frantsevich L I. 1981. The jump of the black-beetle (Coleoptera, Histeridae). *Zoologische Jahrbücher, Abteilung für Anatomie*, 106: 333-348

Fuente de la J M. 1900. Datos para fa fauna de la provincia de Ciudad-Real, XIII. Especies de Pozuelo de Calatrava. *Actas de la Sociedad Española de Historia Natural*, 1900: 188-191

Fuesslin J K. 1775. *Verzeichnis der ihm bekannten Schweitzerischen Insecten mit einer ausgemahlten Kupfertafel: nebst der Ankündigung eines neuen Insecten Werks*. Zürich: Füessly. i-xii, 1-62

Gaedike H. 1984. Katalog der in den Sammlungen der Abteilung Taxonomie der Insekten des Institutes für Pflanzenschutzforschung, Bereich Eberswalde (ehemals Deutsches Entomologisches Institut), aufbewahrten Typen-XXI (Coleoptera: Pselaphidae, Histeridae). *Beitrage zur Entomologie*, 34(1984) 2, S: 441-462

Ganglbauer L. 1899. *Die Käfer von Mitteleuropa. Die Käfer der österreichisch-ungarischen Monarchie, Deutschland, der Schweiz, sowie des französischen und italienischen Alpengebietes. III, 1. Familienreihe Staphylinoidea. 2. Theil: Scydmenidae, Silphidae, Clambidae, Leptinidae, Platypsyllidae, Corylophidae, Sphaeriidae, Trichopterygidae, Hydroscaphidae, Scaphidiidae, Histeridae*. Wien: Carl Gerold's Sohn. 1-408

Ganglbauer L. 1903. Systematisch-koleopterologische studien. *Münchener Koleopterologische Zeitschrift*, I: 272-319.

Gardner J C M. 1926. Description of new species of Niponiidae and Crambycidae from India. *Indian Forest Records* (*ent. Ser.*), 12: 193-209

Gardner J C M. 1930. The early stages of *Niponius andrewesi* Lew. (Col. Hist.). *Bulletin of Entomological Research*, 21: 15-17

Gardner J C M. 1935. Fam. Histeridae, subfam. Niponiinae. In: Wytsman P (ed.). *Genera Insectorum, fasc. 202*. Bruxelles. 1-6

Gebler F A. 1830. Bemerkungen über Insekten Sibiriens, vorzgülich des Altai. [Part 3]. In: Ledebour C F (ed.). *Reise durch das Altai-Gebirge und die songorische Kirgisen-Steppe. Zweiter Theil*. Berlin: G. Reimer. 1-228

Gebler F A. 1845. Charakteristik der von Herrn Schrenk in den Jahren 1841-1843 in den Steppen der Dsüngorei gefundenen neuen Coleopterenarten. *Bulletin de la Classe Physico-Mathématique de l'Academie de St. Pétersbourg*, 3: 97-106

Gebler F A. 1847. Verzeichnis der im Kolywano-Woskresenskischen Hüttenbezirke süd-west Sibiriens beobachteten Käfer mit Bemerkungen und Beschreibungen. *Bulletin de la Société Impériale des Naturalistes de Moscou*, 20(II): 391-512

Gemminger M and E Harold. 1868. *Catalogus Coleopterorum hucusque descriptorum synonymicus et systematicus. Tom III. Histeridae* [...] *Lucanidae*. Monachii: E. H. Gummi., 753-978

Geoffroy E L. 1762. *Histoire abrégée des insectes, dans laquelle ces animaux sont rangés suivant un ordre méthodique. Tome premier. Vol. 1.* Paris: Durand. i-xxviii, 1-523

Gerhardt J. 1900. Neuheiten der schlesischen Käferfauna aus dem Jahre 1899. *Deutsche Entomologische Zeitschrift Berlin*, 1900: 69-71

Germar E F. 1813. Neue Insekten. *Magazin der Entomologie*, 1: 114-133

Germar E F. 1839. Drei neue Gattungen de Cicadinen. *Zeitschrift für Entomologie*, 1: 187-192

Gerstaecker A. 1867. Beitrag zur Insekten-Fauna von Zanzibar, nach dem während der Expedition des Baron. v.d. Decken gesammelten Material zusammengestellt. *Archiv für Naturgeschichte (Berlin)*, 33(1): 1-49

Gistel J N F X. 1829. Beytrag zur geographischen verbreitung der Käfer. *Isis von Oken*, 22: 1129-1130 [columns]

Gistel J N F X. 1856. *Die Mysterien der europäischen Insectenwelt. Ein geheimer Schlüssel für Sammler aller Insecten-Orduungen und Stände, behufs, des Fangs, des Aufenhalts-Orts, der Wohnung, Tag-und Jahreszeit u.s.w., order autoptische Darstellung des Insectenstaats in seinem Zusammenhange zum Bestehen des Naturhaushaltes überhaupt und insbesondere in seinem Einflusse auf die phanerogamische und cryptogamische Pflanzenberöltzerrung Europa's. Zum ersten Male nach 25 jährigen eigenen Erfahrungen zusammengestellt und herausgegeben.* Kempten: T. Dannheimer. i-xii, 1-530

Gomy Y. 1965. La larve de *Dendrophilus pygmaeus* L. Morphologie et biologie (Col. Histeridae). *Annales de la Société Entomologique de France*, (N. S.) 1(1): 23-28

Gomy Y. 1977. Histeridae nouveaux de la faune orientale et de la Nouvele-Guinée (Coleoptera). *Annales Historiconaturales Musei Nationalis. Hungarici*, 69: 101-115

Gomy Y. 1978. Coléoptères Histeridae de l'Archipel des Comores. *Memoires du Museum National d'Histoire Naturelie, serie A (zoologie)*, (N. S.) 109: 85-101

Gomy Y. 1980a. Contribution à la connaissance des micro-Histeridae (Prèmiere note). *Nouvelle Revue d'Entomologie*, 10: 163-175

Gomy Y. 1980b. Neux micro-Histeridae nouveaux de la faune orientale. *Nouvelle Revue d'Entomologie*, 10: 275-278

Gomy Y. 1983. Les Coléoptères Histeridae des les Mascareignes. *Annali del Museo Civico di Storia Naturale di Genova*, 84: 269-348.

Gomy Y. 1984a. Contribution à la connaissance des micro-Histeridae de la faune orientale (Col.). *Bulletin Mensuel de la Societe Linneer de Lyon*, 53: 278-283

Gomy Y. 1984b. Essai de révision des *Chetabraeus* orientaux (Col. Histeridae). *Nouvelle Revue d'Entomologie*, 1(N. S.): 371-385

Gomy Y. 1986. Nouvelle contribution à la connaissance des Histeridae des îles du Cap Vert (Coleoptera). *Courier Forschungsinstitut Senckenberg*, 81: 25-39

Gomy Y. 1989. Les Histeridae (Insecta, Coleoptera) du Musée de Dijon. *Bulletin de la Société d'Histoire Naturelle d'Autun*, 129: 11-24

Gomy Y. 1990. Description d'un Notolister Lewis nouveau de Madagascar (Col. Histeridae). *Nouvelle Revue d'Entomologie*, 7: 105-109

Gomy Y. 1991a. Nouvelles localités pour *Acritus komai* Lewis (Col. Histeridae). *Nouvelle Revue d'Entomologie*, 8(2): 158

Gomy Y. 1991b. Contribution à la connaissane du genre *Chaetabraeus* Portevin (Col. Histeridae). *Nouvelle Revue d'Entomologie*, 7 (N. S.) (1990): 443-451

Gomy Y. 1999. Description de trios nouvelles espèces de micro-Histeridae de Chine continentale (Coleoptera). *Bulletin de la Société entomologique de France*, 104: 375-380

Gomy Y and J Orousset. 2007. Description de la larve de *Aeletes atomarius* (Aubé, 1842) (Coleoptera, Histeridae). *Bulletin Mensuel de la Société Linnéenne de Lyon*, 76(7-8): 183-190

Gomy Y and P Vienna. 2004. Due nuovi *Diplostix* Bickhardt, 1921 (Insecta Coleoptera Histeridae). *Bollettino del Museo Civico di Storia Naturale di Venezia*, 55: 115-120

Gomy Y, F Penati and P Vienna. 2007. Révision du genre oriental *Neosantalus* Kryzhanovskij, 1972, avec la description de deux espèces nouvelles (Insecta: Coleoptera Histeridae). *Atti delia Societa Italiana di Scienze Naturali e del Museo Civico di Storia Naturale in Milano*, 148(I): 105-125

Grimm B. 1852. *Hister ruficornis* n. sp. *Entomologische Zeitung*, 13: 221-223

Guérin-Ménéville F E. 1833. Insectes. In: Bélanger C (ed.). *Voyage aux Indes-Orientales, par le nord de l'Europe, les provinces du Caucase, la Gorgie, l'Arménie et la Perse, suivi de détails topographiques, statistiques et autres sur le Pégou, les îles de Java, de Maurice et de Bourbon, sur le Cap-de-Bonne-Esprance et Sainte-Héléne, pendant les annes 1825, 1826, 1827, 1828 et 1829, publié sous les auspices de LL. EE. MM.* Les Ministres de la Marine et de l'Intérier, 8. Zoologie, Paris. 441-512

Guérin-Ménéville F E. 1837. *Iconographie du Régne Animal de G Cuvier, ou reprsentation d'après nature de l'une des espèces les plus remarquables, et souvent non encore figures, de chaque genre d'animaux. Avec un texte descriptif mis au courant de la science. Ouvrage pouvant servir d'atlas à tous les traits de zoologie. Insectes.* Paris: J. B. Baillière. 57-64

Gusakov A A. 2004. A review of species of the family Sphaeritidae (Coleoptera). *Euroasian Entomological Journal*, 3: 179-183

Gusakov A A. 2017. A new species of false clown beetles, *Sphaerites perforatus* (Coleoptera: Sphaeritidae), from the highlands of Yunnan province, China. *Humanity Space International Almanac*, 6 (1): 6-11

Gyllenhal L. 1808. *Insecta Suecica. Classis I. Coleoptera sive Eleuterata. Tomus I.* Scaris: F. J. Leverentz. i-xii, 1-572

Gyllenhal L. 1827. *Insecta Suecica. Classis I. Coleoptera sive Eleuterata. Tom. I. Pars IV. cum appendice ad partes priores.* Lipsiae: F. Fleischer. i-x, 1-762

Halstead D G H. 1963. *Handbook for identification of British Insects, vol. IV, p. 10. Coleoptera, Histeroidea.* London. 1-16

Handlirsch A. 1925. Systematik der Insekten. In: Schröder C (ed.). *Handbuch der Entomologie.* Band III. Gustav Fischer, Jena, Germany. 377-1039

Hansen M. 1991. The hydrophiloid beetles. Phylogeny, classification, and a revision of the genera. *Biologiske Skrifter det Kongelige Danske Videnskabernes Selskab*, 40: 1-368

Hansen M. 1997. Phylogeny and classification of the staphyliniform beetle families. *Biologiske Skrifter det Kongelige Danske Videnskabernes Selskab*, 48: 1-339

Harold E. 1877. Beiträge zur Käferfauna von Japan (Zweites Stck). Japanische Käfer des Berliner Königl. Museums. *Deutsche Entomologische Zeitschrift*, 21: 337-367

Harold E. 1878. Beiträge zur Käferfauna von Japan. (Viertes Stück.). Japanische Käfer des Berliner Königl. Museums. *Deutsche Entomologische Zeitschrift*, 22: 65-88

Hatch M H. 1929. Studies on Histeridae (Coleoptera). *The Canadian Entomologist*, 61: 76-84

Hatch M H. 1938. Records of Histeridae from Iowa. *Journal of the Kansas Entomological Society*, 11: 17-20

Hatch M H. 1962. The beetles of the Pacific Northwest. Part III: Pselaphidae and Diversicornia I. *University of Washington Publications in Biology*, 16(1961): i-ix, 1-503

Hatch M H and R M McGrath. 1941. The Coleoptera of Washington: Sphaeritidae and Histeridae. *University of Washington Publications in Biology*, 10: 49-91

Háva J. 2014. Faunistic contribution to the genus *Sphaerites* Duftschmid, 1805 in China (Coleoptera: Sphaeritidae). *Boletín de la Scociedad Entomológica Aragonesa (S.E.A.)*, 54: 157-158

Hayashi N. 1986. Key to the families of the Coleoptera (Larva). In: Morimoto K and N Hayashi (eds.). *The Coleoptera of Japan in Color*. I: 202-217, pls. 1-113 (in Japanese)

Heer O. 1841. Fascicule III. In: *Fauna Coleopterorum Helvetica. Pars. 1*. Turici: Orelii, Fuesslini and Sociorum. 361-652

Helava J. 1978. A revision of the Nearctic species of the genus *Onthophilus* Leach (Coleoptera: Histeridae). *Contributions of American Entomological Institute*, 15(5): 1-43

Helava J and H F Howden. 1997. The genus *Onthophilus* Leach in Australia, with description of a new species (Coleoptera: Histeridae). *Journal of Australian Entomological Society*, 16: 82-86

Helava J, H F Howden and A J Ritchie. 1985. A review of the new world genera of the myrmecophilous and termitophilous Subfamily Hetaeriinae (Coleoptera: Histeridae). *Sociobiology*, 10(2): 127-386

Herbst J F W. 1783. Kritisches Verzeichniss meiner Insectensammlung. *Archiv der Insectengeschichte, Gesch.*, 4: 1-72

Herbst J F W. 1792. *Natursystem aller bekannten in-und ausländischen Insekten, als eine Fortsetzung der von Büffonschen Naturgeschichte. Der Käfer, vierter Theil*. Berlin: J. Pauli. i-viii, 1-197

Hetschko A. 1926. Synteliidae. In: Junk W and S Schenkling (eds.). *Coleopterorum Catalogus*, 83: 13

Heyden L. 1887. Verzeichniss der von Herrn Otto Herz auf der chinesischen Halbinsel Korea gesammelten Coleopteren. *Horae Societatis Entomologicae Rossicae, Petropoli*, 21: 243-273

Heyden L. 1916. Corrigenda zum II. Band. In: Reitter E (ed.). *Fauna Germanica. Die Käfer des Deutschen Reiches*. V. Band. Schr. Dtsch. Lehrerver. Naturk., 33: 1-317

Hinton H E. 1945. The Histeridae associated with stored products. *Bulletin of Entomological Research*, 35(4): 309-340

Hisamatsu S. 1965. Some beetles from Formosa. *Special Bulletin of the Lepidopterological Society of Japan*, 1: 130-140

Hisamatsu S. 1968. Records of some little-known Coleoptera. *Transactions of the Shikoku Entomological Society*, 10(1): 31-32

Hisamatsu S. 1985a. Notes on some Japanese Coleoptera, I. *Transactions of the Shikoku Entomological Society*, 17: 5-13

Hisamatsu S. 1985b. Histeridae. In: Ueno S I *et al.* (eds.). *The Coleoptera of Japan in Color*. II: 220-230, pls. 40-41 (in Japanese)

Hisamatsu S and Y Kusui. 1984. Notes on Histeride from Shin-Etsu district. *Trans. Essa. Ent. Soc. Niigata*, 57: 15-18 (in Japanese)

Hochhut J H. 1872. Enumeration der in den russischen Gouvernements Kiew und Volhynien bisher aufgefundenen Käfer. *Bulletin de la Société Impériale des Naturalistes de Moscou*, 45: 195-234

Hoffmann J J. 1803a. Monographie der von Verfassern in dem Departamente vom Donnersberge, und den angegrenzenden Gegenden der Departamente von der Saar, und von Rhein und Mosel einheimisch beobachteten Stutzkäfer (Hister.). *Entomologische Hefte*, 1: 1-119

Hoffmann J J. 1803b. Nachtrag. *Entomologische Hefte*, 2: 120-130

Hope F W. 1840. *The coleopterist's manual, part the third, containing various families, genera and species of beetles, recorded by Linnaeus and Fabricius. Also, descriptions of newly discovered and unpublished insects*. London: J. C. Bridgewater, and Bowdery and Kerby. 1-191

Horion A. 1935. *Nachtrag zu Fauna Germanica. Die Käfer des Deutsches Reiches*. Krefeld: Hans Goecke. i-viii, 1-358

Horion A. 1949. Faunistik der mitteleuropäischen Käfer. Frankfurt a/M., B. II, Palpicornia-Staphylinoidea. 1-388

Horn G. 1873. Synopsis of the Histeridae of the United States. *Proceedings of the American Philosophical Society*, 13: 273-357

Horn G. 1880. Contributions to the coleopterology of the United States, No. 3. *Transactions of the American Entomological Society*, 8: 139-154

Houlbert C and E Monnot. 1923. Faune entomologique armoricaine. Coléoptères. 42e Famille. Histérides (Escarbots). *Bulletin de la Société Scientifique et Medicale de l'Ouest*, 32: 17-75

Ihssen G. 1949. *Saprinus semistriatus* Scriba-eine Mischart. *Saprinus cuspidatus* nov. spec.; *Saprinus meridionalis* nov. spec. (Coleopt. Histeridae). *Koleopterologische Zeischrift*, 1: 176-190

Illiger K. 1798. *Verzeichniss der Käfer Preussens. Entworfen von Johann Gottlieb Kugelann, Apotheker in Osterode. Mit einer Vorrede des Professors und Pagenhofmeisters Hellwig in Braunschweig, und dem angehängen Versuche einer natürlischen Ordnungs-und Gattungs-Folge der Insecten*. Halle: J. J. Gebauer. i-xlii, 1-510

Illiger K. 1807. Portugiesische Käfer (Fortsetzung). *Magazin für Insektenkunde*, 6: 28-80

Jacquelin-Duval P N C. 1858 (1857-1859). *Genre des Coléoptères d'Europe comprenant leur classification et familles naturelles, la description de tous les genres, des Tableaux synoptiques destinés a faciliter l'étude, le Catalogue de toutes les espèces de nombreux dessins au trait de caracteres. II*. Paris: Deyrolle. 1-168, Cat. 53-83, 97-108

Jakobson G G. 1911-1915. Fasc. 9: Histeridae; Facs. 10: Sphaeritidae, Synteliidae. In: *Zhuki Rossii i zapadnoj Evropy. Rukovodstvo k opredeleniju zhukov*. Sankt-Petersburg: A. F. Devrien. 637-653, 869

Jeannel R and R Paulian. 1944. Morphologie abdominale des Coléoptères et systématique de l'ordre. *Revue Française d'Entomologie*, 11: 65-110

Johnston D E. 1959. Some new synonymy in the Haemogamasidae Laelaptidae and Diplogyniidae indicated by an examination of Banks' types of Mesostigmata (Acarina). *Psyche*, 66: 60-62

Joy N H. 1909. A coleopterous inhabitant of bird nest. *Entomological Record*, 19: 133-136

Jureček S. 1934. Zwei neue palaearktische Käferarten. *Časopis Československé Společnosti Entomologiché*, 31: 45

Kamiya K and S Yakagi. 1938. A list of Japanese Histeridae. *Scient. Agric.*, 19(1): 21-32

Kanaar P. 1979. Naamlijst van de in Nederland en het omliggende gebied voorkomende Histeridae (Coleoptera). *Entomologische Berichten*, 39: 23-26

Kanaar P. 1980. Synonymic and other notes on Histreidae (Coleoptera). *Entomologische Berichten*, 40: 63-64

Kanaar P. 1992. L'entomofaune des termitières mortes de Macrotermes. Les coléoptères Histeridae I. *Revue Française d'Entomologie*, 12: 145-147

Kanaar P. 1997. Revision of the genus *Paratropus* Gerstaecker (Coleoptera: Histeridae). *Zoologische*

Verhandelingen, 315: 1-185

Kanaar P. 2003. Revision of the genus *Trypeticus* Marseul (Coleoptera: Histeridae). *Zoologische Verhandelingen*, 341: 1-318

Kanaar P. 2004. Revision of the genus *Paratropus* Gerstaecker (Coleoptera: Histeridae). II. Supplement. *Zoologische Mededelingen, Leiden*, 78(9): 181-203

Kapler O. 1992a. A new species of *Atholus* from Greece, and new distributional data on *Acritus italicus* (Coleoptera, Histeridae). *Acta Entomologica Bohemoslovaca*, 89: 361-365

Kapler O. 1992b. *Pholioxenus trichoides* sp. n. from Sudan (Coleoptera: Histeridae). *Elytron*, 6: 221-225

Kapler O. 1993. Two new species of the family Histeridae (Coleoptera) from Ussuri region of the Far East of Russia with faunistic data. *Folia Heyrovskyana*, 1(3): 25-32

Kapler O. 1996. A new species of the genus *Margarinotus* (Coleoptera: Histeridae) from China. *Folia Heyrovskyana*, 4(3): 83-86

Kapler O. 1997. A new species of the genus *Hister* (Coleoptera: Histeridae) from China. *Folia Heyrovskyana*, 5(1): 27-30

Kapler O. 1999a. *Paromalus* (*Paromalus*) *picturatus* sp. n. from China, and notes about *Hister hanka* and *Scapicoelis tibialis* (Coleoptera: Histeridae) from China. *Folia Heyrovskyana*, 7(3-4): 217-220

Kapler O. 1999b. Three new species of *Asiaster* (Coleoptera: Histeridae) from the Oriental region. *Folia Heyrovskyana*, 7(5): 283-287

Kapler O. 2000. A new species of *Saprinus* (Coleoptera: Histeridae) from Asia. *Acta Musei Moraviae Scientiae Biologicae (Brno)*, 85: 67-71

Kato M. 1933. *Three colour illustrated insect of Japan, VIII.* 1-2, 1-9, 1-20, pls. 1-50 (in Japanese)

Kirby W. 1818. A century of insects, including several new genera described from his cabinet. *The Transactions of the Linnean Society of London*, 12(1817-1819): 375-453

Koch G. 1868. Abbildung und Beschreibung einiger Käfer aus der Sturm'schen Sammlung in Nürnberg. *Abh. Natur.-hist. Ges. Nürnberg*, 4: 89-95

Kolbe H J. 1901. Vergleichend-morphologische Untersuchungen an Coleopteren nebst Grundlagen zu einer System und zur Systematik derselben. *Arch. Natug., Beih. Festschr. f. Martens*, 89-150

Kolbe H J. 1903. Zur Systematik der Coleoptera. *Allgemeine Zeitschrift für Entomologie*, 1903: 137-145

Kolbe H J. 1908. Mein System der Coleopteren. *Zeitschrift für wissenschaftliche Insektenbiologie*, 4: 116-123, 153-162, 219-226, 246-251, 286-294, 389-400

Kolbe W. 1909. Beiträge zur schlesischen Käferfauna. *Jahresheft des Vereins für Schlesische Insektenkunde zu Breslau*, 2: 18-24

Kolbe W. 1911. Beiträge zur schlesischen Käferfauna. *Jahresheft des Vereins für Schlesische Insektenkunde zu Breslau*, 4: 7-12

Kolenati F A R. 1846. *Meletemata Entomologica.* Fasc. V. *Insecta Caucasi. Coleoptera, Dermaptera, Lepidoptera, Neuroptera, Mutillidae, Aphaniptera, Anoplura.* Petropoli: Typis Imperialis Academiae Scientarium. 1-169, pls. xvii-xix

Kovarik P W. 1994. Pupal chaetotaxy of Histeridae with a description of the pupa of *Onthophilus kirni* Ross. *The Coleopterists Bulletin*, 48: 254-260

Kovarik P W. 1995. Development of *Epierus divisus* Marseul (Coleoptera: Histeridae). *The Coleopterists Bulletin*, 49: 253-260

Kovarik P W and M S Caterino. 2000. Family 15. Histeridae Gyllenhall, 1808. In: Arnett R H Jr and M C

Thomas (eds.). *American Beetles. Volume 1. Archostemata, Myxophaga, Adephaga, Polyphaga: Staphyliniformia*. CRC Press, Boca Raton, London, New York and Washington. 212-227

Kovarik P W and M S Caterino. 2005. Histeridae. In: Beutel R G and R A B Leschen (eds.). *Handbook of Zoology Part 38, Coleoptera, Vol. 1: Morphology and Systematics*. Walter de Gruyter, Berlin. 190-222

Kovarik P W and S Passoa. 1993. Chaetotaxy of larval Histeridae based on a description of *Onthophilus nodatus* LeConte. *Ann. Entomol. Soc. Am*, 86: 560-576

Kozminykh V O. 2000. Vidovoy sostav i rasprdelenie mertvoedov i karapuzikov (Coleoptera, Silphidae, Histeridae). Pp. 19-24. In: *Fauna Stavropolya, Vyp. X*. Stavropol

Kraatz G. 1858. Beitrag zur Käferfauna Griechenlands. Drittes Stck: Staphylinidae (Schluss), Trichopterygia, Histeridae, Phalacridae, Nitidulariae, Trogositarii, Colydii, Cucujidae, Cryptophagidae, Thorictidae, Mycetophagidae, Dermestini, Byrrhii. *Berliner Entomologische Zeitschrift*, 2: 123-148

Krynicki J. 1832. Enumeratio Coleopterorum Rossiae meridionalis et praecipue in Universitatis Caesareae Charkoviensis circulo obvenientium, quae annorum 1827-1831 spatio observatit. *Bulletin de la Société Impériale des Naturalistes de Moscou*, 5: 67-179

Kryzhanovskij O L. 1959. Novyj vid psammofil'nogo zhuka (Coleoptera. Histeridae) iz Turkmenskoj SSR. *Russkoe Entomologicheskoe Obozrenie*, 38: 216-218

Kryzhanovskij O L. 1965. *Opredielitiel' nasekomych Evropejskoj chasti SSSR v p'iati tomach. II. Zhestkokrylye i veerokrylye*. Moskva-Leningrad. 1-668

Kryzhanovskij O L. 1966. Novye vidy zhukov-gisterid (Coleoptera, Histeridae) fauny SSSR. Trudy Zoologicheskogo Instituta Akademii Nauk SSSR, 37: 52-59

Kryzhanovskij O L. 1972a. K faune Histeridae (Coleoptera) Mongol'skoj Narodnoj Respubliki. In: *Nasekomye Mongolii, Vyp. 1*. Leningrad. 1-990

Kryzhanovskij O L. 1972b. On the taxonomy of extra-Palearctic Histeridae (Coleoptera). *Entomologica Scandinavica*, 3: 19-25

Kryzhanovskij O L. 1974. K faune Histeridae (Coleoptera) Mongol'skoj Narodnoj Respubliki. II. In: *Nasekomye Mongolii. Vyp. 2, tom IV*. Leningrad. 102-109

Kryzhanovskij O L. 1989. On system of living forms of the coleopterous family Histeridae. *Proceedings of the Zoological Institute*, 202: 87-105

Kryzhanovskij O L and A N Reichardt. 1976. Zhuki nadsemeystva Histeroidea (semeystva Sphaeritidae, Histeridae, Synteliidae). In: *Fauna SSSR, Zhestkokrylye, V. vyp. 4*. Leningrad: Izd. Nauka. 1-434

Kugelann J G. 1792. Verzeichniss der in einigen Gegenden Preussens bis jetzt entdeckten Käfer-Arten, nebst kurzen Nachrichten von denselben. *Neustes Magazin für die Liebhaber der Entomologie, herausgegeben von D. H. Schneider*, 1, 3: 257-306

Kugelann J G. 1794. Verzeichniss der in einigen Gegenden Preussens bis jetzt entdeckten Käfer-Arten, nebst kurzen Nachrichten von denselben. *Neustes Magazin für die Liebhaber der Entomologie, herausgegeben von D. H. Schneider*, 1, 5: 513-582

Kuhnt P. 1913. *Illustrierte Bestimmungs-Tabellen der Käfer Deutschlands. Ein Handbuch zum genauen und leichten Bestimmen aller in Deutschland vorkommenden Käfer*. Stuttgrat. i-vii, 1-1138

Kurosawa Y. 1992. Notes of *Hololepta higoniae* Lewis (Futatabi higo-hirata-emma-mushi ni tsuite). *Coleopterists's News*, 99: 7 (in Japanese)

Labler K. 1933. Catalogus coleopterorum Cechoslovakiae. 3. Histeridae. *Entom. Priručki*, XVII: 1-59

Lackner T. 2003. Two new species of the genus *Chalcionellus* from Kyrgyzstan and Iran (Coleoptera:

Histeridae). *Entomological Problem*, 33(1-2): 21-24

Lackner T. 2004. Description of two new Asian species of Histeridae (Insecta: Coleoptera). *Entomological Problems*, 34(1-2): 107-111

Lackner T, S Mazur and A F Newton. 2015. Histeridae. In: Löbl I and D Löbl. 2015. *Catalogue of Palaearctic Coleoptera. Vol. 2 Hydrophiloidea-Staphylinoidea. Revised and Updated Edition*. Brill, Leiden & Boston, pp. 76-130

Lacordaire M. 1854. *Histoire naturelle des insectes. Genera des Coléoptères ou exposé méthodique et critique de tous les genres proposés jusquéici dans cet ordre d'insectes. II*. Paris: Librairie Encyclopédique de Roret. 1-548

Latreille P A. 1796. *Précis des caractères génériques des insectes, disposés dans un ordre naturel*. Brive: F. Bourdeaux. i-xiv, 1-201, 1-7

Latreille P A. 1807. *Genere crustaceorum et insectorum secundum ordinem naturalem in familias disposita, iconibus exemplisque plurimis explicate. II*. Parisiis: A. Koenig

Latreille P A. 1829. Crustacés, arachnides et partie des insectes. In: Cuvier G (ed.). *Le règne animal distribué d'après son organisation, pour servir de base à l'histoire naturelle des animaux et d'introduction à l'anatomie comparée. Nouvelle édition, revue et augmentée. Tome IV*. Paris: Déterville. i-xxvii, 1-584

Lawrence J F and A F Newton. 1982. Evolution and classification of beetles. *Annual Review of Entomology*, 13: 261-290

Lawrence J F and A F Newton. 1995. Families and subfamilies of Coleoptera (with selected genera, notes, references and data on family-group names). In: Pakaluk J and S A Ślipiński (eds.). *Biology, Phylogeny, and Classification of the Coleoptera: Papers Celebrating the 80th Birthday of Roy A. Crowson*. Muzeum i Instytut Zoologii PAN, Warszawa. 779-l006

Lawrence J F and E B Britton. 1991. Coleoptera (beetles). In: CSIRO (ed.). *The insects of Australia: a textbook for students and research workers, Vol. 2. 2nd ed*. Melbourne University Press, Carlton, Victoria. 543-683

Lea A. 1925. On Australian Histeridae (Coleoptera). *The Transactions of the Entomological Society of London*, 1925: 239-262

Leach W E. 1817. A sketch of the characters of the stripes and genera of the family Histeridae. *The Zoological Miscellany*, 3: 76-79

Leach W E. 1830. On the characters of *Abbotia*, a new genus belonging to the family Histeridae, with descriptions of two species. *Transactions of the Plymouth Institute*, 1830: 155-157

LeConte J E. 1844. Monograph of American Histeroides. *Proceedings of the Boston Society of Natural History*, 1(1841-1844): 185-187

LeConte J E. 1845. A monography of the North American Histeroides. *Boston Journal of Natural History*, 5 (1845-1847): 32-86

LeConte J L. 1851. Description of new species of Coleoptera, from California. *Annals of the Lyceum of Natural History of New York*, 5(1852): 125-216

LeConte J L. 1853. Synopsis of the species of the histroid genus *Abraeus* (Leach) inhabiting the United States, with descriptions of two nearly allied new genera. *Proceedings of the Academy of Natural Sciences of Philadelphia*, 6: 287-292

LeConte J L. 1861. Classification of the Coleoptera of North America. Part I. *Smithsonian Miscellaneous Collections*, No. 136: i-xxiv, 1-214

LeConte J L. 1863. New species of North American Coleoptera. Part I (1). *Smithsonian Miscellaneous Collections*, No. 167: 1-92

LeConte J L. 1878. Additional descriptions of new species. *Proceedings of the American Philosophical Society*, 17: 373-434

Lee H A, T Han, Y B Lee, H C Park, I K Park, S C Shin, D Lyu and S Park. 2012. Three species of Histerid Beetles (Coleoptera: Histeridae) new to Korea. *Korean Journal of Applied Entomology*, 51(4): 313-316

Leoni G. 1907. Specie e varietá nouve o poco cognite ed appunti biologici sopra i coleotteri italiani (2ª nota). *Rivista Coleotterologica Italiana*, 5: 183-199

Levesque C and G Levesque. 1995. Abundance and flight activity of some Hisreridae Hydrophilidae and Scarabaeidae (Coleoptera) in southern Quebec, Canada. *Great Lakes Entomologis*, 28: 71-80

Lewis G. 1879a. On certain new species of Coleoptera from Japan. *Annals and Magazine of Natural History*, (5)4: 459-467

Lewis G. 1879b. Descriptions of new species of Histeridae. *Entomologists' Monthly Magazine*, 16: 76-79

Lewis G. 1882. Syntellidae. A family to include *Syntelia* and *Sphaerites* with a note of new species of the first genus. *The Entomologist's Monthly Magazine*, 19: 137-138

Lewis G. 1884. On some Histeridae new to the Japanese fauna, and notes of others. *Annals and Magazine of Natural History*, (5)13: 131-140

Lewis G. 1885a. New species of Histeridae, with synonymical notes. *Annals and Magazine of Natural History*, (5)15: 456-473

Lewis G. 1885b. On a new genus of Histeridae. *The Transactions of the Entomological Society of London*, 1885: 331-334

Lewis G. 1885c. New species of Histeridae, with synonymical notes. *Annals and Magazine of Natural History*, (5)16: 203-215

Lewis G. 1886. On the nomenclature of sandry histerids, including a note of a fourth species of European *Dendrophilus*. *Wiener Entomologische Zeitung*, 5: 280

Lewis G. 1888a. Viaggio di Leonardo Fea in Birmania e regioni vicine. XII. Histeridae. *Annali del Museo Civico di Storia Naturale di Genova*, (2) 6 (26): 630-645

Lewis G. 1888b. On new species formicarious Histeridae and notes on others. *Annals and Magazine of Natural History*, (6)2: 144-155

Lewis G. 1888c. Histeridae. In: *Biologia Centrali-Americana. Insecta. Coleoptera. Vol. II. Part. 1*. London: Taylor and Francis. 182-244

Lewis G. 1889. On new species of Histeridae. *Annals and Magazine of Natural History*, (6)3: 277-287

Lewis G. 1891a. On new species of Histeridae. *Annals and Magazine of Natural History*, (6)8: 380-405

Lewis G. 1891b. On some new Histeridae from Burmah. *The Entomologist's Monthly Magazine*, (2)2: 186-188

Lewis G. 1891c. A new genus of Histeridae. *The Entomologist's Monthly Magazine*, (2)2: 319-320

Lewis G. 1892a. On some Japanese *Paromalus*. *Annals and Magazine of Natural History*, (6)9: 32-39

Lewis G. 1892b. On some new species of Histeridae. *Annals and Magazine of Natural History*, (6)9: 341-357

Lewis G. 1892c. On *Eretmotus* and *Epiechinus* (Histeridae). *Annals and Magazine of Natural History*, (6)10: 231-236

Lewis G. 1892d. Viaggio di Leonardo Fea in Birmania e regioni vicine. XLII. Histeridae (Part 2). *Annali del Museo Civico di Storia Naturale di Genova*, (2) 12 (32): 16-39

Lewis G. 1892e. On some new species of Histeridae, and one new genus. *The Entomologist's Monthly Magazine*, (2)3: 102-104

Lewis G. 1892f. On a new *Onthophilus* from Mexico. *The Entomologist's Monthly Magazine*, (2)3: 124-125

Lewis G. 1894a. On new species of Histeridae. *Annals and Magazine of Natural History*, (6) 14: 174-184

Lewis G. 1894b. Insectes du Bengale (33ᵉ Mémoire). Histeridae. *Annales de la Société Entomologique de Belgique*, 38: 212-214

Lewis G. 1895. On five new species of Histeridae and notes on two others. *The Entomologist's Monthly Magazine*, (2) 6 (31): 186-189

Lewis G. 1897. On new species of Histeridae, and notices of others. *Annals and Magazine of Natural History*, (6)20: 179-196

Lewis G. 1898. On new species of Histeridae and notices of others. *Annals and Magazine of Natural History*, (7)2: 156-181

Lewis G. 1899. On new species of Histeridae and notices of others. *Annals and Magazine of Natural History*, (7)4: 1-29

Lewis G. 1900. On new species of Histeridae and notices of others. *Annals and Magazine of Natural History*, (7)6: 265-290

Lewis G. 1901. On new species of Histeridae. *Annals and Magazine of Natural History*, (7)8: 366-383

Lewis G. 1902a. On new species of Histeridae and notices of others. *Annals and Magazine of Natural History*, (7)10: 223-239

Lewis G. 1902b. On new species of Histeridae and notices of others. *Annals and Magazine of Natural History*, (7)10: 265-278

Lewis G. 1903. On new species of Histeridae and notices of others. *Annals and Magazine of Natural History*, (7)12: 417-429

Lewis G. 1904. On new species of Histeridae and notices of others. *Annals and Magazine of Natural History*, (7)14: 137-151

Lewis G. 1905a. On new species of Histeridae and notices of others. *Annals and Magazine of Natural History*, (7)15: 301-303

Lewis G. 1905b. On new species of Histeridae and notices of others. *Annals and Magazine of Natural History*, (7)16: 340-349

Lewis G. 1905c. On new species of Histeridae and notices of others. *Annals and Magazine of Natural History*, (7)16: 604-611

Lewis G. 1905d. *A systematic catalogue of Histeridae*. London: Taylor and Francis. i-vi, 1-81

Lewis G. 1906a. On new species of Histeridae and notices of others. *Annals and Magazine of Natural History*, (7)17: 337-344

Lewis G. 1906b. On new species of Histeridae and notices of others. *Annals and Magazine of Natural History*, (7)18: 397-403

Lewis G. 1907a. On new species of Histeridae and notices of others. *Annals and Magazine of Natural History*, (7)19: 311-322

Lewis G. 1907b. On new species of Histeridae and notices of others. *Annals and Magazine of Natural History*, (7)20: 95-107

Lewis G. 1907c. On new species of Histeridae and notices of others. *Annals and Magazine of Natural History*, (7)20: 339-351

Lewis G. 1908. On new species of Histeridae and notices of others. *Annals and Magazine of Natural History*, (8)2: 137-160

Lewis G. 1909. On new species of Histeridae and notices of others. *Annals and Magazine of Natural History*, (8)4: 291-304

Lewis G. 1910. On new species of Histeridae and notices of others. *Annals and Magazine of Natural History*, (8)6: 43-58

Lewis G. 1911. On new species of Histeridae and notices of others. *Annals and Magazine of Natural History*, (8)8: 73-90

Lewis G. 1912. On new species of Histeridae and notices of others. *Annals and Magazine of Natural History*, (8)10: 250-260

Lewis G. 1913. On new species of Histeridae and notices of others, with descriptions of new species of *Niponius*. *Annals and Magazine of Natural History*, (8)12: 351-357

Lewis G. 1914a. On new species of Histeridae and notices of others. *Annals and Magazine of Natural History*, (8)13: 235-242

Lewis G. 1914b. On new species of Histeridae and notices of others. *Annals and Magazine of Natural History*, (8)14: 283-289

Lewis G. 1915. On new species of Histeridae and notices of others. *Annals and Magazine of Natural History* (8)16: 54-56

Lindner W. 1967. Ökologie und Larvalbiologie einheimischer Histeriden. *Zeitschrift für Morphologie und Ökologie der Tiere*, 59: 341-380

Linnaeus C. 1758. *Systema Naturae per regna tria naturae, secundum classes, ordines, genera, species, cum characteribus, differentiis, synonymis, locis. Editio decima, reformata. Tomus I*. Holmiae: Laurentii Salvii. 1-824

Löbl I. 1996. A new species of *Sphaerites* (Coleoptera, Sphaeritidae) from China. *Mitteilungen der Schweizerischen Entomologischen Gesellschaft*, 69: 195-200

Löbl I. 2015. Sphaeritidae, Synteliidae. In: Löbl I and D Löbl. 2015. *Catalogue of Palaearctic Coleoptera. Vol. 2. Hydrophiloidea-Staphylinoidea. Revised and Updated Edition*. Brill, Leiden & Boston, pp. 901-1134

Löbl I and J Háva. 2002. A new species of *Sphaerites* (Coleoptera, Sphaeritidae) from China. *Entomological Problems*, 32: 179-181

Löyttyniemi K, R Loyttyniemi and S Mazur. 1989. On Histeridae (Coleoptera) in miombo woodland in Zambia with notes on their annual flight patterns and description of a new species. *Annales Entomologici Fennici*, 55: 71-74

Lundgren R W. 1991. [new name]. In: Johnson S A, R W Lundgren, A F Newton, M K Thayer, R L Wenzel, M R Wenzel (eds.). Mazur's catalogue of Histeridae: emendations, replacement names for homonyms, and an index. *Polskie Pismo Entomologiczne*, 61(2): 1-100

Luo T-H, Yu X-D and Zhou H-Z. 2002. Studies on species diversity of histerid beetles (Coleoptera: Histeridae) in Dongling Mountain. *Biodiversity Science*, 10(2): 143-148 [罗天宏, 于晓东, 周红章. 2002. 东灵山区阎甲物种多样性研究. 生物多样性, 10(2): 143-148]

Luo T-H, Yu X-D and Zhou H-Z. 2006. Comparisons of different collection methods of histerid beetles and their applications in field investigations. *Chinese Bulletin of Entomology*, 43: 721-724 [罗天宏, 于晓东, 周红章. 2006. 阎甲采集方法的比较及应用. 昆虫知识, 43: 721-724]

MacLeay W J. 1864. Description of new genera and species of Coleoptera from Port Denison. *Transactions of the Entomological Society of New South Wales*, 1: 106-130

MacLeay W S. 1819. *Horae entomologicae. or essays on the annulose animals. Vol. 1, Part 1*. London. i-xxx, 1-160

Mader L. 1921. Neue Coleopteren aus Albanien. *Wiener Entomologische Zeitung*, 38: 181

Mader L. 1927. Coleopterologische Notizen. *Entomologischer Anzeiger*, 7: 192-197

Mamayev B M. 1974. The immature stages of the beetle *Syntelia histeroides* Lewis (Syntelidae) in comparison with certain Histeridae (Coleoptera). *Entomologicheskoe Obozrenie*, 53: 866-871 [in Russin; English Translation in *Enomological Review*, 53(4): 98-101]

Mannerheim C G. 1846. Nachtrag zur Käfer-fauna der aleutischen Inseln und der Insel Sitkha. *Bulletin de la Société Impériale des Naturalistes de Moscou*, 19(2): 501-516

Mannerheim C G. 1852. Insectes Coléoptères de la Sibrie orientale, nouveaux ou peu connus, décrits. Decades tertia, quarta et quinta. *Bulletin de la Société Impériale des Naturalistes de Moscou*, 25(2): 273-309

Marseul S A. 1853. Essai monographique sur la famille des Histérides, comprenant la description et la figure au trait des genres et des espèces, léur distribution méthodique, avec un résumé de leurs moeurs et de leur anatomie. *Annales de la Société Entomologique de France*, (3)1: 131-160, 177-294, 447-553

Marseul S A. 1854. Essai monographique sur la famille des Histérides (Suite). *Annales de la Société Entomologique de France*, (3)2: 161-311, 525-592, 671-707

Marseul S A. 1855. Essai monographique sur la famille des Histérides (Suite). *Annales de la Société Entomologique de France*, (3)3: 83-165, 327-506, 677-758

Marseul S A. 1856. Essai monographique sur la famille des Histérides (Suite). *Annales de la Société Entomologique de France*, (3)4: 97-144, 259-283, 549-628

Marseul S A. 1857. Essai monographique sur la famille des Histérides (Suite). *Annales de la Société Entomologique de France*, (3)5: 109-167, 397-516

Marseul S A. 1860. Supplment à la monographie des Histérides. *Annales de la Société Entomologique de France*, (3)8: 581-610, 835-866

Marseul S A. 1861. Supplment à la monographie des Histérides. *Annales de la Société Entomologique de France*, (4)1: 141-184, 509-566

Marseul S A. 1862. Supplment à la monographie des Histérides (Suite). *Annales de la Société Entomologique de France*, (4)2: 5-48, 437-516, 669-720

Marseul S A. 1864a. Histérides de l'Archipel Malais ou Indo-Australien. *L'Abeille*, 1: 271-341

Marseul S A. 1864b. Espèces d'Histérides nouvelles ou publies depuis la supplment à la monographie, appartenant a l'Europe ou au bassin de la Méditerranée. *L'Abeille*, 1: 341-368

Marseul S A. 1870. Description d'espèces nouvelles d'Histérides. *Annales de la Société Entomologique de Belgique*, 13(1869-1870): 55-158

Marseul S A. 1871. Description de nouvelles espèces de Coléoptères. *Annales de la Société Entomologique de France*, (5)1: 79-82

Marseul S A. 1873. Coléoptères du Japon recueillis par *M. Georges* Lewis. Énumération des Hitérides et des Hétéromeres avec la description des espèces nouvelles. *Annales de la Société Entomologique de France*, (5)3: 219-230

Marseul S A. 1879. Énumération des Histérides, rapportés de l'Archipel Malais, de la Nouvelle Guinée et de l'Australie borale par MM. le Prof. O Beccari et L M D'Albertis. *Annali del Museo Civico di Storia*

Naturale di Genova, 14: 254-286

Marseul S A. 1880. Addition a l'enumération des Histérides rapportés de l'Archipel Malais, de la Nouvelle Guinée et de l'Australie borale par MM. le prof. O Beccari et L M D'Albertis. *Annali del Museo Civico di Storia Naturale di Genova*, 16(1880-1881): 149-160

Marseul S A. 1884. Description de deux espèces nouvelles de Histérides et d'Anthicides de Sumatra. *Notes from the Leyden Museum*, 6: 161-164

Marsham T. 1802. *Entomologia Britannica, sistens insecta Britanniae indigena, secundum methodum Linnaeanam disposita. Tomus I. Coleoptera.* Londini: Wilks and Taylor. i-xxxi, 1-548

Martin J E H. 1977. *The insects and arachnids of Canada Part 1: Collecting, preparing, and preserving insects, mites, and spiders.* Supply and Services Canada, Hull Quebec Canada

Matsumoto T. 1981. A record of *Sphaerites politus* from Mt. Hidaka, Hokkaidô. *Coleopterist News*, 54: 6 (in Japanese)

Mazur S. 1970. Contribution to the knowledge of Histeridae of Korea (Coleoptera). *Fragmenta Faunistica*, 16: 57-61

Mazur S. 1972a. Systematic and synonymic notes upon certain species of Histeridae (Coleoptera). *Polskie Pismo Entomologiczne*, 42: 137-143

Mazur S. 1972b. Remarks on some new and more interesting tropical Histeridae (Coleoptera). *Annales Zoologici*, 29: 361-379

Mazur S. 1972c. The scientific results of the Hungarian soil expeditions to South America. 22. The species of the family Histeridae (Coleoptera). *Ann. Hist.-Nat. Mus. Hung.*, 64: 183-190

Mazur S. 1973a. Sphaeritidae i gniliki- Histeridae. In: *Klucze do oznaczania owadów Polski, XIX, 11-12.* Warszawa, 1-74

Mazur S. 1973b. Gniliki I przekraski (Histeridae et Cleridae, Coleoptera) w zbiorze Wojciecha Maczynskiego. *Polskie Pismo Entomologiezne*, 43: 705-715

Mazur S. 1975. Contribution to the knowledge of the Histeridae from South India (Coleoptera). *Revue Suisse de Zoologie*, 82: 433-444

Mazur S. 1976. Notes on the genus *Saprinus* (Col., Histeridae). *Polskie Pismo Entomologiezne*, 46: 703-720

Mazur S. 1981. Histeridae-gniliki (Insecta: Coleoptera). In: *Fauna Ploski, 9.* Warszawa. 1-204

Mazur S. 1984a. Description of a new *Margarinotus* species with additional notes about two histerids from Nepal (Col. Histeridae). *Revue Suisse de Zoologie*, 91: 163-167

Mazur S. 1984b. A world catalogue of Histeridae (Coleoptera). *Polskie Pismo Entomologiezne*, 54(3-4): 1-376

Mazur S. 1985. A new speceis of *Hister* and notices of others (Col. Histeridae). *Revue Suisse de Zoologie*, 92: 635-639

Mazur S. 1987a. Description of a new *Pholioxenus* from Morocco with additional histerid notes (Col., Histeridae). *Entomologische Blätter*, 83: 28-32

Mazur S. 1987b. Contribution to the knowledge of the Histeridae of Pakistan (Coleoptera). *Revue Suisse de Zoologie*, 94: 659-670

Mazur S. 1989. Randam studies among the Hiseridae (Coleoptera). *Elytron*, 3: 31-39

Mazur S. 1990. Notes on Oriental and Australian Histeridae (Coleoptera). *Polskie Pismo Entomologiczne*, 59(1989): 743-759

Mazur S. 1991. Histeridae from the Nepal Himalayas, II (Insecta: Coleoptera). *Suttgarter Beiträge zur Naturkunde*, (A)467: 1-12

Mazur S. 1993. Notes on new and little known Oriental Histeridae (Coleoptera). *Revue Suisse de Zoologie*, 100: 211-219

Mazur S. 1994. New histerids from the tropics (Col., Histeridae). *Annals of Warsaw Agricultural University-SGGW Forestry and Wood Technology*, 44(1993): 43-49

Mazur S. 1997. A world catalogue of the Histeridae (Coleoptera: Histeroidea). *Genus International Journal of Invertebrate Taxonomy* (*Supplement*), 1997: 1-373

Mazur S. 1999. Preliminary studies upon the *Platysoma* complex (Coleoptera: Histeridae). *Annals of Warsaw Agricultural University-SGGW Forestry and Wood Technology*, 49: 3-29

Mazur S. 2001. Review of the Histeridae (Coleoptera) of Mexico. *Dugesiana*, 8(2): 17-66

Mazur S. 2003. Two new species of the genus *Margarinotus* Marseul, 1853 (Coleoptera: Histeridae) from Far East. *Baltic Journal of Coleopterology*, 3(2): 161-165

Mazur S. 2004. Histeridae. In: Löbl I and A Smetana (eds.). *Catalogue of Palaearctic Coleoptera. Vol. 2.* Stenstrup: Apollo Books. 68-102

Mazur S. 2005. Notes on some species described in the genus *Hister* L. (Coleoptera: Histeridae). *Baltic Journal of Coleopterology*, 5(2): 79-86

Mazur S. 2006. On some new and little known African Histeridae (Coleoptera). *Mitteilungun aus dem Museumcur Naturkunde in Berlin, Deutsche Entomologische Zeitschrift*, 53(2006) 1: 65-69

Mazur S. 2007a. On new and little known Histerids (Coleoptera: Histeridae) from Taiwan with additional notes on the species composition and zoogeography. *Formosan Entomology*, (2007)27: 67-81

Mazur S. 2007b. Two new Histerids (Coleoptera: Histeridae) from China. *Formosan Entomology*, (2007)27: 169-177

Mazur S. 2008. New records of histerid beetles (Coleoptera: Histeridae) from Taiwan, with description of a new species. *Baltic Journal of Coleopterology*, 8(1): 89-95

Mazur S. 2009. Notes on some species of the genus *Atholus* Thomson, 1859 (Coleoptera: Histeridae) in Taiwan. *Formosan Entomologist*, 29(2): 113-118

Mazur S. 2010a. Faunistic and taxonomic notes upon some histerids (Coleoptera, Histeridae). *Baltic Journal of Coleopterology*, 10(2): 141-146

Mazur S. 2010b. *Hister punctifemur* sp. n., a new hister-species (Coleoptera: Histeridae) from China. *Baltic Journal of Coleopterology*, 10(1): 23-25

Mazur S. 2010c. *Sulcignathos*, a new subgenus of *Pachylister* Lewis, 1904 (Coleoptera: Histeridae). *Annales Zoologici* (*Warsaw*), 60(2): 209-214

Mazur S. 2011a. *A concise catalogue of the Histeridae (Insecta: Coleoptera)*. Warsaw University of Life Sciences-SGGW Press (Warsaw), 332

Mazur, S. 2011b. Review of the Oriental species of the genus *Hister* Linnaeus, 1758 (Coleoptera: Histeridae). *Annales Zoologici* (*Warsaw*), 61(3): 483-512

Mazur S. 2013. On new and little-known histerids (Coleoptera: Histeridae) from Laos with additional notes on species composition and zoogeography. *Entomological Basiliensia et Collectionis Frey*, 34: 179-206

Mazur S and M Ôhara. 2000a. A revision of the tribe Platysomatini (Coleoptera, Histeridae, Histerinae), Part 1: introduction, historical and redescriptions of the Genera *Macrosternus* and *Sternoglyphus*. *Annals of Warsaw Agriculture University- SGGW, Forestry and Wood Technology*, 50: 43-55

Mazur S and M Ôhara. 2000b. A revision of the genera of the tribe Platysomatini (Coleoptera, Histeridae, Histerinae), Part 2: Redescription of the Genera *Microlister* Mazur, 1984, *Theropatina* Lewis, 1905 and

Platybletes Thérond, 1905. *Annales Zoologici*, 50(3): 327-334

Mazur S and M Ôhara. 2003. A revision of the subfamily Saprininae from Thailand (Coleoptera: Histeridae). *Insecta matsumurana, new series*, 60: 1-30

Mazur S and M Ôhara. 2009. Notes on the genus *Eblisia* Lewis, 1899 in relation to Platysomatini, with description of four new genera (Coleoptera: Histeridae). *Studies and Reports of District Museum Prague-East, Taxonomical Series*, 5: 233-248

Mazur S and P Węgrzynowicz. 2008. Notes on the genus *Santalus* Lewis, 1906 and *Pachylister* Lewis, 1904, with the description of *Nasaltus* gen. n. (Coleoptera, Histeridae). *Deutsche Entomologische Zeitschrift*, 55(1): 185-197

Mazur S and Zhou H-Z. 2001. Notes on some Chinese histerids (Col., Histeridae). *Annals of Warsaw Agriculture University-SGGW, Forestry and Wood Technology*, 51: 73-75

Mazur S, M Ôhara and P Kanaar. 2005. Notes on Thai species of the subfamily Saprininae (Coleoptera: Histeridae), with redescription of *Saprinus subustus* Marseul, 1855. *Insecta matsumurana, new series*, 61: 1-9

Meixner J. 1935. Coleoptera. In: Kükenthal W (ed.). *Handbuch der Zoologie, IV, 2. Insecta, 2*. Berlin. Lief. 3: 1133-1244, Lief. 4: 1245-1340, Lief. 5: 1341-1382

Ménétries E. 1832. *Catalogue raisonné des objects de zoologie recueillis dans un voyage au Caucase et jusqu'aux frontieres de la Perse entrepris par ordre de S.M. l'Empereur*. Saint-Pétersbourg: L'Académie Impériale des Sciences. i-ii, 1-217

Ménétries E. 1848. Catalogue des insectes recueillis par feu M. Lehman avec les description des nouvelles espèces. Coléoptères Pentameres. *Mémoires de l'Académie Impériale des Sciences de Saint-Pétersbourg*, (6)8: 17-66

Miwa Y. 1931. Histeridae and Niponiidae. In: A *systematic catalogue of formosan Coleoptera*. Depterment of Agricultrue, Govement Research Institute, Formosa, Japan, Report, 55: 49-58

Miwa Y. 1934. Description of a new species of Niponidae from Formosa. *Transactions of the Nattural History Society of Formosa*, 24: 258

Miwa Y. 1938. *Taxonomy of the Japanese Coleoptera (Nihon-kôchû-bunnrui-gaku)*. Nishigahara-kankôkai, Tokyo. 1-202 (in Japanese)

Moll K E. 1784. Verzeichniss der Salzburger Insekten. IIIte Lieferung. *Neues Magazin für die Liebhaber der Entomologie, herausgegeben von J. C. Fuesslin*, 2: 169-198

Morgan P B, R S Patterson and D E Weidhass. 1983. A life history study of *Carcinops pumilio* Erichson (Coleoptera: Histeridae). *Journal of the Georgia Entomological Society*, 18: 350-353

Motschulsky V. 1845. Remarques sur la collection de Coléoptères Russes. 1er Article. *Bulletin de la Société Impériale des Naturalistes de Moscou*, 18(1-2): 3-127

Motschulsky V. 1849. Coléoptères recus d'un voyage de M. Handschuh dans le midi de l'Espagne, enumerés et suivis de notes. *Bulletin de la Société Impériale des Naturalistes de Moscou*, 22(3): 52-163

Motschulsky V. 1860a. Coléoptères rapportés de la Sibérie orientale et notamment des pays situés sur les bords du fleuve Amour par MM. Schrenck, Maack, Ditmar, Voznessenski etc. In: Schrenck L (ed.). *Reisen und Forschungen im Amur-Lande in den Jahren 1854-1856 im Auftrage der Keiserl. Akademie der Wissenschaften zu St. Petersburg ausgeführt und in Verbindung mit mehreren Gelehrten herausgegeben. Band II. Zweite Lieferung. Coleopteren*. Saint-Petersburg: Eggers and Comp. 80-257

Motschulsky V. 1860b. Insectes du Japon. *Etudes Entomologiques*, 9: 4-39

Motschulsky V. 1863. Essai d'un catalogue des insectes de l'île Ceylan (Suite). *Bulletin de la Société Impériale des Naturalistes de Moscou*, 36: 421-532

Motschulsky V. 1866. Catalogue des insectes reçus du Japon. *Bulletin de la Société Impériale des Naturalistes de Moscou*, 39: 163-200

Müller G. 1925. Le specie europee del genere *Bacanius* Lec. *Studi Entomologici*, 1: 18-20

Müller G. 1931. Note sugli Histeridae della Tripolitania e Tunisia raccolti durante i viaggi organizzati da S.A. Serenissima il principe Alessandro della Torree Tasso. *Memofie della Societa Entomologica Italiana*, 10: 93-104

Müller G. 1933. Spedizione scientifica all'Oasi di Cufra. Histeridae. *Annali del Museo Civico di Storia Naturale Giacomo Doria*, 56(1932-1933): 186-191

Müller G. 1937a. Histeriden-Studien. *Entomologische Blätter*, 33: 97-134

Müller G. 1937b. Namensnderung. *Entomologische Blätter*, 33: 337

Müller G. 1938. Raccolte entomologiche del Dott. Alfredo Andreini in Eritrea. Histeridae (Coleopt.). *Bollettino della Società Entomologica Italiana*, 70: 165-175

Müller G. 1944. Nuovi coleotteri dell'Africa orientale. Terza serie. *Atti del Museo Civico di Storia Naturale, Trieste*, 15: 133-145

Müller G. 1946. Entomological expedition to Abyssinia, 1926-1927: Coleoptera, Histeridae. *The Annals and Magazine of Natural History*, (11)13: 521-543

Müller G. 1960. Ricerche coleotterologiche sul litorale ionico della Puglia, Lucania et Calabria, campagne 1956-1957-1958. VI. Col., Histeridae. *Bollettino della Società Entomologica Italiana*, 90, 7-8: 136-140

Müller J. 1899. Histeridae Dalmatiae. *Wiener Entomologische Zeitung*, 18: 149-155

Müller J. 1900. Über neue und bekannte Histeriden. *Wiener Entomologische Zeitung*, 19: 137-142

Müller J. 1902. Kleine Beiträge zur Kenntnis der Histeriden. *Münchener Koleopterologische Zeitschrift*, 1: 218-220

Müller J. 1908a. Über die europäischen *Hister*-Arten der VI. Schmidt'schen Gruppe. *Entomologische Blätter*, 4: 114-121

Müller J. 1908b. Coleopterologische Notizen. VIII. *Wiener Entomologische Zeitung*, 27: 235-239

Müller J. 1908c. Kleinere Beiträge zur Kenntnis der Histeriden. *Münchener Koleopterologische Zeitschrift*, III: 336-340

Müller O F. 1776. *Zoologia Danicae Prodoromus, seu animalium Daniae et Norvegiae indigenarum characteres, nomina, et synonyma imprimis popularium*. Hafniae: Hallager. i-xxxii, 1-282

Nakane T. 1963. Histeridae. In: Nakane T, Ohbayashi K, Nomura S and Y Kurosawa (eds.). *Iconographia Insectorum Japonicorum Colore naturali edita, 2 (Coleoptera)*. Tôkyô: Hokuryûkan. 67-70, pls. 34-35 (in Japanese)

Nakane T. 1981. Histerid beetles hitherto recorded from Kyushu, Japan. *Trans. biol. Soc. Nagasaki*, (21): 7-10 (in Japanese)

Naomi S. 1987a. Comparative morphology of the Staphylinidae and the allied groups (Coleoptera, Staphylinoidea). I. Introduction, head sutures, eyes and ocelli. *Kontyû, Tôkyô*, 55(3): 450-458

Naomi S. 1987b. Comparative morphology of the Staphylinidae and the allied groups (Coleoptera, Staphylinoidea). II. Cranial structure and tentorium. *Kontyû, Tôkyô*, 55(4): 666-675

Naomi S. 1988a. Comparative morphology of the Staphylinidae and the allied groups (Coleoptera, Staphylinoidea). III. Antennae, Labrum and mandibles. *Kontyû, Tôkyô*, 56(1): 67-77

Naomi S. 1988b. Comparative morphology of the Staphylinidae and the allied groups (Coleoptera, Staphylinoidea). IV. Maxillae and Labium. *Kontyû, Tôkyô*, 56(2): 241-250

Naomi S. 1988c. Comparative morphology of the Staphylinidae and the allied groups (Coleoptera, Staphylinoidea). V. Cervix and prothorax. *Kontyû, Tôkyô*, 56(3): 506-513

Naomi S. 1988d. Comparative morphology of the Staphylinidae and the allied groups (Coleoptera, Staphylinoidea). VI. Mesothorax and metathorax. *Kontyû, Tôkyô*, 56(4): 727-738

Naomi S. 1989a. Comparative morphology of the Staphylinidae and the allied groups (Coleoptera, Staphylinoidea). VII. Metendosternite and wings. *Japanese Journal of Entomology*, 57(1): 82-90

Naomi S. 1989b. Comparative morphology of the Staphylinidae and the allied groups (Coleoptera, Staphylinoidea). VIII. Thoracic legs. *Japanese Journal of Entomology*, 57(2): 269-277

Naomi S. 1989c. Comparative morphology of the Staphylinidae and the allied groups (Coleoptera, Staphylinoidea). IX. General structure, lateral plates, stigmata and 1st to 7th segments of abdomen. *Japanese Journal of Entomology*, 57(3): 517 -526

Naomi S. 1989d. Comparative morphology of the Staphylinidae and the allied groups (Coleoptera, Staphylinoidea). X. Eighth to 10th segments of abdomen. *Japanese Journal of Entomology*, 57(4): 720-733

Naomi S. 1990. Comparative morphology of the Staphylinidae and the allied groups (Coleoptera, Staphylinoidea). XI. Abdominal glands, male genitalia and female spermatheca. *Japanese Journal of Entomology*, 58(1): 16-23

Newton A F. 1991. [replacement name]. In: Johnson S A, Lundgren R W, Newton A F, Thayer Margaret K, Wenzel R L, Wenzel Mary R (eds.). Mazur's catalogue of Histeridae: emendations, replacement names for homonyms, and an index. *Polskie Pismo Entomologiczne*, 61(2): 1-100

Newton A F. 2000. Family 14. Sphaeritidae Shuckard, 1839. In: Arnett R H and M C Thomas (eds.). *American Beetles. Volume 1. Archostemata, Myxophaga, Adephaga, Polyphaga: Staphyliniformia.* CRC Press, Boca Raton, London, New York and Washington D C. 209-211

Newton A F. 2015. Histeridae. In: Löbl et Löbl, 2015. *Catalogue of Palaearctic Coleoptera. Vol. 2. Hydrophiloidea - Staphylinoidea. Revised and Updated Edition.* Brill, Leiden & Boston, pp. 2-4

Nikitsky N B. 1976. On the morphology of a larva *Sphaerites glabratus* and the phylogeny of Histeridae. *Zool. Jour. (Moscow)*, 55(4): 531-537 (in Russian)

Nishikawa M. 1995. Notes on Chlamydopsinine histerid beetles of Japan, with description of a new species. *Elytra*, 23(2): 257-261

Nishikawa M. 1996. On the *Eucuritiopsis* Silvestri (Coleoptera, Histeridae) occurring in Japan and Taiwan. *Kanagawa-Chuho, Odawara*, (113): 7-11 (in Japanese)

Normand H and J Thérond. 1952. Nouveaux Histérides (Saprinini) d'Afrique du Nord. *Revue Française d'Entomologie*, 19: 175-178

Ôhara M. 1986. On the genus *Platysoma* from Japan (Coleoptera, Histeridae). *Papers on Entomology Presented to Prof. Takehiko Nakane in Commemoration of His Retirement*, Tokyo, 91-106

Ôhara M. 1989a. On the species of the genus *Margarinotus* form Japan (Coleoptera, Histeridae). *Insecta Matsumurana*, 41(N. S.): 1-50

Ôhara M. 1989b. Notes on six histerid beetles from Southern Asia (Coleoptera, Histeridae). *Insecta Matsumurana*, 42 (N. S.): 31-46

Ôhara M. 1991a. Redescription of the Japanese species of the genus *Hololepta* (Coleoptera, Histeridae), Part

1. *Elytra*, 19(1): 101-110

Ôhara M. 1991b. Redescription of the Japanese species of the genus *Hololepta* (Coleoptera, Histeridae), Part 2. *Elytra*, 19(2): 235-242

Ôhara M. 1992a. A revision of the genus *Merohister* from Japan (Coleoptera, Histeridae), Part 1. *Japanese Journal of Entomology*, 60(2): 377-389

Ôhara M. 1992b. A revision of the genus *Merohister* from Japan (Coleoptera, Histeridae), Part 2. *Japanese Journal of Entomology*, 60(3): 495-501

Ôhara M. 1992c. A revision of the Japanese species of the genus *Atholus* (Coleoptera, Histeridae), Part 1. *Elytra*, 20(2): 167-182

Ôhara M. 1993a. A revision of the Japanese species of the genus *Atholus* (Coleoptera, Histeridae), Part 2. *Elytra*, 21(1): 135-150

Ôhara M. 1993b. Notes on the family Histeridae form eastern Hokkaido. *Memories of the National Science Museum*, (26): 101-110

Ôhara M. 1993c. Notes on *Eblisia satzumae* (Lewis) (Coleoptera: Histeridae). *Satsuma*, 42(108): 1-8 (in Japanese)

Ôhara M. 1994. A revision of the superfamily Histeroidea of Japan (Coleoptera). *Insecta Matsumurana*, 51(N. S.): 1-283

Ôhara M. 1996. Taxonomic note on the superfamily Histeroidea, III. *Coleopterists news*, 115: 1-10 (in Japanese)

Ôhara M. 1998. Taxonomic note on the superfamily Histeroidea, IX. *Coleopterists news*, 122: 1-3 (in Japanese)

Ôhara M. 1999a. A revision of the superfamily Histeroidea of Japan (Coleoptera), Supplementum 1. *Insecta Matsumurana*, 55(N. S.): 75-122

Ôhara M. 1999b. A revision of the tribe Histerini (Coleoptera) in Taiwan. *Insecta Matsumurana*, 56(N. S.): 3-50

Ôhara M. 2003. Notes of Taiwanese species of the genus *Saprinus* (Coleoptera: Histeridae), with redescriptions of *S. optabilis* and *S. splendens*. *Insecta matsumura, new series*, 60: 31-41

Ôhara M. 2008. Notes on the genus *Teretrius* Erichson, 1834 (Coleoptera: Histeridae) from Taiwan. *Special Publication of the Japan Coleopterological Society*, 2: 83-99

Ôhara M and J C Paik. 1998. Notes on the Histerid beetles of Korea (Coleoptera: Histeridae), with description of two new species and redescription of three species. *Insecta Matsumurana*, 54(N. S.): 1-32

Ôhara M and J K Li. 1988. Some records of Histeridae from Continental China (Coleoptera) (I). *The Entomological Review of Japan*, 43(1): 96

Ôhara M and S Mazur. 2000. A revision of the genera of the tribe Platysomatini (Coleoptera, Histeridae, Histerinae), Part 3: Redescriptions of *Althanus, Caenolister, Idister, Diister, Placodes, Plaesius, Hyposlenus* and *Aulacosternus*. *Insecta matsumura, new series*, 57: 1-37

Ôhara M and S Mazur. 2002. A revision of the tribe Platysomatini (Coleoptera, Histeridae, Histerinae). Part 4: Redescriptions of the type species of *Heudister, Platysoma, Cylister, Cylistus, Nicotikis, Mesostrix* and *Desbordesia*. *Insecta Matsumurana*, 59(N. S.): 1-28

Ôhara M and T Nakane. 1986. On the genus *Onthophilus* from Japan (Coleoptera: Histeridae). *Insecta Matsumurana*, 35(N. S.): 1-15

Ôhara M and T Nakane. 1989. Redescription of two Japanese histerid belonging to the tribe Exosternini

(Coleoptera, Histeridae). *Japanese Journal of Entomology*, 57(2): 283-294

Ôhara M, S Mazur, K Mizota and M Mohamed. 2001. Records of the histerid beetels (Coleoptera: Histeridae) at the Crocker Range Parks, Sabah, East Malaysia - A report of the Scientifid Expedition to the Crocker Range, Sabah, Malaysia (Crocker XPDC '99). *Nature and Human Activities*, 6: 59-63

Oke C. 1923. Notes on the Victorian Chlamydopsinae, with descriptions of new species. *Victorian Naturalist*, 49: 152-162

Olexa A. 1964. Deux nouveaux cas de variabilité dans le genre *Hister* L. (Coleoptera). *Bulletin de la Société Entomologique de Mulhouse*, 1964: 49

Olexa A. 1982a. Revision der paläarktischen Arten der Gattung *Anapleus* (Coleoptera, Histeridae). *Acta Entomologica Bohemoslovaca*, 79: 37-45

Olexa A. 1982b. *Atholus (Euatholus) khnzoriani* sp. n. aus Armenien, nebst Bemerkungen zur Systematik und Bionomie der Histerini (Coleoptera, Histeridae). *Acta Entomologica Bohemoslovaca*, 79: 196-206

Olexa A. 1992a. Bemerkungen zu einigen Arten der Gattung *Gnathoncus* Jacq. Du Val, 1858 (Insecta, Coleoptera: Histeridae). *Reichenbachia*, 29: 45-50

Olexa A. 1992b. Neue Art der Gattung *Saprinus* Er. (Coleoptera, Histeridae). *Folia Heyrovskyana*, 1(2): 7-9

Olivier A G. 1789. *Entomologie, ou histoire naturelle des Insectes, avec leurs caracteres génériques et spécifiques, leur description, leur synonymie, et leur figure enluminée. Coléoptères. Tome premier. No. 8. Escarbot Hister.* Paris: de Baudouin. 1-19

Olliff S. 1883. Remarks on a small collection of Clavicorn Coleoptera from Borneo, with descriptions of new species. *The Transactions of the Entomological Society of London*, 31: 173-186

Olson A. 1950. Ground squirrels and horned larks as predators upon grunion eggs. *California Fish and Game*, 36: 323-327

Ôsawa S. 1952. On some species of Histeridae from Japan and its adjacent district (Col.). *The Entomological Review of Japan*, 6: 4-6

Ôsawa S and T Nakane. 1951. Studies on Japanese Histeridae (1)- Histeridae of Noziri- (N. Shinano, Japan). *Bulletin of Takarazuka Insectarium*, (79): 1-10 (in Japanese)

Panzer G W. 1797. *Faunae Insectorum Germanicae inita oder Deutschlands Insecten.* Vierter Iahrgang. Heft 37. Nürnberg: Felssecker. 1-24, pls. 1-24

Paykull G. 1798. *Fauna Suecica. Insecta. Tomus I.* Upsaliae, J. F. Edman. 1-358

Paykull G. 1811. *Monographia Histeroidum.* Upsaliae, Stenhammar and Palmblad. 1-114

Penati F and Zhang Y-J. 2009. Megagnathos terrificus, new Platysomatini genus and species from Laos. *Annali del Museo Civico di Storia Naturale "Giacomo Doria"*, 100: 671-682

Péringuey L. 1888. First contribution to the South-African coleopterous fauna. *Transactions of the South African Philosophical Society*, 1885: 3-83

Peyerimhoff P M de Fontenelle. 1936. Les *Saprinus sabulicoles* du Nord de l'Afrique. *Bulletin de la Société Royale Entomologique d'Égypte*, 20: 213-228

Portevin G. 1929. Histoire naturelle des Coléoptères de France. Tome I. Adephaga. - Polyphaga: Staphylinoidea. *Encyclopédie entomologique. Serie A. Tome XII.* Paris: P. Lechevalier, i-x, 1-649

Quensel C. 1806. [new taxa]. In: Schönherr C J.: *Synonymia Insectorum, oder Versuch einer Synonymie aller bisher bekannten Insecten; nach Fabricii Systema Eleutheratorum geordnet, mit Berichtigungen und Anmerkungen wie auch Beschreibungen neuer Arten. Erster Band. Eleutherata oder Käfer. Erster Theil. Lethrus...Scolytes.* Stockholm: A. Nordström, xxii+293 pp

Rafinesque C S. 1815. *Analyse de la nature ou tableau de l'univers et des corps organiss.* Palermo. 1-224

Reclaire A and P Wiel. 1936. Bijtrage tot de kennis der Nederlandschen Kevers, II. *Entomologische Berichten (Amsterdam)*, 9: 228-239

Redtenbacher L. 1844. Aufzählung und Beschreibung der von Freiherrn Carl von Hügel auf seiner seiner Reise durch Kaschmir und das Himalayagebirge gesammelten Insecten. In: Hügel C.: *Kaschmir und das Reich der Siek. Vol. 4, part 2.* Stuttgart: Halberger, p. 393-564, 582-585

Redtenbacher L. 1849. *Fauna Austriaca. Die Käfer. Nach der analytischen Methode bearbeitet.* Wien: C. Gerold. i-xxvii, 1-883

Redtenbacher L. 1858. *Fauna Austriaca. Die Käfer. Nach der analytischen Methode bearbeitet. Zweite, gänzlich umgearbeitete, mit mehreren Hunderten von Arten und mit der Charakteristik sämmtlicher europischen Käfergattungen vermehrte Auflage.* Wien: C. Gerold's Sohn. 129-976

Reichardt A N. 1921. Zhuki-karapuzike (Histeridae) Petrogradskoj gubernii. In: *Fauna Petrogradskoj gubernii.* Petersburg, Gosudarstvennoe Izd. 2(4): 1-45

Reichardt A N. 1922a. Über einige Histeridentypen von Méntéries, nebst einer Übersicht der mit *Hister castaneus* Mén. vervandten Arten (Coleoptera). *Russkoe Entomologicheskoe Obozrenie*, 18: 49-52

Reichardt A N. 1922b. Novae species generis *Hister* L. (Coleoptera, Histeridae) e Rossia asiatica. *Ezhegodnik Zoologichekogo Museya Akademii Nauk*, 23(1918-1922): 507-511

Reichardt A N. 1923. Was ist *Saprinus concinnus* auctorum? *Entomologische Mitteilungen*, 12: 235-244

Reichardt A N. 1925a. Zur Kenntnis der Histeridenfauna der Kirghisensteppe un des Altai. *Entomologische Blätter*, 21: 108-113

Reichardt A N. 1925b. De specie nova secunda generis *Dendrophilopsis* Schm. (Coleoptera, Histeridae). *Russkoe Entomologicheskoe Obozrenie*, 19: 61-62

Reichardt A N. 1926a. Zametki o palearkticheskich Histeridae (Coleoptera). I. *Russkoe Entomologicheskoe Obozrenie*, 20: 269-274

Reichardt A N. 1926b. Über die mit *Pachylopus* Er. verwandten Arten. *Entomologische Blätter*, 22: 12-18

Reichardt A N. 1929. Über Vertreter der Gattung *Niponius* (Coleoptera, Histeridae) in der russischen Fauna. *Russkoe Entomologicheskoe Obozrenie*, 23: 273-275

Reichardt A N. 1930a. De Histeridis (Coleoptera) novis faunae palearcticae. *Ezhegodnik Zoologicheskogo Muzeya Akademii Nauk*, 30(1929): 285-304

Reichardt A N. 1930b. Zametki o palearkticheskich Histeridae (Coleoptera) II. *Russkoe Entomologicheskoe Obozrenie*, 24: 46-55

Reichardt A N. 1930c. Zhuki sem. Histeridae. *Trudy Pamirskoy ekspedicii 1928 g.* (Zoologia) 2: 1-26

Reichardt A N. 1932a. Beiträge zu einer Monographie der Saprininae (Coleoptera, Histeridae). *Mitteilungen aus dem Zoologischen Museum in Berlin*, 18(1): 1-164

Reichardt A N. 1932b. Liste des Histérides, racoltés en 1930 à Ténasserim par le Dr. J W Helfer et conservés au Muséum National de Prague. *Sborník Entomologického Oddeleni Národního Musea v Praze*, 10: 113-124

Reichardt A N. 1933a. Über einige exotische Histeriden (Col.). *Acta Entomologica Musei Nationalis Pragae*, 11: 82-86

Reichardt A N. 1933b. Übersicht der palaearktischen Arten der Gattung *Onthophilus* Leach (Col., Hister.). *Sborník Entomologického Oddeleni Národního Musea v Praze*, 11: 137-144

Reichardt A N. 1936. Schwedisch-chinesische wissenschaftliche Expedition nach den nordwestlichen

Provinzen Chinas, unter Leitung von Dr. Sven Hedin und Prof. S Ping-Chang. Insekten gesammelt vom schwedischen Arzt der Expedition Dr. David Hummel 1927-1930. 39. Coleoptera. 7. C. Histeridae. *Arkiv for Zoologi*, 27A, No. 19: 6

Reichardt A N. 1938. Description des Histerides (*Coleoptera*) nouveaux avec remarques sur quelques espèces connues. *Russkoe Entomologicheskoe Obozrenie*, 27: 234-238

Reichardt A N. 1941. Sem. Sphaertidae i Histeridae (chast' 1). In: *Fauna SSSR, Nasekomye zhestkokrylye, V, 3*. Moskva-Leningrad: Izd. Akademii Nauk SSSR. i-xiii, 1-419

Reichardt A N and O L Kryzhanovskij. 1964. K faune zukov sem. Histeridae (Coleoptera) jugo-vostocnogo Kitaja. *Russkoe Entomologicheskoe Obozrenie*, Moskva-Leningrad, 43: 170-174

Reichensperger A. 1925. Weitere Histeriden-Beiträge. *Entomologische Mitteilungen*, 14: 351-357

Reitter E. 1875 (1876). Bestimmungstabellen der Coleoptera. *Verhandlungen des naturforschendes Vereins in Brünn*. 14: 18-23

Reitter E. 1879. Verzeichniss der von H Christoph in Ost-Sibirien gesammelten Clavicornen, etc. *Deutsche Entomologische Zeitschrift*, 23: 209-226

Reitter E. 1884. Diagnosen neuer Coleopteren aus Lenkoran. *Verhandlungen des Naturforschenden Vereins in Brünn*, 22(1883): 3-10

Reitter E. 1885. Bestimmungs-Tabellen der europäischen Coleopteren. XII. Necrophaga. *Verhandlungen des Naturforschenden Vereins in Brünn*, 23: 3-122

Reitter E. 1886. Über die mit *Abraeus* Leach verwandten Coleopteren-Gattungen. *Wiener Entomologische Zeitung*, 5: 271-274

Reitter E. 1887. Insecta in itinere Cl. N. Przewalskii in Asia Centrali novissime lecta. VI. Clavicornia, Lammelicornia et Serricornia. *Horae Societatis Entomologicae Rossicae*, 21: 201-234

Reitter E. 1889. Insecta a Cl. G. N. Potanin in China et in Mongolia novissime lecta. VIII. Clavicornia, Hydrophilidae, Bruchidae. *Trudy Russkago Entomologicheskago Obshchestva*, 23: 555-653

Reitter E. 1896. Übersicht der mir bekannten *Gnathoncus* Arten der palaearctischen Fauna. *Entomologische Nachrichten*, 22: 306-308

Reitter E. 1904. Über neue und wenig bekannte Histeriden (Coleoptera). *Wiener Entomologische Zeitung*, 23: 29-36

Reitter E. 1906. Histeridae. In: Heyden L von, Reitter E and J Weise (eds.). *Catalogus Coleopterorum Europae, Caucasi et Armeniae Rossicae*. Editio secunda. Berlin: R. Friedländer and Sohn, Paskau: E. Reitter, Caen: Revue d'Entomologie. i-vi, 1-775

Reitter E. 1909. *Fauna Germanica. Die Käfer des Deutschen Reiches. Nach der analytischen Methode bearbeitet. II Band. Schriften des Deutschen Lehrervereins für Naturkunde. 24*. Stuttgart: K. G. Lutz. 1-392

Reitter E. 1910. Über *Hister stercorarius* Hoffm. und Götzelmanni Bickh. nebst der Beschreibung einer neuen mit diesen verwandten Art. *Wiener Entomologische Zeitung*, 29: 37-38

Rey C. 1888. Remarques en passant. Tribu des fracticornes ou Histérides. *L'Échange, Revue Linnéenne*, 4(47): 4

Rosenhauer W G. 1847. *Beiträge zur Insekten-Fauna Europas. Erstes Bändchen; enthält die Beschreibung von sechzig neuen Käfern aus Bayern, Tyrol, Ungran, etc., so wie die Käfer Tyrols, nach dem Ergebnisse von vier Reisen zusammengestellt*. Erlangen: T. Blaesing. i-x, 1-159

Ross E. 1937. A new species of *Dendrophilus* from California (Coleoptera, Histeridae). *Pan-Pacific*

Entomologist, 13: 67-68

Ross E. 1940. A preliminary review of the North American species of *Dendrophilus* (Coleoptera, Histeridae). *Bulletin of the Brooklyn Entomological Society*, 35: 103-108

Rossi P. 1790. *Fauna Etrusca sistens insecta quae in provinciis Florentina et Pisana praesertim collegit*. Tomus I. Liburni: T. Masi and Sociorum. i-xxii, 1-272

Rossi P. 1792. *Mantissa Insectorum exhibiens species nuper in Etruria collectas, adiectis faunae Etruscae illustrationibus, ac emendationibus*. Pisis: Polloni. 1-148

Roubal J. 1925. Encore deux nouvelles var. de *Hololepta plana* Füessly. *Miscellanea Entomologica*, 28: 89

Roubal J. 1926. *Saprinus semistriatus* Scriba a. *pacoviensis* m. *Časopis České Společnosti Entomologické*, 23: 94-95

Roubal J. 1937. Description de quelques nouveats colopterologiques. *Miscellanea Entomologica*, 40: 14-15

Roubal J. 1943. Popisy nových Coleopter z Čech a Slovenska. *Časopis České Společnosti Entomologické*, 40: 57-59

Roubal J and K Labler. 1933. *Seznam brouku Republiky Ceskoslovenske. Catalogus Coleopterorum Cechoslovakiae. 3. Histeridae*. Mrsnici, Praha. 3-59

Roughley R E, Xie W and Yu P. 1998. Amphizoidae: description of *Amphizoa smetanai* sp. n. and supplementary description of *A. davidi* Lucas (Coleoptera). In: Jäch M A and L Ji (eds.). *Water beetles of China, Volume 2*. Wien. 123-129

Sahlberg C R. 1819. Pars 2-4. *Insecta Fennica enumerans, dissertationibus academicis*, a. 1817-1834 editis. Tomus I. Helsingfors: J. C. Frenckel. 9-56

Sahlberg J R. 1913. Coleoptera mediterranea orientalia, quae in Aegypto Palestina, Syria, Caramania atque in Anatolia occidentali anno 1904 collegerunt John Sahlberg et Unio Saalas. *Öfversgit af Finska Vetenskaps-Societetens Förhandlingar*, (A) 55(19): 1-281

Sallé A. 1873. Description et Figure de Cinq Especes de Coléoptères Mexicains. *Revue et Magazin de Zoologie*, (3)I: 12-13

Saulnier C. 1947. Quelques mots au sujet de *Saprinus aspernatus* Leprieur (Col., Histeridae). *Miscellanea Entomologica*, 44: 33-34

Sawada K. 1988. Records of histerid beetles from Miayke-jima, Izu Isls, Japan. *Gekkan Mushi*, 205: 40 (in Japanese)

Sawada K. 1994. New myrmecophilous Coleoptera in Nepal and Japan (Histeridae & Staphylinidae). *Contributions from the Biological Laboratory Kyoto University*, 28: 357-365

Say Th. 1825. Description of new species of *Hister* and *Hololepte*, inhabiting the United States. *Journal of the Academy of Natural Sciences of Philadelphia*, 5: 32-47

Schatzmayr A. 1911. Die Koleopteren-Fauna der Villacheralpe. *Verhandlungen der k.k.zoologisch-botanischen Gesellschaft in Wien*, 49: 210-220

Schenkling S. 1931. Niponiidae. In: Junk W and S Schenkling (eds.). *Coleopterorum Catalogus 117*. Berlin. 1-2

Schilsky J. 1908. Neue märkische Käfer und Varietäten aus der Gegend von Luckewnwalde. *Deutsche Entomologische Zeitschrift*, 1908: 599-604

Schleicher H. 1930. Neue Histeriden und Bemerkungen zu bekannten. *Verhandlungen des Naturwissenschaftlichen Vereins in Hamburg*, 21(1929): 132-137

Schleicher H. 1932. Ein neuer *Saprinus* aus China. *Entomologisches Nachrichtenblatt*, 6: 60-62

Schmidt J. 1884a. Einige Bemerkungen über Histeriden. *Deutsche Entomologische Zeitschrift*, 28: 236-238

Schmidt J. 1884b. Drei neue europäische Histeriden. *Wiener Entomologische Zeitung*, 3: 9-10

Schmidt J. 1884c. Nachträge und Beichtigungen zum Catalogus Coleopterorum von M Gemminger und E v Harold, betreffend die Familie der Histeridae. *Berliner Entomologische Zeilsihrift*, 28: 147-160

Schmidt J. 1885a. Zwei neue europäische Histeriden und Bemekungen zur Synonymie dieser Familie. *Deutsche Entomologische Zeitschrift*, 29: 237-242

Schmidt J. 1885b. Beitrag zur Kenntnis der Histeriden. *Deutsche Entomologische Zeitschrift*, 29: 440-444

Schmidt J. 1885c. Bestimmungstabellen der europäischen Coleopteren. XIV. *Histeridae. Berliner Entomologische Zeilsihrift*, 29: 279-330

Schmidt J. 1886. [new taxa]. In: Heyden L and G Kraatz. Beiträge zur Coleopteren-Fauna von Turkestan, namentlich des Altai-Gebirges, unter Beihilfe der Herren Dr. Candéze, Ganolbauer, Dr. Stierlin und Weise. *Deutsche Entomologische Zeitschrift*, 30: 177-194

Schmidt J. 1888. Neue Histeriden. *Horae Societatis Entomologicae Rossicae*, 22: 189-191

Schmidt J. 1889a. Eine blaue *Hololepta. Entomologische Nachrichten*, 15: 70-73

Schmidt J. 1889b. Neue Arten der Gattung *Hister. Entomologische Nachrichten*, 15: 85-96

Schmidt J. 1889c. Neue Histeriden (Coleoptera). *Entomologische Nachrichten*, 15: 361-373

Schmidt J. 1889d. Neue und bekannte Histeriden aus dem europaischen und asiatischen Russland. *Horae Societatis Entomologicae Rossicae*, 24: 1-20

Schmidt J. 1890a. Neue Histeriden (Coleoptera). *Entomologische Nachrichten*, 16: 39-46, 50-57

Schmidt J. 1890b. Neue und bekannte Histeriden aus dem europäischen und asiatischen Russland. *Horae Societatis Entomologicae Rossicae*, 24(1899-1890): 1-20

Schmidt J. 1890c. Beitrag zur Kenntniss der Histeriden. *Notes from the Leyden Museum*, 12: 13-14

Schmidt J. 1892. Neue Histeriden (Coleoptera). *Entomologische Nachrichten*, 18: 17-30

Schmidt J. 1893a. Neue Histeriden. *Entomologische Nachrichten*, 19: 5-16

Schmidt J. 1893b. Viagio di Lamberto Loria nella Papuasia Orientale. VIII. Histeridae. *Annali del Museo Civico di Storia Naturale di Genova*, (2) 13(33): 231-240

Schmidt J. 1895. Notes critiques sur les Histérides des Iles Canaries avec observations synonymiques. *Abeille*, 28(1892-1896): 175-179

Schmidt J. 1897. Histeridae auf Sumatra gesammelt von Dr. E Modigliani. *Annali del Museo Civico di Storia Naturale di Genova*, (2) 17(37): 285-300

Schönherr C J. 1806. *Synonymia Insectorum, oder Versuch einer Synonymie aller bisher bekannten Insecten; nach Fabricii Systema Eleutheratorum geordnet, mit Berichtigungen und Anmerkungen wie auch Beschreibungen neuer Arten und Illuminirten Kupfern. Erster Band. Eleutherata oder Kafer. Erster Theil. Lethrus … Scolytes.* Stockholm. i-xxii, 1-289

Schrank F P. 1798. *Fauna Boica. Durchgedachte Geschichte der in Baiern einheimischen und zahmen Thiere. Erster Band.* Nürnberg: Stein'schen Buchhandlung, xii+720 pp

Schrank F P. 1781. *Enumeration Insectorum Austriae Indigenorum.* Augustae Vindelicorum: E. Klett and Frank. 1-24, 1-548

Scopoli L A. 1763. *Entomologia Carniolica exhibiens Insecta Carnioliae indig-ena et distributa in ordines genera, species, varietates. Methodo Linnaeana.* Vindobonae: IoannisThomae Trattner. 1-36, 1-420

Scriba L G. 1790. Verzeichniss der Insekten in der Darmstädter Gegend. *Beiträge zu der Insekten-Geschichte herausgegeben von L.G. Scriba*, 1(1): 40-73

Secq M and T Yélamos. 1993. Propuesta de invalidación del subgnero *Izpaniolus* (Col.: Histeridae: Chalcionellus). *Revta. Aragon. Entomol.*, 3: 25-26

Seidlitz G K M von. 1875. *Fauna Baltica. Die Käfer (Coleoptera) der Ostseeprovinzen Russlands*. Dorpat: H. Laakmann. i-xlii, 1-142, 1-560

Seidlitz G K M von. 1891. *Fauna Transsylvanica. Die Käfer (Coleoptera) Siebenbürgens*. Königsberg: Hartungsche Verlagsdruckerei. i-lvi, 1-914

Sengupta T and T K Pal. 1995. Further observations on the family Rhizophagidae with descriiptions of seven new genera. *Mitteilungen aus dem Zoologischen Museum in Berlin*, 71: 129-146

Sharp D S. 1876. Description of some new genera and species of New Zerland Coleoptera. *The Entomologist's Monthly Magazine*, 13(1876-87): 20-28

Sharp D S. 1885. [new taxa]. In: Blackburn T and D S Sharp. Memoirs on the Coleoptera of the Hawaiian Island. *The Scientific Transactions of the Royal Dublin Society*, (2)3: 119-197

Sharp D S. 1891. Synteliidae. In: *Biologia centrali-americana. Coleoptera, II*. 1: 438-440

Sharp D S. 1899. Volume VI. Insects. Part II. Hymenoptera continued (Tubulifera and Aculeata), Coleoptera, Strepsiptera, Lepidoptera, Diptera, Aphaniptera, Thysanoptera, Hemiptera, Anoplura. In: Harmer S F and A E Shipley (eds.). *The Cambridge natural history*. Macmillan, London. i-xii, 1-626

Sharp D S and F Muir. 1912. The comparative anatomy of the male genital tube in Coleoptera. *The Transactions of the Entomological Society of London*, 1912(3): 477-642

Shuckard W E. 1839. *Elements of British Entomology, containing a General Introduction to the Science, a Systematic Description of all the Genera, and a List of all the Species of British Insects, with a History of their Transformation, Habits, Economy, ... Part 1*. 240 pp. Hippolyte Baillière, London.

Silvestri F. 1926. Descrizione di une nuovi generi di coleotteri mirmecofili dell'Estremo Oriente. *Bollettino del Laboratorio di Zoologia Generale e Agraria della R. Scuola Superiore d'Agricoltura in Portici*, 19: 261-268

Ślipiński S A and S Mazur. 1999. *Epuraeosoma*, a new genus of Histerinae and phylogeny of the family Histeridae (Coleoptera, Histeroidea). *Annales Zoologici (Warszawa)*, 49(3): 209-230

Solskiy S M. 1876. Zhestkokrylya (Coleoptera) tetrad vtoraya. In: Fedtshenko A P (ed.). Puteshestvie v Turkestan, t. 2, tsh. 5, tetr. 2. *Izvestiya Imperatorskago Obshchestva Lyubiteley Eestestvoznaniya, Antropologii i Etnografii*, 21(1): 223-398

Stephens J F. 1829. *The nomenclature of British Insects; being a compedious list of such species as are contained in the systematic catalogue of british Insects, and froming a guide to their classification, etc. etc*. London: Baldwin and Cradock. 1-68

Stephens J F. 1830. *Illustrations of British Entomology; or, a synopsis of indigenous insects: containing their generic and specific distinctions; with an account of their metamorphoses, times of appearance, localities, food, and economy, as far as practicable. Mandibulata. III*. London: Baldwin and Cradock. 1-380

Stephens J F. 1835. *Illustrations of British Entomology; or, a synopsis of indigenous insects: containing their generic and specific distinctions; with an account of their metamorphoses, times of appearance, localities, food, and economy, as far as practicable. Mandibulata, V*. London: Baldwin and Cradock. 385-432

Stephens S A. 2003. *An Overview of the Coleopteran Family Histeridae and its Significance to Forensic Entomology*. http://www.beetlelady.com/?page_id=7

Steven C. 1806. Decas Coleopterorum Rossiae meridionalis nondum descriptorum. *Mémoires de la Société Impériale des Naturalistes de Moscou*, 1: 155-167

Stockmann S. 1957. Beiträge zur Kenntnis der Koleopterenfauna Ostfennoskandiens. 5. Die *Gnathoncus*-Arten Ostfennoskandiens. *Notulae Entomologiscae*, 37: 67-76

Struble G R. 1930. The biology of certain Coleoptera asssociated with bark beetles in western yellow pine. *University of California Publications in Entomology*, 5: 105-134

Sturm J. 1805. *Deutschlands Fauna in Abbildungen nach der Natur mit Beschreibungen. V. Abtheilung. Die Insecten. Erstes Bändchen. Käfer.* Nürnberg: J. Sturm. 1-10, i-xxxxiiii, 1-271

Sturm J. 1826. *Catalog meiner Insecten-Sammlung. Erster Theil. Käfer.* Nürnberg: J. Sturm. i-viii, 1-207

Subramanyam B and D W Hagstrum. 1996. *Integrated Management of Insects in stored products.* Marcel Dekker Inc. New York. 1-426

Suffrian E. 1855. Synonymische Miscellaneen. *Entomologische Zeitung*, 16: 142-150

Sulzer J H. 1776. *Abgekürzte Geschichte der Insecten nach dem Linaeischen System. [I]-[II].* Winterthur: H. Steyner and Comp. i-xxviii, 1-274, 1-72

Summerlin J W and G T Fincher. 1988. Laboratory observations on the life cycle of *Hister nomas* (Coleoptera: Histeridae). *Journal of Entombgical Science*, 23: 124-130

Summerlin J W, D E Bay and R L Harris. 1982. Seasonal distribution and abundance of Histeridae collected from cattle dropings in South Central Texas. *The Southwestern Entomologist*, 7: 82-86

Summerlin J W, G T Fincher, J S Hunter and K P Beerwinkle. 1993. Seasonal distribution and diel flight activity of dung attracted histerids in open and wooded pastures in East-Central Texas. *The Southwestern Entomologist*, 18: 251-261

Thérond J. 1948. Quelques variétés d'Histérides qui méritent d'être considérées (Coléoptères). *L'Entomologiste*, 4: 121-127

Thérond J. 1955. Contribution à la connaissance des Coléoptères d'Indochine. Deux *Platysoma* du Viet-minh, (Col. Histeridae). *Revue Française d'Entomologie*, 22: 124-126

Thérond J. 1962. Contribution à la connaissance de la faune de l'Afghanistan. 54. Coleoptera- Histeridae. *Revue Française d'Entomologie*, 29: 62-65

Thérond J. 1963. Histérides recueillis par Franklin Pierre au Sahara Nord-Occidental (Col.). *Bulletin de la Société Entomologique de France*, 68: 67-71

Thérond J. 1964. Ergebnisse der Zoologischen Forschungen von Dr. Z Kaszab in der Mongolei. 12. Histeridae (Coleoptera). *Folia Entomologica Hungarica*, 17(N. S.): 187-191

Thérond J. 1965. 46. Histeridae II. Ergebnisse der zoologischen Forschungen von Dr. Z. Kaszab in der Mongolei (Coleoptera). *Reichenbachia*, 7: 33-38

Thérond J. 1967a. 94. Histeridae (troisième note). Ergebnisse der zoologischen Forschungen von Dr. Z Kaszab in der Mongolei (Coleoptera). *Reichenbachia*, 9: 69-73

Thérond J. 1967b. Contribution à la faune de l'Iran. 4. Coléoptères Histeridae. *Annales de la Société Entomologique de France*, 3(N. S.): 1093-1097

Thérond J. 1968. 159. Histeridae IV. Ergebnisse der zoologischen Forschungen von Dr. Z Kaszab in der Mongolei (Coleoptera). *Reichenbachia*, 11: 249-253

Thérond J. 1969. Histeridae V. Ergebnisse der zoologischen Forschungen von Dr. Z. Kaszab in der Mongolei (Coleoptera). *Faunistische Abhandlungen Staatliches Museum für Tierkunde in Dresden*, 3, 5: 19-25

Thérond J. 1970. Espèses de la famille Histeridae (Coleoptera), provenant de la Nouvelle- Guinee. The scientific results of the Hungarian Soil Expeditions. *Opuscula Zoologica, Budapest*, 10: 335-340

Thérond J. 1971. Coleoptera: Histeridae de Ceylan. *Entomologica Scandinavica, Supplement*, 1: 251-256

Thérond J. 1973. Contribution à la connaissance de la faunule de Ceylan (Coleoptera - Histeridae). *Revue Suisse de Zoologie*, 80: 403-410

Thérond J. 1976. Contribution à la connaissance des Histérides du Ghana (Coléoptèra). *Folia Entomologica Hungarica*, 29(N. S.): 107-113

Thérond J. 1978 [new taxa]. In: Thérond J and W Schawaller (eds.). Histeridae aus Nepal, Kashmir und Ladakh (Insecta: Coleoptera). *Senckenbergiana Biologica*, 59: 235-240

Thomson C G. 1859. *Skandinaviens Coleoptera, synoptiskt bearbetade, I.* Lund: Berlingska Boktryckeriet. 1-290

Thomson C G. 1862. *Skandinaviens Coleoptera, synoptiskt bearbetade, IV.* Lund: Berlingska Boktryckeriet. 1-269

Thomson C G. 1867. *Skandinaviens Coleoptera, synoptiskt bearbetade, IX.* Lund: Berlingska Boktryckeriet. 1-407

Thunberg C P. 1784. Novae Insectorum species descriptae. *Nova Acra Regiae Societatis Scientiarum Upsaliensis*, 4: 1-28

Thunberg C P. 1787. *Museum Naturalium Academiae Upsaliensis. Cujus Parterm Tertiam. Donation. Thunbergianae 1785 Continuat. I. Insecta.* Upsaliae: J. F. Edman. 33-42

Thunberg C P. 1794. *Dissertatio Entomologica, sistens Insecta Suecica. Pars 5-6.* Upsaliae: J. F. Edman. 63-82

Torgerson R L and R D Akre. 1970. The persistence of army ant chemical trails and their significance in the ecitonine-ecitophile association (Formicidae: Ecitonini). *Melanderia*, 5: 1-28

Traugott M. 2002. The histerid beetle coenosis (Coleoptera: Histeridae) of an organic potato field: Seasonal dynamics, age structure, life cycles and spatial distribution. *Biological Agriculture & Horticulture*, 19: 365-376

Truqui E. 1852. Novae Histerinorum et Cryptocephalorum species. *Annales de la Société. Entomologique de France*, 10: 61-68

Vienna P. 1971. Gli Histeridae del Museo Civico di Storia Naturale di Verona. *Memorie del Museo Civico di Storia Naturale di Verona*, 19: 267-301

Vienna P. 1974. Gli Histeridae paleartici conservati nella collezione del Museo Civico di Storia Naturale di Milano (Coleoptera). *Atti della Societa Italiana di Scienze Naturali e del Museo Civico di Storia Naturale in Milano*, 115: 271-284

Vienna P. 1977. Nuove tabelle per la determinazione delle specie Italiana della tribu' Histerini (Coleoptera Histeridae). *Societa Veneziana di Scienze Naturali Lavori*, 2: 35-42

Vienna P. 1980. *Fauna d'Italia. Vol. XVI, Coleoptera Histeridae.* Bologna. i-ix, 1-386

Vienna P. 1983. Gli Histeridae (Coleoptera) raccolti in Estremo Oriente dal Dr. Osella. *Bollettino del Museo Civico di Storia Naturale di Verona*, 4(1982): 469-478

Vienna P. 1986. Brevi considerazioni sul genere Epitoxus Lew. e descrizioni di una nuova specie della Tailandia (Coleoptera, Histeridae). *Lavori, Società Veneziana di Scienze Naturali*, 11: 93-96

Vienna P. 2007. Revisione del Genere *Diplostix* Bickhardt, 1921 (Insecta, Coleoptera, Histeridae). *Bollettino del Museo Civico di Storia Naturale di Venezia*, 58 (2007)2007: 139-249

Vienna P and G Ratto. 2015. Two new species of *Megagnathos* Penati & Zhang, 2009 (Coleoptera, Histeridae,

Histerinae, Plathsomatini). *Bollettino del Museo di Storia Naturale di venezia*, 66: 15-25

Vienna P and T Yélamos. 2006. Nuevos datos sobre los Histeridae (Coleoptera) de Tailandia, con descripcion de varios nuevos taxones. *Heteropterus Revista de Entomologia*, 6(2006): 41-65

Villa A and G B Villa. 1833. *Coleoptera Europae dupleta in collectione Villae quae pro mutua commutatione offerri possunt*. Mediolani. 1-32

Vitale F. 1929. Fauna coleopterologica Sicula - Scaphiidae e Histeridae. *Atti della Regia Accademia Peloritana Messina*, 33: 108-146

Voet J E. 1793. *Voets Beschreibungen und Abbildungen hartschaaltiger Insecten, II, 3*. Erlangen: J. J. Palm. 8-134

Walker F. 1859. Characters of some apparently undescribed Ceylon Insects. *Annals and Magazine of Natural History*, (3)3: 50-56

Wang S-Y and Tan J-J. 1992. The characteristics of the insect fauna of the Hengduan Mountains Region and the differentiation of Palaearctic and Oriental realms. In: *Insects of the Hengduan Mountains Region, Vol. 1*. Science Press, Beijing. 1-45 [王书永, 谭娟杰. 1992. 横断山区昆虫区系特征及古北、东洋两大区系分异. 见: 横断山区昆虫，第 1 册. 北京: 科学出版社. 1-45]

Wang S-Y, Yang X-K and Tan J-J. 1993. Forty years of achievements in the Entomological Expedition of China. In: *Scientific Treatise on Systematic and Evolutionary Zoology, Vol. 2*. China Science Technique Press, Beijing. 1-8 [王书永, 杨星科, 谭娟杰. 1993. 中国四十年来昆虫区系考察的成就. 见: 系统进化动物学论文集, 第二集. 北京: 中国科学技术出版社. 1-8]

Waterhouse C. 1868. Note on the genus *Abbotia* of Leach. *The Entomologist's Monthly Magazine*, 5 (1868-1869): 168

Wenzel R L. 1936. Short studies in the Histeridae (Coleop.). No. 1. *The Canadian Entomologist*, 68: 266-272

Wenzel R L. 1944. On the classification of the histerid beetles. *Field Museum of Natural History-Zoology*, 28: 51-151

Wenzel R L. 1955. The histerid beetles of New Caledonia (Coleoptera: Histeridae). *Field Museum of Natural History-Zoology*, 37: 601-634

Wenzel R L. 1962. [new taxa]. In: Arnett R H (ed.). *The beetles of the United States. A manual for identification*. Washington D C. The Catholic University of America Press. i-xi, 1-1112

Wenzel R L. 1971. Zoogeography of the Holarctic genus *Margarinotus* (Col., Histeridae). XIII. *International Congress Entomology, Proceedings*, I: 215-216

Wenzel R L and H Dybas. 1941. New and little known Neotropical Histeridae (Coleoptera). *Fieldiana: Zoology*, 22(7): 433-472

Westwood J O. 1840. Synopsis of the genera of British inscets. In: *An introduction to the modern classification of insects; founded on the natural habits and corresponding organisation of the different families. Vol. II*. London: Orne, Brown, Green and Longmans. i-vi, 1-158

Westwood J O. 1864. Descriptions of new species of Coleoptera. *The Transactions of the Entomological Society of London* (3) *Journal of Proceedings*, 2: 11-12

Westwood J O. 1869. Remarks on the genus *Ectrephes*, and descriptions of new exotic Coleoptera. *The Transactions of the Entomological Society of London*, 1869: 315-320

Wiedemann C R W. 1819. Neue Käfer aus Bengalen und Java. *Zoologisches Magazin*, 1(3): 157-183

Witzgall K. 1971. Histeroidea. In: Freude H, Harde K W and G A Lohse (eds.). *Die Käfer Mitteleuropas, Band 3, Adephaga 2, Palpicornia, Histeroidea, Staphylinoidea 1*. Krefeld. 1-365

Wolff M, A Uribe, A Ortiz and P Duque. 2001. A preliminary study of forensic entomology in Medellin, Colombia. *Forensic Science International*, 120: 53-59

Wollaston T V. 1854. *Insecta Maderensia; being an account of the insects of the island of the Madeiran group.* London: J. Van Voorst. i-xliii, 1-634

Wollaston T V. 1864. *Catalogue of the coleopterous insects of the Canaries in the Collection of the British Museum.* London: The Trustees of the British Museum. i-xiii, 1-648

Wollaston T V. 1865. *Coleoptera Atlantidum, being an enumeration of the coleopterous insects of the Madeiras, Salvages, and Canaries.* London: J. Van Voorst. i-xlvii, 1-526, (Appendix) 1-140

Wollaston T V. 1867. *Coleoptera Hesperidium, being an enumeration of the coleopterous insects of the Cape Verde Archipelago.* London: J. Van Voorst. i-xxxix, 1-285

Wollaston T V. 1869. On the Coleoptera of St. Helena. *The Annals and Magazine of Natural History*, (4)4: 297-321

Wu Chenfu F. 1937. Superfamily Histeroidea. In: *Catalogus Insectorum Sinensium* (*Catalogue of Chinese Insects*). *Volume III.* The Fan Memorial Institute of Biology, Peiping, China. 517-523

Wu J, Yu X-D and Zhou H-Z. 2008. The saproxylic beetle assemblage associated with different host trees in southwest China. *Insect Science*, 15: 251-261

Yan C-H. 2001. *Plant Geography.* Science Press, Beijing. 1-191 [阎传海. 2001. 植物地理学. 北京: 科学出版社. 1-191]

Yasuda N. 1982. Alutitudinal distibution of *Sphaerites politus* in Kuro-dake, Daisetsu-zan, Hokkaido, Japan. *Kamikawa-chô no Shizen*, 7: 76 (in Japanese)

Yasuda N. 1988. Bulletin of the synthetic survey of Mt. Kurodake. Coleopter fauna of the Daisetsu Mountains surveyed by the pitfall traps using the Molasses VIII, Mt. Kurodake (Vertical Distribution). *Kamikawa-chô no Shizen*, 13: 17-34 (in Japanese)

Yélamos T. 1989. Diversitat ambiental dels histèrids i mètodes per la seva recerca (Coleoptera). *Sessio Conjunta d'Entomologia ICHN-SCL*, 5: 39-44

Yélamos T. 1990. Dos nuevos Histeridae del área Medérránea occidental (Coleoptera). *Miscel lània Zoològica*, 14: 73-80

Yélamos T. 2002. Coleoptera, Histeridae. In: Ramos M A *et al.* (eds.). *Fauna Ibérica, vol. 17.* Musco Nacional de Ciencias Naturales. CSIC. Madrid. 1-411

Yélamos T and A Tishechkin. 1996. Contribution to the knowledge of genus *Notodoma* Lacordaire (Coleotepera: Histeridae). *Zapateri Revista Aragonesa de Entomologia*, 6: 69-82

Yélamos T and A Tishechkin. 1998. Contribution to the knowledge of the Oriental *Epitoxas* Lewis (Coleoptera: Histeridae). *Zapateri Revista Aragonesa de Entomologia*, 8: 157-168

Yélamos T and J Ferrer. 1988. Catalogo preliminar de los histeridos de la fauna Ibero-Balear (Coleoptera, Histeridae). *Graellsia*, 44: 159-199

Yuasa H. 1930. On the family Synteliidae from Japan. *Kontyû*, 4(4): 253-258 (in Japanese)

Zhang R-Z. 1999. *Zoogeography of China.* Science Press, Beijing. 1-502 [张荣祖. 1999. 中国动物地理. 北京: 科学出版社. 1-502]

Zhang Y-J and Zhou H-Z. 2007a. On the Genus *Trypeticus* Marseul (Coleoptera: Histeridae: Trypeticinae) in China. *Annales de la Société Entomologique de France*, 43(2): 241-247

Zhang Y-J and Zhou H-Z. 2007b. Taxonomy of the tribe Paromalini Reitter (Coleoptera: Histeridae, Dendrophilinae) from China. *Zootaxa*, 1544: 1-40

Zhang Y-J and Zhou H-Z. 2007c. Description of three new species of *Parepierus* Bickhardt from South China (Coleoptera, Histeridae, Tribalinae). *Deutsche Entomologische Zeitschrift*, 54 (2007)2: 253-260

Zhou H-Z. 1999. Distribution patterns and zoogeography of Eumolpidae of Fujian province, China (Coleoptera). *Acta Zootaxonomica Sinica*, 24(1): 65-75 [周红章. 1999. 福建省肖叶甲科属种分布类型与动物地理格局（鞘翅目）. 动物分类学报, 24(1): 65-75]

Zhou H-Z and Luo T-H. 2001. On the genus *Onthophilus* Leach (Coleoptera: Histeridae) from China. *The Coleopterists Bulletin*, 55(4): 507-514

Zhou H-Z and Yu X-D. 2003. Rediscovery of the family Synteliidae (Coleoptera: Histeroidea) and two new species from China. *Coleopterists Bulletin*, 57: 265-273

Zhou H-Z, Yang Y-P, Ren J-C, Liu L, Wang S-Y, Yan R and Li Y-W. 1997. Studies on forensic entomology in Beijing district I. Sarcosaprophagous beetles and their local specificity. *Acta Entomologica Sinica*, 40: 62-70 [周红章, 杨玉璞, 任嘉诚, 刘力, 王书永, 阎荣, 李彦文. 1997. 北京地区法医昆虫学研究: I. 嗜尸性甲虫物种多样性及其地区分异. 昆虫学报, 40: 62-70]

Zimmermann C. 1869. [new taxa]. In: LeConte J L. Synonymical notes on Coleoptera of the United States, with descriptions of new species, from the mss. of the late Dr. C Zimmermann. *Transactions of the American Entomological Society (Philadelphia)*, 2: 243-259

Zinchenko V K 2004. Hister beetles of the genus *Pholioxenus* (Coleoptera, Histeridae) from east Kazakhstan. *Evraziatskii Entomologicheskii Zhurnal*, 3(2), Iyun 2004: 96

英 文 摘 要

Abstract

The present work studies the taxonomy of the superfamily Histeroidea of China. Histeroidea is a very important superfamily of the Polyphaga beetles in the order Coleoptera and represents a special clade of Staphyliniformia. Histeroidea includes now three families, namely, Sphaeritidae, Synteliidae and Histeridae; last one is very speciose of 4400 species worldwide. Most histerid beetles are predatory, saproxylic or xylophagy, living on some fungi or decaying materials of plants and (or) animals; parts are also as myrmecophilus, living together with ants. Many studies focused on evolution and phylogeny of Histeridae; some entomologists want to find out how to use histerid beetles as natural enemies in pest control; ecologists tried to use these beetle species as bio-indicators in dead wood decaying and forest management.

This book, as one of the series published under the name "*Fauna Sinica*", is a comprehensive study of taxonomy and systematics of Chinese Histeroidea and includes the results of our long-termed studies on this beetle group. Based on the taxonomic revision, we included in this work all the known species of the superfamily Histeroidea recorded in China up to 2017. The exact fauna data are 3 families (Sphaeritidae, Synteliidae and Histeridae) 67 genera 303 species. The Histeridae is a very large taxon comparing to the other two families and is composed of 10 speciose subfamilies. This family takes the major part of Chinese histeroid fauna. This work includes keys to species or other higher taxa, descriptions of all families, subfamilies, genera and almost all species found in China. All species and higher taxa are revised with a complete citations; messages of specimens observed are also included; species geographical distributions are also up-dated. Morphological characters are displayed in 228 figures and a total of ca. 2000 ling drawing; these may benefit the identification for the readers. In a very brief review text, this work includes also the following contents: a perspective to the taxonomic studies, the morphology of adults, eggs, larvae and pupae; systematics and its changes in the taxonomy of histerid history; geographical distributions in the different regions of China; other messages of the biological and ecological features, etc. Of course this work includes also the new species and revisions published by my team members.

The materials used in this study were mainly from the Institute of Zoology, Chinese Academy of Sciences.

In this study on the Chinese fauna of Histeroidea, we are very grateful to the following colleagues who offer us valuable helps: Prof. Slawomir Mazur (Warsaw Agricultural

University, Poland), Dr. Masahiro Ôhara (The Hokkaido University Museum, Japan), Dr. Michael S. Caterino (Santa Barbara Museum of Natural History, California), Dr. Fabio Penati (Museo Civico di Storia Naturale, Italy), Dr. Pierpalo Vienna (Museo Civico di Storia Naturale, Italy), Dr. Yves Gomy (Nevers, France), Dr. P. Kanaar (National Museum of Natural History, Netherlands) and Dr. Manfred Uhlig (Museum für Naturkunde, Humboldt-Universität, Berlin, Germany). They are very kindly sending us many kinds of taxonomic literature and valuable specimens, especially those materials from Field Museum of Natural History, Chicago, Illinois, USA (FMNH), The Natural History Museum, London, UK (BMNH), Senckenberg Deutsches Entomologisches Institut, Müncheberg, Germany (SDEI), etc. We also want to give special thinks to Prof. Slawomir Mazur and his wife (Warsaw Agricultural University, Poland): they visited our laboratory as invited visiting scholar, their visiting promoted our histerid studies to a great extent and they gave us continuous helps in our studies.

This volume comprises two parts:

I. General Account

II. Systematic Account

　Superfamily Histeroidea

　　Family Sphaeritidae

　　Family Synteliidae

　　Family Histeridae

　　　Subfamily Niponiinae

　　　Subfamily Chlamydopsinae

　　　Subfamily Onthophilinae

　　　Subfamily Tribalinae

　　　Subfamily Histerinae

　　　Subfamily Hetaeriinae

　　　Subfamily Dendrophilinae

　　　Subfamily Abraeinae

　　　Subfamily Saprininae

　　　Subfamily Trypeticinae

Histeroidea Gyllenhal, 1808

Key to families

1. Hind coxae not separated from each other. Anterior margin of intercoxal disk of mesosternum between mid coxae is narrower than width of mid coxal cavity. Only last abdominal tergite exposed ················2

Hind coxae broadly separated from each other. Anterior margin of intercoxal disk of mesosternum between mid coxae is broader than width of mid coxal cavity. Mid coxae broadly separated by mesosternal intercoxal disk. Last 2 abdominal tergites exposed ·················· **Histeridae**

2. Body oblong-oval. Prosternal process short. Striae of elytra finely punctuate, not deeply impressed ·· **Sphaeritidae**

Body oblong. Prosternal keel almost absent, but a tubercle present posteriorly between fore coxae. Striae of elytra deeply impressed ····················· **Synteliidae**

Sphaeritidae Shuckard, 1839

Sphaerites Duftschmid, 1805

Key to species

1. Body unicolor, elytra without prominent micropuncture ···················· 2
   Body bicolor, elytra with or without prominent micropuncture ···················· 3
2. Body black colored, without metallic shinning ···················· **S. glabratus**
   Surfaces prominent metallic blue or green ···················· **S. nitidus**
3. Lateral sides of pronotum smooth arcuate, anterior angles not prominent, marginal striae near anterior margin laterally, somewhat distantly weak; elytra yellowish-brown in basal half, apical half black, without prominent micropuncture ···················· **S. dimidiatus**
   Lateral sides of pronotum weakly sinuate, anterior angles prominent, marginal striae near anterior and posterior margin laterally; the redish-brown part at elytra base narrower than *S. dimidiatus*, and dark and gradually black, with prominent micropuncture ···················· **S. opacus**
   * *S. involatilis* Gusakov and *S. perforatus* Gusakov did not include in the key.

Synteliidae Lewis, 1882

Syntelia Westwood, 1864

Key to species

1. Elytron with two long and deep dorsal striae, the third dorsal stria reduced, short and fine, no longer than 1/3 elytral length ···················· **S. sinica**
   Elytron with three long and deep dorsal striae, the third dorsal stria longer than 1/2 elytral length ········· 2
2. First three dorsal striae equally extended apically, without punctures coarse and deep; sides of pronotum clearly convergent posteriorly ···················· **S. mazuri**
   First three dorsal striae with punctures coarse and deep; pronotum subquadratus, sides not convergent posteriorly ···················· **S. davidis**

Histeridae Gyllenhal, 1808

Key to subfamilies

1. Prosternum without antennal grooves or cavities. Ventral side of head with large foveae for reception of antennae. Mandibles vertically connected with head ·································· **Niponiinae**

   Prosternum with antennal grooves or cavities. Ventral side of head without foveae (except in Tribes Hololeptini and Histerini, which have shallow and narrow longitudinal grooves). Mandibles porrect, horizontally connected with head ···2

2. Antennal grooves or cavities on prosternum transverse, occurring on anterior side, and usually closed beneath by the prosternal alae ··3

   Antennal grooves on prosternum longitudinal, usually situated next to prosternal keel, and open beneath ···7

3. Labrum with a few setiferous punctures ··4

   Labrum without setae ··6

4. Lateral sides of elytra strongly elevated. Prosternal lobe absent, not distinctly separated from process by prosternal suture ··**Chlamydopsinae**

   Lateral sides of elytra not elevated. Prosternal lobe present ····································5

5. Elytra with costa ··**Onthophilinae**

   Elytra without costa, usually with normal striae or punctures ····························**Tribalinae**

6. Antennal scape expanded and strongly angulate ····································**Hetaeriinae**

   Antennal scape normal, neither expanded nor strongly angulate ····························**Histerinae**

7. Prosternal lobe present ··**Dendrophilinae**

   Prosternal lobe absent ··8

8. Body oval or oblong-oval ··9

   Body cylindrical ··**Trypeticinae**

9. Dorsal elytral striae absent though sometimes represented by rather vague impressions ·········**Abraeinae**

   Dorsal elytral striae present ··**Saprininae**

Niponiinae Fowler, 1912

Niponius Lewis, 1885

Key to species

1. Pronotum with a deep excavation on each side ····································*N. impressicollis*

   Pronotum with no deep excavation ··2

2. Pronotum with deep groove along longitudinal midline ····································*N. canalicollis*

   Pronotum without groove along longitudinal midline ····································3

3. Body stout, head and elytra with red patches; propygidium with four foveae ················· *N. yamasakii*

　　Body slender, black; propygidium with two foveae ·· *N. osorioceps*

Chlamydopsinae Bickhardt, 1914

Eucurtiopsis Silvestri, 1926

Eucurtiopsis mirabilis **Silvestri**, 1926, without additional materials.

Onthophilinae MacLeay, 1819

Key to genera

Dorsal surface with short and stout hairs ··· *Epiechinus*

Dorsal surface without hair ··· *Onthophilus*

Onthophilus Leach, 1817

Key to species

1. Pronotal costae indistinct, almost absent ······································ *O. smetanai*

　　Pronotum with distinct costae ··· 2

2. Pronotum with 8 costae ·· *O. silvae*

　　Pronotum with 6 costae ··· 3

3. Elytral costae interrupted, forming elongate tubercles ························ *O. lijiangensis*

　　Elytral costae not interrupted to form elongate tubereles ······················ 4

4. Elytra without fossa between EC2 and EC4 ································ *O. flavicornis*

　　Elytra with fossa between EC2 and EC4 ··· 5

5. Elytral fossa between EC2 and EC4 reduced, elytral costae narrow ············· *O. ordinarius*

　　Elytral fossa between EC2 and EC4 deep, well-developted ······················ 6

6. Elytral fossa transverse and much deeper, the basal part of EC2 and EC4 prominent, costae on pronotum developed and higher ··· *O. ostreatus*

　　Elytral costae narrower, not so prominent, pronotal costae reduced ··············· *O. foveipennis*

　　* *O. tuberculatus* Lewis did not include in the key.

Epiechinus Lewis, 1891

Key to species

1. Propygidium with carina along the longitudinal midline ·························· *E. taprobanae*

Propygidium without carina along the longitudinal midline ···2

2.　Median portion of mesosternum with a round excavation, metasternum without excavation on median part ·· *E. marseuli*

Median portion of mesosternum without excavation, metasternum with a round excavation on median part ·· *E. hispidus*

* *E. arboreus* Lewis did not include in the key.

Tribalinae Bickhardt, 1914

Key to genera

1.　Elytra with stria ···2

Elytra without stria, or only have indistinct, reduced stria in basal part, sometimes near suture ··· *Tribalus*

2.　Elytral striae attached apical margin, mesosternum without transverse stria ······················ *Epierus*

Elytral striae becoming punctuates and reduced, shorter; mesosternum with transverse stria, which arcuate anteriorly ··· *Parepierus*

Epierus Erichson, 1834

Epierus sauteri **Bickhardt**, 1913, without additional materials.

Parepierus Bickhardt, 1913

Key to species

1.　Elytron with sutural stria ···2

Elytron without sutural stria ··3

2.　Antescutella area without large punctures, only with a small indistinct concave; 5th elytral dorsal stria and sutural stria crenate ·· *P. inaequispinus*

Antescutella area with many large punctures arranged in semicircle; 5th elytral dorsal stria and sutural stria indicated by sparse puncture lines ·· *P. chinensis*

3.　Frons flat anteriorly; prosternum with two carinal striae curved inward in middle and divergent anteriorly and posteriorly; 5th elytral dorsal stria absent ·· *P. pectinispinus*

Frons concave anteriorly; prosternum with two carinal striae nearly parallel and only divergent anteriorly; 5th elytral dorsal stria present but reduced ·· *P. lewisi*

Tribalus Erichson, 1834

Key to subgenera and species

1.　Elytron without sutural stria (**Subgenus *Tribalus***) ······················ *T. (T.) punctillatus*

Elytron with an incomplete stria, sparsely crenate (**Subgenus *Eutribalus***) ···················· 2

2. Prosternal keel carinal striae inward in middle and divergent anteriorly and posteriorly; intercoxal disk of metasternum with large punctures near metasternal longitudinal suture ················· ***T. (E.) koenigius***

   Prosternal keel carinal striae bend outward anteriorly, and divergent posteriorly; intercoxal disk of metasternum without large punctures in middle part···································· ***T. (E.) colombius***

   * *T. (E.) ogieri* Marseul did not include in the key.

Histerinae Gyllenhal, 1808

Key to tribes

1. Antennal club with two oblique sutures each side, V-shaped ······························· 3

   Antennal club with completed straight sutures, or has a setae line near top, without visible suture ········ 2

2. Antennal club without visible suture, but has a setae line near top; anterior margin of mesosternum bisinuate with a distinct median projection which fits into basal margin of prosternum; aedeagus of male genitalia simple, tubulose ······································· **Exosternini**

   Antennal club with two completed sutures; anterior margin of mesosternum straight or emarginate; aedeagus of male genitalia more sclerotized ································· **Histerini**

3. Head porrect, horizontal in repose; propygidium very long; prosternal lobe short, not cover the gula ·· **Hololeptini**

   Head vertical in repose; propygidium normal length; prosternal lobe long, covered the gula ··········· 4

4. Body convex, generally broadly oval, seldom subparallel; sutures of antennal club completed in ventral side; propygidium very inclinate or near vertical, pygidium bend to ventral; prosternal lobe short, at least twice as wide as long ·································· **Omalodini**

   Body more or less depressed, sometimes very depressed, subparallel or parallel; at least one suture of antennal club interrupted in ventral side; propygidium horizontal or inclinate slightly; prosternal lobe long, length slightly shorter than width ·································· **Platysomatini**

Exosternini Bickhardt, 1914

Key to genera

1. Prosternal keel narrow; median projection on the anterior margin of the mesosternum acute ·············· 2

   Prosternal keel wide; median projection on the anterior margin of the mesosternum not acute ············ 3

2. Pygidium with margin stria; prosternal keel carinal striae usual divergent anteriorly, not connect each other··· ***Paratropus***

   Pygidium without margin stria; prosternal keel carinal striae connect each other anteriorly······· ***Cypturus***

3. Antescutellar area of pronotum with a distinct arcuate or biarcuate cave·························· ***Epitoxus***

   Antescutellar area of pronotum without cave ···································· 4

4.　Propygidium long, convex; pygidium usually in ventral side ·································· *Notodoma*
　　Propygidium short (no longer than half of width); pygidium could be seen in dorsal view ···· ***Anaglymma***

Anaglymma Lewis, 1894

Anaglymma circularis (Marseul, 1864)

Body small, depressed and oval. Front stria distinct, broad interrupt anteriorly. Pronotum with marginal stria. Elytron 1-5 dorsal striae near completely and with two sutural striae. Propygidium short, length shorter than the half of width. Pygidium could seen in dorsal view. Prosternal keel broad, with carinal stria. Anterior margin of mesosterm bisinuate, marginal stria acuate and complete. Tarsal groove of fore tibia near straight. Aedeagus slender and bend, basal piece short, the parameres are fused completely on the dorsal side.

Notodoma Lacordaire, 1854

Notodoma fungorum Lewis, 1884

Body globose, strongly convex, reddish castaneous except for basal yellow spots between 2nd and 4th dorsal striae and at the base of subhumeral stria of elytra. Frontal stria of head well impressed. Marginal pronotal stria complete. Elytron 1st, 2nd and 4th dorsal striae complete, 5th dorsal stria absent. Pygidium small. Anterior margin of mesosternum bisinuate with distinct median projection. The parameres are completely fused with each other on the dorsal face.

Epitoxus Lewis, 1900

Key to species

Margin stria of mesosternum interrupted anteriorly ···································· ***E. asiaticus***
Margin stria of mesosternum completed ···································· ***E. bullatus***

Cypturus Erichson, 1834

Cypturus aenescens Erichson, 1834

Body oblong, convex on dorsal side. Marginal pronotal stria complete and feebly serrated. Elytron post margin rounded. Propygidium hexgon, long and broad, convex. Pygidium could not seen in dorsal view. Prosternal keel narrow, posterior margin of prosternal keel emarginated. Anterior margin of mesosternum bisinuate with distinct median projection. Male genitalia basal piece short, parameres and lobe complicated.

Paratropus Gerstaecker, 1867

Paratropus khandalensis **Kanaar**, 1997, without additional materials.

Hololeptini Hope, 1840

Hololepta Paykull, 1811

Key to species

1. Propygidium with stria on each side ·· 2

   Propygidium without stria ·· 3

2. First dorsal stria of elytron present on basal 1/4 ······································· ***H. (Hololepta) higoniae***

   First dorsal stria of elytron present on basal and apical ····································· ***H. (H.) elongata***

3. First dorsal stria of elytron only present on basal ·· 4

   First dorsal stria of elytron present on basal and apical, interrupted in the middle ····················· 5

4. Middle of front disk with acuted process; middle of anterior margin of prosternal lobe straight; body large ·· ***H. (H.) laevigata***

   Middle of front disk without process; middle of anterior margin of prosternal lobe emarginate; body small ··· 6

5. Second dorsal stria of elytron present on basal and apical, short ···································· ***H. (H.) feae***

   Second dorsal stria of elytron only present on basal half ··· 7

6. Pygidium densely covered with coarse punctures ··· ***H. (H.) depressa***

   Pygidium without coarse punctures ··· ***H. (H.) plana***

7. Pronotum with coarse punctures on lateral sides; middle of anterior margin of prosternal lobe strongly prominent and sharp ··· ***H. (H.) baulnyi***

   Pronotum without coarse punctures on lateral sides; anterior margin of prosternal lobe round, usually arcuate anteriorly, gently ··· 8

8. Marginal pronotal stria deep and wide relatively, far from the margin, lateral margin basal 1/3 little prominent, round; marginal stria of mesosternum long ····································· ***H. (H.) amurensis***

   Marginal pronotal stria fine and shallow relatively, near the margin, lateral margin basal 1/3 prominent strongly, make an angle; marginal stria of mesosternum short ··· 9

9. First dorsal stria of elytron rudimentary anteriorly, very short; pygidium with coarse punctures at basal half of lateral sides usually; protibia with 3 denticles on outer margin, anterior two usually confluence be a large one ··· ***H. (H.) obtusipes***

   First dorsal stria of elytron anterior part longer than basally; pygidium with coarse punctures at lateral sides; protibia with 4 denticles on outer margin, anterior two usually not confluence ······· ***H. (H.) indica***

   * *H. (H.) nepalensis* Lewis did not include in the key.

Platysomatini Bickhardt, 1914

Key to genera

1. The tarsal groove of protibia usually straight, short and shallow ···························· ***Mendelius***

   The tarsal groove of protibia usually S-shaped, long and deep ····························· 2

2. Body large, protibia with two large and blunt denticles on outer margin ··················· ***Plaesius***

   Body middle to small, protibia at least with three small denticles on outer margin ·················· 3

3. Front and epistomal area convex, no stria to demarcated them; external subhumeral stria complete

   ·· ***Aulacosternus***

   Front and epistomal area usually concaved, front stria always present; external subhumeral stria shorten

   or absent ··· 4

4. Prosternum very broad, body extremely flat ·· ***Apobletes***

   Prosternum narrow, body less flat, more convex ·· 5

5. Anterior margin of labrum arcuate ·· 6

   Anterior margin of labrum emarginate or straight ··· 7

6. Mandibles without groove; anterior angles of pygidium with two grooves ···················· ***Liopygus***

   Base of mandibles with groove; pygidium without groove ··························· ***Silinus***

7. Laterally sides of pronotum without coarse puncture ·· 8

   Laterally sides of pronotum with coarse punctures ·· 10

8. Body large, elongate oval; pronotal striae usually far from lateral margin ···················· ***Platylister***

   Body small, oval; pronotal striae usually near margin ······································· 9

9. Pronotal striae far from lateral margin; lateral metasternal striae usually straight, its apical end attaining

   the middle of inner margin of metacoxal cavity to metaepisternum suture; protibia usually broad, with

   irregularly denticles ··· ***Eblisia***

   Pronotal striae near margin; lateral metasternal striae usually inner arcuate, its apical end near to

   metaepisternum suture but metacoxal cavity; protibia normal ························· ***Eurylister***

10. Metasternum with two lateral striae, long and subparallel ······························ ***Platysoma***

    Metasternum only with one lateral stria ··· 11

11. Prosternum with carinal striae ··· ***Niposoma***

    Prosternum without carinal striae ··· ***Kanaarister***

   * *Eurosomides* Newton and *Megagnathos* Penati *et* Zhang did not include in the key.

Megagnathos Penati *et* Zhang, 2009

***Megagnathos lagardei* Vienna *et* Ratto,** 2015, without additional materials.

Silinus Lewis, 1907

Silinus procerus (Lewis, 1911)

Body oblong, little convex on dorsal side. Lateral pronotal stria complete and continue on posterior margin. Elytron 1st-3rd dorsal striae complete and distinct, without sutural stria. Pygidium without punctate along margins. Prosternal keel narrow, posterior margin of prosternal keel emarginated. Intercoxal disk of 1st abdominal sternite with two striae on each side. Tibiae broad. Male genitalia basal piece short, parameres almost fused on dorsal face, except at apex.

Platylister Lewis, 1892

Key to subgenera and species

1. Middle part of pygidium disk depressed, margin convex (**Subgenus *Platylister***) ·······················2

   Pygidium depressed or convex, without elevate margin (**Subgenus *Popinus***, excluding ***cathayi***) ········7

2. First-4th dorsal elytral striae complete·· ***Pl. (Pl.) pini***

   First-3rd dorsal elytral striae complete··3

3. Elytron with distinct sutural stria ···4

   Elytra sutural stria absent or very weakly ···5

4. Pronotal lobe stria broadly interrupted anteriorly; metasternum with two lateral striae each side, parallelly and subisometric ··· ***Pl. (Pl.) birmanus***

   Pronotal lobe stria complete anteriorly; metasternum with one lateral stria each side ···· ***Pl. (Pl.) suturalis***

5. Fourth dorsal elytral stria shorter than 5th; the apical end of the elytral marginal stria extending along apical margin of elytron to under fifth dorsal elytral stria······································ ***Pl. (Pl.) atratus***

   Fourth dorsal elytral stria longer than 5th; the apical end of the elytral marginal stria not or little extending along apical margin of elytron ···6

6. Head anterior deeply concave ··· ***Pl. (Pl.) cambodjensis***

   Head anterior plane or little concave ·· ***Pl. (Pl.) horni***

7. First-4th dorsal striae of elytron complete··· ***Pl. (Popinus) lucillus***

   First-3rd dorsal striae of elytron complete ···8

8. Sutural stria of elytron shortly present on apical, basal end not arrived the middle of elytron···············

   ··· ***Pl. (Pl.) cathayi***

   Sutural stria of elytron absent ··9

9. Pronotal marginal stria complete laterally and apically································· ***Pl. (Popinus) unicus***

   Pronotal marginal stria complete laterally and interrupted apically··· 10

10. Marginal stria of mesosternum complete laterally and broadly interrupted apically; lateral disk of metasternum with long and dense rugulose lines, running obliquely ······························· ***Pl. (P.) confucii***

    Marginal stria of mesosternum weakly impressed and complete; lateral disk of metasternum not rugulose

·· *Pl. (P.) dahdah*

Apobletes Marseul, 1860

Key to species

Elytron with reddish-brown part, margin unclear; 1st-3rd dorsal striae complete ··········· *A. marginicollis*

Elytron black; 1st-2nd dorsal striae complete, 3rd broadly interrupted in the middle, sometimes weakly connect ··· *A. schaumei*

Platysoma Leach, 1817

Key to subgenera and species

1. Body oblong-oval, moderately depressed; pronotum wide than long; mesosternum wide and short, two times as wide as long (**Subgenus *Platysoma***) ·· 2

   Body slender, nearly cylindrical, convex; pronotum square; mesosternum narrower, at most one and a half as wide as long (**Subgenus *Cylister***) ·· 7

2. First-4th dorsal striae of elytron complete ·· *P. (P.) deplanatum*

   First-3rd dorsal striae of elytron complete ·· 3

3. Pronotal lateral marginal stria complete ··· 4

   Pronotal lateral marginal stria interrupted in the middle or abbreviate basally ························· 5

4. Lateral pronotal stria usually broadly interrupted in the middle ···························· *P. (P.) chinense*

   Lateral pronotal stria usually complete, sometimes narrow interrupted in the middle ······ *P. (P.) takehikoi*

5. Lateral pronotal stria broadly interrupted in the middle 1/3 laterally ···················· *P. (P.) gemellum*

   Lateral pronotal stria abbreviate basally ··· 6

6. Fifth dorsal stria of elytron deeply impressed, less short than 4th ······················ *P. (P.) brevistriatum*

   Fifth dorsal stria of elytron weakly impressed, much short than 4th ························ *P. (P.) dufali*

7. Margin stria of mesosternum complete ··· 8

   Margin stria of mesosternum broadly interrupted anteriorly ································· 9

8. Fifth elytral striae and sutural striae present on apical half, sutural striae shorter than 5th basally and apically; intercoxal disk of abdominal sternum with big punctuates ··················· *P. (C.) lineare*

   Fifth elytral striae and sutural striae present on apical half, sutural striae longer than 5th, and its basal end near sutural than apical end; intercoxal disk of abdominal sternum without big punctuates ··············· ··· *P. (C.) lineicolle*

9. First-3rd dorsal striae of elytron complete ··· *P. (C.) elongatum*

   First-4th dorsal striae of elytron complete ··· *P. (C.) angustatum*

   * *P. (P.) beybienkoi* Kryzhanovskij, *P. (P.) koreanum* Mazur, *P. (P.) rasile* Lewis, *P. (P.) rimarium* Erichson, *P. (P.) sichuanum* Mazur and *P. (C.) yunnanum* Kryzhanovskij did not include in the key.

Niposoma Mazur, 1999

Key to species

1. Elytron with 3 completed dorsal striae ·· *N. taiwanum*

   Elytron with 4-5 completed dorsal striae ··· 2

2. First-4th dorsal striae of elytron complete, 5th abbreviate basally; prosternal keel carinal striae connected basally ·· *N. lewisi*

   First-5th dorsal striae of elytron complete; prosternal keel carinal striae inflected basally but disconnect ·· ··· *N. schenklingi*

   * *N. stackelbergi* (Kryzhanovskij) did not include in the key.

Kanaarister Mazur, 1999

Key to species

1. Margin stria of mesosternum broadly interrupted anteriorly ···················· *K. coomani*

   Margin stria of mesosternum complete ·· 2

2. External subhumeral stria of elytron short and deep ························· *K. assamensis*

   External subhumeral stria of elytron absent ····································· *K. celatum*

Eurosomides Newton, 2015

Eurosomides minor (**Rossi**, 1792), without additional materials.

Liopygus Lewis, 1891

Liopygus andrewesi Lewis, 1906

Body oblong, depressed. Frontal stria complete. Marginal pronotal stria complete with its lateral part, lateral pronotal stria complete. Elytron 1st-3rd dorsal striae complete, without sutural stria. Pygidium with a big and deep fovea on each side basally. Prosternal keel without carina, posterior margin of prosternal keel rounded. Intercoxal disk of 1st abdominal sternite with two striae on each side. Protibia broad.

Eblisia Lewis, 1889

Key to subgenera and species

1. Pygidium without fovea, with densely fine punctures (**Subgenus** *Chronus*) ············· *E. (C.) calceata*

   Pygidium with groove or fovea, sometimes with coarsely punctures (**Subgenus** *Eblisia*) ·················· 2

2. Prosternal keel with carinal stria ·· *E. (E.) pygmaea*

Prosternal keel without carinal stria ·· 3

3. Lateral pronotal stria weak sinuate laterally, straight; metasternum with one stria laterally, other one short or absent ·· *E. (E.) sumatrana*

Lateral pronotal stria strong sinuate laterally, straight; metasternum with two long striae laterally ········ 4

4. Pygidium with a deep transverse elliptical fovea near lateral-anteriorly angles·············· *E. (E.) pagana*

Pygidium with a deep sulcus along margin, which broad near lateral-anteriorly angles, little narrowed on posterior margin, narrowed and interrupted on anterior margin ······························ *E. (E.) sauteri*

Eurylister Bickhardt, 1920

Key to species

Fourth and 5th dorsal striae of elytron marked on apical half, the basal end of 5th less shorter than 4th; protibia with 5 denticles at outer margin, basal 3 small ··························· *E. satzumae*

Fourth and 5th dorsal striae of elytron marked on apical half, the basal end of 5th not short than 4th; protibia with 4 denticles at outer margin, basal 1 small ··························· *E. silvestre*

Mendelius Lewis, 1908

Mendelius tenuipes (**Lewis**, 1905), without additional materials.

Aulacosternus Marseul, 1853

Aulacosternus zelandicus (**Marseul**, 1853)

Body oblong, convex. Frontal stria present on laterally. Mandibles robust, with a tooth on the inner side. Marginal pronotal stria complete lateraliorly, lateral pronotal stria complete; with a row of big punctures along back margin. Elytron dorsal striae degeneration. Prosternal keel carina deep, present on anterior 3/4; posterior margin of prosternal keel rounded. Intercoxal disk of 1st abdominal sternite lateral striae complete. Protibia broad, with three big teeth on outside.

Plaesius Erichson, 1834

Key to subgenera and species

1. Marginal mesosternal stria complete or narrowly interrupted at middle(**Subgenus *Hyposolenus***) ·········· *P. (H.) bengalensis*

Marginal mesosternal stria broadly interrupted at middle(**Subgenus *Plaesius***) ·························· 2

2. Pronotum marginal stria complete laterally and shortly interrupted behind head; sutural stria of elytron present on apical half······························· *P. (P.) javanus*

Pronotum marginal stria complete; sutural stria of elytron absent ···························· ***P. (P.) mohouti***

Omalodini Kryzhanovskij, 1972

Lewisister Bickhardt, 1912

Lewisister excellens **Bickhardt**, 1912

Body oblong, convex. Lateral pronotal stria deep and complete laterally. Elytron 1st-2nd dorsal striae complete and distinct, sutural stria present on anterior 2/3. Pygidium could not see from dorsal view. Prosternal keel carinae present on baseal 3/4, posterior margin of prosternal keel straight. Intercoxal disk of 1st abdominal sternite lateral striae complete and deep. Tibiae broad, with 12 small teeth on outside.

Histerini Gyllenhal, 1808

Key to genera

1. External subhumeral stria complete ··· ***Margarinotus***
   External subhumeral stria not complete ··· 2
2. Anterior margin of mesosternum straight or feebly curved outwardly ····························· 3
   Anterior margin of mesosternum emarginated medially ··· 5
3. Pronotum with two lateral striae except marginal stria ···································· ***Eudiplister***
   Pronotum with one lateral stria except marginal stria ·· 4
4. Ventral side of protibia only with several denticles (2-8) along outer margin; prosternum and intercoxal disk of mesosternum without hair ··· ***Atholus***
   Ventral side of protibia with many denticles (mort than 25); prosternum and intercoxal disk of mesosternum with dense hairs ··· ***Asiaster***
5. Anterior margin of labrum projected ··· ***Pachylister***
   Anterior margin of labrum straight or round ·· 6
6. Pronotum with only one lateral stria except marginal stria; lateral area covered with coarse punctures ·· ***Merohister***
   Pronotum with two lateral striae except marginal stria; lateral area without coarse punctures ············· 7
7. Pronotum outer lateral stria complete on side ·· ***Neosantalus***
   Pronotum outer lateral stria reduced posteriorly ··· ***Hister***

   * *Nasaltus* Mazur *et* Węgrzynowicz did not include in the key.

Margarinotus Marseul, 1853

Key to subgenera

1. Pronotum with two deep lateral pronotal striae ·· 2
   Pronotum with one deep lateral pronotal stria ··· 3
2. Mesos- and metatibiae broadly, triangle, with yellow pubescence; pronotal hypomera covered with sparsely short pubescence ··· ***Eucalohister***
   Mesos- and metatibiae not broadly, usually without yellow pubescence; pronotal hypomera without pubescence ·· ***Ptomister***
3. Pronotum margin stria short, usually present on apical part laterally, at most little more than middle; protibia denticles big ·· ***Paralister***
   Pronotum margin stria usually complete laterally; protibia with big denticles or many small denticles ··· 4
4. Body subcylindrical; anterior margin of mesosternum deep emarginate at middle; all tibiae strongly widen; metafemora widen ··· ***Stenister***
   Body oval; anterior margin of mesosternum less emarginate at middle or near straight; all tibiae and metafemora normal ··· ***Grammostethus***
   * Subgenus *Asterister* Desbordes did not include in the key.

Subgenus *Ptomister* Houlbert *et* Monnot, 1923

Key to species

1. First-3rd dorsal striae of elytron complete ··· 2
   First-4th dorsal striae of elytron complete ··· 7
2. Inner lateral pronotal stria interrupted or strongly curved inwards, and not straight at anterior margin ···· 3
   Inner lateral pronotal stria complete and straight at anterior margin ···························· 4
3. Prosternal keel with carinal stria basely ··· ***M. (P.) babai***
   Prosternal keel without carinal stria ··· ***M. (P.) boleti***
4. Outer lateral pronotal stria complete laterally ··································· ***M. (P.) koltzei***
   Outer lateral pronotal stria usually not complete laterally, shorten basely and interrupted at middle ······· 5
5. Fourth and 5th dorsal striae of elytron distinct; 4th long, abbreviate at basal 1/6 to 1/3 ·····················
   ·· ***M. (P.) striola striola***
   Fourth and 5th dorsal striae of elytron weakly, punctuate-shape; 4th short, not arrived middle ··············· 6
6. Outer lateral pronotal stria present on anterior half laterally or little longer ·············· ***M. (P.) incognitus***
   Outer lateral pronotal stria present on laterally and broadly interrupted at middle 1/3 ···· ***M. (P.) tristriatus***
7. Metasternum without distinct oblique stria ··· 8
   Metasternum with distinct oblique stria ··· 9
8. Elytron 5th dorsal stria with a basal rudiment; protibia with densely small denticles on external margin ···
   ·· ***M. (P.) multidens***

Elytron 5th dorsal stria without basal rudiment; protibia with 5 denticles on external margin ············· ·· **M. (P.) hailar**

9. Lateral stria of metasternum united with oblique stria of metasternum ································· 10

Lateral stria of metasternum not united with oblique stria of metasternum ···························· 12

10. Lateral disk of metasternum with long hairs ····················· **M. (P.) cadavericola**

Lateral disk of metasternum without hairs ·································· 11

11. Elytron sutural stria weak, represented by a line of a few punctures ····················· **M. (P.) osawai**

Elytron sutural stria deep ································· **M. (P.) agnatus**

12. Lateral disk of metasternum with long hairs ····················· **M. (P.) weymarni**

Lateral disk of metasternum without hairs ·································· 13

13. Prosternal lobe marginal stria interrupted at middle; prosternal keel with carinal stria on basal area ········ ·· **M. (P.) reichardti**

Prosternal lobe marginal stria complete; prosternal keel without carinal stria ········· **M. (P.) wenzelianus**

* M. (P.) arrosor (Bickhardt) and M. (P.) sutus Lewis did not include in the key.

Subgenus *Eucalohister* Reitter, 1909

Key to species

Elytron 5th dorsal stria absent ··· **M. (E.) bipustulatus**

Elytron 5th dorsal stria present on apical 1/4 ································· **M. (E.) gratiosus**

Subgenus *Stenister* Reichardt, 1926

Margarinotus (*Stenister*) *obscurus* (**Kugelann**, 1792)

Body subcylindraceous, convex. Frontal stria complete. Marginal pronotal stria complete lateraliorly, lateral pronotal stria complete. Elytron 1st-3rd dorsal striae complete, 4th dorsal stria present on apical 1/3, sutural stria present on anterior 2/3. Prosternal keel without carinae. Intercoxal disk of 1st abdominal sternite lateral striae complete. Tibiae strongly broad, with 5 teeth on outside.

Subgenus *Paralister* Bickhardt, 1917

Key to species

1. First-3rd dorsal striae of elytron complete ································· 2

First-4th dorsal striae of elytron complete ································· 4

2. Prosternal lobe marginal stria complete; mesosternum marginal stria abbreviate posteriorly 1/3 ············ ·· **M. (P.) oblongulus**

Prosternal lobe marginal stria only present on apical half or absent; mesosternum marginal stria less abbreviate posteriorly ⋯⋯⋯⋯⋯⋯⋯⋯⋯⋯⋯⋯⋯⋯⋯⋯⋯⋯⋯⋯⋯⋯⋯⋯⋯⋯⋯⋯⋯ 3

3. Prosternal keel little narrow and convex ⋯⋯⋯⋯⋯⋯⋯⋯⋯⋯⋯⋯⋯⋯⋯ *M. (P.) laevifossa*

Prosternal keel little broad ⋯⋯⋯⋯⋯⋯⋯⋯⋯⋯⋯⋯⋯⋯⋯⋯⋯⋯⋯ *M. (P.) periphaerus*

4. Elytron middle between external subhumeral stria and sutural stria with a dark red macula, big, margin irregular and not clear ⋯⋯⋯⋯⋯⋯⋯⋯⋯⋯⋯⋯⋯⋯⋯⋯⋯ *M. (P.) purpurascens*

Elytron without such macula in middle ⋯⋯⋯⋯⋯⋯⋯⋯⋯⋯⋯⋯⋯⋯⋯ *M. (P.) koenigi*

Subgenus *Grammostethus* Lewis, 1906

Key to species

1. First-3rd dorsal striae of elytron complete ⋯⋯⋯⋯⋯⋯⋯⋯⋯⋯⋯⋯*M. (G.) schneideri*

First-4th dorsal striae of elytron complete⋯⋯⋯⋯⋯⋯⋯⋯⋯⋯⋯⋯⋯⋯⋯⋯ 2

2. Inner area of lateral pronotal stria with a broad band of coarse punctures ⋯⋯⋯⋯⋯*M. (G.) occidentalis*

Pronotum without coarse punctures ⋯⋯⋯⋯⋯⋯⋯⋯⋯⋯⋯⋯⋯⋯⋯⋯⋯⋯ 3

3. Lateral stria of metasternum united with oblique stria of metasternum ⋯⋯⋯⋯⋯⋯⋯ *M. (G.) impiger*

Lateral stria of metasternum not united with oblique stria of metasternum⋯⋯⋯⋯⋯⋯⋯⋯⋯⋯⋯ 4

4. Prosternal lobe marginal stria complete⋯⋯⋯⋯⋯⋯⋯⋯⋯⋯⋯⋯⋯ *M. (G.) niponicus*

Prosternal lobe marginal stria interrupted in the middle ⋯⋯⋯⋯⋯⋯⋯⋯⋯⋯⋯⋯ 5

5. Fifth dorsal stria and sutural stria of elytron short, present on apical half; prosternal keel without carinal stria or present but rudimentary ⋯⋯⋯⋯⋯⋯⋯⋯⋯⋯⋯⋯⋯⋯ *M. (G.) formosanus*

Fifth dorsal stria and sutural stria of elytron long, present on more than apical half; prosternal keel with distinct carinal stria ⋯⋯⋯⋯⋯⋯⋯⋯⋯⋯⋯⋯⋯⋯⋯⋯⋯⋯⋯⋯⋯⋯⋯⋯ 6

6. Basal of prosternal keel carinal striae usually not united⋯⋯⋯⋯⋯⋯⋯⋯⋯*M. (G.) fragosus*

Prosternal keel carinal striae united basally ⋯⋯⋯⋯⋯⋯⋯⋯⋯⋯⋯ *M. (G.) stercoriger*

* *M. (G.) birmanus* Lundgren and *M. (G.) taiwanus* Mazur did not include in the key.

Subgenus *Asterister* Desbordes, 1920

Margarinotus (Asterister) curvicollis (**Bickhardt**, 1913), without additional materials.

Pachylister Lewis, 1904

Subgenus *Pachylister* Lewis, 1904

Key to species

First-3rd dorsal striae of elytron complete ⋯⋯⋯⋯⋯⋯⋯⋯⋯⋯⋯ *P. (P.) ceylanus pygidialis*

First-4th dorsal striae of elytron complete⋯⋯⋯⋯⋯⋯⋯⋯⋯⋯⋯⋯⋯ *P. (P.) lutarius*

Subgenus *Sulcignathos* Mazur, 2010

Pachylister (*Sulcignathos*) *scaevola* (**Erichson**, 1834), without additional materials.

Nasaltus Mazur *et* Węgrzynowicz, 2008

Key to species

Pronotal lateral stria complete; mesosternum marginal stria complete; meso- and metatibiae strongly impressed, flattened and widened··*N. orientalis*

Pronotal lateral stria usually present on laterally, broadly interrupted behind head; mesosternum marginal stria broadly interrupted anteriorly; meso- and metatibiae not impressed, becoming wider apically ········
··*N. chinensis*

Hister Linnaeus, 1758

Key to species

1. Internal subhumeral stria absent ··2
   Internal subhumeral stria present ··10
2. Only 1st-2nd dorsal striae of elytron complete ··*H. shanghaicus*
   First-3rd dorsal striae of elytron complete ··3
   First-4th dorsal striae of elytron complete or near complete··7
3. Elytron sutural stria near absent, only with short rudiment apically ··*H. spurious*
   Elytron sutural stria present on apically 1/3 or longer ··4
4. External subhumeral stria deep, present on basal-middle part and long··5
   External subhumeral stria absent or only with short rudiment··6
5. Pronotal anterior margin emarginated, the median portion of the emargination outwardly arcuate ········
   ··*H. simplicisternus*
   Pronotal anterior margin emarginated, the median portion not outwardly arcuate····················*H. distans*
6. Outer lateral pronotal stria present on apical 2/3 or longer; 5th dorsal stria of elytron absent ················
   ··*H. megalonyx*
   Outer lateral pronotal stria present on apical 1/2 or shorter; 5th dorsal stria of elytron present on apical 1/5 or longer ··*H. sibiricus*
7. Marginal epipleural stria complete, distinct ··8
   Marginal epipleural stria complete, present on apical half··9
8. Mandible disk little depressed, with distinct carina on apicolateral side ····················*H. sedakovii*
   Mandible disk convex, without carina on side ··*H. javanicus*
9. Mandible disk depressed or little concave, with indistinct carina on outer side············*H. bissexstriatus*
   Mandible disk little convex, without carina on outer side··*H. pransus*

10. First-2nd dorsal striae of elytron complete, 3rd dorsal stria broadly interrupted in the middle, basal half slender and oblique ··· 11

    First-3rd dorsal striae of elytron complete ·· 12

11. Mandible disk very depressed, without carina on outer side·· *H. japonicus*

    Mandible disk little convex, without carina on outer side··· *H. mazuri*

12. Oblique stria that inwardly extends from the middle of the metasterna-metepisternal suture absent ········

    ··· *H. congener*

    Metasternal with the oblique stria above-mentioned ··· 13

13. Lateral metasternal stria not united with oblique stria ··· *H. concolor*

    Lateral metasternal stria united with oblique stria··· 14

14. Sutural stria of elytron present on apical 1/3 ····································· *H. unicolor leonhardi*

    Elytron without sutural stria ·· *H. thibetanus*

    * *H. inexspectatus* Desbordes, *H. punctifemur* Mazur and *H. salebrosus subsolanus* (Newton) did not include in the key.

Merohister **Reitter, 1909**

Merohister jekeli (**Marseul**, 1857)

Body oblong, convex. Frontal stria complete. Marginal pronotal stria complete lateraliorly, lateral pronotal stria complete and serratulate; punctuation of pronotum usually present on apical 1/2 of lateral area. Elytron 1st-3rd dorsal striae complete, 4th dorsal stria present on apical 1/2-4/5. Prosternal keel narrow, convex; posterior margin of prosternal keel rounded; without carinae. Intercoxal disk of 1st abdominal sternite lateral striae complete.

Neosantalus **Kryzhanovskij, 1972**

Neosantalus latitibius (**Marseul**, 1861)

Body oblong, convex. Frontal stria complete. Marginal pronotal stria present on lateral 1/3-3/4, with two lateral pronotal striae; antescutellar area of disk with a longitudinal puncture. Elytron 1st-4th dorsal striae complete, 5th dorsal stria and sutural stria present on apical 1/2 or 2/3. Prosternal keel narrow; posterior margin of prosternal keel rounded; without carinae. Intercoxal disk of 1st abdominal sternite lateral striae complete. Protibia with 3-4 teeth on outer margin.

Eudiplister **Reitter, 1909**

Key to species

Body large, punctuation of pronotum densely ··· *E. muelleri*

Body small, punctuation of pronotum sparsely ···*E. planulus*

Atholus Thomson, 1859

Key to species

1. Lateral prosternal stria deeply impressed laterally, sometimes weakly on anterior margin laterally ········2

   Lateral prosternal stria deeply impressed laterally and anteriorly, nearly entire ·······························3

2. Marginal prosternal stria present on apical 1/3 laterally, but absent on anterior margin, disk densely covered with moderate punctures, shallowly; apical end of 3rd elytral dorsal stria strongly bent inwards, reaching near apical end of sutural stria ··*A. coelestis*

   Marginal prosternal stria complete laterally and apically, disk densely covered with fine punctures; apical end of 3rd elytral dorsal stria not bent ··*A. torquatus*

3. Fifth dorsal and sutural elytral striae present on apical half; lateral metasternal stria united with oblique stria···4

   Fifth elytral dorsal stria complete, sutural elytral striae complete or abbreviate basally; lateral metasternal stria not united with oblique stria ···6

4. Fourth elytral dorsal stria complete···5

   Fourth elytral dorsal stria present on apical half···*A. philippinensis*

5. Fron disk with deep longitudinal concave, pronotum with anterior margin sharply extended anteriolaterally, and pygidium coarsely punctured ···*A. bifrons*

   Fron disk flat, pronotum with anterior margin slightly concave, and pygidium punctures relatively fine ··
   ···*A. pirithous*

6. Lateral pronotal stria complete; lateral disk of metasternum without hair ···
   ···*A. duodecimstriatus quatuordecimstriatus*

   Lateral pronotal stria abbreviate apically; lateral disk of metasternum with hairs ································7

7. Elytral sutural stria present on apical 2/3 or less··*A. depistor*

   Elytral sutural stria complete ···*A. striatipennis*

   * *A. bimaculatus* (Linnaeus), *A. confinis* (Erichson) and *A. levis* Mazur did not include in the key.

Asiaster Cooman, 1948

Key to species

1. First-3rd elytral striae complete···*A. cooteri*

   First-4th elytral striae complete ···2

2. Ventral side with hairs ···*A. calcator*

   Ventral side without hair ··*A. hlavaci*

Hetaeriinae Marseul, 1857

Hetaerius Erichson, 1834

Hetaerius optatus **Lewis**, 1884, without additional materials.

Dendrophilinae Reitter, 1909

Key to tribes

1. Epistoma broad, trapezoid; frontal stria well developed and completely impressed behind labrum; body oblong-oval, sometimes oval, and moderately convex; basal piece of male aedeagus long, usually 3 times as long as parameres ·· **Paromalini**

    Epistoma narrow, its lateral margins weakly convergent apically; front without stria; body round or oval, and usually convex; basal piece of male aedeagus usually short ·· 2

2. Elytral disk with normal dorsal striae, which are well developed and parallel; spinula of protibia large ·· **Dendrophilini**

    Elytral disk without dorsal stria except for vague rudiments; spinula of protibia small ·········· **Bacaniini**

Dendrophilini Reitter, 1909

Dendrophilus Leach, 1817

Key to species

The tibiae are strongly dilated, tarsal grooves not distinct ························· ***D.* (*Dendrophilus*) *xavieri***

Meso- and metatibia less expanded, tarsal grooves distinct ·················· ***D.* (*Dendrophilopsis*) *proditor***

Bacaniini Kryzhanovskij, 1976

Mullerister Cooman, 1936

***Mullerister niponicus* (Lewis**, 1879).

Body oblong, convex. Without frontal stria. Marginal pronotal stria completely; punctures separately. Elytron without dorsal stria, but external subhumeral stria carinal. Prosternal keel carina completely; posterior margin of prosternal keel arcuate. Intercoxal disk of 1st abdominal sternite with two lateral striae on each lateral part. Protibia broad, with four small teeth on outside.

***Mullerister tonkinensis* (Cooman**, 1936), without additional materials.

Bacanius LeConte, 1853

Key to species

1. External subhumeral stria of elytron could seen in dorsal view; without meso-metasternal sutural ⋯⋯⋯
⋯⋯⋯⋯⋯⋯⋯⋯⋯⋯⋯⋯⋯⋯⋯⋯⋯⋯⋯⋯⋯⋯⋯⋯⋯*B. (Bacanius) collettei*
   External subhumeral stria of elytron could not seen in dorsal view; meso-metasternal sutural could seen in some direction ⋯⋯⋯⋯⋯⋯⋯⋯⋯⋯⋯⋯⋯⋯⋯⋯⋯⋯⋯⋯⋯⋯⋯⋯⋯2
2. Outer margin of protibia with 3 denticles, apical one much larger than others⋯⋯⋯⋯⋯*B. (B.) kapleri*
   Outer margin of protibia with 4 denticles, apical one little larger than others⋯⋯⋯⋯⋯*B. (B.) mikado*

Abraeomorphus Reitter, 1886

Abraeomorphus formosanus (**Hisamatsu**, 1965), without additional materials.

Paromalini Reitter, 1909

Key to genera

1. Elytral surface with normal dorsal striae ⋯⋯⋯⋯⋯⋯⋯⋯⋯⋯⋯⋯⋯⋯⋯⋯⋯⋯⋯⋯⋯2
   Elytral surface punctuate, without normal dorsal striae except for vague rudiments basally⋯⋯⋯⋯⋯4
2. Metaventrite with two second lateral striae which are parallel or nearly parallel to each other⋯⋯ *Diplostix*
   Metaventrite without second lateral stria ⋯⋯⋯⋯⋯⋯⋯⋯⋯⋯⋯⋯⋯⋯⋯⋯⋯⋯⋯3
3. Pronotum disk one area with large and deep punctures and the other area smooth, without puncture; propygidium with large and deep punctures, horizontal arrangement ⋯⋯⋯⋯⋯⋯⋯⋯ *Coomanister*
   Pronotum disk with even punctures, without smooth area; propygidium punctures simple⋯⋯*Carcinops*
4. Prosternal keel without carinal stria ⋯⋯⋯⋯⋯⋯⋯⋯⋯⋯⋯⋯⋯⋯⋯⋯⋯⋯ *Paromalus*
   Prosternal keel with carinal stria ⋯⋯⋯⋯⋯⋯⋯⋯⋯⋯⋯⋯⋯⋯⋯⋯⋯⋯⋯⋯⋯5
5. Propygidium relatively long, with a transverse stria near anterior margin; lateral metaventral stria not extending posteriad; all tibiae dilated ⋯⋯⋯⋯⋯⋯⋯⋯⋯⋯⋯⋯⋯⋯ *Pachylomalus*
   Propygidium without transvers stria; lateral metaventral stria extending posteriad; only protibia dilated · 6
6. Frontal stria interrupted anteriorly⋯⋯⋯⋯⋯⋯⋯⋯⋯⋯⋯⋯⋯⋯⋯⋯⋯⋯⋯⋯ *Eulomalus*
   Frontal stria complete ⋯⋯⋯⋯⋯⋯⋯⋯⋯⋯⋯⋯⋯⋯⋯⋯⋯⋯⋯⋯⋯⋯⋯⋯7
7. Marginal mesoventral stria widely interrupted anteriorly ⋯⋯⋯⋯⋯⋯⋯⋯⋯⋯⋯ *Platylomalus*
   Marginal mesoventral stria narrowly interrupted anteriorly ⋯⋯⋯⋯⋯⋯⋯⋯⋯⋯ *Cryptomalus*

Coomanister Kryzhanovskij, 1972

Coomanister scolyti **Mazur**, 2007, without additional materials.

Carcinops Marseul, 1855

Key to species

1. Elytron without 5th dorsal stria and sutural stria, 1st-3rd dorsal striae complete, 4th dorsal stria base end bend to sutural and punctiform in anterior and posterior ends; carinal striae of prosternal keel not united with each other and punctiform in anterior and posterior ends ·················· *C.* (*Carcinops*) *sinensis*
   Elytron with 5th dorsal stria and sutural stria, 1st-4th dorsal striae complete, 5th dorsal stria complete or nearly complete, base end bend to sutural or not; carinal striae of prosternal keel united with each other basally ···2
2. Intercoxal disk of metasternal covered with fine and sparse punctures, but inter area of hind coxae with a few coarse punctures ·· *C.* (*C.*) *troglodytes*
   Intercoxal disk of metasternal covered with a lots of coarse punctures laterally····························3
3. The apical end of marginal elytral stria extending along the margin to lateral 2/3; carinal striae of prosternal keel bisinuate; mesoventrite with dense and large punctures ····················· *C.* (*C.*) *pumilio*
   The apical end of marginal elytral stria not extending along the margin; carinal striae of prosternal keel straight and slightly divergent posteriorly; mesoventrite with several large punctures only on lateral part but not dense ·· *C.* (*C.*) *penatii*

Diplostix Bickhardt, 1921

Diplostix (*Diplostix*) *karenensis* (**Lewis**, 1891), without additional materials.

Diplostix (*Diplostix*) *vicaria* (**Cooman**, 1935)
   Body oblong, convex. Frontal stria slender but complete. Marginal pronotal stria complete; along posterior margin with a raw of densely big punctures; antescutellar area of disk with a big rounded puncture. Elytron 1st-5th dorsal striae complete. Prosternal keel carinae complete. Intercoxal disk of 1st abdominal sternite with two lateral striae. Protibia broad, with 3 big teeth and two small teeth on outer margin.

Pachylomalus Schmidt, 1897

Key to species

Prosternal lobe with complete marginal stria; mesoventrite without marginal stria; the first visible abdominal sternum with two lateral striae at each side ·································· *P.* (*Canidius*) *musculus*
Prosternal lobe with complete marginal stria only latrally; mesoventrite with marginal stria; the first visible abdominal sternum with one lateral striae at each side ································· *P.* (*C.*) *deficiens*

Cryptomalus Mazur, 1993

Cryptomalus mingh **Mazur**, 2007, without additional materials.

Platylomalus Cooman, 1948

Key to species

1. Intercoxal disk of metaventrite with two carinate longitudinal striae. Pygidium with two wide, deep and arcuate grooves in female, but one in male ·· ***P. submetallicus***
   Intercoxal disk of metaventrite without longitudinal stria ·· 2
2. Marginal epipleural stria complete ··· 3
   Margianl epipleural stria thin, present only in apical half ··· 4
3. Apical end of marginal elytral stria extending all way along the apical margin of elytron, attaining sutural angle and then slightly benting anteriad. Pygidium of female with a pair of straight transverse furrows and a pair of deep and nearly oval concaves behind furrows ································· ***P. sauteri***
   Apical end of marginal elytral stria extending along apical margin of elytron, but not attaining the inner half. Pygidium of female with a pair of long and curved furrows, the furrows sometimes with several branches ·· ***P. ceylanicus***
4. Prosternal lobe without marginal stria; mesoventrite without transverse stria. Pygidium of female densely punctured at apex, sometimes with one transverse impression near apex ························· ***P. viaticus***
   Prosternal lobe with marginal stria; mesoventrite with transverse stria ··························· 5
5. Transverse stria of mesoventrite curved to form two angles ·· 6
   Transverse stria of mesoventrite curved but not to form angles, sometimes interrupted in middle ········· 7
6. Marginal pronotal stria complete. Pygidium of female with one deep transverse furrow near apex, closely in front of it with one or two irregularly arranged fine and shallow furrows ···················· ***P. inflexus***
   Marginal pronotal stria broadly interrupted behind head. Pygidium of female with one transverse furrow near apex ··· ***P. tonkinensis***
7. Marginal pronotal stria complete, sometimes narrowly interrupted behind head. Pygidium of female densely engraved with irregular furrows except near margins ······························· ***P. niponensis***
   Marginal pronotal stria broadly interrupted behind head ·· 8
8. Marginal stria of prosternal lobe complete, continuous with lateral and anterior parts. Pygidium of female densely engraved with short-curved furrows in posterior half ··························· ***P. oceanitis***
   Marginal stria of prosternal lobe represented only by lateral parts. Pygidium of female with a pair of curved sculptures in posterior half ··· ***P. mendicus***

Eulomalus Cooman, 1937

Key to species

1. Lateral metaventral striae with posterior ends curved inwards ·· 2

   Lateral metaventral striae with posterior ends not curved inwards ································· 3

2. Ventral surface of entire body with dense and fine longitudinal sculptures. Pygidium of female with long or short irregular furrows except along anterior margin ···························· ***E. seitzi***

   Ventral surface of entire body smooth, without longitudinal sculpture. Pygidium of female with a long and wide arcuate furrow near posterior margin ·························· ***E. amplipes***

3. Marginal mesoventral stria short, not extending to anterior part. Pygidium of female with one transverse furrow in posterior half, the furrow confluent with punctures ··········· ***E. tardipes***

   Marginal mesoventral stria long, extending to anterior part ··································· 4

4. Prosternal lobe with dense longitudinal wrinkles in basal portion of its middle. Pygidium of female in apical half with furrows in complicated pattern: one long furrow running nearly parallel to margins, and medially several short furrows irregularly crossing each other···························· ***E. rugosus***

   Prosternal lobe without longitudinal wrinkles ··· 5

5. Transverse stria of mesoventrite with four angles. Pygidium of female with fine, irregular and curved sculptures except along anterior margin ······································ ***E. vermicipygus***

   Transverse stria of mesoventrite with two angles ··· 6

6. Outer margin of protibia with four denticles. Marginal mesoventral stria straight. Pygidium of female with one fine sculpture which is parallel to posterior margin····························· ***E. pupulus***

   Outer margin of protibia with three denticles. Marginal mesoventral stria arcuate. Pygidium of female in basal half widely and deeply engraved with a transverse groove, medially the anterior margin of the groove curved backwards ···································· ***E. lombokanus***

Paromalus Erichson, 1834

Key to species

1. Apical end of elytral marginal stria extending long apical margin of elytron, but not attaining sutural angle ··· 2

   Apical end of elytral marginal stria extending long apical margin of elytron and attaining sutural angle, then curved anteriad ··· 3

2. Transverse stria of mesoventrite with two angles not acute. The pygidial sculpture of female consisting of two parts: one transverse deep part basally and one circular part in apical 2/3, the latter with inside deeply and irregularly rugose; pygidium of male sometimes with short sculpture medially·····························

   ··· ***P. (Paromalus) vernalis***

   Transverse stria of mesoventrite with two angles rather sharp. Female unknown ······· ***P. (P.) acutangulus***

3. Epipleural marginal stria not complete, only finely impressed in apical half. Pygidium of female medially

with one nearly quadrangular furrow which is broad and deep ·························· *P. (P.) parallelepipedus*

Epipleural marginal stria complete ··· 4

4. Post-mesocoxal stria with short apical part after bending point. Pygidium with riffle-like sculptures in female and male, sometimes slightly reduced in female, usually more reduced in male ···················
·· *P. (P.) picturatus*

Post-mesocoxal stria with rather long apical part after bending point. Pygidium with sparse, short and riffle-like sculptures only in female ·· *P. (P.) tibetanus*

Abraeinae MacLeay, 1819

Key to tribes

1. Posterior tarsus consisting of 4 tarsomeres ··· **Acritini**

Posterior tarsus consisting of 5 tarsomeres ··· 2

2. Pronotum with a longitudinal depression on each lateral part ·······················**Plegaderini**

Pronotum without longitudinal depression on each lateral part ························ 3

3. Prosternum without cavate basally, which to containment mesoventrite process; subsemiglobose ··········
·· **Abraeini**

Prosternum with cavate basally to containment mesoventrite process; subcylindradceous ······· **Teretriini**

Abraeini MacLeay, 1819

Chaetabraeus Portevin, 1929

Key to subgenera and species

1. Body dorsal side without pubescence (**Subgenus *Mazureus***) ···························· *Ch. (M.) paria*

Body dorsal side with erected pubescence (**Subgenus *Chaetabraeus***) ························· 2

2. Disk of prosternum with a deep fovea on each side ································· *Ch. (Ch.) bonzicus*

Disk of prosternum without deep fovea on each side ································· 3

3. Metasternum longitudinal mid line clearly and deeply impressed ····················· *Ch. (Ch.) orientalis*

Metasternum longitudinal mid line indistinct and not impressed ····················· *Ch. (Ch.) cohaeres*

　* *Ch. (Ch.) granosus* (Motschulsky) did not include in the key.

Plegaderini Portevin, 1929

Plegaderus Erichson, 1834

Plegaderus (*Plegaderus*) *vulneratus* (**Panzer**, 1797)

Body oblong, moderate convex. Frontal stria absent. Marginal pronotal stria complete.

Surface of pronotum divided into 2, anterior and posterior, areas by a transverse line at apical 1/3. Elytron without dorsal stria. Prosternal process with an X-shaped excavation, densely covered with long hairs; anterior margin completely with marginal stria, the lateral end of the stria continued to apex of outer margin of the X-shaped excavation. Intercoxal disk of 1st abdominal sternite lateral striae present on basal 3/4.

Acritini Wenzel, 1944

Abaeletes Cooman, 1940

Abaeletes perroti (**Cooman**, 1940), without additional materials.

Acritus LeConte, 1853

Key to subgenera and species

1. Lateral metasternal stria arcuate, the apical end near post-mesocoxal stria's apical end; mesepimeron with two distinct marginal striae; body surface coriaceous, especially lateral side of pronotum and elytra (**Subgenus *Pycnacritus***) ··*A. (P.) shirozui*
   Lateral metasternal stria shape various, maybe arcuate, but the apical end far away from post-mesocoxal stria's apical end; mesepimeron with one or two marginal striae; body surface not all coriaceous, but at some area (**Subgenus *Acritus***) ··· 2

2. Lateral metasternal stria and lateral stria of 1st abdominal sternum curvate, semicircular ·················· 3
   Lateral metasternal stria and lateral stria of 1st abdominal sternum straight, not semicircular ·············· 4

3. Lateral and anterior margins of pronotum and apical 2/3 of elytron with densely longitudinal sculptures between punctures ··*A. (A.) pectinatus*
   Pronotum and elytron without longitudinal sculpture ··*A. (A.) pascuarum*

4. Meso-metasternal suture with densely deep longitudinal grooves, as long as the smooth area of mesosternum ···*A. (A.) cooteri*
   Meso-metasternal suture without groove, but along with a line of coarse punctures ··········*A. (A.) komai*
   * *A. (A.) tuberisternus* Cooman did not include in the key.

Teretriini Bickhardt, 1916

Teretrius Erichson, 1834

Teretrius (*Neoteretrius*) *formosus* (**Lewis**, 1915), without additional materials.
Teretrius (*Neoteretrius*) *shibatai* Ôhara, 2008, without additional materials.
Teretrius (*Teretrius*) *taichii* Ôhara, 2008, without additional materials.

Saprininae Blanchard, 1845

Key to genera

1. Prosternal keel without small fovea ··2

   Prosternal keel with a pair of small foveae on apical 1/3 ·························4

2. Head with frontal stria, at least laterally; prosternal keel carinal divergent anteriorly, and connect with transverse submarginal stria ··3

   Head without frontal stria; prosternal keel carinal curvate, converging anteriorly ············ ***Gnathoncus***

3. Labrum convex with straight anterior margin··***Hemisaprinus***

   Labrum concave with anterior margin emarginated ···································***Saprinus***

4. Frontal disk of head with 1 or 2 transverse rows or irregular transverse rugae; its anterior transverse margin strongly impressed and straight ································ ***Hypocaccus***

   Frontal disk of head usually with light punctuation or weak rugae, without strongly transverse rows; its anterior transverse margin lightly impressed, usually partly arcuate, and sometimes interrupted ··········5

5. Two marginal pronotal striae and two external subhumeral striae of elytron could seen in dorsal view at same time; lateral prosternal striae not connect each other; body covered with microsculptures ·· ***Pholioxenus***

   Marginal pronotal striae and external subhumeral striae of elytron could not seen in dorsal view at same time; lateral prosternal striae varied; body with less or without microsculpture ·····················6

6. Lateral prosternal striae not connect anteriorly, interrupt at top of prosternal keel, without connect groove between them, with a connect groove between apical small foveae ··················· ***Chalcionellus***

   Lateral prosternal striae connected by a thin groove anteriorly (except subgenus *Colpellus*), without connect groove between apical small foveae·· ***Hypocacculus***

   * *Reichardtiolus* Kryzhanovskij and *Eopachylopus* Reichardt did not include in the key.

Gnathoncus Jacquelin-Duval, 1858

Key to species

1. Punctures of pygidium small, transversely oblong ····································2
   Punctures of pygidium big, round ···4

2. Middle of pronotum with a process, tuberculiform ····························· ***G. kiritshenkoi***
   Pronotum without tuberculate process ···3

3. Sutural stria of elytra abbreviate, present on basal 1/4··················· ***G. rotundatus***
   Sutural stria of elytra longer than basal 1/2 ·································· ***G. disjunctus suturifer***

4. Sutural stria of elytra rudimentary on basal 1/6················· ***G. nannetensis***
   Sutural stria of elytra long, present on basal 1/2····································· ***G. potanini***

   * *G. brevisternus* Lewis, *G. nidorum* Stockmann and *G. semimarginatus* Bickhardt did not include in the key.

Saprinus Erichson, 1834

Key to subgenera and species

1. Prosternal keel narrow and convex, carinal striae connect far from anterior margin (**Subgenus *Phaonius***)
   .... ***S. (P.) pharao***

   Prosternal keel broad and not convex, carinal striae could connect but near anterior margin (**Subgenus *Saprinus***) ··· 2

2. Elytron with saffron macula ··· 3

   Elytron without macula ··· 7

3. Elytral macula big, not round ··· 4

   Elytral macula small, round or near round ··· 5

4. Elytral macula simple, no more than 1/3 of elytron surface ·············· ***S. (S.) ornatus ornatus***

   Elytral macula form complex, bigger than 1/3 of elytron surface················ ***S. (S.) flexuosofasciatus***

5. Sutural stria of elytra abbreviate basally ····································· ***S. (S.) bimaculatus***

   Sutural stria of elytra complete·· 6

6. Elytron 4th dorsal stria and sutural stria connect basally······························· ***S. (S.) biguttatus***

   Elytron 4th dorsal stria and sutural stria not connect basally ····················· ***S. (S.) quadriguttatus***

7. Sutural stria of elytra degenerated, abbreviate basally and apically, represented by a row of 4-5 coarse punctures medially ··· 8

   Sutural stria of elytra complete or little abbreviate basally ································· 10

8. Third dorsal stria of elytron longer than half of other dorsal striae ··················· ***S. (S.) semistriatus***

   Third dorsal stria of elytron no longer than half of other dorsal striae ···································· 9

9. Intercoxal disk of metasternum apical near longitudinal middle suture without coarse puncture ············
   .... ***S. (S.) concinnus***

   Intercoxal disk of metasternum apical along longitudinal middle suture with coarse punctures ············
   .... ***S. (S.) planiusculus***

10. Elytron 4th dorsal stria not arcuate basally and far from scutum ······································· 11

    Elytron 4th dorsal stria arcuate or not arcuate basally and near scutum ································· 13

11. Sutural stria of elytra complete·· ***S. (S.) splendens***

    Sutural stria of elytra not complete, little abbreviate basally ························· ***S. (S.) caerulescens***

12. Forth dorsal stria of elytra abbreviate basally; meso-metasternal sutura not along with puncture············
    .... ***S. (S.) caerulescens caerulescens***

    Forth dorsal stria of elytra not abbreviate basally; meso-metasternal sutura along with coarse punctures ··
    .... ***S. (S.) caerulescens punctisternus***

13. Third dorsal stria of elytra very short, present on basally, sometimes with impression medially··········· 14

    Third dorsal stria of elytra approximately as long as other dorsal striae ································· 16

14. First and 2nd dorsal striae of elytra more or less abbreviate basally······················· ***S. (S.) immundus***

    First and 2nd dorsal striae of elytra not abbreviate basally··· 15

15. Third dorsal stria of elytra without coarse puncture around ·· *S. (S.) aeneolus*

      Third dorsal stria of elytra around with coarse punctures ······································· *S. (S.) sedakovii*

16. Intercoxal disk of metasternum along longitudinal middle suture with coarse punctures ················· 17

      Intercoxal disk of metasternum along longitudinal middle suture without coarse puncture·············· 18

17. Basal of 4th dorsal stria of elytra connect with sutural stria; marginal mesosternal stria complete ···········

      ·· *S. (S.) optabilis*

      Basal of 4th dorsal stria of elytra not connect with sutural stria; marginal mesosternal stria broad interrupted anteriorly ··· *S. (S.) pecuinus*

18. Intercoxal disk of metasternum without puncture ··· *S. (S.) havajirii*

      Intercoxal disk of metasternum with punctures along lateral stria and posterior margin ················· 19

19. Surface of apical 1/2 or 2/3 of elytra covered with big punctures, surface of basal half at most in the interval between 2nd dorsal stria and oblique humeral stria with big punctures, other area smooth or sparsely clothed with microscopic punctures ··· 20

      Surface of elytra covered with coarse punctures, except surface of basal 1/3 in the interval between 4th dorsal stria and sutural stria·· 24

20. Sutural stria of elytra abbreviate at basal 1/3, 4th dorsal stria basal end a little bend to scutum ·········· 21

      Sutural stria of elytra complete, sometimes weak at basal 1/3, 4th dorsal stria basal end bend to scutum and connect with sutural stria ·· 22

21. Prosternal keel covered with coarse punctures laterally ·· *S. (S.) niponicus*

      Prosternal keel covered with small punctures·· *S. (S.) sternifossa*

22. Punctures of elytra large and dense, often connect each other form longitudinal plagae ·····················

      ·· *S. (S.) frontistrius*

      Punctures of elytra large and sparse ··· 23

23. Intercoxal disk of metasternum with big punctures along posterior margin but interrupted in the middle ··

      ·· *S. (S.) chalcites*

      Intercoxal disk of metasternum with big punctures along posterior margin ················· *S. (S.) graculus*

24. Carinae of prosternal keel divergent from basal to posterior; meso-metasternal suture along with densely crenatus line··· *S. (S.) intractabilis*

      Carinae of prosternal keel little convergent from basal to posterior; meso-metasternal suture along with sparse and big punctures ·· *S. (S.) tenuistrius sparsutus*

      * *S. (S.) addendus* Dahlgren, *S. (S.) centralis* Dahlgren, *S. (S.) dussaulti* Marseul, *S. (S.) himalajicus* Dahlgren, *S. (S.) spernax* Marseul and *S. (S.) subcoerulus* Thérond did not include in the key.

Hemisaprinus Kryzhanovskij, 1976

Hemisaprinus subvirescens (**Ménétries**, 1832), without additional materials.

Chalcionellus Reichardt, 1932

Key to species

1. The length of anterior interval of prosternal keel striae equal to posterior interval ····· ***C. blanchii blanchii***

   The length of anterior interval of prosternal keel striae short to posterior interval ···························· 2

2. Pronotum with a concave line on each side, sometimes as a line with large and coarse punctures···········

   ·· ***C. turcicus***

   Pronotum with 2-3 rows of big coarse punctures on each side, without concave line··········· ***C. amoenus***

   * *C. sibiricus* Dahlgren and *C. blanchii tauricus* (Marseul) did not include in the key.

Pholioxenus Reichardt, 1932

***Pholioxenus orion* Reichardt,** 1932, without additional materials.

Hypocacculus Bickhardt, 1914

***Hypocacculus* (*Hypocacculus*) *spretulus* (Erichson,** 1834), without additional materials.

Hypocaccus Thomson, 1867

Key to subgenera and species

1. Frontal disk of head with 1 or 2 transverse rows or irregular rugae; frontal stria deep and straight
   anteriorly ·· 4

   Frontal disk of head covered with sparse punctures or rugae, without transverse row; frontal stria shallow

   anteriorly, usually arcuate or interrupt (**Subgenus *Nessus***)·· 2

2. Marginal pronotal stria interrupt anteriorly··· ***H. (N.) tigris tigris***

   Marginal pronotal stria complete ··· 3

3. Disk of front wholly with irregular and shallow rugae; marginal elytral stria extending along posterior

   margin of elytra, its apical end attaining to near lateral 1/3 of elytron ······················ ***H. (N.) asticus***

   Disk of front with irregular and shallow rugae apically; marginal elytral stria not extending along

   posterior margin of elytra ·· ***H. (N.) mongolicus***

4. Pronotum coarsely punctuated; meso-metasternal suture with strongly crenate line (**Subgenus**

   Hypocaccus)··· 5

   Pronotum smooth, at most finely punctuate laterally; meso-metasternal suture without crenate line

   (**Subgenus *Baeckmanniolus***)··· 7

5. Frontal disk of head densely covered with rugae; pronotum with rugae of developed punctures laterally;

   first dorsal stria of elytra long, sinuate apically··· ***H. (H.) dauricus***

   Frontal disk of head with 2 or 3 transverse rows; pronotum lateral rugae less and weak; first dorsal stria of elytra short, not sinuate ·· 6

6. Intercoxal disk of metasternum with big punctures along posterior margin; intercoxal disk of 1st abdominal sternum with coarse punctures along anterior margin ······························ *H. (H.) sinae*
   Intercoxal disk of metasternum with coarse punctures only before anterior margin of hind coxal cavity; intercoxal disk of 1st abdominal sternum without punctures along anterior margin ······· *H. (H.) rugifrons*

7. Meso-metasternal sutura not along with puncture ··· *H. (B.) varians varians*
   Meso-metasternal sutura along with sparse and coarse punctures ············· *H. (B.) varians continentalis*
   * *H. (H.) brasiliensis* Paykull, *H. (N.) balux* Reichardt and *H. (N.) eremobius* Reichardt did not include in the key.

Reichardtiolus Kryzhanovskij, 1959

Reichardtiolus duriculus (**Reitter**, 1904), without additional materials.

Eopachylopus Reichardt, 1926

Eopachylopus ripae (**Lewis**, 1885), without additional materials.

Trypeticinae Bickhardt, 1913

Trypeticus Marseul, 1864

Key to species

Female

1. Disk of frons with a pair of strongly elevated and complete longitudinal ridges and a deep longitudinal median fovea between the two ridges ··· *T. canalifrons*
   Disk of frons without such ridge and fovea ·· 2

2. Rostral apex more or less acuminate, sometimes bifid by a notch in middle, protruding upwards and forwards ··· 3
   Rostral apex broadly rounded or trapezoid, not protruding upwards and forwards ························· 4

3. Rostral apex bifid by a notch in middle ·· *T. fissirostrum*
   Rostral apex acuminate, without a notch ··· *T. sauteri*

4. Rostral apex broadly rounded, lateral ridges of frons strongly arcuate on posterior 1/2, and nearly parallel and distant from each other on anterior 1/2 ·· *T. venator*
   Rostral apex trapezoid, lateral ridges of frons slightly arcuate on posterior 1/2, and not parallel but convergent anterior 1/2 ·· *T. yunnanensis*

Male

1. Pronotum short, at most 1.2 times longer than wide ·· *T. sauteri*

   Pronotum long, more than 1.2 times longer than wide ·· 2

2. Large species, the total length of pronotum and elytra more than 3.1 mm ·················· *T. canalifrons*

   Medium-sized or small species, the total length of pronotum and elytra usually no more than 3.1 mm ···· 3

3. Small species, the lateral margins of frons and rostrum without distinct rim ······················ *T. venator*

   Medium-sized species, the lateral margins of frons and rostrum with distinct rims ························ 4

4. Oblique lateral stria of propygidium fine but distinct, the lateral stria of first abdominal sternite distinctly located on anterior 1/2 ··· *T. fissirostrum*

   Oblique lateral stria of propygidium lacking, the lateral stria of first abdominal sternite indistinct, only indicated by two or three connected punctures on anterior 1/2 ··························· *T. yunnanensis*

   * *T. nemorivagus* Lewis did not include in the key.

中 名 索 引

（按汉语拼音排序）

学 名 索 引

gigas, *Pactolinus* 52

gilolous, *Trypeticus* 596

girondinus, *Saprinus rugifrons* 581

glabratus, *Hister* 61, 63

glabratus, *Sphaerites* 23, 61, 63

globatum, *Notodoma* 119

Globicornia 72

globulus, *Abraeus* 468

globulus, *Hister* 468

Gnathoncus 20, 38, 53, 490, 491

goetzelmanni, *Hister* 275

goetzelmanni, *Hister stercorarius* 275

graculus, *Saprinus* 504, 528

gramineus, *Hister* 314

Grammostethus 242, 243, 286

grandis, *Hister* 229

granosus, *Abraeus* 472

granosus, *Chaetabraeus* 469, 472

gratiosus, *Hister* 272

gratiosus, *Margarinotus* 270, 272

guttifer, *Margarinotus* 242

H

Haeterius 381

hageni, *Platysoma* 166

hailar, *Margarinotus* 244, 253

havajirii, *Saprinus* 503, 530

heilongjiangensis, *Onthophilus* 84

helluo, *Hister* 312

Hemisaprinus 38, 490, 564

Hetaeriinae 2, 3, 7, 32, 33, 35, 36, 53, 57, 73, 127, 380

Hetaeriini 31, 32, 33, 380

Hetaeriomorphini 32, 33, 380

Hetaeriomorphus 380

Hetaerius 7, 31, 38, 380, 381

Hétériens 380

Heterognathus 301

higoniae, *Hololepta* 131, 138, 140

himalajicus, *Saprinus* 40, 504, 531

hispidus, *Epiechinus* 95, 96

hispidus, *Hister* 96

hispidus, *Onthophilus* 96, 97

Hister 7, 30, 31, 37, 53, 55, 57, 72, 116, 241, 242, 312

Histeranus 312

Histeri 115

Histerida 60

Histeridae 1, 3, 23, 27, 28, 29, 30, 31, 35, 52, 58, 60, 72, 74, 149

Histerides 31

Histeridesvrais 115

Histeriens 31, 115

Histeries 115

Histerina 115, 241

Histerinae 6, 32, 33, 35, 36, 37, 52, 53, 56, 57, 58, 73, 115, 149

Histerini 3, 7, 31, 32, 33, 35, 36, 72, 73, 115, 116, 149, 241

Histeroidae 72

Histeroidea 1, 3, 27, 28, 60

Histeroides 60, 72, 115, 241

histeroides, *Syntelia* 23, 68, 70

Histeroidini 72

Histeroidum 72

Histri 72

Histrini 72, 115

hlavaci, *Asiaster* 376, 379

hochhuti, *Saprinus semistriatus* 553

Hololepta 6, 30, 31, 32, 37, 116, 129, 130, 131

Hololeptidae 129

Hololeptides 31, 129

Hololeptiens 31, 129

Hololeptina 129

Hololeptinae 32, 129

Hololeptini 3, 31, 33, 52, 73, 116, 129, 149

《中国动物志》已出版书目

《中国动物志》

昆虫纲 第二十卷 膜翅目 准蜂科 蜜蜂科 吴燕如 2000, 442 页, 218 图, 9 图版。

昆虫纲 第二十一卷 鞘翅目 天牛科 花天牛亚科 蒋书楠、陈力 2001, 296 页, 17 图, 18 图版。

昆虫纲 第二十二卷 同翅目 蚧总科 粉蚧科 绒蚧科 蜡蚧科 链蚧科 盘蚧科 壶蚧科 仁蚧科 王子清 2001, 611 页, 188 图。

昆虫纲 第二十三卷 双翅目 寄蝇科(一) 赵建铭、梁恩义、史永善、周士秀 2001, 305 页, 183 图, 11 图版。

昆虫纲 第二十四卷 半翅目 毛唇花蝽科 细角花蝽科 花蝽科 卜文俊、郑乐怡 2001, 267 页, 362 图。

昆虫纲 第二十五卷 鳞翅目 凤蝶科 凤蝶亚科 锯凤蝶亚科 绢蝶亚科 武春生 2001, 367 页, 163 图, 8 图版。

昆虫纲 第二十六卷 双翅目 蝇科(二) 棘蝇亚科(一) 马忠余、薛万琦、冯炎 2002, 421 页, 614 图。

昆虫纲 第二十七卷 鳞翅目 卷蛾科 刘友樵、李广武 2002, 601 页, 16 图, 136+2 图版。

昆虫纲 第二十八卷 同翅目 角蝉总科 犁胸蝉科 角蝉科 袁锋、周尧 2002, 590 页, 295 图, 4 图版。

昆虫纲 第二十九卷 膜翅目 螯蜂科 何俊华、许再福 2002, 464 页, 397 图。

昆虫纲 第三十卷 鳞翅目 毒蛾科 赵仲苓 2003, 484 页, 270 图, 10 图版。

昆虫纲 第三十一卷 鳞翅目 舟蛾科 武春生、方承莱 2003, 952 页, 530 图, 8 图版。

昆虫纲 第三十二卷 直翅目 蝗总科 槌角蝗科 剑角蝗科 印象初、夏凯龄 2003, 280 页, 144 图。

昆虫纲 第三十三卷 半翅目 盲蝽科 盲蝽亚科 郑乐怡、吕楠、刘国卿、许兵红 2004, 797 页, 228 图, 8 图版。

昆虫纲 第三十四卷 双翅目 舞虻总科 舞虻科 螳舞虻亚科 驼舞虻亚科 杨定、杨集昆 2004, 334 页, 474 图, 1 图版。

昆虫纲 第三十五卷 革翅目 陈一心、马文珍 2004, 420 页, 199 图, 8 图版。

昆虫纲 第三十六卷 鳞翅目 波纹蛾科 赵仲苓 2004, 291 页, 153 图, 5 图版。

昆虫纲 第三十七卷 膜翅目 茧蜂科(二) 陈学新、何俊华、马云 2004, 581 页, 1183 图, 103 图版。

昆虫纲 第三十八卷 鳞翅目 蝙蝠蛾科 蛱蛾科 朱弘复、王林瑶、韩红香 2004, 291 页, 179 图, 8 图版。

昆虫纲 第三十九卷 脉翅目 草蛉科 杨星科、杨集昆、李文柱 2005, 398 页, 240 图, 4 图版。

昆虫纲 第四十卷 鞘翅目 肖叶甲科 肖叶甲亚科 谭娟杰、王书永、周红章 2005, 415 页, 95 图, 8 图版。

昆虫纲 第四十一卷 同翅目 斑蚜科 乔格侠、张广学、钟铁森 2005, 476 页, 226 图, 8 图版。

昆虫纲 第四十二卷 膜翅目 金小蜂科 黄大卫、肖晖 2005, 388 页, 432 图, 5 图版。

昆虫纲 第四十三卷 直翅目 蝗总科 斑腿蝗科 李鸿昌、夏凯龄 2006, 736 页, 325 图。

昆虫纲 第四十四卷 膜翅目 切叶蜂科 吴燕如 2006, 474 页, 180 图, 4 图版。

昆虫纲 第七十五卷 鞘翅目 阎甲总科 扁圆甲科 长阎甲科 阎甲科 周红章、罗天宏、张叶军 2022，702 页，252 图，3 图版。

无脊椎动物 第一卷 甲壳纲 淡水枝角类 蒋燮治、堵南山 1979，297 页，192 图。

无脊椎动物 第二卷 甲壳纲 淡水桡足类 沈嘉瑞等 1979，450 页，255 图。

无脊椎动物 第三卷 吸虫纲 复殖目(一) 陈心陶等 1985，697 页，469 图，10 图版。

无脊椎动物 第四卷 头足纲 董正之 1988，201 页，124 图，4 图版。

无脊椎动物 第五卷 蛭纲 杨潼 1996，259 页，141 图。

无脊椎动物 第六卷 海参纲 廖玉麟 1997，334 页，170 图，2 图版。

无脊椎动物 第七卷 腹足纲 中腹足目 宝贝总科 马绣同 1997，283 页，96 图，12 图版。

无脊椎动物 第八卷 蛛形纲 蜘蛛目 蟹蛛科 逍遥蛛科 宋大祥、朱明生 1997，259 页，154 图。

无脊椎动物 第九卷 多毛纲(一) 叶须虫目 吴宝铃、吴启泉、丘建文、陆华 1997，323 页，180 图。

无脊椎动物 第十卷 蛛形纲 蜘蛛目 园蛛科 尹长民等 1997，460 页，292 图。

无脊椎动物 第十一卷 腹足纲 后鳃亚纲 头楯目 林光宇 1997，246 页，35 图，24 图版。

无脊椎动物 第十二卷 双壳纲 贻贝目 王祯瑞 1997，268 页，126 图，4 图版。

无脊椎动物 第十三卷 蛛形纲 蜘蛛目 球蛛科 朱明生 1998，436 页，233 图，1 图版。

无脊椎动物 第十四卷 肉足虫纲 等辐骨虫目 泡沫虫目 谭智源 1998，315 页，273 图，25 图版。

无脊椎动物 第十五卷 粘孢子纲 陈启鎏、马成伦 1998，805 页，30 图，180 图版。

无脊椎动物 第十六卷 珊瑚虫纲 海葵目 角海葵目 群体海葵目 裴祖南 1998，286 页，149 图，20 图版。

无脊椎动物 第十七卷 甲壳动物亚门 十足目 束腹蟹科 溪蟹科 戴爱云 1999，501 页，238 图，31 图版。

无脊椎动物 第十八卷 原尾纲 尹文英 1999，510 页，275 图，8 图版。

无脊椎动物 第十九卷 腹足纲 柄眼目 烟管螺科 陈德牛、张国庆 1999，210 页，128 图，5 图版。

无脊椎动物 第二十卷 双壳纲 原鳃亚纲 异韧带亚纲 徐凤山 1999，244 页，156 图。

无脊椎动物 第二十一卷 甲壳动物亚门 糠虾目 刘瑞玉、王绍武 2000，326 页，110 图。

无脊椎动物 第二十二卷 单殖吸虫纲 吴宝华、郎所、王伟俊等 2000，756 页，598 图，2 图版。

无脊椎动物 第二十三卷 珊瑚虫纲 石珊瑚目 造礁石珊瑚 邹仁林 2001，289 页，9 图，55 图版。

无脊椎动物 第二十四卷 双壳纲 帘蛤科 庄启谦 2001，278 页，145 图。

无脊椎动物 第二十五卷 线虫纲 杆形目 圆线亚目(一) 吴淑卿等 2001，489 页，201 图。

无脊椎动物 第二十六卷 有孔虫纲 胶结有孔虫 郑守仪、傅钊先 2001，788 页，130 图，122 图版。

无脊椎动物 第二十七卷 水螅虫纲 钵水母纲 高尚武、洪惠馨、张士美 2002，275 页，136 图。

无脊椎动物 第二十八卷 甲壳动物亚门 端足目 蜮亚目 陈清潮、石长泰 2002，249 页，178 图。

无脊椎动物 第二十九卷 腹足纲 原始腹足目 马蹄螺总科 董正之 2002，210 页，176 图，2 图版。

无脊椎动物 第三十卷 甲壳动物亚门 短尾次目 海洋低等蟹类 陈惠莲、孙海宝 2002，597 页，

237 图，4 彩色图版，12 黑白图版。

无脊椎动物　第三十一卷　双壳纲　珍珠贝亚目　王祯瑞　2002，374 页，152 图，7 图版。

无脊椎动物　第三十二卷　多孔虫纲　罩笼虫目　稀孔虫纲　稀孔虫目　谭智源、宿星慧　2003，295
页，193 图，25 图版。

无脊椎动物　第三十三卷　多毛纲(二)　沙蚕目　孙瑞平、杨德渐　2004，520 页，267 图，1 图版。

无脊椎动物　第三十四卷　腹足纲　鹑螺总科　张素萍、马绣同　2004，243 页，123 图，5 图版。

无脊椎动物　第三十五卷　蛛形纲　蜘蛛目　肖蛸科　朱明生、宋大祥、张俊霞　2003，402 页，174
图，5 彩色图版，11 黑白图版。

无脊椎动物　第三十六卷　甲壳动物亚门　十足目　匙指虾科　梁象秋　2004，375 页，156 图。

无脊椎动物　第三十七卷　软体动物门　腹足纲　巴锅牛科　陈德牛、张国庆　2004，482 页，409 图，
8 图版。

无脊椎动物　第三十八卷　毛颚动物门　箭虫纲　萧贻昌　2004，201 页，89 图。

无脊椎动物　第三十九卷　蛛形纲　蜘蛛目　平腹蛛科　宋大祥、朱明生、张锋　2004，362 页，175
图。

无脊椎动物　第四十卷　棘皮动物门　蛇尾纲　廖玉麟　2004，505 页，244 图，6 图版。

无脊椎动物　第四十一卷　甲壳动物亚门　端足目　钩虾亚目(一)　任先秋　2006，588 页，194 图。

无脊椎动物　第四十二卷　甲壳动物亚门　蔓足下纲　围胸总目　刘瑞玉、任先秋　2007，632 页，239
图。

无脊椎动物　第四十三卷　甲壳动物亚门　端足目　钩虾亚目(二)　任先秋　2012，651 页，197 图。

无脊椎动物　第四十四卷　甲壳动物亚门　十足目　长臂虾总科　李新正、刘瑞玉、梁象秋等　2007，
381 页，157 图。

无脊椎动物　第四十五卷　纤毛门　寡毛纲　缘毛目　沈韫芬、顾曼如　2016，502 页，164 图，2 图
版。

无脊椎动物　第四十六卷　星虫动物门　螠虫动物门　周红、李凤鲁、王玮　2007，206 页，95 图。

无脊椎动物　第四十七卷　蛛形纲　蜱螨亚纲　植绥螨科　吴伟南、欧剑峰、黄静玲　2009，511 页，
287 图，9 图版。

无脊椎动物　第四十八卷　软体动物门　双壳纲　满月蛤总科　心蛤总科　厚壳蛤总科　鸟蛤总科
徐凤山　2012，239 页，133 图。

无脊椎动物　第四十九卷　甲壳动物亚门　十足目　梭子蟹科　杨思谅、陈惠莲、戴爱云　2012，417
页，138 图，14 图版。

无脊椎动物　第五十卷　缓步动物门　杨潼　2015，279 页，131 图，5 图版。

无脊椎动物　第五十一卷　线虫纲　杆形目　圆线亚目(二)　张路平、孔繁瑶　2014，316 页，97 图，
19 图版。

无脊椎动物　第五十二卷　扁形动物门　吸虫纲　复殖目（三）　邱兆祉等　2018，746 页，401 图。

无脊椎动物　第五十三卷　蛛形纲　蜘蛛目　跳蛛科　彭贤锦　2020，612 页，392 图。

无脊椎动物　第五十四卷　环节动物门　多毛纲(三)　缨鳃虫目　孙瑞平、杨德渐　2014，493 页，239
图，2 图版。

无脊椎动物　第五十五卷　软体动物门　腹足纲　芋螺科　李凤兰、林民玉　2016，288 页，168 图，4 图版。

无脊椎动物　第五十六卷　软体动物门　腹足纲　凤螺总科、玉螺总科　张素萍　2016，318 页，138 图，10 图版。

无脊椎动物　第五十七卷　软体动物门　双壳纲　樱蛤科　双带蛤科　徐凤山、张均龙　2017，236 页，50 图，15 图版。

无脊椎动物　第五十八卷　软体动物门　腹足纲　艾纳螺总科　吴岷　2018，300 页，63 图，6 图版。

无脊椎动物　第五十九卷　蛛形纲　蜘蛛目　漏斗蛛科　暗蛛科　朱明生、王新平、张志升　2017，727 页，384 图，5 图版。

无脊椎动物　第六十二卷　软体动物门　腹足纲　骨螺科　张素萍　2022，428 页，250 图。

《中国经济动物志》

兽类　寿振黄等　1962，554 页，153 图，72 图版。

鸟类　郑作新等　1963，694 页，10 图，64 图版。

鸟类(第二版)　郑作新等　1993，619 页，64 图版。

海产鱼类　成庆泰等　1962，174 页，25 图，32 图版。

淡水鱼类　伍献文等　1963，159 页，122 图，30 图版。

淡水鱼类寄生甲壳动物　匡溥人、钱金会　1991，203 页，110 图。

环节(多毛纲)　棘皮　原索动物　吴宝铃等　1963，141 页，65 图，16 图版。

海产软体动物　张玺、齐钟彦　1962，246 页，148 图。

淡水软体动物　刘月英等　1979，134 页，110 图。

陆生软体动物　陈德牛、高家祥　1987，186 页，224 图。

寄生蠕虫　吴淑卿、尹文真、沈守训　1960，368 页，158 图。

《中国经济昆虫志》

第一册　鞘翅目　天牛科　陈世骧等　1959，120 页，21 图，40 图版。

第二册　半翅目　蝽科　杨惟义　1962，138 页，11 图，10 图版。

第三册　鳞翅目　夜蛾科(一)　朱弘复、陈一心　1963，172 页，22 图，10 图版。

第四册　鞘翅目　拟步行虫科　赵养昌　1963，63 页，27 图，7 图版。

第五册　鞘翅目　瓢虫科　刘崇乐　1963，101 页，27 图，11 图版。

第六册　鳞翅目　夜蛾科(二)　朱弘复等　1964，183 页，11 图版。

第七册　鳞翅目　夜蛾科(三)　朱弘复、方承莱、王林瑶　1963，120 页，28 图，31 图版。

第八册　等翅目　白蚁　蔡邦华、陈宁生，1964，141 页，79 图，8 图版。

第九册　膜翅目　蜜蜂总科　吴燕如　1965，83 页，40 图，7 图版。

第十册　同翅目　叶蝉科　葛钟麟　1966，170 页，150 图。

第十一册　鳞翅目　卷蛾科(一)　刘友樵、白九维　1977，93 页，23 图，24 图版。

第十二册　鳞翅目　毒蛾科　赵仲苓　1978，121 页，45 图，18 图版。

第十三册　双翅目　蠓科　李铁生　1978，124 页，104 图。

第十四册　鞘翅目　瓢虫科(二)　庞雄飞、毛金龙　1979，170 页，164 图，16 图版。

第十五册　蜱螨目　蜱总科　邓国藩　1978，174 页，707 图。

第十六册　鳞翅目　舟蛾科　蔡荣权　1979，166 页，126 图，19 图版。

第十七册　蜱螨目　革螨股　潘综文、邓国藩　1980，155 页，168 图。

第十八册　鞘翅目　叶甲总科(一)　谭娟杰、虞佩玉　1980，213 页，194 图，18 图版。

第十九册　鞘翅目　天牛科　蒲富基　1980，146 页，42 图，12 图版。

第二十册　鞘翅目　象虫科　赵养昌、陈元清　1980，184 页，73 图，14 图版。

第二十一册　鳞翅目　螟蛾科　王平远　1980，229 页，40 图，32 图版。

第二十二册　鳞翅目　天蛾科　朱弘复、王林瑶　1980，84 页，17 图，34 图版。

第二十三册　螨　目　叶螨总科　王慧芙　1981，150 页，121 图，4 图版。

第二十四册　同翅目　粉蚧科　王子清　1982，119 页，75 图。

第二十五册　同翅目　蚜虫类(一)　张广学、钟铁森　1983，387 页，207 图，32 图版。

第二十六册　双翅目　虻科　王遵明　1983，128 页，243 图，8 图版。

第二十七册　同翅目　飞虱科　葛钟麟等　1984，166 页，132 图，13 图版。

第二十八册　鞘翅目　金龟总科幼虫　张芝利　1984，107 页，17 图，21 图版。

第二十九册　鞘翅目　小蠹科　殷惠芬、黄复生、李兆麟　1984，205 页，132 图，19 图版。

第三十册　膜翅目　胡蜂总科　李铁生　1985，159 页，21 图，12 图版。

第三十一册　半翅目(一)　章士美等　1985，242 页，196 图，59 图版。

第三十二册　鳞翅目　夜蛾科(四)　陈一心　1985，167 页，61 图，15 图版。

第三十三册　鳞翅目　灯蛾科　方承莱　1985，100 页，69 图，10 图版。

第三十四册　膜翅目　小蜂总科(一)　廖定熹等　1987，241 页，113 图，24 图版。

第三十五册　鞘翅目　天牛科(三)　蒋书楠、蒲富基、华立中　1985，189 页，2 图，13 图版。

第三十六册　同翅目　蜡蝉总科　周尧等　1985，152 页，125 图，2 图版。

第三十七册　双翅目　花蝇科　范滋德等　1988，396 页，1215 图，10 图版。

第三十八册　双翅目　蠓科(二)　李铁生　1988，127 页，107 图。

第三十九册　蜱螨亚纲　硬蜱科　邓国藩、姜在阶　1991，359 页，354 图。

第四十册　蜱螨亚纲　皮刺螨总科　邓国藩等　1993，391 页，318 图。

第四十一册　膜翅目　金小蜂科　黄大卫　1993，196 页，252 图。

第四十二册　鳞翅目　毒蛾科(二)　赵仲苓　1994，165 页，103 图，10 图版。

第四十三册　同翅目　蚧总科　王子清　1994，302 页，107 图。

第四十四册　蜱螨亚纲　瘿螨总科(一)　匡海源　1995，198 页，163 图，7 图版。

第四十五册　双翅目　虻科(二)　王遵明　1994，196 页，182 图，8 图版。

第四十六册　鞘翅目　金花龟科　斑金龟科　弯腿金龟科　马文珍　1995，210 页，171 图，5 图版。

第四十七册　膜翅目　蚁科(一)　唐觉等　1995，134 页，135 图。

第四十八册　蜉蝣目　尤大寿等　1995，152 页，154 图。

第四十九册　毛翅目(一)　小石蛾科　角石蛾科　纹石蛾科　长角石蛾科　田立新等　1996，195 页

271 图，2 图版。

Serial Faunal Monographs Already Published

FAUNA SINICA

Mammalia vol. 6 Rodentia III: Cricetidae. Luo Zexun *et al.*, 2000. 514 pp., 140 figs., 4 pls.

Mammalia vol. 8 Carnivora. Gao Yaoting *et al.*, 1987. 377 pp., 44 figs., 10 pls.

Mammalia vol. 9 Cetacea, Carnivora: Phocoidea, Sirenia. Zhou Kaiya, 2004. 326 pp., 117 figs., 8 pls.

Aves vol. 1 part 1. Introductory Account of the Class Aves in China; part 2. Account of Orders listed in this Volume. Zheng Zuoxin (Cheng Tsohsin) *et al.*, 1997. 199 pp., 39 figs., 4 pls.

Aves vol. 2 Anseriformes. Zheng Zuoxin (Cheng Tsohsin) *et al.*, 1979. 143 pp., 65 figs., 10 pls.

Aves vol. 4 Galliformes. Zheng Zuoxin (Cheng Tsohsin) *et al.*, 1978. 203 pp., 53 figs., 10 pls.

Aves vol. 5 Gruiformes, Charadriiformes, Lariformes. Wang Qishan, Ma Ming and Gao Yuren, 2006. 644 pp., 263 figs., 4 pls.

Aves vol. 6 Columbiformes, Psittaciformes, Cuculiformes, Strigiformes. Zheng Zuoxin (Cheng Tsohsin), Xian Yaohua and Guan Guanxun, 1991. 240 pp., 64 figs., 5 pls.

Aves vol. 7 Caprimulgiformes, Apodiformes, Trogoniformes, Coraciiformes, Piciformes. Tan Yaokuang and Guan Guanxun, 2003. 241 pp., 36 figs., 4 pls.

Aves vol. 8 Passeriformes: Eurylaimidae-Irenidae. Zheng Baolai *et al.*, 1985. 333 pp., 103 figs., 8 pls.

Aves vol. 9 Passeriformes: Bombycillidae, Prunellidae. Chen Fuguan *et al.*, 1998. 284 pp., 143 figs., 4 pls.

Aves vol. 10 Passeriformes: Muscicapidae I: Turdinae. Zheng Zuoxin (Cheng Tsohsin), Long Zeyu and Lu Taichun, 1995. 239 pp., 67 figs., 4 pls.

Aves vol. 11 Passeriformes: Muscicapidae II: Timaliinae. Zheng Zuoxin (Cheng Tsohsin), Long Zeyu and Zheng Baolai, 1987. 307 pp., 110 figs., 8 pls.

Aves vol. 12 Passeriformes: Muscicapidae III Sylviinae Muscicapinae. Zheng Zuoxin, Lu Taichun, Yang Lan and Lei Fumin *et al.*, 2010. 439 pp., 121 figs., 4 pls.

Aves vol. 13 Passeriformes: Paridae, Zosteropidae. Li Guiyuan, Zheng Baolai and Liu Guangzuo, 1982. 170 pp., 68 figs., 4 pls.

Aves vol. 14 Passeriformes: Ploceidae and Fringillidae. Fu Tongsheng, Song Yujun and Gao Wei *et al.*, 1998. 322 pp., 115 figs., 8 pls.

Reptilia vol. 1 General Accounts of Reptilia. Testudoformes and Crocodiliformes. Zhang Mengwen *et al.*, 1998. 208 pp., 44 figs., 4 pls.

Reptilia vol. 2 Squamata: Lacertilia. Zhao Ermi, Zhao Kentang and Zhou Kaiya *et al.*, 1999. 394 pp., 54 figs., 8 pls.

Reptilia vol. 3 Squamata: Serpentes. Zhao Ermi *et al.*, 1998. 522 pp., 100 figs., 12 pls.

Amphibia vol. 1 General accounts of Amphibia, Gymnophiona, Urodela. Fei Liang, Hu Shuqin, Ye Changyuan and Huang Yongzhao *et al.*, 2006. 471 pp., 120 figs., 16 pls.

Amphibia vol. 2 Anura. Fei Liang, Hu Shuqin, Ye Changyuan and Huang Yongzhao *et al.*, 2009. 957 pp., 549 figs., 16 pls.

Amphibia vol. 3 Anura: Ranidae. Fei Liang, Hu Shuqin, Ye Changyuan and Huang Yongzhao *et al.*, 2009. 888 pp., 337 figs., 16 pls.

Osteichthyes: Pleuronectiformes. Li Sizhong and Wang Huimin, 1995. 433 pp., 170 figs.

Osteichthyes: Siluriformes. Chu Xinluo, Zheng Baoshan and Dai Dingyuan *et al.*, 1999. 230 pp., 124 figs.

Osteichthyes: Cypriniformes II. Chen Yiyu *et al.*, 1998. 531 pp., 257 figs.

Osteichthyes: Cypriniformes III. Yue Peiqi *et al.*, 2000. 661 pp., 340 figs.

Osteichthyes: Acipenseriformes, Elopiformes, Clupeiformes, Gonorhynchiformes. Zhang Shiyi, 2001. 209 pp., 88 figs.

Osteichthyes: Myctophiformes, Cetomimiformes, Osteoglossiformes. Chen Suzhi, 2002. 349 pp., 135 figs.

Osteichthyes: Tetraodontiformes, Pegasiformes, Gobiesociformes, Lophiiformes. Su Jinxiang and Li Chunsheng, 2002. 495 pp., 194 figs.

Ostichthyes: Scorpaeniformes. Jin Xinbo, 2006. 739 pp., 287 figs.

Ostichthyes: Perciformes IV. Liu Jing *et al.*, 2016. 312 pp., 143 figs., 15 pls.

Ostichthyes: Perciformes V: Gobioidei. Wu Hanlin and Zhong Junsheng *et al.*, 2008. 951 pp., 575 figs., 32 pls.

Ostichthyes: Anguilliformes Notacanthiformes. Zhang Chunguang *et al.*, 2010. 453 pp., 225 figs., 3 pls.

Ostichthyes: Atheriniformes, Cyprinodontiformes, Beloniformes, Ophidiiformes, Gadiformes. Li Sizhong and Zhang Chunguang *et al.*, 2011. 946 pp., 345 figs.

Cyclostomata and Chondrichthyes. Zhu Yuanding and Meng Qingwen *et al.*, 2001. 552 pp., 247 figs.

Insecta vol. 1 Siphonaptera. Liu Zhiying *et al.*, 1986. 1334 pp., 1948 figs.

Insecta vol. 2 Coleoptera: Hispidae. Chen Sicien *et al.*, 1986. 653 pp., 327 figs., 15 pls.

Insecta vol. 3 Lepidoptera: Cyclidiidae, Drepanidae. Chu Hungfu and Wang Linyao, 1991. 269 pp., 204 figs., 10 pls.

Insecta vol. 4 Orthoptera: Acrioidea: Pamphagidae, Chrotogonidae, Pyrgomorphidae. Xia Kailing *et al.*, 1994. 340 pp., 168 figs.

Insecta vol. 5 Lepidoptera: Bombycidae, Saturniidae, Thyrididae. Zhu Hongfu and Wang Linyao, 1996. 302 pp., 234 figs., 18 pls.

Insecta vol. 6 Diptera: Calliphoridae. Fan Zide *et al.*, 1997. 707 pp., 229 figs.

Insecta vol. 7 Lepidoptera: Lecithoceridae. Wu Chunsheng, 1997. 306 pp., 74 figs., 38 pls.

Insecta vol. 8 Diptera: Culicidae I. Lu Baolin *et al.*, 1997. 593 pp., 285 pls.

Insecta vol. 9 Diptera: Culicidae II. Lu Baolin *et al.*, 1997. 126 pp., 57 pls.

Insecta vol. 10 Orthoptera: Oedipodidae, Arcypteridae III. Zheng Zhemin and Xia Kailing, 1998. 610 pp.,

323 figs.

Insecta vol. 11 Lepidoptera: Sphingidae. Zhu Hongfu and Wang Linyao, 1997. 410 pp., 325 figs., 8 pls.

Insecta vol. 12 Orthoptera: Tetrigoidea. Liang Geqiu and Zheng Zhemin, 1998. 278 pp., 166 figs.

Insecta vol. 13 Hemiptera: Nabidae. Ren Shuzhi, 1998. 251 pp., 508 figs., 12 pls.

Insecta vol. 14 Homoptera: Mindaridae, Pemphigidae. Zhang Guangxue, Qiao Gexia, Zhong Tiesen and Zhang Wanfang, 1999. 380 pp., 121 figs., 17+8 pls.

Insecta vol. 15 Lepidoptera: Geometridae: Larentiinae. Xue Dayong and Zhu Hongfu (Chu Hungfu), 1999. 1090 pp., 1197 figs., 25 pls.

Insecta vol. 16 Lepidoptera: Noctuidae. Chen Yixin, 1999. 1596 pp., 701 figs., 68 pls.

Insecta vol. 17 Isoptera. Huang Fusheng *et al.*, 2000. 961 pp., 564 figs.

Insecta vol. 18 Hymenoptera: Braconidae I. He Junhua, Chen Xuexin and Ma Yun, 2000. 757 pp., 1783 figs.

Insecta vol. 19 Lepidoptera: Arctiidae. Fang Chenglai, 2000. 589 pp., 338 figs., 20 pls.

Insecta vol. 20 Hymenoptera: Melittidae and Apidae. Wu Yanru, 2000. 442 pp., 218 figs., 9 pls.

Insecta vol. 21 Coleoptera: Cerambycidae: Lepturinae. Jiang Shunan and Chen Li, 2001. 296 pp., 17 figs., 18 pls.

Insecta vol. 22 Homoptera: Coccoidea: Pseudococcidae, Eriococcidae, Asterolecaniidae, Coccidae, Lecanodiaspididae, Cerococcidae, Aclerdidae. Wang Tzeching, 2001. 611 pp., 188 figs.

Insecta vol. 23 Diptera: Tachinidae I. Chao Cheiming, Liang Enyi, Shi Yongshan and Zhou Shixiu, 2001. 305 pp., 183 figs., 11 pls.

Insecta vol. 24 Hemiptera: Lasiochilidae, Lyctocoridae, Anthocoridae. Bu Wenjun and Zheng Leyi (Cheng Loyi), 2001. 267 pp., 362 figs.

Insecta vol. 25 Lepidoptera: Papilionidae: Papilioninae, Zerynthiinae, Parnassiinae. Wu Chunsheng, 2001. 367 pp., 163 figs., 8 pls.

Insecta vol. 26 Diptera: Muscidae II: Phaoniinae I. Ma Zhongyu, Xue Wanqi and Feng Yan, 2002. 421 pp., 614 figs.

Insecta vol. 27 Lepidoptera: Tortricidae. Liu Youqiao and Li Guangwu, 2002. 601 pp., 16 figs., 2+136 pls.

Insecta vol. 28 Homoptera: Membracoidea: Aetalionidae and Membracidae. Yuan Feng and Chou Io, 2002. 590 pp., 295 figs., 4 pls.

Insecta vol. 29 Hymenoptera: Dyrinidae. He Junhua and Xu Zaifu, 2002. 464 pp., 397 figs.

Insecta vol. 30 Lepidoptera: Lymantriidae. Zhao Zhongling (Chao Chungling), 2003. 484 pp., 270 figs., 10 pls.

Insecta vol. 31 Lepidoptera: Notodontidae. Wu Chunsheng and Fang Chenglai, 2003. 952 pp., 530 figs., 8 pls.

Insecta vol. 32 Orthoptera: Acridoidea: Gomphoceridae, Acrididae. Yin Xiangchu, Xia Kailing *et al.*, 2003. 280 pp., 144 figs.

Insecta vol. 33 Hemiptera: Miridae, Mirinae. Zheng Leyi, Lü Nan, Liu Guoqing and Xu Binghong, 2004. 797 pp., 228 figs., 8 pls.

Insecta vol. 34 Diptera: Empididae, Hemerodromiinae and Hybotinae. Yang Ding and Yang Chikun, 2004.

334 pp., 474 figs., 1 pls.

Insecta vol. 35 Dermaptera. Chen Yixin and Ma Wenzhen, 2004. 420 pp., 199 figs., 8 pls.

Insecta vol. 36 Lepidoptera: Thyatiridae. Zhao Zhongling, 2004. 291 pp., 153 figs., 5 pls.

Insecta vol. 37 Hymenoptera: Braconidae II. Chen Xuexin, He Junhua and Ma Yun, 2004. 518 pp., 1183 figs., 103 pls.

Insecta vol. 38 Lepidoptera: Hepialidae, Epiplemidae. Zhu Hongfu, Wang Linyao and Han Hongxiang, 2004. 291 pp., 179 figs., 8 pls.

Insecta vol. 39 Neuroptera: Chrysopidae. Yang Xingke, Yang Jikun and Li Wenzhu, 2005. 398 pp., 240 figs., 4 pls.

Insecta vol. 40 Coleoptera: Eumolpidae: Eumolpinae. Tan Juanjie, Wang Shuyong and Zhou Hongzhang, 2005. 415 pp., 95 figs., 8 pls.

Insecta vol. 41 Diptera: Muscidae I. Fan Zide *et al.*, 2005. 476 pp., 226 figs., 8 pls.

Insecta vol. 42 Hymenoptera: Pteromalidae. Huang Dawei and Xiao Hui, 2005. 388 pp., 432 figs., 5 pls.

Insecta vol. 43 Orthoptera: Acridoidea: Catantopidae. Li Hongchang and Xia Kailing, 2006. 736pp., 325 figs.

Insecta vol. 44 Hymenoptera: Megachilidae. Wu Yanru, 2006. 474 pp., 180 figs., 4 pls.

Insecta vol. 45 Diptera: Homoptera: Delphacidae. Ding Jinhua, 2006. 776 pp., 351 figs., 20 pls.

Insecta vol. 46 Hymenoptera: Braconidae: Agathidinae. Chen Jiahua and Yang Jianquan, 2006. 301 pp., 81 figs., 32 pls.

Insecta vol. 47 Lepidoptera: Lasiocampidae. Liu Youqiao and Wu Chunsheng, 2006. 385 pp., 248 figs., 8 pls.

Insecta Saiphonaptera(2 volumes). Wu Houyong *et al.*, 2007. 2174 pp., 2475 figs.

Insecta vol. 49 Diptera: Muscidae. Fan Zide *et al.*, 2008. 1186 pp., 276 figs., 4 pls.

Insecta vol. 50 Diptera: Syrphidae. Huang Chunmei and Cheng Xinyue, 2012. 852 pp., 418 figs., 8 pls.

Insecta vol. 51 Megaloptera. Yang Ding and Liu Xingyue, 2010. 457 pp., 176 figs., 14 pls.

Insecta vol. 52 Lepidoptera: Pieridae. Wu Chunsheng, 2010. 416 pp., 174 figs., 16 pls.

Insecta vol. 53 Diptera Dolichopodidae(2 volumes). Yang Ding *et al.*, 2011. 1912 pp., 1017 figs., 7 pls.

Insecta vol. 54 Lepidoptera: Geometridae: Geometrinae. Han Hongxiang and Xue Dayong, 2011. 787 pp., 929 figs., 20 pls.

Insecta vol. 55 Lepidoptera: Hesperiidae. Yuan Feng, Yuan Xiangqun and Xue Guoxi, 2015. 754 pp., 280 figs., 15 pls.

Insecta vol. 56 Hymenoptera: Proctotrupoidea(I). He Junhua and Xu Zaifu, 2015. 1078 pp., 485 figs.

Insecta vol. 57 Orthoptera: Tettigoniidae: Phaneropterinae. Kang Le *et al.*, 2013. 574 pp., 291 figs., 31 pls.

Insecta vol. 58 Plecoptera: Nemouroides. Yang Ding, Li Weihai and Zhu Fang, 2014. 518 pp., 294 figs., 12 pls.

Insecta vol. 59 Diptera: Tabanidae. Xu Rongman and Sun Yi, 2013. 870 pp., 495 figs., 17 pls.

Insecta vol. 60 Hemiptera: Hormaphididae, Phloeomyzidae. Qiao Gexia, Jiang Liyun, Chen Jing, Zhang Guangxue and Zhong Tiesen, 2017. 414 pp., 137 figs., 8 pls.

Insecta vol. 61 Coleoptera: Chrysomelidae: Chrysomelinae. Yang Xingke, Ge Siqin, Wang Shuyong, Li Wenzhu and Cui Junzhi, 2014. 641 pp., 378 figs., 8 pls.

Insecta vol. 62 Hemiptera: Miridae(II): Orthotylinae. Liu Guoqing and Zheng Leyi, 2014. 297 pp., 134 figs., 13 pls.

Insecta vol. 63 Coleoptera: Tenebrionidae(I). Ren Guodong *et al.*, 2016. 534 pp., 248 figs., 49 pls.

Insecta vol. 64 Chalcidoidea : Pteromalidae(II): Pteromalinae. Xiao Hui *et al.*, 2019. 495 pp., 186 figs., 12 pls.

Insecta vol. 65 Diptera: Rhagionidae and Athericidae. Yang Ding, Dong Hui and Zhang Kuiyan. 2016. 476 pp., 222 figs., 7 pls.

Insecta vol. 67 Hemiptera: Cicadellidae (II): Cicadellinae. Yang Maofa, Meng Zehong and Li Zizhong. 2017. 637pp., 312 figs., 27 pls.

Insecta vol. 68 Neuroptera: Myrmeleontoidea. Wang Xinli, Zhan Qingbin and Wang Aiqin. 2018. 285 pp., 2 figs., 38 pls.

Insecta vol. 69 Thysanoptera (2 volumes). Feng Jinian *et al.,* 2021. 984 pp., 420 figs.

Insecta vol. 70 Hemiptera: Caliscelidae, Issidae. Zhang Yalin, Che Yanli, Meng Rui and Wang Yinglun. 2020. 655 pp., 224 figs., 43 pls.

Insecta vol. 72 Hemiptera: Cicadellidae (IV): Evacanthinae. Li Zizhong, Li Yujian and Xing Jichun. 2020. 547 pp., 303 figs., 14 pls.

Insecta vol. 75 Coleoptera: Histeroidea: Sphaeritidae, Synteliidae and Histeridae. Zhou Hongzhang, Luo Tianhong and Zhang Yejun. 2022. 702pp., 252 figs., 3 pls.

Invertebrata vol. 1 Crustacea: Freshwater Cladocera. Chiang Siehchih and Du Nanshang, 1979. 297 pp.,192 figs.

Invertebrata vol. 2 Crustacea: Freshwater Copepoda. Shen Jiarui *et al.*, 1979. 450 pp., 255 figs.

Invertebrata vol. 3 Trematoda: Digenea I. Chen Xintao *et al.*, 1985. 697 pp., 469 figs., 12 pls.

Invertebrata vol. 4 Cephalopode. Dong Zhengzhi, 1988. 201 pp., 124 figs., 4 pls.

Invertebrata vol. 5 Hirudinea: Euhirudinea and Branchiobdellidea. Yang Tong, 1996. 259 pp., 141 figs.

Invertebrata vol. 6 Holothuroidea. Liao Yulin, 1997. 334 pp., 170 figs., 2 pls.

Invertebrata vol. 7 Gastropoda: Mesogastropoda: Cypraeacea. Ma Xiutong, 1997. 283 pp., 96 figs., 12 pls.

Invertebrata vol. 8 Arachnida: Araneae: Thomisidae and Philodromidae. Song Daxiang and Zhu Mingsheng, 1997. 259 pp., 154 figs.

Invertebrata vol. 9 Polychaeta: Phyllodocimorpha. Wu Baoling, Wu Qiquan, Qiu Jianwen and Lu Hua, 1997. 323pp., 180 figs.

Invertebrata vol. 10 Arachnida: Araneae: Araneidae. Yin Changmin *et al.*, 1997. 460 pp., 292 figs.

Invertebrata vol. 11 Gastropoda: Opisthobranchia: Cephalaspidea. Lin Guangyu, 1997. 246 pp., 35 figs., 28 pls.

Invertebrata vol. 12 Bivalvia: Mytiloida. Wang Zhenrui, 1997. 268 pp., 126 figs., 4 pls.

Invertebrata vol. 13 Arachnida: Araneae: Theridiidae. Zhu Mingsheng, 1998. 436 pp., 233 figs., 1 pl.

Invertebrata vol. 14 Sacodina: Acantharia and Spumellaria. Tan Zhiyuan, 1998. 315 pp., 273 figs., 25 pls.

Invertebrata vol. 15 Myxosporea. Chen Chihleu and Ma Chenglun, 1998. 805 pp., 30 figs., 180 pls.

Invertebrata vol. 16 Anthozoa: Actiniaria, Ceriantharis and Zoanthidea. Pei Zunan, 1998. 286 pp., 149 figs., 22 pls.

Invertebrata vol. 17 Crustacea: Decapoda: Parathelphusidae and Potamidae. Dai Aiyun, 1999. 501 pp., 238 figs., 31 pls.

Invertebrata vol. 18 Protura. Yin Wenying, 1999. 510 pp., 275 figs., 8 pls.

Invertebrata vol. 19 Gastropoda: Pulmonata: Stylommatophora: Clausiliidae. Chen Deniu and Zhang Guoqing, 1999. 210 pp., 128 figs., 5 pls.

Invertebrata vol. 20 Bivalvia: Protobranchia and Anomalodesmata. Xu Fengshan, 1999. 244 pp., 156 figs.

Invertebrata vol. 21 Crustacea: Mysidacea. Liu Ruiyu (J. Y. Liu) and Wang Shaowu, 2000. 326 pp., 110 figs.

Invertebrata vol. 22 Monogenea. Wu Baohua, Lang Suo and Wang Weijun, 2000. 756 pp., 598 figs., 2 pls.

Invertebrata vol. 23 Anthozoa: Scleractinia: Hermatypic coral. Zou Renlin, 2001. 289 pp., 9 figs., 47+8 pls.

Invertebrata vol. 24 Bivalvia: Veneridae. Zhuang Qiqian, 2001. 278 pp., 145 figs.

Invertebrata vol. 25 Nematoda: Rhabditida: Strongylata I. Wu Shuqing et al., 2001. 489 pp., 201 figs.

Invertebrata vol. 26 Foraminiferea: Agglutinated Foraminifera. Zheng Shouyi and Fu Zhaoxian, 2001. 788 pp., 130 figs., 122 pls.

Invertebrata vol. 27 Hydrozoa and Scyphomedusae. Gao Shangwu, Hong Hueshin and Zhang Shimei, 2002. 275 pp., 136 figs.

Invertebrata vol. 28 Crustacea: Amphipoda: Hyperiidae. Chen Qingchao and Shi Changtai, 2002. 249 pp., 178 figs.

Invertebrata vol. 29 Gastropoda: Archaeogastropoda: Trochacea. Dong Zhengzhi, 2002. 210 pp., 176 figs., 2 pls.

Invertebrata vol. 30 Crustacea: Brachyura: Marine primitive crabs. Chen Huilian and Sun Haibao, 2002. 597 pp., 237 figs., 16 pls.

Invertebrata vol. 31 Bivalvia: Pteriina. Wang Zhenrui, 2002. 374 pp., 152 figs., 7 pls.

Invertebrata vol. 32 Polycystinea: Nasellaria; Phaeodarea: Phaeodaria. Tan Zhiyuan and Su Xinghui, 2003. 295 pp., 193 figs., 25 pls.

Invertebrata vol. 33 Annelida: Polychaeta II Nereidida. Sun Ruiping and Yang Derjian, 2004. 520 pp., 267 figs., 193 pls.

Invertebrata vol. 34 Mollusca: Gastropoda Tonnacea, Zhang Suping and Ma Xiutong, 2004. 243 pp., 123 figs., 1 pl.

Invertebrata vol. 35 Arachnida: Araneae: Tetragnathidae. Zhu Mingsheng, Song Daxiang and Zhang Junxia, 2003. 402 pp., 174 figs., 5+11 pls.

Invertebrata vol. 36 Crustacea: Decapoda, Atyidae. Liang Xiangqiu, 2004. 375 pp., 156 figs.

Invertebrata vol. 37 Mollusca: Gastropoda: Stylommatophora: Bradybaenidae. Chen Deniu and Zhang Guoqing, 2004. 482 pp., 409 figs., 8 pls.

Invertebrata vol. 38 Chaetognatha: Sagittoidea. Xiao Yichang, 2004. 201 pp., 89 figs.

Invertebrata vol. 39 Arachnida: Araneae: Gnaphosidae. Song Daxiang, Zhu Mingsheng and Zhang Feng, 2004. 362 pp., 175 figs.

Invertebrata vol. 40 Echinodermata: Ophiuroidea. Liao Yulin, 2004. 505 pp., 244 figs., 6 pls.

Invertebrata vol. 41 Crustacea: Amphipoda: Gammaridea I. Ren Xianqiu, 2006. 588 pp., 194 figs.

Invertebrata vol. 42 Crustacea: Cirripedia: Thoracica. Liu Ruiyu and Ren Xianqiu, 2007. 632 pp., 239 figs.

Invertebrata vol. 43 Crustacea: Amphipoda: Gammaridea II. Ren Xianqiu, 2012. 651 pp., 197 figs.

Invertebrata vol. 44 Crustacea: Decapoda: Palaemonoidea. Li Xinzheng, Liu Ruiyu, Liang Xingqiu and Chen Guoxiao, 2007. 381 pp., 157 figs.

Invertebrata vol. 45 Ciliophora: Oligohymenophorea: Peritrichida. Shen Yunfen and Gu Manru, 2016. 502 pp., 164 figs., 2 pls.

Invertebrata vol. 46 Sipuncula, Echiura. Zhou Hong, Li Fenglu and Wang Wei, 2007. 206 pp., 95 figs.

Invertebrata vol. 47 Arachnida: Acari: Phytoseiidae. Wu weinan, Ou Jianfeng and Huang Jingling. 2009. 511 pp., 287 figs., 9 pls.

Invertebrata vol. 48 Mollusca: Bivalvia: Lucinacea, Carditacea, Crassatellacea and Cardiacea. Xu Fengshan. 2012. 239 pp., 133 figs.

Invertebrata vol. 49 Crustacea: Decapoda: Portunidae. Yang Siliang, Chen Huilian and Dai Aiyun. 2012. 417 pp., 138 figs., 14 pls.

Invertebrata vol. 50 Tardigrada. Yang Tong. 2015. 279 pp., 131 figs., 5 pls.

Invertebrata vol. 51 Nematoda: Rhabditida: Strongylata (II). Zhang Luping and Kong Fanyao. 2014. 316 pp., 97 figs., 19 pls.

Invertebrata vol. 52 Platyhelminthes: Trematoda: Dgenea (III). Qiu Zhaozhi *et al.*. 2018. 746 pp., 401 figs.

Invertebrata vol. 53 Arachnida: Araneae: Salticidae. Peng Xianjin.2020. 612pp., 392 figs.

Invertebrata vol. 54 Annelida: Polychaeta (III): Sabellida. Sun Ruiping and Yang Dejian. 2014. 493 pp., 239 figs., 2 pls.

Invertebrata vol. 55 Mollusca: Gastropoda: Conidae. Li Fenglan and Lin Minyu. 2016. 288 pp., 168 figs., 4 pls.

Invertebrata vol. 56 Mollusca: Gastropoda: Strombacea and Naticacea. Zhang Suping. 2016. 318 pp., 138 figs., 10 pls.

Invertebrata vol. 57 Mollusca: Bivalvia: Tellinidae and Semelidae. Xu Fengshan and Zhang Junlong. 2017. 236 pp., 50 figs., 15 pls.

Invertebrata vol. 58 Mollusca: Gastropoda: Enoidea. Wu Min. 2018. 300 pp., 63 figs., 6 pls.

Invertebrata vol. 59 Arachnida: Araneae: Agelenidae and Amaurobiidae. Zhu Mingsheng, Wang Xinping and Zhang Zhisheng. 2017. 727 pp., 384 figs., 5 pls.

Invertebrata vol. 62 Mollusca: Gastropoda: Muricidae. Zhang Suping. 2022. 428 pp., 250 figs.

ECONOMIC FAUNA OF CHINA

Mammals. Shou Zhenhuang *et al.*, 1962. 554 pp., 153 figs., 72 pls.

Aves. Cheng Tsohsin *et al.*, 1963. 694 pp., 10 figs., 64 pls.

Marine fishes. Chen Qingtai *et al.*, 1962. 174 pp., 25 figs., 32 pls.

Freshwater fishes. Wu Xianwen *et al.*, 1963. 159 pp., 122 figs., 30 pls.

Parasitic Crustacea of Freshwater Fishes. Kuang Puren and Qian Jinhui, 1991. 203 pp., 110 figs.

Annelida. Echinodermata. Prorochordata. Wu Baoling *et al.*, 1963. 141 pp., 65 figs., 16 pls.

Marine mollusca. Zhang Xi and Qi Zhougyan, 1962. 246 pp., 148 figs.

Freshwater molluscs. Liu Yueyin *et al.*, 1979.134 pp., 110 figs.

Terrestrial molluscs. Chen Deniu and Gao Jiaxiang, 1987. 186 pp., 224 figs.

Parasitic worms. Wu Shuqing, Yin Wenzhen and Shen Shouxun, 1960. 368 pp., 158 figs.

Economic birds of China (Second edition). Cheng Tsohsin, 1993. 619 pp., 64 pls.

ECONOMIC INSECT FAUNA OF CHINA

Fasc. 1 Coleoptera: Cerambycidae. Chen Sicien *et al.*, 1959. 120 pp., 21 figs., 40 pls.

Fasc. 2 Hemiptera: Pentatomidae. Yang Weiyi, 1962. 138 pp., 11 figs., 10 pls.

Fasc. 3 Lepidoptera: Noctuidae I. Chu Hongfu and Chen Yixin, 1963. 172 pp., 22 figs., 10 pls.

Fasc. 4 Coleoptera: Tenebrionidae. Zhao Yangchang, 1963. 63 pp., 27 figs., 7 pls.

Fasc. 5 Coleoptera: Coccinellidae. Liu Chongle, 1963. 101 pp., 27 figs., 11pls.

Fasc. 6 Lepidoptera: Noctuidae II. Chu Hongfu *et al.*, 1964. 183 pp., 11 pls.

Fasc. 7 Lepidoptera: Noctuidae III. Chu Hongfu, Fang Chenglai and Wang Lingyao, 1963. 120 pp., 28 figs., 31 pls.

Fasc. 8 Isoptera: Termitidae. Cai Bonghua and Chen Ningsheng, 1964. 141 pp., 79 figs., 8 pls.

Fasc. 9 Hymenoptera: Apoidea. Wu Yanru, 1965. 83 pp., 40 figs., 7 pls.

Fasc. 10 Homoptera: Cicadellidae. Ge Zhongling, 1966. 170 pp., 150 figs.

Fasc. 11 Lepidoptera: Tortricidae I. Liu Youqiao and Bai Jiuwei, 1977. 93 pp., 23 figs., 24 pls.

Fasc. 12 Lepidoptera: Lymantriidae I. Chao Chungling, 1978. 121 pp., 45 figs., 18 pls.

Fasc. 13 Diptera: Ceratopogonidae. Li Tiesheng, 1978. 124 pp., 104 figs.

Fasc. 14 Coleoptera: Coccinellidae II. Pang Xiongfei and Mao Jinlong, 1979. 170 pp., 164 figs., 16 pls.

Fasc. 15 Acarina: Lxodoidea. Teng Kuofan, 1978. 174 pp., 707 figs.

Fasc. 16 Lepidoptera: Notodontidae. Cai Rongquan, 1979. 166 pp., 126 figs., 19 pls.

Fasc. 17 Acarina: Camasina. Pan Zungwen and Teng Kuofan, 1980. 155 pp., 168 figs.

Fasc. 18 Coleoptera: Chrysomeloidea I. Tang Juanjie *et al.*, 1980. 213 pp., 194 figs., 18 pls.

Fasc. 19 Coleoptera: Cerambycidae II. Pu Fuji, 1980. 146 pp., 42 figs., 12 pls.

Fasc. 20 Coleoptera: Curculionidae I. Chao Yungchang and Chen Yuanqing, 1980. 184 pp., 73 figs., 14 pls.

Fasc. 21 Lepidoptera: Pyralidae. Wang Pingyuan, 1980. 229 pp., 40 figs., 32 pls.

Fasc. 22 Lepidoptera: Sphingidae. Zhu Hongfu and Wang Lingyao, 1980. 84 pp., 17 figs., 34 pls.

Fasc. 23 Acariformes: Tetranychoidea. Wang Huifu, 1981. 150 pp., 121 figs., 4 pls.

Fasc. 24 Homoptera: Pseudococcidae. Wang Tzeching, 1982. 119 pp., 75 figs.

Fasc. 25 Homoptera: Aphidinea I. Zhang Guangxue and Zhong Tiesen, 1983. 387 pp., 207 figs., 32 pls.

Fasc. 26 Diptera: Tabanidae. Wang Zunming, 1983. 128 pp., 243 figs., 8 pls.

Fasc. 27 Homoptera: Delphacidae. Kuoh Changlin *et al.*, 1983. 166 pp., 132 figs., 13 pls.

Fasc. 28 Coleoptera: Larvae of Scarabaeoidae. Zhang Zhili, 1984. 107 pp., 17. figs., 21 pls.

Fasc. 29 Coleoptera: Scolytidae. Yin Huifen, Huang Fusheng and Li Zhaoling, 1984. 205 pp., 132 figs., 19 pls.

Fasc. 30 Hymenoptera: Vespoidea. Li Tiesheng, 1985. 159pp., 21 figs., 12pls.

Fasc. 31 Hemiptera I. Zhang Shimei, 1985. 242 pp., 196 figs., 59 pls.

Fasc. 32 Lepidoptera: Noctuidae IV. Chen Yixin, 1985. 167 pp., 61 figs., 15 pls.

Fasc. 33 Lepidoptera: Arctiidae. Fang Chenglai, 1985. 100 pp., 69 figs., 10 pls.

Fasc. 34 Hymenoptera: Chalcidoidea I. Liao Dingxi *et al.*, 1987. 241 pp., 113 figs., 24 pls.

Fasc. 35 Coleoptera: Cerambycidae III. Chiang Shunan. Pu Fuji and Hua Lizhong, 1985. 189 pp., 2 figs., 13 pls.

Fasc. 36 Homoptera: Fulgoroidea. Chou Io *et al.*, 1985. 152 pp., 125 figs., 2 pls.

Fasc. 37 Diptera: Anthomyiidae. Fan Zide *et al.*, 1988. 396 pp., 1215 figs., 10 pls.

Fasc. 38 Diptera: Ceratopogonidae II. Lee Tiesheng, 1988. 127 pp., 107 figs.

Fasc. 39 Acari: Ixodidae. Teng Kuofan and Jiang Zaijie, 1991. 359 pp., 354 figs.

Fasc. 40 Acari: Dermanyssoideae, Teng Kuofan *et al.*, 1993. 391 pp., 318 figs.

Fasc. 41 Hymenoptera: Pteromalidae I. Huang Dawei, 1993. 196 pp., 252 figs.

Fasc. 42 Lepidoptera: Lymantriidae II. Chao Chungling, 1994. 165 pp., 103 figs., 10 pls.

Fasc. 43 Homoptera: Coccidea. Wang Tzeching, 1994. 302 pp., 107 figs.

Fasc. 44 Acari: Eriophyoidea I. Kuang Haiyuan, 1995. 198 pp., 163 figs., 7 pls.

Fasc. 45 Diptera: Tabanidae II. Wang Zunming, 1994. 196 pp., 182 figs., 8 pls.

Fasc. 46 Coleoptera: Cetoniidae, Trichiidae, Valgidae. Ma Wenzhen, 1995. 210 pp., 171 figs., 5 pls.

Fasc. 47 Hymenoptera: Formicidae I. Tang Jub, 1995. 134 pp., 135 figs.

Fasc. 48 Ephemeroptera. You Dashou *et al.*, 1995. 152 pp., 154 figs.

Fasc. 49 Trichoptera I: Hydroptilidae, Stenopsychidae, Hydropsychidae, Leptoceridae. Tian Lixin *et al.*, 1996. 195 pp., 271 figs., 2 pls.

Fasc. 50 Hemiptera II: Zhang Shimei *et al.*, 1995. 169 pp., 46 figs., 24 pls.

Fasc. 51 Hymenoptera: Ichneumonidae. He Junhua, Chen Xuexin and Ma Yun, 1996. 697 pp., 434 figs.

Fasc. 52 Hymenoptera: Sphecidae. Wu Yanru and Zhou Qin, 1996. 197 pp., 167 figs., 14 pls.

Fasc. 53 Acari: Phytoseiidae. Wu Weinan *et al.*, 1997. 223 pp., 169 figs., 3 pls.

Fasc. 54 Coleoptera: Chrysomeloidea II. Yu Peiyu *et al.*, 1996. 324 pp., 203 figs., 12 pls.

Fasc. 55 Thysanoptera. Han Yunfa, 1997. 513 pp., 220 figs., 4 pls.

1. 马氏长阎甲 *Syntelia mazuri* Zhou; 2. 中华长阎甲 *Syntelia sinica* Zhou; 3. 隐歧阎甲 *Margarinotus* (*Ptomister*) *incognitus* (Marseul); 4. 多齿歧阎甲 *Margarinotus* (*Ptomister*) *multidens* (Schmidt); 5. 日本歧阎甲 *Margarinotus* (*Grammostethus*) *niponicus* (Lewis); 6. 日本阎甲 *Hister japonicus* Marseul

1. 吉氏分阎甲 *Merohister jekeli* (Marseul); 2. 窝胸清亮阎甲 *Atholus depistor* (Marseul); 3. 埃腐阎甲 *Saprinus* (*Saprinus*) *aeneolus* Marseul; 4. 双斑腐阎甲 *Saprinus* (*Saprinus*) *biguttatus* (Steven); 5. 日本腐阎甲 *Saprinus* (*Saprinus*) *niponicus* Dahlgren; 6. 平盾腐阎甲 *Saprinus* (*Saprinus*) *planiusculus* Motschulsky

1. 黄角脊阎甲 *Onthophilus flavicornis* Lewis; 2. 细脊阎甲 *Onthophilus foveipennis* Lewis; 3. 丽江脊阎甲 *Onthophilus lijiangensis* Zhou *et* Luo; 4. 原脊阎甲 *Onthophilus ordinarius* Lewis; 5. 粗脊阎甲 *Onthophilus ostreatus* Lewis; 6. 席氏脊阎甲 *Onthophilus silvae* Lewis

(Q-4842.31)

ISBN 978-7-03-071739-9